Springer-Lehrbuch

Wolfgang Dahmen · Arnold Reusken

Numerik für Ingenieure und Naturwissenschaftler

Zweite, korrigierte Auflage

 Springer

Wolfgang Dahmen
Arnold Reusken

Institut für Geometrie und Praktische Mathematik
RWTH Aachen
Templergraben 55
52056 Aachen
dahmen@igpm.rwth-aachen.de
reusken@igpm.rwth-aachen.de

ISBN 978-3-540-76492-2   e-ISBN 978-3-540-76493-9

DOI 10.1007/978-3-540-76493-9

Springer-Lehrbuch ISSN 0937-7433

Bibliografische Information der Deutschen Nationalbibliothek
Die Deutsche Nationalbibliothek verzeichnet diese Publikation in der Deutschen Nationalbibliografie;
detaillierte bibliografische Daten sind im Internet über http://dnb.d-nb.de abrufbar.

Mathematics Subject Classification (2000): 65-01, 65Dxx, 65Fxx, 65Hxx, 65Lxx, 65Mxx, 65Nxx, 65Txx

Satz: Datenerstellung durch die Autoren unter Verwendung eines Springer TEX-Makropakets
Herstellung: LE-TEX Jelonek, Schmidt & Vöckler GbR, Leipzig
Umschlaggestaltung: WMX Design GmbH, Heidelberg

Gedruckt auf säurefreiem Papier

9 8 7 6 5 4 3 2 1

springer.de

Für Therese und Monique

Vorwort

Vorwort zur zweiten Auflage

Nicht zuletzt zahlreiche Rückmeldungen von Kollegen und Nutzern haben uns darin bestärkt, es bei nur wenigen Änderungen für diese zweite Auflage zu belassen. Wir haben eine Reihe kleinerer Korrekturen lokaler Art gemacht und einige Beweise hinzugefügt, ergänzt oder leicht modifiziert. In Kapitel 8 (Interpolation) haben wir die Reihenfolge der Darstellung leicht geändert und sind wir etwas näher auf die Eigenschaften der kontinuierlichen und diskreten Fouriertransformation eingegangen. In Kapitel 13 (Große dünnbesetzte lineare Gleichungssysteme, iterative Lösungsverfahren) haben wir die Behandlung der unvollständigen Cholesky-Methode als Vorkonditionierungsmethode verbessert.

Schon bei der ersten Auflage des Buches standen den Dozenten Folien zur Verfügung, die in gestraffter Form Beispiele, zentrale Sätze und Algorithmen sowie Kernkonzepte des Buches enthalten. Diese findet man unter

www.igpm.rwth-aachen.de/DahmenReusken/Folien/

Ferner haben wir inzwischen eine Sammlung von Multiple-Choice Aufgaben zusammengestellt, die ebenfalls unter

www.igpm.rwth-aachen.de/DahmenReusken/MCAufgaben/

zur Verfügung steht.

Aachen,   *Wolfgang Dahmen*
Dezember 2007   *Arnold Reusken*

Vorwort zur ersten Auflage

Dieses Buch ist aus einer Vorlesung hervorgegangen, die sich an Studierende des Maschinenwesens und der Elektrotechnik an der RWTH Aachen richtet. Diese Vorlesung ist Bestandteil der Mathematikausbildung im Grundstudium. Im Unterschied zu vielen anderen Standorten ist das Thema Numerik in Aachen nicht in der Vorlesungsreihe „Höhere Mathematik" integriert, sondern wird als eigenständiger Kurs im Rahmen der viersemestrigen Mathematikausbildung angeboten. Nun spricht sicherlich Einiges für eine Integration der Numerik. Man kann Wiederholungen und Notationsinkonsistenzen vermeiden. Zudem läßt sich durch die numerisch konstruktiven Anteile mancher eher abstrakte Stoff besser motivieren. Andererseits sprechen folgende Gesichtspunkte für die bei uns bevorzugte getrennte Darbietung, die auch zum Verständnis dieses Buches hilfreich sind.

Mathematik wird von vielen Studierenden des Ingenieurwesens vorwiegend als lästige Pflicht angesehen, die man nicht gewählt hat und deren tatsächlicher Nutzen für den eigenen Beruf im Grundstudium als außerordentlich gering eingeschätzt wird. Angesichts der drastisch steigenden Bedeutung numerischer Simulationswerkzeuge in den Ingenieurtätigkeiten stellen wir dieser Ansicht den ganz anderen Anspruch gegenüber, daß mit dieser Vorlesung weit über den „intellektuellen Trainingsgesichtspunkt" hinaus Ausbildungsinhalte von höchster beruflicher Praxisrelevanz geboten werden. Dies verlangt allerdings eine etwas andere Gewichtung bei der Stoffaufbereitung, vor allem aber eine andere „Denkweise". Beim integrierten Konzept sehen wir die Gefahr – sehr wohl durch Beispiele derzeitiger Praxis vielerorts bestärkt –, daß dies völlig verwischt wird, nicht zuletzt verschärft durch schlechter gewordene schulische Voraussetzungen. Worin liegen nun die Unterschiede in der „Denkweise"? Vom Inhalt her befaßt sich das Buch mit der Vermittlung der Grundbausteine numerischer Algorithmen etwa in der Form von Methoden zur Lösung von linearen oder nichtlinearen Gleichungssystemen, zur Behandlung von Ausgleichproblemen, Eigenwertberechnungen, numerischen Integrationsverfahren, Verfahren zur Behandlung von Differentialgleichungen, etc. Es liegt also keine tragende gemeinsame Problemstellung in Projektform vor, so daß man formal von einer Rezeptsammlung sprechen könnte. Diesem möglichen Eindruck setzen wir bewußt folgenden Anspruch gegenüber. Das Ziel ist einerseits die Vermittlung eines Grundverständnisses der Wirkungsweise der grundlegenden numerischen Bausteine, so daß diese unter wechselnden Anwendungshintergründen intelligent und flexibel eingesetzt werden können. Dazu reicht es eben nicht, das Newtonverfahren in eindimensionaler Form zu formulieren und über den Satz von Newton-Kantorovich abzusichern, der eben aus Sicht der Praxis mit völlig ungeeigneten Voraussetzungen arbeitet. Darüber hinaus sind zum Verständnis des Verfahrens Aufwandsbetrachtungen beispielsweise ebenso wichtig wie Methoden zur Beschaffung geeigneter Startwerte bzw. konvergenzfördernde Maßnahmen. Eng damit verknüpft ist vor allem die Vermittlung der Fähigkeit, die Ergebnisse numerischer Rechnungen vernünftig beurteilen zu können. In dieser *Beurteilungskompetenz* liegt die eigentliche Klammer, die wir der Aufbereitung des Stoffes zugrunde gelegt haben. Abgesehen von Effizienzgesichtspunkten liefern zwei Begriffe den roten Faden zur Diskussion und Entwicklung numerischer Werkzeuge, nämlich die Begriffe *Kondition des Problems* und *Stabilität des Algorithmus*, wobei gerade die Zuordnung Problem ↔ Algorithmus von Anfang an deutlich hervorgehoben wird. Das zweite Kapitel mit vielen Beispielen ist gerade dem Verständnis dieser Konzepte gewidmet, um sie dann später bei den unterschiedlichen Themen immer wieder abzurufen. Das Verständnis, wie sehr Datenstörungen das Ergebnis selbst bei exakter Rechnung beeinträchtigen (Kondition des Problems) bzw. wie man durch konkrete algorithmische Schritte die Akkumulation von Störungen möglichst gering hält (Stabilität des Verfahrens), ist eben für die Bewertung eines Ergebnisses bzw. für den intelligenten Einsatz von Methoden im konkreten Fall unabdingbar. Vor allem im Verlauf der Diskussion des Konditionsbegriffs werden im zweiten Kapitel zudem einige einfache funktionalanalytische Grundlagenaspekte angesprochen, die einen geeigneten Hintergund für den späteren Umgang mit Normen, Abbildungen, Stetigkeit, etc. bereitstellen. Der zwar durch zahlreiche konkrete und zunächst elementare Beispiele verdeutlichte Rahmen ist bewußt so abstrakt gewählt, daß diese Konzepte später nicht nur auf diskretisierte Probleme, sondern auch auf die oft dahinter stehenden kontinuierlichen Probleme angewandt werden können.

Die Struktur der Stoffaufbereitung ist dem vorhin skizzierten Ziel im folgenden Sinne untergeordnet. Wir bieten Beweise nur in dem Umfang, wie sie dem gewünschten Methoden- und Beurteilungsverständnis dienlich sind und verweisen ansonsten auf entsprechende Quellen in Standardreferenzen. Wir haben versucht, bei jedem Thema so stromlinienförmig wie möglich zu den „minimalen" Kernaussagen zu kommen und diese deutlich hervorzuheben. Wir bieten dann zu mehreren Themen eine sich anschließende, gestaffelte Vertiefung mit teils anspruchsvollerer Begründungsstruktur, die zunehmend auf Querverbindungen und Hintergrundverständnis abzielt. Diese Vertiefungen sind für die Verarbeitung des Basisstoffs nicht notwendig, können also je nach Anspruch übersprungen werden. Beispiele dafür sind etwa ausgehend vom linearen Ausgleichsproblem die Diskussion der (orthogonalen) Projektion aus einer allgemeineren Sicht sowie anschließend die Behandlung der Pseudoinversen in Zusammenhang mit der Singulärwertzerlegung. Dies geschieht jeweils mit einem Blick auf spätere Querverbindungen (teilweise in weiteren Vertiefungsteilen), etwa zwischen Interpolation, Projektion, Fourierentwicklungen, bzw. auf die Rolle der Projektion bei Galerin-Diskretisierungen und bei der Methode der Konjugierten Gradienten. Die Abschnitte mit Vertiefungsstoff werden mit einem Superskript * gekennzeichnet, zum Beispiel: §4.6 Orthogonale Projektion auf einen Teilraum*. Jeder Themenabschnitt schließt mit einer Sammlung von Übungsaufgaben und in den meisten Fällen auch mit zusammenfassenden Hinweisen zur weiteren Orientierungshilfe.

Obgleich das Schwergewicht auf weitgehend kontextunabhängigen numerischen Grundbausteinen liegt, haben wir uns entschlossen, die numerische Behandlung partieller Differentialgleichungen zumindest in Grundzügen anzusprechen. Zum einen liegt dieses Thema vielen Simulationsaufgaben zugrunde. Zum anderen liefert es Motivation und Hintergrund für das wichtige Gebiet der iterativen Lösungsverfahren für große dünnbesetzte lineare Gleichungssysteme. Dies schließt die Bereitstellung einiger theoretischer Grundlagen mit ein, die für das Verständnis der numerischen Verfahren hilfreich sind und über den Begriff der „Korrektgestelltheit" auch wieder den Bogen zu Fragen der Kondition schließen – nun für das unendlich-dimensionale Problem. Ein abschließendes Kapitel ist der Darstellung einiger komplexerer Anwendungsszenarien gewidmet, in dem insbesondere verschiedene numerische Grundbausteine miteinander verknüpft werden müssen. Abgesehen von der sicherlich nicht unbeabsichtigten Werbewirkung eines solchen wenn auch kleinen Ausblicks auf die Möglichkeiten numerischer Methoden geht es hierbei auch darum, zu verdeutlichen, wie wichtig die Einschätzung der diversen Fehlerquellen für eine gute Abstimmung der einzelnen Bausteine im Verbund ist.

Der gesamte Stoffumfang geht damit natürlich erheblich über den Ausgangsrahmen einer einsemestrigen Numerikvorlesung hinaus. Im folgenden „Flußdiagramm" sind deshalb diejenigen Kapitel schattiert, die sich unserer Meinung nach für einen Grundkurs eignen, wobei da sicherlich mehrere vernünftige Auswahlmöglichkeiten bestehen. Ebenso sind in dieser Übersicht nochmals die Vertiefungsthemen mit einem * gekennzeichnet.

Für Dozenten stehen Folien zur Verfügung mit darauf Kopien von Teilen aus dem Buch (Sätze, Beispiele, Kernpunkte, usw.). Diese findet man unter

www.igpm.rwth-aachen.de/DahmenReusken/Folien/

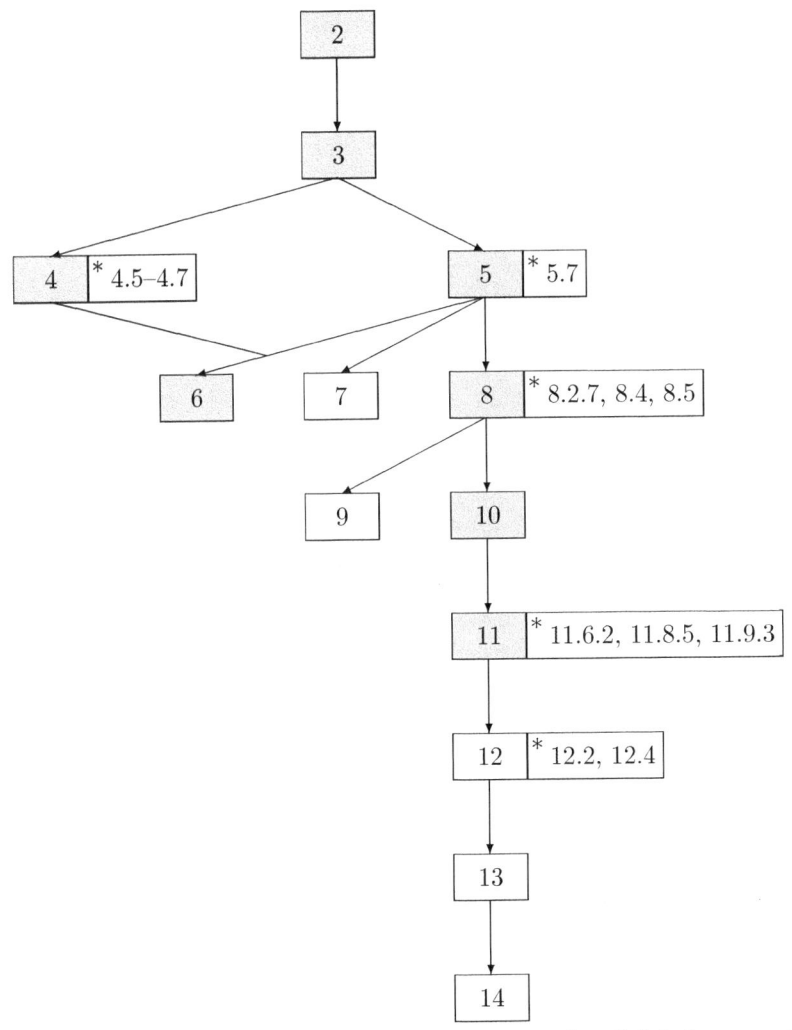

Wir möchten es schließlich nicht versäumen, uns ganz herzlich bei unseren Kollegen und Mitarbeitern bedanken, die auf vielfache Weise wesentlich am Zustandekommen dieses Textes beigetragen haben. Im Hinblick auf die Schlußphase gilt dies besonders für die Herren S. Groß, H. Jarausch, M. Jürgens, J. Peters, V. Reichelt und M. Soemers.

Aachen,   *Wolfgang Dahmen*
Dezember 2005   *Arnold Reusken*

Inhaltsverzeichnis

1

Einleitung

Naturwissenschaftlich/technisch – physikalische Anwendungsgebiete verzeichnen eine zunehmende Mathematisierung – insbesondere im Zusammenhang mit der *numerischen Simulation* realer Prozesse, die auch die Tätigkeit des Ingenieurs eigentlich jeder Sparte betrifft. Einige wenige Beispiele sind:

- Freiformflächenmodellierung im Karosserieentwurf,
- Robotersteuerung,
- Flugbahnberechnung in der Raumfahrt,
- Berechnung von Gas- oder Flüssigkeitsströmungen,
- Netzwerkberechnung,
- Halbleiter-Design,
- Berechnung von Schwingungsvorgängen und Resonanz,
- Berechnung elektromagnetischer Felder,
- Prozeßsimulation und -Steuerung verfahrenstechnischer Anlagen,
- Numerische Simulation von Materialverformung,
- Numerische Verfahren für *Inverse Probleme* z. B. im Zusammenhang mit bildgebenden Verfahren bei der Computer-Tomographie, der Materialprüfung mit Hilfe von Ultraschall oder NMR (nuclear magnetic resonance),
  . . .

Das Streben, das Verständnis der „realen Welt" auf virtuellem Wege zu vertiefen und zu erweitern, ist nicht nur ökonomisch motiviert, sondern resultiert auch aus Möglichkeiten, bisweilen in Bereiche vorstoßen zu können, die etwa experimentell nicht mehr zugänglich sind. Heutzutage gibt es deshalb wohl kaum einen Bereich der Wissenschaft oder des Ingenieurwesens, in dem keine Modellrechnungen betrieben werden. Die *Numerische Mathematik* liefert die Grundlagen zur Entwicklung entsprechender Simulationsmethoden, insbesondere zur Bewertung ihrer Verläßlichkeit und Genauigkeit. Am Ende möchte man möglichst verläßlich wissen, innerhalb welcher Toleranz das Ergebnis einer Rechnung von der Realität abweichen kann.

Die Numerische Mathematik ist somit Teil des Gebietes *Scientific Computing* (Wissenschaftliches Rechnen), einer Disziplin, die relativ jung ist, sich

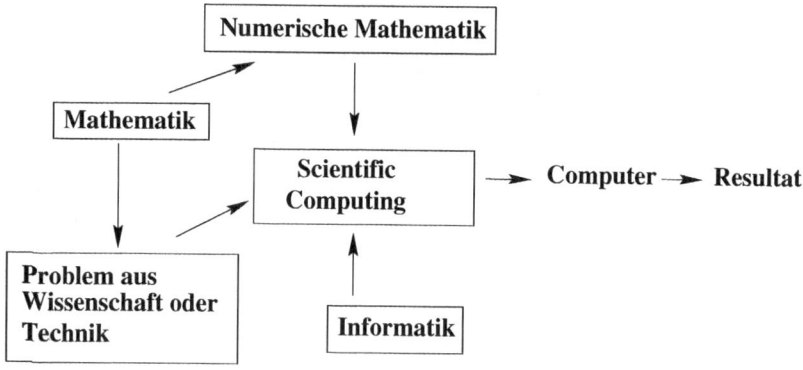

Abb. 1.1. Scientific Computing

sehr dynamisch entwickelt und aus der Schnittstelle der Bereiche Mathematik, Informatik, Natur- und Ingenieurwissenschaften erwächst (vgl. Abb. 1.1).

Beim wissenschaftlichen Rechnen werden die für eine bestimmte Problemstellung relevanten Phänomene mit Hilfe eines mathematischen Modells beschrieben. Das Modell liefert die Grundlage für die Entwicklung von Algorithmen, die dann wiederum die *numerische Simulation* des zu untersuchenden Prozesses gestatten. Die Entwicklung und Analyse solcher Algorithmen ist eine zentrale Thematik der Numerischen Mathematik (oder „numerischen Analysis" oder „Numerik"). Bei der Durchführung einer numerischen Simulation auf großen Rechenanlagen spielt die Informatik eine wichtige Rolle, z. B. bei der Implementierung (ggf. Parallelisierung) komplexer numerischer Methoden, bei der Verwaltung großer Datenmengen oder bei der Visualisierung.

Einige Orientierungsbeispiele:
Die etwas nähere Betrachtung folgender sehr vereinfachter Beispiele soll die Spanne zwischen konkreter Anwendung und numerischer Simulation andeuten. Die Beispiele erheben nicht den Anspruch, besonders repräsentativ für den Einsatz numerischer Methoden im Ingenieurbereich zu sein. Ihre Auswahl ist vielmehr dadurch bedingt, daß man sie hier ohne große Hintergrundvertiefung anführen kann. Dennoch werden sie es uns erlauben, einige im Verlauf dieses Buches behandelte Kernfragestellungen zu identifizieren und später auch das Zusammenspiel verschiedener Numerikbausteine verdeutlichen zu können.

Beispiel 1.1. Problem: Bestimmung des Abraums bei der Braunkohleförderung im Tagebau.

1) Mathematisches Modell: Statt mühsam zu verfolgen, was über die verschiedenen Förderbänder im Laufe der Zeit transportiert wurde, nutzt man aus, daß der bis zu einem gegebenen Zeitpunkt aufgekommene Abraum gerade der Inhalt des bis dahin entstandenen Lochs ist. Es gilt also, das Volumen des Lochs zu bestimmen. Interpretiert man die Berandung dieses Lochs als den Graphen einer Funktion (von zwei Ortsvariablen), läßt sich das Problem auf die *Berechnung eines Volumenintegrals* zurückführen.

2) Messung, Experiment: Besagte „Loch-Funktion" ist natürlich nicht als analytischer Ausdruck oder in irgendeiner Weise explizit gegeben. Denkt man an einzelne Erdklumpen, ist sie sicherlich sehr kompliziert. Das Anliegen, den Abraum nur innerhalb einer sinnvollen Fehlertoleranz ermitteln zu wollen (bzw. zu können), wird es natürlich erlauben, die Funktion etwas zu vereinfachen. In jedem Fall liegt die einzige Möglichkeit, quantitative Information über die zu integrierende Funktion zu erhalten, in geeigneten Messungen. In diesem Fall bieten sich Tiefenmessungen durch Stereofotoaufnahmen vom Flugzeug aus zur Bestimmung der benötigten Problemdaten – Funktionswerte – an.

3) Konstruktiver numerischer Ansatz: Sind aufgrund solcher Messungen die Werte der Loch-Funktion an genügend vielen „Stützstellen" (zumindest innerhalb gewisser, schon durch die Bodenbeschaffenheit bedingter Fehlertoleranzen) bekannt, kann man daran gehen, daraus das Integral der (nur an diskreten Stellen gegebenen) Funktion zumindest innerhalb der gewünschten Toleranz näherungsweise zu bestimmen. Nach der üblichen Strategie teilt man das gesamte Integrationsgebiet – die Deckelfläche über dem Loch – in kleinere Parzellen auf und bestimmt auf jeder Parzelle eine *einfache, explizit integrierbare* Funktion, z. B. ein Polynom, die an den Meßstellen dieselben Werte wie die Loch-Funktion hat. Das exakte Integral dieser lokalen Ersatzfunktion nennt man eine *Quadraturformel*. Durch Summation der lokalen Integrale erhält man dann eine Näherung für das Integral der Loch-Funktion und damit für den gegenwärtigen Abraum. Aus der Differenz dieser Werte zu verschiedenen Zeitpunkten erhält man dann auch Aufschluß über die *Förderrate*. Hier sollte der Leser übrigens den Zusammenhang mit Differentiation in Erinnerung rufen.

4) Realisierung über Algorithmus: Die einzelnen, bei obiger Vorgehensweise angedeuteten Schritte, nämlich die Aufteilung des Integrationsgebiets in Parzellen, die Ausrechnung der Quadraturformeln, müssen als Sequenz von Anweisungen an den Rechner – als Algorithmus – programmiert werden.   △

Die im obigen Beispiel verwendeten numerischen Bausteine sind *Polynom-Interpolation* bzw. darauf aufbauend *Numerische Integration*. Der am Ende berechnete Wert weicht natürlich vom tatsächlichen Abraum ab. Das skizzierte Vorgehen birgt, wie bereits angedeutet wurde, Fehlerquellen verschiedener Art. Die Verwertung des Ergebnisses setzt somit das Verständnis dieser Fehler, ihrer Auswirkungen und gegebenenfalls ihre Eingrenzbarkeit voraus. Sie sollen deshalb noch einmal kurz beleuchtet werden, da sich daraus zentrale Fragestellungen dieses Buches ergeben.

zu 1) *Modellfehler:* Zunächst beruht das mathematische Modell meist auf einer Idealisierung unter vereinfachenden Annahmen und führt damit zu Ergebnissen, die die Realität nicht exakt wiedergeben können. In Beispiel 1.1 ist auf kleiner Skala in Anbetracht der Bodenporösität und des Gerölls die Lochberandung nicht wirklich der Graph einer punktweise definierten Funktion. Das verwendete Modell der Loch-Funktion entspricht also bereits einer Mittelung auf einer Makroskala, die unter anderem im Verhältnis zu den Abständen der Meßpunkte zu rechtfertigen ist.

zu 2) *Datenfehler:* Im mathematischen Modell werden oft Daten eingesetzt (z. B. Parameter), die aus physikalischen Messungen oder empirischen Untersuchungen stammen. Diese Daten sind in der Regel, z. B. durch Meßungenauigkeiten, mit Fehlern behaftet. Im vorliegenden Beispiel 1.1 liegen Meßungenauigkeiten in der Bildauflösung und in der Bodenbeschaffenheit.

zu 3) *Verfahrensfehler:* Ein numerisches Lösungsverfahren produziert selbst bei exakter Rechnung die Lösung häufig nur *näherungsweise.* Eine Quadraturformel wie in Beispiel 1.1 liefert nicht den exakten Wert des Integrals, sondern nur eine Näherung, deren Genauigkeit vom Typ der Quadraturformel und vom Integranden abhängt. Derartige Fehler nennt man *Diskretisierungsfehler* oder *Verfahrensfehler.*

zu 4) Bei der Realisierung eines numerischen Verfahrens, d. h. bei der Durchführung einer Sequenz von Rechneroperationen (Algorithmus), treten schließlich *Rundungsfehler* auf.

Bei einer numerischen Simulation gilt es, diese Fehlertypen zu kontrollieren und (möglichst) zu minimieren. Im folgenden Beispiel werden diese Fehlerquellen nochmals angedeutet.

Beispiel 1.2. Problem: Als „technische Aufgabe" geht es um die Konstruktion eines *Taktmechanismus* zu einer vorgegebenen Taktzeit $T > 0$. Ein möglicher Ansatz ist, dies mit Hilfe eines Pendels zu realisieren. Dann geht es um die Bestimmung der erforderlichen *Anfangsauslenkung* eines Pendels zu einer vorgegebenen Schwingungsdauer T. Mit T ist also die Zeit gemeint, die das Pendel braucht, um in die Ausgangslage zurück zu schwingen.

Wir untersuchen dazu ein um eine feste Achse drehbares Pendel mit der Pendellänge $\ell = 0.6$ m. Als *Modell* nehmen wir das sogenannte mathematische Pendel, wobei folgende Idealisierungen gemacht werden: Die Schwingung verläuft ungedämpft (keine Reibungskräfte), die Aufhängung ist massefrei,

und die gesamte Pendelmasse ist in einem Punkt konzentriert. Es ist klar, daß
es aufgrund dieser Idealisierungen *Modellfehler* gibt. Mit Hilfe der Newtonschen Gesetze (Actio gleich Reactio – Kraft = Masse × Beschleunigung) kann
die Dynamik des mathematischen Pendels durch die nichtlineare gewöhnliche
Differentialgleichung

$$\phi''(t) = -c\sin(\phi(t)), \qquad c := \frac{g}{\ell}, \tag{1.1}$$

mit den Anfangsbedingungen

$$\phi(0) = x, \quad \phi'(0) = 0, \tag{1.2}$$

beschrieben werden (s. Abb. 1.2). Die Parameter g, ℓ, x sind die Fallbeschleunigung ($g = 9.80665\,\mathrm{ms}^{-2}$, in den Formeln verzichten wir jedoch auf die Angabe
der Einheiten), die Pendellänge ($\ell = 0.6\,\mathrm{m}$) und die Anfangsauslenkung x als
Winkelmaß. Im allgemeinen sind diese Parameter bereits mit *Datenfehlern*
behaftet.

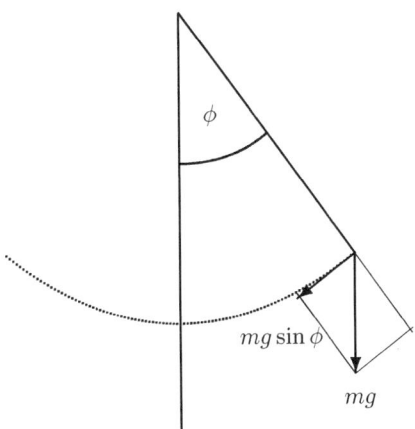

Abb. 1.2. Mathematisches Pendel

„Differentialgleichung" bedeutet hier, daß die gesuchte unbekannte Funktion
$\phi(t) = \phi(t, x)$ – der vom Pendel zur Zeit t angenommene Winkel bei Anfangsauslenkung x und vorheriger Ruhelage – dadurch gekennzeichnet ist, daß sie
mit ihrer zweiten Ableitung nach t über die Relation (1.1) verknüpft ist. Man
redet hier speziell von einer *Anfangswertaufgabe*, da die Differentialgleichung
(1.1) durch sogenannte *Anfangsbedingungen* (1.2) ergänzt wird. Ohne diese
Anfangsbedingungen (1.2) kann man keine *eindeutige* Lösung erwarten, da
mit $\phi(t)$ auch $\eta(t) := \phi(t + a)$ für jedes feste $a \in \mathbb{R}$ (1.1) erfüllt. Man sagt,
die Differentialgleichung hat die Ordnung zwei, da die zweite Ableitung als

höchste auftritt. Die Anfangsbedingungen legen die Ausgangssituation des
dynamischen Vorgangs fest. Die erste Anfangsbedingung $\phi(0) = x$ gibt an,
welchen Winkel das Pendel zum Zeitpunkt $t = 0$ mit der Vertikalen bildet.
Die Geschwindigkeit des Pendels ist durch die erste Ableitung nach der Zeit t
gegeben. Die zweite Anfangsbedingung $\phi'(0) = 0$ in (1.2) besagt also gerade,
daß sich das Pendel zum Zeitpunkt $t = 0$ in Ruhelage befindet. Man beachte, daß die Vorgabe von zwei Anfangsbedingungen der Ordnung der Differentialgleichung entspricht. Die Theorie gewöhnlicher Differentialgleichungen
liefert Aussagen, unter welchen Bedingungen allgemein *Anfangswertaufgaben*
des Typs (1.1), (1.2) auf welchem Zeitintervall eine eindeutige Lösung besitzen. Dazu wird in einem späteren Kapitel etwas mehr zu sagen sein. Die
Lösung $\phi(t)$ (falls sie existiert) gibt also den Winkel an, den das Pendel zum
Zeitpunkt t mit der vertikalen Achse bildet. Es ist klar, daß wenn man die
Anfangsauslenkung x ändert, sich auch die Winkelposition zum Zeitpunkt t
ändert, d. h., die Lösungsfunktion ϕ hängt auch von der Anfangsbedingung
ab. Wir drücken dies aus, indem wir schreiben $\phi(t) = \phi(t; x)$ – der Winkel,
der sich zur Zeit t bei einer Anfangsauslenkung $\phi(0, x) = x$ einstellt.

Nun wird in unserer Aufgabe nicht primär nach der Lösungsfunktion
$\phi(t, x)$ sondern nach einem geeigneten Anfangswert x^* gefragt, der gerade eine vorgegebene Schwingungsdauer T, zum Beispiel $T = 1.8$, realisiert.
Für kleine x-Werte, also kleine Werte für den Winkel $\phi(t)$, kann man wegen
$\sin \phi \approx \phi$ die Differentialgleichung (1.1) durch die lineare Differentialgleichung $\hat{\phi}''(t) = -c\,\hat{\phi}(t)$ annähern. Die Lösung dieser Differentialgleichung mit
Anfangsbedingungen $\hat{\phi}(0) = x$, $\hat{\phi}'(0) = 0$ ist

$$\hat{\phi}(t) = x \cos(\sqrt{c}\, t).$$

Die Dauer einer Schwingung ist in diesem Fall $T = 2\pi c^{-\frac{1}{2}} \approx 1.55$ (Sekunden),
unabhängig von x. Für große x-Werte ist die Linearisierung $\sin \phi \approx \phi$ nicht
mehr sinnvoll. Für $x = \frac{\pi}{2}$ (horizontale Ausgangsposition des Pendels) wurde
die Aufgabe (1.1)-(1.2) mit einer numerischen Methode mit hoher Genauigkeit gelöst. Das Ergebnis wird in Abb. 1.3 gezeigt.

Man stellt fest, daß die Schwingungsdauer in diesem Fall etwa $T = 1.9$ beträgt. Man kann zeigen, daß für $x \in (0, \pi)$, die Funktion $x \to T(x)$ monoton
ist. Wegen $T(x) \approx 1.55$ für kleines x und $T(\frac{\pi}{2}) \approx 1.9$ gibt es ein eindeutiges $x^* \in (0, \frac{\pi}{2})$, wofür $T(x^*) = 1.8$ gilt. Unsere Aufgabe ist es, dieses x^* zu
bestimmen. Aufgrund der Symmetrie der Bewegung ist die gesamte Schwin-
gungsdauer T, wenn das Pendel zum Zeitpunkt $T/4$ gerade senkrecht steht,
also $\phi(T/4, x) = 0$ gilt. Definiert man also

$$f(x) := \phi(T/4, x) = \phi(0.45, x), \tag{1.3}$$

so läuft unser Problem der Takterkonstruktion auf die Bestimmung der Nullstelle $x^* \in (0, \frac{\pi}{2})$ dieser (nur implizit gegebenen) Funktion f hinaus

$$f(x^*) = 0. \tag{1.4}$$

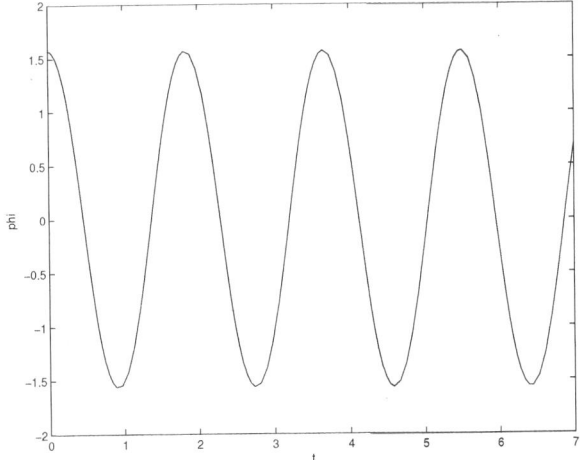

Abb. 1.3. Bewegung des Pendels für $x = \frac{\pi}{2}$

Dies nennt man ein *Nullstellenproblem*. Nullstellenprobleme als Format von Gleichungen treten in vielfältigen Zusammenhängen auf und bilden eine zentrale Thematik dieses Buches.

Die gängigen, in späteren Abschnitten zu behandelnden numerischen Verfahren zur Lösung von Nullstellenproblemen haben die gemeinsame Eigenschaft, daß sie (mindestens) auf *Funktionswerte* (bisweilen auf Ableitungswerte) der Funktion f zurückgreifen. f ist aber im vorliegenden Fall *nicht* explizit bekannt. Der Wert $f(x)$ ist wegen (1.3) die Lösung der Differentialgleichung zum Zeitpunkt $T/4 = 0.45$ bei Anfangsauslenkung x, d. h., die Auswertung von f an der Stelle x, verlangt selbst wieder als Unteraufgabe die Lösung der Anfangswertaufgabe (1.1), (1.2). Diese Lösung ist wiederum nicht explizit über einen analytischen Ausdruck darstellbar. Sie kann nur numerisch und damit selbst nur *näherungsweise* ermittelt werden. Ein Algorithmus zum Entwurf des Taktmechanismus könnte also so angelegt werden, daß als Unterroutine ein numerisches Verfahren zur Lösung von Anfangswertaufgaben gegebenenfalls wiederholt aufgerufen wird, um darüber die eigentliche Aufgabe, das Nullstellenproblem (1.4), zu lösen. *Numerische Lösungsmethoden für Anfangswertaufgaben* werden ebenfalls in diesem Buch vorgestellt. Neben der Konstruktion derartiger Verfahren wird wieder die Fehlerschätzung eine wichtige Rolle spielen, deren Bedeutung im vorliegenden Beispiel evident ist.

Solch ein Lösungsverfahren produziert im vorliegenden Fall eine *Näherung* $\tilde{\varphi}(T/4, x)$ der exakten Lösung $\phi(T/4, x)$, wobei die Abweichungen von der exakten Lösung wieder durch *Rundungsfehler* bei der Ausführung der betreffenden Algorithmen sowie durch *Diskretisierungsfehler* ähnlich wie bei der Quadratur hervor gerufen werden.

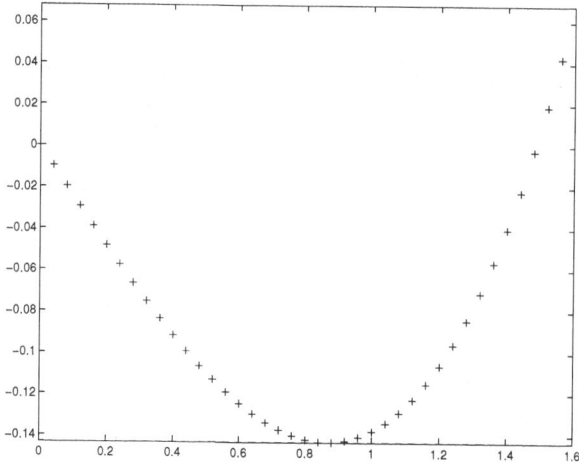

Abb. 1.4. Berechnete Werte $\tilde{\phi}(0.45, x) \approx f(x)$

Einige berechnete Näherungslösungen $\tilde{\phi}(0.45, x)$ für 41 äquidistante Anfangs-werte x zwischen 0 und 1.6 werden in Abb. 1.4 gezeigt. Mit numerischen Me-thoden, die in diesem Buch behandelt werden, kann man die Nullstelle x^* der Funktion $f(x)$ annähern. Sofern die berechneten Werte die exakten Verhält-nisse hinreichend genau widergeben, wäre die gesuchte Anfangsauslenkung etwa $x^* = 1.48$.

Abgesehen von der Frage nach der Existenz und Eindeutigkeit der Lösung von (1.1), (1.2), stellen sich in Bezug auf die angesprochene Genauigkeit und damit Aussagekraft des berechneten Resultats folgende Fragen. Besagte Null-stellenverfahren zur Lösung von (1.4) produzieren eine Folge von Näherungen x_i für x^*, die wieder über Auswertung von f gewonnen werden. Sie sind demnach mit Fehlern behaftet. Selbst wenn im nächsten Schritt die Differen-tialgleichung exakt gelöst würde, fragt sich, wie sensitiv die Lösung von der eingeschleppten bzw. durch Rundung bedingten Störung des Eingabewertes x abhängt, und wie sich dies weiter auf die Nullstellenbestimmung auswirkt. Offensichtlich wäre eine Rechnung sinnlos, wenn selbst bei exakter Rechnung kleine (unvermeidbare) Datenstörungen unkontrollierbare Variationen im Er-gebnis bewirken würden. Diese Frage nach der Quantifizierung des Einflusses von Störungen der Eingabedaten (bei exakter Rechnung) ist die Frage nach der *Kondition* des betreffenden Problems. Sich ein Bild von der Kondition eines Problems zu machen, sollte also der gesamten Fehleranalyse eines speziellen Algorithmus vorausgehen, da die Kondition angeben soll, welche Ergebnis-schwankungen *unvermeidbar sind.* Insofern liefert die Kondition die Meßlatte für den Genauigkeitsrahmen, den dann ein konkreter Algorithmus einhalten sollte. Es macht keinen Sinn, vom Algorithmus Fehlertoleranzen zu verlangen, die deutlich unterhalb der durch die Kondition markierten Schranken liegen. Es wäre andererseits natürlich schön, wenn der durch den Algorithmus produzierte Fehler in etwa dieser Größenordnung bliebe. Dies ist die Frage nach der *Stabilität* eines Verfahrens. Die Konzepte *Kondition eines Problems* und *Stabilität eines Algorithmus* werden im folgenden Kapitel eingehender diskutiert, und ziehen sich dann als Grundlage für die Bewertung der Ergebnisse numerischer Simulationen durch die gesamten Entwicklungen in diesem Buch. Dies betrifft zum Beispiel die *stetige Abhängigkeit* der Lösung einer Differentialgleichung von den Anfangswerten, ein Thema, das wir im Zusammenhang mit der Behandlung von Anfangswertaufgaben wieder aufgreifen werden.

Zum Schluß noch ein wichtiger Hinweis. Die wiederholt notwendige Lösung der Anfangswertaufgabe (1.1), (1.2) bei *gegebenen* Anfangsdaten $(x, 0)$ spielt hier insofern nur eine mittelbare Rolle, da eigentlich der Anfangswert x^* selbst, also ein *Modellparameter* gesucht wird. Über die Verwertung der Ergebnisse der „Vorwärtsrechnungen" zur Lösung von (1.1), (1.2) (im Verlauf des Nullstellenverfahrens) wird erst auf den richtigen Anfangswert x^* „zurückgeschlossen". Man spricht deshalb auch von einem *inversen Problem*. Inverse Probleme sind häufig deshalb delikat, da sie aufgrund der häufigen Vorwärtsrechnungen aufwendig sind und (anders als im vorliegenden Fall) meist extrem schlecht konditioniert sind, also höchst sensibel auf Datenstörungen reagieren.   △

Wie in diesen Beispielen nur unzureichend angedeutet wird, geht der eigentlichen numerischen Behandlung die geeignete mathematische *Modellierung* physikalisch-technischer Prozesse voraus, die oft die Ausgestaltung numerischer Methoden enorm prägen können. Dies wird exemplarisch in Kapitel 12 nochmals aufgegriffen.

Dennoch bietet diese Monographie in erster Linie eine methodenorientierte Einführung in die Grundlagen der Numerischen Mathematik. Es geht dabei nicht um die umfassende Behandlung spezieller komplexer Anwendungsprobleme, sondern um die Entwicklung einer Reihe numerischer Methoden, die immer wieder als algorithmische „Bausteine" zur Lösung komplexerer, im Bereich des wissenschaftlichen Rechnens oft auftretender Problemstellungen herangezogen werden. Die wichtigsten Themen sind:

- Verfahren zur Lösung von linearen und nichtlinearen Gleichungssystemen,
- Ausgleichsrechnung,
- Interpolation,
- numerische Integration und Differentiation,
- Berechnung von Eigenwerten,
- numerische Lösung von gewöhnlichen Differentialgleichungen,
- numerische Lösung von partiellen Differentialgleichungen,
- Lösungsverfahren für große dünnbesetzte lineare Gleichungssysteme.

Wir beschränken uns somit auf die Erarbeitung von grundlegenden Prototypen typischer Verfahren, die als Module in komplexen realistischen numerischen Simulationen auftreten. Diese Abstraktion oder Reduktion auf Kernelemente birgt nun eine Reihe von Schwierigkeiten. Zum einen geht der direkte Zusammenhang zu einer realistischen tatsächlichen Anwendungssituation verloren. Insofern können die meisten Beispiele, die der Rahmen des Buches erlaubt, nur den schematischen Ablauf eines Verfahrens illustrieren. Das bloße Lernen oder Nachvollziehen von Beispielen reicht aber nicht. Es ist auch wichtig zu verstehen, warum ein bestimmtes Verfahren in einer vorliegenden Situation vorzuziehen ist, oder warum verschiedene Verfahren gewisse Effekte in bestimmten Situationen aufweisen. Es geht um die Vermittlung von Konzepten und damit auch von abstrakteren Zusammenhängen, die soweit verstanden werden sollten, daß eine Anpassung an eine konkrete Anwendungssituation möglich ist bzw. daß erkannt wird, welches numerische Lösungsverfahren überhaupt für ein konkretes Problem angemessen ist. So gibt es zum Beispiel ganz verschiedene Methoden zur Lösung von Gleichungssystemen, deren Auswahl wesentlich von Größe und Struktur des Problems abhängt. Eine zweite Schwierigkeit liegt nun darin, daß oft eine Vielfalt mathematischer Ansätze ins Spiel kommt und das nötige Verständnis erworben werden muß, ohne eine vollständige mathematische Analyse durchführen zu können. Man wird also vielfach auf rigorose Beweise verzichten müssen.

In diesem Buch werden für unterschiedliche Problemstellungen (wie z. B. das Lösen eines linearen Gleichungssystems, die Berechnung eines Integrals, die Bestimmung von Eigenwerten) folgende Themen behandelt:

- **Kondition** (= Empfindlichkeit für Störungen) eines Problems.
- Wichtige numerische **Lösungsverfahren**.
- **Stabilität** (= Empfindlichkeit für Störungen) der Lösungsverfahren.
- **Effizienz** (= Anzahl der Rechenoperationen, Speicherbedarf) der Lösungsverfahren, d. h., der numerische Aufwand, der nötig ist, um mit dem jeweiligen Verfahren eine gewünschte „Lösungsqualität", sprich **Genauigkeit** zu erzielen.

2

Fehleranalyse: Kondition, Rundungsfehler, Stabilität

Die Durchführung von Algorithmen auf digitalen Rechenanlagen führt stets zu Fehlern. Die Fehler im Ergebnis resultieren sowohl aus den *Datenfehlern* (oder Eingabefehlern) als auch aus den Fehlern im Algorithmus (*Verfahrensfehlern* und *Rundungsfehlern*). Gegenüber Datenfehlern sind wir im Prinzip machtlos, sie gehören zum gegebenen Problem und können oft nicht vermieden werden. Bei den Fehlern im Algorithmus haben wir jedoch die Möglichkeit, sie zu vermeiden oder zu verringern, indem wir das Verfahren verändern. Die Unterscheidung dieser beiden Arten von Fehlern wird uns im folgenden zu den Begriffen *Kondition eines Problems* und *Stabilität eines Algorithmus* führen.

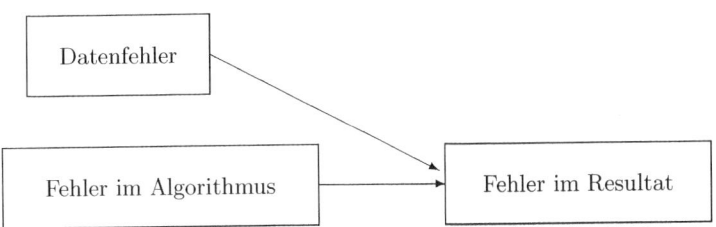

Abb. 2.1. Arten von Fehlern

2.1 Kondition eines Problems

Die mathematische Analyse der Fehlerverstärkung bei Datenfehlern beruht auf dem Konzept der *Kondition* eines Problems. Dies ist zunächst *unabhängig* von einem speziellen Lösungsweg (Algorithmus) und gibt nur an, welche Genauigkeit man bestenfalls (bei exakter Rechnung) bei gestörten Eingangsdaten erwarten kann.

Um dies etwas präziser beschreiben zu können, fassen wir den „mathematischen Prozeß" oder das „Problem" als Aufgabe auf, eine gegebene Funktion

$$f : X \to Y \tag{2.1}$$

an einer Stelle $x \in X$ *auszuwerten*. Wie man am Beispiel 1.2 sehen konnte, kann eine solche Auswertung eine komplexe Struktur haben, z. B. die Lösung einer Differentialgleichung verlangen. Grundlegende Mechanismen lassen sich allerdings schon anhand folgender einfacher Beispiele identifizieren und analysieren.

2.1.1 Elementare Beispiele

Beispiel 2.1. Die Berechnung der Multiplikation von x_1 und x_2 führt auf die Auswertung der Funktion $f(x_1, x_2) = x_1 x_2$, wobei hier $X = \mathbb{R}^2$, $Y = \mathbb{R}$ ist.
△

Beispiel 2.2. Die Berechnung der Summe von x_1 und x_2 führt auf die Auswertung der Funktion $f(x_1, x_2) = x_1 + x_2$, wobei hier $X = \mathbb{R}^2, Y = \mathbb{R}$ ist.
△

Beispiel 2.3. Man bestimme die kleinere der Nullstellen der Gleichung

$$y^2 - 2x_1 y + x_2 = 0,$$

wobei $x_1^2 > x_2$ gelten soll. Die Lösung y^* läßt sich dann mit Hilfe der Formel

$$y^* = f(x_1, x_2) = x_1 - \sqrt{x_1^2 - x_2}$$

auswerten. In diesem Fall gilt $X = \{ (x_1, x_2) \in \mathbb{R}^2 \mid x_1^2 > x_2 \}$, $Y = \mathbb{R}$.   △

Beispiel 2.4. Bestimmung des Schnittpunktes zweier Geraden:

$$G_1 = \{ (y_1, y_2) \in \mathbb{R}^2 \mid a_{1,1} y_1 + a_{1,2} y_2 = x_1 \}$$
$$G_2 = \{ (y_1, y_2) \in \mathbb{R}^2 \mid a_{2,1} y_1 + a_{2,2} y_2 = x_2 \},$$

wobei $x = (x_1, x_2)^T \in \mathbb{R}^2$ und die Koeffizienten $a_{i,j}$ für $i, j = 1, 2$ gegeben seien. Schreibt man kurz

$$A = \begin{pmatrix} a_{1,1} & a_{1,2} \\ a_{2,1} & a_{2,2} \end{pmatrix},$$

so ist der Schnittpunkt $y = (y_1, y_2)^T$ von G_1 und G_2 offensichtlich Lösung des Gleichungssystems

$$Ay = x.$$

Falls also A nichtsingulär ist (Determinante $\det A \neq 0$), d. h., die beiden Geraden sind nicht parallel, so ist y gerade durch

$$y = A^{-1} x$$

gegeben. Hier besteht das Problem also in der Auswertung der Funktion

$$f(x) = A^{-1}x,$$

d. h. $X = Y = \mathbb{R}^2$. Selbstverständlich müßte man gegebenenfalls auch die Einträge der Matrix A als möglicherweise fehlerbehaftete Problemdaten einbeziehen. Diesen allgemeineren Fall werden wir später in Abschnitt 3.2 betrachten.

$\triangle$

Beispiel 2.5. Es soll das Integral

$$I_n = \int_0^1 \frac{t^n}{t+5}\, dt$$

für $n = 30$ berechnet werden. Für die Zahlen I_n $(n = 1, 2, \ldots)$ gilt die Rekursionsformel

$$I_n + 5I_{n-1} = \int_0^1 \frac{t^n + 5t^{n-1}}{t+5}\, dt = \int_0^1 t^{n-1}\, dt = \frac{1}{n}.$$

Durch die Rekursion

$$J_0 \in \mathbb{R}, \quad J_n = \frac{1}{n} - 5J_{n-1}, \quad n = 1, 2, \ldots, 30,$$

wird eine Funktion $f : \mathbb{R} \to \mathbb{R}$, $f(J_0) = J_{30}$ definiert. Das Problem besteht in der Auswertung dieser Funktion an der Stelle I_0:

$$I_{30} = f(I_0) = f(\ln(\frac{6}{5})), \qquad X = Y = \mathbb{R}.$$

$\triangle$

Schematisch hat man also folgenden Rahmen:

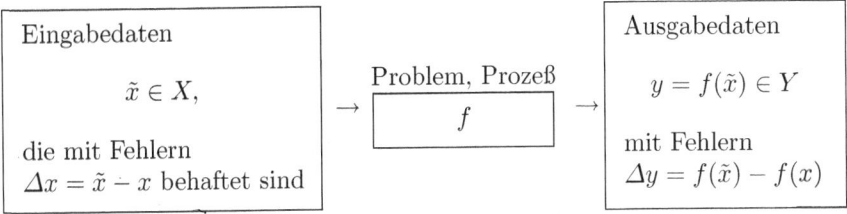

Es geht nun darum, den Ausgabefehler Δy ins Verhältnis zum Eingabefehler Δx zu setzen.

Wodurch dieses Verhältnis im Beispiel 2.4 geprägt ist, kann man sich auf intuitiver Ebene folgendermaßen klar machen. Dazu nimmt man an, daß die rechte Seite x des Systems $Ay = x$, also die Problemdaten, mit Fehlern behaftet ist. Variation von x wird die Geraden G_1 und G_2 etwas verändern.

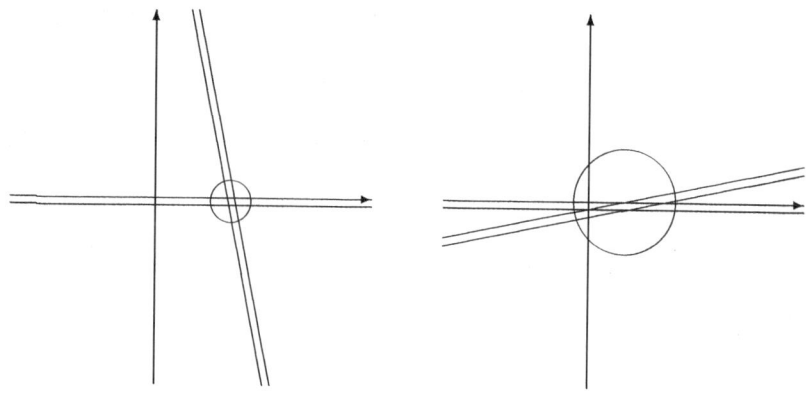

Abb. 2.2. Kondition bei der Bestimmung des Schnittpunktes

Man kann also bestenfalls zwei dünne Schläuche angeben, die die wirklichen
Geraden enthalten. Der Schnittpunkt liegt demnach im Durchschnitt dieser
Schläuche (siehe Abb. 2.2).

Falls sich die Geraden fast senkrecht schneiden, sind die Fehler im Ergebnis
$y = A^{-1}\tilde{x} = f(\tilde{x})$ von der Größenordnung der Eingabefehler $\tilde{x}$ selbst, da der
Schnitt der Schläuche fast ein Quadrat ist, dessen Seitenlänge in der Größenordnung der Schlauchdicke liegt. Da das Ergebnis in diesem Quadrat liegt,
ist seine Genauigkeit etwa von der selben Güte wie die der Daten. Sind die
Geraden jedoch fast parallel, d. h., ist A fast singulär, werden die Fehlerschranken relativ zur Schlauchdicke (d. h. zu den Eingabefehlern) beliebig schlecht,
da das Ergebnis nun irgendwo in einem langezogenen Parallelogramm liegt
und damit eine große Schwankungsbreite aufweist. Der linke Fall ist also gut
konditioniert, während der rechte Fall schlecht konditioniert ist.

Wie man derartige Überlegungen mathematisch exakt und damit quantifizier-
bar formuliert, ist im Falle $X = Y = \mathbb{R}$ klar. Die Schwankungsbreite um die
exakte Eingabe (Input) x (und analog beim Output y) läßt sich durch „Um-
gebungen" der Form $\{\tilde{x} \in \mathbb{R} : |x - \tilde{x}| < \epsilon\}$ beschreiben. Das Verhältnis der
Größen von Output- und Inputumgebung mißt dann die Sensitivität unter
Störungen.

Im Allgemeinen werden die Mengen X, Y aber komplexerer Natur sein.
In obigen Beispielen tauchten Euklidische Räume der Dimension > 1, also
Mengen von Vektoren, auf. In Beispiel 1.2 ging es um die Lösung von Differentialgleichungen, also um Mengen von Funktionen. Um auch in diesem
allgemeineren Rahmen Sensitivitäten analog behandeln zu können, benötigt
man zwei Strukturkonzepte. Zum einen sind gestörte und exakte Daten zu
vergleichen. Dazu bildet man Differenzen. In den Mengen X, Y müssen also
so etwas wie additive Verknüpfungen definiert sein. Dies liefert gerade das
Konzept der *Vektorräume* im Rahmen der Linearen Algebra. Für die Zwecke
dieses Buches wird dies völlig ausreichen. An dieser Stelle sollte man sich in

Erinnerung rufen, wie die Vektorraumverknüpfungen im Falle des Euklidischen Raumes aber auch im Falle eines *Funktionenraumes* wie $C(I)$ (Raum der stetigen Funktionen über dem abgeschlossenen Intervall $I \subset \mathbb{R}$) konkret aussehen.

Zum anderen muß man dann solche Differenzen bemessen können, ihre „Größe" also durch eine nichtnegative Zahl ausdrücken. Kurz, man braucht also einen Ersatz für den Absolutbetrag. Die Rolle des Absolutbetrages in diesem allgemeineren Rahmen wird von *Normen* übernommen. Wir werden darauf in den folgenden Abschnitten näher eingehen und im Laufe der Diskussion einige relevante Fakten in Erinnerung rufen, die aus der Höheren Mathematik bekannt sind und in folgenden Kapiteln vielfach verwendet werden.

2.1.2 Bemessen, Normen

Aufgrund der offensichtlich zentralen Bedeutung des Begriffs der *Norm* für jedwede Art von Fehlerschätzungen, seien hier kurz die Definition sowie einige elementare Fakten dazu in Erinnerung gerufen. Sei V ein $\mathbb{K}$-Vektorraum, d. h. ein Vektorraum über dem Körper $\mathbb{K}$. Wir werden stets nur $\mathbb{K} = \mathbb{R}$ oder $\mathbb{K} = \mathbb{C}$ benutzen. Ohne Spezifikation ist stets $\mathbb{K} = \mathbb{R}$ gemeint.

Definition 2.6. *Eine Abbildung* $\| \cdot \| : V \to \mathbb{R}$ *heißt* Norm *auf V, falls*

(N1) $\|v\| \geq 0, \ \forall \ v \in V$ *und* $\|v\| = 0$ *impliziert* $v = 0$;

(N2)   *Für alle* $a \in \mathbb{K}, v \in V$ *gilt* $\|av\| = |a| \, \|v\|$;

(N3)   *Für alle* $v, w \in V$ *gilt die* Dreiecksungleichung

$$\|v + w\| \leq \|v\| + \|w\|.$$

Wenn eine Norm auf V definiert ist, nennt man V oft einen *linearen normierten Raum*.

Eine Abbildung f eines linearen normierten Raumes V mit Norm $\| \cdot \|_V$ in einen linearen normierten Raum W mit Norm $\| \cdot \|_W$ heißt *Lipschitz-stetig*, falls eine Konstante L – die Lipschitz-Konstante – existiert, so daß für alle $v, w \in V$ gilt $\|f(v) - f(w)\|_W \leq L\|v - w\|_V$. Lipschitz-Stetigkeit ist also etwas stärker als Stetigkeit, sozusagen „fast Differenzierbarkeit", da Differenzenquotienten $\|f(v) - f(w)\|_W / \|v - w\|_V$ durch die Lipschitz-Konstante L beschränkt bleiben.

> Bei einem durch eine Lipschitz-stetige Abbildung beschriebenen Problem läßt sich also die *absolute Kondition* des Problems *gleichmäßig* durch die Lipschitz-Konstante beschränken.

Wie beim Absolutbetrag folgt nun insbesondere aus (N3), daß

$$\big| \|v\| - \|w\| \big| \leq \|v - w\|, \quad v, w \in V, \tag{2.2}$$

gilt, vgl. Übungsaufgabe 2.4.1. Dies besagt insbesondere, daß jede Norm eine Lipschitz-stetige Abbildung mit Lipschitz-Konstante eins vom jeweiligen Vektorraum in $\mathbb{R}$ ist.

Wegen $v = v - 0$ kann man $\|v\|$ auch als „*Abstand*" von v zum Nullelement in V interpretieren. In der Tat hat $\text{dist}(v, w) := \|v - w\|$ die Eigenschaften einer „*Distanz*" von zwei Elementen. Der Begriff der Distanz ist allerdings allgemeiner und nicht nur auf (normierte) Vektorräume anwendbar. Insofern liefern Normen spezielle Distanzbegriffe.

Für eine gegebene Norm $\|\cdot\|$ auf V kann man dann mit

$$K_{\|\cdot\|}(v, \epsilon) := \{w \in V : \|v - w\| < \epsilon\}$$

(offene) $\|\cdot\|$-„Kugeln" um v mit Radius ϵ definieren.

Nun kann man ein und denselben Vektorraum durchaus mit *unterschiedlichen* Normen ausstatten. Verschiedene Normen können dann geometrisch unterschiedliche Kugeln induzieren, siehe Übungsaufgabe 2.4.2.

Beispiel 2.7. Definiert man die ∞- oder Max-Norm

$$\|x\|_\infty := \max_{i=1,\ldots,n} |x_i|, \quad x \in \mathbb{K}^n,$$

$$\|f\|_\infty := \|f\|_{L_\infty(I)} := \max_{t \in I} |f(t)|, \quad f \in C(I),$$

(2.3)

bestätigt man mit Hilfe der Dreiecksungleichung für den Absolutbetrag leicht, daß damit Normen auf den Vektorräumen $\mathbb{K}^n$ bzw. $C(I)$ definiert sind. $\triangle$

Es kostet etwas mehr Mühe zu zeigen, daß für $1 \leq p < \infty$ auch mit

$$\|x\|_p := \left(\sum_{i=1}^n |x_i|^p\right)^{1/p}, \quad x \in \mathbb{K}^n,$$

$$\|f\|_p = \|f\|_{L_p(I)} := \left(\int_I |f(t)|^p\,dt\right)^{1/p}, \quad f \in C(I),$$

(2.4)

Normen auf $\mathbb{K}^n$ bzw. $C(I)$ – die sogenannten p-Normen – gegeben sind. Der Fall $p = 2$ verdient besondere Beachtung, da die sogenannte Euklidische Norm genau die Euklidische Distanz eines n-Tupels vom Ursprung angibt. Die entsprechenden Kugeln $K_2(x, \epsilon) = K_{\|\cdot\|_2}(x, \epsilon)$ sind dann (für $n = 3$) Kugeln im eigentlichen Sinne, siehe Übung 2.4.2. Zudem wird die Euklidische Norm (oder 2-Norm) $\|\cdot\|_2$ durch das kanonische Skalarprodukt

$$\|x\|_2 = (x, x)^{1/2}, \quad (x, y) := x^T y = \sum_{i=1}^n x_i y_i,$$

(2.5)

induziert.

Bemerkung 2.8. Sei V ein linearer Raum (über $\mathbb{R}$) mit einem Skalarprodukt $(\cdot, \cdot)_V : V \times V \to \mathbb{R}$. Dann ist

$$\|v\|_V := (v, v)_V^{1/2} \tag{2.6}$$

stets eine Norm auf V. Beispielsweise ist $\int_a^b f(t) g(t)\, dt$ ein Skalarprodukt auf $C([a,b])$, das die Norm $\|f\|_2 = \left(\int_a^b f(t)^2\, dt \right)^{1/2}$ als kontinuierliches Analogon zu (2.5) induziert. Die Eigenschaften (N1), (N2) sind für (2.6) (und insbesondere auch für (2.4)) leicht zu verifizieren. Lediglich (N3) verlangt eine zusätzliche Überlegung. Dies folgt allgemein für (2.6) aus der *Cauchy-Schwarzschen Ungleichung*:

$$|(v, w)_V| \leq \|v\|_V \|w\|_V, \quad v, w \in V, \tag{2.7}$$

die wohlbekannt sein sollte. Damit ergibt sich nämlich

$$
\begin{aligned}
\|v + w\|_V^2 &= (v + w, v + w)_V = (v, v)_V + 2(v, w)_V + (w, w)_V \\
&= \|v\|_V^2 + 2(v, w)_V + \|w\|_V^2 \overset{(2.7)}{\leq} \|v\|_V^2 + 2\|v\|_V\|w\|_V + \|w\|_V^2 \\
&= \left(\|v\|_V + \|w\|_V \right)^2,
\end{aligned}
$$

woraus (N3) folgt. $\triangle$

Beispiel 2.9. Übrigens sollte man beim Begriff „endlich-dimensionaler Vektorraum" nicht nur an $\mathbb{R}^n$ denken. Die Menge

$$\Pi_m := \Big\{ \sum_{i=0}^m a_i x^i \mid a_i \in \mathbb{R} \Big\}$$

der reellen Polynome vom Grade höchstens m ist ebenfalls ein $\mathbb{R}$-Vektorraum der Dimension $m + 1$. Die *Monome* $m_i(x) := x^i$, $i = 0, \ldots, m$, dienen hier als *Basis* (ein System von Elementen, deren Linearkombinationen den ganzen Raum ausfüllen und die *linear unabhängig* sind). Π_m läßt sich z. B. folgendermaßen normieren. Man fixiere ein Intervall, z.b. $I = [0, 1]$ und verwende die Max-Norm für Funktionen

$$\|P\| := \|P\|_{L_\infty(I)} = \max_{x \in I} |P(x)|.$$

$\triangle$

Wozu braucht man überhaupt unterschiedliche Normen? – Nun, um bei der Bemessung unterschiedliche Effekte zu priorisieren. Bei der Max-Norm $\|\cdot\|_\infty$ besteht man darauf, daß alle Komponenten eine gewünschte Genauigkeit erfüllen. Reskaliert man die p-Normen, indem man durch die Anzahl der Komponenten dividiert, sieht man, daß dann ein Mittelungseffekt stattfindet, der umso stärker wird, je kleiner p wird. Hier könnten also einzelne Komponenten Ausreißer enthalten, wobei immer noch eine gegebene Toleranz in einer solchen Norm eingehalten wird. Kurz, es kommt oft auf die jeweilige Aufgabenstellung an.

Unter Umständen ist es jedoch für viele qualitative Aussagen unerheblich, welche Norm man verwendet. In solchen Fällen werden wir den Bezug in der Notation oft unterdrücken. Hierzu trägt insbesondere folgendes Ergebnis bei, das aus der „Höheren Mathematik" vertraut sein sollte. Es benutzt wesentlich, daß abgeschlossene und beschränkte Mengen in endlich-dimensionalen Räumen kompakt sind, was für unendlich-dimensionale Räume nicht gilt.

Satz 2.10. *Auf einem endlich-dimensionalen Vektorraum V sind alle Normen äquivalent. Das heißt, zu je zwei Normen $\| \cdot \|_*$, $\| \cdot \|_{**}$ existieren beschränkte, positive Konstanten c, C, so daß*

$$c\|v\|_* \leq \|v\|_{**} \leq C\|v\|_* \quad \text{für alle} \quad v \in V. \tag{2.8}$$

Wozu sich im Hinblick auf Satz 2.10 nun erst recht in der Numerik mit verschiedenen Normen herumschlagen, wo man doch am Ende nur mit diskreten und damit endlich-dimensionalen Problemen zu tun hat? Der Grund liegt darin, daß hinter vielen diskreten Problemen ein kontinuierliches und damit unendlich-dimensionales Problem wie etwa eine Differentialgleichung steht (vgl. Beispiel 1.2). Es stellt sich dann heraus, daß eine in Hinsicht auf Effizienz, Genauigkeit und Stabilität angemessenen numerische Methode diesem „unendlich-dimensionalen" Charakter des Hintergrundproblems Rechnung tragen muß. Dabei kann dann die Wahl der Norm eine wichtige Rolle spielen. Hierzu beachte man, daß die beiden Normen in (2.8) umso ähnlicher sind, je kleiner der Quotient der Äquivalenzkonstanten C/c ist. Man bestätigt nun leicht, daß z. B.

$$\|x\|_\infty \leq \|x\|_2 \leq \sqrt{n}\|x\|_\infty, \quad x \in \mathbb{R}^n, \tag{2.9}$$

gilt und daß man diese Abschätzung nicht verbessern kann. Die obere Konstante C hängt also in diesem Fall von der Dimension n ab und die Konstante C/c wächst mit der Wurzel der Dimension. Die Normen driften also bei größer werdender Dimension auseinander. Dies ist typisch. Bei steigenden Genauigkeitsansprüchen wächst aber typischerweise die Dimension der Diskretisierung. Je näher man also dem Hintergrundproblem durch wachsende Genauigkeit kommt, umso relevanter wird die Auswahl der jeweils richtigen Norm.

2.1.3 Relative und Absolute Kondition

Sind also nun X, Y normierte lineare Räume, bezeichnen wir die zugehörigen Normen generisch mit $\| \cdot \|_X$, $\| \cdot \|_Y$. Für eine Fehleranalyse und die Quantifizierung des Konditionsbegriffs sind dann folgende Größen von Interesse:

$$\text{absolute Fehler:} \quad \|\Delta x\|_X, \quad \|\Delta y\|_Y,$$

$$\text{relative Fehler:} \quad \delta_x = \frac{\|\Delta x\|_X}{\|x\|_X}, \quad \delta_y = \frac{\|\Delta y\|_Y}{\|y\|_Y}.$$

Mit der *relativen/absoluten Kondition* eines (durch f beschriebenen) Problems bezeichnet man nun das Verhältnis

$$\frac{\delta_y}{\delta_x} \quad \text{bzw.} \quad \frac{\|\Delta y\|_Y}{\|\Delta x\|_X}$$

des relativen/absoluten Ausgabefehlers zum relativen/absoluten Eingabefehler – also die **Sensitivität** des Problems unter Störung der Eingabedaten. Wenn man über die Kondition eines Problems spricht, wird meistens die **relative** Kondition gemeint. Ein Problem ist umso besser **konditioniert**, je kleinere Schranken für δ_y/δ_x (mit $\delta_x \to 0$) existieren. Offensichtlich ist die absolute Kondition eng mit dem Begriff der Ableitung verknüpft, die gerade die Sensitivität einer Funktion in Bezug auf Änderungen des Arguments mißt.

Beachte:
Die Kondition beschreibt eine Eigenschaft des Problems selbst und *nicht* die Qualität einer speziellen Lösungsmethode, da *exakte* Auswertung von f vorausgesetzt wird (in Beispiel 2.2: exakte Summenbildung). Die Kondition sagt also, mit welchen *unvermeidlichen Fehlern* man (bei Störung der Daten) in jedem Fall (selbst bei exakter Rechnung) rechnen muß.

2.1.4 Relative Konditionszahlen skalarwertiger Probleme

Wir kommen nun zur quantitativen Präzisierung des Konditionsbegriffes, d. h. zu berechenbaren Größen für die Kondition. Falls die ein gegebenes Problem beschreibende Funktion f *skalarwertig* ist, d. h.

$$f : \mathbb{R}^n \to \mathbb{R},$$

und eine explizite Formel für f vorliegt (wie in den Beispielen 2.1, 2.2, 2.3), läßt sich die Fehlerverstärkung relativ einfach abschätzen. Da $Y = \mathbb{R}$, nehmen wir natürlich $\|\cdot\|_Y = |\cdot|$, während wir die Norm $\|\cdot\|$ für $X = \mathbb{R}^n$ unspezifiziert lassen. Bevor wir für diesen Fall die relative Konditionszahl herleiten, werden zwei Hilfsmittel eingeführt, nämlich das Landau-Symbol und die Taylorentwicklung, die hier und an vielen anderen Stellen in diesem Buch verwendet werden.

Landau-Symbol

Wir betrachten zwei Funktionen $g, h : \mathbb{R}^n \to \mathbb{R}^m$. Seien $\| \cdot \|_{\mathbb{R}^n}$ und $\| \cdot \|_{\mathbb{R}^m}$ Normen auf $\mathbb{R}^n$ bzw. $\mathbb{R}^m$. Sei $x_0 \in \mathbb{R}^n$. Wenn es Konstanten $C > 0$, $\delta > 0$ gibt, so daß für alle x mit $\|x - x_0\|_{\mathbb{R}^n} < \delta$ die Abschätzung

$$\|g(x)\|_{\mathbb{R}^m} \leq C\|h(x)\|_{\mathbb{R}^m} \qquad (2.10)$$

gilt, sagt man „ *g ist von der Ordnung groß $\mathcal{O}$ von h für x gegen x_0* ". Dafür wird oft die Notation

$$g(x) = \mathcal{O}(h(x)) \qquad (x \to x_0) \qquad (2.11)$$

verwendet. Um festzustellen ob (2.11) (also (2.10)) gilt, ist folgendes hinreichende Kriterium nützlich. Seien g, h wie oben. Wenn

$$\lim_{x \to x_0} \frac{\|g(x)\|_{\mathbb{R}^m}}{\|h(x)\|_{\mathbb{R}^m}} \text{ existiert } (< \infty),$$

dann gilt (2.11).

Beispiel 2.11. Für $n = m = 1$ gilt

$$\sin x = \mathcal{O}(x) \quad (x \to a) \text{ für alle } a \in \mathbb{R},$$
$$x^2 + 3x = \mathcal{O}(x) \quad (x \to 0),$$
$$x^2 - x - 6 = \mathcal{O}(x - 3) \quad (x \to 3).$$

Für $n = 2, m = 1$, $g(x_1, x_2) = x_1^2(1 - x_2) + (x_2^3 + x_1)(1 - x_1^2)$ gilt

$$g(x_1, x_2) = \mathcal{O}(x_1 + x_2^3) \quad ((x_1, x_2) \to (0, 0)),$$
$$g(x_1, x_2) = \mathcal{O}(|1 - x_1| + |1 - x_2|) \quad ((x_1, x_2) \to (1, 1)).$$

$$\triangle$$

Taylorentwicklung

Für hinreichend oft differenzierbares $f : \mathbb{R} \to \mathbb{R}$ gilt

$$f(\tilde{x}) = f(x) + f'(x)(\tilde{x} - x) + \frac{f^{(2)}(x)}{2}(\tilde{x} - x)^2 + \ldots$$
$$+ \frac{f^{(k-1)}(x)}{(k - 1)!}(\tilde{x} - x)^{k-1} + \frac{f^{(k)}(\xi)}{k!}(\tilde{x} - x)^k,$$

wobei ξ eine Zahl zwischen $\tilde{x}$ und x ist. Das Polynom

$$p_{k-1}(\tilde{x}) := f(x) + f'(x)(\tilde{x} - x) + \frac{f^{(2)}(x)}{2}(\tilde{x} - x)^2 + \ldots + \frac{f^{(k-1)}(x)}{(k - 1)!}(\tilde{x} - x)^{k-1}$$

wird das *Taylorpolynom* vom Grad $k - 1$ in x genannt.

Für $k = 1$ erhält man als Spezialfall den *Mittelwertsatz*

$$\frac{f(\tilde{x}) - f(x)}{\tilde{x} - x} = f'(\xi),$$

wobei ξ eine Zahl zwischen $\tilde{x}$ und x ist. Oft wird die Darstellung

$$f(\tilde{x}) = p_{k-1}(\tilde{x}) + \mathcal{O}(|\tilde{x} - x|^k) \quad (\tilde{x} \to x)$$

verwendet.

Für hinreichend oft differenzierbares $f : \mathbb{R}^n \to \mathbb{R}$ gilt

$$f(\tilde{x}) = f(x) + \sum_{j=1}^{n} \frac{\partial f}{\partial x_j}(x)(\tilde{x}_j - x_j)$$

$$+ \sum_{i,j=1}^{n} \frac{1}{2} \frac{\partial^2 f(x)}{\partial x_i \partial x_j}(\tilde{x}_i - x_i)(\tilde{x}_j - x_j) + \mathcal{O}(\|\tilde{x} - x\|_2^3), \quad \tilde{x} \to x. \tag{2.12}$$

wegen doppelter Summation $i, j; j, i$

Setzt man kurz

$$\nabla f(x) = \left(\frac{\partial f(x)}{\partial x_1}, \dots, \frac{\partial f(x)}{\partial x_n} \right)^T \qquad \textit{Gradient},$$

$$f''(x) = \left(\frac{\partial^2 f(x)}{\partial x_i \partial x_j} \right)^n_{i,j=1} \qquad \textit{Hesse-Matrix},$$

läßt sich (2.12) kompakt auch folgendermaßen schreiben:

$$f(\tilde{x}) = f(x) + \left(\nabla f(x) \right)^T (\tilde{x} - x) + \frac{1}{2}(\tilde{x} - x)^T f''(x)(\tilde{x} - x) + \mathcal{O}(\|\tilde{x} - x\|_2^3).$$

Vektor   Vektor - Skalar

Wir werden jetzt die Taylorentwicklung für eine quantitative Präzisierung der Kondition einer zweimal differentierbaren Funktion $f : \mathbb{R}^n \to \mathbb{R}$ verwenden. Aus der Taylorentwicklung ergibt sich

$$f(\tilde{x}) = f(x) + \left(\nabla f(x) \right)^T (\tilde{x} - x) + \mathcal{O}(\|\tilde{x} - x\|^2), \quad (\tilde{x} \to x).$$

Ist insbesondere $\|\tilde{x} - x\|$ klein, d. h., liegen $\tilde{x}$ und x nahe beieinander, vernachlässigt man häufig die Terme zweiter Ordnung und schreibt

$$f(\tilde{x}) \doteq f(x) + \left(\nabla f(x) \right)^T (\tilde{x} - x), \tag{2.13}$$

um anzudeuten, daß beide Seiten nur in den Anteilen nullter und erster Ordnung übereinstimmen. Aus (2.13) folgt dann *wegheben*

$$\frac{f(\tilde{x}) - f(x)}{f(x)} \doteq \sum_{j=1}^{n} \frac{\partial f(x)}{\partial x_j} \cdot \frac{x_j}{f(x)} \cdot \frac{\tilde{x}_j - x_j}{x_j}.$$

relativer Fehler in Eingabe

relativer Fehler in Ausgabe

verstärkungsfaktor

Definiert man also die *Verstärkungsfaktoren*

$$\phi_j(x) = \frac{\partial f(x)}{\partial x_j} \cdot \frac{x_j}{f(x)}, \tag{2.14}$$

erhält man

$$\underbrace{\frac{f(\tilde{x}) - f(x)}{f(x)}}_{\substack{\text{rel. Fehler} \\ \text{der Ausgabe}}} \doteq \sum_{j=1}^{n} \underbrace{\phi_j(x)}_{\substack{\text{Fehler-} \\ \text{verstärkung}}} \cdot \underbrace{\frac{\tilde{x}_j - x_j}{x_j}}_{\substack{\text{rel. Fehler} \\ \text{der Eingabe}}} \qquad (2.15)$$

und damit einen Zusammenhang zwischen relativem Eingabefehler

$$\delta_x := \left(\frac{\tilde{x}_1 - x_1}{x_1}, \ldots, \frac{\tilde{x}_n - x_n}{x_n} \right)^T$$

und relativem Ausgabefehler. Da der Eingabefehler vektorwertig ist ($X = \mathbb{R}^n$), hängt eine Konditionsabschätzung von der Wahl der Norm ab, mit der man δ_x mißt. Wählt man zum Beispiel die 1-Norm ($p = 1$ in (2.4)), ergibt sich

$$\left| \frac{f(\tilde{x}) - f(x)}{f(x)} \right| \dot{\leq} \kappa_{\text{rel}}(x) \sum_{j=1}^{n} \left| \frac{\tilde{x}_j - x_j}{x_j} \right| ,$$

$$\text{mit} \quad \kappa_{\text{rel}}(x) = \kappa_{\text{rel}}^{\infty}(x) = \max_{j} \left| \frac{\partial f(x)}{\partial x_j} \frac{x_j}{f(x)} \right| . \qquad (2.16)$$

Würde man δ_x in der Max-Norm messen wollen (vgl. (2.3)), müßte man

$$\kappa_{\text{rel}}^1(x) := \sum_{j=1}^{n} |\phi_j(x)| = \|\phi(x)\|_1$$

definieren und erhielte

$$\left| \frac{f(\tilde{x}) - f(x)}{f(x)} \right| \dot{\leq} \kappa_{\text{rel}}^1(x) \|\delta_x\|_{\infty}. \qquad (2.17)$$

Der Einfachheit halber konzentrieren wir uns im Folgenden auf die Variante $\kappa_{\text{rel}}(x) = \kappa_{\text{rel}}^{\infty}(x)$.

Das Problem ist umso besser konditioniert, je kleiner $\kappa_{\text{rel}}(x)$ ist. Die Zahl $\kappa_{\text{rel}}(x)$ heißt die (*relative*) *Konditionszahl* des Problems f an der Stelle x und beschreibt die maximale Verstärkung des relativen Eingabefehlers.

Ein besonders einfacher Fall ergibt sich noch, wenn $n = 1$ ist, die Funktion f also nur von einer Variablen abhängt, $X = Y = \mathbb{R}$. (2.15) erhält dann die Form

$$\left| \frac{f(\tilde{x}) - f(x)}{f(x)} \right| \doteq \kappa_{\text{rel}}(x) \left| \frac{\tilde{x} - x}{x} \right| ,$$

$$\text{mit} \quad \kappa_{\text{rel}}(x) := \left| f'(x) \frac{x}{f(x)} \right| . \tag{2.18}$$

Beispiel 2.12. Gegeben sei die Funktion

$$f : \mathbb{R} \to \mathbb{R}, \quad f(x) = e^{3x^2}.$$

Für die relative Konditionszahl erhält man

$$\kappa_{\text{rel}}(x) = \left| f'(x) \frac{x}{f(x)} \right| = 6x^2.$$

Daraus folgt, daß diese Funktion für $|x|$ klein (groß) gut (schlecht) konditioniert ist. Zum Beispiel:

$$x = 0.1, \ \tilde{x} = 0.10001 \qquad \xrightarrow{f} \qquad \left| \frac{f(x) - f(\tilde{x})}{f(x)} \right| = 6.03 * 10^{-6}$$
$$\left| \frac{x - \tilde{x}}{x} \right| = 10^{-4}$$

$$x = 4, \quad \tilde{x} = 4.0004 \qquad \xrightarrow{f} \qquad \left| \frac{f(x) - f(\tilde{x})}{f(x)} \right| = 9.65 * 10^{-3}$$
$$\left| \frac{x - \tilde{x}}{x} \right| = 10^{-4}$$

Im ersten Fall hat man Fehlerdämpfung, im zweiten dagegen Fehlerverstärkung. An diesen Resultaten sieht man, daß tatsächlich

$$\left| \frac{f(x) - f(\tilde{x})}{f(x)} \right| \Big/ \left| \frac{x - \tilde{x}}{x} \right| \approx \kappa_{\text{rel}}(x) = 6x^2 \tag{2.19}$$

gilt. Ist $|x - \tilde{x}|$ „zu groß", dann gilt das Resultat (2.19) i. a. nicht mehr, z. B. für $x = 4$, $\tilde{x} = 4.04$ gilt $\left| \frac{x - \tilde{x}}{x} \right| = 10^{-2}$ und

$$\left| \frac{f(x) - f(\tilde{x})}{f(x)} \right| \Big/ \left| \frac{x - \tilde{x}}{x} \right| = 162.4,$$

aber $\kappa_{\text{rel}}(x) = 96$. $\triangle$

Wir erinnern uns, daß auch die elementaren Rechenoperationen in diesen Rahmen fallen und diskutieren als nächstes deren Kondition. Dazu bezeichne δ_x, δ_y die relativen Fehler der Größen $\tilde{x}, \tilde{y}$ gegenüber den exakten Werten x, y, d. h.,

$$\frac{\tilde{x} - x}{x} = \delta_x, \quad \frac{\tilde{y} - y}{y} = \delta_y,$$

bzw.

$$\tilde{x} = x(1 + \delta_x), \quad \tilde{y} = y(1 + \delta_y).$$

Ferner nehmen wir an, daß $|\delta_x|, |\delta_y| \leq \epsilon \ll 1$. Für die Beispiele 2.1, 2.2, 2.3 erhalten wir folgende Resultate:

Beispiel 2.13. (Multiplikation)

$$x = (x_1, x_2)^T, \quad f(x) = x_1 x_2, \quad \frac{\partial f(x)}{\partial x_1} = x_2, \quad \frac{\partial f(x)}{\partial x_2} = x_1,$$

$$\phi_j(x) = \frac{x_1 x_2}{f(x)} = 1, \quad j = 1, 2.$$

Daraus folgt, daß $\kappa_{\mathrm{rel}}(x) = 1$ (von x unabhängig!). Die Multiplikation ist also für alle Eingangsdaten gut konditioniert. Für die Multiplikation $f(x_1, x_2) = x_1 x_2$ ergibt sich aus (2.16) dann

$$\left| \frac{\tilde{x}_1 \tilde{x}_2 - x_1 x_2}{x_1 x_2} \right| = \left| \frac{f(\tilde{x}_1, \tilde{x}_2) - f(x_1, x_2)}{f(x_1, x_2)} \right| \leq \kappa_{\mathrm{rel}} \left(\left| \frac{\tilde{x}_1 - x_1}{x_1} \right| + \left| \frac{\tilde{x}_2 - x_2}{x_2} \right| \right)$$

$$\leq 1 \cdot (|\delta_{x_1}| + |\delta_{x_2}|) \leq 2\epsilon.$$

$$\triangle$$

Für die Division gilt ein ähnliches Resultat, wobei nur eine Verstärkung des relativen Fehlers um einen beschränkten Faktor auftritt ($\kappa_{\mathrm{rel}} \leq 1$: Übung 2.4.4).

Beispiel 2.14. (Addition)

$$x = (x_1, x_2)^T, \quad f(x) = x_1 + x_2, \quad \frac{\partial f(x)}{\partial x_1} = 1, \quad \frac{\partial f(x)}{\partial x_2} = 1,$$

$$\phi_j(x) = \frac{\partial f(x)}{\partial x_j} \cdot \frac{x_j}{f(x)} = \frac{x_j}{x_1 + x_2}, \quad j = 1, 2.$$

Daraus folgt

$$\kappa_{\mathrm{rel}}(x) = \max \left\{ \left| \frac{x_1}{x_1 + x_2} \right|, \left| \frac{x_2}{x_1 + x_2} \right| \right\}. \tag{2.20}$$

Mit $f(x_1, x_2) = x_1 + x_2$ gilt dann

$$\left| \frac{(\tilde{x}_1 + \tilde{x}_2) - (x_1 + x_2)}{x_1 + x_2} \right| = \left| \frac{f(\tilde{x}_1, \tilde{x}_2) - f(x_1, x_2)}{f(x_1, x_2)} \right|$$

$$\leq \kappa_{\mathrm{rel}} \left(\left| \frac{\tilde{x}_1 - x_1}{x_1} \right| + \left| \frac{\tilde{x}_2 - x_2}{x_2} \right| \right) \leq \kappa_{\mathrm{rel}} 2\epsilon.$$

Für die Addition zweier Zahlen mit *gleichem* Vorzeichen ergibt sich $\kappa_{\mathrm{rel}} \leq 1$. Hingegen zeigt sich, daß die *Subtraktion* zweier annähernd gleicher Zahlen schlecht konditioniert ist. In diesem Fall gilt nämlich $|x_1 + x_2| \ll |x_i|$ für $i = 1, 2$, so daß $\kappa_{\mathrm{rel}}(x) \gg 1$ ist. Der Faktor κ_{rel} läßt sich dann *nicht* mehr durch eine Konstante abschätzen. Insbesondere kann dieser Faktor sehr groß werden, wenn $x_1 \approx -x_2$ ist. In diesem Beispiel wird auch klar, daß die Kondition des Problems stark von der Stelle x, an der die Funktion ausgewertet wird (Wert der Eingangsdaten), abhängen kann. Im Gegensatz zur Multiplikation und Division ist also die Addition (von Zahlen entgegengesetzten Vorzeichens) problematisch, da die relativen Fehler enorm verstärkt werden können. Diese Tatsache wird sich später im Phänomen der sogenannten *Auslöschung* führender Ziffern niederschlagen. △

Beispiel 2.15. (Nullstelle) Bestimmung der kleineren Nullstelle y^* der quadratischen Gleichung $y^2 - 2x_1 y + x_2 = 0$ unter der Voraussetzung $x_1^2 > x_2$:

$$x = (x_1, x_2)^T, \quad f(x) = x_1 - \sqrt{x_1^2 - x_2} = y^*.$$

$$\frac{\partial f(x)}{\partial x_1} = \frac{\sqrt{x_1^2 - x_2} - x_1}{\sqrt{x_1^2 - x_2}} = \frac{-y^*}{\sqrt{x_1^2 - x_2}}, \quad \frac{\partial f(x)}{\partial x_2} = \frac{1}{2\sqrt{x_1^2 - x_2}}$$

$$\phi_1(x) = \frac{-y^*}{\sqrt{x_1^2 - x_2}} \frac{x_1}{y^*} = \frac{-x_1}{\sqrt{x_1^2 - x_2}}$$

$$\phi_2(x) = \frac{x_2}{2y^*\sqrt{x_1^2 - x_2}} = \frac{x_1 + \sqrt{x_1^2 - x_2}}{2\sqrt{x_1^2 - x_2}} = \frac{1}{2} - \frac{1}{2}\phi_1(x);$$

bei der vorletzten Umformung wurde $y^*(x_1 + \sqrt{x_1^2 - x_2}) = x_2$ verwendet. Bei diesem Problem hängt die Kondition stark von der Stelle (x_1, x_2) ab. Beschränkt man sich z. B. auf den Fall $x_2 < 0$, so sieht man sofort, daß $|\phi_1(x)| \leq 1$ und $\kappa_{\mathrm{rel}}(x) \leq 1$. Werden dagegen Eingangsdaten $x_2 \approx x_1^2$ angenommen, so erhalten wir $|\phi_1(x)| \gg 1$ und damit $\kappa_{\mathrm{rel}} \gg 1$. △

In den bisher betrachteten Fällen galt für den Bildbereich stets $Y = \mathbb{R}$. In Beispiel 2.4 ist nun das Problem charakterisiert durch eine Funktion $f : \mathbb{R}^2 \to \mathbb{R}^2$ (also nicht $\mathbb{R}^n \to \mathbb{R}$), und in Beispiel 2.5 ist keine explizite Formel für $f : \mathbb{R} \to \mathbb{R}$ bekannt. Trotzdem ist in diesen beiden Beispielen die Kondition relativ einfach zu analysieren, weil f eine *lineare* Abbildung ist, in Beispiel 2.4 repräsentiert durch die (2×2)-Matrix A^{-1}. Obgleich wir im Folgenden linearen Abbildungen meist in Form von Matrizen begegnen werden, ist es aus folgenden Gründen sinnvoll, die Kondition linearer Abbildungen in einem etwas abstrakteren Rahmen zu diskutieren. Zum einen sind die Argumente im Wesentlichen gleich und bringen dadurch den Kern der Sache besser zum Vorschein. Zum anderen werden dadurch diverse spätere Anwendungen bequem abgedeckt.

2.1.5 Operatornormen, Konditionszahlen linearer Abbildungen

Im Folgenden seien X, Y lineare normierte Räume (über $\mathbb{R}$) mit Normen $\|\cdot\|_X$, $\|\cdot\|_Y$. Zunächst können damit z. B. Euklidische Räume, Polynomräume oder allgemeinere Funktionenräume gemeint sein. Eine Abbildung $\mathcal{L} : X \to Y$ heißt bekanntlich *linear*, falls für $x, z \in X$ und $\alpha, \beta \in \mathbb{R}$ gilt

$$\mathcal{L}(\alpha x + \beta z) = \alpha \mathcal{L}(x) + \beta \mathcal{L}(z). \tag{2.21}$$

Beispiel 2.16. (a) Sei $Y = \Pi_m$ der Raum der Polynome vom Grade $\leq m$ über $\mathbb{R}$, siehe Beispiel 2.9. Die Abbildung

$$\mathcal{L} : \mathbb{R}^{m+1} \to \Pi_m, \quad \text{definiert durch} \quad \mathcal{L}(a) := \sum_{i=0}^{m} a_i x^i, \quad a \in \mathbb{R}^{m+1},$$

ist eine lineare Abbildung von $\mathbb{R}^{m+1}$ in Π_m, die jedem $(m+1)$-Tupel eine entsprechende Linearkombination der Monome zuordnet.
(b) Sei $I = [a, b] \subseteq \mathbb{R}$ und $x_0 \in I$ fest. $C^k(I)$ bezeichne den Raum der k mal stetig differenzierbaren Funktionen auf I (ein $\mathbb{R}$-Vektorraum). Die Abbildung

$$\delta_{x_0}^{(k)} : C(I) \to \mathbb{R}, \quad \text{definiert durch} \quad \delta_{x_0}^{(k)}(f) := f^{(k)}(x_0)$$

ist linear, wie man leicht überprüft. Lineare Abbildungen, deren Bildbereich der Körper ist, hier $\mathbb{R}$, nennt man auch *lineare Funktionale*. $\triangle$

Beispiel 2.17. Formal besteht der Raum $\mathbb{K}^{m \times n}$ der $(m \times m)$-Matrizen über dem Körper $\mathbb{K}$ aus Objekten der Form

$$B = (b_{i,j})_{i,j=1}^{m,n} = \begin{pmatrix} b_{1,1} & \cdots & b_{1,n} \\ \vdots & & \vdots \\ b_{m,1} & \cdots & b_{m,n} \end{pmatrix}, \quad b_{i,j} \in \mathbb{K}.$$

Wir werden vornehmlich $\mathbb{K} = \mathbb{R}$ betrachten. Da das Matrix-Vektor-Produkt Bx für $x \in \mathbb{R}^n$ bekanntlich einen Vektor in $\mathbb{R}^m$ produziert, dessen i-te Komponente durch $(Bx)_i = \sum_{j=1}^{n} b_{i,j} x_j$ gegeben ist, prüft man sofort nach, daß $B : \mathbb{R}^n \to \mathbb{R}^m$ in der Tat eine lineare Abbildung definiert.

Wie aus der Höheren Mathematik bekannt ist, umfaßt die Menge $\mathbb{R}^{m \times n}$ *alle* linearen Abbildungen von $\mathbb{R}^n$ nach $\mathbb{R}^m$. $\triangle$

Zurück zum allgemeinen Fall. Die Menge der linearen Abbildungen $\mathrm{Lin}(X, Y)$ bildet bezüglich der üblichen additiven Verknüpfung wieder einen $\mathbb{R}$-Vektorraum. Diesen kann man wieder mit einer Norm ausstatten. Hier interessieren wir uns nun für eine Norm, die das *Abbildungsverhalten* von $\mathcal{L}$ bewertet und daher auf natürliche Weise für Konditionsbetrachtungen von Bedeutung ist.

Legt man zunächst wieder eine Norm $\|\cdot\|_X$ für X und eine Norm $\|\cdot\|_Y$ für Y fest, so gibt die sogenannte *Abbildungs-* oder *Operatornorm* von $\mathcal{L}$ an, wie die Abbildung $\mathcal{L}$ die Einheitskugel $K_{\|\cdot\|_X}(0,1)$ verformt, wenn man die Bilder unter dieser Abbildung in der Bildnorm $\|\cdot\|_Y$ mißt:

$$\|\mathcal{L}\|_{X \to Y} := \sup_{\|x\|_X = 1} \|\mathcal{L}(x)\|_Y. \tag{2.22}$$

Man sagt, $\mathcal{L}$ ist *beschränkt*, wenn $\|\mathcal{L}\|_{X \to Y}$ endlich ist. Nun gilt für ein beliebiges $x \in X$, daß $\tilde{x} = x/\|x\|_X \in K_{\|\cdot\|_X}(0,1)$. Wegen (N2) in Definition 2.6 gilt aber $\|\mathcal{L}(\tilde{x})\|_Y = \|\mathcal{L}(x)\|_Y/\|x\|_X$. Deshalb ist die Definition (2.22) äquivalent zu

$$\|\mathcal{L}\|_{X \to Y} := \sup_{x \neq 0} \frac{\|\mathcal{L}(x)\|_Y}{\|x\|_X}. \tag{2.23}$$

Daraus wiederum folgt sofort folgende wichtige Eigenschaft

$$\|\mathcal{L}(x)\|_Y \leq \|\mathcal{L}\|_{X \to Y} \|x\|_X, \quad \forall\ x \in X. \tag{2.24}$$

Bemerkung 2.18. Für die *Identität* $I : X \to X$ gilt bei Verwendung *gleicher* Normen für Bild und Urbild stets

$$\|I\|_X := \|I\|_{X \to X} = \sup_{\|x\|_X = 1} \|Ix\|_X = 1. \tag{2.25}$$

$\triangle$

Bemerkung 2.19. Für lineare Abbildungen gibt es folgenden wichtigen Zusammenhang zwischen Beschränktheit und Stetigkeit:

Eine lineare Abbildung ist beschränkt genau dann, wenn sie stetig ist.

Es sei daran erinnert, was „*stetig*" in diesem allgemeinen Rahmen heißt: Zu $x \in X$ und $\varepsilon > 0$ gibt es ein $\varepsilon' = \varepsilon'(x, \varepsilon) > 0$, so daß $\|\mathcal{L}(x) - \mathcal{L}(x')\|_Y \leq \varepsilon$, für alle $\|x - x'\|_X \leq \varepsilon'$. Wegen der Linearität gilt

$$\|\mathcal{L}(x) - \mathcal{L}(x')\|_Y = \|\mathcal{L}(x - x')\|_Y \leq \|\mathcal{L}\|_{X \to Y} \|x - x'\|_X,$$

d. h., wenn $\mathcal{L}$ beschränkt ist, ist $\mathcal{L}$ sogar Lipschitz-stetig mit Lipschitz-Konstante $\|\mathcal{L}\|_{X \to Y}$. Die *absolute* Kondition einer linearen Abbildung ist somit gerade durch die entsprechende Abbildungsnorm $\|\mathcal{L}\|_{X \to Y}$ gegeben. $\triangle$

Wenn eine lineare Abbildung in Form einer Matrix gegeben ist, lassen sich die Operatornormen oft explizit ausrechnen.

Bemerkung 2.20. Sei wieder speziell $X = \mathbb{R}^n$, $Y \in \mathbb{R}^m$ und $B \in \mathbb{R}^{m \times n}$ eine $(m \times n)$-Matrix. Stattet man sowohl X als auch Y mit der p-Norm für $1 \leq p \leq \infty$ aus (siehe (2.3), (2.4)), bezeichnet man die entsprechende Operatornorm kurz als $\|B\|_p := \|B\|_{X \to Y}$.

Man bestätigt unschwer, daß

$$\|B\|_\infty = \max_{i=1,\ldots,m} \sum_{k=1}^{n} |b_{i,k}|, \qquad (2.26)$$

sowie

$$\|B\|_1 = \max_{i=1,\ldots,n} \sum_{k=1}^{m} |b_{k,i}|, \qquad (2.27)$$

(siehe Übung 2.4.17). Ferner gilt für $A \in \mathbb{R}^{n \times n}$

$$\|A\|_2 = \sqrt{\lambda_{\max}(A^T A)}, \qquad (2.28)$$

wobei A^T die Transponierte von A ist, (d. h. $\left(A^T\right)_{i,j} = a_{j,i}$) und $\lambda_{\max}$ der größte Eigenwert ist. $\triangle$

Beispiel 2.21. Für $A = \begin{pmatrix} 2 & -3 \\ 1 & 1 \end{pmatrix}$ ergibt sich $\|A\|_\infty = 5$ und $\|A\|_1 = 4$. Die Eigenwerte der Matrix $A^T A = \begin{pmatrix} 5 & -5 \\ -5 & 10 \end{pmatrix}$ kann man über

$$\det \begin{pmatrix} 5-\lambda & -5 \\ -5 & 10-\lambda \end{pmatrix} = 0 \iff (5-\lambda)(10-\lambda) - 25 = 0$$

bestimmen. Also

$$\lambda_1 = \frac{1}{2}(15 - 5\sqrt{5}), \quad \lambda_2 = \frac{1}{2}(15 + 5\sqrt{5}),$$

und damit $\|A\|_2 = \sqrt{\frac{1}{2}(15 + 5\sqrt{5})}$. $\triangle$

Jede lineare Abbildung von einem n-dimensionalen in einen m-dimensionalen Vektorraum läßt sich (über Basisdarstellungen in diesen Räumen) durch eine $(m \times n)$-Matrix darstellen. Aus der Äquivalenz von Normen auf endlich-dimensionalen Räumen (Satz 2.10) und (2.26) kann man schließlich ableiten, daß *jede* lineare Abbildung von einem endlich-dimensionalen in einen unendlich-dimensionalen linearen Raum beschränkt und damit stetig ist.

Daß für letztere Aussage die Endlichdimensionalität wesentlich ist, zeigt folgendes Beispiel.

Beispiel 2.22. Den Raum $C^1(I)$ kann man mit der Norm $\|f\|_{C^1(I)} :=$ $\max_{0 \le j \le 1} \|f^{(j)}\|_{L_\infty(I)}$ ausstatten. Man überprüft leicht, daß die lineare Abbildung (Funktional) $\delta_{x_0}^{(1)} : C^1(I) \to \mathbb{R}$ aus Beispiel 2.16 beschränkt und damit stetig ist, wenn man $C^1(I)$ mit dieser Norm ausstattet. Das Funktional ist *nicht* beschränkt (und deshalb nicht stetig), wenn man $C^1(I)$ nur mit der Norm $\|\cdot\|_{L_\infty(I)}$ versieht, vgl. Übung 2.4.22. Im Falle unendlich-dimensionaler Räume – und solche tauchen immer auf, wenn z. B. Differential- oder Integralgleichungen im Spiel sind – ist also die Wahl der Norm wesentlich. $\triangle$

Nachdem wir gesehen haben, daß sich die absolute Kondition einer linearen Abbildung durch die entsprechende Operatornorm abschätzen läßt, wenden wir uns jetzt der relativen Kondition linearer Abbildungen zu. Dies verlangt eine Abschätzung von

$$\underbrace{\frac{\|\mathcal{L}(\tilde{x}) - \mathcal{L}(x)\|_Y}{\|\mathcal{L}(x)\|_Y}}_{\text{Ausgabefehler}} \quad \text{durch} \quad \underbrace{\frac{\|\tilde{x} - x\|_X}{\|x\|_X}}_{\text{Eingabefehler}}.$$

Man sieht sofort, daß die linke Seite unendlich werden kann (die Kondition also unendlich und somit mehr als miserabel ist), wenn es ein $x \neq 0$ gibt, so daß $\mathcal{L}(x) = 0$ ist. Wir müssen dies also ausschließen. Dies heißt gerade, daß die Abbildung *injektiv* sein muß, damit eine endliche Kondition vorliegen kann, was wir von nun an annehmen wollen.

Satz 2.23. *Unter obigen Voraussetzungen gilt*

$$\frac{\|\mathcal{L}(\tilde{x}) - \mathcal{L}(x)\|_Y}{\|\mathcal{L}(x)\|_Y} \le \kappa(\mathcal{L}) \frac{\|\tilde{x} - x\|_X}{\|x\|_X}, \tag{2.29}$$

wobei

$$\kappa(\mathcal{L}) = \frac{\sup_{\|x\|_X = 1} \|\mathcal{L}(x)\|_Y}{\inf_{\|x\|_X = 1} \|\mathcal{L}(x)\|_Y} = \frac{\|\mathcal{L}\|_{X \to Y}}{\inf_{\|x\|_X = 1} \|\mathcal{L}(x)\|_Y}. \tag{2.30}$$

$\kappa(\mathcal{L})$ *wird* (relative) Konditionszahl *von* $\mathcal{L}$ (bezüglich der Normen $\|\cdot\|_X, \|\cdot\|_Y$) *genannt. Offensichtlich gilt stets*

$$\kappa(\mathcal{L}) \ge 1. \tag{2.31}$$

Wenn insbesondere $\mathcal{L} : X \to Y$ *bijektiv ist, also die Umkehrabbildung* $\mathcal{L}^{-1}$ *von* Y *nach* X *existiert, dann erhält man*

$$\kappa(\mathcal{L}) = \|\mathcal{L}\|_{X \to Y} \|\mathcal{L}^{-1}\|_{Y \to X}. \tag{2.32}$$

Beweis: Wegen der Linearität und (2.24) erhält man (vgl. Bemerkung 2.19)

$$\|\mathcal{L}(\tilde{x}) - \mathcal{L}(x)\|_Y \stackrel{\text{linear}}{=} \|\mathcal{L}(\tilde{x} - x)\|_Y \le \|\mathcal{L}\|_{X \to Y} \|\tilde{x} - x\|_X. \tag{2.33}$$

Andererseits ergibt sich aus (N2) und (2.21)

$$\frac{1}{\|\mathcal{L}(x)\|_Y} = \frac{1}{\|x\|_X} \frac{\|x\|_X}{\|\mathcal{L}(x)\|_Y} = \frac{1}{\|x\|_X} \frac{1}{\|\mathcal{L}(x/\|x\|_X)\|_Y}$$
$$\le \frac{1}{\|x\|_X} \frac{1}{\inf_{\|x\|_X = 1} \|\mathcal{L}(x)\|_Y}. \tag{2.34}$$

Multipliziert man die linke bzw. rechte Seite von (2.33) mit der linken bzw. rechten Seite von (2.34), ergibt sich die Abschätzung (2.29).

Falls nun $\mathcal{L}^{-1}$ existiert, gilt

$$\|\mathcal{L}^{-1}\|_{Y \to X} = \sup_{y \neq 0} \frac{\|\mathcal{L}^{-1}(y)\|_X}{\|y\|_Y} \overset{y=\mathcal{L}(x)}{=} \sup_{x \neq 0} \frac{\|x\|_X}{\|\mathcal{L}(x)\|_Y}$$

$$= \left(\inf_{x \neq 0} \frac{\|\mathcal{L}(x)\|_Y}{\|x\|_X} \right)^{-1} = \left(\inf_{\|x\|_X = 1} \|\mathcal{L}(x)\|_Y \right)^{-1},$$

woraus die Behauptung folgt.   □

Bemerkung 2.24. Man kann natürlich formal den Wert $\kappa(\mathcal{L}) = \infty$ in (2.30) zulassen, um die Konditionszahl auch für lineare Abbildungen zu definieren, die nicht beschränkt oder nicht injektiv sind.   △

Kondition einer Basis:
Eine wichtige Spezifikation ist die *Kondition einer Basis*. Dazu sei V ein linearer n-dimensionaler Raum mit Basis $\Phi = \{\phi_1, \ldots, \phi_n\}$. In späteren Anwendungen können die ϕ_i Polynome oder sogenannte Spline-Funktionen sein. Die *Koordinaten-Abbildung* (siehe Beispiel 2.16)

$$\mathcal{L} : \mathbb{R}^n \to V, \quad \mathcal{L}(a) = \sum_{j=1}^{n} a_j \phi_j \qquad (2.35)$$

ordnet jedem n-Tupel $a \in \mathbb{R}^n$ die entsprechende Linearkombination bezüglich der gegebenen Basis Φ in V zu. Man bestätigt leicht, daß $\mathcal{L}$ eine lineare Abbildung ist. Daß Φ ein Erzeugendensystem ist, also ganz V aufspannt, bedeutet, daß die Abbildung $\mathcal{L}$ *surjektiv* ist, also als Bild ganz V hat. Die lineare Unabhängigkeit der Elemente einer Basis sichert, daß $\mathcal{L}$ *injektiv* ist, daß also $\mathcal{L}(a) = 0$ gerade $a = 0$ impliziert. Also ist $\mathcal{L}$ *bijektiv*, d. h. $\mathcal{L}^{-1}$ existiert (und ist wieder linear, siehe Übung 2.4.18).

Man denke wieder an V als einen Funktionenraum. Dann stellt $\mathcal{L}$ gerade einen eindeutigen Zusammenhang zwischen Funktionen in V, also Objekten, mit denen der Rechner nicht unmittelbar umgehen kann, und Tupeln von Zahlen her, also Objekten, die der Rechner verarbeiten kann. Aus praktischer Sicht ist es dann aber wichtig, zu wissen, wie sich eine Störung der Koeffizienten a_i auf die Funktion $\mathcal{L}(a)$ auswirkt und umgekehrt. Sei $\|\cdot\|_V$ eine Norm für V und sei $\|\cdot\|$ eine Norm für $\mathbb{R}^n$, z. B. eine p-Norm, (2.4). Unter der *Kondition* der Basis Φ (bezüglich der Normen $\|\cdot\|, \|\cdot\|_V$) versteht man dann die Konditionszahl der Koordinatenabbildung

$$\kappa(\Phi) := \kappa(\mathcal{L}). \qquad (2.36)$$

Bemerkung 2.25. Sei für Φ, V wie oben $\mathcal{L}$ durch (2.35) gegeben. Dann ist die relative Konditionszahl der Koordinaten-Abbildung $\mathcal{L}$ (bzgl. der gewählten Normen für $\mathbb{R}^n$ und V) gerade durch

$$\kappa(\mathcal{L}) = \min\{\, C/|c| \mid |c|\,\|a\| \le \|\sum_{j=1}^{n} a_j\phi_j\|_V \le C\|a\| \quad \forall\, a \in \mathbb{R}^n \} \qquad (2.37)$$

charakterisiert (vgl. Übung 2.4.21). Die Kondition einer Basis ist also der *minimale* Quotient von Konstanten, die die Koeffizientennorm mit der Norm für V koppeln. Je kleiner $\kappa(\Phi)$ umso stärker ist die Kopplung zwischen Koeffizienten und Funktion, also umso besser.

Gelten insbesondere folgende Bedingungen:

- $\|v\|_V = (v,v)^{1/2}$, wobei $(\cdot,\cdot)$ ein Skalarprodukt für V ist,
- Φ ist eine *Orthonormalbasis*, d. h.

$$(\phi_j, \phi_k) = \delta_{j,k}, \quad j,k = 1,\ldots,n, \qquad (2.38)$$

- Auf $\mathbb{R}^n$ wird die Euklidische Norm verwendet, d. h. $\|\cdot\| = \|\cdot\|_2$,

dann gilt $\kappa(\Phi) = 1$, d. h., Orthonormalbasen sind *optimal konditioniert*, siehe Übung 2.4.21. $\triangle$

Folgende Konsequenzen obiger Überlegungen sollte man sich einprägen.

Bemerkung 2.26.   (i) Die Zahl $\kappa(\mathcal{L})$ ist eine *obere Schranke* für die relative Kondition des Problems der Auswertung der Funktion $\mathcal{L}(x)$. Sie ist (aufgrund der Linearität von $\mathcal{L}$) *unabhängig* vom speziellen Auswertungspunkt x und wird oft *(relative) Konditionszahl* von $\mathcal{L}$ (bzgl. $\|\cdot\|_X, \|\cdot\|_Y$) genannt.
(ii) Die Zahl $\kappa(\mathcal{L})$ hängt von den gewählten Normen $\|\cdot\|_X, \|\cdot\|_Y$ ab.
(iii) Für beschränktes $\mathcal{L}$ ist $\kappa(\mathcal{L})$ schon definiert, wenn $\mathcal{L}$ nur injektiv ist. Eine wichtige Anwendung wird rechteckige Matrizen $B \in \mathbb{R}^{m \times n}$ betreffen, wenn $m \ge n$ gilt. B ist dann injektiv, genau dann wenn B *vollen Rang* hat, d. h., wenn die Spalten von B *linear unabhängig* sind.
(iv) Falls $\mathcal{L}$ bijektiv ist, also $\mathcal{L}^{-1}$ existiert, haben $\mathcal{L}$ und $\mathcal{L}^{-1}$ wegen (2.32) *dieselbe Konditionszahl* !
(v) Eine Hilfe für die Anschauung bietet folgende
Geometrische Interpretation:

> (2.30) sagt, daß $\kappa(\mathcal{L})$ das Verhältnis von *maximaler Dehnung* zur *stärkstmöglichen Stauchung* der Einheitskugel $K_{\|\cdot\|_X}(0,1)$ unter der Abbildung $\mathcal{L} : x \to \mathcal{L}(x)$ ist, jeweils gemessen in der Bild-Norm $\|\cdot\|_Y$, siehe Abb. 2.3.

Matrizen

Wie bereits angedeutet wurde, bilden Matrizen eine wichtige Klasse von linearen Abbildungen und obige Konzepte werden vornehmlich auf Matrizen

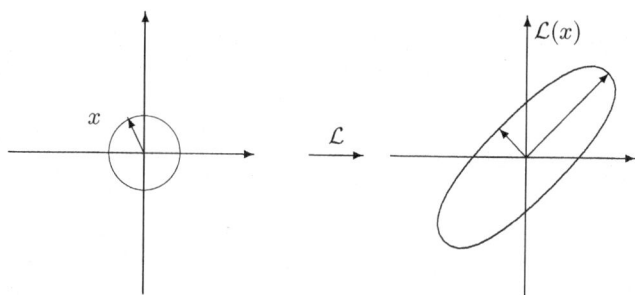

Abb. 2.3. Geometrische Interpretation von $\kappa(A)$

angewandt werden. Es lohnt sich also, einige Spezialisierungen hervorzuheben. Falls $A \in \mathbb{R}^{n \times n}$ eine quadratische invertierbare Matrix ist, werden wir für die p-Normen, $1 \le p \le \infty$, folgende Kurzschreibweisen benutzen:

$$\kappa_p(A) = \|A\|_p \|A^{-1}\|_p. \tag{2.39}$$

Der Ausgangspunkt der Diskussion war das lineare Gleichungssystem in Beispiel 2.4, das in folgenden allgemeineren Rahmen paßt.

Bemerkung 2.27. (Lineares Gleichungssystem) Ein System von n linearen Gleichungen $a_{i,1}x_1 + a_{i,2}x_2 + \cdots + a_{i,n}x_n = b_i$, $i = 1, 2, \ldots, n$, in den Unbekannten $x = (x_1, \ldots, x_n)^T$ läßt sich in kompakter Form als $Ax = b$ schreiben, wobei $A = (a_{i,j})_{i,j=1}^n \in \mathbb{R}^{n \times n}$ die Koeffizientenmatrix und $b = (b_1, \ldots, b_n)^T \in \mathbb{R}^n$ der Vektor der „rechten Seite" ist. Falls $\det A \ne 0$ gilt, ist die Lösung durch $x = A^{-1}b$ gegeben, wobei $A^{-1} \in \mathbb{R}^{n \times n}$ die Inverse von A ist. Wendet man Satz 2.23 auf $\mathcal{L} = A^{-1}$ an, besagt (2.29) daß sich für eine gegebene Norm $\|\cdot\|$ der relative Fehler $\|\tilde{x} - x\|/\|x\|$ der Lösung des gestörten Problems $A\tilde{x} = \tilde{b}$ durch das κ-fache des relativen Eingabefehlers, also $\kappa(A)\|\tilde{b} - b\|/\|b\|$, abschätzen läßt.

   Achtung! Wegen Bemerkung 2.26 (iv) läßt sich sowohl die relative Kondition der Anwendung einer invertierbaren Matrix $A \in \mathbb{R}^{n \times n}$ auf einen Vektor, $y \to Ay$, als auch die relative Kondition der Lösung des Gleichungssystems $Ax = b$ bei Störungen der rechten Seite durch *dieselbe* Konditionszahl $\kappa(A)$ (bzgl. der entsprechenden Norm) abschätzen. $\triangle$

Wir illustrieren dies anhand von Beispiel 2.4.

Beispiel 2.28. Die Bestimmung des Schnittpunktes der Geraden

$$3u_1 + 1.001u_2 = 1.999$$
$$6u_1 + 1.997u_2 = 4.003,$$

(fast parallel!) ergibt das Problem $u = A^{-1}b$ mit

$$A = \begin{pmatrix} 3 & 1.001 \\ 6 & 1.997 \end{pmatrix}, \quad b = \begin{pmatrix} 1.999 \\ 4.003 \end{pmatrix}.$$

Die Lösung ist $u = (1, -1)^T$. Wir berechnen den Effekt einer Störung in b:

$$\tilde{b} = \begin{pmatrix} 2.002 \\ 4 \end{pmatrix}, \quad \tilde{u} := A^{-1}\tilde{b}.$$

Man rechnet einfach nach, daß

$$A^{-1} = \frac{-1}{0.015} \begin{pmatrix} 1.997 & -1.001 \\ -6 & 3 \end{pmatrix}, \quad \tilde{u} = \begin{pmatrix} 0.4004 \\ 0.8 \end{pmatrix}.$$

Als Norm wird die Maximumnorm genommen: $\|x\| = \|x\|_\infty := \max_i |x_i|$. Es gilt

$$\frac{\|\tilde{b} - b\|_\infty}{\|b\|_\infty} = \frac{3 * 10^{-3}}{4.003} \approx 7.5 * 10^{-4} \qquad \text{(Störung der Daten)}$$

und

$$\frac{\|\tilde{u} - u\|_\infty}{\|u\|_\infty} = \frac{1.8}{1} = 1.8 \qquad \text{(Änderung des Resultats)}.$$

Die relative Änderung des Resultats ist also viel größer als die relative Störung in den Daten. Diese schlechte Kondition des Problems wird quantifiziert durch die große Konditionszahl der Matrix A:

$$\|A\|_\infty \|A^{-1}\|_\infty = 4798.2 \quad . \qquad\qquad \triangle$$

Im obigen Beispiel wurden lediglich die Komponenten der rechten Seite als Daten betrachtet, die Störungen unterworfen sind. Im Allgemeinen wird man auch mit Störungen in den Einträgen der Matrix A zu tun haben. Auch dabei wird die Konditionszahl $\kappa(A)$ eine zentrale Rolle spielen. Dies wird in Abschnitt 3.2 näher diskutiert.

Wir wenden uns nun nochmals dem Beispiel 2.5 zu.

Beispiel 2.29. (Integralberechnung über Rekursion) Sei $\tilde{I}_0 \approx I_0$ ein gestörter Startwert. Dann ist $f(\tilde{I}_0) = \tilde{I}_{30}$ das Resultat der Rekursion

$$\tilde{I}_n = \frac{1}{n} - 5\tilde{I}_{n-1}, \quad n = 1, 2, \ldots, 30.$$

Für das Resultat ohne Störung, $I_{30} = f(I_0)$, gilt

$$I_n = \frac{1}{n} - 5I_{n-1}, \quad n = 1, 2, \ldots, 30. \qquad (2.40)$$

Daraus folgt, daß

$$\tilde{I}_{30} - I_{30} = -5(\tilde{I}_{29} - I_{29}) = 5^2(\tilde{I}_{28} - I_{28}) = \ldots = 5^{30}(\tilde{I}_0 - I_0)$$

und damit

$$\frac{|f(\tilde{I}_0) - f(I_0)|}{|f(I_0)|} = \frac{|\tilde{I}_{30} - I_{30}|}{|I_{30}|} = \frac{5^{30}|I_0|}{|I_{30}|} \cdot \frac{|\tilde{I}_0 - I_0|}{|I_0|}.$$

Für den gesuchten Wert I_{30} gilt

$$|I_{30}| = I_{30} = \int_0^1 \frac{x^{30}}{x+5}\,dx \le \frac{1}{5}\int_0^1 x^{30}\,dx = \frac{1}{155} \qquad (2.41)$$

also

$$\kappa_{\text{rel}} := \frac{5^{30}|I_0|}{|I_{30}|} \ge 155 * 5^{30}\ln(\tfrac{6}{5}) = 2.6 * 10^{22}.$$

Dieses Problem ist also sehr schlecht konditioniert: ein relativer Fehler von 10^{-16} in I_0 (z. B. Rundungsfehler) bewirkt einen relativen Fehler in der Größenordnung 10^6 in $f(I_0) = I_{30}$.

Auf einer Maschine mit Maschinengenauigkeit $2 * 10^{-16}$ (d. h., der relative Rundungsfehler ist beschränkt durch $2 * 10^{-16}$, siehe §2.2.2) liefert die Rekursion (2.40) die Resultate in Tabelle 2.1.

Tabelle 2.1. Integralberechnung über Rekursion

n	I_n	n	I_n
0	1.8232156e−01	16	9.8903245e−03
1	8.8392216e−02	17	9.3719069e−03
2	5.8038920e−02	18	8.6960213e−03
3	4.3138734e−02	19	9.1514726e−03
4	3.4306330e−02	20	4.2426370e−03
5	2.8468352e−02	21	2.6405862e−02
6	2.4324906e−02	22	−8.6574767e−02
7	2.1232615e−02	23	4.7635209e−01
8	1.8836924e−02	24	−2.3400938e+00
9	1.6926490e−02	25	1.1740469e+01
10	1.5367550e−02	26	−5.8663883e+01
11	1.4071341e−02	27	2.9335645e+02
12	1.2976630e−02	28	−1.4667466e+03
13	1.2039925e−02	29	7.3337673e+03
14	1.1228946e−02	30	−3.6668803e+04
15	1.0521935e−02		

Wegen der Abschätzungen $0 < I_{30} \le \frac{1}{155}$ aus (2.41) ist es klar, daß das berechnete Resultat völlig unbrauchbar ist, wie es schon zu erwarten war! △

Bemerkung 2.30. Bei der Ermittlung von Konditionszahlen kommt es meist weniger auf den genauen Zahlenwert an, sondern mehr auf die Größenordnung. Man will ja wissen, welche Genauigkeit man beim Ergebnis einer numerischen Aufgabe erwarten kann, wenn die Daten mit einer, nur ungefähr bestimmten, Genauigkeit vorliegen.   △

2.2 Rundungsfehler und Gleitpunktarithmetik

Neben Fehlern bei der Datenaufnahme resultieren Datenstörungen bereits aus Rundungseffekten beim Einlesen in digitale Rechenanlagen. Auch die Durchführung von Rechenoperationen auf digitalen Rechenanlagen führt stets zu weiteren Rundungsfehlern. In diesem Abschnitt sollen einige elementare Fakten diskutiert werden, mit deren Hilfe sich derartige Fehler und ihre Auswirkungen auf die Ergebnisse numerischer Algorithmen einschätzen lassen.

2.2.1 Zahlendarstellungen

Man kann zeigen, daß für jedes feste $b \in \mathbb{N}$, $b > 1$, jede beliebige reelle Zahl $x \neq 0$ sich in der Form

$$x = \pm \left(\sum_{j=1}^{\infty} d_j b^{-j} \right) * b^e \tag{2.42}$$

darstellen läßt, wobei der ganzzahlige Exponent e so gewählt werden kann, daß $d_1 \neq 0$ gilt.

Auf einem Rechner lassen sich nur *endlich* viele Zahlen exakt darstellen. Die Menge dieser Zahlen bezeichnet man häufig als *Maschinenzahlen*.

Bei numerischen Berechnungen wird fast ausschließlich die sogenannte *normalisierte Gleitpunktdarstellung* (floating point representation) verwendet. Sie ergibt sich, grob gesagt, aus (2.42), indem man in der Summe nur eine endliche feste Anzahl von Stellen zuläßt und den Wertebereich des Exponenten e beschränkt. Diese Darstellung hat die zu (2.42) analoge Form

$$x = f * b^e, \tag{2.43}$$

wobei

- $b \in \mathbb{N} \setminus \{1\}$ die *Basis* (oder Grundzahl) des Zahlensystems ist,
- der *Exponent e* eine ganze Zahl innerhalb gewisser fester Schranken ist:

$$r \leq e \leq R \, ,$$

- die *Mantisse f* eine feste Anzahl m (die *Mantissenlänge*) von Stellen hat:

$$f = \pm \, 0.d_1 \ldots d_m \, , \quad d_j \in \{0, 1, \ldots, b-1\} \text{ für alle } j \, .$$

Um die Eindeutigkeit der Darstellung zu erreichen, wird für $x \neq 0$ die Forderung $d_1 \neq 0$ gestellt (Normalisierung).

Mit dieser Darstellung erhält man somit

$$x = \pm \left(\sum_{j=1}^{m} d_j b^{-j} \right) * b^e \, .$$

Wegen der Normalisierung gilt

$$b^{-1} \leq |f| < 1 \, . \tag{2.44}$$

Beispiel 2.31. Wir betrachten als Beispiel die Zahl

$$
\begin{aligned}
123.75 &= 1*2^6 + 1*2^5 + 1*2^4 + 1*2^3 + 0*2^2 + 1*2^1 + 1*2^0 + 1*2^{-1} + 1*2^{-2} \\
&= 2^7 (1*2^{-1} + 1*2^{-2} + 1*2^{-3} + 1*2^{-4} + 0*2^{-5} + \\
&\quad 1*2^{-6} + 1*2^{-7} + 1*2^{-8} + 1*2^{-9}).
\end{aligned}
$$

Diese Zahl wird in einem sechsstelligen dezimalen Gleitpunkt-Zahlensystem ($b = 10$, $m = 6$) als

$$0.123750 * 10^3$$

dargestellt. In einem 12-stelligen binären Gleitpunkt-Zahlensystem ($b = 2$, $m = 12$) wird sie als

$$0.111101111000 * 2^{111}$$

dargestellt.   △

Für die Menge der *Maschinenzahlen* mit Basis b, m-stelliger Mantisse und Exponenten $r \leq e \leq R$ wird die Kurzbezeichnung $\mathbb{M}(b, m, r, R)$ verwendet.

Mit $x_{\mathrm{MIN}}, x_{\mathrm{MAX}}$ sei die betragsmäßig kleinste ($\neq 0$) bzw. größte Zahl in $\mathbb{M}(b, m, r, R)$ bezeichnet. Wegen der Definition der Menge $\mathbb{M}(b, m, r, R)$ gilt (vgl. Übung 2.4.13)

$$x_{\mathrm{MIN}} = 0.100 \ldots 0 * b^r = b^{r-1}$$

$$x_{\mathrm{MAX}} = 0.aaa \ldots a * b^R = (1 - b^{-m}) b^R, \text{ wobei } a = b - 1.$$

Beispiel 2.32. Die Menge $\mathbb{M}(2, 48, -1024, 1024)$ enthält $2^{47} * 2049$ positive Zahlen, also ist die Anzahl der Zahlen in dieser Menge insgesamt $2 * 2^{47} * 2049 + 1 \approx 5.8 * 10^{17}$. Die betragsmäßig kleinste bzw. größte Zahl in dieser Menge ist $x_{\text{MIN}} = 2^{-1025} \approx 2.8 * 10^{-309}$, $x_{\text{MAX}} = (1 - 2^{-48}) * 2^{1024} \approx 1.8 * 10^{308}$. Schematisch kann diese endliche Teilmenge der reellen Zahlen wie in Abb. 2.4 dargestellt werden. △

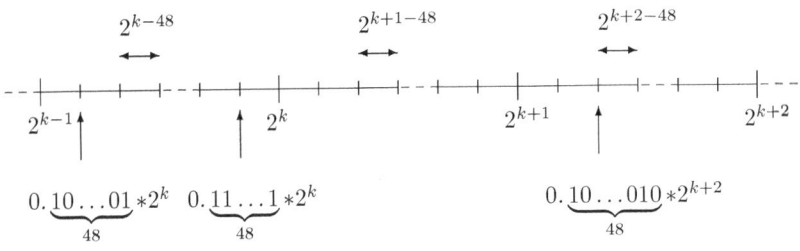

Abb. 2.4. $\mathbb{M}(2, 48, -1024, 1024)$

Die meisten Rechner benutzen intern eine Zahldarstellung mit 2 oder einer Potenz von 2 als Basis. Zum Einlesen von Dezimalzahlen stehen entsprechende Konvertierungsprogramme zur Verfügung. Man beachte, daß selbst wenn die Eingabedaten genau sind, diese Konvertierung bereits Fehler verursacht. Im folgenden Abschnitt wird sich die Größenordnung dieser Fehler klären.

2.2.2 Rundung, Maschinengenauigkeit

Da die Menge der Maschinenzahlen, d. h. der auf einem Rechner exakt darstellbaren Zahlen, endlich ist, muß man i. a. Eingabedaten durch Maschinenzahlen approximieren. Diese Approximation wird durch sogenannte *Reduktionsabbildungen*

$$\text{fl} : \mathbb{R} \to \mathbb{M}(b, m, r, R)$$

geleistet, die jeder reellen Zahl im Intervall $[x_{\text{MIN}}, x_{\text{MAX}}]$ eine Maschinenzahl zuordnen. Dahinter verstecken sich lediglich geeignete *Rundungsstrategien*. Es soll kurz die *Standardrundung* erläutert werden. Wir nehmen an, daß die Grundzahl b gerade ist.

Standardrundung

Die reelle Zahl $x \in \pm[x_{\text{MIN}}, x_{\text{MAX}}]$ habe die Darstellung

$$x = \pm \left(\sum_{j=1}^{\infty} d_j b^{-j} \right) * b^e.$$

Die Reduktionsabbildung wird definiert durch

$$\mathrm{fl}(x) := \pm \begin{cases} \left(\sum_{j=1}^{m} d_j b^{-j} \right) * b^e & \text{falls } d_{m+1} < \frac{b}{2}, \\ \left(\sum_{j=1}^{m} d_j b^{-j} + b^{-m} \right) * b^e & \text{falls } d_{m+1} \geq \frac{b}{2}, \end{cases} \qquad (2.45)$$

d. h., die letzte Stelle der Mantisse wird um eins erhöht bzw. beibehalten, falls die Ziffer in der nächsten Stelle $\geq \frac{b}{2}$ bzw. $< \frac{b}{2}$ ist. Ferner

$|x| < x_{\mathrm{MIN}} \Rightarrow$ (meistens) $\mathrm{fl}(x) = 0$

$|x| > x_{\mathrm{MAX}} \Rightarrow \mathrm{fl}(x) = \mathrm{sign}\,(x)\infty$ oder OVERFLOW.

Beispiel 2.33. In einem Gleitpunkt-Zahlensystem mit Basis $b = 10$ und Mantissenlänge $m = 6$ erhält man folgende gerundete Resultate:

x	$\mathrm{fl}(x)$	$\left\lvert \frac{\mathrm{fl}(x)-x}{x} \right\rvert$
$\frac{1}{3} = 0.33333333\ldots$	$0.333333 * 10^0$	$1.0 * 10^{-6}$
$\sqrt{2} = 1.41421356\ldots$	$0.141421 * 10^1$	$2.5 * 10^{-6}$
$e^{-10} = 0.000045399927\ldots$	$0.453999 * 10^{-4}$	$6.6 * 10^{-7}$
$e^{10} = 22026.46579\ldots$	$0.220265 * 10^5$	$1.6 * 10^{-6}$
$\frac{1}{10} = 0.1$	$0.100000 * 10^0$	0.0

Im Fall $b = 2, m = 10$ erhält man:

x	$\mathrm{fl}(x)$	$\left\lvert \frac{\mathrm{fl}(x)-x}{x} \right\rvert$
$\frac{1}{3}$	$0.1010101011 * 2^{-1}$	$4.9 * 10^{-4}$
$\sqrt{2}$	$0.1011010100 * 2^1$	$1.1 * 10^{-4}$
e^{-10}	$0.1011111010 * 2^{-111}$	$3.3 * 10^{-4}$
e^{10}	$0.1010110000 * 2^{1111}$	$4.8 * 10^{-4}$
$\frac{1}{10}$	$0.1100110011 * 2^{-11}$	$2.4 * 10^{-4}$

$\triangle$

Aus (2.45) (siehe auch Abb. 2.4) erhält man leicht folgende Abschätzung für den *absoluten Rundungsfehler* (Übung 2.4.14)

$$|\,\mathrm{fl}(x) - x| \leq \frac{b^{-m}}{2} b^e. \qquad (2.46)$$

Da die Mantisse aufgrund der Normalisierung stets dem Betrage nach größer oder gleich b^{-1} ist, folgt für den *relativen Rundungsfehler*

$$\left\lvert \frac{\mathrm{fl}(x) - x}{x} \right\rvert \leq \frac{\frac{b^{-m}}{2} b^e}{b^{-1} b^e} = \frac{b^{1-m}}{2}. \qquad (2.47)$$

Die Zahl

$$\text{eps} := \frac{b^{1-m}}{2} \tag{2.48}$$

wird (relative) *Maschinengenauigkeit* genannt. Diese Zahl charakterisiert das *Auflösungsvermögen* des Rechners. Es gilt nämlich, daß eps gerade die untere Grenze (Infimum) all der positiven reellen Zahlen ist, die zu 1 addiert von der Rundung noch wahrgenommen werden, d. h.,

$$\text{eps} = \inf\{\delta > 0 \mid \text{fl}(1 + \delta) > 1\}. \tag{2.49}$$

Die Abschätzung (2.47) besagt ferner, daß für eine Zahl ϵ mit $|\epsilon| \leq$ eps, nämlich $\epsilon = \frac{\text{fl}(x) - x}{x}$,

$$\text{fl}(x) = x(1 + \epsilon) \tag{2.50}$$

gilt.

Beispiel 2.34. Für die Zahlensysteme in Beispiel 2.33 ergibt sich:

$$b = 10, m = 6 \rightarrow \text{eps} = \frac{1}{2} * 10^{-5}$$

$$b = 2, m = 10 \rightarrow \text{eps} = \frac{1}{2} * 2^{-9} = 9.8 * 10^{-4}.$$

Die Werte für den relativen Rundungsfehler $|\epsilon|$, mit ϵ wie in (2.50), findet man in der dritten Spalte der Tabellen in Beispiel 2.33. $\triangle$

2.2.3 Gleitpunktarithmetik und Fehlerverstärkung bei elementaren Rechenoperationen

Ein Algorithmus besteht aus einer Folge arithmetischer Operationen, mit denen Maschinenzahlen zu verknüpfen sind. Ein Problem liegt nun darin, daß die Verknüpfung von Maschinenzahlen durch eine *exakte* elementare arithmetische Operation nicht notwendig eine Maschinenzahl liefert.

Beispiel 2.35. $b = 10, m = 3$:
$0.346 * 10^2 + 0.785 * 10^2 = 0.1131 * 10^3 \neq 0.113 * 10^3$ $\triangle$

Ähnliches passiert bei Multiplikation und Division.

Die üblichen arithmetischen Operationen müssen also durch geeignete Gleitpunktoperationen $\widehat{\triangledown}$, $\triangledown \in \{+, -, \times, \div\}$, ersetzt werden (Pseudoarithmetik). Dies wird i. a. dadurch realisiert, daß man über die vereinbarte Mantissenlänge hinaus genügend viele weitere Stellen mitführt, nach Exponentenausgleich mit diesen Stellen genau rechnet, dann normalisiert und schließlich rundet. Das Anliegen dieser Manipulationen ist die Erfüllung folgender

Forderung:
Für $\nabla \in \{+, -, \times, \div\}$ gelte

$$x \,\overline{\nabla}\, y = \mathrm{fl}(x \nabla y) \quad \text{für } x, y \in \mathbb{M}(b, m, r, R). \tag{2.51}$$

Wegen (2.50) werden wir also stets annehmen, daß für $\nabla \in \{+, -, \times, \div\}$

$$x \,\overline{\nabla}\, y = (x \nabla y)(1 + \epsilon) \quad \text{für } x, y \in \mathbb{M}(b, m, r, R) \tag{2.52}$$

und ein ϵ mit $|\epsilon| \leq \text{eps}$ gilt.

Nichtsdestoweniger hat die Realisierung einer solchen Pseudoarithmetik eine Reihe unliebsamer Konsequenzen: Zum Beispiel geht die *Assoziativität* der Addition verloren, d. h., im Gegensatz zur exakten Arithmetik spielt es eine Rolle, welche Zahlen zuerst verknüpft werden. Insbesondere wird sich eine Eigenschaft wie (2.51) nicht für eine Sequenz *mehrerer* arithmetischer Operationen aufrecht erhalten lassen.

Beispiel 2.36. Man betrachte ein Zahlensystem mit $b = 10$, $m = 3$, und die Maschinenzahlen

$$\begin{aligned} x &= 6590 = 0.659 * 10^4 \\ y &= 1 = 0.100 * 10^1 \\ z &= 4 = 0.400 * 10^1. \end{aligned}$$

Bei exakter Rechnung erhält man $(x + y) + z = (y + z) + x = 6595$. Pseudoarithmetik liefert *rechne exakt, dann float*

$$x \oplus y = 0.659 * 10^4 \quad \text{und} \quad (x \oplus y) \oplus z = 0.659 * 10^4,$$

aber

$$y \oplus z = 0.500 * 10^1 \quad \text{und} \quad (y \oplus z) \oplus x = 0.660 * 10^4.$$

Das zweite Resultat entspricht dem, was man durch Rundung nach exakter Rechnung erhält. $\triangle$

Entsprechend gilt auch das Distributivgesetz nicht mehr:

Beispiel 2.37. Für $b = 10, m = 3$, $x = 0.156 * 10^2$ und $y = 0.157 * 10^2$ gilt

$$\begin{aligned} (x - y) * (x - y) &= 0.01 \\ (x \ominus y) \otimes (x \ominus y) &= 0.100 * 10^{-1}, \end{aligned}$$

aber

$$(x \otimes x) \ominus (x \otimes y) \ominus (y \otimes x) \oplus (y \otimes y) = -0.100 * 10^1. \qquad \triangle$$

Bisher haben wir beschrieben, wie Zahlen auf einem Rechner dargestellt werden und daraus einige Konsequenzen für eine Rechnerarithmetik abgeleitet. Insbesondere sieht man, daß typische Eigenschaften der exakten Arithmetik (z. B. Assoziativität, Distributivität) nicht mehr gelten. Nun besagte die

Modellannahme (2.51), daß der relative Fehler einer einzelnen Rechneroperation wegen (2.47) im Rahmen der Maschinengenauigkeit bleibt. In einem Programm (Algorithmus) sind aber im allgemeinen eine Vielzahl solcher Operationen durchzuführen, so daß man sich nun weiter fragen muß, in welcher Weise eingeschleppte Fehler von einer nachfolgenden Operation weiter verstärkt oder abgeschwächt werden. Dies betrifft die Frage der *Stabilität* von Algorithmen, die wir im nächsten Abschnitt etwas eingehender diskutieren werden. Als ersten Schritt in diese Richtung werden wir hier zunächst einige einfache aber wichtige Konsequenzen aus der Kondition der elementaren Rechenoperationen und der Tatsache ableiten, daß die entsprechenden Gleitpunktoperationen nicht exakt sind.

Dazu bezeichne wieder δ_x, δ_y die relativen Fehler der Größen $\tilde{x}, \tilde{y}$ gegenüber den exakten Werten x, y, d. h. $\tilde{x} = x(1 + \delta_x)$, $\tilde{y} = y(1 + \delta_y)$. Ferner nehmen wir an, daß $|\delta_x|, |\delta_y| \leq \epsilon < 1$.

In Beispiel 2.13 hatten wir bereits gesehen, daß die relative Konditionszahl κ_{rel} für die Multiplikation $f(x, y) = xy$ den Wert $\kappa_{\mathrm{rel}} = 1$ hat. Falls insbesondere $|\delta_x|, |\delta_y| \leq \epsilon \leq \mathrm{eps}$, bleibt bei der Multiplikation der relative Fehler im Rahmen der Maschinengenauigkeit, denn aus Beispiel 2.13 folgt

$$\left| \frac{\tilde{x}\tilde{y} - xy}{xy} \right| \leq 2 \, \mathrm{eps}.$$

Für die Division gilt ein ähnliches Resultat.

Wie die Analyse der Addition in Beispiel 2.14 gezeigt hat, gilt hier $\kappa_{\mathrm{rel}} = \max\left\{ \left| \frac{x}{x+y} \right|, \left| \frac{y}{x+y} \right| \right\}$, d. h., der Faktor κ_{rel} läßt sich *nicht* mehr durch eine Konstante abschätzen. Im Gegensatz zur Multiplikation und Division ist also die Addition (von Zahlen entgegengesetzten Vorzeichens) problematisch, da die relativen Fehler enorm verstärkt werden können. Diesen Effekt nennt man *Auslöschung*. Wie sich dies im Zusammenhang mit den Eigenschaften der Gleitpunktarithmetik auswirkt, verdeutlicht das folgende

Beispiel 2.38. (Auslöschung) Betrachte

$$x = 0.73563, \quad y = 0.73441, \quad x - y = 0.00122.$$

Bei 3-stelliger Rechnung ($b = 10, m = 3, \mathrm{eps} = \frac{1}{2} * 10^{-2}$) ergibt sich

$$\tilde{x} = \mathrm{fl}(x) = 0.736, |\delta_x| = 0.50 * 10^{-3}$$
$$\tilde{y} = \mathrm{fl}(y) = 0.734, |\delta_y| = 0.56 * 10^{-3}.$$

Die relative Störung im Resultat der Subtraktion ist hier

$$\left| \frac{(\tilde{x} - \tilde{y}) - (x - y)}{x - y} \right| = \left| \frac{0.002 - 0.00122}{0.00122} \right| = 0.64,$$

also sehr groß im Vergleich zu δ_x, δ_y. Während also die relativen Fehler der Eingangsgrößen zunächst von der Mantissenlänge, also von eps abhängen, sinkt bei der Subtraktion die relative Genauigkeit grob um den Faktor b^r, wenn die führenden r Ziffern von Minuend und Subtrahend übereinstimmen.

$\triangle$

Zusammenfassend:

$$\left| \frac{(x \, \widehat{\nabla} \, y) - (x \nabla y)}{(x \nabla y)} \right| \leq \text{eps} \quad \textit{für} \quad x, y \in \mathbb{M}(b, m, r, R), \quad \nabla \in \{+, -, \times, \div\} \,,$$

d. h., die relativen Rundungsfehler bei den elementaren Gleitpunktoperationen sind betragsmäßig kleiner als die Maschinengenauigkeit, wenn die Eingangsdaten x, y Maschinenzahlen *sind.*

Sei $f(x, y) = x \nabla y$, $x, y \in \mathbb{R}$, $\nabla \in \{+, -, \times, \div\}$ und κ_{rel} die relative Konditionszahl von f. Es gilt

$$\nabla \in \{\times, \div\}: \quad \kappa_{\text{rel}} \leq 1 \quad \textit{für alle} \quad x, y \,,$$
$$\nabla \in \{+, -\}: \quad \kappa_{\text{rel}} \gg 1 \quad \textit{wenn} \quad |x \nabla y| \ll \max\{|x|, |y|\}.$$

Also liegt keine große Fehlerverstärkung bei der Multiplikation und Division vor, während bei der Addition und Subtraktion eine sehr große Fehlerverstärkung auftreten kann (Auslöschung).

2.3 Stabilität eines Algorithmus

Die tatsächliche numerische Lösung des Problems, d. h., die numerische Auswertung der Funktion f in (2.1), besteht natürlich letztlich aus einer Folge elementarer Rechenoperationen (Gleitpunktoperationen). Dabei werden in jedem Schritt Fehler fortgepflanzt bzw. neue Fehler erzeugt. Zur Einschätzung der Genauigkeit des Resultats muß man dies in Betracht ziehen (*Fehlerakkumulation*). Nun läßt sich ein und dieselbe Funktion f meist über *verschiedene* Wege – Algorithmen – auswerten. Beim Entwurf von Algorithmen geht es neben Effizienzgesichtspunkten auch darum, solche Wege, also Sequenzen von Gleitpunktoperationen zu bevorzugen, die eine möglichst geringe Fehlerakkumulation bewirken.

> *Stabilität:*
> Ein Algorithmus heißt *gutartig* oder *stabil*, wenn die durch ihn im Laufe der Rechnung erzeugten Fehler in der Größenordnung des durch die Kondition des Problems bedingten unvermeidbaren Fehlers bleiben.

Beispiel 2.39. (Fortsetzung Beispiel 2.3, 2.15) Die Bestimmung der kleineren Nullstelle, $u^* = f(a_1, a_2) = a_1 - \sqrt{a_1^2 - a_2}$ läßt sich mit folgendem Algorithmus bewerkstelligen:
Algorithmus I:

$$y_1 = a_1 a_1$$
$$y_2 = y_1 - a_2$$
$$y_3 = \sqrt{y_2}$$
$$u^* = y_4 = a_1 - y_3.$$

Für $a_1 = 6.000227$, $a_2 = 0.01$ in einem Gleitpunkt-Zahlensystem mit $b = 10, m = 5$ bekommt man das Ergebnis

$$\tilde{u}^* = 0.90000 * 10^{-3}.$$

Man sieht, daß in Schritt 4 Auslöschung auftritt. Rechnet man mit sehr hoher Genauigkeit, so ergibt sich als exakte Lösung

$$u^* = 0.83336 * 10^{-3}.$$

Da das Problem für diese Eingangsdaten a_1, a_2, wie in Beispiel 2.15 oben gezeigt wurde, gut konditioniert ist, ist der durch den Algorithmus erzeugte Fehler sehr viel größer als der unvermeidbare Fehler. Algorithmus I ist also *nicht* stabil.

Eine Alternative bietet die Tatsache, daß die Nullstelle u^* sich äquivalent als

$$u^* = \frac{a_2}{a_1 + \sqrt{a_1^2 - a_2}}$$

schreiben läßt.
Algorithmus II:

$$y_1 = a_1 * a_1$$
$$y_2 = y_1 - a_2$$
$$y_3 = \sqrt{y_2}$$
$$y_4 = a_1 + y_3$$
$$u^* = y_5 = \frac{a_2}{y_4}.$$

Hiermit ergibt sich mit $b = 10$, $m = 5$

$$\tilde{u}^* = 0.83333 * 10^{-3}.$$

Hier tritt keine Auslöschung auf. Der Gesamtfehler bleibt im Rahmen der Maschinengenauigkeit. Algorithmus II ist somit stabil.   △

Um auch in komplexeren Situationen die durch einen Algorithmus bedingte Fehlerakkumulation abschätzen zu können, bedient man sich häufig des
Prinzips der

Rückwärtsanalyse (vgl. Abb. 2.5)

- Interpretiere sämtliche im Laufe der Rechnung auftretenden
  Fehler als Ergebnis *exakter* Rechnung zu geeignet gestörten
  Daten.
- Abschätzungen für diese Störung der Daten, verbunden mit
  Abschätzungen für die Kondition des Problems, ergeben dann
  Abschätzungen für den Gesamtfehler.

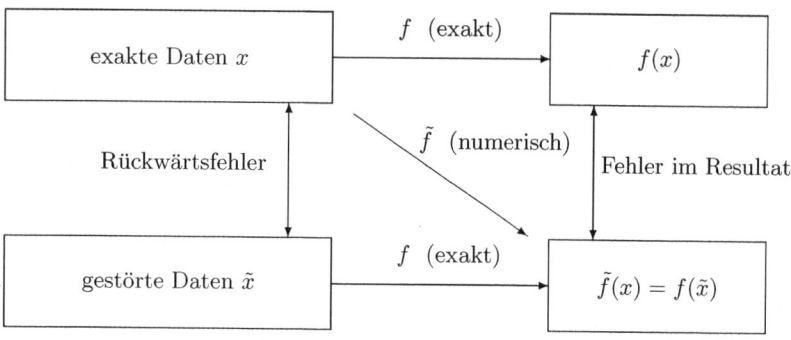

Abb. 2.5. Rückwärtsanalyse

Beispiel 2.40. x_1, x_2, x_3 seien Maschinenzahlen in einer Maschine mit Maschinengenauigkeit eps.

Aufgabe: Berechne mit dieser Maschine die Summe $S = (x_1 + x_2) + x_3$.
Man erhält wegen (2.52)

$$\tilde{S} = ((x_1 + x_2)(1 + \epsilon_2) + x_3)(1 + \epsilon_3),$$

mit $|\epsilon_i| \leq$ eps, $i = 2, 3$. Daraus folgt

$$\begin{aligned}
\tilde{S} &= x_1(1 + \epsilon_2)(1 + \epsilon_3) + x_2(1 + \epsilon_2)(1 + \epsilon_3) + x_3(1 + \epsilon_3) \\
&\doteq x_1(1 + \epsilon_2 + \epsilon_3) + x_2(1 + \epsilon_2 + \epsilon_3) + x_3(1 + \epsilon_3) \\
&= x_1(1 + \delta_1) + x_2(1 + \delta_2) + x_3(1 + \delta_3) \qquad (2.53) \\
&=: \hat{x}_1 + \hat{x}_2 + \hat{x}_3, \qquad\qquad\qquad\qquad\qquad (2.54)
\end{aligned}$$

wobei
$$|\delta_1| = |\delta_2| = |\epsilon_2 + \epsilon_3| \leq 2 \text{ eps}, \quad |\delta_3| = |\epsilon_3| \leq \text{eps}. \quad (2.55)$$

Die Notation $\doteq$ bedeutet, daß Terme höherer Ordnung (in ϵ) vernachlässigt werden. Wir sehen, daß das fehlerbehaftete Resultat $\tilde{S}$ als *exaktes* Ergebnis zu gestörten Eingabedaten $\hat{x}_i = x_i(1 + \delta_i)$ aufgefaßt werden kann.

Schreibt man $f(x) = f(x_1, x_2, x_3) = x_1 + x_2 + x_3$ mit relativer Konditionszahl κ_{rel}, dann gilt für den *unvermeidbaren* (Daten)Fehler gemäß (2.16)

$$F_{\text{Daten}}(x) = \left| \frac{f(\tilde{x}) - f(x)}{f(x)} \right| \leq \kappa_{\text{rel}}(x) \sum_{j=1}^{3} \left| \frac{\tilde{x}_j - x_j}{x_j} \right| \leq \kappa_{\text{rel}}(x) \, 3 \text{ eps},$$

wobei angenommen wird, daß die Daten mit höchstens Maschinengenauigkeit gestört werden ($\tilde{x}_i = x_i(1 + \epsilon)$, $|\epsilon| \leq \text{eps}$). Nach Resultat (2.54) ist der durch *Rechnung* bedingte Fehler (bei Vernachlässigung Terme höherer Ordnung) höchstens

$$F_{\text{Rechnung}}(x) = \left| \frac{f(\hat{x}) - f(x)}{f(x)} \right| \leq \kappa_{\text{rel}}(x) \sum_{j=1}^{3} \left| \frac{\hat{x}_j - x_j}{x_j} \right|$$

$$\leq \kappa_{\text{rel}}(x) \sum_{j=1}^{3} |\delta_j| \leq \kappa_{\text{rel}}(x) \, 5 \text{ eps}.$$

Man sieht, daß $F_{\text{Rechnung}}(x)$ höchstens in der Größenordnung $F_{\text{Daten}}(x)$ ist. Deshalb ist die Berechnung von S ein *stabiler* Algorithmus. Man beachte, daß wegen der möglicherweise schlechten Kondition der Addition ($\kappa_{\text{rel}}(x) \gg 1$ für bestimmte Werte von x) $F_{\text{Rechnung}}(x) \gg \text{eps}$ auftreten kann. Die schlechte Qualität des Ergebnisses ist in dem Fall jedoch eine Folge der schlechten Kondition des Problems und nicht einer Instabilität des Algorithmus.   △

Aufgrund des vielfältigen Auftretens der Summenbildung (Skalarprodukte, Matrix/Vektor-Multiplikation, numerische Integration) lohnt es sich, dies allgemeiner zu untersuchen.

Beispiel 2.41. (Summenbildung) Aufgabe: Berechne $S_m = \sum_{j=1}^{m} x_j$. Dazu gelte:

- $x_1, \dots, x_m$ seien Maschinenzahlen (d. h., es liegen keine Eingabefehler vor),
- $S_i := \sum_{j=1}^{i} x_j$, $i = 1, \dots, m$ seien Teilsummen,
- $\tilde{S}_i$ seien die tatsächlich berechneten Teilsummen,
- ϵ_i sei der neu erzeugte relative Fehler bei der Berechnung von $\tilde{S}_i$ aus $\tilde{S}_{i-1}$, d. h.,
$$\tilde{S}_i = \tilde{S}_{i-1} \oplus x_i = (\tilde{S}_{i-1} + x_i)(1 + \epsilon_i).$$

Man erhält dann:

$$\tilde{S}_1 = S_1 = x_1, \quad \epsilon_1 = 0,$$
$$\tilde{S}_2 = \tilde{S}_1 \oplus x_2 = (\tilde{S}_1 + x_2)(1 + \epsilon_2) = (x_1 + x_2)(1 + \epsilon_2)$$
$$\vdots$$
$$\tilde{S}_m = \tilde{S}_{m-1} \oplus x_m = (\tilde{S}_{m-1} + x_m)(1 + \epsilon_m)$$
$$= \left(\left(\tilde{S}_{m-2} + x_{m-1} \right)(1 + \epsilon_{m-1}) + x_m \right)(1 + \epsilon_m)$$
$$= \sum_{i=1}^{m} x_i \prod_{j=i}^{m} (1 + \epsilon_j)$$
$$\doteq \sum_{i=1}^{m} x_i \left(1 + \sum_{j=i}^{m} \epsilon_j \right). \tag{2.56}$$

Definiert man jetzt

$$\delta_i = \sum_{j=i}^{m} \epsilon_j, \tag{2.57}$$

so ergibt sich durch Einsetzen in (2.56)

$$\tilde{S}_m \doteq \sum_{i=1}^{m} x_i (1 + \delta_i), \tag{2.58}$$

d. h., die Rechenfehler werden uminterpretiert als relative Fehler δ_i der Eingabedaten x_i, und $\tilde{S}_m$ ist das Ergebnis *exakter* Rechnung mit entsprechend gestörten Eingabedaten $\hat{x}_i = x_i(1 + \delta_i)$.

Als nächstes muß man die Störungen δ_i abschätzen. Nimmt man an, daß $|\epsilon_j| \leq$ eps, so folgt aus (2.57)

$$|\delta_i| \leq (m - i + 1) \, \text{eps}. \tag{2.59}$$

Beachte:
Die Schranken für $|\delta_i|$ in (2.59) *fallen* mit wachsendem i, d. h., die sich aus (2.58) ergebende Schranke für den relativen Fehler

$$\left| \frac{\tilde{S}_m - S_m}{S_m} \right| \leq \frac{\sum_{i=1}^{m} |x_i| \, |\delta_i|}{|\sum_{i=1}^{m} x_i|} \leq \text{eps} \, \frac{\sum_{i=1}^{m} (m - i + 1)|x_i|}{|\sum_{i=1}^{m} x_i|} \tag{2.60}$$

wird dann am kleinsten, wenn man die betragsgrößten Summanden *zuletzt* aufsummiert – eine Maßnahme, die die Stabilität des Algorithmus verbessert. Dies erklärt auch den Effekt in Beispiel 2.2.6.

Um ferner die Analogie zu (2.16) herzustellen, schätzt man den letzten Term in (2.60) folgendermaßen ab:

$$\left| \frac{\tilde{S}_m - S_m}{S_m} \right| \leq \frac{\max_{j=1,\ldots,m} |x_j|}{|\sum_{i=1}^{m} x_i|} \sum_{i=1}^{m} (m - i + 1)\, \text{eps}$$

$$= \kappa_{\text{rel}}(x) \frac{m(m+1)\, \text{eps}}{2}. \tag{2.61}$$

Die relative Konditionszahl $\kappa_{\text{rel}}(x)$ der Funktion $f(x_1,\ldots,x_m) = \sum_{j=1}^{m} x_j$ ist also in natürlicher Verallgemeinerung von (2.20) durch

$$\kappa_{\text{rel}}(x) = \max_{j=1,\ldots,m} \left\{ \frac{|x_j|}{|\sum_{i=1}^{m} x_i|} \right\}$$

gegeben, entspricht also der allgemeinen Definition (2.16). Offensichtlich ist der durch Rechnung bedingte Fehler höchstens nur ein von den Daten *unabhängiges* konstantes Vielfaches des durch die Kondition bedingten unvermeidbaren Fehlers, wobei die Konstante nur von der Anzahl der Summanden abhängt. Insofern ist das obige Summationsverfahren für eine nicht zu große Anzahl von Summanden stabil. △

Bemerkung 2.42. Obige Beispiele deuten an, daß „Stabilität" kein im mathematisch rigorosen Sinne exakt quantifizierbarer Begriff ist. Da ist stets die Rede von „Größenordnung" mit entsprechenden Ermessensspielräumen, die durchaus vom jeweiligen Anwendungsfall abhängen können. Dennoch bleibt das Konzept eine wesentliche Bewertungsgrundlage. △

Bemerkung 2.43. Die Diskussion obiger Konzepte sollte eine Grundlage für eine vernünftige Einschätzung typischer Verfahrenskomponenten bieten. Sie bedeutet nicht, daß man stets beim Entwurf eines Algorithmus jeden Schritt „sezieren" muß. Zusammenfassend lassen sich als Leitlinien einige einfache Grundregeln formulieren:

- Kenntnisse über die Kondition eines Problems sind oft für die Interpretation oder Bewertung der Ergebnisse von entscheidender Bedeutung.
- Multiplikation und Division sind Operationen die für alle Eingangsdaten gut konditioniert sind. Die Subtraktion zweier annähernd gleicher Zahlen ist eine Operation die schlecht konditioniert ist. Dadurch können bei einer solchen Subtraktion Rundungsfehler enorm verstärkt werden. Diesen Effekt nennt man Auslöschung.
- In einem Algorithmus sollen Auslöschungseffekte möglichst vermieden werden.
- Bei einem stabilen Lösungsverfahren bleiben die im Laufe der Rechnung erzeugten Rundungsfehler in der Größenordnung der durch die Kondition des Problems bedingten unvermeidbaren Fehler.

- Im Rahmen der Gleitpunktarithmetik sollen Abfragen, ob eine Größe gleich Null ist oder ob zwei Zahlen gleich sind, vermieden werden. Aufgrund der Auflösbarkeit bis auf Maschinengenauigkeit ist diese Frage nicht entscheidbar im Sinne einer essentiellen Voraussetzung für weitere Entscheidungen und Schritte.
- Vorteilhafte Reihenfolgen bei der Summenbildung sollen berücksichtigt werden.   △

2.4 Übungen

Übung 2.4.1. Man beweise die „untere Dreiecksungleichung" (2.2).

Übung 2.4.2. Man skizziere die Einheitskugeln $K_{\|\cdot\|}(0,1)$ im $\mathbb{R}^2$ für die Normen $\|\cdot\|_\infty$, $\|\cdot\|_2$, $\|\cdot\|_1$.

Übung 2.4.3. Man beweise die Ungleichungen in (2.9).

Übung 2.4.4. Bestimmen Sie die relative Konditionszahl $\kappa_{\mathrm{rel}}(x)$ der Funktion

$$f(x_1, x_2) = \frac{x_1}{x_2} \quad (x_2 \neq 0)$$

und zeigen Sie, daß $\kappa_{\mathrm{rel}}(x) \leq 1$ für alle x gilt.

Übung 2.4.5. Sie haben eine Größe $x \in \mathbb{R}$ zu $x = 1.01 \pm 0.005$ gemessen. Nun benötigen Sie den Wert $y := x^2 - 1$ mit einer relativen Genauigkeit von 1%. Ist Ihre Messung von x schon genau genug, um y mit der erforderlichen Genauigkeit zu berechnen? Falls nicht, welche relative Genauigkeit von x würden Sie fordern, um y mit einer relativen Genauigkeit von 1% zu berechnen?

Übung 2.4.6. Die Fläche eines Dreiecks mit den Eckpunkten (x_1, y_1), (x_2, y_2) und (x_3, y_3) beträgt

$$T = \frac{1}{2} \left| \det \begin{pmatrix} x_1 & y_1 & 1 \\ x_2 & y_2 & 1 \\ x_3 & y_3 & 1 \end{pmatrix} \right|.$$

Man nehme an, daß die Koordinaten mit einem Fehler, der absolut kleiner ist als ϵ, gegeben sind. Man bestimme eine gute obere Schranke für den absoluten Fehler in T.

Übung 2.4.7. Eine Zahl $x \in \mathbb{R}$, $x > 0$, wird mit einem relativen Fehler von maximal 5% gemessen. Was können Sie über den relativen Fehler von

$$f(x) = \frac{1}{\ln(x+1) + x}$$

sagen? Liegt dieser ebenfalls unter 5%?

Übung 2.4.8. $\tilde{x}$ sei ein Näherungswert für $x = 2$, der mit einem relativen Fehler von maximal 5% behaftet ist.

a) Wie groß ist der relative Fehler in $f(x) = \frac{1}{x^2+1}$?

b) Wie groß dürfte die relative Abweichung in x maximal sein, damit der relative Fehler in f maximal 1% beträgt?

Übung 2.4.9. Die Funktion $f(x) := \sqrt{x+1} - \sqrt{x}$ soll für große x (etwa $x \approx 10^4$) ausgewertet werden. Betrachten Sie die beiden folgenden Algorithmen zur Auswertung von f:

$$
\begin{array}{ll}
s := x + 1 & \quad s := x + 1 \\
t := \sqrt{s} & \quad t := \sqrt{s} \\
u := \sqrt{x} & \quad u := \sqrt{x} \\
v := t + u & \quad f_2 := t - u \\
f_1 := \frac{1}{v} &
\end{array}
$$

Welcher Algorithmus ist vorzuziehen? Begründen Sie Ihre Antwort.

Übung 2.4.10. Man möchte den Ausdruck

$$ f = f_1 = (\sqrt{2} - 1)^6 $$

mit dem Näherungswert $\sqrt{2} \approx 1.4$ berechnen. Man kennt für f noch die Darstellungen

$$ f = f_2 = \frac{1}{(\sqrt{2}+1)^6}, $$

$$ f = f_3 = 99 - 70\sqrt{2}, $$

$$ f = f_4 = \frac{1}{99 + 70\sqrt{2}}. $$

Welche der Darstellungen führt zu dem besten Resultat? Begründen Sie Ihre Antwort ohne die Berechnung der einzelnen f_i.

Übung 2.4.11. Berechnen Sie die folgenden drei Ausdrücke für die angegebenen Werte von x. Welches Phänomen ist zu beobachten? Bringen Sie die Ausdrücke auf eine numerisch stabilere Form.

a) $\frac{1}{1+2x} - \frac{1-x}{1+x}$ für $x = 10^{-7}$.

b) $\ln(x - \sqrt{x^2 - 1})$ für $x = 29.999$.

c) $1 - \exp(x^{-3})$ für $|x| > 10$.

Übung 2.4.12. Man führe eine Rückwärtsanalyse für die Berechnung des Skalarprodukts

$$ S_N = \sum_{i=1}^{N} x_i y_i = x^T y \quad \text{über} $$

$$ S_j \Leftarrow S_{j-1} + x_j * y_j $$

durch. Die Zahlen $x_1, \ldots, x_N, y_1, \ldots, y_N$ seien Maschinenzahlen.

Übung 2.4.13. Sei $\mathbb{M}(b, m, r, R)$ die Menge der Maschinenzahlen, wie in Abschnitt 2.2.1 beschrieben, und x_{MIN}, x_{MAX} die betragsmäßig kleinste ($\neq 0$) bzw. größte Zahl in $\mathbb{M}(b, m, r, R)$. Zeigen Sie, daß

$$x_{\mathrm{MIN}} = b^{r-1}$$
$$x_{\mathrm{MAX}} = (1 - b^{-m})b^{R}$$

gilt.

Übung 2.4.14. Man beweise die Abschätzung (2.46).

Übung 2.4.15. Berechnen Sie für $x = 125.75$ die Darstellung im binären Zahlensystem und bestimmen Sie $\mathrm{fl}(x)$ in der Menge $\mathbb{M}(2, 10, -64, 63)$.

Übung 2.4.16. Bestimmen Sie die Anzahl der Zahlen in der Menge $\mathbb{M}(16, 6, -64, 63)$.

Übung 2.4.17. Man beweise (2.26) und (2.27).

Übung 2.4.18. Die lineare Abbildung $\mathcal{L} : X \to Y$ sei bijektiv. Zeige, daß die Umkehrabbildung $\mathcal{L}^{-1}$ ebenfalls linear ist.

Übung 2.4.19. Seien $A, B \in \mathbb{R}^{n \times n}$ und bezeichne $\|\cdot\|$ die Operatornorm bezüglich irgendeiner Vektornorm für $\mathbb{R}^n$. Man zeige, daß $\|AB\| \leq \|A\| \|B\|$ gilt.

Übung 2.4.20. Die sogenannte Frobenius-Norm einer Matrix $A \in \mathbb{R}^{n \times n}$ ist durch $\|A\|_F := \left(\sum_{i,j=1}^{n} a_{i,j}^2 \right)^{1/2}$ definiert. Man zeige, daß

$$\|Ax\|_2 \leq \|A\|_F \|x\|_2, \qquad \|AB\|_F \leq \|A\|_F \|B\|_F$$

gilt. $\|\cdot\|_F$ ist jedoch nicht die zu $\|\cdot\|_2$ gehörige Operatornorm.

Übung 2.4.21. Man beweise Bemerkung 2.25.

Übung 2.4.22. Sei $I = [a, b]$, $x_0 \in I$ fest und $\delta_{x_0}^{(1)} : C^1(I) \to \mathbb{R}$

$$\delta_{x_0}^{(1)}(f) := f'(x_0)$$

Für $f \in C^1(I)$ sei $\|f\|_{C^1(I)} := \max\{ \|f\|_\infty, \|f'\|_\infty \}$. Beweisen Sie:

a) $|\delta_{x_0}^{(1)}(f)| \leq \|f\|_{C^1(I)}$ für alle $f \in C^1(I)$.

b) Für alle $c > 0$ existiert $f \in C^1(I)$, so daß $|\delta_{x_0}^{(1)}(f)| \geq c\|f\|_\infty$.

3

Lineare Gleichungssysteme, direkte Lösungsverfahren

3.1 Vorbemerkungen, Beispiele

Die mathematische Behandlung einer Vielzahl technisch/physikalischer Probleme führt letztlich auf die Aufgabe der Lösung eines Gleichungssystems, insbesondere eines *linearen* Gleichungssystems. Folgende Beispiele unterstreichen zum einen die zentrale Bedeutung dieses Themas. Zum anderen werden sie später bei der Identifikation spezieller Anforderungen an die numerischen Lösungsmethoden hilfreich sein.

Beispiel 3.1. In einem System von verzweigten linearen Leitern kann man die Stärke quasistationärer Ströme I_i mit Hilfe der beiden Kirchhoffschen Sätze für Stromverzweigungen bestimmen. Der erste Satz besagt, daß (im stationären Fall) der Gesamtstrom durch eine geschlossene Fläche um einen Stromknoten verschwinden muß:

$$\sum_i I_i = 0.$$

Der zweite Kirchhoffsche Satz besagt, daß die Summe der Spannungen U_j in einem geschlossenen Integrationsweg Null sein muß:

$$\sum_j U_j = 0.$$

Betrachtet man einen einfachen Stromkreis mit aufgeprägter Spannung U, in dem zwei Widerstände R_1, R_2 mit Teilstromstärken I_1, I_2 parallel geschaltet sind, ergeben sich folgende Bedingungen, wobei wir das Ohmsche Gesetz $R_j I_j = U_j$ benutzt haben,

$$\begin{aligned} I - I_1 &+ I_2 &= 0 \\ R_1 I_1 &+ R_2 I_2 &= 0 \\ R_1 I_1 & &= U \end{aligned} \tag{3.1}$$

und damit bei bekannten Widerständen R_i und gegebener Spannung U ein System von drei linearen Gleichungen in den drei Unbekannten I, I_1, I_2. $\triangle$

Ein wichtiger Hintergrund für das Auftreten von Gleichungssystemen ist die *Diskretisierung* von Differentialgleichungen, die wieder ein wichtiges Hilfsmittel zur mathematischen Modellierung physikalisch-technischer Prozesse bilden. Folgende Beispiele sollen dieses Prinzip verdeutlichen. Wir begnügen uns dabei der Einfachheit halber auf Probleme einer Ortsvariablen, die sich als Spezialfälle des später in Kapitel 12 betrachteten allgemeineren Rahmens ansehen lassen.

Beispiel 3.2. Betrachtet man an Stelle der in Kapitel 12 diskutierten Auslenkung einer eingespannten elastischen Membran unter einer aufgeprägten Lastverteilung die analoge Auslenkung eines elastischen Fadens über dem Intervall $[0,1]$, der an den Stellen $0,1$ eingespannt ist, erfüllt die Auslenkung $u(x)$ als Funktion des Ortes $x \in [0,1]$ (nach Wegskalierung von Materialkonstanten) das *Randwertproblem*

$$-u''(x) = f(x), \quad x \in [0,1], \quad u(0) = u(1) = 0. \tag{3.2}$$

Die zeitliche Entwicklung der Temperatur $v(x,t)$ in einem durch das Intervall $[0,1]$ repräsentierten dünnen Draht der Länge eins genügt als Funktion von Ort und Zeit bei konstanter Vorgabe der Temperatur 0 an den Enden des Drahtes dem *Anfangs-Randwertproblem* (wieder nach geeigneter Skalierung)

$$\frac{\partial v(x,t)}{\partial t} = \frac{\partial^2 v(x,t)}{\partial x^2}, \quad x \in [0,1],\ t \in [0,T],$$
$$v(0,t) = v(1,t) = 0, \quad t \in [0,T], \tag{3.3}$$
$$v(x,0) = v_0(x), \quad x \in [0,1],$$

wobei v_0 die zum Zeitpunkt $t = 0$ gegebene Anfangstemperatur ist. Ersetzt man in (3.3) die partielle Zeitableitung $\frac{\partial v}{\partial t}$ durch den *Differenzenquotienten* $(v(x, t + \Delta t) - v(x,t))/\Delta t$, mit $\Delta t = T/m$, kann man nach der (näherungsweisen) Temperaturverteilung $v_k(x)$ auf den diskreten Zeitleveln $t_k = k\Delta t$, $k = 0, \ldots, m$ fragen, die durch das (semidiskrete) Näherungsmodell

$$\frac{v_{k+1}(x) - v_k(x)}{\Delta t} = \frac{\partial^2 v_{k+1}(x)}{\partial x^2}, \quad x \in [0,1], \quad v_{k+1}(0) = v_{k+1}(1) = 0, \tag{3.4}$$

gegeben sind. Man könnte im Prinzip den Term $v''_{k+1}(x)$ auf der rechten Seite von (3.4) durch $v''_k(x)$ ersetzen. Beginnt man mit $k = 0$, kann man dann aus der Anfangsbedingung $v(x,0) = v_0(x)$ aus (3.3) alle Terme auf der rechten Seite von (3.4) bestimmen und somit $v_1(x)$ ermitteln. Wiederholt man dies, kann man sich bis zum Zeitlevel $T = m\Delta t$ vorhangeln. Wir werden in einem späteren Kapitel sehen, weshalb dieses Vorgehen wesentliche Nachteile bietet und weshalb obiger Ansatz vorzuziehen ist. Dann ergibt sich allerdings bei bereits bekanntem $v_k(x)$ eine Differentialgleichung für $u(x) := v_{k+1}(x)$, nämlich wegen (3.4)

$$-u''(x) + \Delta t^{-1} u(x) = -\Delta t^{-1} v_k(x), \quad x \in [0,1],\ u(0) = u(1) = 0. \tag{3.5}$$

In den Beispielen (3.2) und (3.5) wird jeweils diejenige Funktion $u(x)$ gesucht, die eine *Differentialgleichung* vom Typ

$$-u''(x) + \lambda(x)u(x) = f(x), \quad x \in [0,1], \qquad (3.6)$$

mit den *Randbedingungen*

$$u(0) = u(1) = 0 \qquad (3.7)$$

erfüllt. Dieses Problem nennt man eine *Randwertaufgabe*.

Im allgemeinen kann man die Lösung nicht als analytisch geschlossenen Ausdruck angeben. Eine Möglichkeit, (3.6) und (3.7) *numerisch* zu lösen, besteht darin, auf $[0,1]$ verteilte Gitterpunkte

$$x_j = jh, \quad j = 0, \ldots, n, \quad h = \frac{1}{n}, \qquad (3.8)$$

zu betrachten, die für große n immer dichter zusammenrücken. Mit Hilfe der Taylorentwicklung setzt man dann Ableitungen mit *Differenzenquotienten* in Beziehung. Aus den Taylorentwicklungen

$$u(x_j + h) = u(x_j) + hu'(x_j) + \frac{h^2}{2}u''(x_j) + \frac{h^3}{6}u'''(x_j) + \mathcal{O}(h^4),$$

$$u(x_j - h) = u(x_j) - hu'(x_j) + \frac{h^2}{2}u''(x_j) - \frac{h^3}{6}u'''(x_j) + \mathcal{O}(h^4),$$

folgt sofort

$$u(x_j + h) - 2u(x_j) + u(x_j - h) = h^2 u''(x_j) + \mathcal{O}(h^4),$$

und somit die Beziehung

$$u''(x_j) = \frac{1}{h^2}[u(x_{j+1}) - 2u(x_j) + u(x_{j-1})] + \mathcal{O}(h^2). \qquad (3.9)$$

D. h., bis auf Terme 2. Ordnung in der Schrittweite h entspricht die 2. Ableitung einem Differenzenquotient. Es liegt daher nahe zu erwarten, daß diejenigen Werte u_j, die die Beziehung

$$-\frac{u_{j+1} - 2u_j + u_{j-1}}{h^2} + \lambda(x_j)u_j = f(x_j) \qquad (3.10)$$

für die *inneren* Gitterpunkte $j = 1, \ldots, n-1$ zusammen mit den Randbedingungen

$$u_0 = u_n = 0 \qquad (3.11)$$

erfüllen, für kleine h, also große n, eine gute Approximation für die Werte $u(x_j)$ der exakten Lösung von (3.6), (3.7) liefern. (3.10) ist ein *System* von $n-1$ linearen Gleichungen in den $n-1$ Unbekannten u_j. Ein solches System von Gleichungen schreibt man üblicherweise in *Matrixform*. Im vorliegenden Fall erhält man mit $\lambda_j := \lambda(x_j)$, $f_j := h^2 f(x_j)$ das System

$$\frac{1}{h^2}\begin{pmatrix} 2+h^2\lambda_1 & -1 & 0 & \cdots & 0 \\ -1 & 2+h^2\lambda_2 & -1 & \ddots & \vdots \\ 0 & -1 & 2+h^2\lambda_3 & \ddots & 0 \\ \vdots & \ddots & \ddots & \ddots & -1 \\ 0 & \cdots & 0 & -1 & 2+h^2\lambda_{n-1} \end{pmatrix}\begin{pmatrix} u_1 \\ u_2 \\ \vdots \\ u_{n-2} \\ u_{n-1} \end{pmatrix} = \begin{pmatrix} f_1 \\ f_2 \\ \vdots \\ f_{n-2} \\ f_{n-1} \end{pmatrix}. \quad (3.12)$$

Hierbei wurde berücksichtigt, daß wegen (3.11) in der ersten und letzten Gleichung nur zwei Unbekannte vorkommen, während in allen übrigen Gleichungen drei Unbekannte auftreten. Derartige Matrizen heißen *Tridiagonalmatrizen*.

Man kann zeigen (siehe auch Kapitel 12), daß bei einem nichtnegativen λ wie in (3.2), (3.5) die resultierende Tridiagonalmatrix *positiv definit* ist, ein Umstand, dem wir später noch ausgiebig Beachtung schenken werden. $\triangle$

Beispiel 3.3. Anhand eines einfachen Beispiels wird nun die Diskretisierung von *Integralgleichungen* verdeutlicht. Gesucht sei diejenige Funktion $u(x)$, die die *Integralgleichung*

$$u(x) + 2\int_0^1 \cos(xt)u(t)\, dt = 2, \quad x \in [0,1] \qquad (3.13)$$

erfüllt. Eine Möglichkeit, (3.13) numerisch zu lösen, besteht darin, auf $[0,1]$ verteilte Gitterpunkte

$$t_j = \left(j - \frac{1}{2}\right)h, \quad j = 1,\ldots,n, \quad h = \frac{1}{n},$$

zu betrachten, die für große n immer dichter zusammenrücken. Wie vorhin Ableitungen müssen nun Integrale über Punktwerte des Integranden approximiert werden. Dies ist die Thematik der *numerischen Integration* oder Quadratur, die in Kapitel 10 behandelt wird. Speziell wird für die Annäherung des Integrals in (3.13) hier die Mittelpunktsregel

$$\int_0^1 f(t)\, dt \approx h\sum_{j=1}^n f(t_j) \qquad (3.14)$$

eingesetzt (siehe Abb. 3.1). In Kapitel 10 wird gezeigt, daß wenn f zweimal stetig differenzierbar ist

$$\left| \int_0^1 f(t)\, dt - h\sum_{j=1}^n f(t_j) \right| \leq \frac{h^2}{24} \max_{x \in [0,1]} |f''(x)|$$

gilt.

Im zweiten Annäherungsschritt wird die Gleichung (3.13) für $u(x)$ nur in den Punkten $x = t_i$ betrachtet. Man erhält dann die Gleichungen

$$u_i + 2h\sum_{j=1}^n \cos(t_i t_j)u_j = 2, \quad i = 1,2,\ldots,n, \qquad (3.15)$$

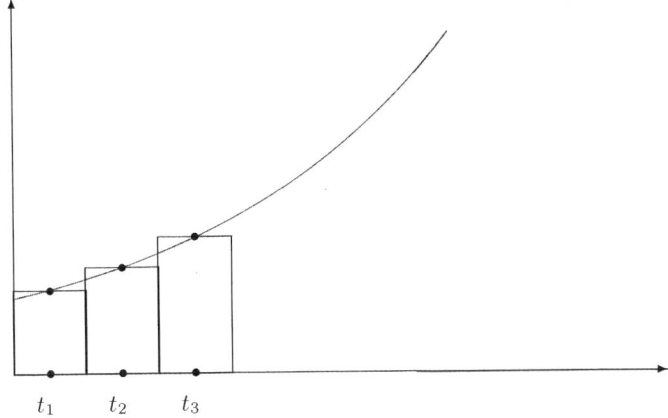

Abb. 3.1. Mittelpunktsregel

für die Unbekannten $u_i \approx u(t_i)$, $i = 1, 2, \ldots, n$. Man darf erwarten, daß für kleine h, also große n, u_i eine gute Approximation für den Wert $u(x_i)$ der exakten Lösung von (3.13) liefert. (3.15) ist ein System von n linearen Gleichungen in den n Unbekannten u_i. In Matrixform ergibt sich

$$
\begin{pmatrix}
\frac{1}{2h} + \cos(t_1 t_1) & \cos(t_1 t_2) & \cdots & \cos(t_1 t_n) \\
\cos(t_2 t_1) & \frac{1}{2h} + \cos(t_2 t_2) & & \vdots \\
\vdots & & \ddots & \vdots \\
\cos(t_n t_1) & \cdots & \cdots & \frac{1}{2h} + \cos(t_n t_n)
\end{pmatrix}
\begin{pmatrix}
u_1 \\ u_2 \\ \vdots \\ u_n
\end{pmatrix}
= \frac{1}{h}
\begin{pmatrix}
1 \\ 1 \\ \vdots \\ 1
\end{pmatrix}.
$$

Abbildung 3.2 zeigt das berechnete Resultat $(u_i)_{1 \le i \le n}$ für $n = 30$. $\triangle$

Einige Bemerkungen zu prinzipiellen Unterschieden zwischen den Gleichungssystemen, die in den obigen Beispielen auftreten, sind angebracht. In Beispiel 3.1 geht es um Systeme *fester* Größe, wobei die Matrizen je nach Beschaffenheit des Leiternetzwerks ganz unterschiedliche Struktur haben können. Im Sinne eines festen Belegungsmusters für nichtverschwindende Beiträge sind derartige Matrizen also strukturlos. In Beispiel 3.2 hingegen ist die Größe des jeweiligen Systems variabel und hängt davon ab, wie fein die Diskretisierung und damit wie klein der Diskretisierungsfehler sein soll. Bei analogen Problemen mit mehreren Ortsvariablen können dadurch sehr große Zahlen – mehrere hunderttausend bis zu Millionen – von Unbekannten auftreten. Allerdings bleiben die Matrizen stets *dünnbesetzt* oder *sparse*, d.h., pro Zeile hat man nur eine geringe Zahl von nicht verschwindenden Einträgen. Bei sehr großen Problemen wird man diese Struktur ausnützen müssen. Methoden zur Lösung solcher großen dünnbesetzten Gleichungssysteme werden in Kapitel 13 behandelt. Die in diesem Kapitel vorgestellten Methoden eignen

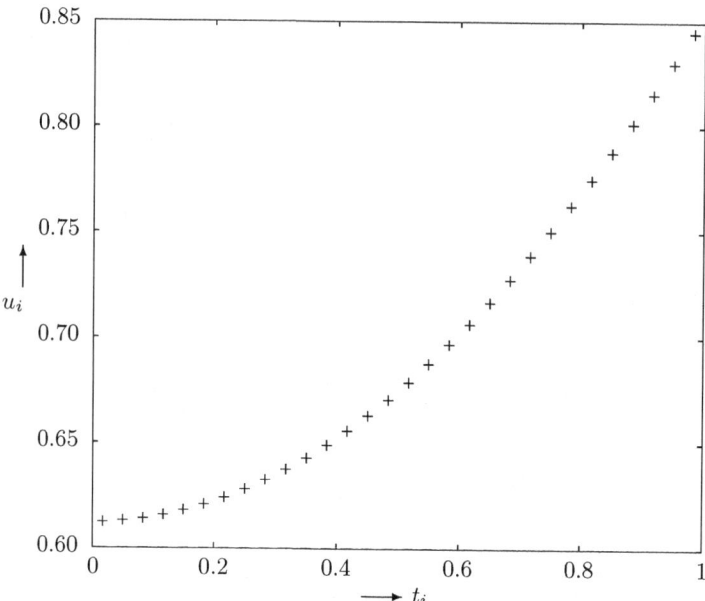

Abb. 3.2. Berechnete Lösung der Integralgleichung

sich bei wirklich großen Problemen nur dann, wenn eine enge Bandstruktur wie bei Tridiagonalmatrizen vorliegt. Die Diskretisierung in Beispiel 3.3 hingegen liefert wieder ein *vollbesetztes* System, worauf man (zumindest im ersten Anlauf) die eher als Allzweckwerkzeuge anzusehenden Methoden dieses Kapitels anwenden kann. Dies trifft weitgehend auch auf diejenigen Situationen zu, in denen lineare Gleichungssysteme erst mittelbar auftreten, wie folgende Beispiele zeigen.

Beispiel 3.4. In der linearen Ausgleichsrechnung (siehe Kapitel 4) entsteht auf natürliche Weise ein lineares Gleichungssystem (die sogenannten *Normalgleichungen*).
                                                                                    △

Beispiel 3.5. Zur Lösung eines *nichtlinearen* Gleichungssystems werden oft Linearisierungsverfahren, wie z. B. das Newton-Verfahren eingesetzt (siehe Kapitel 5). Bei so einem Verfahren ergibt sich eine *Reihe* von *linearen* Gleichungssystemen.
                                                                                    △

In diesem Abschnitt werden wir uns mit der Lösung von Aufgaben dieses Typs befassen, wobei wir eine etwas andere einheitliche Notation verwenden werden. Im folgenden werden dabei einige Begriffe und Ergebnisse aus dem Bereich der linearen Algebra verwendet, die teilweise schon in Abschnitt 2.1.5 vorgekommen sind.

Aus Beispiel 2.17 sei erinnert, daß $\mathbb{R}^{m \times n}$ die Menge der Matrizen

$$A = \begin{pmatrix} a_{1,1} & \cdots & a_{1,n} \\ \vdots & & \vdots \\ a_{m,1} & \cdots & a_{m,n} \end{pmatrix}$$

mit Einträgen $a_{i,j} \in \mathbb{R}$ bezeichnet. In diesem Kapitel geht es um folgende zentrale

Aufgabe:

Zu $A \in \mathbb{R}^{n \times n}$ und $b = (b_1, \ldots, b_n)^T \in \mathbb{R}^n$ bestimme ein $x = (x_1, \ldots, x_n)^T \in \mathbb{R}^n$, das

$$a_{1,1}x_1 + \ldots + a_{1,n}x_n = b_1$$
$$\vdots \qquad\qquad \vdots \qquad \vdots$$
$$a_{n,1}x_1 + \ldots + a_{n,n}x_n = b_n$$

bzw. kurz
$$Ax = b \qquad\qquad (3.16)$$

erfüllt.

Das Gleichungssystem (3.16) heißt *linear*, da A eine lineare Abbildung definiert, vgl. Beispiel 2.17. Das System $Ax = b$ hat für $A \in \mathbb{R}^{m \times n}, b \in \mathbb{R}^m$ trivialerweise genau dann (mindestens) eine Lösung, wenn b im Erzeugnis der Spalten von A liegt, also der Rang von A gleich dem Rang der durch die Spalte b erweiterten Matrix (A, b) ist. In diesem Kapitel werden wir uns jedoch auf den Fall $m = n$ beschränken, d. h., die Anzahl der Gleichungen entspricht der Anzahl der Unbekannten. Insbesondere interessiert, wann (3.16) eine *eindeutige* Lösung hat. Zur Erinnerung:

Bemerkung 3.6. Folgende Aussagen sind äquivalent:

(i)   Das System (3.16) hat für jedes $b \in \mathbb{R}^n$ eine eindeutige Lösung $x \in \mathbb{R}^n$.
(ii) Die Matrix A in (3.16) hat vollen Rang n.
(iii) Für A in (3.16) hat das *homogene* System $Ax = 0$ nur die triviale Lösung $x = 0$.
(iv) Es gilt
$$\det A \neq 0. \qquad\qquad (3.17)$$

A heißt *regulär* oder *nichtsingulär*, wenn (3.17) und damit die Eigenschaften (i) – (iv) gelten.   △

Annahme:
In den Abschnitten 3.2-3.8 wird stets angenommen, daß $\det A \neq 0$ *gilt.*

3.2 Kondition und Störungssätze

Bevor in den folgenden Abschnitten die verschiedenen Lösungsverfahren behandelt werden, wird in diesem Abschnitt wie üblich zuerst das Thema der Kondition des vorliegenden Problems diskutiert. Dies klang ja bereits in Abschnitt 2.1.5 an, siehe Bemerkungen 2.26, 2.27. Folgende Betrachtungen lassen sich als weitere Spezialisierung bzw. Vertiefung dieser Ergebnisse ansehen. Die Problemdaten sind in diesem Fall die Einträge der rechten Seite b, aber darüber hinaus auch die Einträge der Matrix A. Die Frage nach der Kondition des Problems $Ax = b$, also die Frage, wie sich die Lösung bei Störungen von A und b ändert, ist aus mindestens zwei Gesichtspunkten wichtig. Zum einen muß man verstehen, wie Datenstörungen die Lösung beeinflussen, um das Ergebnis einer numerischen Lösung beurteilen zu können. Zum anderen werden wir wie bei der Summenbildung im Sinne einer Rückwärtsanalyse versuchen, die in einem konkreten Algorithmus entstandenen Fehler als Datenfehler umzuinterpretieren, um dann über Konditionsabschätzungen den tatsächlichen Fehler abschätzen zu können.

Sei im Folgenden x stets die exakte Lösung von (3.16) und $\| \cdot \|$ eine Vektornorm auf $\mathbb{R}^n$. In Abschnitt 2.1.2, Beispiel 2.7, haben wir als Beispiele die *Max-Norm* $\|x\|_\infty := \max_{i=1,\dots,n} |x_i|$ oder die p-Normen $\|x\|_p := (\sum_{i=1}^n x_i^p)^{1/p}$ für $1 \leq p < \infty$ kennengelernt. Für $p = 2$ erhält man insbesondere die *Euklidische Norm*, die den Abstand eines Punktes $x \in \mathbb{R}^n$ vom Ursprung mißt.

Die zu $\| \cdot \|$ gehörige Operatornorm (2.22) (bei Verwendung der gleichen Vektornorm für Bild und Urbild) wird auch mit $\| \cdot \|$ bezeichnet, d. h. $\|A\| := \max \{ \|Ax\| \mid \|x\| = 1 \}$. Es wurde bereits in (2.24) gezeigt, daß stets $\|Ax\| \leq \|A\| \|x\|$ für alle $x \in \mathbb{R}^n$ gilt.

Wir betrachten zunächst den einfachsten Fall, daß *nur* die rechte Seite b gestört ist. Dieser Fall ist schon in Bemerkung 2.27 diskutiert worden, sei aber hier noch einmal formal hervorgehoben. (3.23)

> **Satz 3.7.** *Sei $x + \Delta x$ die Lösung von $A(x + \Delta x) = b + \Delta b$. Dann gilt*
> $$\frac{\|\Delta x\|}{\|x\|} \leq \|A^{-1}\| \|A\| \frac{\|\Delta b\|}{\|b\|}. \tag{3.18}$$

Beweis. Die Behauptung folgt sofort aus Satz 2.23 für $\mathcal{L} = A^{-1}$. Es mag nicht schaden, das Argument im „hiesigen Gewand" kurz zu wiederholen. Es gilt

$$A(x + \Delta x) = b + \Delta b \iff A\Delta x = \Delta b \iff \Delta x = A^{-1}\Delta b,$$

und deshalb

$$\|\Delta x\| = \|A^{-1}\Delta b\| \leq \|A^{-1}\| \|\Delta b\|. \tag{3.19}$$

Andererseits gilt wegen

$$\|b\| = \|Ax\| \leq \|A\| \|x\|$$

auch

$$\frac{1}{\|x\|} \le \frac{\|A\|}{\|b\|}. \tag{3.20}$$

Aus (3.19) und (3.20) folgt die Behauptung.   □

Der relative Fehler der Lösung läßt sich also durch das Vielfache

$$\kappa(A) = \kappa_{\|\cdot\|}(A) := \|A^{-1}\|\|A\| \tag{3.21}$$

des relativen Fehlers der rechten Seite (Eingabedaten) abschätzen. Die Größe $\kappa(A)$ heißt *(relative) Konditionszahl* (bzgl. der Norm $\|\cdot\|$) der Matrix A, vgl. Abschnitt 2.1.5.

Die Konditionszahlen hängen natürlich von der jeweiligen Norm $\|\cdot\|$ ab. Bei den Normen $\|\cdot\|_\infty$, $\|\cdot\|_2$, $\|\cdot\|_1$ schreiben wir wie in Abschnitt 2.1.5 kurz κ_∞, κ_2, κ_1.

Es sei auch daran erinnert, daß stets gilt

$$1 \le \kappa(A), \tag{3.22}$$

d. h., Konditionszahlen von Matrizen sind stets größer oder gleich 1, vgl. (2.31).

Auch folgende Tatsache wurde bereits in allgemeinerer Form diskutiert, vgl. Bemerkungen 2.26, 2.27.

Bemerkung 3.8. $\kappa(A) = \kappa(A^{-1})$, d.h., die Berechnung von Ax und die Lösung des Systems $Ax = b$ (also die Auswertung von $A^{-1}b$) sind gleich konditioniert.   △

Dies war soweit im Wesentlichen eine Auffrischung bzw. Spezialisierung des Stoffs von Abschnitt 2.1.5. Es wird sich nun zeigen, daß $\kappa(A)$ auch maßgeblich die Störungen in den übrigen Eingabedaten beschreibt.

Satz 3.9. *Es gelte* $\kappa(A)\frac{\|\Delta A\|}{\|A\|} < 1$. *Sei* $x + \Delta x$ *die Lösung von*

$$(A + \Delta A)(x + \Delta x) = b + \Delta b. \tag{3.23}$$

Dann gilt:

$$\frac{\|\Delta x\|}{\|x\|} \le \frac{\kappa(A)}{1 - \kappa(A)\frac{\|\Delta A\|}{\|A\|}}\left(\frac{\|\Delta A\|}{\|A\|} + \frac{\|\Delta b\|}{\|b\|}\right).$$

Beweis. Sei $(A + \Delta A)z = 0$, also $z = -A^{-1}\Delta A z$. Falls $z \ne 0$, erhält man

$$\|z\| = \|A^{-1}\Delta A z\| \le \|A^{-1}\Delta A\|\|z\| < \|z\|,$$

also einen Widerspruch. Deshalb muß $z = 0$ gelten, woraus folgt, daß das lineare Gleichungssystem (3.23) eindeutig lösbar ist. Aus (3.23) und $Ax = b$ folgt

$$A\,\Delta x + \Delta A\, x + \Delta A\,\Delta x = \Delta b,$$

also

$$\Delta x = A^{-1}\left(-\Delta A\, x - \Delta A\, \Delta x + \Delta b\right)$$
$$= -A^{-1}\Delta A\, x - A^{-1}\Delta A\, \Delta x + A^{-1}\Delta b.$$

Damit ergibt sich

$$\|\Delta x\| \le \|A^{-1}\|\|\Delta A\|\|x\| + \|A^{-1}\|\|\Delta A\|\|\Delta x\| + \|A^{-1}\|\|\Delta b\|,$$

und daher, mit $\kappa := \kappa(A) = \|A\|\|A^{-1}\|$,

$$\left(1 - \kappa\frac{\|\Delta A\|}{\|A\|}\right)\|\Delta x\| \le \kappa\frac{\|\Delta A\|}{\|A\|}\|x\| + \kappa\frac{\|\Delta b\|}{\|A\|}. \qquad (3.24)$$

Da

$$\|b\| = \|Ax\| \le \|A\|\|x\|,$$

erhält man aus (3.24)

$$\left(1 - \kappa\frac{\|\Delta A\|}{\|A\|}\right)\|\Delta x\| \le \kappa\left(\frac{\|\Delta A\|}{\|A\|} + \frac{\|\Delta b\|}{\|b\|}\right)\|x\|,$$

was der behaupteten Abschätzung entspricht. □

Man beachte, daß

$$\kappa(A)\frac{\|\Delta A\|}{\|A\|} = \|A^{-1}\|\|\Delta A\| < 1 \qquad (3.25)$$

nach Voraussetzung gelten soll, d. h., der relative Fehler in A darf im Verhältnis zur Kondition von A nicht zu groß sein, damit die Abschätzung gültig ist. Falls $\|A^{-1}\|\|\Delta A\| \ll 1$, besagt obige Abschätzung, daß die Konditionszahl $\kappa(A)$ im wesentlichen die Verstärkung der relativen Eingabefehler sowohl der rechten Seite als auch der Matrixeinträge beschreibt.

Bemerkung 3.10. In einer Maschine mit Maschinengenauigkeit eps sind die Daten A, b mit relativen Fehlern $\le$ eps behaftet. Aufgrund des Satzes 3.9 sagt man, daß es wegen der Kondition des Problems $(A, b) \to x = A^{-1}b$ einen für die Bestimmung von x *unvermeidlichen Fehler* in der Größenordnung

$$\kappa(A)\,\text{eps} \qquad (3.26)$$

gibt. △

Beispiel 3.11. Sei

$$A = \begin{pmatrix} 3 & 1.001 \\ 6 & 1.997 \end{pmatrix}, \quad b = \begin{pmatrix} 1.999 \\ 4.003 \end{pmatrix}.$$

Dann gilt

$$A^{-1} = \frac{1}{-0.015} \begin{pmatrix} 1.997 & -1.001 \\ -6 & 3 \end{pmatrix}, \quad \|A^{-1}\|_\infty = 600 \ ,$$

$$\|A\|_\infty = 7.997, \quad \kappa_\infty(A) = 4798.2 \ .$$

Für

$$\tilde{A} = \begin{pmatrix} 3 & 1 \\ 6 & 1.997 \end{pmatrix}, \quad \tilde{b} = \begin{pmatrix} 2.002 \\ 4 \end{pmatrix}$$

hat man

$$\Delta A = \begin{pmatrix} 0 & -0.001 \\ 0 & 0 \end{pmatrix}, \quad \|\Delta A\|_\infty = 0.001,$$

$$\Delta b = \begin{pmatrix} 0.003 \\ -0.003 \end{pmatrix}, \quad \|\Delta b\|_\infty = 0.003.$$

Aus Satz 3.9 ergibt sich somit

$$\frac{\|\Delta x\|_\infty}{\|x\|_\infty} \leq 10.49$$

als Abschätzung für den relativen Fehler der Lösung $\tilde{x}$ von $\tilde{A}\tilde{x} = \tilde{b}$. Da die exakte Lösung $x = (1, -1)^T$ das System $Ax = b$ und $\tilde{x} = (0.2229, 1.3333)^T$ das System $\tilde{A}\tilde{x} = \tilde{b}$ löst, ist der tatsächliche relative Fehler

$$\frac{\|\Delta x\|_\infty}{\|x\|_\infty} \approx 2.333$$

also kleiner, als durch die Abschätzung im obigen Satz 3.9 vorausgesagt wird.
$\triangle$

Um die Genauigkeit einer Annäherung $\tilde{x}$ der Lösung eines Gleichungssystems $Ax = b$ zu messen, wird oft als Maß die Größe des Residuums $\tilde{r} = b - A\tilde{x}$ genommen, welches man ohne Kenntnis der exakten Lösung x berechnen kann. Beachte, daß das Residuum $\tilde{r} = 0$ wäre, wenn $\tilde{x}$ die exakte Lösung x darstellen würde. Wie aussagekräftig allerdings die Größe des Residuums in Bezug auf den tatsächlichen Fehler ist, hängt wieder von der Kondition ab. Für die Norm des Residuums im Vergleich zu der des Fehlers gilt nämlich:

$$\kappa(A)^{-1} \frac{\|\tilde{r}\|}{\|b\|} \leq \frac{\|x - \tilde{x}\|}{\|x\|} \leq \kappa(A) \frac{\|\tilde{r}\|}{\|b\|} \ . \tag{3.27}$$

Um die Vertrautheit mit diesen Größen zu steigern, leiten wir die untere Abschätzung her:

$$\frac{\|\tilde{r}\|}{\|b\|} \leq \frac{\|A\|\|x - \tilde{x}\|}{\|Ax\|} \leq \|A\|\|A^{-1}\| \frac{\|x - \tilde{x}\|}{\|x\|}.$$

Die Ungleichungen in (3.27) sind scharf. Folglich kann, wenn A schlecht konditioniert ist, die Größe des Residuums $\|\tilde{r}\|$ ein schlechtes Maß für den Fehler in $\tilde{x}$ sein.

Beispiel 3.12. Sei A die Matrix aus Beispiel 3.11 und $b = (3,6)^T$. Die exakte Lösung des Gleichungssystems $Ax = b$ ist $x = (1,0)^T$. Für die Annäherungen

$$\tilde{x} = \begin{pmatrix} 0.99684 \\ 0.00949 \end{pmatrix}, \qquad \hat{x} = \begin{pmatrix} 1.000045 \\ 0.000089 \end{pmatrix},$$

gilt

$$\|\tilde{r}\|_\infty = \|b - A\tilde{x}\|_\infty = 1.95 \ 10^{-5}$$
$$\|\hat{r}\|_\infty = \|b - A\hat{x}\|_\infty = 4.48 \ 10^{-4} \ .$$

Die Norm des Residuums für $\tilde{x}$ ist also viel kleiner als für $\hat{x}$, $\|\tilde{r}\|_\infty \ll \|\hat{r}\|_\infty$. Der Fehler in $\tilde{x}$ ist aber viel größer als in $\hat{x}$: $\|\tilde{x} - x\|_\infty = 9.49 \ 10^{-3} \gg \|\hat{x} - x\|_\infty = 8.90 \ 10^{-5}$. $\triangle$

Bemerkung 3.13. Im allgemeinen ist es sehr schwierig, die Konditionszahl $\kappa(A)$ zu berechnen. Es existieren Methoden, die im Laufe der Lösung eines linearen Gleichungssystems eine Schätzung der Konditionszahl liefern. In manchen Fällen ist eine Schätzung der Konditionszahl relativ einfach. So gilt für eine symmetrische Matrix A, daß ihre Konditionszahl bezüglich der 2-Norm mit dem Quotient des betragsmäßig größten und kleinsten Eigenwertes übereinstimmt: $\kappa_2(A) = |\lambda_{max}/\lambda_{min}|$. Näherungen für diese extremen Eigenwerte liefern dann eine Schätzung für die Konditionszahl. $\triangle$

3.2.1 Zeilenskalierung

Offensichtlich ist es günstig wenn in einem linearen Gleichungssystem die Matrix von vornherein eine möglichst kleine Konditionszahl hat. Eine einfache Methode, die Konditionszahl einer Matrix günstig zu beeinflussen, ist eine gewisse *Zeilenskalierung*, auch Zeilenäquilibrierung genannt. Unter einer Zeilenskalierung versteht man die Multiplikation der i-ten Zeile mit einer Zahl $d_i \neq 0$ ($1 \leq i \leq n$). Die Matrix A wird dadurch in eine Matrix $D_z A$ umgeformt, wobei D_z die Diagonalmatrix $D_z = \operatorname{diag}(d_1, \dots, d_n)$ bezeichnet. Man kann nun versuchen, die Skalierung D_z so zu wählen, daß die Konditionszahl (wesentlich) verbessert wird. Nicht für jede Norm ist eine sichere allgemeine Vorgehensweise bekannt, wie die Skalierung vorzunehmen ist. Wir behandeln hier eine einfache und gebräuchliche Skalierungsmethode, die die Kondition der Matrix bezüglich der Maximumnorm minimiert.

Sei D_z die Diagonalmatrix mit Diagonaleinträgen definiert durch

$$d_i = \Big(\sum_{j=1}^{n} |a_{i,j}| \Big)^{-1} .$$

Für die skalierte Matrix gilt $\sum_{j=1}^{n} |(D_z A)_{i,j}| = 1$ für alle i, also sind die Betragssummen aller Zeilen gleich eins. Eine Matrix mit dieser Eigenschaft heißt *zeilenweise äquilibriert*.

Die Skalierung mit D_z hat folgende Optimalitätseigenschaft:

$$\kappa_\infty(D_z A) \leq \kappa_\infty(DA) \quad \text{für jede reguläre Diagonalmatrix } D , \quad (3.28)$$

d. h., diese Zeilenskalierung liefert die minimale Konditionszahl bezüglich der Maximumnorm. Die Gültigkeit von (3.28) läßt sich folgendermaßen einsehen. Nimmt man an, daß A bereits äquilibriert ist, d. h., $D_z = I$, dann gilt $\sum_{j=1}^{n} |a_{i,j}| = 1$ für alle i, $\|A\|_\infty = 1$ und somit $\kappa_\infty(A) = \|A^{-1}\|_\infty$. Sei D eine beliebige Diagonalmatrix. Dann gilt

$$\|DA\|_\infty = \max_{1 \leq i \leq n} \sum_{j=1}^{n} |d_i a_{i,j}| = \max_{1 \leq i \leq n} \{|d_i| \sum_{j=1}^{n} |a_{i,j}|\} = \max_{1 \leq i \leq n} |d_i| = \|D\|_\infty$$

und

$$\|(DA)^{-1}\|_\infty = \max_{x \in \mathbb{R}^n} \frac{\|A^{-1} D^{-1} x\|_\infty}{\|x\|_\infty} = \max_{y \in \mathbb{R}^n} \frac{\|A^{-1} y\|_\infty}{\|Dy\|_\infty}$$

$$\geq \max_{y \in \mathbb{R}^n} \frac{\|A^{-1} y\|_\infty}{\|D\|_\infty \|y\|_\infty} = \|D\|_\infty^{-1} \|A^{-1}\|_\infty,$$

woraus $\kappa_\infty(DA) = \|DA\|_\infty \|(DA)^{-1}\|_\infty \geq \|A^{-1}\|_\infty = \kappa_\infty(A)$ und somit die Behauptung folgt.

Beispiel 3.14. Für

$$A = \begin{pmatrix} 8 & 10000 \\ 50 & -60 \end{pmatrix}$$

erhält man $\kappa_\infty(A) = 201.2$ und

$$D_z A = \begin{pmatrix} 0.799\,10^{-3} & 0.999 \\ 0.455 & -0.545 \end{pmatrix}, \qquad \kappa_\infty(D_z A) = 3.40 .$$

Hierbei wurde die erste Zeile mit $\frac{1}{10008}$, die zweite Zeile mit $\frac{1}{110}$ multipliziert.

$\triangle$

3.3 Wie man es nicht machen sollte

Eine prinzipielle Möglichkeit, (3.16) zu lösen, bietet die *Cramersche Regel*. Danach lautet die j-te Komponente x_j der Lösung von (3.16)

$$x_j = \frac{\det A_j}{\det A},$$

wobei $A_j \in \mathbb{R}^{n \times n}$ diejenige Matrix ist, die aus A entsteht, wenn man die j-te Spalte durch b ersetzt. Dazu muß man also $n + 1$ Determinanten $\det A_1, \ldots, \det A_n, \det A$ berechnen.

Beispiel 3.15. (siehe auch Beispiel 3.19)

$$A = \begin{pmatrix} 2 & -1 & -3 & 3 \\ 4 & 0 & -3 & 1 \\ 6 & 1 & -1 & 6 \\ -2 & -5 & 4 & 1 \end{pmatrix}, \quad b = \begin{pmatrix} 1 \\ -8 \\ -16 \\ -12 \end{pmatrix}$$

liefert

$$\det A = 2 * \det \begin{pmatrix} 0 & -3 & 1 \\ 1 & -1 & 6 \\ -5 & 4 & 1 \end{pmatrix} - 4 * \det \begin{pmatrix} -1 & -3 & 3 \\ 1 & -1 & 6 \\ -5 & 4 & 1 \end{pmatrix}$$

$$+ 6 * \det \begin{pmatrix} -1 & -3 & 3 \\ 0 & -3 & 1 \\ -5 & 4 & 1 \end{pmatrix} + 2 * \det \begin{pmatrix} -1 & -3 & 3 \\ 0 & -3 & 1 \\ 1 & -1 & 6 \end{pmatrix}$$

$$= 2 * 92 - 4 * 115 + 6 * (-23) + 2 * 23 = -368.$$

Mit ähnlichen Berechnungen erhält man

$$\det A_1 = \det \begin{pmatrix} 1 & -1 & -3 & 3 \\ -8 & 0 & -3 & 1 \\ -16 & 1 & -1 & 6 \\ -12 & -5 & 4 & 1 \end{pmatrix} = 1656,$$

$$\det A_2 = -736, \quad \det A_3 = 1104, \quad \det A_4 = -368.$$

Die Cramersche Regel ergibt dann die Lösung

$$x = \frac{1}{-368}(1656, -736, 1104, -368)^T = (4\tfrac{1}{2}, 2, -3, 1)^T. \qquad \triangle$$

Berechnet man die Determinante einer $(n \times n)$-Matrix nach dem Laplaceschen Entwicklungssatz (wie in Beispiel 3.15), so benötigt man i. a. $n!$ Operationen. Insgesamt ergibt sich ein Aufwand von $(n + 1)!$ Operationen. Ganz abgesehen von den numerischen Effekten aufgrund von Auslöschung, würde dieses Vorgehen die Geduld eines jeden Anwenders überstrapazieren. Bei Verwendung eines Rechners mit 10^8 Gleitpunktoperationen pro Sekunde (100 Mflops) ergäben sich folgende Rechenzeiten:

n	10	12	14	16	18	20
Rechenzeit	0.4 s	1 min	3.6 h	41 Tage	38 Jahre	16000 Jahre

Da die damit erfaßten Größen in bezug auf praktische Anwendungen lächerlich gering sind, wird klar, daß man grundsätzlich andere Ansätze benötigt, um realistische Probleme behandeln zu können.

Ziel der folgenden Abschnitte ist die Vorstellung *verschiedener* Lösungsverfahren. Der Grund für die Vielfalt liegt in der unterschiedlichen Eignung der Verfahren für unterschiedliche Problemmerkmale. Neben der Vermittlung algorithmischer Abläufe (Rezepte) wird es also insbesondere darum gehen, zu klären, in welchen Situationen welches Verfahren angemessen ist.

Dabei werden vor allem die Gesichtspunkte Effizienz (Rechenaufwand, Speicherbedarf) und Stabilität betrachtet. Je größer ein Problem, d. h., je mehr Unbekannte es beinhaltet, umso mehr muß man spezielle Struktureigenschaften ausnutzen. Dies deutet schon an, daß bei der Beurteilung von Verfahren die Größe des Problems keine *statische*, sondern eine *variable* Größe ist, an deren Änderung oder Wachsen die Eigenschaften der Lösungsmethode zu messen sind.

Die im folgenden betrachteten Verfahren beruhen auf folgender trivialer Beobachtung: Falls C irgendeine nichtsinguläre Matrix ist, gilt

$$Ax = b \iff CAx = Cb. \tag{3.29}$$

In der Tat bedeutet $CAx = Cb$ gerade $C(Ax - b) = 0$. Da C regulär ist, ist dies zu $Ax - b = 0$ äquivalent. Dies legt die Strategie nahe, nach möglichst effizienten Wegen zu suchen, zunächst das gegebene Gleichungssystem in ein äquivalentes System umzuformen, das dann „leichter" lösbar ist.

3.4 Dreiecksmatrizen, Rückwärtseinsetzen

Sogenannte Dreiecksmatrizen ergeben leichter lösbare Systeme. Eine Matrix $R = (r_{i,j})_{i,j=1}^{n} \in \mathbb{R}^{n \times n}$ heißt *obere Dreiecksmatrix*, falls

$$r_{i,j} = 0 \quad \text{für } i > j \tag{3.30}$$

gilt, d. h., wenn unterhalb der Diagonalen nur Nulleinträge stehen. Analog definiert man *untere Dreiecksmatrizen*, die meist mit L bezeichnet werden. Insbesondere ist R^T eine untere Dreiecksmatrix. Eine Dreiecksmatrix, deren sämtliche Diagonaleinträge eins sind, heißt *normierte Dreiecksmatrix*. Die einzigen Matrizen, die sowohl obere als auch untere Dreiecksmatrizen sind, sind *Diagonalmatrizen*, für die man meist schreibt

$$D = \text{diag}(d_{1,1}, \ldots, d_{n,n}).$$

Ihre einzigen (möglicherweise) von Null verschiedenen Einträge sind $(d_{i,i})_{1 \le i \le n}$ auf der Diagonalen.

Falls A eine (nichtsinguläre) Diagonalmatrix ist, so ist (3.16) natürlich trivial lösbar, da alle Gleichungen entkoppelt sind. Da die Reduktion eines allgemeinen Systems auf Diagonalgestalt im wesentlichen bereits die Lösung liefert, wird man sich bei der Reduktionsstrategie mit dem „nächstleichteren" Systemtyp begnügen. Die avisierte „leichte Lösbarkeit" läßt sich am Beispiel einer oberen Dreiecksmatrix illustrieren:

$$
\begin{array}{rcl}
r_{1,1}x_1 + r_{1,2}x_2 + \quad \cdots \quad + r_{1,n}x_n &=& b_1 \\
r_{2,2}x_2 + \quad \cdots \quad + r_{2,n}x_n &=& b_2 \\
\ddots \qquad\qquad \vdots & & \\
r_{n-1,n-1}x_{n-1} + r_{n-1,n}x_n &=& b_{n-1} \\
r_{n,n}x_n &=& b_n.
\end{array}
\tag{3.31}
$$

Da bekanntlich

$$
\det R = r_{1,1}r_{2,2}\cdots r_{n,n},
\tag{3.32}
$$

ist (3.31) genau dann stets eindeutig lösbar, wenn alle Diagonaleinträge $r_{j,j}$, $j = 1, \ldots, n$, von Null verschieden sind. Dies erlaubt folgendes Vorgehen: Aus der letzten Gleichung in (3.31) erhält man sofort

$$
x_n = b_n/r_{n,n}.
$$

Einsetzen von x_n in die zweitletzte Gleichung erlaubt die Auflösung nach x_{n-1}:

$$
x_{n-1} = (b_{n-1} - r_{n-1,n}x_n)/r_{n-1,n-1}.
$$

Allgemein sieht dies wie folgt aus:

Rückwärtseinsetzen:

Für $j = n, n-1, \ldots, 2, 1$ berechne

$$
x_j = \Big(b_j - \sum_{k=j+1}^{n} r_{j,k}x_k\Big)\Big/r_{j,j},
\tag{3.33}
$$

wobei obige Summe für $j = n$ leer ist und als Null interpretiert wird.

Beispiel 3.16.

$$
R = \begin{pmatrix} 3 & -1 & 2 \\ 0 & 1 & 3 \\ 0 & 0 & 2 \end{pmatrix}, \quad b = \begin{pmatrix} 0 \\ 1 \\ 4 \end{pmatrix}.
$$

$$
x_3 = 4/2 = 2, \quad x_2 = 1 - 3 \cdot 2 = -5, \quad x_1 = \frac{1}{3}(0 - (-1)(-5) - 2\cdot 2) = -3. \quad \triangle
$$

Aus (3.33) ermittelt man leicht folgenden

Rechenaufwand 3.17.
Für jedes $j = n - 1, \ldots, 1$:
$\quad n - j$ Multiplikationen / Additionen,
$\quad$ eine Division,
und für $j = n$ eine Division. Also insgesamt

- $\displaystyle\sum_{j=1}^{n-1}(n-j) = \frac{n(n-1)}{2}$ Multiplikationen / Additionen, $\hspace{2cm}$ (3.34)
- $\underbrace{\hspace{4cm}}_{n}$ Divisionen.

Früher konnte in einer Maschine eine Addition i. a. wesentlich schneller berechnet werden als eine Multiplikation oder Division. Deshalb wurden oft die
Multiplikationen und Divisionen als wesentliche, ins Gewicht fallende Operationen angesehen und die Additionen vernachlässigt. Heutzutage sind aber
in fast allen Maschinen die für eine Addition und für eine Multiplikation
(oder Division) benötigten Rechenzeiten etwa gleich. Trotzdem werden tra-
ditionsgemäß bei der Zählung der Rechenoperationen in einem Algorithmus
nur die Multiplikationen und Divisionen gezählt. Außerdem wird in einem
Resultat wie in 3.34 nur der Term höchster Ordnung berücksichtigt, was mit
$\frac{n(n-1)}{2} \doteq \frac{1}{2}n^2$ angedeutet wird.

> *Der Rechenaufwand für Rückwärtseinsetzen ist also ca.*
> $\frac{1}{2}n^2$ *Operationen.*

Analog zum Rückwärtseinsetzen für eine obere Dreiecksmatrix kann das
Vorwärtseinsetzen für eine untere Dreiecksmatrix formuliert werden. Als Strategie bietet sich nun an, (3.16) auf Dreiecksgestalt zu transformieren. Bevor
wir verschiedene Möglichkeiten dazu aufzeigen, seien einige Eigenschaften von
Dreiecksmatrizen erwähnt, die häufig (zumindest implizit) benutzt werden.

Eigenschaften 3.18.
- *Das Produkt von oberen (unteren) Dreiecksmatrizen ist wieder eine obere (untere) Dreiecksmatrix.*
- *Die Inverse einer oberen (unteren) nichtsingulären Dreiecksmatrix ist wieder eine obere (untere) Dreiecksmatrix.*
- *Die Determinante einer Dreiecksmatrix ist gerade das Produkt aller Diagonaleinträge.*

Um den Rechenaufwand für Rückwärtseinsetzen und für die in den folgenden
Abschnitten behandelten Verfahren besser einstufen zu können betrachten
wir die Kosten von einigen elementaren Matrix-Vektor-Operationen. Seien
$x, y \in \mathbb{R}^n$, $A, B \in \mathbb{R}^{n \times n}$ beliebige Vektoren und (vollbesetzte) Matrizen. Für
den Aufwand der Standardverfahren zur Berechnung folgender Größen ergibt
sich

$$x^T y \quad \text{(Skalarprodukt)} \quad \rightsquigarrow \quad \text{ca.} \ n \ \text{Operationen,}$$

$$Ax \quad \text{(Matrix mal Vektor)} \quad \rightsquigarrow \quad \text{ca.} \ n^2 \ \text{Operationen,}$$

$$AB \quad \text{(Matrix mal Matrix)} \quad \rightsquigarrow \quad \text{ca.} \ n^3 \ \text{Operationen,}$$

wobei wir hier sehr viel tiefer liegende Methoden außer Acht lassen, den Aufwand von Matrix-Matrix Produkten zu reduzieren.

3.5 Gauß-Elimination, LR-Zerlegung

Die bekannteste Methode, das System

$$Ax = b \qquad (\det A \neq 0) \tag{3.35}$$

auf Dreiecksgestalt zu bringen, ist die *Gauß-Elimination*. Man verändert die Lösung von (3.35) nicht, wenn man Vielfache einer der Gleichungen von den anderen Gleichungen subtrahiert. Speziell sei $a_{1,1}^{(1)} := a_{1,1} \neq 0$. Dann kann man geeignete Vielfache der 1. Zeile von A von den übrigen Zeilen so subtrahieren, daß die resultierenden Einträge der ersten Spalte zu 0 werden. Falls nun auch der linke obere Eintrag $a_{2,2}^{(2)}$ von $\tilde{A}^{(2)}$ ungleich Null ist, kann man dies für die zweite Spalte wiederholen etc. und so Schritt für Schritt obere Dreiecksgestalt erlangen:

$$\tag{3.36}$$

Die Einträge der Matrix $A^{(k)}$ werden mit $a_{i,j}^{(k)}$ notiert. Der Eintrag $a_{k,k}^{(k)}$ (⊛ in (3.36)) heißt *Pivotelement*. In entsprechender Weise ist natürlich auch die rechte Seite b umzuformen. Dabei ist es zweckmäßig, nicht das lineare Gleichungssystem aufzuschreiben, sondern nur die Matrix A und die Spalte b, die beide zu einer Matrix $(A \ b)$ zusammengefaßt werden. Es ergibt sich das folgende Verfahren:

Gauß-Elimination

Gegeben $A \in \mathbb{R}^{n \times n}, b \in \mathbb{R}^n, (\det A \neq 0)$.
Für $j = 1, 2, \ldots, n - 1$
    und falls $a_{j,j}^{(j)} \neq 0$ ist $\tag{3.37}$
    für $i = j + 1, j + 2, \ldots, n$
        subtrahiere in $(A \ b)$ Zeile j mit
        Faktor $\ell_{i,j} := \dfrac{a_{i,j}^{(j)}}{a_{j,j}^{(j)}}$ von Zeile i. $\tag{3.38}$

Das Resultat hat die Form

$$(R\ c),\tag{3.39}$$

wobei $R \in \mathbb{R}^{n \times n}$ eine obere Dreiecksmatrix ist. Der Algorithmus versagt, falls ein $a_{j,j}^{(j)}$ im Laufe der Rechnung verschwindet (siehe (3.37)). Dieser Fall wird später diskutiert.

Beispiel 3.19.

$$\begin{pmatrix} 2 & -1 & -3 & 3 \\ 4 & 0 & -3 & 1 \\ 6 & 1 & -1 & 6 \\ -2 & -5 & 4 & 1 \end{pmatrix} x = \begin{pmatrix} 1 \\ -8 \\ -16 \\ -12 \end{pmatrix}.$$

Zusammenfassen:

$$(A\ b) = \begin{pmatrix} 2 & -1 & -3 & 3 & 1 \\ 4 & 0 & -3 & 1 & -8 \\ 6 & 1 & -1 & 6 & -16 \\ -2 & -5 & 4 & 1 & -12 \end{pmatrix}.$$

Durch die Gauß-Elimination ohne Pivotisierung wird dieses System überführt in

$$
\begin{array}{l} j=1 \\ \longrightarrow \\ \ell_{2,1}=\frac{4}{2} \\ \ell_{3,1}=\frac{6}{2} \\ \ell_{4,1}=\frac{-2}{2} \end{array}
\begin{pmatrix} 2 & -1 & -3 & 3 & 1 \\ 0 & 2 & 3 & -5 & -10 \\ 0 & 4 & 8 & -3 & -19 \\ 0 & -6 & 1 & 4 & -11 \end{pmatrix}
\begin{array}{l} j=2 \\ \longrightarrow \\ \ell_{3,2}=\frac{4}{2} \\ \ell_{4,2}=\frac{-6}{2} \end{array}
\begin{pmatrix} 2 & -1 & -3 & 3 & 1 \\ 0 & 2 & 3 & -5 & -10 \\ 0 & 0 & 2 & 7 & 1 \\ 0 & 0 & 10 & -11 & -41 \end{pmatrix}
$$

$$
\begin{array}{l} j=3 \\ \longrightarrow \\ \ell_{4,3}=\frac{10}{2} \end{array}
\begin{pmatrix} 2 & -1 & -3 & 3 & 1 \\ 0 & 2 & 3 & -5 & -10 \\ 0 & 0 & 2 & 7 & 1 \\ 0 & 0 & 0 & -46 & -46 \end{pmatrix} = (R\ c).
$$

Wegen $Ax = b \Leftrightarrow Rx = c$ liefert Rückwärtseinsetzen die Lösung $x = (-4\frac{1}{2}, 2, -3, 1)^T$. $\triangle$

Der Prozeß

• Bestimme $(A\ b) \to (R\ c)$ gemäß (3.37), (3.38).
• Löse $Rx = c$.

heißt *Gauß-Elimination ohne Pivotisierung*. Letzterer Zusatz wird später erläutert.

Zunächst sei angedeutet, wie obige Manipulationen in die Strategie von (3.29) passen. Dazu ist lediglich zu zeigen, daß sich der Übergang von $A^{(j)}$ nach $A^{(j+1)}$, also die Elimination der Einträge unterhalb von $a_{j,j}^{(j)}$ durch Subtraktion des $\ell_{i,j}$-fachen der j-ten Zeile von der i-ten Zeile (bei gleichzeitiger Umformung von der rechten Seite), sich als Multiplikation des Systems mit einer regulären Matrix interpretieren läßt (vgl. Übung 3.10.8). Derartige Matrizen haben folgende Gestalt. Eine Matrix der Form

$$
L_k = \begin{pmatrix} 1 & & & & & \\ & \ddots & & & \emptyset & \\ & & 1 & & & \\ & & -\ell_{k+1,k} & 1 & & \\ & \emptyset & \vdots & & \ddots & \\ & & -\ell_{n,k} & \emptyset & & 1 \end{pmatrix},
$$

mit $\ell_{k+1,k}, \ldots, \ell_{n,k} \in \mathbb{R}$ beliebig, heißt *Frobenius-Matrix*. Wählt man insbesondere $\ell_{i,j} = \dfrac{a_{i,j}^{(j)}}{a_{j,j}^{(j)}}$, überprüft man leicht, daß solange $a_{j,j}^{(j)} \neq 0$

$$
L_j A^{(j)} = A^{(j+1)}. \tag{3.40}
$$

Als untere Dreiecksmatrix mit nichtverschwindenden Diagonalelementen ist L_k regulär. Genauer bestätigt man, daß L_k folgende Eigenschaften hat (Übung 3.10.8): Sei $e^k = (0, \ldots, 0, 1, 0, \ldots)^T$ der k-te Basisvektor in $\mathbb{R}^n$. Dann gilt

$$
L_k = I - (0, \ldots, 0, \ell_{k+1,k}, \ldots, \ell_{n,k})^T (e^k)^T
$$
$$
\det L_k = 1 \tag{3.41}
$$
$$
L_k^{-1} = I + (0, \ldots, 0, \ell_{k+1,k}, \ldots, \ell_{n,k})^T (e^k)^T. \tag{3.42}
$$

Iteriert man (3.40), ergibt sich

$$
\underbrace{L_{n-1} L_{n-2} \cdots L_1 A}_{=A^{(n)} =: R} x = \underbrace{L_{n-1} L_{n-2} \cdots L_1 b}_{=:c}, \tag{3.43}
$$

(vgl. (3.39)). x löst $Ax = b$ unter obiger Voraussetzung an die $a_{j,j}^{(j)}$ also genau dann, wenn $Rx = c$ gilt, wie wir bereits gesehen haben.

Der Grund, den Prozeß der Gauß-Elimination nocheinmal als Abfolge von Matrixoperationen (3.40), (3.43) zu interpretieren, liegt jedoch in folgender wichtigen Beobachtung. Da die L_k invertierbar sind, besagt (3.43)

$$
A = L_1^{-1} L_2^{-1} \cdots L_{n-1}^{-1} R =: LR, \tag{3.44}
$$

wobei $L := L_1^{-1} L_2^{-1} \cdots L_{n-1}^{-1}$ als Produkt unterer Dreiecksmatrizen wieder eine untere Dreiecksmatrix ist. Mehr noch: L läßt sich sofort explizit angeben. Dazu überprüft man wiederum per Rechnung, daß

$$
L_1^{-1} L_2^{-1} \ldots L_{n-1}^{-1} = \begin{pmatrix} 1 & & & \\ \ell_{2,1} & \ddots & & \emptyset \\ \vdots & \ddots & \ddots & \\ \ell_{n,1} & \cdots & \ell_{n,n-1} & 1 \end{pmatrix}. \tag{3.45}
$$

Bemerkung 3.20. Formal ergibt sich insbesondere die normierte untere Dreiecksmatrix L, indem man den Eliminationsfaktor $\ell_{i,j} = \dfrac{a_{i,j}^{(j)}}{a_{j,j}^{(j)}}$ an die Position (i,j) setzt. Wir werden darauf im Zusammenhang mit der numerischen Umsetzung zurück kommen. $\triangle$

Ein bemerkenswertes „Nebenprodukt" der Gauß-Elimination ist also eine *Faktorisierung* von A in ein Produkt einer normierten unteren Dreiecksmatrix L und einer oberen Dreiecksmatrix R.

Satz 3.21. *Gilt im Gauß-Algorithmus stets* (3.37), *dann erhält man*

$$A = LR, \tag{3.46}$$

wobei R durch (3.39) *definiert ist und L die durch* (3.38) *definierte normierte untere Dreiecksmatrix ist.*

Beispiel 3.22. Sei

$$A = \begin{pmatrix} 2 & -1 & -3 & 3 \\ 4 & 0 & -3 & 1 \\ 6 & 1 & -1 & 6 \\ -2 & -5 & 4 & 1 \end{pmatrix}$$

die Matrix aus Beispiel 3.19 und

$$L = \begin{pmatrix} 1 & 0 & 0 & 0 \\ 2 & 1 & 0 & 0 \\ 3 & 2 & 1 & 0 \\ -1 & -3 & 5 & 1 \end{pmatrix}, \quad R = \begin{pmatrix} 2 & -1 & -3 & 3 \\ 0 & 2 & 3 & -5 \\ 0 & 0 & 2 & 7 \\ 0 & 0 & 0 & -46 \end{pmatrix}$$

die bei der Gauß-Elimination berechneten Dreiecksmatrizen. Es gilt $A = LR$. $\triangle$

Wie bereits das einfache Beispiel $A = \begin{pmatrix} 0 & 1 \\ 1 & 1 \end{pmatrix}$ zeigt, ist im allgemeinen die Voraussetzung (3.37) in Satz 3.21 nicht erfüllt. Natürlich kann eine Verletzung von (3.37) auch in irgendeinem späteren Stadium des Eliminationsprozesses eintreten.

Das obige Beispiel deutet schon an, wie man dieser Schwierigkeit begegnen kann. Vertauscht man die beiden Zeilen, hat man schon eine obere Dreiecksmatrix. Eine Vertauschung der Gleichungen ändert natürlich auch nichts an der Lösungsmenge. Eine spezielle Vertauschungsstrategie führt auf eine für die Praxis sehr wichtige Variante der Gauß-Elimination, die im nächsten Abschnitt behandelt wird.

3.5.1 Gauß-Elimination mit Spaltenpivotisierung

Vertauschung von Zeilen ist sicherlich notwendig, wenn man ein verschwindendes Pivotelement trifft. Das folgende Beispiel zeigt, daß das Vertauschen von Zeilen sehr vorteilhaft sein kann, auch wenn die Pivotelemente nicht Null sind, wenn man Rundungsfehler mit einbezieht.

Beispiel 3.23.

$$\begin{pmatrix} 0.00031 & 1 \\ 1 & 1 \end{pmatrix} \begin{pmatrix} x_1 \\ x_2 \end{pmatrix} = \begin{pmatrix} -3 \\ -7 \end{pmatrix}$$

Mit $\ell_{2,1} = 1/0.00031$ ergibt Gauß-Elimination

$$(R\ c) = \begin{pmatrix} 0.00031 & 1 & \Big| & -3 \\ 0 & 1 - \frac{1}{0.00031} & \Big| & -7 - \frac{-3}{0.00031} \end{pmatrix}.$$

Bei 4-stelliger Rechnung würde sich daraus

$$\begin{pmatrix} 0.00031 & 1 & \Big| & -3 \\ 0 & -3225 & \Big| & 9670 \end{pmatrix}$$

ergeben. Rückwärtseinsetzen liefert dann

$$\tilde{x}_1 \approx -6.452, \quad \tilde{x}_2 \approx -2.998.$$

Exakte Rechnung ergibt allerdings

$$x_1 = -4.00124\ldots, \quad x_2 = -2.998759\ldots,$$

d. h., $\tilde{x}_1$ ist auf keiner Stelle korrekt. Dieses Ergebnis ist unakzeptabel, weil die Kondition des Problems sehr gut ist: $\kappa_\infty(A) = 4.00$. Vertauscht man die Zeilen der Matrix und führt dann einen Eliminationsschritt durch, so ergibt sich ungefähr

$$(R\ c) = \begin{pmatrix} 1 & 1 & \Big| & -7 \\ 0 & 0.9997 & \Big| & -2.998 \end{pmatrix}$$

und bei 4-stelliger Arithmetik schließlich

$$x_1 \approx -4.001, \quad x_2 \approx -2.999,$$

also völlig akzeptable Werte.

Beachte:
Obwohl $a_{1,1} \neq 0$ gilt, ist hier offensichtlich eine Vertauschung von Zeilen angebracht. Es liegt also nahe, als Pivotelement stets das *betragsgrößte* Element der jeweiligen Spalte zu nehmen.

Man könnte nun auf die Idee kommen, zuerst die erste Gleichung des Systems mit dem Faktor 10000 zu multiplizieren. Dann stünde wieder das betragsgrößte Element oben links, man müßte also nicht pivotisieren. Eine erneute numerische Überprüfung würde allerdings wieder unzureichende Genauigkeit liefern. Der Grund liegt nun darin, daß nach dieser Multiplikation die *Kondition* der Matrix viel schlechter geworden ist (ca. 20000), so daß Arithmetikfehler nun dadurch verstärkt werden. In Abschnitt 3.2.1 wurde bereits gezeigt, daß Äquilibrierung die Kondition bezüglich der ∞-Norm günstig beeinflusst (vgl. (3.28)), Zeilenvertauschung sollte also auf eine äquilibrierte Matrix aufsetzen. △

Nach obigen Überlegungen ist es also nicht sinnvoll, nur dann Gleichungen (Zeilen in der Matrix) zu vertauschen. wenn ein Nulleintrag dies erzwingt. Stattdessen setzt man *stets* bei der Berechnung der Matrix $A^{(j+1)}$ aus $A^{(j)}$ ein *betragsgrößtes* Element in der ersten Spalte der verbleibenden $(n - j + 1) \times (n - j + 1)$-Untermatrix an die (j, j)-Pivotposition. Da man das j-te Pivotelement in der j-ten Spalte sucht, nennt man diesen Vertauschungsvorgang *Spaltenpivotisierung*. Die Matrix sollte zuvor äquilibriert werden.

Analyse der Gauß-Elimination mit Spaltenpivotisierung

Damit die Gauß-Elimination mit Spaltenpivotisierung in die Strategie von (3.29) paßt, muß man auch die Zeilenvertauschungen als Matrixoperation interpretieren. Dazu benötigen wir den Begriff der *Permutation*. Eine bijektive Abbildung einer endlichen Menge in sich nennt man Permutation. Mit S_n (symmetrische Gruppe) bezeichnet man oft die Menge aller Permutationen auf der Menge $\{1, \ldots, n\}$. Die Abbildung $\pi : \{1, 2, 3\} \to \{1, 2, 3\}$ mit $\pi(1) = 3, \pi(2) = 1, \pi(3) = 2$ ist also eine Permutation in S_3. Werden nur zwei Elemente vertauscht, spricht man von einer *Transposition*.

Bezeichnet man wieder mit e^i den i-ten Basisvektor, so läßt sich jeder Permutation $\pi \in S_n$ folgendermaßen eine Matrix zuordnen

$$P_\pi := \left(e^{\pi(1)} \; e^{\pi(2)} \ldots e^{\pi(n)} \right)^T.$$

Die *Permutationsmatrix* P_π entsteht also aus der Einheitsmatrix durch Vertauschung der Zeilen gemäß der Permutation $\pi \in S_n$. Jede Spalte und jede Zeile von P_π enthält also genau eine Eins und sonst nur Nullen.

Mit $P_{i,k}$ bezeichnen wir insbesondere die (durch eine Transposition erzeugte) elementare Permutationsmatrix, die durch Vertauschen der i-ten und k-ten Zeile von I entsteht. Zum Beispiel, für $n = 4, i = 2, k = 4$ erhält man:

$$P_{2,4} = \begin{pmatrix} 1 & 0 & 0 & 0 \\ 0 & 0 & 0 & 1 \\ 0 & 0 & 1 & 0 \\ 0 & 1 & 0 & 0 \end{pmatrix}.$$

Später benötigen wir das Resultat

$$\det P_{i,k} = 1 \text{ für } i = k, \quad \det P_{i,k} = -1 \text{ für } i \neq k. \tag{3.47}$$

Ein paar weitere Nebenbemerkungen zur Einordnung: Wenn man zwei Permutationen hintereinander ausführt, erhält man wieder eine Permutation. Ebenso ist das Produkt von Permutationsmatrizen eine Permutationsmatrix (Achtung! die Reihenfolge spielt eine Rolle). Der Verknüpfung „Komposition" von Permutationen entspricht also auf der Matrizenseite die Matrixmultiplikation. Die Identität ist eine spezielle Permutation, die nichts verändert – das neutrale Element. Jede Permutation läßt sich rückgängig machen (Bijektion), besitzt also eine Inverse. Insbesondere sieht man leicht

$$P_\pi^{-1} = P_\pi^T. \tag{3.48}$$

Der folgende für uns wichtige Punkt läßt sich durch Rechnen leicht bestätigen.

Bemerkung 3.24. Für $A \in \mathbb{R}^{n \times m}$ und $\pi \in S_n$ ist das Produkt $P_\pi A$ diejenige Matrix, die man aus A durch Vertauschen der Zeilen gemäß π erhält. $\triangle$

Gauß-Elimination *mit* Spaltenpivotisierung ist für *jede* nichtsinguläre Matrix durchführbar und es gilt folgende Verallgemeinerung von Satz 3.21.

Satz 3.25. *Zu jeder nichtsingulären Matrix A existiert eine Permutationsmatrix P, eine (dazu) eindeutige untere normierte Dreiecksmatrix L, deren Einträge sämtlich betragsmäßig durch eins beschränkt sind, und eine eindeutige obere Dreiecksmatrix R, so daß*

$$PA = LR.$$

Die Matrizen P, L und R ergeben sich aus der Gauß-Elimination mit Spaltenpivotisierung.

Der Beweis dieses Satzes ist konstruktiv und verläuft im Prinzip genauso wie bei Satz 3.21. Der einzige Unterschied liegt darin, daß etwa im Schritt von $A^{(j)}$ nach $A^{(j+1)}$ vor der Elimination - also vor der Multiplikation mit einer Frobenius-Matrix L_j - gegebenenfalls die j-te Zeile mit einer Zeile $i > j$ vertauscht wird, so daß danach an der Position (j, j) ein anderes Pivotelement erscheint.

Sei $A^{(j)}$ die sich nach $j - 1$ Schritten der Gauß-Elimination mit Spaltenpivotisierung ergebende Matrix $(A^{(1)} = A)$. Diese Matrix hat die Struktur

$$A^{(j)} = \begin{pmatrix} \begin{matrix} * & & * \\ & \ddots & \\ \emptyset & & * \end{matrix} & \begin{matrix} \\ * \\ \end{matrix} \\ \hline \emptyset & \tilde{A}^{(j)} \end{pmatrix} \quad , \quad \tilde{A}^{(j)} \in \mathbb{R}^{(n-j+1) \times (n-j+1)}. \tag{3.49}$$

Die Matrix A ist nichtsingulär. Da $A^{(j)}$ aus A durch Multiplikationen mit nichtsingulären Matrizen (Frobenius-Matrizen und Permutationsmatrizen) entstanden ist, ist $A^{(j)}$ auch nichtsingulär. Daraus folgt, daß die erste Spalte der $(n-j+1) \times (n-j+1)$ Matrix $\tilde{A}^{(j)}$ in (3.49) mindestens einen Eintrag ungleich Null enthält. Also läßt sich eine Transposition τ_j von j mit einem $i \geq j$ finden, so daß für $\hat{A}^{(j)} := P_{\tau_j} A^{(j)}$ das *Pivotelement* $\hat{a}_{j,j}^{(j)}$ von Null verschieden ist und die Eigenschaft

$$|\hat{a}_{j,j}^{(j)}| \geq \max_{i>j} |\hat{a}_{i,j}^{(j)}| \tag{3.50}$$

hat. Es kann dann der Eliminationsschritt $A^{(j+1)} = L_j \hat{A}^{(j)} = L_j P_{\tau_j} A^{(j)}$ mit

$\ell_{i,j} = \hat{a}_{i,j}^{(j)} / \hat{a}_{j,j}^{(j)}$ folgen. Wegen (3.50) gilt

$$|\ell_{i,j}| \leq 1 \quad \text{für alle} \quad i \geq j.$$

Insgesamt erhält man also für die Gauß-Elimination mit Spaltenpivotisierung die Umformungskette

$$\underbrace{L_{n-1} P_{\tau_{n-1}} L_{n-2} \cdots P_{\tau_2} L_1 P_{\tau_1} A}_{=A^{(n)} =: R} \, x = \underbrace{L_{n-1} P_{\tau_{n-1}} L_{n-2} \cdots P_{\tau_2} L_1 P_{\tau_1} b}_{=:c}, \quad (3.51)$$

Nach Konstruktion ist

$$R = L_{n-1} P_{\tau_{n-1}} L_{n-2} P_{\tau_{n-2}} \cdots P_{\tau_2} L_1 P_{\tau_1} A. \quad (3.52)$$

eine obere Dreiecksmatrix. Man erinnere sich, daß die P_{τ_k} die oben erwähnten Permutationsmatrizen sind, die die Zeilenvertauschungen vor dem k-ten Eliminationsschritt realisieren, also nur die Zeilenindizes *größer oder gleich* k betreffen. Die zentrale Beobachtung ist nun, daß man im gewissen Sinne alle Permutationen „sammeln" kann, nämlich „durch die Frobenius-Matrizen durchziehen" kann. Genauer liegt dies an folgendem Umstand. Sei π eine Permutation, die nur Zahlen größer gleich $k+1$ vertauscht und L_k eine Frobenius Matrix, so gilt

$$P_\pi L_k P_\pi^{-1} = P_\pi L_k P_\pi^T = \begin{pmatrix} 1 & & & & & \\ & \ddots & & & \emptyset & \\ & & 1 & & & \\ & & -\ell_{\pi(k+1),k} & 1 & & \\ & \emptyset & \vdots & & \ddots & \\ & & -\ell_{\pi(n),k} & \emptyset & & 1 \end{pmatrix} =: \hat{L}_k, \quad (3.53)$$

ist also wieder eine Frobenius-Matrix, bei der gegenüber der ursprünglichen lediglich die Einträge $\ell_{i,k}$ gemäß π vertauscht sind. Aus (3.53) folgt $P_\pi L_k = \hat{L}_k P_\pi$, also kann man P_π in diesem Sinne „durch L_k ziehen". In (3.52) kann man P_{τ_2} durch L_1 ziehen und erhält

$$R = L_{n-1} P_{\tau_{n-1}} L_{n-2} P_{\tau_{n-2}} \cdots P_{\tau_3} L_2 \hat{L}_1 P_{\tau_2} P_{\tau_1} A, \quad \hat{L}_1 := P_{\tau_2} L_1 P_{\tau_2}^T \quad (3.54)$$

Jetzt kann man P_{τ_3} durch L_2 und $\hat{L}_1$ ziehen, also

$$R = L_{n-1} P_{\tau_{n-1}} L_{n-2} P_{\tau_{n-2}} \cdots L_3 \hat{L}_2 P_{\tau_3} \hat{L}_1 P_{\tau_2} P_{\tau_1} A$$

$$= L_{n-1} P_{\tau_{n-1}} L_{n-2} P_{\tau_{n-2}} \cdots L_3 \hat{L}_2 \hat{\hat{L}}_1 P_{\tau_3} P_{\tau_2} P_{\tau_1} A$$

$$\text{mit} \quad \hat{L}_2 := P_{\tau_3} L_2 P_{\tau_3}^T, \quad \hat{\hat{L}}_1 := P_{\tau_3} P_{\tau_2} L_1 P_{\tau_2}^T P_{\tau_3}^T \, .$$

Man sieht nun das Muster, wie man durch analoge Wiederholung das Produkt der Transpositionen vor A sammelt. Man erhält schließlich

$$R = \tilde{L}_{n-1} \cdots \tilde{L}_1 P_{\pi_0} A, \quad \text{mit } \tilde{L}_k = P_{\pi_k} L_k P_{\pi_k}^T, \tag{3.55}$$

und $\pi_{n-1} = I$, $\pi_k = \tau_{n-1} \cdots \tau_{k+1}$, $k = 0, \ldots, n-2$. Aus (3.55) folgt wieder

$$\tilde{L}_1^{-1} \cdots \tilde{L}_{n-1}^{-1} R = P_{\pi_0} A. \tag{3.56}$$

Da die $\tilde{L}_k$ wieder Frobenius-Matrizen sind, folgt aus (3.45) die behauptete Faktorisierung.

Die Eindeutigkeit sieht man folgendermaßen ein. Annahme es sei $PA = L'R' = LR$. Dies impliziert $L^{-1}L' = R(R')^{-1}$. Da links eine untere, rechts aber eine obere Dreiecksmatrix steht, muß $L^{-1}L'$ diagonal sein. Da aber die Inverse einer normierten Dreiecksmatrix wieder normiert ist und das Produkt normierter unterer Dreiecksmatrizen wieder eine normierte untere Dreiecksmatrix ist, folgt $L^{-1}L' = I$ und damit $L = L'$ also auch $R = R'$. Damit ist der Beweis von Satz 3.25 vollständig.   □

Man beachte ferner, wie sich Symmetrie in der Matrix A auf die LR-Zerlegung auswirkt.

Bemerkung 3.26. Falls A symmetrisch $(A = A^T)$ und regulär ist und eine LR-Zerlegung von A ohne Spaltenpivotisierung existiert, d. h. $A = LR$, dann gilt $A = LDL^T$ wobei D eine reelle Diagonalmatrix ist.

Beweis. Wenn eine LR-Zerlegung $A = LR$ (ohne Pivotisierung) existiert, muß insbesondere R regulär sein, so daß man auch

$$R = D\tilde{R}, \quad \tilde{R} := D^{-1}R, \quad D := \text{diag}(r_{1,1}, \ldots, r_{n,n}),$$

schreiben kann, d. h., $\tilde{R}$ ist eine *normierte* obere Dreiecksmatrix. Wegen $A^T = A$ folgt aber dann $A = LD\tilde{R} = \tilde{R}^T D^T L^T$. Aufgrund der Eindeutigkeit der Zerlegung (siehe Satz 3.25) folgt dann sofort $\tilde{R}^T = L$ und somit $L^T = \tilde{R}$, was wiederum $A = LDL^T$ impliziert.   □

3.5.2 Numerische Durchführung der LR-Zerlegung und Implementierungshinweise

Aus den obigen Überlegungen ergibt sich für die Praxis folgende Vorgehensweise. Zuerst wird die vorliegende Matrix skaliert (z. B. über die Methode aus Abschnitt 3.2.1) und danach wird die LR-Zerlegung dieser skalierten Matrix über Gauß-Elimination *mit* Spaltenpivotisierung berechnet.

Skalierung und Gauß-Elimination mit Spaltenpivotisierung
- Bestimme die Diagonalmatrix

$$D = \text{diag}(d_1, \ldots, d_n),$$

so daß DA zeilenweise äquilibriert ist, d. h.

$$d_i = \left(\sum_{k=1}^{n} |a_{i,k}| \right)^{-1}, \quad i = 1, \ldots, n.$$

- Wende Gauß-Elimination mit Spaltenpivotisierung auf DA an. Im j-ten Schritt der Gauß-Elimination wählt man diejenige Zeile als Pivotzeile, die das betragsmäßig größte Element in der ersten Spalte der $(n+1-j) \times (n+1-j)$ rechten unteren Restmatrix hat. Falls diese Pivotzeile und die j-te Zeile verschieden sind, werden sie vertauscht.

Speicherverwaltung und Programmentwurf

Hinsichtlich der tatsächlichen Implementierung dieses Verfahrens ist es wichtig zu beachten, daß durch geeignetes *Überspeichern* der Einträge von A der ursprünglich durch A und b beanspruchte Speicherplatz *nicht* erweitert werden muß. Insbesondere kann man die $\ell_{i,j}$ auf den unterhalb der Diagonalen freiwerdenden Stellen von A ablegen. Der folgende Programmablauf soll dies verdeutlichen.

Ein Programmentwurf zur Berechnung der LR-Zerlegung über *Gauß-Elimination mit Skalierung und Spaltenpivotisierung* lautet folgendermaßen:

LR-Zerlegung mit Skalierung und Spaltenpivotisierung
Für $i = 1, 2, \ldots, n$:
    $d_i \leftarrow 1/(\sum_{k=1}^{n} |a_{i,k}|)$;   *wh. $d_i = 2^{5}$*
    Für $j = 1, 2, \ldots, n$:
        $a_{i,j} \leftarrow d_i a_{i,j}$;   (Skalierung)
Für $j = 1, 2, \ldots, n-1$:
    Bestimme p mit $j \leq p \leq n$, so daß $|a_{p,j}| = \max\limits_{j \leq i \leq n} |a_{i,j}|$;

    $r_j = p$;
    Vertausche Zeile j mit Zeile p;   (Spaltenpivotisierung)   *✗*
    Für $i = j+1, j+2, \ldots, n$:
        $a_{i,j} \leftarrow \frac{a_{i,j}}{a_{j,j}}$ (neue Einträge in L)
        Für $k = j+1, j+2, \ldots, n$:
            $a_{i,k} \leftarrow a_{i,k} - a_{i,j} a_{j,k}$;   (neue Einträge in R)

Die Werte d_i ergeben die Diagonalmatrix $D = \text{diag}(d_1, \ldots, d_n)$. Die Zahlen r_j entsprechen den elementaren Permutationsmatrizen $P_{\tau_j} = P_{j,r_j}$ in der Herleitung der LR-Zerlegung, Satz 3.25. Das Produkt aller elementaren Permutationen wird mit

$$P = P_{n-1,r_{n-1}} P_{n-2,r_{n-2}} \cdots P_{2,r_2} P_{1,r_1}$$

angedeutet. Gemäß Satz 3.25 produziert obiger Algorithmus die Zerlegung

$$PDA = LR \qquad (3.57)$$

(siehe auch Beispiel 3.30). Man beachte, daß die Matrizen P und D in der Praxis nicht explizit berechnet werden. Von D z. B. werden nur die Diagonaleinträge in einem Vektor $(d_1, d_2, \ldots, d_n)$ gespeichert.

Bemerkung 3.27. Wenn die Betragssummen der Zeilen von A bereits etwa die gleiche Größenordnung haben, kann man auf die Skalierung verzichten. △

Bemerkung 3.28. Man kann bei der Pivotisierung nicht nur die Zeilen, sondern auch die Spalten vertauschen (d. h., die Reihenfolge der Unbekannten ändern), um noch günstigere Pivotelemente $a_{j,j}$ zu finden. Dies nennt man *Totalpivotisierung*. Wegen des erhöhten Aufwands und begrenzter Verbesserung der Ergebnisse verzichtet man allerdings meist darauf. △

Aus obigem Programmentwurf läßt sich der Aufwand (nur Gleitpunkt-Operationen) des Verfahrens ablesen:

- Zeilensummenberechnung: $n(n-1)$ Additionen;
- Berechnung der Skalierung: n Divisionen;
- Für $j = 1, 2, \ldots, n-1$
  - Berechnung der neuen Einträge in L: $(n-j)$ Divisionen;
  - Berechnung der neuen Einträge in R: $(n-j)^2$ Multiplik./Additionen

Der dominierende Aufwand (höchste Potenz von n) ist also $\sum_{j=1}^{n-1}(n-j)^2 = \sum_{j=1}^{n-1} j^2 \sim n^3/3$. Der Aufwand für die Skalierung ist ebenso wie das Vorwärts- und Rückwärtseinsetzen (vgl. Aufwand 3.17) von der Ordnung n^2. Insgesamt ergibt sich also:

Rechenaufwand 3.29. Der Rechenaufwand für die LR-Zerlegung über Gauß-Elimination mit Spaltenpivotisierung beträgt ca.

$$\frac{1}{3}n^3 \text{ Operationen.} \qquad (3.58)$$

Die Skalierung (falls nötig) kostet nur $\mathcal{O}(n^2)$ Operationen.

Beispiel 3.30.

$$A = \begin{pmatrix} 1 & 5 & 0 \\ 2 & 2 & 2 \\ -2 & 0 & 2 \end{pmatrix}, \text{ dann } D = \begin{pmatrix} \frac{1}{6} & 0 & 0 \\ 0 & \frac{1}{6} & 0 \\ 0 & 0 & \frac{1}{4} \end{pmatrix} \text{ und } DA = \begin{pmatrix} \frac{1}{6} & \frac{5}{6} & 0 \\ \frac{1}{3} & \frac{1}{3} & \frac{1}{3} \\ -\frac{1}{2} & 0 & \frac{1}{2} \end{pmatrix} \quad \text{(Skalierung)}.$$

Gauß-Elimination mit Spaltenpivotisierung:

$j = 1:$

$$DA \xrightarrow{Vertauschung} \begin{pmatrix} -\frac{1}{2} & 0 & \frac{1}{2} \\ \frac{1}{3} & \frac{1}{3} & \frac{1}{3} \\ \frac{1}{6} & \frac{5}{6} & 0 \end{pmatrix} \xrightarrow{Elimination} \begin{pmatrix} -\frac{1}{2} & 0 & \frac{1}{2} \\ -\frac{2}{3} & \frac{1}{3} & \frac{2}{3} \\ -\frac{1}{3} & \frac{5}{6} & \frac{1}{6} \end{pmatrix},$$

$j = 2:$

$$\xrightarrow{Vertauschung} \begin{pmatrix} -\frac{1}{2} & 0 & \frac{1}{2} \\ -\frac{1}{3} & \frac{5}{6} & \frac{1}{6} \\ -\frac{2}{3} & \frac{1}{3} & \frac{2}{3} \end{pmatrix} \xrightarrow{Elimination} \begin{pmatrix} -\frac{1}{2} & 0 & \frac{1}{2} \\ -\frac{1}{3} & \frac{5}{6} & \frac{1}{6} \\ -\frac{2}{3} & \frac{2}{5} & \frac{3}{5} \end{pmatrix}.$$

$$\text{Also } L = \begin{pmatrix} 1 & 0 & 0 \\ -\frac{1}{3} & 1 & 0 \\ -\frac{2}{3} & \frac{2}{5} & 1 \end{pmatrix}, \quad R = \begin{pmatrix} -\frac{1}{2} & 0 & \frac{1}{2} \\ 0 & \frac{5}{6} & \frac{1}{6} \\ 0 & 0 & \frac{3}{5} \end{pmatrix}.$$

Man rechnet einfach nach, daß

$$LR = PDA$$

gilt, wobei $P = \begin{pmatrix} 0 & 0 & 1 \\ 1 & 0 & 0 \\ 0 & 1 & 0 \end{pmatrix} = \begin{pmatrix} 1 & 0 & 0 \\ 0 & 0 & 1 \\ 0 & 1 & 0 \end{pmatrix} \begin{pmatrix} 0 & 0 & 1 \\ 0 & 1 & 0 \\ 1 & 0 & 0 \end{pmatrix}$ eine Permutationsmatrix ist.

Die Matrix P ist das Produkt der elementaren Permutationsmatrizen $P_{1,3}$ und $P_{2,3}$. P erhält man auch einfacher, indem man die durchgeführten Zeilenvertauschungen nacheinander auf die Einheitsmatrix anwendet. △

Merke:
- Skalierung/Äquilibrierung verbessert die *Konditionszahl* der Matrix.
- Pivotisierung verbessert die *Stabilität* der Gauß-Elimination/LR-Zerlegung. Letzteres wird in Abschnitt 3.8 näher untersucht.

3.5.3 Einige Anwendungen der LR-Zerlegung

Die LR-Zerlegung ist ja nur eine geeignete „Organisation" der Gauß-Elimination. Daß diese Organisation erhebliche praktische Vorteile bieten kann, zeigen folgende Beispiele. Sei dazu $A \in \mathbb{R}^{n \times n}$ eine Matrix die schon zeilenweise äquilibriert ist. Sei für diese Matrix die LR-Zerlegung $PA = LR$ bekannt.

Lösen eines Gleichungssystems

Die Lösung von

$$Ax = b$$

ergibt sich über die Lösung zweier Dreieckssysteme

$$Ax = b \iff PAx = Pb \iff LRx = Pb$$
$$\iff Ly = Pb \text{ und } Rx = y. \qquad (3.59)$$

Zuerst bestimmt man also y durch Vorwärtseinsetzen aus $Ly = Pb$, um danach x aus $Rx = y$ durch Rückwärtseinsetzen zu berechnen.

Mehrere rechte Seiten

Hat man mehrere Gleichungssysteme mit derselben Matrix A, aber verschiedenen rechten Seiten b, so benötigt man nur *einmal* den dominierenden Aufwand zur Bestimmung der LR-Zerlegung ($\sim \frac{1}{3}n^3$). Für jede rechte Seite fällt dann nur die Lösung von $Ly = Pb$, $Rx = y$ für die verschiedenen rechten Seiten b an. Die dazu benötigte Anzahl der Operationen ist jeweils $\sim n^2$, also von geringerer Ordnung.

Berechnung der Inversen

In den meisten Fällen ist es weder notwendig noch angebracht, die Inverse einer Matrix explizit zu berechnen. Dennoch gibt es Situationen, wo dies sinnvoll ist. Man kann dann folgendermaßen vorgehen. Sei $x^i \in \mathbb{R}^n$ die i-te Spalte der Inverse von A:

$$A^{-1} = \begin{pmatrix} x^1 & x^2 & \dots & x^n \end{pmatrix}.$$

Aus $AA^{-1} = I$ folgt

$$Ax^i = e^i, \quad i = 1, \dots, n. \qquad (3.60)$$

Zur Berechnung der Inverse bietet sich folgende Strategie an:

> - Bestimme die LR-Zerlegung $PA = LR$ über Gauß-Elimination mit Spaltenpivotisierung,
> - Löse die Gleichungssysteme
>
> $$LRx^i = Pe^i, \quad i = 1, \dots, n.$$

Die Berechnung der Inversen A^{-1} ist also aufwendiger als die Lösung eines Gleichungssystems. Andererseits ist der Aufwand dieser Methode zur Berechnung der Inversen A^{-1} in gewissem Sinne erstaunlich niedrig. Der Aufwand für die Zerlegung ist $\sim \frac{1}{3}n^3$, und der Aufwand für n Vorwärts- und Rückwärts-substitutionen ist etwa $n*(\frac{1}{2}n^2 + \frac{1}{2}n^2) = n^3$. Insgesamt benötigt man also etwa $\frac{4}{3}n^3$ Operationen, was den den Aufwand einer Matrix-Matrix-Multiplikation nur geringfügig übersteigt!   *wird größer*

Beachte:
Der Ausdruck $x = A^{-1}b$ ist in der Numerik immer so (prozedural) zu inter-pretieren, daß x die Lösung des Systems $Ax = b$ ist, die man praktisch *ohne* die explizite Berechnung von A^{-1} bestimmt.

Berechnung von Determinanten

Aus $PA = LR$ folgt

$$\det P \det A = \det L \det R = \det R.$$

Da wegen (3.47)

$$\det P = \det P_{n,r_n} \det P_{n-1,r_{n-1}} \ldots \det P_{1,r_1} = (-1)^{\#\text{Zeilenvertauschungen}},$$

folgt

$$\det A = (-1)^{\#\text{Zeilenvertauschungen}} \prod_{j=1}^{n} r_{j,j} \ . \qquad (3.61)$$

Gegenüber dem Laplaceschen Entwicklungssatz ($\sim n!$ Operationen) werden nun lediglich $\sim \frac{1}{3}n^3$ Operationen benötigt. Für $n = 20$ ergibt dies bei Ver-wendung eines 100 Mflops-Rechners eine Laufzeit von 0.1 ms gegenüber 16 000 Jahren.

Nachiteration

Aufgrund der Rechnerarithmetik ist es nicht möglich L und R exakt zu be-rechnen sondern man erhält Näherungen $\tilde{L}, \tilde{R}$. Entsprechend ist der aus (3.59) berechnete Vektor $\tilde{x}$ *nicht* die exakte Lösung von $Ax = b$. Folglich ist das Residuum $r := b - A\tilde{x}$ ungleich Null. Das Ziel der *Nachiteration* ist, diese Näherung *iterativ* zu verbessern.

Dazu betrachte $x^0 := \tilde{x}$ als Startwert mit dem Residuum $r = r^0 := b - Ax^0$. Man beachte, daß der Fehler des Startwerts $\delta^0 := x - x^0$ gerade die Lösung des *Defektsystems* ist·

$$A\delta^0 = Ax - Ax^0 = b - Ax^0 = r^0. \qquad (3.62)$$

Könnte man (3.62) exakt lösen, bekäme man mittels $x^0 + \delta^0$ die exakte Lösung. Da dies nicht möglich ist, lösen wir (3.62) wieder näherungsweise über (3.59) mit der approximativen Zerlegung $\tilde{L}, \tilde{R}$, d. h. $\tilde{L}y^0 = r^0$, $\tilde{R}\delta^0 = y^0$. Mit $x^1 := x^0 + \delta^0$ bekommt man also eine weitere Näherung, die hoffentlich besser ist. Allgemein lautet das Verfahren:

Für $k = 0, 1, 2, \ldots$, gegeben r^0, berechne:
$$\tilde{L}y^k = r^k, \quad \tilde{R}\delta^k = y^k;$$
$$x^{k+1} := x^k + \delta^k;$$
$$r^{k+1} := b - Ax^{k+1};$$

Um eine Verbesserung zu erzielen, wird r^k in der Praxis oft mit doppelter Genauigkeit berechnet.

Dies ist ein erstes Beispiel des in der Numerik häufig verwendeten Prinzips der *Iteration*. Hierbei wird eine „Lösung" schrittweise angenähert. Natürlich stellt sich die Frage, ob diese Iteration tatsächlich eine Qualitätsverbesserung bringt, oder besser gesagt, gegen die „exakte" Zielgröße konvergiert. Prinzipien solcher Konvergenzanalysen werden später in Kapitel 5 vorgestellt. Daraus lassen sich folgende Bedingungen herleiten, die allerdings von der vereinfachenden Annahme ausgehen, daß das Vorwärts- und Rückwärtseinsetzen *exakt* ausgeführt wird. Dahinter steht die Annahme, daß die beim Einsetzen entstehenden Arithmetikfehler von den Fehlern in $\tilde{L}, \tilde{R}$ dominiert werden.

Gilt für die näherungsweise LR-Zerlegung $\tilde{L}\tilde{R} = A + \Delta A$, so konvergiert das Verfahren der Nachiteration (bei exakter Rechnung) gegen die Lösung x von $Ax = b$, wenn für irgendeine Norm auf $\mathbb{R}^n$ die Bedingung

$$\|A^{-1}\|\|\Delta A\| < \frac{1}{2}. \tag{3.63}$$

erfüllt ist, vgl. Übung 3.10.16. Diese Bedingung ist hinreichend, jedoch nicht notwendig. In der Praxis wendet man die Nachiteration - meist mit sehr gutem Erfolg – ohne Überprüfung der Bedingung (3.63) an, zumal die eigentliche Botschaft lautet: Für moderate Ungenauigkeiten in der Faktorisierung ist die Nachiteration erfolgversprechend, wobei die Fehlertoleranz umso großzügiger sein darf je moderater $\|A^{-1}\|$ ausfällt.

Das Prinzip der Nachiteration ist nicht auf die LR-Zerlegung beschränkt, sondern funktioniert analog für die weiteren im folgenden zu betrachtenden Faktorisierungen.

3.6 Cholesky-Zerlegung

Die oben beschriebene Gauß-Elimination bzw. die LR-Zerlegung ist prinzipiell für beliebige Gleichungssysteme mit nichtsingulären Matrizen anwendbar. In vielen Anwendungsbereichen treten jedoch Matrizen auf, die zusätzliche Struktureigenschaften haben. Zum Beispiel ist die Matrix (3.12) *symmetrisch*. In vielen Fällen ist die Matrix nicht nur symmetrisch, sondern auch *positiv definit*.

Positiv definite Matrizen

Definition 3.31. $A \in \mathbb{R}^{n \times n}$ *heißt symmetrisch positiv definit* (*s.p.d.*), *falls*
$$A^T = A \qquad \text{(Symmetrie)}$$
und
$$x^T A x > 0 \qquad \text{(positiv definit)}$$
für alle $x \in \mathbb{R}^n$, $x \neq 0$, *gilt.*

Beispiel 3.32. 1. $A = I$ (Identität) ist s.p.d. Die Symmetrie ist trivial und
$$x^T I x = x^T x = \|x\|_2^2 > 0, \qquad \textit{Norm}$$
falls $x \neq 0$.

2. Sei $B \in \mathbb{R}^{m \times n}$, $m \geq n$, und B habe vollen Rang, d. h., die Spalten von B seien linear unabhängig. Dann ist $A := B^T B \in \mathbb{R}^{n \times n}$ s.p.d., denn:
$$A^T = (B^T B)^T = B^T (B^T)^T = B^T B = A.$$

Sei $x \in \mathbb{R}^n$, $x \neq 0$. Dann gilt
$$x^T A x = x^T B^T B x = (Bx)^T (Bx) = \|Bx\|_2^2 \geq 0.$$

Es gilt $x^T A x = \|Bx\|_2^2 = 0$ nur falls $Bx = 0$ gilt. Da B vollen Rang hat, muß daher $x = 0$ sein. Also gilt $x^T A x > 0$ für $x \neq 0$, woraus die Behauptung folgt.

3. Die Matrix in (3.12) ist s.p.d.

4. Sei V ein Vektorraum mit Skalarprodukt $\langle \cdot, \cdot \rangle : V \times V \to \mathbb{R}$ und seien $v^1, \dots, v^n$ linear unabhängige Elemente von V. Dann ist die Gram-Matrix
$$G = \left(\langle v^i, v^j \rangle \right)_{i,j=1}^n$$

s.p.d., denn für $x \in \mathbb{K}^n$, $x \neq 0$ folgt $v := x_1 v^1 + \cdots + x_n v^n \in V$, $v \neq 0$, und es gilt
$$x^T G x = \left\langle \sum_{j=1}^n x_j v^j, \sum_{j=1}^n x_j v^j \right\rangle = \langle v, v \rangle > 0$$

da $\langle \cdot, \cdot \rangle$ ein Skalarprodukt ist. Die Symmetrie ist offensichtlich.   △

Speziell führt die Diskretisierung gewisser Randwertaufgaben für partielle Differentialgleichungen (Elastizitätsprobleme, Diffusionsprobleme) auf lineare Gleichungssysteme mit symmetrisch positiv definiten Matrizen (vgl. (3.12)). Auch lineare Ausgleichsprobleme (siehe Kapitel 4) führen auf Systeme mit s.p.d. Matrizen.

S.p.d. Matrizen haben eine Reihe wichtiger Eigenschaften. Einige davon werden im folgenden Satz formuliert.

Satz 3.33. $A \in \mathbb{R}^{n \times n}$ *sei s.p.d. Dann gelten folgende Aussagen:*

(i) *A ist invertierbar, und A^{-1} ist s.p.d.*

(ii) *A hat nur strikt positive (insbesondere reelle) Eigenwerte.*

(iii) *Jede Hauptuntermatrix von A ist s.p.d.*

(iv) *Die Determinante von A ist positiv (und damit die Determinante aller Hauptuntermatrizen von A).*

(v) *A hat nur strikt positive Diagonaleinträge und der betragsgrößte Eintrag von A liegt auf der Diagonalen.*

(vi) *Bei der Gauß-Elimination ohne Pivotisierung sind alle Pivotelemente strikt positiv.*

Beweis. Ausführliche Beweise dieser Aussagen finden sich z. B. in [DH]. Die Behauptungen (i) – (iii) sind relativ einfache Konsequenzen der Definition. (iv) folgt aus (ii), wenn man weiß, daß die Determinante von A gleich dem Produkt der Eigenwerte von A ist. Aus $a_{i,i} = (e^i)^T A e^i > 0$ folgt, daß A nur strikt positive Diagonaleinträge hat. Für die zweite Aussage in (v) wird auf Übung 3.10.22 verwiesen. Lediglich (vi) verlangt etwas eingehendere Überlegungen.

Die Gültigkeit von (vi) kann man folgendermaßen einsehen. Sei L_1 die zur ersten Spalte von A gehörende Frobenius-Matrix, d. h., die normierte untere Dreiecksmatrix, die sich von der Einheitsmatrix nur in der ersten Spalte unterscheidet, deren Einträge gerade durch $(L_1)_{i,1} = -\ell_{i,1}$, $i = 2, \ldots, n$, gegeben sind. Da $a_{1,1}$ wegen (v) (oder (iii)) positiv ist, ist L_1 wohldefiniert. Da die erste Zeile von $L_1 A$ mit der ersten Zeile von A übereinstimmt, gilt

$$L_1 A = \begin{pmatrix} a_{1,1}\ a_{1,2}\ \ldots\ a_{1,n} \\ 0 \\ \vdots \qquad \tilde{A}^{(2)} \\ 0 \end{pmatrix}, \quad L_1 A L_1^T = \begin{pmatrix} a_{1,1} & \emptyset \\ \emptyset & \tilde{A}^{(2)} \end{pmatrix} \tag{3.64}$$

wobei $\tilde{A}^{(2)}$ eine symmetrische $(n-1) \times (n-1)$ Matrix ist. Da für beliebiges $y \in \mathbb{R}^{n-1} \setminus \{0\}$ und $x^T := (0, y^T)$

$$y^T \tilde{A}^{(2)} y = x^T L_1 A L_1^T x = (L_1^T x)^T A (L_1^T x) > 0 \quad \text{wegen} \quad L_1^T x \neq 0,$$

ist $\hat{A}_2$ s.p.d. Also ist nächste Pivotelement $(\tilde{A}^{(2)})_{1,1} > 0$, und man kann obigen Vorgang wiederholen. $\square$

Aus obigen Überlegungen ergibt sich schon das folgende Hauptergebnis dieses Abschnitts.

> **Satz 3.34.** *Jede s.p.d. Matrix $A \in \mathbb{R}^{n \times n}$ besitzt eine eindeutige Zerlegung*
>
> $$A = LDL^T, \qquad (3.65)$$
>
> *wobei L eine normierte untere Dreiecksmatrix und D eine Diagonalmatrix mit Diagonaleinträgen*
>
> $$d_{i,i} > 0, \quad i = 1, \dots, n, \qquad (3.66)$$
>
> *ist. Umgekehrt ist jede Matrix der Form LDL^T, wobei D eine Diagonalmatrix ist, die (3.66) erfüllt, und L eine normierte untere Dreiecksmatrix ist, symmetrisch positiv definit.*

Beweis. Aus obigem Beweis zu Satz 3.33, (vi) (vgl. (3.64)) folgt, daß

$$L_{n-1} \cdots L_1 A L_1^T \cdots L_{n-1}^T = D,$$

wobei D eine Diagonalmatrix mit strikt positiven Diagonaleinträgen ist. Aus der Definition der L_k und (3.45) folgt daraus sofort die Darstellung (3.65).

Daß jede Matrix der Form (3.65) s.p.d. ist, folgt sofort: Symmetrie ist offensichtlich. Ferner ist für $y := L^T x$ gerade

$$x^T L D L^T x = (L^T x)^T D (L^T x) = y^T D y = \sum_{j=1}^{n} d_{j,j} |y_j|^2 > 0,$$

wenn immer $y \neq 0$. Letzteres ist aber für $x \neq 0$ wegen der Regularität von L der Fall. $\qquad \square$

Die Zerlegung in (3.65) heißt *Cholesky-Zerlegung*. Im Prinzip läßt sich das Resultat (3.65) als LR-Zerlegung der Matrix A mit $R = DL^T$ interpretieren (siehe Satz 3.25, wo die Eindeutigkeit bereits sichergestellt wird). Aufgrund von Satz 3.33 (vi) ist bei s.p.d. Matrizen Gauß-Elimination *ohne Pivotisierung* durchführbar. Damit wäre auch eine numerische Realisierung von (3.65) gegeben.

Der Kernpunkt dieses Abschnitts ist jedoch die Tatsache, daß man die Faktorisierung (3.65) mit einer alternativen Methode bestimmen kann, die die Symmetrie von A direkt ausnutzt und dadurch insgesamt effizienter ist, nämlich nur etwa den halben Aufwand der allgemeinen LR-Zerlegung benötigt.

Den Ausgangspunkt bildet folgende Beobachtung. Da $A = A^T$, ist A bereits durch die $n(n+1)/2$ Einträge $a_{i,j}$, $i \geq j$ vollständig bestimmt. Dies sind genau soviel Parameter, wie man zur Bestimmung der Einträge von L und D braucht. Insofern kann man (3.65) als Gleichungssystem von $n(n+1)/2$ Gleichungen in $n(n+1)/2$ Unbekannten auffassen. Wir werden jetzt zeigen, daß man diese Gleichungen so anordnen kann, daß man die Unbekannten $\ell_{i,j}$, $i > j$, $d_{i,i}$ Schritt für Schritt durch Einsetzen vorher berechneter Werte bestimmen kann. Dies ist gerade das sogenannte *Cholesky-Verfahren*.

Konstruktion der Cholesky-Zerlegung

Das Vorgehen sei zunächst anhand eines kleinen Beispiels illustriert.

Beispiel 3.35.

$$A = \begin{pmatrix} 2 & 6 & -2 \\ 6 & 21 & 0 \\ -2 & 0 & 16 \end{pmatrix}, L = \begin{pmatrix} 1 & 0 & 0 \\ \ell_{2,1} & 1 & 0 \\ \ell_{3,1} & \ell_{3,2} & 1 \end{pmatrix}, D = \begin{pmatrix} d_{1,1} & 0 & 0 \\ 0 & d_{2,2} & 0 \\ 0 & 0 & d_{3,3} \end{pmatrix}.$$

Es gilt

$$\begin{aligned} LDL^T &= \begin{pmatrix} 1 & 0 & 0 \\ \ell_{2,1} & 1 & 0 \\ \ell_{3,1} & \ell_{3,2} & 1 \end{pmatrix} \begin{pmatrix} d_{1,1} & 0 & 0 \\ 0 & d_{2,2} & 0 \\ 0 & 0 & d_{3,3} \end{pmatrix} \begin{pmatrix} 1 & \ell_{2,1} & \ell_{3,1} \\ 0 & 1 & \ell_{3,2} \\ 0 & 0 & 1 \end{pmatrix} \\ &= \begin{pmatrix} d_{1,1} & 0 & 0 \\ \ell_{2,1}d_{1,1} & d_{2,2} & 0 \\ \ell_{3,1}d_{1,1} & \ell_{3,2}d_{2,2} & d_{3,3} \end{pmatrix} \begin{pmatrix} 1 & \ell_{2,1} & \ell_{3,1} \\ 0 & 1 & \ell_{3,2} \\ 0 & 0 & 1 \end{pmatrix}. \end{aligned}$$

Die elementweise Auswertung der Gleichung $LDL^T = A$, die man aufgrund der Symmetrie auf den unteren Dreiecksteil beschränken kann, ergibt

$j = 1$: (1,1)-Element: $d_{1,1} = a_{1,1} = 2 \implies \boxed{d_{1,1} = 2}$

(2,1)-Element: $\ell_{2,1}d_{1,1} = a_{2,1} = 6 \implies \ell_{2,1} = 6/2 \implies \boxed{\ell_{2,1} = 3}$

(3,1)-Element: $\ell_{3,1}d_{1,1} = a_{3,1} = -2 \implies \ell_{3,1} = -2/2$

$\implies \boxed{\ell_{3,1} = -1}$

$j = 2$: (2,2)-Element: $\ell_{2,1}^2 d_{1,1} + d_{2,2} = a_{2,2} = 21 \implies d_{2,2} = 21 - 3^2 * 2$

$\implies \boxed{d_{2,2} = 3}$

(3,2)-Element: $\ell_{3,1}d_{1,1}\ell_{2,1} + \ell_{3,2}d_{2,2} = a_{3,2} = 0$

$\implies \ell_{3,2} = -(-1) * 2 * 3/3 \implies \boxed{\ell_{3,2} = 2}$

$j = 3$: (3,3)-Element: $\ell_{3,1}^2 d_{1,1} + \ell_{3,2}^2 d_{2,2} + d_{3,3} = a_{3,3} = 16$

$\implies d_{3,3} = 16 - (-1)^2 * 2 - 2^2 * 3 \implies \boxed{d_{3,3} = 2}$

$$\implies L = \begin{pmatrix} 1 & 0 & 0 \\ 3 & 1 & 0 \\ -1 & 2 & 1 \end{pmatrix}, \quad D = \begin{pmatrix} 2 & 0 & 0 \\ 0 & 3 & 0 \\ 0 & 0 & 2 \end{pmatrix}.$$

$\triangle$

Wir betrachten nun den allgemeinen Fall. Die Gleichung

$$A = LDL^T,$$

beschränkt auf den unteren Dreiecksteil, ergibt

$$a_{i,k} = \sum_{j=1}^{n} \ell_{i,j}d_{j,j}\ell_{k,j} = \sum_{j=1}^{k-1} \ell_{i,j}d_{j,j}\ell_{k,j} + \ell_{i,k}d_{k,k}, \quad i \geq k. \tag{3.67}$$

Hierbei wurde $\ell_{k,j} = 0$ für $j > k$ und $\ell_{k,k} = 1$ benutzt. Damit gilt

$$\ell_{i,k}d_{k,k} = a_{i,k} - \sum_{j=1}^{k-1} \ell_{i,j}d_{j,j}\ell_{k,j}, \quad i \geq k. \tag{3.68}$$

Für $k = 1$ ist die Summe leer. Da $\ell_{1,1} = 1$, gilt für $k = 1$ (erste Spalte):

$$\ell_{1,1}d_{1,1} = a_{1,1} \quad \Longrightarrow \quad d_{1,1} = a_{1,1}$$
$$\ell_{i,1} = a_{i,1}/d_{1,1} \text{ für } i > 1.$$

Wir haben hier benutzt, daß wegen Satz 3.33 (v) $d_{1,1} = a_{1,1}$ tatsächlich positiv ist und die $\ell_{i,1}$ somit wohl definiert sind.

Wir setzen nun voraus, daß die Spalten $1, \ldots, k-1$ der Matrix L (d.h. $\ell_{i,j}$, $i \geq j \leq k-1$) und der Matrix D (d.h. $d_{i,i}$, $i \leq k-1$) schon berechnet sind. Es ist einfach nachzuprüfen, daß dann alle Terme in der Summe in (3.68) bekannt sind. Die k-te Spalte von L und von D kann nun mit der Formel (3.68) berechnet werden:

$$i = k: \quad \ell_{k,k}d_{k,k} = a_{k,k} - \sum_{j=1}^{k-1} \ell_{k,j}^2 d_{j,j}$$
$$\Longrightarrow \quad d_{k,k} = a_{k,k} - \sum_{j=1}^{k-1} \ell_{k,j}^2 d_{j,j}, \tag{3.69}$$

$$i > k: \quad \ell_{i,k} = \left(a_{i,k} - \sum_{j=1}^{k-1} \ell_{i,j}d_{j,j}\ell_{k,j}\right)/d_{k,k}, \tag{3.70}$$

wobei wir hier benutzt haben, daß die $d_{k,k}$ wegen Satz 3.33, (vi) ungleich null sind. Insgesamt ergibt sich also folgende Methode zur Berechnung der Zerlegung $A = LDL^T$:

Cholesky-Verfahren
Für die aufeinanderfolgenden Spalten, $k = 1, 2, \ldots, n$, hat man explizite Formeln für $d_{k,k}$ und $\ell_{i,k}$ $(i > k)$:

$$d_{k,k} = a_{k,k} - \sum_{j=1}^{k-1} \ell_{k,j}^2 d_{j,j} \ ,$$

$$\ell_{i,k} = \left(a_{i,k} - \sum_{j=1}^{k-1} \ell_{i,j}d_{j,j}\ell_{k,j}\right)/d_{k,k} \ .$$

Bei der tatsächlichen Implementierung werden die Einträge von A überschrieben: $\ell_{i,j}$ kommt in den Speicherplatz des Elements $a_{i,j}$ $(i > j)$ und $d_{i,i}$ kommt in den Speicherplatz des Elements $a_{i,i}$.

Programmentwurf Cholesky-Verfahren

Für $k = 1, 2, \ldots, n$:

$\quad$ diag $\leftarrow a_{k,k} - \sum_{j<k} a_{k,j}^2 a_{j,j}$;

$\quad$ `falls` diag $< 10^{-5} a_{k,k}$ `Abbruch`

$\quad a_{k,k} \leftarrow$ diag,

$\quad$ **für** $i = k+1, \ldots, n$

$\qquad a_{i,k} \leftarrow \left(a_{i,k} - \sum_{j<k} a_{i,j} a_{j,j} a_{k,j} \right) / a_{k,k}$;

Rechenaufwand 3.36. Man kann das Cholesky-Verfahren mit ca. $\frac{1}{6}n^3$ Multiplikationen und etwa ebenso vielen Additionen realisieren. Der Rechenaufwand beträgt also etwa die Hälfte des Aufwands der Standard-LR-Zerlegung.

Bemerkung 3.37.

- LDL^T entspricht der LR-Zerlegung für $R = DL^T$. Bei s.p.d. Matrizen ist Pivotisierung weder nötig noch sinnvoll. Beachte, daß Pivotisierung die Symmetrie der Matrix zerstören würde.

- Die Lösung des Problems $Ax = b$ reduziert sich nach Satz 3.34 wieder auf

$$Ly = b, \quad DL^T x = y, \quad \text{d.h.} \ L^T x = D^{-1}y.$$

- In obiger Version enthält das Verfahren die Abfrage diag $< 10^{-5} a_{k,k}$. Falls dies gilt, kann nicht mehr gewährleistet werden, daß das entsprechende Pivotelement strikt positiv ist. In diesem Sinne *testet* das Verfahren Positiv-Definitheit.

- In der früher üblichen Form lautete die Cholesky-Zerlegung

$$A = L_1 L_1^T$$

für eine (nicht normierte) Dreiecksmatrix L_1. Hier ergibt sich

$$L_1 = LD^{1/2}, \quad D^{1/2} = \text{diag}(\sqrt{d_{1,1}}, \ldots, \sqrt{d_{n,n}}). \qquad \triangle$$

3.7 Bandmatrizen

Wie bereits in Beispiel 3.2 angedeutet wurde, treten in Anwendungen oft Matrizen auf, die *dünnbesetzt* sind, d.h., bis auf eine gleichmäßig beschränkte Anzahl sind alle Einträge pro Zeile und Spalte gleich Null. Insbesondere gilt dies für sogenannte *Bandmatrizen*. So nennt man Matrizen der Form

$$A = \begin{pmatrix} a_{1,1} & \cdots & a_{1,p} & 0 & \cdots & & \cdots & 0 \\ \vdots & \ddots & & \ddots & & 0 & & \vdots \\ a_{q,1} & & \ddots & & & \ddots & 0 & \vdots \\ 0 & \ddots & & \ddots & & & \ddots & 0 \\ \vdots & 0 & \ddots & & \ddots & & & a_{n-p+1,n} \\ \vdots & & 0 & \ddots & & \ddots & & \vdots \\ 0 & \cdots & & 0 & a_{n,n-q+1} & \cdots & & a_{n,n} \end{pmatrix} .$$

Man sagt dann, A hat Bandbreite $p + q - 1$. Bandmatrizen modellieren Umstände, bei denen nur (meist geometrisch) benachbarte Größen miteinander gekoppelt sind wie etwa bei der Diskretisierung von Differentialgleichungen.

Unter gewissen Voraussetzungen erlaubt die Bandstruktur eine erhebliche Reduktion des Rechen- und Speicheraufwands:

- Bei Gauß-Elimination *ohne* Pivotisierung bleibt die Bandbreite erhalten.
- Sei $A = LR$ die entsprechende LR-Zerlegung. Dann hat L die Bandbreite q und R die Bandbreite p.
- Der Rechenaufwand bei der LR-Zerlegung ist von der Ordnung pqn, beim Vor- und Rückwärtseinsetzen von der Ordnung $(p + q)n$. Falls die Bandbreiten kleine Konstanten sind, wird der Aufwand also im wesentlichen durch n bestimmt, so daß sich nach vorherigen Bemerkungen insgesamt ein Rechenaufwand ergibt, der *proportional* zur Anzahl n der Unbekannten ist. Der Aufwand skaliert dann linear mit der Größe des Problems.

Tridiagonalmatrizen

Ein wichtiger Spezialfall ergibt sich mit $p = q = 2$ — sogenannte *Tridiagonalmatrizen*. Die Matrix in (3.12) ist eine Tridiagonalmatrix. Die allgemeine Form ist

$$\begin{pmatrix} a_{1,1} & a_{1,2} & 0 & \cdots & & 0 \\ a_{2,1} & a_{2,2} & a_{2,3} & \ddots & & \vdots \\ 0 & a_{3,2} & a_{3,3} & \ddots & & 0 \\ \vdots & \ddots & \ddots & \ddots & & a_{n-1,n} \\ 0 & \cdots & 0 & a_{n,n-1} & & a_{n,n} \end{pmatrix} .$$

Falls Gauß-Elimination ohne Pivotisierung möglich ist (etwa wenn A s.p.d. ist), ergibt die elementweise Auswertung der Gleichung $LR = A$ (wie bei der Herleitung des Cholesky-Verfahrens) folgenden einfachen Algorithmus zur Bestimmung der LR-Zerlegung:

Algorithmus 3.38 (LR-Zerlegung einer Tridiagonalmatrix).

Setze $r_{1,1} := a_{1,1}$.
Für $j = 2, 3, \ldots, n$:
$$\ell_{j,j-1} = a_{j,j-1}/r_{j-1,j-1}$$
$$r_{j-1,j} = a_{j-1,j}$$
$$r_{j,j} = a_{j,j} - \ell_{j,j-1}r_{j-1,j}.$$

Rechenaufwand 3.39. In dieser Rekursion zur Bestimmung der LR-Zerlegung einer Tridiagonalmatrix ist der Rechenaufwand etwa $2n$ Operationen. Will man mit der berechneten LR-Zerlegung ein System lösen, dann sind zudem noch ca. n Operationen in der Vorwärtssubstitution und $2n$ Operationen in der Rückwärtssubstitution nötig. Insgesamt ergibt sich ein Aufwand von ca. $5n$ Operationen.

Kompakte Speicherung

Zum Speichern einer Tridiagonalmatrix wird man kein Feld der Größe n^2 benötigen. Selbst wenn das Muster der von Null verschiedenen Einträge weniger regelmäßig ist, kann man folgendermaßen den Speicheraufwand gering halten. Als Beispiel betrachten wir eine symmetrische Matrix

$$A = \begin{pmatrix} 10 & 2 & & & 6 & & \\ 2 & 20 & & 4 & & & \\ & & 30 & & & & \\ & 4 & & 40 & 5 & 6 & \\ & & & 5 & 50 & & 7 \\ 6 & & & 6 & & 60 & 7 \\ & & & & 7 & 7 & 70 \end{pmatrix}.$$

Man kodiert die durch die von Null verschiedenen Einträge definierte Skyline der oberen Hälfte (Skyline-Speicherung, SKS-Format). Dabei werden die Spalten nacheinander behandelt. In jeder Spalte werden die Einträge ab dem Diagonalelement nach oben hin bis zum letzten von Null verschiedenen Element gespeichert. In der sechsten Spalte zum Beispiel werden dann die Einträge $(60, 0, 6, 0, 6)$ gespeichert. Außerdem wird ein Vektor IND angelegt, wobei IND$(1) := 1$ und IND$(j + 1) - IND(j)$ $(1 \leq j \leq n)$ gerade die effektive Höhe der j-ten Spalte ab der Diagonalen ist. Also in dem Beispiel: IND$(7) - IND(6) = 6$.

$$A := (10, 20, 2, 30, 40, 0, 4, 50, 5, 60, 0, 6, 0, 0, 6, 70, 7, 7),$$

$$\text{IND} := (1, 2, 4, 5, 8, 10, 16, 19).$$

Für eine Übersicht der wichtigsten Speicherformate wird auf [Ü] Teil 2 verwiesen.

3.8 Stabilitätsanalyse bei der LR- und Cholesky-Zerlegung

Um die Stabilität der LR- und Cholesky-Zerlegung zu untersuchen, versucht man, nach dem Prinzip der Rückwärtsanalyse (vgl. §2.3) das Ergebnis der Rechnung als Ergebnis exakter Rechnung zu gestörten Eingabedaten $A + \Delta A$ zu interpretieren. Kann man ΔA abschätzen, so liefert der Störungssatz 3.9 über die Kondition Abschätzungen über die Genauigkeit $\|\Delta x\|/\|x\|$ der errechneten Lösung.

Falls die Matrix A im System

$$Ax = b \qquad (3.71)$$

symmetrisch positiv definit ist, wird für die Berechnung der Cholesky-Zerlegung $A = LDL^T$ das Cholesky-Verfahren eingesetzt (vgl. §3.6). Eine Vorwärts- und Rückwärtssubstitution liefert dann die Lösung x. Aufgrund der Rundungsfehler können bei einer tatsächlichen Realisierung auf einem Rechner weder die Zerlegung noch die Vorwärts- und Rückwärtssubstitution exakt durchgeführt werden. Stattdessen wird eine angenäherte Lösung $\tilde{x}$ berechnet. Man kann zeigen, daß die *berechnete* Lösung $\tilde{x}$ die *exakte* Lösung eines *gestörten* Systems

$$(A + \Delta A)\tilde{x} = b \qquad (3.72)$$

ist, wobei man die Störung durch

$$\frac{\|\Delta A\|_\infty}{\|A\|_\infty} \lesssim c_n \, \mathrm{eps} \qquad (3.73)$$

abschätzen kann. Hierbei ist eps die Maschinengenauigkeit und c_n eine „kleine" Zahl, welche nur von der Dimension n der Matrix A abhängt. Die Störung ΔA ist wegen (3.73) in der Größenordnung der Datenrundungsfehler. Deshalb ist das Resultat $\tilde{x}$ mit einem Fehler behaftet, der in der Größenordnung des durch die Kondition des Problems bedingten *unvermeidbaren* Fehlers bleibt:

$$\frac{\|x - \tilde{x}\|_\infty}{\|x\|_\infty} \leq \frac{\kappa_\infty(A)\frac{\|\Delta A\|_\infty}{\|A\|_\infty}}{1 - \kappa_\infty(A)\frac{\|\Delta A\|_\infty}{\|A\|_\infty}} \lesssim \frac{\kappa_\infty(A)c_n \, \mathrm{eps}}{1 - \kappa_\infty(A)c_n \, \mathrm{eps}}$$

$$\approx \kappa_\infty(A)c_n \, \mathrm{eps} \qquad \text{wenn } \kappa_\infty(A)c_n \, \mathrm{eps} \ll 1 \, .$$

Damit ist das Lösen eines s.p.d. Systems über das Cholesky-Verfahren *stabil*.

Falls A nicht symmetrisch positiv definit ist, kann man zur Lösung des Problems (3.71) auf eine LR-Zerlegung der Matrix A (bzw. von PA für eine geeignete Permutationsmatrix P) zurückgreifen. Dazu wird die Gauß-Elimination eingesetzt (§3.5). Falls Gauß-Elimination *mit Spaltenpivotisierung* angewendet wird, kann man zeigen, daß man für die berechnete Lösung $\tilde{x}$ Resultate wie in (3.72) und (3.73) erhält (jedoch mit einer Konstanten c_n in (3.73), welche für wachsendes n viel größer ist als im s.p.d. Fall). Damit kann man die Lösung eines linearen Gleichungssystems über die Gauß-Elimination mit Spaltenpivotisierung (für moderate Problemgrößen) als ein *stabiles* Verfahren einstufen, vgl. Bemerkung 2.42. Eine genaue Analyse findet man in [SB], [DH]. Die Lösung über die Gauß-Elimination *ohne* Pivotisierung ist im allgemeinen *nicht* stabil, vgl. Beispiel 3.23.

Beispiel 3.40. Wenn ein Problem schlecht konditioniert ist, wird auch ein sehr stabiles numerisches Verfahren zur Lösung dieses Problems im allgemeinen ein Resultat liefern, daß mit einem großen Fehler – dem konditionsbedingten unvermeidbaren Fehler – behaftet ist. Ein derartiges Beispiel bietet das lineare Gleichungssystem

$$Ax = b,$$

wobei $A \in \mathbb{R}^{n \times n}$ eine sogenannte *Hilbertmatrix* ist:

$$A = \begin{pmatrix} 1 & \frac{1}{2} & \frac{1}{3} & \cdots & \frac{1}{n} \\ \frac{1}{2} & \frac{1}{3} & \frac{1}{4} & \cdots & \frac{1}{n+1} \\ \vdots & \vdots & \vdots & & \vdots \\ \frac{1}{n} & \frac{1}{n+1} & \frac{1}{n+2} & \cdots & \frac{1}{2n-1} \end{pmatrix}.$$

Wir wählen $b = \left(\frac{1}{n}, \frac{1}{n+1}, \ldots, \frac{1}{2n-1} \right)^T$, d. h.,

$$x = (0, 0, \ldots, 0, 1)^T \tag{3.74}$$

ist die Lösung. Von dieser Matrix ist bekannt, daß sie symmetrisch positiv definit ist. Wir nehmen $n = 12$ und lösen das Gleichungssystem über das sehr stabile Cholesky-Verfahren auf einer Maschine mit eps $\approx 10^{-16}$. Das berechnete Resultat $\tilde{x}$ ist mit einem Fehler

$$\frac{\|x - \tilde{x}\|_\infty}{\|x\|_\infty} \approx 1.6 * 10^{-2}$$

behaftet! Das schlechte Resultat läßt sich durch die sehr große Konditionszahl der Matrix A erklären:

$$\kappa_\infty(A) = \|A\|_\infty \|A^{-1}\|_\infty \approx 10^{16} \quad \text{für } n = 12. \qquad \triangle$$

Kondition geht in trolege ein

3.9 *QR*-Zerlegung

Eine Alternative zur *LR*-Zerlegung bietet die *QR*-Zerlegung einer Matrix, die in diesem Abschnitt diskutiert wird. Bei der *QR*-Zerlegung soll A wieder in zwei Faktoren zerlegt werden, die im Falle der Invertierbarkeit der faktorisierten Matrix jeweils *leicht* invertierbar sind. Neben Dreiecksmatrizen spielen hierbei *orthogonale* Matrizen eine zentrale Rolle. Die *QR*-Zerlegung wird in der Praxis häufig als Baustein bei der Ausgleichsrechnung (Kapitel 4) und bei der Berechnung von Eigenwerten (Kapitel 7) eingesetzt. Wir werden die zwei wichtigsten Methoden zur Berechnung einer *QR*-Zerlegung behandeln. Damit man diese Methoden von der Gauß-Elimination mit Spaltenpivotisierung (zur Berechnung der *LR*-Zerlegung) abgrenzen kann, seien folgende Bemerkungen vorausgeschickt:

a) Die *LR*-Zerlegung ist nur für $(n \times n)$-Matrizen sinnvoll, während eine *QR*-Zerlegung für allgemeine rechteckige $(m \times n)$-Matrizen konstruiert werden kann.

b) Die Methoden zur Berechnung der *QR*-Zerlegung einer $(n \times n)$-Matrix A sind im Allgemeinen stabiler als die Gauss-Elimination mit Pivotisierung zur Berechnung einer *LR*-Zerlegung von A.

c) Der Aufwand zur Berechnung der *QR*-Zerlegung einer $(n \times n)$-Matrix A ist im Allgemeinen höher als bei der Berechnung einer *LR*-Zerlegung von A über Gauss-Elimination mit Pivotisierung.

Im Hinblick auf a) muß man insbesondere den Begriff der Konditionszahl auf rechteckige Matrizen $A \in \mathbb{R}^{m \times n}$ erweitern, da die Definition (3.21) für $n \neq m$ nicht anwendbar ist. Da A eine lineare Abbildung von $\mathbb{R}^n$ nach $\mathbb{R}^m$ definiert, bietet sich natürlich die allgemeinere Definition der Konditionszahl (2.30) aus Satz 2.23 in Abschnitt 2.1.5 für lineare Abbildungen an. Speziali- siert man die Definition (2.30) auf $\mathcal{L} = A$ und wählt die Euklidische Norm für den Definitions- und Bildbereich, ergibt sich als sinnvolle Definition der (spektralen) Konditionszahl der Matrix A

$$\kappa_2(A) := \max_{x \neq 0} \frac{\|Ax\|_2}{\|x\|_2} \Big/ \min_{x \neq 0} \frac{\|Ax\|_2}{\|x\|_2} = \frac{\max_{\|x\|_2=1} \|Ax\|_2}{\min_{\|x\|_2=1} \|Ax\|_2}. \tag{3.75}$$

Wir lassen hier formal $\kappa_2(A) = \infty$ zu, wenn der Nenner der rechten Seite von (3.75) verschwindet (vgl. Bemerkung 2.24). Dies ist genau dann der Fall, wenn die Spalten von A *linear abhängig* sind, also immer wenn $m < n$ aber auch für $m \geq n$, wenn A keinen vollen Spaltenrang hat. Die lineare Abhängigkeit der Spalten bedeute ja gerade, daß es ein $x \in \mathbb{R}^n$, $x \neq 0$ mit $Ax = 0$ gibt, also A nicht injektiv ist.

Orthogonale Matrizen

Eine Matrix $Q \in \mathbb{R}^{n \times n}$ heißt *orthogonal*, falls

(eher orthonormal
$Q^{-1} = Q^T$)

$$Q^T Q = I, \tag{3.76}$$

d. h., falls die Spalten von Q eine Orthonormalbasis des $\mathbb{R}^n$ bilden. Die Inverse einer solchen Matrix ist also unmittelbar über Transposition gegeben: $Q^{-1} = Q^T$. Natürlich ist insbesondere die Identität I eine orthogonale Matrix. Ferner sind Permutationsmatrizen orthogonal (vgl. Abschnitt 3.5).

Zunächst sollen einige Fakten zu orthogonalen Matrizen gesammelt werden, die im folgenden eine wichtige Rolle spielen.

Satz 3.41. *Sei $Q \in \mathbb{R}^{n \times n}$ orthogonal. Dann gilt:*

(i) *Q^T ist orthogonal.*
(ii) *$\|Qx\|_2 = \|x\|_2$ für alle $x \in \mathbb{R}^n$.*
(iii) *$\kappa_2(Q) = 1$.* ~~perfekt kondihaniert~~
(iv) *Für beliebiges $A \in \mathbb{R}^{n \times m}$ bzw. $A \in \mathbb{R}^{m \times n}$, $m \in \mathbb{N}$ beliebig, gilt $\|A\|_2 = \|QA\|_2 = \|AQ\|_2$.*
(v) *Es gilt (für A wie vorhin) $\kappa_2(A) = \kappa_2(QA) = \kappa_2(AQ)$.*
(vi) *Sei $\tilde{Q} \in \mathbb{R}^{n \times n}$ orthogonal, dann ist $Q\tilde{Q}$ orthogonal.* ~~nicht machen~~

Beweis. Um diese im Folgenden häufig verwendeten Eigenschaften einzuprägen, skizzieren wir den Beweis.

Zu (i): Aus $Q^T = Q^{-1}$ folgt $(Q^T)^T Q^T = QQ^T = QQ^{-1} = I$.

Zu (ii): $\|Qx\|_2^2 = (Qx)^T Qx = x^T Q^T Q x = x^T x = \|x\|_2^2$.

Zu (iii): Aus (ii) folgt $\|Q\|_2 = 1$. Aus (i) ergibt sich daraus auch $\|Q^T\|_2 = 1$ und somit $\kappa_2(Q) = \|Q\|_2 \|Q^{-1}\|_2 = \|Q\|_2 \|Q^T\|_2 = 1$.

Zu (iv):

$$\|QA\|_2 = \max_{\|x\|_2=1} \|QAx\|_2 \stackrel{(ii)}{=} \max_{\|x\|_2=1} \|Ax\|_2 = \|A\|_2,$$

$$\|AQ\|_2 = \max_{\|x\|_2=1} \|AQx\|_2 \stackrel{(ii)}{=} \max_{\|Qx\|_2=1} \|AQx\|_2 = \max_{\|y\|_2=1} \|Ay\|_2 = \|A\|_2.$$

Hierbei haben wir benutzt, daß wegen (ii) $\{x : \|x\|_2 = 1\} = \{x : \|Qx\|_2 = 1\}$ gilt.

Zu (v): Bei quadratischen Matrizen A folgt die Behauptung sofort aus (iv) und der Definition (3.21) für die Konditionszahl. Bei nicht-quadratischen Matrizen müssen wir die allgemeinere Definition (3.75) heran ziehen. Ist $m < n$ oder hat A für $m \geq n$ keinen vollen Spaltenrang, so sind die durch Matrizen A, QA, AQ dargestellten linearen Abbildungen *nicht* injektiv. Die Konditionszahlen in (v) sind deshalb alle unendlich (vgl. Bemerkung 2.24), so daß in diesem Fall nichts zu zeigen ist. Für den Fall endlicher Konditionszahlen erhält man gemäß (3.75)

$$\kappa_2(QA) = \frac{\max_{\|x\|_2=1} \|QAx\|_2}{\min_{\|x\|_2=1} \|QAx\|_2} \stackrel{(ii)}{=} \frac{\max_{\|x\|_2=1} \|Ax\|_2}{\min_{\|x\|_2=1} \|Ax\|_2} = \kappa_2(A)$$

und ebenso

$$\kappa_2(AQ) = \frac{\max_{\|x\|_2=1} \|AQx\|_2}{\min_{\|x\|_2=1} \|AQx\|_2} \stackrel{(ii)}{=} \frac{\max_{\|Qx\|_2=1} \|AQx\|_2}{\min_{\|Qx\|_2=1} \|AQx\|_2} = \kappa_2(A).$$

Zu (vi): $(\tilde{Q}Q)^T \tilde{Q}Q = Q^T \tilde{Q}^T \tilde{Q}Q = Q^T Q = I$. $\qquad\square$

Orthogonale Transformationen (d. h., die Anwendung orthogonaler Matrizen) erhalten also die Euklidische Länge eines Vektors, bilden somit Euklidische Sphären in sich ab. Hinter Drehungen und Spiegelungen stehen orthogonale Transformationen. Diese geometrische Interpretation wird später zur Konstruktion numerischer Verfahren zur Berechnung von *QR*-Zerlegungen ausgenutzt.

Die Grundlage der in diesem Abschnitt zu entwickelnden Verfahren ist folgende einfache Beobachtung: Gelingt es, $A \in \mathbb{R}^{n \times n}$ als Produkt

$$A = QR \tag{3.77}$$

zu schreiben, wobei Q orthogonal und R eine obere Dreiecksmatrix ist, so gilt wegen (3.76)

$$Ax = b \iff QRx = b \iff Rx = Q^T b, \tag{3.78}$$

d. h., das Problem reduziert sich wieder auf Rückwärtseinsetzen, falls R, also A, invertierbar ist. Dies paßt also wieder in die Strategie (3.29) mit $C = Q^T$.

Es bleibt nun, konkrete Methoden zur Bestimmung von Q, R zu entwickeln. Im folgenden bezeichnet $\mathcal{O}_m(\mathbb{R})$ die Menge der orthogonalen $(m \times m)$-Matrizen. Wir diskutieren zwei Verfahren, die in der Praxis häufig eingesetzt werden, um eine Zerlegung der Form (3.77) zu bestimmen. Bei diesen Verfahren verfolgt man dieselbe Grundidee wie bei der *LR*-Zerlegung. Die Matrix A wird Schritt für Schritt auf obere Dreiecksform transformiert, indem man sie mit geeigneten Matrizen $Q_i \in \mathcal{O}_n(\mathbb{R})$ multipliziert. Das Produkt der Q_i ergibt wegen Satz 3.41 (vi) wieder eine orthogonale Matrix. Schreibt man diese in der Form Q^T, so ist $R := Q^T A$ eine obere Dreiecksmatrix und man erhält mit Q den gewünschten orthogonalen Faktor. Die einzelnen Faktoren Q_i werden meist nach zwei unterschiedlichen Prinzipien konstruiert, nämlich als *Householder-Spiegelungen* oder *Givens-Rotationen*.

Im Allgemeinen ist das auf Householder-Spiegelungen basierende Verfahren am effizientesten. Da die Givens-Rotationen etwas einfacher zu beschreiben sind und sich bereits vorhandene Null-Einträge in A leicht und flexibel ausnutzen lassen, soll diese Methode hier als erstes näher vorgestellt werden. Eingehende Literatur zum gesamten Problemkreis findet sich in [GL].

3.9.1 Givens-Rotationen

Das Prinzip der Givens-Rotationen beruht darauf, die Spalten von A über *ebene* Drehungen sukzessiv in senkrechte Position zu mehr und mehr Achsenrichtungen zu bringen, also entsprechende Einträge zu eliminieren. Diese ebenen Drehungen lassen sich folgendermaßen beschreiben:

Grundaufgabe:
Gegeben sei $(a,b)^T \in \mathbb{R}^2 \setminus \{0\}$. Finde $c, s \in \mathbb{R}$ mit

$$\begin{pmatrix} c & s \\ -s & c \end{pmatrix} \begin{pmatrix} a \\ b \end{pmatrix} = \begin{pmatrix} r \\ 0 \end{pmatrix} \tag{3.79}$$

und

$$c^2 + s^2 = 1. \qquad \textit{damit ortho gonal} \tag{3.80}$$

Offensichtlich ist die Matrix in (3.79) dann orthogonal.

Bemerkung 3.42. Man kann wegen (3.80)

$$c = \cos\phi, \quad s = \sin\phi$$

für ein $\phi \in [0, 2\pi]$ setzen, d.h., (3.79) stellt eine Drehung im $\mathbb{R}^2$ um den Winkel ϕ dar, vgl. Abb. 3.3. Für die tatsächliche Rechnung wird ϕ allerdings *nie* benötigt. $\triangle$

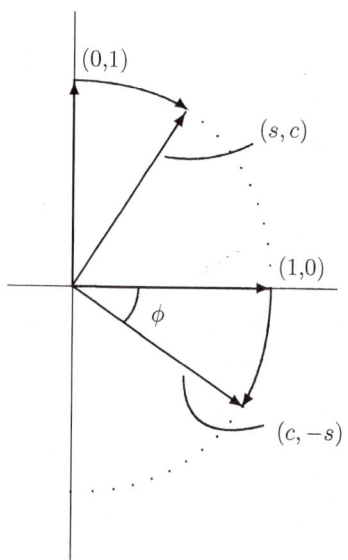

Abb. 3.3. Rotation

Da eine Drehung die Euklidische Länge eines Vektors unverändert läßt, gilt natürlich

$$|r| = \|(r,0)^T\|_2 = \|(a,b)^T\|_2 = \sqrt{a^2 + b^2}. \tag{3.81}$$

Die Lösung der Grundaufgabe ist:

$$r := \pm\sqrt{a^2 + b^2}, \quad c := \frac{a}{r}, \quad s := \frac{b}{r}. \tag{3.82}$$

Die Givens-Rotations-Matrizen erhält man nun durch „Einbettung" obiger ebener Drehungen in $(m \times m)$-Matrizen. Dazu definiere

$$
G_{i,k} = \begin{array}{c} \\ \\ i \ \rightarrow \\ \\ \\ \\ k \ \rightarrow \\ \\ \\ \\ \end{array}
\left(
\begin{array}{ccccccccc}
1 & & & & & & & & \\
 & \ddots & & & & & & & \\
 & & 1 & & & & & & \\
 & & & c & 0 & \cdots & 0 & s & \\
 & & & 0 & 1 & & & 0 & \\
 & & & \vdots & & \ddots & & \vdots & \\
 & & & 0 & & & 1 & 0 & \\
 & & & -s & 0 & \cdots & 0 & c & \\
 & & & & & & & & 1 \\
 & & & & & & & & & \ddots \\
 & & & & & & & & & & 1
\end{array}
\right)
\in \mathcal{O}_m(\mathbb{R}),
$$

$$
\begin{array}{cc}
 & i \downarrow \qquad\qquad k \downarrow
\end{array}
$$

(3.83)

wobei c, s wieder (3.80) genügen. $G_{i,k}$ bedeutet also eine Rotation in der durch die Koordinatenvektoren e^i, e^k aufgespannten Ebene. Insbesondere gilt:

$$
G_{i,k} \begin{pmatrix} x_1 \\ \vdots \\ x_m \end{pmatrix} = \begin{array}{c} \\ \\ \\ i \rightarrow \\ \\ \\ \\ \\ \\ k \rightarrow \\ \\ \\ \\ \end{array}\begin{pmatrix} x_1 \\ \vdots \\ x_{i-1} \\ r \\ x_{i+1} \\ \vdots \\ x_{k-1} \\ 0 \\ x_{k+1} \\ \vdots \\ x_m \end{pmatrix}
\tag{3.84}
$$

für

$$
r = \pm\sqrt{x_i^2 + x_k^2}, \quad c = \frac{x_i}{r}, \quad s = \frac{x_k}{r}.
\tag{3.85}
$$

Die Transformation beeinflußt nur den i-ten und k-ten Eintrag des Ergebnisses, wobei der k-te Eintrag den Wert Null und der i-te Eintrag den Wert r erhält. Man beachte, daß aufgrund der freien Wahl des Vorzeichens von r in (3.85) die Rotationsmatrix nur bis auf Vorzeichen bestimmt ist. Die gewünschte Elimination des k-ten Eintrages ist in jedem Fall gewährleistet.

Beispiel 3.43.

$$\begin{pmatrix} 4 \\ -3 \\ 1 \end{pmatrix} \overset{G_{1,2}}{\rightsquigarrow} \begin{pmatrix} 5 \\ 0 \\ 1 \end{pmatrix} \overset{G_{1,3}}{\rightsquigarrow} \begin{pmatrix} \sqrt{26} \\ 0 \\ 0 \end{pmatrix}$$

$$\text{mit } G_{1,2} = \begin{pmatrix} \frac{4}{5} & -\frac{3}{5} & 0 \\ \frac{3}{5} & \frac{4}{5} & 0 \\ 0 & 0 & 1 \end{pmatrix}, \quad G_{1,3} = \begin{pmatrix} \frac{5}{\sqrt{26}} & 0 & \frac{1}{\sqrt{26}} \\ 0 & 1 & 0 \\ -\frac{1}{\sqrt{26}} & 0 & \frac{5}{\sqrt{26}} \end{pmatrix}. \qquad \triangle$$

Im Hinblick auf eine speicherökonomische Implementierung ist es wichtig, daß man $G_{i,k}$ durch eine *einzige* Zahl kodieren kann. Dazu setzt man

$$\varrho = \varrho_{i,k} = \begin{cases} 1, & \text{falls } c = 0, \\ \frac{1}{2}\,\text{sign}(c)s, & \text{falls } |s| < |c|, \\ 2\,\text{sign}(s)/c, & \text{falls } |c| \le |s|. \end{cases} \qquad (3.86)$$

Zur Dekodierung kann man folgende Methode benutzen:

Algorithmus 3.44.

Falls $\varrho = 1$, dann $c := 0$, $s := 1$.
Falls $|\varrho| < 1$,
    dann $s := 2\varrho$, $c := \sqrt{1 - s^2}$,
    sonst $c := 2/\varrho$, $s := \sqrt{1 - c^2}$.

Bei diesem Vorgehen kann sich das Vorzeichen der Matrix $\begin{pmatrix} c & s \\ -s & c \end{pmatrix}$ gegenüber der ursprünglichen Wahl durchaus ändern. Wie bereits gezeigt wurde, hat die Wahl des Vorzeichens jedoch keine Auswirkung auf die Elimination des entsprechenden Eintrags. Man kann auch Vorzeichenkonsistenz sichern, indem man in (3.85) das Vorzeichen von r so wählt, daß stets $s \ge 0$ gilt. Im Falle $|\rho| < 1$ setzt man dann $s = 2|\rho|$, $c = \text{sign}(\rho)\sqrt{1 - s^2}$, im anderen Fall $c = 2/\rho$, $s = \sqrt{1 - c^2}$. In jedem Fall ist bei dieser Kodierung sicher gestellt, daß bei der Berechnung von $\sqrt{1 - s^2}$ (bzw. $\sqrt{1 - c^2}$) im Algorithmus 3.44 nur s-Werte mit $s^2 \le \frac{1}{2}$ (bzw. $c^2 \le \frac{1}{2}$) auftreten, wodurch Auslöschung vermieden wird.

Reduktion auf obere Dreiecksgestalt

Eine gegebene Matrix A wird nun auf obere Dreiecksgestalt reduziert, indem man hintereinander geeignete $G_{i,k}$ anwendet, um im unteren „Dreieck" Nulleinträge zu erzeugen. Je nach Struktur von A ergibt sich dann eine Folge von Givens-Rotationen G_{i_j,k_j}, $j = 1, \dots, N$, so daß

$$G_{i_N,k_N} \dots G_{i_1,k_1} A = R. \qquad (3.87)$$

Bei der Anwendung der $G_{i,k}$ ist natürlich die Reihenfolge wichtig. Vorher erzeugte Nullen dürfen hinterher nicht wieder aufgefüllt werden. Zu beachten ist, wie gesagt, daß $G_{i,k}$ nur die i-te und k-te Zeile von A verändern kann. Befinden sich bei einer Spalte in der i-ten und k-ten Komponente schon Null-Einträge, so bleiben diese wegen (3.84)-(3.85) bei der Anwendung von $G_{i,k}$ auf diese Spalte erhalten. Eine typische Anordnung der Rotationen illustriert das folgende schematische Beispiel.

Beispiel 3.45.

$$
\begin{pmatrix} * & * & * \\ * & * & * \\ * & * & * \\ * & * & * \end{pmatrix}
\overset{G_{1,2}}{\rightsquigarrow}
\begin{pmatrix} \circledast & \circledast & \circledast \\ 0 & \circledast & \circledast \\ * & * & * \\ * & * & * \end{pmatrix}
\overset{G_{1,3}}{\rightsquigarrow}
\begin{pmatrix} \circledast & \circledast & \circledast \\ 0 & * & * \\ 0 & \circledast & \circledast \\ * & * & * \end{pmatrix}
\overset{G_{2,3}}{\rightsquigarrow}
\begin{pmatrix} * & * & * \\ 0 & \circledast & \circledast \\ 0 & 0 & \circledast \\ * & * & * \end{pmatrix}
$$

$$
\overset{G_{1,4}}{\rightsquigarrow}
\begin{pmatrix} \circledast & \circledast & \circledast \\ 0 & * & * \\ 0 & 0 & * \\ 0 & \circledast & \circledast \end{pmatrix}
\overset{G_{2,4}}{\rightsquigarrow}
\begin{pmatrix} * & * & * \\ 0 & \circledast & \circledast \\ 0 & 0 & * \\ 0 & 0 & \circledast \end{pmatrix}
\overset{G_{3,4}}{\rightsquigarrow}
\begin{pmatrix} * & * & * \\ 0 & * & * \\ 0 & 0 & \circledast \\ 0 & 0 & 0 \end{pmatrix}.
$$

Mit $\circledast$ werden die Einträge angedeutet, die bei der Anwendung von $G_{i,k}$ neu berechnet werden müssen. Die Reihenfolge $G_{1,2}$, $G_{1,3}$, $G_{1,4}$, $G_{2,3}$, $G_{2,4}$, $G_{3,4}$ wäre auch möglich.   △

Beispiel 3.46.

$$
\begin{pmatrix} 3 & 5 \\ 0 & 2 \\ 0 & 0 \\ 4 & 5 \end{pmatrix}
\overset{G_{1,4}}{\rightsquigarrow}
\begin{pmatrix} 5 & 7 \\ 0 & 2 \\ 0 & 0 \\ 0 & -1 \end{pmatrix}
\overset{G_{2,4}}{\rightsquigarrow}
\begin{pmatrix} 5 & 7 \\ 0 & \sqrt{5} \\ 0 & 0 \\ 0 & 0 \end{pmatrix},
$$

wobei

$$
G_{1,4} = \begin{pmatrix} \frac{3}{5} & 0 & 0 & \frac{4}{5} \\ 0 & 1 & 0 & 0 \\ 0 & 0 & 1 & 0 \\ -\frac{4}{5} & 0 & 0 & \frac{3}{5} \end{pmatrix}, \quad
G_{2,4} = \begin{pmatrix} 1 & 0 & 0 & 0 \\ 0 & \frac{2}{\sqrt{5}} & 0 & -\frac{1}{\sqrt{5}} \\ 0 & 0 & 1 & 0 \\ 0 & \frac{1}{\sqrt{5}} & 0 & \frac{2}{\sqrt{5}} \end{pmatrix}.
$$ △

Aus (3.87) folgt die Zerlegung

$$
A = G_{i_1,k_1}^T \cdots G_{i_N,k_N}^T R = QR \tag{3.88}
$$

mit orthogonalem $Q = G_{i_1,k_1}^T \cdots G_{i_N,k_N}^T$.

Beachte:
Wie man in den Beispielen 3.45 und 3.46 sieht, kann A durchaus eine *recht-eckige* Matrix sein, die Faktorisierung ist also keineswegs auf quadratische Matrizen begrenzt. Insbesondere spielt es zunächst *keine* Rolle, ob A invertierbar ist. Wenn A keine quadratische Matrix ist, muß man „obere Dreiecksgestalt"

geeignet interpretieren. Z. B. hat R für $A \in \mathbb{R}^{m \times n}$, $m > n$, die Form

$$R = \begin{pmatrix} \overbrace{\tilde{R}}^{n} \\ \emptyset \end{pmatrix} \begin{matrix} \}n \\ \}m-n \end{matrix} , \quad \text{mit} \quad \tilde{R} = \begin{pmatrix} * & * & \cdots & * \\ & * & \cdots & * \\ & & \ddots & \vdots \\ & & & * \end{pmatrix} \in \mathbb{R}^{n \times n}. \tag{3.89}$$

Falls $m < n$, hat R die Form

$$R = \left(\begin{matrix} & * & \cdots & * \\ \tilde{R} & \vdots & & \vdots \\ & * & \cdots & * \end{matrix} \right) \Big\} m , \quad \text{mit} \quad \tilde{R} = \begin{pmatrix} * & * & \cdots & * \\ & * & \cdots & * \\ & & \ddots & \vdots \\ & & & * \end{pmatrix} \in \mathbb{R}^{m \times m}. \tag{3.90}$$

Diese Konstruktion mit Givens-Rotationen zeigt, daß für *jede* Matrix $A \in \mathbb{R}^{m \times n}$ eine *QR-Zerlegung existiert*:

Satz 3.47. *Sei* $A \in \mathbb{R}^{m \times n}$. *Dann existiert ein* $Q \in \mathcal{O}_m(\mathbb{R})$ *und eine obere Dreiecksmatrix* $R \in \mathbb{R}^{m \times n}$ *mit*

$$A = QR,$$

wobei R *im Sinne von* (3.89), (3.90) *zu verstehen ist.*

Hinsichtlich der Implementierung der QR-Zerlegung über Givens-Rotationen bemerken wir, daß die Matrizen $G_{i,k}$ *nie explizit berechnet werden*. Wie vorher in (3.86) erklärt wurde, können die Einträge c, s in $G_{i,k}$ durch eine einzige Zahl $\varrho_{i,k}$ gespeichert werden. Eine Transformation mit $G_{i,k}$, d. h. die Berechnung von $G_{i,k}A$, verlangt lediglich die Berechnung von zwei Linearkombinationen der i-ten und k-ten Zeilen von A, kann also tatsächlich ausgeführt werden, ohne $G_{i,k}$ explizit zu berechnen. Bei der Berechnung der QR-Zerlegung wird oft analog zur LR-Zerlegung die Matrix A mit den Einträgen in R und den Zahlen $\varrho_{i,k}$ überschrieben:

Beispiel 3.48. Die Berechnung in Beispiel 3.46 läßt sich auch wie folgt darstellen:

$$\begin{pmatrix} 3 & 5 \\ 0 & 2 \\ 0 & 0 \\ 4 & 5 \end{pmatrix} \overset{G_{1,4}}{\rightsquigarrow} \begin{pmatrix} 5 & 7 \\ 0 & 2 \\ 0 & 0 \\ \mathbf{3\tfrac{1}{3}} & -1 \end{pmatrix} \overset{G_{2,4}}{\rightsquigarrow} \begin{pmatrix} 5 & 7 \\ 0 & \sqrt{5} \\ 0 & 0 \\ \mathbf{3\tfrac{1}{3}} & \frac{-1}{2\sqrt{5}} \end{pmatrix},$$

wobei die fettgedruckten Zahlen die Werte für $\varrho_{1,4}$ und $\varrho_{2,4}$ sind. △

Bei einem Gleichungssystem $Ax = b$ führt die QR-Zerlegung, wie bei der LR-Zerlegung, auf die Lösung eines Gleichungssystems mit einer oberen Dreiecksmatrix R, vgl. (3.78). Für die Fehlerentwicklung im gesamten Lösungsprozeß ist daher in beiden Verfahren die Kondition von R von Bedeutung. Bei der

LR-Zerlegung kann R durchaus eine größere Kondition als A haben, was sich quantitativ in der gesamten Stabilitätsabschätzung negativ auswirken kann. Bei der QR-Zerlegung liegen die Dinge anders:

Bemerkung 3.49. Sei $A \in \mathbb{R}^{n \times n}$ regulär und $A = QR$ eine QR-Zerlegung. Da dann $R = Q^T A$, gilt wegen Satz 3.41 (v), $\kappa_2(R) = \kappa_2(A)$, das obere Dreieckssystem in (3.78) hat also noch dieselbe Kondition wie das Ausgangssystem. Wegen Satz 3.41 hat die Anwendung von Q^T auf die rechte Seite b die Kondition eins. In Algorithmus 3.44 wurde die Givens-Rotation zudem so angelegt, daß Auslöschung vermieden wird. Insgesamt liefert daher die QR-Zerlegung mit Hilfe von Givens-Rotationen eine sehr stabile Methode zur Lösung linearer Gleichungssysteme. △

Wir fassen einige Hinweise zur praktischen Anwendung und Einstufung des Verfahrens zusammenfassen:

QR-Zerlegung über Givens-Rotationen:

- Wie in Bemerkung 3.49 erläutert wird, ist das Verfahren *sehr stabil* (siehe auch [GL]). Pivotisierung ist *nicht* erforderlich.
- Etwa durch Berücksichtigung von schon vorhandenen 0-Einträgen bei dünnbesetzten Matrizen läßt sich das Verfahren flexibel an die Struktur einer Matrix anpassen.
- Dennoch haben die Vorzüge ihren Preis. Der Aufwand für die QR-Zerlegung einer vollbesetzten $m \times n$-Matrix über Givens-Rotationen beträgt etwa $\frac{4}{3}n^3$ Operationen, falls $m \approx n$, und etwa $2mn^2$ Operationen, falls $m \gg n$. Zu beachten ist aber, daß für dünnbesetzte Matrizen der Aufwand wesentlich niedriger ist.
- Bei sogenannten *schnellen* Givens-Rotationen wird der Aufwand etwa halbiert ($\sim \frac{2}{3}n^3$, falls $n \approx m$; $\sim mn^2$, falls $m \gg n$, siehe [GL]).

3.9.2 Householder-Transformationen

Statt mit ebenen Drehungen arbeitet das Householder-Verfahren mit *Spiegelungen* an $(n-1)$-dimensionalen Hyperebenen durch den Ursprung.

Solche Hyperebenen lassen sich durch ihre Normale v festlegen. Zur Bestimmung der Matrixdarstellung der Spiegelung kann man folgendermaßen vorgehen. Zu $v = (v_1, \ldots, v_n)^T \in \mathbb{R}^n$, $v \neq 0$, definiert man die *Dyade*

$$vv^T := \begin{pmatrix} v_1 \\ \vdots \\ v_n \end{pmatrix} (v_1, \ldots, v_n) = \begin{pmatrix} v_1 v_1 & \cdots & v_1 v_n \\ \vdots & & \vdots \\ v_n v_1 & \cdots & v_n v_n \end{pmatrix}.$$

Dyaden sind stets *Rang-1*-Matrizen (alle Spalten sind Vielfache von v). Man definiert nun die *Householder-Transformation*

$$Q_v = I - 2\frac{vv^T}{v^T v}. \tag{3.91}$$

Man überprüft leicht folgende

Eigenschaften 3.50.

- $Q_v = Q_v^T$.
- $Q_v^2 = I - 2\frac{vv^T}{v^T v} - 2\frac{vv^T}{v^T v} + 4\frac{vv^T vv^T}{(v^T v)^2}$. *Da* $vv^T vv^T = (v^T v)(vv^T)$, *folgt*

$$Q_v^2 = I.$$

- $Q_{\alpha v} = Q_v, \quad \alpha \in \mathbb{R}, \, \alpha \neq 0$.
- $Q_v y = y \iff y^T v = 0$.
- $Q_v v = -v$.

Aus diesen Eigenschaften folgt sofort, daß die Householder Transformation Q_v orthogonal ist:

$$Q_v^{-1} = Q_v^T.$$

Geometrische Interpretation

Sei

$$H_v = \{x \in \mathbb{R}^n \mid x^T v = 0\}$$

die Hyperebene aller Vektoren in $\mathbb{R}^n$, die zu v orthogonal sind. Aufgrund der letzten beiden Eigenschaften in 3.50 bewirkt Q_v tatsächlich eine Spiegelung an H_v, d.h., für jedes $y \in \mathbb{R}^n$ ist $Q_v y$ die Spiegelung von y an H_v (vgl. Abbildung).

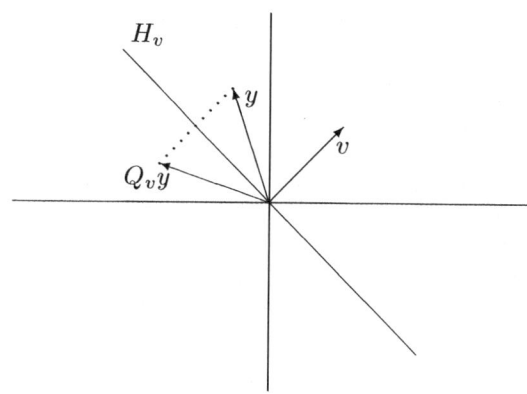

Abb. 3.4. Householder-Spiegelung

Diese Eigenschaft kann man folgendermaßen zur Reduktion auf obere Dreiecksgestalt ausnutzen.

Grundaufgabe:
Zu $y \in \mathbb{R}^n$, $y \notin \mathrm{span}(e^1)$, finde $v \in \mathbb{R}^n$, so daß y an H_v gespiegelt gerade in Richtung e^1 zeigt, daß also

$$Q_v y = \pm \|y\|_2 e^1 \qquad (3.92)$$

↖ *denn* $\|Q_v y\| = \|y\|$, *da* Q *orth.*

gilt.

Die gewünschte Spiegelebene läßt sich folgendermaßen ermitteln. Aus dem Ansatz

$$Q_v y = \left(I - 2\frac{vv^T}{v^T v} \right) y = y - 2\frac{v^T y}{v^T v} v = \pm \|y\|_2 e^1 \qquad (3.93)$$

folgt, daß v eine lineare Kombination von y und e^1 sein muß. Die Skalierung von v kann frei gewählt werden, deshalb können wir

$$v = y + \alpha e^1$$

ansetzen. Durch Einsetzen dieses Ausdrucks in (3.93) erhält man

$$Q_v y = \left(1 - 2\frac{y^T y + \alpha y_1}{y^T y + 2\alpha y_1 + \alpha^2} \right) y - 2\frac{v^T y}{v^T v} \alpha e^1.$$

Der Koeffizient

$$1 - 2\frac{y^T y + \alpha y_1}{y^T y + 2\alpha y_1 + \alpha^2} = \frac{-y^T y + \alpha^2}{y^T y + 2\alpha y_1 + \alpha^2}$$

von y muß wegen (3.93) Null sein. Daraus folgt

$$\alpha = \pm \|y\|_2. \qquad \text{\textit{da } } Q_v \text{ \textit{orthogonal}}$$

Somit erhält man als Lösung der Grundaufgabe:

$$v = y \pm \|y\|_2 e^1 .$$

Um Auslöschung bei der Berechnung von

$$v = (y_1 \pm \|y\|_2, y_2, \ldots, y_n)^T$$

zu vermeiden, wählt man das Vorzeichen wie folgt: $v = y + \mathrm{sign}(y_1)\|y\|_2 e^1$, wobei $\mathrm{sign}(0) := 1$. Mit dieser Wahl erhält man insgesamt

$$\boxed{\begin{aligned} \alpha &= \mathrm{sign}(y_1)\|y\|_2 \\ v &= y + \alpha e^1 \\ Q_v y &= -\alpha e^1. \end{aligned}} \qquad (3.94)$$

Beispiel 3.51. Zu $y = (2,2,1)^T$ wird $v \in \mathbb{R}^3$ gesucht, so daß

$$Q_v y = \pm \|y\|_2 e^1 = \pm 3 \begin{pmatrix} 1 \\ 0 \\ 0 \end{pmatrix}$$

gilt. Aufgrund von (3.94) ergibt sich $\alpha = 3$ und $v = y + \alpha e^1 = (5\ 2\ 1)^T$, so daß

$$Q_v y = \begin{pmatrix} -3 \\ 0 \\ 0 \end{pmatrix}. \tag{3.95}$$

Man beachte, daß zur Berechnung von (3.95) die explizite Form von Q_v

$$Q_v = I - 2\frac{vv^T}{v^Tv} = \begin{pmatrix} 1 & 0 & 0 \\ 0 & 1 & 0 \\ 0 & 0 & 1 \end{pmatrix} - 2\frac{\begin{pmatrix}5\\2\\1\end{pmatrix}(5\ 2\ 1)}{(5\ 2\ 1)\begin{pmatrix}5\\2\\1\end{pmatrix}} = \frac{1}{15}\begin{pmatrix} -10 & -10 & -5 \\ -10 & 11 & -2 \\ -5 & -2 & 14 \end{pmatrix}$$

nicht benötigt wird. △

Reduktion auf obere Dreiecksform

Der Reduktionsprozeß läßt sich nun folgendermaßen skizzieren. Sei a^1 die erste Spalte der Matrix $A \in \mathbb{R}^{m \times n}$. Man wendet die Grundaufgabe mit $y = a^1$ an, d. h., man setzt

$$v^1 = a^1 + \text{sign}(a_{1,1})\|a^1\|_2 e^1, \quad Q_1 := Q_{v^1} \in \mathcal{O}_m(\mathbb{R}), \tag{3.96}$$

so daß sich

$$Q_1 A = \begin{pmatrix} * & * & \cdots & * \\ 0 & & & \\ \vdots & & \tilde{A}^{(2)} & \\ 0 & & & \end{pmatrix} = A^{(2)}$$

mit $\tilde{A}^{(2)} \in \mathbb{R}^{(m-1)\times(n-1)}$ ergibt. Dies wiederholt man, um Spalte für Spalte Nullen unterhalb der Diagonale zu erzeugen. Genauer gesagt, bestimmt man in analoger Weise ein $\tilde{Q}_2 = Q_{v^2} \in \mathcal{O}_{m-1}(\mathbb{R})$ für die erste Spalte von $\tilde{A}^{(2)}$ und setzt

$$Q_2 = \begin{pmatrix} 1 & 0 & \cdots & 0 \\ 0 & & & \\ \vdots & & \tilde{Q}_2 & \\ 0 & & & \end{pmatrix} \in \mathcal{O}_m(\mathbb{R}).$$

Dann erhält man

$$Q_2 Q_1 A = \begin{pmatrix} * & * & * & \cdots & * \\ 0 & * & * & \cdots & * \\ 0 & 0 & & & \\ \vdots & \vdots & & \tilde{A}^{(3)} & \\ 0 & 0 & & & \end{pmatrix} = A^{(3)}$$

usw. So ergibt sich eine Folge von Householder-Transformationen Q_1, Q_2 bis Q_{p-1}, $p := \min\{m, n\}$, deren Produkt A auf obere Dreiecksgestalt transformiert

$$Q_{p-1} \ldots Q_2 Q_1 A = R.$$

Da die Q_k orthogonal und symmetrisch sind, erhält man hieraus

$$A = Q_1 Q_2 \ldots Q_{p-1} R = QR.$$

Die praktische Durchführung der Householder-Transformation wirft wieder die Frage nach einer ökonomischen Speicherverwertung auf. Wie in den vorher diskutierten Verfahren kann man die freiwerdenden Stellen unterhalb der Diagonalen von A benutzen, um die wesentliche Information ($v^1 \in \mathbb{R}^m, v^2 \in \mathbb{R}^{m-1}, \ldots$) über die Transformationsmatrizen $Q_1, Q_2, \ldots$ zu speichern. Da der Vektor $v^j \in \mathbb{R}^{m-j+1}$ $m - j + 1$ Komponenten besitzt, aber unterhalb der Diagonalen nur $m - j$ Plätze frei werden, speichert man gewöhnlich die Diagonalelemente der Matrix R in einem Vektor $d \in \mathbb{R}^p$. Wie bereits vorher angemerkt wurde, wird eine Transformation mit Q_j ausgeführt, *ohne Q_j explizit aufzustellen*. Man braucht für $Q_1 = I - 2\frac{v^1(v^1)^T}{(v^1)^T v^1}$ lediglich das Matrix-Vektor Produkt $w^T := (v^1)^T A$ zu berechnen, um dann von A ein Vielfaches der Dyade $v^1 w^T$ zu subtrahieren:

$$Q_1 A = A - \frac{2 v^1 w^T}{(v^1)^T v^1}.$$

Ein konkretes Beispiel mag dies illustrieren.

Beispiel 3.52.

$$A = \begin{pmatrix} 1 & 1 \\ 2 & 0 \\ 2 & 0 \end{pmatrix}, \quad v^1 = \begin{pmatrix} 1 \\ 2 \\ 2 \end{pmatrix} + 3e^1 = \begin{pmatrix} 4 \\ 2 \\ 2 \end{pmatrix}.$$

$$Q_1 := Q_{v^1}, \quad Q_1 A = \begin{pmatrix} Q_1 \begin{pmatrix} 1 \\ 2 \\ 2 \end{pmatrix} & Q_1 \begin{pmatrix} 1 \\ 0 \\ 0 \end{pmatrix} \end{pmatrix}.$$

Für die zwei Spalten der Matrix Q_1A ergibt sich

$$Q_1 \begin{pmatrix} 1 \\ 2 \\ 2 \end{pmatrix} = \begin{pmatrix} -3 \\ 0 \\ 0 \end{pmatrix} \quad \text{(siehe (3.94))},$$

$$Q_1 \begin{pmatrix} 1 \\ 0 \\ 0 \end{pmatrix} = \begin{pmatrix} 1 \\ 0 \\ 0 \end{pmatrix} - \frac{2}{(v^1)^T v^1} v^1 (v^1)^T \begin{pmatrix} 1 \\ 0 \\ 0 \end{pmatrix} = \begin{pmatrix} 1 \\ 0 \\ 0 \end{pmatrix} - \frac{1}{3} v^1 = \begin{pmatrix} -\frac{1}{3} \\ -\frac{2}{3} \\ -\frac{2}{3} \end{pmatrix}.$$

Daraus folgt

$$Q_1 A = \begin{pmatrix} -3 & -\frac{1}{3} \\ 0 & -\frac{2}{3} \\ 0 & -\frac{2}{3} \end{pmatrix}.$$

$$v^2 = \begin{pmatrix} -\frac{2}{3} \\ -\frac{2}{3} \end{pmatrix} - \frac{2}{3}\sqrt{2} \begin{pmatrix} 1 \\ 0 \end{pmatrix} = \begin{pmatrix} -\frac{2}{3}(1+\sqrt{2}) \\ -\frac{2}{3} \end{pmatrix}.$$

$$\tilde{Q}_2 = \tilde{Q}_{v^2}; \quad \tilde{Q}_2 \begin{pmatrix} -\frac{2}{3} \\ -\frac{2}{3} \end{pmatrix} = \begin{pmatrix} \frac{2}{3}\sqrt{2} \\ 0 \end{pmatrix} \quad \text{(siehe (3.94))}.$$

Insgesamt erhält man

$$\begin{pmatrix} 1 & 0 & 0 \\ 0 & & \\ 0 & & \tilde{Q}_2 \end{pmatrix} Q_1 A = \begin{pmatrix} -3 & -\frac{1}{3} \\ 0 & \frac{2}{3}\sqrt{2} \\ 0 & 0 \end{pmatrix}.$$

Das Resultat der QR-Zerlegung wird dann als

$$\left(\begin{array}{c|c} \boxed{4} & -\frac{1}{3} \\ \hline 2 & -\frac{2}{3}(1+\sqrt{2}) \\ 2 & -\frac{2}{3} \end{array} \right), \quad d = (-3, \tfrac{2}{3}\sqrt{2})^T$$

$$v^1 \uparrow \qquad v^2 \uparrow$$

gespeichert.   △

QR-Zerlegung über Householder-Spiegelung:

- Aufgrund der geschilderten Vermeidung von Auslöschung treffen sämtliche Ausführungen in Bemerkung 3.49 auch auf diese Variante der QR-Zerlegung zu. Dieses Verfahren ist deshalb ebenfalls *sehr stabil* (siehe auch [GL]). Gesonderte Pivotisierung ist wiederum *nicht* erforderlich.
- Der Aufwand für die QR-Zerlegung einer vollbesetzten $m \times n$-Matrix über Householder-Transformationen ist etwa $\frac{2}{3}n^3$ Operationen, falls $m \approx n$, und etwa mn^2 Operationen, falls $m \gg n$.

$$n < n \qquad 2mn^2 n$$

Der Aufwand bei der QR-Zerlegung einer quadratischen Matrix über Householder-Spiegelungen ist etwa doppelt so hoch wie bei der LR-Zerlegung über Gauß-Elimination (mit Spaltenpivotisierung).

Für eine vollbesetzte Matrix ist der Aufwand bei der QR-Zerlegung über Givens-Rotationen etwa doppelt so hoch wie bei QR-Zerlegung über Householder-Spiegelungen. Givens-Rotationen können aber bei dünnbesetzten Matrizen wesentlich effizienter sein.

Wir haben vorher schon betont bzw. aufgezeigt, daß die Bestimmung der QR-Zerlegung einer Matrix A weder voraussetzt, daß A nichtsingulär ist, noch daß A eine quadratische Matrix ist. Tatsächlich gibt es ein sehr wichtiges Anwendungsfeld, bei dem gerade letztere Tatsache wesentlich ist, nämlich die *lineare Ausgleichsrechnung* (Kapitel 4).

Darüber hinaus spielt die QR-Zerlegung noch eine wichtige Rolle bei der Berechnung von Eigenwerten (vgl. Kapitel 7).

3.10 Übungen

Übung 3.10.1. Beweisen Sie die obere Abschätzung in (3.27)

$$\frac{\|x - \tilde{x}\|}{\|x\|} \leq \kappa(A) \frac{\|A\tilde{x} - b\|}{\|b\|},$$

wobei $\|\cdot\|$ irgendeine Norm für $\mathbb{R}^n$ ist.

Übung 3.10.2. Gegeben seien die Matrix

$$A = \begin{pmatrix} 4 & 2 & 3 \\ 2 & 2 & 1 \\ 2 & 2 & 2 \end{pmatrix}$$

und die Vektoren $b^{(1)} = (2, 1, 2)^T$ und $b^{(2)} = (3, 7, 8)^T$. Lösen Sie die Gleichungssysteme $Ax^{(i)} = b^{(i)}$, $i = 1, 2$, mittels LR-Zerlegung (ohne Pivotisierung).

Übung 3.10.3. Gegeben seien die Matrix

$$A = \begin{pmatrix} 0 & 0 & 10 \\ 1 & 0 & 2 \\ 0 & 3 & 5 \end{pmatrix}$$

und der Vektor $b = (1, 2, 3)^T$. Bestimmen Sie elementare Permutationsmatrizen P_1 und P_2, die jeweils nur eine Zeilenvertauschung bewirken, so daß das Produkt $P_2 P_1 A = R$ eine obere Dreiecksmatrix ist. Lösen Sie das Gleichungssystem $Ax = b$.

Übung 3.10.4. Gegeben seien die Matrix

$$A = \begin{pmatrix} 3 & 2 & 1 & 0 \\ -6 & -5 & 2 & -3 \\ 15 & 14 & -16 & 14 \\ 9 & 8 & -10 & 9 \end{pmatrix}, \quad \text{die Vektoren } b^{(1)} = \begin{pmatrix} 5 \\ -5 \\ -3 \\ -2 \end{pmatrix}, \quad b^{(2)} = \begin{pmatrix} -4 \\ 10 \\ -29 \\ -15 \end{pmatrix}.$$

Lösen Sie die Gleichungssysteme $Ax^{(i)} = b^{(i)}$, $i = 1, 2$, mittels LR-Zerlegung ohne Pivotisierung.

Übung 3.10.5. Gegeben sind

$$A = \begin{pmatrix} 2 & -4 & -6 \\ -2 & 4 & 5 \\ 1 & -1 & 3 \end{pmatrix} \quad \text{und} \quad b = \begin{pmatrix} -2 \\ 0 \\ 10 \end{pmatrix}.$$

Lösen Sie die Gleichung $Ax = b$ durch LR-Zerlegung mit Spaltenpivotisierung, und geben Sie auch die Permutationsmatrix P mit $LR = PA$ an.

Übung 3.10.6. Es seien Matrizen $A \in \mathbb{R}^{n \times n}$, $B \in \mathbb{R}^{m \times n}$ gegeben. Skizzieren Sie unter Verwendung von Unterprogrammen zur

- Matrixmultiplikation,
- Matrix-Transponierung,
- LR-Zerlegung

einen Algorithmus, der den Ausdruck

$$BA^{-1}$$

berechnet, ohne die Matrix A zu invertieren. Vergleichen Sie den Aufwand, wenn m sehr viel kleiner als n ist, mit der Alternative, zunächst A^{-1} explizit zu berechnen.

Übung 3.10.7. Sei

$$A = \begin{pmatrix} -1 & 0 & 3 & -1 \\ 1 & 2 & 10 & -1 \\ 2 & 1 & 2 & 4 \\ 0 & 1 & 3 & 1 \end{pmatrix}.$$

a) Berechnen Sie eine LR-Zerlegung mit Spaltenpivotisierung. Wie lauten die Matrizen P, L, R der Zerlegung $PA = LR$?

b) Lösen Sie mit Hilfe der Zerlegung aus a) das Gleichungssystem

$$A^2 x = AAx = \begin{pmatrix} -1 \\ 9 \\ 3 \\ 2 \end{pmatrix}.$$

Übung 3.10.8. Eine Matrix der Gestalt

$$
L_k = \begin{pmatrix}
1 & & & & & & \\
& \ddots & & & & \emptyset & \\
& & 1 & & & & \\
& & -\ell_{k+1,k} & 1 & & & \\
& \emptyset & \vdots & & \ddots & & \\
& & -\ell_{n,k} & \emptyset & & 1 &
\end{pmatrix}
$$

mit $\ell_{k+1,k}, \ldots, \ell_{n,k} \in \mathbb{R}$ beliebig, heißt *Frobenius-Matrix*. Sei e^k der k-te Basisvektor in $\mathbb{R}^n$.

a) Zeigen Sie, daß die Frobenius-Matrizen folgende Eigenschaften haben:

$$L_k = I - (0,\ldots,0,\ell_{k+1,k},\ldots,\ell_{n,k})^T (e^k)^T \ ,$$

$$\det L_k = 1 \ ,$$

$$L_k^{-1} = I + (0,\ldots,0,\ell_{k+1,k},\ldots,\ell_{n,k})^T (e^k)^T \ ,$$

$$
L_1^{-1} L_2^{-1} \ldots L_k^{-1} = \begin{pmatrix}
1 & & & & & \\
\ell_{2,1} & \ddots & & & \emptyset & \\
\vdots & \ddots & 1 & & & \\
\vdots & & \ell_{k+1,k} & 1 & & \\
\vdots & & \vdots & 0 & \ddots & \\
\ell_{n,1} & \cdots & \ell_{n,k} & 0 & \emptyset & 1
\end{pmatrix} .
$$

b) Es sei angenommen, daß die Gauß-Elimination ohne Pivotisierung komplett durchführbar ist. Im j-ten Schritt ($1 \leq j \leq n-1$) des Gauß-Eliminationsalgorithmus wird $A^{(j)}$ in $A^{(j+1)}$ umgeformt. (vgl. (3.36)). Zeigen Sie, daß man diesen Schritt in Matrixnotation als

$$A^{(j+1)} = L_j A^{(j)} \ ,$$

formulieren kann. Hierbei ist L_j die Frobeniusmatrix mit den Einträgen $\ell_{j+1,j}, \ldots, \ell_{n,j}$ wie in (3.38).

c) Zeigen Sie: Falls die Gauß-Elimination ohne Pivotisierung komplett durchführbar ist, erhält man $A^{(n)} = R$, wofür gilt

$$R = L_{n-1} L_{n-2} \ldots L_1 A \ .$$

d) Zeigen Sie: Wenn die Gauß-Elimination ohne Pivotisierung komplett durchführbar ist, dann erhält man

$$A = LR,$$

wobei R durch (3.39) definiert ist und L die durch (3.38) definierte normierte untere Dreiecksmatrix ist.

Übung 3.10.9. Lösen Sie das lineare Gleichungssystem $Ax = b$ mit

$$
A = \begin{pmatrix}
1\ 4 & & & \\
4\ 1 & & & \\
& 1\ 4 & & \\
& 4\ 1 & & \\
& & 1\ 4 & \\
& & 4\ 1 & \\
1\ 0 & & & 1\ 4 \\
0\ 1 & & & 4\ 1
\end{pmatrix} \in \mathbb{R}^{8 \times 8}, \quad b = (2, 4, 6, 8, 10, 12, 14, 16)^T,
$$

wobei die fehlenden Elemente von A mit 0 besetzt sind. Hinweis: Benutzen Sie die Blockstruktur von A.

Übung 3.10.10. Sei

$$
A = \begin{pmatrix}
2 & 1 & 3 \\
4 & 3 & 6 \\
-2 & 3 & 6
\end{pmatrix}.
$$

Berechnen Sie eine LR-Zerlegung dieser Matrix ohne Pivotisierung. Berechnen Sie $\det A$ und A^{-1}.

Übung 3.10.11. Geben Sie eine vollbesetzte, nicht singuläre 3×3-Matrix an, bei der das Gaußsche Eliminationsverfahren ohne Pivotisierung versagt.

Übung 3.10.12. Gegeben ist

$$
A = \begin{pmatrix} 2 & 0 \\ 0 & 3 \end{pmatrix}, \quad b = \begin{pmatrix} 2 \\ 3 \end{pmatrix}, \quad \tilde{A} = \begin{pmatrix} 2 & \pm\epsilon \\ 0 & 3 \end{pmatrix}.
$$

Sie lösen statt $Ax = b$ das Gleichungssystem $\tilde{A}x = b$. Wie groß darf ϵ höchstens sein, damit der relative Fehler in x kleiner als 10^{-2} in der 2-Norm ist? Geben Sie die Antwort, ohne x zu berechnen.

Übung 3.10.13. Betrachten Sie das lineare Gleichungssystem $Ax = b$ mit

$$
A = \begin{pmatrix} 1/7 & 1/8 \\ 1/8 & 1/9 \end{pmatrix} \quad \text{und} \quad b = \begin{pmatrix} 45/56 \\ 25/36 \end{pmatrix}
$$

sowie die Approximation $\tilde{A}\tilde{x} = \tilde{b}$ mit

$$
\tilde{A} = \begin{pmatrix} 0.143 & 0.125 \\ 0.125 & 0.111 \end{pmatrix} \quad \text{und} \quad \tilde{b} = \begin{pmatrix} 0.804 \\ 0.694 \end{pmatrix}.
$$

a) Geben Sie die exakte Lösung von $Ax = b$ und von $\tilde{A}\tilde{x} = \tilde{b}$ an.

b) Schätzen Sie $\frac{\|\tilde{x}-x\|}{\|x\|}$ mit Hilfe von Satz 3.9 ab, und vergleichen Sie mit dem exakten Wert von $\frac{\|\tilde{x}-x\|}{\|x\|}$.

Übung 3.10.14. Gegeben sei die Matrix

$$A = \begin{pmatrix} 0.005 & 1 & 0.005 \\ 1 & 1 & 0.005 \\ 0.005 & 0.005 & 1 \end{pmatrix} \quad \text{und der Vektor} \quad b = \begin{pmatrix} 0.5 \\ 1 \\ -2 \end{pmatrix}.$$

Die Lösung des Gleichungssystems $Ax = b$ ist

$$x = \begin{pmatrix} 0.502512563\ldots \\ 0.507512687\ldots \\ -2.00505012\ldots \end{pmatrix}.$$

Berechnen Sie die LR-Zerlegung von A in zweistelliger Gleitpunktarithmetik einmal mit und einmal ohne Spaltenpivotisierung. Lösen Sie anschließend das Gleichungssystem $Ax = b$ in zweistelliger Gleitpunktarithmetik mit den beiden erhaltenen LR-Zerlegungen, und vergleichen Sie die Ergebnisse mit der oben angegebenen Lösung x.

Übung 3.10.15. Betrachten Sie das lineare Gleichungssystem $Ax = b$

$$A = \begin{pmatrix} 2.1 & 2512 & -2516 \\ -1.3 & 8.8 & -7.6 \\ 0.9 & -6.2 & 4.6 \end{pmatrix} \quad \text{und} \quad b = \begin{pmatrix} -6.5 \\ 5.3 \\ -2.9 \end{pmatrix}.$$

a) Lösen Sie $Ax = b$ zunächst exakt und dann in fünfstelliger Gleitpunktarithmetik (mit Spaltenpivotisierung). Geben Sie die Matrizen L und R an. Wodurch entstehen die großen Abweichungen?

b) Skalieren Sie das Gleichungssystem mit Hilfe einer Äquilibrierung, und berechnen Sie die Lösung des skalierten Systems mit Gaußelimination mit Spaltenpivotisierung in fünfstelliger Gleitpunktarithmetik.

Übung 3.10.16. Wir betrachten die Nachiteration und nehmen an, daß für die näherungsweise LR-Zerlegung $\tilde{L}\tilde{R} = A + \Delta A =: \tilde{A}$ die Bedingung

$$\|A^{-1}\|\|\Delta A\| < \frac{1}{2}$$

für irgendeine Norm auf $\mathbb{R}^n$ erfüllt ist.

a) Zeigen Sie, daß $\tilde{A}$ nichtsingulär ist.

b) Zeigen Sie (mit Hilfe der Neumann Reihe), daß $\|I - \tilde{A}^{-1}A\| < 1$ gilt.

c) Zeigen Sie, daß für den Fehler $e^k := x^k - x$ bei der Nachiteration (bei exakter Rechnung) folgende Beziehung gilt

$$e^{k+1} = (I - \tilde{A}^{-1}A)e^k.$$

d) Beweisen Sie, daß bei exakter Rechnung der Fehler bei der Nachiteration gegen Null konvergiert: $\lim_{k\to\infty} e^k = 0$.

Übung 3.10.17. Sei

$$A = \begin{pmatrix} 2 & -1 & 0 \\ -1 & 2 & -1 \\ 0 & -1 & 2 \end{pmatrix}.$$

Bestimmen Sie die Cholesky-Zerlegung $A = LDL^T$ dieser Matrix, und zeigen Sie, daß A s.p.d. ist.

Übung 3.10.18. Bestimmen Sie alle reellen Werte von a, für die die Matrix

$$A = \begin{pmatrix} 2 & -1 & 0 & 0 \\ -1 & 2 & -a & 0 \\ 0 & -a & 2 & -1 \\ 0 & 0 & -1 & 2 \end{pmatrix}$$

positiv definit ist. Ziehen Sie zur Analyse den Algorithmus der Cholesky-Zerlegung heran.

Übung 3.10.19. Formulieren Sie einen Algorithmus zur Cholesky-Zerlegung für Tridiagonalmatrizen (ähnlich zu Algorithmus 3.38 für die LR-Zerlegung).

Übung 3.10.20. Bestimmen Sie die Cholesky-Zerlegung der Matrix

$$A = \begin{pmatrix} 2 & 6 & -2 \\ 6 & 21 & 0 \\ -2 & 0 & 16 \end{pmatrix},$$

falls sie existiert.

Übung 3.10.21. a) Berechnen Sie die Cholesky-Zerlegung der Matrix

$$A = \begin{pmatrix} 10 & 2 & 5 \\ 2 & \frac{12}{5} & 3 \\ 5 & 3 & \frac{17}{2} \end{pmatrix},$$

also $A = LDL^T$.

b) Ist die Matrix A positiv definit?

c) Lösen Sie mit Hilfe der Cholesky-Zerlegung von A die drei Gleichungssysteme

$$Ax^{(1)} = (1, 0, 0)^T,$$
$$Ax^{(2)} = (0, 1, 0)^T,$$
$$Ax^{(3)} = (0, 0, 1)^T.$$

d) Berechnen Sie die Konditionszahl $\kappa_\infty(A) = \|A\|_\infty \|A^{-1}\|_\infty$.

Übung 3.10.22. Sei $A \in \mathbb{R}^{n \times n}$ eine symmetrisch positiv definite Matrix und e^j der j-te Basisvektor in $\mathbb{R}^n$. Wir nehmen an, daß ein Eintrag $a_{k,\ell}$ mit $k \neq \ell$ existiert, so daß $|a_{k,\ell}| > \max_{1 \leq i \leq n} a_{i,i}$ gilt.

a) Zeigen Sie, daß für alle $\alpha \in \mathbb{R}$

$$\left(e^k + \alpha e^\ell\right)^T A \left(e^k + \alpha e^\ell\right) = a_{k,k} + 2\alpha \, a_{k,\ell} + \alpha^2 \, a_{\ell,\ell}.$$

b) Zeigen Sie, daß $x^T A x < 0$ gilt für $x := e^k - \frac{a_{k,\ell}}{a_{\ell,\ell}} e^\ell$.

c) Weshalb ist obige Annahme falsch ?

Übung 3.10.23. Man gebe die approximative Anzahl der Operationen (Multiplikationen und Divisionen) an, die man braucht, um folgende Probleme zu lösen:

a) Lösung von $Ax = b$, $A \in \mathbb{R}^{n \times n}$, $b \in \mathbb{R}^n$.
b) Wie (a), aber A symmetrisch und positiv definit.
c) Lösung von $Rx = b$, R obere Dreiecksmatrix.
d) Berechnung von A^{-1}.
e) Lösung von $Ax = b_i$, $i = 1, \ldots, p$, wenn die Faktorisierung $A = LR$ bekannt ist.
f) Lösung von $Ax = b$, wenn A eine Bandmatrix mit der Bandbreite drei ist.

Übung 3.10.24. Sei $x = (2, 2, 1)^T$. Bestimmen Sie Givens-Rotationen G_1 und G_2, so daß

$$G_2 G_1 x = \alpha(1, 0, 0)^T \quad \text{mit } \alpha \in \mathbb{R}$$

gilt.

Übung 3.10.25. Lösen Sie das Gleichungssystem

$$\begin{pmatrix} -3 & \frac{32}{5} & 4 \\ 4 & \frac{24}{5} & 3 \\ 5 & 6\sqrt{2} & 5\sqrt{2} \end{pmatrix} x = \begin{pmatrix} 5 \\ 10 \\ 5 \end{pmatrix}$$

mit Hilfe der QR-Zerlegung der Matrix. Verwenden Sie dazu Givens-Rotationen.

Übung 3.10.26. Seien $A \in \mathbb{R}^{3 \times 3}$ und $b \in \mathbb{R}^3$ gegeben durch

$$A = \begin{pmatrix} 3 & -9 & 7 \\ -4 & -13 & -1 \\ 0 & -20 & -35 \end{pmatrix}, \quad b = \begin{pmatrix} 1 \\ 2 \\ 3 \end{pmatrix}.$$

Bestimmen Sie die Lösung $x \in \mathbb{R}^3$ des linearen Gleichungssystems $Ax = b$. Berechnen Sie dazu die QR-Zerlegung von A mittels Givens-Rotationen.

Übung 3.10.27. Bestimmen Sie die QR-Zerlegung $A = QR$ von

$$A = \begin{pmatrix} 3 & 7 \\ 0 & 12 \\ 4 & 1 \end{pmatrix}$$

a) mittels Householder-Spiegelungen,
b) mittels Givens-Rotationen.

Q und R sind explizit anzugeben.

Übung 3.10.28. Bestimmen Sie mit Hilfe von Householder-Spiegelungen eine QR-Zerlegung der Matrix

$$A = \begin{pmatrix} -1 & 1 \\ 2 & 4 \\ -2 & -1 \end{pmatrix}.$$

Übung 3.10.29. Sei

$$A = \begin{pmatrix} 1 & 1 & 1 \\ 2 & -1 & -1 \\ 2 & -4 & 5 \end{pmatrix}.$$

Bestimmen Sie mit Hilfe von Householder-Spiegelungen eine QR-Zerlegung dieser Matrix.

Übung 3.10.30. Sei $A \in \mathbb{R}^{n \times n}$ nichtsingulär und $A = Q_1 R_1$, $A = Q_2 R_2$ seien QR-Zerlegungen für A, d. h., $Q_1, Q_2 \in \mathcal{O}_n(\mathbb{R})$ und R_1, R_2 sind obere Dreiecksmatrizen. Können diese Zerlegungen verschieden sein, wenn ja, in welchem Zusammenhang müssen R_1 und R_2 zueinander stehen?

Übung 3.10.31. Zeigen Sie, daß für alle $n \in \mathbb{N}$, $A \in \mathbb{R}^{n \times n}$ gilt:

a) $\|A\|_2 \leq \sqrt{\|A\|_1 \|A\|_\infty}$
b) $\frac{1}{\sqrt{n}} \|A\|_2 \leq \|A\|_1 \leq \sqrt{n} \|A\|_2$
c) $\frac{1}{\sqrt{n}} \|A\|_\infty \leq \|A\|_2 \leq \sqrt{n} \|A\|_\infty$
d) $\frac{1}{n} \|A\|_\infty \leq \|A\|_1 \leq n \|A\|_\infty$

Übung 3.10.32. Bestimmen Sie die Eigenvektoren, Eigenwerte und die Determinante einer Householder-Matrix

$$Q = I - 2\frac{vv^T}{v^T v}, \quad v \in \mathbb{R}^n.$$

Übung 3.10.33. Was hat die QR-Zerlegung mit der (Gram-Schmidt) Orthogonalisierung einer Menge linear unabhängiger Vektoren zu tun?

Übung 3.10.34. Gegeben seien dünnbesetzte Matrizen mit folgender Belegungsstruktur (Tridiagonalmatrix bzw. Pfeilmatrix):

$$
\text{(i)} \quad
\begin{pmatrix}
* & * & & & & & \\
* & * & * & & & & \\
& * & * & * & & & \\
& & \ddots & \ddots & \ddots & & \\
& & & * & * & * & \\
& & & & * & * &
\end{pmatrix}
\qquad
\text{(ii)} \quad
\begin{pmatrix}
* & * & * & * & * & * & * \\
* & * & & & & & \\
* & & * & & & & \\
* & & & * & & & \\
* & & & & * & & \\
* & & & & & * & \\
* & & & & & & *
\end{pmatrix}
$$

Überlegen Sie sich den Speicherplatzbedarf und den Rechenaufwand bei

a) LR-Zerlegung ohne Pivotisierung,
b) LR-Zerlegung mit Pivotisierung,
c) QR-Zerlegung mit Householder-Spiegelungen,
d) QR-Zerlegung mit Givens-Rotationen.

4

Lineare Ausgleichsrechnung

4.1 Einleitung

Bei der Beschreibung des Leistungsprofils einer Maschine hat man oft eine von wenigen zunächst unbekannten Parametern abhängige Kurve durch Meßdaten in unterschiedlichen Arbeitspunkten zu „fitten". Die mathematische Beschreibung physikalisch/technischer Prozesse beinhaltet typischerweise Parameter, die beispielsweise ein spezifisches Materialverhalten beschreiben, jedoch oft nicht bekannt sind. Sie müssen daher aus (notgedrungen fehlerbehafteten) *Messungen* ermittelt werden. Hierzu ein einfaches Beispiel:

Beispiel 4.1. Man betrachte einen einfachen Stromkreis, wobei I die Stromstärke, U die Spannung und R den Widerstand bezeichnen.

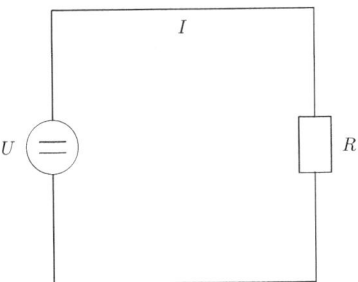

Abb. 4.1. Gleichstromkreis

Das Ohmsche Gesetz besagt, daß (zumindest in einem gewissen Temperaturbereich) diese Größen über

$$U = RI \tag{4.1}$$

gekoppelt sind. Man nehme nun an, daß eine Meßreihe von Daten (U_i, I_i) (Spannung, Stromstärke), $i = 1, \ldots, m$, angelegt wurde. Die Aufgabe bestehe darin, aus diesen Meßdaten den Widerstand R im Stromkreis zu bestimmen. Theoretisch müßte der gesuchte Wert *alle* Gleichungen

$$U_i = RI_i, \quad i = 1, \ldots, m, \tag{4.2}$$

erfüllen (siehe Abbildung 4.2). Nun sind die Meßdaten notgedrungen mit *Fehlern* behaftet.

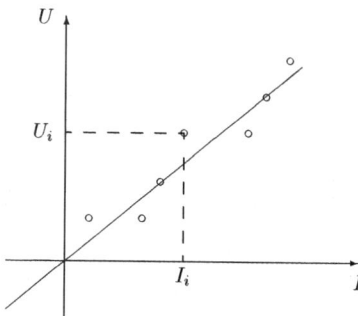

Abb. 4.2. Gerade $U = RI$ und Meßdaten (I_i, U_i)

Aus

$$R = \frac{U_i}{I_i}, \quad R = \frac{U_j}{I_j}$$

wird man daher für $i \neq j$ im allgemeinen unterschiedliche Werte für R bekommen. Da keinerlei Hinweis vorliegt, welcher dieser Werte geeignet ist (und deshalb, ob überhaupt einer davon geeignet ist), muß man eine andere Strategie entwickeln, die in einem gewissen Sinne die Fehler *ausgleicht* und in einem zu spezifizierenden Sinne optimal ist. Hierzu kann man versuchen, die durch eine Wahl von R bedingten Residuen $U_i - RI_i$ zu quadrieren, aufzusummieren und dasjenige R zu suchen, das diesen Ausdruck minimiert:

$$f(R) := \sum_{i=1}^{m} (RI_i - U_i)^2 = \min. \tag{4.3}$$

Da f eine quadratische Funktion ist, kann nur ein Extremum vorliegen, das durch die Nullstelle der Ableitung gegeben ist:

$$0 = f'(R) = \sum_{i=1}^{m} 2(RI_i - U_i)I_i = 2R\Big(\sum_{i=1}^{m} I_i^2\Big) - 2\sum_{i=1}^{m} U_i I_i. \tag{4.4}$$

Hier ergibt sich diese Nullstelle R^* als

$$R^* = \Big(\sum_{i=1}^{m} U_i I_i\Big) \Big/ \Big(\sum_{i=1}^{m} I_i^2\Big). \tag{4.5}$$

Da $f''(R^*) = 2\sum_{i=1}^{m} I_i^2 > 0$, nimmt f an der Stelle R^* aus (4.5) tatsächlich das (eindeutige) Minimum an. Man würde R^* aus (4.5) als Wert für den Widerstand akzeptieren. △

Beispiel 4.2. Wir untersuchen die Modellierung eines periodischen Vorganges (siehe etwa Beispiel 1.2) durch eine stetige Funktion $f(t)$, $(t \geq 0)$ mit Periode T. In der Fourieranalyse wird solch eine Funktion durch eine Linearkombination der T-periodischen trigonometrischen Polynome

$$1,\ \cos(ct),\ \sin(ct),\ \cos(2ct),\ \sin(2ct), \ldots, \cos(Nct),\ \sin(Nct)$$

mit $c := \frac{2\pi}{T}$ in der Form

$$g_N(t) = \frac{1}{2}a_0 + \sum_{k=1}^{N} \left(a_k \cos(kct) + b_k \sin(kct) \right), \tag{4.6}$$

approximiert. Man nehme nun an, daß nicht f, sondern nur eine Reihe von Meßdaten

$$b_i \approx f(t_i), \quad 0 \leq t_1 < t_2 < \ldots < t_m \leq T,$$

bekannt ist, wobei $m > 2N + 1$. Zur Bestimmung einer geeigneten Approximation g_N, d.h. der Koeffizienten $a_0, a_1, b_1, a_2, b_2, \ldots, a_N, b_N$, kann man nun wieder die Fehlerquadratsumme minimieren:

$$\sum_{i=1}^{m} \left(g_N(t_i) - b_i \right)^2 = \min. \tag{4.7}$$

△

Allgemeiner liegt häufig folgende Situation vor: Aus theoretischen Überlegungen ist bekannt, daß eine bestimmte Größe $b(t)$ über einen gewissen funktionalen Zusammenhang von einigen Parametern $x_1, \ldots, x_n$ abhängt:

$$b(t) = y(t; x_1, \ldots, x_n).$$

Im Beispiel 4.1 war $b(t) = y(t, x) = t\,x$ und $n = 1$ (nur mit den Bezeichnungen U, I, R statt b, t, x). Im Beispiel 4.2 war

$$b(t) = y(t; a_0, a_1, b_1, a_2, b_2, \ldots, a_N, b_N) = g_N(t)$$
$$= \frac{1}{2}a_0 + \sum_{k=1}^{N} \left(a_k \cos(kct) + b_k \sin(kct) \right),\ n = 2N + 1. \tag{4.8}$$

Es geht nun darum, aus einer Reihe von Beobachtungen (Messungen) diejenigen Parameter $x_1, \ldots, x_n$ zu ermitteln, die den gegebenen Prozeß (möglichst gut) beschreiben. Wenn mehr Messungen

$$b_i \approx b(t_i), \quad i = 1, \ldots, m, \tag{4.9}$$

als unbekannte Parameter x_i, $i = 1, \ldots, n$, vorliegen, also $m > n$, so hat man im Prinzip ein *überbestimmtes* Gleichungssystem, welches aufgrund von Meßfehlern (oder auch Unzulänglichkeiten des Modells) im Allgemeinen nicht konsistent ist. Deshalb versucht man, diejenigen Parameter $x_1, \ldots, x_n$ zu bestimmen, die

$$\sum_{i=1}^{m} w_i (y(t_i; x_1, \ldots, x_n) - b_i)^2 = \min \qquad (4.10)$$

erfüllen (siehe (4.3) und (4.7)). Hierbei können die w_i als positive Gewichte verschieden von 1 gewählt werden, wenn man einigen der Messungen mehr oder weniger Gewicht beimessen möchte. Dieses Vorgehen bezeichnet man als *Gaußsche Fehlerquadratmethode*. In zahlreichen Varianten bildet dieses Prinzip der *Ausgleichsrechnung* die Grundlage für eine immense Vielfalt von Schätzaufgaben in Naturwissenschaften, Technik und Statistik.

4.2 Das lineare Ausgleichsproblem

Der Schlüssel zur Entwicklung numerischer Verfahren zur Behandlung von Ausgleichsproblemen liegt im Verständnis der Fälle, in denen der Ansatz bzw. das Modell *linear* ist, d. h.

$$y(t_i; x_1, \ldots, x_n) = a_{i,1} x_1 + \ldots + a_{i,n} x_n, \quad i = 1, \ldots, m, \qquad (4.11)$$

wobei die Koeffizienten $a_{i,k}$ gegeben sind. Dies ist in Beispiel 4.1 (mit $x = R$, $n = 1$, $a_{i,1} = I_i$, $b_i = U_i$, $i = 1, \ldots, m$) sowie bei der Fourier-Modellierung im Beispiel 4.2 der Fall, wobei y als Funktion von $a_0, a_1, b_1, \ldots, a_N, b_N$ linear von den unbekannten Parametern a_j, b_j abhängt (vgl. (4.8)).

Zum einen sind in vielen praktischen Anwendungsfällen – wie in besagten Beispielen – bereits Ansätze des Typs (4.11) angemessen. Zum anderen wird sich später zeigen, daß sich auch allgemeinere nichtlineare Fälle auf die Lösung (mehrerer) linearer Probleme reduzieren lassen. Eine eingehende Diskussion grundlegender Methoden für den Fall (4.11) ist also notwendig.

Im Falle (4.11) läßt sich das Problem (4.10) relativ leicht lösen. Um dies systematisch zu untersuchen, ist es hilfreich, das entsprechende Minimierungsproblem

$$\sum_{i=1}^{m} (y(t_i; x_1, \ldots, x_n) - b_i)^2 = \sum_{i=1}^{m} (a_{i,1} x_1 + \ldots + a_{i,n} x_n - b_i)^2 = \min \quad (4.12)$$

in Matrixform zu schreiben. Setzt man

$$A = (a_{i,j})_{i,j=1}^{m,n} \in \mathbb{R}^{m \times n}, \quad b \in \mathbb{R}^m,$$

nimmt das Minimierungsproblem (4.12) die äquivalente kompakte Form

$$\|Ax - b\|_2^2 = \min_{x \in \mathbb{R}^n} \qquad (4.13)$$

an.

Das *lineare Ausgleichsproblem* läßt sich demnach wie folgt formulieren:

> Zu gegebenem $A \in \mathbb{R}^{m \times n}$ und $b \in \mathbb{R}^n$ bestimme man $x^* \in \mathbb{R}^n$, für das
> $$\|Ax^* - b\|_2 = \min_{x \in \mathbb{R}^n} \|Ax - b\|_2 \qquad (4.14)$$
> gilt.

Beachte:
Hierbei ist m – die Anzahl der „Messungen", sprich Bedingungen – im allgemeinen (viel) größer als n – die Anzahl der zu schätzenden Parameter. Im allgemeinen gilt daher $Ax^* \neq b$! Sollte zufällig dennoch eine Lösung von $Ax = b$ existieren, etwa wenn im Idealfall ein exaktes Modell (4.11) mit exakten Daten vorliegt, würde diese Lösung (bei exakter Rechnung) durch (4.14) automatisch erfaßt, da dann das Minimum des *Zielfunktionals* $\|Ax - b\|_2$ Null ist. Man bezeichnet die Lösung x^* von (4.14) in nicht ganz korrekter Weise manchmal als „Lösung" des *überbestimmten* Gleichungssystems $Ax = b$.

Der im Allgemeinen nicht verschwindende Vektor $b - Ax$ wird das *Residuum* (von x) genannt. Beim Ausgleichsproblem begnügt man sich also damit, die *Euklidischen Norm* des Residuums zu minimieren.

Beispiel 4.3. Man vermutet, daß die Meßdaten

t	0	1	2	3
y	3	2.14	1.86	1.72

einer Gesetzmäßigkeit der Form

$$y = f(t) = \alpha \frac{1}{1 + t} + \beta$$

mit noch zu bestimmenden Parametern $\alpha, \beta \in \mathbb{R}$ gehorchen. Das zugehörige lineare Ausgleichsproblem hat die Gestalt (4.14), mit

$$x = \begin{pmatrix} \alpha \\ \beta \end{pmatrix}, \quad A = \begin{pmatrix} 1 & 1 \\ \frac{1}{2} & 1 \\ \frac{1}{3} & 1 \\ \frac{1}{4} & 1 \end{pmatrix}, \quad b = \begin{pmatrix} 3 \\ 2.14 \\ 1.86 \\ 1.72 \end{pmatrix}. \qquad \triangle$$

Bemerkung 4.4. Prinzipiell könnte man auch

$$\|Ax - b\| = \min$$

für irgendeine *andere* Norm $\| \cdot \|$ betrachten. Jedoch sprechen für die Wahl $\| \cdot \| = \| \cdot \|_2$ mindestens zwei gewichtige Gründe. Zum einen läßt sich dies *statistisch* schlüssig interpretieren, vgl. Abschnitt 4.5. Zum anderen ist die Euklidische Norm $\| \cdot \|_2$ über ein Skalarprodukt definiert ($\|x\|_2 = (x,x)^{\frac{1}{2}}$, wobei $(x,y) := x^T y$), was für z. B. die Maximumnorm $\| \cdot \|_\infty$ nicht der Fall ist. Wegen dieser Eigenschaft läßt sich das Problem für die Wahl $\| \cdot \| = \| \cdot \|_2$ besonders leicht lösen, wie wir gleich sehen werden. $\qquad\qquad\triangle$

Normalgleichungen

Die Lösung von (4.14) läßt sich auf die Lösung des linearen Gleichungssystems

$$A^T A x = A^T b \qquad\qquad (4.15)$$

reduzieren, das häufig als *Normalgleichungen* bezeichnet wird. Man beachte, daß für $A \in \mathbb{R}^{m \times n}$ die Matrix $A^T A \in \mathbb{R}^{n \times n}$ stets quadratisch ist. Die Kernaussage läßt sich folgendermaßen zusammenfassen:

> **Satz 4.5.** $x^* \in \mathbb{R}^n$ *ist genau dann Lösung des linearen Ausgleichsproblems* (4.14), *wenn* x^* *Lösung der Normalgleichungen*
>
> $$A^T A x = A^T b$$
>
> *ist. Das System der Normalgleichungen hat stets mindestens eine Lösung. Sie ist genau dann* eindeutig, *wenn* Rang$(A) = n$ *gilt.*

Im Beispiel 4.1 haben wir diesen Sachverhalt schon im Spezialfall $n = 1, x = x_1 = R$ beobachtet. Die Bestimmung der Nullstelle der Ableitung der quadratischen Funktion f aus (4.3) führte auf eine lineare Gleichung (4.4) in R, was sich als Spezialfall von (4.15) erkennen läßt. Im Grunde genommen läßt sich das gleiche Argument auch im allgemeinen Fall verwenden. Da die Euklidische Norm über ein Skalarprodukt definiert ist, ist die Funktion

$$f(x) := \|Ax - b\|_2^2 = x^T A^T A x - 2 b^T A x + b^T b$$

eine quadratische Funktion in $x \in \mathbb{R}^n$. f nimmt daher ein Extremum genau dort an, wo der Gradient $\nabla f(x) = 2(A^T A x - A^T b)$ verschwindet, was gerade (4.15) ist. Aufgrund der Wichtigkeit des Zusammenhangs wollen wir dasselbe Resultat noch über einen anderen Blickwinkel erarbeiten.

Geometrische Interpretation

Anschaulich ist klar, daß die Differenz $b - Ax$ gerade *senkrecht* auf dem Bildraum Bild$(A) = \{Ax \,|\, x \in \mathbb{R}^n\}$ stehen muß, damit der Abstand $\|Ax - b\|_2$ minimal ist.

Also gilt:

$$\|Ax - b\|_2 = \min \iff Ax - b \perp \text{Bild}(A),\qquad(4.16)$$

siehe Abb. 4.3.

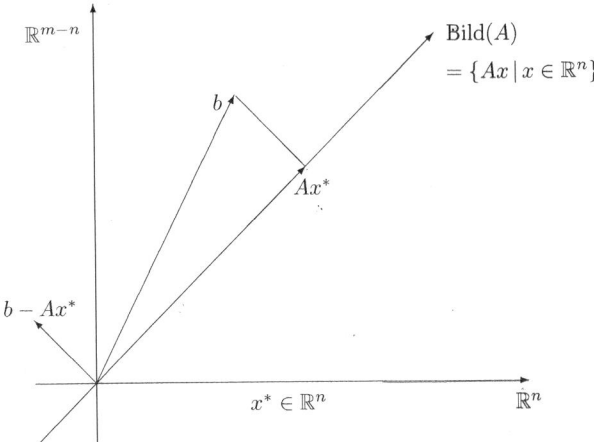

Abb. 4.3. Geometrische Interpretation des linearen Ausgleichsproblems

Wir überzeugen uns zunächst davon, daß die Orthogonalitätsrelation auf der rechten Seite von (4.16) äquivalent zu den Normalgleichungen ist. In der Tat gilt

$$
\begin{aligned}
Ax - b \perp \text{Bild}(A) &\iff w^T(Ax - b) = 0 \quad \text{für alle } w \in \text{Bild}(A)\\
&\iff (Ay)^T(Ax - b) = 0 \quad \text{für alle } y \in \mathbb{R}^n\\
&\iff y^T(A^TAx - A^Tb) = 0 \quad \text{für alle } y \in \mathbb{R}^n\\
&\iff A^TAx - A^Tb = 0,\qquad(4.17)
\end{aligned}
$$

was gerade die Normalgleichungen sind, (woher ja auch der Name stammt). Dies bestätigt also den ersten Teil des Satzes 4.5.

Die Äquivalenz in (4.16) ist ein Spezialfall eines allgemeineren Prinzips. Da es in einer Vielfalt von Zusammenhängen wie etwa beim Verfahren der Konjugierten Gradienten oder der Galerkin-Methode zur Diskretisierung von Differentialgleichungen eine zentrale Rolle spielt, wird es in Abschnitt 4.6 im entsprechend allgemeineren Rahmen nochmals aufgegriffen.

Der zweite Teil von Satz 4.5 folgt aus der Tatsache, daß A^TA genau dann invertierbar ist, wenn $\text{Rang}(A) = n$ gilt, vgl. Übung 4.8.2   □

In Beispiel 3.32 wurde bereits folgende Tatsache gezeigt.

Bemerkung 4.6. Falls $A \in \mathbb{R}^{m \times n}$ vollen (Spalten-)Rang n hat, so ist die Matrix $A^TA \in \mathbb{R}^{n \times n}$ symmetrisch positiv definit.

Annahme: *Wir beschränken uns in den Abschnitten 4.3 und 4.4 auf den Fall, daß A vollen Spaltenrang hat:* $\text{Rang}(A) = n$.
Der Fall $\text{Rang}(A) < n$ wird in Abschnitt 4.7 diskutiert.

4.3 Kondition des linearen Ausgleichsproblems

Vor der Diskussion konkreter numerischer Verfahren behandeln wir wiederum die Frage der Kondition. Für die Konditionsanalyse wird erwartungsgemäß die (relative) Konditionszahl der Matrix $A \in \mathbb{R}^{m \times n}$ eine wichtige Rolle spielen. Da im allgemeinen $m > n$ ist, muß man also auf den erweiterten Begriff der Konditionszahl (3.75) zurückgreifen, der folgendermaßen lautet

$$\kappa_2(A) := \max_{x \neq 0} \frac{\|Ax\|_2}{\|x\|_2} \Big/ \min_{x \neq 0} \frac{\|Ax\|_2}{\|x\|_2}. \tag{4.18}$$

Insbesondere ist $\kappa_2(A) < \infty$, wenn A vollen Spaltenrang hat. Weitere Eigenschaften dieser Konditionszahl findet man in Lemma 4.29. Hier machen wir lediglich von der Abschätzung

$$\frac{\|y\|_2}{\|x\|_2} \leq \kappa_2(A) \frac{\|Ay\|_2}{\|Ax\|_2} \tag{4.19}$$

Gebrauch, die sofort folgt, wenn man in Zähler und Nenner der rechten Seite von (4.18) jeweils ein beliebiges x bzw. y fixiert.

Wir untersuchen nun, wie die Lösung x^* des linearen Ausgleichsproblems (4.14) von Störungen in A und b abhängt. Dies entspricht der Frage nach der *Kondition* des Problems (4.14). Der bemerkenswerte Punkt hierbei ist, daß die Kondition des linearen Ausgleichsproblems, wie sich erweisen wird, nicht nur von der Konditionszahl $\kappa_2(A)$ abhängt, sondern auch vom Winkel Θ, der von den Vektoren b und Ax^* eingeschlossen wird, siehe Abbildung 4.4. Etwas präziser formuliert, wegen $b - Ax^* \perp Ax^*$ (siehe (4.17)) besagt der Satz von Pythagoras, daß $\|Ax^*\|_2^2 + \|b - Ax^*\|_2^2 = \|b\|_2^2$ gilt. Somit existiert ein eindeutiges $\Theta \in [0, \frac{\pi}{2}]$, so daß

$$\cos\Theta = \frac{\|Ax^*\|_2}{\|b\|_2}, \quad \sin\Theta = \frac{\|b - Ax^*\|_2}{\|b\|_2}. \tag{4.20}$$

Um die Rolle von $\kappa_2(A)$ und Θ zu verstehen, betrachten wir zunächst den einfachen Fall, daß nur b gestört ist. Sei wie bisher x^* stets die exakte Lösung von (4.14) und $\tilde{x}$ die des gestörten Problems

$$\|A\tilde{x} - \tilde{b}\|_2 = \min.$$

Stünde nun b senkrecht zum Bild von A, d.h. $\Theta = \pi/2$ und somit $\cos\Theta = 0$, wäre $x^* = 0$ die Lösung. Da jede (Richtungs-)Störung von b, die

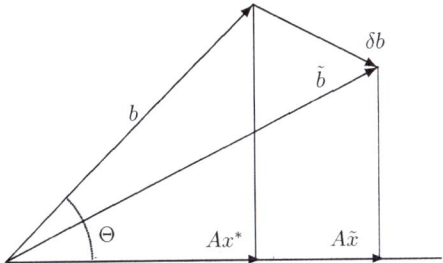

Abb. 4.4. Störung in den Daten b

die Orthogonalität zerstört, eine von Null verschiedene Minimallösung hervor bringen würde, wird der relative Fehler der Näherungslösung und somit die Kondition unendlich. Sei nun andererseits $\Theta = 0$, d.h. b im Bild von A. Dann ist das überbestimmte System konsistent, und es gilt $Ax^* = b$. Man erwartet, daß in diesem Fall die Kondition des Problems nur durch $\kappa_2(A)$ gekennzeichnet ist. Beide Extremfälle werden durch den folgenden Satz erklärt und abgedeckt.

Satz 4.7. *Für die Kondition des linearen Ausgleichsproblems bezüglich Störungen in b gilt*

$$\frac{\|\tilde{x} - x^*\|_2}{\|x^*\|_2} \leq \frac{\kappa_2(A)}{\cos\Theta} \frac{\|\tilde{b} - b\|_2}{\|b\|_2}.$$

(handschriftlich: $\rightarrow 0$ *,* $\rightarrow \infty$ *,* $\rightarrow$ *für* $\sin\theta = \ldots$ *geht* $\cos(\theta) \rightarrow 0$ *)*

Beweis. Sei $c \in \mathbb{R}^m$ und y^* die Lösung des linearen Ausgleichsproblems *(handschriftlich: bel.)*

$$\|Ay - c\|_2 = \min. \quad \text{(handschriftlich: gem. Terme sind 0)}$$

Wegen $Ay^* - c \perp Ay^*$ gilt $\|Ay^* - c\|_2^2 + \|Ay^*\|_2^2 = \|c\|_2^2$, so daß

(handschriftlich: eig. bel. aber wir sehen ein)

$$\|Ay^*\|_2 \leq \|c\|_2 \tag{4.21}$$

gilt. Aufgrund der Normalgleichungen gilt $y^* = (A^TA)^{-1}A^Tc$, so daß man nach (4.21)

$$\|A(A^TA)^{-1}A^Tc\|_2 = \|Ay^*\|_2 \leq \|c\|_2$$

erhält. Weil c beliebig gewählt war, ergibt sich hieraus

$$\|A(A^TA)^{-1}A^T\|_2 \leq 1.$$

Für die Störung $A(\tilde{x} - x^*)$ erhält man damit (siehe auch Abb. 4.4)

$$\|A(\tilde{x} - x^*)\|_2 = \|A(A^TA)^{-1}A^T\tilde{b} - A(A^TA)^{-1}A^Tb\|_2$$
$$= \|A(A^TA)^{-1}A^T(\tilde{b} - b)\|_2 \leq \|\tilde{b} - b\|_2. \tag{4.22}$$

(handschriftlich: I)

Wegen der Definition $\cos \Theta = \frac{\|Ax^*\|_2}{\|b\|_2}$ ergibt sich aus (4.22)

$$\frac{\|A(\tilde{x} - x^*)\|_2}{\|Ax^*\|_2} \leq \frac{1}{\cos \Theta} \frac{\|\tilde{b} - b\|_2}{\|b\|_2}. \tag{4.23}$$

Aus (4.23) und (4.19) ergibt sich die Behauptung.   □

Obiger Sachverhalt wird durch folgendes Beispiel illustriert.

Beispiel 4.8. Es sei

$$A = \begin{pmatrix} 1 & 1 \\ 0 & 0 \\ 0 & 1 \end{pmatrix}, b = \begin{pmatrix} 0.01 \\ 1 \\ 0 \end{pmatrix}.$$

Bemerkung 3.3

Man kann einfach nachrechnen, daß $\kappa_2(A) = \sqrt{\kappa_2(A^T A)} = \left(\frac{\lambda_{\max}(A^T A)}{\lambda_{\min}(A^T A)}\right)^{\frac{1}{2}} \approx$ 2.62 und

$$x^* = (A^T A)^{-1} A^T b = \begin{pmatrix} 0.01 \\ 0 \end{pmatrix}$$

gilt. Für $\tilde{b} = (0.01, 1, 0.01)^T$ erhält man

$$\tilde{x} = (A^T A)^{-1} A^T \tilde{b} = \begin{pmatrix} 0 \\ 0.01 \end{pmatrix}.$$

Daraus folgt

$$\frac{\|\tilde{x} - x^*\|_2}{\|x^*\|_2} \approx 100 \frac{\|\tilde{b} - b\|_2}{\|b\|_2},$$

also ist dieses lineare Ausgleichsproblem schlecht konditioniert, obwohl die Konditionszahl $\kappa_2(A)$ klein ist. In diesem Beispiel gilt

$$\cos \Theta = \frac{\|Ax^*\|_2}{\|b\|_2} = 0.01. \qquad \triangle$$

Auch in dem Fall, daß die Matrix A gestört ist, lassen sich Konditionsschranken über $\kappa_2(A)$ und Θ ausdrücken. Da das Prinzip ähnlich ist, sei auf einen Beweis des folgenden Satzes verzichtet, den man z. B. in [DH] findet.

Satz 4.9. *Für die Kondition des linearen Ausgleichsproblems bezüglich Störungen in A gilt*

$$\frac{\|\tilde{x} - x^*\|_2}{\|x^*\|_2} \leq \left(\kappa_2(A) + \kappa_2(A)^2 \tan \Theta\right) \frac{\|\tilde{A} - A\|_2}{\|A\|_2}.$$

Wir fassen die wesentlichen Punkte zusammen: Ist die Norm des Residuums des linearen Ausgleichsproblems klein gegenüber der Norm der Eingabe b, also $\|b - Ax^*\|_2 \ll \|b\|_2$, so gilt $\cos\Theta \approx 1$ und $\tan\Theta \ll 1$. In diesem Fall, der den Normalfall für lineare Ausgleichsprobleme darstellen sollte, verhält sich das Problem konditionell wie ein lineares Gleichungssystem. Für relativ große Residuen, d. h. $\cos\Theta \ll 1$ und $\tan\Theta > 1$, treten Effekte auf, die man bei einem linearen Gleichungssystem nicht hat, wie die Terme $\frac{1}{\cos\Theta}$ (in Satz 4.7) und $\kappa_2(A)^2 \tan\Theta$ (in Satz 4.9) zeigen. Für große Residuen verhält sich das lineare Ausgleichsproblem konditionell deshalb wesentlich anders als ein reguläres lineares Gleichungssystem.

4.4 Numerische Lösung des linearen Ausgleichsproblems

4.4.1 Lösung der Normalgleichungen

Satz 4.5 liefert Informationen über die Charakterisierung und Eindeutigkeit der Lösung von (4.14). Darüber hinaus legt Satz 4.5 eine Methode nahe, diese Lösung auch zu berechnen.

Nach Bemerkung 4.6 ist die Matrix $A^T A$ symmetrisch positiv definit. Folglich ergibt sich die Methode:

- Berechne $A^T A$, $A^T b$.
- Berechne die Cholesky-Zerlegung

$$LDL^T = A^T A$$

von $A^T A$.
- Löse

$$Ly = A^T b, \quad L^T x = D^{-1} y$$

durch Vorwärts- bzw. Rückwärtseinsetzen.

Nach Satz 4.5 ist das Ergebnis x^* die Lösung des linearen Ausgleichsproblems (4.14).

Beispiel 4.10. Für das Ausgleichsproblem in Beispiel 4.3 ergibt sich

$$A^T A = \begin{pmatrix} \frac{205}{144} & \frac{25}{12} \\ \frac{25}{12} & 4 \end{pmatrix}, \qquad A^T b = \begin{pmatrix} 5.12 \\ 8.72 \end{pmatrix} .$$

Lösung des Gleichungssysteme $A^T A x = A^T b$ liefert die optimalen Parameter

$$\begin{pmatrix} \alpha \\ \beta \end{pmatrix} = \begin{pmatrix} 1.708 \\ 1.290 \end{pmatrix} . \qquad\qquad \triangle$$

Rechenaufwand 4.11. Für den Aufwand dieser Methode ergibt sich:

- Berechnung von $A^T A, A^T b$: ca. $\frac{1}{2}mn^2$ Operationen,
- Cholesky-Zerlegung von $A^T A$: ca. $\frac{1}{6}n^3$ Operationen,
- Vorwärts- und Rückwärtssubstitution: ca. n^2 Operationen.

Für $m \gg n$ überwiegt der erste Anteil.

Nachteile dieser Vorgehensweise

Diese an sich einfache Methode hat allerdings folgende prinzipielle Defizite.

- Die Berechnung von $A^T A$ ist für große m aufwendig und birgt die Gefahr von Genauigkeitsverlust durch Rundungsfehler. Insbesondere können Auslöschungseffekte bei der Berechnung des Skalarprodukts einen Verlust relativer Genauigkeit bewirken, was bei der quadrierten Kondition besonders nachteilig auswirken würde.
- Bei der Lösung des Systems $A^T A x = A^T b$ über das Cholesky-Verfahren werden die Rundungsfehler in $A^T A$ und $A^T b$ mit $\kappa_2(A^T A)$ verstärkt. Aus Lemma 4.29 folgt, daß $\kappa_2(A) = (\lambda_{\max}(A^T A))^{1/2}/(\lambda_{\min}(A^T A))^{1/2}$ eine zu (3.75) äquivalente (offensichtlich auch konsistente) Definition der (spektralen) Konditionszahl nichtquadratischer Matrizen ist. Daraus folgt sofort die Identität

$$\kappa_2(A^T A) = \kappa_2(A)^2. \tag{4.24}$$

Folglich wird die Rundungsfehlerverstärkung durch $\kappa_2(A)^2$ beschrieben. Falls $\cos \Theta \approx 1$ (siehe (4.20)), wird die Kondition des Problems jedoch durch $\kappa_2(A)$ gekennzeichnet (siehe §4.3). Wenn $\kappa_2(A) \gg 1$ und $\cos \Theta \approx 1$, muß man also damit rechnen, daß die im Laufe dieses Verfahrens erzeugten Fehler wesentlich größer sind als die durch die Kondition des Problems bedingten unvermeidbaren Fehler. In diesem Fall ist diese Methode also nicht stabil.

Diese Effekte werden durch das folgende Beispiel quantifiziert.

Beispiel 4.12.

$$A = \begin{pmatrix} \sqrt{3} & \sqrt{3} \\ \delta & 0 \\ 0 & \delta \end{pmatrix}, \quad b = \begin{pmatrix} 2\sqrt{3} \\ \delta \\ \delta \end{pmatrix}, \quad 0 < \delta \ll 1.$$

Wegen $A\binom{1}{1} = b$ hat das lineare Ausgleichsproblem $\|Ax - b\|_2 = \min$ die Lösung $x^* = (1, 1)^T$ (für alle $\delta > 0$). Außerdem gilt $\Theta = 0$, also $\cos \Theta = 1, \tan \Theta = 0$. Daher wird die Kondition dieses Problems durch $\kappa_2(A)$ beschrieben. Man rechnet einfach nach, daß

$$\kappa_2(A) = \sqrt{\kappa_2(A^T A)} = \left(\frac{\lambda_{\max}(A^T A)}{\lambda_{\min}(A^T A)} \right)^{\frac{1}{2}} \approx \frac{\sqrt{6}}{\delta}.$$

gilt. Ein stabiles Verfahren zur Lösung dieses linearen Ausgleichsproblems sollte ein Resultat $\tilde{x}$ liefern, das mit einem relativen Fehler

$$\frac{\|\tilde{x} - x^*\|_2}{\|x^*\|_2} \lesssim \kappa_2(A) \text{ eps} \tag{4.25}$$

behaftet ist. Hierbei ist eps die Maschinengenauigkeit. Die Lösung dieses Problems über die Normalgleichungen und das Cholesky-Verfahren auf einer Maschine mit eps $\approx 10^{-16}$ ergibt:

$$\delta = 10^{-4} : \frac{\|\tilde{x} - x^*\|_2}{\|x^*\|_2} \approx 2 * 10^{-8} \approx \frac{1}{3}\kappa_2(A)^2 \text{ eps} \tag{4.26}$$

$$\delta = 10^{-6} : \frac{\|\tilde{x} - x^*\|_2}{\|x^*\|_2} \approx 2 * 10^{-4} \approx \frac{1}{3}\kappa_2(A)^2 \text{ eps} . \tag{4.27}$$

Aus dem Vergleich der Resultate (4.26), (4.27) mit (4.25) ersieht man, daß die Lösung über die Normalgleichungen in diesem Beispiel kein stabiles Verfahren ist. △

Trotz dieser Nachteile wird obiges Verfahren in der Praxis oft benutzt, insbesondere bei Problemen mit gut konditioniertem A. Im allgemeinen aber ist die im nächsten Abschnitt behandelte Alternative vorzuziehen, da sie stabiler ist und der Rechenaufwand nur wenig höher ist.

4.4.2 Lösung über QR-Zerlegung

Wegen Satz 3.41 verändert die Multiplikation mit orthogonalen Matrizen die Euklidische Norm eines Vektors nicht. Die Minimierung von $\|Ax - b\|_2$ ist also für *jede* orthogonale Matrix $Q \in \mathcal{O}_m(\mathbb{R})$ *äquivalent* zur Aufgabe

$$\|Q(Ax - b)\|_2 = \|QAx - Qb\|_2 = \min .$$

Die Idee ist nun, eine geeignete Matrix $Q \in \mathcal{O}_m(\mathbb{R})$ zu finden, die letztere Aufgabe leicht lösbar macht. Wie dies geschieht, erklärt der folgende Satz.

Satz 4.13. *Sei* $A \in \mathbb{R}^{m \times n}$ *mit* $\text{Rang}(A) = n$ *und* $b \in \mathbb{R}^m$. *Sei* $Q \in \mathbb{R}^{m \times m}$ *eine orthogonale Matrix und* $\tilde{R} \in \mathbb{R}^{n \times n}$ *eine obere Dreiecksmatrix, so daß*

$$QA = R := \begin{pmatrix} \tilde{R} \\ \emptyset \end{pmatrix} \begin{matrix} \} \ n \\ \} \ m - n \end{matrix} . \tag{4.28}$$

Dann ist die Matrix $\tilde{R}$ *regulär. Schreibt man*

$$Qb = \begin{pmatrix} b_1 \\ b_2 \end{pmatrix} \begin{matrix} \} \ n \\ \} \ m - n \end{matrix} ,$$

dann ist $x^* = \tilde{R}^{-1}b_1$ *die Lösung des linearen Ausgleichsproblems* (4.14). *Die Norm des Residuums* $\|Ax^* - b\|_2$ *ist gerade durch* $\|b_2\|_2$ *gegeben.*

Beweis. Weil Q regulär ist und A den Rang n hat, folgt aus (4.28), daß $\tilde{R}$ den Rang n hat. Also ist $\tilde{R}$ invertierbar.

Die Multiplikation mit orthogonalen Matrizen ändert die Euklidische Norm eines Vektors nicht. Aufgrund der Zerlegung in (4.28) erhält man

$$\|Ax - b\|_2^2 = \|QAx - Qb\|_2^2 = \|Rx - Qb\|_2^2 = \|\tilde{R}x - b_1\|_2^2 + \|b_2\|_2^2. \quad (4.29)$$

Der Term $\|b_2\|_2^2$ hängt *nicht* von x ab. Also wird $\|Ax - b\|_2^2$ (und damit auch $\|Ax - b\|_2$) genau dann minimal, wenn $\|\tilde{R}x - b_1\|_2^2$ minimal wird. Da $b_1 \in \mathbb{R}^n$ und $\tilde{R} \in \mathbb{R}^{n \times n}$ regulär ist, ist letzteres genau dann der Fall, wenn

$$\tilde{R}x = b_1 \quad (4.30)$$

gilt. Aus (4.29) folgt nun $\|Ax^* - b\|_2 = \|b_2\|_2$. $\quad\square$

Es sei bemerkt, daß die Zerlegung in (4.28) äquivalent zur QR-Zerlegung $A = Q^T R$ ist (hier weichen wir etwas von der Notation in Abschnitt 3.9 ab).

Aus Satz 4.13 ergibt sich nun folgende Methode:

- Bestimme von A die QR-Zerlegung

$$QA = \begin{pmatrix} \tilde{R} \\ \emptyset \end{pmatrix} \quad (\tilde{R} \in \mathbb{R}^{n \times n}),$$

  z. B. mittels Givens-Rotationen oder Householder-Spiegelungen und berechne $Qb = \binom{b_1}{b_2}$.
- Löse

$$\tilde{R}x = b_1$$

  mittels Rückwärtseinsetzen.

Die Norm des Residuums $\min_{x \in \mathbb{R}^n} \|Ax - b\|_2 = \|Ax^* - b\|_2$ ist gerade durch $\|b_2\|_2$ gegeben.

Rechenaufwand 4.14. Für den Aufwand dieser Methode ergibt sich:

- QR-Zerlegung mittels Householdertransformationen: falls $m \gg n$ ca. mn^2 Operationen;
- Berechnung von Qb: ca. $2mn$ Operationen;
- Rückwärtssubstitution (4.30): ca. $\frac{1}{2}n^2$ Operationen.

Offensichtlich überwiegt der erste Anteil. Der Aufwand dieser Methode ist also um etwa einen Faktor 2 höher als der Aufwand bei der Lösung über die Normalgleichungen.

Beispiel 4.15. Sei

$$A = \begin{pmatrix} 3 & 7 \\ 0 & 12 \\ 4 & 1 \end{pmatrix}, \quad b = \begin{pmatrix} 10 \\ 1 \\ 5 \end{pmatrix},$$

d. h. $m = 3$, $n = 2$. Man bestimme die Lösung $x^* \in \mathbb{R}^2$ von

$$\|Ax - b\|_2 = \min.$$

Wir benutzen Givens-Rotationen zur Reduktion von A auf obere Dreiecksgestalt (QR-Zerlegung wie in (4.28)):

- Annullierung von $a_{3,1}$:

$$A^{(2)} = G_{1,3}A = \begin{pmatrix} 5 & 5 \\ 0 & 12 \\ 0 & -5 \end{pmatrix}, \qquad b^{(2)} = G_{1,3}b = \begin{pmatrix} 10 \\ 1 \\ -5 \end{pmatrix}.$$

(In der Praxis werden die Transformationen $G_{1,3}A$ und $G_{1,3}b$ ausgeführt, *ohne* daß $G_{1,3}$ explizit berechnet wird, vgl. Abschnitt 3.9.1.)

- Annullierung von $a_{3,2}^{(2)}$:

$$A^{(3)} = G_{2,3}A^{(2)} = \begin{pmatrix} 5 & 5 \\ 0 & 13 \\ 0 & 0 \end{pmatrix} = \begin{pmatrix} \tilde{R} \\ \emptyset \end{pmatrix}, \qquad b^{(3)} = G_{2,3}b^{(2)} = \begin{pmatrix} 10 \\ \frac{37}{13} \\ -\frac{55}{13} \end{pmatrix}.$$

Lösung von

$$\begin{pmatrix} 5 & 5 \\ 0 & 13 \end{pmatrix} \begin{pmatrix} x_1 \\ x_2 \end{pmatrix} = \begin{pmatrix} 10 \\ \frac{37}{13} \end{pmatrix}$$

durch Rückwärtseinsetzen:

$$x^* = \left(\frac{301}{169}, \frac{37}{169} \right)^T.$$

Als Norm des Residuums ergibt sich:

$$\|b_2\|_2 = \frac{55}{13}. \qquad\qquad \triangle$$

Worin liegt nun der Vorteil dieses Verfahrens, wenn schon der Aufwand höher ist? Wie bei der Lösung von Gleichungssystemen liegt der Gewinn in einer besseren Stabilität aufgrund der günstigeren Kondition des sich ergebenden Dreieckssystems.

Wegen Satz 3.41 gilt

$$\kappa_2(A) = \kappa_2(\tilde{R}), \qquad\qquad (4.31)$$

d. h., das Quadrieren der Kondition, das bei den Normalgleichungen auftritt, wird vermieden. Außerdem ist die Berechnung der QR-Zerlegung über Givens- oder Householder-Transformationen ein sehr stabiles Verfahren, wobei die Fehlerverstärkung durch $\kappa_2(A)$ (und nicht $\kappa_2(A)^2$) beschrieben wird.

Es ergibt sich also, daß die Methode über die QR-Zerlegung ein stabiles Verfahren ist und insbesondere (viel) bessere Stabilitätseigenschaften hat als die Methode über die Normalgleichungen.

Beispiel 4.16. Wir nehmen A und b wie in Beispiel 4.12. Die Methode über die QR-Zerlegung von A, auf einer Maschine mit eps $\approx 10^{-16}$, ergibt

$$\delta = 10^{-4} : \frac{\|\tilde{x} - x^*\|_2}{\|x^*\|_2} \approx 2.2 * 10^{-16},$$

$$\delta = 10^{-6} : \frac{\|\tilde{x} - x^*\|_2}{\|x^*\|_2} \approx 1.6 * 10^{-16}.$$

Wegen der sehr guten Stabilität dieser Methode sind diese Resultate viel besser als die Resultate in Beispiel 4.12.   △

In allen obigen Überlegungen wurde vorausgesetzt, daß $A \in \mathbb{R}^{m \times n}$ vollen Spaltenrang hat,

$$\text{Rang}(A) = n, \tag{4.32}$$

da nur dann die obere Dreiecksmatrix $\tilde{R}$ in (4.30) invertierbar ist und somit eine eindeutige Lösung liefert. Nun läßt (4.32) sich leider in der Praxis nicht immer garantieren. Selbst das Problem, vorher (4.32) über eine numerische Methode zu prüfen, ist schwierig. Für eine Methode, auch den allgemeinen Fall Rang$(A) \leq n$ mit Hilfe von QR-Zerlegungstechniken und Cholesky-Faktorisierung zu behandeln, wird auf [DH], Abschnitt 3.3, verwiesen. Wir werden zudem auf diesen Fall Rang$(A) \leq n$ später unter einem etwas anderen Gesichtspunkt nochmals eingehen.

4.5 Zum statistischen Hintergrund – lineare Regression*

Abgesehen davon, daß die Wahl der Euklidischen Norm die Lösung des resultierenden Minimierungsproblems erheblich erleichtert, liegt ein weiterer wichtiger Grund für diese Wahl in folgendem *statistischen Interpretationsrahmen*. Es würde den Rahmen sprengen, eine umfassende Darstellung zu bieten. Es muß stattdessen selbst in Bezug auf Terminologie auf entsprechende Fachliteratur verwiesen werden. Hier geht es lediglich um die grundsätzliche Anknüpfung, die gegebenenfalls als Brückenverweis dienen kann. Gegeben seien Daten $(t_1, y_1), \ldots, (t_m, y_m)$, wobei die t_i feste (deterministische) Meßpunkte und die y_i Realisierungen von *Zufallsvariablen* Y_i seien. *Lineare Regression* basiert auf einem Ansatz der Form

$$Y_i = \sum_{k=1}^{n} a_k(t_i) x_k + F_i, \quad i = 1, \ldots, m, \tag{4.33}$$

wobei die $a_k(t)$ geeignete Ansatzfunktionen (wie z. B. Polynome, trigonometrische Funktionen oder Splines) sind und Modell- bzw. Meßfehler durch die Zufallsvariablen F_i dargestellt werden. Dadurch wird $Y = (Y_1, \ldots, Y_m)^T$ ein Vektor von Zufallsvariablen, deren Realisierungen die gegebenen Meßdaten $y = (y_1, \ldots, y_m)^T$ zu den Meßpunkten t_i sind.

Wir wollen nun aus dem Meßdatensatz eine *Schätzung* $\hat{x} = (\hat{x}_1, \ldots, \hat{x}_n)^T$ für den unbekannten Parametersatz $x = (x_1, \ldots, x_n)^T \in \mathbb{R}^n$ in (4.33) bestimmen. Einen solchen Schätzer liefert die lineare Ausgleichsrechnung. Für $A := (a_k(t_i))_{i,k=1}^{m,n} \in \mathbb{R}^{m \times n}$ (mit Rang$(A) = n$), sei nämlich $\hat{x}$ die Lösung des linearen Ausgleichsproblems

$$\|Ax - y\|_2^2 \to \min.$$

Dann ist $\hat{x}$ ebenfalls eine Zufallsvariable.

$\hat{x}$ als Best Linear Unbiased Estimator

Man kann fragen, wie der *Erwartungswert* $\mathbb{E}(\hat{x})$ mit dem Parametersatz x zusammenhängt. Dies läßt sich unter geeigneten Annahmen an die stochastischen Eigenschaften der Fehler F_i beantworten. Sind die F_i *unabhängig, identisch verteilt* mit Erwartungswert $\mathbb{E}(F_i) = 0$ – das Modell hat keinen systematischen Fehler – und einer *Varianz-Kovarianzmatrix*

$$V(F) := \mathbb{E}(FF^T) = \left(\mathbb{E}(F_i F_j)\right)_{i,j=1}^m = \sigma^2 I$$

– der *Rauschlevel* (Varianz) ist σ^2 –, so gilt gerade

$$\mathbb{E}(\hat{x}) = x, \quad V(\hat{x}) = \mathbb{E}\left((\hat{x} - x)(\hat{x} - x)^T\right) = \sigma^2 (A^T A)^{-1}, \qquad (4.34)$$

d. h., der Schätzer ist *erwartungstreu* und hat, wie man zeigen kann, minimale Varianz. Man spricht auch von einem *Best Linear Unbiased Estimator* (BLUE). Der Grund dafür liegt in der bisher vielgepriesenen Linearität, die wiederum eine Konsequenz der Wahl $\|\cdot\|_2$ als eine durch ein Skalarprodukt induzierte Norm ist. Aus Satz 4.5 folgt

$$\hat{x} = (A^T A)^{-1} A^T y. \qquad (4.35)$$

Benutzt man nun, daß für einen Zufallsvektor ξ und eine nicht zufällige Matrix M gilt $\mathbb{E}(M\xi) = M\mathbb{E}(\xi)$, ergibt sich wegen $\mathbb{E}(F) = 0$

$$\mathbb{E}(\hat{x}) = (A^T A)^{-1} A^T \mathbb{E}(Y) = (A^T A)^{-1} A^T \mathbb{E}(Ax + F)$$
$$= (A^T A)^{-1}(A^T Ax + A^T \mathbb{E}(F)) = x.$$

Der Schätzer aus (4.35) ist also, unabhängig von der Struktur der Varianz $V(F)$, stets erwartungstreu.

Hinsichtlich der Varianz folgt aus $\hat{x} = (A^T A)^{-1} A^T y$, $x = (A^T A)^{-1} A^T (y - F)$ gerade

$$(\hat{x} - x)(\hat{x} - x)^T = (A^T A)^{-1} A^T F F^T A (A^T A)^{-1}$$

und wegen der Linearität des Erwartungswertes wiederum

$$\mathbb{E}\big((\hat{x} - x)(\hat{x} - x)^T\big) = (A^T A)^{-1} A^T \mathbb{E}(F F^T) A (A^T A)^{-1} = \sigma^2 (A^T A)^{-1}, \quad (4.36)$$

da $V(F) = \mathbb{E}(F F^T) = \sigma^2 I$. Dies verifiziert den zweiten Teil von (4.34).

Wieso dieser Schätzer minimale Varianz hat, sei für einen Moment zurückgestellt. Tatsächlich liegt dies an der speziellen Voraussetzung an die Struktur der Varianz-Kovarianzmatrix von F, die hier als skalierte Identität angenommen wurde. Gilt allgemeiner $V(F) = \mathbb{E}(F F^T) = M = M^T$ für ein (bekanntes) invertierbares $M \in \mathbb{R}^{m \times m}$, so hat der BLUE-Schätzer eine verwandte jedoch etwas andere Form. Wegen der Linearität wird eine Matrix $B \in \mathbb{R}^{n \times m}$ gesucht, so daß $\hat{x} = By$ gilt. Der Vektor von Zufallsvariablen BY soll erwartungstreu sein, $\mathbb{E}(BY) = x$, und kleinstmögliche Varianz haben. Aus

$$x \overset{!}{=} \mathbb{E}(BY) = \underbrace{\mathbb{E}(BAx)}_{=BAx} + \underbrace{\mathbb{E}(F)}_{=0}$$

folgt, daß Erwartungstreue $BA = I$ verlangt und daß B insbesondere unabhängig von x ist. Die spezielle Wahl $B = (A^T A)^{-1} A^T$ erfüllt dies. Nun ist $BA = I$ aber ein *unterbestimmtes* lineares Gleichungssystem, das somit noch andere Lösungen zuläßt. Aus der linearen Algebra ist bekannt, daß sich die gesamte Lösungsmenge aus einer *speziellen* Lösung und allen *homogenen* Lösungen $C \in \mathbb{R}^{n \times m}$ mit $CA = 0$ zusammensetzt. Als spezielle Lösung nehmen wir hier nun nicht $(A^T A)^{-1} A^T$ sondern $(A^T M^{-1} A)^{-1} A^T M^{-1}$ und erhalten den Ansatz

$$B = (A^T M^{-1} A)^{-1} A^T M^{-1} + C \quad \text{mit} \quad CA = 0. \quad (4.37)$$

Wie vorhin rechnet man nun nach, daß

$$V(\hat{x}) = \mathbb{E}\big((\hat{x} - x)(\hat{x} - x)^T\big) = BMB^T = (A^T M^{-1} A)^{-1} + C M C^T$$

gilt. Die Matrix $C M C^T$ ist symmetrisch positiv semidefinit und $V(\hat{x})$ wird deshalb minimal wenn $C = 0$ gilt. Natürlich ergibt sich wieder genau die zweite Relation in (4.34), wenn $M = \sigma^2 I$ ist. Der BLUE-Schätzer hat im allgemeinen also die Form

$$\hat{x} = (A^T M^{-1} A)^{-1} A^T M^{-1} y,$$

wobei dies allerdings die Kenntnis von M voraussetzt. Da Letzteres in der Praxis oft nicht gegeben ist, kommt dem erwartungstreuen „Least-Squares" Schätzer $\hat{x} = (A^T A)^{-1} A^T y$ hohe Bedeutung zu, der natürlich mit Hilfe der obigen Methoden zur Lösung des linearen Ausgleichsproblems praktisch realisiert wird.

$\hat{x}$ als Maximum-Likelihood-Schätzer

Ein zweiter statistischer Hintergrund der Zufallsvariable $\hat{x}$ hängt mit der Maximum-Likelihood-Methode zusammen. Dazu nehmen wir, wie im obigen BLUE-Rahmen an, daß die Zufallsvariablen F_i, $1 \le i \le m$, unabhängig, identisch verteilt sind, mit Erwartungswert 0 und Varianz-Kovarianzmatrix $V(F) = \sigma^2 I$. Zusätzlich wird angenommen, daß F_i *normalverteilt* ist. Die Zufallsvariablen Y_i sind dann auch normalverteilt, mit $\mathbb{E}(Y) = Ax$ und $V(Y) = \sigma^2 I$. Somit hat Y_i die Dichtefunktion

$$f_i(z) = \frac{1}{\sigma \sqrt{2\pi}} e^{-\frac{1}{2}\left(\frac{z-(Ax)_i}{\sigma}\right)^2}.$$

Für die Meßreihe $y_1, \ldots, y_m$ ist die Likelihood-Funktion definiert durch

$$L(x; y_1, \ldots, y_m) := \prod_{i=1}^{m} f_i(y_i) = \left(\frac{1}{2\pi\sigma^2}\right)^{\frac{m}{2}} e^{-\frac{1}{2\sigma^2}\|y-Ax\|_2^2}. \qquad (4.38)$$

Ein Parameterwert $\tilde{x}$ heißt *Maximum-Likelihood-Schätzwert*, wenn

$$L(\tilde{x}; y_1, \ldots, y_m) \ge L(x; y_1, \ldots, y_m) \quad \text{für alle} \ \ x \in \mathbb{R}^n$$

gilt. Aus (4.38) folgt, daß das Maximum der Likelihood-Funktion an der Stelle angenommen wird, wo $\|y - Ax\|_2$ minimal ist, also

$$\|y - A\tilde{x}\|_2 = \min_{x\in\mathbb{R}^n} \|y - Ax\|_2.$$

Der Maximum-Likelihood-Schätzer ist deshalb gerade der Schätzer $\hat{x}$ aus dem linearen Ausgleichsproblem.

4.6 Orthogonale Projektion auf einen Teilraum*

Um die Äquivalenz (4.16) in einen angemessenen Zusammenhang stellen zu können, muß man den Blickwinkel ein wenig ändern. Das lineare Ausgleichsproblem (4.14) läßt sich folgendermaßen interpretieren: Man finde diejenige Linearkombination Ax der Spalten von $A \in \mathbb{R}^{m\times n}$, die ein gegebenes $b \in \mathbb{R}^m$ bzgl. der euklidischen Norm $\|\cdot\|_2$ *am besten approximiert*. Anders ausgedrückt, bestimme dasjenige y^* in

$$U = \mathrm{Bild}(A) = \{Ax \mid x \in \mathbb{R}^n\} \subset \mathbb{R}^m, \qquad (4.39)$$

das

$$\|y^* - b\|_2 = \min_{y\in U} \|y - b\|_2 \qquad (4.40)$$

erfüllt. Für spätere Zwecke ist es nützlich, diese Aufgabe etwas allgemeiner zu formulieren. Gegeben sei ein Vektorraum V über $\mathbb{R}$ mit einem Skalarprodukt $\langle \cdot, \cdot \rangle : V \times V \to \mathbb{R}$. Durch

$$\|v\| := \langle v, v \rangle^{\frac{1}{2}} \qquad (4.41)$$

wird eine Norm auf V definiert.

Das lineare Ausgleichsproblem läßt sich dann als Spezialfall folgender allgemeiner Aufgabe interpretieren.

Aufgabe 4.17. *Sei $U \subset V$ ein n-dimensionaler Teilraum von V. Zu $v \in V$ bestimme $u^* \in U$, für das*

$$\|u^* - v\| = \min_{u \in U} \|u - v\| \qquad (4.42)$$

gilt.

Im Falle des linearen Ausgleichsproblems ist $U = \text{Bild}(A)$, $A \in \mathbb{R}^{m \times n}$, $V = \mathbb{R}^m$, $\langle u, v \rangle = \sum_{j=1}^{m} u_j v_j$, d. h. $\|\cdot\| = \|\cdot\|_2$.

Bemerkung 4.18. Weil U ein endlich-dimensionaler Teilraum ist, existiert ein Element in U mit minimalem Abstand zu v, d. h. es existiert $u^* \in U$, für das $\|u^* - v\| = \min_{u \in U} \|u - v\|$ gilt. △

Beweis. Die Norm ist eine stetige Abbildung $V \to \mathbb{R}$ (vgl. (2.2)). Für jedes $u' \in U$ mit $\|u' - v\| \leq \inf_{u \in U} \|u - v\| + 1$ gilt wegen (2.2)

$$\|v\| + 1 \geq \inf_{u \in U} \|u - v\| + 1 \geq \|u' - v\| \geq \|u'\| - \|v\|,$$

also

$$\|u'\| \leq 2\|v\| + 1. \qquad (4.43)$$

Die Menge $G = \{u \in U \mid \|u\| \leq 2\|v\| + 1\}$ ist abgeschlossen und beschränkt und folglich kompakt, da U endlich dimensional ist. Wegen (4.43) gilt $\inf_{u \in G} \|u - v\| = \inf_{u \in U} \|u - v\|$. Bekanntlich nimmt eine stetige Funktion ihre Extrema auf einer kompakten Menge an. Folglich nimmt die stetige Funktion $F(u) := \|u - v\|$ ihr Minimum über der kompakten Menge G in einem Element $u^* \in G \subset U$ an. Also existiert $u^* \in U$, wofür

$$\|u^* - v\| = \min_{u \in G} \|u - v\| = \min_{u \in U} \|u - v\|$$

gilt. □

Bemerkung 4.19. Für die Existenz einer solchen Bestapproximation ist unerheblich, daß die Norm durch ein Skalarprodukt induziert wird. Die Aussage gilt für beliebige Normen. △

Die Lösung obiger Aufgabe läßt sich als Verallgemeinerung von (4.16) folgendermaßen geometrisch interpretieren (vgl. Abb. 4.3 und Abb. 4.5):

Satz 4.20. *Unter den Bedingungen von Aufgabe 4.17 existiert ein eindeutiges $u^* \in U$, das*

$$\|u^* - v\| = \min_{u \in U} \|u - v\| \qquad (4.44)$$

erfüllt. Ferner gilt (4.44) genau dann, wenn

$$\langle u^* - v, u \rangle = 0 \quad \forall u \in U, \qquad (4.45)$$

d. h., $u^* - v$ senkrecht (bzgl. $\langle \cdot, \cdot \rangle$) zu U ist. u^* ist somit die orthogonale Projektion (bzgl. $\langle \cdot, \cdot \rangle$) von v auf U.

Beweis. Die Existenz einer Bestapproximation in (4.44) wurde bereits gezeigt. Der Rest des Beweises ist im Kern ein „Störungsargument".

($\Rightarrow$) Sei u^* Lösung von (4.44) (die wegen Bemerkung 4.18 existiert). Man nehme an, (4.45) gelte nicht. Dann existiert ein $u' \in U$, so daß

$$\alpha := \langle u^* - v, u' \rangle \neq 0$$

gilt. Mit $\tilde{u} := u^* - \frac{\alpha}{\|u'\|^2} u' \in U$ gilt dann

$$
\begin{aligned}
\|\tilde{u} - v\|^2 &= \left\| u^* - v - \frac{\alpha}{\|u'\|^2} u' \right\|^2 \\
&= \|u^* - v\|^2 - 2\frac{\alpha}{\|u'\|^2} \langle u^* - v, u' \rangle + \frac{\alpha^2}{\|u'\|^4} \|u'\|^2 \\
&= \|u^* - v\|^2 - \frac{\alpha^2}{\|u'\|^2},
\end{aligned}
$$

also $\|u^* - v\| > \|\tilde{u} - v\|$, ein Widerspruch (vgl. (4.44)).

($\Leftarrow$) Sei $u^* \in U$ so, daß (4.45) gilt, und sei $u \in U$ beliebig. Wegen $u - u^* \in U$ und (4.45) gilt

$$
\begin{aligned}
\|u - v\|^2 &= \|(u - u^*) + (u^* - v)\|^2 \\
&= \|u - u^*\|^2 + 2 \langle u^* - v, u - u^* \rangle + \|u^* - v\|^2 \\
&= \|u - u^*\|^2 + \|u^* - v\|^2.
\end{aligned}
$$

Daraus folgt $\|u - v\| > \|u^* - v\|$ genau dann, wenn $u \neq u^*$. Somit gilt (4.44) für ein *eindeutiges* u^*. □

Die Lösung der Aufgabe 4.17 ist also die *orthogonale Projektion* (bzgl. $\langle \cdot, \cdot \rangle$) *von v auf* den Unterraum U.

Der Begriff der orthogonalen Projektion ist offensichtlich der Schlüssel zur Lösung von (4.42) (vgl. auch Satz 4.5). Es lohnt sich daher, diesen Begriff nochmals exakt zu formulieren und die wesentlichen Eigenschaften auch für spätere Zwecke zu sammeln.

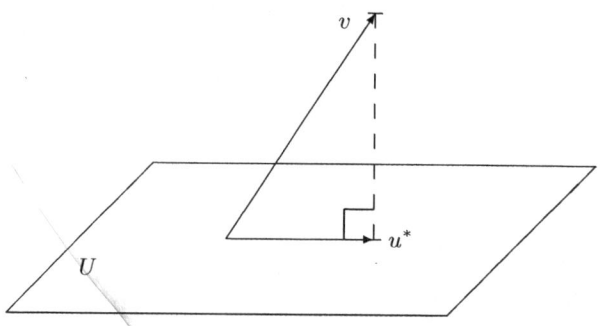

Abb. 4.5. Orthogonale Projektion

Bemerkung 4.21. Wie in Satz 4.20 sei V ein Vektorraum mit Skalarprodukt $\langle\cdot,\cdot\rangle$ und dadurch induzierter Norm $\|\cdot\| = \langle\cdot,\cdot\rangle^{1/2}$ und U ein endlichdimensionaler Unterraum von V. Zu $v \in V$ existiert ein eindeutiges $P_U(v) \in U$, so daß $v - P_U(v) \perp U$, d. h.,

$$\langle v - P_U(v), u\rangle = 0 \quad \forall \ u \in U. \tag{4.46}$$

Mit $P_U : V \to U$ ist also eine wohldefinierte Abbildung gegeben. Das Element u^* in (4.45) ist das Ergebnis der Abbildung P_U angewandt auf v. Die wichtigsten Eigenschaften der Abbildung P_U lauten wie folgt:

(i) Die Abbildung $P_U : V \to U$ ist linear.
(ii) P_U ist ein *Projektor*, d. h. $P_U(u) = u$ für alle $u \in U$ (oder kurz $P_U^2 = P_U$).
(iii) Die Abbildung P_U ist symmetrisch, d. h.

$$\langle P_U(v), w\rangle = \langle v, P_U(w)\rangle, \quad \forall \ v, w \in V. \tag{4.47}$$

(iv) P_U is beschränkt und zwar gilt

$$\|P_U\| = \sup_{\|v\|=1} \|P_U(v)\| = 1. \tag{4.48}$$

Beweis. Die Eindeutigkeit von $P_U(v)$ gemäß (4.46) war schon in Satz 4.20 gezeigt worden. Man kann sich auch direkt folgendermaßen davon überzeugen. Angenommen, es gäbe $u_1, u_2 \in U$ mit $\langle v - u_i, u\rangle = 0$ für alle $u \in U$, $i = 1, 2$. Dann gilt

$$\begin{aligned}
\|u_1 - u_2\|^2 &= \langle u_1 - u_2, u_1 - u_2\rangle \\
&= \langle u_1 - v, u_1 - u_2\rangle + \langle v - u_1, u_1 - u_2\rangle \overset{(4.46)}{=} 0,
\end{aligned}$$

da $u_1 - u_2 \in U$. Also gilt $u_1 = u_2$.

Zu (i): Da $\langle v - P_U(v), u\rangle = 0$ für alle $u \in U$, genau dann wenn $\langle cv - cP_U v, u\rangle = 0$, $u \in U$, folgt $cP_U(v) = P_U(cv)$ für alle $c \in \mathbb{R}$.

Ferner gilt für $v, w \in V$ wegen der Bilinearität des Skalarprodukts und der Definition (4.46) von P_U

$$\langle P_U(v+w) - (P_U(v) + P_U(w)), u \rangle$$
$$= \langle P_U(v+w) - (v+w) + (v+w) - (P_U(v) + P_U(w)), u \rangle$$
$$= \langle P_U(v+w) - (v+w), u \rangle + \langle (v+w) - (P_U(v) + P_U(w)), u \rangle$$
$$= \langle (v+w) - (P_U(v) + P_U(w)), u \rangle$$
$$= \langle v - P_U(v), u \rangle + \langle w - P_U(w), u \rangle = 0,$$

für alle $u \in U$, d.h. $P_U(v+w) = P_U(v) + P_U(w)$.

Zu (ii): Für $v \in U$ ist $u' := v - P_U(v) \in U$. Nach Definition (4.46) von P_U gilt

$$0 = \langle v - P_U(v), u' \rangle = \langle v - P_U(v), v - P_U(v) \rangle = \| v - P_U(v) \|^2,$$

und somit $P_U(v) = v$ für $v \in U$.

Zu (iii): Man hat

$$\langle P_U(v), w \rangle = \langle P_U(v), w - P_U(w) \rangle + \langle P_U(v), P_U(w) \rangle$$
$$\overset{(4.46)}{=} \langle P_U(v), P_U(w) \rangle = \langle P_U(v) - v, P_U(w) \rangle + \langle v, P_U(w) \rangle$$
$$\overset{(4.46)}{=} \langle v, P_U(w) \rangle.$$

Zu (iv): Da $v - P_U(v) \perp P_U(v)$ gilt

$$\| v \|^2 = \| P_U(v) \|^2 + \| v - P_U(v) \|^2 \geq \| P_U(v) \|^2$$

und somit $\| P_U \| \leq 1$. Wegen (ii) folgt dann $\| P_U \| = 1$.   □

Bemerkung 4.22. Eine Bemerkung zum obigen Begriff der „Symmetrie" der linearen Abbildung P_U: Betrachten wir wieder $V = \mathbb{R}^n$ und $A \in \mathbb{R}^{n \times n}$ als lineare Abbildung von $\mathbb{R}^n$ in $\mathbb{R}^n$. Nimmt man das Standardskalarprodukt $\langle x, y \rangle = x^T y$ so gilt

$$\langle Ax, y \rangle = (Ax)^T y = x^T A^T y = \langle x, A^T y \rangle,$$

d.h., in Übereinstimmung mit unserer Definition von symmetrischen Matrizen, ist A im Sinne von (iii) symmetrisch genau dann wenn $A = A^T$ gilt.   △

Es stellt sich nun die Frage, wie man $P_U(v)$ *berechnet*. Dazu sei $\{\phi_1, \ldots, \phi_n\}$ eine *Basis* für U. Dann hat $\hat{u} = P_U(v)$ eine eindeutige Darstellung

$$P_U(v) = \sum_{j=1}^{n} c_j \phi_j$$

mit gewissen, von v abhängigen Koeffizienten $c_j = c_j(v)$.

Wegen (4.46) gilt

$$0 = \langle v - P_U(v), \phi_k \rangle = \langle v, \phi_k \rangle - \sum_{j=1}^{n} c_j \langle \phi_j, \phi_k \rangle, \quad k = 1, \dots, n. \quad (4.49)$$

Definiert man die *Gram-Matrix* $\mathbf{G} := \left(\langle \phi_k, \phi_j \rangle \right)_{j,k=1}^{n}$ und die Vektoren $\mathbf{c} = (c_1, \dots, c_n)^T$, $\mathbf{v} = (\langle v, \phi_1 \rangle, \dots, \langle v, \phi_n \rangle)^T$ so läßt sich (4.49) als

$$\mathbf{G} \mathbf{c} = \mathbf{v} \quad (4.50)$$

schreiben. In Beispiel 3.32 wurde bereits gezeigt, daß $\mathbf{G}$ symmetrisch positiv definit, also insbesondere invertierbar ist. Die gesuchten Koeffizienten $\mathbf{c}$ ergeben sich also als Lösung des linearen Gleichungssystems (4.50).

> Die Berechnung einer orthogonalen Projektion läuft also im allgemeinen auf die Lösung eines symmetrisch positiv definiten Gleichungssystems hinaus.

Was bedeutet dies nun im Spezialfall $V = \mathbb{R}^m$, $U = \text{Bild}(A), v = b \in \mathbb{R}^m$, unter der Annahme $\text{Rang}(A) = n$? Dann bilden $\phi_j = a_j$ die Spalten von A eine Basis für $U = \text{Bild}(A)$. Man erhält dann

$$\mathbf{G} = (\langle a_j, a_k \rangle)_{j,k=1}^{n} = (a_j^T a_k)_{j,k=1}^{n} = A^T A,$$

und

$$\mathbf{v} = (\langle b, a_1 \rangle, \dots, \langle b, a_n \rangle)^T = (a_1^T b, \dots, a_n^T b)^T = A^T b.$$

Übersetzt man (4.50) in diesen Spezialfall, ergibt sich der gesuchte Koeffizientensatz $\mathbf{c} = x^*$ gerade als

$$x^* = (A^T A)^{-1} A^T b$$

in Übereinstimmung mit Satz 4.5, der sich also auch in natürlicher Weise über diesen etwas allgemeineren Zugang ergibt.

Wir beschließen diesen Abschnitt mit einer wichtigen Variante, die zwar im konkreten Fall der linearen Ausgleichsrechnung nicht zum Zuge kommt, aber eben eine wichtige Querverbindung zu anderen (zumindest eng verwandten) Szenarien herstellt. Aufgabe 4.17 läßt sich nämlich besonders bequem lösen, wenn man eine *Orthonormalbasis* von U (bzgl. $\langle \cdot, \cdot \rangle$) zur Verfügung hat. Zur Erinnerung: Elemente $\phi_1, \dots, \phi_n \in U$ bilden eine Orthonormalbasis von U, falls

$$\langle \phi_i, \phi_j \rangle = \delta_{ij}, \quad i, j = 1, \dots, n \quad (4.51)$$

gilt. In diesem Fall ist die Gram-Matrix $\mathbf{G}$ gerade die Identität. Wegen (4.50) sind die gesuchten Koeffizienten gerade die inneren Produkte

$$c_j = \langle v, \phi_j \rangle, \quad j = 1, \dots, n,$$

die manchmal (verallgemeinerte) *Fourierkoeffizienten* von v genannt werden. Insbesondere kann man folgenden Sachverhalt als unmittelbare Konsequenz obiger Betrachtungen festhalten.

Folgerung 4.23. *Sei* $\{\phi_1, \ldots, \phi_n\}$ *eine Orthonormalbasis von* $U \subset V$. *Für jedes* $v \in V$ *löst dann*

$$P_U(v) := \sum_{j=1}^{n} \langle v, \phi_j \rangle \, \phi_j \qquad (4.52)$$

die Aufgabe 4.17.

Das klassische Beispiel für die in Folgerung 4.23 geschilderten Situation liefern die *Fourierkoeffizienten*. Mit

$$\langle f, g \rangle := \int_0^{2\pi} f(t) g(t) \, dt$$

ist ein Skalarprodukt auf $V = C([0, 2\pi])$ gegeben (vgl. Bemerkung 2.8). Die dadurch induzierte Norm lautet

$$\|f\|_{L_2} := \left(\int_0^{2\pi} f(t)^2 dt \right)^{1/2} = \langle f, f \rangle^{1/2}.$$

Man bestätigt leicht, daß die trigonometrischen Funktionen $\cos(kt), k = 0, \ldots, N$, $\sin(kt), k = 1, \ldots, N$ ein Orthogonalsystem bezüglich des obigen Skalarprodukts bilden. Sei U der Raum aufgespannt von diesen $2N + 1$ trigonometrischen Funktionen. Mit der geeigneten Normierung lauten die entsprechenden Fourierkoeffizienten

$$a_k = \langle f, \pi^{-1} \cos(k\cdot) \rangle = \frac{1}{\pi} \int_0^{2\pi} f(t) \cos(kt) \, dt \quad (k = 0, \ldots, N),$$

$$b_k = \langle f, \pi^{-1} \sin(k\cdot) \rangle = \frac{1}{\pi} \int_0^{2\pi} f(t) \sin(kt) \, dt \quad (k = 1, \ldots, N).$$

Die trigonometrische Funktion

$$g_N(t) := \frac{1}{2} a_0 + \sum_{k=1}^{N} a_k \cos(kt) + b_k \sin(kt)$$

löst nach Satz 4.23 die Aufgabe

$$\|g_N - f\|_{L^2}^2 = \int_0^{2\pi} (g_N(t) - f(t))^2 \, dt = \min_{g \in U} \|g - f\|_{L^2}^2. \qquad (4.53)$$

4.7 Singulärwertzerlegung (SVD) und Pseudoinverse*

Aufgrund der Normalgleichungen (4.15) hat, wenn Rang$(A) = n$ erfüllt ist, die Lösung x^* des linearen Ausgleichsproblems die Darstellung

$$x^* = (A^T A)^{-1} A^T b, \qquad (4.54)$$

ist also das *Ergebnis der linearen Abbildung* $(A^T A)^{-1} A^T$ auf die Daten b. Man beachte, daß im Falle $m = n$ gerade $(A^T A)^{-1} A^T = A^{-1}$ gilt. Die Matrix $A^+ := (A^T A)^{-1} A^T$ spielt also die Rolle der „Inversen" von A, in einem Sinne, der noch zu präzisieren ist. Für $m > n$ heißt A^+ die *Pseudoinverse* von A. Die folgenden Überlegungen sollen erklären, daß die Pseudoinverse A^+ immer noch existiert, wenn A *keinen* vollen Rang mehr hat (also die Form $(A^T A)^{-1} A^T$ keinen Sinn mehr ergibt) und daß die Lösung eines im gewissen Sinne erweiterten linearen Ausgleichsproblems sich immer noch über diese Pseudoinverse charakterisieren läßt. *Von nun an wird weder* Rang$(A) = n$ *noch* $m \geq n$ *vorausgesetzt.*

Ein prinzipielles Hindernis liegt zunächst darin, daß, wenn Rang$(A) =: p < \min\{m, n\}$, also der *Nullraum* Kern$(A) := \{y \in \mathbb{R}^n \mid Ay = 0\}$ (ein linearer Unterraum von $\mathbb{R}^n$) von A nicht triviale Dimension $q := n - p > 0$ hat, die Lösung des linearen Ausgleichsproblems *nicht mehr eindeutig* ist.

Um ein *korrekt gestelltes* Problem zu formulieren, muß man also eine zusätzliche *Auswahlbedingung* stellen, die Eindeutigkeit garantiert. Um eine „natürliche" Auswahl treffen zu können, ist es hilfreich, die *Lösungsmenge*

$$L(b) := \{x \in \mathbb{R}^n \mid x \text{ ist Lösung von (4.14)}\}$$

genauer zu beschreiben. Hierzu gilt für zwei $x, x' \in L(b)$ wegen der Normalgleichungen $A^T A(x - x') = 0$ und somit

$$(x - x')^T A^T A(x - x') = \|A(x - x')\|_2^2 = 0 \quad \Leftrightarrow \quad x - x' \in \text{Kern}(A).$$

Folglich erhält man als Charakterisierung

$$L(b) = x + \text{Kern}(A) = \{x + y \mid Ay = 0\} \quad \text{für jedes } x \in L(b). \qquad (4.55)$$

Wir werden jetzt sehen, daß das Element $x^* \in L(b)$ mit *kleinster Euklidischer Norm* eindeutig ist, womit ein „Auswahlkriterium" gegeben ist. Genauer läßt sich dies folgendermaßen formulieren.

Lemma 4.24. *Die Lösungsmenge $L(b)$ hat folgende Eigenschaften:*

(i) *Es existiert ein eindeutiges $x^* \in \mathbb{R}^n$, so daß $x^* = L(b) \cap \text{Kern}(A)^\perp$, wobei* Kern$(A)^\perp := \{z \in \mathbb{R}^n \mid y^T z = 0, \forall y \in \text{Kern}(A)\}$ *das orthogonale Komplement von* Kern(A) *ist. In Worten: die Lösungsmenge enthält genau ein zum Nullraum* Kern(A) *orthogonales Element.*

(ii) *Für alle $x \in L(b) \setminus \{x^*\}$ gilt $\|x\|_2 > \|x^*\|_2$, d. h., x^* hat die kleinste Euklidische Norm in $L(b)$.*

Beweis. Sei x ein beliebiges aber festes Element in $L(b)$. Wegen (4.55) hat jedes weitere Element die Form $x + y$ wobei $y \in \mathrm{Kern}(A)$. Folglich ist ein Element in $L(b)$ minimaler Norm gerade durch

$$\|x^*\| = \min_{y \in \mathrm{Kern}(A)} \|x + y\|_2 \qquad (4.56)$$

gegeben. Dies ist aber ein Spezialfall von Aufgabe 4.17 mit $V = \mathbb{R}^n$, $U = \mathrm{Kern}(A)$, $v = -x$. Wegen Satz 4.20 gibt es eine *eindeutige* Lösung y^* des obigen Minimierungsproblems, so daß mit $x^* = x + y^*$ das eindeutige Element in $L(b)$ minimaler Norm gegeben ist. Dies bestätigt (ii). Wegen Satz 4.20, (4.45) gilt ferner $x^* = x + y^* \in \mathrm{Kern}(A)^{\perp}$, womit (i) gezeigt ist.   □

Aufgrund dieser Resultate kann man nun ein lineares Ausgleichsproblem formulieren, das auch für den Fall $\mathrm{Rang}(A) < n$ korrekt gestellt ist, also eine eindeutige Lösung besitzt.

Folgerung 4.25. *Sei $b \in \mathbb{R}^m$, $A \in \mathbb{R}^{m \times n}$. Die Aufgabe*

$$\begin{cases} \textit{bestimme } x^* \textit{ mit minimaler Euklidischer Norm,} \\ \textit{für das } \|Ax^* - b\|_2 = \min_{x \in \mathbb{R}^n} \|Ax - b\|_2 \quad \textit{gilt,} \end{cases} \qquad (4.57)$$

hat eine eindeutige Lösung.

Bemerkung 4.26. In (4.57) wird nicht mehr verlangt, daß $m \geq n$ gilt. Der Fall eines *unterbestimmten* Gleichungssystems ist also eingeschlossen.   △

Dieses allgemeine (für jedes A korrekt gestellte) lineare Ausgleichsproblem (4.57) kann ebenfalls über eine allerdings involvierte Variante der QR–Zerlegung gelöst werden. Für diesbezügliche Einzelheiten sei auf [DH] verwiesen. Hier konzentrieren wir uns nur auf die wesentlichen strukturellen Hintergründe. Hierzu werden wir jetzt zeigen, daß die Lösung von (4.57) immer noch das Ergebnis einer linearen Abbildung ist, die wir wie oben wieder mit A^+ bezeichnen werden, und die mit (4.54) übereinstimmt, wenn $\mathrm{Rang}(A) = n$ gilt. Jedoch auch im allgemeinen Fall läßt sich eine *explizite Darstellung* der Pseudoinversen A^+ angeben. Diese wiederum beruht auf einer wichtigen Normalform, der *Singulärwertzerlegung* einer (beliebigen) Matrix $A \in \mathbb{R}^{m \times n}$. Diese Singulärwertzerlegung spielt in vielen weiteren Bereichen der Numerik und des Wissenschaftlichen Rechnens eine so wichtige Rolle, daß sie hier angesprochen werden soll. Weiter unten wird später kurz angedeutet, wo sie sonst noch ins Spiel kommt.

Satz 4.27 (Singulärwertzerlegung). *Zu jeder Matrix* $A \in \mathbb{R}^{m \times n}$ *existieren orthogonale Matrizen* $U \in \mathbb{R}^{m \times m}$, $V \in \mathbb{R}^{n \times n}$ *und eine Diagonalmatrix*

$$\Sigma := \mathrm{diag}(\sigma_1, \ldots, \sigma_p) \in \mathbb{R}^{m \times n}, \quad p = \min\{m, n\} \,,$$

mit

$$\sigma_1 \geq \sigma_2 \geq \ldots \geq \sigma_p \geq 0, \tag{4.58}$$

so daß

$$U^T A V = \Sigma. \tag{4.59}$$

Beweis. Wenn $A = 0$ ist die Aussage trivial. Sei

$$\sigma_1 = \|A\|_2 = \max_{\|x\|_2 = 1} \|Ax\|_2 > 0.$$

Sei $v \in \mathbb{R}^n$, mit $\|v\|_2 = 1$, ein Vektor für den das Maximum angenommen wird und $u := \frac{1}{\sigma_1} A v \in \mathbb{R}^m$. Für u gilt dann $\|u\|_2 = \|Av\|_2 / \sigma_1 = 1$. Die Vektoren v und u können zu orthogonalen Basen $\{v, \tilde{v}_2, \ldots, \tilde{v}_n\}$ bzw. $\{u, \tilde{u}_2, \ldots, \tilde{u}_m\}$ des $\mathbb{R}^n$ bzw. $\mathbb{R}^m$ erweitert werden. Wir fassen die Elemente dieser Orthonormalbasen als Spalten entsprechender orthogonaler Matrizen $V_1 \in \mathcal{O}_n(\mathbb{R})$, $U_1 \in \mathcal{O}_m(\mathbb{R})$ auf:

$$V_1 = \begin{pmatrix} v & \tilde{V}_1 \end{pmatrix} \in \mathbb{R}^{n \times n}, \qquad \text{orthogonal,}$$

$$U_1 = \begin{pmatrix} u & \tilde{U}_1 \end{pmatrix} \in \mathbb{R}^{m \times m}, \qquad \text{orthogonal .}$$

Wegen $\tilde{u}_i^T A v = \sigma_1 \tilde{u}_i^T u = 0$, $i = 2, \ldots, m$ hat die Matrix $U_1^T A V_1$ die Form

$$A_1 := U_1^T A V_1 = \begin{pmatrix} \sigma_1 & w^T \\ \emptyset & B \end{pmatrix} \in \mathbb{R}^{m \times n} \,,$$

mit $w \in \mathbb{R}^{n-1}$. Aus

$$\|A_1 \begin{pmatrix} \sigma_1 \\ w \end{pmatrix}\|_2 = \| \begin{pmatrix} \sigma_1^2 + w^T w \\ Bw \end{pmatrix} \|_2 \geq \sigma_1^2 + w^T w = \| \begin{pmatrix} \sigma_1 \\ w \end{pmatrix} \|_2^2$$

und $\|A\|_2 = \|A_1\|_2$ folgt

$$\sigma_1 = \|A_1\|_2 \geq \frac{\|A_1 \begin{pmatrix} \sigma_1 \\ w \end{pmatrix}\|_2}{\| \begin{pmatrix} \sigma_1 \\ w \end{pmatrix} \|_2} \geq \sqrt{\sigma_1^2 + w^T w} \,,$$

also muß $w = 0$ gelten. Es folgt, daß

$$U_1^T A V_1 = \begin{pmatrix} \sigma_1 & \emptyset \\ \emptyset & B \end{pmatrix} \in \mathbb{R}^{m \times n} \,.$$

Für $m = 1$ oder $n = 1$ folgt die Behauptung damit bereits. Für $m, n > 1$ kann man nun Induktion verwenden und annehmen, daß $U_2^T B V_2 = \Sigma_2$ mit $U_2 \in \mathcal{O}_{m-1}(\mathbb{R})$, $V_2 \in \mathcal{O}_{n-1}(\mathbb{R})$ und $\Sigma_2 \in \mathbb{R}^{(m-1)\times(n-1)}$ diagonal. Zunächst gilt wieder für den größten Diagonaleintrag σ_2 von Σ_2 gerade $\sigma_2 := \|B\|_2 \le \|U_1^T A V_1\|_2 = \|A\|_2 = \sigma_1$. Ferner ergibt sich nun mit den orthogonalen Matrizen $U = U_1 \begin{pmatrix} 1 & \emptyset \\ \emptyset & U_2 \end{pmatrix}$, $V = V_1 \begin{pmatrix} 1 & \emptyset \\ \emptyset & V_2 \end{pmatrix}$ die Zerlegung

$$U^T A V = \begin{pmatrix} \sigma_1 & 0 \\ 0 & \Sigma_2 \end{pmatrix}$$

und damit die Behauptung per Induktion. $\square$

Die σ_i heißen *Singulärwerte* von A (singular values). Die Spalten der Matrizen U, V nennt man die *Links-* bzw. *Rechtssingulärvektoren*.

Die Singulärwertzerlegung liefert nun eine explizite Darstellung der Pseudoinverse, die man sich folgendermaßen plausibel machen kann. Für den speziellen Fall, daß $A \in \mathbb{R}^{n \times n}$ eine quadratische invertierbare Matrix ist, liefert die Singulärwertzerlegung gemäß (4.59) die Darstellung $A = U \Sigma V^T$, wobei nun Σ eine quadratische Diagonalmatrix mit nichtverschwindenden Diagonaleinträgen ist. Insbesondere existiert Σ^{-1}, während die Orthogonalmatrizen U, V ohnehin invertierbar sind. Folglich gilt $A^{-1} = V \Sigma^{-1} U^T$. Im allgemeinen Fall hat die Pseudoinverse A^+ eine ganz analoge Darstellung, wobei lediglich Σ^{-1} durch Σ^+ ersetzt wird. Σ^+ wiederum ist ganz leicht bestimmbar.

Satz 4.28. *Sei $U^T A V = \Sigma$ eine Singulärwertzerlegung von $A \in \mathbb{R}^{m \times n}$ mit Singulärwerten $\sigma_1 \ge \ldots \ge \sigma_r > \sigma_{r+1} = \ldots = \sigma_p = 0$, $p = \min\{m, n\}$. Definiere $A^+ \in \mathbb{R}^{n \times m}$ durch*

$$A^+ = V \Sigma^+ U^T \quad \text{mit} \quad \Sigma^+ = \operatorname{diag}(\sigma_1^{-1}, \ldots, \sigma_r^{-1}, 0, \ldots, 0) \in \mathbb{R}^{n \times m} \ . \quad (4.60)$$

Dann ist $A^+ b = x^*$ die Lösung von (4.57). A^+ heißt Pseudoinverse von A.

Beweis. Für $b \in \mathbb{R}^m$, $x \in \mathbb{R}^n$ sei $\tilde{b} = U^T b$, $\hat{x} = V^T x$. Aus

$$\|Ax - b\|_2^2 = \|U^T A V V^T x - U^T b\|_2^2 = \|\Sigma \hat{x} - \tilde{b}\|_2^2$$

$$= \sum_{i=1}^{r} (\sigma_i \hat{x}_i - \tilde{b}_i)^2 + \sum_{i=r+1}^{m} \tilde{b}_i^2$$

folgt: Wenn $\|Ax - b\|_2$ für $x = x^*$ minimal ist, dann muß $\hat{x}_i = (V^T x^*)_i = \tilde{b}_i / \sigma_i$ für $i = 1, \ldots, r$ gelten. Wegen $\|x^*\|_2 = \|V^T x^*\|_2$ ist $\|x^*\|_2$ minimal genau dann, wenn $\|V^T x^*\|_2$ minimal ist, also $(V^T x^*)_i = 0$ für $i = r+1, \ldots, n$. Für die Lösung des linearen Ausgleichsproblems mit minimaler Euklidischen Norm $x^* = A^+ b$ ergibt sich wegen $\tilde{b}_i = (U^T b)_i$, $i = 1, \ldots, r$, damit

$$V^T x^* = (\frac{\tilde{b}_1}{\sigma_1}, \ldots, \frac{\tilde{b}_r}{\sigma_r}, 0, \ldots, 0)^T = \Sigma^+ U^T b \ ,$$

also $A^+ b = V \Sigma^+ U^T b$. $\square$

Das Resultat in Satz 4.28 liefert eine konstruktive Methode zur Bestimmung der Pseudoinversen und damit zur Lösung des allgemeinen linearen Ausgleichsproblems (4.57). Dazu sollte aber die Singulärwertzerlegung der Matrix A berechnet werden, was mit erheblich mehr Aufwand verbunden ist als die Lösung des Ausgleichsproblems (4.14) über die in Abschnitt 4.4 beschriebenen Methoden. Für numerische Methoden zur Berechnung dieser Zerlegung wird auf [GL] verwiesen. In Abschnitt 4.7.1 wird das Thema der Berechnung von Singulärwerten kurz behandelt.

Einige wichtige Eigenschaften der Singulärwertzerlegung werden im folgenden Lemma formuliert.

Lemma 4.29. *Sei $U^T A V = \Sigma$ eine Singulärwertzerlegung von $A \in \mathbb{R}^{m \times n}$ mit Singulärwerten $\sigma_1 \geq \ldots \geq \sigma_r > \sigma_{r+1} = \ldots = \sigma_p = 0$, $p = \min\{m, n\}$. Die Spalten der Matrizen U und V werden mit u_i bzw. v_i notiert. Dann gilt:*

(i) $Av_i = \sigma_i u_i$, $A^T u_i = \sigma_i v_i$, $i = 1, \ldots, p$.

(ii) $\mathrm{Rang}(A) = r$.

(iii) $\mathrm{Bild}(A) = \mathrm{span}\{u_1, \ldots, u_r\}$, $\mathrm{Kern}(A) = \mathrm{span}\{v_{r+1}, \ldots, v_n\}$.

(iv) $\|A\|_2 = \sigma_1$.

(v) *Man kann den Begriff der Konditionszahl auch auf Matrizen erweitern, die keine injektiven Abbildungen mehr definieren, also nicht unbedingt vollen Spaltenrang haben. Analog zu (3.21) setzt man $\kappa_2^*(A) := \|A\|_2 \|A^+\|_2 = \frac{\sigma_1}{\sigma_r}$. Falls $\mathrm{Rang}(A) = n \leq m$, so gilt*

$$\kappa_2^*(A) = \kappa_2(A) = \frac{\max_{\|x\|_2=1} \|Ax\|_2}{\min_{\|x\|_2=1} \|Ax\|_2} \tag{4.61}$$

(vgl. (3.75)).

(vi) *Die strikt positiven Singulärwerte sind gerade die Wurzeln der strikt positiven Eigenwerte von $A^T A$:*

$$\{\sigma_i \mid i = 1, \ldots, r\} = \{\sqrt{\lambda_i(A^T A)} \mid i = 1, \ldots, n\} \setminus \{0\}. \tag{4.62}$$

(Hierbei sind $\lambda_i(A^T A)$ die Eigenwerte von $A^T A$).

Beweis. Die Beweise von (i)-(iv) sind einfache Übungen.

(v): Aus $A^+ = V\Sigma^+ U^T$ (vgl. Satz 4.28) folgt $\|A^+\|_2 = \|V\Sigma^+ U^T\|_2 = \|\Sigma^+\|_2 = \frac{1}{\sigma_r}$ und deshalb $\kappa_2^*(A) = \|A\|_2 \|A^+\|_2 = \frac{\sigma_1}{\sigma_r}$.
Nach Definition ist

$$\|A\|_2 = \max_{\|x\|_2=1} \|Ax\|_2. \tag{4.63}$$

Wenn $\mathrm{Rang}(A) = n$, dann ist $r = p = n$ und

$$\sigma_r = \min_{x \neq 0} \frac{\|\Sigma x\|_2}{\|x\|_2} = \min_{x \neq 0} \frac{\|U^T A V x\|_2}{\|x\|_2} = \min_{\|x\|_2=1} \|Ax\|_2. \tag{4.64}$$

Aus (4.63) und (4.64) folgt das Resultat in (4.61).

(vi): Aus $A = U\Sigma V^T$ folgt $A^T A = V\Sigma^T \Sigma V^T = V\Sigma^T \Sigma V^{-1}$. Also sind die Eigenwerte der Matrix $A^T A$ gerade die Eigenwerte der Matrix $\Sigma^T \Sigma$. □

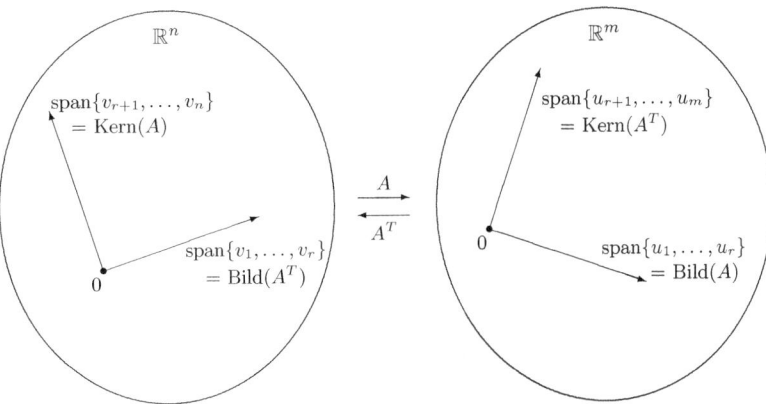

Abb. 4.6. Orthogonale Basis in $\mathbb{R}^n$ und $\mathbb{R}^m$

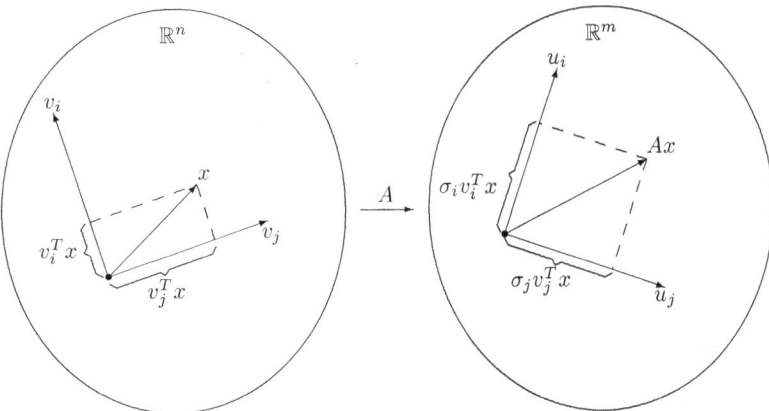

Abb. 4.7. Geometrische Interpretation der Singulärwertzerlegung

Die Eigenschaften (i) und (iii) aus Lemma 4.29 kann man wie in Abb. 4.6 illustrieren. Eine andere Veranschaulichung der Singulärwertzerlegung wird in Abb. 4.7 gezeigt.

Aus Lemma 4.29 geht hervor, daß Singulärwerte zu unterschiedlichen Zwecken benutzt werden können wie etwa zur Bestimmung des Ranges, der Euklidischen Norm und der Konditionszahl (bzgl. $\|\cdot\|_2$) einer Matrix.

Auf die Problematik der Rangbestimmung werden wir in Abschnitt 4.7.2 kurz eingehen.

4.7.1 Berechnung von Singulärwerten

In diesem Abschnitt wird ein numerisches Verfahren zur Berechnung der Singulärwerte einer Matrix $A \in \mathbb{R}^{m \times n}$ vorgestellt. Eine Möglichkeit liefert die Charakterisierung der Singulärwerte als die Wurzeln der Eigenwerte der Matrix $A^T A$. Man könnte also die Matrix $A^T A$ berechnen und über eine Methode zur Bestimmung von Eigenwerten (dieses Thema wird später noch behandelt) die Singulärwerte berechnen. Es gibt aber Techniken zur Bestimmung der Singulärwerte, deren arithmetischer Aufwand sehr viel geringer ist als bei dieser Methode über die Eigenwerte der Matrix $A^T A$. Ein effizientes und stabiles Verfahren zur Singulärwertberechnung wird im folgendem skizziert. Dazu bemerken wir zunächst, daß die Singulärwerte unter Multiplikationen der Matrix A mit orthogonalen Matrizen invariant bleiben:

Lemma 4.30. *Sei $A \in \mathbb{R}^{m \times n}$, und seien $Q_1 \in \mathbb{R}^{m \times m}$, $Q_2 \in \mathbb{R}^{n \times n}$ orthogonale Matrizen. Dann haben A und $Q_1 A Q_2$ die gleichen Singulärwerte.*

Beweis. Übung.

Wir werden nun die Householder-Transformationen benutzen, um die Matrix A auf eine wesentlich einfachere Gestalt zu bringen. Im allgemeinen ist es nicht möglich, eine Matrix A über Multiplikationen mit Householder-Transformationen auf Diagonalgestalt zu bringen. Wir werden zeigen, daß aber die sogenannte *Bidiagonalgestalt* immer erreichbar ist. Wir betrachten den Fall einer 5×4-Matrix A. Sei a^1 die erste Spalte der Matrix A. Eine Householder-Transformation Q_1, so daß $Q_1 a^1 = (* \ 0 \ 0 \ 0 \ 0)^T$, liefert

$$Q_1 A = \begin{pmatrix} * & * & * & * \\ 0 & * & * & * \\ 0 & * & * & * \\ 0 & * & * & * \\ 0 & * & * & * \end{pmatrix} = \begin{pmatrix} * & v_1^T \\ \emptyset & * \end{pmatrix},$$

mit einem Vektor $v_1 \in \mathbb{R}^3$. Sei $\tilde{Q}_1 \in \mathbb{R}^{3 \times 3}$ eine Householder-Transformation, so daß $\tilde{Q}_1 v_1 = (* \ 0 \ 0)^T$, also $v_1^T \tilde{Q}_1^T = v_1^T \tilde{Q}_1 = (* \ 0 \ 0)$. Mit der orthogonalen Matrix $\hat{Q}_1 := \begin{pmatrix} 1 & \emptyset \\ \emptyset & \tilde{Q}_1 \end{pmatrix} \in \mathbb{R}^{4 \times 4}$ erhält man

$$Q_1 A \hat{Q}_1 = \begin{pmatrix} * & v_1^T \\ \emptyset & * \end{pmatrix} \begin{pmatrix} 1 & \emptyset \\ \emptyset & \tilde{Q}_1 \end{pmatrix} = \begin{pmatrix} * & * & 0 & 0 \\ 0 & * & * & * \\ 0 & * & * & * \\ 0 & * & * & * \\ 0 & * & * & * \end{pmatrix}.$$

Mit geeigneten Householder-Transformationen können auf ähnliche Weise Nulleinträge erzeugt werden in der 2. Spalte, 2. Zeile, 3. Spalte und 4. Spalte:

$$
Q_1 A \hat{Q}_1 \;\to\; Q_2 Q_1 A \hat{Q}_1 =
\begin{pmatrix}
* & * & 0 & 0 \\
0 & * & * & * \\
0 & 0 & * & * \\
0 & 0 & * & * \\
0 & 0 & * & *
\end{pmatrix}
\;\to\; Q_2 Q_1 A \hat{Q}_1 \hat{Q}_2 =
\begin{pmatrix}
* & * & 0 & 0 \\
0 & * & * & 0 \\
0 & 0 & * & * \\
0 & 0 & * & * \\
0 & 0 & * & *
\end{pmatrix}
$$

$$
\to\; Q_3 Q_2 Q_1 A \hat{Q}_1 \hat{Q}_2 =
\begin{pmatrix}
* & * & 0 & 0 \\
0 & * & * & 0 \\
0 & 0 & * & * \\
0 & 0 & 0 & * \\
0 & 0 & 0 & *
\end{pmatrix}
\;\to\; Q_4 Q_3 Q_2 Q_1 A \hat{Q}_1 \hat{Q}_2 =
\begin{pmatrix}
* & * & 0 & 0 \\
0 & * & * & 0 \\
0 & 0 & * & * \\
0 & 0 & 0 & * \\
0 & 0 & 0 & 0
\end{pmatrix} .
$$

Mit dieser Technik kann man eine beliebige Matrix $A \in \mathbb{R}^{m \times n}$ auf Bidiagonalgestalt transformieren. Für $m \geq n$ ergibt sich

$$
Q_{m-1} \ldots Q_1 A \hat{Q}_1 \ldots \hat{Q}_{n-2} = B =
\begin{pmatrix}
* & * & & & \emptyset \\
 & * & * & & \\
 & & * & \ddots & \\
 & & & \ddots & * \\
\emptyset & & & & * \\
 & & & & \emptyset
\end{pmatrix} . \tag{4.65}
$$

Die Matrix B hat eine obere Bidiagonalgestalt. Wenn $m < n$ kann man mit der ersten Zeile anfangen, und dann dieselbe Technik verwenden, um A auf untere Bidiagonalgestalt zu transformieren.

Bemerkung 4.31. Der Aufwand zur Berechnung der oberen Bidiagonalmatrix B in (4.65) beträgt $mn^2 + \mathcal{O}(mn)$ Operationen. $\triangle$

Aufgrund des Resultats in Lemma 4.30 haben die Matrix A und die sich ergebende Bidiagonalmatrix B die gleichen Singulärwerte. Die Matrix B hat eine obere oder untere Bidiagonalgestalt, wenn $m \geq n$ bzw. $m < n$. Wir betrachten nur den Fall $m \geq n$ (den Fall $m < n$ kann man analog behandeln). Die Singulärwerte der Matrix A sind dann die Wurzeln der Eigenwerte der *Tridiagonalmatrix* $B^T B$. Für die Berechnung der Eigenwerte dieser Matrix werden im allgemeinen sehr viel weniger arithmetische Operationen benötigt als für die Berechnung der Eigenwerte der (vollbesetzten) Matrix $A^T A$. Bei der Behandlung von numerischen Methoden für Eigenwertbestimmung wird ein effizientes Verfahren zur Berechnung der Eigenwerte der Tridiagonalmatrix $B^T B$ vorgestellt. Insgesamt ergibt sich folgende Methode zur effizienten Berechnung der Singulärwerte der Matrix A: Erst wird die Matrix über Householder-Transformationen in eine Matrix B mit Bidiagonalgestalt umgeformt; danach werden die Eigenwerte der *Tridiagonalmatrix* $B^T B$ berechnet.

4.7.2 Rangbestimmung

Viele Resultate aus der numerischen linearen Algebra gelten nur unter der Voraussetzung, daß die vorliegende Matrix $A \in \mathbb{R}^{m \times n}$ vollen Rang hat. So hat zum Beispiel das lineare Ausgleichsproblem $\min_{x \in \mathbb{R}^n} \|Ax - b\|_2$ nur eine eindeutige Lösung, wenn $\mathrm{Rang}(A) = n$. Die Methoden aus Abschnitt 4.4 zur Lösung des linearen Ausgleichsproblems sind nur in diesem Fall anwendbar. In der Praxis wird der Rang einer Matrix fast immer über die Singulärwerte bestimmt: Falls $\sigma_1 \geq \ldots \geq \sigma_r > \sigma_{r+1} = \ldots = \sigma_p = 0$, so gilt $\mathrm{Rang}(A) = r$. Wenn man also die im vorigen Abschnitt behandelte Methode zur Bestimmung der Singulärwerte benutzt, scheint die Aufgabe der Rangbestimmung gelöst zu sein. Es tritt aber folgendes Problem auf: Wenn die Matrix A einen Rang $r < p = \max\{m, n\}$ hat, wird die nach Eingabe in einen Rechner mit Rundungsfehlern behaftete Matrix $\tilde{A}$ fast immer einen Rang $> r$ haben. Außerdem ist die Abfrage „$\sigma_k = 0$" aufgrund von Rundungsfehlern nicht entscheidbar. Die berechneten Singulärwerte der gestörten Matrix $\tilde{A}$ erlauben aber noch die Bestimmung des sogenannten *numerischen Rangs* der Matrix $\tilde{A}$, d. h. einer Zahl, die man im Hinblick auf Rundung als die Anzahl unabhängiger Spalten von $\tilde{A}$ akzeptiert. Der theoretische Hintergrund hierfür ist folgendes

Lemma 4.32. *Sei $U^T A V = \Sigma$ eine Singulärwertzerlegung von $A \in \mathbb{R}^{m \times n}$ mit Singulärwerten $\sigma_1 \geq \ldots \geq \sigma_r > \sigma_{r+1} = \ldots = \sigma_p = 0$, $p = \min\{m, n\}$. Für $0 \leq k \leq p - 1$ gilt:*

$$\min\{\, \|A - B\|_2 \mid B \in \mathbb{R}^{m \times n}, \ \mathrm{Rang}(B) \leq k \,\} = \sigma_{k+1} . \tag{4.66}$$

Beweis. Für $k = 0$ folgt das Resultat aus $\|A\|_2 = \sigma_1$ und für $k \geq r$ aus der Wahl $B = A$. Wir betrachten nun den Fall $1 \leq k < r$. Die Spalten der Matrizen U und V werden mit u_i bzw. v_i bezeichnet. Sei $A_k := \sum_{i=1}^{k} \sigma_i u_i v_i^T \in \mathbb{R}^{m \times n}$. Die Matrix A_k hat wegen Lemma 4.29 Rang k und

$$\begin{aligned}
\|A - A_k\|_2 &= \|U^T (A - A_k) V\|_2 = \\
&\| \mathrm{diag}(\sigma_1, \ldots, \sigma_r, 0, \ldots) - \mathrm{diag}(\sigma_1, \ldots, \sigma_k, 0, \ldots) \|_2 = \sigma_{k+1} .
\end{aligned} \tag{4.67}$$

Sei nun $B \in \mathbb{R}^{m \times n}$ eine beliebige Matrix mit $\mathrm{Rang}(B) \leq k$. Dann ist $\dim(\mathrm{Kern}(B)) \geq n - k$, und es muß aufgrund eines Dimensionsarguments

$$\mathrm{Kern}(B) \cap \mathrm{span}\{v_1, \ldots, v_{k+1}\} \neq \{0\}$$

gelten. Sei $z = \sum_{i=1}^{k+1} \alpha_i v_i$ ein Vektor aus diesem Durchschnitt mit $\|z\|_2 = 1$. Dann ist $\sum_{i=1}^{k+1} \alpha_i^2 = 1$ und $Bz = 0$. Hieraus ergibt sich

$$\begin{aligned}
\|A - B\|_2^2 &\geq \|(A - B)z\|_2^2 = \|Az\|_2^2 = \| \sum_{i=1}^{k+1} \alpha_i \sigma_i u_i \|_2^2 \\
&= \sum_{i=1}^{k+1} \alpha_i^2 \sigma_i^2 \geq \sigma_{k+1}^2 \sum_{i=1}^{k+1} \alpha_i^2 = \sigma_{k+1}^2 .
\end{aligned} \tag{4.68}$$

Aus (4.67) und (4.68) folgt die Behauptung. □

Die Relevanz obigen Lemmas liegt darin, daß es Aufschluß über die Kondition der Singulärwerte und damit über Verläßlichkeit von Rangaussagen gibt.

Folgerung 4.33. *Für A und $\tilde{A} = A + \Delta A \in \mathbb{R}^{m \times n}$ mit Singulärwerten $\sigma_1 \geq \ldots \geq \sigma_p$ bzw. $\tilde{\sigma}_1 \geq \ldots \geq \tilde{\sigma}_p$, $p = \min\{m, n\}$, gilt*

$$\frac{|\sigma_k - \tilde{\sigma}_k|}{|\sigma_1|} \leq \frac{\|\Delta A\|_2}{\|A\|_2} \,, \quad \text{für} \quad k = 1, \ldots, p.$$

In diesem Sinne ist das Problem der Singulärwertbestimmung gut konditioniert.

Beweis. Aus Lemma 4.32 ergibt sich:

$$\tilde{\sigma}_k = \min_{\text{Rang}(B) \leq k-1} \|\tilde{A} - B\|_2 \leq \min_{\text{Rang}(B) \leq k-1} \|A - B\|_2 + \|\Delta A\|_2 = \sigma_k + \|\Delta A\|_2 \,.$$

Die gleiche Argumentation liefert $\sigma_k \leq \tilde{\sigma}_k + \|\Delta A\|_2$. Insgesamt erhält man $|\sigma_k - \tilde{\sigma}_k| \leq \|\Delta A\|_2$. $\qquad\square$

Der Numerische Rang

Sei $A \in \mathbb{R}^{m \times n}$ und $\tilde{A} = (\tilde{a}_{i,j}) \in \mathbb{R}^{m \times n}$ eine mit Rundungsfehlern behaftete Annäherung von A, wobei $\tilde{a}_{i,j} = a_{i,j}(1 + \epsilon_{i,j})$ mit $|\epsilon_{i,j}| \leq \text{eps}$ für alle i, j. Mit $E := (a_{i,j}\epsilon_{i,j}) \in \mathbb{R}^{m \times n}$ ergibt sich

$$\|A - \tilde{A}\|_2 = \|E\|_2 \leq \sqrt{m}\|E\|_\infty \leq \sqrt{m}\|A\|_\infty \,\text{eps} \leq \sqrt{mn}\|A\|_2 \,\text{eps} \,.$$

Daraus folgt $\frac{\|A - \tilde{A}\|_2}{\|\tilde{A}\|_2} \leq \sqrt{mn} \,\text{eps} + \mathcal{O}(\text{eps}^2)$. Deswegen definieren wir eine Umgebung von $\tilde{A}$ mit Matrizen, die im Hinblick auf Rundungsfehler nicht von $\tilde{A}$ unterscheidbar sind:

$$\mathcal{B}_{\tilde{A}}(\text{eps}) := \{\, C \in \mathbb{R}^{m \times n} \mid \frac{\|\tilde{A} - C\|_2}{\|\tilde{A}\|_2} \leq \sqrt{mn} \,\text{eps} \,\} \,.$$

Der *numerische Rang* $\text{Rang}_{\text{num}}(\tilde{A})$ der Matrix $\tilde{A}$ ist das Minimum aller Ränge der in dieser Umgebung enthaltenen Matrizen:

$$\text{Rang}_{\text{num}}(\tilde{A}) := \min\{\, \text{Rang}(B) \mid B \in \mathcal{B}_{\tilde{A}}(\text{eps}) \,\} \,.$$

Dieser numerische Rang hängt von der Maschinengenauigkeit eps ab. Seien $\tilde{\sigma}_1 \geq \ldots \geq \tilde{\sigma}_p$ die Singulärwerte der Matrix $\tilde{A}$. Wegen Lemma 4.32 und $\|\tilde{A}\|_2 = \tilde{\sigma}_1$, gilt

$$\min_{\text{Rang}(B) \leq k} \frac{\|\tilde{A} - B\|_2}{\|\tilde{A}\|_2} = \frac{\tilde{\sigma}_{k+1}}{\tilde{\sigma}_1} \,, \quad 1 \leq k < p \,.$$

Die Umgebung $\mathcal{B}_{\tilde{A}}(\text{eps})$ enthält also eine Matrix B mit $\text{Rang}(B) = k$ genau dann, wenn $\tilde{\sigma}_{k+1}/\tilde{\sigma}_1 \leq \sqrt{mn} \,\text{eps}$. Der numerische Rang der Matrix $\tilde{A}$ ist deshalb:

$$\text{Rang}_{\text{num}}(\tilde{A}) = \min\{\, 1 \leq k \leq p \mid \tilde{\sigma}_{k+1} \leq \tilde{\sigma}_1 \sqrt{mn} \,\text{eps} \,\} \,, \tag{4.69}$$

wobei $\tilde{\sigma}_{p+1} := 0$.

Beispiel 4.34. Wir betrachten die Matrizen

$$A_1 = \begin{pmatrix} \frac{1}{10} & \frac{1}{3} & 0 \\ \frac{2}{10} & \frac{2}{3} & 3 \\ \frac{3}{10} & \frac{3}{3} & 0 \\ \frac{4}{10} & \frac{4}{3} & 7 \end{pmatrix}, \qquad A_2 = A_1 + 10\,\text{eps} \begin{pmatrix} 1 \\ 0 \\ 0 \\ 0 \end{pmatrix} \begin{pmatrix} 1 & 0 & 0 \end{pmatrix},$$

wobei eps $\approx 2*10^{-16}$ die Maschinengenauigkeit ist. Es gilt $\text{Rang}(A_1) = 2$, $\text{Rang}(A_2) = 3$. Die *berechneten* Singulärwerte dieser Matrizen sind

$$7.776, \; 1.082, \; 1.731*10^{-16} \quad \text{für} \quad A_1, \quad 7.776, \; 1.082, \; 2.001*10^{-15} \quad \text{für} \quad A_2.$$

In beiden Fällen sind die drei berechneten Singulärwerte strikt positiv, jedoch gilt

$$\text{Rang}_{\text{num}}(A_1) = \text{Rang}_{\text{num}}(A_2) = 2.$$

In der Praxis würde man hieraus schließen, daß beide Matrizen den Rang 2 haben.   △

Für eine Matrix $A \in \mathbb{R}^{n \times n}$ kann also durchaus $\det(A) \neq 0$ gelten obwohl $\text{Rang}_{\text{num}}(A) < n$ ist. In diesem Fall ist die Matrix *numerisch* nicht sinnvoll invertierbar.

4.7.3 Einige Anwendungshintergründe der SVD

Wir schließen dieses Kapitel mit einigen Bemerkungen zu Einsatzfeldern der SVD. Zunächst zur geometrischen Interpretation: Das Bild der Euklidischen Einheitskugel in $\mathbb{R}^n$ unter der Abbildung $A \in \mathbb{R}^{m \times n}$ hat wegen (4.59) und Satz 3.41, (iii), die Form

$$\{Ax \mid \|x\|_2 = 1\} = \{U \Sigma V^T x \mid \|x\|_2 = 1\} = U(\{\Sigma y \mid \|y\|_2 = 1\}),$$

ist also bis auf eine orthogonale Transformation (Drehung oder Spiegelung) das Ergebnis einer Diagonaltransformation, die die unterschiedlichen Koordinaten in einem gedrehten orthogonalen Koordinatensystem gemäß der singulären Werte wichtet – die Hauptachsentransformation, siehe Abb. 4.6. Die zu den kleinsten (oder verschwindenden) Singulärwerten gehörenden Koordinatenrichtungen liefern einen entsprechend geringen Anteil in dem durch U gegebenen Koordinatensystem. Man kann U als ein an den durch die Spalten von A gegebenen „Datensatz" angepaßtes „natürliches" orthogonales Koordinatensystem betrachten, welches insbesondere herausfiltert, wie gut sich dieser Datensatz gegebenenfalls in einen niedrigerdimensionalen Raum einbetten läßt.

Lemma 4.32 deutet an, wie man eine gegebene Matrix A durch eine Matrix B niedrigeren Ranges approximieren kann. Ersetzt man $\Sigma = U^T A V$ durch $\tilde{\Sigma}$, indem alle Singulärwerte σ_j, $j > k$ durch Null ersetzt werden, gilt für $B :=$

$U \tilde{\Sigma} V^T$ aufgrund von (4.66) $\|A - B\|_2 \leq \sigma_{k+1}$. Dies läßt sich insbesondere zur *Datenkompression* verwenden. Der durch A repräsentierte hochdimensionale Datensatz A wird durch einen (in einem geeigneten niedriger dimensionalen Koordinatensystem komprimierten) Datensatz B approximiert. In der Signal- und Bildverarbeitung findet man dies unter der Bezeichnung *Karhunen-Loeve Transformation.*

Wenn die Spalten von A zum Beispiel ein diskretisiertes Strömungsfeld zu unterschiedlichen Zeitpunkten darstellen (Snapshots), liefert die Singulärwertzerlegung im Gewand der „Proper Orthogonal Decomposition" (POD) eine der Dynamik des Strömungsfeldes angepaßte datenabhängige Basis, mit Hilfe derer das typischerweise sehr komplexe Strömungsmodell auf ein Modell mit einer viel kleineren (den großen Singulärwerten entsprechenden) Anzahl von Freiheitsgraden *reduziert* wird. Dies macht dann etwa die numerische Lösung von *optimalen Steuerungsproblemen* möglich.

Wie bereits in der Einleitung erwähnt wurde, sind *Parameterschätzprobleme* typische Fälle sogenannter *Inverser Probleme*, die häufig nicht *korrekt gestellt* in dem Sinne sind, daß entweder keine eindeutige Lösung existiert oder aber die Lösung nicht stetig (bzgl. geeigneter Normen) von den Problemdaten abhängt. Formuliert man das Schätzproblem als Ausgleichsproblem, ersetzt aber A^+ durch $B := V \tilde{\Sigma}^+ U^T$, wobei $\tilde{\Sigma}$ aus Σ dadurch gewonnen wird, daß kleine Singulärwerte durch Null ersetzt werden, hat man die Pseudoinverse A^+ durch eine Matrix ersetzt, die wegen (4.61) nun eine kleinere Kondition hat. Man hat das Problem *regularisiert*, d. h. durch ein approximatives aber besser konditioniertes Problem ersetzt. In der Theorie und Anwendung Inverser Probleme geht es dann darum, einen guten Kompromiß zwischen der Konditionsverbesserung und der Problemgenauigkeit zu bestimmen.

4.8 Übungen

Übung 4.8.1. Sei $A \in \mathbb{R}^{m \times n}$ mit $m > n$ eine Matrix mit unabhängigen Spalten. Zeigen Sie, daß die Matrix $A^T A$ symmetrisch positiv definit ist.

Übung 4.8.2. Sei $A \in \mathbb{R}^{m \times n}$. Zeigen Sie, daß für alle $x \in \mathbb{R}^n$ die Äquivalenz $A^T A x - 0 \Leftrightarrow A x = 0$ gilt. Beweisen Sie, daß $A^T A$ genau dann nichtsingulär ist, wenn $\text{Rang}(A) = n$ gilt.

Übung 4.8.3. Sei $A \in \mathbb{R}^{m \times n}$ $(m > n)$ eine Matrix mit unabhängigen Spalten, d. h. $\text{Rang } A = n$, und

$$QA = R = \begin{pmatrix} \tilde{R} \\ \emptyset \end{pmatrix},$$

wobei $Q \in \mathcal{O}_m(\mathbb{R})$ und $\tilde{R}$ eine $n \times n$ obere Dreiecksmatrix ist. Zeigen Sie, daß $\tilde{R}$ nichtsingulär ist.

Übung 4.8.4. Es sei gegeben $A \in \mathbb{R}^{m \times n}$, $b \in \mathbb{R}^m$ und $\phi : \mathbb{R}^n \to \mathbb{R}$ mit

$$\phi(x) := \frac{1}{2} \|Ax - b\|_2^2.$$

a) Zeigen Sie, daß für den Gradienten $\nabla \phi(x)$ gilt

$$\nabla \phi(x) = A^T (Ax - b).$$

b) Zeigen Sie:

$$\nabla \phi(x) = 0 \iff A^T A x = A^T b .$$

Übung 4.8.5. Es sei gegeben

$$A = \begin{pmatrix} 1 & 0 \\ 0 & 1 \\ 0 & 0 \end{pmatrix}, \quad b = \begin{pmatrix} 0.01 \\ 0 \\ 1 \end{pmatrix}, \quad \tilde{b} = b + \Delta b = \begin{pmatrix} 0.0101 \\ 0 \\ 1 \end{pmatrix}.$$

a) Lösen Sie die Ausgleichsprobleme

$$\|Ax^* - b\|_2 = \min_{x \in \mathbb{R}^2} \|Ax - b\|_2 \quad \text{und}$$

$$\|A\tilde{x} - \tilde{b}\|_2 = \min_{x \in \mathbb{R}^2} \|Ax - \tilde{b}\|_2$$

über die Methode der Normalgleichungen.

b) Berechnen Sie $\kappa_2(A) = \sqrt{\kappa_2(A^T A)}$ und $\cos \Theta = \frac{\|Ax^*\|_2}{\|b\|_2}$.

c) Zeigen Sie, daß in diesem Beispiel

$$\frac{\|x^* - \tilde{x}\|_2}{\|x^*\|_2} \approx \frac{\kappa_2(A)}{\cos \Theta} \frac{\|b - \tilde{b}\|_2}{\|b\|_2} \gg \kappa_2(A) \frac{\|b - \tilde{b}\|_2}{\|b\|_2}$$

gilt.

Übung 4.8.6. Formulieren Sie die folgenden beiden Probleme (beispielsweise durch Einführung geeigneter Variablen) so um, daß lineare Ausgleichsprobleme entstehen:

a) Gesucht sind die beiden Parameter a und b der Funktion $f(t) := ae^{bt}$, so daß gegebene Datensätze (t_i, y_i) für $i = 1, \ldots, m$ die Gleichung $f(t) = y$ möglichst gut erfüllen.

b) Ein Rechteck wird vermessen. Dabei erhält man für die beiden Seiten die Längen 9 cm bzw. 13 cm und für die Diagonale die Länge 16 cm. Welches Format für das Rechteck lassen diese Messungen vermuten?

Übung 4.8.7. Gegeben sind die Meßwerte

i	1	2	3
t_i	0.5	1	2
y_i	3	1	1

für eine Größe $y(t)$, die einem Bildungsgesetz der Form

$$y(t) = \frac{\alpha}{t} + \beta$$

genügt. Bestimmen Sie α, β optimal im Sinne der Methode der kleinsten Fehlerquadrate, indem Sie

a) $\Phi(\alpha, \beta) := \sum_{i=1}^{3}(y(t_i) - y_i)^2$ minimieren,
b) zu den Normalgleichungen übergehen.

Übung 4.8.8. Nach verschiedenen Autofahrten zwischen den Städten Zürich, Chur, St. Gallen und Genf werden auf dem Tachometer folgende Distanzen abgelesen:

Zürich-Genf	St. Gallen-Genf	Genf-Chur	Chur-St. Gallen	Zürich-Chur
290 km	370 km	400 km	200 km	118 km

Stark vereinfacht läßt sich die Lage der vier Städte zueinander wie folgt angeben:

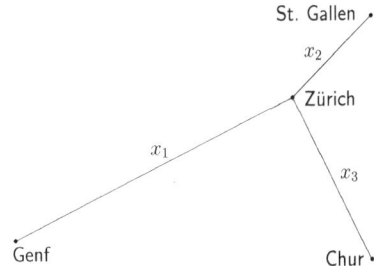

Bestimmen Sie mit der Methode der Normalgleichungen die im Sinne der kleinsten Fehlerquadrate ausgeglichenen Werte für die Strecken x_1, x_2, x_3.

Übung 4.8.9. Sie messen ein Signal $f(t)$, von dem Sie wissen, daß es durch die Überlagerung zweier Schwingungen entsteht:

$$f(t) = \alpha \cos\left(\frac{\pi}{4}t\right) + \beta \sin\left(\frac{\pi}{3}t\right).$$

Die Parameter α und β sollen aus der Meßtabelle

t_i	1	2	3
f_i	1	0	1

nach der Methode der kleinsten Fehlerquadrate bestimmt werden.

a) Formulieren Sie das lineare Ausgleichsproblem.
b) Lösen Sie das Problem mittels QR-Zerlegung.

Übung 4.8.10. Gegeben ist eine Funktion

$$f(x) = \left(-\frac{1}{2}x^2 + \frac{3}{2}x + 1\right)a + (-2x^2 + 7x - 5)b.$$

Die Parameter a und b sollen nach der Methode der kleinsten Fehlerquadrate so bestimmt werden, daß die Wertetabelle

x_i	0	1	2
$f(x_i)$	2	-11	-5

möglichst gut approximiert wird.

a) Formulieren Sie das Ausgleichsproblem.
b) Berechnen Sie a, b sowie die minimale 2-Norm des Residuums mittels QR-Zerlegung.

Übung 4.8.11. Bestimmen Sie mit Hilfe von Householder-Transformationen die QR-Zerlegung der Matrix

$$A = \begin{pmatrix} -1 & 1 \\ 2 & 4 \\ -2 & -1 \end{pmatrix}.$$

Berechnen Sie die Lösung des Problems $\|Ax - b\|_2 = \min$ mit $b = (1,1,2)^T$. Wie groß ist die minimale 2-Norm des Residuums?

Übung 4.8.12. Man beweise (4.31).

Übung 4.8.13.   a) Berechnen Sie die Pseudoinverse der Matrix $A = \begin{pmatrix} 0 & 1 \\ 2 & 0 \\ 1 & 0 \end{pmatrix}$.

b) Lösen Sie mit Hilfe dieser Pseudoinversen das Ausgleichsproblem

$$\min_{x \in \mathbb{R}^2} \|Ax - b\|_2, \quad \text{mit } b := (4,1,0)^T.$$

Übung 4.8.14. Berechnen Sie die Singulärwerte der Matrix $A = \begin{pmatrix} -1 & 1 \\ 2 & 0 \\ 1 & 0 \end{pmatrix}$

und bestimmen Sie damit $\kappa_2(A)$.

Übung 4.8.15. Beweisen Sie, daß für die Pseudoinverse A^+ Folgendes gilt:

(i) $AA^+ \in \mathbb{R}^{m \times m}$ ist die orthogonale Projektion auf Bild$(A) \subset \mathbb{R}^m$.
(ii) $A^+A \in \mathbb{R}^{n \times n}$ ist die orthogonale Projektion auf Kern$(A)^\perp \subset \mathbb{R}^n$.

Übung 4.8.16. Man sagt, daß zu gegebenem $A \in \mathbb{R}^{m \times n}$ eine Matrix $X \in \mathbb{R}^{n \times m}$ folgende sogenannte *Penrose-Axiome* erfüllt, falls

(i) $(AX)^T = AX$,
(ii) $(XA)^T = XA$,
(iii) $AXA = A$,
(iv) $XAX = X$,

gilt. Mit X bezeichnet man dann die *Moore-Penrose-Inverse*. Zeigen Sie, daß die Pseudoinverse A^+ die Bedingungen (i)-(iv) erfüllt.

Übung 4.8.17. Beweisen Sie das Resultat in Lemma 4.30.

Übung 4.8.18. Gegeben sei das Ausgleichsproblem

$$\min_{x \in \mathbb{R}^3} \left\| \frac{1}{27} \begin{pmatrix} 16 & 52 & 80 \\ 44 & 80 & -32 \\ -9 & -36 & -72 \\ -16 & -16 & 64 \end{pmatrix} x - \begin{pmatrix} 4 \\ 1 \\ 3 \\ 0 \end{pmatrix} \right\|_2.$$

Von der Matrix A ist die Singulärwertzerlegung $A = U \Sigma V^T$ bekannt:

$$U = \frac{1}{45} \begin{pmatrix} 32 & 5 & 24 & -20 \\ 4 & 40 & 3 & 20 \\ -27 & 0 & 36 & 0 \\ 16 & -20 & 12 & 35 \end{pmatrix}, \quad \Sigma = \begin{pmatrix} 5 & 0 & 0 \\ 0 & 4 & 0 \\ 0 & 0 & 0 \\ 0 & 0 & 0 \end{pmatrix}, \quad V^T = \frac{1}{9} \begin{pmatrix} 1 & 4 & 8 \\ 4 & 7 & -4 \\ -8 & 4 & -1 \end{pmatrix}.$$

Bestimmen Sie

a) die Ausgleichslösung x^* mit kleinster Euklidischer Norm,
b) sämtliche Lösungen des Ausgleichsproblems.

Übung 4.8.19. Gegeben sei die Matrix

$$A = \begin{pmatrix} 0 & 2 & -1 \\ 2 & -6 & 5 \\ -1 & 5 & -3 \end{pmatrix}.$$

Welchen Rang hat die Matrix? Wie groß kann eine Störung ΔA sein, so daß automatisch Rang$(A + \Delta A) =$ Rang(A) garantiert ist?

Übung 4.8.20. Zeigen Sie, daß die Abbildung $f : \mathbb{R}^{m \times n} \to \mathbb{R}^{n \times m}$, die einer Matrix ihre Pseudoinverse zuordnet, d. h. $f(A) = A^+$, unstetig ist. Betrachten Sie zum Beispiel die Matrix

$$A_c = \begin{pmatrix} 1 & 0 \\ 0 & c \end{pmatrix}$$

für c in einer Umgebung von 0.

5

Nichtlineare Gleichungssysteme, iterative Lösungsverfahren

5.1 Vorbemerkungen

In Gleichungssystemen der Form $Ax = b$ mit $A \in \mathbb{R}^{n \times n}$, $b \in \mathbb{R}^n$ kommen die Unbekannten x *linear* vor, d. h., falls $Ax = b$ und $A\tilde{x} = \tilde{b}$, folgt $A(x + \tilde{x}) = b + \tilde{b}$. Lösungsverfahren machen davon ganz wesentlichen Gebrauch. Nun treten in den Anwendungen allerdings Gleichungssysteme auf, in denen die Unbekannten *nicht* in einfacher linearer Weise verknüpft sind.

Beispiel 5.1. Der Betrag der Gravitationskraft zwischen zwei Punktmassen m_1 und m_2 (in kg) mit gegenseitigem Abstand r (in m) ist aufgrund des Newtonschen Gesetzes

$$F = G\frac{m_1 m_2}{r^2}, \tag{5.1}$$

wobei $G = 6.67 \cdot 10^{-11} Nm^2/kg$.
Wir betrachten ein Gravitationsfeld wie in Abb. 5.1 mit drei festen Punktmassen m_i und den Koordinaten

$$(x_1, y_1) = (x_1, 0), \quad (x_2, y_2) = (x_2, 0), \quad (x_3, y_3) = (0, y_3).$$

Gesucht ist nun der Punkt (x, y), so daß für eine Punktmasse m an der Stelle (x, y) die Gravitationskräfte $\mathbf{F}_i$ zwischen m und m_i ($i = 1, 2, 3$) im Gleichgewicht sind.

Mathematisch bedeutet die Gleichgewichtsbedingung nichts anderes als ein *Gleichungssystem*. Mit den Hilfsgrößen

$$r_i := \sqrt{(x - x_i)^2 + (y - y_i)^2},$$
$$F_i := G\frac{m_i m}{r_i^2},$$
$$F_{i,x} := \frac{F_i(x_i - x)}{r_i}, \quad F_{i,y} := \frac{F_i(y_i - y)}{r_i}, \quad i = 1, 2, 3,$$

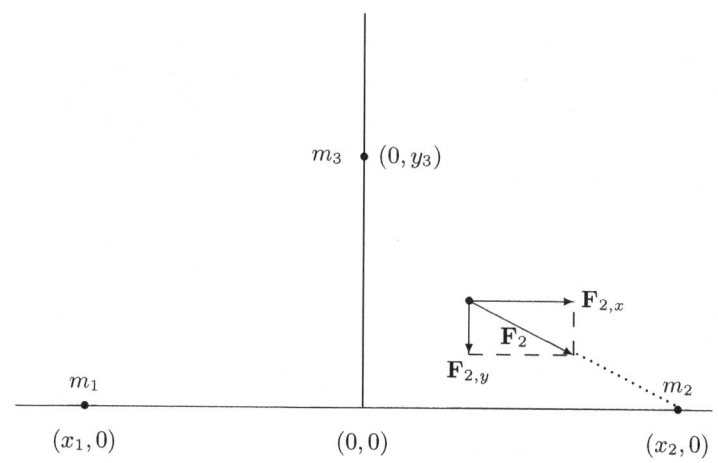

Abb. 5.1. Gravitationsfeld

gelten die Gleichgewichtsbedingungen

$$F_{1,x} + F_{2,x} + F_{3,x} = 0$$
$$F_{1,y} + F_{2,y} + F_{3,y} = 0.$$

Hieraus ergibt sich das System

$$f_1(x,y) = \sum_{i=1}^{3} \frac{m_i(x_i - x)}{((x - x_i)^2 + (y - y_i)^2)^{3/2}} = 0 \qquad (5.2)$$

$$f_2(x,y) = \sum_{i=1}^{3} \frac{m_i(y_i - y)}{((x - x_i)^2 + (y - y_i)^2)^{3/2}} = 0. \qquad (5.3)$$

Offensichtlich hängt dieses System (also auch seine Lösungen) nicht von G und m ab, weiterhin kommen die Unbekannten x, y hier in *nichtlinearer* Weise vor.
△

Wie auch bei linearen Gleichungssystemen, treten praxisrelevante nichtlineare Gleichungssysteme mit *sehr vielen* Unbekannten auf. So lassen sich z. B. Flüssigkeitsströmungen durch Systeme nichtlinearer partieller Differentialgleichungen modellieren. Wie in Abschnitt 3.1 werden solche Gleichungen zunächst diskretisiert, indem man z. B. Ableitungen durch Differenzenquotienten ersetzt. Die Unbekannten sind dann Näherungen für die Größen Druck und Geschwindigkeit der Strömung an den Gitterpunkten. Da diese Größen (und gegebenenfalls ihre Ableitungen) nichtlinear in den Differentialgleichungen verknüpft sind, kommen auch die diskreten Näherungen nichtlinear in den resultierenden Gleichungssystemen vor. Die Anzahl der Unbekannten, d. h. die

Größe der Gleichungssysteme, hängt hierbei natürlich von der Gitterweite, also von der Feinheit der Diskretisierung ab.

Beispiel 5.2. Statt der *linearen* Integralgleichung im Beispiel 3.3 (siehe (3.13)) soll nun eine *nichtlineare* Integralgleichung gelöst werden: Gesucht ist eine positive Funktion $u(x) \geq 0$, die die Integralgleichung

$$u(x) + \int_0^1 \cos(xt)u(t)^3 \mathrm{d}t = 2, \quad x \in [0,1], \tag{5.4}$$

erfüllt. Das Problem wird, wie in Beispiel 3.3, auf dem Gitter

$$t_j = \left(j - \frac{1}{2}\right)h, \quad j = 1, \ldots, n, \quad h = \frac{1}{n},$$

diskretisiert. Man erhält dann die Gleichungen (vgl. (3.15))

$$u_i + h \sum_{j=1}^n \cos(t_i t_j)u_j^3 - 2 = 0, \quad i = 1, 2, \ldots, n, \tag{5.5}$$

für die Unbekannten $u_i \approx u(t_i)$, $i = 1, \ldots, n$. Offensichtlich ergibt sich ein System von n nichtlinearen Gleichungen in den n Unbekannten $u_1, u_2, \ldots, u_n$. Man beachte, daß die Größe dieses Gleichungssystems von der Gitterweite h abhängt. Die durchaus nicht einfachen Fragen, ob (5.4) überhaupt eine eindeutige Lösung u besitzt und wie sehr die berechneten u_i von den Werten $u(t_i)$ abweichen, haben wir hier ausgeklammert. △

Hinter dem algebraischen Gleichungssystem (5.5) steht in diesem Fall eine „Operatorgleichung"

$$f(u) = 0, \quad \text{mit} \quad f(u)(x) = u(x) + \int_0^1 \cos(xt)u(t)^3 \mathrm{d}t - 2, \quad x \in [0,1], \tag{5.6}$$

d. h., die „Unbekannte" ist hier weder eine Zahl noch ein Vektor sondern etwas Komplexeres, nämlich eine Funktion aus einem geeigneten Funktionenraum wie $C([0,1])$. Wie in Beispiel 3.2 ist das Gleichungssystem in n Unbekannten, hier die Diskretisierung (5.5), ein Hilfsmittel, das eigentliche Problem, hier (5.4), annähernd zu lösen. Obgleich einige der vorgestellten Methoden geeignet sind, unmittelbar Gleichungen in Funktionenräumen wie Differential- und Integralgleichungen zu behandeln (was auch für das Verständnis der entsprechenden Diskretisierungen wichtig ist), befaßt sich dieses Kapitel ganz vorwiegend mit der numerischen Lösung von (im allgemeinen nichtlinearen) Gleichungssystemen, also von Problemen folgender Form:

Zu gegebenem $f = (f_1, \ldots, f_n)^T : \mathbb{R}^n \to \mathbb{R}^n$ finde man $x^* = (x_1^*, \ldots, x_n^*)^T \in \mathbb{R}^n$, so daß

$$f_1(x_1^*, \ldots, x_n^*) = 0$$
$$\vdots \qquad \vdots \ \vdots$$
$$f_n(x_1^*, \ldots, x_n^*) = 0. \tag{5.7}$$

Wir werden dies häufig kurz als

$$f(x^*) = 0$$

schreiben.

Der Spezialfall $n = 1$ wird oft als *skalare* Gleichung in *einer* Unbekannten bezeichnet. Bei n Gleichungen in n Unbekannten wie oben kann man eine zumindest lokal eindeutige Lösung erwarten. Hat man mehr (nichtlineare) Gleichungen als Unbekannte hat, d. h. $f : \mathbb{R}^n \to \mathbb{R}^m$ mit $m > n$, muß man im allgemeinen mit Lösungen im Ausgleichsinne vorlieb nehmen. Dies wird in Kapitel 6 behandelt.

5.2 Kondition des Nullstellenproblems einer skalaren Gleichung

Bevor konkrete Algorithmen zur Lösung von (5.7) vorgestellt werden, seien einige Bemerkungen zur Kondition des Nullstellenproblems vorausgeschickt. Da sich wesentliche Merkmale der Kondition von Nullstellenproblemen bereits anhand skalarer Probleme erkennen lassen, beschränken wir uns auf diesen technisch einfacheren Fall. Es sei also eine Funktion $f : \mathbb{R} \to \mathbb{R}$ gegeben, die eine (lokal eindeutige) Nullstelle x^* hat. Es stellt sich die Frage, wie sehr sich die Lösung x^* ändert, wenn die Funktion f variiert. Beim Nullstellenproblem sind also die Eingangsdaten die Funktionswerte $f(x)$, und das Resultat ist die Nullstelle x^*.

Eine sinnvolle Annahme ist, daß die Fehler in den Funktionswerten (für x in einer Umgebung von x^*) durch ϵ beschränkt sind, d. h.

$$\left| \tilde{f}(x) - f(x) \right| \leq \epsilon. \tag{5.8}$$

Bemerkung 5.3. Für die Analyse der Kondition des Nullstellenproblems sind *relative* Fehler nicht gut geeignet, da

$$\frac{\left| \tilde{f}(x) - f(x) \right|}{|f(x)|}$$

für $x \to x^*$ i. a. unbeschränkt ist (wegen $f(x^*) = 0$).   △

Sei $\tilde{x}^*$ eine Nullstelle für die gestörte Funktion $\tilde{f}$:

$$\tilde{f}(\tilde{x}^*) = 0. \qquad (5.9)$$

Setzt man $x = \tilde{x}^*$ in (5.8) ein, dann ergibt sich

$$|f(\tilde{x}^*)| \leq \epsilon. \qquad (5.10)$$

Sei m die Vielfachheit der Nullstelle x^*:

$$f(x^*) = 0, \quad f'(x^*) = 0, \quad \ldots, \quad f^{(m-1)}(x^*) = 0, \quad f^{(m)}(x^*) \neq 0.$$

Taylorentwicklung ergibt für ein ξ zwischen x^* und $\tilde{x}^*$

$$f(\tilde{x}^*) = f(x^*) + (\tilde{x}^* - x^*)f'(x^*) + \ldots + \frac{(\tilde{x}^* - x^*)^{m-1}}{(m-1)!}f^{(m-1)}(x^*)$$

$$+ \frac{(\tilde{x}^* - x^*)^m}{m!}f^{(m)}(\xi)$$

$$= \frac{(\tilde{x}^* - x^*)^m}{m!}f^{(m)}(\xi) \approx \frac{(\tilde{x}^* - x^*)^m}{m!}f^{(m)}(x^*).$$

Damit erhält man wegen (5.10)

$$\left| \frac{(\tilde{x}^* - x^*)^m}{m!}f^{(m)}(x^*) \right| \approx |f(\tilde{x}^*)| \leq \epsilon,$$

also

$$|\tilde{x}^* - x^*| \lesssim \epsilon^{\frac{1}{m}} \left| \frac{m!}{f^{(m)}(x^*)} \right|^{\frac{1}{m}}.$$

Also ist das Nullstellenproblem nur für den Fall $m = 1$ (einfache Nullstelle) gut konditioniert: Der Fehler im Ergebnis ($|\tilde{x}^* - x^*|$) ist in diesem Fall höchstens von der Größenordnung der Datenfehler ($|\tilde{f}(x) - f(x)| \leq \epsilon$). Falls $m > 1$, ist der Faktor $\epsilon^{\frac{1}{m}}$ viel größer als ϵ. Probleme mit mehrfachen Nullstellen sind im allgemeinen hinsichtlich der Ungenauigkeit in f sehr *schlecht konditioniert*. Der Unterschied zwischen $m = 1$ und $m = 2$ wird in Abbildung 5.2 dargestellt.

Beispiel 5.4. $f(x) = (x - 1)^3$ hat eine dreifache Nullstelle $x^* = 1$. Die Nullstelle der gestörten Funktion $\tilde{f}(x) = (x - 1)^3 - \epsilon$ ist $\tilde{x}^* = 1 + \epsilon^{\frac{1}{3}}$. Also, z.B. für $\epsilon = 10^{-12}$:

$$\left| f(x) - \tilde{f}(x) \right| = 10^{-12}, \quad |x^* - \tilde{x}^*| = 10^{-4}. \qquad \triangle$$

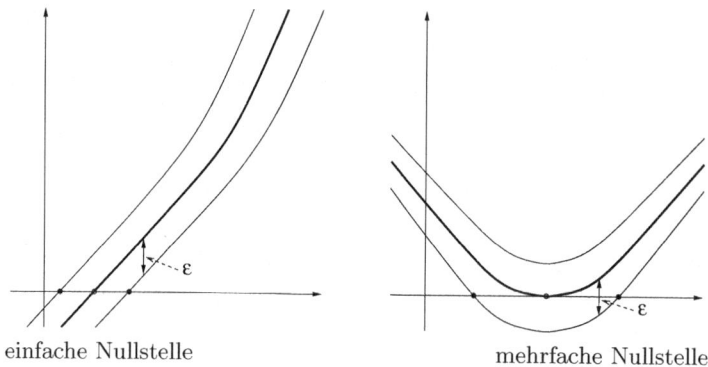

einfache Nullstelle   mehrfache Nullstelle

Abb. 5.2. Kondition des Nullstellenproblems

Zur Lösung des Nullstellenproblems auf einer Maschine muß die Funktion $f : \mathbb{R} \to \mathbb{R}$ ausgewertet werden. Das ergibt dann eine mit Rundungsfehlern behaftete gestörte Funktion $\tilde{f} : \mathbb{R} \to \mathbb{R}$. Sei f eine stetige Funktion mit einer lokal eindeutigen Nullstelle $x^* \in (a, b)$:

$$f(x) = 0 \text{ für } x \in (a, b) \iff x = x^*.$$

Der Begriff „Nullstelle" verliert seine gewohnte Bedeutung für die gestörte Gleichung

$$\tilde{f}(x) = 0 \text{ für } x \in (a, b) \cap \mathbb{M},$$

wobei $\mathbb{M}$ die Menge der Maschinenzahlen ist. In vielen Fällen hat die mit Rundungsfehlern behaftete Funktion $\tilde{f}$ in einer Umgebung der Nullstelle x^* *viele Nullstellen!* Also gibt es dann kein eindeutiges, sondern eine große Anzahl von $\tilde{x}^* \in (a, b)$, so daß (5.9) gilt. Auch kann es passieren, daß die gestörte Funktion $\tilde{f}$ *keine* Nullstelle hat.

Beispiel 5.5. Das Polynom $p(x) = x^3 - 6x^2 + 9x$ hat eine doppelte Nullstelle $x^* = 3$. Die Funktionswerte

$$p(3 + i * 10^{-9}), \qquad i = -100, -99, \ldots 99, 100,$$

sind auf einer Maschine mit Maschinengenauigkeit eps $\approx 10^{-16}$ berechnet. Die Resultate sind in Abb. 5.3 dargestellt. Offensichtlich hat die mit Rundungsfehlern behaftete Funktion $\tilde{p}$ viele Nullstellen im Intervall $[3 - 10^{-7}, 3 + 10^{-7}]$.

$\triangle$

5.3 Fixpunktiteration

Bereits im Beispiel 5.1 scheint keine Möglichkeit zu bestehen, die Unbekannten etwa über Eliminationstechniken zu ermitteln. Hier muß man sich einer

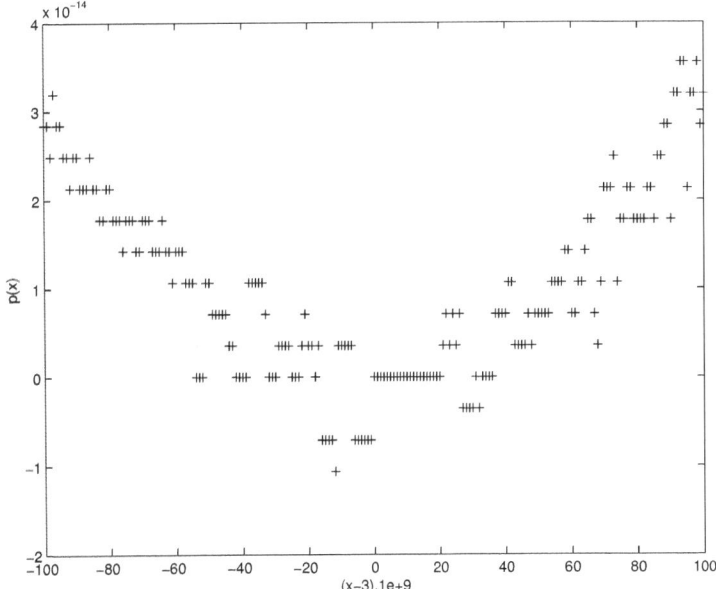

Abb. 5.3. $p(x) = x^3 - 6x^2 + 9x$, ausgewertet im Intervall $[3 - 10^{-7}, 3 + 10^{-7}]$

völlig anderen Lösungsstrategie bedienen, die auf dem Konzept der *Iteration* beruht. Wie bei der Nachiteration (vgl. Abschnitt 3.5.3) kann man versuchen, die Lösung *iterativ*, also schrittweise immer besser anzunähern. Man verzichtet dabei also im Prinzip auf die *exakte* Bestimmung, sondern gibt sich mit gewünschten Genauigkeitstoleranzen zufrieden. Tatsächlich ist dies jedoch weder theoretisch noch praktisch ein Verzicht oder eine Einschränkung. In der Theorie wird ein *Grenzprozess* mit der Iteration die Lösung exakt bestimmen. Für die Praxis ist es entscheidend, diesen Grenzprozeß genau zu verstehen, um bei einem (praktisch unvermeidbaren) Abbruch der Iteration sicher zu stellen, daß die gegenwärtige Annäherung genügend genau ist (*Fehleranalyse/Abschätzungen*). Dabei sei daran erinnert, daß aufgrund der Rechnerarithmetik eine *exakte* Bestimmung eines Grenzwertes oder einer im Prinzip durch exakte Umformung berechenbaren Größe in der Praxis ohnehin nicht möglich ist.

Die entscheidende Frage betrifft die *Konstruktion* solcher Iterationsverfahren, die (möglichst schnell) *konvergieren*, d. h. mit möglichst wenigen Schritten mit vertretbarem Aufwand pro Schritt eine gewünschte Zielgenauigkeit realisieren.

So wie sich ein lineares Gleichungssystem $Ax = b$ als Nullstellenproblem $Ax - b = 0$ schreiben läßt, sei betont, daß das Nullstellenproblem nur eins von vielen möglichen äquivalenten Formaten eines Gleichungssystems ist. Die vielleicht wichtigste Ausgangsposition zur Konstruktion von Iterationsverfahren ist ein anderes Format, nähmlich das einer *Fixpunktgleichung*.

Bemerkung 5.6. Sei $f : \mathbb{R}^n \to \mathbb{R}^n$ gegeben und für jedes x in einer Umgebung der Nullstelle x^* sei die von x abhängige Matrix $M_x \in \mathbb{R}^{n \times n}$ invertierbar. Dann gilt

$$f(x^*) = 0 \quad \Longleftrightarrow \quad x^* = x^* - M_{x^*} f(x^*), \tag{5.11}$$

d. h., das *Nullstellenproblem* $f(x^*) = 0$ ist *äquivalent* zum *Fixpunktproblem*

$$x^* = \Phi(x^*), \quad \text{mit} \quad \Phi(x) := x - M_x f(x). \tag{5.12}$$

Beweis. Die Behauptung folgt aus der Tatsache, daß aufgrund der Invertierbarkeit von M_x gilt $f(x^*) = 0 \iff M_{x^*} f(x^*) = 0$.   □

Weshalb diese Umformung etwas bringen kann, liegt an zwei Punkten:

(a) Wie sich zeigen wird, gibt es bei Fixpunktproblemen einfache Iterationen, die unter geeigneten Umständen konvergieren, nämlich, zu einem *Startwert* x_0 bilde:

$$x_{k+1} = \Phi(x_k), \quad k = 0, 1, 2, \ldots. \tag{5.13}$$

(b) Mit der Umformung in das Fixpunktformat gewinnt man eine gewisse Flexibilität, da man für verschiedene Wahlen von M_x auch unterschiedliche Fixpunktfunktionen Φ bekommt. Man kann also versuchen, M_x so zu wählen, daß die Fixpunktiteration (5.13) möglichst schnell konvergiert.

Die „Kunst" liegt also jetzt in der Wahl von M_x. Deshalb ist es zunächst wichtig zu verstehen, was eine Fixpunktiteration „konvergent macht". Hierzu hilft ein Hinweis auf die Arbeitsweise eines *technischen Regelkreises*, vgl. Abb. 5.4.

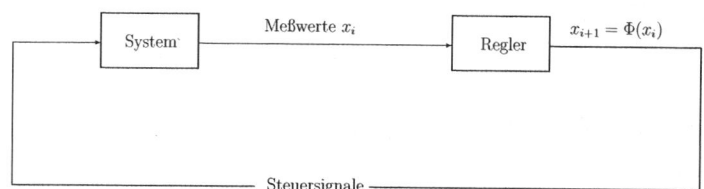

Abb. 5.4. Regelkreis

Dieser Regelkreis hat folgende zwei grundlegende Eigenschaften:

1. Es gibt *genau einen* Sollwert x^*. Befindet sich das System in diesem Zustand, ändert der Regler nichts, d. h.

$$x^* = \Phi(x^*). \tag{5.14}$$

In diesem Sinne ist der Sollwert x^* ein *Fixpunkt* des Systems.

2. Das Regelsystem versucht, Abweichungen vom Sollwert zu reduzieren

$$\|\Phi(x) - x^*\| \le L\|x - x^*\| \quad \text{mit} \quad L < 1, \tag{5.15}$$

um schließlich in den Sollzustand einzuschwingen.

Nun ist die Bedingung (5.15) meist schwer nachprüfbar, wenn der Sollwert nicht explizit bekannt ist. Da ja $x^* = \Phi(x^*)$ ist, folgt (5.15) aus der stärkeren Forderung

$$\|\Phi(x) - \Phi(y)\| \leq L\|x - y\| \quad \text{mit} \quad L < 1 \tag{5.16}$$

für alle x, y aus einer geeigneten Umgebung von x^*. Eine Abbildung Φ, die (5.16) genügt, wird *Kontraktion* genannt.

Die Begriffe Fixpunkt und Kontraktion spielen tatsächlich eine Schlüsselrolle bei sogenannten iterativen Lösungsstrategien zur Behandlung von Gleichungssystemen.

In Analogie zum obigen Regelkreis versucht man nun, x^* iterativ anzunähern, indem man die Selbstkorrektur von Φ ausnutzt. Diese Idee führt auf folgende Methode:

Fixpunktiteration:
- Wähle Startwert x_0 (in einer Umgebung von x^*),
- Bilde
$$x_{k+1} = \Phi(x_k), \quad k = 0, 1, 2, \ldots. \tag{5.17}$$

Ob (5.17) tatsächlich gegen x^* konvergiert, wird von den „Selbstkorrekturqualitäten" von Φ abhängen (die man z. B. über die in gewissem Rahmen freie Wahl von M_x in Bemerkung 5.6 beeinflussen kann). Welche Eigenschaften Φ als geeignete Iterationsfunktion kennzeichnen, deuten folgende Bilder für den Fall einer skalaren Gleichung an. Geometrisch bedeutet (für $n = 1$) $x^* = \Phi(x^*)$, daß die Gerade $y = x$ den Graphen von Φ an der Stelle x^* schneidet. In beiden Fällen besitzt Φ einen Fixpunkt im Intervall $[0, a]$. Während die

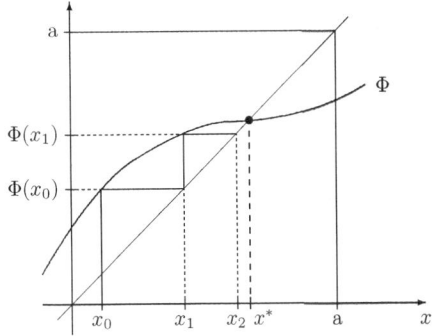

Abb. 5.5. Fixpunktiteration

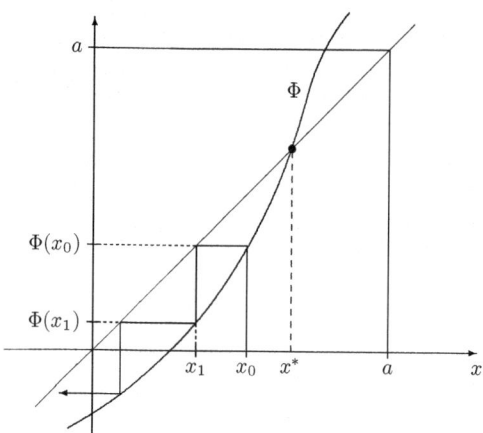

Abb. 5.6. Fixpunktiteration

Iteration (5.17) in Abb. 5.5 offensichtlich gegen x^* konvergiert, liegt in Abb. 5.6 Divergenz von (5.17) vor. Man nennt den Fixpunkt auch *abstoßend*. Der Grund für das unterschiedliche Verhalten liegt offensichtlich in der *Steigung* von Φ. Es lassen sich folgende zwei Fälle unterscheiden, wobei wir annehmen, daß Φ stetig differenzierbar ist.

<u>Fall a:</u> $|\Phi'(x^*)| < 1$. Wegen der Stetigkeit von Φ' existiert ein $\delta > 0$, so daß $|\Phi'(x)| < 1$ für alle x in einer Umgebung $U_\delta := [x^* - \delta, x^* + \delta]$ von x^*. Folglich existiert nach dem Mittelwertsatz für jedes $x, y \in U_\delta$ ein $\xi \in U_\delta$ mit

$$|\Phi(x) - \Phi(y)| = |\Phi'(\xi)(x - y)| \leq \max_{z \in U_\delta} |\Phi'(z)| \, |x - y| =: L \, |x - y| \, ,$$

und $L = \max_{z \in U_\delta} |\Phi'(z)| < 1$. Also ist Φ im Sinne von (5.16) *kontrahierend* auf U. Für $x_0 \in U_\delta$ erhält man:

$$|x_{k+1} - x^*| = |\Phi(x_k) - \Phi(x^*)| \leq L|x_k - x^*| \leq L^{k+1}|x_0 - x^*| \quad \text{für alle } k \geq 0 \, ,$$

also Konvergenz: $\lim_{k \to \infty} x_k = x^*$.

<u>Fall b:</u> $|\Phi'(x^*)| > 1$. Wegen der Stetigkeit von Φ folgt, daß $\delta > 0$ existiert, so daß $|\Phi'(z)| > 1$ für alle $z \in U_\delta = [x^* - \delta, x^* + \delta]$. Folglich gilt

$$|x_{k+1} - x^*| = |\Phi(x_k) - \Phi(x^*)| = |\Phi'(\xi)(x_k - x^*)|$$
$$> |x_k - x^*| \quad \text{für alle } x_k \in U_\delta,$$

d. h., für alle $x_k \in U_\delta$ wird der Fehler $|x_k - x^*|$ vergrößert.

Der Fall b zeigt, daß eine Funktion Φ mit $|\Phi'(x^*)| > 1$ als Iterationsfunktion in einer Fixpunktiteration 5.17 *nicht* geeignet ist.

Beispiel 5.7. Aufgabe: Man berechne die positive Nullstelle der Funktion

$$f(x) := x^6 - x - 1. \tag{5.18}$$

Betrachtet man die Graphen von x^6 und $x+1$, sieht man, daß f eine eindeutige positive Nullstelle x^* hat und daß $x^* \in [0,2]$ gilt.

Es lassen sich z. B. als Iterationsfunktion für ein äquivalentes Fixpunktproblem

$$\Phi_1(x) = x^6 - 1$$

oder auch

$$\Phi_2(x) = (x+1)^{\frac{1}{6}}$$

formulieren. Für Φ_1 gilt

$$|\Phi_1'(x)| = |6x^5| > 1 \quad \text{für } x \in [1,2].$$

Da $f(1) < 0$, $f(2) > 0$, folgt $x^* \in [1,2]$ und

$$|\Phi_1'(x^*)| > 1.$$

Die Iterationsfunktion Φ_1 ist also nicht geeignet, da die Iteration (5.17), mit $\Phi = \Phi_1$, in der Nähe von x^* divergiert.

Für Φ_2 ergibt sich

$$|\Phi_2'(x)| = \left|\frac{1}{6}(x+1)^{-\frac{5}{6}}\right| \leq \frac{1}{6} \quad \text{für } x \in [0,2]$$

und damit

$$|\Phi_2(x) - \Phi_2(y)| = |\Phi_2'(\xi)(x-y)| \leq \frac{1}{6}|x-y| \quad \text{für } x, y \in [0,2]. \tag{5.19}$$

Offensichtlich ist die Iteration Φ_2 eine Kontraktion auf $[0,2]$. Um das Kontraktionsargument wiederholt anwenden zu können, muß die Folge x_0, $x_{k+1} = \Phi_2(x_k), k \geq 0$, für $x_0 \in [0,2]$ im Intervall $[0,2]$ bleiben. Diese Bedingung ist erfüllt, falls Φ_2 eine *Selbstabbildung* auf $[0,2]$ ist, d. h. $\Phi_2 : [0,2] \to [0,2]$. Da $\Phi_2(0) = 1$, $\Phi_2(2) = 3^{\frac{1}{6}} < 2$ und Φ_2 auf $[0,2]$ monoton ist, folgt tatsächlich $\Phi_2 : [0,2] \to [0,2]$. Damit erfüllt Φ_2 die Bedingungen, die zur Konvergenz der Iteration führen. Einige Resultate sind in Tabelle 5.1 zusammengestellt.   △

w(2

Banachscher Fixpunktsatz

Im Banachschen Fixpunktsatz werden (scharfe) hinreichende Bedingungen bezüglich der Iterationsfunktion Φ und des Startwertes x_0 formuliert, damit die Folge der Iterierten der Fixpunktiteration $x_{k+1} = \Phi(x_k)$, $k = 0, 1, \ldots$, gegen einen Fixpunkt x^* konvergiert. Wir werden diesen Satz in größerer Allgemeinheit formulieren, als es obige skalare Beispiele verlangen. Zum einen ist die Argumentation in dieser Allgemeinheit nicht schwieriger, zum anderen läßt sich damit eine entsprechend größere Klasse von Anwendungen abdecken wie etwa Operatorgleichungen vom Typ (5.6).

Tabelle 5.1. Fixpunktiteration

k	$x_0 = 0.5$ $x_{k+1} = \Phi_2(x_k)$	$x_0 = 0.5$ $x_{k+1} = \Phi_1(x_k)$	$x_0 = 1.13$ $x_{k+1} = \Phi_1(x_k)$	$x_0 = 1.135$ $x_{k+1} = \Phi_1(x_k)$
0	0.50000000	0.50000000	1.13000000	1.14e+00
1	1.06991319	−0.98437500	1.08195175	1.14e+00
2	1.12890836	−0.09016330	0.60415884	1.17e+00
3	1.13420832	−0.99999946	−0.95136972	1.57e+00
4	1.13467844	−0.00000322	−0.25852598	1.38e+01
5	1.13472009	−1.00000000	−0.99970144	6.91e+06
6	1.13472378	0.00000000	−0.00179000	1.09e+41
7	1.13472411	−1.00000000	−1.00000000	1.69e+246

Satz 5.8. *Sei X ein linear normierter Raum mit Norm $\|\cdot\|$. $E \subseteq X$ sei eine vollständige Teilmenge von X. Die Abbildung Φ sei eine* Selbstabbildung *auf E:*

$$\Phi : E \to E. \tag{5.20}$$

Ferner sei Φ eine Kontraktion *auf E*

$$\|\Phi(x) - \Phi(y)\| \le L\|x - y\| \quad \text{für alle } x, y \in E, \text{mit } L < 1. \tag{5.21}$$

Dann gilt:

1. Es existiert genau ein Fixpunkt x^* von Φ in E.
2. Für beliebiges $x_0 \in E$ konvergiert

$$x_{k+1} = \Phi(x_k), \quad k = 0, 1, 2, \dots$$

gegen den Fixpunkt x^*.
3. A-priori-Fehlerabschätzung:

$$\|x_k - x^*\| \le \frac{L^k}{1 - L}\|x_1 - x_0\|. \tag{5.22}$$

4. A-posteriori-Fehlerabschätzung:

$$\|x_k - x^*\| \le \frac{L}{1 - L}\|x_k - x_{k-1}\|. \tag{5.23}$$

Beweis. Zu beliebigem $x_0 \in E$ definiere $x_{k+1} = \Phi(x_k)$, $k = 0, 1, 2, \dots$. Nach Voraussetzung gilt $x_k \in E$ für alle k. Wegen (5.21) gilt

$$\|x_{k+1} - x_k\| = \|\Phi(x_k) - \Phi(x_{k-1})\| \le L\|x_k - x_{k-1}\|$$
$$\le L^k\|x_1 - x_0\| \quad \text{für alle } k.$$

Hiermit ergibt sich

$$
\begin{aligned}
\|x_{m+k} - x_k\| &= \|x_{m+k} - x_{m+k-1} + x_{m+k-1} + \ldots + x_{k+1} - x_k\| \\
&\leq \|x_{m+k} - x_{m+k-1}\| + \ldots + \|x_{k+1} - x_k\| \\
&\leq (L^{m+k-1} + \ldots + L^k)\|x_1 - x_0\| \\
&= L^k \frac{1 - L^m}{1 - L}\|x_1 - x_0\| \\
&\leq \frac{L^k}{1 - L}\|x_1 - x_0\| \, .
\end{aligned}
\tag{5.24}
$$

Wegen $L < 1$ folgt hieraus, daß $\{x_k\}_{k=0}^{\infty}$ eine Cauchy-Folge ist. Da E vollständig ist, existiert also ein Grenzwert x^*, so daß

$$
\lim_{k \to \infty} x_k = x^* \, .
$$

Für diesen Grenzwert gilt

$$
\begin{aligned}
x^* - \Phi(x^*) &= x^* - \Phi(\lim_{k \to \infty} x_k) = x^* - \lim_{k \to \infty} \Phi(x_k) \\
&= x^* - \lim_{k \to \infty} x_{k-1} = x^* - x^* = 0 \, ,
\end{aligned}
$$

und damit $x^* = \Phi(x^*)$, das heißt, x^* ist Fixpunkt.

Wir beweisen nun die Eindeutigkeit des Fixpunkts. Seien x^* und x^{**} so daß $\Phi(x^*) = x^*$ und $\Phi(x^{**}) = x^{**}$. Dann gilt

$$
\|x^* - x^{**}\| = \|\Phi(x^*) - \Phi(x^{**})\| \leq L\|x^* - x^{**}\| \quad \text{mit} \quad L < 1 \, .
$$

Hieraus folgt $\|x^* - x^{**}\| = 0$, also $x^* = x^{**}$.

Zum Schluß werden die Fehlerabschätzungen abgeleitet. Nimmt man in (5.24) $m \to \infty$, ergibt sich das Resultat (5.22).

Weiterhin gilt

$$
\begin{aligned}
\|x_k - x^*\| &\leq \|x_k - x_{k+1}\| + \|x_{k+1} - x^*\| = \|x_{k+1} - x_k\| + \|\Phi(x_k) - \Phi(x^*)\| \\
&\leq \|x_{k+1} - x_k\| + L\|x_k - x^*\| \, ,
\end{aligned}
$$

was die a-posteriori-Fehlerschätzung (5.23) impliziert:

$$
\|x_k - x^*\| \leq \frac{1}{1 - L}\|x_{k+1} - x_k\| \leq \frac{L}{1 - L}\|x_k - x_{k-1}\|. \qquad \square
$$

Bemerkung 5.9. a) Zu den *Voraussetzungen*: Beispiele sind $X = \mathbb{R}$, $\|\cdot\| = |\cdot|$ der Betrag und (für Systeme) $X = \mathbb{R}^n$, $\|\cdot\|$ irgendeine feste Norm auf $\mathbb{R}^n$. Ein linearer normierter Raum oder eine Teilmenge E davon heißt *vollständig*, wenn jede *Cauchy-Folge* in E auch einen Grenzwert in E besitzt. Eine Folge $\{x_n\}_{n \in \mathbb{N}}$ heißt Cauchy-Folge (bzgl. $\|\cdot\|$), falls die Ausdrücke $\|x_n - x_m\|$ beliebig klein werden, wenn nur n, m genügend groß genug gewählt werden. Für $X = \mathbb{R}$ sind z.B. $E = [a, b]$ und $E = \mathbb{R}$ vollständige Teilmengen.

Es ist bekannt, daß $\mathbb{R}^n$ und jede *abgeschlossene* Teilmenge in $\mathbb{R}^n$ bzgl. jeder Norm auf $\mathbb{R}^n$ vollständig sind, so daß in den typischerweise hier betrachteten Anwendungen diese Voraussetzungen erfüllt sind.

Im Prinzip – und das ist ein Grund für die allgemeinere Formulierung - kann man den Fixpunktsatz auch zum Nachweis der Existenz und Eindeutigkeit z. B. von Integralgleichungen des Typs (5.4) heranziehen. Hier ist die Unbekannte eine Funktion und X etwa der (unendlichdimensionale) Raum $C([0,1])$ der auf $[0, 1]$ stetigen Funktionen. In einem solchen Fall ist die Frage der Vollständigkeit nicht mehr so einfach und geht über den Rahmen dieser Abhandlung hinaus.

b) Der Satz garantiert einerseits *Existenz* und *Eindeutigkeit* einer Lösung der Fixpunktgleichung. Darüberhinaus bietet er einen konstruktiven *Algorithmus* zur Bestimmung dieser Lösung und gibt *Fehlerabschätzungen* an, die sagen, wie lange man iterieren muß, um eine gewünschte Genauigkeit zu gewinnen. Um z. B. eine Genauigkeit ϵ zu erreichen, genügt es wegen (5.22) k so groß wählen, daß

$$\frac{L^k}{1 - L}\|x_1 - x_0\| \le \epsilon,$$

also

$$L^k \le \frac{\epsilon(1 - L)}{\|x_1 - x_0\|},$$

d. h.

$$k \ge \log\left(\frac{\epsilon(1 - L)}{\|x_1 - x_0\|}\right)\Big/ \log L .$$

c) Wegen

$$\|x_k - x_{k-1}\| = \|\Phi(x_{k-1}) - \Phi(x_{k-2})\| \le L\|x_{k-1} - x_{k-2}\| \le L^{k-1}\|x_1 - x_0\|$$

ist die Schranke in der a-posteriori-Fehlerabschätzung immer besser (d. h., kleiner) als die in der a-priori-Fehlerabschätzung. $\triangle$

Wir notieren als nächstes einige wichtige Spezialfälle von Satz 5.8.

Folgerung 5.10. *Sei $X = \mathbb{R}$, $E = [a, b]$ und Φ eine auf E stetig differenzierbare Funktion. Es gelte*

$$\Phi : \ [a, b] \to [a, b] \qquad (Selbstabbildung),$$

und

$$\max_{x \in [a,b]} |\Phi'(x)| =: L < 1.$$

Dann sind alle Voraussetzungen aus Satz 5.8 erfüllt für $\| \cdot \| = |\cdot|$.

Beweis. Nach dem Mittelwertsatz gilt

$$|\Phi(x) - \Phi(y)| = |\Phi'(\xi)(x - y)| \leq \max_{\xi \in [a,b]} |\Phi'(\xi)| \, |x - y| = L \, |x - y| \, ,$$

d. h., Φ ist eine Kontraktion. Wegen Bemerkung 5.9 a) sind alle Voraussetzungen von Satz 5.8 erfüllt, so daß die Behauptung folgt. □

Folgerung 5.11. *Sei* $X = \mathbb{R}^n$, $E \subseteq \mathbb{R}^n$ *eine abgeschlossene konvexe Menge, und* $\Phi : E \to \mathbb{R}^n$ *sei stetig differenzierbar. Es gelte*

$$\Phi : E \to E \qquad (\text{Selbstabbildung}),$$

und bzgl. einer Vektornorm $\| \cdot \|$ *auf* $\mathbb{R}^n$ *gelte für die zugehörige Matrixnorm*

$$\max_{x \in E} \|\Phi'(x)\| = L < 1. \qquad (5.25)$$

Dann sind alle Voraussetzungen aus Satz 5.8 erfüllt.

In (5.25) ist

$$\Phi'(x) = \begin{pmatrix} \frac{\partial}{\partial x_1} \Phi_1(x) & \cdots & \frac{\partial}{\partial x_n} \Phi_1(x) \\ \vdots & & \vdots \\ \frac{\partial}{\partial x_1} \Phi_n(x) & \cdots & \frac{\partial}{\partial x_n} \Phi_n(x) \end{pmatrix}$$

die Jacobi-Matrix von Φ an der Stelle x.

Beweis. Es genügt wiederum, die Kontraktivität von Φ zu bestätigen. Dazu benutzen wir die Identität

$$\Phi(x) - \Phi(y) = \int_0^1 \Phi'(y + t(x - y))(x - y) \, dt \quad \text{für} \quad x, y \in E \, .$$

Wegen der Konvexität der Menge E ist $y + t(x - y) = tx + (1 - t)y \in E$ für $x, y \in E$, $t \in [0, 1]$. Hiermit ergibt sich

$$\|\Phi(x) - \Phi(y)\| \leq \int_0^1 \max_{\xi \in E} \|\Phi'(\xi)\| \|x - y\| \, dt \leq L \|x - y\| \qquad (5.26)$$

für alle $x, y \in E$. □

Folgerung 5.12. *Sei* $X = \mathbb{R}^n$, $x^* \in \mathbb{R}^n$, *so daß* $\Phi(x^*) = x^*$ *und* Φ *stetig differenzierbar in einer Umgebung von* x^*. *Bezüglich einer Vektornorm* $\| \cdot \|$ *auf* $\mathbb{R}^n$ *gelte für die zugehörige Matrixnorm*

$$\|\Phi'(x^*)\| < 1.$$

Sei $B_\varepsilon := \{ x \in \mathbb{R}^n \mid \|x - x^*\| \leq \varepsilon \}$. *Für* $E = B_\varepsilon$ *mit* $\varepsilon > 0$ *hinreichend klein sind alle Voraussetzungen aus Satz 5.8 erfüllt.*

Für die Situation aus Folgerung 5.11 sei folgendes Beispiel angegeben.

Beispiel 5.13. Man zeige, daß das System

$$6x = \cos x + 2y$$
$$8y = xy^2 + \sin x$$

auf $E = [0,1] \times [0,1]$ eine eindeutige Lösung besitzt. Man bestimme diese Lösung approximativ bis auf eine Genauigkeit 10^{-3} in der Maximumnorm $\|\cdot\|_\infty$.

Lösung: Die Aufgabe kann man als Fixpunktproblem $(x,y)^T = \Phi(x,y)$ formulieren, mit

$$\Phi(x,y) = \begin{pmatrix} \frac{1}{6}\cos x + \frac{1}{3}y \\ \frac{1}{8}xy^2 + \frac{1}{8}\sin x \end{pmatrix}.$$

Für $x \in [0,1]$ gilt $0 \le \cos x \le 1$ und $0 \le \sin x \le 1$, und daher $\Phi : E \to E$. Ferner gilt

$$\Phi'(x,y) = \begin{pmatrix} -\frac{1}{6}\sin x & \frac{1}{3} \\ \frac{1}{8}y^2 + \frac{1}{8}\cos x & \frac{1}{4}xy \end{pmatrix}.$$

Für die Norm $\|\cdot\|_\infty$ auf $\mathbb{R}^2$ ergibt sich

$$\|\Phi'(x,y)\|_\infty = \max\left\{ \frac{1}{6}|\sin x| + \frac{1}{3}, \frac{1}{8}\left(|y^2 + \cos x| + 2|xy|\right) \right\}$$
$$\le \max\left\{ \frac{1}{2}, \frac{1}{2} \right\} = \frac{1}{2}.$$

Wegen Folgerung 5.11 existiert genau eine Lösung in E. Wegen (3) in Satz 5.8 genügt es, für

$$(x_0, y_0) = (0,0),$$

also

$$(x_1, y_1) = \left(\frac{1}{6}, 0 \right),$$

$$k \ge \log\left(\frac{0.5 * 10^{-3}}{1/6} \right) \Big/ \log\frac{1}{2} = 8.38 \qquad (5.27)$$

zu wählen. Wir erhalten Werte, die in Tabelle 5.2 wiedergegeben sind. In der dritten Spalte werden die Resultate der a-posteriori-Fehlerabschätzung (5.23) gezeigt. Aus der a-posteriori-Fehlerabschätzung ergibt sich, daß schon für $k = 4$ (statt $k = 9$, vgl. (5.27)) die gewünschte Genauigkeit erreicht ist. $\triangle$

Tabelle 5.2. Fixpunktiteration

k	$(x_0, y_0) = (0,0),$ $(x_k, y_k) = \Phi(x_{k-1}, y_{k-1})$	$\frac{0.5}{1-0.5}*$ $\|(x_k, y_k)^T - (x_{k-1}, y_{k-1})^T\|_\infty$
0	$(0.00000000, 0.00000000)$	–
1	$(0.16666667, 0.00000000)$	1.67e−01
2	$(0.16435721, 0.02073702)$	2.07e−02
3	$(0.17133296, 0.02046111)$	6.98e−03
4	$(0.17104677, 0.02132096)$	8.60e−04
5	$(0.17134151, 0.02128646)$	2.95e−04
6	$(0.17132164, 0.02132275)$	3.63e−05
7	$(0.17133430, 0.02132034)$	1.27e−05
8	$(0.17133314, 0.02132189)$	1.56e−06
9	$(0.17133369, 0.02132175)$	5.52e−07

5.4 Konvergenzordnung und Fehlerschätzung

Natürlich möchte man, daß die Iterierten x_k den Grenzwert x^* möglichst *schnell* annähern. Ein Maß für die Konvergenzgeschwindigkeit einer Folge liefert der Begriff der *Konvergenzordnung*.

Definition 5.14. *Eine konvergente Folge* $\{x_k\}_{k \in \mathbb{N}}$ *in* $\mathbb{R}^n$ *mit Grenzwert* x^* *hat die Konvergenzordnung* p, *falls für ein* $k_0 \in \mathbb{N}$

$$\|x_{k+1} - x^*\| \le c \|x_k - x^*\|^p$$

für alle $k \ge k_0$ *gilt, wobei*

$$0 < c < 1 \quad falls \quad p = 1.$$

Das nächste Beispiel verdeutlicht den großen Geschwindigkeitsunterschied zwischen Verfahren der Ordnung $p = 1$ (lineare Konvergenz) und Verfahren der Ordnung $p = 2$ (quadratische Konvergenz).

Beispiel 5.15. Sei $\|x_0 - x^*\| = 0.2$, $p = 1$, $c = \frac{1}{2}$, $e_k := \|x_k - x^*\|$. Dann gilt:

k	1	2	3	4	5	6
$e_k \le$	0.1	0.05	0.025	0.0125	0.00625	0.003125

.

Für $c = 3$ und $p = 2$ gilt:

k	1	2	3	4	5	6
$e_k \le$	0.12	0.0432	0.0056	0.000094	$3 \cdot 10^{-8}$	$2 \cdot 10^{-15}$

.   △

Lineare Konvergenz hängt von der Wahl der Norm $\|\cdot\|$ ab. Wenn eine Folge linear konvergent bezüglich einer Vektornorm $\|\cdot\|$ ist, gilt die lineare Konvergenz nicht automatisch für jede andere Vektornorm. Für Konvergenzordnung

$p > 1$ spielt die Wahl der Norm keine Rolle: Hat die Folge die Konvergenzordnung $p > 1$ bzgl. einer Vektornorm $\|\cdot\|$, dann hat sie diese Konvergenzordnung (mit einer anderen Konstante c) bzgl. jeder Vektornorm.

Sei $x^* \in \mathbb{R}^n$ gegeben (z. B. die Nullstelle einer Funktion). Ein *iteratives Verfahren* zur Bestimmung von x^* hat die Konvergenzordnung p, wenn es eine Umgebung U von x^* gibt, so daß für alle Startwerte aus $U \setminus \{x^*\}$ die von dem Verfahren erzeugte Folge gegen x^* konvergiert und die Konvergenzordnung p hat.

Einen Hinweis darauf, wann eine Fixpunktiteration schnell konvergiert, gewinnt man bereits aus Abbildung 5.5. Je kleiner die Steigung des Graphen in der Umgebung des Fixpunktes x^* ist, umso schneller scheint die Iteration zu konvergieren. Man erwartet also, daß $\Phi'(x^*) = 0$ lokal die Konvergenz begünstigt.

Bemerkung 5.16. Sei $x_{k+1} = \Phi(x_k)$, $k = 0, 1, \ldots$, eine konvergente Fixpunktiteration mit Fixpunkt x^* und zweimal stetig differenzierbarem Φ. Aus

$$x_{k+1} - x^* = \Phi(x_k) - \Phi(x^*) = \Phi'(x^*)(x_k - x^*) + \mathcal{O}(\|x_k - x^*\|^2) \qquad (5.28)$$

folgt, daß im Normalfall, wenn $0 \neq \|\Phi'(x^*)\| < 1$ gilt, die Fixpunktiteration die Konvergenzordnung 1 hat. Quadratische Konvergenz hat man, wenn $\Phi'(x^*) = 0$ gilt. $\triangle$

Für die meisten in der Praxis benutzten Methoden zur Nullstellenbestimmung gilt $p = 1$ (lineare Konvergenz) oder $p = 2$ (quadratische Konvergenz).

Lokale und globale Konvergenz. Konvergiert die Folge $x_{k+1} = \Phi(x_k)$, $k = 0, 1, 2, \ldots$, nur für Startwerte x_0 aus einer Umgebung E des Fixpunktes x^*, so nennen wir die Iteration *lokal* konvergent. Kann x_0 im gesamten Definitionsbereich D von Φ beliebig gewählt werden, so heißt das Verfahren *global* konvergent. Man beachte, daß eine bestimmte Methode für das eine Problem lokal konvergent und für ein anderes Problem global konvergent sein kann. In den allermeisten Fällen liegt nur lokale Konvergenz vor (siehe auch Abschnitt 5.6.2).

Fehlerschätzung für skalare Folgen*

Die Abschätzungen (5.22) und (5.23) in Satz (5.8) liefern bereits Kriterien für den Abbruch einer Fixpunktiteration, sofern man die Lipschitzkonstante L kennt. Schlechte Schätzungen für L liefern entsprechend unzuverlässige Ergebnisse. In diesem Abschnitt wird nun gezeigt, wie man ohne derartige Vorkenntnisse über einfach berechenbare Größen die Differenz (den Fehler) $x^* - x_k$ für eine konvergente *skalare* Folge $\{x_k\}_{k=0}^{\infty}$ in $\mathbb{R}$ mit Grenzwert x^* schätzen kann.

Wir verwenden die Notation

$$e_k := x^* - x_k$$

$$A_k := \frac{x_k - x_{k-1}}{x_{k-1} - x_{k-2}} \qquad . \tag{5.29}$$

Lemma 5.17. *Sei* $\{x_k\}_{k=0}^{\infty}$ *eine konvergente Folge in* $\mathbb{R}$ *mit Grenzwert* x^*.
Aus

$$\lim_{k \to \infty} \frac{e_{k+1}}{e_k} = A \in (-1, 1), \quad A \neq 0, \tag{5.30}$$

folgt, daß die Konvergenzordnung der Folge $\{x_k\}_{k=0}^{\infty}$ *genau 1 ist und daß*

$$\lim_{k \to \infty} A_k = A, \tag{5.31}$$

$$\lim_{k \to \infty} \frac{\frac{A_k}{1 - A_k}(x_k - x_{k-1})}{e_k} = 1. \tag{5.32}$$

Wenn die Folge die Konvergenzordnung $p > 1$ *hat, gilt*

$$\lim_{k \to \infty} \frac{x_{k+1} - x_k}{e_k} = 1. \tag{5.33}$$

Beweis. Aus (5.30) erhält man

$$\lim_{k \to \infty} \frac{x_k - x_{k-1}}{e_k} = \lim_{k \to \infty} \frac{-e_k + e_{k-1}}{e_k}$$
$$= -1 + \lim_{k \to \infty} \frac{e_{k-1}}{e_k} = -1 + \frac{1}{A} = \frac{1 - A}{A} \tag{5.34}$$

und

$$\lim_{k \to \infty} A_k = \lim_{k \to \infty} \frac{e_k - e_{k-1}}{e_{k-1} - e_{k-2}} = \lim_{k \to \infty} \frac{e_k/e_{k-1} - 1}{1 - e_{k-2}/e_{k-1}} = \frac{A - 1}{1 - \frac{1}{A}} = A, \tag{5.35}$$

also gilt (5.31). Die Resultate (5.34), (5.35) ergeben

$$\lim_{k \to \infty} \frac{\frac{A_k}{1 - A_k}(x_k - x_{k-1})}{e_k} = \lim_{k \to \infty} \frac{A_k}{1 - A_k} \lim_{k \to \infty} \frac{x_k - x_{k-1}}{e_k} = \frac{A}{1 - A} \cdot \frac{1 - A}{A} = 1.$$

Wir betrachten nun den Fall, wobei die Konvergenzordnung $p > 1$ angenommen wird. Aus Definition 5.14 ergibt sich

$$\left| \frac{e_{k+1}}{e_k} \right| \leq c |e_k|^{p-1} \quad \text{für } k \geq k_0,$$

und damit

$$\lim_{k \to \infty} \frac{e_{k+1}}{e_k} = 0.$$

Daraus erhält man

$$\lim_{k \to \infty} \frac{x_{k+1} - x_k}{e_k} = \lim_{k \to \infty} \frac{e_k - e_{k+1}}{e_k} = 1 - \lim_{k \to \infty} \frac{e_{k+1}}{e_k} = 1. \qquad \square$$

Aus den Resultaten (5.32), (5.33) ergeben sich einfache a-posteriori-Fehler-schätzungen (für k hinreichend groß):

$$p = 1 \; : \; x^* - x_k \approx \frac{A_k}{1 - A_k}(x_k - x_{k-1}), \qquad (5.36)$$

$$\text{wobei } A_k = \frac{x_k - x_{k-1}}{x_{k-1} - x_{k-2}} \text{ etwa konstant sein sollte.}$$

$$p > 1 \; : \; x^* - x_k \approx x_{k+1} - x_k. \qquad (5.37)$$

Man beachte, daß für $p = 1$ (lineare Konvergenz) $|x_k - x_{k-1}|$ oder $|x_{k+1} - x_k|$ im allgemeinen *keine* sinnvolle Schätzung der Größe des Fehlers $|x^* - x_k|$ ist!

Beispiel 5.18. Für die Fixpunktiteration $x_{k+1} = \Phi_2(x_k)$ aus Beispiel 5.7 sind einige Resultate in Tabelle 5.3 zusammengestellt.

Tabelle 5.3. Fehlerschätzung

k	$x_0 = 0.5, x_{k+1} = \Phi_2(x_k)$	$A_k = \dfrac{x_k - x_{k-1}}{x_{k-1} - x_{k-2}}$	$\dfrac{A_k}{1 - A_k}(x_k - x_{k-1})$	$x^* - x_k$
0	0.500000000000	–	–	6.35e−01
1	1.069913193934	–	–	6.48e−02
2	1.128908359044	0.1035161	6.81e−03	5.82e−03
3	1.134208317737	0.0898372	5.23e−04	5.16e−04
4	1.134678435924	0.0887022	4.58e−05	4.57e−05
5	1.134720089466	0.0886023	4.05e−06	4.05e−06
6	1.134723779696	0.0885934	3.59e−07	3.59e−07
7	1.134724106623	0.0885926	3.18e−08	3.18e−08
8	1.134724135586	0.0885926	2.82e−09	2.82e−09
9	1.134724138152	0.0885926	2.49e−10	2.49e−10
10	1.134724138379	0.0885925	2.21e−11	2.21e−11

Um zeigen zu können, daß (in diesem Beispiel) die Fehlerschätzung gute Resultate ergibt, haben wir $x^* \doteq x_{30}$ berechnet und hiermit den Fehler $x^* - x_k$ mit hoher Genauigkeit berechnet (letzte Spalte in Tabelle 5.3). In der Praxis hat man natürlich den Fehler $x^* - x_k$ nicht zur Verfügung.

Man kann in diesem Beispiel auch sehen, daß A_k, $k = 2, 3, \ldots$, tatsächlich gegen die Konstante $A = \Phi'(x^*)$ konvergiert (vgl. (5.31)):

$$A_{10} = 0.0885925 \approx \Phi_2'(x_{10}) = \frac{1}{6}(x_{10} + 1)^{-\frac{5}{6}} = 0.0885926. \qquad \triangle$$

Fehlerschätzung für Vektorfolgen

Sei $\{x_k\}_{k=0}^{\infty}$ eine konvergente Folge in $\mathbb{R}^n$, $n > 1$, mit Grenzwert x^*. Sei $e_k = x^* - x_k$. Wenn die Konvergenzordnung der Folge genau 1 ist, gibt es keine einfache allgemeine Technik zur Schätzung des Fehlers e_k (oder $\|e_k\|$); ein Analogon der Fehlerschätzung (5.36) ist für den vektoriellen Fall nicht bekannt. Wenn die Folge eine Konvergenzordnung $p > 1$ hat, kann man über die einfach berechenbare Größe $\|x_{k+1} - x_k\|$ den Fehler $\|e_k\|$ schätzen.

Lemma 5.19. *Sei $\{x_k\}_{k=0}^{\infty}$ eine konvergente Folge in $\mathbb{R}^n$ mit Grenzwert x^* und Konvergenzordnung $p > 1$. Dann gilt*

$$\lim_{k\to\infty} \frac{\|x_{k+1} - x_k\|}{\|e_k\|} = 1 \ . \tag{5.38}$$

Beweis. Wegen der Konvergenzordnung $p > 1$ hat man

$$\frac{\|e_{k+1}\|}{\|e_k\|} \leq c\|e_k\|^{p-1} \ , \quad k \geq k_0,$$

und damit

$$\lim_{k\to\infty} \frac{\|e_{k+1}\|}{\|e_k\|} = 0. \tag{5.39}$$

Wegen

$$\|x_{k+1} - x_k\| = \|e_k - e_{k+1}\| \leq \|e_k\| + \|e_{k+1}\|$$

und

$$\|x_{k+1} - x_k\| = \|e_k - e_{k+1}\| \geq \|e_k\| - \|e_{k+1}\|$$

gilt

$$1 - \frac{\|e_{k+1}\|}{\|e_k\|} \leq \frac{\|x_{k+1} - x_k\|}{\|e_k\|} \leq 1 + \frac{\|e_{k+1}\|}{\|e_k\|}.$$

Aus dem Resultat (5.39) folgt

$$\lim_{k\to\infty} \frac{\|x_{k+1} - x_k\|}{\|e_k\|} = 1. \qquad \square$$

Aus diesem Resultat ergibt sich folgende Fehlerschätzung für den Fall $p > 1$:

$$p > 1: \ \|x_k - x^*\| \approx \|x_{k+1} - x_k\|, \quad \text{für } k \text{ genügend groß} . \tag{5.40}$$

Es sei bemerkt, daß im skalaren Fall (5.37) der Fehler e_k und im vektoriellen Fall (5.40) die Größe des Fehlers, $\|e_k\|$, geschätzt wird.

5.5 Berechnung von Nullstellen von skalaren Gleichungen

Angesichts des allgemeinen Problemrahmens von Gleichungen in n Unbekannten oder sogar in Funktionenräumen sieht ein skalares Problem, also eine Gleichung in einer einzigen (reellen) Unbekannten, schon fast trivial aus. Wenn nun in diesem Abschnitt nur das skalare Problem behandelt wird, eine Nullstelle

$$f(x^*) = 0$$

für ein stetig differenzierbares $f : \mathbb{R} \to \mathbb{R}$ zu bestimmen, geschieht dies einerseits, um ein besseres Verständnis für das Konvergenzverhalten iterativer Verfahren im möglichst technisch einfachen Rahmen zu fördern, andererseits aber auch vor dem Hintergrund, daß auch ein skalares Problem seine Tücken haben kann. Hierzu sei an die im Beispiel 1.2 skizzierte „technische Aufgabe" der Konstruktion eines Taktmechanismus mit Hilfe des mathematischen Pendels erinnert. Die für eine gewünschte Taktzeit T zu bestimmende Anfangsauslenkung x^* des Pendels ergab sich gerade als Nullstelle der Funktion $f(x) = \phi(T/4; x)$. In diesem Fall ist $f(x)$ nicht als analytischer Ausdruck explizit gegeben, sondern ist die Lösung einer Differentialgleichung – genauer eines *Anfangswertproblems* – ausgewertet an der Stelle $T/4$, wobei die Anfangswerte von x abhängen. Die Auswertung der Funktion $f(x)$ an der Stelle x erfordert also die Lösung einer Differentialgleichung mit einem durch x gekennzeichneten Anfangswert, also eine aufwendige Angelegenheit.

Die Anzahl der benötigten Funktionsauswertungen pro Iterationsschritt ist somit ein wichtiger Gesichtspunkt beim Entwurf solcher Verfahren. Andererseits zeigt das Beispiel auch, daß man sich gegebenenfalls bei der Konzeption eines Verfahrens damit begnügen muß, lediglich auf Funktionsauswertungen zugreifen zu können.

5.5.1 Bisektion

Eine vom Prinzip her sehr einfache und robuste Methode, die Lösung einer skalaren Gleichung nur über eine Funktionsauswertung pro Schritt zu bestimmen, ist die *Bisektion*, also im Prinzip eine für das Nullstellenpoblem in Beispiel 1.2 geeignete Methode. Man nehme an, es seien Werte $a_0 < b_0$ bekannt mit

$$f(a_0)f(b_0) < 0,$$

d. h., mit einem positiven und einem negativen Funktionswert. Nach dem Zwischenwertsatz für stetige Funktionen muß dann (a_0, b_0) mindestens eine Nullstelle von f enthalten. Man berechnet $x_0 := \frac{1}{2}(a_0 + b_0)$ und $f(x_0)$ und wählt ein neues Intervall $[a_1, b_1] = [a_0, x_0]$ oder $[a_1, b_1] = [x_0, b_0]$, sodaß $f(a_1)f(b_1) \leq 0$ gilt, usw. (vgl. Abb. 5.7):

Algorithmus 5.20. Gegeben $a_0 < b_0$ mit $f(a_0)f(b_0) < 0$.
Für $k = 0, 1, 2, \ldots$ berechne:

- $x_k = \frac{1}{2}(a_k + b_k)$, $f(x_k)$.
- Setze

$$a_{k+1} = a_k, \quad b_{k+1} = x_k \text{ falls } f(x_k)f(a_k) \leq 0$$
$$a_{k+1} = x_k, \quad b_{k+1} = b_k \text{ sonst}.$$

Nach etwa zehn Schritten reduziert sich also die Länge des einschließen-
den Intervalls um etwa den Faktor Tausend ($2^{10} = 1024$). Die Methode ist
nicht übermäßig schnell, aber verläßlich und dient häufig dazu, Startwerte für
schnellere, aber weniger robuste Verfahren zu liefern. Der Hauptnachteil liegt
darin, daß eine Verallgemeinerung auf Systeme nicht auf offensichtliche Weise
möglich ist.

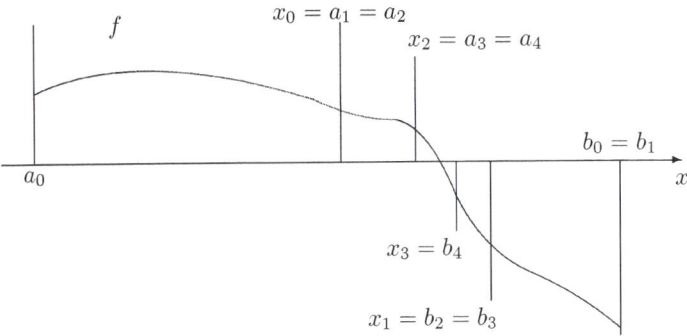

Abb. 5.7. Bisektion

Beispiel 5.21. Als Illustration wird die Nullstellenaufgabe aus Beispiel 5.7
diskutiert: Man soll die Nullstelle $x^* \in [0, 2]$ der Funktion $f(x) = x^6 - x - 1$
berechnen. Die Bisektion mit $a_0 = 0$, $b_0 = 2$ liefert die Resultate in Tabelle
5.4.   △

Per Konstruktion halbieren sich die Intervalle, die eine Nullstelle einschließen,
und damit der Fehler pro Schritt. Das Verfahren hat also die Ordnung $p = 1$.

5.5.2 Das Newton-Verfahren

Zur Lösung des Problem, für eine stetig differenzierbare Funktion $f : \mathbb{R} \to \mathbb{R}$
eine Nullstelle

$$f(x^*) = 0$$

Tabelle 5.4. Bisektion

k	a_k	b_k	x_k	$b_k - a_k$	$f(x_k)$
0	0.00000	2.00000	1.00000	2.00000	-1.00000
1	1.00000	2.00000	1.50000	1.00000	8.89062
2	1.00000	1.50000	1.25000	0.50000	1.56470
3	1.00000	1.25000	1.12500	0.25000	-0.09771
4	1.12500	1.25000	1.18750	0.12500	0.61665
5	1.12500	1.18750	1.15625	0.06250	0.23327
6	1.12500	1.15625	1.14062	0.03125	0.06158
7	1.12500	1.14062	1.13281	0.01562	-0.01958
8	1.13281	1.14062	1.13672	0.00781	0.02062
9	1.13281	1.13672	1.13477	0.00391	0.00043
10	1.13281	1.13477	1.13379	0.00195	-0.00960

zu finden, sei diesmal auf die Idee aus Bemerkung 5.6 zurückgegriffen. Gemäß der Strategie aus Abschnitt 5.3 soll eine *geeignete* Iterationsfunktion Φ so konstruiert werden, daß die Fixpunktiteration

$$x_{k+1} = \Phi(x_k) \tag{5.41}$$

möglichst schnell gegen einen Fixpunkt x^* von Φ konvergiert, der Nullstelle von f ist. Um die Konvergenzordnung $p = 2$ zu realisieren, muß Φ wegen (5.28) $\Phi'(x^*) = 0$ erfüllen.

Ansatz:
Bemerkung 5.6 folgend sei $\Phi(x) = x - g(x)f(x)$. Wegen

$$\Phi'(x^*) = 1 - g'(x^*)f(x^*) - g(x^*)f'(x^*) = 1 - g(x^*)f'(x^*),$$

ergibt sich

$$\Phi'(x^*) = 0 \iff g(x^*) = \frac{1}{f'(x^*)}.$$

Falls also $f(x^*) = 0$ und $f'(x^*) \neq 0$ gilt, ist

$$\Phi(x) = x - \frac{f(x)}{f'(x)} \tag{5.42}$$

in einer Umgebung von x^* so konstruiert, daß (5.41) *lokal quadratisch konvergiert*. Die Iteration (5.41) lautet in diesem Fall

$$x_{k+1} = x_k - \frac{f(x_k)}{f'(x_k)}, \quad k = 0, 1, 2, \ldots. \tag{5.43}$$

Dies ist das klassische *Newton-Verfahren* für eine skalare Gleichung.

Mit Hilfe der Taylorentwicklung kann man eine genaue Spezifikation des Terms $\mathcal{O}(\|x_k - x^*\|^2)$ in (5.28) herleiten.

Satz 5.22. *Sei f zweimal stetig differenzierbar in einer Umgebung* $U = (a,b)$ *von* x^*, *und es gelte* $f(x^*) = 0$, $f'(x^*) \neq 0$. *Dann gilt für* $x_k \in U$ *und* $x_{k+1} := x_k - \frac{f(x_k)}{f'(x_k)}$:

$$x_{k+1} - x^* = \frac{1}{2} \frac{f''(\xi_k)}{f'(x_k)} (x_k - x^*)^2, \quad \xi_k \in U, \qquad (5.44)$$

also ist das Newton-Verfahren lokal quadratisch konvergent.

Beweis. Wir benutzen die Taylorentwicklung

$$f(x) = f(x_k) + (x - x_k)f'(x_k) + \frac{1}{2}(x - x_k)^2 f''(\xi_k).$$

Einsetzen von $x = x^*$ liefert

$$0 = f(x^*) = f(x_k) + (x^* - x_k)f'(x_k) + \frac{1}{2}(x^* - x_k)^2 f''(\xi_k) \quad (\xi_k \in U),$$

und damit

$$-\frac{f(x_k)}{f'(x_k)} + x_k - x^* = \frac{1}{2}(x^* - x_k)^2 \frac{f''(\xi_k)}{f'(x_k)}.$$

Wegen der Definition von x_{k+1} erhält man hieraus

$$x_{k+1} - x^* = \frac{1}{2}(x^* - x_k)^2 \frac{f''(\xi_k)}{f'(x_k)}$$

und damit das Resultat in (5.44).   □

Beispiel 5.23. In der Nullstellenaufgabe aus Beispiel 5.7 soll die Nullstelle $x^* \in [0,2]$ der Funktion $f(x) = x^6 - x - 1$ berechnet werden.

Das Newton-Verfahren (5.43) ergibt in diesem Fall

$$x_{k+1} = x_k - \frac{x_k^6 - x_k - 1}{6x_k^5 - 1}. \qquad (5.45)$$

Einige Resultate sind in Tabelle 5.5 zusammengestellt (vgl. auch Tabelle 5.4, Tabelle 5.1). Wegen der *lokalen* Konvergenz des Newton-Verfahrens muß der Startwert x_0 hinreichend gut sein. Die Resultate in der zweiten Spalte zeigen, daß $x_0 = 0.5$ diese Bedingung nicht erfüllt. In der vierten Spalte sind die Resultate für die Fehlerschätzung (5.37) dargestellt.   △

Was passiert eigentlich, wenn man auf einem Taschenrechner die Quadratwurzeltaste drückt?

Beispiel 5.24. Man berechne $\sqrt{a}$ für ein $a > 0$. $\sqrt{a}$ ist offensichtlich Lösung von

$$f(x) := x^2 - a = 0.$$

Tabelle 5.5. Newton-Verfahren

k	$x_0 = 0.5, x_k$ wie in (5.45)	$x_0 = 2, x_k$ wie in (5.45)	$x_{k+1} - x_k$
0	0.50000000000000	2.00000000000000	$-3.19\mathrm{e}{-01}$
1	-1.32692307692308	1.68062827225131	$-2.50\mathrm{e}{-01}$
2	-1.10165080870249	1.43073898823906	$-1.76\mathrm{e}{-01}$
3	-0.92567640260338	1.25497095610944	$-9.34\mathrm{e}{-02}$
4	-0.81641531662254	1.16153843277331	$-2.52\mathrm{e}{-02}$
5	-0.78098515830640	1.13635327417051	$-1.62\mathrm{e}{-03}$
6	-0.77810656986872	1.13473052834363	$-6.39\mathrm{e}{-06}$
7	-0.77808959926268	1.13472413850022	$-9.87\mathrm{e}{-11}$
8	-0.77808959867860	1.13472413840152	$0.00\mathrm{e}{+00}$
9	-0.77808959867860	1.13472413840152	$-$

Das Newton-Verfahren (5.43) ergibt in diesem Fall nach einfacher Umformung

$$x_{k+1} = \frac{1}{2}\left(x_k + \frac{a}{x_k}\right). \qquad (5.46)$$

Obgleich bisher im Zusammenhang mit dem Newton-Verfahren stets von *lokaler* Konvergenz die Rede war, stellt man hier fest, daß (5.46) für *jeden* positiven Startwert $x_0 > 0$ konvergiert. Sei nämlich $x_0 > 0$ beliebig, dann folgt aus

$$x_{k+1} - \sqrt{a} = \frac{1}{2}\left(x_k + \frac{a}{x_k}\right) - \sqrt{a} = \frac{1}{2x_k}\left(x_k - \sqrt{a}\right)^2 \geq 0 \qquad \text{falls } x_k > 0,$$

daß $x_k \geq \sqrt{a}$ für alle $k \geq 1$ gilt. Damit ergibt sich

$$0 \leq x_{k+1} - \sqrt{a} = \frac{1}{2}\frac{x_k - \sqrt{a}}{x_k}(x_k - \sqrt{a}) \leq \frac{1}{2}(x_k - \sqrt{a}) \quad \text{für } k \geq 1,$$

also wird der Fehler in jedem Schritt mindestens halbiert. Für $a = 2$ und $x_0 = 100$ erhält man z. B. die Resultate in Tabelle 5.6.

Man sieht die Halbierung des Fehlers bis etwa $k = 6$. Dann setzt die quadratische Konvergenz ein, wobei pro Schritt die Anzahl der korrekten Stellen etwa verdoppelt wird. Auch erst dann ist die Fehlerschätzung $x_{k+1} - x_k$ sinnvoll.

$\triangle$

Geometrische Deutung und Konvergenz

Zur Frage der *lokalen* oder *globalen* Konvergenz des Newton-Verfahrens sei zunächst auf folgende alternative *geometrische Herleitung des Newton-Verfahrens* verwiesen.

Man nehme an, x_k sei eine bereits bekannte Näherung für eine Nullstelle x^* von f. Dann gilt

$$f(x) = f(x_k) + (x - x_k)f'(x_k) + \frac{1}{2}(x - x_k)^2 f''(\xi_k). \qquad (5.47)$$

Tabelle 5.6. Newton-Verfahren

k	x_k	$x_{k+1} - x_k$	$\sqrt{2} - x_k$
0	100.00000000000000	−5.00e+01	−9.86e+01
1	50.01000000000000	−2.50e+01	−4.86e+01
2	25.02499600079984	−1.25e+01	−2.36e+01
3	12.55245804674590	−6.20e+00	−1.11e+01
4	6.35589469493114	−3.02e+00	−4.94e+00
5	3.33528160928043	−1.37e+00	−1.92e+00
6	1.96746556223115	−4.75e−01	−5.53e−01
7	1.49200088968972	−7.58e−02	−7.78e−02
8	1.41624133202894	−2.03e−03	−2.03e−03
9	1.41421501405005	−1.45e−06	−1.45e−06
10	1.41421356237384	−	−7.45e−13

In einer kleinen Umgebung von x_k ist die Tangente

$$T(x) = f(x_k) + (x - x_k)f'(x_k)$$

von f an der Stelle x_k eine gute Näherung von f. Falls x_k eine gute Näherung für x^* ist, erwartet man daher, daß die Nullstelle von $T(x)$ (die existiert, wenn $f'(x_k) \neq 0$ gilt) eine gute Näherung an die Nullstelle x^* von f ist. Die Nullstelle der Tangente wird als neue Annäherung x_{k+1} genommen, vgl. Abb. 5.8. Unter der Voraussetzung $f'(x_k) \neq 0$ erhält man

$$T(x_{k+1}) = 0 \quad \Leftrightarrow \quad x_{k+1} = x_k - \frac{f(x_k)}{f'(x_k)},$$

also das Newton-Verfahren.

Dem Motto

> „kannst Du das *schwierige* Problem, die Bestimmung einer Nullstelle einer *nichtlinearen* Funktion, nicht auf Anhieb lösen, ziehe Dich auf die *wiederholte* Lösung *einfacherer* Probleme, der Lösung *linearer* Gleichungen, zurück".

werden wir noch häufiger im Zusammenhang mit dem Namen „Newton" begegnen.

Diese geometrische Interpretation gibt einigen Aufschluß über das Konvergenzverhalten. Einerseits zeigt sich, daß man im allgemeinen *nicht mehr* als *lokale* Konvergenz erwarten kann. Im Beispiel in Abb. 5.9 ist es klar, daß die Methode divergiert. Andererseits zeigt sich auch (siehe Abb. 5.10), warum im Beispiel 5.24 Konvergenz für *alle* positiven Startwerte x_0 vorliegt. Mit der geometrischen Interpretation läßt sich auch das Konvergenzverhalten in Beispiel 5.23 erklären.

Bemerkung 5.25. Falls f eine mehrfache Nullstelle hat, d. h.

$$f'(x^*) = \ldots = f^{(m-1)}(x^*) = 0, \quad f^{(m)}(x^*) \neq 0, \tag{5.48}$$

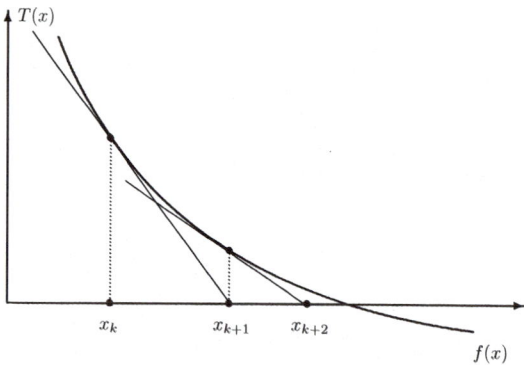

Abb. 5.8. Newton-Verfahren

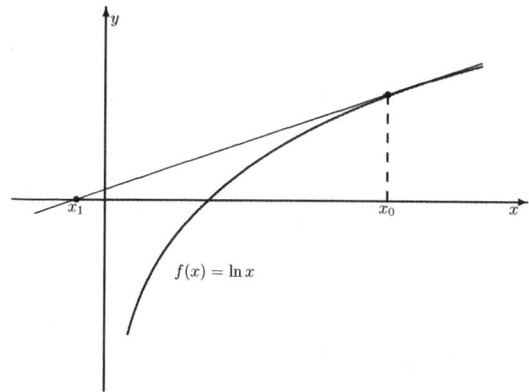

Abb. 5.9. Newton-Verfahren

liegt im allgemeinen keine quadratische Konvergenz vor. Man kann sie aber durch die Modifikation

$$x_{k+1} = x_k - m\frac{f(x_k)}{f'(x_k)}$$

wieder retten. Natürlich ist m in der Praxis meist nicht bekannt.   △

w14 ⌐
weiter ### 5.5.3 Newton-ähnliche Verfahren

Sekanten-Verfahren

Für das Takter-Problem in Beispiel 1.2 scheint das Newton-Verfahren zunächst weniger gut geeignet, da es zusätzlich zu der ohnehin in diesem Fall schon aufwendigen Funktionsauswertung auch noch die Auswertung der Ableitung verlangt. Dem kann man folgendermaßen abhelfen. Beim Newton-Verfahren wird, ausgehend von x_k, die Funktion f durch die Tangente im Punkt $(x_k, f(x_k))$

2.3 Klausur vorbereitung 10:30

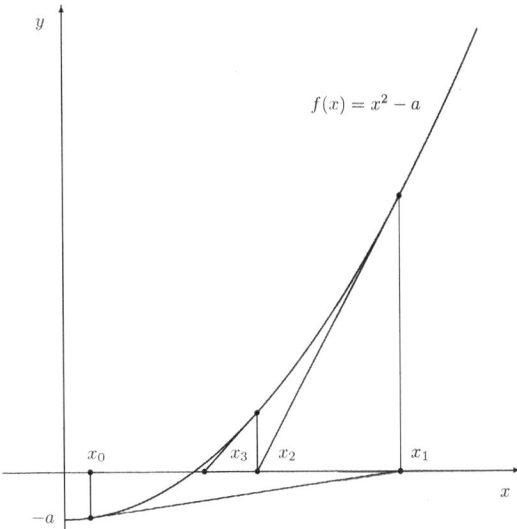

Abb. 5.10. Newton-Verfahren (vgl. Beispiel 5.24)

ersetzt. Beim Sekanten-Verfahren wird, ausgehend von x_k *und* x_{k-1}, die Funktion f durch die Gerade durch die Punkte $(x_{k-1}, f(x_{k-1}))$, $(x_k, f(x_k))$ (eine sogenannte Sekante) ersetzt:

$$S(x) = \frac{x - x_{k-1}}{x_k - x_{k-1}} f(x_k) + \frac{x_k - x}{x_k - x_{k-1}} f(x_{k-1}).$$

Die Nullstelle dieser Gerade, die existiert falls $f(x_k) \neq f(x_{k+1})$ gilt, wird als neue Näherung x_{k+1} genommen:

$$S(x_{k+1}) = 0.$$

Dies ergibt

$$
\begin{aligned}
x_{k+1} &- \frac{x_{k-1} f(x_k) - x_k f(x_{k-1})}{f(x_k) - f(x_{k-1})} \\
&= x_k - f(x_k) \left(\frac{x_k - x_{k-1}}{f(x_k) - f(x_{k-1})} \right).
\end{aligned}
\tag{5.49}
$$

Man beachte, daß bei diesem Verfahren die *Berechnung von f' vermieden wird.* Man kann zeigen, daß das Sekantenverfahren lokal von der Ordnung

$$p \approx 1.6$$

konvergiert. Da es pro Schritt jedoch nur *eine* Funktionsauswertung benötigt, ist es insgesamt *effizienter* als das Newton-Verfahren, falls die Auswertung

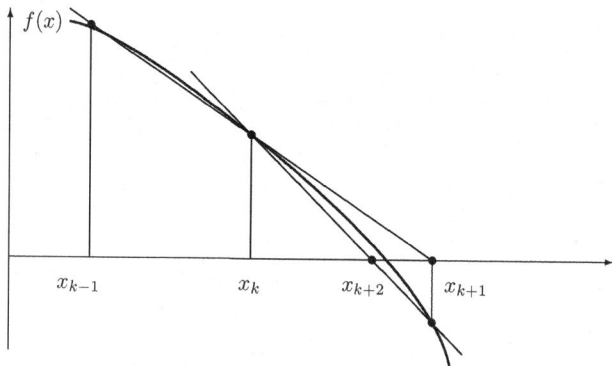

Abb. 5.11. Sekanten-Verfahren

von f' etwa so teuer wie die Auswertung von f ist. Allerdings benötigt man *zwei* Startwerte!

Beispiel 5.26. Für das Problem aus Beispiel 5.7 liefert die Sekanten-Methode die Resultate in Tabelle 5.7. Die Werte in der dritten Spalte ergeben wegen (5.37) eine Fehlerabschätzung. Diese Resultate zeigen, daß die Konvergenz (asymptotisch) wesentlich schneller ist als bei der Fixpunktiteration $x_{k+1} = \Phi_2(x_k)$ (siehe Tabelle 5.3), wo $p = 1$ gilt. Andererseits ist die Konvergenz langsamer als beim Newton-Verfahren (siehe Tabelle 5.5) mit $p = 2$.   △

Tabelle 5.7. Sekanten-Methode

k	x_k	$x_{k+1} - x_k$
0	2.00000000000000	$-1.00\mathrm{e}{+00}$
1	1.00000000000000	$1.61\mathrm{e}{-02}$
2	1.01612903225806	$1.74\mathrm{e}{-01}$
3	1.19057776867664	$-7.29\mathrm{e}{-02}$
4	1.11765583094155	$1.49\mathrm{e}{-02}$
5	1.13253155021613	$2.29\mathrm{e}{-03}$
6	1.13481680800485	$-9.32\mathrm{e}{-05}$
7	1.13472364594870	$4.92\mathrm{e}{-07}$
8	1.13472413829122	$1.10\mathrm{e}{-10}$
9	1.13472413840152	$-$

Regula-Falsi

Die Regula-Falsi-Methode ist eine Mischung der Bisektion und des Sekanten-Verfahrens. Man nehme an, wie bei der Bisektion, es seien Werte $a_0 < b_0$ bekannt mit

$$f(a_0)f(b_0) < 0.$$

Statt der Mitte des Intervalls (d. h. $x_0 = \frac{1}{2}(a_0 + b_0)$) wird bei der Regula-Falsi x_0, wie in (5.49), über die Sekante durch die Punkte $(a_0, f(a_0))$, $(b_0, f(b_0))$ bestimmt (vgl. Abb. 5.12):

$$x_0 = \frac{a_0 f(b_0) - b_0 f(a_0)}{f(b_0) - f(a_0)}.$$

Man wählt nun ein neues Intervall $[a_1, b_1] = [a_0, x_0]$ oder $[a_1, b_1] = [x_0, b_0]$, so daß $f(a_1)f(b_1) \leq 0$ gilt, usw.:

Algorithmus 5.27. Gegeben $a_0 < b_0$ mit $f(a_0)f(b_0) < 0$. Für $k = 0, 1, 2, \dots$ berechne:

- $x_k = \frac{a_k f(b_k) - b_k f(a_k)}{f(b_k) - f(a_k)}$, $\quad f(x_k)$.
- Setze

$$a_{k+1} = a_k, \quad b_{k+1} = x_k \quad \text{falls } f(x_k)f(a_k) \leq 0$$
$$a_{k+1} = x_k, \quad b_{k+1} = b_k \quad \text{sonst.}$$

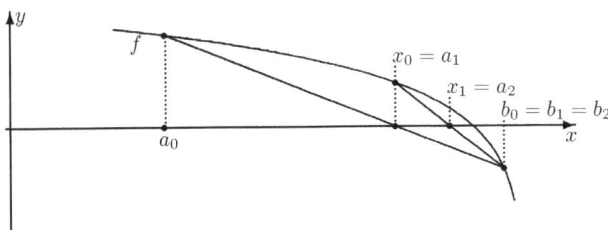

Abb. 5.12. Regula-Falsi

Es ergibt sich, daß

$$x^* \in (a_k, b_k) \text{ für alle } k \quad \text{und} \quad a_k \to x^* \text{ oder } b_k \to x^* \text{ für } k \to \infty.$$

Wegen $x^* \in (a_k, b_k)$ ist die Methode sehr zuverlässig. Die Konvergenz ist im allgemeinen schneller als bei der Bisektion, aber die Konvergenzordnung ist dieselbe: $p = 1$.

5.5.4 Zusammenfassende Hinweise zu den Methoden für skalare Gleichungen

Einige zusammenfassende Bemerkungen:

- Mit der Problemstellung ist oft ein $f : \mathbb{R} \to \mathbb{R}$ vorgegeben, für das $f(x) = 0$ zu lösen ist. Ein möglicher Lösungsansatz ist die Fixpunktiteration mit einer dazu *geeignet zu konstruierenden* Iterationsfunktion Φ, etwa gemäß Bemerkung 5.6. Im allgemeinen hat das Fixpunktverfahren nur die Konvergenzordnung $p = 1$.
- Das Newton-Verfahren ist jedoch ein Beispiel dieses Ansatzes, das, wenn $f'(x^*) \neq 0$ gilt, die Konvergenzordnung $p = 2$ hat.
- Eine Fixpunktiteration (z. B. die Newton-Methode) ist im allgemeinen nur *lokal* konvergent, d. h., der Erfolg der Iteration hängt wesentlich vom Startwert ab. Zur Wahl des Startwertes später mehr.
- Bisektion und Regula-Falsi sind sehr *zuverlässige* Methoden. Die Konvergenzordnung dieser Methoden ist jedoch nur $p = 1$.
- Das Sekanten-Verfahren ist eine effiziente Variante des Newton-Verfahrens, wobei die Berechnung der Ableitung f' vermieden wird. Die Konvergenzordnung dieser Methode ist $p = 1.6$.
- Wenn die Konvergenzordnung des Lösungsverfahrens bekannt ist, stehen einfache Fehlerschätzungsmethoden zur Verfügung (siehe (5.36), (5.37)).

5.6 Das Newton-Verfahren für Systeme

Wie schon in Abschnitt 5.1 angedeutet wurde, ist der Fall nichtlinearer Gleichungssysteme von besonderer Bedeutung. In diesem Abschnitt geht es also sozusagen um den „Ernstfall", nämlich um das Newton-Verfahren zur Lösung des Gleichungssystems

$$f(x) = 0, \tag{5.50}$$

wobei $f : \mathbb{R}^n \to \mathbb{R}^n$ (für $n > 1$) eine zweimal stetig differenzierbare vektorwertige Funktion ist.

5.6.1 Grundlagen des Newton-Verfahrens

Für Gleichungssysteme leitet man das Newton-Verfahren am bequemsten über eine zu Abschnitt 5.5.2 analoge geometrische Interpretation her: Um Indizes für Vektorkomponenten vom Iterationsindex zu unterscheiden, sollen im folgenden hochgestellte Indizes stets den jeweiligen Iterationsschritt anzeigen:

$$x^k = (x_1^k, \ldots, x_n^k)^T \in \mathbb{R}^n.$$

Taylorentwicklung der Komponente f_i um x^k ergibt

$$f_i(x) = f_i(x^k) + \sum_{j=1}^{n} \frac{\partial f_i(x^k)}{\partial x_j}(x_j - x_j^k) + \mathcal{O}\left(\|x - x^k\|_2^2\right), \quad i = 1, 2, \ldots n. \quad (5.51)$$

Mit der üblichen Bezeichnung

$$f'(x) = \begin{pmatrix} \frac{\partial f_1(x)}{\partial x_1} & \cdots & \frac{\partial f_1(x)}{\partial x_n} \\ \vdots & & \vdots \\ \frac{\partial f_n(x)}{\partial x_1} & \cdots & \frac{\partial f_n(x)}{\partial x_n} \end{pmatrix}$$

für die Jacobi-Matrix von f kann man (5.51) in folgender Relation zusammenfassen:

$$f(x) = f(x^k) + f'(x^k)(x - x^k) + \mathcal{O}\left(\|x - x^k\|_2^2\right). \quad (5.52)$$

Statt nach einer Nullstelle von f zu suchen, bestimmt man nun die Nullstelle x^{k+1} der *linearen Näherung* von f in x^k, d.h. des Taylorpolynoms ersten Grades:

$$0 = f(x^k) + f'(x^k)(x^{k+1} - x^k). \quad (5.53)$$

Falls f' in x^k nicht-singulär ist, erhält man aus (5.53)

$$x^{k+1} = x^k - (f'(x^k))^{-1}f(x^k). \quad (5.54)$$

Dies ist offensichtlich das vektorwertige Analogon zur skalaren Newton-Iteration (5.43).

Bei der numerischen Durchführung des Newton-Verfahrens für Systeme muß die Berechnung der *Inversen* von $f'(x^k)$ vermieden werden, weil dies bekanntlich aufwendiger als die Lösung des Gleichungssystems ist! Die Korrektur $s^k = -(f'(x^k))^{-1}f(x^k)$ ist gerade die Lösung des Gleichungssystems $f'(x^k)s^k = -f(x^k)$. Man geht also folgendermaßen vor:

Algorithmus 5.28 (Newton-Iteration).
Gegeben: Startwert x^0.
Für $k = 0, 1, 2, \ldots$:

- Berechne $f(x^k), f'(x^k)$
- Löse das lineare Gleichungssystem in s^k

$$f'(x^k)s^k = -f(x^k). \quad (5.55)$$

- Setze (Newton-Korrektur)

$$x^{k+1} = x^k + s^k. \quad (5.56)$$

Zur Lösung von (5.55) verwendet man ein Verfahren aus Kapitel 3, etwa LR-oder QR-Zerlegung.

Bemerkung 5.29. Das Newton-Verfahren für Systeme läßt sich natürlich immer noch als Fixpunktiteration

$$x^{k+1} = \Phi(x^k), \quad \text{mit} \quad \Phi(x) = x - (f'(x))^{-1} f(x)$$

auffassen.   △

Beispiel 5.30. (vgl. Beispiel 5.13) Löse

$$\begin{aligned} f_1(x_1, x_2) &= 6x_1 - \cos x_1 - 2x_2 = 0 \ , \\ f_2(x_1, x_2) &= 8x_2 - x_1 x_2^2 - \sin x_1 = 0 \ . \end{aligned}$$

Man erhält

$$f'(x) = \begin{pmatrix} 6 + \sin x_1 & -2 \\ -x_2^2 - \cos x_1 & 8 - 2x_1 x_2 \end{pmatrix} .$$

Für den Startwert

$$x^0 = \begin{pmatrix} x_1^0 \\ x_2^0 \end{pmatrix} = \begin{pmatrix} 0 \\ 0 \end{pmatrix}$$

ergibt sich $f(x^0) = \begin{pmatrix} -1 \\ 0 \end{pmatrix}$ und

$$f'(x^0) = \begin{pmatrix} 6 & -2 \\ -1 & 8 \end{pmatrix} .$$

Wegen (5.55) hat man

$$\begin{pmatrix} 6 & -2 \\ -1 & 8 \end{pmatrix} \begin{pmatrix} s_1^0 \\ s_2^0 \end{pmatrix} = - \begin{pmatrix} -1 \\ 0 \end{pmatrix}$$

zu lösen. Man erhält

$$s^0 = \frac{1}{46} \begin{pmatrix} 8 \\ 1 \end{pmatrix}$$

und somit als neue Näherung

$$x^1 = x^0 + s^0 = \frac{1}{46} \begin{pmatrix} 8 \\ 1 \end{pmatrix} .$$ △

Wie im skalaren Fall erwartet man, daß das Newton-Verfahren (lokal) *quadratisch* konvergiert. Um diese Konvergenz streng mathematisch zu garantieren, benötigt man allerdings eine Reihe von Voraussetzungen, unter anderem an den Startwert x^0, die in der Praxis meist leider schwer oder gar nicht überprüfbar sind. Um den Typ solcher Voraussetzungen und das Konvergenzverhalten des Newton-Verfahrens zu verdeutlichen, formulieren wir eine einfache Variante eines solchen Satzes.

Satz 5.31. *Sei* $\Omega \subset \mathbb{R}^n$ *offen und konvex,* $f : \Omega \to \mathbb{R}^n$ *eine stetig differenzierbare Funktion mit invertierbarer Jacobimatrix* $f'(x)$ *für alle* $x \in \Omega$. *Sei* β, *so daß*

$$\|(f'(x))^{-1}\| \leq \beta \quad \text{für alle} \quad x \in \Omega. \tag{5.57}$$

Ferner sei $f'(x)$ *auf* Ω *Lipschitz-stetig mit einer Konstanten* γ, *d. h.,*

$$\|f'(x) - f'(y)\| \leq \gamma\|x - y\|, \quad x, y \in \Omega. \tag{5.58}$$

Weiterhin existiere eine Lösung x^* *von* $f(x) = 0$ *in* Ω. *Der Startwert* x^0 *erfülle* $x^0 \in K_\omega(x^*) := \{\, x \in \mathbb{R}^n \mid \|x^* - x\| < \omega \,\}$ *mit* ω *hinreichend klein, so daß* $K_\omega(x^*) \subset \Omega$ *und*

$$\omega \leq \frac{2}{\beta\gamma}. \tag{5.59}$$

Dann bleibt die durch das Newton-Verfahren definierte Folge $\{x^k\}_{k=0}^{\infty}$ *innerhalb der Kugel* $K_\omega(x^*)$ *und konvergiert* quadratisch *gegen* x^*:

$$\|x^{k+1} - x^*\| \leq \frac{\beta\gamma}{2}\|x^k - x^*\|^2, \quad k = 0, 1, 2, \dots \,. \tag{5.60}$$

Beweis. Wegen (5.54) und $f(x^*) = 0$ hat man für $x^k \in \Omega$:

$$
\begin{aligned}
x^{k+1} - x^* &= x^k - x^* - (f'(x^k))^{-1}f(x^k) \\
&= x^k - x^* - (f'(x^k))^{-1}[f(x_k) - f(x^*)] \\
&= (f'(x^k))^{-1}[f(x^*) - f(x^k) - f'(x^k)(x^* - x^k)].
\end{aligned} \tag{5.61}
$$

Wegen (5.57) gilt somit

$$\|x^{k+1} - x^*\| \leq \beta\|f(x^*) - f(x^k) - f'(x^k)(x^* - x^k)\|. \tag{5.62}$$

Man hat also Ausdrücke der Form $\|f(x) - f(y) - f'(y)(x - y)\|$ abzuschätzen. Hierzu setze $\phi(t) = f(y + t(x - y))$ für $x, y \in \Omega$, $t \in [0, 1]$ und beachte, daß $\phi(1) = f(x)$, $\phi(0) = f(y)$. Nach Voraussetzung ist ϕ ferner auf $[0, 1]$ differenzierbar für jedes $x, y \in \Omega$, und die Kettenregel ergibt

$$\phi'(t) = f'(y + t(x - y))(x - y).$$

Also gilt wegen (5.58)

$$
\begin{aligned}
\|\phi'(t) - \phi'(0)\| &= \|[f'(y + t(x - y)) - f'(y)](x - y)\| \\
&\leq \|f'(y + t(x - y)) - f'(y)\|\|x - y\| \\
&\leq \gamma t\|x - y\|^2.
\end{aligned} \tag{5.63}
$$

Da ferner

$$f(x) - f(y) - f'(y)(x - y) = \phi(1) - \phi(0) - \phi'(0) = \int_0^1 \phi'(t) - \phi'(0)\,\mathrm{d}t,$$

folgt aus (5.63)

$$\|f(x) - f(y) - f'(y)(x - y)\| \leq \gamma\|x - y\|^2 \int_0^1 t\,\mathrm{d}t = \frac{\gamma}{2}\|x - y\|^2. \qquad (5.64)$$

Wegen (5.62) ergibt sich hieraus

$$\|x^{k+1} - x^*\| \leq \frac{\beta\gamma}{2}\|x^* - x^k\|^2. \qquad (5.65)$$

Dies ist bereits die quadratische Konvergenzrate. Man muß noch zeigen, daß für alle k die Ungleichung $\|x^* - x^k\| < \omega$ gilt. Da dies nach Voraussetzung für $k = 0$ gilt, bietet sich vollständige Induktion an. Man nehme also an, daß $\|x^k - x^*\| < \omega$ gilt. Wegen (5.65) folgt dann

$$\|x^{k+1} - x^*\| \leq \frac{\beta\gamma}{2}\|x^* - x^k\|\|x^* - x^k\| < \frac{\beta\gamma\omega}{2}\,\omega.$$

Da $\omega \leq \frac{2}{\beta\gamma}$, folgt die Behauptung. $\qquad \square$

Bemerkung 5.32.

a) Die Parameter β und γ sind durch das Problem gegeben. Damit (5.59) gilt, wird eine *genügend gute* Startnäherung benötigt, um Konvergenz zu sichern.

b) Man kann unter obigen Voraussetzungen auch zeigen, daß x^* in der Kugel $K_\omega(x^*)$ sogar die *einzige* Nullstelle ist, denn ist x^{**} eine weitere Lösung, ergibt sich mit (5.64)

$$\|x^{**} - x^*\| = \|(f'(x^*))^{-1}[f(x^{**}) - f(x^*) - f'(x^*)(x^{**} - x^*)]\|$$
$$\leq \underbrace{\frac{\beta\gamma}{2}\|x^{**} - x^*\|}_{<1}\|x^{**} - x^*\|.$$

Da daraus für $\|x^{**} - x^*\| \neq 0$ die Ungleichung $\|x^{**} - x^*\| < \|x^{**} - x^*\|$ folgen würde, schließt man $x^{**} = x^*$. $\qquad \triangle$

Es gibt Varianten des obigen Satzes, die schwächere Voraussetzungen benutzen, allerdings auch sehr viel aufwendigere Beweise verlangen. Insbesondere muß man die Existenz einer Lösung x^* nicht voraussetzen, sondern kann sie schließen. Entsprechende Forderungen an f' und den Startwert x^0 sind allerdings stets vom obigen Typ.

Für das Newton-Verfahren für Systeme kann man die Fehlerschätzung (5.40) benutzen. Wie beim skalaren Fall ist dies erst sinnvoll, sobald die quadratische Konvergenz eingesetzt hat.

Beispiel 5.33. Wir lösen das nichtlineare Gleichungssystem aus Beispiel 5.2 mit dem Newton-Verfahren. Für $n = 60$ ergibt sich das Gleichungssystem

$$f_i(x_1, x_2, \ldots, x_{60}) = 0, \qquad i = 1, 2, \ldots, 60,$$

wobei

$$f_i(x_1, x_2, \ldots, x_{60}) = x_i + \frac{1}{60} \sum_{j=1}^{60} \cos\left(\frac{\left(i - \frac{1}{2}\right)\left(j - \frac{1}{2}\right)}{3600}\right) x_j^3 - 2.$$

Für die Jacobi-Matrix erhält man

$$(f'(x))_{i,j} = \frac{\partial f_i(x)}{\partial x_j} = \begin{cases} 1 + \frac{1}{20} \cos\left(\frac{\left(i - \frac{1}{2}\right)^2}{3600}\right) x_i^2 & \text{für } i = j \\ \frac{1}{20} \cos\left(\frac{\left(i - \frac{1}{2}\right)\left(j - \frac{1}{2}\right)}{3600}\right) x_j^2 & \text{für } i \neq j. \end{cases}$$

In jedem Iterationsschritt des Newton-Verfahrens werden

- die Jacobi-Matrix $f'(x^k)$ und der Funktionswert $f(x^k)$ berechnet,
- das lineare Gleichungssystem $f'(x^k)s^k = -f(x^k)$ über Gauß-Elimination mit Spaltenpivotisierung gelöst,
- $x^{k+1} = x^k + s^k$ berechnet.

Die Ergebnisse für den Startwert $x^0 = (2, 2, \ldots, 2)^T$ sind in Tabelle 5.8 aufgelistet.

Tabelle 5.8. Newton-Verfahren

k	$\|f(x^k)\|_2$	$\|x^{k+1} - x^k\|_2$
0	5.87e+01	4.75e+00
1	1.50e+01	2.31e+00
2	2.52e+00	5.78e−01
3	1.31e−01	3.32e−02
4	4.10e−04	1.05e−04
5	4.09e−09	1.05e−09
6	2.51e−15	−

Die dritte Spalte zeigt die Fehlerschätzung (5.40). Das berechnete Resultat x^6 ergibt eine Näherung der Lösung u der Integralgleichung 5.4 in Beispiel 5.2 an den Gitterpunkten t_i:

$$x_i^6 \approx u(t_i) = u\left(\frac{i - \frac{1}{2}}{60}\right), \qquad i = 1, 2, \ldots, 60.$$

Diese Näherung der Funktion $u(x)$, $x \in [0, 1]$, ist in Abbildung 5.13 dargestellt.

$\triangle$

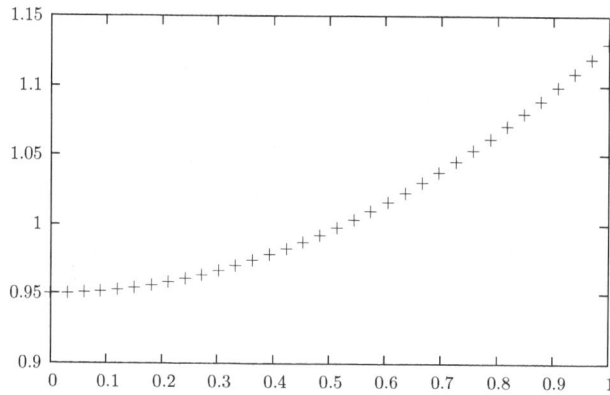

Abb. 5.13. Numerische Lösung der Integralgleichung (5.4)

5.6.2 Hinweise zur praktischen Durchführung des Newton-Verfahrens

Bei der praktischen Umsetzung des Newton-Verfahrens stellen sich insbesondere folgende Problemfelder: die oft aufwendige Berechnung der Jacobi-Matrix, die Lösung der dabei entstehenden Gleichungssysteme und schließlich die Wahl eines geeigneten Startwertes. Wir werden im folgenden diese Punkte kurz ansprechen.

Das vereinfachte Newton-Verfahren

In realistischen Anwendungen liegt der aufwendigste Teil der Rechnung oft in der Auswertung der Jacobi-Matrix $f'(x^k)$. Deshalb hat man eine Reihe von *Aufdatierungstechniken* entwickelt, die ausnützen, daß sich die Jacobi-Matrix nicht zu abrupt ändert. Die Behandlung dieser Methoden würde jedoch den gegenwärtigen Rahmen sprengen. Näheres zu diesem Thema findet man zum Beispiel in [OR].

Wir begnügen uns hier mit einer einfachen Strategie. Falls f' sich nicht stark ändert, kann man folgendermaßen vorgehen:

- Aufstellen der Jacobi-Matrix im ersten Schritt $f'(x^0)$.
- Statt $f'(x^k)$ in (5.55) verwende $f'(x^0)$, d. h.,

$$f'(x^0)s^k = -f(x^k), \quad x^{k+1} = x^k + s^k$$

für $k = 0, 1, 2, \ldots$.

Dadurch geht allerdings die quadratische Konvergenz verloren. In der Praxis verwendet man daher eine Mischform, wobei man f' nach etwa 3 bis 5 Schritten erneuert.

Auswertung der Jacobi-Matrix

In vielen Fällen ist die Jacobi-Matrix nicht oder nur unter großem Aufwand in geschlossener Form berechenbar. Statt der Ableitungen

$$\frac{\partial f_i(x^k)}{\partial x_j}$$

verwendet man daher *numerische* Differentiation, indem man die Ableitungen etwa durch Differenzenquotienten

$$\frac{\partial f_i(x)}{\partial x_j} \approx \frac{f_i(x + he^j) - f_i(x)}{h}, \quad e^j = (0, \dots, 0, 1, 0, \dots, 0)^T,$$

ersetzt, wobei e^j der j-te Basisvektor ist. Die Größe von h hängt von der speziellen Aufgabe ab. Allgemein wird ein zu großes h die Genauigkeit der Approximation von $f'(x^k)$ und damit ebenfalls die Konvergenz der Newton-Iteration beeinträchtigen. Ein zu kleines h birgt hingegen die Gefahr der Auslöschung. Die Frage, dies abzuwägen, wird in Abschnitt 8.4 nochmals aufgegriffen.

Wahl des Startwertes

Aus Satz 5.31 läßt sich bereits ersehen, daß die klassischen theoretischen Ergebnisse keine wirklich praxistaugliche Hilfe bieten, die aufgrund der lokalen Konvergenz notwendigen guten Startwerte zu wählen. Wir deuten im folgenden kurz drei mögliche Strategien an, Konvergenz zu begünstigen oder gar zu sichern.

Die Erste ist fast selbstverständlich. Soweit wie möglich wird man sich bei der Wahl des Startwertes durch Hintergrundinformation leiten lassen. Dies hängt naturgemäß vom konkreten Fall ab, so daß dies anhand eines Beispiels erläutert wird.

Beispiel 5.34. Wir untersuchen das Problem aus Beispiel 5.1 für die Punktmassen $m_1 = 10$, $m_2 = 13$, $m_3 = 6$ mit den Koordinaten $(x_1, y_1) = (-3, 0)$, $(x_2, y_2) = (2, 0)$ und $(x_3, y_3) = (0, 4)$. Zur Analyse der Existenz und Eindeutigkeit einer Lösung des Systems (5.2), (5.3),

$$f_1(x, y) = \sum_{i=1}^{3} \frac{m_i(x_i - x)}{((x_i - x)^2 + (y_i - y)^2)^{3/2}} = 0 \tag{5.66}$$

$$f_2(x, y) = \sum_{i=1}^{3} \frac{m_i(y_i - y)}{((x_i - x)^2 + (y_i - y)^2)^{3/2}} = 0 \tag{5.67}$$

läßt sich ausnutzen, daß die Funktion f der Gradient einer skalaren Funktion, des Potentials

$$U(x,y) = \sum_{i=1}^{3} \frac{m_i}{((x_i - x)^2 + (y_i - y)^2)^{1/2}} \tag{5.68}$$

ist. Für f_1, f_2 aus (5.66), (5.67) gilt nämlich

$$\begin{pmatrix} f_1(x,y) \\ f_2(x,y) \end{pmatrix} = \nabla U(x,y).$$

Also ist (x^*, y^*) Lösung des Systems (5.66), (5.67) genau dann, wenn (x^*, y^*) ein lokales Minimum, lokales Maximum oder ein Sattelpunkt des Potentials U ist. In Abb. 5.14 sind einige Niveaulinien (mit Werten zwischen 5 und 20) des Potentials U dargestellt.

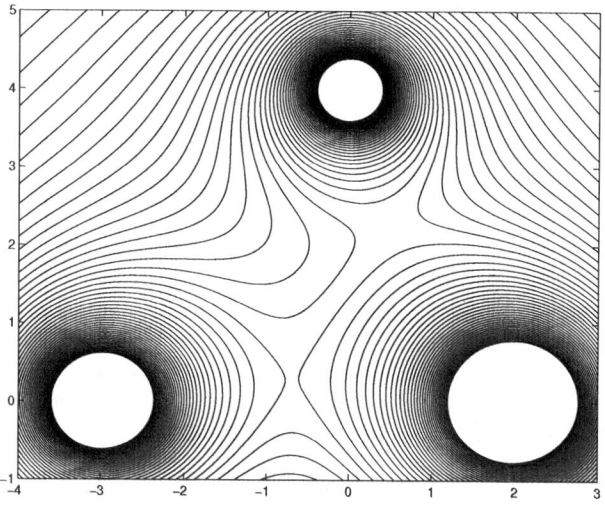

Abb. 5.14. Niveaulinien des Potentials U

Aus diesem Bild erkennt man, daß U zwei Sattelpunkte und keine lokalen Maxima oder Minima hat. Das System (5.66), (5.67) hat also genau zwei Lösungen. Zur Bestimmung dieser beiden Lösungen mit Hilfe des Newton-Verfahrens können wir der Abb. 5.14 vernünftige Anfangsnäherungen entnehmen, z. B. $(x^0, y^0) = (-0.8, 0.2)$ bzw. $(x^0, y^0) = (0.5, 2.2)$. Mit diesen Startwerten erhält man mit dem Newton-Verfahren die Näherungen in den Tabellen 5.9 und 5.10.
  Die gewählten Startwerte führen also zu schneller Konvergenz. Sie liegen in der Nähe der Lösungen.   △

Kann man aus den verfügbaren Informationen keine gute Startnäherung ermitteln, so kann man oft mit *Homotopieverfahren* zu einer Lösung gelangen.

Tabelle 5.9. Newton-Verfahren

k	x^k	y^k	$\|f(x^k,y^k)\|_2$	$\|(x^k,y^k)-(x^{k+1},y^{k+1})\|_2$
0	-0.800000000000000	0.200000000000000	3.25e$-$01	1.31e$-$01
1	-0.697601435074387	0.281666888630281	1.03e$-$02	4.45e$-$03
2	-0.694138545697644	0.284468076535443	1.09e$-$05	4.09e$-$06
3	-0.694134676058600	0.284469396792393	9.67e$-$12	4.57e$-$12
4	-0.694134676055255	0.284469396789285	2.02e$-$16	-

Tabelle 5.10. Newton-Verfahren

k	x^k	y^k	$\|f(x^k,y^k)\|_2$	$\|(x^k,y^k)-(x^{k+1},y^{k+1})\|_2$
0	0.500000000000000	2.200000000000000	1.87e$-$01	6.32e$-$02
1	0.480354952514845	2.260066598359946	4.51e$-$03	2.27e$-$03
2	0.482581138221886	2.259618040348963	4.01e$-$06	1.75e$-$06
3	0.482581902566719	2.259619618799409	3.13e$-$12	1.59e$-$12
4	0.482581902565787	2.259619618798127	3.33e$-$16	-

Dabei wird durch einen Problemparameter oder durch einen künstlich eingeführten reellen Parameter μ aus einem System von nichtlinearen Gleichungen eine Familie von Problemen

$$F(x,\mu) = 0$$

definiert. Etwa im Falle von Beispiel 5.2 kann man z. B. die Familie

$$u_i + h \sum_{j=1}^n \cos(t_i t_j) u_j^\mu - 2 = 0, \quad i = 1,2,\ldots,n, \tag{5.69}$$

mit $1 \le \mu \le 3$, definieren. Für $\mu_0 = 1$ ist das Problem (5.69) linear, und man hat keine Schwierigkeiten bezüglich der Wahl des Startwerts. Die berechnete Lösung u_{μ_0} kann dann als Startwert für ein „benachbartes" Problem (5.69) mit $\mu_1 > \mu_0$ verwendet werden. Wenn man den Abstand $\mu_1 - \mu_0$ „klein genug" wählt, kann man damit rechnen, daß u_{μ_0} ein ausreichend genauer Startwert für das Problem (5.69) mit $\mu = \mu_1$ darstellt. Die berechnete Lösung u_{μ_1} kann dann als Startwert für ein weiteres Problem (5.69) mit $\mu_2 > \mu_1$ verwendet werden, usw. Auf diese Weise hangelt man sich bis $\mu = 3$ vor. Bei vielen Problemen läßt sich ein natürlicher Problemparameter identifizieren, der als Homotopieparameter verwendet werden kann.

Die dritte Strategie hat allgemeingültigeren Charakter und ist in jeder modernen Software zum Umfeld des Newton-Verfahrens enthalten. Sie zielt nicht primär auf die Startwertwahl ab, sondern versucht das Konvergenzverhalten zu „globalisieren", indem man das Verfahren modifiziert. Aufgrund der Wichtigkeit dieser Strategie wird sie im folgenden Abschnitt gesondert diskutiert.

Das gedämpfte Newton-Verfahren

Bei der Newton-Methode für eine skalare Gleichung liefert der Korrektur-schritt $s^k = -f(x^k)/f'(x^k)$ eine Richtung, in welcher die Funktion abnimmt. Oft ist es günstiger, nur einen Teil des Schrittes in diese Richtung zu machen – manchmal ist Weniger mehr –, d. h., man setzt

$$x^{k+1} = x^k + \lambda s^k \tag{5.70}$$

für ein passendes $\lambda = \lambda_k$, $0 < \lambda \leq 1$ (siehe Abb. 5.15).

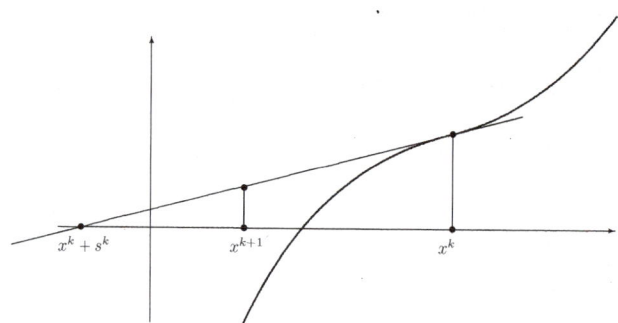

Abb. 5.15. gedämpftes Newton-Verfahren $x^{k+1} = x^k + \lambda s^k$, $0 < \lambda \leq 1$.

Wir zeigen nun, wie man diesen Grundgedanken auf den Fall $f : \mathbb{R}^n \to \mathbb{R}^n$, $n > 1$, übertragen kann. Sei x^k eine bekannte Annäherung einer Nullstelle x^* der Funktion f und $s^k = -f'(x^k)^{-1} f(x^k)$ die Newton-Korrektur. Da man $f(x) = 0$ anstrebt, ist ein Maß für die Abweichung von x^k von der Lösung die Größe des Residuums

$$|\!|\!| f(x^k) |\!|\!|,$$

wobei $|\!|\!| \cdot |\!|\!|$ eine *geeignete* Norm ist. Man versucht dann in $x^{k+1} := x^k + \lambda s^k$ den Parameter λ so zu wählen, daß

$$|\!|\!| f(x^{k+1}) |\!|\!| < |\!|\!| f(x^k) |\!|\!| \tag{5.71}$$

gilt. Was bedeutet nun „geeignete Norm"? Sei $A \in \mathbb{R}^{n \times n}$ eine reguläre Matrix. Dann ist das Nullstellenproblem $f(x) = 0$ äquivalent zu

$$\tilde{f}_A(x) := A f(x) = 0 \ . \tag{5.72}$$

Wenn A eine Diagonalmatrix ist, kann man die Multiplikation mit A als eine Neuskalierung des Gleichungssystems interpretieren. Wie man leicht sieht, ist das Newton-Verfahren *affin-invariant*: Für gegebenes $x^0 \in \mathbb{R}^n$ ist die New-tonfolge

$$x^{k+1} = x^k - \tilde{f}'_A(x^k)^{-1} \tilde{f}_A(x^k), \qquad k = 0, 1, 2, \ldots,$$

unabhängig von A. Entsprechend verlangen wir, daß der Monotonietest (5.71) affin-invariant ist. Für den einfachen Test

$$\|f(x^{k+1})\|_2 < \|f(x^k)\|_2$$

ist dies *nicht* der Fall. Ein Test von der Form

$$\|f'(\hat{x})^{-1}f(x^{k+1})\|_2 < \|f'(\hat{x})^{-1}f(x^k)\|_2 \ , \tag{5.73}$$

wobei $\hat{x}$ vorgegeben ist, ist jedoch affin-invariant. Ein einfach ausführbarer Test ergibt sich für $\hat{x} = x^k$. Die rechte Seite in (5.73) enthält dann gerade die Newton-Korrektur s^k. Die linke Seite erfordert die Lösung eines weiteren Gleichungssystems mit der Matrix $f'(x^k)$ und der rechten Seite $f(x^{k+1})$. Dies erfordert nicht viel zusätzlichen Aufwand, falls eine LR- oder QR-Zerlegung von $f'(x^k)$ vorliegt. Man kann das in (5.73) benutzte Maß, mit $\hat{x} = x^k$, als eine *gewichtete* Norm

$$\|z\|_k := \|f'(x^k)^{-1}z\|_2 \ , \qquad z \in \mathbb{R}^n, \tag{5.74}$$

interpretieren, wobei die Wichtung von k abhängt.

Das folgende Lemma zeigt, daß mit einem geeigneten Wert des Dämpfungsparameters λ eine Reduktion des Residuums wie in (5.71) realisiert werden kann.

Lemma 5.35. *Sei* $x^k \in \mathbb{R}^n$, $x^k \neq x^*$, *gegeben, f in einer Umgebung von x^k zweimal stetig differenzierbar und $f'(x^k)$ regulär. Sei $s^k = -f'(x^k)^{-1}f(x^k)$, $x^{k+1} = x^k + \lambda s^k$ und $\|\cdot\|_k$ wie in (5.74). Dann existiert $\lambda \in (0,1)$, so daß*

$$\|f(x^{k+1})\|_k < \|f(x^k)\|_k \ . \tag{5.75}$$

Beweis. Sei $B := f'(x^k)^{-1}$, $\tilde{f}_B(x) := Bf(x)$ und $g : \mathbb{R}^n \to \mathbb{R}$ definiert durch

$$g(x) = \tilde{f}_B(x)^T \tilde{f}_B(x) = \|f'(x^k)^{-1}f(x)\|_2^2 = \|f(x)\|_k^2 \ .$$

Taylorentwicklung der Funktion g liefert

$$g(x^k + \lambda s^k) = g(x^k) + \lambda \nabla g(x^k)^T s^k + \mathcal{O}(\lambda^2) \qquad (\lambda \to 0) \ . \tag{5.76}$$

Wegen $\nabla g(x) = 2\tilde{f}_B'(x)^T \tilde{f}_B(x)$ und $\tilde{f}_B'(x) = Bf'(x)$ erhält man

$$\begin{aligned}
\nabla g(x^k)^T s^k &= -2\tilde{f}_B(x^k)^T \tilde{f}_B'(x^k)f'(x^k)^{-1}f(x^k) \\
&= -2f(x^k)^T B^T Bf(x^k) = -2\|Bf(x^k)\|_2^2 < 0 \ .
\end{aligned}$$

Hieraus und aus (5.76) folgt, daß für $\lambda > 0$ genügend klein $g(x^k + \lambda s^k) < g(x^k)$ gilt. $\qquad\square$

Obige Erwägungen begründen das gedämpfte Newton-Verfahren in Abb. 5.16.

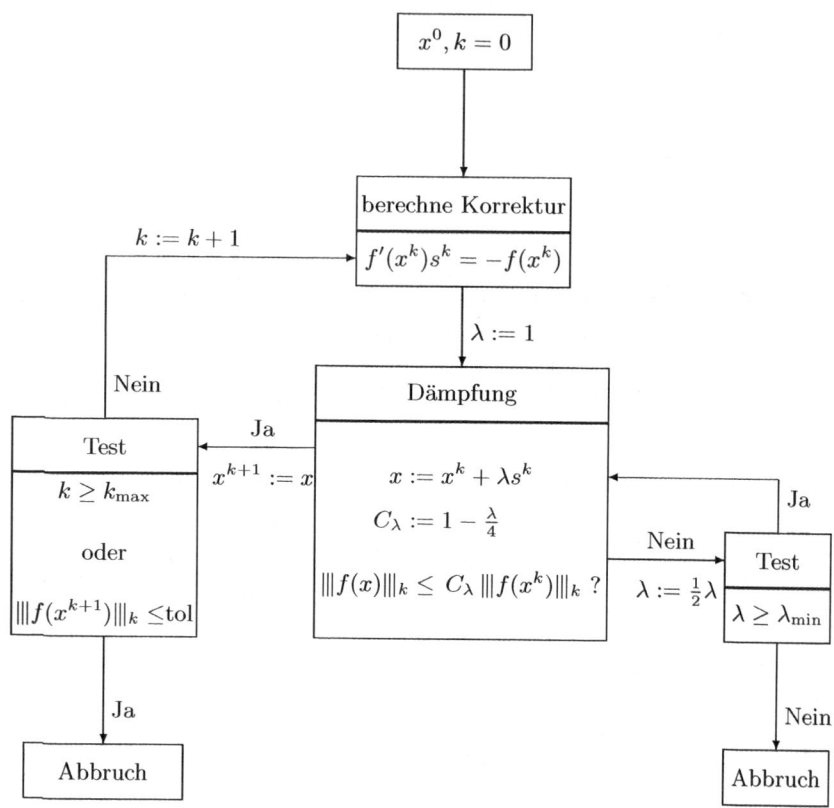

Abb. 5.16. Gedämpftes Newton-Verfahren

Bemerkung 5.36. a) Das Verfahren enthält zwei ineinander geschachtelte Schleifen, eine äußere Schleife bzgl. k wie beim klassischen Newton-Verfahren und eine innere bzgl. $\lambda = 1, \frac{1}{2}, \frac{1}{4}, \ldots$, für die Bestimmung des Dämpfungsparameters. Es ist wichtig, beide Schleifen zu begrenzen. Dazu dienen die Parameter $\lambda_{\min}$ und $k_{\max}$.

b) Es reicht nicht, statt $\||f(x)\||_k < C_\lambda \||f(x^k)\||_k$, mit $C_\lambda < 1$,

$$\||f(x)\||_k < \||f(x^k)\||_k$$

zu testen, da dies wegen Rundungsfehlereinflüssen zu Trugschlüssen führen kann.

c) Die Voraussetzungen für das Funktionieren dieser Strategie sind wesentlich schwächer als die Forderungen an den Startwert in Satz 5.31.   △

5.7 Berechnung von Nullstellen von Polynomen*

Ist P_n ein Polynom,

$$P_n(x) = \sum_{j=0}^{n} a_j x^j , \quad a_n \neq 0, \qquad (5.77)$$

so haben wir in der Gleichung $P_n(x) = 0$ das klassische Problem vor uns, die Nullstellen eines Polynoms zu bestimmen. In diesem Abschnitt werden kurz einige wichtige Techniken zur Bestimmung von (ggf. komplexen) Nullstellen von Polynomen mit *reellen* Koeffizienten a_j diskutiert. Die Menge aller Polynome vom Grad n mit reellen Koeffizienten wird mit Π_n bezeichnet.

Deflation

Ist eine Nullstelle z von P_n bekannt, so will man oft noch weitere Nullstellen von P_n bestimmen und spaltet zu diesem Zweck den linearen Faktor $(x-z)$ ab. Dieser Prozeß wird Deflation genannt. Seien $P_n(x) = \sum_{j=0}^{n} a_j x^j$ und $z \in \mathbb{R}$ gegeben. Aus der Beziehung

$$P_n(x) = (x - z)P_{n-1}(x) + R , \quad P_{n-1}(x) = \sum_{j=0}^{n-1} b_j x^j, \quad R \in \mathbb{R} , \qquad (5.78)$$

folgt durch Koeffizientenvergleich:

$$a_n = b_{n-1},$$
$$a_{n-1} = b_{n-2} - zb_{n-1},$$
$$a_{n-2} = b_{n-3} - zb_{n-2},$$
$$\vdots$$
$$a_1 = b_0 - zb_1,$$
$$a_0 = R - zb_0 .$$

Also liefert der folgende Algorithmus eine Faktorisierung wie in (5.78).

Algorithmus 5.37 (Polynomdivision eines linearen Faktors).

Eingabe: Koeffizienten $a_0, \ldots, a_n$ des Polynoms P_n, $z \in \mathbb{R}$.
$b_{n-1} = a_n$;
Für $j = n-2, \ldots, 0$: $b_j = a_{j+1} + zb_{j+1}$;
$R = a_0 + zb_0$

Wenn z eine Nullstelle von P_n ist, muß $R = 0$ gelten. Sei nun z_1 eine reelle Nullstelle des Polynoms P_n. Division von P_n durch den Linearfaktor $(x - z_1)$ (Deflation) liefert ein Quotientenpolynom $P_{n-1}(x) = P_n(x)/(x - z_1)$ vom Grade $n - 1$, dessen Nullstellen die restlichen Nullstellen von P_n sind. Zur

Berechnung der Koeffizienten von P_{n-1} kann der Algorithmus 5.37 benutzt werden. Wenn eine reelle Nullstelle z_2 von P_{n-1} bekannt ist, kann dieser Deflationsprozeß wiederholt werden.

Allerdings hat man in der Praxis nur eine numerisch berechnete Annäherung $\tilde{z}_1$ der Nullstelle z_1 zur Verfügung, so daß der Algorithmus 5.37 mit $z = \tilde{z}_1$ (statt z_1) durchgeführt wird. Außerdem treten bei der Durchführung des Algorithmus 5.37 Rundungsfehler auf. Wegen dieser zwei Effekte sind die berechneten Koeffizienten $\tilde{b}_j$ von P_{n-1} fehlerbehaftet. Der resultierende Rest R ist dann im allgemeinen ungleich Null und kann als Rechenkontrolle dienen. Aufgrund der oft sensiblen Abhängigkeit der Nullstellen von Störungen der Koeffizienten des Polynoms werden die folgenden Nullstellen zunehmend ungenauer. Man kann die Genauigkeit häufig verbessern, indem man den aus P_{n-1} berechneten Näherungswert $\tilde{z}_2$ von z_2 als *Startwert* für ein Iterationsverfahren (z. B. die Newton-Methode) benutzt, mit dem man das Nullstellenproblem $P_n(x) = 0$ für das Gesamtpolynom P_n löst. Die durch diese *Nachkorrektur* berechnete neue (und hoffentlich bessere) Annäherung $\hat{z}_2$ für z_2 wird dann in der Deflation zur Berechnung von $P_{n-2}(x) = P_{n-1}(x)/(x - \hat{z}_2)$ verwendet. Eine solche Nachkorrektur kann auch zur Verbesserung der weiteren berechneten Nullstellen, $\tilde{z}_3, \tilde{z}_4, \dots$, eingesetzt werden.

Beim Newton-Verfahren kann das Abspalten von berechneten Nullstellen durch den sogenannten Maehly-Trick vermieden werden (vgl. Aufgabe 5.8.17).

Newton-Verfahren für komplexe Nullstellen

Das Newton-Verfahren ist auch brauchbar zur Berechnung von komplexen Nullstellen eines Polynoms. Bei einem Polynom mit reellen Koeffizienten muß die Iteration dann natürlich mit einem komplexen Startwert begonnen werden.

Beispiel 5.38. Das Polynom $P_3(x) = x^3 - x^2 + x - 1$ hat die Nullstellen $1, i, -i$. Die Newton-Methode

$$x_{k+1} = x_k - \frac{x_k^3 - x_k^2 + x_k - 1}{3x_k^2 - 2x_k + 1} = \frac{2x_k^3 - x_k^2 + 1}{3x_k^2 - 2x_k + 1}, \quad k = 0, 1, \dots,$$

mit Startwert $x_0 = 0.4 + 0.75\,i$ liefert die Resultate in Tabelle 5.11.

Die Resultate in dieser Tabelle zeigen, daß die Iteranden x_k asymptotisch, d. h. für k genügend groß, sehr schnell konvergieren (die quadratische Konvergenz der Newton-Methode) und daß die Fehlerschätzung $|i - x_k| \approx |x_{k+1} - x_k|$ sehr gut ist, sobald die quadratische Konvergenz eingesetzt hat. $\triangle$

Die Bairstow-Methode

Mit der Bairstow-Methode kann bei der Bestimmung von komplexen Nullstellen eines reellen Polynoms *das Rechnen mit komplexen Zahlen vermieden werden*.

Tabelle 5.11. Newton-Verfahren für eine komplexe Nullstelle

k	x_k	$|i - x_k|$	$|x_{k+1} - x_k|$
0	$0.40000000000000 + 0.75000000000000\,i$	4.72e−01	7.74e−01
1	$-0.36104836292270 + 0.61085408548207\,i$	5.31e−01	4.79e−01
2	$0.10267444513356 + 0.72886626636306\,i$	2.90e−01	4.58e−01
3	$-0.01987923527724 + 1.17013991538812\,i$	1.71e−01	1.46e−01
4	$0.00377579358344 + 1.02575250192764\,i$	2.60e−02	2.54e−02
5	$0.00048863011493 + 1.00054628083004\,i$	7.33e−04	7.33e−04
6	$0.00000056371102 + 0.99999979344332\,i$	6.00e−07	6.00e−07
7	$-0.00000000000037 + 0.99999999999984\,i$	4.00e−13	4.00e−13
8	$0.00000000000000 + 1.00000000000000\,i$	5.55e−17	−

Wir betrachten ein Polynom P_n wie in (5.77) mit reellen Koeffizienten und $a_n = 1$. Ist $z_1 = u_1 + i\,v_1$ ($u_1, v_1 \in \mathbb{R}$) eine komplexe Nullstelle, dann ist auch $\overline{z}_1 = u_1 - i\,v_1$ eine Nullstelle von P_n. Das Produkt

$$(x - z_1)(x - \overline{z}_1) = x^2 - 2u_1 x + u_1^2 + v_1^2 \qquad (5.79)$$

ist ein *quadratischer* Teiler von P_n mit *reellen* Koeffizienten. Die Grundidee der Bairstow-Methode ist es, statt der komplexen Nullstellen $z_1, \overline{z}_1$ den quadratischen Faktor auf der rechten Seite in (5.79) zu suchen. Dazu braucht man eine Methode zur Berechnung einer Faktorisierung von P_n mit einem quadratischen Polynom. Genauer formuliert, für gegebenes $r, s \in \mathbb{R}$ und

$$P_n(x) = x^n + a_{n-1} x^{n-1} + \ldots + a_0 \quad (n \geq 2), \quad q_{r,s}(x) = x^2 - rx - s \;, \;\; (5.80)$$

will man $P_{n-2}(x) = x^{n-2} + b_{n-3} x^{n-3} + \ldots + b_0$ und $A, B \in \mathbb{R}$ bestimmen, so daß gilt

$$P_n(x) = q_{r,s}(x) P_{n-2}(x) + Ax + B \quad \text{für alle } x \in \mathbb{R} \;.$$

Durch Koeffizientenvergleich ergibt sich folgende Methode (vgl. Alg. 5.37):

Algorithmus 5.39 (Polynomdivision eines quadratischen Faktors).
    Eingabe: Koeffizienten $a_0, \ldots, a_{n-1}$ des Polynoms P_n ($a_n = 1$)
          und $r, s \in \mathbb{R}$.
$b_{n-3} = a_{n-1} + r$;
$b_{n-4} = a_{n-2} + r b_{n-3} + s$;
Für $j = n - 5, \ldots, 0$: $b_j = a_{j+2} + r b_{j+1} + s b_{j+2}$;
$A = a_1 + r b_0 + s b_1$;
$B = a_0 + s b_0$;

Offensichtlich hängen P_{n-2}, A und B von r und s ab, und $q_{r,s}$ *teilt genau dann P_n, wenn $A = B = 0$ gilt.* Die Aufgabe, solche r und s zu finden, kann man als 2×2-Nullstellenproblem

$$\begin{cases} A(r,s) = 0 \\ B(r,s) = 0 \end{cases}$$

interpretieren. Hierauf läßt sich das Newton-Verfahren anwenden:

$$\begin{pmatrix} r^{k+1} \\ s^{k+1} \end{pmatrix} = \begin{pmatrix} r^k \\ s^k \end{pmatrix} - \begin{pmatrix} \frac{\partial A}{\partial r} & \frac{\partial A}{\partial s} \\ \frac{\partial B}{\partial r} & \frac{\partial B}{\partial s} \end{pmatrix}^{-1}_{|(r^k,s^k)} \begin{pmatrix} A(r^k, s^k) \\ B(r^k, s^k) \end{pmatrix} \tag{5.81}$$

Nun müssen aber zu gegebenen $r = r^k, s = s^k$ die partiellen Ableitungen in der Jacobi-Matrix bestimmt werden. Dazu, ohne Beweis, folgendes Hilfsresultat:

Lemma 5.40. *Sei $n \geq 4$ und $P_n(x), q_{r,s}(x)$ wie in (5.80) mit $r, s \in \mathbb{R}$ beliebig. Seien $P_{n-2} \in \Pi_{n-2}$, $P_{n-4} \in \Pi_{n-4}$ und $A, B, \hat{A}, \hat{B}$ so daß*

$$P_n(x) = q_{r,s}(x) P_{n-2}(x) + Ax + B \tag{5.82}$$

$$P_{n-2}(x) = q_{r,s}(x) P_{n-4}(x) + \hat{A}x + \hat{B} \tag{5.83}$$

Dann gilt:

$$\frac{\partial A}{\partial s} = \hat{A}, \quad \frac{\partial B}{\partial s} = \hat{B}, \quad \frac{\partial A}{\partial r} = r\hat{A} + \hat{B}, \quad \frac{\partial B}{\partial r} = s\hat{A} . \tag{5.84}$$

Für den Fall $n \leq 3$ kann man sofort explizite Formeln für $A(r, s)$ und $B(r, s)$ herleiten.

Die Bairstow-Methode hat (für $n \geq 4$) folgende Struktur:

Algorithmus 5.41 (Bairstow-Methode).
Seien Startwerte r^0, s^0 gegeben. Für $k = 0, 1, \ldots$:

- Berechne für $r = r^k, s = s^k$:
  - die Faktorisierung (5.82) mit Algorithmus 5.39
    (Eingabe: P_n, r^k, s^k)
  - die Faktorisierung (5.83) mit Algorithmus 5.39
    (Eingabe: P_{n-2}, r^k, s^k)
- Berechne mit Hilfe von (5.84) die Jacobi-Matrix aus (5.81)
- Berechne r^{k+1}, s^{k+1} aus (5.81)

Wenn $|A(r^k, s^k)|$ und $|B(r^k, s^k)|$ hinreichend klein sind, wird q_{r^k, s^k} als quadratischer Teiler von P_n genommen. Es sei noch bemerkt, daß a-priori nicht klar ist, wie man einen geeigneten Startwert (r^0, s^0) wählen kann. Ist ein quadratischer Teiler berechnet worden, folgen daraus unmittelbar entweder ein Paar von konjugiert komplexen Nullstellen (vgl. (5.79)) oder zwei reelle Nullstellen des Polynoms. Die gleiche Idee kann man dann auf das Quotientenpolynom $P_{n-2}(x) = P_n(x)/(x^2 - rx - s)$ anwenden, usw.

5.8 Übungen

Übung 5.8.1. Zur Bestimmung von $\sqrt{5}$ wird die positive Nullstelle der Funktion

$$f(x) = x^2 - 5$$

berechnet. Wir untersuchen folgende Fixpunktiterationen:

I_1: $x_k = \Phi_1(x_{k-1})$, $\Phi_1(x) = 5 + x - x^2$

I_2: $x_k = \Phi_2(x_{k-1})$, $\Phi_2(x) = \frac{5}{x}$

I_3: $x_k = \Phi_3(x_{k-1})$, $\Phi_3(x) = 1 + x - \frac{1}{5}x^2$

I_4: $x_k = \Phi_4(x_{k-1})$, $\Phi_4(x) = \frac{1}{2}(x + \frac{5}{x})$

a) Zeigen Sie, daß für die Funktionen Φ_i ($i = 1, 2, 3, 4$) gilt

$$\Phi_i(x^*) = x^* \iff (x^*)^2 - 5 = 0.$$

b) Berechnen Sie für den Startwert $x_0 = 2.5$ jeweils $x_1, x_2, \ldots, x_6$.

c) Skizzieren Sie für jedes dieser Verfahren die Funktion Φ_i und stellen Sie die Fixpunktiterationen $x_k = \Phi_i(x_{k-1})$ für den Startwert $x_0 = 2.5$ graphisch dar.
   Erklären Sie anhand dieser Skizzen die Resultate aus b).

d) Zeigen Sie: $|\Phi_i'(x^*)| \geq 1$ für $i = 1, 2$ und $|\Phi_i'(x^*)| < 1$ für $i = 3, 4$. Zeigen Sie, daß das Verfahren I_3 lokal linear konvergiert und das Verfahren I_4 lokal quadratisch konvergiert.

e) Zeigen Sie, daß das Verfahren I_4 gerade das Newton-Verfahren angewandt auf die Funktion f ist.

f) Wenden Sie die Fehlerschätzungen aus Abschnitt 5.4 auf die Verfahren I_3 und I_4 an, und untersuchen Sie die Qualität dieser Fehlerschätzungen.

Übung 5.8.2. Gesucht ist eine Näherungslösung der nichtlinearen Gleichung $2x - \tan x = 0$ im Intervall $I = [1, 1.5]$.

a) Überprüfen Sie, welche der beiden Funktionen

$$\varphi_1(x) = \frac{1}{2}\tan x$$
$$\varphi_2(x) = \arctan(2x)$$

die Voraussetzungen des Banachschen Fixpunktsatzes erfüllen.

b) Führen Sie ausgehend vom Startwert $x_0 = 1.2$ drei Iterationsschritte durch.

c) Wieviele Iterationsschritte sind notwendig, um eine Genauigkeit von 10^{-4} zu erreichen (a-priori-Abschätzung)? Wie genau ist x_3 aus Teil b) (a-posteriori-Abschätzung)?

Übung 5.8.3. Gesucht ist eine Näherungslösung der Fixpunktgleichung $x = \Phi(x)$ mit

$$\Phi(x) = \frac{e^x(x-1)}{4(x+2)}$$

im Intervall $I = [-1, 0]$.

a) Zeigen Sie, daß Φ auf I die Voraussetzungen des Banachschen Fixpunktsatzes erfüllt.

Es sei

$$x_0 = 0, \quad x_{k+1} = \Phi(x_k), \quad k = 0, 1, \dots.$$

b) Geben Sie mit Hilfe der a-priori-Abschätzung eine obere Schranke für den Fehler $|x^* - x_5|$ an.

c) Berechnen Sie $x_1, \dots, x_5$ und schätzen Sie anhand einer Methode aus Abschnitt 5.4 die Fehler $x^* - x_k$, $k = 2, 3, 4, 5$, ab.

Übung 5.8.4. Gesucht ist eine Näherungslösung der Gleichung

$$\frac{1}{4} \sin(\pi x) \cos(\pi x) = \frac{3x - 1}{3}$$

im Intervall $[0, 1]$. Zeigen Sie, daß die Lösung der Gleichung im Intervall $[0, 1]$ eindeutig ist, und geben Sie eine Fixpunktiteration an, die gegen diese Lösung konvergiert.

Übung 5.8.5. a) Bestimmen Sie mit dem Bisektionsverfahren Näherungen aller Nullstellen des Polynoms

$$p(x) = x^3 - x + 0.3$$

bis auf einen relativen Fehler von höchstens 10%.

b) Skizzieren Sie die ersten drei Iterationen des Sekantenverfahrens für $p(x) = 0$. Gehen Sie dabei von Startwerten im Intervall $[-2, -1]$ aus.

Übung 5.8.6. Gegeben sei die Funktion $f(x) = e^x - 4x^2$.

a) Zeigen Sie, daß $f(x)$ genau zwei positive Nullstellen besitzt.

b) Eine der beiden positiven Nullstellen liegt im Intervall $I = [0, 1]$. Zeigen Sie, daß die Iteration

$$x_{n+1} = \frac{1}{2} e^{x_n/2}$$

gegen diese Nullstelle konvergiert, sofern $x_0 \in [0, 1]$. Wieviele Iterationsschritte werden höchstens benötigt, wenn der Fehler kleiner als 10^{-5} sein soll? Startwert sei $x_0 = 0.5$. Führen Sie die entsprechende Anzahl von Schritten aus. Entscheiden Sie jetzt (nochmal und genauer), wie groß der Fehler höchstens ist.

c) Stellen Sie die Fixpunktiterationen aus b) für den Startwert $x_0 = 0$ graphisch dar.

d) Warum läßt sich die zweite positive Nullstelle nicht mit der unter b) angegebenen Iteration approximieren? Stellen Sie ein geeignetes Iterationsverfahren auf und geben Sie ein Intervall an, so daß das Verfahren konvergiert. Bestimmen Sie eine Näherungslösung und geben Sie eine Fehlerabschätzung an.

Übung 5.8.7. Gesucht ist ein Fixpunkt der Abbildung

$$\Phi(x) := \frac{1}{1 + x^2}.$$

a) Bestimmen Sie ein Intervall $[a, b]$ mit $a \geq 0$ derart, daß die Fixpunktiteration $x^{k+1} := \Phi(x^k)$ für alle $x^0 \in [a, b]$ konvergiert.
b) Skizzieren Sie die Funktion Φ und stellen Sie die Fixpunktiteration für den Startwert $x^0 = 0.3$ graphisch dar.

Übung 5.8.8. Wenden Sie jeweils drei Schritte der Iterationsverfahren

$$\Phi_1(x) = x - \frac{f(x)}{f'(x)} \quad \text{und} \quad \Phi_2(x) = x - 2\frac{f(x)}{f'(x)}$$

zur Approximation der Lösung von $f(x) = \cos(x) + e^{(x-\pi)^2} = 0$ mit dem Startwert $x_0 = 4$ an und vergleichen Sie die Ergebnisse mit der Lösung $x = \pi$.

Übung 5.8.9. Gegeben sei eine Funktion $f \in C^{m+1}(\mathbb{R})$ mit m-facher Nullstelle x^* (vgl. Bemerkung 5.25). Zeigen Sie:

a) Für $m \geq 2$ konvergiert das Newton-Verfahren für Startwerte x_0 hinreichend nahe bei x^* linear gegen x^*.
b) Das für $m \in \mathbb{N}$ wie folgt beschleunigte Newton-Verfahren

$$x_{k+1} = x_k - m\frac{f(x_k)}{f'(x_k)}$$

konvergiert lokal quadratisch gegen x^*. (Hinweis: Entwickeln Sie $f(x)$ und $f'(x)$ um x^* in eine Taylorreihe mit Restglied.)

Übung 5.8.10. Zeigen Sie, daß das skalare Newton-Verfahren, bei dem man die Ableitung $f'(x)$ im Nenner durch einen Differenzenquotienten (mit h hinreichend klein und unabhängig von x_k) ersetzt hat,

$$x_{k+1} = x_k - \frac{f(x_k)}{\frac{f(x_k+h)-f(x_k)}{h}},$$

im allgemeinen nur noch Konvergenzordnung 1 hat.

Übung 5.8.11. Gegeben sei eine Funktion $f \in C^3(\mathbb{R})$ mit einer einfachen Nullstelle x^*. Bestimmen Sie eine skalare Funktion h so, daß das Verfahren $x_{k+1} = \phi(x_k)$, $k = 0, 1, \ldots$, mit

$$\phi(x) := x - \frac{f(x)}{f'(x)} + h(x)\,f^2(x),$$

eine Folge liefert, die lokal gegen x^* konvergiert und die Konvergenzordnung mindestens 3 hat. Testen Sie dieses und das Newton-Verfahren an der Funktion $f(x) = \cos(x)\cosh(x) + 1$ mit dem Startwert $x_0 = 2.25$, d. h., berechnen Sie jeweils die ersten drei Iterationsschritte.

Übung 5.8.12. Gesucht ist eine Näherungslösung des nichtlinearen Gleichungssystems

$$\ln(1 + x_2) - 2x_1 = 0$$
$$\sin x_1 \cos x_2 - 4x_2 + 1 = 0$$

im Gebiet $D = [0, \frac{1}{4}] \times [0, \frac{1}{2}]$.

a) Leiten Sie eine Fixpunktiteration her und zeigen Sie, daß diese den Voraussetzungen des Banachschen Fixpunktsatzes genügt.
b) Führen Sie ausgehend von $x^{(0)} = (0, 0)^T$ einen Iterationsschritt durch.
c) Wieviele Iterationsschritte sind höchstens notwendig, um in der Maximumnorm eine Genauigkeit von 10^{-2} zu erreichen?

Übung 5.8.13. Bestimmen Sie Näherungen für eine bei $x^{(0)} = (1, 1)^T$ liegende Lösung des nichtlinearen Gleichungssystems

$$f(x) := \begin{pmatrix} 4x_1^3 - 27x_1x_2^2 + 25 \\ 4x_1^2 - 3x_2^3 - 1 \end{pmatrix} = \begin{pmatrix} 0 \\ 0 \end{pmatrix}.$$

Wenden Sie dazu mit dem Startvektor $x^{(0)}$

a) das Newton-Verfahren an,
b) das vereinfachte Newton-Verfahren an, wobei Sie die Matrix $f'(x^{(0)})$ beim ersten Newton-Schritt LR-zerlegen und in den weiteren Schritten diese LR-Zerlegung benutzen.

Berechnen Sie jeweils zwei Iterationsschritte.

Übung 5.8.14. Bestimmen Sie eine Näherung für eine bei $x^{(0)} = (1, 1)^T$ liegende Lösung des nichtlinearen Gleichungssystems

$$4x_1^3 - 27x_1x_2^2 + 25 = 0$$
$$4x_1^2 - 3x_2^3 - 1 = 0.$$

Berechnen Sie dazu zwei Schritte mit

a) dem Newton-Verfahren und
b) dem vereinfachten Newton-Verfahren.

Übung 5.8.15. Gegeben sei das Gleichungssystem

$$f_1(x, y) = x^2 - y - 1 = 0$$
$$f_2(x, y) = (x - 2)^2 + (y - \frac{1}{2})^2 - 1 = 0.$$

a) Zeigen Sie anhand einer Skizze, daß dieses System genau zwei Lösungen hat.

b) Berechnen Sie, ausgehend vom Startwert $(x_0, y_0) = (1.5, 1.5)$, zwei Schritte des Newton-Verfahrens, und berechnen Sie eine Fehlerschätzung in der Maximumnorm.

Übung 5.8.16. Wenden Sie auf das nichtlineare Gleichungssystem

$$e^{1-x_1} + 0.2 - \cos x_2 = 0$$
$$x_1^2 + x_2 - (1 + x_2)x_1 - \sin x_2 - 0.2 = 0$$

einen Schritt des Newton-Verfahrens mit dem Startwert $(1, 0)^T$ an.

Übung 5.8.17. Sei $P_n(x)$ ein Polynom vom Grade n und $z_j \in \mathbb{R}$, $1 \leq j \leq r$, so daß

$$P_r(x) := \frac{P_n(x)}{\prod_{j=1}^{r}(x - z_j)}$$

ein Polynom vom Grade $n - r$ ist. Beweisen Sie:

$$\frac{P_r(x)}{P_r'(x)} = \frac{P_n(x)}{P_n'(x) - P_n(x)\sum_{j=1}^{r}\frac{1}{x-z_j}} \ , \quad x \neq z_j \ .$$

Formulieren Sie das Newton-Verfahren zur Berechnung einer Nullstelle des Quotientenpolynoms $P_r(x)$.

Übung 5.8.18. Gegeben sei $D := [a, b] \times \mathbb{R}^n$ und die stetige Funktion $f : D \to \mathbb{R}^n$ sowie eine Konstante $K > 0$ mit $K(b - a) < 1$, so daß für alle $t \in \mathbb{R}$ und $z, \tilde{z} \in \mathbb{R}^n$ gilt:

$$\|f(t, z) - f(t, \tilde{z})\| \leq K\|z - \tilde{z}\|.$$

Ferner sei $Y_a \in \mathbb{R}^n$ gegeben. Für eine beliebige stetige Funktion $y_i : [a, b] \to \mathbb{R}^n$ definieren wir nun y_{i+1} durch

$$y_{i+1}(t) = Y_a + \int_a^t f(s, y_i(s)) \, ds \qquad \text{für } t \in [a, b].$$

Zeigen Sie: Durch $y_{i+1} = \Phi(y_i)$ ist eine Abbildung $\Phi : C([a, b], \mathbb{R}^n) \to C([a, b], \mathbb{R}^n)$ definiert, die den Voraussetzungen des Fixpunktsatzes von Banach genügt — dabei sei auf $C([a, b], \mathbb{R}^n)$ die Supremumnorm verwendet: $\|y\|_\infty = \sup_{t\in[a,b]} \|y(t)\|$.

6

Nichtlineare Ausgleichsrechnung

6.1 Problemstellung

Wie im Abschnitt 4.1 betrachten wir wieder die Aufgabe, aus gegebenen Daten (Messungen) b_i, $i = 1, \ldots, m$, $m > n$, auf eine von gewissen unbekannten Parametern $x_1, \ldots, x_n$ abhängende Funktion

$$b(t) = y(t; x_1, \ldots, x_n)$$

zu schließen, die als mathematisches Modell für den Zusammenhang dient, der über die Messungen beobachtet wird. Die Parameter x_i, $i = 1, \ldots, n$, sind jetzt so zu bestimmen, daß in entsprechenden „Arbeitspunkten" t_i, $i = 1, \ldots, m$, eine „optimale" Entsprechung $b_i \approx b(t_i)$, $i = 1, \ldots, m$, erzielt wird. Der Begriff „optimal" ist hier wieder im Sinne der Gauß'schen Fehlerquadratmethode zu verstehen. D.h. man versucht, diejenigen Parameter $x_1^*, \ldots, x_n^*$ zu bestimmen, die

$$\sum_{i=1}^{m} (y(t_i; x_1^*, \ldots, x_n^*) - b_i)^2 = \min_{x \in \mathbb{R}^n} \sum_{i=1}^{m} (y(t_i; x_1, \ldots, x_n) - b_i)^2$$

erfüllen. Falls die Parameter *linear* in y eingehen, so führt dies auf die lineare Ausgleichsrechnung (Kapitel 4). Hängt y von einigen (oder sogar allen) Parametern *nichtlinear* ab, so ergibt sich ein *nichtlineares Ausgleichsproblem*. Um diese Problemstellung geht es in diesem Kapitel.

Beispiel 6.1. Elektromagnetische Schwingungen spielen eine zentrale Rolle in elektrischen Systemen. Jedes mechanische System unterliegt im Prinzip Schwingungsvorgängen, deren Verständnis schon im Hinblick auf Resonanzen enorm wichtig ist. Schwingungen sind etwa aufgrund von Widerstands- bzw. Reibungseffekten in der Regal *gedämpft*. Für ein mechanisches System mit rückstellenden Kräften und Dämpfung lautet die entsprechende Differentialgleichung, die die Gesamtbilanz der Kräfte repräsentiert,

$$u'' + \frac{b}{m} u' + \frac{D}{m} u = 0,$$

wobei m die Masse, D etwa die Federkonstante und b eine Dämpfungskonstante ist. Lösungen dieser Differentialgleichung haben die Form

$$u(t) = u_0 e^{-\delta t} \sin(\omega_d t + \varphi_0),$$

wobei u_0 einen Anfangswert, δ die Abklingkonstante, ω_d die sogenannte Kreisfrequenz und φ_0 den Nullphasenwinkel bezeichnen. Wenn diese Parameter nicht bekannt sind, müssen sie zwecks konkreter Beschreibung des Prozesses aus Beobachtungen oder Messungen ermittelt werden.

Dies führt auf das folgende *Modell* einer gedämpften Schwingung

$$y(t; x_1, x_2, x_3, x_4) = x_1 e^{-x_2 t} \sin(x_3 t + x_4) \ ,$$

mit Parametern $x_1, \ldots, x_4$. Es seien die Daten in Tabelle 6.1 für $b_i \approx y(t_i; x_1, x_2, x_3, x_4)$, $i = 1, \ldots, 10$, gegeben.

Tabelle 6.1. Daten zum Modell einer gedämpften Schwingung

t_i	0.1	0.3	0.7	1.2	1.6	2.2	2.7	3.1	3.5	3.9
b_i	0.558	0.569	0.176	−0.207	−0.133	0.132	0.055	−0.090	−0.069	0.027

Der nach der Methode der kleinsten Fehlerquadrate zu minimierende Ausdruck ist hier

$$\sum_{i=1}^{10} \left(x_1 e^{-x_2 t_i} \sin(x_3 t_i + x_4) - b_i \right)^2 = \|F(x_1, x_2, x_3, x_4)\|_2^2, \qquad (6.1)$$

wobei hier $F : \mathbb{R}^4 \to \mathbb{R}^{10}$ durch

$$F_i(x) = F_i(x_1, x_2, x_3, x_4) = x_1 e^{-x_2 t_i} \sin(x_3 t_i + x_4) - b_i \ , \quad i = 1, \ldots, 10,$$

gegeben ist.   △

Definiert man allgemein die Abbildung

$$F : \mathbb{R}^n \to \mathbb{R}^m \ , \quad F_i(x) := y(t_i; x) - b_i, \quad i = 1, \ldots, m \ ,$$

kann das *nichtlineare Ausgleichsproblem* wie folgt formuliert werden:

Bestimme $x^* \in \mathbb{R}^n$, so daß

$$\|F(x^*)\|_2 = \min_{x \in \mathbb{R}^n} \|F(x)\|_2 \ , \qquad (6.2)$$

oder, äquivalent,

$$\phi(x^*) = \min_{x \in \mathbb{R}^n} \phi(x) \ , \qquad (6.3)$$

wobei $\phi : \mathbb{R}^n \to \mathbb{R}$, $\phi(x) := \frac{1}{2} \|F(x)\|_2^2 = \frac{1}{2} F(x)^T F(x)$.

Der Faktor $\frac{1}{2}$ in der zweiten Formulierung ändert das Extremalproblem natürlich nicht und ist, wie sich später zeigen wird, der Bequemlichkeit halber so gesetzt. Oft wird in dieser Problemstellung $\mathbb{R}^n$ durch eine offene Teilmenge $\Omega \subset \mathbb{R}^n$ ersetzt. Der Einfachheit halber nehmen wir immer $\Omega = \mathbb{R}^n$. Außerdem wird stets angenommen, daß F zweimal stetig differenzierbar ist.

Zur Behandlung des obigen Minimierungsproblems sei an einige nützliche Fakten erinnert. Die Funktion ϕ in der Formulierung (6.3) hat in einem Punkt x^* ein lokales Minimum bekanntlich genau dann, wenn die folgenden zwei Bedingungen erfüllt sind:

$$\nabla\phi(x^*) = 0 \quad \text{(d. h., } x^* \text{ ist kritischer Punkt von } \phi\text{),} \tag{6.4}$$

$$\phi''(x^*) \in \mathbb{R}^{n\times n} \text{ ist symmetrisch positiv definit.} \tag{6.5}$$

Bezeichnet $F'(x) \in \mathbb{R}^{m\times n}$ die Jacobi-Matrix von F an der Stelle x, und $F_i''(x)$ die Hessesche Matrix von F_i an der Stelle x, $F_i''(x) := (\frac{\partial^2 F_i(x)}{\partial x_j \partial x_k})_{1\leq j,k\leq n} \in \mathbb{R}^{n\times n}$, dann läßt sich durch Nachrechnen bestätigen, daß

$$\nabla\phi(x) = F'(x)^T F(x), \qquad \phi''(x) = F'(x)^T F'(x) + \sum_{i=1}^{m} F_i(x) F_i''(x) \tag{6.6}$$

gilt.

6.2 Das Gauß-Newton-Verfahren

Wie beim Newton-Verfahren kann man versuchen, die Lösung des vorliegenden *nichtlinearen* Problems iterativ über eine Reihe geeigneter *linearer* Probleme anzunähern.

Sei $x^k \in \mathbb{R}^n$ eine bekannte Annäherung der gesuchten Lösung des nichtlinearen Ausgleichsproblems (6.2). Statt nun ein Minimum von $\|F(x)\|_2$ in der Umgebung von x^k zu suchen, ersetzt man wie bei der Newton-Methode F zuerst durch eine lineare Approximation mittels Taylorentwicklung

$$F(x) = F(x^k) + F'(x^k)(x - x^k) + \mathcal{O}(\|x - x^k\|_2^2).$$

Abbruch nach dem linearen Term führt auf das *lineare* Ausgleichsproblem:

Finde $s^k \in \mathbb{R}^n$ (mit minimaler 2-Norm), so daß

$$\|F'(x^k)s^k + F(x^k)\|_2 = \min_{s\in\mathbb{R}^n} \|F'(x^k)s + F(x^k)\|_2 \,, \tag{6.7}$$

und setze

$$x^{k+1} := x^k + s^k. \tag{6.8}$$

Natürlich hängt der Erfolg dieser Strategie wieder von der Wahl des Startwertes ab.

Bemerkung 6.2. Das lineare Ausgleichsproblem

$$\|F'(x^k)s^k + F(x^k)\|_2 = \min_{s \in \mathbb{R}^n} \|F'(x^k)s + F(x^k)\|_2$$

hat eine eindeutige Lösung $s^k \in \mathbb{R}^n$ nur dann, wenn die Matrix $F'(x^k)$ vollen Rang n hat. In diesem Fall kann der Zusatz „(mit minimaler 2-Norm)" in (6.7) weggelassen werden und man kann das lineare Ausgleichsproblem (6.7) über die in Abschnitt 4.4 behandelten Methoden lösen.

Wenn der Rang der Matrix $F'(x^k)$ kleiner als n ist, existiert jedoch immer noch eine eindeutige Lösung *mit minimaler Euklidischer Norm* (siehe Anschnitt 4.7). Deren Bestimmung verlangt allerdings eine kompliziertere Methode, wie z. B. in [DH] beschrieben wird, oder die (noch aufwendigere) Singulärwertzerlegung. Der numerische Aufwand solcher Methoden zur Lösung eines rangdefiziten linearen Ausgleichsproblems ist wesentlich höher als für die in Abschnitt 4.4 behandelten Methoden für den Fall mit vollem Rang. △

Insgesamt erhält man folgendes Verfahren:

Algorithmus 6.3 (Gauß-Newton). Wähle Startwert x^0.
Für $k = 0, 1, 2, \ldots$:

- Berechne $F(x^k)$, $F'(x^k)$.
- Löse das lineare Ausgleichsproblem (6.7).
- Setze $x^{k+1} = x^k + s^k$.

Als Abbruchkriterium für diese Methode wird häufig

$$\|F'(x^k)^T F(x^k)\|_2 \leq \varepsilon$$

benutzt, wobei ε eine vorgegebene Toleranz ist. Der zugrunde liegende Gedanke hierbei ist, daß in einem kritischen Punkt x von ϕ (vgl. (6.3)) die Ableitung $\nabla\phi(x) = F'(x)^T F(x)$ Null sein muß.

6.2.1 Analyse der Gauß-Newton-Methode

Zur Analyse der Konvergenz der Gauß-Newton-Methode nehmen wir an, daß x^* ein kritischer Punkt von ϕ ist, der in einer Umgebung U eindeutig ist. Ferner nehmen wir an, daß

$$\text{Rang}(F'(x)) = n \quad \text{für alle } x \in U \, . \tag{6.9}$$

Wir werden zeigen, daß das Gauß-Newton-Verfahren als eine Fixpunktiteration interpretiert werden kann. Hierzu sei daran erinnert, daß für $x^k \in U$ das lineare Ausgleichsproblem (6.7) wegen Satz 4.5 die eindeutige Lösung

$$s^k = -[F'(x^k)^T F'(x^k)]^{-1} F'(x^k)^T F(x^k)$$

hat.

Deshalb kann die Gauß-Newton-Iteration auch wie folgt formuliert werden:

$$
\begin{aligned}
x^{k+1} &= x^k - [F'(x^k)^T F'(x^k)]^{-1} F'(x^k)^T F(x^k) \\
&= x^k - [F'(x^k)^T F'(x^k)]^{-1} \nabla\phi(x^k) \\
&= \Phi(x^k) \, ,
\end{aligned}
\tag{6.10}
$$

mit

$$
\Phi(x) := x - [F'(x)^T F'(x)]^{-1} \nabla\phi(x) \, .
\tag{6.11}
$$

Für $x \in U$ gilt

$$
x = \Phi(x) \; \Leftrightarrow \; \nabla\phi(x) = 0 \; \Leftrightarrow x = x^* \, .
$$

Die Gauß-Newton-Methode ist also eine Fixpunktiteration mit der Iterations-funktion Φ.

Eine denkbare Alternative wäre das *Newton-Verfahren* zur Bestimmung einer Nullstelle von $f(x) := \nabla\phi(x)$. Mit Hilfe von (6.6) ergibt dies die Itera-tionsvorschrift

$$
\begin{aligned}
y^{k+1} &= y^k - [\phi''(y^k)]^{-1} \nabla\phi(y^k) \\
&= y^k - [F'(y^k)^T F'(y^k) + \sum_{i=1}^{m} F_i(y^k) F_i''(y^k)]^{-1} \nabla\phi(y^k) \, .
\end{aligned}
$$

Die Gauß-Newton-Methode kann also als ein *modifiziertes* Newton-Verfahren zur Bestimmung einer Nullstelle von $\nabla\phi$ interpretiert werden, wobei in $\phi''(y^k)$ der Term mit den zweiten Ableitungen von F weggelassen wird. Wegen der Vernachlässigung dieses Termes geht die quadratische Konvergenz der Newton-Methode verloren und die Gauß-Newton-Fixpunktiteration (6.10) ist in der Regel (nur) linear konvergent.

Entscheidend für die lokale Konvergenz der Fixpunktiteration (6.10) ist die Matrix $\Phi'(x^*)$. Bevor wir diese Matrix charakterisieren, werden im folgenden Beispiel einige typische Konvergenzeigenschaften der Gauß-Newton-Methode gezeigt.

Beispiel 6.4. Wir betrachten

$$
F(x) := \begin{pmatrix} a + r\cos x \\ r\sin x \end{pmatrix} , \quad \text{mit } a > r > 0, \; x \in [0, 2\pi] \, .
$$

Beim Ausgleichsproblem $\min_x \|F(x)\|_2$ sucht man $x = x^*$, so daß der Punkt $(a,0) + r(\cos x^*, \sin x^*)$ auf dem Kreis mit Mittelpunkt $(a,0)$ und Radius r minimalen Abstand zum Ursprung hat. Für dieses F gilt

$$
\|F(x)\|_2 = \sqrt{a^2 + 2ar\cos x + r^2},
$$

$$
F'(x) = r \begin{pmatrix} -\sin x \\ \cos x \end{pmatrix}, \quad F'(x)^T F'(x) = r^2,
$$

$$
\nabla\phi(x) = -ra\sin x \, .
$$

Es gibt zwei kritische Punkte von ϕ:

$$x^* = 0 \quad \text{(lokales Maximum)} \,,$$
$$x^* = \pi \quad \text{(lokales Minimum)} \,.$$

Die Iterationsfunktion zu F ist

$$\Phi(x) = x + \frac{a}{r}\sin x \,.$$

In den kritischen Punkten $x^* = 0$, $x^* = \pi$ gilt

$$|\Phi'(x^*)| = |1 + \frac{a}{r}\cos x^*| \,.$$

Für $x^* = 0$ (lokales Maximum) gilt $|\Phi'(x^*)| = \frac{a+r}{r} > 1$, und für $x^* = \pi$ (lokales Minimum) gilt $|\Phi'(x^*)| = \frac{a-r}{r} = \frac{a}{r} - 1$. Das lokale Maximum ist also immer (d. h. für alle Werte von a und r) abstoßend, und das lokale Minimum ist abstoßend, wenn $a > 2r$. Die Gauß-Newton-Methode ist lokal konvergent in einer Umgebung von $x^* = \pi$, wenn $a < 2r$ gilt. Das Verhalten der Methode in der Nähe des lokalen Minimums wird in den Abbildungen 6.1 und 6.2 gezeigt.

$\triangle$

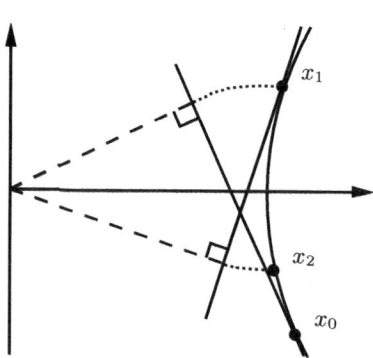

Abb. 6.1. Konvergenz für $a < 2r$

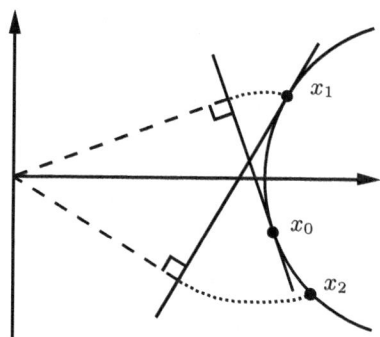

Abb. 6.2. Divergenz für $a > 2r$

Die Gauß-Newton-Methode hat in diesem Beispiel folgende Eigenschaften:

1. Das lokale Maximum ist abstoßend.
2. Die Methode ist linear konvergent in einer Umgebung des lokalen Minimums (wenn $a < 2r$), oder
3. das lokale Minimum ist auch abstoßend (wenn $a > 2r$).

Man kann zeigen, daß ähnliche Eigenschaften in einem allgemeinen Rahmen gültig sind. Die zugehörige mathematische Analyse ist ziemlich kompliziert, und deshalb werden hier einige Resultate teils ohne Beweis dargestellt.

Es wird vorausgesetzt, daß die Annahme (6.9) erfüllt ist und daß $F(x^*) \neq 0$ gilt, also ein nichtverschwindendes Residuum bleibt.

Es geht nun zuerst darum, eine Darstellung der Hesseschen $\phi''(x)$ zu finden, aus der man Informationen über die Definitheit gewinnen kann, um daraus wiederum schließen zu können, ob ein Extremum und welches vorliegt. Hierzu erinnere man sich, daß eine symmetrisch positiv definite Matrix M diagonalisierbar ist, d.h. $M = T\Lambda T^{-1}$, wobei die Diagonalmatrix Λ die positiven reellen Eigenwerte von M enthält. Mit $T\Lambda^\alpha T^{-1} =: M^\alpha$ ist dann für beliebiges $\alpha \in (0, \infty)$ die „α-te Potenz" von M definiert. Insbesondere kann man so die Wurzel aus einer symmetrisch positiv definiten Matrix ziehen. Folglich existiert eine (eindeutige) symmetrisch positiv definite Matrix $A \in \mathbb{R}^{n \times n}$, so daß

$$A^2 = F'(x^*)^T F'(x^*) \ .$$

Sei nun $K \in \mathbb{R}^{n \times n}$ definiert durch

$$K := -A^{-1} \Big(\sum_{i=1}^m \frac{F_i(x^*)}{\|F(x^*)\|_2} F_i''(x^*) \Big) A^{-1} \ . \tag{6.12}$$

Weil K eine *symmetrische* Matrix ist, sind alle Eigenwerte von K reell.

Lemma 6.5. *Es gilt*

$$\phi''(x^*) = A(I - \|F(x^*)\|_2 K)A \ , \tag{6.13}$$

$$\Phi'(x^*) = \|F(x^*)\|_2 A^{-1} K A \ . \tag{6.14}$$

Wenn x^* ein lokales Maximum oder ein Sattelpunkt von ϕ ist, muß

$$\rho(K)\,\|F(x^*)\|_2 \geq 1$$

gelten, wobei $\rho(K)$ den Spektralradius von K, also den Betrag des betragsgrößten Eigenwertes von K, bezeichnet.

Die erste Relation (6.13) folgt durch Einsetzen in (6.6). Auch die zweite Relation (6.14) bestätigt man durch Nachrechnen. Damit nun $\phi''(x^*)$ nicht positiv definit ist, muß das Spektrum von $I - \|F(x^*)\|_2 K$ auch nichtpositive Werte enthalten, d.h., das Spektrum von $\|F(x^*)\|_2 K$ muß Werte ≥ 1 enthalten, also muß $\rho(K)\|F(x^*)\|_2 \geq 1$ gelten.

Damit die Fixpunktiteration (6.10) (lokal) konvergiert, ist es hinreichend, daß eine beliebige Operatornorm der Jacobi-Matrix im Fixpunkt kleiner eins ist. Als weiteres Hilfsmittel definieren wir die Vektornorm $\|x\|_A := \|Ax\|_2$ und für $B \in \mathbb{R}^{n \times n}$ die zugehörige Matrixnorm

$$\|B\|_A = \max_{\|x\|_A = 1} \|Bx\|_A = \|ABA^{-1}\|_2 \ .$$

Aus Lemma 6.5 ergeben sich folgende wichtige Eigenschaften der Matrix $\Phi'(x^*)$:

Folgerung 6.6. *Für die Gauß-Newton-Iterationsfunktion Φ aus* (6.11) *gilt*

$$\|\Phi'(x^*)\|_A = \rho(K)\,\|F(x^*)\|_2\,, \tag{6.15}$$

$$\|\Phi'(x^*)\| \geq \rho(K)\,\|F(x^*)\|_2 \quad \text{für jede Operatornorm } \|\cdot\|. \tag{6.16}$$

Beweis. Aus Lemma 6.5 erhält man

$$\|\Phi'(x^*)\|_A = \|A\Phi'(x^*)A^{-1}\|_2 = \|F(x^*)\|_2\|K\|_2 = \|F(x^*)\|_2\,\rho(K).$$

Für jede Operatornorm $\|\cdot\|$ und jede Matrix $B \in \mathbb{R}^{n\times n}$ gilt $\|B\| \geq \rho(B)$. Hiermit ergibt sich

$$\|\Phi'(x^*)\| \geq \rho(\Phi'(x^*)) = \|F(x^*)\|_2\,\rho(A^{-1}KA) = \|F(x^*)\|_2\,\rho(K).$$

$\square$

Hieraus kann man folgendes schließen:

- Im Normalfall ist $F(x^*) \neq 0$, $K \neq 0$ und deshalb $\Phi'(x^*) \neq 0$.

> Falls die Gauß-Newton-Methode konvergiert, ist die Konvergenz im allgemeinen nicht schneller als linear.

Dies steht im Gegensatz zur Newtonmethode, die in der Regel quadratisch konvergent ist. Wenn das Modell exakt ist, d. h. $F(x^*) = 0$ (was in der Regel nicht der Fall ist), ist $\Phi'(x^*) = 0$ und die Methode hat eine Konvergenzordnung $p > 1$.

- Wenn der kritische Punkt x^* ein *lokales Maximum oder ein Sattelpunkt* ist, gilt wegen Lemma 6.5 und (6.16) $\rho(K)\,\|F(x^*)\|_2 \geq 1$ und $\|\Phi'(x^*)\| \geq 1$ für jede Operatornorm $\|\cdot\|$.

> Solche kritischen Punkte sind für das Gauß-Newton-Verfahren also abstoßend, was günstig ist, weil ein (lokales) Minimum gesucht wird.

Das Verfahren bewahrt uns also davor, einen „falschen" kritischen Punkt zu finden.

- Die Größe $\rho(K)\,\|F(x^*)\|_2$ ist entscheidend für die lokale Konvergenz des Gauß-Newton-Verfahrens.

> Für ein lokales Minimum x^* der Funktion ϕ ist die lokale Konvergenz des Gauß-Newton-Verfahrens gesichert, falls das Residuum $\|F(x^*)\|_2$ und die Größe $\rho(K)$ hinreichend klein sind, so daß die Bedingung $\rho(K)\,\|F(x^*)\|_2 < 1$ erfüllt ist.

- Sei x^* ein lokales Minimum von ϕ, wofür $\rho(K)\,\|F(x^*)\|_2 > 1$ gilt. Dann ist $\|\Phi'(x^*)\| > 1$ für jede Operatornorm $\|\cdot\|$. Deshalb:

Ein lokales Minimum von ϕ *kann* für die Gauß-Newton-Methode abstoßend sein.

Beispiel 6.7. Wir wenden die Gauß-Newton-Methode auf das Problem in Beispiel 6.1 an. Mit dem Startwert $x^0 = (1\ 2\ 2\ 1)^T$ ergeben sich die Resultate in Tabelle 6.2.

Tabelle 6.2. Gauß-Newton-Verfahren

k	$\|F(x^k)\|_2$	$\|\nabla\phi(x^k)\|_2$	$\|\nabla\phi(x^k)\|_2/\|\nabla\phi(x^{k-1})\|_2$
0	0.35035332090089	1.45e−01	-
1	0.34106434131008	1.33e−01	0.91
2	0.22208131421995	4.88e−02	0.37
3	0.16802866234936	1.02e−01	2.08
4	0.09190056278958	1.80e−01	0.18
5	0.08902339976144	1.18e−03	0.07
6	0.08895515308450	3.81e−04	0.32
7	0.08894991006370	1.15e−04	0.30
8	0.08894937563528	4.07e−05	0.35
9	0.08894931422207	1.38e−05	0.34
10	0.08894930687791	4.85e−06	0.35
11	0.08894930599062	1.68e−06	0.35
12	0.08894930588306	5.87e−07	0.35

In der letzten Spalte dieser Tabelle sieht man das lineare Konvergenzverhalten der Gauß-Newton-Methode. Die berechneten Parameterwerte $x^* = x^{12}$ liefern eine entsprechende Lösung $y(t; x^*) = x_1^* e^{-x_2^* t} \sin(x_3^* t + x_4^*)$, die in Abbildung 6.3 gezeigt wird. $\triangle$

6.2.2 Das gedämpfte Gauß-Newton-Verfahren

Sei x^k eine bekannte Annäherung des (lokalen) Minimums x^* und s^k die beim Gauß-Newton-Verfahren berechnete Korrektur aus (6.7). Wie bei der Newton-Methode kann man einen Dämpfungsparameter einführen:

$$x^{k+1} = x^k + \lambda s^k, \qquad 0 < \lambda < 1 \ .$$

Die Erfolgsaussichten einer Dämpfungsstrategie verdeutlicht das folgende Lemma.

Lemma 6.8. *Sei* $x^k \in \mathbb{R}^n$ *mit* $\nabla\phi(x^k) \neq 0$. *Sei* s^k *die Gauß-Newton Korrektur aus (6.7). Für* $\lambda > 0$ *hinreichend klein gilt*

$$\phi(x^k + \lambda s^k) < \phi(x^k) \ .$$

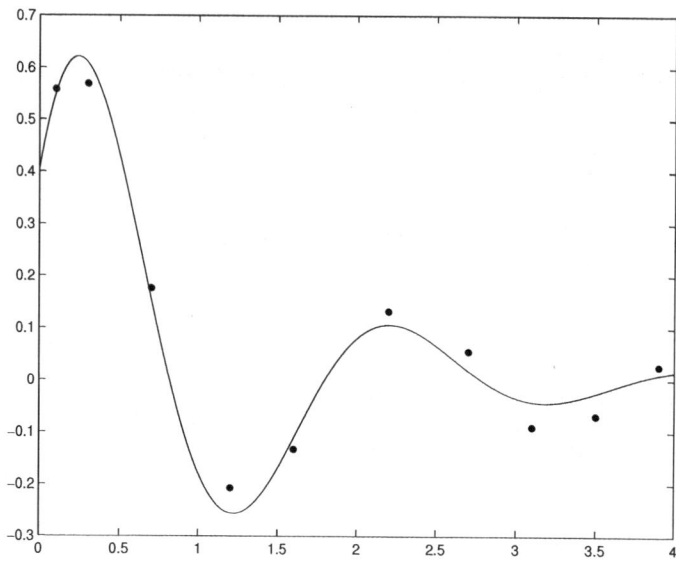

Abb. 6.3. Lösung des nichtlinearen Ausgleichsproblems

Man kann die Gauß-Newton-Methode mit einer Dämpfungsstrategie kombinieren wie sie in Abschnitt 5.6.2 beschrieben wird. Eine alternative, in der Praxis viel öfter benutzte Technik stammt von Levenberg und Marquardt und wird im nächsten Abschnitt behandelt.

6.3 Levenberg-Marquardt-Verfahren

Beim Levenberg-Marquardt-Verfahren wird die Korrektur s^k durch folgende Minimierungsaufgabe festgelegt: Finde $s^k \in \mathbb{R}^n$, so daß

$$\|F'(x^k)s^k + F(x^k)\|_2^2 + \mu^2\|s^k\|_2^2 = \min , \qquad (6.17)$$

wobei $\mu > 0$ ein zu wählender Parameter ist. Als neue Annäherung wird dann

$$x^{k+1} = x^k + s^k$$

genommen. Aus

$$\left\| \begin{pmatrix} F'(x^k) \\ \mu I \end{pmatrix} s^k + \begin{pmatrix} F(x^k) \\ \emptyset \end{pmatrix} \right\|_2^2 = \|F'(x^k)s^k + F(x^k)\|_2^2 + \mu^2\|s^k\|_2^2$$

folgt, daß obenstehende Minimierungsaufgabe folgende äquivalente Formulierung hat:

Finde $s^k \in \mathbb{R}^n$, so daß

$$\left\| \begin{pmatrix} F'(x^k) \\ \mu I \end{pmatrix} s^k + \begin{pmatrix} F(x^k) \\ \emptyset \end{pmatrix} \right\|_2 = \min \ . \tag{6.18}$$

Ein großer Vorteil des linearen Ausgleichsproblems (6.18) im Vergleich mit der Aufgabe (6.7) beim Gauß-Newton-Verfahren ist, daß für $\mu > 0$ die Matrix $\begin{pmatrix} F'(x^k) \\ \mu I \end{pmatrix}$ *immer vollen Rang* hat. Die Minimierungsaufgabe in (6.18) hat deshalb immer eine eindeutige Lösung s^k, welche mit den in Abschnitt 4.4 beschriebenen Methoden berechnet werden kann (vgl. Bemerkung 6.2). Für die Korrektur s^k aus (6.17) (oder (6.18)) folgt

$$\mu^2 \|s^k\|_2^2 \leq \|F'(x^k)s^k + F(x^k)\|_2^2 + \mu^2 \|s^k\|_2^2$$
$$= \min_{s \in \mathbb{R}^n} \left(\|F'(x^k)s + F(x^k)\|_2^2 + \mu^2 \|s\|_2^2 \right) \leq \|F(x^k)\|_2^2 \ ,$$

und deshalb

$$\|s^k\|_2 \leq \frac{\|F(x^k)\|_2}{\mu} \ .$$

Also kann man durch eine geeignete Wahl von μ eine „zu große" Korrektur s^k vermeiden. Mit anderen Worten, der Parameter μ kann eine Dämpfung der Korrektur bewirken. Man kann zeigen, daß ein hinreichend großes μ zu einer Korrektur s^k führt, die tatsächlich mit $x^{k+1} = x^k + s^k$ eine Verbesserung in Richtung eines lokalen Minimums von ϕ bewirkt. Etwas genauer formuliert:

Lemma 6.9. *Sei $x^k \in \mathbb{R}^n$ mit $\nabla\phi(x^k) \neq 0$. Sei s^k die Levenberg-Marquardt-Korrektur aus (6.18). Für μ hinreichend groß gilt*

$$\phi(x^k + s^k) < \phi(x^k) \ .$$

Auch das Levenberg-Marquardt-Verfahren kann man als Fixpunktiteration formulieren (vgl. (6.10)):

$$x^{k+1} = x^k + s^k = x^k - [F'(x^k)^T F'(x^k) + \mu^2 I]^{-1} F'(x^k)^T F(x^k) =: \Phi_\mu(x^k),$$

wobei

$$\Phi_\mu(x) = x - [F'(x)^T F'(x) + \mu^2 I]^{-1} F'(x)^T F(x)$$
$$= x - [F'(x)^T F'(x) + \mu^2 I]^{-1} \nabla\phi(x) \ .$$

Wahl von μ

Um Konvergenz zu gewährleisten, muß μ „hinreichend groß" genommen werden (vgl. Lemma 6.9). Andererseits führt ein sehr großes μ zu einer sehr kleinen Korrektur, und daher ist, wenn x^k noch relativ weit weg vom gesuchten

Minimum ist, sehr langsame Konvergenz zu erwarten. In der Praxis werden heuristische Kriterien benutzt, um die Wahl von μ zu steuern. Ein mögliches Kriterium wird nun kurz skizziert.

Sei $x^k \in \mathbb{R}^n$ und $s^k = s^k(\mu)$ die Levenberg-Marquardt Korrektur aus (6.18). Wir definieren den Parameter

$$\rho_\mu := \frac{\|F(x^k)\|_2^2 - \|F(x^k + s^k)\|_2^2}{\|F(x^k)\|_2^2 - \|F(x^k) + F'(x^k)s^k\|_2^2} =: \frac{\Delta R(x^k, s^k)}{\Delta \tilde{R}(x^k, s^k)} \,,$$

wobei angenommen wird, daß $\Delta \tilde{R}(x^k, s^k) \neq 0$. In ρ_μ wird die Änderung des tatsächlichen Residuums ($\Delta R(x^k, s^k)$) verglichen mit der Änderung des Residuums im linearen Modell (das „Modellresiduum" $\Delta \tilde{R}(x^k, s^k)$). Aus (6.17) folgt, daß $\Delta \tilde{R}(x^k, s^k) \geq 0$. Für eine akzeptable Korrektur muß auf jeden Fall $\Delta R(x^k, s^k) > 0$ gelten, also $\rho_\mu > 0$. Aufgrund der Taylorentwicklung ergibt sich $\rho_\mu \to 1$ für $\mu \to \infty$. Seien nun β_0, β_1 mit $0 < \beta_0 < \beta_1 < 1$ gegeben (z. B. $\beta_0 = 0.2, \ \beta_1 = 0.8$). Zur Parametersteuerung könnte man folgendes Kriterium benutzen:

$\rho_\mu \leq \beta_0 :$ s^k wird nicht akzeptiert; μ wird vergrößert (z. B. verdoppelt) und eine neue zugehörige Korrektur s^k wird berechnet.

$\beta_0 < \rho_\mu < \beta_1 :$ s^k wird akzeptiert; bei der Berechnung von s^{k+1} wird als Anfangswert dasselbe μ genommen.

$\rho_\mu \geq \beta_1 :$ s^k wird akzeptiert; bei der Berechnung von s^{k+1} wird als Anfangswert ein kleineres μ genommen (z. B. Halbierung).

Zusammenfassend hat das Levenberg-Marquardt-Verfahren folgende Struktur:

Algorithmus 6.10 (Levenberg-Marquardt).
Wähle Startwert x^0 und Anfangswert für den Parameter μ.
Für $k = 0, 1, 2, \ldots$:

1. Berechne $F(x^k)$, $F'(x^k)$.
2. Löse das lineare Ausgleichsproblem

$$\left\| \begin{pmatrix} F'(x^k) \\ \mu I \end{pmatrix} s^k + \begin{pmatrix} F(x^k) \\ \emptyset \end{pmatrix} \right\|_2 = \min \ .$$

3. Teste, ob die Korrektur s^k akzeptabel ist.
   Wenn nein, dann wird μ angepaßt und Schritt 2 wiederholt.
   Wenn ja, dann:
4. Setze $x^{k+1} = x^k + s^k$.

6.4 Übungen

Übung 6.4.1. Sei $f(t) := 2\alpha + \sqrt{\alpha^2 + t^2}$. Um den unbekannten Parameter α zu bestimmen stehen folgende Meßwerte $b_i \approx f(t_i)$ zur Verfügung:

t_i	0.2	0.4	0.6	0.8	1.0
b_i	1.55	1.65	1.8	1.95	2.1

a) Formulieren Sie die Aufgabe, den Parameter α zu ermitteln, als nichtlineares Ausgleichsproblem.
b) Nähern Sie die Lösung an, indem Sie, ausgehend vom Startwert $\alpha = 0$, zwei Iterationen des Gauß-Newton-Verfahrens durchführen.

Übung 6.4.2. In der Ebene sind Meßpunkte (x_i, y_i) für $i = 1, \ldots, n$ gegeben. Es soll ein Kreis gezeichnet werden, so daß alle Meßpunkte möglichst nahe an der Kreislinie liegen.

a) Formulieren Sie diese Aufgabe als nichtlineares Ausgleichsproblem.
b) Geben Sie die Linearisierung für das Gauß-Newton-Verfahren an.

Übung 6.4.3. Gegeben sei $\phi \in C^2(\mathbb{R}^n, \mathbb{R})$ durch $\phi(x) := \frac{1}{2}\|F(x)\|_2^2$ mit $F \in C^2(\mathbb{R}^n, \mathbb{R}^m)$. Zeigen Sie:

$$\nabla\phi(x) = F'(x)^T F(x), \qquad \phi''(x) = F'(x)^T F'(x) + \sum_{i=1}^m F_i(x)F_i''(x) \ .$$

Übung 6.4.4. Sei $f(t) := Ce^{\lambda t}\cos(2\pi t)$. Um die unbekannten Parameter λ und C zu bestimmen stehen folgende Meßwerte $b_i \approx f(t_i)$ zur Verfügung:

t_i	0.1	0.2	0.3
b_i	0.395	0.134	-0.119

a) Formulieren Sie die Aufgabe, die Parameter λ und C zu ermitteln, als nichtlineares Ausgleichsproblem.
b) Nähern Sie die Lösung an, indem Sie, ausgehend vom Startwert $C = 0$, $\lambda = 1$, zwei Iterationen des Gauß-Newton-Verfahrens durchführen.

Übung 6.4.5. An einem Quader mißt man die Kanten der Grundfläche $a = 21$ cm, $b = 28$ cm und die Höhe $c = 12$ cm. Weiter erhält man als Meßwerte für die Diagonale der Grundfläche $d = 34$ cm, für die Diagonale der Seitenfläche $e = 24$ cm und für die Körperdiagonale $f = 38$ cm. Zur Bestimmung der Längen der Kanten nach der Methode der kleinsten Quadrate verwende man das Verfahren von Gauß-Newton.

Übung 6.4.6. Zeigen Sie, daß man das Levenberg-Marquardt-Verfahren als Fixpunktiteration $x^{k+1} = \Phi_\mu(x^k)$ formulieren kann, mit

$$\Phi_\mu(x) = x - [F'(x)^T F'(x) + \mu^2 I]^{-1} F'(x)^T F(x)$$
$$= x - [F'(x)^T F'(x) + \mu^2 I]^{-1}\nabla\phi(x) \ .$$

Übung 6.4.7. Für $B \in \mathbb{R}^{m\times n}$, $\mu \in \mathbb{R} \setminus \{0\}$, sei $C := \begin{pmatrix} B \\ \mu I \end{pmatrix}$, wobei I die $n \times n$-Identitätsmatrix ist. Beweisen Sie, daß $\text{Rang}(C) = n$ gilt.

Berechnung von Eigenwerten

7.1 Einleitung

In diesem Kapitel beschäftigen wir uns mit folgender Aufgabe: Sei $A \in \mathbb{R}^{n \times n}$ eine reelle quadratische Matrix. Man suche eine Zahl $\lambda \in \mathbb{C}$ und einen Vektor $v \in \mathbb{C}^n$, $v \neq 0$, die der *Eigenwertgleichung*

$$Av = \lambda v$$

genügen. Die Zahl λ heißt *Eigenwert* und der Vektor v *Eigenvektor* zum Eigenwert λ. Nach einigen theoretischen Vorbereitungen wird der Schwerpunkt dieses Kapitels in der Behandlung numerischer Verfahren zur Berechnung von Eigenwerten liegen.

Zunächst seien jedoch einige Bemerkungen und Beispiele zum Problemhintergrund vorausgeschickt.

Beispiel 7.1. Jedes mechanische System hat die Fähigkeit zu schwingen. Analoge Phänomene findet man in elektrischen Systemen etwa in Form von Schwingkreisen. Die Überlagerung von Schwingungsvorgängen kann zu *Resonanzen* führen, die einerseits katastrophale Folgen wie Brückeneinstürze haben können, die andererseits aber auch gewollt und ausgenutzt werden. Ein Verständnis derartiger Vorgänge ist also von zentralem Interesse. Ein einfacher mathematischer Modellrahmen zur Beschreibung solcher Schwingungsvorgänge wurde bereits in Beispiel 3.2 skizziert, der auf ein sogenanntes *Sturm-Liouville'sches Problem* hinausläuft: Gesucht sei die Zahl λ und diejenige Funktion $u(x)$, die die Differentialgleichung

$$-u''(x) - \lambda r(x) u(x) = 0, \quad x \in (0,1) \,, \tag{7.1}$$

mit den Randbedingungen

$$u(0) = u(1) = 0$$

erfüllen. In der Gleichung (7.1) ist r eine bekannte stetige Funktion mit $r(x) > 0$ für alle $x \in [0, 1]$.

Zum Beispiel erfüllt der Schwingungsverlauf eines Federpendels mit Masse m und Federkonstante D die Differentialgleichung (7.1) mit $\lambda r(x) \equiv D/m$. Die Lösungen haben in diesem Fall die Form $u(x) = \hat{u}\sin(\omega_0 x + \varphi_0)$, wobei φ_0 die *Phase* und $\omega_0 := \sqrt{D/m}$ die *Eigenfrequenz* des Systems bezeichnen. Elektromagnetische Schwingungen in einem Schwingkreis bestehend aus einem Kondensator mit Kapazität C und einer Spule mit Induktivität L führen auf eine Differentialgleichung (7.1) mit $\lambda r(x) \equiv 1/LC$. Sind die Werte von D oder (L, C) nicht bekannt, muß die Eigenfrequenz erst gefunden werden.

Für den Fall $r(x) \equiv 1$ sind die Lösungen von (7.1) zu obigen Randbedingungen bekannt:

$$\begin{cases} \lambda = (k\pi)^2 \\ u(x) = \sin(k\pi x) \end{cases} \quad k = 0, 1, 2, \ldots.$$

Für den Fall, daß r nicht konstant ist, kann man im allgemeinen die Lösung dieses Problems nicht mehr in geschlossener Form angeben. Es ist dann zweckmäßig, die Lösung über ein Diskretisierungsverfahren, wie in Beispiel 3.2, numerisch anzunähern. Wir betrachten dazu wieder Gitterpunkte

$$x_j = jh, \quad j = 0, \ldots, n, \quad h = \frac{1}{n},$$

und ersetzen $u''(x_j)$ durch die Differenz

$$\frac{u(x_j + h) - 2u(x_j) + u(x_j - h)}{h^2}, \quad j = 1, 2, \ldots, n - 1.$$

Auf ähnliche Weise wie im Beispiel 3.2 ergibt sich ein Gleichungssystem

$$Au - \lambda Ru = 0 \tag{7.2}$$

für die Unbekannten λ und $u_i \approx u(x_i)$, $i = 1, 2, \ldots, n - 1$, wobei

$$A = \frac{1}{h^2}\begin{pmatrix} 2 & -1 & & & \\ -1 & 2 & -1 & & \emptyset \\ & \ddots & \ddots & \ddots & \\ \emptyset & & -1 & 2 & -1 \\ & & & -1 & 2 \end{pmatrix}, \quad R = \begin{pmatrix} r(x_1) & & & \\ & r(x_2) & & \emptyset \\ & & \ddots & \\ \emptyset & & & r(x_{n-1}) \end{pmatrix}. \tag{7.3}$$

Mit $R^{1/2} = \mathrm{diag}(\sqrt{r(x_1)}, \ldots, \sqrt{r(x_{n-1})})$, $R^{-1/2} := (R^{1/2})^{-1}$, $v := R^{1/2}u$ und $B := R^{-1/2}AR^{-1/2}$ erhält man aus (7.2) die transformierte Gleichung

$$Bv = \lambda v,$$

also ein Eigenwertproblem. Da die Matrix B symmetrisch positiv definit ist, existiert eine orthogonale Eigenvektorbasis, und alle Eigenwerte sind reell und positiv (vgl. Folgerung 7.10). $\triangle$

Eigensysteme, also Eigenwerte und zugehörige Eigenvektoren, beschreiben nicht nur *technisch/physikalische* Eigenschaften sondern spielen eine ebenso wichtige Rolle als *mathematische* Bausteine.

Beispiel 7.2. Bei der Berechnung der 2-Norm einer Matrix A, $\|A\|_2$, oder der Konditionszahl bezüglich der 2-Norm, $\kappa_2(A) = \|A\|_2\|A^{-1}\|_2$, spielen die extremen Eigenwerte von A eine Rolle:

- Für eine symmetrische Matrix A gilt

$$\|A\|_2 = \rho(A),$$

  wobei $\rho(A) = \max\{\,|\lambda|\ \mid \lambda\ \text{ist Eigenwert von}\ A\,\}$ der *Spektralradius* von A ist.
- Für eine nichtsinguläre symmetrische Matrix A gilt

$$\kappa_2(A) = \rho(A)\rho(A^{-1}).$$

- $\|A\|_2 = \sqrt{\rho(A^T A)}.$ △

Beispiel 7.3. Wir betrachten ein System linearer gekoppelter gewöhnlicher Differentialgleichungen

$$z' = Az + b, \quad z(0) = z^0, \tag{7.4}$$

wobei $z = z(t)$, $t \in [0,T]$. Es wird angenommen, daß $A \in \mathbb{R}^{n \times n}$ und $b \in \mathbb{R}^n$ nicht von t abhängen. In diesem Fall kann man über eine Eigenvektorbasis der Matrix A die Komponenten entkoppeln. Es sei dazu angenommen, daß A diagonalisierbar ist, d. h., es existieren n linear unabhängige Eigenvektoren $v^1, v^2, \ldots, v^n$:

$$Av^i = \lambda_i v^i, \quad i = 1, 2, \ldots, n. \tag{7.5}$$

Sei $\Lambda = \operatorname{diag}(\lambda_1, \ldots, \lambda_n)$ und $V = (v^1\ v^2\ \ldots\ v^n)$ die Matrix mit den Eigenvektoren als Spalten. Die Gleichungen (7.5) kann man in der Form

$$AV = V\Lambda$$

darstellen. So erhält man aus

$$V^{-1}z' = V^{-1}AVV^{-1}z + V^{-1}b$$

mit

$$y := V^{-1}z, \quad c := V^{-1}b$$

das System

$$y' = \Lambda y + c$$

von *entkoppelten* skalaren Gleichungen der Form

$$y_i' = \lambda_i y_i + c_i, \quad i = 1, 2, \ldots, n. \tag{7.6}$$

Aus (7.6) ergibt sich einfach die Lösung

$$y_i(t) = \tilde{z}_i^0 e^{\lambda_i t} + \frac{c_i}{\lambda_i}\left(e^{\lambda_i t} - 1\right),$$

wobei $\tilde{z}_i^0 := \left(V^{-1}z^0\right)_i$ durch die Anfangsbedingung in (7.4) festgelegt ist.   △

7.2 Einige theoretische Grundlagen

Sei $A \in \mathbb{R}^{n \times n}$, $\lambda \in \mathbb{C}$ ein Eigenwert der Matrix A und $v \in \mathbb{C}^n$, $v \neq 0$, ein zugehöriger Eigenvektor:

$$Av = \lambda v. \tag{7.7}$$

Folgende Charakterisierung von Eigenwerten ergibt sich bereits aus Bemerkung 3.6 und zeigt, weshalb man auch bei reellen Matrizen komplexe Eigenwerte berücksichtigen muß.

> **Lemma 7.4.** λ *ist ein Eigenwert von A genau dann, wenn*
>
> $$\det(A - \lambda I) = 0.$$

Beweis. Offensichtlich besagt (7.7), daß $(A - \lambda I)v = 0$ gilt und somit die Matrix $A - \lambda I$ singulär ist. Letzteres ist zu $\det(A - \lambda I) = 0$ äquivalent. $\square$

Die Funktion $\lambda \to \det(A - \lambda I)$ ist bekanntlich ein Polynom vom Grad n, das *charakteristische Polynom* der Matrix A. Lemma 7.4 besagt, daß die Eigenwerte der Matrix A gerade die Nullstellen des charakteristischen Polynoms sind. Im Prinzip reduziert sich also die Berechnung der Eigenwerte auf die Bestimmung der Nullstellen des charakteristischen Polynoms, wozu man zum Beispiel die Methoden aus Abschnitt 5.7 heran ziehen könnte. Da man jedoch die Koeffizienten dieses Polynoms erst aus der Matrix A *berechnen* muß, und da bekanntlich Nullstellen oft sehr sensibel von den Koeffizienten abhängen (schlecht konditioniertes Problem), ist dies im allgemeinen ein *untaugliches Vorgehen* und nur für sehr kleine n akzeptabel. Dies belegen folgende Beispielüberlegungen.

Beispiel 7.5. Die $n \times n$-Identitätsmatrix $A = I$ hat Eigenwerte $\lambda_i = 1$ und Eigenvektoren $v^i = e^i$, $i = 1, \ldots, n$, wobei $e^i = (0, \ldots, 0, 1, 0, \ldots, 0)^T$ der i-te Basisvektor ist. In Abschnitt 7.4 (Satz 7.17) wird gezeigt, daß das Eigenwertproblem $Ax = \lambda x$ im folgenden Sinne *gut konditioniert ist*: Sei μ ein Eigenwert der Matrix $A + E$, wobei E mit $\|E\|_2 \leq \epsilon$ eine Störung der Matrix A ist. Dann gilt die Abschätzung

$$|1 - \mu| \leq \epsilon. \tag{7.8}$$

Das charakteristische Polynom $p(\lambda) := \det(A - \lambda I)$ des ungestörten Problems lautet

$$p(\lambda) = (1 - \lambda)^n = \sum_{k=0}^{n} \binom{n}{k} (-\lambda)^k$$

$$= \binom{n}{0} - \binom{n}{1}\lambda + \binom{n}{2}\lambda^2 - \binom{n}{3}\lambda^3 + \ldots + (-1)^n \binom{n}{n}\lambda^n.$$

Bei einer (kleinen) Störung $\epsilon > 0$ des Koeffizienten $\binom{n}{0} = 1$ erhält man das gestörte Polynom

$$p_\epsilon(\lambda) = 1 - \epsilon - \binom{n}{1}\lambda + \binom{n}{2}\lambda^2 - \binom{n}{3}\lambda^3 + \ldots + (-1)^n\binom{n}{n}\lambda^n = p(\lambda) - \epsilon$$

mit den Nullstellen

$$p_\epsilon(\tilde{\lambda}) = 0 \iff (1 - \tilde{\lambda})^n - \epsilon = 0$$
$$\iff \tilde{\lambda} = 1 + \epsilon^{1/n} \quad \text{(falls n ungerade) oder}$$
$$\tilde{\lambda} = 1 \pm \epsilon^{1/n} \quad \text{(falls n gerade).}$$

Versucht man also, auf diesem Wege die Eigenwerte zu bestimmen, ergibt sich $|1 - \tilde{\lambda}| = \epsilon^{1/n}$, ein Resultat, das wegen der guten Kondition des ursprünglichen Problems (vgl.(7.8)) unakzeptabel ist (beachte: $\epsilon^{1/n} \gg \epsilon$ für $n > 1$ und $0 < \epsilon \ll 1$). $\triangle$

Die Charakterisierung in Lemma 7.4 ist deshalb für die numerische Behandlung von (7.7) wenig hilfreich, erschließt aber einige hilfreiche theoretische Grundlagen. Das charakteristische Polynom $p(\lambda) = \det(A - \lambda I)$ hat nach dem Fundamentalsatz der Algebra genau n reelle oder komplexe Nullstellen $\lambda_1, \ldots, \lambda_n$, falls sie mit der entsprechenden Vielfachheit gezählt werden. Ist λ_i eine einfache Nullstelle des charakteristischen Polynoms, so spricht man von einem *einfachen* Eigenwert λ_i. Die Menge aller paarweise verschiedenen Eigenwerte

$$\sigma(A) = \{\,\lambda \in \mathbb{C} \mid \det(A - \lambda I) = 0\,\}$$

bezeichnet man als das *Spektrum* von A.

Wir werden ferner *Invarianzen* des Spektrums ausnutzen. Matrizen A und B heißen *ähnlich*, falls es eine nichtsinguläre $n \times n$-Matrix T gibt, so daß

$$B = T^{-1}AT$$

gilt.

Lemma 7.6. *Ähnliche Matrizen haben das gleiche Spektrum, d. h.*

$$\sigma(A) = \sigma(T^{-1}AT)$$

für beliebiges nichtsinguläres T.

Beweis. Das Resultat ist eine Konsequenz aus Lemma 7.4 und der Tatsache, daß ähnliche Matrizen dasselbe charakteristische Polynom haben:

$$\begin{aligned}
\det(T^{-1}AT - \lambda I) &= \det(T^{-1}(A - \lambda I)T) \\
&= \det(T^{-1})\det(A - \lambda I)\det(T) \quad (7.9) \\
&= \det(A - \lambda I).
\end{aligned}$$

$\square$

Eine Matrix A heißt *diagonalisierbar*, wenn A zu einer Diagonalmatrix ähnlich ist. Man kann einfach zeigen, daß A genau dann diagonalisierbar ist, wenn A n linear unabhängige Eigenvektoren hat. Sind alle n Eigenwerte der Matrix A voneinander verschieden, so kann man zeigen, daß A diagonalisierbar ist.

Wir beschließen diesen Abschnitt mit einer wichtigen Matrixfaktorisierung, der *Schur-Faktorisierung* (Schursche Normalform), in der die Eigenwerte der Matrix vorkommen.

Diese Faktorisierung spielt beim QR-Verfahren zur Berechnung von Eigenwerten in Abschnitt 7.7 eine zentrale Rolle.

Satz 7.7 (Komplexe Schur-Faktorisierung). *Zu jeder Matrix* $A \in \mathbb{C}^{n \times n}$ *gibt es eine unitäre Matrix* $Q \in \mathbb{C}^{n \times n}$, *so daß*

$$Q^* A Q = \begin{pmatrix} \lambda_1 & & & & \\ & \lambda_2 & & * & \\ & & \ddots & & \\ & \emptyset & & \ddots & \\ & & & & \lambda_n \end{pmatrix} =: R \qquad (7.10)$$

gilt. Dabei ist $\{\lambda_1, \ldots, \lambda_n\} = \sigma(A)$.

Besteht man auf reellen Faktoren, ergibt sich nur fast ein Dreiecksfaktor.

Satz 7.8 (Reelle Schur-Faktorisierung). *Zu jeder Matrix* $A \in \mathbb{R}^{n \times n}$ *gibt es eine orthogonale Matrix* $Q \in \mathbb{R}^{n \times n}$, *so daß*

$$Q^T A Q = \begin{pmatrix} R_{11} & & & & \\ & R_{22} & & * & \\ & & \ddots & & \\ & \emptyset & & \ddots & \\ & & & & R_{mm} \end{pmatrix} =: R \qquad (7.11)$$

gilt. Dabei sind alle Matrizen R_{ii} ($i = 1, \ldots, m$) *reell und besitzen entweder die Ordnung eins (d. h.* $R_{ii} \in \mathbb{R}$) *oder die Ordnung zwei (d. h.* $R_{ii} \in \mathbb{R}^{2 \times 2}$). *Im letzten Fall hat* R_{ii} *ein Paar von konjugiert komplexen Eigenwerten. Die Menge aller Eigenwerte der Matrizen* R_{ii} ($i = 1, \ldots, m$) *ist gerade das Spektrum der Matrix* A.

Eine Matrix mit der Gestalt wie R in (7.11) nennt man *Quasi-Dreiecksmatrix*. Es sei noch bemerkt, daß die Faktorisierungen in (7.10) und (7.11) nicht eindeutig sind.

Beispiel 7.9. Sei

$$A = \begin{pmatrix} 30 & -18 & 5 \\ 15 & 9 & -5 \\ 9 & -27 & 24 \end{pmatrix}.$$

Diese Matrix hat eine komplexe Schur-Faktorisierung $Q_1^* A Q_1 = R_1$ mit

$$Q_1 = \begin{pmatrix} -0.168 + 0.630i & 0.373 + 0.163i & -0.640 \\ 0.153 + 0.319i & 0.380 + 0.567i & 0.640 \\ -0.482 + 0.467i & -0.010 - 0.607i & 0.426 \end{pmatrix}$$

$$R_1 = \begin{pmatrix} 27.00 + 9.00i & -11.07 + 14.43i & 10.05 + 25.87i \\ 0 & 27.00 - 9.00i & -12.81 + 0.27i \\ 0 & 0 & 9.00 \end{pmatrix},$$

und eine reelle Schur-Faktorisierung $Q_2^T A Q_2 = R_2$ mit

$$Q_2 = \begin{pmatrix} 0.744 & -0.192 & -0.640 \\ 0.377 & -0.670 & 0.640 \\ 0.552 & 0.717 & 0.426 \end{pmatrix}, \quad R_2 = \begin{pmatrix} 23.46 & 21.16 & -30.57 \\ -4.42 & 30.54 & 0.32 \\ 0 & 0 & 9 \end{pmatrix}.$$

Aus der komplexen Schur-Faktorisierung ergibt sich

$$\sigma(A) = \{9,\ 27 - 9i,\ 27 + 9i\}.$$

Die Eigenwerte $27 \pm 9i$ sind gerade die Eigenwerte des 2×2-Diagonalblocks $\begin{pmatrix} 23.46 & 21.16 \\ -4.42 & 30.54 \end{pmatrix}$ der Matrix R_2 in der reellen Schur-Faktorisierung.   △

Folgerung 7.10. *Jede reelle symmetrische Matrix $A \in \mathbb{R}^{n \times n}$ läßt sich mittels einer orthogonalen Matrix Q ähnlich auf eine Diagonalmatrix D transformieren:*

$$Q^{-1} A Q = D = \mathrm{diag}(\lambda_1, \dots, \lambda_n). \tag{7.12}$$

A besitzt somit nur reelle Eigenwerte *und* n linear unabhängige zueinander orthogonale *Eigenvektoren (nämlich die Spalten von Q).*

Beweis. Aus (7.10) erhält man

$$R^* = (Q^* A Q)^* = Q^* A^* Q = Q^* A Q = R,$$

und damit, daß R in (7.10) diagonal sein muß und daß $\lambda_i = \bar{\lambda}_i$ gilt, also alle Eigenwerte reell sind. Daraus folgt, daß alle Blöcke R_{ii} in der Faktorisierung (7.11) die Ordnung eins haben, also $m = n$ und $R_{ii} \in \mathbb{R}$ in (7.11). Aus (7.11) ergibt sich

$$R^T = (Q^T A Q)^T = Q^T A^T Q = Q^T A Q = R,$$

und damit, daß R in (7.11) diagonal sein muß und daß $R = \mathrm{diag}(\lambda_1, \dots, \lambda_n)$ gilt. Wegen $Q^T = Q^{-1}$ erhält man hieraus das Resultat in (7.12).   □

7.3 Eigenwertabschätzungen

Zu den theoretischen Vorbereitungen gehören insbesondere einige einfache Abschätzungen für die Eigenwerte einer Matrix, die bei der Berechnung von Eigenwerten nützlich sein können. Die Beweise dieser Eigenschaften werden weitgehend dem Leser überlassen.

Zunächst werden einige Eigenschaften des Spektrums gesammelt.

Eigenschaften 7.11. *Seien $A, B \in \mathbb{R}^{n \times n}$. Dann gilt*

(i) *Falls A nichtsingulär:*

$$\lambda \in \sigma(A) \iff \lambda^{-1} \in \sigma(A^{-1}) \,,$$

(ii) $\lambda \in \sigma(A) \implies \bar{\lambda} \in \sigma(A)$,
(iii) $\sigma(A) = \sigma(A^T)$,
(iv) $\sigma(AB) = \sigma(BA)$.

Satz 7.12. *Für alle $\lambda \in \sigma(A)$ gilt*

$$|\lambda| \leq \|A\|.$$

Beweis. Sei $\lambda \in \sigma(A)$ und v der zugehörige Eigenvektor mit $\|v\| = 1$. Aus $Av = \lambda v$ folgt

$$|\lambda| = |\lambda|\,\|v\| = \|\lambda v\| = \|Av\| \leq \max_{\|x\|=1} \|Ax\| = \|A\|. \qquad \square$$

Satz 7.13. *Seien*

$$K_i := \{\, z \in \mathbb{C} \mid |z - a_{i,i}| \leq \sum_{j \neq i} |a_{i,j}| \,\}, \quad i = 1, 2, \ldots, n,$$

die sogenannten Gerschgorin-Kreise. *Dann gilt, daß alle Eigenwerte von A in der Vereinigung aller dieser Kreise liegen:*

$$\sigma(A) \subseteq (\cup_{i=1}^{n} K_i).$$

Beweis. Sei $\lambda \in \sigma(A)$ und v der zugehörige Eigenvektor. Sei i so, daß $|v_i| = \max_{1 \leq j \leq n} |v_j|$. Aus $Av = \lambda v$ folgt

$$(\lambda - a_{i,i})v_i = \sum_{j \neq i} a_{i,j} v_j,$$

also

$$|\lambda - a_{i,i}|\,|v_i| = |\sum_{j\neq i} a_{i,j}v_j| \leq \sum_{j\neq i} |a_{i,j}|\,|v_j|$$

und damit

$$|\lambda - a_{i,i}| \leq \sum_{j\neq i} |a_{i,j}|\frac{|v_j|}{|v_i|} \leq \sum_{j\neq i} |a_{i,j}|\,. \qquad \square$$

Folgerung 7.14. *Seien K_i^T die Gerschgorin-Kreise für A^T:*

$$K_i^T := \{\, z \in \mathbb{C} \mid |z - a_{i,i}| \leq \sum_{j\neq i} |a_{j,i}|\,\}, \quad i = 1, 2, \ldots, n,$$

dann folgt aus Eigenschaft 7.11 (iii) *und Satz 7.13:*

$$\sigma(A) \subseteq \big((\cup_{i=1}^n K_i) \cap (\cup_{i=1}^n K_i^T) \big). \tag{7.13}$$

Falls A symmetrisch ist, sind alle Eigenwerte reell, also gilt:

$$\sigma(A) \subset \big(\cup_{i=1}^n (K_i \cap \mathbb{R}) \big). \tag{7.14}$$

Beispiel 7.15. Die Matrix

$$A = \begin{pmatrix} 4 & 1 & -1 \\ 0 & 3 & -1 \\ 1 & 0 & -2 \end{pmatrix}$$

hat das Spektrum $\sigma(A) = \{3.43 \pm 0.14i, -1.86\}$. Das Resultat (7.13) ist in Abb. 7.1 dargestellt. Die Matrix

$$A = \begin{pmatrix} 2 & -1 & 0 \\ -1 & 3 & -1 \\ 0 & -1 & 4 \end{pmatrix}$$

hat das Spektrum $\sigma(A) = \{1.27, 3.00, 4.73\}$. Das Resultat in (7.14) liefert

$$\sigma(A) \subset ([1,3] \cup [1,5] \cup [3,5])\,,$$

also $\sigma(A) \subset [1,5]$. $\qquad \triangle$

7.4 Kondition des Eigenwertproblems

Wie üblich schicken wir der Konzeption numerischer Verfahren eine kurze Diskussion der Frage voraus, wie stark sich die Eigenwerte bei einer Störung in der Matrix A ändern können. Einen Beweis des folgenden Störungssatzes findet man z. B. in [SB, GL].

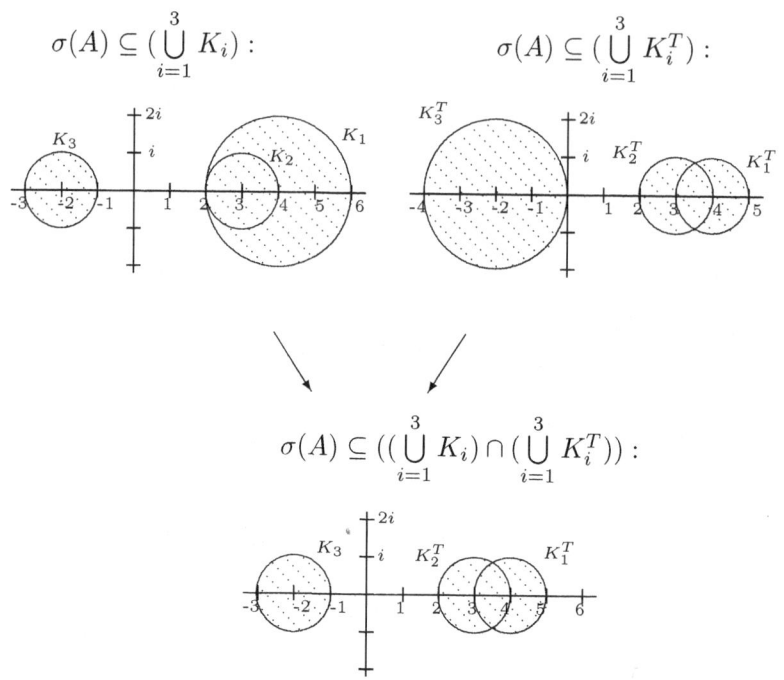

$$\sigma(A) \subseteq (\bigcup_{i=1}^{3} K_i) : \qquad\qquad \sigma(A) \subseteq (\bigcup_{i=1}^{3} K_i^T) :$$

$$\sigma(A) \subseteq ((\bigcup_{i=1}^{3} K_i) \cap (\bigcup_{i=1}^{3} K_i^T)) :$$

Abb. 7.1. Gerschgorin-Kreise

Satz 7.16. *Sei* $A \in \mathbb{R}^{n \times n}$ *eine diagonalisierbare Matrix:*

$$V^{-1}AV = \mathrm{diag}(\lambda_1, \dots, \lambda_n). \qquad (7.15)$$

Sei μ *ein Eigenwert der gestörten Matrix* $A + E$, *dann gilt*

$$\min_{1 \le i \le n} |\lambda_i - \mu| \le \|V\|_p \|V^{-1}\|_p \|E\|_p, \qquad (7.16)$$

mit $p = 1, 2, \infty$.

Man beachte, daß offensichtlich die absolute Kondition der Eigenwerte von der Konditionszahl $\kappa_p(V) = \|V\|_p \|V^{-1}\|_p$ der Matrix V abhängt und *nicht* von der Konditionszahl der Matrix A. Da die Spalten von V gerade Eigenvektoren der Matrix A sind (vgl. (7.15)), zeigt das Resultat in diesem Satz, daß für eine diagonalisierbare Matrix die Kondition der Eigenvektorbasis (im Sinne von Maß $\kappa_p(V)$) eine wichtige Rolle bei der Empfindlichkeit der Eigenwerte bezüglich Störungen in A spielt.

Für eine *symmetrische* Matrix ist das Problem der Bestimmung der *Eigenwerte* immer *gut konditioniert*:

Satz 7.17. *Sei $A \in \mathbb{R}^{n \times n}$ eine symmetrische Matrix und μ ein Eigenwert der gestörten Matrix $A + E$. Dann gilt*

$$\min_{1 \leq i \leq n} |\lambda_i - \mu| \leq \|E\|_2. \qquad (7.17)$$

Beweis. Aus Folgerung 7.10 erhält man, daß A über eine orthogonale Matrix diagonalisierbar ist:

$$V^{-1}AV = \text{diag}(\lambda_1, \ldots, \lambda_n),$$

mit V orthogonal. Wegen der Orthogonalität von V gilt $\kappa_2(V) = 1$. Das Resultat (7.17) folgt nun unmittelbar aus (7.16) mit $p = 2$. □

Das folgende Beispiel 7.18 zeigt, daß für nichtsymmetrische Matrizen das Problem der Eigenwertbestimmung schlecht konditioniert sein *kann*, obgleich A selbst eine moderate Konditionszahl hat.

Beispiel 7.18. Sei

$$A = \begin{pmatrix} 1 & 1 \\ \alpha^2 & 1 \end{pmatrix}, \quad 0 < \alpha \leq \frac{1}{2},$$

mit Eigenwerten und zugehörigen Eigenvektoren

$$\lambda_1 = 1 - \alpha, \quad v^1 = \begin{pmatrix} 1 \\ -\alpha \end{pmatrix}, \lambda_2 = 1 + \alpha, \quad v^2 = \begin{pmatrix} 1 \\ \alpha \end{pmatrix}.$$

Es gilt

$$V^{-1}AV = \begin{pmatrix} \lambda_1 & 0 \\ 0 & \lambda_2 \end{pmatrix} \quad \text{mit} \quad V = \begin{pmatrix} 1 & 1 \\ -\alpha & \alpha \end{pmatrix}.$$

Für $\|A\|_2$ gilt die Ungleichung $\|A\|_2^2 = \rho(A^T A) \leq \|A^T A\|_\infty \leq \|A^T\|_\infty \|A\|_\infty = \|A\|_1 \|A\|_\infty$. Also folgt auch $\|A^{-1}\|_2^2 \leq \|A^{-1}\|_1 \|A^{-1}\|_\infty$, woraus sich schließlich

$$\kappa_2(A) = \|A\|_2 \|A^{-1}\|_2 \leq \left(\|A\|_1 \|A\|_\infty \|A^{-1}\|_1 \|A^{-1}\|_\infty\right)^{\frac{1}{2}} = \frac{4}{1 - \alpha^2}$$

ergibt. Die Matrix A ist also für alle $\alpha \in (0, \frac{1}{2}]$ gut konditioniert. Für die Konditionszahl der Matrix V ergibt sich

$$\kappa_2(V) = \|V\|_2 \|V^{-1}\|_2 = \frac{1}{\alpha}, \qquad (7.18)$$

also ist die Kondition der Eigenvektorbasis v^1, v^2 schlecht für $\alpha \ll 1$.

Sei $E = \begin{pmatrix} 0 & 0 \\ \alpha^3(2 + \alpha) & 0 \end{pmatrix}$. Die gestörte Matrix $A + E = \begin{pmatrix} 1 & 1 \\ \alpha^2(1 + \alpha)^2 & 1 \end{pmatrix}$ hat Eigenwerte

$$\mu_1 = 1 - \alpha(1 + \alpha) = \lambda_1 - \alpha^2,$$
$$\mu_2 = 1 + \alpha(1 + \alpha) = \lambda_2 + \alpha^2,$$

also gilt (vgl. (7.16))

$$|\mu_i - \lambda_i| = \alpha^2 = \frac{1}{2+\alpha} \frac{\alpha^3(2+\alpha)}{\alpha} = \frac{1}{2+\alpha} \kappa_2(V)\|E\|_2.$$

Für $\alpha \ll 1$ ist die absolute Kondition der Eigenwertbestimmung wegen des Faktors $\kappa_2(V) = \frac{1}{\alpha}$ schlecht. Weil $\|A\|_2$ und $|\lambda_i|$, $i = 1, 2$, von der Größenordnung eins sind, ist für $\alpha \ll 1$ auch die relative Kondition der Eigenwertbestimmung schlecht. $\triangle$

Die Konditionsanalyse für Eigenvektoren ist wesentlich schwieriger als die für Eigenwerte und wird in diesem Buch nicht betrachtet. Eine ausführliche Diskussion findet man z. B. in [GL].

7.5 Vektoriteration

Die *Vektoriteration* ist vielleicht das einfachste Verfahren zur Bestimmung des betragsmäßig größten Eigenwertes und eines zugehörigen Eigenvektors einer Matrix. Darüberhinaus liefert diese Vektoriteration (oder *Potenzmethode*) ein wichtiges Grundkonzept für die Entwicklung anderer leistungsfähigerer Methoden zur Eigenwert- und Eigenvektorbestimmung (z. B. die in Abschnitt 7.6 und 7.7).

Für die Analyse der Vektoriteration wird der Einfachheit halber angenommen, daß A diagonalisierbar ist, d. h., es existiert eine Basis aus Eigenvektoren von A:

$$v^1, v^2, \ldots, v^n \in \mathbb{C}^n.$$

Die Eigenvektoren v^i werden so skaliert, daß $\|v^i\|_2 = 1$, $i = 1, \ldots, n$, gilt. Außerdem nehmen wir an, daß der dominante Eigenwert von A *einfach* ist:

$$|\lambda_1| > |\lambda_2| \geq |\lambda_3| \geq \ldots \geq |\lambda_n|.$$

Da wir uns auf eine reelle Matrix A beschränken, bedeutet die Annahme $|\lambda_1| > |\lambda_2|$ gleichzeitig, daß λ_1 und v_1 reell sind (vgl. Eigenschaft 7.11 (ii)).

Ein beliebiger Startvektor $x^0 \in \mathbb{R}^n$ läßt sich (theoretisch!) darstellen als

$$x^0 = c_1 v^1 + c_2 v^2 + \ldots + c_n v^n.$$

Wir nehmen ferner an, daß x^0 so gewählt ist, daß

$$c_1 \neq 0 \tag{7.19}$$

gilt. Wendet man eine k-te Potenz von A auf x^0 an, ergibt sich

$$A^k x^0 = \sum_{j=1}^{n} c_j A^k v^j = \sum_{j=1}^{n} c_j \lambda_j^k v^j. \tag{7.20}$$

Also gilt

$$x^k := A^k x^0 = \lambda_1^k \Big\{ c_1 v^1 + \sum_{j=2}^n \Big(\frac{\lambda_j}{\lambda_1} \Big)^k c_j v^j \Big\} =: \lambda_1^k (c_1 v^1 + r^k), \qquad (7.21)$$

wobei wegen $\frac{|\lambda_j|}{|\lambda_1|} \leq \frac{|\lambda_2|}{|\lambda_1|} < 1$ für $j = 2, \ldots, n$,

$$\| r^k \|_2 = \mathcal{O}\Big(\Big| \frac{\lambda_2}{\lambda_1} \Big|^k \Big) \quad (k \to \infty) , \qquad (7.22)$$

also $r^k \to 0$ für $k \to \infty$. Folglich strebt $x^k = A^k x^0$ in die Richtung des ersten Eigenvektors v^1. Um dies präziser formulieren zu können, ist es zweckmäßig, einen Abstandsbegriff zwischen den Unterräumen $T := \{ \alpha v^1 | \alpha \in \mathbb{R} \}$ und $S^k := \{ \alpha A^k x_0 \mid \alpha \in \mathbb{R} \}$ zu definieren:

$$d(S^k, T) := \min_{w \in S^k} \| w - v^1 \|_2 = \min_{\alpha \in \mathbb{R}} \| \alpha x^k - v^1 \|_2 . \qquad (7.23)$$

Aus (7.21) folgt

$$(\lambda_1^k c_1)^{-1} x^k = v^1 + c_1^{-1} r^k,$$

und mit der Bezeichnung $\alpha_k := (\lambda_1^k c_1)^{-1}$ somit:

$$d(S^k, T) \leq \| \alpha_k x^k - v^1 \|_2 = |c_1|^{-1} \| r^k \|_2 = \mathcal{O}\Big(\Big| \frac{\lambda_2}{\lambda_1} \Big|^k \Big) \quad (k \to \infty) . \quad (7.24)$$

Für die Annäherung des betragsmäßig größten Eigenwertes λ_1 kann man nun

$$\lambda^{(k)} = \frac{(x^k)^T A x^k}{\| x^k \|_2^2} = \frac{(x^k)^T x^{k+1}}{\| x^k \|_2^2} \qquad (7.25)$$

verwenden. Da $\alpha_{k+1} = (\lambda_1^{k+1} c_1)^{-1} = \frac{1}{\lambda_1} \alpha_k$, erhält man aus Resultat (7.24):

$$\lambda^{(k)} = \lambda_1 \frac{(\alpha_k x^k)^T (\alpha_{k+1} x^{k+1})}{\| \alpha_k x^k \|_2^2} = \lambda_1 \frac{(v^1 + c_1^{-1} r^k)^T (v^1 + c_1^{-1} r^{k+1})}{\| v^1 + c_1^{-1} r^k \|_2^2}$$

$$= \lambda_1 \frac{1 + \mathcal{O}(| \frac{\lambda_2}{\lambda_1} |^k)}{1 + \mathcal{O}(| \frac{\lambda_2}{\lambda_1} |^k)} = \lambda_1 \big(1 + \mathcal{O}(| \tfrac{\lambda_2}{\lambda_1} |^k) \big),$$

also

$$\boxed{ | \lambda^{(k)} - \lambda_1 | = \mathcal{O}\Big(\Big| \frac{\lambda_2}{\lambda_1} \Big|^k \Big). \qquad (7.26) }$$

Bemerkung 7.19. Falls A *symmetrisch* ist, sind die Eigenvektoren v^i orthogonal. Mit Hilfe dieser Orthogonalitätseigenschaft kann man zeigen, daß sogar

$$| \lambda^{(k)} - \lambda_1 | = \mathcal{O}\Big(\Big| \frac{\lambda_2}{\lambda_1} \Big|^{2k} \Big) \qquad (7.27)$$

gilt.   △

Da $\|x^k\|_2 \to \infty$, falls $|\lambda_1| > 1$, und $\|x^k\|_2 \to 0$ falls $|\lambda_1| < 1$, ist es zweckmäßig, die Iterierten x^k zu skalieren. Damit werden dann starke Änderungen der Größenordnung vermieden. Da der Unterraum S^k und die Iterierten $\lambda^{(k)}$ in (7.25) *nicht* von der Skalierung von x^k abhängen, bleiben bei einer Neuskalierung von x^k die Resultate (7.24) und (7.26) erhalten.

Insgesamt ergibt sich folgender

Algorithmus 7.20 (Vektoriteration/Potenzmethode).

Wähle Startvektor y^0 mit $\|y^0\|_2 = 1$.
Für $k = 0, 1, 2, \dots$ berechne
$$\tilde{y}^{k+1} = Ay^k$$
$$\lambda^{(k)} = (y^k)^T \tilde{y}^{k+1}$$
$$y^{k+1} = \tilde{y}^{k+1} / \|\tilde{y}^{k+1}\|_2.$$

Mit $x^0 := y^0$ kann man über Induktion einfach zeigen, daß

$$y^k = \frac{x^k}{\|x^k\|_2} = \frac{A^k x^0}{\|A^k x^0\|_2}$$

gilt. Also liefert der Algorithmus 7.20 bis auf einen Skalierungsfaktor in x^k tatsächlich die oben analysierten Folgen x^k, $\lambda^{(k)}$.

Die Konvergenzgeschwindigkeit und damit die Effizienz der Vektoriteration hängt wesentlich vom Verhältnis zwischen $|\lambda_1|$ und $|\lambda_2|$ ab (vgl. (7.24), (7.26) und (7.27)).

Beispiel 7.21. Die Matrix

$$A = \begin{pmatrix} 5 & 4 & 4 & 5 & 6 \\ 0 & 8 & 5 & 6 & 7 \\ 0 & 0 & 6 & 7 & 8 \\ 0 & 0 & 0 & -4 & 9 \\ 0 & 0 & 0 & 0 & -2 \end{pmatrix} \tag{7.28}$$

hat das Spektrum $\sigma(A) = \{5, 8, 6, -4 -2\}$, also

$$\lambda_1 = 8, \quad \left|\frac{\lambda_2}{\lambda_1}\right| = \frac{3}{4}.$$

Der Eigenwert λ_1 hat den zugehörigen Eigenvektor $v^1 = (\frac{4}{5}, \frac{3}{5}, 0, 0, 0)^T$. Einige Resultate der Vektoriteration angewandt auf diese Matrix mit Startvektor $y^0 = \frac{1}{\sqrt{5}}(1, 1, 1, 1, 1)^T$ werden in Tabelle 7.1 gezeigt.

Für die Annäherung des Eigenvektors v^1 ergibt sich

$$y^{12} = (0.7940, 0.6079, 0.0070, -0.0001, 0.0000)^T.$$

Tabelle 7.1. Vektoriteration

k	$\left\lvert\lambda^{(k)} - \lambda_1\right\rvert$	$\dfrac{\left\lvert\lambda^{(k)} - \lambda_1\right\rvert}{\left\lvert\lambda^{(k-1)} - \lambda_1\right\rvert}$
0	6.8000	-
1	3.0947	0.46
2	1.3864	0.44
3	1.5412	1.11
4	0.8622	0.56
5	0.7103	0.82
6	0.4758	0.67
7	0.3666	0.77
8	0.2629	0.72
9	0.1992	0.76
10	0.1468	0.74
11	0.1107	0.75

Offensichtlich gilt $\lambda^{(k)} \to \lambda_1$, wobei der asymptotische Konvergenzfaktor etwa $\left\lvert\frac{\lambda_2}{\lambda_1}\right\rvert^k$ ist. $\triangle$

In der Praxis ist der Fehler $\left\lvert\lambda^{(k)} - \lambda_1\right\rvert$ nicht bekannt, aber da die Folge $(\lambda^{(k)})_{k\geq 0}$ *linear* konvergent ist, kann man ihn über die in Abschnitt 5.4 erklärte Methode schätzen. Sei dazu

$$q_k := \frac{\lambda^{(k)} - \lambda^{(k-1)}}{\lambda^{(k-1)} - \lambda^{(k-2)}} \quad (k \geq 2),$$

dann ergibt sich die Fehlerschätzung

$$\lambda_1 - \lambda^{(k)} \approx \frac{q_k}{1 - q_k}(\lambda^{(k)} - \lambda^{(k-1)}). \tag{7.29}$$

Beispiel 7.22. Wir betrachten die *symmetrische* Matrix

$$A = \begin{pmatrix} -7 & 13 & -16 \\ 13 & -10 & 13 \\ -16 & 13 & -7 \end{pmatrix}$$

mit dem Spektrum $\sigma(A) = \{3, 9, -36\}$, also

$$\lambda_1 = -36, \quad \left\lvert\frac{\lambda_2}{\lambda_1}\right\rvert = \frac{1}{4}.$$

Der Eigenwert λ_1 hat den zugehörigen Eigenvektor $v^1 = \frac{1}{\sqrt{3}}(-1, 1, -1)^T$. In Tabelle 7.2 sind einige Resultate der Vektoriteration, mit Startvektor $y^0 = (1, 0, 0)^T$, und der Fehlerschätzung (7.29) dargestellt.

Für die Annäherung des Eigenvektors v^1 ergibt sich

$$y^7 = (-0.5773, 0.5774, -0.5774)^T.$$

Tabelle 7.2. Vektoriteration

k	$\|\lambda^{(k)} - \lambda_1\|$	$\frac{\|\lambda^{(k)}-\lambda_1\|}{\|\lambda^{(k-1)}-\lambda_1\|}$	$q_k = \frac{\lambda^{(k)}-\lambda^{(k-1)}}{\lambda^{(k-1)}-\lambda^{(k-2)}}$	$\left\|\frac{q_k}{1-q_k}(\lambda^{(k)}-\lambda^{(k-1)})\right\|$
0	29	-	-	-
1	3.97	0.137	-	-
2	2.63e−1	0.066	0.148	6.44e−1
3	1.65e−2	0.063	0.067	1.76e−2
4	1.03e−3	0.062	0.063	1.03e−3
5	6.44e−5	0.062	0.062	6.44e−5
6	4.02e−6	0.062	0.062	4.02e−6

Die Resultate in der Tabelle zeigen, daß $\lambda^{(k)} \to \lambda_1$, wobei der Konvergenzfaktor etwa $\left|\frac{\lambda_2}{\lambda_1}\right|^{2k}$ ist (vgl. Bemerkung 7.19), und daß die Fehlerschätzung (7.29) befriedigend ist.   △

Beispiel 7.23. Wir betrachten das Eigenwertproblem in Beispiel 7.1 mit $R = I$, also $Ax = \lambda x$ ($A \in \mathbb{R}^{(n-1)\times(n-1)}$ wie in (7.3)). Für die Matrix A ist eine explizite Formel für die Eigenwerte bekannt:

$$\lambda_{n-k} = \frac{4}{h^2}\sin^2\left(\frac{1}{2}k\pi h\right), \quad k = 1, 2, \ldots, n-1, \quad h := \frac{1}{n}.$$

Die Numerierung ist hierbei so gewählt, daß $\lambda_1 > \lambda_2 > \ldots > \lambda_{n-1}$ gilt. Wegen

$$\left|\frac{\lambda_2}{\lambda_1}\right| = \frac{\lambda_2}{\lambda_1} = \frac{\sin^2\left(\frac{1}{2}(n-2)\pi h\right)}{\sin^2\left(\frac{1}{2}(n-1)\pi h\right)} = \frac{\sin^2\left(\frac{1}{2}\pi - \pi h\right)}{\sin^2\left(\frac{1}{2}\pi - \frac{1}{2}\pi h\right)}$$

$$= \frac{\cos^2(\pi h)}{\cos^2(\frac{1}{2}\pi h)} = \frac{(1 - \frac{1}{2}(\pi h)^2)^2}{(1 - \frac{1}{2}(\frac{1}{2}\pi h)^2)^2} + \mathcal{O}(h^4) = 1 - \frac{3}{4}\pi^2 h^2 + \mathcal{O}(h^4)$$

erwarten wir für $h \ll 1$ eine sehr langsame Konvergenz $\lambda^{(k)} \to \lambda_1$ der Vektoriteration mit einem Faktor $\approx \left|\frac{\lambda_2}{\lambda_1}\right|^2 \doteq 1 - 1\frac{1}{2}\pi^2 h^2$ pro Iteration. Dies wird bestätigt von den Resultaten der Vektoriteration für den Fall $h = \frac{1}{30}$ mit Startvektor $y^0 = (1, 2, 3, 4, \ldots, 29)/\|y^0\|_2$ in Tabelle 7.3.   △

Tabelle 7.3. Vektoriteration

k	$\|\lambda^{(k)} - \lambda_1\|$	$\frac{\|\lambda^{(k)}-\lambda_1\|}{\|\lambda^{(k-1)}-\lambda_1\|}$
1	1.79e+3	0.51
5	4.81e+2	0.82
15	1.64e+2	0.93
50	4.36e+1	0.98
100	1.70e+1	0.98
150	8.16	0.99

7.6 Inverse Vektoriteration

In diesem Abschnitt wird stets angenommen, daß die Matrix $A \in \mathbb{R}^{n \times n}$ nicht-singulär und diagonalisierbar ist. Da für

$$Av^i = \lambda_i v^i, \quad i = 1, \ldots, n$$

auch folgt

$$A^{-1} v^i = \frac{1}{\lambda_i} v^i,$$

würde die Vektoriteration, angewandt auf A^{-1}, unter der Annahme

$$|\lambda_1| \geq |\lambda_2| \geq \ldots \geq |\lambda_{n-1}| > |\lambda_n|,$$

den *betragsmäßig kleinsten* Eigenwert λ_n von A ermitteln. Um auch noch *andere* Eigenwerte ermitteln zu können, nutzt man aus, daß λ_i genau dann Eigenwert von A ist, falls $\lambda_i - \mu$ Eigenwert von $A - \mu I$ ist. Angenommen, wir hätten eine Annäherung $\mu \approx \lambda_i$ eines beliebigen Eigenwertes λ_i der Matrix A zur Verfügung, so daß

$$|\mu - \lambda_i| < |\mu - \lambda_j| \quad \text{für alle } j \neq i. \tag{7.30}$$

(Implizit hat man hierbei angenommen, daß λ_i ein *einfacher* und *reeller* Eigenwert ist.) Dann ist $(\lambda_i - \mu)^{-1}$ der *betragsgrößte* Eigenwert der Matrix $(A - \mu I)^{-1}$. Zur Berechnung von $(\lambda_i - \mu)^{-1}$, und damit von λ_i, kann man die Vektoriteration auf $(A - \mu I)^{-1}$ anwenden:

Algorithmus 7.24. (Inverse Vektoriteration mit Spektralverschiebung)

Wähle Startvektor y^0 mit $\|y^0\|_2 = 1$.
Für $k = 0, 1, 2, \ldots$:
  Löse $(A - \mu I)\tilde{y}^{k+1} = y^k$ $\hspace{2cm}$ (7.31)

$\lambda^{(k)} := \frac{1}{(y^k)^T \tilde{y}^{k+1}} + \mu$ $\hspace{2cm}$ (7.32)

$y^{k+1} := \tilde{y}^{k+1} / \|\tilde{y}^{k+1}\|_2 .$

In (7.31) ist zu beachten, daß $\tilde{y}^{k+1} = (A - \mu I)^{-1} y^k$ (das Resultat der Vektoriteration angewandt auf $(A - \mu I)^{-1}$) als Lösung des Systems $(A - \mu I)\tilde{y}^{k+1} = y^k$ ermittelt wird. Bestimmt man einmal eine LR- oder QR-Zerlegung von $A - \mu I$, erfordert jeder Iterationsschritt im Algorithmus 7.24 nur die viel weniger aufwendige Durchführung der Einsetzphase. Bei der Vektoriteration (Algorithmus 7.20) angewandt auf $(A - \mu I)^{-1}$ strebt $(y^k)^T \tilde{y}^{k+1}$ gegen den betragsmäßig größten Eigenwert von $(A - \mu I)^{-1}$, also gegen $\frac{1}{\lambda_i - \mu}$ (vgl. 7.30).

Daraus folgt, daß

$$\lambda^{(k)} := \frac{1}{(y^k)^T \tilde{y}^{k+1}} + \mu \to \lambda_i \quad \text{für } k \to \infty \qquad (7.33)$$

gilt. Aus der Konvergenzanalyse der Vektoriteration in Abschnitt 7.5 erhält man, daß die Konvergenzgeschwindigkeit in (7.33) durch das Verhältnis zwischen $\frac{1}{|\lambda_i - \mu|}$ und dem betragsmäßig zweitgrößten Eigenwert von $(A - \mu I)^{-1}$, also durch den Faktor

$$\frac{\max_{j \neq i} \frac{1}{|\lambda_j - \mu|}}{\frac{1}{|\lambda_i - \mu|}} = \frac{\frac{1}{\min_{j \neq i}|\lambda_j - \mu|}}{\frac{1}{|\lambda_i - \mu|}} = \frac{|\lambda_i - \mu|}{\min_{j \neq i}|\lambda_j - \mu|} \qquad (7.34)$$

bestimmt wird. Hieraus schließen wir:

Ist μ eine besonders gute Schätzung von λ_i, so gilt

$$\frac{|\lambda_i - \mu|}{\min_{j \neq i}|\lambda_j - \mu|} \ll 1,$$

das Verfahren konvergiert in diesem Fall sehr rasch.

Durch geeignete Wahl des Parameters μ kann man also mit der inversen Vektoriteration (Algorithmus 7.24) einzelne Eigenwerte und Eigenvektoren der Matrix A bestimmen. In der Praxis ist aber oft nicht klar, wie man für einen beliebigen Eigenwert λ_i diesen Parameter μ „geeignet" wählen kann.

Die Konvergenzgeschwindigkeit der Methode kann man noch erheblich verbessern, wenn man den Spektralverschiebungsparameter μ nach jedem Schritt auf die jeweils aktuellste Annäherung $\lambda^{(k)}$ von λ_i setzt. Da die LR- bzw. QR-Zerlegung in (7.31) dann in jedem Schritt neu berechnet werden muß, steigt jedoch damit der Rechenaufwand sehr stark an.

Beispiel 7.25. Wir betrachten die Matrix aus Beispiel 7.21 und wenden zur Berechnung des Eigenwerts $\lambda_4 = -4$ dieser Matrix den Algorithmus 7.24 mit $\mu = -3.5$ und $y^0 = \frac{1}{\sqrt{5}}(1, 1, 1, 1, 1)^T$ an. Einige Resultate werden in Tabelle 7.4 gezeigt.

Für den asymptotischen Konvergenzfaktor in (7.34) ergibt sich

$$\frac{|\lambda_4 - \mu|}{\min_{j \neq 4}|\lambda_j - \mu|} = \frac{|\lambda_4 + 3.5|}{\min_{j \neq 4}|\lambda_j + 3.5|} = \frac{0.5}{1.5} = \frac{1}{3}.$$

Die Konvergenzresultate in der dritten Spalte der Tabelle 7.4 zeigen auch etwa diesen Faktor $\frac{1}{3}$.

Für die inverse Vektoriteration, wobei man den Parameter μ nach jedem Schritt auf die jeweils aktuellste Annäherung $\lambda^{(k)}$ von $\lambda_4 = -4$ setzt,

$$\mu_0 := -3.5, \quad \mu_k = \lambda^{(k-1)} \quad \text{für } k \geq 1,$$

Tabelle 7.4. Inverse Vektoriteration

k	$\|\lambda^{(k)} - \lambda_4\|$	$\frac{\|\lambda^{(k)} - \lambda_4\|}{\|\lambda^{(k-1)} - \lambda_4\|}$
0	5.45	-
1	3.99e−1	0.073
2	1.04e−1	0.26
3	3.83e−2	0.37
4	1.24e−2	0.32
5	4.17e−3	0.34
6	1.39e−3	0.33

Tabelle 7.5. Inverse Vektoriteration

k	$\|\lambda^{(k)} - \lambda_4\|$	$\frac{\|\lambda^{(k)} - \lambda_4\|}{\|\lambda^{(k-1)} - \lambda_4\|^2}$	$\|\lambda^{(k)} - \lambda^{(k-1)}\|$
0	5.45	-	5.93
1	4.84e-1	0.016	7.53e-1
2	2.67e-1	1.15	2.41e-1
3	2.80e-2	0.39	2.76e-2
4	3.86e-4	0.49	2.86e-4
5	7.44e-8	0.50	7.44e-8
6	2.66e-15	0.48	-

sind einige Ergebnisse in Tabelle 7.5 dargestellt. Die Resultate in der dritten Spalte zeigen, daß die Konvergenzgeschwindigkeit nun wesentlich höher, nämlich *quadratisch* statt linear, ist. In der vierten Spalte kann man sehen, daß die Fehlerschätzung $\left|\lambda^{(k)} - \lambda_1\right| \approx \left|\lambda^{(k)} - \lambda^{(k+1)}\right|$ (vgl. Abschnitt 5.4) befriedigend ist. $\triangle$

7.7 QR-Verfahren

Die in den vorigen Abschnitten behandelten Methoden der Vektoriteration und der inversen Vektoriteration haben allerdings schwerwiegende Nachteile. So kann man mit der Methode der Vektoriteration nur den betragsmäßig größten Eigenwert bestimmen und bei der Methode der inversen Vektoriteration zur Bestimmung eines Eigenwertes λ_i ($1 \leq i \leq n$) braucht man einen „geeignet gewählten" Parameterwert $\mu_i \approx \lambda_i$. In diesem Abschnitt werden wir eine alternative, viel bessere Methode behandeln, nämlich das QR-Verfahren. Dieses Verfahren wird in der Praxis sehr oft zur Berechnung von Eigenwerten benutzt.

Der in Abschnitt 7.7.2 behandelte QR-Algorithmus ist eng mit der sogenannten *Unterraum*iteration verwandt. Letztere Methode, die sich als Verallgemeinerung der *Vektor*iteration interpretieren läßt, wird in Abschnitt 7.7.1 diskutiert. In Abschnitt 7.7.3 werden zwei Techniken behandelt, die für eine effiziente Durchführung der QR-Methode berücksichtigt werden müssen.

7.7.1 Die Unterraumiteration

In diesem Abschnitt wird die Grundidee der *Unterraum*iteration erklärt. Diese Methode, die man als eine Verallgemeinerung der *Vektor*iteration interpretieren kann, ist grundlegend für den QR-Algorithmus in Abschnitt 7.7.2. Wir setzen voraus, daß die Matrix $A \in \mathbb{R}^{n \times n}$ nur *einfache* Eigenwerte

$$|\lambda_1| > |\lambda_2| > \ldots > |\lambda_n| > 0 \qquad (7.35)$$

hat. Daraus folgt (vgl. Eigenschaft 7.11 (ii)), daß alle Eigenwerte reell sind, und weiterhin, daß n linear unabhängige Eigenvektoren $v^1, \ldots, v^n \in \mathbb{R}^n$ existieren.

Für $w^1, \ldots, w^j \in \mathbb{R}^n$ wird mit

$$\langle w^1, \ldots, w^j \rangle = \{ \sum_{i=1}^{j} \alpha_i w^i \mid \alpha_i \in \mathbb{R} \}$$

der von $w^1, \ldots, w^j$ aufgespannte Unterraum bezeichnet. Sei weiterhin

$$V_j = \langle v^1, \ldots, v^j \rangle, \quad 1 \le j \le n, \qquad (7.36)$$

der von den Eigenvektoren $v^1, \ldots, v^j$ aufgespannte Unterraum. Im Rahmen der Vektoriteration wird der erste Eigenvektor angenähert. Zur Berechnung mehrerer Eigenwerte wäre es entsprechend wünschenswert, höher dimensionale invariante Unterräume wie V_j annähern zu können

Ausgangspunkt für die Ableitung des QR-Verfahrens ist folgende *Unterraumiteration*, die, wie wir sehen werden, in gewissen Sinne die Räume V_j approximiert:

Algorithmus 7.26 (Stabile Unterraumiteration).

Wähle eine orthogonale Startmatrix $Q_0 \in \mathbb{R}^{n \times n}$.
Für $k = 0, 1, 2, \ldots$ berechne
  $B = AQ_k$,
  eine QR-Zerlegung von B:
    $B =: Q_{k+1}R_{k+1}$, $\qquad (7.37)$
    wobei Q_{k+1} orthogonal und R_{k+1} eine obere Dreiecksmatrix ist.

Man beachte, daß bei der QR-Zerlegung in (7.37) die Vorzeichen der Diagonaleinträge der Matrix R_{k+1} frei gewählt werden können. *Für das weitere Vorgehen sei vereinbart, daß diese Diagonaleinträge stets nichtnegativ gewählt sind.*

Algorithmus 7.26 generiert eine Folge von Matrizen Q_k, deren Spalten im folgenden mit q_k^j, $1 \le j \le n$, bezeichnet werden:

$$Q_k = (q_k^1 \, q_k^2 \, \ldots \, q_k^n) \, .$$

Einen ersten Hinweis zur Relevanz dieser Matrix-Folge erhält man, wenn man annimmt, daß die Matrizen Q_k, R_k gegen eine orthogonale Matrix bzw. eine obere Dreiecksmatrix Q, R konvergieren. Dies ergibt dann gerade $QR = AQ$, d. h. mit $Q^T A Q = R$ eine Schurzerlegung gemäß Satz 7.8, woraus man die Eigenwerte gleich ablesen kann. Bevor wir dies näher untersuchen, betrachten wir aus dem Blickwinkel der Vektoriteration die Unterräume

$$S_k^j := \langle A^k q_0^1, A^k q_0^2, \ldots, A^k q_0^j \rangle = \text{Bild } A^k (q_0^1 \, q_0^2 \, \cdots \, q_0^j) \qquad (7.38)$$

In der Tat ist der Raum S_k^1 gerade das Resultat der Vektoriteration, angewandt auf den Startvektor q_0^1 (vgl. Abschnitt 7.5), während für allgemeines j $(1 \leq j \leq n)$ die k-te Potenz von A auf einen Raum der Dimension j angewandt wird.

Nun kann man den Zusammenhang der Räume S_k^j zu den Q_k herstellen, indem man per Induktion zeigt, daß

$$\langle q_k^1, q_k^2, \ldots, q_k^j \rangle = S_k^j \qquad (7.39)$$

gilt, d. h., die ersten j Spalten der Matrix Q_k bilden eine Basis des Raums S_k^j. Diese Basis ist *stabil* (d. h. gut konditioniert), da die Spalten von Q_k zueinander orthogonal sind, und deshalb für numerische Zwecke viel besser geeignet als die Basis $A^k q_0^i$, $1 \leq i \leq j$, in (7.38). Aufgrund der Theorie der Vektoriteration strebt $A^k q_0^i$ $(k \to \infty)$ für jedes i in die Richtung des ersten Eigenvektors v^1, also ist letztere Basis schlecht konditioniert (für großes k). Daß uns eine stabile Basis zur Verfügung steht, ist eine Folge der *QR*-Zerlegung in (7.37). Wegen dieser Orthogonalisierung spricht man von einer *stabilen* Unterraumiteration.

Die für Eigenwertberechnung letztlich wesentliche Eigenschaft des Algorithmus 7.26, nämlich die Beziehung zwischen den Räumen V_j und S_k^j, wird zuerst anhand eines Beispiels illustriert. Dabei wird wieder ein Abstandsbegriff zwischen Räumen verwendet (vgl. (7.23)). Für $x \in S_k^j$ sei

$$d(V_j, x) := \min_{v \in V_j} \|v - x\|_2.$$

und

$$d(V_j, S_k^j) := \max \left\{ \, d(V_j, x) \mid x \in S_k^j, \, \|x\|_2 = 1 \, \right\}. \qquad (7.40)$$

Beispiel 7.27. Wir betrachten die Matrix

$$A = \begin{pmatrix} 1 & 0 & 0 \\ 1 & 2 & 0 \\ 1 & 5 & 3 \end{pmatrix}, \qquad (7.41)$$

mit Eigenwerten $\lambda_1 = 3$, $\lambda_2 = 2$, $\lambda_3 = 1$ und zugehörigen Eigenvektoren

$$v^1 = \begin{pmatrix} 0 \\ 0 \\ 1 \end{pmatrix}, \quad v^2 = \begin{pmatrix} 0 \\ 1 \\ -5 \end{pmatrix}, \quad v^3 = \begin{pmatrix} 1 \\ -1 \\ 2 \end{pmatrix}.$$

Die Eigenräume V_j in (7.36) lauten

$$V_1 = \langle v^1 \rangle = \{(0,0,\alpha)^T | \ \alpha \in \mathbb{R}\} \ ,$$
$$V_2 = \langle v^1, v^2 \rangle = \{(0,\alpha,\beta)^T | \ \alpha, \beta \in \mathbb{R}\} \ ,$$
$$V_3 = \langle v^1, v^2, v^3 \rangle = \mathbb{R}^3,$$

und die Räume S_j^k (vgl. (7.39)) sind wie folgt gegeben:

$$S_k^1 = \langle q_k^1 \rangle \ ,$$
$$S_k^2 = \langle q_k^1, q_k^2 \rangle \ ,$$
$$S_k^3 = \langle q_k^1, q_k^2, q_k^3 \rangle = \mathbb{R}^3 \ .$$

Eine einfache Analyse, wobei die Orthogonalität der Vektoren q_k^j ($j = 1, 2$) eine Rolle spielt, zeigt, daß für den Abstand zwischen V_j und S_k^j gilt:

$$d(V_1, S_k^1) = \sqrt{(q_k^1)_1^2 + (q_k^1)_2^2} \qquad ((q_k^1)_j : j\text{-te Komponente von } q_k^1) \ , \qquad (7.42)$$

$$d(V_2, S_k^2) = \max_{\phi \in [0, 2\pi]} |\cos\phi (q_k^1)_1 + \sin\phi (q_k^2)_1| \ . \qquad (7.43)$$

Aus (7.43) folgt

$$d(V_2, S_k^2) \geq \max_{\phi \in \{0, \frac{\pi}{2}\}} |\cos\phi (q_k^1)_1 + \sin\phi (q_k^2)_1|$$
$$= \max\{|(q_k^1)_1|, |(q_k^2)_1|\}$$

und

$$d(V_2, S_k^2) \leq |(q_k^1)_1| + |(q_k^2)_1| \leq 2 \max\{|(q_k^1)_1|, |(q_k^2)_1|\}.$$

Also kann man auch

$$\tilde{d}(V_2, S_k^2) := \max\{|(q_k^1)_1|, |(q_k^2)_1|\} \qquad (7.44)$$

als Maß für den Abstand $d(V_2, S_k^2)$ nehmen.

Bei Anwendung des Algorithmus 7.26 können für die resultierenden Matrizen $Q_k = (q_k^1 \ q_k^2 \ q_k^3)$ die Abstände $d(V_1, S_k^1)$ in (7.42) und $\tilde{d}(V_2, S_k^2)$ in (7.44) einfach berechnet werden. Einige Resultate mit der orthogonalen Startmatrix

$$Q_0 = \frac{1}{3} \begin{pmatrix} 2 & -1 & 2 \\ -1 & 2 & 2 \\ 2 & 2 & -1 \end{pmatrix} \qquad (7.45)$$

sind in Tabelle 7.6 aufgeführt. Die Ergebnisse in der vierten Spalte dieser Tabelle zeigen das von der Vektoriteration bekannte Konvergenzverhalten (vgl. (7.24)):

$$d(V_1, S_k^1) = \mathcal{O}\left(\left|\frac{\lambda_2}{\lambda_1}\right|^k\right). \qquad (7.46)$$

Tabelle 7.6. Unterraumiteration

k	$d_k^1 := d(V_1, S_k^1)$	$d_k^2 := \tilde{d}(V_2, S_k^2)$	d_k^1/d_{k-1}^1	d_k^2/d_{k-1}^2
0	0.7454	0.6667	-	-
1	0.5547	0.7907	0.74	1.19
2	0.2490	0.8819	0.45	1.12
3	0.1392	0.4859	0.56	0.55
4	0.0844	0.2285	0.61	0.47
5	0.0524	0.1098	0.62	0.48
6	0.0331	0.0540	0.63	0.49
7	0.0213	0.0269	0.64	0.50
8	0.0138	0.0135	0.65	0.50
9	0.0090	0.0068	0.65	0.50
10	0.0059	0.0034	0.66	0.50
11	0.0039	0.0017	0.66	0.50

Folglich streben die Unterräume S_k^1 mit einer Konvergenzgeschwindigkeit proportional zu $\left|\frac{\lambda_2}{\lambda_1}\right|^k = \left(\frac{2}{3}\right)^k$ gegen den vom Eigenvektor v^1 aufgespannten Unterraum.

Die Werte in der fünften Spalte zeigen das Konvergenzverhalten

$$d(V_2, S_k^2) = \mathcal{O}\left(\left|\frac{\lambda_3}{\lambda_2}\right|^k\right). \qquad (7.47)$$

Demnach strebt S_k^2, mit einer Konvergenzgeschwindigkeit proportional zu $\left|\frac{\lambda_3}{\lambda_2}\right|^k = \left(\frac{1}{2}\right)^k$, gegen den von den Eigenvektoren v^1 und v^2 aufgespannten Unterraum. Später werden wir sehen, daß die Eigenschaft $S_k^j \to V_j$ $(k \to \infty)$ grundlegend ist für das QR-Verfahren. $\triangle$

Unter der Annahme (7.35) kann man beweisen (siehe z. B. [GL]), daß Konvergenzresultate wie in (7.46), (7.47) auch in einem entsprechenden allgemeinen Rahmen gelten:

$$d(V_j, S_k^j) = \mathcal{O}(\left|\frac{\lambda_{j+1}}{\lambda_j}\right|^k), \quad k \to \infty \text{ für } j = 1, 2, \ldots, n-1, \qquad (7.48)$$

wobei zur Erinnerung V_j der von den Eigenvektoren $v^1, \ldots, v^j$ aufgespannte Unterraum und S_k^j der von den ersten j Spalten der Matrix Q_k aufgespannte Unterraum ist. Die Matrizen Q_k $(k = 0, 1, 2, \ldots)$ ergeben sich aus der Unterraumiteration 7.26.

Bemerkung 7.28. Damit das Resultat in (7.48) gilt, muß die Startmatrix Q_0 der Unterraumiteration in Algorithmus 7.26 eine gewisse *Konsistenzbedingung* in Bezug auf die vorliegende Matrix A erfüllen. Diese (ziemlich technische) Bedingung, die man als Verallgemeinerung der Bedingung (7.19) für den Startvektor bei der Vektoriteration sehen kann, wird hier nicht konkret formuliert, weil wir in Abschnitt 7.7.3 sehen werden, daß bei einer praktischen Variante der QR-Methode diese Bedingung für $Q_0 = I$ erfüllt ist. $\triangle$

Wie läßt sich dies nun wieder mit der Ausgangsbemerkung zur Schur-Zerlegung $R = Q^T A Q$ in Beziehung setzen? Für die j-te Spalte q_k^j ($1 \leq j \leq n - 1$) der Matrix Q_k ergibt sich, wegen $\langle q_k^j \rangle \subset S_k^j \to V_j$ ($k \to \infty$):

$$q_k^j = \sum_{\ell=1}^{j} \alpha_\ell v^\ell + e_k, \quad \text{mit } e_k \to 0 \quad (k \to \infty),$$

und somit

$$Aq_k^j = \sum_{\ell=1}^{j} \alpha_\ell A v^\ell + \tilde{e}_k \quad (\tilde{e}_k := A e_k)$$

$$= \sum_{\ell=1}^{j} \alpha_\ell \lambda_\ell v^\ell + \tilde{e}_k \quad \text{mit } \tilde{e}_k \to 0 \quad (k \to \infty). \tag{7.49}$$

Wegen $S_k^j \to V_j$ kann man die Linearkombination der v^ℓ in (7.49) mit einer Linearkombination von $q_k^1, \ldots, q_k^j$ annähern:

$$Aq_k^j = \sum_{\ell=1}^{j} \beta_{\ell,k} q_k^\ell + \hat{e}_k, \quad \text{mit } \hat{e}_k \to 0 \quad (k \to \infty).$$

Für $i > j$ erhält man, wegen der Orthogonalität $(q_k^i)^T q_k^\ell = 0$, $i \neq \ell$:

$$(q_k^i)^T A q_k^j = (q_k^i)^T \hat{e}_k \to 0 \quad (k \to \infty). \tag{7.50}$$

Weil q_k^i, $1 \leq i \leq n$, die Spalten der Matrix Q_k sind, folgt aus (7.50), daß die Folge $Q_k^T A Q_k$ für $k \to \infty$ tatsächlich gegen eine *obere Dreiecksmatrix* konvergiert. Wegen $Q_k^T = Q_k^{-1}$ gilt außerdem, daß die Matrizen $Q_k^T A Q_k$ und A für alle k ähnlich sind und somit dasselbe Spektrum haben (Lemma 7.6).

Beispiel 7.29. Wir wenden die Unterraumiteration auf die Matrix aus Beispiel 7.27 an mit der Startmatrix Q_0 wie in (7.45). Für die resultierenden Matrizen Q_k, $k = 1, 2, \ldots$, kann A_k wie in (7.51) berechnet werden. Daraus ergibt sich:

$$A_1 = \begin{pmatrix} 2.8462 & 1.5151 & 3.8814 \\ 1.3423 & 1.8106 & 2.8356 \\ 0.1438 & -0.7700 & 1.3433 \end{pmatrix},$$

$$A_5 = \begin{pmatrix} 3.2620 & 5.0188 & 0.4950 \\ -0.0631 & 1.8341 & 0.8540 \\ -0.0010 & -0.1097 & 0.9039 \end{pmatrix},$$

$$A_{15} = \begin{pmatrix} 3.0038 & 4.9993 & 1.0002 \\ -0.0008 & 1.9963 & 0.9991 \\ -0.0000 & -0.0001 & 0.9999 \end{pmatrix},$$

und $\sigma(A) = \sigma(A_1) = \sigma(A_5) = \sigma(A_{15}) \approx \mathrm{diag}(A_{15}) = \{3.00, 2.00, 1.00\}$.   △

Zusammenfassend:

Sei $\{Q_k\}_{k\geq 0}$ die Folge orthogonaler Matrizen aus der Unterraumiteration (7.26), und

$$A_k := Q_k^T A Q_k .\qquad (7.51)$$

Es gilt:

- $\sigma(A_k) = \sigma(A)$ für alle k.
- Wegen (7.50) gilt

$$Q_k^T A Q_k = A_k \to R = \left(\begin{array}{c}\diagdown\\0\end{array}\right)\quad (k\to\infty).\qquad (7.52)$$

- Die Diagonaleinträge der Matrix A_k sind Annäherungen für die Eigenwerte der Matrix A.
- Für $k \to \infty$ streben die Fehler in diesen Annäherungen gegen 0, wobei die Konvergenzgeschwindigkeit durch die Faktoren $\left|\frac{\lambda_{j+1}}{\lambda_j}\right|$, $j = 1, 2, \ldots, n-1$, bestimmt ist (vgl. (7.48)).
- Es gilt

$$r_{i,i} = \lambda_i, \quad i = 1, \ldots, n,\qquad (7.53)$$

d. h. die Eigenwerte stehen *nach Größe sortiert* auf der Diagonale von R.

Bemerkung 7.30. Falls A *symmetrisch* ist, sind auch alle A_k, $k = 0, 1, 2, \ldots$ symmetrisch. Die A_k streben in diesem Fall für $k \to \infty$ gegen eine *Diagonalmatrix* (vgl. Folgerung 7.10).

Bemerkung 7.31. Da wir in diesem Abschnitt annehmen, daß die Matrix A nur einfache Eigenwerte besitzt, hat die reelle Schur-Faktorisierung (vgl. Satz 7.8) von A die Form

$$Q^T A Q = R,$$

wobei Q eine orthogonale und R eine obere Dreiecksmatrix ist. Aus der oben diskutierten Analyse der Unterraumiteration folgt, daß diese Methode eine Folge Q_k, $k = 0, 1, 2, \ldots$, von orthogonalen Matrizen mit der Eigenschaft $Q_k^T A Q_k = A_k \to R$ liefert, wobei R eine obere Dreiecksmatrix ist. Offensichtlich *ergibt die Unterraumiteration eine näherungsweise Konstruktion der reellen Schur-Faktorisierung.* $\triangle$

Bemerkung 7.32. Für den Fall, daß A nicht nur einfache Eigenwerte hat, sondern auch Paare von konjugiert komplexen Eigenwerten derart, daß ihre Beträge und die Beträge der reellen Eigenwerte paarweise verschieden sind, kann man zeigen, daß die Matrizen A_k in (7.51) gegen eine Quasi-Dreiecksmatrix (vgl. (7.11)) konvergieren. Jeder 2×2 „nicht-Null"-Diagonalblock der Matrix A_k liefert Annäherungen für ein Paar von konjugiert komplexen Eigenwerten der Matrix A (vgl. Beispiel 7.35). $\triangle$

7.7.2 QR-Algorithmus

Wir werden nun zeigen, wie man sehr einfach die über die Unterraumiteration definierten Matrizen A_k in (7.51) *rekursiv* (d. h. A_k aus A_{k-1}) berechnen kann. Dazu wird angenommen, daß bei der Berechnung einer QR-Zerlegung (z. B. in (7.37)) die Diagonaleinträge der Matrix R immer ≥ 0 gewählt werden. Unter dieser Normierungsannahme ist *die QR-Zerlegung einer Matrix eindeutig.*

Lemma 7.33. *Sei $\tilde{A}_0 := Q_0^T A Q_0$, wobei Q_0 die in Algorithmus 7.26 gewählte orthogonale Startmatrix ist, und sei $\tilde{A}_k$, $k = 1, 2, \ldots$, definiert durch*

$$\tilde{A}_{k-1} =: QR \quad (\text{die } QR\text{-Zerlegung von } \tilde{A}_{k-1}, \text{ mit } r_{i,i} \geq 0) \quad (7.54)$$
$$\tilde{A}_k := RQ.$$

Dann gilt
$$\tilde{A}_k = A_k, \quad k = 0, 1, 2, \ldots,$$

wobei A_k die in (7.51) definierte Matrix ist.

Beweis. Wir führen den Beweis mittels Induktion. Für $k = 0$ ist das Resultat trivial. Sei $\tilde{A}_{k-1} = A_{k-1}$ und Q, R die eindeutigen Matrizen der entsprechenden QR-Zerlegung in (7.54). Aus Algorithmus 7.26 folgt

$$A Q_{k-1} = Q_k R_k, \quad (7.55)$$

und damit, daß $A_{k-1} = Q_{k-1}^T A Q_{k-1} = Q_{k-1}^T Q_k R_k$ gilt. Da $Q_{k-1}^T Q_k$ orthogonal ist und die QR-Zerlegung eindeutig ist, ergibt sich

$$Q_{k-1}^T Q_k = Q, \quad R_k = R. \quad (7.56)$$

Aus (7.55), (7.56) und den Definitionen von A_k und $\tilde{A}_k$ folgt:

$$A_k = Q_k^T A Q_k = (Q_k^T A Q_{k-1}) Q_{k-1}^T Q_k$$
$$= R_k Q_{k-1}^T Q_k = RQ = \tilde{A}_k.$$

$\square$

Aufgrund von Lemma 7.33 läßt sich folgende einfache Methode zur Berechnung der Matrizen A_k, $k = 1, 2, \ldots$, aus (7.51) formulieren:

Algorithmus 7.34 (QR-Algorithmus).

Gegeben: $A \in \mathbb{R}^{n \times n}$ und
    eine orthogonale Matrix $Q_0 \in \mathbb{R}^{n \times n}$ (z. B. $Q_0 = I$).
Berechne $A_0 = Q_0^T A Q_0$.   (7.57)
Für $k = 1, 2, \ldots$ berechne
    $A_{k-1} =: QR$ (QR-Zerlegung von A_{k-1})
    $A_k := RQ$.

Beispiel 7.35. Für die symmetrische Matrix A aus Beispiel 7.22 mit $\sigma(A) = \{3, 9, -36\}$ liefert der QR-Algorithmus mit $Q_0 = I$ folgende Resultate:

$$A_3 = \begin{pmatrix} -35.984 & -0.8601 & -0.0392 \\ -0.8601 & 8.9590 & 0.3826 \\ -0.0392 & 0.3826 & 3.0246 \end{pmatrix}, \quad A_6 = \begin{pmatrix} -36.000 & 0.0135 & -0.0000 \\ 0.0135 & 9.0000 & -0.0143 \\ -0.0000 & -0.0143 & 3.0000 \end{pmatrix}.$$

Dies deutet bereits Konvergenz gegen eine Diagonalmatrix gemäß Bemerkung 7.30 an und diag$(A_k) \approx \sigma(A)$.

Für die Matrix A aus Beispiel 7.9 mit $\sigma(A) = \{9, 27 + 9i, 27 - 9i\}$ ergeben sich mit $Q_0 = I$ folgende Resultate:

$$A_3 = \begin{pmatrix} 21.620 & -5.8252 & 15.748 \\ 19.195 & 32.873 & -26.365 \\ -0.2210 & 0.2433 & 8.5070 \end{pmatrix}, \quad A_6 = \begin{pmatrix} 33.228 & -19.377 & 25.450 \\ 6.1735 & 20.779 & 16.971 \\ 0.0038 & -0.0205 & 8.9930 \end{pmatrix},$$

also Konvergenz gegen eine Quasi-Dreiecksmatrix (vgl. Bemerkung 7.32). Der 2×2-Diagonalblock $\begin{pmatrix} 33.228 & -19.377 \\ 6.1735 & 20.779 \end{pmatrix}$ der Matrix A_6 hat die Eigenwerte $27.004 \pm 8.993i$. $\triangle$

Die Konvergenz des QR-Verfahrens wird sehr langsam sein, falls es ein j gibt, für das $\left| \frac{\lambda_{j+1}}{\lambda_j} \right| \approx 1$ gilt (wie es z. B. für $j = 1$ in Beispiel 7.23 gilt). Der Aufwand pro Schritt beim QR-Verfahren ist erheblich, da man jedes mal die QR-Zerlegung einer $n \times n$-Matrix (z. B. mit Householder-Spiegelungen) und das Produkt RQ berechnen muß. Der Aufwand pro Iteration ist i. a. $\mathcal{O}(n^3)$ Multiplikationen/Divisionen. Der QR-Algorithmus 7.34 ist daher im allgemeinen *kein effizientes Verfahren*! Im nächsten Abschnitt wird erklärt, wie man das QR-Verfahren auf eine wesentlich effizientere Form bringen kann.

7.7.3 Praktische Durchführung des QR-Algorithmus

In diesem Abschnitt werden die zwei wichtigsten Aspekte diskutiert, die bei einer effizienten Implementierung des QR-Verfahrens zu berücksichtigen sind, nämlich eine *Transformation auf Hessenbergform* und die *Technik der Spektralverschiebung*.

Transformation auf Hessenbergform

Eine Matrix $B \in \mathbb{R}^{n \times n}$ heißt *obere Hessenberg-Matrix*, falls B die Gestalt

$$
B = \begin{pmatrix}
* & \cdots & \cdots & \cdots & * \\
* & \ddots & & & \vdots \\
 & \ddots & \ddots & * & \vdots \\
0 & & \ddots & \ddots & \vdots \\
 & & & * & *
\end{pmatrix}
\tag{7.58}
$$

hat. Ist B eine symmetrische Matrix und hat sie eine Hessenberg-Gestalt wie in (7.58), dann muß B eine *Tridiagonalmatrix* sein.

In Beispiel 7.36 wird gezeigt, wie man eine Matrix A über eine *orthogonale Ähnlichkeitstransformation*, d. h.

$$
Q^T A Q, \quad \text{mit } Q \text{ orthogonal}
\tag{7.59}
$$

auf obere Hessenbergform (7.58) bringen kann.

Beispiel 7.36. Sei die Matrix

$$
A = \begin{pmatrix}
1 & 15 & -6 & 0 \\
1 & 7 & 3 & 12 \\
2 & -7 & -3 & 0 \\
2 & -28 & 15 & 3
\end{pmatrix}
$$

gegeben. Um A auf obere Hessenbergform zu bringen, wird zum Verschwinden der Einträge a_{31} und a_{41} eine Householder-Transformation wie in Abschnitt 3.9.2 verwendet. Man setze dazu

$$
v^1 := \begin{pmatrix} 1 \\ 2 \\ 2 \end{pmatrix} + 3 \begin{pmatrix} 1 \\ 0 \\ 0 \end{pmatrix} = \begin{pmatrix} 4 \\ 2 \\ 2 \end{pmatrix}, \quad Q_{v^1} := I - 2 \frac{v^1 (v^1)^T}{(v^1)^T v^1} \in \mathbb{R}^{3 \times 3}
$$

und

$$
Q_1 := \begin{pmatrix}
1 & 0 & 0 & 0 \\
0 & & & \\
0 & & Q_{v^1} & \\
0 & & &
\end{pmatrix}.
\tag{7.60}
$$

Dann ergibt sich

$$
Q_1 A = \begin{pmatrix}
1 & 15 & -6 & 0 \\
-3 & 21 & -9 & -6 \\
0 & 0 & -9 & -9 \\
0 & -21 & 9 & -6
\end{pmatrix}.
$$

Da Q_1 die Form wie in (7.60) hat, *bleiben bei der Multiplikation von $Q_1 A$ mit Q_1 die Null-Einträge in der ersten Spalte erhalten:*

$$\tilde{A} := Q_1 A Q_1 = \begin{pmatrix} 1 & -1 & -14 & -8 \\ -3 & 3 & -18 & -15 \\ 0 & 12 & -3 & -3 \\ 0 & 5 & 22 & 7 \end{pmatrix}$$

(eine solche Eigenschaft gilt *nicht* für die Householder-Transformation in (3.96), die zur Reduktion auf obere Dreiecksform verwendet wird).

Da für die Householder-Transformation $Q_1 = Q_1^T = Q_1^{-1}$ gilt, sind die Matrizen $\tilde{A}$ und A ähnlich, also $\sigma(A) = \sigma(\tilde{A})$.

Im nächsten Schritt wird der Eintrag $\tilde{a}_{42}$ mit Hilfe einer geeigneten Householder-Transformation eliminiert. Sei dazu

$$v^2 := \begin{pmatrix} 12 \\ 5 \end{pmatrix} + 13 \begin{pmatrix} 1 \\ 0 \end{pmatrix} = \begin{pmatrix} 25 \\ 5 \end{pmatrix}, \quad Q_{v^2} := I - 2 \frac{v^2 (v^2)^T}{(v^2)^T v^2} \in \mathbb{R}^{2 \times 2},$$

und

$$Q_2 := \begin{pmatrix} 1 & 0 & 0 & 0 \\ 0 & 1 & 0 & 0 \\ 0 & 0 & \multicolumn{2}{c}{} \\ 0 & 0 & \multicolumn{2}{c}{} \end{pmatrix}. \tag{7.61}$$

Dann ergibt sich

$$Q_2 \tilde{A} = \begin{pmatrix} 1 & -1 & -14 & -8 \\ -3 & 3 & -18 & -15 \\ 0 & -13 & -5.692 & 0.0769 \\ 0 & 0 & 21.462 & 7.615 \end{pmatrix},$$

und wiederum bleiben wegen der Form von Q_2 in (7.61) die Null-Einträge in den ersten zwei Spalten bei der Multiplikation von rechts erhalten:

$$\hat{A} := Q_2 \tilde{A} Q_2 = \begin{pmatrix} 1 & -1 & 16 & -2 \\ -3 & 3 & 22.385 & -6.923 \\ 0 & -13 & 5.225 & 2.260 \\ 0 & 0 & -22.740 & 1.225 \end{pmatrix}. \tag{7.62}$$

Sei Q die orthogonale Matrix $Q = Q_1 Q_2$, also $Q^T = Q_2^T Q_1^T = Q_2 Q_1$, dann gilt

$$Q^{-1} A Q = Q^T A Q = Q_2 Q_1 A Q_1 Q_2 = \hat{A},$$

mit $\hat{A}$ wie in (7.62). Die Matrix A ist also über eine *orthogonale* Transformation *ähnlich zur oberen Hessenberg-Matrix* $\hat{A}$. △

Die in obigem Beispiel für $A \in \mathbb{R}^{n \times n}$ mit $n = 4$ erklärte Methode ist für beliebiges n anwendbar. Also gilt:

> Man kann eine Matrix $A \in \mathbb{R}^{n \times n}$ durch Householder-Transformationen auf eine zu A ähnliche Matrix mit oberer Hessenberggestalt bringen.

Rechenaufwand 7.37. Der Rechenaufwand der Ähnlichkeitstransformation auf Hessenbergform über Householder-Transformationen (Methode aus Beispiel 7.36) ist etwa $\frac{5}{3}n^3$ Operationen. Hierbei ist angenommen, daß die Householder-Transformationen Q_v nicht explizit berechnet werden, sondern nur implizit (über den Vektor v) gegeben sind (vgl. Beispiel 3.52).

Es sei noch bemerkt, daß man die Transformation auf obere Hessenbergform in (7.59) anstatt über Householder-Transformationen auch mit Givens-Rotationen durchführen kann.

Sei nun $A \in \mathbb{R}^{n \times n}$ gegeben. Die Matrix wird dann über die oben beschriebene Technik auf obere Hessenberggestalt gebracht (wobei das Spektrum gleich bleibt). Der Einfachheit halber wird die sich ergebende Matrix auch mit A bezeichnet.

Wir nehmen im weiteren an, daß A eine nicht-reduzierbare *obere Hessenberg-Matrix ist*, d. h., A hat eine obere Hessenbergform mit $a_{i+1,i} \neq 0$ für alle i. Es sei bemerkt, daß, wenn B eine obere Hessenberg-Matrix mit $b_{i+1,i} = 0$ für mindestens ein i ist, man zur Bestimmung der Eigenwerte von B die Matrix in kleinere nicht-reduzierbare obere Hessenberg-Matrizen aufspalten kann, vgl. Übung 7.8.5.

Zur Berechnung der Eigenwerte der oberen Hessenberg-Matrix A benutzen wir den QR-Algorithmus. Man kann zeigen, daß die Hessenberggestalt der Matrix mehrere große Vorteile bringt. Der erste Vorteil ist folgender:

> Wenn A eine nicht-reduzierbare obere Hessenbergmatrix ist, kann man die Identität als Anfangsmatrix bei der Unterraumiteration (also auch beim QR-Algorithmus) nehmen. Diese Anfangsmatrix erfüllt die in Bemerkung 7.28 erwähnte Konsistenzbedingung.

Das folgende Resultat zeigt, daß im QR-Algorithmus die obere Hessenberggestalt erhalten bleibt.

> **Lemma 7.38.** *Sei $A_{k-1} \in \mathbb{R}^{n \times n}$ eine obere Hessenberg-Matrix und*
>
> $$A_{k-1} := QR \quad (QR\text{-Zerlegung von } A_{k-1})$$
> $$A_k := RQ$$
>
> *der Iterationsschritt im QR-Algorithmus 7.34, dann ist auch A_k eine obere Hessenberg-Matrix.*

Beweisidee: Die *QR*-Zerlegung einer $n \times n$-Hessenbergmatrix A_{k-1} kann man über eine Folge von Givens-Rotationen $G_{i,i+1}$, $i = 1, 2, \ldots, n-1$ (vgl. (3.83)) berechnen. Für den Fall $n = 3$ ergibt sich die Struktur

$$G_{2,3}G_{1,2}A_{k-1} = \begin{pmatrix} 1 & 0 & 0 \\ 0 & * & * \\ 0 & * & * \end{pmatrix} \begin{pmatrix} * & * & 0 \\ * & * & 0 \\ 0 & 0 & 1 \end{pmatrix} \begin{pmatrix} * & * & * \\ * & * & * \\ 0 & * & * \end{pmatrix} = \begin{pmatrix} * & * & * \\ 0 & * & * \\ 0 & 0 & * \end{pmatrix} = R,$$

also eine *QR*-Zerlegung $A_{k-1} = QR$ mit $Q := G_{1,2}^T G_{2,3}^T$. Für $A_k = RQ = RG_{1,2}^T G_{2,3}^T$ erhält man

$$A_k = \begin{pmatrix} * & * & * \\ 0 & * & * \\ 0 & 0 & * \end{pmatrix} \begin{pmatrix} * & * & 0 \\ * & * & 0 \\ 0 & 0 & 1 \end{pmatrix} \begin{pmatrix} 1 & 0 & 0 \\ 0 & * & * \\ 0 & * & * \end{pmatrix} = \begin{pmatrix} * & * & * \\ * & * & * \\ 0 & * & * \end{pmatrix},$$

also wiederum eine obere Hessenberg-Matrix. Für den Fall mit n beliebig kann man ähnlich argumentieren. $\qquad\qquad\square$

Aufgrund dieses Ergebnisses ergibt sich als zweiter Vorteil der Transformation auf Hessenberggestalt eine starke Reduktion des Rechenaufwandes:

Bemerkung 7.39. Dadurch, daß man beim *QR*-Algorithmus in einer Vorbearbeitungsphase die Matrix auf obere Hessenbergform bringt, braucht man nur die *QR*-Zerlegung einer Hessenberg-Matrix A_{k-1} zu berechnen. Falls man dazu Givens-Rotationen verwendet (vgl. Beweis von Lemma 7.38), ist der Aufwand für die Berechnung $A_{k-1} =: QR$, $A_k := RQ$ nur $\mathcal{O}(n^2)$ Operationen. Falls A symmetrisch ist, ist dieser Aufwand nur $\mathcal{O}(n)$ Operationen.

Die im *QR*-Algorithmus 7.34 berechneten Matrizen A_k, $k \geq 0$ haben alle eine obere Hessenberggestalt. Außerdem gilt $\sigma(A_k) = \sigma(A)$ für alle k und $A_k \to R$, $(k \to \infty)$, wobei R eine obere Dreiecksmatrix ist. Sei

$$A_k = \left(a_{i,j}^{(k)} \right)_{i \leq i,j \leq n}.$$

Wegen der oberen Hessenberggestalt der Matrizen A_k *zeigt das Konvergenzverhalten der Subdiagonalelemente*

$$a_{i+1,i}^{(k)} \to 0 \quad \text{für} \quad k \to \infty \quad (i = 1, 2, \ldots n-1)$$

gerade die Konvergenzgeschwindigkeit in (7.52) (= dritter Vorteil der Transformation auf Hessenberggestalt !).

Beispiel 7.40. Wir betrachten die Matrix

$$A = A_0 = \begin{pmatrix} 2 & 3 & 4 & 5 & 6 \\ 4 & 4 & 5 & 6 & 7 \\ 0 & 3 & 6 & 7 & 8 \\ 0 & 0 & 2 & 8 & 9 \\ 0 & 0 & 0 & 1 & 10 \end{pmatrix},$$

die schon eine obere Hessenberggestalt hat, und wenden den Algorithmus 7.34 auf diese Matrix an. Die Matrizen A_k, $k \geq 1$ haben dann alle eine obere Hessenberg-Gestalt. In Abb. 7.2 wird die Größe der Einträge $a_{i+1,i}^{(k)}$ $(i = 1, 2, 3, 4)$ für $k = 0, 1, 2, \ldots, 20$ dargestellt.

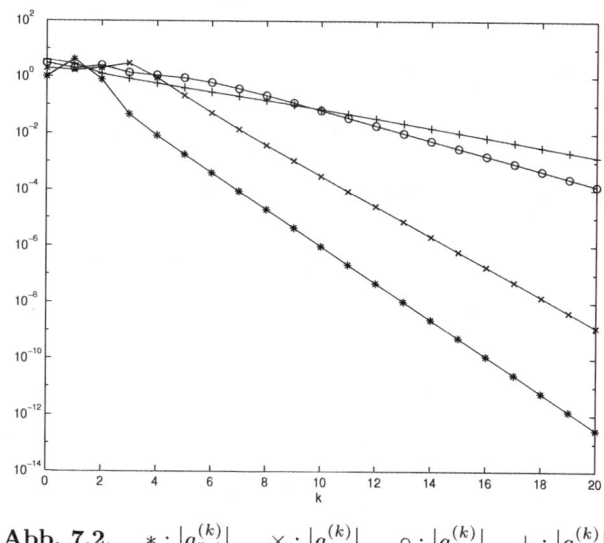

Abb. 7.2. $* : \left|a_{5,4}^{(k)}\right|$, $\times : \left|a_{4,3}^{(k)}\right|$, $\circ : \left|a_{3,2}^{(k)}\right|$, $+ : \left|a_{2,1}^{(k)}\right|$

Für $k = 20$ ergibt sich das Resultat

$$A_{20} = \begin{pmatrix} 14.149 & -15.700 & 5.804 & 0.943 & 1.730 \\ -1.5\text{e}{-}3 & 9.530 & -5.487 & 0.162 & -1.013 \\ 0 & -1.4\text{e}{-}4 & 5.155 & 0.499 & -0.744 \\ 0 & 0 & 1.3\text{e}{-}9 & 1.501 & 2.006 \\ 0 & 0 & 0 & -3.0\text{e}{-}13 & -0.335 \end{pmatrix}$$

also

$$\sigma(A) = \sigma(A_{20}) \approx \{14.15,\ 9.53,\ 5.16,\ 1.50,\ -0.34\}.$$

Die Kurven in Abb. 7.2 sind für hinreichend große k etwa Geraden, also ist die Konvergenz $\left|a_{i+1,i}^{(k)}\right| \to 0$ *linear*. Eine genauere Betrachtung der Zahlen zeigt, daß für hinreichend großes k

$$\left|a_{2,1}^{(k)}\right| \approx c_1(0.67)^k \approx c_1 \left|\frac{\lambda_2}{\lambda_1}\right|^k, \qquad \left|a_{3,2}^{(k)}\right| \approx c_2(0.54)^k \approx c_2 \left|\frac{\lambda_3}{\lambda_2}\right|^k,$$

$$\left|a_{4,3}^{(k)}\right| \approx c_3(0.29)^k \approx c_3 \left|\frac{\lambda_4}{\lambda_3}\right|^k, \qquad \left|a_{5,4}^{(k)}\right| \approx c_4(0.22)^k \approx c_5 \left|\frac{\lambda_5}{\lambda_4}\right|^k.$$

Das Konvergenzverhalten $\left|a_{i+1,i}^{(k)}\right| \approx c\left|\frac{\lambda_{i+1}}{\lambda_i}\right|^k$ stimmt mit der in Abschnitt 7.7.1 diskutierten Analyse (vgl. (7.48)) überein. $\triangle$

QR-Verfahren mit Spektralverschiebung

Da die Konvergenzgeschwindigkeit des *QR*-Algorithmus (und damit seine Effizienz) von den Faktoren $\left|\frac{\lambda_{i+1}}{\lambda_i}\right|$, $i = 1, 2, \ldots, n-1$, bestimmt wird (vgl. Beispiel 7.40), wird die Effizienz der Methode (sehr) schlecht sein, falls $\left|\frac{\lambda_{i+1}}{\lambda_i}\right| \approx 1$ für einen oder mehrere Werte i. Die Konvergenzgeschwindigkeit der Methode kann erheblich verbessert werden, indem man, wie bei der inversen Vektoriteration, einen geeigneten Spektralverschiebungsparameter verwendet. Angenommen, wir hätten eine Annäherung $\mu \approx \lambda_i$ eines Eigenwertes λ_i der Matrix A zur Verfügung, so daß

$$|\mu - \lambda_i| \ll |\mu - \lambda_j| \quad \text{für alle } j \neq i \tag{7.63}$$

(vgl. (7.30)). Seien $\tau_i, i = 1, \ldots, n$, mit

$$|\tau_1| > |\tau_2| > \ldots > |\tau_n| > 0$$

die Eigenwerte der Matrix $A - \mu I$, dann ist wegen (7.63) $\tau_n = \lambda_i - \mu$ und

$$\frac{|\tau_n|}{|\tau_{n-1}|} \ll 1. \tag{7.64}$$

Bei Anwendung der *QR*-Methode auf die Matrix $A - \mu I$ wird also der Eigenwert τ_n, und damit auch λ_i, sehr rasch angestrebt. Wie bei der inversen Vektoriteration in Beispiel 7.25 kann der Parameter μ in jedem Schritt des *QR*-Algorithmus neu (besser) gewählt werden. Daraus ergibt sich:

Algorithmus 7.41 (*QR*-Algorithmus mit Spektralverschiebung).

Gegeben: eine nicht reduzierbare Hessenberg-Matrix $A \in \mathbb{R}^{n \times n}$.
$\quad A_0 := A$.
Für $k = 1, 2, \ldots$:
$\quad$ Bestimme $\mu_{k-1} \in \mathbb{R}$. $\tag{7.65}$
$\quad A_{k-1} - \mu_{k-1} I =: QR \quad$ (*QR*-Zerlegung von $A_{k-1} - \mu_{k-1} I$).
$\quad A_k := RQ + \mu_{k-1} I$

In diesem Algorithmus wird davon ausgegangen, daß in einer Vorbearbeitungsphase die ursprüngliche Matrix auf obere Hessenberggestalt transformiert wird. Als Startmatrix des *QR*-Algorithmus ist $Q_0 = I$ genommen worden.

Da die Spektralverschiebung in A_{k-1} bei der Berechnung von A_k wieder rückgängig gemacht wird, gilt immer noch $\sigma(A_k) = \sigma(A)$ für alle k.

Zur einfachen Erläuterung der Wahl des Parameters μ_{k-1} in (7.65) nehmen wir an, daß A nur einfache Eigenwerte hat (vgl. (7.35)). Die Matrizen A_k, $k = 0, 1, 2, \ldots$, sollen dann gegen eine obere Dreiecksmatrix streben, wobei die Diagonaleinträge dieser Matrix gerade die Eigenwerte der Matrix A sind. Daher liegt die Wahl des Parameters μ_{k-1} als einer der Diagonaleinträge von A_{k-1}, d. h. $\mu_{k-1} = a_{i,i}^{(k-1)}$ für gewisses i, auf der Hand. Da bei Anwendung der QR-Methode mit einer Spektralverschiebung $\mu \approx \lambda_i$ die Annäherungen des betragsmäßig *kleinsten* Eigenwertes $\lambda_i - \mu$ der Matrix $A - \mu I$ sehr rasch konvergieren und diese Annäherungen gerade die Einträge $a_{n,n}^{(k)} - \mu$ der Matrizen $A_k - \mu I$ $(k = 0, 1, 2, \ldots)$ sind (vgl. (7.53)), ist

$$\mu_{k-1} = a_{n,n}^{(k-1)} \tag{7.66}$$

eine geeignete Wahl für den Verschiebungsparameter.

Andere Möglichkeiten für die Spektralverschiebung, z. B. für Matrizen mit mehrfachen Eigenwerten, findet man in [S, GL].

Mit der Spektralverschiebung wie in (7.66) wird das Subdiagonalelement $a_{n,n-1}^{(k)}$ sehr rasch gegen 0 streben. Im allgemeinen ist die Konvergenzgeschwindigkeit hierbei sogar *quadratisch*, wie bei der inversen Vektoriteration mit Spektralverschiebung in Beispiel 7.25.

Wegen der raschen Konvergenz gegen den betragsmäßig kleinsten Eigenwert $\lambda_i - \mu$ der Matrix $A - \mu I$ liegt das folgende weitere Vorgehen nahe. Nach einigen Schritten hat A_k die Struktur

$$A_k = \begin{pmatrix} * & \cdots & \cdots & \cdots & * & * \\ * & \ddots & & & \vdots & \vdots \\ & \ddots & \ddots & & \vdots & \vdots \\ 0 & & \ddots & \ddots & \vdots & \vdots \\ & & & * & * & * \\ \hline 0 & \cdots & \cdots & 0 & \approx 0 & \tilde{\lambda}_i \end{pmatrix} = \left(\begin{array}{c|c} & * \\ & \vdots \\ \hat{A} & \vdots \\ & \vdots \\ & * \\ \hline 0 \cdots \cdots 0 \approx 0 & \tilde{\lambda}_i \end{array} \right),$$

wobei $\tilde{\lambda}_i$ eine sehr genaue Annäherung eines Eigenwertes λ_i der Matrix A und $\hat{A}$ eine obere Hessenberg-Matrix der Dimension $(n-1) \times (n-1)$ ist, deren Eigenwerte etwa die übrigen Eigenwerte der Matrix A sind. Der QR-Algorithmus kann dann mit der Matrix $\hat{A}$ fortgesetzt werden, wobei für die Spektralverschiebung die Einträge $\hat{a}_{n-1,n-1}^{(k)}$ der entsprechenden Matrizen $\hat{A}_k$ genommen werden, usw. Mit jedem berechneten Eigenwert reduziert sich also die Dimension der noch weiter zu bearbeitenden Matrizen.

Beispiel 7.42. Wir betrachten die Matrix A aus Beispiel 7.40 und wenden den QR-Algorithmus 7.41 an, wobei μ_{k-1} wie in (7.66) genommen wird.

Sobald das Subdiagonalelement $a_{5,4}^{(k)}$ die Bedingung $|a_{5,4}^{(k)}| < 10^{-16}$ erfüllt, wird nur noch die 4×4 Matrix links oben weiter bearbeitet. Sobald $|a_{4,3}^{(k)}| < 10^{-16}$ gilt, beschränken wir uns auf die 3×3 Matrix links oben, usw. In Abb. 7.3 wird die Größe der Einträge $a_{i+1,i}^{(k)}$, $(i = 1, 2, 3, 4)$ für $k = 0, 1, \ldots, 17$

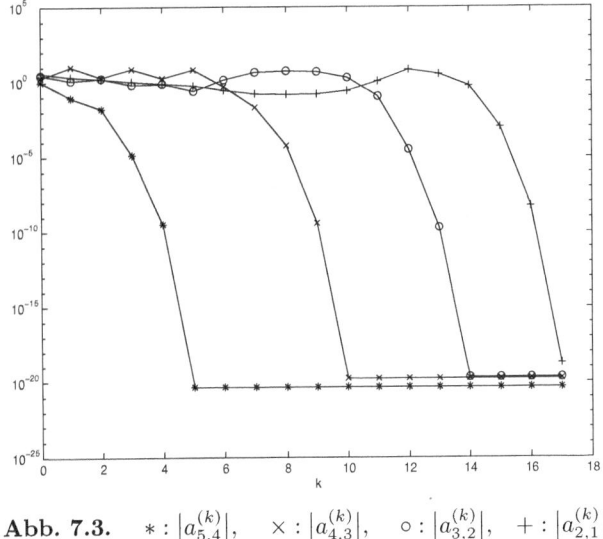

Abb. 7.3. $\quad * : \left|a_{5,4}^{(k)}\right|, \quad \times : \left|a_{4,3}^{(k)}\right|, \quad \circ : \left|a_{3,2}^{(k)}\right|, \quad + : \left|a_{2,1}^{(k)}\right|$

dargestellt. Für $k = 5$ ist die Bedingung $\left|a_{5,4}^{(k)}\right| < 10^{-16}$ zum ersten Mal erfüllt, und es wird nur noch die 4×4 Matrix links oben bearbeitet, wobei dann die Verschiebungsstrategie in (7.66) auf diese 4×4 obere Hessenberg-Matrix angewandt wird, usw.

In Abb. 7.3 kann man sehen, daß das Konvergenzverhalten wesentlich anders ist als in Beispiel 7.40. Statt der linearen Konvergenz in Abb. 7.2 zeigt Abb. 7.3 ein Konvergenzverhalten, bei dem die Einträge $a_{i+1,i}^{(k)}$ nacheinander quadratisch gegen Null streben. Für $k = 17$ ergibt sich

$$A_{17} = \begin{pmatrix} 14.150 & 1.2371 & 1.5503 & -0.6946 & -0.4395 \\ -1.9\text{e}-19 & -0.3354 & -2.0037 & -8.5433 & -1.9951 \\ 0 & 2.1\text{e}-20 & 1.5014 & -1.4294 & -14.8840 \\ 0 & 0 & 1.8\text{e}-20 & 5.1552 & 3.2907 \\ 0 & 0 & 0 & -4.7\text{e}-21 & 9.5248 \end{pmatrix}.$$

Es sei noch bemerkt, daß beim QR-Algorithmus ohne Spektralverschiebung die Eigenwerte der Größe nach geordnet erscheinen, vgl. (7.53) und Beispiel 7.40, während bei Verwendung der Spektralverschiebung dies i. a. nicht zu erwarten ist.

7.8 Übungen

Übung 7.8.1. Zeigen Sie, daß $A \in \mathbb{R}^{n \times n}$ genau dann diagonalisierbar ist, wenn A n linear unabhängige Eigenvektoren hat.

Übung 7.8.2. Beweisen Sie die Eigenschaften in 7.11.

Übung 7.8.3. Es sei

$$A = \begin{pmatrix} 3 & 0 & 0 & 0 \\ 1 & 4 & 0 & 0 \\ 1 & 1 & 1 & 0 \\ 0 & 1 & 1 & 2 \end{pmatrix}.$$

a) Bestimmen Sie die Eigenwerte λ_k, $1 \leq k \leq 4$, von A und die zugehörigen Eigenvektoren.

b) Konstruieren Sie eine Matrix V, so daß

$$A = V \operatorname{diag}(\lambda_1, \lambda_2, \lambda_3, \lambda_4) V^{-1}$$

gilt.

Übung 7.8.4. Begründen Sie geometrisch, warum die Givens-Rotations-Matrix

$$G(\varphi) = \begin{pmatrix} \cos(\varphi) & \sin(\varphi) \\ -\sin(\varphi) & \cos(\varphi) \end{pmatrix}, \qquad \varphi \in \mathbb{R},$$

für $\varphi \neq \pi k$, $k \in \mathbb{Z}$, keine reellen Eigenwerte hat. Berechnen Sie die komplexen Eigenwerte.

Übung 7.8.5. Gegeben sei die obere Block-Dreiecksmatrix

$$A = \begin{pmatrix} A_{11} & A_{12} \\ \emptyset & A_{22} \end{pmatrix}$$

mit $A_{11} \in \mathbb{R}^{r \times r}$, $A_{12} \in \mathbb{R}^{r \times s}$ und $A_{22} \in \mathbb{R}^{s \times s}$. Beweisen Sie:

$$\sigma(A) = \sigma(A_{11}) \cup \sigma(A_{22}).$$

Übung 7.8.6. Schätzen Sie mit Hilfe der Gerschgorin-Kreise ab, wo sich die Eigenwerte der folgenden Matrizen befinden können (Hinweis: $A = A^T$).

$$A = \begin{pmatrix} 6 & 1 & 2 \\ 1 & 3 & 1 \\ 2 & 1 & -4 \end{pmatrix}, \quad B = \begin{pmatrix} 6 & 1 & 1 \\ 3 & 3 & 1 \\ 3 & 1 & -4 \end{pmatrix}, \quad C = \begin{pmatrix} 1 & -1 \\ 0.1 & 2 \end{pmatrix}.$$

Übung 7.8.7. Sei $A \in \mathbb{R}^{n \times n}$ eine Tridiagonalmatrix mit $a_{i+1,i} = a$, $a_{i,i} = b$, $a_{i,i+1} = c$ für alle i, wobei $ac > 0$.

a) Verifizieren Sie durch Einsetzen, daß $Av^k = \lambda_k v^k$ für $k = 1, \ldots, n$, mit

$$\lambda_k = b + 2\operatorname{sign}(a)\sqrt{ac} \, \cos\left(\frac{k\pi}{n+1}\right), \qquad (v^k)_i = \left(\frac{a}{c}\right)^{\frac{i-1}{2}} \sin\left(\frac{k\pi i}{n+1}\right)$$

b) Sei $a = c = -1$ und $b = 2$. Bestimmen Sie eine Formel für die Konditionszahl $\kappa(A) = \|A\|_2 \|A^{-1}\|_2$ der Matrix A als Funktion von n. Berechnen Sie $\kappa(A)$ für $n = 10^2$, $n = 10^3$.

Übung 7.8.8. Sei $A \in \mathbb{R}^{n \times n}$ eine symmetrische Matrix mit Eigenwerten $|\lambda_1| > |\lambda_2| \geq |\lambda_3| \geq \ldots \geq |\lambda_n|$. Sei $\lambda^{(k)}$, wie in (7.25), die bei der Vektoriteration berechnete Annäherung von λ_1. Zeigen Sie, daß

$$|\lambda^{(k)} - \lambda_1| = \mathcal{O}\left(\left|\frac{\lambda_2}{\lambda_1}\right|^{2k}\right)$$

gilt (vgl. Bemerkung 7.19).

Übung 7.8.9. Transformieren Sie die Matrix

$$A = \begin{pmatrix} 3 & 2 & 4 & 1 \\ 1 & 5 & 2 & 3 \\ 5 & 7 & -2 & 3 \\ 6 & 4 & 5 & 9 \end{pmatrix}$$

durch Householder-Spiegelungen auf eine ähnliche obere Hessenberg-Matrix.

Übung 7.8.10. Führen Sie einen Schritt des QR-Algorithmus mit $Q_0 = I$ und

$$A = \begin{pmatrix} 1 & \frac{1}{2}\sqrt{3} & 0 & 0 \\ \sqrt{3} & 2 & \frac{1}{2}\sqrt{3} & 0 \\ 0 & \sqrt{3} & 2 & \frac{1}{2}\sqrt{3} \\ 0 & 0 & \sqrt{3} & 2 \end{pmatrix}$$

aus.

Übung 7.8.11. Bestimmen Sie eine Eigenvektorbasis von

$$A = \begin{pmatrix} 3 & 0 & 0 \\ -1 & 1 & 2 \\ 1 & -2 & 1 \end{pmatrix},$$

und berechnen Sie daraus eine explizite Darstellung von $e^A := \sum_{k=0}^{\infty} \frac{A^k}{k!}$.

Interpolation

8.1 Vorbemerkungen

Eine klassische Interpolationsaufgabe stellt sich im Zusammenhang mit Tafelwerten. Eine Logarithmentafel enthält die Werte der Logarithmusfunktion an diskreten Stellen x_i, $i = 0, 1, 2, \ldots$. Um den Logarithmus dann an einer Stelle y mit $x_i < y < x_{i+1}$ auszuwerten, bestimmt man z. B. die (eindeutig gegebene) Gerade $g(x)$, die an den Stellen x_i und x_{i+1} mit $\log(x_i)$ und $\log(x_{i+1})$ übereinstimmt,

$$g(x_i) = \log(x_i), \quad g(x_{i+1}) = \log(x_{i+1})$$

und begnügt sich mit dem Näherungswert

$$g(y) = \frac{y - x_i}{x_{i+1} - x_i} \log x_{i+1} + \frac{x_{i+1} - y}{x_{i+1} - x_i} \log x_i \approx \log y. \tag{8.1}$$

Man „interpoliert" die log-Funktion (linear). Dies liefert natürlich nur Auswertungen begrenzter Genauigkeit. Man erwartet eine bessere Genauigkeit, wenn man $\log y$ durch den Wert $P(y)$ der (eindeutig bestimmten) Parabel P ersetzt, die an den Stellen x_i, x_{i+1} und x_{i+2} die Werte $\log x_i$, $\log x_{i+1}$ und $\log x_{i+2}$ annimmt. Man spricht jetzt von quadratischer (Polynom-) Interpolation. Interpolation speziell mit Polynomen hat eine Vielzahl von Anwendungen mit unterschiedlichen Zielen und nimmt daher den größten Raum in diesem Kapitel ein.

Nun mag heutzutage die Interpolation von Tabellenwerten keine vordringliche Rolle mehr spielen. Ein Beispiel vielfältiger anderer Anwendungsmöglichkeiten kann man wieder an Beispiel 1.2 fest machen. Man erinnere sich daran, daß $\phi(t, x)$ die Winkelposition des mathematischen Pendels zum Zeitpunkt t bei einer Anfangsauslenkung x angibt und als Lösung des Anfangswertproblems (1.1) gegeben ist. Zur Konstruktion des Taktmechanismus ist diejenige Anfangsauslenkung x^* gesucht, für die zu einer gegebenen Taktzeit T die Bedingung $\phi(T/4, x^*) = 0$ gilt. In Kapitel 5 wurde bereits gezeigt, wie sich dieses

Problem als Nullstellenaufgabe lösen läßt. Alternativ könnte man auch folgendermaßen vorgehen: Zu einigen wenigen, möglicherweise geschätzten Anfangs-
auslenkungen $x_0, \ldots x_n$, berechne man die Werte $\phi(T/4, x_i) = f(x_i)$. Wie dies
numerisch geschehen kann, wird in Kapitel 11 beschrieben. Dann konstruiere
man das Polynom $P_n(x)$ vom Grade n, das $P_n(x_i) = f(x_i)$, $i = 0, \ldots, n$, erfüllt
und bestimme dann die Nullstelle $\tilde{x}^*$ der nun konkret gegebenen „Ersatzfunktion" $P_n(x)$. Für $n = 1$ ist dies natürlich ein Schritt des *Sekantenverfahrens*.
Ob für $n > 1$ das Polynom P_n zu den gegebenen Daten stets existiert und
eindeutig ist, ist eine der im Folgenden zu klärenden Fragen.

Allgemein besteht das Interpolationsproblem darin, zu einer Funktion, die
wie in obigen Beispielen nur an diskreten Stellen bekannt ist, eine einfache
Funktion zu finden, die mit der gesuchten Funktion an den besagten Stellen
übereinstimmt und sich ansonsten an beliebigen Zwischenstellen auswerten
läßt. Allgemein läßt sich dies etwas exakter und abstrakter so formulieren:

Aufgabe 8.1. *Gegeben seien Stützstellen*

$$x_0, \ldots, x_n \in \mathbb{R}$$

und Daten

$$f(x_0), \ldots, f(x_n) \in \mathbb{R}.$$

*Sei G_n ein $(n+1)$-dimensionaler Raum stetiger Funktionen. Man bestimme
diejenige Funktion $g_n \in G_n$, die*

$$g_n(x_i) = f(x_i), \quad i = 0, \ldots, n, \tag{8.2}$$

erfüllt.

Soweit ist natürlich nicht klar, ob solch ein g_n für jeden Datensatz überhaupt
existiert. Dazu später mehr.

Die Aufgabe (8.1) heißt *Lagrange-Interpolation*, da in (8.2) Funktionswerte interpoliert werden. Benutzt man speziell $G_n = \Pi_n$, spricht man von
Polynominterpolation.

Abgesehen von obigen speziellen Anwendungen tritt das Interpolationsproblem in verschiedenen modernen Anwendungen, wie etwa beim Entwurf von
Karosserieteilen oder Schiffsrümpfen, auf. In solchen Fällen sind typischerweise sehr viele Daten zu interpolieren, d. h., n in Aufgabe 8.1 ist sehr groß. Hier
verwendet man *keine* Polynome, sondern typischerweise *stückweise Polynome*
oder *Splines* (siehe Kapitel 9). *Polynome werden nur bei der Interpolation weniger Daten sinnvoll verwendet.* Insbesondere spielt die Polynominterpolation
eine wichtige Rolle als *Hilfskonstruktion*

- zur Beschaffung von Formeln für die *numerische Integration* (Kapitel 10),
  oder
- für die *numerische Differentiation* (Abschnitt 8.4), oder
- für die Konstruktion von Verfahren zur *numerischen Lösung von Differentialgleichungen* (Kapitel 11).

Wir befassen uns nun zunächst mit der einfachsten Variante des Interpolationsproblems.

8.2 Lagrange-Interpolationsaufgabe für Polynome

Wir beschränken uns in diesem Abschnitt auf die Lagrange-Interpolation mit Polynomen. Der Raum der Polynome vom Grad n wird mit

$$\Pi_n = \Big\{ \sum_{j=0}^{n} a_j x^j \mid a_0, \dots, a_n \in \mathbb{R} \Big\}$$

bezeichnet. Es seien

$$x_0 < x_1 < \dots < x_n$$

paarweise verschiedene Stützstellen.

Aufgabe 8.2 (Lagrange-Polynominterpolation).
Finde zu Daten $f(x_0), f(x_1), \dots, f(x_n)$ ein Polynom $P_n \in \Pi_n$ mit

$$P_n(x_j) = f(x_j), \quad j = 0, 1, \dots, n.$$

8.2.1 Existenz und Eindeutigkeit der Lagrange-Polynominterpolation

Die Aufgabe 8.2 hat in ihrer gesamten Allgemeinheit eine erstaunlich einfache Lösung. Sie beruht auf der Wahl einer *problemangepaßten Basis* für Π_n. Man beachte nämlich, daß die Funktionen

$$\ell_{jn}(x) = \frac{(x - x_0) \cdots (x - x_{j-1})(x - x_{j+1}) \cdots (x - x_n)}{(x_j - x_0) \cdots (x_j - x_{j-1})(x_j - x_{j+1}) \cdots (x_j - x_n)} \,, \quad 0 \le j \le n, \tag{8.3}$$

als Produkt von n linearen Faktoren Polynome in Π_n sind. Sie sind gerade so konstruiert, daß

$$\ell_{jn}(x_i) = \delta_{ji}, \quad i, j = 0, \dots, n, \tag{8.4}$$

($\delta_{ij} = 0$ falls $i \ne j$, $\delta_{jj} = 1$), da für $i \ne j$ einer der Faktoren im Zähler an der Stelle x_i verschwindet, während für $i = j$ Zähler und Nenner in (8.3) übereinstimmen. Aufgrund dieser Eigenschaft lassen sich Interpolationspolynome sofort angeben, wie der folgende Satz präzisiert, der die Grundlage für viele weitere, die Polynominterpolation betreffenden Betrachtungen bildet.

Satz 8.3. *Das Lagrange-Interpolationsproblem ist stets eindeutig lösbar, d. h., zu beliebigen Daten $f(x_0), f(x_1), \ldots, f(x_n)$ existiert ein eindeutiges Polynom $P_n \in \Pi_n$ mit*

$$P_n(x_j) = f(x_j), \quad j = 0, \ldots, n.$$

Insbesondere läßt sich $P_n(x)$ explizit in der Form

$$P_n(x) = \sum_{j=0}^{n} f(x_j) \ell_{jn}(x) \tag{8.5}$$

darstellen, wobei

$$\ell_{jn}(x) = \prod_{\substack{k=0 \\ k \neq j}}^{n} \frac{x - x_k}{x_j - x_k} \tag{8.6}$$

die sogenannten Lagrange-Fundamentalpolynome sind.

Beweis. Wie schon erwähnt wurde, gehören die Polynome ℓ_{jn} tatsächlich zu Π_n, so daß die rechte Seite von (8.5) zu Π_n gehört. Aus (8.4) folgt nun sofort, daß

$$P_n(x_i) = \sum_{j=0}^{n} f(x_j) \ell_{jn}(x_i) = \sum_{j=0}^{n} f(x_j) \delta_{ji} = f(x_i).$$

Dies zeigt, daß P_n gemäß (8.5) tatsächlich eine Lösung des Lagrange-Interpolationsproblems ist. Sei $\tilde{P}_n$ eine weitere Lösung dieses Problems. Dann gilt für $Q_n := \tilde{P}_n - P_n$, daß $Q_n \in \Pi_n$ und $Q_n(x_j) = \tilde{P}_n(x_j) - P_n(x_j) = f(x_j) - f(x_j) = 0$, $j = 0, 1, \ldots, n$. Nach dem Fundamentalsatz der Algebra muß $Q_n(x) = 0$ für alle x gelten, woraus die Eindeutigkeit der Lösung folgt. $\square$

Das eindeutige Lagrange-Interpolationspolynom $P_n \in \Pi_n$ der Funktion f an den Stützstellen $x_0, \ldots, x_n$ wird mit

$$P_n =: P(f | x_0, \ldots, x_n)$$

bezeichnet.

Die *Eindeutigkeit* des Interpolationspolynoms werden wir des öfteren in folgender Form verwenden:

Für jedes Polynom $Q \in \Pi_n$ und beliebige Stützstellen $x_0 < \cdots < x_n$ gilt

$$P(Q | x_0, \ldots, x_n) = Q, \tag{8.7}$$

da sich ja Q insbesondere selbst interpoliert und wegen der Eindeutigkeit damit gleich dem Interpolationspolynom sein muß.

Bemerkung 8.4. Die Zuordnung – Abbildung – $f \rightarrow P(f|x_0, \ldots, x_n)$ ist linear, d. h., für $c \in \mathbb{R}$ und beliebigen stetigen Funktionen f, g gilt

$$P(cf|x_0, \ldots, x_n) = cP(f|x_0, \ldots, x_n)$$
$$P(f + g|x_0, \ldots, x_n) = P(f|x_0, \ldots, x_n) + P(g|x_0, \ldots, x_n).$$

Dies folgt sofort aus der Darstellung (8.5). Aufgrund der obigen Selbstreproduktionseigenschaft (8.7) ist diese lineare Abbildung insbesondere ein Projektor. $\triangle$

Für den Fall äquidistanter Stützstellen $x_j = x_0 + jh$, $j = 0, 1, \ldots, n$, kann man eine vereinfachte Formel für die Lagrange-Fundamentalpolynome in (8.6) herleiten. Sei $t := (x - x_0)/h$, d. h. $x = x_0 + th$, dann gilt für das Lagrange-Fundamentalpolynom in der Hilfsvariablen t:

$$\hat{\ell}_{jn}(t) := \ell_{jn}(x_0 + th) = \prod_{\substack{k=0 \\ k \neq j}}^{n} \frac{x_0 + th - (x_0 + kh)}{x_0 + jh - (x_0 + kh)}$$

$$= \prod_{\substack{k=0 \\ k \neq j}}^{n} \frac{(t - k)}{(j - k)} = \frac{(-1)^{n-j}}{j!(n-j)!} \prod_{\substack{k=0 \\ k \neq j}}^{n} (t - k). \qquad (8.8)$$

Die Koeffizienten des Polynoms $\hat{\ell}_{jn}$ hängen nur noch von j und n und nicht mehr von h ab. In Abb. 8.1 sind die Polynome $\hat{\ell}_{j4}$, $j = 0, 1, \ldots, 4$, dargestellt.

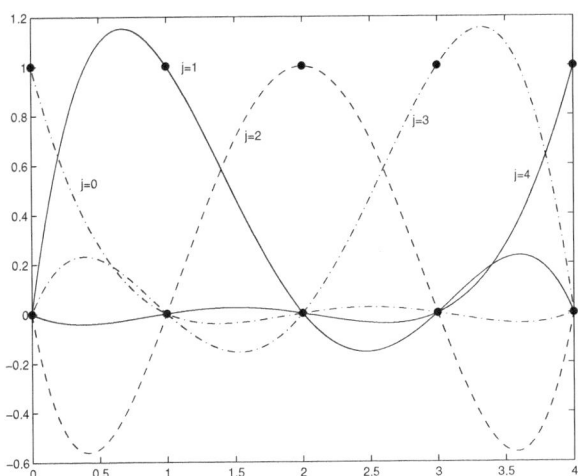

Abb. 8.1. Lagrange-Fundamentalpolynome $\hat{\ell}_{j4}$

Beispiel 8.5. Bei drei äquidistanten Stützstellen $x_0 = -h$, $x_1 = 0$, $x_2 = h$ erhält man als Lagrange-Darstellungen für $P_2 = P(f| - h, 0, h)$ (vgl. (8.6)):

$$P_2(x) = f(-h)\frac{x(x-h)}{2h^2} + f(0)\frac{(x+h)(x-h)}{-h^2} + f(h)\frac{(x+h)x}{2h^2}. \qquad (8.9)$$

Hierbei wird die *Lagrangesche Basis*

$$\ell_{02}(x) = \frac{(x-x_1)(x-x_2)}{(x_0-x_1)(x_0-x_2)}, \quad \ell_{12}(x) = \frac{(x-x_0)(x-x_2)}{(x_1-x_0)(x_1-x_2)},$$

$$\ell_{22}(x) = \frac{(x-x_0)(x-x_1)}{(x_2-x_0)(x_2-x_1)}$$

des Raumes Π_2 verwendet.   △

Die obigen Betrachtungen zeigen implizit, daß die Fundamentalpolynome ℓ_{jn} eine *Basis* für Π_n bilden. Andere Basen, wie die Monom-Basis $\{1, x, \ldots, x^n\}$, liefern andere *Darstellungen* desselben Polynoms, wie später genauer erläutert wird. Für die meisten praktischen Zwecke ist die obige Darstellung (8.5) zu aufwendig und auch nicht sonderlich stabil, da sie anfällig gegenüber Auslöschung ist. Praktisch günstige Alternativen hängen von der Aufgabenstellung ab. Wir werden jetzt zwei Grundaufgabenstellungen genauer diskutieren.

8.2.2 Auswertung des Interpolationspolynoms an einer oder wenigen Stellen

In manchen Fällen – wie in den eingangs erwähnten Beispielen – ist man nur an den Werten des Interpolationspolynoms an wenigen oder sogar nur einer Stelle interessiert. Dies ist sowohl bei der Interpolation von Tabellenwerten als auch bei der später im Zusammenhang mit Quadratur und der Lösung von gewöhnlichen Differentialgleichungen wichtigen *Extrapolation* der Fall. In diesem Fall braucht man das Interpolationspolynom *nicht* explizit zu bestimmen. Insbesondere tritt die Frage der speziellen Darstellung gar nicht auf.

Als Ausgangspunkt der Überlegungen kann man die Darstellung der interpolierenden Geraden als *Konvexkombination* der beiden Punkte nehmen

$$P(f|x_0, x_1)(x) = \frac{x-x_0}{x_1-x_0}f(x_1) + \frac{x_1-x}{x_1-x_0}f(x_0). \qquad (8.10)$$

Da trivialerweise $f(x_i) = P(f|x_i)(x)$, läßt sich das folgende Lemma als Verallgemeinerung von (8.10) in dem Sinne ansehen, daß sich ein Interpolationspolynom höheren Grades stets als konvexe Kombination von Interpolationspolynomen niedrigeren Grades schreiben läßt.

Lemma 8.6 (Aitken). *Man hat*

$$P(f|x_0,\ldots,x_n)(x) = \frac{x - x_0}{x_n - x_0} P(f|x_1,\ldots,x_n)(x)$$
$$+ \frac{x_n - x}{x_n - x_0} P(f|x_0,\ldots,x_{n-1})(x), \tag{8.11}$$

d. h., die Interpolierende an den Stellen $x_0,\ldots,x_n$ ist eine Konvexkombination der Interpolierenden niedrigeren Grades an den Teilmengen $\{x_1,\ldots,x_n\}$ und $\{x_0,\ldots,x_{n-1}\}$ der Gesamtstützstellenmenge.

Beweis. Für $0 < i < n$ gilt

$$\frac{x_i - x_0}{x_n - x_0} P(f|x_1,\ldots,x_n)(x_i) + \frac{x_n - x_i}{x_n - x_0} P(f|x_0,\ldots,x_{n-1})(x_i)$$
$$= \frac{x_i - x_0}{x_n - x_0} f(x_i) + \frac{x_n - x_i}{x_n - x_0} f(x_i) = f(x_i) = P(f|x_0,\ldots,x_n)(x_i).$$

Ferner erhält man

$$\frac{x_0 - x_0}{x_n - x_0} P(f|x_1,\ldots,x_n)(x_0) + \frac{x_n - x_0}{x_n - x_0} P(f|x_0,\ldots,x_{n-1})(x_0)$$
$$= 0 + P(f|x_0,\ldots,x_{n-1})(x_0) = f(x_0)$$

und ebenso

$$\frac{x_n - x_0}{x_n - x_0} P(f|x_1,\ldots,x_n)(x_n) + \frac{x_n - x_n}{x_n - x_0} P(f|x_0,\ldots,x_{n-1})(x_n)$$
$$= P(f|x_1,\ldots,x_n)(x_n) + 0 = f(x_n).$$

Also stimmen beide Seiten von (8.11) an allen Stützstellen $x_0,\ldots,x_n$ überein. Da beide Seiten Polynome vom Grade $\leq n$ sind, folgt deren Gleichheit wegen der Eindeutigkeit der Polynominterpolation (siehe Satz 8.3). □

Die Identität (8.11) führt auf das folgende rekursive Schema. Setze für *festes* x

$$P_{i,k} = P(f|x_{i-k},\ldots,x_i)(x), \quad 0 \leq k \leq i \leq n,$$

d. h. speziell

$$P_{n,n} = P(f|x_0,\ldots,x_n)(x),$$
$$P_{i,0} = P(f|x_i)(x) = f(x_i).$$

Lemma 8.6 besagt dann

$$P_{i,k} = \frac{x - x_{i-k}}{x_i - x_{i-k}} P_{i,k-1} + \frac{x_i - x}{x_i - x_{i-k}} P_{i-1,k-1}$$
$$= P_{i,k-1} + \frac{x - x_i}{x_i - x_{i-k}} (P_{i,k-1} - P_{i-1,k-1}). \tag{8.12}$$

Dies faßt man im sogenannten *Neville-Aitken-Schema* zusammen.

Neville-Aitken-Schema:

$$
\begin{array}{c|cccc}
 & P_{i,0} \quad P_{i,1} \quad P_{i,2} \cdots \\
\hline
x_0 & f(x_0) \\
x_1 & f(x_1) \;\; P_{1,1} \\
x_2 & f(x_2) \;\; P_{2,1} \;\; P_{2,2} \\
x_3 & f(x_3) \;\; P_{3,1} \;\; P_{3,2} \;\; \ddots \\
\vdots & \vdots \qquad\qquad\qquad \ddots \\
x_n & f(x_n) \;\; P_{n,1} \;\; P_{n,2} \cdots \cdots P_{n,n}
\end{array}
$$

(8.13)

Beispiel 8.7. Sei

$$n = 2, \quad x = 0.5, \quad f(0) = 1, \quad f(1) = 4, \quad f(2) = 2.$$

Aus (8.12) folgt

$$P_{1,1} = 4 + \frac{-0.5}{1}(4 - 1) = 2.5$$

$$P_{2,1} = 2 + \frac{-1.5}{1}(2 - 4) = 5$$

$$P_{2,2} = 5 + \frac{-1.5}{2}(5 - 2.5) = 3\frac{1}{8}$$

also $P(f|0, 1, 2)(0.5) = 3\frac{1}{8}$.   △

Rechenaufwand 8.8. Der Aufwand zur Auswertung des Lagrange-Interpolationspolynoms vom Grad n an *einer* Stelle x mit dem Neville-Aitken-Schema beträgt etwa

$$2(n - 1) + 2(n - 2) + \ldots + 1 \doteq n^2$$

Multiplikationen/Divisionen.

Wir wenden uns nun der zweiten Grundaufgabe zu, das Interpolationspolynom insgesamt zu bestimmen, also zum Beispiel einen „Ersatz" für f auf einem Intervall zu beschaffen.

8.2.3 Darstellung des Interpolationspolynoms mittels der Potenzform

Wenn man nicht nur an speziellen interpolierten Werten des Interpolationspolynoms sondern am gesamten Polynom selbst interessiert ist (wie im Zusammenhang mit Quadratur oder Differentialgleichungen), stellt sich die Frage nach einer geeigneten Darstellung. Im Prinzip könnte man die klassische *monomiale Basis* $1, x, \ldots, x^n$ benutzen. Für das Interpolationspolynom würde sich die Darstellung

$$P(f|x_0, \ldots, x_n)(x) = a_0 + a_1 x + a_2 x^2 + \ldots a_n x^n$$

als Alternative zur Lagrange-Darstellung (8.5) anbieten.

Beispiel 8.9. Bei drei äquidistanten Stützstellen $x_0 = -h$, $x_1 = 0$, $x_2 = h$ erhält man z. B. folgende Darstellungen für $P_2 = P(f| - h, 0, h)$ mit Hilfe der monomialen Basis $1, x, x^2$ des Raumes Π_2 (die im Gegensatz zur Lagrange-Basis nicht von den Stützstellen abhängt):

$$P_2(x) = f(0) + \frac{f(h) - f(-h)}{2h}\, x + \frac{f(h) - 2f(0) + f(-h)}{2h^2}\, x^2. \qquad (8.14)$$

Die Darstellung (8.14) wird auch die *Potenzform* des Polynoms P_2 genannt.

$\triangle$

Die verlockende Einfachheit dieser Monom-Basis sollte jedoch nicht über gewichtige Nachteile hinwegtäuschen. Hinsichtlich der Kondition der Monom-Basis im Sinne von (2.37) betrachte speziell das Intervall $I := [100, 101]$ und $p(x) = -100 + x$, so daß offensichtlich gilt $\|P\|_{L_\infty(I)} = \sup_{x \in [100,101]} |x - 100| = 1$. Für die Koeffizienten in der Monom-Basis $\{1, x\}$ gilt aber $a = (-100, 1)^T$ und somit $\|a\|_\infty = 100$. Ebenso bekäme man für $P(x) = x$ mit Koeffizientenvektor $(0, 1)^T$ diesmal $\|P\|_{L_\infty(I)} = 101$ während $\|a\|_\infty = 1$. Man sieht also, daß das Verhältnis zwischen unterer und oberer Abschätzung in (2.37) beliebig schlecht werden kann. Offensichtlich liegt dies auch daran, daß die Monom-Basis unabhängig vom speziellen Intervall ist, auf dem die Polynome betrachtet werden.

Wegen der im allgemeinen schlechten Kondition dieser Basis ist bei der Interpolationsaufgabe das Problem der Bestimmung der Koeffizienten a_i in der Potenzform oft ein schlecht konditioniertes Problem. Die Bedingungen $P(f|x_0, \ldots, x_n)(x_i) = f(x_i)$, $i = 0, \ldots, n$, führen auf das Gleichungssystem

$$V_n \begin{pmatrix} a_0 \\ \vdots \\ a_n \end{pmatrix} = \begin{pmatrix} f(x_0) \\ \vdots \\ f(x_n) \end{pmatrix} \qquad (8.15)$$

zur Bestimmung der unbekannten Koeffizienten a_i, wobei V_n die Vandermonde-Matrix

$$V_n = \begin{pmatrix} 1 & x_0 & x_0^2 & \cdots & x_0^n \\ 1 & x_1 & x_1^2 & \cdots & x_1^n \\ \vdots & & & & \\ 1 & x_n & x_n^2 & \cdots & x_n^n \end{pmatrix}. \qquad (8.16)$$

ist.

Die Kondition des Problems

$$
\begin{pmatrix} f(x_0) \\ \vdots \\ f(x_n) \end{pmatrix} \rightarrow V_n^{-1} \begin{pmatrix} f(x_0) \\ \vdots \\ f(x_n) \end{pmatrix} = \begin{pmatrix} a_0 \\ \vdots \\ a_n \end{pmatrix} \tag{8.17}
$$

wird durch die Konditionszahl $\|V_n\|\|V_n^{-1}\|$ der Matrix V_n beschrieben. Die Vandermonde-Matrizen haben im allgemeinen für hohe Dimension n eine sehr große Konditionszahl. Das Problem (8.17) ist daher oft schlecht konditioniert. Darüber hinaus erfordert die Lösung des Gleichungssystems (8.15) übermäßig viel Aufwand im Vergleich zu den weiter unten dargestellten Methoden. *Für numerische Berechnungen ist die Darstellung des Interpolationspolynoms in der Potenzform also nicht gut geeignet.*

Beispiel 8.10. Sei $h = 1/n$ und $x_i = 1 + ih$, $i = 0, 1, \ldots, n$. Für diese Stütz-stellenverteilung hat die Vandermonde-Matrix eine Konditionszahl bzgl. der 2-Norm wie in Tabelle 8.1 dargestellt.

Tabelle 8.1. Konditionszahl der Vandermonde-Matrix

n	4	6	8	10
$\kappa_2(V_n)$	4.1e+4	2.0e+7	1.1e+10	6.5e+12

Bemerkung 8.11. Man sollte also das Interpolationspolynom nicht in der Potenzform darstellen. In anderen Problemstellungen liegen aber oft Polynome in der Potenzform vor. In solchen Fällen liefert das Horner-Schema eine effiziente Methode zur *Auswertung* des Polynoms. Sei $p \in \Pi_n$ ein Polynom, das in der Potenzform vorliegt, d. h.,

$$
p(x) = a_0 + a_1 x + \ldots + a_n x^n
$$

mit bekannten Koeffizienten $a_0, \ldots, a_n$. Man sieht leicht, daß

$$
p(x) = a_0 + x\left(a_1 + x\left(a_2 + \ldots + x(a_{n-1} + x a_n)\cdots\right)\right). \tag{8.18}
$$

Zur Berechnung des Wertes des Polynoms p an der Stelle x bietet sich wegen (8.18) dann folgendes Verfahren an:

Algorithmus 8.12 (Horner-Schema). *Gegeben seien* $a_0, \ldots, a_n, x$.

Setze $b_n = a_n$,
    für $k = n-1, n-2, \ldots, 0$ berechne
      $b_k = a_k + x b_{k+1}$
Dann ist
    $p(x) = b_0$.

Man beachte, daß die Anzahl der hierbei verwendeten Operationen (n Additionen / Multiplikationen) geringer ist als beim naiven Vorgehen, bei dem zuerst die Potenzen x^i bestimmt werden, die dann mit den a_i multipliziert und zum Schluß aufsummiert werden. Gegenüber dem naiven Vorgehen spart der Horner-Algorithmus etwa n Multiplikationen. $\triangle$

8.2.4 Darstellung des Interpolationspolynoms mittels der Newtonschen Interpolationsformel

Die praktisch bedeutendste Alternative zur Potenzform bietet die *Newton-Darstellung*, die insbesondere (wie die Lagrange-Darstellung) die Notwendigkeit vermeidet, Gleichungssysteme zu lösen. Die Darstellung in der Newtonschen Basis beruht auf folgender Idee. Hat man $P(f|x_0,\ldots,x_{n-1})$ bereits bestimmt, so sucht man nach einem Korrekturterm, durch dessen Ergänzung man $P(f|x_0,\ldots,x_n)$ erhält, also eine weitere Stützstelle einbezieht. Folgendes Resultat reflektiert diesen Aufdatierungscharakter:

Lemma 8.13. *Für die Lagrange-Interpolationspolynome*
$P_{n-1} = P(f|x_0,\ldots,x_{n-1}) \in \Pi_{n-1}$ *und* $P_n = P(f|x_0,\ldots,x_n) \in \Pi_n$ *gilt*

$$P_n(x) = P_{n-1}(x) + \delta_n(x-x_0)\ldots(x-x_{n-1}) \tag{8.19}$$

mit

$$\delta_n = \frac{f(x_n) - P_{n-1}(x_n)}{(x_n-x_0)\ldots(x_n-x_{n-1})} \in \mathbb{R}. \tag{8.20}$$

Beweis. Da $P_{n-1} \in \Pi_{n-1}$ und $(x-x_0)\ldots(x-x_{n-1}) \in \Pi_n$, gilt

$$Q_n(x) := P_{n-1}(x) + \delta_n(x-x_0)\ldots(x-x_{n-1}) \in \Pi_n. \tag{8.21}$$

Da für $i < n$

$$P_{n-1}(x_i) = f(x_i)$$

und

$$(x_i - x_0)\ldots(x_i - x_{n-1}) = 0,$$

ergibt sich

$$Q_n(x_i) = f(x_i) \quad \text{für} \quad i = 0,1,\ldots,n-1. \tag{8.22}$$

Aus der Definition von δ_n erhält man

$$Q_n(x_n) = f(x_n). \tag{8.23}$$

Aus (8.21), (8.22) und (8.23) ergibt sich, daß Q_n das eindeutige Lagrange-Interpolationspolynom von f an den Stützstellen $x_0, x_1, \ldots, x_n$ ist, d. h. $Q_n = P(f|x_0,\ldots,x_n)$. $\square$

Der Koeffizient δ_n in (8.20) hängt offensichtlich von f und von den Stützstellen x_i ab. Man schreibt daher auch

$$\delta_n =: [x_0,\ldots,x_n]f. \tag{8.24}$$

Folgende Beobachtung wird später hilfreich sein.

> **Bemerkung 8.14.** $[x_0, \ldots, x_n]f$ ist offensichtlich (vgl. (8.19)) der *führende Koeffizient* des Interpolationspolynoms $P(f|x_0, \ldots, x_n)(x)$, d. h. der Koeffizient der Potenz x^n.

Wendet man dieselbe Argumentation auf $P_{n-1}(x) = P(f|x_0, \ldots, x_{n-1})(x)$ in (8.19) an, so ergibt sich induktiv die

> **Newtonsche Interpolationsformel:**
>
> $$P(f|x_0, \ldots, x_n)(x) = [x_0]f + (x - x_0)[x_0, x_1]f$$
> $$+(x - x_0)(x - x_1)[x_0, x_1, x_2]f + \ldots$$
> $$+(x - x_0) \cdots (x - x_{n-1})[x_0, \ldots, x_n]f. \quad (8.25)$$

Diese Darstellung ist eindeutig und legt damit die Koeffizienten $[x_0, \ldots, x_k]f$ fest, da die Knotenpolynome $\omega_0(x) := 1$, $\omega_k(x) := (x - x_0) \cdots (x - x_{k-1})$, $k = 1, \ldots, n$, wie man leicht sieht, eine Basis – die *Newton-Basis* – von Π_n bilden.

Beispiel 8.15. Interpoliert man an den drei Stützstellen $x_0 = -h, x_1 = 0, x_2 = h$, ergibt sich wegen (8.19) und (8.20) zunächst

$$P(f|-h)(x) = f(-h) = [-h]f$$
$$P(f|-h, 0)(x) = [-h]f + \delta_1(x + h)$$
$$= [-h]f + \frac{f(0) - f(-h)}{h}(x + h) = [-h]f + (x + h)[-h, 0]f.$$

Der nächste Schritt wird schon mühsamer, da man zuerst $P(f|-h, 0)(h)$ berechnen muß. Tut man dies und benutzt wieder (8.20), erhält man

$$P(f|-h, 0, h)(x)$$
$$= P(f|-h, 0)(x) + \delta_2(x + h)x$$
$$= [-h]f + (x + h)[-h, 0]f + \frac{f(h) - 2f(0) + f(-h)}{2h^2}(x + h)x$$
$$= [-h]f + (x + h)[-h, 0]f + (x + h)x[-h, 0, h]f. \quad (8.26)$$

$\triangle$

Man sieht, daß die sukzessive Verwendung von (8.19) und (8.20) schnell sehr umständlich wird.

Wir entwickeln jetzt einen systematischen Weg, die Korrekturkoeffizienten δ_k zu bestimmen. $\delta_0 = [x_0]f = f(x_0)$ ist schon vom Rekursionsanfang her bekannt. Für $n = 1$ zeigt man sofort, daß

$$[x_0, x_1]f = \frac{f(x_1) - f(x_0)}{x_1 - x_0}$$

gilt. Dies deutet schon folgende allgemeine Gesetzmäßigkeit an.

> **Lemma 8.16.** *Seien wieder die x_i paarweise verschieden. Dann gilt*
>
> $$[x_0, \dots, x_n]f = \frac{[x_1, \dots, x_n]f - [x_0, \dots, x_{n-1}]f}{x_n - x_0}. \qquad (8.27)$$

Beweis. Der Beweis ist eine unmittelbare Konsequenz von Lemma 8.6. Setzt man die Darstellung (8.25) in beide Seiten von (8.11) ein und vergleicht die führenden Koeffizienten auf beiden Seiten (vgl. Bemerkung 8.14), so ergibt sich gerade (8.27). □

Wegen (8.27) heißen die Koeffizienten $[x_0, \dots, x_n]f$ auch *dividierte Differenzen* der Ordnung n von f.

Wegen

$$[x_i]f = f(x_i), \qquad (8.28)$$

(vgl. Bemerkung 8.14), ergibt sich das folgende rekursive Schema zur Berechnung der dividierten Differenzen und damit des Interpolationspolynoms (8.25), siehe Tabelle 8.2.

Tabelle 8.2. Dividierte Differenzen

	$[x_i]f$	$[x_i, x_{i+1}]f$	$[x_i, x_{i+1}, x_{i+2}]f$	$[x_i, x_{i+1}, x_{i+2}, x_{i+3}]f$
x_0	$[x_0]f$			
		$> [x_0, x_1]f$		
x_1	$[x_1]f$		$> [x_0, x_1, x_2]f$	
		$> [x_1, x_2]f$		$> [x_0, x_1, x_2, x_3]f$
x_2	$[x_2]f$		$> [x_1, x_2, x_3]f$	$\vdots$
		$> [x_2, x_3]f$	$\vdots$	
x_3	$[x_3]f$	$\vdots$		
$\vdots$	$\vdots$			

Die gewünschten Koeffizienten der Newton-Darstellung treten also am oberen Rand des Tableaus auf.

Beispiel 8.17. Die Koeffizienten $\delta_0 = [-h]f$, $\delta_1 = [-h, 0]f$ und $\delta_2 = [-h, 0, h]f$ in der Darstellung (8.26) kann man einfach über folgendes Schema berechnen:

x_i	$[x_i]f$	$[x_i, x_{i+1}]f$	$[x_i, x_{i+1}, x_{i+2}]f$
$-h$	$f(-h)$		
		$> \frac{f(0)-f(-h)}{h}$	
0	$f(0)$		$> \frac{f(h)-2f(0)+f(-h)}{2h^2}$
		$> \frac{f(h)-f(0)}{h}$	
h	$f(h)$		

Also: $[-h]f = f(-h)$, $[-h,0]f = \frac{f(0)-f(-h)}{h}$, $[-h,0,h]f = \frac{f(h)-2f(0)+f(-h)}{2h^2}$.

$\triangle$

Beispiel 8.18. Sei $x_0 = 0$, $x_1 = 0.2$, $x_2 = 0.4$, $x_3 = 0.6$ und $f(x_i) = \cos(x_i)$, $i = 0, \ldots, 3$. Man bestimme die entsprechenden Lagrange-Interpolationspolynome $P(f|x_0, x_1, x_2)$ und $P(f|x_0, x_1, x_2, x_3)$. Die über (8.27) berechneten dividierten Differenzen findet man in Tabelle 8.3. Die fettgedruckten Einträge sind die Daten.

Tabelle 8.3. Dividierte Differenzen

0	**1.0000**			
		> -0.0995		
0.2	**0.9801**		> -0.4888	
		> -0.2950		> 0.0480
0.4	**0.9211**		> -0.4600	
		> -0.4790		
0.6	**0.8253**			

Gemäß (8.25) und Tabelle 8.2 benötigt man nur den ersten Eintrag jeder Spalte in Tabelle 8.3 für das Interpolationspolynom:

$$P(\cos x|0, 0.2, 0.4)(x) = 1.000 - 0.100x - 0.489x(x - 0.2),$$

$$P(\cos x|0, 0.2, 0.4, 0.6)(x) = P(\cos x|0, 0.2, 0.4)(x) + 0.048x(x - 0.2)(x - 0.4)$$
$$= 1.000 - 0.100x - 0.489x(x - 0.2) + 0.048x(x - 0.2)(x - 0.4).$$

$\triangle$

Rechenaufwand 8.19. Der Rechenaufwand zur Berechnung der Koeffizienten in der Newtonschen Interpolationsformel mit dem Schema der dividierten Differenzen beträgt etwa

$$n + (n-1) + \ldots + 2 + 1 = \frac{1}{2}n(n+1) \doteq \frac{1}{2}n^2$$

Divisionen und $n(n+1)$ Additionen.

Liegt die Newton-Darstellung vor, d. h., hat man die dividierten Differenzen berechnet, kann man zur Auswertung aufgrund der Produktstruktur der Newton-Basis wieder ein *Horner-artiges* Schema der geschachtelten Multiplikation verwenden. Wir deuten dies an folgendem Beispiel an:

$$P(f|x_0, x_1, x_2)(x) = d_0 + d_1(x - x_0) + d_2(x - x_0)(x - x_1)$$
$$= d_0 + (x - x_0)\left[d_1 + d_2(x - x_1)\right].$$

Offensichtliche Verallgemeinerung liefert folgenden Algorithmus zur Berechnung des Wertes $P(f|x_0, \ldots, x_n)(x)$:

Algorithmus 8.20 (Auswertung der Newton-Darstellung).
Gegeben seien die dividierten Differenzen $d_k = [x_0, \ldots, x_k]f$, $k = 0, \ldots, n$. Setze $p := d_n$; für $k = n - 1, n - 2, \ldots, 0$, berechne

$$p(x - x_k) + d_k \to p$$

was $p = P(f|x_0, \ldots, x_n)(x)$ ergibt.

Hierbei sind nur n Multiplikationen und $2n$ Additionen erforderlich, so daß der Gesamtaufwand (für Berechnung der Koeffizienten und Auswertung) mit dem Neville-Aitken Schema konkurrieren kann. Wozu also Neville-Aitken? Nun, die Rekursion im Neville-Aitken Schema kann etwas Auslöschungs-resistenter angelegt werden. Sie wird ferner später im Rahmen der *Extrapolation* noch eine wichtige Rolle spielen.

Wir schließen diesen Abschnitt mit einigen nützliche Eigenschaften dividierter Differenzen, die im Folgenden gebraucht werden.

Satz 8.21. *Es gelten folgende Eigenschaften:*

(i) $[x_0, \ldots, x_n]f$ *ist eine symmetrische Funktion der Stützstellen, d. h. hängt nicht von der Reihenfolge der Stützstellen ab (konkret gilt zum Beispiel $[x_0, x_1, x_2]f = [x_1, x_0, x_2]f$).*

(ii) *Die Abbildung $f \to [x_0, \ldots, x_k]f$ ist ein* stetiges lineares Funktional *auf $C(I)$ (solange die x_i paarweise verschieden sind), wobei I ein Intervall ist, das die $x_0, \ldots, x_k$ enthält.*

(iii) *Für $Q \in \Pi_{k-1}$ gilt $[x_0, \ldots, x_k]Q = 0$.*

(iv) *Für die Newton-Basispolynome ω_k gilt*

$$[x_0, \ldots, x_k]\omega_j = \delta_{jk}, \quad für \ \ j, k = 0, \ldots, n. \tag{8.29}$$

(v) *Sei $a := \min_{0 \le i \le n} x_i$, $b := \max_{0 \le i \le n} x_i$, $I := [a, b]$ und $f \in C^n(I)$. Dann existiert ein $\xi \in I$, so daß*

$$[x_0, \ldots, x_n]f = \frac{f^{(n)}(\xi)}{n!}. \tag{8.30}$$

Beweis. (i) folgt wieder sofort aus der Eindeutigkeit der Darstellung (8.25). Es kommt nicht darauf an, in welcher Reihenfolge man die Interpolationen niedriger Ordnung aufgebaut hat.

Zu (ii): Die Linearität folgt sofort aus der Linearität des Interpolations-projektors, (vgl. Bemerkung 8.4). Nun verwende man wieder Bemerkung 8.14. Die Stetigkeit (d. h. Beschränktheit) folgt induktiv mit (8.27) aus der Stetig-keit von f, sofern die Stützstellen verschieden sind. Man beachte allerdings, daß die Schranke der Beschränktheit wächst, wenn Stützstellen näher zusam-menrücken.

Zu (iii): Der Koeffizient von x^k in $P(Q|x_0, \ldots, x_k)$ ist Null, wenn $Q \in \Pi_{k-1}$. Die Behauptung folgt wieder mit Bemerkung 8.14 und (8.7), da Q als Element von Π_{k-1} und daher aus Π_k sich selbst interpoliert.

Zu (iv): Wir betrachten drei Fälle: Falls $j > k$ gilt $\omega_j(x_i) = 0$ für $i \leq k$. Wegen (8.27) ist in diesem Fall $[x_0, \ldots, x_k]\omega_j = 0$. Sei nun $j < k$. Dann gilt $[x_0, \ldots, x_k]\omega_j = 0$ wegen (iii). Es bleibt der Fall $j = k$. Weil $\omega_k \in \Pi_k$, gilt $P(\omega_k|x_0, \ldots, x_k) = \omega_k$. Der führende Koeffizient von ω_k ist eins. Wegen Bemerkung 8.14 muß $[x_0, \ldots, x_k]\omega_k = 1$ gelten.

Zu (v): Wird in Folgerung 8.23 bewiesen.   □

Die Eigenschaft (v) wird eine wichtige Rolle im nächsten Abschnitt spie-len. Man beachte, daß insbesondere auf $C^k(I)$ die Abbildung $D_k : f \to [x_0, \ldots, x_k]f$ ein stetiges lineares Funktional *gleichmäßig* bzgl. der Lage der Stützstellen ist, d. h.,

$$|D_k f| = \frac{|f^{(k)}(\xi)|}{k!} \leq \frac{\max_{x \in I} |f^{(k)}(x)|}{k!} \leq \frac{\|f\|_{C^k(I)}}{k!}, \qquad (8.31)$$

gilt *unabhängig* von der Lage der Stützstellen.

8.2.5 Restglieddarstellung – Fehleranalyse

Bisher blieb die Frage nach der *Qualität* der Interpolation bzw. geeigneter Bewertungskriterien ausgespart. Ein gängiges und geeignetes Bewertungsmo-dell ist der *Fehler der Interpolation* im folgenden Sinne. Die Daten f_i werden wieder als Funktionswerte

$$f_i = f(x_i), \quad i = 0, \ldots, n, \qquad (8.32)$$

betrachtet, wobei f eine (möglicherweise fiktive) Funktion in $C(I)$ und I ein Intervall ist, das die Stützstellen enthält. Man interessiert sich dann für den Interpolationsfehler, d. h. für die Abweichung zwischen einer solchen Funkti-on f und dem Interpolationspolynom $P(f|x_0, \ldots, x_n)$. Da man sich beliebig viele, beliebig stark oszillierende Funktionen vorstellen kann, die die endlich vielen Werte f_i interpolieren, ist klar, daß man über diesen Fehler nichts aus-sagen kann, ohne eine strukturelle Voraussetzung an f zu stellen. Wie eine solche Voraussetzung aussehen kann, ergibt sich aus folgender *Darstellung* des Interpolationsfehlers.

Satz 8.22. *Seien $x_0, \ldots, x_n$ paarweise verschiedene Stützstellen,*
$a := \min\{x_0, \ldots, x_n\}$, $b := \max\{x_0, \ldots, x_n\}$ *und* $x \in \mathbb{R}$.
Sei $I := [\min\{a, x\}, \max\{b, x\}]$. *Für* $f \in C^{n+1}(I)$ *existiert* $\xi \in I$, *so daß*

$$f(x) - P(f|x_0, \ldots, x_n)(x) = (x - x_0) \cdots (x - x_n) \frac{f^{(n+1)}(\xi)}{(n+1)!} \qquad (8.33)$$

gilt. Insbesondere gilt

$$\max_{x \in [a,b]} \left| f(x) - P(f|x_0, \ldots, x_n)(x) \right| \le \max_{x \in [a,b]} \left| \prod_{j=0}^{n} (x - x_j) \right| \max_{x \in [a,b]} \frac{\left| f^{(n+1)}(x) \right|}{(n+1)!}.$$
$$(8.34)$$

Beweis. Wir benutzen folgende Tatsache (Satz von Rolle): Wenn eine Funktion $g \in C^k([a,b])$, $k \ge 1$, $k+1$ verschiedene Nullstellen in $[a,b]$ hat, besitzt die Funktion $g^{(k)}$ mindestens eine Nullstelle in $[a,b]$.
Für $x = x_j$ $(j = 0, \ldots, n)$ ist das Resultat in (8.33) gültig. Wir nehmen ein festes $x \in [a,b]$ mit $x \ne x_j$ für alle j und definieren

$$R := \frac{f(x) - P(f|x_0, \ldots, x_n)(x)}{\prod_{j=0}^{n}(x - x_j)} \ . \qquad (8.35)$$

Für die Funktion

$$g(t) := f(t) - P(f|x_0, \ldots, x_n)(t) - R \prod_{j=0}^{n}(t - x_j) \ , \quad t \in [a,b], \qquad (8.36)$$

gilt, daß $g \in C^{n+1}([a,b])$ und

$$g(x_j) = 0 \ , \quad j = 0, \ldots, n \ , \quad g(x) = 0 \ .$$

Diese Funktion hat also mindestens $n + 2$ verschiedene Nullstellen in $[a,b]$, und deshalb muß ein $\xi \in [a,b]$ existieren, wofür $g^{(n+1)}(\xi) = 0$. Hieraus und aus $g^{(n+1)}(t) = f^{(n+1)}(t) - R(n+1)!$ folgt

$$R = \frac{f^{(n+1)}(\xi)}{(n+1)!} \ .$$

Wenn man dieses Resultat in (8.35) einsetzt, ist die Behauptung in (8.33) bewiesen. Das Resultat in (8.34) folgt unmittelbar aus (8.33). $\qquad \square$

Folgerung 8.23. Aus (8.33), mit Stützstellen $x_0, \ldots, x_{n-1}$ und $x = x_n$, folgt

$$f(x_n) - P(f|x_0, \ldots, x_{n-1})(x_n) = (x_n - x_0) \cdots (x_n - x_{n-1}) \frac{f^{(n)}(\xi)}{n!} \ , \qquad (8.37)$$

für gewisses $\xi \in [a, b]$. Andererseits ergibt sich aus der Newton-Darstellung (8.19), (8.24):

$$f(x_n) - P(f|x_0, \ldots, x_{n-1})(x_n)$$
$$= P(f|x_0, \ldots, x_n)(x_n) - P(f|x_0, \ldots, x_{n-1})(x_n)$$
$$= (x_n - x_0) \cdots (x_n - x_{n-1})[x_0, \ldots, x_{n-1}, x_n]f \ . \tag{8.38}$$

Aus (8.37) und (8.38) folgt das Resultat (v) in Satz 8.21. □

Wegen (8.33) ist der Fehler bei linearer Interpolation durch

$$f(x) - P(f|x_0, x_1)(x) = (x - x_0)(x - x_1)\frac{f''(\xi_1)}{2},$$

bei quadratischer Interpolation durch

$$f(x) - P(f|x_0, x_1, x_2)(x) = (x - x_0)(x - x_1)(x - x_2)\frac{f'''(\xi_2)}{6}$$

gegeben.

Beispiel 8.24. Lineare Interpolation von $f(x) = \log(1 + x)$ an $x_0 = 0$ und $x_1 = 1$ ergibt

$$f(x) - P(f|0, 1)(x) = -\frac{x(x - 1)}{2(1 + \xi)^2}.$$

Da

$$\max_{x \in [0,1]} |x(1 - x)| = \frac{1}{4}$$

und $\xi \geq 0$, folgt

$$|f(x) - P(f|0, 1)(x)| \leq \frac{1}{8} \quad \text{für alle } x \in [0, 1].$$

Quadratische Interpolation an den Punkten 0, $\frac{1}{2}$ und 1 ergibt

$$f(x) - P(f|0, \frac{1}{2}, 1)(x) = \frac{2}{(1 + \xi)^3}\frac{x(x - \frac{1}{2})(x - 1)}{3!}.$$

Da

$$\max_{x \in [0,1]} \left| x(x - \frac{1}{2})(x - 1) \right| = \frac{\sqrt{3}}{36},$$

folgt

$$\left| f(x) - P(f|0, \frac{1}{2}, 1)(x) \right| \leq \frac{1}{36\sqrt{3}} \quad \text{für alle } x \in [0, 1],$$

also eine erheblich bessere Fehlerschranke. △

Obige Abschätzung drückt etwas sehr Natürliches aus, nämlich, daß man den Unterschied zwischen einem Interpolationspolynom und der interpolierten Funktion nur begrenzen kann, wenn man die Variationsmöglichkeit der Funktion in irgendeiner Weise einschränkt. Dies geschieht durch Schranken für die *Ableitungen* der Funktion. Funktionen mit beschränkten Ableitungen werden deshalb oft als *glatt* bezeichnet.

Die Fehlerabschätzung (8.34) läßt sich aus der Sicht zwei unterschiedlicher Fragestellungen verwenden.

(1) Erhöhung des Polynomgrades bzw. der Stützstellenanzahl

Man betrachte ein *festes* Intervall $I = [a, b]$, in dem stets alle Stützstellen x_i, $i = 0, \ldots, n$, liegen sollen. Was geschieht, wenn n wächst, also immer mehr Stützstellen in I gepackt werden, und der Polynomgrad n sich entsprechend erhöht? Wird der Fehler dann stets kleiner? Um dies zu untersuchen, setze

$$M_{n+1}(f) := \max_{x \in [a,b]} \frac{|f^{(n+1)}(x)|}{(n+1)!} \quad \text{und} \quad \omega_{n+1}(x) := \prod_{j=0}^{n} (x - x_j).$$

Wir bemerken, daß $M_{n+1}(f)$ von f, aber nicht von den Stützstellen $x_0, \ldots, x_n$ abhängt und daß ω_{n+1} von den Stützstellen, aber nicht von f abhängt. Mit diesen Bezeichnungen ergibt sich aus (8.33) die Fehlerschranke

$$|f(x) - P(f|x_0, \ldots, x_n)(x)| \leq |\omega_{n+1}(x)| \, M_{n+1}(f) \tag{8.39}$$

für $x \in [a, b]$ und $x_j \in [a, b]$, $j = 0, 1, 2, \ldots, n$. Die Funktion ω_{n+1} spielt offensichtlich eine wichtige Rolle in der Schranke (8.39) für den Verfahrensfehler. Wir betrachten diese Funktion für den Fall mit äquidistanten Stützstellen $x_i = x_0 + ih$, $h = \frac{1}{n}$. Eine Analyse des Verlaufes dieser Funktion zeigt, daß die lokalen Extrema der Funktion $\omega_{n+1}(x)$ gegen die Enden des Intervalls $[x_0, x_n]$ viel größer sind als in der Mitte dieses Intervalls. In Abb. 8.2 wird, für einige n Werte, der Verlauf der Funktion $\alpha_n \omega_{n+1}(x)$ gezeigt, wobei angesichts einer besseren graphischen Darstellung einen Skalierungsfaktor $\alpha_n = 2^{2n+1}$ benutzt wird (vgl. Bemerkung 8.25).

Bemerkung 8.25. Das Verhalten der Funktion ω_{n+1} kann für eine andere Wahl der Stützstellen wesentlich besser sein. Es ist zum Beispiel bekannt, daß die Nullstellen der sogenannten *Tschebyscheff-Polynome* wesentlich günstigere Stützstellen liefern. Für diese Nullstellen gibt es explizite Formeln, z. B. für das Intervall $[1, 2]$ hat man die Formel

$$x_j = 1\frac{1}{2} + \frac{1}{2} \cos\left(\frac{2j+1}{2n+2}\pi\right), \quad j = 0, 1, \ldots, n. \tag{8.40}$$

Aus Eigenschaften der Tschebyscheff-Polynome folgt das mit diesen Stützstellen für die Funktion $\omega_{n+1}(x) = \prod_{j=0}^{n}(x - x_j)$ Folgendes gilt:

$$\max_{x \in [1,2]} |\omega_{n+1}(x)| = 2^{-2n-1}.$$

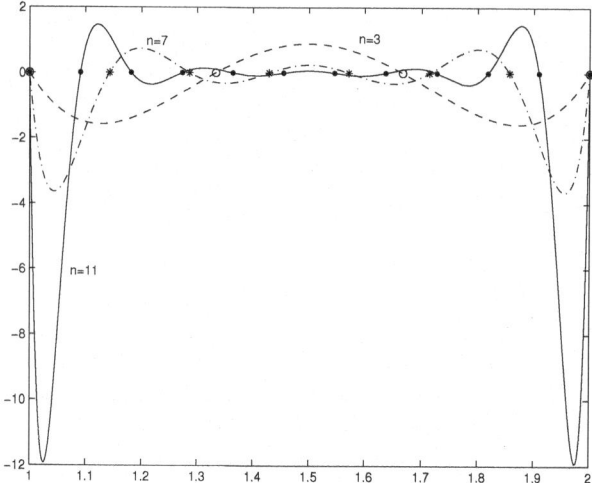

Abb. 8.2. $2^{2n+1}\omega_{n+1}(x)$ mit $x_j = 1 + \frac{j}{n}$, $j = 0, 1, \ldots, n$, $n = 3, 7, 11$.

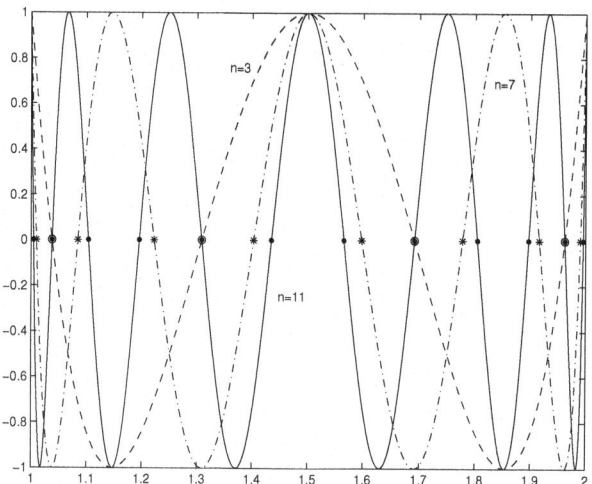

Abb. 8.3. $2^{2n+1}\omega_{n+1}(x)$, mit $x_j = 1\frac{1}{2} + \frac{1}{2}\cos\left(\frac{2j+1}{2n+2}\pi\right)$, $j = 0, 1, \ldots, n$, $n = 3, 7, 11$

In Abb. 8.3 ist die Funktion $2^{2n+1}\omega_{n+1}$ dargestellt. $\triangle$

Das Verhalten des Fehlers wird also von der Verteilung der Stützstellen, aber auch vom Anwachsen der Terme $M_{n+1}(f)$ und damit vom Verhalten der höheren Ableitungen abhängen. Weiteres zur Wahl der Stützstellen und zum Thema Tschebyscheff-Polynome findet man in jedem Textbuch zur Numerik oder Approximationstheorie. Wir werden aber in Abschnitt 8.5 sehen, daß, selbst wenn beliebig hohe Ableitungen auf I beschränkt sind, das Anwachsen von ω_{n+1} den Fehler dominieren und sogar Divergenz bewirken kann.

(2) Fester Grad
Statt immer mehr Stützstellen zu benutzen, kann man auch n festhalten, die Stützstellen aber auf ein immer kleiner werdendes Intervall konzentrieren. Sei wieder $a := \min\{x_0, \ldots, x_n\}$, $b := \max\{x_0, \ldots, x_n\}$, n fest, aber $h := b - a$ stelle man sich als veränderbar vor. Falls $x \in I := [a, b]$ liegt, erhält man sofort die grobe Abschätzung

$$|\omega_{n+1}(x)| \leq h^{n+1},$$

und somit aus (8.34)

$$\|f - P(f|x_0, \ldots, x_n)\|_{L_\infty(I)} \leq \frac{h^{n+1}}{(n+1)!} \|f^{(n+1)}\|_{L_\infty(I)}, \qquad (8.41)$$

wobei wieder $\|g\|_{L_\infty(I)} := \max_{x \in I} |g(x)|$ bezeichnet. D.h., sofern f eine beschränkte $(n+1)$-te Ableitung hat, läßt sich der Interpolationsfehler im Wesentlichen durch die $(n+1)$-te Potenz der *Schrittweite* h abschätzen. Der Fehler wird also mit dieser Ordnung kleiner, wenn die Stützstellen gemäß h zusammenrücken. Dies ist der Effekt, der in den *meisten Anwendungen* benutzt wird.

Beispiel 8.26. Wir betrachten wieder lineare Interpolation der Funktion $f(x) = \log(1 + x)$, diesmal an $x_0 = 0$ und $x_1 = h$. Dies ergibt

$$f(x) - P(f|0, h)(x) = -\frac{x(x - h)}{2(1 + \xi)^2}.$$

Da

$$\max_{x \in [0,h]} |x(x - h)| = \frac{h^2}{4},$$

und $\xi \geq 0$, folgt

$$|f(x) - P(f|0, h)(x)| \leq \frac{h^2}{8}.$$

Der Verfahrensfehler strebt also mit der *Ordnung* 2 gegen 0 für $h \to 0$.   △

8.3 Hermite-Interpolation*

Solange f stetig ist, ist die Lagrange-Interpolation bei paarweise verschiedenen Stützstellen wohldefiniert. Was passiert, wenn zwei oder mehrere der Stützstellen sehr nahe beieinander liegen, oder im Grenzfall sogar zusammenfallen? Man erwartet, daß die dividierten Differenzen dann gegen Ableitungen streben. Die Koeffizienten werden deshalb gegebenenfalls unkontrolliert große Werte annehmen, wenn die Funktion gar nicht differenzierbar ist. Eine gewisses gleichmäßig kontrolliertes Verhalten der Interpolierenden kann man also

nur dann erwarten, wenn die interpolierte Funktion genügend „glatt" – sprich
differenzierbar ist.

Wir untersuchen dies wieder am Beispiel der Interpolation mit einer Geraden. Dazu soll die Funktion f an den Stellen x_0 und $x_0 + h$ linear interpoliert
werden. Die Newton-Darstellung der Interpolierenden lautet dann

$$P_{1,h}(x) = f(x_0) + (x - x_0)\frac{f(x_0 + h) - f(x_0)}{h}.$$

Ist f differenzierbar, und läßt man nun $h \to 0$ gehen, dann geht die Lagrange-
Interpolierende $P_{1,h}$ über in

$$P_{1,0}(x) = T(x) = f(x_0) + (x - x_0)f'(x_0), \qquad (8.42)$$

d. h. in das *Taylor-Polynom* an der Stelle x_0.

Man beachte, daß das Taylor-Polynom von f vom Grade eins in Funktionswert
und Ableitung an der Stelle x_0 mit f übereinstimmt, d. h.,

$$T(x_0) = f(x_0), \quad T'(x_0) = f'(x_0).$$

Man sagt auch, T *interpoliert* f bzgl. der linearen Funktionale $\mu_0(f) := f(x_0)$,
$\mu_1(f) := f'(x_0)$, d. h. bzgl. *Punktauswertung und Ableitung.*

Dies kann man verallgemeinern, was zur *Hermite-Interpolation* führt. Zur Beschreibung dieses allgemeinen Hermite-Interpolationsproblems ist es zweckmäßig, geeignete lineare Funktionale einzuführen, die Ableitungen und Funktionswerte beinhalten. Zu

$$x_0 \leq x_1 \leq \ldots \leq x_n$$

definiere für $j = 0, 1, \ldots, n$:

$$\mu_j(f) := f^{(\ell_j)}(x_j), \quad \ell_j = \max\{r \mid x_j = x_{j-r}\}. \qquad (8.43)$$

Es werden also, je nach *Vielfachheit der Stützstelle* mit dieser Stützstelle nacheinander Ableitungen bis zur Vielfachheit der Stützstelle -1 assoziiert.

Beispiel 8.27. Sei

$$x_0 = 0, \quad x_1 = x_2 = x_3 = \frac{1}{2}, \quad x_4 = 1.$$

Dann hat man $\ell_0 = 0$, $\ell_1 = 0$, $\ell_2 = 1$, $\ell_3 = 2$, $\ell_4 = 0$ in (8.43), und

$$\mu_0(f) = f(0),$$
$$\mu_1(f) = f(\tfrac{1}{2}), \quad \mu_2(f) = f'(\tfrac{1}{2}), \quad \mu_3(f) = f''(\tfrac{1}{2}),$$
$$\mu_4(f) = f(1).$$

$\triangle$

Wenn nur Funktionswerte interpoliert werden sollen, muß $x_0 < x_1 < \ldots < x_n$ gelten.

Das allgemeine *Hermite-Interpolationsproblem mit Polynomen* (HIP) läßt sich nun folgendermaßen beschreiben:

Aufgabe 8.28 (Hermite-Interpolation). *Sei* $f \in C^k([a,b])$ *und* μ_j *wie in (8.43) mit* $x_j \in [a,b]$ *und* $\ell_j \leq k$ *für alle* j. *Man bestimme* $P_n \in \Pi_n$, *so daß*

$$\mu_j(P_n) = \mu_j(f) , \quad j = 0, 1, \ldots, n.$$

Diese Aufgabe ist eindeutig lösbar:

Satz 8.29. *Die Interpolationsaufgabe 8.28 hat eine eindeutige Lösung.*

Beweis. Im Kern ist das Argument dasselbe wie bei der Lagrange-Interpolation, indem man ausnutzt, daß ein nichttriviales Polynom vom Grade n höchstens n Nullstellen hat, wobei man jetzt die Vielfachheiten der Nullstellen zählen muß. Dazu definieren wir die lineare Abbildung $L : \Pi_n \to \mathbb{R}^{n+1}$ durch

$$L(P) = (\mu_0(P), \ldots, \mu_n(P))^T .$$

Sei $b := (\mu_0(f), \ldots, \mu_n(f))^T \in \mathbb{R}^{n+1}$. Die Aufgabe 8.28 kann man nun wie folgt formulieren: Bestimme $P_n \in \Pi_n$, so daß

$$L(P_n) = b . \tag{8.44}$$

Sei $q_n \in \Pi_n$ so daß $L(q_n) = 0$. Aus

$$q_n^{(\ell_j)}(x_j) = 0, \quad j = 0, \ldots, n,$$

(vgl. (8.43)) folgt, daß q_n mindestens $n + 1$ Nullstellen (mit Vielfachheit gezählt) hat, also muß q_n aufgrund des Fundamentalsatzes der Algebra das Nullpolynom sein. Die Abbildung L ist also injektiv. Wegen $\dim(\Pi_n) = \dim(\mathbb{R}^{n+1})$ ist sie auch surjektiv, so daß die Aufgabe (8.44) eine eindeutige Lösung hat. □

Die Lagrange-Interpolation ist ein Spezialfall der Hermite-Interpolation, der sich für paarweise verschiedene Stützstellen ergibt, da dann $\mu_i(f) = f(x_i)$ gerade die Punktauswertungen sind.

Ein zweiter interessanter Spezialfall ergibt sich, wenn *alle* Stützstellen zusammenfallen

$$x_0 = \cdots = x_n \quad \Longrightarrow \quad \mu_i(f) = f^{(i)}(x_0), \quad i = 0, \ldots, n. \tag{8.45}$$

In diesem Fall können wir das Interpolationspolynom direkt angeben, nämlich das *Taylor-Polynom*

$$P_n(x) = \sum_{j=0}^{n} f^{(j)}(x_0) \frac{(x-x_0)^j}{j!}. \tag{8.46}$$

Bestimmung des Hermite-Interpolationspolynoms

Es stellt sich wieder die Frage, wie das Hermite-Interpolationspolynom berechnet werden kann. Der wesentliche Schritt liegt in der richtigen *Erweiterung* des Begriffs der dividierten Differenzen auf den Fall zusammenfallender Stützstellen, wie es schon durch (8.42) nahe gelegt wird.

Definition 8.30. *Wir bezeichnen für beliebige reelle Stützstellen* x_i, $i = 0, \ldots, n$, *wieder mit* $[x_i, \ldots, x_k]f$ *den jeweils* führenden Koeffizienten *des entsprechenden* Hermite-Interpolationspolynoms $P(f|x_i, \ldots, x_k) \in \Pi_{k-i}$.

Wegen Bemerkung 8.14 ist diese Definition konsistent mit dem Lagrange Fall. Aus (8.46) ergibt sich sofort:

Folgerung 8.31. *Für* $x_0 = \cdots = x_k$ *gilt*

$$[x_0, \ldots, x_k]f = \frac{f^{(k)}(x_0)}{k!}. \tag{8.47}$$

(vgl. Bemerkung 8.21 (v)).

Wir können nun Lemma 8.16 erweitern.

Lemma 8.32. *Gegeben seien* $x_0, \ldots, x_k \in \mathbb{R}$. *Dann gilt für* x_i, x_j *aus der Menge* $\{x_0, \ldots, x_k\}$

$$[x_0, \ldots, x_k]f = \begin{cases} \frac{[x_0, \ldots, x_{i-1}, x_{i+1}, \ldots, x_k]f - [x_0, \ldots, x_{j-1}, x_{j+1}, \ldots, x_k]f}{x_j - x_i}, & \text{falls } x_i \neq x_j, \\ \frac{f^{(k)}(x_0)}{k!}, & \text{falls } x_0 = \cdots = x_k, \end{cases}$$

$$\tag{8.48}$$

Bemerkung 8.33. Die Resultate in Satz 8.21 gelten im Falle zusammenfallender Stützstellen immer noch. Seien $x_0, \ldots, x_n \in \mathbb{R}$ beliebige Stützstellen. Für die Knotenpolynome $\omega_0(x) = 1$, $\omega_j(x) = (x-x_0)\ldots(x-x_{j-1})$, $j = 1, \ldots, n$, gilt

$$[x_0, \ldots, x_k]\omega_j = \delta_{jk}, \quad j, k = 0, \ldots, n. \tag{8.49}$$

Für $0 \leq k \leq n$ ist die Abbildung $f \rightarrow [x_0, \ldots, x_k]f$ ein *stetiges, lineares* Funktional auf $C^n(I)$. Auch die Identität

$$[x_0, \ldots, x_n]f = \frac{f^{(n)}(\xi)}{n!}, \tag{8.50}$$

$\xi \in [\min_{0 \leq i \leq n} x_i, \max_{0 \leq i \leq n} x_i]$ bleibt gültig. Man kann sie mit den gleichen Argumenten wie in Folgerung 8.23 beweisen. $\triangle$

Aufgrund von (8.48) kann man die dividierten Differenzen auch im Falle zusammenfallender Stützstellen immer noch rekursiv berechnen, die Tabelle 8.2 ist also immer noch anwendbar.

Beispiel 8.34. Sei $x_0 = 0, x_1 = x_2 = x_3 = \frac{1}{2}, x_4 = 1$. Man bestimme $P_4 \in \Pi_4$, so daß

$$P_4(0) = 1, \ P_4(\frac{1}{2}) = 1\frac{1}{2}, \ P_4'(\frac{1}{2}) = \frac{1}{2}, \ P_4''(\frac{1}{2}) = 0, \ P_4(1) = 2\frac{1}{2}$$

Die über (8.48) berechneten (verallgemeinerten) dividierten Differenzen findet man in Tabelle 8.4. Die fettgedruckten Einträge sind die Daten. Das gesuchte Hermite-Interpolationspolynom ist

$$P_4(x) = 1 + x - x(x - \frac{1}{2}) + 2x(x - \frac{1}{2})^2 + 4x(x - \frac{1}{2})^3.$$

Tabelle 8.4. Dividierte Differenzen

0	**1**				
		> 1			
$\frac{1}{2}$	$1\frac{1}{2}$		> -1		
		$> \frac{1}{2}$		> 2	
$\frac{1}{2}$	$1\frac{1}{2}$		$> \mathbf{0}$		> 4
		$> \frac{1}{2}$		> 6	
$\frac{1}{2}$	$1\frac{1}{2}$		> 3		
		> 2			
1	**$2\frac{1}{2}$**				

$\triangle$

Verfahrensfehler

Wie vorher beim Spezialfall der Lagrange-Interpolation stellt sich die Frage nach Abschätzungen für den Interpolationsfehler. Dazu folgendes Resultat:

> **Bemerkung 8.35.** Die Fehlerdarstellung und -abschätzung aus Satz 8.22 bleibt unverändert gültig. D. h., die Aussage von Satz 8.22 gilt auch für beliebige, nicht notwendigerweise paarweise verschiedene Stützstellen x_i, $i = 0, \ldots, n$.

Beweisskizze. Man kann die im Beweis von Satz 8.22 für die Lagrange-Interpolation benutzten Argumente auf den allgemeinen Hermite-Fall übertragen. Um die Beweisidee zu erläutern, betrachten wir eine konkrete Hermite-Interpolationsaufgabe: Sei $x_0 = x_1 = x_2 < x_3 = x_4 < x_5 < \ldots < x_n$ und

$P(f|x_0, \ldots, x_n) \in \Pi_n$ so, daß

$$P(f|x_0, \ldots, x_n)^{(j)}(x_j) = f^{(j)}(x_j), \quad j = 0, 1, 2,$$
$$P(f|x_0, \ldots, x_n)^{(j)}(x_{3+j}) = f^{(j)}(x_{3+j}), \quad j = 0, 1,$$
$$P(f|x_0, \ldots, x_n)(x_j) = f(x_j), \quad j = 5, \ldots, n.$$

Für $x = x_j$ ist das Resultat (8.33) trivial. Wir nehmen $x \neq x_j$. Sei

$$g(t) := f(t) - P(f|x_0, \ldots, x_n)(t) - R \prod_{j=0}^{n} (t - x_j) , \quad t \in [a, b],$$

wie in (8.36) (a, b wie in Satz 8.22). Es gilt $g(x) = 0$ und $g(x_j) = 0$ für $x_0 < x_3 < x_5 < \ldots < x_n$. Deshalb (Satz von Rolle) hat g' mindestens $n - 2$ verschiedene Nullstellen $\neq x_j$ in $[a, b]$. Weil auch $g'(x_0) = 0$ und $g'(x_3) = 0$ hat g' mindestens n verschiedene Nullstellen in $[a, b]$. Also g'' hat mindestens $n - 1$ verschiedene Nullstellen $\neq x_0$ in $[a, b]$. Weil auch $g''(x_0) = 0$ folgt, daß g'' mindestens n verschiedene Nullstellen in $[a, b]$ hat. Wiederholte Anwendung des Satzes von Rolle ergibt, daß $(g'')^{(n-1)} = g^{(n+1)}$ mindestens eine Nullstelle, sag ξ, in $[a, b]$ hat: $g^{(n+1)}(\xi) = 0$. Man kann jetzt die weitere Beweislinie aus dem Beweis von Satz 8.22 kopieren. □

Da wir nun eine einheitliche Darstellung

$$P(f|x_0, \ldots, x_n)(x) = \sum_{j=0}^{n} [x_0, \ldots, x_j] f \, \omega_j(x) \qquad (8.51)$$

des Hermite-Interpolationspolynoms haben, die sowohl den Lagrange- als auch den Taylor-Fall abdeckt, ergibt sich sofort wieder mit der Linearität der Funktionale $D_j : f \to [x_0, \ldots, x_j]f$ auf dem Raum $C^n(I)$, daß

$$D_k\big(P(f|x_0, \ldots, x_n)\big) = [x_0, \ldots, x_k]f, \quad k = 0, \ldots, n, \qquad (8.52)$$

also, $D_k(P(f|x_0, \ldots, x_n)) = D_k(f)$. Das heißt, unabhängig von der Vielfachheit der Stützstellen interpoliert das Polynom $P(f|x_0, \ldots, x_n)$ stets nicht nur die Funktionale μ_j sondern auch die Funktionale D_j, $j = 0, \ldots, n$.

Man findet in Anwendungen eine viel größere Liste von Interpolationsproblemen. Auch Integralmittel $\mu(f) := h^{-1} \int_x^{x+h} f(x) dx$ sind lineare Funktionale, die man interpolieren kann. Dies spielt beispielsweise bei der Entwicklung von numerischen Verfahren in der Strömungsmechanik eine wichtige Rolle.

8.4 Numerische Differentiation

Eine erste generelle Anwendung der Polynominterpolation ist die *numerische Differentiation*. Verschiedene Aufgabenstellungen wie etwa Gradientenverfahren bei der Optimierung oder das Newton-Verfahren erfordern die Berechnung von Ableitungen. Auch die Lösung von Differentialgleichungen beinhaltet die näherungsweise Berechnung von Ableitungen. Die Grundidee ist einfach: Man ersetze die gesuchte Ableitung durch die Ableitung eines Interpolationspolynoms.

Ist etwa $f^{(n)}(x)$ zu berechnen, kann man $P(f|x_0, \dots, x_n)(x)$ für Stützstellen $x_0, \dots, x_n$ in der Nähe von x bilden und setzt

$$P(f|x_0, \dots, x_n)^{(n)}(x) = n! \, [x_0, \dots, x_n]f \approx f^{(n)}(x),$$

da $[x_0, \dots, x_n]f$ der führende Koeffizient von $P(f|x_0, \dots, x_n)(x)$ ist (vgl. Bemerkung 8.14).

Speziell erhält man bei äquidistanten Stützstellen $x_j = x_0 + jh$, $j = 0, 1, 2, \dots$,

$$f'(x) \approx [x_0, x_1]f = \frac{f(x_1) - f(x_0)}{h} \qquad (x \in [x_0, x_1]) \tag{8.53}$$

$$f''(x) \approx 2! [x_0, x_1, x_2]f = \frac{f(x_2) - 2f(x_1) + f(x_0)}{h^2} \qquad (x \in [x_0, x_2]). \tag{8.54}$$

Mit Hilfe der Taylor-Entwicklung ergibt sich

- für $x_0 = x$, $x_1 = x + h$ in (8.53)

$$f'(x) = \frac{f(x+h) - f(x)}{h} - \frac{h}{2} f''(\xi) \qquad \text{(Vorwärtsdifferenzen)},$$

- für $x_0 = x - \frac{1}{2}h$, $x_1 = x + \frac{1}{2}h$ in (8.53)

$$f'(x) = \frac{f(x + \frac{1}{2}h) - f(x - \frac{1}{2}h)}{h} - \frac{h^2}{24} f'''(\xi) \qquad \text{(zentrale Differenzen)}, \tag{8.55}$$

- für $x_0 = x - h$, $x_1 = x$, $x_2 = x + h$ in (8.54)

$$f''(x) = \frac{f(x+h) - 2f(x) + f(x-h)}{h^2} - \frac{h^2}{12} f^{(4)}(\xi). \tag{8.56}$$

Eine Schwierigkeit bei numerischer Differentiation liegt in der *Auslöschung*. Belaufen sich die absoluten (Rundungs-) Fehler bei der Auswertung von f auf ϵ, d. h. $|\tilde{f}(y) - f(y)| \le \epsilon$, so ergibt sich z. B. beim Berechnen des Differenzenquotienten in (8.56)

$$\Delta_h := \frac{f(x+h) - 2f(x) + f(x-h)}{h^2},$$

$$\tilde{\Delta}_h := \frac{\tilde{f}(x+h) - 2\tilde{f}(x) + \tilde{f}(x-h)}{h^2},$$

$$|\Delta_h - \tilde{\Delta}_h| = \frac{1}{h^2} \big| \big(f(x+h) - \tilde{f}(x+h)\big) - 2\big(f(x) - \tilde{f}(x)\big)$$

$$+ \big(f(x+h) - \tilde{f}(x+h)\big) \big| \le \frac{4\epsilon}{h^2}.$$

Des weiteren beträgt der *Diskretisierungs-* oder *Abbruchfehler* $|\Delta_h - f''(x)| \le ch^2$, so daß sich ein *Gesamtfehler*

$$\left|\tilde{\Delta}_h - f''(x)\right| \le \left|\tilde{\Delta}_h - \Delta_h\right| + \left|\Delta_h - f''(x)\right| \le 4\epsilon h^{-2} + ch^2$$

aus Rundungs- und Diskretisierungsfehler ergibt. Beide Anteile sind gegenläufig (s. Abb. 8.4). Offensichtlich wird die Schranke für $h = \sqrt[4]{4\epsilon/c}$ minimal. Bei $\epsilon = 10^{-9}$ läßt sich also $h \approx 10^{-2}$ wählen. Kleineres h bringt nur eine Verschlechterung.

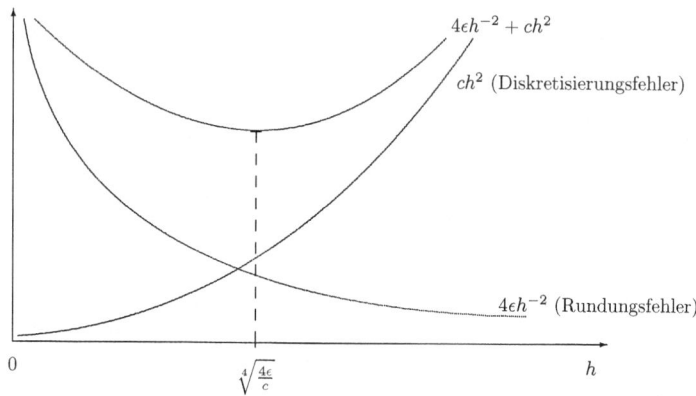

Abb. 8.4. Rundungs- und Diskretisierungsfehler bei numerischer Differentiation

Merke: Man sollte stets dafür sorgen, daß Rundungsfehler einen kleineren Einfluß haben als Diskretisierungsfehler.

Beispiel 8.36. Wir betrachten die Aufgabe, die zweite Ableitung der Funktion $f(x) = \sin x + 3x^2$ an der Stelle $x = 0.6$ mit dem Differenzenquotienten

$$\Delta_h = \frac{f(x+h) - 2f(x) + f(x-h)}{h^2}$$

für eine Folge von Schrittweiten h, die gegen Null strebt, zu approximieren. Wir rechnen auf einer Maschine mit eps $\approx 10^{-16}$, also erwartet man, daß für $h \approx 10^{-4}$ der Gesamtfehler minimal ist. Tabelle 8.5 bestätigt dies.

8.5 Grenzen der Polynominterpolation

Die Ausführungen in Abschnitt 8.2.5 mögen auf den ersten Blick nahe legen, daß man mit Erhöhung der Stützstellenzahl und damit mit Erhöhung des Polynomgrades auch beliebig gute Approximationen an die interpolierte Funktion (bzgl. der Norm $\| \cdot \|_\infty$) erhält. Daß dies nicht immer so ist, zeigt schon ein klassisches Beispiel von Runge. Die Funktion

Tabelle 8.5. Numerische Differentiation

h	$\tilde{\Delta}_h$	$\lvert\tilde{\Delta}_h - f''(x)\rvert$
10^{-2}	5.4353622319	4.71e-06
10^{-3}	5.4353575738	4.72e-08
10^{-4}	5.4353575196	6.98e-09
10^{-5}	5.4353566092	9.17e-07
10^{-6}	5.4352078394	1.50e-04
10^{-7}	5.4400928207	4.74e-03

$$f(x) = \frac{1}{1 + x^2}$$

ist auf ganz $\mathbb{R}$ beliebig oft differenzierbar. Dennoch zeigt sich, daß die Folge der Interpolationspolynome

$$P_n(x) = P(f|x_0, \dots, x_n)(x)$$

für

$$x_j = -5 + \frac{10j}{n}, \quad j = 0, \dots, n,$$

auf $[-5, 5]$ divergiert. Insbesondere bilden sich an den Intervallenden immer stärkere Oszillationen aus (vgl. Abb. 8.5).

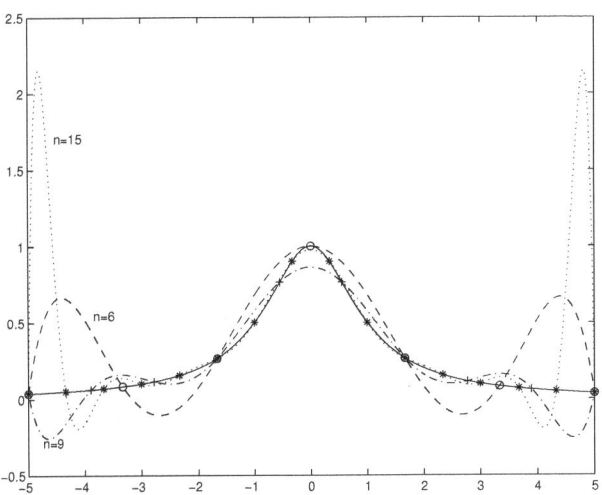

Abb. 8.5. Lagrange-Interpolationspolynome $P_n(x)$ zu $f(x) = \frac{1}{1+x^2}$.

Dieses Phänomen entspricht den bei Erhöhung von n zunehmenden Oszillationen der Funktion ω_{n+1} an den Intervallenden (s. Abb. 8.2).

> *Fazit:* Als Mittel, über immer mehr Stützstellen immer bessere Approximationen zu gewinnen, taugt die Polynominterpolation im allgemeinen nicht.

Eine geeignete Alternative bietet das folgende Vorgehen: Im Interpolationsintervall $[a, b]$ wird eine Approximation der Funktion f konstruiert, die *stückweise* polynomial ist. Dies ist der Grundgedanke der sogenannten Splinefunktionen. Im nächsten Abschnitt werden diese Splinefunktionen anhand eines Beispiels kurz erläutert. In Kapitel 9 findet man eine detailliertere Untersuchung dieser Splinefunktionen.

8.6 Beispiel einer Splineinterpolation*

Splinefunktionen bilden ein flexibles und effizientes Hilfsmittel, um größere Datenmengen zu interpolieren oder zu approximieren. Sie spielen eine zentrale Rolle in der geometrischen Modellierung von Freiflächen. In diesem Abschnitt werden Splinefunktionen kurz anhand des Beispiels der kubischen Splineinterpolation vorgestellt. In Kapitel 9 werden Splinefunktionen ausführlicher diskutiert. Sei $\tau = \{x_0, \ldots, x_n\}$ eine Stützstellenmenge mit

$$a = x_0 < x_1 < \ldots < x_n = b$$

und

$$f_j, \quad j = 0, 1, \ldots, n,$$

die entsprechenden Daten an diesen Stützstellen.

> Der Raum der *kubischen Splines* ist:
>
> $$\mathbb{P}_{3,\tau} := \left\{ g \in C^2([a, b]) \mid g_{|[x_i, x_{i+1}]} \in \Pi_3, i = 0, 1, \ldots, n-1 \right\}.$$

Eine Funktion in $\mathbb{P}_{3,\tau}$ ist in jedem Teilintervall ein Polynom vom Grad 3 und ist an jeder Stützstelle zweimal stetig differenzierbar. Solche Splines sind also stückweise polynomiale Funktionen, die an den Stützstellen noch gewisse Glattheitseigenschaften haben. Man kann zeigen (siehe Lemma 9.1), daß

$$\dim \mathbb{P}_{3,\tau} = n + 3 \tag{8.57}$$

gilt. Zur Lösung des Interpolationsproblems wird $S \in \mathbb{P}_{3,\tau}$ gesucht, so daß

$$S(x_j) = f_j, \quad j = 0, \ldots, n, \tag{8.58}$$

gilt. Da $\dim \mathbb{P}_{3,\tau} = n + 3$ ist, gibt es noch zwei freie Parameter, wenn man die $n + 1$ Interpolationsforderungen in (8.58) stellt. Zur Festlegung dieser Parameter werden z. B. die „natürlichen" Endbedingungen

$$S''(a) = S''(b) = 0 \tag{8.59}$$

gestellt. Insgesamt erhält man die

Aufgabe 8.37. *Finde zu den Daten* $f_0, f_1, \ldots, f_n$ *eine Funktion* $S \in \mathbb{P}_{3,\tau}$, *so daß*

$$S(x_j) = f_j, \quad j = 0, 1, \ldots, n, \tag{8.60}$$

$$S''(a) = S''(b) = 0. \tag{8.61}$$

Man kann zeigen, daß dies ein eindeutig lösbares Problem ist und daß die Lösung S dieses Problems folgende interessante *Extremaleigenschaft* (Satz 9.20) hat:

Lemma 8.38. *Sei* g *eine beliebige Funktion aus* $C^2([a,b])$ *mit* $g(x_j) = f_j$, $j = 0, 1, \ldots, n$ *und* $g''(a) = g''(b) = 0$. *Für die eindeutige Lösung* S *der Aufgabe 8.37 gilt*

$$\int_a^b S''(x)^2 \, dx \leq \int_a^b g''(x)^2 \, dx.$$

Diese Eigenschaft bedeutet, daß der kubische **Spline** S unter allen Funktionen $g \in C^2([a,b])$, die dieselben Interpolationsforderungen erfüllen, *näherungsweise die mittlere quadratische Krümmung minimiert.*

Bemerkung 8.39. Die *Krümmung* einer Kurve

$$g : [a,b] \to \mathbb{R}, \quad g \in C^2([a,b])$$

an der Stelle $x \in [a,b]$ ist durch

$$\kappa(x) = \frac{g''(x)}{\left(1 + g'(x)^2\right)^{3/2}}$$

definiert. Dies liefert die mittlere quadratische Krümmung

$$\|\kappa\|_2 = \left(\int_a^b \kappa(x)^2 \, dx \right)^{\frac{1}{2}}.$$

Unter der Annahme $|g'(x)| \ll 1$ für alle $x \in [a,b]$, wird der Wert $\|\kappa\|_2$ näherungsweise durch den Wert $\left(\int_a^b g''(x)^2 \, dx \right)^{1/2}$ gegeben. $\triangle$

Die Eigenschaft in Lemma 8.38 steht auch hinter der Bezeichnung „Spline". Damit wurde bereits im 18. Jarhundert in England eine dünne elastische Holzlatte bezeichnet, die von Schiffsbauern als Hilfsmittel zum Zeichnen von Rumpflinien benutzt wurde. Dabei wurde der Spline mit Hilfe sogenannter „Ducks" an bestimmten Punkten – den Interpolationspunkten   fixiert. Die Latte nimmt dann aufgrund des Hamiltonschen Prinzips diejenige Position ein, die ihre Biegeenergie minimiert. Jenseits des ersten und letzten Fixier-punktes läuft dann die Latte linear aus, was den Randbedingungen (8.59) entspricht.

Wie bei der Polynominterpolation (in Abschnitt 8.2) hat der Spline S mehrere Darstellungen, und es gibt unterschiedliche Methoden zur Berechnung der Lösung S. Jede Basis in $\mathbb{P}_{3,\tau}$ liefert eine entsprechende Darstellung von S. Der heutige Erfolg der Splines hängt im wesentlichen an der Identifikation einer geeigneten Basis für $\mathbb{P}_{3,\tau}$. In Kapitel 9 wird gezeigt, daß die sogenannten B-Splines eine für numerische Zwecke sehr geeignete Basis bilden (wie die Newtonsche Basis bei der Berechnung des Lagrange-Interpolationspolynoms).

In diesem Abschnitt wird kurz eine Methode zur Berechnung der gesuchten Lösung S diskutiert. Die Methode ist relativ einfach zu erklären, weil die Basis der B-Splines nicht benutzt wird. Daher ist sie zur Berechnung der Lösung in diesem Einführungsbeispiel gut geeignet. Allgemeine effiziente Methoden zur Berechnung von Splineinterpolationen werden in Kapitel 9 diskutiert.

Der Einfachheit halber betrachten wir hier nur den Fall mit äquidistanten Stützstellen, d.h. $x_{j+1} - x_j = h$, $j = 0, 1, \ldots, n - 1$. Wir führen die Bezeich-nungen

$$m_j := S''(x_j), \quad j = 0, 1, \ldots, n,$$

und

$$I_j := [x_j, x_{j+1}], \quad j = 0, 1, \ldots, n - 1,$$

ein. Wegen $S_{|I_j} \in \Pi_3$ ergibt sich, daß $S''_{|I_j}$ linear ist und daß

$$S''_{|I_j}(x) = \frac{(x_{j+1} - x)m_j + (x - x_j)m_{j+1}}{h} \tag{8.62}$$

gilt. Zweifache Integration zusammen mit den Forderungen

$$S(x_j) = f_j, \quad S(x_{j+1}) = f_{j+1} \tag{8.63}$$

ergibt (nach längerer Rechnung)

$$S_{|I_j}(x) = \frac{(x_{j+1} - x)^3 m_j + (x - x_j)^3 m_{j+1}}{6h} + \frac{(x_{j+1} - x)f_j + (x - x_j)f_{j+1}}{h}$$
$$- \frac{1}{6}h[(x_{j+1} - x)m_j + (x - x_j)m_{j+1}]. \tag{8.64}$$

(Man kann einfach nachrechnen, daß $S_{|I_j}$ wie in (8.64) tatsächlich (8.62), (8.63) erfüllt.) Für das stückweise Polynom S aus (8.64) gilt

$$S_{|I_j} \in \Pi_3, \tag{8.65}$$

$$S \in C([a, b]), \tag{8.66}$$

$$S''_{|I_j}(x_{j+1}) = m_{j+1} = S''_{|I_{j+1}}(x_{j+1}). \tag{8.67}$$

Die Stetigkeit in (8.66) folgt aus den Interpolationsbedingungen in (8.63). Die Stetigkeit der zweiten Ableitung in (8.67) folgt aus (8.62). Man muß nun die noch unbekannten Größen m_j so wählen, daß die erste Ableitung von S in den Stützstellen x_j stetig ist. Es soll also

$$S'_{|I_{j-1}}(x_j) = S'_{|I_j}(x_j), \quad j = 1, \ldots, n-1,$$

gelten. Mit Hilfe der Darstellung (8.64) erhält man daraus die Bedingungen

$$m_{j-1} + 4m_j + m_{j+1} = \frac{6}{h^2}(f_{j-1} - 2f_j + f_{j+1}), \quad j = 1, 2, \ldots, n-1.$$

Wegen (8.61) gilt
$$m_0 = m_n = 0.$$

Insgesamt ergibt sich das System

$$
\begin{pmatrix}
4 & 1 & & & & \\
1 & 4 & \ddots & & 0 & \\
& \ddots & \ddots & \ddots & & \\
& & \ddots & \ddots & \ddots & \\
0 & & & \ddots & \ddots & 1 \\
& & & & 1 & 4
\end{pmatrix}
\begin{pmatrix}
m_1 \\ m_2 \\ \vdots \\ \vdots \\ \vdots \\ m_{n-1}
\end{pmatrix}
= \frac{6}{h^2}
\begin{pmatrix}
f_0 - 2f_1 + f_2 \\
f_1 - 2f_2 + f_3 \\
\vdots \\
\vdots \\
\vdots \\
f_{n-2} - 2f_{n-1} + f_n
\end{pmatrix}, \quad (8.68)
$$

das man mit einer Standard-Methode aus Kapitel 3 lösen kann. Damit ist S dann über die Darstellung (8.64) festgelegt, und es erfüllt alle an die Lösung der Aufgabe 8.37 gestellten Bedingungen. Die gesuchte Lösung $S \in \mathbb{P}_{3,\tau}$ hat also die Darstellung (8.64), wobei $m_0 = m_n = 0$ und $(m_1, m_2, \ldots, m_{n-1})$ die Lösung des Gleichungssytems (8.68) ist.

Beispiel 8.40. Es seien Daten

i	0	1	2	3	4	5	6	7
x_i	3	4	5	6	7	8	9	10
$f(x_i)$	2.5	2.0	0.5	0.5	1.5	1.0	1.125	0.0

gegeben. Das Lagrange-Interpolationspolynom vom Grad 7

$$P_7 = P(f|3, 4, 5, 6, 7, 8, 9, 10)$$

(vgl. Abschnitt 8.2) wird in Abb. 8.6 gezeigt. Das Resultat einer stückweise linearen Interpolation wird auch in Abb. 8.6 dargestellt.

Für die Splineinterpolation $S \in S_3^7$ mit den Endbedingungen $S''(3) = S''(10) = 0$ wird das zugehörige System

$$\begin{pmatrix} 4\,1\,0\,0\,0\,0 \\ 1\,4\,1\,0\,0\,0 \\ 0\,1\,4\,1\,0\,0 \\ 0\,0\,1\,4\,1\,0 \\ 0\,0\,0\,1\,4\,1 \\ 0\,0\,0\,0\,1\,4 \end{pmatrix} \begin{pmatrix} m_1 \\ m_2 \\ m_3 \\ m_4 \\ m_5 \\ m_6 \end{pmatrix} = 6 \begin{pmatrix} -1 \\ 1.5 \\ 1 \\ -1.5 \\ 0.625 \\ -1.25 \end{pmatrix}$$

gelöst. Die berechneten m_j $(1 \le j \le 6)$ werden, zusammen mit $m_0 = m_7 = 0$, in die Darstellung (8.64) eingesetzt. Das Resultat wird in Abb. 8.7 dargestellt.

$\triangle$

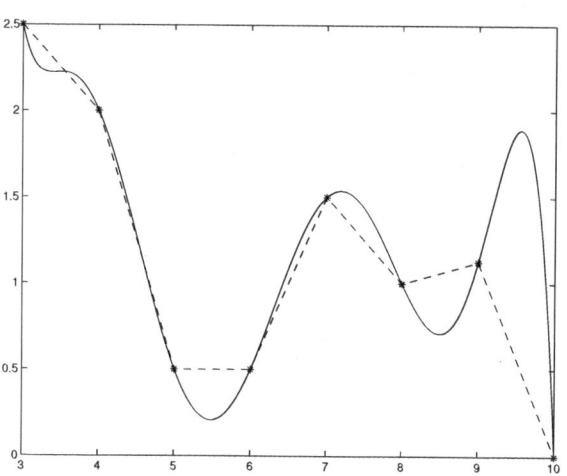

Abb. 8.6. Lagrange-Interpolationspolynom und stückweise lineare Interpolation

Bemerkung 8.41. Bezeichnet $h := \max_{i=0,\dots,n-1} x_{i+1} - x_i$ den maximalen Knotenabstand, kann man die Abschätzung

$$\|f - S\|_{L_\infty([a,b])} \le Ch^4 \|f^{(4)}\|_{L_\infty([a,b])}$$

für eine von h und f unabhängige Konstante C zeigen ([deB1]). Höhere Genauigkeit gewinnt man also durch Verringerung der Schrittweite bzw. Erhöhung der Knotenzahl, vgl. Abschnitt 8.2.5.

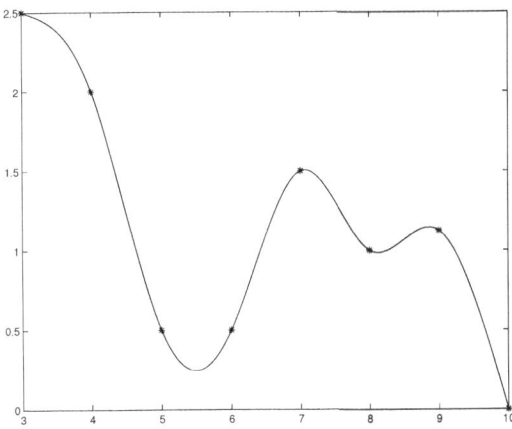

Abb. 8.7. Kubische Splineinterpolation

8.7 Trigonometrische Interpolation – Schnelle Fourier-Transformation*

Die zentrale Rolle von Schwingungen in elektrischen, akustischen und mechanischen Systemen wurde bereits in Abschnitt 7.1 erwähnt und ist hinlänglich bekannt. Schwingungen lassen sich (im ungedämpften Fall) als *periodische Vorgänge* interpretieren. Es liegt nun nahe, zur Interpolation periodischer Funktionen statt Polynome deren periodische Gegenstücke – *trigonometrische Funktionen* – als Interpolationssystem zu verwenden. Ein wichtiger Anwendungshintergrund betrifft hierbei die *Signalverarbeitung* insbesondere im Zusammenhang mit der *Fouriertransformation*, der Zerlegung periodischer Funktionen in „Grundschwingungen". Da Letztere und speziell die klassischen Fourier-Reihen eine hilfreiche Orientierung bieten, seien hierzu einige Bemerkungen vorausgeschickt. Es ist hierbei bequem, statt mit dem reellen Zahlenkörper $\mathbb{R}$ mit dem komplexen Körper $\mathbb{C}$ zu arbeiten.

8.7.1 Fourier-Reihen

Das Kernanliegen der *Harmonischen Analyse* ist die Zerlegung periodischer Vorgänge in Grundschwingungen etwa des Typs $e_j(x) := e^{ijx}$, wobei i die komplexe Einheit $i^2 = -1$ ist und die Periode der Einfachheit halber als 2π angenommen wird. Im Allgemeinen sind periodische Funktionen Überlagerungen von *unendlich* vielen solcher Grundschwingungen. In der Praxis reduziert man dies auf nur endlich viele, wobei Anteile oberhalb einer Grenzfrequenz vernachlässigt werden. Den dabei entstehenden Fehler kann man zum Beispiel in der Norm

$$\|f\|_2 := \left(\frac{1}{2\pi} \int_0^{2\pi} |f(x)|^2 \right)^{1/2}$$

messen. Man erinnere sich, daß für eine komplexe Zahl $z = x + iy$, der Betrag durch $|z| = (x^2 + y^2)^{1/2} = (z\overline{z})^{1/2}$ definiert ist, wobei $\overline{z} := x - iy$ die komplex-Konjugierte von z bezeichnet.

Der Vorteil dieser Wahl liegt darin, daß diese Norm durch das Skalarprodukt

$$\langle f, g \rangle := \frac{1}{2\pi} \int_0^{2\pi} f(x)\overline{g(x)}dx, \qquad (8.69)$$

definiert ist, d. h. $\|f\|_2^2 = \langle f, f \rangle$, und als solches für den Raum L_2 geeignet ist. Man bestätigt leicht, daß die Grundschwingungen $e_j(x) = e^{ijx}$ (man beachte $\overline{e_j(x)} = e_{-j}(x)$)

$$\langle e_j, e_k \rangle = \frac{1}{2\pi} \int_0^{2\pi} e^{ijx} e^{-ikx} dx = \delta_{jk}, \quad j, k \in \mathbb{Z}, \qquad (8.70)$$

erfüllen, also ein Orthonormalsystem bezüglich $\langle \cdot, \cdot \rangle$ bilden. Die *Fourier-Koeffizienten*

$$\hat{f}(k) := \langle f, e_k \rangle = \frac{1}{2\pi} \int_0^{2\pi} f(x) e^{-ikx} dx, \qquad (8.71)$$

geben die „Stärke" der k-ten Grundschwingung in f an.

Die *Fourier-Teilsumme*

$$S_n(f; x) := \sum_{|k| \le n} \hat{f}(k) e^{ikx} \qquad (8.72)$$

stellt nun als endlicher Teil der gesamten Fourier-Reihe von f eine Näherung an f dar, die nur Frequenzen kleiner gleich n enthält. Die Approximation $S_n(f; \cdot)$ ist eine bezüglich $\langle \cdot, \cdot \rangle$ orthogonale Projektion von f, siehe Abschnitt 4.6. Definiert man nämlich den $(2n + 1)$-dimensionalen Teilraum von L_2:

$$U_{2n+1} := \text{span}\{ e_k \mid |k| \le n \}, \qquad (8.73)$$

so ist wegen Satz 4.23 $S_n(f; \cdot)$ die beste Approximation aus U_{2n+1} an f bezüglich $\| \cdot \|_2$, d. h.,

$$\|f - S_n(f; \cdot)\|_2 = \min \{\|f - u\|_2 \mid u \in U_{2n+1}\}. \qquad (8.74)$$

Abgesehen von diesem Approximationsresultat läßt sich dies ferner aus dem Blickwinkel der Interpolation interpretieren. $S_n(f)$ ist nämlich diejenige *trigonometrische Funktion*, die dieselben $2n + 1$ ersten Fourier-Koeffizienten wie f hat. Genauso wie bei der Lagrange-Interpolation Funktionswerte an vorgegebenen Stützstellen zur Übereinstimmung gebracht werden, so werden hierbei nun Fourierkoeffizienten zur Deckung gebracht. Im Sinne von Abschnitt 8.3 sind die Fourier-Koeffizienten $\mu_k(f) := \langle f, e_k \rangle = \hat{f}(k)$ weitere Beispiele linearer *Funktionale* von f, die interpoliert werden, d. h.,

$$\mu_k(S_n(f; \cdot)) = \mu_k(f), \quad |k| \le n.$$

Da die e_k, $k \in \mathbb{Z}$ ein vollständiges System in $L_{2,2\pi}$ (Raum der quadratisch integrierbaren 2π-periodischen Funktionen) bilden, verbessert sich die Näherung $S_n(f; \cdot)$ von f mit wachsendem n und es gilt

$$\lim_{n \to \infty} \|f - S_n(f; \cdot)\|_2 = 0. \tag{8.75}$$

In diesem Sinne ist die Darstellung

$$f(x) = \sum_{k \in \mathbb{Z}} \hat{f}(k) e^{ikx} \tag{8.76}$$

zu verstehen. Die *Fourierreihe* auf der rechten Seite von (8.76) konvergiert in der Norm $\|\cdot\|_2$. Dies bedeutet übrigens *nicht*, daß die Reihe beispielsweise i.a. *gleichmäßig* in x bzgl. $\|\cdot\|_\infty$ konvergiert.

Aufgrund der Orthonormalität (8.70) der e_k erhält man sofort (Pythagoras)

$$\|S_n(f; \cdot)\|_2 = \left(\sum_{|k| \le n} |\hat{f}(k)|^2 \right)^{1/2}. \tag{8.77}$$

Im Grenzwert erhält man die *Plancherel-Identität*

$$\|f\|_2 = \left(\sum_{k \in \mathbb{Z}} |\hat{f}(k)|^2 \right)^{1/2}. \tag{8.78}$$

Daraus schließt man sofort, daß

$$\lim_{|k| \to \infty} \hat{f}(k) = 0. \tag{8.79}$$

Die *Fourier-Transformation* bildet eine Funktion $f \in L_{2,2\pi}$ in die Folge $\{\hat{f}(k)\}_{k \in \mathbb{Z}}$ der Fourierkoeffizienten ab, die sich sozusagen als *Koordinaten* von f bezüglich der Basis $\{e_k\}_{k \in \mathbb{Z}}$ auffassen lassen. Diese Transformation bringt f also in eine Form, an der sich sofort die Stärke der verschiedenen Frequenzanteile ablesen lassen und bietet in diesem Sinne eine *Analyse* von f.

Die natürliche Norm im "Koordinatenraum" ist die ℓ_2-Norm

$$\|\mathbf{y}\|_2 = \|\mathbf{y}\|_{\ell_2} := \left(\sum_{k \in \mathbb{Z}} |y_k|^2 \right)^{1/2},$$

die die Euklidische Norm im $\mathbb{R}^n$ verallgemeinert. Die Relation (8.78) sagt, daß die Fourier-Transformation eine Isometrie ist, Funktionennorm und Koordinatennorm nehmen gleiche Werte an. Eine Störung in den Koordinaten bewirkt eine entsprechende Störung der Funktion und umgekehrt (eine generelle Eigenschaft von Orthonormalbasen). Die enorme Bedeutung der Fourier-Transformation in der Analysis und in Anwendungen läßt sich jetzt noch nicht ganz fassen und wir begnügen uns hier nur mit einigen kurzen Hinweisen.

Ein wichtiger Punkt betrifft das Verhältnis zwischen Ableitung und Fourier-Koeffizienten:

$$
\begin{aligned}
\widehat{f'}(k) &= \frac{1}{2\pi}\int_0^{2\pi} f'(x)e^{-ikx}dx \\
&= -\frac{1}{2\pi}\int_0^{2\pi} f(x)\Big(\frac{d}{dx}e^{-ikx}\Big)dx = (ik)\hat{f}(k),
\end{aligned}
\tag{8.80}
$$

d.h. die Ableitung wird unter Fourier-Transformation in Multiplikation mit der Frequenzzahl ik umgemünzt, eine extreme Vereinfachung.

Wir wollen eine typische Konsequenz an folgendem einfachen Beispiel erläutern (vgl. Beispiel 3.2, (3.6)). Man bestimme zu einem gegebenen $f \in L_{2,2\pi}$, $\lambda > 0$ die 2π-periodische Lösung der Differentialgleichung

$$
-u''(x) + \lambda u(x) = f(x), \quad x \in (0,2\pi), \; u(x) = u(x+2\pi), \; x \in \mathbb{R}. \tag{8.81}
$$

Multipliziert man nun beide Seiten der Differentialgleichung mit e_k und Integration über $(0,2\pi)$ liefert mit zweimaliger Anwendung von (8.80)

$$
-(ik)^2\hat{u}(k) + \lambda\hat{u}(k) = (k^2+\lambda)\hat{u}(k) = \hat{f}(k), \quad k \in \mathbb{Z}, \tag{8.82}
$$

also

$$
\hat{u}(k) = \frac{\hat{f}(k)}{k^2+\lambda}, \quad k \in \mathbb{Z}. \tag{8.83}
$$

Nach Voraussetzung ist $f \in L_{2,2\pi}$ und somit ist die Folge $\{\hat{f}(k)\}_{k\in\mathbb{Z}}$ wegen (8.79) mindestens beschränkt. Folglich gilt

$$
\sum_{k\in\mathbb{Z}} |\hat{u}(k)| < \infty. \tag{8.84}
$$

Daraus ergibt sich leicht, daß die Fourier-Reihe (wegen $|e_k(x)| = 1$) $\sum_{k\in\mathbb{Z}}\hat{u}(k)e^{ikx}$ sogar gleichmäßig in x (und natürlich erst recht im Sinne von (8.75)) konvergiert. Daraus schließt man, daß mit

$$
u(x) := \sum_{k\in\mathbb{Z}}\hat{u}(k)e^{ikx} \tag{8.85}
$$

gerade die Lösung von (8.81) gegeben ist. Im Fourier-transformierten Bereich ist die Differentialgleichung also trivial lösbar. Das kann man folgendermaßen formulieren.

Bemerkung 8.42. Die Fourier-Transformation diagonalisiert den Operator

$$
\mathcal{L} : u \to \mathcal{L}u := -u'' + \lambda u \tag{8.86}
$$

und seine Inverse, d.h. $(\widehat{\mathcal{L}^{-1}f})(k) = \hat{f}(k)/(k^2+\lambda)$, $k \in \mathbb{Z}$.   △

Das obige Beispiel deutet schon an, daß man von den Koordinaten von f – den Fourierkoeffizienten – wichtige Eigenschaften von f hinsichtlich der Glattheit ablesen kann. Die Fourier-Koeffizienten der Lösung u fallen um k^{-2} schneller ab als die der rechten Seite f. Der Grund ist, daß u grob gesagt zwei Ableitungen mehr hat als f. Aus (8.80) und (8.79) schließt man folgende Tatsache:

Bemerkung 8.43. Falls alle Ableitungen von f bis zur Ordnung m wieder zu $L_{2,2\pi}$ gehören, folgt

$$\lim_{k \to \infty} \frac{|\hat{f}(k)|}{k^m} = 0. \tag{8.87}$$

Je mehr Ableitungen f besitzt, umso schneller streben die Fourier-Koeffizienten von f mit wachsendem $|k|$ gegen null, d.h. um so schwächer sind hochfrequente Grundschwingungen in der Fourierzerlegung von f gewichtet. Dies begründet ja letztlich auch den Begriff "Glattheit" als (grobes) Synonym für Differenzierbarkeit. Ist insbesondere eine Funktion unendlich oft differenzierbar, klingen die Fourierkoeffizienten mit wachsender Frequenz schneller als *jede* Potenz von $|k|^{-1}$ ab. Bei analytischen Funktionen ist dieses Abklingen sogar exponentiell in $|k|$. △

Glattheit schlägt sich sofort in der Genauigkeit der Teilsummenapproximation nieder.

Bemerkung 8.44. Falls $f^{(r)} \in L_{2,2\pi}$ gilt, folgt

$$\|f - S_n(f; \cdot)\|_2 \le n^{-r}\|f^{(r)}\|_2, \quad n \to \infty. \tag{8.88}$$

Im Hinblick auf Bemerkung 8.43 ergibt sich sogar eine exponentielle Konvergenzordnung, wenn f analytisch ist.

Beweis: Wegen (8.72) und (8.78) gilt

$$\|f - S_n(f; \cdot)\|_2^2 = \sum_{|k|>n} |\hat{f}(k)|^2 \le n^{-2r} \sum_{|k|>n} |k|^{2r}|\hat{f}(k)|^2$$

$$= n^{-2r} \sum_{|k|>n} |(ik)^r \hat{f}(k)|^2 = n^{-2r} \sum_{|k|>n} |\hat{f}^{(r)}(k)|^2$$

$$\le n^{-2r} \sum_{k \in \mathbb{Z}} |\hat{f}^{(r)}(k)|^2 = n^{-2r}\|f^{(r)}\|_2^2,$$

wobei wir wieder (8.80) benutzt haben. □

Gehen wir nun kurz zum Beispiel der Differentialgleichung (8.81) zurück, ist die Lösung (8.85) natürlich als unendliche Reihe nicht wirklich exakt auswertbar. Eine numerisch eher berechenbare Approximation ist natürlich durch die Fourier-Teilsumme

$$u_n(x) = \sum_{|k| \le n} \hat{u}(k)e^{ikx}$$

gegeben. Da $u'' \in L_{2,2\pi}$, folgt aus Bemerkung 8.44 sofort, daß $\|u - u_n\|_2 = O(n^{-2})$ gilt. Direkt kann man wegen (8.83) folgendermaßen abschätzen:

$$\|u - u_n\|_2^2 = \sum_{|k|>n} (k^2 + \lambda)^{-2} |\hat{f}(k)|^2 \le n^{-4} \sum_{|k|>n} |\hat{f}(k)|^2 \le n^{-4} \sum_{k \in \mathbb{Z}} |\hat{f}(k)|^2$$
$$= n^{-4} \|f\|_2^2,$$

wobei wieder (8.78) benutzt wurde. Wir fassen dies folgendermaßen zusammen:

Bemerkung 8.45. Die Teilsumme

$$u_n(x) = \sum_{|k| \le n} \hat{u}(k) e^{ikx} = \sum_{|k| \le n} \frac{\hat{f}(k)}{k^2 + \lambda} e^{ikx}$$

ist eine Approximation der Lösung u von (8.81) von mindestens zweiter Ordnung, d.h.

$$\|u - u_n\|_2 \le n^{-2} \|\hat{f}\|_2.$$

Bei einer analytischen rechten Seite, ergäbe sich nach obigen Bemerkungen sogar eine exponentielle Konvergenzrate für die Näherungslösungen u_n, ein Umstand, der die sogenannten Spektralmethoden zur Lösung von Differentialgleichungen begründet.   △

Man kann die Näherung u_n auch folgendermaßen interpretieren: $u_n \in U_{2n+1}$ (vgl. (8.73)) ist durch die Bedingungen

$$\langle \mathcal{L}u_n, v \rangle = \langle f, v \rangle, \quad \text{für alle } v \in U_{2n+1}, \tag{8.89}$$

charakterisiert, wobei $\mathcal{L}$ der Operator aus (8.86) ist. Da $U_{2n+1} = \text{span}\{e_k : |k| \le n\}$ ist, ist (8.89) dazu äquivalent, daß man nur mit $v = e_k$, $|k| \le n$ "testet". Im Prinzip ist deshalb (8.89) zu einem Gleichungssystem mit $2n + 1 = \dim U_{2n+1}$ Unbekannten und Gleichungen äquivalent. Wegen (8.80) und (8.82) ist die Systemmatrix in diesem speziellen Fall jedoch diagonal, so daß sich die Lösung sofort angeben läßt. Aus dem angedeuteten allgemeineren Blickwinkel ist dieses Näherungsverfahren ein Beispiel eines *Galerkin-Verfahrens*. Es ist insbesondere das einfachste Beispiel eines sogenannten *Spektralverfahrens*, eine Terminologie, die sich aus der Diagonalisierung des Differenzialoperators durch die Fouriertransformation begründet (vgl. Bemerkung 8.42).

Natürlich bräuchte man zur numerischen Realisierung hinreichend genaue Quadraturverfahren zur Berechnung der Fourier-Koeffizienten $\hat{f}(k)$ der rechten Seite f. Aufgrund des oszillatorischen Charakters der e_k ist dies nicht ganz trivial, wird aber hier nicht näher erläutert.

Differentialgleichungen sind Beispiele von Operatorgleichungen. Ein in der Signalverarbeitung häufig auftretender Typ von Operatoren (Filter) hat die

Form

$$\mathcal{H} : f \to \mathcal{H}f, \quad (\mathcal{H}f)(x) := (g * f)(x) := \frac{1}{2\pi} \int_0^{2\pi} g(x - y)f(y)dy, \quad (8.90)$$

wobei g eine gegebene 2π-periodische Funktion ist. $g * f$ heißt *Faltung* von f und g.

Bemerkung 8.46. Falls $g, f \in L_{2,2\pi}$ gilt $g * f \in L_{2,2\pi}$, denn

$$(g * f)(x + 2\pi) = \frac{1}{2\pi} \int_0^{2\pi} g(x + 2\pi - y)f(y)dy = \frac{1}{2\pi} \int_0^{2\pi} g(x - y)f(y)dy$$
$$= (g * f)(x)$$

und wegen der Cauchy-Schwarz-Ungleichung gilt

$$|(g * f)(x)| \leq \frac{1}{2\pi} \int_0^{2\pi} |g(x - y)||f(y)|dy$$
$$\leq \left(\frac{1}{2\pi} \int_0^{2\pi} |g(x - y)|^2 dy\right)^{1/2} \left(\frac{1}{2\pi} \int_0^{2\pi} |f(y)|^2 dy\right)^{1/2}$$
$$= \|g\|_2 \|f\|_2,$$

d.h. $g * f$ ist beschränkt und somit auch in $L_{2,2\pi}$. Die Faltung ist also eine Art "Produkt" auf $L_{2,2\pi}$.   △

Die Fourier-Transformation "verträgt" sich nicht nur gut mit Ableitungen sondern auch mit Faltungen.

Bemerkung 8.47. Für $f, g \in L_{2,2\pi}$ gilt

$$\widehat{(g * f)}(k) = \hat{g}(k) \cdot \hat{f}(k), \quad k \in \mathbb{Z}, . \quad (8.91)$$

d.h. die Fourier-Transformation führt ein "kompliziertes" Produkt wie die Faltung in ein einfaches Produkt von (komplexen) Zahlen über.

Beweis: Es gilt

$$\widehat{(g * f)}(k) = \frac{1}{2\pi} \int_0^{2\pi} (g * f)(x)e^{-ikx}dx$$
$$= \frac{1}{2\pi} \int_0^{2\pi} \left[\frac{1}{2\pi} \int_0^{2\pi} g(x - y)f(y)\,dy\right] e^{-ikx}\,dx$$
$$= \frac{1}{2\pi} \int_0^{2\pi} \left[\frac{1}{2\pi} \int_0^{2\pi} g(x - y)e^{-ik(x-y)}\,dy\right] f(y)e^{-iky}\,dy$$
$$= \frac{1}{2\pi} \int_0^{2\pi} \left[\frac{1}{2\pi} \int_{-y}^{-y+2\pi} g(z)e^{-ikz}\,dz\right] f(y)e^{-iky}\,dy$$
$$= \frac{1}{2\pi} \int_0^{2\pi} \hat{g}(k)f(y)e^{-iky}\,dy = \hat{g}(k)\,\hat{f}(k).$$

□

Sei $g \in U_{2n+1}$ ein trigonometrisches Polynom, was wegen (8.70) bedeutet, daß $\hat{g}(k) = 0$ für $|k| > n$ gilt. Wegen (8.91) heißt dies aber daß auch $\widehat{(g * f)}(k) = 0$ für $|k| > n$ gilt. Die Faltung mit einem trigonometrischen Polynom ergibt also wieder ein trigonometrisches Polynom. Insbesondere folgt aus (8.91) auch, daß

$$S_n(f; x) = (D_n * f)(x) \quad \text{mit} \quad D_n(x) := \sum_{|k| \leq n} e^{ikx}. \qquad (8.92)$$

Wegen (8.91) fungiert die Faltung wie ein *Filter*, der wie etwa die Fourier-Teilsumme nur die niedrigen Frequenzen "durchläßt". Dies erklärt die Bedeutung dieser Operation in der Signalanalyse sowie die Bezeichnung "Filter".

Wenngleich die Lösung (linearer) Differentialgleichungen eine wesentliche Motivation für die "Erfindung" der Fourieranalyse war, liegen modernere Anwendung eben im Bereich Signalverarbeitung und -analyse. Dann allerdings rückt das folgende *diskrete Analogon* dieses klassischen Rahmens der Harmonischen Analyse in den Vordergrund, da man dort letztlich auf das diskrete Abtasten von Signalen angewiesen ist.

8.7.2 Trigonometrische Interpolation und diskrete Fourier-Transformation

Für moderne Anwendungen der Daten- und Signalanalyse ist die Handhabung diskreter Daten etwa in Form von Abtastsequenzen wichtig, was nicht ganz in den obigen Rahmen paßt. Stattdessen betrachten wir deshalb nun die äquidistanten Stützstellen $x_j := 2\pi j/n$, $j = 0, \ldots, n-1$ im Intervall $[0, 2\pi]$. Die dadurch induzierte Zerlegung von $[0, 2\pi]$ in gleichlange Teilintervalle entspricht einer Aufteilung des Einheitskreises K in der komplexen Ebene in gleichlange Bogensegmente entsprechend dem Winkel $2\pi/n$. Die Zahl

$$\varepsilon_n := e^{-2\pi i/n}$$

ist eine n-te *Einheitswurzel*, das heißt es gilt

$$(\varepsilon_n^j)^n = \varepsilon_n^{jn} = 1, \quad j = 0, \ldots, n-1. \qquad (8.93)$$

Als Interpolationssysteme verwenden wir jetzt die Funktionenräume

$$\mathcal{T}_m := \Big\{ \sum_{j=0}^{m-1} c_j e^{ijx} \mid c_j \in \mathbb{C} \Big\} = \text{span}\big\{ e_j \mid 0 \leq j < m \big\} \qquad (8.94)$$

der Dimension m. Setzt man $z := e^{ix}$, so nimmt jedes $T \in \mathcal{T}_m$ die Form eines Polynomes $\sum_{j=0}^{m-1} c_j z^j$ vom Grade $m-1$ über $\mathbb{C}$ an. Deshalb werden Elemente aus $\mathcal{T}_m$ auch *trigonometrische Polynome* genannt. Der Fundamentalsatz der Algebra stellt somit wieder sicher, daß das Lagrange-Interpolationsproblem für alle Daten $f_j = f(x_j) \in \mathbb{C}$, $j = 0, \ldots, n-1$, und paarweise verschiedene Stützstellen eindeutig lösbar ist. Besonders wichtig, aber auch einfach lösbar ist dieses Interpolationsproblem, wenn, wie im folgenden stets angenommen sei, äquidistante Stützstellen vorliegen:

Aufgabe 8.48 (Trigonometrische Interpolation).
Sei $x_k = 2\pi k/n$. Finde $T_n \in \mathcal{T}_n$, so daß

$$T_n(x_k) = f(x_k), \quad k = 0, \ldots, n-1. \tag{8.95}$$

Das folgende Hauptergebnis dieses Abschnitts zeigt, daß das trigonometrische Interpolationspolynom T_n eine erstaunlich einfache Darstellung hat.

Satz 8.49. *Zu $x_k = 2\pi k/n$, $k = 0, \ldots, n-1$, definiere für $0 \le j \le n-1$,*

$$d_j(f) := \frac{1}{n} \sum_{l=0}^{n-1} f(x_l) \varepsilon_n^{lj} = \frac{1}{n} \sum_{l=0}^{n-1} f(x_l) e^{-ijx_l}. \tag{8.96}$$

Dann erfüllt das trigonometrische Polynom

$$T_n(f;x) := \sum_{j=0}^{n-1} d_j(f) e^{ijx} \tag{8.97}$$

die Interpolationsbedingungen

$$T_n(f;x_k) = f(x_k), \quad k = 0, \ldots, n-1, \tag{8.98}$$

löst also die obige Aufgabe 8.48.

Beweis. Das wesentliche Hilfsmittel ist die einfache Identität

$$\frac{1}{n} \sum_{j=0}^{n-1} e^{-i2\pi mj/n} = \begin{cases} 1, & m = 0, \\ 0, & m = 1, \ldots, n-1, \end{cases} \tag{8.99}$$

die sofort aus der Geometrischen Reihe folgt. Einsetzen von (8.96) und Anwendung von (8.99) liefern

$$\begin{aligned}
T_n(f;x_k) &= \frac{1}{n} \sum_{j=0}^{n-1} \left(\sum_{l=0}^{n-1} f(x_l) e^{-i2\pi jl/n} \right) e^{i2\pi jk/n} \\
&= \sum_{l=0}^{n-1} f(x_l) \frac{1}{n} \left(\sum_{j=0}^{n-1} e^{-i2\pi j(l-k)/n} \right) \\
&\overset{(8.99)}{=} \sum_{l=0}^{n-1} f(x_l) \delta_{0,l-k} = f(x_k),
\end{aligned}$$

also die Gültigkeit von (8.98). Aufgrund der linearen Unabhängigkeit der Basisfunktionen e^{ijx} ist $T_n(f;\cdot)$ auch die eindeutige Lösung. $\qquad \square$

Der Koeffizient $d_j(f)$ aus (8.96) läßt sich als Riemann-Summe von (8.71) auffassen und wird *diskreter Fourier-Koeffizient* von f genannt. Entsprechend bezeichnet man den Vektor

$$\mathbf{d}(f) := (d_0(f), \ldots, d_{n-1}(f))^T \qquad (8.100)$$

als *diskrete Fourier-Transformation* (der Länge n).
Definiert man

$$\langle v, w \rangle_n := \frac{1}{n} \sum_{l=0}^{n-1} v(x_l)\overline{w(x_l)} , \quad \|v\|_{2,n} := \langle v, v \rangle_n^{\frac{1}{2}}, \qquad (8.101)$$

erhält man damit in Analogie zu (8.71)

$$d_j(f) = \langle f, e_j \rangle_n = \langle T_n(f; \cdot), e_j \rangle_n. \qquad (8.102)$$

Eine weitere Analogie zum kontinuierlichen Fall ist folgendes diskrete Analogon zu (8.70).

Lemma 8.50. *Für* $e_j(x) = e^{ijx}$ *gilt*

$$\langle e_j, e_k \rangle_n = \delta_{jk} \quad \text{für} \ \ 0 \le j, k \le n - 1. \qquad (8.103)$$

(8.101) *ist ein Skalarprodukt auf* $\mathcal{T}_n$ *und* $\|\cdot\|_{2,n}$ *ist somit eine Norm für diesen Raum.*

Beweis. Mit $e_j(x) = e^{ijx}$ folgt nämlich aus (8.99)

$$\langle e_j, e_k \rangle_n = \frac{1}{n} \sum_{l=0}^{n-1} e^{ijx_l} e^{-ikx_l} = \frac{1}{n} \sum_{l=0}^{n-1} e^{-i(k-j)2\pi l/n}$$

$$= \delta_{jk} \quad \text{für} \ \ 0 \le j, k \le n - 1.$$

Für $q = \sum_{j=0}^{n-1} c_j e_j \in \mathcal{T}_n$ gilt

$$\langle q, q \rangle_n = \frac{1}{n} \sum_{j=0}^{n-1} |c_j|^2 > 0 \iff q \not\equiv 0. \qquad \square$$

$(e_j)_{0 \le j \le n-1}$ ist also ein *Orthonormalsystem* nicht nur bezüglich des kontinuierlichen Standardskalarprodukts $\langle \cdot, \cdot \rangle$ in (8.69) sondern auch bezüglich des diskreten Skalarprodukts $\langle \cdot, \cdot \rangle_n$ für den Raum $\mathcal{T}_n$, vgl. (8.101), so daß insbesondere aus (8.103) und (8.102) auch folgt

$$\langle T_n(f; \cdot), e_j \rangle_n = d_j(f) = \langle f, e_j \rangle_n.$$

Somit ist wegen Satz 4.23 $T_n(f; \cdot)$ die orthogonale Projektion von f auf den Raum $\mathcal{T}_n$ bezüglich des Skalarprodukts $\langle \cdot, \cdot \rangle_n$.

Nun ist $\langle \cdot, \cdot \rangle_n$ nur ein Skalarprodukt auf dem endlichdimensionalen Raum $\mathcal{T}_n$, nicht aber etwa auf dem unendlichdimensionalen Raum $C_{2\pi}$ der 2π-periodischen stetigen Funktionen, da der ja nichttriviale Funktionen f enthält, für die $f(x_l) = 0$ für alle $l = 0, \ldots, n-1$, also $\|f\|_{2,n} = 0$ gilt. Faßt man aber unter f die *Äquivalenzklasse* all der Funktionen in $C_{2\pi}$ zusammen, die an den Stellen x_l, $l = 0, \ldots, n-1$, übereinstimmen, so bilden diese Äquivalenzklassen wieder einen linearen Raum $C_{2\pi}^\circ$, für den $\| \cdot \|_{2,n}$ aus (8.101) nun eine Norm ist. Aufgrund von Satz 4.23 gilt dann für $m \leq n$ und $f \in C_{2\pi}^\circ$

$$\|f - T_m(f; \cdot)\|_{2,n} = \inf_{q \in \mathcal{T}_m} \|f - q\|_{2,n}. \tag{8.104}$$

und läßt sich als Analogon zu (8.74) auffassen.

Die Relevanz der Interpolation erstreckt sich ferner auch beispielsweise auf Differentialgleichungen des Typs (8.81), wie kurz erläutert werden soll. Wir haben schon die Galerkin-Methode als Näherungsverfahren zur numerischen Lösung von (8.81) diskutiert, wobei allerdings die Fourierkoeffizienten der rechten Seite f zu berechnen waren. Das sogenannte *Kollokationsverfahren* vermeidet die Quadratur. Im vorliegenden Fall läßt es sich folgendermaßen formulieren. Gesucht ist dasjenige $u_n \in \mathcal{T}_n$, das die Differentialgleichung an den diskreten Gitterpunkten $x_k = 2\pi k/n$ erfüllt, d.h.

$$-u_n''(x_k) + \lambda u_n(x_k) = f(x_k), \quad k = 0, \ldots, n-1. \tag{8.105}$$

Mit dem Ansatz $u_n(x) = \sum_{j=0}^{n-1} u_j e_j(x)$ ergibt sich

$$\sum_{j=0}^{n-1} u_j (j^2 + \lambda) e^{i2\pi jk/n} = f(x_k), \quad k = 0, \ldots, n-1.$$

Zur Bestimmung der unbekannten Koeffizienten u_j muß man offenbar lediglich das Interpolationspolynom $T_n(f; \cdot) = \sum_{j=0}^{n-1} d_j(f) e_j$ (vgl. Satz 8.49) zur rechten Seite bilden, um dann

$$u_j(j^2 + \lambda) = d_j(f), \quad \text{d.h.} \quad u_j = \frac{d_j(f)}{j^2 + \lambda}, \quad j = 0, \ldots, n-1, \tag{8.106}$$

zu setzen.

Bemerkung 8.51. Die Durchführung der Kollokationsmethode erfordert in diesem Fall (aufgrund von (8.106)) lediglich die Berechnung der diskreten Fourierkoeffizienten $d_j(f)$ der rechten Seite. $\triangle$

Die effiziente Berechnung der diskreten Fouriertransformation ist daher von großem Interesse, ein Punkt, den wir später nochmals aufgreifen werden.

Reelle trigonometrische Interpolation

Wir nehmen nun an, daß die Daten $f(x_k)$, $k = 0, \ldots, n-1$, *reell* sind. Das trigonometrische Interpolationspolynom $T_n(f; x)$ ist dann im allgemeinen immer

noch komplex (Beispiel: $n = 2$, $f(0) = 0$, $f(\pi) = 1$, $T_2(f;x) = \frac{1}{2}(1 - e^{ix})$).
Wir werden jetzt eine Variante der Interpolationsaufgabe 8.48 behandeln,
wofür die Lösung *reell* ist. Der Einfachheit halber nehmen wir an, daß
$n = 2p + 1$ *ungerade* ist (vgl. Bemerkung 8.55).

Statt der komplexen Funktionenräume $\mathcal{T}_m = \text{span}\{ e_j \mid 0 \le j < m \}$
benutzen wir den *reellen* Raum

$$\hat{\mathcal{T}}_{2p+1} := \Big\{ \alpha_0 + \sum_{j=1}^{p} (\alpha_j \cos jx + \beta_j \sin jx) \mid \alpha_j, \beta_j \in \mathbb{R} \Big\} , \quad p \in \mathbb{N}.$$

Für $x \in \mathbb{R}$ sei

$$\phi_0(x) := \frac{1}{\sqrt{2}} e_0(x) = \frac{1}{\sqrt{2}}, \quad \left\{ \begin{array}{l} \phi_j(x) := \text{Re}(e_j(x)) = \cos jx, \\ \psi_j(x) := \text{Im}(e_j(x)) = \sin jx, \end{array} \right\} \quad j \ge 1,$$

so daß $\hat{\mathcal{T}}_{2p+1} = \text{span}\{ \phi_0, \phi_1, \psi_1, \ldots, \phi_p, \psi_p \}$. Wir zeigen nun, daß die Menge
$\{ \phi_0, \phi_1, \psi_1, \ldots, \phi_p, \psi_p \}$ sogar eine *Basis* für $\hat{\mathcal{T}}_{2p+1}$ ist, so daß $\dim \hat{\mathcal{T}}_{2p+1} = 2p + 1 = n$ gilt. Für $v, w \in \hat{\mathcal{T}}_n$, $n = 2p + 1$, setzen wir $x_k = 2\pi k/n$ und
definieren analog zu (8.101)

$$\langle v, w \rangle_n := \frac{2}{n} \sum_{l=0}^{n-1} v(x_l) w(x_l) , \quad \|v\|_{2,n} := \langle v, v \rangle_n^{\frac{1}{2}}. \tag{8.107}$$

> **Bemerkung 8.52.** Die Bilinearform $\langle \cdot, \cdot \rangle_n$ ist ein Skalarprodukt
> auf $\hat{\mathcal{T}}_{n-1}$ und die Menge $\{ \phi_0, (\phi_j)_{1 \le j \le p}, (\psi_j)_{1 \le j \le p} \}$ mit $p := \frac{1}{2}(n - 1)$ bildet *ein Orthonormalsystem bezüglich dieses Skalarprodukts*.

Beweis. Erinnert man sich an die Moivre'schen Formeln

$$\cos \alpha = \frac{e^{i\alpha} + e^{-i\alpha}}{2}, \quad \sin \alpha = \frac{e^{i\alpha} - e^{-i\alpha}}{2}, \tag{8.108}$$

ergibt sich für $n = 2p + 1$ und $0 \le j, l \le p$

$$\langle \phi_j, \phi_l \rangle_n = \frac{2}{n} \sum_{k=0}^{n-1} \cos(jx_k) \cos(lx_k)$$

$$= \frac{1}{2n} \sum_{k=0}^{n-1} \big(e^{i2\pi jk/n} + e^{-i2\pi jk/n} \big) \big(e^{i2\pi lk/n} + e^{-i2\pi lk/n} \big)$$

$$= \frac{1}{2n} \sum_{k=0}^{n-1} \big\{ e^{i2\pi(j+l)k/n} + e^{i2\pi(j-l)k/n} + e^{i2\pi(l-j)k/n} + e^{-i2\pi(j+l)k/n} \big\}$$

$$= \frac{1}{2} \big\{ 2\delta_{0,j+l} + 2\delta_{0,j-l} \big\} = \delta_{jl}. \tag{8.109}$$

Ganz analog zeigt man

$$\langle \psi_j, \psi_l \rangle_n = \delta_{jl}, \quad \text{für } 1 \leq j, l \leq p$$
$$\langle \phi_j, \psi_l \rangle_n = 0, \quad \text{für } 0 \leq j \leq p, \ 1 \leq l \leq p, \tag{8.110}$$

woraus dann die Behauptung folgt.   □

Somit ist folgende Aufgabe sinnvoll:

Aufgabe 8.53 (Reelle trigonometrische Interpolation).
Sei $x_k = 2\pi k/n$ und $f(x_k) \in \mathbb{R}$, $k = 0, \ldots, n-1$, $n = 2p+1$. Finde $\hat{T}_n \in \tilde{\mathcal{T}}_n$, so daß

$$\hat{T}_n(x_k) = f(x_k), \quad k = 0, \ldots, n-1.$$

Auch diese Variante besitzt eine eindeutige Lösung, die wiederum eine einfache Darstellung besitzt. Dazu betrachte

$$A_0(f) := \sqrt{2}\langle \hat{T}_n, \phi_0 \rangle_n = \frac{2}{n} \sum_{l=0}^{n-1} f(x_l), \tag{8.111}$$

$$A_j(f) := \langle \hat{T}_n, \phi_j \rangle_n = \frac{2}{n} \sum_{l=0}^{n-1} f(x_l) \cos jx_l, \quad j \geq 1, \tag{8.112}$$

$$B_j(f) := \langle \hat{T}_n, \psi_j \rangle_n = \frac{2}{n} \sum_{l=0}^{n-1} f(x_l) \sin jx_l, \quad j \geq 1, \tag{8.113}$$

Beachte, daß für alle $j \geq 0$ die Identität $A_j(f) = \frac{2}{n} \sum_{l=0}^{n-1} f(x_l) \cos jx_l$ gültig ist, man also nicht zwischen $j = 0$ und $j > 0$ unterscheiden muß.

Satz 8.54. *Sei n ungerade und $f(x_k) \in \mathbb{R}$ für $k = 0, \ldots, n-1$. Die reelle trigonometrische Funktion*

$$\hat{T}_n(f; x) := \frac{1}{2} A_0(f) + \sum_{j=1}^{\frac{1}{2}(n-1)} \left(A_j(f) \cos jx + B_j(f) \sin jx \right) \tag{8.114}$$

erfüllt

$$\hat{T}_n(f; x_k) = f(x_k), \quad k = 0, \ldots, n-1, \tag{8.115}$$

und ist die eindeutige Lösung der obigen Interpolationsaufgabe 8.53.

Beweis. Der Beweis ist ganz analog zum Beweis von Satz 8.49. Einsetzen der obigen Ausdrücke für $A_j(f), B_j(f)$ in die rechte Seite von (8.114), Vertauschung der Summation und Anwendung von (8.109) bzw. (8.110) verifiziert die Interpolationsbedingungen (8.115). Die Behauptung folgt dann aus Bemerkung 8.52.   □

Bemerkung 8.55. Für gerades n wird der Raum

$$\tilde{T}_n = \operatorname{span}\{\phi_0, \phi_1, \psi_1, \dots, \phi_{\frac{1}{2}n-1}, \psi_{\frac{1}{2}n-1}, \phi_{\frac{1}{2}n}\}$$

der Dimension n benutzt. Die trigonometrische Funktion $\tilde{T}_n \in \tilde{T}_n$

$$\tilde{T}_n(f;x) := \frac{1}{2}A_0(f) + \sum_{j=1}^{\frac{1}{2}n-1} \left(A_j(f)\cos jx + B_j(f)\sin jx\right) + \frac{1}{2}A_{\frac{1}{2}n}\cos\frac{1}{2}nx \ ,$$

$$(8.116)$$

mit $A_j(f), B_j(f)$ wie in (8.111)-(8.113), erfüllt

$$\tilde{T}_n(f;x_k) = f(x_k), \quad k = 0, \dots, n-1.$$

$\triangle$

Beispiel 8.56. Für $n = 15$ und $x_j = 2\pi j/n$, $j = 0, \dots, n-1$, seien folgende Daten (Abtastsequenz) gegeben:

j	0	1	2	3	4	5	6	7
$f(x_j)$	0.1	0.4	0.75	0.32	0.05	0.25	−0.05	−0.4

j	8	9	10	11	12	13	14
$f(x_j)$	−0.2	−0.65	−0.7	−0.9	−0.7	−0.35	−0.1

In Abb. 8.8 sind diese Daten mit „$*$" dargestellt. In dieser Abbildung kann man auch den Verlauf der interpolierenden Funktion $\hat{T}_{14}(f;\cdot) \in \hat{T}_{14}$ aus (8.114) sehen.

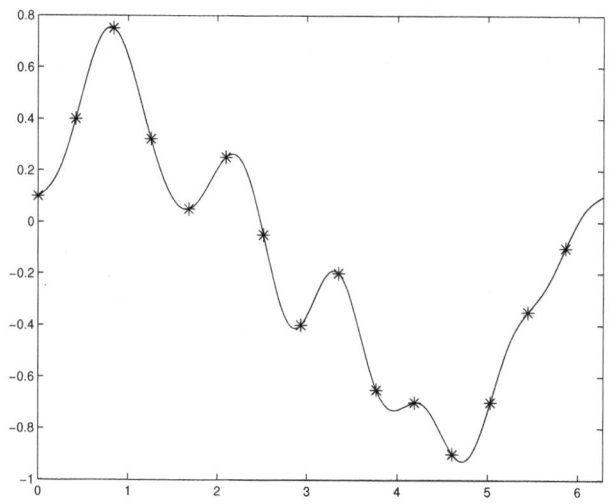

Abb. 8.8. Trigonometrische Interpolation $\hat{T}_{14}$.

$\triangle$

8.7.3 Schnelle Fourier-Transformation (Fast Fourier Transform FFT)

Die diskrete Fourier-Transformation (8.96) läßt sich als *Abbildung* von n-periodischen Folgen in n-periodische Folgen auffassen. Im obigen Fall entstanden solche Folgen durch *Abtasten* einer periodischen Funktion f. Allgemein sei $\boldsymbol{y} = (y_j)_{j \in \mathbb{Z}}$ eine n-periodische Folge, d. h. $y_{j+n} = y_j$ für alle $j \in \mathbb{Z}$. Manchmal ist es bequem, $\boldsymbol{y}$ als Element von $\mathbb{C}^n$ zu betrachten also die Folge auf einen Abschnitt $(y_j)_{j=0}^{n-1}$ zu beschränken. Betrachte nun die Abbildung

$$F_n : \boldsymbol{y} \to \boldsymbol{d} = \boldsymbol{d}(\boldsymbol{y})$$

mit

$$d_j = \frac{1}{n} \sum_{l=0}^{n-1} y_l (\varepsilon_n^j)^l = \frac{1}{n} \sum_{l=0}^{n-1} y_l e^{-2\pi i j l/n}, \quad j \in \mathbb{Z}. \qquad (8.117)$$

Im Falle des Interpolationsproblems hat man insbesondere $y_j = f\left(\frac{2\pi j}{n}\right)$.

Bemerkung 8.57. Die erste wichtige Beobachtung ist, daß die Abbildung F_n invertierbar ist. Ferner ist die Inverse $F_n^{-1} : \boldsymbol{d} \to \boldsymbol{y}$ vom selben Typ und zwar gilt

$$(F_n^{-1}\boldsymbol{d})_j = \sum_{k=0}^{n-1} d_k \varepsilon_n^{-jk} = \sum_{k=0}^{n-1} d_k e^{2\pi i j k/n}, \quad j \in \mathbb{Z}. \qquad (8.118)$$

Beweis. Bezeichnen wir die rechte Seite von (8.118) mit y_j, dann ist zu zeigen, daß $F_n(\boldsymbol{y}) = \boldsymbol{d}$ gilt. Dies bestätigt man durch einfaches Einsetzen der Definition unter Benutzung von (8.99). Siehe Übung 8.8.19. $\qquad \square$

Die Transformation $F_n : \boldsymbol{y} \to \mathbf{d}$ ist offensichtlich linear. Definiert man

$$\mathbf{F}_n := \frac{1}{n} \begin{pmatrix} 1 & 1 & \cdots & 1 \\ 1 & \varepsilon_n^1 & \cdots & \varepsilon_n^{n-1} \\ 1 & \varepsilon_n^2 & \cdots & \varepsilon_n^{2(n-1)} \\ \vdots & \vdots & & \vdots \\ 1 & \varepsilon_n^{n-1} & \cdots & \varepsilon_n^{(n-1)^2} \end{pmatrix}, \qquad (8.119)$$

ergibt sich sofort (für die betreffenden Fundamental-Abschnitte)

$$\mathbf{F}_n \boldsymbol{y} = \mathbf{d}. \qquad (8.120)$$

Ferner folgt aus (8.103)

$$\mathbf{F}_n \mathbf{F}_n^* = n\mathbf{I}, \qquad (8.121)$$

d.h. bis auf Skalierung ist die Matrix $\mathbf{F}_n$ unitär.

Wir fassen nochmals drei wichtige Anwendungen der diskreten Fourier-Transformation F_n zusammen:

1. Komplexe trigonometrische Interpolation

Zur Bestimmung des trigonometrischen Interpolationspolynoms $T_n(f; x)$ aus Satz 8.49, und damit auch zur Lösung der Kollokationsaufgabe (vgl. (8.105), (8.106), Bemerkung 8.51), müssen die Koeffizienten $d_j(f)$ aus (8.96) berechnet werden. Diese Koeffizienten haben die Form (8.117) mit $y_l = f(x_l)$.

2. Reelle trigonometrische Interpolation

Sei n *gerade*, $m := \frac{1}{2}n$, und $f(x_k) \in \mathbb{R}$ für $k = 0, \dots, n - 1$. Zur Bestimmung der reellen trigonometrischen Funktion $\tilde{T}_n(f; x)$ aus (8.116) müssen die Koeffizienten

$$
\begin{aligned}
A_j(f) &= \frac{2}{n} \sum_{l=0}^{n-1} f(x_l) \cos j x_l , & 0 \le j \le m, \\
B_j(f) &= \frac{2}{n} \sum_{l=0}^{n-1} f(x_l) \sin j x_l , & 1 \le j \le m,
\end{aligned}
\tag{8.122}
$$

berechnet werden. Diese Koeffizienten können sehr effizient mit Hilfe der (komplexen) Fourier-Transformation F_m bestimmt werden. Dazu wird die m-periodische komplexe Folge

$$
y_j := f(x_{2j}) + if(x_{2j+1}) , \quad j = 0, \dots, m - 1,
$$

eingeführt. Die entsprechende diskrete Fourier-Transformation $F_m : \boldsymbol{y} \to \boldsymbol{d}(\boldsymbol{y})$ wird durch

$$
d_j = \frac{1}{m} \sum_{l=0}^{m-1} y_l e^{-2\pi i j l / m} , \quad j = 0, \dots, m - 1,
\tag{8.123}
$$

gegeben. Die gesuchten Größen $A_j(f), B_j(f)$ lassen sich einfach aus den komplexen Fouriertransformierten d_j berechnen:

Lemma 8.58. *Für $A_j(f), B_j(f)$ aus (8.122) und d_j aus (8.123) gilt die Beziehung:*

$$
A_j(f) + iB_j(f) = \frac{1}{2}(d_j + \overline{d}_{m-j}) + i\frac{1}{2}(\overline{d}_{m-j} - d_j)e^{-\pi i j / m} , \quad j = 0, \dots, m,
$$

wobei $d_m := d_0$, $B_0(f) := 0$ gesetzt wird.

Deshalb kann die Berechnung der Koeffizienten $A_j(f), B_j(f)$ auf die Auswertung der diskreten Fourier-Transformation $F_m(\boldsymbol{y})$ zurückgeführt werden.

Analog ließe sich ein reelles Kollokationsverfahren formulieren, dessen Durchführung wie im komplexen Fall auf die Berechnung der diskreten Fourier-Transformation reduziert wird.

3. Diskrete Faltung

Die diskrete Fourier-Transformation ist in einem weiteren Zusammenhang sehr wichtig, den wir kurz erläutern werden. Die einfachste Möglichkeit, den Einfluß des Übertragungsmediums auf ein Signal zu modellieren, oder auch um ein Signal in Form einer Datensequenz zu *filtern*, bietet die *diskrete Faltung*. Darunter versteht man folgende Operation, die periodische Folgen (Signale) miteinander verknüpft und eine neue periodische Folge erzeugt. Für zwei Folgen $\boldsymbol{y}, \boldsymbol{v}$ nennt man $\boldsymbol{y} * \boldsymbol{v}$ die diskrete Faltung von $\boldsymbol{y}$ und $\boldsymbol{v}$. Ihre Einträge sind folgendermaßen definiert

$$(\boldsymbol{y} * \boldsymbol{v})_k := \frac{1}{n} \sum_{j=0}^{n-1} y_{k-j} v_j, \quad k \in \mathbb{Z}. \tag{8.124}$$

Dies kann man als diskretes Analogon zur kontinuierlichen Faltung (8.90) auffassen. Man bestätigt leicht, daß $\boldsymbol{y} * \boldsymbol{v}$ wieder n-periodisch ist. Besteht zum Beispiel $\boldsymbol{v}$ nur aus positiven Werten, die sich zu Eins summieren, beschreibt die rechte Seite von (8.124) ein „gleitendes Mittel". Jeder Eintrag von $\boldsymbol{y}$ wird durch einen Mittelwert ersetzt, der mit Hilfe von $\boldsymbol{v}$ gebildet wird. Derartige Faltungen dienen beispielsweise zur Modellierungen von Filtern in der Signalverarbeitung.

Die Bedeutung der diskreten Fourier-Transformation in Bezug auf Faltungen liegt in folgender Tatsache, die in völliger Analogie zum kontinuierlichen Fall steht (vgl. Bemerkung 8.47).

Bemerkung 8.59. Bezeichnet man mit $F_n(\boldsymbol{y}) \cdot F_n(\boldsymbol{v})$ komponentenweise Multiplikation, d. h. $(F_n(\boldsymbol{y}) \cdot F_n(\boldsymbol{v}))_k = d_k(\boldsymbol{y}) d_k(\boldsymbol{v})$, so gilt

$$F_n(\boldsymbol{y} * \boldsymbol{v}) = F_n(\boldsymbol{y}) \cdot F_n(\boldsymbol{v}). \tag{8.125}$$

Eine „komplizierte" Produktvariante wie die Faltung wird also unter der diskreten Fourier-Transformation zu einer „einfachen" Produktvariante.

Beweis. Wegen (8.124) und (8.117) gilt

$$d_j(\mathbf{y} * \mathbf{v}) = \frac{1}{n} \sum_{l=0}^{n-1} (\mathbf{y} * \mathbf{v})_l e^{-i2\pi jl/n} = \frac{1}{n^2} \sum_{l=0}^{n-1} \left(\sum_{k=0}^{n-1} y_{l-k} v_k \right) e^{-i2\pi jl/n}$$

$$= \frac{1}{n^2} \sum_{l=0}^{n-1} \sum_{k=0}^{n-1} y_{l-k} e^{-i2\pi j(l-k)/n} v_k e^{-i2\pi jk/n}$$

$$= \left(\frac{1}{n} \sum_{l=0}^{n-1} y_l e^{-i2\pi jl/n} \right) \left(\frac{1}{n} \sum_{k=0}^{n-1} v_k e^{-i2\pi jk/n} \right)$$

$$= d_j(\mathbf{y}) d_j(\mathbf{v}),$$

wobei im vorletzten Schritt die n-Periodizität der Folge $\mathbf{y}$ benutzt wurde. $\square$

Um sich den Nutzen dieser Tatsache klar machen zu können, beachte man, daß der Aufwand der Faltung für n-periodische Folgen grob n^2 beträgt, wie man sofort aus (8.124) schließt. Man braucht nur einen Fundamentalabschnitt der Länge n zu bestimmen. Ein solcher Fundamentalabschnitt ist das Ergebnis folgender Matrix/Vektor Multiplikation.

$$\boldsymbol{y} * \boldsymbol{v} = \frac{1}{n} \begin{pmatrix} y_0 & y_{-1} & y_{-2} & \cdots & y_{-n+1} \\ y_1 & y_0 & y_{-1} & \cdots & y_{-n+2} \\ \vdots & \vdots & \vdots & & \vdots \\ y_{n-1} & y_{n-2} & y_{n-3} & \cdots & y_0 \end{pmatrix} \begin{pmatrix} v_0 \\ v_1 \\ \vdots \\ v_{n-1} \end{pmatrix} .$$

Solche Matrizen nennt man *Zirkulanten*. Sie treten, abgesehen von der Interpolation und Kollokation, z. B. auch bei der Diskretisierung linearer partieller Differentialgleichungen mit konstanten Koeffizienten und periodischen Randbedingungen auf.

Der Aufwand für die Faltung ist nur ein konstantes (von der Periode n – sprich von der Abtastdichte $2\pi/n$ unabhängiges) Vielfaches des Aufwandes der diskreten Fourier-Transformation. Dazu wiederum wird gerade (8.124) benutzt, wie das folgende Schema zeigt.

Schnelle Faltung (Bestimmung von $(\boldsymbol{y}, \boldsymbol{v}) \to \boldsymbol{y} * \boldsymbol{v}$)

(i)   Berechne $F_n(\boldsymbol{y})$, $F_n(\boldsymbol{v})$
(ii) Berechne das komponentenweise Produkt $F_n(\boldsymbol{y}) \cdot F_n(\boldsymbol{v})$. Wegen (8.125) gilt $F_n(\boldsymbol{y}) \cdot F_n(\boldsymbol{v}) = F_n(\boldsymbol{y} * \boldsymbol{v})$.
(iii) Rücktransformation gemäß (8.118):

$$F_n^{-1} : F_n(\boldsymbol{y} * \boldsymbol{v}) \to \boldsymbol{y} * \boldsymbol{v}.$$

Diese Art, die Faltung zu berechnen, erfordert also drei diskrete Fourier-Transformationen sowie n Multipikationen. Die Faltung erfordert also im wesentlichen den gleichen Aufwand (bei wachsender Abtastrate n) wie die diskrete Fourier-Transformation. Man kann daraus einen Effizienzvorteil gewinnen, falls es gelingt, die diskrete Fourier-Transformation besonders schnell auszuführen, d.h. mit einem Aufwand $o(n^2)$. Dies leistet in der Tat das folgende algorithmische Konzept, welches in einer Vielzahl von Anwendungsfeldern enorme Auswirkungen hat.

Schnelle Fourier-Transformation (FFT)
Sowohl im Hinblick auf die Faltung als auch auf Interpolation und Kollokation ist deshalb eine besonders effiziente Ausführung der diskreten Fourier-Transformation von großer praktischer Bedeutung. Auf dem ersten Blick erfordert auch die Berechnung der diskreten Fourier-Transformation n^2 Operationen ($n-1$ Additionen und n Multiplikationen pro Eintrag), siehe (8.117). Wir werden jedoch sehen, daß man diesen Aufwand erheblich reduzieren kann. Dies

leistet die sogenannte *schnelle Fourier-Transformation* (FFT), deren Grundprinzip jetzt erläutert werden soll.

Nehmen wir zuerst an, daß die Periodenlänge $n = 2m$ gerade ist. Aus (8.93) folgt dann leicht

$$\varepsilon_{2m}^{2k(m+j)} = \varepsilon_{2m}^{2km} \cdot \varepsilon_{2m}^{2kj} = \varepsilon_{2m}^{2km} \cdot \varepsilon_{m}^{kj} = \varepsilon_{m}^{kj}. \tag{8.126}$$

Für die geraden Koeffizienten erhält man dann

$$d_{2k} = \frac{1}{2m} \sum_{j=0}^{2m-1} y_j \varepsilon_{2m}^{j2k} = \frac{1}{2m} \sum_{j=0}^{m-1} \left(y_j \varepsilon_m^{jk} + y_{m+j} \varepsilon_{2m}^{2k(m+j)} \right)$$

$$= \frac{1}{m} \sum_{j=0}^{m-1} \frac{1}{2}(y_j + y_{j+m}) \varepsilon_m^{kj}. \tag{8.127}$$

Mit Hilfe der Identitäten

$$\varepsilon_{2m}^{(2k+1)(m+j)} = \varepsilon_m^{kj} \varepsilon_{2m}^{m+j} = \varepsilon_m^{kj} e^{-2\pi im/2m} e^{-2\pi ij/2m} = \varepsilon_m^{kj} (-1) \varepsilon_{2m}^{j}$$

erhält man ganz analog durch Aufteilen der Summe für die ungeraden Koeffizienten

$$d_{2k+1} = \frac{1}{m} \sum_{j=0}^{m-1} \frac{1}{2}(y_j - y_{m+j}) \varepsilon_{2m}^{j} \varepsilon_m^{kj}. \tag{8.128}$$

Die Identitäten (8.127) und (8.128) besagen, daß sich die diskrete Fourier-Transformation der Länge $n = 2m$ auf die Durchführung von *zwei* diskreten Fourier-Transformationen der *halben* Länge m zurück führen läßt. Allerdings erfordert die Bestimmung der neuen Folgenglieder $\frac{1}{2}(y_j + y_{j+m})$ und $\frac{1}{2}(y_j - y_{m+j}) \varepsilon_{2m}^{j}$ (bei Vorausberechnung von $\varepsilon_{2m}^{j}/2$) jeweils $2m$ also insgesamt $4m = 2n$ Operationen. Diese Prozedur kann man L mal wiederholen, wenn $n = 2^L$ eine Zweierpotenz ist. Bezeichnet man mit $A(n)$ den Aufwand zur Durchführung einer diskreten Fourier-Transformation der Länge $n = 2^L$, ergibt sich nach obiger Überlegung die rekursive Beziehung

$$A(2^L) = 2 \cdot 2^L + 2A(2^{L-1}). \tag{8.129}$$

Da insbesondere $A(2) = 4$ gilt, folgt aus der Rekursion (8.129) das folgende Ergebnis, das die berühmte FFT von Cooley und Tuckey begründet.

Satz 8.60. *Die diskrete Fourier-Transformation läßt sich für $n = 2^L$ über obige geschachtelte Rekursion mit dem Aufwand von*

$$A(2^L) = L2^{L+1} = 2n \log_2 n$$

durchführen.

Dieses Aufwandverhalten läßt sich im Wesentlichen auch noch realisieren, wenn n keine Potenz von 2 mehr ist. Statt also beim naiven Vorgehen einen Aufwand von n^2 zu benötigen, wächst der Aufwand nur schwach stärker als linear in der Anzahl der Daten, was die enorme Bedeutung der FFT für vielfältige Anwendungen bei großen Datenmengen ausmacht.

8.8 Übungen

Übung 8.8.1. Gegeben sei die Wertetabelle

i	0	1	2	3
x_i	1	3	4	6
f_i	3	7	30	238

a) Berechnen Sie die entsprechenden dividierten Differenzen anhand eines Schemas wie in Tabelle 8.2.

b) Berechnen Sie das Lagrange-Interpolationspolynom $P(f|x_0, x_1, x_2)$ in der Newtonschen Darstellung.

c) Berechnen Sie das Lagrange-Interpolationspolynom $P(f|x_0, x_1, x_2, x_3)$ in der Newtonschen Darstellung.

Übung 8.8.2. Gegeben sei die Wertetabelle

i	0	1	2	3
x_i	−1	0	1	3
f_i	0	3	2	60

Bestimmen Sie $P(f|x_0, x_1, x_2, x_3)(2)$ nach dem Neville-Aitken-Schema.

Übung 8.8.3. Gegeben sei die Wertetabelle

i	0	1	2	3
x_i	0	1	2	3
f_i	−3	−3	−1	9

a) Bestimmen Sie $P(f|x_0, x_1, x_2, x_3)$ in der Lagrangeschen und in der Newtonschen Darstellung.

b) Berechnen Sie $P(f|x_0, x_1, x_2, x_3)(-1)$ mit dem Algorithmus von Neville-Aitken.

c) Sei $q(x)$ ein Polynom dritten Grades mit $q(-2) = P(f|x_0, x_1, x_2, x_3)(-2)$ und $q(x_i) = P(f|x_0, x_1, x_2, x_3)(x_i)$, $i = 0, 1, 2$. Welchen Wert hat $q(-1)$?

Übung 8.8.4. Berechnen Sie das Interpolationspolynom $p \in \Pi_2$ durch die drei Punkte (x_i, f_i) $(i = 0, 1, 2)$ in den folgenden drei Darstellungen, wobei $(x_0, f_0) = (0, 2)$, $(x_1, f_1) = (2, 3)$ und $(x_2, f_2) = (3, 8)$:

a) $p(x) = \sum_{i=0}^{2} a_i\, x^i$ (monomiale Darstellung),
b) $p(x) = \sum_{i=0}^{2} b_i\, l_i(x)$ mit den Polynomen $l_i(x) = \prod_{j \neq i} \frac{x - x_j}{x_i - x_j}$ (Lagrange-Darstellung),
c) $p(x) = \sum_{i=0}^{2} c_i\, \omega_i(x)$ mit den Polynomen $\omega_i(x) = \prod_{j<i}(x - x_j)$ (Newton-Darstellung).

Für feste x_i ist die Abbildung der Koeffizienten a_i, b_i oder c_i auf die Werte f_i linear. Bestimmen Sie die Matrizen zu diesen linearen Abbildungen. Um von den f_i auf die Koeffizienten zu kommen, müssen diese Abbildungen invertiert werden. Was fällt auf?

Übung 8.8.5. Gegeben seien die folgenden Funktionswerte einer Funktion $f(x)$

i	0	1	2	3
x_i	$\frac{1}{2}$	2	$\frac{9}{2}$	8
$f(x_i)$	1	2	3	4

a) Bestimmen Sie mit Hilfe der ersten drei Daten $(x_i, f(x_i))$, $i = 0, 1, 2$, eine Näherung für $f(1)$. Benutzen Sie dazu das Interpolationspolynom in Lagrange- und Newton-Darstellung und den Neville-Aitken-Algorithmus. Welches der drei Verfahren ist das für diese Aufgabenstellung günstigste Verfahren?
b) Bestimmen Sie das Interpolationspolynom zu allen Daten. Welche Darstellung wählen Sie?
c) Die den Daten zugrundeliegende Funktion ist $f(x) = \sqrt{2x}$. Schätzen Sie den Interpolationsfehler des Interpolationspolynoms aus Teil a) an der Stelle $x = \frac{3}{2}$ ab.

Übung 8.8.6. Die Funktion

$$f(x) = 2\sin(3\pi x)$$

soll polynomial interpoliert werden, und zwar zu den Stützstellen $x_0 = 0$, $x_1 = \frac{1}{12}$, $x_2 = \frac{1}{6}$.

a) Berechnen Sie das Interpolationspolynom in der Newton-Darstellung, und werten Sie es an der Stelle $x = \frac{1}{24}$ aus.
b) Geben Sie eine Abschätzung für den Fehler $|f(x) - P(f|x_0, x_1, x_2)(x)|$ im Intervall $[0, \frac{1}{6}]$ an, wobei Sie die Extrema von $|(x - x_0)(x - x_1)(x - x_2)|$ bestimmen.

Übung 8.8.7. Es seien $\{x_0, \ldots, x_n\} \in \mathbb{R}$ beliebige Stützstellen und $\omega_1(x) = 1$, $\omega_j(x) = (x - x_0)(x - x_1) \ldots (x - x_{j-1})$, $j = 1, \ldots, n$ die Knotenpolynome. Beweisen Sie, daß $\{\omega_j\}_{0 \leq j \leq n}$ eine Basis von Π_n bilden.

Übung 8.8.8. Gegeben sind die folgenden Daten

i	0	1	2	3	4
x_i	1	3	4	7	8
f_i	9	19	30	87	254

$P_{i,i+k}$ sei das Interpolationspolynom zu den Daten $(x_i, f_i), \ldots, (x_{i+k}, f_{i+k})$.

a) Stellen Sie zu den gegebenen Daten (mit der angegebenen Reihenfolge) das vollständige Schema der dividierten Differenzen auf. Geben Sie das Polynom $P_{0,4}$ explizit an.

b) Begründen Sie unter Zuhilfenahme des Schemas aus a), daß im vorliegenden Fall gilt:

$$P_{0,2}(x) = P_{1,3}(x) = P_{0,3}(x).$$

c) Berechnen Sie die Differenz $P^+(x) - P_{0,4}(x)$, wobei P^+ das Interpolationspolynom bezeichne, welches über $P^+(x_i) = f_i$, $i = 0, \ldots, 4$ hinaus noch $P^+(2) = 62$ erfüllt. (Verwenden Sie dazu möglichst wenige Rechenoperationen!)

Übung 8.8.9. Die Funktion $\sin x$ soll im Intervall $I = [0, \frac{\pi}{2}]$ äquidistant so tabelliert werden, daß bei kubischer Interpolation der Interpolationsfehler für jedes $x \in I$ kleiner als $\frac{1}{2} 10^{-4}$ ist. Wie groß darf der Stützstellenabstand h dann höchstens sein?

Übung 8.8.10. Bestimmen Sie eine Differenzenformel zur näherungsweise Berechnung von $f^{(3)}(x)$, basierend auf (vgl. Abschnitt 8.4)

$$P(f|x_0, x_1, x_2, x_3)^{(3)}(x) = 3![x_0, x_1, x_2, x_3]f \approx f^{(3)}(x).$$

Übung 8.8.11. Sei f zweimal stetig differenzierbar. Zeigen Sie mit Hilfe der Taylor-Entwicklung, daß

$$f'(x) = \frac{f(x+h) - f(x)}{h} - \frac{h}{2} f''(\xi),$$

$$f'(x) = \frac{f(x + \frac{1}{2}h) - f(x - \frac{1}{2}h)}{h} - \frac{h^2}{24} f'''(\xi),$$

$$f''(x) = \frac{f(x+h) - 2f(x) + f(x-h)}{h^2} - \frac{h^2}{12} f^{(4)}(\xi).$$

Übung 8.8.12. Bestimmen Sie das Hermite-Interpolationspolynom $p_5 \in \Pi_5$, das die Bedingungen

$$p_5(1) = -4, \; p_5'(1) = -7, \; p_5''(1) = -8, \; p_5(2) = -14, \; p_5'(2) = -8, \; p_5(3) = 14$$

erfüllt.

Übung 8.8.13. Gegeben seien die Werte $y_0, y_1, z_0 \in \mathbb{R}$.

a) Berechnen Sie das Interpolationspolynom zweiten Grades $f_\varepsilon(x)$ mit $f_\varepsilon(0) = y_0$, $f_\varepsilon(1) = y_1$ und $f_\varepsilon(\varepsilon) = y_0 + \varepsilon z_0$ für $\varepsilon \in (0,1)$.

b) Berechnen Sie das Hermite-Interpolationspolynom zweiten Grades $f(x)$ mit $f(0) = y_0$, $f(1) = y_1$ und $f'(0) = z_0$.

c) Zeigen Sie, daß f_ε für $\varepsilon \to 0$ gegen f (bzgl. $\|g\|_\infty := \max_{x \in [0,1]} |g(x)|$) konvergiert.

Übung 8.8.14. Gegeben sei die Wertetabelle

i	0	1	2	3	4
x_i	2	3	4	5	6
f_i	$2\frac{1}{2}$	1	0	$-\frac{1}{6}$	$\frac{1}{6}$

Bestimmen Sie den kubischen Spline $S \in S_3^4$ (vgl. Abschnitt 8.6), so daß

$$S(x_i) = f_i, \quad i = 0, 1, \ldots, 4,$$
$$S''(2) = S''(6) = 0.$$

Übung 8.8.15. Sei $\mathbb{P}_{3,\tau}$ der Raum der kubischen Splines. Zeigen Sie, daß $\dim \mathbb{P}_{3,\tau} = n + 3$ gilt.

Übung 8.8.16. Sei $n \in \mathbb{N}$, $a = x_0 < \ldots < x_n = b$, $f_0, \ldots, f_n \in \mathbb{R}$, $h_{i+1} = x_{i+1} - x_i$, $i = 0, \ldots, n-1$, S ein interpolierender kubischer Spline zu den Daten $\{x_i\}$ und $\{f_i\}$, d.h. $S|_{[x_i, x_{i+1}]} \in \Pi_3$, $S(x_i) = f_i$, $S \in C^2([a,b])$. Sei $M_j := S''(x_j)$, $j = 0, \ldots, n$ (beachte: S'' stetig). Die M_j heißen „Momente". Eine Möglichkeit, kubische Splines zu bestimmen, wird im folgenden vorgestellt. Zeigen Sie:

a) Für $x \in [x_j, x_{j+1}]$ gilt: $S''(x) = M_j \dfrac{x_{j+1} - x}{h_{j+1}} + M_{j+1} \dfrac{x - x_j}{h_{j+1}}$.

b) Für $x \in [x_j, x_{j+1}]$ gilt: $S(x) = \alpha_j + \beta_j(x - x_j) + \gamma_j(x - x_j)^2 + \delta_j(x - x_j)^3$ mit

$$\alpha_j = f_j, \quad \beta_j = \frac{f_{j+1} - f_j}{h_{j+1}} - \frac{2M_j + M_{j+1}}{6} h_{j+1},$$
$$\gamma_j = M_j/2, \quad \delta_j = \frac{M_{j+1} - M_j}{6h_{j+1}}.$$

c) Die Momente $\{M_i\}$ lösen die Gleichungen $\mu_i M_{i-1} + 2M_i + \lambda_i M_{i+1} = d_i$, $i = 1, \ldots, n-1$, wobei

$$d_i = \frac{6}{h_i + h_{i+1}} \left(\frac{f_{i+1} - f_i}{h_{i+1}} - \frac{f_i - f_{i-1}}{h_i} \right),$$
$$\lambda_i = \frac{h_{i+1}}{h_i + h_{i+1}}, \quad \mu_i = \frac{h_i}{h_i + h_{i+1}}, \quad i = 1, \ldots, n-1.$$

Wie man in Aufg. a) bzw. c) erkannt hat, fehlen zur eindeutigen Bestimmung der Momente und damit des gesamten Splines noch genau 2 Bedingungen. Diese stellt man üblicherweise an den Rand des Splines. Dabei treten folgende drei (sinnvolle) Varianten auf:

(1) $S''(a) = S''(b) = 0$ (natürliche Randbedingungen)
(2) $S'(a) = S'(b)$, $S''(a) = S''(b)$; nur sinnvoll, wenn $y_0 = y_n$.
(periodische Randbedinungen)
(3) $S'(a) = w_0$, $S'(b) = w_1$, für vorgegebene Werte $w_0, w_1 \in \mathbb{R}$.

d) Gib in allen drei Fällen die beiden Gleichungen an, die sich aus den Randbedingungen für die Momente $M_0, \ldots, M_n$ ergeben.

e) Gib nun in allen drei Fällen das gesamte Gleichungssystem für die Momente $M_0, \ldots, M_n$ in Matrixschreibweise an.

f) Wie lauten diese Gleichungssysteme im Falle $h_i = h$ für alle i ?

Übung 8.8.17. Beweisen Sie die Identität (8.99):

$$\frac{1}{n} \sum_{j=0}^{n-1} e^{-i2\pi mj/n} = \begin{cases} 1, & m = 0, \\ 0, & m = 1, \ldots, n-1. \end{cases}$$

Übung 8.8.18. Zeigen Sie, daß die Faltung zweier n-periodischer Folgen wieder n-periodisch ist.

Übung 8.8.19. Sei $(d_j)_{j \in \mathbb{Z}}$ eine n-periodische Folge und

$$y_j := \sum_{k=0}^{n-1} d_k e^{2\pi ijk/n}, \quad j \in \mathbb{Z}.$$

Zeigen Sie, daß $\sum_{l=0}^{n-1} y_l e^{-2\pi ijl/n} = d_j$ für $j \in \mathbb{Z}$ gilt.

Übung 8.8.20. Das folgende Ergebnis ist nützlich, um die Komplexität von rekursiven Algorithmen (z. B. FFT) abzuschätzen:
Sei $k \in \mathbb{N}$ mit $k \geq 2$ fest. Ferner seien $a, b > 0$ gegeben. Sei nun $f : \mathbb{N} \to \mathbb{R}$ eine Funktion, die für $n = k^l$ mit $l \in \mathbb{N}$ der Rekursionsgleichung

$$f(1) = b, \quad f(n) = a f\left(\frac{n}{k}\right) + b\,n$$

genügt. Zeigen Sie, daß für $n = k^l$ gilt:

$$\begin{aligned} f(n) &= \mathcal{O}(n) & \text{falls } a < k, \\ f(n) &= \mathcal{O}(n \log_k n) & \text{falls } a = k, \\ f(n) &= \mathcal{O}(n^{\log_k a}) & \text{falls } a > k. \end{aligned}$$

(Hinweis: Beweisen Sie zunächst die Formel $f(k^l) = b \sum_{i=0}^{l} a^{l-i} k^i$.)

9
Splinefunktionen

Wir haben festgestellt, daß bei einer Interpolationsaufgabe mit vielen äquidistanten Stützstellen das Lagrange-Interpolationspolynom in der Regel keine
befriedigende Lösung im Sinne einer guten Approximation der interpolierten
Funktion liefert, weil Polynome hohen Grades zu starken Oszillationen nei-
gen. Die Splinefunktionen, mit denen wir uns in diesem Kapitel beschäftigen
werden, bilden ein sehr viel geeigneteres Hilfsmittel als Polynome, um größere
Datenmengen an beliebigen Stützstellen (äquidistant oder nicht äquidistant)
zu interpolieren. Es sei daran erinnert, daß das Wort „Spline", was so viel
wie „dünne Holzlatte" bedeutet, früher im Englischen ein biegsames Line-
al benannte, das zum Zeichnen glatter Kurven verwendet wurde. Dabei sollte
gerade die Minimierung der Biegeenergie Oszillationen unterdrücken. Die Idee
der Splineinterpolation wurde bereits anhand des Beispiels der kubischen Splines in Abschnitt 8.6 erläutert. In diesem Kapitel wird die Interpolation mit
Splines in einem allgemeineren Rahmen behandelt. Ferner bietet Interpolation
bei weitem nicht die einzige Strategie, Daten zu „fitten" oder eine Funktion
zu approximieren. Insbesondere wenn Daten wie in vielen Anwendungen fehlerbehaftet sind, ist Interpolation nicht sinnvoll. Heutzutage werden Splinefunktionen in zahlreichen industriellen wie technisch/naturwissenschaftlichen
Anwendungen verwendet. Die Art der Anwendung reicht von der klassischen
Interpolation über Freiformflächendesign im Karosserieentwurf bis zur Datenglättung, Analyse und Kompression. In diesem Abschnitt stellen wir einige
wichtige Werkzeuge vor, die in all diesen Anwendungen zentrale Bedeutung
haben. Diese Werkzeuge sind alle eng mit der Rolle einer bestimmten Basis für
Splinefunktionen verbunden, den B-Splines. Wir illustrieren dies an zwei Ver-
wendungstypen, nämlich der klassischen Interpolation und der Datenglättung
(Smoothing Splines).

9.1 Splineräume und Approximationsgüte

Bei der Behandlung von Splines ist es bequemer, statt mit dem Grad von Polynomen, mit der Ordnung $k := \text{Grad} + 1$ zu arbeiten. Splines sind stückweise Polynome mit einer gewissen globalen Differenzierbarkeit. Die Bruchstellen zwischen den polynomialen Abschnitten werden häufig als Knoten bezeichnet. Für eine Knotenmenge $\tau = \{\tau_0, \ldots, \tau_{\ell+1}\}$ mit

$$a = \tau_0 < \tau_1 < \ldots < \tau_\ell < \tau_{\ell+1} = b$$

und $k \geq 1$ definieren wir den *Splineraum* der Splines der Ordnung k durch

$$
\begin{aligned}
\mathbb{P}_{1,\tau} &= \{\, f : [a,b) \to \mathbb{R} \mid f\big|_{[\tau_i,\tau_{i+1})} \in \Pi_0, \ 0 \leq i \leq \ell \,\}, \\
\mathbb{P}_{k,\tau} &= \{\, f \in C^{k-2}([a,b]) \mid f\big|_{[\tau_i,\tau_{i+1})} \in \Pi_{k-1}, \ 0 \leq i \leq \ell \,\}, \ k \geq 2.
\end{aligned}
\tag{9.1}
$$

Für $k = 4$ ergibt sich gerade der Raum der im Abschnitt 8.6 eingeführten kubischen Splines. Die Elemente von $\mathbb{P}_{k,\tau}$ sind durch Vorgabe der Knoten τ_i und der Koeffizienten der Polynome auf den Teilintervallen festgelegt. Um praktisch damit umgehen zu können, ist es natürlich wichtig, genau zu wissen, wie viele Freiheitsgrade eine Funktion in $\mathbb{P}_{k,\tau}$ hat, d. h., was die Dimension von $\mathbb{P}_{k,\tau}$ ist.

Lemma 9.1. *Es gilt:*

$$\dim \mathbb{P}_{k,\tau} = k + \ell\,.$$

Beweis. Für $k = 1$ besteht der Raum $\mathbb{P}_{1,\tau}$ aus allen stückweise konstanten Funktionen auf den $\ell + 1$ Teilintervallen $[\tau_i, \tau_{i+1})$, $i = 0, \ldots, \ell$. Jedes Teilintervall entspricht in diesem Fall einem Freiheitsgrad. Also gilt $\dim \mathbb{P}_{1,\tau} = 1 + \ell$. Sei nun $k \geq 2$. Gibt man auf dem ersten Intervall $[a, \tau_1)$ ein beliebiges Polynom p aus Π_{k-1} vor, läßt dies genau k Freiheitsgrade zu. Das Polynomstück $q \in \Pi_{k-1}$ auf dem nächsten Teilintervall $[\tau_1, \tau_2)$ ist dadurch festgelegt, daß

$$p^{(j)}(\tau_1) = q^{(j)}(\tau_1), \quad j = 0, \ldots, k-2,$$

gilt. Dies sind genau $k - 1$ Bedingungen, so daß für q noch genau ein zusätzlicher Freiheitsgrad übrig bleibt. Analog zeigt man, daß für jedes weitere Intervall $[\tau_j, \tau_{j+1})$, $j = 2, \ldots, \ell$, genau ein Freiheitsgrad gewonnen wird. Insgesamt erhält man dann $k + \ell$ Freiheitsgrade. $\qquad\square$

Bemerkung 9.2. Ohne Beweis (siehe z. B. [P, deB1, deB2]) geben wir eine Fehlerschranke für eine beste Näherung im Splineraum $\mathbb{P}_{k,\tau}$. Sei

$$h = \max_{j=0,\dots,\ell}(\tau_{j+1} - \tau_j) \quad \text{und} \quad \|g\|_\infty = \max_{x\in[a,b]}|g(x)| \quad (g \in C([a,b])) .$$

Für jedes $k \geq 2$ existiert eine positive Konstante $c < \infty$, so daß für jedes $m \leq k$ und jede Funktion $f \in C^m([a,b])$ gilt

$$\min_{S_k \in \mathbb{P}_{k,\tau}} \|f - S_k\|_\infty \leq ch^m \|f^{(m)}\|_\infty . \tag{9.2}$$

Das Resultat in (9.2) kann für den Fall $m = 0$ verbessert werden: Sei $f \in C([a,b])$ und $k \geq 1$ beliebig, dann existiert für jedes $\varepsilon > 0$ ein $h > 0$, so daß

$$\min_{S_k \in \mathbb{P}_{k,\tau}} \|f - S_k\|_\infty \leq \varepsilon . \tag{9.3}$$

Das Resultat (9.2) besagt, daß je nach Glattheit der approximierten Funktion, der Fehler der besten Splineapproximation an eine Funktion mindestens wie die m-te Potenz der maximalen Schrittweite fällt, wobei $m \leq k$, und k die Ordnung des Splines ist. *Anders als bei der Polynomapproximation gewinnt man größere Genauigkeit durch Verfeinerung der Knotenfolge, selbst dann, wenn die Funktion f nur stetig ist.* Ferner gelten lokale Abschätzungen, d. h., das Approximationsverhalten in einer gewissen lokalen Umgebung hängt nur von den Knotenabständen und den Eigenschaften der approximierten Funktion in dieser Umgebung ab. Dies erlaubt eine problemangepaßte Knotenwahl.
△

Ebenso wie die Newton-Basis günstige „Bausteine" zur Handhabung von Polynominterpolationen liefert, gilt es, gute Bausteine für Splines zu bestimmen. Ein erster natürlicher Ansatz orientiert sich an obigem Dimensionsargument.

Bemerkung 9.3. Da jedes Polynom insbesondere ein stückweises Polynom ist, das zudem sogar unendlich oft differenzierbar ist, gilt natürlich

$$\Pi_{k-1} \subset \mathbb{P}_{k,\tau}.$$

Außerdem sieht man leicht, daß

$$(\tau_i - x)_+^{k-1} \in \mathbb{P}_{k,\tau}, \quad i = 1,\dots,\ell,$$

wobei, für $m \geq 0$,

$$x_+^m = \begin{cases} x^m & \text{für } x > 0 , \\ 0 & \text{für } x \leq 0 , \end{cases}$$

die sogenannten *abgebrochenen Potenzen* sind. Man prüft leicht nach, daß die $k + \ell$ Funktionen

$$x^i, \quad i = 0,\dots,k-1, \qquad (\tau_i - x)_+^{k-1}, \quad i = 1,\dots,\ell, \tag{9.4}$$

linear unabhängig sind (vgl. Übung 9.4.1). Die Funktionen in (9.4) bilden also eine Basis für $\mathbb{P}_{k,\tau}$.
△

Leider ist die Basis in (9.4) für praktische Zwecke ungeeignet. Da zum Beispiel das Polynom x^i einen Beitrag zum gesamten Intervall liefert, hat diese Basis nicht die „lokalen" Eigenschaften, die man von einer stückweisen Konstruktion erwartet. Ferner zeigt sich, daß diese Basis schlecht konditioniert ist, d. h., Änderungen in den Koeffizienten einer solchen Entwicklung lassen sich nicht über Änderungen der Funktion abschätzen.

9.1.1 B-Splines

Eine viel bessere Basis für $\mathbb{P}_{k,\tau}$ bilden die sogenannten B-Splines, die wir nun einführen werden. Um dies zu motivieren, betrachten wir erst die Fälle $k = 1$ und $k = 2$. Der Raum $\mathbb{P}_{1,\tau}$ besteht aus stückweise Konstanten. Man sieht sofort, daß die *charakteristischen Funktionen*

$$N_{j,1}(x) := \chi_{[\tau_j, \tau_{j+1})}(x) := \begin{cases} 1 & \text{für } x \in [\tau_j, \tau_{j+1}) , \\ 0 & \text{sonst,} \end{cases} \quad j = 0, \dots, \ell,$$

eine Basis für $\mathbb{P}_{1,\tau}$ bilden. Der *Träger* der Funktion $N_{j,1}$ wird durch

$$\operatorname{supp} N_{j,1} := \{x \in \mathbb{R} \mid N_{j,1}(x) \neq 0\}$$

definiert. Die Basis $N_{j,1}$, $0 \leq j \leq \ell$, ist *lokal* in dem Sinne, daß die Träger der Basisfunktionen minimal sind. Jede stückweise konstante Funktion aus $\mathbb{P}_{1,\tau}$ läßt sich als Linearkombination der $N_{j,1}$ schreiben

$$S(x) = \sum_{j=0}^{\ell} c_j N_{j,1}(x),$$

die Funktion läßt sich auf diese Weise mit einem Koeffizientenvektor identifizieren. Diese Identifikation ist aufgrund folgender Tatsache besonders günstig. Man überzeugt sich leicht, daß für alle Koeffizientenvektoren $\mathbf{c} = (c_j)_{j=0}^{\ell}$

$$\|\mathbf{c}\|_\infty = \|\sum_{j=0}^{\ell} c_j N_{j,1}\|_\infty \tag{9.5}$$

gilt. Die Koeffizientennorm ist also gleich der Funktionennorm. Eine kleine Störung in den Koeffizienten bedingt nur eine kleine Störung der Funktion und umgekehrt. Die Basis ist in diesem Sinne *stabil*.

Für den Fall $k = 2$, also für stückweise lineare Funktionen (sogenannte Polygonzüge), werden zwei *Hilfsknoten* $\tau_{-1} < \tau_0 = a$, $\tau_{\ell+2} > \tau_{\ell+1} = b$ und zugehörige Hilfsfunktionen $N_{-1,1}$, $N_{\ell+1,1}$ eingeführt. Diese Hilfsfunktionen sind die charakteristischen Funktionen $N_{-1,1} := \chi_{[\tau_{-1}, \tau_0)}$ und $N_{\ell+1,1} := \chi_{[\tau_{\ell+1}, \tau_{\ell+2})}$. Man prüft nun leicht, daß die Funktion

$$N_{j,2}(x) := \frac{x - \tau_j}{\tau_{j+1} - \tau_j} N_{j,1}(x) + \frac{\tau_{j+2} - x}{\tau_{j+2} - \tau_{j+1}} N_{j+1,1}(x) , \quad j = -1, \dots, \ell, \tag{9.6}$$

folgende Eigenschaften hat:

1) sie nimmt von Null verschiedene Werte nach Definition von $N_{j,1}(x)$ und $N_{j+1,1}(x)$ nur auf dem Intervall $[\tau_j, \tau_{j+2}]$ an;

2) auf jedem der beiden Intervalle $[\tau_j, \tau_{j+1}]$, $[\tau_{j+1}, \tau_{j+2}]$ ist $N_{j,2}(x)$ linear;

3) $N_{j,2}(x)$ ist stetig.

Da der Graph wie ein spitzer Hut aussieht, werden die $N_{j,2}(x)$ auch *Hutfunktionen* genannt. Daß die $N_{j,2}$, $j = -1, \ldots, \ell$, tatsächlich eine Basis für $\mathbb{P}_{2,\tau}$ bilden (vgl. Abb. 9.1 für den Fall $\ell = 2$), sieht man wie folgt. Aus

$$\sum_{j=-1}^{\ell} c_j N_{j,2}(x) = 0 , \quad x \in [a, b],$$

folgt

$$\sum_{j=-1}^{\ell} c_j N_{j,2}(\tau_i) = 0, \quad i = 0, \ldots, \ell.$$

Da

$$N_{j,2}(\tau_i) = \begin{cases} 1 & \text{für } i = j+1 , \\ 0 & \text{sonst} , \end{cases}$$

ergibt sich $c_j = 0$ für alle j, also die lineare Unabhängigkeit der $N_{j,2}$.

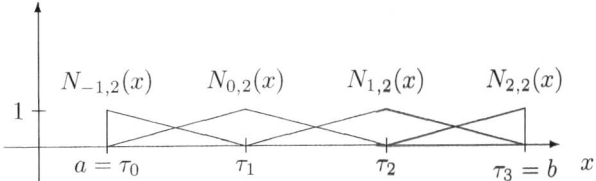

Abb. 9.1. Hutfunktionen

Da $N_{j,2} \in \mathbb{P}_{2,\tau}$ und $\dim \mathbb{P}_{2,\tau} = 2 + \ell$, bilden die $N_{j,2}$ eine maximal linear unabhängige Menge in $\mathbb{P}_{2,\tau}$ und damit eine Basis. Man beachte, daß die Erhöhung der Splineordnung von $k = 1$ auf $k = 2$ bei gleicher Knotenzahl im Intervall die Dimension von $\mathbb{P}_{2,\tau}$ um eins gegenüber von $\mathbb{P}_{1,\tau}$ gemäß der erweiterten Knotenfolge erhöht.

Um solche Basisfunktionen für den allgemeinen Fall zu konstruieren, definieren wir rekursiv die sogenannten *B-Splines* nach dem Rezept von (9.6). Die B-splines werden in diesem Abschnitt *unabhängig* vom Splineraum $\mathbb{P}_{k,\tau}$ eingeführt. In der folgenden Definition wird eine Knotenmenge $t_1, \ldots, t_n$ verwendet die mit der Knotenmenge $\tau_0, \ldots, \tau_{\ell+1}$ vorläufig nichts zu tun hat. In Abschnitt 9.1.2 wird erklärt wie man die Knotenmenge $t_1, \ldots, t_n$ (abhängig von $\tau_0, \ldots, \tau_{\ell+1}$) wählen soll, damit die B-Splines eine Basis für den Raum $\mathbb{P}_{k,\tau}$ bilden.

Definition 9.4 (B-Splines). *Sei* $t_1 < t_2 < \ldots < t_n$ *eine belie-bige Folge von paarweise verschiedenen Knoten. Dann werden die B-Splines* $N_{j,k}$ *der Ordnung* k ($1 \le k < n$) *rekursiv definiert durch*

$$N_{j,1}(x) := \chi_{[t_j, t_{j+1})} \quad \text{für} \quad j = 1, \ldots, n-1 \, ,$$

$$N_{j,k}(x) := \frac{x - t_j}{t_{j+k-1} - t_j} N_{j,k-1}(x) + \frac{t_{j+k} - x}{t_{j+k} - t_{j+1}} N_{j+1,k-1}(x), \quad (9.7)$$

$$\text{für} \quad k = 2, \ldots, n-1, \quad \text{und} \quad j = 1, \ldots, n-k.$$

Eine einfache Rechnung zeigt, daß für $k = 2$, $n = \ell + 4$, $t_j = \tau_{j-2}$, $j = 1, \ldots, n$, die Konstruktion in (9.7) dieselben Hutfunktionen wie in (9.6) liefert.

Aus der Rekursion (9.7) lassen sich sofort folgende elementare aber wichtige Eigenschaften der B-Splines ableiten, die im gewissen Rahmen schon von obigen Spezialfällen angedeutet werden.

Lemma 9.5. *Für die B-Splines* $N_{j,k}$ *aus Definition 9.4 gilt:*

(i) $\operatorname{supp} N_{j,k} \subset [t_j, t_{j+k}]$, *d. h.* $N_{j,k}(x)$ *verschwindet außerhalb von* $[t_j, t_{j+k}]$,
(ii) $N_{j,k}(x) > 0$ *für alle* $x \in (t_j, t_{j+k})$,
(iii) $(N_{j,k})\big|_{[t_i, t_{i+1})} \in \Pi_{k-1}$.

Für manche Zwecke ist eine alternative Darstellung der B-Splines von Vorteil. Sie beruht auf dividierten Differenzen. Man erinnere sich, daß für $1 \le j \le n-k$ die dividierte Differenz $[t_j, \ldots, t_{j+k}](\cdot - x)_+^{k-1}$ als führender Koeffizient des Lagrange-Interpolations-Polynoms der Funktion $f_{k-1}(s) := (s-x)_+^{k-1}$ an den Stützstellen $t_j, \ldots, t_{j+k}$ definiert ist. Mit Hilfe dieser dividierten Differenz kann man eine explizite Darstellung für die B-Splines herleiten:

Satz 9.6. *Die B-Splines* $N_{j,k}$ *haben folgende Darstellung:*

$$N_{j,k}(x) = (t_{j+k} - t_j)[t_j, \ldots, t_{j+k}](\cdot - x)_+^{k-1} \, ,$$
$$\text{für} \quad 1 \le k < n, \quad 1 \le j \le n-k \, . \qquad (9.8)$$

Insbesondere impliziert dies $N_{j,k} \in C^{k-2}([t_1, t_n])$.

Dies ist so zu verstehen, daß die dividierte Differenz auf das Argument $\cdot$ wirkt. Zum Beispiel bedeutet

$$[t_j, t_{j+1}](\cdot - x)_+^m = \frac{[t_{j+1}](\cdot - x)_+^m - [t_j](\cdot - x)_+^m}{t_{j+1} - t_j} = \frac{(t_{j+1} - x)_+^m - (t_j - x)_+^m}{t_{j+1} - t_j}.$$

Üblicherweise definiert man die B-Splines mit Hilfe von (9.8) und leitet daraus die Rekursion (9.7) her. Eine ausführlichere Diskussion dieser Zusammenhänge und entsprechende Beweise findet man zum Beispiel in [deB1, deB2].

Beispiel 9.7. Wir betrachten den Fall der Hutfunktionen ($k = 2$). Sei $g_x(t) := (t - x)_+$ und für $j \leq n - 2$, $P(g_x \,|\, t_j, t_{j+1}, t_{j+2})$ das Lagrange-Interpolationspolynom von g_x an den Stützstellen t_j, t_{j+1}, t_{j+2}. Dann ist $[t_j, t_{j+1}, t_{j+2}](\cdot - x)_+ = [t_j, t_{j+1}, t_{j+2}]g_x$ der führende Koeffizient dieses Interpolationspolynoms. Wir unterscheiden die Fälle $x \leq t_j$, $x \geq t_{j+2}$, $x \in [t_j, t_{j+1}]$, $x \in [t_{j+1}, t_{j+2}]$:

1. $x \leq t_j$. Dann ist $P(g_x \,|\, t_j, t_{j+1}, t_{j+2})(t) = t - x$ und somit ist der führende Koeffizient ($=$ Koeffizient der Potenz t^2) Null: $[t_j, t_{j+1}, t_{j+2}]g_x = 0$.
2. $x \geq t_{j+2}$. Dann ist $P(g_x \,|\, t_j, t_{j+1}, t_{j+2})(t) = 0$, also der führende Koeffizient ist Null: $[t_j, t_{j+1}, t_{j+2}]g_x = 0$.
3. $x \in [t_j, t_{j+1}]$. Dann gilt folgende Tabelle dividierter Differenzen:

t_m	$[t_m]g_x$	$[t_m, t_{m+1}]g_x$	$[t_m, t_{m+1}, t_{m+2}]g_x$
t_j	0		
		$> \frac{t_{j+1}-x}{t_{j+1}-t_j}$	
t_{j+1}	$t_{j+1} - x$		$> \frac{x-t_j}{(t_{j+2}-t_j)(t_{j+1}-t_j)}$
		> 1	
t_{j+2}	$t_{j+2} - x$		

also: $[t_j, t_{j+1}, t_{j+2}]g_x = \frac{x-t_j}{(t_{j+2}-t_j)(t_{j+1}-t_j)}$.

4. $x \in [t_{j+1}, t_{j+2}]$. Wie bei 3 erhält man $[t_j, t_{j+1}, t_{j+2}]g_x = \frac{t_{j+2}-x}{(t_{j+2}-t_j)(t_{j+2}-t_{j+1})}$. Insgesamt:

$$(t_{j+2} - t_j)[t_j, t_{j+1}, t_{j+2}]g_x = \begin{cases} 0 & \text{für } x \leq t_j \\ (x - t_j)/(t_{j+1} - t_j) & \text{für } x \in [t_j, t_{j+1}] \\ (t_{j+2} - x)/(t_{j+2} - t_{j+1}) & \text{für } x \in [t_{j+1}, t_{j+2}] \\ 0 & \text{für } x \geq t_{j+2} \end{cases}$$

$$= N_{j,2}(x).$$

$\triangle$

Durch Differentiation von (9.8) und wegen der Rekursionsformel (8.27) für die dividierten Differenzen ergibt sich:

Folgerung 9.8. *Für $k \geq 3$ gilt*

$$N'_{j,k}(x) = (k - 1)\left\{ \frac{N_{j,k-1}(x)}{t_{j+k-1} - t_j} - \frac{N_{j+1,k-1}(x)}{t_{j+k} - t_{j+1}} \right\}, \qquad (9.9)$$

d. h., die Ableitungen von B-Splines sind gewichtete Differenzen von B-Splines niedrigerer Ordnung.

Beweis: Seien j, k fest gewählt, wie in (9.8), mit $k \geq 3$. Wir definieren $g_{x,k}(t) := (t - x)_+^{k-1}$. Diese Funktion ist differenzierbar nach x und es gilt

$\frac{d}{dx}g_{x,k}(t) = -(k-1)g_{x,k-1}(t)$. Die Abbildung $D : f \to [t_j, \ldots, t_{j+k}]f$ ist ein lineares Funktional. Mit (9.8) und der Rekursionsformel (8.27) ergibt sich

$$\begin{aligned}
\frac{d}{dx}N_{j,k}(x) &= (t_{j+k} - t_j)\frac{d}{dx}D(g_{x,k}) = (t_{j+k} - t_j)D(\frac{d}{dx}g_{x,k}) \\
&= -(k-1)(t_{j+k} - t_j)D(g_{x,k-1}) \\
&= -(k-1)(t_{j+k} - t_j)[t_j, \ldots, t_{j+k}]g_{x,k-1} \\
&= (k-1)\big([t_j, \ldots, t_{j+k-1}]g_{x,k-1} - [t_{j+1}, \ldots, t_{j+k}]g_{x,k-1}\big) \\
&= (k-1)\left\{\frac{N_{j,k-1}(x)}{t_{j+k-1} - t_j} - \frac{N_{j+1,k-1}(x)}{t_{j+k} - t_{j+1}}\right\},
\end{aligned}$$

woraus die Behauptung folgt.   □

9.1.2 B-Splines als Basis für den Splineraum

Ziel der bisherigen Überlegungen war, eine stabile Basis für $\mathbb{P}_{k,\tau}$ zu gewinnen. Sei $\mathbb{P}_{k,\tau}$ der Splineraum wie in (9.1). Zur Knotenmenge $\tau = \{\tau_0, \ldots, \tau_{\ell+1}\}$ mit $a = \tau_0 < \tau_1 < \ldots < \tau_\ell < \tau_{\ell+1} = b$ definieren wir eine *erweiterte Knotenmenge* T:

$$\begin{aligned}
T = \{t_1, \ldots, t_n\} \quad &\text{mit} \quad n := 2k + \ell, \\
t_1 < \ldots < t_k &= \tau_0, \\
t_{k+j} = \tau_j \quad &\text{für} \quad j = 1, \ldots, \ell, \\
\tau_{\ell+1} = t_{k+\ell+1} &< \ldots < t_{2k+\ell}.
\end{aligned}$$
(9.10)

Zu dieser erweiterten Knotenmenge T werden die B-Splines $N_{j,k}$, $1 \le j \le n - k = k + \ell$, wie in (9.7) definiert. Die Funktionswerte $N_{j,k}(x)$ sind für alle $x \in \mathbb{R}$ definiert. Im Splineraum $\mathbb{P}_{k,\tau}$ sind nur die Werte $N_{j,k}(x)$ mit $x \in [a, b]$ ($x \in [a, b)$ für $k = 1$) von Interesse. Wir definieren nun

$$S_{k,T} = \mathrm{span}\{N_{j,k}\big|_{[a,b]} \mid 1 \le j \le k + \ell\}.$$
(9.11)

Folgendes Hauptresultat zeigt, daß die (auf $[a, b]$ restringierten) B-Splines $N_{j,k}$ ($1 \le j \le k + \ell$) eine Basis für den Splineraum $\mathbb{P}_{k,\tau}$ bilden.

Satz 9.9. *Es gilt*
$$\mathbb{P}_{k,\tau} = S_{k,T}.$$

Beweisskizze: Da der effiziente numerische Umgang mit Splines entscheidend durch die B-Spline Basis bedingt ist, hat Satz 9.9 eine große Bedeutung. Wir skizzieren deshalb einen Beweis. Aufgrund von Lemma 9.5 (iii) und Satz 9.6 folgt sofort $S_{k,T} \subseteq \mathbb{P}_{k,\tau}$. Da einerseits wegen Lemma 9.1 $\dim \mathbb{P}_{k,\tau} = k + \ell$

gilt, andererseits die Anzahl der B-Splines, die $S_{k,T}$ für T gemäß (9.10)-(9.11)erzeugen, auch $k + \ell$ ist, folgt die Behauptung, sobald man die lineare Unabhängigkeit der B-Splines gezeigt hat. Wir deuten nun eine Möglichkeit an, die lineare Unabhängigkeit der B-Splines zu verifizieren. Man braucht nämlich nur zu zeigen, daß sich jedes Polynom in Π_{k-1} auf $[a, b]$ als Linearkombination von B-Splines schreiben lässt, d.h. daß

$$\Pi_{k-1}|_{[a,b]} \subseteq S_{k,T} \tag{9.12}$$

gilt. Setzen wir nämlich für einen Moment die Gültigkeit von (9.12) voraus, so folgt aus Lemma 9.5 (i), daß jedes Intervall $I = [\tau_j, \tau_{j+1}]$ zwischen zwei aufeinander folgenden Knoten von (höchstens) k B-Splines überlappt wird. Falls (9.12) gilt, müssen diese B-Splines auf I bereits Π_{k-1} also einen k-dimensionalen Raum aufspannen, was nur möglich ist, wenn entsprechende k B-Splines linear unabhängig auf I sind. Da dies für jedes Knotenintervall gilt, sind alle B-Splines sogar *lokal* (d.h. auf jedem Teilintervall I) linear unabhängig, woraus insbesondere die lineare Unabhängigkeit auf $[a, b]$ folgt. Um den Beweis von Satz 9.9 abzuschließen, bleibt also, (9.12) zu verifizieren. Hierzu reicht es, folgende Identität (Marsden-Identität) zu zeigen: Für alle $x \in [a, b]$ und $y \in \mathbb{R}$ gilt

$$(x - y)^{k-1} = \sum_{j=1}^{k+\ell} \varphi_{j,k}(y) N_{j,k}(x) \qquad \text{mit} \quad \varphi_{j,k}(y) = \prod_{i=1}^{k-1} (t_{j+i} - y). \tag{9.13}$$

Diese Identität wiederum läßt sich mit Induktion über k mit Hilfe der Rekursion (9.7) beweisen. Differenziert man nun beide Seiten von (9.13) $k - 1 - m$ mal für $0 \le m \le k - 1$ nach y an der Stelle $y = 0$, bekommt man sofort für jedes $0 \le m \le k - 1$ eine Darstellung des Monoms x^m als Linearkombination von B-Splines, woraus (9.12) folgt. $\square$

Bemerkung 9.10. Die Definition in (9.11) ist unabhängig von der Wahl der Hilfsknoten $t_1, \ldots, t_{k-1} < a$ und $t_{k+\ell+2}, \ldots, t_{2k+\ell} > b$. Die Lage der Hilfsknoten außerhalb von (a, b) ist unwichtig. Man läßt sie (wie bei der Hermite-Interpolation) deshalb oft auf den jeweiligen Intervallenden a bzw. b *zusammenfallen*. Am Beispiel der Hutfunktion sieht man, wie dabei am doppelten Knoten eine Sprungstelle am Intervallrand entsteht, die natürlich keinen Einfluß auf das Innere des Intervalls hat. Man beachte, daß die charakteristische Funktion für zusammenfallende Knoten verschwindet:

$$\chi_{[\tau_i, \tau_{i+1}]} = 0 \quad \text{wenn} \quad \tau_i = \tau_{i+1} \ .$$

Die Rekursion (9.7) bleibt auch für zusammenfallende Knoten unter der Konvention gültig, Terme durch Null zu ersetzen, deren Nenner verschwindet. Zum Beispiel erhält man für $k = 2$, $t_0 = t_1 < t_2$,

$$N_{0,2}(x) = \frac{x - t_0}{t_1 - t_0} N_{0,1}(x) + \frac{t_2 - x}{t_2 - t_1} N_{1,1}(x) = \frac{t_2 - x}{t_2 - t_1} \chi_{[t_1, t_2)}(x). \qquad \triangle$$

Beispiel 9.11. Als Beispiel betrachten wir $[a, b] = [0, 1]$, $k = 4$, $l = 5$, $t_1 = t_2 = t_3 = t_4 = 0$, $t_5 = 0.1$, $t_6 = 0.3$, $t_7 = 0.45$, $t_8 = 0.65$, $t_9 = 0.8$, $t_{10} = t_{11} = t_{12} = t_{13} = 1$. Für $j = 2, 3, 4, 5$ werden die kubische B-Splines $N_{j,4}$ in Abb. 9.2 gezeigt. $\triangle$

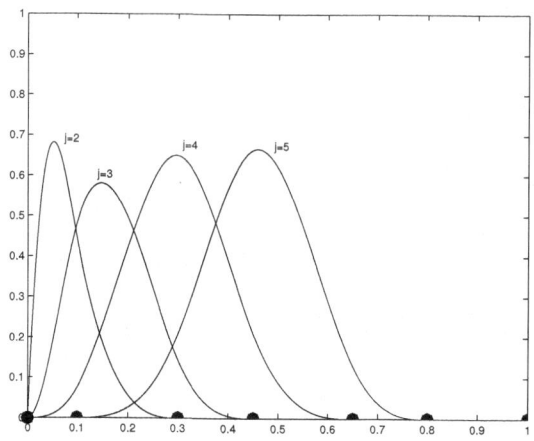

Abb. 9.2. Kubische B-Splines

9.1.3 Rechnen mit Linearkombinationen von B-Splines

Satz 9.9 besagt, daß man jeden Spline $S \in \mathbb{P}_{k,\tau}$ als Linearkombination von B-Splines in der Form

$$S(x) = \sum_{j=1}^{k+\ell} c_j N_{j,k}(x) , \quad x \in [a, b], \qquad (9.14)$$

schreiben kann, d. h., jeder Spline läßt sich durch eine Koeffizientenfolge $\{c_j\}_{j=1}^{k+\ell}$ kodieren. Wir zeigen nun, wie solche Linearkombinationen effizient und stabil behandelt werden können, und zwar am Beispiel der Berechnung von Funktions- und Ableitungswerten.

Um nun für ein gegebenes $x \in [a, b]$ und eine gegebene Folge $\{c_j\}_{j=1}^{k+\ell}$ die Auswertung $S(x)$ zu berechnen, könnte man die Rekursion (9.7) für jedes $N_{j,k}(x)$ verwenden, dann das Ergebnis mit c_j multiplizieren und schließlich aufsummieren. Es zeigt sich jedoch, daß es eine effizientere Möglichkeit gibt, die *direkt* mit den Koeffizienten c_j arbeitet. Setzt man die Rekursion (9.7) in (9.14) ein und ordnet die Terme geeignet um, erhält man für $x \in [a, b]$:

$$S(x) = \sum_{j=2}^{k+\ell} c_j^{[1]}(x) N_{j,k-1}(x) ,$$

mit

$$c_j^{[1]}(x) = \frac{x - t_j}{t_{j+k-1} - t_j} c_j + \frac{t_{j+k-1} - x}{t_{j+k-1} - t_j} c_{j-1},$$

d. h., $S(x)$ läßt sich als Linearkombination von B-Splines niedrigerer Ordnung schreiben, wobei die Koeffizienten nun auch von x abhängen und sich als *Konvexkombinationen* der Ausgangskoeffizienten c_j schreiben lassen. Wiederholt man das Argument, ergibt sich für $p < k$

$$S(x) = \sum_{j=1+p}^{k+\ell} c_j^{[p]}(x) N_{j,k-p}(x), \qquad (9.15)$$

wobei, für $1 + p \leq j \leq k + \ell$,

$$c_j^{[p]}(x) = \begin{cases} c_j, & p = 0 \\ \dfrac{x - t_j}{t_{j+k-p} - t_j} c_j^{[p-1]}(x) + \dfrac{t_{j+k-p} - x}{t_{j+k-p} - t_j} c_{j-1}^{[p-1]}(x) & sonst. \end{cases} \qquad (9.16)$$

Sei nun $x \in [t_m, t_{m+1})$. Da $N_{j,1}(x) = \chi_{[t_j, t_{j+1})}(x)$, ergibt sich speziell für $p = k - 1$

$$S(x) = \sum_{j=k}^{k+\ell} c_j^{[k-1]}(x) N_{j,1}(x) = c_m^{[k-1]}(x),$$

d. h.,

$$S(x) = c_m^{[k-1]}(x), \quad \text{für} \ x \in [t_m, t_{m+1}). \qquad (9.17)$$

Daraus ergibt sich ein Algorithmus, analog zum Neville-Schema 8.12 zur Auswertung der Polynominterpolation:

Algorithmus 9.12 (Auswertung von S).
Gegeben: $x \in [a, b]$ *und* $c_1, \ldots, c_{k+\ell}$ *aus der Darstellung* (9.14).

- *Bestimme m mit $x \in [t_m, t_{m+1})$. (Es ist $k \leq m \leq k + \ell$.)*
- *Setze*
$$c_j^{[0]}(x) = c_j, \quad j = m - k + 1, \ldots, m.$$
- *Für $p = 1, \ldots, k - 1$ berechne mit* (9.16)
$$c_j^{[p]}(x), \quad j = m - k + 1 + p, \ldots, m.$$

-
$$S(x) = c_m^{[k-1]}(x).$$

Folgerung 9.13. *Wählt man* $c_j = 1$, $j = 1, \ldots, k + \ell$, *erhält man aus* (9.16) *(als Konvexkombination)* $c_j^{[p]}(x) = 1$, $p = 1, \ldots, k - 1$, *also*

$$\sum_{j=1}^{k+\ell} N_{j,k}(x) = 1, \quad \text{für } x \in [a,b], \tag{9.18}$$

d. h., die $N_{j,k}$ *bilden eine* Zerlegung der Eins.

Letztere Eigenschaft ist von entscheidender Bedeutung für Anwendungen im Kurven- und Freiformflächenentwurf etwa im Karosseriedesign. Wegen der Lokalität der B-Splines liegt für $x \in [t_m, t_{m+1}]$ der Wert der Linearkombination $S(x) = \sum_{j=1}^{k+\ell} c_j N_{j,k}(x)$ von B-Splines in der konvexen Hülle der k *Kontrollkoeffizienten* $c_{m-k+1}, \ldots, c_m$. Die Variation der Koeffizienten c_j verändert daher in vorhersehbarer Weise die Lage der Kurve, ein nützliches Design- und Konstruktionswerkzeug.

Beispiel 9.14. Sei $\mathbb{P}_{4,\tau}$, $\tau := \{0, 0.1, 0.3, 0.45, 0.65, 0.8, 1\}$ der Raum der kubischen B-Splines aus Beispiel 9.11. Sei $S(x) = \sum_{j=1}^{9} c_j N_{j,4}(x) \in \mathbb{P}_{4,\tau}$, mit

$$(c_j)_{1 \le j \le 9} = (1, 0.5, 0.3, -0.1, c, 0, 0.7, 1.0, 0.2)$$

Für $c_4 = c = -0.3, -0.6, -0.8$ wird der Graph $S(x)$ in Abb. 9.3 gezeigt.   △

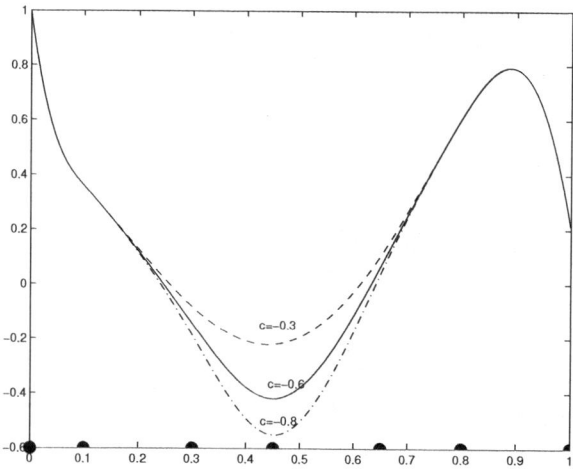

Abb. 9.3. Variation eines Kontrollkoeffizienten

In analoger Weise kann man Ableitungen von Splinefunktionen behandeln. Setzt man (9.9) in $S'(x) = \sum_{j=1}^{k+\ell} c_j N_{j,k}'(x)$ ein, ordnet die Terme um und wiederholt diese Manipulation gegebenenfalls p mal, ergibt sich die folgende Darstellung der p-ten Ableitung von S

$$S^{(p)}(x) = \sum_{j=1+p}^{k+\ell} c_j^{(p)} N_{j,k-p}(x) \tag{9.19}$$

als Linearkombination von B-Splines der Ordnung $k - p$, wobei die neuen Koeffizienten $c_j^{(p)}$ p-te Differenzen der ursprünglichen Koeffizienten sind

$$c_j^{(p)} = \begin{cases} c_j, & p = 0, \\ (k-p)\frac{c_j^{(p-1)} - c_{j-1}^{(p-1)}}{t_{j+k-p} - t_j}, & 0 < p \leq k - 2. \end{cases} \tag{9.20}$$

Die Verschiebung der unteren Summationsgrenze in (9.19) rührt wie im Falle der Funktionsauswertungen daher, daß die Verringerung der Splineordnung die Träger der B-Splines verkürzt und dadurch der ursprünglich erste am linken Intervallrand ausfällt. Nach rekursiver Bestimmung der $c_j^{(p)}$ kann zur Auswertung von $S^{(p)}(x)$ wiederum Algorithmus 9.12 auf (9.19) angewandt werden.

9.1.4 Stabilität der B-Spline-Basis

Ohne Beweis geben wir nun einen der Hauptgründe für die Wichtigkeit der B-Splines an.

Für jedes $k \in \mathbb{N}$ existiert eine Konstante $c > 0$, so daß für alle Knotenmengen $T = \{t_j\}_{j=1}^n$ wie in (9.10) und alle $\{c_j\}_{j=1}^{k+l}$ gilt

$$c \max_{j=1,\ldots,k+l} |c_j| \leq \max_{x \in [a,b]} \left| \sum_{j=1}^{k+l} c_j N_{j,k}(x) \right| \leq \max_{j=1,\ldots,k+l} |c_j|. \tag{9.21}$$

Das heißt kleine Änderungen in den Koeffizienten bewirken nur kleine Änderungen in der entsprechenden Splinefunktion und umgekehrt und zwar *unabhängig von der Lage der Knoten*.

Dies ist völlig analog zum Spezialfall (9.5). Man beachte, daß die obere Abschätzung sofort aus Lemma 9.5 (ii) und Folgerung 9.13 folgt. Die untere Abschätzung erfordert Hilfsmittel, die den vorliegenden Rahmen sprengen würden.

Für spätere Zwecke notieren wir noch eine Verallgemeinerung dieses Ergebnisses, die besagt, daß (9.21) im folgenden Sinne für alle L_p-Normen gültig bleibt. Man erinnere sich, daß

$$\|f\|_p = \|f\|_{L_p(a,b)} := \left(\int_a^b |f(x)|^p dx \right)^{1/p}$$

für $1 \leq p < \infty$ und analog für entsprechende Folgennormen

$$\|(c_j)\|_p := \left(\sum_j |c_j|^p \right)^{1/p}.$$

Dann gilt wiederum für Konstanten $c > 0$, C, die nur von k, nicht aber von den c_j, t_j abhängen (siehe z. B. [deB2])

$$c \left\| (c_j \|N_{j,k}\|_p)_{j=1}^{k+\ell} \right\|_p \leq \left\| \sum_{j=1}^{k+\ell} c_j N_{j,k} \right\|_p \leq C \left\| (c_j \|N_{j,k}\|_p)_{j=1}^{k+\ell} \right\|_p. \quad (9.22)$$

Wenn man die B-Splines auf L_p normiert, d. h. $N_{j,k,p}(x) := N_{j,k}(x)/\|N_{j,k}\|_p$ setzt (also $N_{j,k,\infty} = N_{j,k}$), nimmt (9.22) die zu (9.21) völlig analoge Form

$$c \left\| (c_j)_{j=1}^{k+\ell} \right\|_p \leq \left\| \sum_{j=1}^{k+\ell} c_j N_{j,k,p} \right\|_p \leq C \left\| (c_j)_{j=1}^{k+\ell} \right\|_p \quad (9.23)$$

an.

> Geeignet skaliert bilden B-Splines also Basen, die im Sinne von (2.37) unabhängig von der Lage der Knoten für alle p-Normen *gleichmäßig gut konditioniert* sind. Allerdings ist mittlerweile bekannt, daß die Kondition etwa wie 2^k mit dem Grad der Splines wächst. Die Korrelation zwischen Koeffizienten und Funktion wird also mit steigendem Polynomgrad lockerer.

9.2 Splineinterpolation

Die Lösung von Interpolationsproblemen war die ursprüngliche Motivation zur Konstruktion von Splines. Wegen $\dim \mathbb{P}_{k,\tau} = k + \ell$ erwartet man, mit Splines in $\mathbb{P}_{k,\tau} = S_{k,T}$ insgesamt $k + \ell$ Interpolationsbedingungen erfüllen zu können. Der folgende Satz (von Schoenberg und Whitney) charakterisiert, wann ein Interpolationsproblem eindeutig für alle Daten lösbar ist. Der Beweis dieses Resultats wird hier nicht behandelt.

> **Satz 9.15.** *Sei $T = \{t_j\}_{j=1}^n$ wie in (9.10).*
> *Seien $x_1, \ldots, x_{k+\ell} \in [a,b]$ Stützstellen und $f_1, \ldots, f_{k+\ell}$ die zugehörigen Daten. Das Problem der Bestimmung eines $S \in S_{k,T}$, so daß*
>
> $$S(x_j) = f_j, \quad j = 1, \ldots, k+\ell \quad (9.24)$$
>
> *gilt, hat genau dann eine eindeutig bestimmte Lösung, wenn*
>
> $$x_j \in (t_j, t_{j+k}), \quad j = 1, \ldots, k+\ell, \quad (9.25)$$
>
> *d. h., wenn in den Träger jedes B-Splines mindestens eine Stützstelle fällt. Man kann sogar zeigen, daß die Aussage für Hermite-Interpolation gültig bleibt.*

Bemerkung 9.16. In Abweichung von der Notation in Kapitel 8 fängt die Numerierung der Stützstellen hier mit 1 (statt 0) an. $\triangle$

Die Matrix

$$A = (N_{j,k}(x_i))_{i,j=1}^{k+\ell}$$

ist genau dann nichtsingulär, wenn (9.25) gilt. $S(x) = \sum_{j=1}^{k+\ell} c_j N_{j,k}(x)$ löst (9.24) genau dann, wenn für $\boldsymbol{c} = (c_1, \dots, c_{k+\ell})^T$ und $\boldsymbol{f} = (f_1, \dots, f_{k+\ell})^T$ gilt

$$A\boldsymbol{c} = \boldsymbol{f}. \tag{9.26}$$

Bemerkung 9.17. Man kann sogar zeigen, daß, wenn die Bedingung in (9.25) erfüllt ist, das Gleichungssystem in (9.26) durch Gauß-Elimination *ohne* Pivotisierung gelöst werden kann. Da die B-Splines kompakten Träger haben, ist A eine Bandmatrix, so daß sich die LR-Zerlegung effizient durchführen läßt. $\triangle$

Wir gehen nun auf den wichtigen Spezialfall der kubischen Splineinterpolation nochmals ein. Dies betrifft den Fall, daß $k = 4$ ist und Stützstellen und Knoten übereinstimmen:

$$x_j := t_{j+3} = \tau_{j-1} \quad \text{für} \quad j = 1, \dots, \ell + 2 \, .$$

Dies liefert allerdings nur $\ell + 2$ Bedingungen. Man benötigt zwei weitere Bedingungen, da $\dim S_{4,T} = 4 + \ell$ gilt. Hierzu gibt es unter anderem folgende Möglichkeiten:

(a) Vollständige kubische Splineinterpolation: Als zusätzliche Bedingung wird gefordert, daß an den Intervallenden jeweils noch die ersten Ableitungen interpoliert werden, so daß der vollständige Satz von Interpolationsbedingungen lautet:

$$S(t_j) = f(t_j), \quad j = 4, \dots, \ell + 5, \quad S'(a) = f'(a), \quad S'(b) = f'(b). \tag{9.27}$$

D. h., man stellt Hermite-Interpolationsbedingungen als zusätzliche Randbedingungen.

(b) Natürliche kubische Splineinterpolation:

$$S(t_j) = f(t_j), \quad j = 4, \dots, \ell + 5, \quad S''(a) = S''(b) = 0. \tag{9.28}$$

Eine weitere Möglichkeit bietet die „not-a-knot" Bedingung. Dabei werden an beiden Intervallenden jeweils zwei der Polynomstücke zu einem einzigen verschmolzen, wodurch man gerade die beiden überzähligen Freiheitsgrade verliert.

Die eindeutige Lösbarkeit der Aufgaben (9.27), (9.28) folgt aus Satz 9.15. Für den Fall der kubischen Splineinterpolation kann die eindeutige Lösbarkeit zusammen mit der in Lemma 8.38 diskutierten Extremaleigenschaft auch direkt über ein einfaches Lemma bewiesen werden (Sätze 9.19 und 9.20).

Lemma 9.18. *Sei* $g \in C^2([a,b])$ *und* $S \in S_{4,T}$, *so daß*

$$g(t_i) = S(t_i) \quad \text{für} \quad i = 4, \ldots, \ell + 5 \; ,$$
$$S''(b)\big(g'(b) - S'(b)\big) = S''(a)\big(g'(a) - S'(a)\big) \; .$$

Dann gilt

$$\int_a^b S''(x)^2 \, dx \leq \int_a^b g''(x)^2 \, dx \; .$$

Beweis. Über partielle Integration erhält man

$$\int_a^b S''(x)\big(g''(x) - S''(x)\big) \, dx$$

$$= \sum_{i=4}^{\ell+4} \left[S''(x)\big(g'(x) - S'(x)\big)\big|_{t_i}^{t_{i+1}} - \int_{t_i}^{t_{i+1}} S'''(x)\big(g'(x) - S'(x)\big) \, dx \right]$$

$$= -\sum_{i=4}^{\ell+4} \int_{t_i}^{t_{i+1}} S'''(x)\big(g'(x) - S'(x)\big) \, dx \; .$$

Weil S ein kubischer Spline ist, muß S''' im jedem Teilintervall konstant sein:

$$S'''(x) = d_i \quad \text{für} \quad x \in (t_i, t_{i+1}), \quad i = 4, \ldots, \ell + 4 \; .$$

Hieraus folgt, wegen $g(t_i) = S(t_i)$ für $i = 4, \ldots, \ell + 5$,

$$\int_a^b S''(x)\big(g''(x) - S''(x)\big) \, dx = -\sum_{i=4}^{\ell+4} d_i \int_{t_i}^{t_{i+1}} g'(x) - S'(x) \, dx$$

$$= -\sum_{i=4}^{\ell+4} d_i \big[\big(g(t_{i+1}) - S(t_{i+1})\big) - \big(g(t_i) - S(t_i)\big) \big]$$

$$= 0 \; .$$

Insgesamt ergibt sich

$$\int_a^b g''(x)^2 \, dx = \int_a^b \big(S''(x) + (g''(x) - S''(x))\big)^2 \, dx$$

$$= \int_a^b S''(x)^2 \, dx + 2 \int_a^b S''(x)(g''(x) - S''(x)) \, dx + \int_a^b (g''(x) - S''(x))^2 \, dx$$

$$= \int_a^b S''(x)^2 \, dx + \int_a^b (g''(x) - S''(x))^2 \, dx \geq \int_a^b S''(x)^2 \, dx \; .$$

$\square$

Für die *vollständige kubische Splineinterpolation* ergibt sich folgendes Resultat:

Satz 9.19. *Zu jedem $f \in C^1([a,b])$ existiert ein eindeutiger Spline $I_4 f \in S_{4,T}$, so daß*

$$(I_4 f)(t_j) = f(t_j), \quad j = 4, \ldots, \ell + 5,$$
$$(I_4 f)'(a) = f'(a), \quad (I_4 f)'(b) = f'(b).$$

Ferner erfüllt $I_4 f$ die Extremaleigenschaft

$$\int_a^b (I_4 f)''(x)^2 \, dx \leq \int_a^b g''(x)^2 \, dx \qquad (9.29)$$

für alle Funktionen $g \in C^2([a,b])$, die die gleichen Interpolations- und Randbedingungen wie $I_4 f$ erfüllen.

Beweis. Wir definieren die lineare Abbildung $L : S_{4,T} \to \mathbb{R}^{\ell+4}$:

$$L(S) = (S(t_4), \ldots, S(t_{\ell+5}), S'(a), S'(b))^T .$$

Die Aufgabe der vollständigen kubischen Splineinterpolation kann man wie folgt formulieren: gesucht ist $S \in S_{4,T}$, so daß

$$L(S) = (f(t_4), \ldots, f(t_{\ell+5}), f'(a), f'(b))^T . \qquad (9.30)$$

Sei $\tilde{S} \in S_{4,T}$, so daß $L(\tilde{S}) = 0$. Für $\tilde{S}$ und $g \equiv 0$ sind die Voraussetzungen in Lemma 9.18 erfüllt und deshalb gilt

$$\int_a^b \tilde{S}''(x)^2 \, dx = 0 .$$

Da $\tilde{S}''$ auf $[a,b]$ stetig ist, folgt daraus $\tilde{S}'' \equiv 0$ auf $[a,b]$. Also muß der kubische Spline $\tilde{S}$ auf jedem Teilintervall $[t_i, t_{i+1}]$ ($i = 4, \ldots, \ell + 5$) linear sein. Aus $\tilde{S}(t_i) = 0$ für $i = 4, \ldots, \ell + 5$ folgt, daß $\tilde{S}$ auf $[a,b]$ die Nullfunktion sein muß. Hieraus folgt, daß die Aufgabe (9.30) eine eindeutige Lösung $S =: I_4 f$ hat. Die Extremaleigenschaft in (9.29) folgt einfach aus Lemma 9.18. $\square$

Völlig analog kann man folgendes Resultat für die *natürliche kubische Splineinterpolation* beweisen:

Satz 9.20. *Zu jedem* $f \in C^2[(a,b)]$ *existiert ein eindeutiger Spline* $\hat{I}_4 f \in S_{4,T}$*, so daß*

$$(\hat{I}_4 f)(t_j) = f(t_j), \quad j = 4, \ldots, \ell + 5,$$
$$(\hat{I}_4 f)''(a) = (\hat{I}_4 f)''(b) = 0.$$

Ferner erfüllt $\hat{I}_4 f$ *die Extremaleigenschaft*

$$\int_a^b (\hat{I}_4 f)''(x)^2\, dx \leq \int_a^b g''(x)^2\, dx \tag{9.31}$$

für alle Funktionen $g \in C^2([a,b])$ *die die gleichen Interpolations- und Randbedingungen wie* $\hat{I}_4 f$ *erfüllen.*

Bemerkung 9.21. Sei $h = \max_{j=0,\ldots,\ell}(\tau_{j+1} - \tau_j)$ und $f \in C^4([a,b])$. Man kann beweisen (siehe [P]), daß

$$\|f - I_4 f\|_\infty \leq \frac{h^4}{16} \|f^{(4)}\|_\infty \tag{9.32}$$

gilt, wobei $\| \cdot \|_\infty$ die Maximumnorm auf $[a,b]$ ist. Der Vergleich mit Bemerkung 9.2 zeigt, daß die kubische Interpolation (unabhängig von der Lage der Knoten!) die *bestmögliche Approximationsordnung* realisiert. △

Berechnung der vollständigen kubischen Splineinterpolation

Sei $I_4 f$ die vollständige Splineinterpolation einer Funktion f. Wegen Satz 9.9 hat $I_4 f$ die Form

$$(I_4 f)(x) = \sum_{j=1}^{\ell+4} c_j N_{j,4}(x).$$

Die Lösung des Interpolationsproblems verlangt nun, die Koeffizienten c_j über die Interpolationsbedingungen (9.27) zu bestimmen.

Da der Träger von $N_{j,4}(x)$ die drei Stützstellen t_{j+1}, t_{j+2} und t_{j+3} enthält, stehen in den meisten Zeilen der zur vollständigen kubischen Splineinterpolation gehörenden Matrix genau drei von Null verschiedene Einträge. Hinsichtlich der Interpolationsbedingungen an den Intervallenden ist folgendes zu beachten. Aus der Rekursion (9.7) schließt man unter Berücksichtigung von

$$t_1 = \ldots = t_4 = a, \quad t_{\ell+5} = \ldots = t_{\ell+8} = b,$$

daß

$$N_{1,4}(t_4) = N_{2,3}(t_4) = N_{3,2}(t_4) = N_{4,1}(t_4) = 1\ ,$$

und wegen (9.18) folgt

$$N_{j,4}(t_4) = 0, \quad j = 2, 3, \ldots, \ell + 4 \ .$$

Auch gilt

$$N_{\ell+4,4}(t_{\ell+5}) = N_{\ell+4,3}(t_{\ell+5}) = N_{\ell+4,2}(t_{\ell+5}) = N_{\ell+4,1}(t_{\ell+5}) = 1 \ ,$$

also

$$N_{j,4}(t_{\ell+5}) = 0, \quad j = \ell + 3, \ell + 2, \ldots, 1 \ .$$

Folglich lassen sich aus den Bedingungen $(I_4 f)(t_4) = f(t_4)$ und $(I_4 f)(t_{\ell+5}) = f(t_{\ell+5})$ sofort

$$c_1 = f(t_4), \quad c_{\ell+4} = f(t_{\ell+5})$$

für die gesuchte Darstellung

$$(I_4 f)(x) = \sum_{j=1}^{\ell+4} c_j N_{j,4}(x)$$

ermitteln, d. h., man muß nur ein Gleichungssystem in den Unbekannten $c_2, \ldots, c_{\ell+3}$ betrachten. Außerdem ist wegen $N_{1,3}(t_4) = 0$ und $N_{2,3}(t_4) = 1$:

$$N_{j,3}(t_4) = 0 \quad \text{für} \quad j = 3, 4, \ldots \ .$$

Wegen der Formel (9.9) für die Ableitung von $N_{j,4}(x)$ ergibt sich

$$N_{j,4}'(t_4) = 3 \left\{ \frac{N_{j,3}(t_4)}{t_{j+3} - t_j} - \frac{N_{j+1,3}(t_4)}{t_{j+4} - t_{j+1}} \right\} = 0 \quad \text{für} \quad j = 3, \ldots, \ell + 4 \ .$$

Analog kann man zeigen, daß $N_{j,4}'(t_{\ell+5}) = 0$ für $j = \ell + 2, \ell + 1, \ldots, 1$. Damit erhält man aus den Hermite-Bedingungen

$$f'(a) = (I_4 f)'(t_4) = f(a) N_{1,4}'(t_4) + c_2 N_{2,4}'(t_4)$$
$$f'(b) = (I_4 f)'(t_{\ell+5}) = f(b) N_{\ell+4,4}'(t_{\ell+5}) + c_{\ell+3} N_{\ell+3,4}'(t_{\ell+5}),$$

so daß mit

$$c_2 = \frac{f'(a) - f(a) N_{1,4}'(a)}{N_{2,4}'(a)} \ ,$$

$$c_{\ell+3} = \frac{f'(b) - f(b) N_{\ell+4,4}'(b)}{N_{\ell+3,4}'(b)} \ ,$$

lediglich noch die Koeffizienten $(c_3, \ldots, c_{\ell+2})^T = \boldsymbol{c}$ zu bestimmen sind. Wegen (9.27) muß $\boldsymbol{c}$ das Gleichungssystem

$$A_T \boldsymbol{c} = \boldsymbol{f} \tag{9.33}$$

erfüllen, wobei

$$\boldsymbol{f} = (f_3, \ldots, f_{\ell+2})^T$$

mit

$$f_3 = f(t_5) - c_2 N_{2,4}(t_5),$$
$$f_{\ell+2} = f(t_{\ell+4}) - c_{\ell+3} N_{\ell+3,4}(t_{\ell+4}),$$
$$f_j = f(t_{j+2}), \quad j = 4, \ldots, \ell + 1$$

und

$$A_T = \begin{pmatrix} N_{3,4}(t_5) & N_{4,4}(t_5) \\ N_{3,4}(t_6) & N_{4,4}(t_6) & N_{5,4}(t_6) \\ & N_{4,4}(t_7) & N_{5,4}(t_7) & N_{6,4}(t_7) & & \emptyset \\ & \emptyset & \ddots & \ddots & \ddots \\ & & & N_{\ell,4}(t_{\ell+3}) & N_{\ell+1,4}(t_{\ell+3}) & N_{\ell+2,4}(t_{\ell+3}) \\ & & & & N_{\ell+1,4}(t_{\ell+4}) & N_{\ell+2,4}(t_{\ell+4}) \end{pmatrix},$$

d. h., $A_T \in \mathbb{R}^{\ell \times \ell}$ ist eine Tridiagonal-Matrix. Wegen Bemerkung 9.17 besitzt A_T eine LR-Zerlegung (Gauß-Elimination ohne Pivotisierung), so daß sich das System $A_T \boldsymbol{c} = \boldsymbol{f}$ sehr einfach und effizient lösen läßt.

Hinter der Idee „Splines" stand ja das physikalische Modell der Minimierung der Biegeenergie einer elastischen Latte, wodurch unkontrollierte Oszillationen verhindert werden sollen. Dabei sollte man allerdings nicht vergessen, daß das Modell (aufgrund der Vereinfachung des „Biegefunktionals") nur für kleine Auslenkungen gilt. In der Tat zeigt auch die kubische Splineinterpolation starke Überschwinger bei abrupten Sprüngen in den Daten.

Beispiel 9.22. Wir betrachten ein Beispiel mit äquidistanten Stützstellen, $\tau_j := j * 0.1$, $j = 0, \ldots, 14$, und Daten $f_j = 1$ für $j = 0, \ldots, 5$, $f_j = 0.5$ für $j = 6, \ldots, 14$. Die entsprechende natürliche kubische-Splineinterpolation ist in Abb. 9.4 dargestellt. Man stellt fest, daß wegen des Sprunges in den Daten Oszillationen auftreten.   △

Für mögliche Abhilfen in solchen Fällen sei auf [deB1] verwiesen.

9.3 Datenfit–Smoothing Splines

In vielen Anwendungen ist eine unbekannte Funktion aus einer großen Anzahl von Messungen zu ermitteln. Aufgrund der zu erwartenden Meßfehler oder auch wegen des Umfangs der Datenmenge ist Interpolation dann häufig nicht mehr sinnvoll. Liegt ferner keine genaue Kenntnis über die Struktur der gesuchten Funktion vor (etwa über polynomiales, periodisches oder exponentielles Verhalten), muß man einen Ansatz machen, bei dem eine *beliebige* Funktion f mit einer gewünschten Genauigkeit reproduziert werden kann. Dazu sind Splines, insbesondere Linearkombinationen von B-Splines prädestiniert.

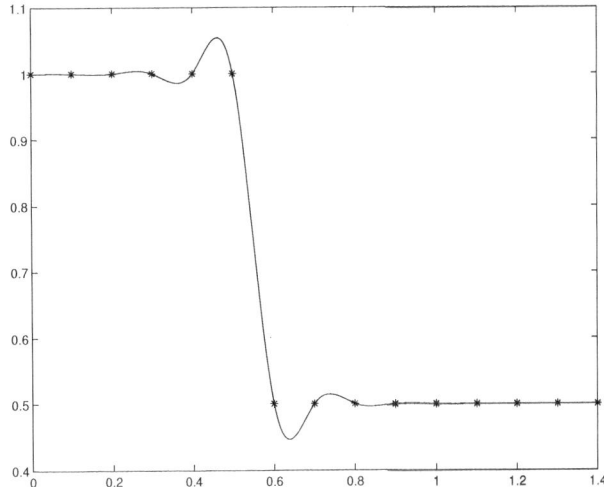

Abb. 9.4. Oszillationen bei einer Spline-Interpolation

Gegeben seien also Messungen f_j, $j = 1, \ldots, m$, die gewissen Abszissen x_j, $j = 1, \ldots, m$, in einem Intervall $[a, b]$ zugeordnet werden. Möchte man die dahinterstehende Funktion f in einem gewissen Genauigkeitsrahmen ϵ ermitteln, geben Fehlerabschätzungen vom Typ (9.2) einen Hinweis über den Umfang einer geeigneten Knotenfolge $\tau = \{\tau_0, \ldots, \tau_{\ell+1}\}$, so daß die Elemente des Splineraumes $\mathbb{P}_{k,\tau}$ diese Genauigkeit liefern können. Eine erweiterte Knotenfolge $T = \{t_1, \ldots, t_n\}$, $n := 2k + \ell$, wird dann wie in (9.10) definiert. Eine Approximation $S \in S_{k,T}$ läßt sich dann folgendermaßen bestimmen: Finde $\boldsymbol{c} = (c_1, \ldots, c_{k+\ell})^T$, so daß $S(x) = \sum_{j=1}^{k+\ell} c_j N_{j,k}(x)$

$$\sum_{j=1}^{m} \left(S(x_j) - f_j\right)^2 = \min_{\tilde{\boldsymbol{c}} \in \mathbb{R}^{k+\ell}} \sum_{j=1}^{m} \left(\sum_{\ell=1}^{k+\ell} \tilde{c}_\ell N_{\ell,k}(x_j) - f_j\right)^2 \qquad (9.34)$$

erfüllt. Hierbei ist i. a. $m \gg k + \ell$, und die x_j müssen natürlich nicht mit den Knoten t_j übereinstimmen. Die Aufgabe (9.34) ist ein lineares Ausgleichsproblem der Form

$$\|A_T \boldsymbol{c} - \boldsymbol{f}\|_2 = \min,$$

wobei hier

$$A_T = (N_{j,k}(x_i))_{i=1,j=1}^{m,k+\ell} \in \mathbb{R}^{m \times (k+\ell)} \ ,$$
$$\boldsymbol{f} = (f_1, \ldots, f_m)^T \in \mathbb{R}^m.$$

Bei der Wahl der Knoten t_j ist darauf zu achten, daß in jeden Träger der B-Splines $N_{j,k}$ *mindestens* ein x_ℓ fällt (vgl. Satz 9.15). Die Matrix A hat dann vollen Rang, so daß die Methoden aus Abschnitt 4.2 angewandt werden können.

Auch beim obigen Ausgleichsansatz können stark fehlerbehaftete Datensätze und starke „Datenausreißer" ein „Überfitten" mit entsprechenden Oszillationen bewirken. Das Konzept des „*Smoothing-Splines*" schafft da Abhilfe. Ein „Strafterm" soll starke Ausschläge unterdrücken und die Daten „glätten". Für ein $\theta \geq 0$ sucht man dasjenige $S \in S_{k,T}$, das

$$\sum_{j=1}^{m} (S(x_j) - f_j)^2 + \theta^2 \|S''\|_2^2 = \min_{\tilde{S} \in S_{k,T}} \sum_{j=1}^{m} (\tilde{S}(x_j) - f_j)^2 + \theta^2 \|\tilde{S}''\|_2^2 \quad (9.35)$$

erfüllt. Aus obigen Gründen hat dieses Problem wieder eine eindeutige Lösung (falls die Schoenberg-Whitney-Bedingung an die Daten erfüllt ist). Offensichtlich sucht man bei (9.35) einen Kompromiß zwischen gutem Fit, nämlich den ersten Term klein zu machen, und einem glatten Kurvenverlauf, nämlich wieder in Anlehnung an das Biegefunktional die zweite Ableitung zu kontrollieren. Je nach Wahl von θ kann man das eine odere andere stärker betonen, hat also einen zusätzlichen Steuerparameter zur Hand. (9.35) ist ein Beispiel für eine *Regularisierungsmethode*, wie sie bei sogenannten *inversen* oder *schlecht gestellten* Problemen in zahlreichen Anwendungen zum Tragen kommt. Im Prinzip führt auch (9.35) natürlich auf ein Ausgleichsproblem für die gesuchten Koeffizienten des Smoothing-Splines bezüglich der B-Spline-Basis. Dies läßt sich besonders bequem für eine leichte Modifikation von (9.35) realisieren, die nun wesentlich auf der Ableitungsformel (9.19) und der Stabilität der B-Spline-Basis (9.22) beruht. Wegen (9.19) und (9.22) für $p = 2$ gilt ja gerade für $S(x) = \sum_{j=1}^{k+\ell} c_j N_{j,k}(x)$

$$c^2 \sum_{j=3}^{k+\ell} \left(c_j^{(2)} \|N_{j,k-2}\|_2 \right)^2 \leq \|S''\|_2^2 \leq C^2 \sum_{j=3}^{k+\ell} \left(c_j^{(2)} \|N_{j,k-2}\|_2 \right)^2.$$

Man erhält also im Wesentlichen das qualitativ selbe Funktional, wenn man in (9.35) $\|S''\|_2^2$ durch $\sum_{j=3}^{k+\ell} \hat{c}_j^2$, mit $\hat{c}_j := c_j^{(2)} \|N_{j,k-2}\|_2$, ersetzt, was zu folgendem Minimierungsproblem führt: Finde $S(x) = \sum_{j=1}^{k+\ell} c_j N_{j,k}(x)$ so daß,

$$\sum_{j=1}^{m} \left(\sum_{i=1}^{k+\ell} c_i N_{i,k}(x_j) - f_j \right)^2 + \theta^2 \sum_{j=3}^{k+\ell} \hat{c}_j^2$$

$$= \min_{\tilde{\boldsymbol{c}} \in \mathbb{R}^{k+\ell}} \sum_{j=1}^{m} \left(\sum_{i=1}^{k+\ell} \tilde{c}_i N_{i,k}(x_j) - f_j \right)^2 + \theta^2 \sum_{j=3}^{k+\ell} \hat{c}_j^2. \quad (9.36)$$

Um dies in die Form eines linearen Ausgleichproblems zu bringen, beachte man, daß wegen (9.20)

$$c_j^{(2)} = \frac{(k-1)(k-2)}{t_{j+k-2} - t_j} \left[\frac{1}{t_{j+k-2} - t_{j-1}} c_{j-2} \right.$$

$$\left. - \left(\frac{1}{t_{j+k-1} - t_j} + \frac{1}{t_{j+k-2} - t_{j-1}} \right) c_{j-1} + \frac{1}{t_{j+k-1} - t_j} c_j \right],$$

für $j = 3, \ldots, k + \ell$ gilt. Mit $\hat{\mathbf{c}} := (\hat{c}_3, \ldots, \hat{c}_{k+\ell})^T$ ergibt sich $\hat{\mathbf{c}} = B_T \mathbf{c}$,

$$
B_T := \begin{pmatrix} b_{3,1} & b_{3,2} & b_{3,3} \\ & b_{4,2} & b_{4,3} & b_{4,4} & & \emptyset \\ \emptyset & & \ddots & \ddots & \ddots \\ & & & b_{k+\ell,k+\ell-2} & b_{k+\ell,k+\ell-1} & b_{k+\ell,k+\ell} \end{pmatrix} \in \mathbb{R}^{(k+\ell-2)\times(k+\ell)}
$$

$$
d_j := \frac{(k-1)(k-2)\|N_{j,k-2}\|_2}{t_{j+k-2} - t_j} \, ,
$$

$$
b_{j,j-2} := \frac{d_j}{t_{j+k-2} - t_{j-1}} \, ,
$$

$$
b_{j,j} := \frac{d_j}{t_{j+k-1} - t_j} \, ,
$$

$$
b_{j,j-1} := -\left(b_{j,j-2} + b_{j,j} \right) .
$$

(9.36) erhält dann die Form

$$
\|A_T \mathbf{c} - \mathbf{f}\|_2^2 + \theta^2 \|B_T \mathbf{c}\|_2^2 = \min_{\tilde{\mathbf{c}} \in \mathbb{R}^{k+\ell}} \|A_T \tilde{\mathbf{c}} - \mathbf{f}\|_2^2 + \theta^2 \|B_T \tilde{\mathbf{c}}\|_2^2,
$$

was wiederum gleichbedeutend mit

$$
\left\| \begin{pmatrix} A_T \\ \theta B_T \end{pmatrix} \mathbf{c} - \begin{pmatrix} \mathbf{f} \\ 0 \end{pmatrix} \right\|_2 \to \min \tag{9.37}
$$

und somit ein Standard-Ausgleichsproblem ist. Es kann mit den Methoden aus Abschnitt 4.4 behandelt werden kann. Da sowohl A_T als auch B_T dünnbesetzt sind, kann man Givens-Rotationen benutzen. Die Wahl des Smoothing-Parameters θ ist problemabhängig. Systematische (z. B. Statistik-basierte) Parameterwahlen können hier nicht diskutiert werden. Folgendes Experiment soll einen groben Eindruck von der Wirkungsweise bei einfachen Test-Datensätzen verschaffen.

Beispiel 9.23. Gegeben seien Messungen (x_j, f_j), $j = 1, \ldots, 20$, die in Abb. 9.5 mit $*$ dargestellt sind. Zur Approximation (und Glättung) dieser Daten benutzen wir kubische Splines mit äquidistanten Knoten $\tau_j = j * 0.1$, $j = 0, \ldots, 10$. Also $m = 20$, $k = 4$, $\ell = 9$ in diesem Beispiel. Für drei Parameterwerte $\theta = 0$, 10^{-3}, 10^{-2} werden die Splinefunktionen $S(x) = \sum_{j=1}^{13} c_j N_{j,4}(x)$ mit $\mathbf{c} = (c_1, \ldots, c_{13})$ wie in (9.37) in Abb. 9.5 gezeigt. △

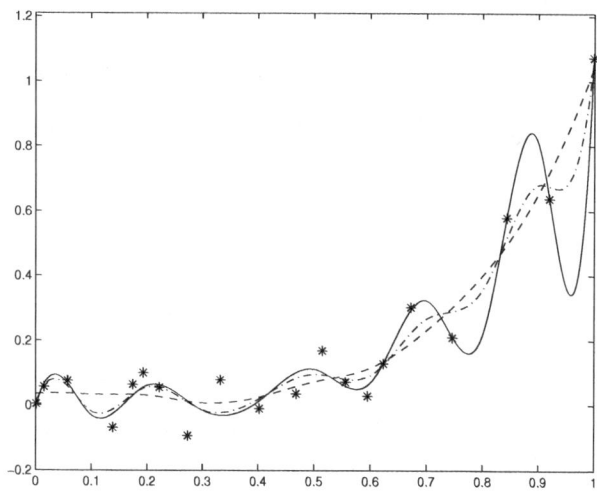

Abb. 9.5. Smoothing-Splines: $\theta = 0$: — ; $\theta = 10^{-3}$: —· ; $\theta = 10^{-2}$: − −

9.4 Übungen

Übung 9.4.1. Für $k \geq 1$, $m \geq 0$, betrachte die $k + l$ Funktionen (vgl. (9.4)):

$$x^i, \quad i = 0, \ldots, k-1, \qquad (\tau_i - x)_+^{k-1}, \quad i = 1, \ldots, \ell.$$

Zeigen Sie Folgendes:

a) Diese Funktionen sind Elemente des Raumes $\mathbb{P}_{k,\tau}$.
b) Diese Funktionen sind linear unabhängig.

Übung 9.4.2. Für $h = 1/n$ sei $t_j := (j-1)h$, $j = 1, \ldots, n$. Berechnen Sie die quadratischen B-Splines $N_{j,3}$, $j = 1, \ldots, n-3$, aus Definition 9.4.

Übung 9.4.3. Beweisen Sie die Resultate (i) – (iii) in Lemma 9.5.

Übung 9.4.4. Approximiere die Sinusfunktion über eine Periode durch
  (i) vollständige kubische Splineinterpolation
  (ii) natürliche kubische Splineinterpolation
zu den Stützstellen $-\frac{\pi}{2}$, 0, $\frac{\pi}{2}$, π, $\frac{3\pi}{2}$.

Übung 9.4.5. Man erstelle ein Programm zur Auswertung einer Splinefunktion nach dem Algorithmus 9.12.

Übung 9.4.6. Man erstelle ein Programm zur Berechnung der vollständigen kubischen Splineinterpolation nach der in Abschnitt 9.2 behandelten Methode.

Numerische Integration

Integrale sind in den seltensten Fällen analytisch geschlossen berechenbar. Die numerische Berechnung von Integralen (Quadratur) ist eine der ältesten Aufgaben in der numerischen Mathematik. In diesem Kapitel werden Methoden zur Lösung dieser Aufgabe diskutiert. Wir konzentrieren uns zunächst auf einige wichtige Grundprinzipien der Konstruktion von Näherungsformeln für ein *eindimensionales* Integral

$$\int_a^b f(x)\,dx$$

einer stetigen Funktion $f \in C[a,b]$. Im Anschluß wird ein einfacher Ansatz zur näherungsweisen Berechnung von mehrdimensionalen Integralen diskutiert.

10.1 Einleitung

Sei

$$I = \int_a^b f(x)\,dx, \quad \tilde{I} = \int_a^b \tilde{f}(x)\,dx$$

wobei $\tilde{f}$ ein gestörter Integrand ist. Mit $\|f - \tilde{f}\|_\infty := \max_{a \le x \le b} |f(x) - \tilde{f}(x)|$ erhält man

$$|I - \tilde{I}| = \Big| \int_a^b f(x) - \tilde{f}(x)\,dx \Big| \le \int_a^b |f(x) - \tilde{f}(x)|\,dx \le (b-a)\|f - \tilde{f}\|_\infty.$$

Dies zeigt, daß die *absolute* Kondition des Integrationsproblems (bezüglich der Maximum-Norm) gut ist. Für die relative Kondition ergibt sich hingegen

$$\frac{|I - \tilde{I}|}{|I|} \le (b-a)\frac{\|f - \tilde{f}\|_\infty}{|\int_a^b f(x)\,dx|} = \frac{\int_a^b \|f\|_\infty\,dx}{|\int_a^b f(x)\,dx|} \cdot \frac{\|f - \tilde{f}\|_\infty}{\|f\|_\infty} =: \kappa_{\text{rel}} \frac{\|f - \tilde{f}\|_\infty}{\|f\|_\infty}.$$

Somit kann ganz analog zur Auslöschung bei der Summenbildung $\kappa_{\mathrm{rel}} \gg 1$ auftreten (nämlich wenn $\left| \int_a^b f(x)\,dx \right| \ll \int_a^b \|f\|_\infty\,dx$).

Die gängige Strategie zur näherungsweisen Berechnung von

$$\int_a^b f(x)\,dx$$

läßt sich folgendermaßen umreißen:

> 1. Man unterteile $[a, b]$ in Teilintervalle $[t_{k-1}, t_k]$ z. B. mit $t_j = a + jh$, $j = 0, \ldots, n$, $h = \frac{b-a}{n}$.
> 2. Approximiere f auf jedem Intervall $[t_{k-1}, t_k]$ durch eine *einfach* zu integrierende Funktion g_k, und verwende
>
> $$\sum_{k=1}^n \int_{t_{k-1}}^{t_k} g_k(x)\,dx \approx \sum_{k=1}^n \int_{t_{k-1}}^{t_k} f(x)\,dx = \int_a^b f(x)\,dx \quad (10.1)$$
>
> als Näherung für das exakte Integral.

Als einführendes Beispiel betrachten wir die sogenannte *Trapezregel*. Dabei wählt man in (10.1) speziell

$$g_k(x) = \frac{x - t_{k-1}}{h} f(t_k) + \frac{t_k - x}{h} f(t_{k-1}), \quad (10.2)$$

d. h. die lineare Interpolation an den Intervallenden von $[t_{k-1}, t_k]$. Folglich ist $\int_{t_{k-1}}^{t_k} g_k(x)\,dx$ gerade die Fläche

$$\frac{h}{2}[f(t_{k-1}) + f(t_k)] \quad (10.3)$$

des durch den Graphen von $g_k(x)$ definierten Trapezes (vgl. Abbildung 10.1).

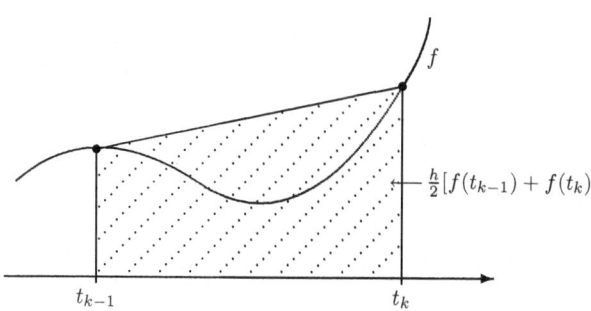

Abb. 10.1. Trapezregel

Dies liefert die

---

summierte Trapezregel

$$T(h) = h \left[\frac{1}{2} f(a) + f(t_1) + \cdots + f(t_{n-1}) + \frac{1}{2} f(b) \right] \qquad (10.4)$$

---

als Näherung für $\int_a^b f(x)\,dx$.

Für den Verfahrensfehler der Teilintegrale gilt folgende Darstellung:

Lemma 10.1. *Sei* $f \in C^2([t_{k-1}, t_k])$. *Es gilt:*

$$\frac{h}{2}[f(t_{k-1}) + f(t_k)] = \int_{t_{k-1}}^{t_k} f(x)\,dx + \frac{f''(\xi_k)}{12} h^3 \quad \text{für ein} \quad \xi_k \in [t_{k-1}, t_k].$$

Beweis. Aus Satz 8.22 folgt, mit g_k wie in (10.2),

$$f(x) - g_k(x) = f(x) - P(f|t_{k-1}, t_k)(x) = (x - t_{k-1})(x - t_k)\frac{f''(\xi)}{2},$$

mit einem ξ wofür $\min\{x, t_{k-1}\} \le \xi \le \max\{x, t_k\}$ gilt. Beachte, daß $\xi = \xi_x$ von x abhängt. Integration liefert

$$\int_{t_{k-1}}^{t_k} f(x)\,dx = \frac{h}{2}[f(t_{k-1}) + f(t_k)] + \frac{1}{2} \int_{t_{k-1}}^{t_k} (x - t_{k-1})(x - t_k) f''(\xi_x)\,dx. \quad (10.5)$$

Sei

$$c := \frac{\frac{1}{2} \int_{t_{k-1}}^{t_k} (x - t_{k-1})(x - t_k) f''(\xi_x)\,dx}{\frac{1}{2} \int_{t_{k-1}}^{t_k} (x - t_{k-1})(x - t_k)\,dx} = \frac{\int_{t_{k-1}}^{t_k} (x - t_{k-1})(x - t_k) f''(\xi_x)\,dx}{-\frac{1}{6} h^3}.$$

Weil $(x - t_{k-1})(x - t_k)$ für $x \in [t_{k-1}, t_k]$ ein festes Vorzeichen hat, gilt

$$\min_{x \in [t_{k-1}, t_k]} f''(x) \le c \le \max_{x \in [t_{k-1}, t_k]} f''(x).$$

Aufgrund des Zwischenwertsatzes muß gelten

$$c = f''(\xi_k) \quad \text{für ein} \quad \xi_k \in [t_{k-1}, t_k].$$

Einsetzen in (10.5) bestätigt die Behauptung. $\qquad \square$

Für den Verfahrensfehler von $T(h)$ ergibt sich damit die Abschätzung

$$\left| T(h) - \int_a^b f(x)\,dx \right| = \left| \sum_{k=1}^n \frac{f''(\xi_k)}{12} h^3 \right| \le \frac{h^3}{12} \sum_{k=1}^n |f''(\xi_k)| \le \frac{h^3}{12} n \max_{x \in [a,b]} |f''(x)|.$$

Mit $nh = b - a$ ergibt sich insgesamt die *Fehlerschranke*

$$\left| T(h) - \int_a^b f(x)\,dx \right| \le \frac{h^2}{12}(b-a) \max_{x \in [a,b]} |f''(x)| \ . \qquad (10.6)$$

Ebenfalls erhält man wegen

$$E(h) := T(h) - \int_a^b f(x)\,dx = \sum_{k=1}^n \frac{f''(\xi_k)}{12} h^3 = \frac{h^2}{12} \sum_{k=1}^n h f''(\xi_k)$$

und

$$\lim_{h \to 0} \frac{E(h)}{h^2} = \frac{1}{12} \int_a^b f''(x)\,dx = \frac{1}{12}\left(f'(b) - f'(a) \right)$$

die *Fehlerschätzung*

$$E(h) \approx \hat{E}(h) := \frac{h^2}{12}\left(f'(b) - f'(a) \right) \ . \qquad (10.7)$$

Die Fehlerschätzung $\hat{E}(h)$ in (10.7) liefert allerdings *keine* strikte Schranke für den Diskretisierungsfehler und bietet somit eine etwas weniger zuverlässige aber in der Praxis in der Regel sehr gute quantitative Aussage. Eine schlechte Schätzung erhält man z.B. wenn $f'(a) = f'(b)$ also $\hat{E}(h) = 0$ ist, aber $E(h)$ „groß" ist. Wenn aber beispielsweise die dritte Ableitung von f beschränkt ist, gibt $\hat{E}(h)$ im folgenden Sinne tatsächlich zuverlässigen Aufschluß über den wirklichen Fehler. Es gilt nämlich

$$|\hat{E}(h) - E(h)| \le h^3 \frac{b-a}{12} \max_{x \in [a,b]} |f'''(x)|. \qquad (10.8)$$

Der Schätzwert gibt also den wirklichen Fehler unter obiger Annahme bis auf einen Restterm der Ordnung h^3 wieder. Man sieht (10.8) folgendermaßen ein. Wegen $\max_{x \in [t_{k-1}, t_k]} |f''(x) - f''(\xi_k)| \le h \max_{x \in [a,b]} |f'''(x)|$ gilt nämlich

$$|\hat{E}(h) - E(h)| = \left| \frac{h^2}{12} \sum_{k=1}^n \left\{ \int_{t_{k-1}}^{t_k} f''(x)\,dx - h f''(\xi_k) \right\} \right|$$

$$= \left| \frac{h^2}{12} \sum_{k=1}^n \int_{t_{k-1}}^{t_k} (f''(x) - f''(\xi_k))\,dx \right|$$

$$\le \frac{h^2}{12} \sum_{k=1}^n \int_{t_{k-1}}^{t_k} |f''(x) - f''(\xi_k)|\,dx$$

$$\le h^3 \frac{b-a}{12} \max_{x \in [a,b]} |f'''(x)|.$$

Beispiel 10.2. Zur näherungsweisen Berechnung von

$$I = \int_0^{\pi/2} x \cos x + e^x \, dx = \frac{\pi}{2} + e^{\frac{1}{2}\pi} - 2$$

mit der Trapezregel ergeben sich die in Tabelle 10.1 angegebenen Näherungs-werte, Verfahrensfehler und Fehlerschätzungen (10.7).   △

Tabelle 10.1. Trapezregel

n	$T(h)$	$\|E(h)\| = \|T(h) - I\|$	$\|\hat{E}(h)\| = \frac{h^2}{12}\|f'\left(\frac{\pi}{2}\right) - f'(0)\|$
4	4.396928	1.57e−02	1.59e−02
8	4.385239	3.97e−03	3.98e−03
16	4.382268	9.95e−04	9.96e−04
32	4.381523	2.49e−04	2.49e−04

10.2 Newton-Cotes-Formeln

Die Trapezregel ist ein Spezialfall der folgenden allgemeinen Vorgehensweise. Für ein typisches Teilintervall $[t_{k-1}, t_k]$ in (10.1) stehe der Einfachheit halber im Folgenden $[c, d]$. Seien nun

$$x_0, \ldots, x_m \in [c, d]$$

verschiedene Punkte. Als Näherung für f verwendet man das Interpolations-polynom $P(f|x_0, \ldots, x_m)$ zu den Stützstellen x_j. Als Näherung für $\int_c^d f(x)\,dx$ erhält man dann die Quadraturformel

$$I_m(f) = \int_c^d P(f|x_0, \ldots, x_m)(x)\,dx, \tag{10.9}$$

wobei das Integral eines Polynoms einfach zu berechnen ist. Obiges Beispiel der Trapezregel ist von diesem Typ ($m = 1$, $x_0 = c$, $x_1 = d$).

> **Satz 10.3.** *Sei $I_m(f)$ durch (10.9) definiert. Für jedes Polynom $Q \in \Pi_m$ gilt*
> $$I_m(Q) = \int_c^d Q(x)\,dx.$$
> *Man sagt, die Quadraturformel ist* exakt vom Grade m.

Beweis. Sei $Q \in \Pi_m$. Wegen der Eindeutigkeit der Polynominterpolation gilt

$$P(Q|x_0, \ldots, x_m)(x) = Q(x),$$

und deshalb

$$I_m(Q) = \int_c^d P(Q|x_0,\ldots,x_m)(x)\,dx = \int_c^d Q(x)\,dx\ . \qquad \square$$

Wie wir später sehen werden, ist der Exaktheitsgrad ein wesentliches Qualitätsmerkmal einer Quadraturformel.

In der Form (10.9) ist die Quadraturformel noch nicht praktisch anwendbar. Für die Konstruktion konkreter Formeln ist folgendes Resultat nützlich.

Lemma 10.4. $I_m(f)$ *aus* (10.9) *hat die Form*

$$I_m(f) = h\sum_{j=0}^{m} c_j f(x_j), \qquad (10.10)$$

wobei wieder $h = d - c$ *und die Gewichte* c_j *durch*

$$c_j = \frac{1}{h}\int_c^d \prod_{\substack{k=0 \\ k\neq j}}^{m} \frac{x-x_k}{x_j-x_k}\,dx = \frac{1}{h}\int_c^d \ell_{jm}(x)\,dx \qquad (10.11)$$

gegeben sind. Die Polynome ℓ_{jm} $(0 \leq j \leq m)$ *sind die Lagrange-Fundamentalpolynome zu den Stützstellen* $x_0,\ldots,x_m$.

Beweis. (10.10) und (10.11) folgen sofort aus der Darstellung (8.5) des Lagrange-Interpolationspolynoms. $\qquad \square$

Wählt man speziell die Stützstellen x_j äquidistant

$$\begin{aligned}
x_0 &= c + \frac{1}{2}h =: c + \xi_0 h, \quad \text{wenn}\ \ m = 0\ , \\
x_j &= c + \frac{j}{m}h =: c + \xi_j h, \quad j = 0,\ldots,m, \quad \text{wenn}\ \ m > 0\ ,
\end{aligned} \qquad (10.12)$$

erhält man die *Newton-Cotes-Formeln*. Man kann dann (10.10) in der Form

$$I_m(f) = h\sum_{j=0}^{m} c_j f(c + \xi_j h) \qquad (10.13)$$

mit *normierten* Stützstellen ξ_j und Gewichten c_j schreiben, die jetzt unabhängig vom speziellen Intervall $[c,d]$ sind. Tabelle 10.2 enthält einige gängige Beispiele.

Tabelle 10.2. Newton-Cotes-Formeln

m		ξ_j	c_j	$I_m(f) - \int_c^d f(x)\,dx$
0	Mittelpunktsregel	$\frac{1}{2}$	1	$-\frac{1}{24}h^3 f^{(2)}(\xi)$
1	Trapezregel	0, 1	$\frac{1}{2}, \frac{1}{2}$	$\frac{1}{12}h^3 f^{(2)}(\xi)$
2	Simpson-Regel	$0, \frac{1}{2}, 1$	$\frac{1}{6}, \frac{4}{6}, \frac{1}{6}$	$\frac{1}{90}(\frac{1}{2}h)^5 f^{(4)}(\xi)$
3	$\frac{3}{8}$-Regel	$0, \frac{1}{3}, \frac{2}{3}, 1$	$\frac{1}{8}, \frac{3}{8}, \frac{3}{8}, \frac{1}{8}$	$\frac{3}{80}(\frac{1}{3}h)^5 f^{(4)}(\xi)$
4	Milne-Regel	$0, \frac{1}{4}, \frac{1}{2}, \frac{3}{4}, 1$	$\frac{7}{90}, \frac{32}{90}, \frac{12}{90}, \frac{32}{90}, \frac{7}{90}$	$\frac{8}{945}(\frac{1}{4}h)^7 f^{(6)}(\xi)$

Fehlerschranken

Je höher der Grad der Exaktheit ist, desto genauere Näherungen für das Integral erwartet man, vorausgesetzt, das Interpolationspolynom liefert eine gute Approximation der Funktion f. Mit $h = d - c$ liefert die Restgliedabschätzung (8.34) als (grobe) Abschätzung

$$\left| \int_c^d f(x)\,dx - I_m(f) \right| \le h \max_{x \in [c,d]} \prod_{j=0}^{m} |x - x_j| \frac{\|f^{(m+1)}\|_\infty}{(m+1)!}$$
$$\le \frac{h^{m+2}}{(m+1)!} \|f^{(m+1)}\|_\infty, \tag{10.14}$$

wobei $\|f\|_\infty = \max_{x \in [c,d]} |f(x)|$ die Maximumnorm auf $[c, d]$ ist.

Daß diese Abschätzung nicht immer bestmöglich ist, zeigt Tabelle 10.2. Falls m gerade ist, ist in den aufgelisteten Fällen die h-Potenz im Restglied für m und $m+1$ die gleiche. Das Resultat für den Verfahrensfehler der Trapezregel in Tabelle 10.2 ist in Lemma 10.1 bewiesen.

Summierte Newton-Cotes-Formeln

Wie bei der Trapezregel kann man für jede Newton-Cotes-Formel eine zugehörige *summierte* (oder *wiederholte*) Regel herleiten. Als Beispiel behandeln wir die summierte Simpson-Regel. Anwendung der Simpson-Regel auf jedem Teilintervall $[c, d] = [t_{k-1}, t_k]$, $t_k = a + kh$, $k = 0, \ldots, n$, $h = \frac{b-a}{n}$ ergibt die summierte Simpson-Regel

$$S(h) = \int_a^b f(x)\,dx + E(h)$$

mit

$$S(h) = \frac{h}{6}\left[f(t_0) + 4f\left(\frac{t_0 + t_1}{2}\right) + 2f(t_1) + 4f\left(\frac{t_1 + t_2}{2}\right) + \right.$$
$$\left. 2f(t_2) + \ldots + 2f(t_{n-1}) + 4f\left(\frac{t_{n-1} + t_n}{2}\right) + f(t_n)\right] \tag{10.15}$$

und

$$E(h) = \sum_{k=1}^{n} \frac{1}{90}\left(\frac{1}{2}h\right)^5 f^{(4)}(\xi_k) = \frac{h^4}{2880} \sum_{k=1}^{n} h f^{(4)}(\xi_k), \quad \xi_k \in [t_{k-1}, t_k].$$

Es gilt, wegen $nh = b - a$,

$$|E(h)| \le \frac{h^4}{2880}(b - a)\|f^{(4)}\|_\infty,$$
$$E(h) \approx \frac{h^4}{2880}\int_a^b f^{(4)}(x)\,dx = \frac{h^4}{2880}\left(f^{(3)}(b) - f^{(3)}(a)\right).$$

Für die Schätzung gelten analoge Bemerkungen wie bei der Trapezregel. Der Schätzwert gibt den tatsächlichen Fehler bis auf einen Term der Ordnung $\mathcal{O}(h^5)$ an, falls die fünfte Ableitung von f beschränkt ist.

Man beachte, daß beim Aufsummieren der einzelnen Teilintegrale, $\int_a^b f(x)\,dx = \sum_{k=1}^n \int_{t_{k-1}}^{t_k} f(x)\,dx$, im Fehler eine h-Potenz verloren geht.

Beispiel 10.5. Für das Integral in Beispiel 10.2 ergeben sich die Resultate wie in Tabelle 10.3.

Tabelle 10.3. Simpson-Regel

n	$S(h)$	$|E(h)|$	$\frac{h^4}{2880}|f^{(3)}(\frac{\pi}{2}) - f^{(3)}(0)|$
4	4.381343022	6.93e−05	6.92e−05
8	4.381278035	4.33e−06	4.33e−06
16	4.381273978	2.70e−07	2.70e−07
32	4.381273725	1.69e−08	1.69e−08

Man beachte, daß die Simpson-Regel für gegebenes n etwa doppelt so viele Funktionsauswertungen benötigt wie die Trapezregel, allerdings aufgrund des höheren Exaktheitsgrades einen quadratisch kleineren Fehler – die doppelte Anzahl korrekter Stellen – bietet. △

10.3 Gauß-Quadratur

Bei Newton-Cotes-Formeln höherer Ordnung ergeben sich schließlich Gewichte mit wechselnden Vorzeichen. Aufgrund von Auslöschung sind derartige Formeln weniger stabil.

Der Aufwand bei Quadratur wird im allgemeinen an der Anzahl der Funktionsauswertungen fest gemacht. Letztere können beispielsweise wiederum die Ausführung eines möglicherweise aufwendigen Algorithmus erfordern.

Insofern kann man folgende Zielvorgaben formulieren:

Entwickle für $m \in \mathbb{N}$ eine Formel

$$\sum_{i=0}^{m} \hat{w}_i f(x_i) = \int_c^d P(f|x_0,\ldots,x_m)(x)dx \qquad (10.16)$$

mit:
- positiven Gewichten $\hat{w}_i$, $i = 0,\ldots,m$;
- mit möglichst hohem Exaktheitsgrad $n \geq m$, d. h.,

$$\int_c^d Q(x)\,dx = \sum_{i=0}^{m} \hat{w}_i Q(x_i), \quad \forall \ Q \in \Pi_n. \qquad (10.17)$$

Der Exaktheitsgrad bei Newton-Cotes-Formeln $I_m(f)$ ist entweder m oder $m+1$. Es zeigt sich, daß man dies verbessern kann. Allerdings sieht man leicht, daß man mit einer Formel des Typs (10.17) *höchstens* den Exaktheitsgrad $2m+1$ realisieren kann. Würde nämlich (10.17) für $n \geq 2m+2$ gelten, ergäbe sich für $Q(x) := \prod_{i=0}^{m}(x - x_i)^2 \in \Pi_{2m+2}$

$$0 < \int_c^d Q(x)dx = \sum_{i=0}^{m} \hat{w}_i Q(x_i) = 0,$$

also ein Widerspruch.

Daß man jedoch (10.17) für $n = 2m + 1$ realisieren kann, also einen im Verhältnis zu den Funktionsauswertungen *doppelten* Exaktheitsgrad erreichen kann, deutet folgende Heuristik an. Für $n = 2m+1$ kann man aus (10.17) $2m+2$ Gleichungen erhalten, wenn man für Q jeweils $n+1 = 2m+2$ Basispolynome für den $(n + 1)$-dimensionalen Raum Π_n einsetzt. Bei den Newton-Cotes-Formeln wurden nun die Stützstellen x_i *äquidistant vorgegeben*. Betrachtet man jedoch die $m+1$ Stützstellen x_i sowie die $m+1$ Gewichte $\hat{w}_i$ als insgesamt $2m+2$ Freiheitsgrade, so stehen für besagte $2m+2$ Gleichungen genau $2m+2$ Unbekannte zur Verfügung. Obwohl dies noch keine Lösbarkeit impliziert (die Gleichungen sind nichtlinear in den x_i), so hält dies doch die Möglichkeit offen.

Daß es dann tatsächlich funktioniert, zeigen die Gaußschen Quadraturformeln, die eine Verdopplung des Exaktheitsgrades erlauben.

Satz 10.6. *Sei* $m \geq 0$. *Es existieren Stützstellen* $x_0, \ldots, x_m \in (c, d)$, *so daß mit* $h = d - c$

$$h \sum_{i=0}^{m} w_i f(x_i) := \int_c^d P(f|x_0, \ldots, x_m)(x) \, dx$$

$$= \int_c^d f(x) \, dx + E_f(h) \tag{10.18}$$

und

$$E_Q = 0 \quad \text{für alle} \quad Q \in \Pi_{2m+1}. \tag{10.19}$$

Die Gewichte w_i *sind positiv und durch*

$$w_i = \frac{1}{h} \int_c^d \prod_{\substack{k=0 \\ k \neq i}}^{m} \frac{x - x_k}{x_i - x_k} \, dx = \frac{1}{h} \int_c^d \ell_{im}(x) \, dx$$

gegeben. Ferner gilt für passendes $\xi \in [c, d]$

$$|E_f(h)| = \frac{\left((m+1)!\right)^4}{\left((2m+2)!\right)^3 (2m+3)} h^{2m+3} \left| f^{(2m+2)}(\xi) \right|. \tag{10.20}$$

Beweis. Einen Beweis findet man etwa in [HH].

Wie bei den Newton-Cotes-Formeln (Lemma 10.4) folgt die Formel für die Gewichte sofort aus der Darstellung (8.5) des Lagrange-Interpolationspolynoms. Diese Gewichte w_i stimmen mit $h^{-1}\hat{w}_i$ in (10.16) überein. Die Fehlerdarstellung (10.20) besagt gerade, daß $E_f = 0$ ist für jedes $f \in \Pi_{2m+1}$, die Gauß-Formel also exakt vom Grade $2m+1$ ist (und somit folgt (10.19) aus (10.20)). Im Vergleich mit den Newton-Cotes-Formeln ist hier also entsprechend auch der Exponent der h-Potenz in der Fehlerschranke (vgl. (10.14)) etwa um einen Faktor 2 größer. Dies macht diese Quadratur-Methode sehr attraktiv, wenn die Glattheit der Integranden entsprechend groß ist.

Satz 10.6 liefert nur eine *Existenz*aussage für Stützstellen. Er ist ein Spezialfall eines allgemeineren Resultats für die näherungsweise Berechnung von Integralen der Form

$$\int_c^d f(x) \, \omega(x) \, dx,$$

wobei hier ω eine feste auf (c, d) gegebene *positive Gewichtsfunktion* ist. Konstruktive Methoden zur Bestimmung der Stützstellen x_i (und Gewichte w_i) hängen eng mit sogenannten *Orthogonalpolynomen* bezüglich der Gewichtsfunktion ω zusammen. Orthogonalpolynome bilden gerade polynomiale Basisfunktionen, die bezüglich des Skalarproduktes $(f, g)_\omega := \int_c^d f(x) g(x) \, \omega(x) \, dx$,

$f, g \in C([c,d])$, orthogonal sind. Man kann zeigen, daß derartige Orthogonalpolynome stets reelle paarweise verschiedene Nullstellen in $[c,d]$ haben. *Diese Nullstellen des Orthogonalpolynoms vom Grade $m+1$ sind gerade die Stützstellen x_i in der Gauß-Quadraturformel* $h \sum_{i=0}^m w_i f(x_i)$ für das Integral $\int_c^d f(x)\omega(x)\,dx$. Speziell für $[c,d] = [-1,1]$ und $\omega(x) = 1$ sind die Stützstellen bei der Gauß-Quadratur als die *Nullstellen des sogenannten Legendre-Polynoms vom Grade $m+1$* charakterisiert. Diese Nullstellen können für allgemeines m zwar nicht durch eine geschlossene Formel angegeben werden, jedoch über eine numerische Methode bestimmt werden. Es gibt natürlich Tabellen mit diesen Werten für entsprechend standardisierte Intervalle (vgl. [HH]). Für ein allgemeines Intervall $[c,d] \neq [-1,1]$ kann man die Stützstellen über eine geeignete Transformation aus denen des Intervalls $[-1,1]$ berechnen, wie in Abschnitt 10.5.1 erklärt wird.

Was steckt hinter der hohen Fehlerordnung?

Wir deuten nun kurz das Zustandekommen dieser hohen Fehlerordnung für den speziellen Fall $\omega(x) = 1$ an (die Argumentation im allgemeinen Fall ist gleich) und nehmen an, $P_{m+1}(x)$ sei das $(m+1)$-te Orthogonalpolynom, d. h.,

$$(P_{m+1}, Q) := \int_c^d P_{m+1}(x)Q(x)\,dx = 0 \quad \forall \ Q \in \Pi_m. \tag{10.21}$$

Wir können P_{m+1} so normieren, daß der führende Koeffizient gleich eins ist, P_{m+1} also die Form

$$P_{m+1}(x) = (x - x_0) \cdots (x - x_m)$$

hat, wobei, wie oben erwähnt wurde, die x_j gerade die paarweise verschiedenen Nullstellen von P_{m+1} in $[c,d]$ sind. Sei $Q \in \Pi_{2m+1}$ beliebig. Mit Polynomdivision kann man zeigen, daß eine Faktorisierung

$$Q = P_{m+1}Q_1 + Q_2, \quad \text{mit } Q_1, Q_2 \in \Pi_m$$

existiert. Weil P_{m+1} Nullstellen $x_0, \ldots, x_m$ hat, gilt für das Interpolationspolynom von $P_{m+1}Q_1$ an diesen Stützstellen $P(P_{m+1}Q_1 | x_0, \ldots, x_m) = 0$. Wegen $Q_2 \in \Pi_m$ gilt $P(Q_2 | x_0, \ldots, x_m) = Q_2$. Hieraus und mit Hilfe von (10.21) erhält man

$$\int_c^d Q(x)\,dx = \int_c^d P_{m+1}Q_1(x)\,dx + \int_c^d Q_2(x)\,dx$$

$$= \int_c^d Q_2(x)\,dx = \int_c^d P(Q_2 | x_0, \ldots, x_m)(x)\,dx$$

$$= \int_c^d P(P_{m+1}Q_1 | x_0, \ldots, x_m)(x)\,dx + \int_c^d P(Q_2 | x_0, \ldots, x_m)(x)\,dx$$

$$= \int_c^d P(Q | x_0, \ldots, x_m)(x)\,dx,$$

also $E_Q = 0$. Damit ist gezeigt, daß diese Quadraturformel den maximalen Exaktheitsgrad $2m+1$ hat. Um die Fehlerdarstellung (10.20) zu erläutern wählen wir ein spezielles $Q \in \Pi_{2m+1}$, nämlich ein Hermite-Interpolationspolynom so daß

$$Q(x_j) = f(x_j), \ Q'(x_j) = f'(x_j), \ 0 \le j \le m.$$

Hierfür gilt die Fehlerdarstellung (vgl. (8.33), Bemerkung 8.35)

$$f(x) - Q(x) = (x - x_0)^2 \ldots (x - x_m)^2 \frac{f^{(2m+2)}(\xi)}{(2m+2)!} = P_{m+1}(x)^2 \frac{f^{(2m+2)}(\xi)}{(2m+2)!}.$$

Weil f und Q an den Stützstellen übereinstimmen gilt $P(f|x_0, \ldots, x_m) = P(Q|x_0, \ldots, x_m)$, und erhält man

$$
\begin{aligned}
-E_f &= \int_c^d f(x)\,dx - \int_c^d P(f|x_0, \ldots, x_m)\,dx \\
&= \int_c^d f(x)\,dx - \int_c^d P(Q|x_0, \ldots, x_m)\,dx \\
&= \int_c^d f(x)\,dx - \int_c^d Q(x)\,dx = \int_c^d f(x) - Q(x)\,dx \\
&= \frac{f^{(2m+2)}(\xi)}{(2m+2)!} \int_c^d P_{m+1}(x)^2\,dx.
\end{aligned}
$$

Aus Eigenschaften des Orthogonalpolynoms P_{m+1} kann man dann die Beziehung (10.20) herleiten.

Daß die Gewichte w_j tatsächlich positiv sind, ergibt sich aus der Exaktheit vom Grade $2m + 1$ durch Anwendung auf das spezielle Polynom $q(x) := \prod_{i=0, i \ne k}^m (x - x_i)^2 \in \Pi_{2m} \subset \Pi_{2m+1}$, denn

$$0 < \int_c^d q(x)dx = \sum_{i=0}^m w_i q(x_i) = w_k q(x_k) = w_k \prod_{i=0, i \ne k}^m (x_k - x_i)^2.$$

Ein gewisser Nachteil der Gauß-Formeln liegt allerdings darin, daß man bei einer Steigerung des Grades einen kompletten Satz neuer Funktionsauswertungen benötigt, da die Nullstellen des nächst höheren Orthogonalpolynoms unterschiedlich sind.

Numerische Tests

Wir untersuchen nun den in der Fehlerformel auftretenden Faktor

$$C_{k,h} := \frac{(k!)^4}{((2k)!)^3(2k+1)} h^{2k+1}$$

($k = m + 1$). Für glatte Funktionen (d. h., $|f^{(2k)}|$ wird nicht allzu groß, wenn k größer wird) wird die Qualität der Gauß-Quadratur im Wesentlichen durch

Tabelle 10.4. $C_{k,h}$

h	$k = 2$	$k = 4$	$k = 8$
4	2.4e−01	1.5e−04	2.9e−13
2	7.4e−03	2.9e−07	2.2e−18
1	2.3e−04	5.6e−10	1.7e−23
0.5	7.2e−06	1.1e−12	1.3e−28

den Faktor $C_{k,h}$ bestimmt. In Tabelle 10.4 werden einige Werte für diesen Faktor aufgelistet.

Sei $I_{k,n} \approx \int_a^b f(x)\,dx = I(f)$ die Quadraturformel, wobei $[a,b]$ in n Teilintervalle mit Länge $\frac{b-a}{n} = h$ unterteilt wird und auf jedem Teilintervall eine Gauß-Quadratur mit k Stützstellen angewandt wird. Sowohl für $I_{2k,n}$ als auch für $I_{k,2n}$ wird die Anzahl der Funktionsauswertungen etwa verdoppelt im Vergleich zu $I_{k,n}$. In Tabelle 10.4 kann man sehen, daß man $|I - I_{2k,n}| \ll |I - I_{k,2n}|$ erwarten darf. Daher wird in der Praxis bei Gauß-Quadratur n in der Regel klein gewählt, oft sogar $n = 1$.

Beispiel 10.7. Die Gauß-Quadratur mit $[c,d] = [0, \frac{\pi}{2}]$ (d. h. $n = 1$ in (10.1)) für das Integral in Beispiel 10.2 ergibt die Resultate in Tabelle 10.5.

Tabelle 10.5. Gauß-Quadratur

m	I_m	$|I_m - I|$
1	4.3690643196	1.22e−03
2	4.3813023502	2.86e−05
3	4.3812734352	2.73e−07
4	4.3812737083	5.18e−10

Man sieht, daß in diesem Beispiel die Genauigkeit der Gauß-Quadratur mit 5 Funktionswerten ($m = 4$; $k = 5$) besser ist als die der Simpson-Regel angewandt auf $n = 32$ Teilintervalle (vgl. Tabelle 10.3), wobei insgesamt 65 Funktionswerte benötigt werden. Für Probleme mit glattem Integranden ist die Gauß-Quadratur daher oft gut geeignet, wenn eine hohe Genauigkeit erforderlich ist.   △

Man kann die Charakterisierung der Stützstellen über die Legendre-Polynome umgehen und sie direkt mit Hilfe der Eigenschaft (10.19) bestimmen, also das entsprechende Gleichungssystem lösen. Diese Methode wird anhand des folgenden Beispiels illustriert.

Beispiel 10.8. Es sei $[c,d] = [-1,1]$ und $m = 1$. Die Gauß-Quadraturformel

$$I_1(f) = 2(c_0 f(x_0) + c_1 f(x_1))$$

muß für $p \in \Pi_3$ exakt sein, d. h.

$$\int_{-1}^{1} p(x)\, dx = 2(c_0 p(x_0) + c_1 p(x_1)) \quad \text{für} \quad p(x) = x^k, \; k = 0, 1, 2, 3.$$

Aus

$$\int_{-1}^{1} x^k\, dx = 2(c_0 x_0^k + c_1 x_1^k), \quad k = 0, 1, 2, 3,$$

erhält man die Gleichungen

$$
\begin{aligned}
2 &= 2(c_0 + c_1), \\
0 &= 2(c_0 x_0 + c_1 x_1), \\
\frac{2}{3} &= 2(c_0 x_0^2 + c_1 x_1^2), \\
0 &= 2(c_0 x_0^3 + c_1 x_1^3).
\end{aligned}
$$

Dieses nichtlineare Gleichungssystem hat genau zwei Lösungen:

$$
\begin{aligned}
c_0 = c_1 = \frac{1}{2}, \; x_0 = -\frac{1}{3}\sqrt{3}, \; x_1 = \frac{1}{3}\sqrt{3}, \\
c_0 = c_1 = \frac{1}{2}, \; x_0 = \frac{1}{3}\sqrt{3}, \; x_1 = -\frac{1}{3}\sqrt{3}.
\end{aligned}
\tag{10.22}
$$

Dies führt auf die Gauß-Quadraturformel:

$$I_1(f) = f\left(-\frac{1}{3}\sqrt{3}\right) + f\left(\frac{1}{3}\sqrt{3}\right).$$

Daraus erhält man auch eine Formel für ein beliebiges Intervall $[c, d]$, siehe Beispiel 10.11.   △

10.4 Extrapolation und Romberg-Quadratur

Das Prinzip der *Extrapolation* liefert eine weitere wichtige Methode zur Genauigkeitsverbesserung, bei der man insbesondere im Gegensatz zu den Gauß-Formeln *progressiv* vorgehen kann, d. h., bei einer Steigerung kann man vorher berechnete Funktionswerte wieder verwenden. Im Falle der numerischen Integration läßt sich dieses Prinzip z. B. im Zusammenhang mit der Trapezregel verwenden. Zu berechnen sei das Integral

$$I = \int_a^b f(x)\, dx.$$

Die Trapezsumme (10.4) liefert eine Approximation der Ordnung h^2 (siehe (10.6)). Die wesentliche Grundlage für den Erfolg von Extrapolationstechniken bildet eine sogenannte *asymptotische Entwicklung* des Diskretisierungsfehlers.

Im Falle der Trapezsumme kann man diesen Fehler genauer in folgender Reihenentwicklung beschreiben, wenn f genügend glatt ist: Für $f \in C^{2p+2}([a,b])$ gilt (s. [SB])

$$T(h) - I = c_1 h^2 + c_2 h^4 + c_3 h^6 + \cdots + c_p h^{2p} + \mathcal{O}(h^{2p+2}) \, . \tag{10.23}$$

Wichtig für die folgende Argumentation ist keinesfalls die Kenntnis der Koeffizienten c_k, sondern lediglich die Tatsache, daß die Koeffizienten c_k *nicht* von h abhängen. Dann ergibt sich nämlich

$$T(\tfrac{1}{2}h) - I = c_1 \tfrac{1}{4} h^2 + \hat{c}_2 h^4 + \ldots + \hat{c}_p h^{2p} + \mathcal{O}(h^{2p+2}) \, . \tag{10.24}$$

Multipliziert man (10.24) mit $\tfrac{4}{3}$ und subtrahiert dann $\tfrac{1}{3}$-mal (10.23), so erhält man

$$\left[\tfrac{4}{3} T(\tfrac{1}{2}h) - \tfrac{1}{3} T(h)\right] - I = \tilde{c}_1 h^4 + \cdots + \tilde{c}_p h^{2p} + \mathcal{O}(h^{2p+2}) \, . \tag{10.25}$$

Man kann also die Trapezsumme auf einem Gitter der Schrittweite $\tfrac{1}{2}h$ mit einer Trapezsumme zur Schrittweite h kombinieren, um eine Genauigkeit der Ordnung h^4 zu bekommen.

Da in der Trapezsumme bei Halbierung der Schrittweite die Anzahl der Funktionsauswertungen nur verdoppelt wird, ist die dadurch erreichte quadratische Fehlerreduktion eine sehr effiziente Genauigkeitssteigerung.

Man kann diese Idee systematisch weitertreiben. Sei

$$T_1(h) = \frac{4 T(\tfrac{1}{2}h) - T(h)}{3} \, .$$

Aus (10.25) ergibt sich

$$T_1(h) - I = \tilde{c}_1 h^4 + \tilde{c}_2 h^6 + \ldots + O(h^{2p+2}),$$

$$T_1(\tfrac{1}{2}h) - I = \tilde{c}_1 \tfrac{1}{16} h^4 + \tilde{c}_2 \tfrac{1}{64} h^6 + \ldots + \mathcal{O}(h^{2p+2}),$$

und damit

$$\frac{16}{15}\left(T_1(\tfrac{1}{2}h) - I\right) - \frac{1}{15}\left(T_1(h) - I\right) = \frac{16 T_1(\tfrac{1}{2}h) - T_1(h)}{15} - I$$
$$= d_1 h^6 + d_2 h^8 + \ldots + \mathcal{O}(h^{2p+2}) \, .$$

Man erkennt, daß die Entwicklung des Fehlers der Quadraturformel

$$T_2(h) := \frac{16 T_1(\tfrac{1}{2}h) - T_1(h)}{15}$$

mit einem Glied der Ordnung h^6 beginnt.

Tabelle 10.6. Extrapolation

n	$T(h)$	$T_1(h) = \frac{4}{3}T(h) - \frac{1}{3}T(2h)$	$|T_1(h) - I|$
4	4.39692773		
8	4.38523920	4.38134302	6.93e−05
16	4.38226833	4.38127803	4.33e−06
32	4.38152257	4.38127398	2.70e−07

Beispiel 10.9. Sei $I = \int_0^{\pi/2} x \cos x + e^x \, dx = \frac{\pi}{2} + e^{\frac{1}{2}\pi} - 2$ und $T(h)$ die zugehörige Trapezregel (vgl. Beispiel 10.2). Die Extrapolation angewandt auf die Trapezregel liefert die Resultate in Tabelle 10.6. Es gilt $T_1(h) = S(2h)$, wobei $S(\cdot)$ die Simpson-Regel aus (10.15) ist. Deshalb stimmen die Resultate in der dritten und vierten Spalte mit denen in der zweiten und dritten Spalte von Tabelle 10.3 überein.   △

Die Systematik dieser Genauigkeitssteigerungen, d. h., die Systematik der rekursiven Kombination bereits ermittelter Formeln kann man auch aus folgender Interpretation der Näherungsformel $T_1(h) := \frac{4}{3}T(\frac{1}{2}h) - \frac{1}{3}T(h)$ erschließen. Die zugrunde liegende Idee ist folgende. Der gesuchte Wert ist

$$T(0) = \int_a^b f(x)dx = I.$$

Wegen (10.23) ist $g(x) := T(\sqrt{x})$ für betragsmäßig kleine x-Werte etwa ein Polynom. Den Wert $g(0)$ kann man annähern via Polynominterpolation zu Daten $g(x_j)$, $j = 0, \ldots, n$. Man erwartet bessere Resultate wenn die Stützstellen x_j dichter bei Null liegen.

Bestimmt man konkret das lineare Interpolationspolynom der Funktion

$$x \to g(x) = T(\sqrt{x}) = I + c_1 x + c_2 x^2 + \ldots + c_p x^p + \mathcal{O}(x^{p+1}), \quad (x \downarrow 0), \quad (10.26)$$

zu den Punkten $(h^2, T(h))$ und $(\frac{1}{4}h^2, T(\frac{1}{2}h))$, ergibt sich

$$P(T(\sqrt{\cdot}) \,|\, h^2, \frac{1}{4}h^2)(x) = T(h) + \frac{T(\frac{1}{2}h) - T(h)}{\frac{1}{4}h^2 - h^2}(x - h^2).$$

Da man $T(0)$ annähern will, *extrapoliert* man an der Stelle $x = 0$, d. h.

$$P(T(\sqrt{\cdot}) \,|\, h^2, \frac{1}{4}h^2)(0) = T(h) + \frac{4}{3}\left(T(\frac{1}{2}h) - T(h)\right) = T_1(h), \qquad (10.27)$$

d. h., man erhält genau die vorhin durch Kombination der Trapezsummen gewonnene Näherung vierter Ordnung (s. Abb. 10.2).
Die Näherung $T_2(h)$ läßt sich wie $T_1(h)$ ebenfalls über *Extrapolation* erklären (vgl. (10.27)): Es gilt

$$P(T(\sqrt{\cdot}) \,|\, h^2, \frac{1}{4}h^2, \frac{1}{16}h^2)(0) = T_2(h), \qquad (10.28)$$

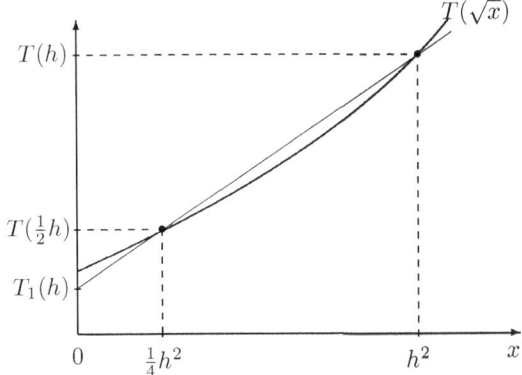

Abb. 10.2. Extrapolation

d. h. $T_2(h)$ bekommt man durch Auswertung an der Stelle $x = 0$ des *quadratischen* Interpolationspolynoms der Funktion $x \to T(\sqrt{x})$ an den Stützstellen h^2, $\left(\frac{1}{2}h\right)^2$, $\left(\frac{1}{4}h\right)^2$.

Dies legt folgende allgemeine Vorgehensweise nahe. Mit der Bezeichnung

$$T_{i,0} := T(2^{-i}h), \quad i = 0, 1, 2, \ldots,$$

wobei h eine feste Anfangsschrittweite ist, soll das Interpolationspolynom $P(T(\sqrt{\cdot}) \mid h^2, \ldots, (2^{-k}h)^2)(x)$ an der Stelle $x = 0$ ausgewertet werden. Dies ist eine klassische Anwendung des Neville-Aitken Schemas (8.13). Um den Wert

$$T_k(h) = T_{k,k} = P(T(\sqrt{\cdot}) \mid h^2, \ldots, (2^{-k}h)^2)(0)$$

zu berechnen, liefert (8.12) (mit der Bezeichnung $T_{i,k}$ an Stelle von $P_{i,k}$) die Rekursion

$$T_{i,j} = \frac{4^j T_{i,j-1} - T_{i-1,j-1}}{4^j - 1}, \quad j = 1, 2, \ldots, i \geq j.$$

Hieraus ergibt sich das *Romberg-Schema* in Abb. 10.3.

In der ersten Spalte stehen die Werte, welche die Trapezregel für die Schrittweite $2^{-i}h$ ($i = 0, 1, 2, \ldots$) liefert. Jede andere Spalte des Romberg-Schemas entsteht durch Linearkombination der Werte der vorangehenden Spalte. Diese Linearkombinationen sind so angelegt, daß der Fehler in $T_{i,j}$ von der Ordnung h^{2j+2} ist. Diese Methode zur Annäherung des Integrals I wird *Romberg-Quadratur* genannt.

Beispiel 10.10. Sei $I = \int_0^{\pi/2} x \cos x + e^x \, dx = \frac{\pi}{2} + e^{\frac{1}{2}\pi} - 2$, wie in Beispiel 10.2, und $T_{i,0} = T(2^{-i}h)$, wobei $T(\cdot)$ die Trapezregel ist. Für die Anfangsschrittweite $h = \frac{1}{4}\frac{\pi}{2}$ ergibt das Romberg-Schema die Werte in Tabelle 10.7.

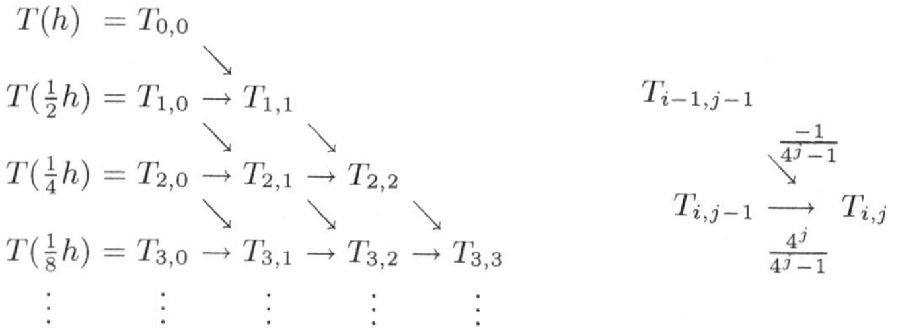

$$T(h) \;\; = T_{0,0}$$

$$T(\tfrac{1}{2}h) = T_{1,0} \to T_{1,1}$$

$$T(\tfrac{1}{4}h) = T_{2,0} \to T_{2,1} \to T_{2,2}$$

$$T(\tfrac{1}{8}h) = T_{3,0} \to T_{3,1} \to T_{3,2} \to T_{3,3}$$

$$T_{i-1,j-1}$$

$$T_{i,j-1} \xrightarrow[\frac{4^j}{4^j-1}]{} T_{i,j}$$

with factor $\dfrac{-1}{4^j-1}$ on the diagonal arrow.

Abb. 10.3. Romberg-Schema

Tabelle 10.7. Romberg-Schema

i	$T_{i,0}$	$T_{i,1}$	$T_{i,2}$	$T_{i,3}$
0	4.396927734684			
1	4.385239200472	4.381343022401		
2	4.382268326301	4.381278034910	4.381273702411	
3	4.381522565173	4.381273978130	4.381273706768	4.381273707762

Tabelle 10.8. Fehler im Romberg-Schema

i	$|I - T_{i,j}|$			
0	1.57e−02			
1	3.97e−03	6.93e−05		
2	9.95e−04	4.33e−06	5.35e−09	
3	2.49e−04	2.70e−07	8.22e−11	1.42e−12

In Tabelle 10.8 sieht man, daß $|I - T_{i,j}| \sim (2^{-i}h)^{2j+2}$ gilt, also je höher j ist, desto schneller ist die Konvergenz für zunehmendes i.   △

Statt der Stützstellen $(2^{-i}h)^2$, $i = 0, 1, \ldots$, kann man andere Folgen der Form $(h/n_i)^2$ verwenden. Insbesondere die etwas kompliziertere *Bulirsch-Folge* reduziert nochmals die benötigte Anzahl der Funktionsauswertungen gegenüber der Romberg-Folge, siehe etwa [SB].

Das Prinzip der Extrapolation ist allgemein und kann auch für andere Fragestellungen genutzt werden. Sei J eine unbekannte skalare Größe, die man numerisch annähern will (z. B. $J = I$). Wir nehmen an, daß dazu eine numerische Methode $N(h)$ zur Verfügung steht, wobei $h > 0$ ein Parameter ist (oft eine Schrittweite, z. B. $N(h) = T(h)$). Weiter sei angenommen, daß eine asymptotische Entwicklung der Form

$$N(h) = J + c_1 h^q + c_2 h^{2q} + \ldots + c_p h^{pq} + \mathcal{O}(h^{(p+1)q}) \quad (h \downarrow 0) \qquad (10.29)$$

mit $q \in (0, \infty)$, $p \geq 1$ existiert. Für die Extrapolation wird die *Existenz* einer solchen Entwicklung vorausgesetzt, und man benötigt die Werte der Größen

p und q (z. B. $q = 2$, $p \leq m$, wenn $f \in C^{2m+2}([a,b])$ in (10.23)). Die Werte der Koeffizienten $c_1, \dots, c_p$ werden jedoch nicht benötigt.

Wir wählen Stützstellen $x_j := h_j^q$, $j = 0, \dots, k$ mit $0 < h_j \leq h$ für alle j, und nehmen an, daß die Werte $N_{j,0} := N(h_j)$, $j = 0, \dots, k$, berechnet worden sind. Sei nun

$$F(x) := N(x^{\frac{1}{q}}) \quad \text{und} \quad P(F|x_0, \dots, x_k) \in \Pi_k \qquad (10.30)$$

das Interpolationspolynom zu den Stützstellen

$$(x_j, F(x_j)) = (h_j^q, N_{j,0}), \quad j = 0, \dots, k.$$

Der Wert der Extrapolation $N_{k,k} := P(F|x_0, \dots, x_k)(0)$ liefert eine neue Näherung für die gesuchte Größe J. Dieser Wert $N_{k,k}$ kann einfach über den Neville-Aitken-Algorithmus 8.13 aus den Werten $N_{j,0}$, $0 \leq j \leq k$, berechnet werden.

10.5 Zweidimensionale Integrale

In diesem Abschnitt sollen einige einfache numerische Ansätze zur Berechnung zweidimensionaler Integrale vorgestellt werden. Wir beschränken uns auf einige wichtige Grundprinzipien in diesem Bereich. Für eine breitere Darstellung wird auf [HH] und [Ü], Teil 2, verwiesen.

10.5.1 Transformation von Integralen

Wir betrachten zunächst die Transformation eines eindimensionalen Integrals

$$\int_a^b f(x)\, dx.$$

Sei

$$I_1 = [a,b], \quad I_2 = [c,d]$$

und

$$\psi : I_1 \to I_2$$

eine stetig differenzierbare bijektive Abbildung. Daraus folgt

$$\psi'(x) \geq 0 \text{ für alle } x \in I_1, \quad \psi(a) = c,\ \psi(b) = d \qquad (10.31)$$

oder

$$\psi'(x) \leq 0 \text{ für alle } x \in I_1, \quad \psi(a) = d,\ \psi(b) = c. \qquad (10.32)$$

Im Fall von (10.31) ergibt sich

$$\int_a^b f(\psi(x))\,\psi'(x)\,dx \stackrel{y=\psi(x)}{=} \int_{\psi(a)}^{\psi(b)} f(y)\,dy = \int_c^d f(y)\,dy$$

und im Fall (10.32)

$$-\int_a^b f(\psi(x))\,\psi'(x)\,dx \stackrel{y=\psi(x)}{=} -\int_{\psi(a)}^{\psi(b)} f(y)\,dy = -\int_d^c f(y)\,dy = \int_c^d f(y)\,dy.$$

Also gilt die Transformationsformel

$$\int_{I_1} f(\psi(x))\,|\psi'(x)|\,dx = \int_{I_2} f(y)\,dy. \qquad (10.33)$$

Ein interessanter Spezialfall ergibt sich, falls ψ *affin* ist, d. h.

$$\hat{\psi} : [a,b] \to [c,d], \quad \hat{\psi}(x) = \frac{x-a}{b-a}d + \frac{b-x}{b-a}c\,. \qquad (10.34)$$

Wenn

$$Q_m(g;I_1) = (b-a)\sum_{i=0}^m w_i g(x_i)$$

eine Formel zur Annäherung von $\int_a^b g(x)\,dx$ ist, kann man nun einfach eine entsprechende Quadraturformel für das Intervall $I_2 = [c,d]$ herleiten:

$$\int_{I_2} f(y)\,dy = \int_a^b f(\hat{\psi}(x))\,|\hat{\psi}'(x)|\,dx$$

$$= \frac{d-c}{b-a}\int_a^b f(\hat{\psi}(x))\,dx \approx (d-c)\sum_{i=0}^m w_i f(\hat{\psi}(x_i))\,,$$

also insgesamt:

$$Q_m(g;I_1) = (b-a)\sum_{i=0}^m w_i g(x_i)$$

$$Q_m(f;I_2) = (d-c)\sum_{i=0}^m \hat{w}_i f(\hat{x}_i), \quad \text{mit} \qquad (10.35)$$

$$\hat{w}_i = w_i,\ \hat{x}_i = \frac{x_i-a}{b-a}d + \frac{b-x_i}{b-a}c\,.$$

Beispiel 10.11. Gauß-Quadraturformeln (vgl. Abschnitt 10.3) werden oft für das Intervall $[-1, 1]$ spezifiziert, z. B. die Gauß-Quadraturformel mit zwei Stützstellen

$$\int_{-1}^{1} f(x)\, dx \approx 2\Big[\frac{1}{2}f\big(-\frac{1}{3}\sqrt{3}\big) + \frac{1}{2}f\big(\frac{1}{3}\sqrt{3}\big)\Big]$$

aus Beispiel 10.8. Mit Hilfe von (10.35) ergibt sich die entsprechende Formel für ein beliebiges Intervall $[c, d]$

$$\int_{c}^{d} f(x)\, dx \approx \frac{h}{2}\Big[f\big(c + (\frac{1}{2} - \frac{\sqrt{3}}{6})h\big) + f\big(c + (\frac{1}{2} + \frac{\sqrt{3}}{6})h\big)\Big], \quad h := d - c.$$

Analog kann man für die Gauß-Quadratur mit 4 Stützstellen

$$\int_{-1}^{1} f(x)\, dx \approx 2\sum_{i=0}^{3} w_i f(x_i),$$

$$w_0 = w_3 = 0.173928, \quad w_1 = w_2 = \frac{1}{2} - w_0,$$

$$-x_0 = x_3 = 0.861136, \quad -x_1 = x_2 = 0.339981,$$

eine Formel für ein beliebiges Intervall $[c, d]$ herleiten. $\triangle$

Sei $Q_m(f; [-1, 1])$ eine Quadraturformel mit Exaktheitsgrad M. Sei $p(x)$ ein Polynom vom Grad $k \le M$ und $\hat{\psi}$ eine affine Transformation wie in (10.34), dann ist $p(\hat{\psi}(x))$ auch ein Polynom vom Grad k. Daraus folgt, daß die transformierte Formel $Q_m(f; I_2)$ in (10.35) Exaktheitsgrad M hat. In diesem Sinne bleibt bei einer *affinen* Transformation die Genauigkeit der Quadraturformel erhalten. Nicht-affine Transformationen werden den Genauigkeitsgrad *nicht* erhalten.

Wir betrachten nun die Transformation eines zweidimensionalen Integrals

$$\int_{B} f(x, y)\, dx\, dy, \quad B \subset \mathbb{R}^2.$$

Sei $B_1, B_2 \subset \mathbb{R}^2$ und $\psi : B_1 \to B_2$ eine stetig differenzierbare bijektive Abbildung mit Jacobi-Matrix

$$J(x, y) = \begin{pmatrix} \frac{\partial \psi_1}{\partial x}(x, y) & \frac{\partial \psi_1}{\partial y}(x, y) \\ \frac{\partial \psi_2}{\partial x}(x, y) & \frac{\partial \psi_2}{\partial y}(x, y) \end{pmatrix}.$$

Es gilt folgende Verallgemeinerung von (10.33):

Satz 10.12. *Falls* $\det J(x, y) \ne 0$ *für alle* $(x, y) \in B_1$, *so gilt*

$$\int_{B_1} f(\psi(x, y))\, |\det J(x, y)|\, dx\, dy = \int_{B_2} f(\tilde{x}, \tilde{y})\, d\tilde{x}\, d\tilde{y}.$$

Für den Spezialfall, daß ψ *affin* ist,

$$\psi(x,y) = A \begin{pmatrix} x \\ y \end{pmatrix} + b, \quad A \in \mathbb{R}^{2 \times 2}, \quad \det(A) \neq 0, \quad b \in \mathbb{R}^2,$$

ergibt sich daraus die Transformationsformel

$$|\det A| \int_{B_1} f(A \begin{pmatrix} x \\ y \end{pmatrix} + b) \, dx \, dy = \int_{B_2} f(\tilde{x}, \tilde{y}) \, d\tilde{x} \, d\tilde{y}. \qquad (10.36)$$

Mit Hilfe dieser Transformationsformel kann man, wie im eindimensionalen Fall, eine Quadraturformel für einen Standardbereich (z. B. Einheitsquadrat, Einheitsdreieck) in eine Formel für einen affin-äquivalenten Bereich überführen.

Bemerkung 10.13. Sei $\mathrm{vol}(B_i)$, $i = 1, 2$, der Flächeninhalt von B_i, und sei $f(x, y) = 1$ für alle $(x, y) \in \mathbb{R}^2$. Aus (10.36) schließt man die Formel

$$|\det A| = \frac{\mathrm{vol}(B_2)}{\mathrm{vol}(B_1)}. \qquad (10.37)$$

$\triangle$

Es gibt unter anderem folgenden wichtigen Unterschied zwischen ein- und mehrdimensionaler Integration: Zwei Intervalle $[a, b]$ und $[c, d]$ lassen sich stets durch affine Transformationen aufeinander abbilden. Hingegen ist es meistens nicht möglich, einfache Gebiete in $\mathbb{R}^n$, $n \geq 2$, durch eine affine Transformation ineinander zu überführen.

Beispiel 10.14. Sei $B_1 = [0, 1] \times [0, 1]$ das Einheitsquadrat. Jede affine Abbildung bildet B_1 auf ein Parallelogramm ab. Eine affine Abbildung von B_1 auf den Einheitskreis $S = \{(x, y) | (x^2 + y^2) \leq 1\}$ ist also nicht möglich. $\triangle$

Beispiel 10.15. Sei B_2 das Parallelogramm in Abb. 10.4. Die Abbildung

$$\psi(x, y) = A \begin{pmatrix} x \\ y \end{pmatrix} + b = \begin{pmatrix} 2 & 1 \\ 1 & 2 \end{pmatrix} \begin{pmatrix} x \\ y \end{pmatrix} + \begin{pmatrix} 2 \\ 3 \end{pmatrix}$$

bildet das Einheitsquadrat auf B_2 ab. Wegen Bemerkung 10.13 gilt $\mathrm{vol}(B_2) = |\det A| = 3$. Sei B_2 das Dreieck in Abb. 10.4. Die Abbildung

$$\psi(x, y) = A \begin{pmatrix} x \\ y \end{pmatrix} + b = \begin{pmatrix} 3 & 1 \\ 1 & 2 \end{pmatrix} \begin{pmatrix} x \\ y \end{pmatrix} + \begin{pmatrix} 2 \\ 2 \end{pmatrix}$$

bildet das Einheitsdreieck auf B_2 ab. Wegen Bemerkung 10.13 gilt $\mathrm{vol}(B_2) = \frac{1}{2} |\det A| = 2\frac{1}{2}$. $\triangle$

In den nächsten beiden Abschnitten werden Quadraturformeln für das Einheitsquadrat und das Einheitsdreieck diskutiert. Über die Transformationsformel (10.36) erhält man dann einfach Quadraturformeln für affin-äquivalente Bereiche.

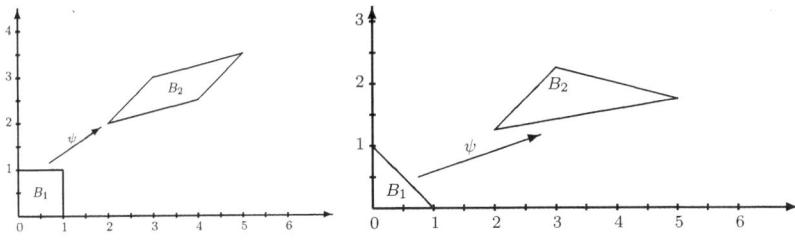

Abb. 10.4. Affine Transformation

10.5.2 Integration über dem Einheitsquadrat

Wir betrachten das Integral

$$\int_0^1 \int_0^1 f(x,y)\,dx\,dy. \tag{10.38}$$

Für den Produktbereich $[0,1] \times [0,1]$ kann man Integrationsformeln basierend auf eindimensionalen Formeln herleiten. Sei

$$Q_m(g) = \sum_{i=0}^m w_i g(x_i) \tag{10.39}$$

eine Quadraturformel für das eindimensionale Integral $\int_0^1 g(x)\,dx$. Das eindimensionale Teilintegral in (10.38) wird mit

$$F(y) = \int_0^1 f(x,y)\,dx$$

bezeichnet. Anwendung der Quadraturformel (10.39) zur Berechnung des Integrals (10.38) liefert eine Produktregel $Q_m^{(2)}(f)$:

$$\int_0^1 \int_0^1 f(x,y)\,dx\,dy = \int_0^1 F(y)\,dy \approx \sum_{j=0}^m w_j F(x_j)$$

$$= \sum_{j=0}^m w_j \int_0^1 f(x,x_j)\,dx \approx \sum_{j=0}^m w_j \sum_{i=0}^m w_i f(x_i,x_j)$$

$$= \sum_{i,j=0}^m w_i w_j\, f(x_i,x_j) =: Q_m^{(2)}(f).$$

Bemerkung 10.16. Bei der Produktintegration braucht nicht ein und dieselbe Quadraturformel in beiden Integrationsrichtungen verwendet zu werden. Fehlerschätzungen für die Produktregel ergeben sich aus den Fehlerschätzungen der dafür verwendeten eindimensionalen Quadraturformeln (siehe z. B.

[HH]). Falls die Formel (10.39) Exaktheitsgrad M hat, ergibt sich, daß die Produktformel $Q_m^{(2)}$ für alle Polynome

$$p \in \text{span}\{\, x^{k_1} y^{k_2} \mid 0 \le k_1, k_2 \le M \,\}$$

exakt ist.   △

Beispiel 10.17. Sei

$$Q_1(g) = \frac{1}{2} g(x_0) + \frac{1}{2} g(x_1), \quad x_0 := \frac{1}{2} - \frac{\sqrt{3}}{6}, \quad x_1 := \frac{1}{2} + \frac{\sqrt{3}}{6},$$

die eindimensionale Gauß-Quadraturformel mit zwei Stützstellen für das Intervall $[0, 1]$ wie in Beispiel 10.11. Daraus ergibt sich die Produktregel

$$Q_1^{(2)}(f) = \frac{1}{4} f(x_0, x_0) + \frac{1}{4} f(x_0, x_1) + \frac{1}{4} f(x_1, x_0) + \frac{1}{4} f(x_1, x_1)$$

für den Bereich $[0, 1] \times [0, 1]$. Diese Formel ist exakt für alle Linearkombinationen von Polynomen $x^{k_1} y^{k_2}$, $0 \le k_1, k_2 \le 3$.   △

10.5.3 Integration über dem Einheitsdreieck

Während sich bei Rechtecken für alle Dimensionen in natürlicher Weise Produktregeln wie oben ergeben, ist die Situation beim Dreieck (bzw. beim Simplex) davon verschieden. Für Dreiecke ist es zweckmäßig, von den Monomen $1, x, y, x^2, xy, y^2$ usw. auszugehen und die Frage nach solchen Quadraturformeln zu stellen, die alle Monome der Form $x^{k_1} y^{k_2}$, $0 \le k_1 + k_2 \le M$ exakt integrieren. Wir sagen dann, eine solche Formel habe den Exaktheitsgrad M.

Wir beschränken uns hier auf einige typische Beispiele:

$$\text{(i)} \quad Q(f) = \frac{1}{2} f(\frac{1}{3}, \frac{1}{3})$$

$$\text{(ii)} \quad Q(f) = \frac{1}{6} [f(0,0) + f(1,0) + f(0,1)]$$

$$\text{(iii)} \quad Q(f) = \frac{1}{6} [f(\frac{1}{2},0) + f(0, \frac{1}{2}) + f(\frac{1}{2}, \frac{1}{2})]$$

$$\text{(iv)} \quad Q(f) = \frac{1}{6} [f(\frac{1}{6}, \frac{1}{6}) + f(\frac{2}{3}, \frac{1}{6}) + f(\frac{1}{6}, \frac{2}{3})].$$

Man rechnet einfach nach, daß die Monome $1, x, y$ durch die Formeln in (i), (ii) exakt integriert werden (Exaktheitsgrad 1) und daß die Monome $1, x, y, xy, x^2, y^2$ durch die Formeln in (iii), (iv) exakt integriert werden (Exaktheitsgrad 2).

Sei T ein beliebiges Dreieck, das in kleinere Dreiecke unterteilt ist (vgl. Abb. 10.5). Die Transformationsformel 10.36 wiederholt angewandt auf eine der Formeln (i)–(iv) ergibt eine zusammengesetzte Quadraturformel für T. Kompliziertere Gebiete kann man durch geeignet gewählte Vierecke und Dreiecke möglichst gut ausschöpfen. Zum Verfahrensfehler kommt dann noch der Fehler hinzu, der durch die Approximation des Gebiets entsteht.

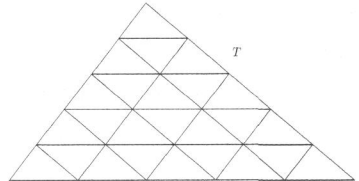

Abb. 10.5. Unterteilung eines Dreiecks

10.6 Übungen

Übung 10.6.1. Seien $f, g : [a,b] \to \mathbb{R}$ stetig mit $g(x) \geq 0$ für $x \in [a,b]$ sowie $\xi : [a,b] \to [a,b]$ gegeben. Zeigen Sie: es existiert ein $z \in [a,b]$, so daß gilt:

$$\int_a^b f(\xi(x))g(x)\,dx = f(z) \int_a^b g(x)\,dx$$

(Hinweis: Mittelwertsatz).

Übung 10.6.2. Sei $f \in C^1([a,b])$, $t_k = a + kh$, $k = 0,1,2,\ldots,n$, $h = \frac{b-a}{n}$ (s. Abschnitt 10.1).

a) Zeigen Sie, daß

$$hf(t_{k-1}) = \int_{t_{k-1}}^{t_k} f(x)\,dx - \frac{1}{2}h^2 f'(\xi_k) \quad \text{für ein} \quad \xi_k \in [t_{k-1}, t_k]$$

gilt.

b) Zeigen Sie, daß für die summierte Rechteckregel $R(h) = h \sum_{k=1}^n f(t_{k-1})$ gilt

$$\left| R(h) - \int_a^b f(x)\,dx \right| \leq \frac{h}{2}(b-a) \max_{x \in [a,b]} |f'(x)| \ .$$

Übung 10.6.3. Sei $[a,b]$ unterteilt in Teilintervalle wie in (10.1), und sei

$$M(h) = h \sum_{k=1}^n f\left(\frac{t_{k-1} + t_k}{2}\right)$$

die summierte Mittelpunktsregel. Beweisen Sie, daß für den Verfahrensfehler $E(h) := M(h) - \int_a^b f(x)\,dx$ folgendes gilt ($f \in C^2([a,b])$, $f'(a) \neq f'(b)$):

$$|E(h)| \leq \frac{h^2}{24}(b-a) \max_{x \in [a,b]} |f''(x)|$$

und

$$\lim_{h \to 0} \frac{24 E(h)}{h^2(f'(b) - f'(a))} = 1 \ .$$

Übung 10.6.4. Sei $f \in C^6([a,b])$, $t_k = a + kh$, $k = 0, 1, \ldots, n$, $h = \frac{b-a}{n}$. Sei $m(h)$ das Resultat der summierten Milne-Regel (d.h. wende die Milne-Regel auf jedes Teilintervall $[t_{k-1}, t_k]$ an und summiere auf), und $E(h)$ der entsprechende Diskretisierungsfehler:

$$m(h) = \int_a^b f(x)\,dx + E(h).$$

a) Geben Sie eine Formel für $m(h)$ an.

b) Zeigen Sie, daß

$$|E(h)| \le \frac{h^6(b-a)}{1935360} \max_{x \in [a,b]} |f^{(6)}(x)|$$

gilt.

Übung 10.6.5. Man betrachte die Newton-Cotes-Formeln (10.13). Man zeige:

a) Die Gewichte c_j für die Newton-Cotes-Formel $I_m(f)$, $m \ge 1$, sind durch

$$c_j = \frac{1}{m} \int_0^m \prod_{\substack{k=0 \\ k \ne j}}^m \frac{s-k}{j-k}\,ds$$

gegeben.

b) Diese Gewichte sind symmetrisch

$$c_k = c_{m-k}, \quad k = 0, \ldots, m.$$

c) Sie lassen sich auch über folgende Momentenbedingungen bestimmen:

$$\sum_{k=0}^m c_k k^i = \frac{m^{i+1}}{i+1}, \quad i = 0, \ldots, m.$$

Übung 10.6.6. Es sei eine Quadraturformel mit der Darstellung

$$I_2(f) = \alpha f(0) + \beta f(\tfrac{1}{2}) + \gamma f(1)$$

für die Annäherung von $\int_0^1 f(x)\,dx$ gegeben. Bestimmen Sie die Konstanten α, β, γ so, daß der Exaktheitsgrad dieser Formel so hoch wie möglich ist.

Übung 10.6.7. Sei f genügend glatt und für festes x

$$J := f'(x)\,,$$
$$N(h) := \frac{f(x + \frac{1}{2}h) - f(x - \frac{1}{2}h)}{h}\,.$$

Man zeige, daß eine Entwicklung wie in (10.29) existiert. Man entwerfe ein Extrapolationsschema wie das Romberg-Schema.

Übung 10.6.8. Bestimmen Sie vier Näherungen T_i, $i = 0,1,2,3$, für

$$I = \int_0^1 \frac{1}{1+x}\, dx$$

mit der Trapezsumme zu den Schrittweiten $h_i = 2^{-i-1}$. Verbessern Sie die gewonnenen Werte mit Hilfe eines Romberg-Schemas. Vergleichen Sie die Ergebnisse mit dem exakten Wert $I = \ln 2$.

Übung 10.6.9. Bestimmen Sie die Näherungen T_i, $i = 0,1,2,3,4,5$ für

$$I = \int_0^1 x^{\frac{3}{2}}\, dx$$

mit der Trapezsumme zu den Schrittweiten $h_i = 2^{-i}$. Verbessern Sie die gewonnenen Werte mit Hilfe eines Romberg-Schemas. Vergleichen Sie die Ergebnisse mit dem exakten Wert $I = \frac{2}{5}$. Erklären Sie, weshalb die Ergebnisse viel schlechter sind als die in Beispiel 10.10.

Übung 10.6.10. Leiten Sie das Romberg-Schema in Abb. 10.3 über das Neville-Aitken-Schema 8.13 ab.

Übung 10.6.11. Es sei die Gauß-Quadraturformel

$$I_2(f) = 2 \sum_{i=0}^{2} c_i f(x_i) \tag{10.40}$$

mit $c_0 = c_1 = \frac{5}{18}$, $c_2 = \frac{8}{18}$, $-x_0 = x_2 = \sqrt{\frac{3}{5}}$, $x_1 = 0$ zur Annäherung von $\int_{-1}^1 f(x)\, dx$ gegeben.

a) Zeigen Sie, daß

$$\int_{-1}^1 x^k\, dx = I_2(x^k) \quad \text{für} \quad k = 0,1,\ldots,5$$

gilt, d.h. $I_2(f)$ ist exakt vom Grade 5.

b) Bestimmen Sie die entsprechende 3-Punkt-Gauß-Quadraturformel zur Annäherung von $\int_6^7 f(x)\, dx$.

c) Geben Sie die auf (10.40) basierende Produktregel $I_2^{(2)}(f)$ zur Annäherung des Integrals

$$\int_{-1}^1 \int_{-1}^1 f(x,y)\, dx\, dy$$

an. Für welche k_1, k_2 gilt

$$\int_{-1}^1 \int_{-1}^1 x^{k_1} y^{k_2}\, dx\, dy = I_2^{(2)}(x^{k_1} y^{k_2}) \quad ?$$

Übung 10.6.12. Sei B das Parallelogramm mit Eckpunkten $(1,1)$, $(3,4)$, $(2,3)$, $(4,6)$.

a) Bestimmen Sie eine affine Transformation, die das Einheitsquadrat auf B abbildet.

b) Bestimmen Sie für die Gauß-Quadraturformel $I_1^{(2)}(f)$ aus Beispiel 10.17 zur Annäherung von

$$\int_0^1 \int_0^1 f(x,y)\,dx\,dy$$

die entsprechende Gauß-Quadraturformel $\tilde{I}_1^{(2)}(f)$ zur Annäherung von

$$\int_B f(x,y)\,dx\,dy.$$

c) Für welche k_1, k_2 gilt

$$\int_B x^{k_1} y^{k_2}\,dx\,dy = \tilde{I}_1^{(2)}(x^{k_1} y^{k_2})\ ?$$

Übung 10.6.13. Es sei $f : \Omega \to \mathbb{R}$ ein glatte Funktion auf dem konvexen Gebiet $\Omega \subset \mathbb{R}^2$. Beweisen Sie

$$\int_\Omega f\,dx = |\Omega| f(x_S) + \mathcal{O}(|\Omega|\operatorname{diam}(\Omega)^2),$$

wobei x_S den Schwerpunkt, $|\Omega|$ den Flächeninhalt und

$$\operatorname{diam}(\Omega) = \sup_{x,y \in \Omega} \|x - y\|_2$$

den Durchmesser von Ω bezeichnet.

Hinweis: Für den Schwerpunkt gilt $\int_\Omega (x_S - y)\,dy = 0$.

11

Gewöhnliche Differentialgleichungen

11.1 Einführung

In diesem Kapitel geht es um die numerische Behandlung gewöhnlicher Differentialgleichungen, welche die „zeitliche" Änderung einer oder mehrerer Zustandsgrößen charakterisieren. Man kann damit *dynamische Systeme* beschreiben, die beispielsweise in der Mechanik ebenso wie bei chemischen Reaktionen auftreten oder auch die Ausbreitung von Epidemien modellieren.

Im einfachsten Fall lautet die Problemstellung wie folgt:

Gesucht wird eine Funktion $y = y(t)$ einer (Zeit-)Variablen t, die der Gleichung

$$y'(t) = f(t, y(t)) \, , \quad t \in [t_0, T] \, , \tag{11.1}$$

und der Anfangsbedingung

$$y(t_0) = y^0 \tag{11.2}$$

genügen soll.

Da in (11.1) nur die *erste* Ableitung nach *einer* Variablen auftritt, spricht man von einer *gewöhnlichen Differentialgleichung erster Ordnung*. Die Aufgabe, eine Funktion zu bestimmen, die (11.1) und (11.2) erfüllt, heißt *Anfangswertproblem*.

Beispiel 11.1. Gesucht wird eine Funktion $y(t)$, $t \geq 0$, für die

$$y' = 2ty^2 \quad (t \geq 0) \quad \text{und} \quad y(0) = 1$$

gilt. Wir werden sehen (Satz 11.10), daß für diese Aufgabe eine eindeutige Lösung existiert. Durch Einsetzen kann man einfach nachprüfen, daß $y(t) = (1 - t^2)^{-1}$ die Lösung ist. Offensichtlich existiert die Lösung nur für $t \in [0, 1)$.

△

Allgemeiner hat man mit *Systemen von n gewöhnlichen Differentialgleichungen erster Ordnung*

$$y_1'(t) = f_1(t, y_1(t), \dots, y_n(t))$$
$$\vdots$$
$$y_n'(t) = f_n(t, y_1(t), \dots, y_n(t))$$

zu tun, wobei $y_i(t)$, $i = 1, \dots, n$, eine reelle Funktion einer (Zeit-)Variablen $t \in [t_0, T]$ ist. Es resultiert ein Anfangswertproblem, falls die gesuchte Lösung dieses Systems den Anfangsbedingungen

$$y_i(t_0) = y_i^0, \quad i = 1, \dots, n,$$

genügen soll. Setzt man

$$y(t) := \begin{pmatrix} y_1(t) \\ \vdots \\ y_n(t) \end{pmatrix}, \quad f(t, y) := \begin{pmatrix} f_1(t, y_1(t), \dots, y_n(t)) \\ \vdots \\ f_n(t, y_1(t), \dots, y_n(t)) \end{pmatrix}, y^0 := \begin{pmatrix} y_1^0 \\ \vdots \\ y_n^0 \end{pmatrix},$$

kann dieses Anfangswertproblem kompakt wieder in der Form

$$y'(t) = f(t, y(t)), \quad t \in [t_0, T],$$
$$y(t_0) = y^0 \tag{11.3}$$

geschrieben werden.

Beispiel 11.2. Gesucht werden Funktionen $y_1(t)$, $y_2(t)$, $t \geq 0$, für die

$$\begin{pmatrix} y_1' \\ y_2' \end{pmatrix} = \begin{pmatrix} \frac{1}{2}y_1 - y_2 \\ 2y_1 - 2y_2 + 3\sin t \end{pmatrix} \quad (t \geq 0) \quad \text{und} \quad \begin{pmatrix} y_1(0) \\ y_2(0) \end{pmatrix} = \begin{pmatrix} 2 \\ 1 \end{pmatrix}$$

gilt. Man kann zeigen (vgl. Satz 11.10), daß für diese Aufgabe eine eindeutige Lösung existiert. Durch Einsetzen kann man einfach nachprüfen, daß

$$\begin{pmatrix} y_1(t) \\ y_2(t) \end{pmatrix} = \begin{pmatrix} 2\cos t \\ \cos t + 2\sin t \end{pmatrix}$$

die Lösung ist.   △

Wir werden nun kurz einige einfache Anwendungsbeispiele skizzieren, die zu Aufgaben obigen Typs führen.

Beispiel 11.3. Ein sehr einfaches Räuber-Beute-Modell stammt von Lottka und Volterra. Sei $y_1(t)$ die Beute-Population und $y_2(t)$ die Räuber-Population. Die Lottka-Volterra-Gleichung ist

$$y_1' = c_1 y_1 (1 - d_1 y_2), \quad y_1(0) = y_1^0,$$
$$y_2' = c_2 y_2 (d_2 y_1 - 1), \quad y_2(0) = y_2^0,$$

mit positiven Konstanten c_1, c_2, d_1, d_2. $\triangle$

Beispiel 11.4. Chemische Reaktionsprozesse werden oft mit gewöhnlichen Differentialgleichungen modelliert. Ein Standardmodell ist wie folgt. Seien $S_1, \ldots, S_n$ chemische Stoffe, die bei konstanter Temperatur in einem abgeschlossenen System mit einander reagieren. Die i-te Reaktion wird durch

$$\sum_{j=1}^{n} a_{ij} S_j \xrightarrow{k_i} \sum_{j=1}^{n} b_{ij} S_j$$

beschrieben, wobei a_{ij}, b_{ij} die stöchiometrischen Koeffizienten sind und k_i die Reaktionsgeschwindigkeitskonstante ist. Als Beispiel betrachten wir die chemische Pyrolyse (aus [SW]). Das Reaktionsschema der beteiligten Komponenten $S_1, \ldots, S_6$ ist

$$S_1 \xrightarrow{k_1} S_2 + S_3$$
$$S_2 + S_3 \xrightarrow{k_2} S_5$$
$$S_1 + S_3 \xrightarrow{k_3} S_4$$
$$S_4 \xrightarrow{k_4} S_3 + S_6.$$

Sei $y_i(t)$ die Konzentration der Komponente S_i zum Zeitpunkt t. Das zugehörige System gewöhnlicher Differentialgleichungen, das die Dynamik dieses Reaktionsprozesses beschreibt, ist

$$\begin{aligned}
y_1' &= -k_1 y_1 - k_3 y_1 y_3 \\
y_2' &= k_1 y_1 - k_2 y_2 y_3 \\
y_3' &= k_1 y_1 - k_2 y_2 y_3 - k_3 y_1 y_3 + k_4 y_4 \\
y_4' &= k_3 y_1 y_3 - k_4 y_4 \\
y_5' &= k_2 y_2 y_3 \\
y_6' &= k_4 y_4.
\end{aligned} \tag{11.4}$$

Die Anfangsbedingungen sind : $y_1(0) = 1.8 \cdot 10^{-3}$, $y_i(0) = 0$ für $i = 2, \ldots, 6$, und die Reaktionsgeschwindigkeitskonstanten sind

$$k_1 = 7.9 \cdot 10^{-10}, \ k_2 = 1.1 \cdot 10^9, \ k_3 = 1.1 \cdot 10^7, \ k_4 = 1.1 \cdot 10^3.$$

Diese Konstanten k_i sind von sehr unterschiedlicher Größenordnung. Dadurch treten in diesem Reaktionssystem (wie in vielen anderen Reaktionssystemen)

Phänomene auf stark unterschiedlichen Zeitskalen auf. Ein derartiges *steifes* System muß man in der Numerik mit Vorsicht behandeln, siehe Abschnitt 11.9.   △

Im dritten Beispiel wird gezeigt, wie bei einer Frage der Wärmeleitung ein großes System gewöhnlicher Differentialgleichungen entsteht.

Beispiel 11.5. Gegeben sei die Temperaturverteilung T eines Stabs der Länge ℓ zur Zeit $t = 0$. An beiden Enden des Stabs werde für Zeiten $t > 0$ die Temperatur vorgegeben, und zwar sei sie dort auf Null geregelt. Die Entwicklung der Temperatur $T(x,t)$ an der Stelle x des Stabes zur Zeit t ergibt sich als Lösung der Anfangsrandwertaufgabe

$$\frac{\partial T}{\partial t} = \kappa \frac{\partial^2 T}{\partial x^2}, \quad t > 0, \quad x \in (0, \ell). \tag{11.5}$$

Die Anfangswerte seien $T(x,0) = \Phi(x)$. Die Randwerte sind $T(0,t) = T(\ell,t) = 0$. Die Gleichung (11.5) ist ein Beispiel einer *partiellen* Differentialgleichung, da in dieser Gleichung die Ableitungen der gesuchten Funktion nach *mehreren* Variablen vorkommen. Mit Hilfe der sogenannten *Linien-Methode* kann man die gesuchte Lösung $T(x,t)$ mit Hilfe eines *Systems gewöhnlicher Differentialgleichungen* erster Ordnung annähern.

Die Linien-Methode funktioniert folgendermaßen. Man diskretisiere, wie in Beispiel 3.2, zunächst die 2. Ableitung nach der Raumvariablen x, d. h.

$$\kappa \frac{\partial^2 T(x,t)}{\partial x^2} \approx \frac{\kappa}{h_x^2} \left(T(x + h_x, t) - 2T(x,t) + T(x - h_x, t) \right),$$

mit $h_x = \frac{\ell}{n_x}$, und $n_x \in \mathbb{N}$. Statt (11.5) für alle $x \in (0, \ell)$ zu verlangen, sucht man für jeden Orts-Gitterpunkt $x_j = j h_x$ Funktionen

$$y_j(t) \approx T(x_j, t), \quad j = 1, 2, \ldots, n_x - 1, \tag{11.6}$$

die nur noch von der Zeit abhängen und das im Ort diskretisierte Näherungsproblem von $n_x - 1$ gekoppelten gewöhnlichen Differentialgleichungen

$$y_j' = \frac{\kappa}{h_x^2}(y_{j+1} - 2y_j + y_{j-1}), \quad j = 1, \ldots, n_x - 1, \tag{11.7}$$

erfüllen. Unbekannt sind lediglich die Funktionen zu den inneren Gitterpunkten $x_1, \ldots, x_{n_x-1}$, da aufgrund der gegebenen Randwerte $y_0(t) = y_{n_x}(t) = 0$ für $t > 0$ gilt. (11.7) läßt sich, mit $y := (y_1, y_2, \ldots, y_{n_x-1})^T$, als

$$y' = f(t,y) = Ay \tag{11.8}$$

schreiben, wobei A die Tridiagonalmatrix

$$A = -\frac{\kappa}{h_x^2} \begin{pmatrix} 2 & -1 & & & \\ -1 & 2 & -1 & & \emptyset \\ & \ddots & \ddots & \ddots & \\ \emptyset & & -1 & 2 & -1 \\ & & & -1 & 2 \end{pmatrix} \tag{11.9}$$

ist. Die Anfangsbedingungen (vgl. (11.3)) sind durch

$$y(0) = y^0 = \begin{pmatrix} \Phi(x_1) \\ \vdots \\ \Phi(x_{n_x-1}) \end{pmatrix}$$

gegeben. Der Begriff Linien-Methode reflektiert hier die Bestimmung der Funktionen $y_i(t)$ entlang der zur Zeitachse parallelen Linien durch die Orts-Gitterpunkte. Mit Hilfe numerischer Verfahren zur Lösung dieses Anfangs-wertproblems – also über eine nachfolgende Diskretisierung in der Zeit t – erhalten wir insgesamt ein numerisches Verfahren zur Behandlung von partiellen Differentialgleichungen obigen Typs. $\triangle$

Weitere Beispiele treten zunächst in anderer Form auf. Man spricht allgemeiner von einer *gewöhnlichen Differentialgleichung m-ter Ordnung*, falls in der Differentialgleichung Ableitungen der gesuchten Funktion bis zur Ordnung m vorkommen.

Beispiel 11.6. Das mathematische Pendel in Beispiel 1.2 wird durch die gewöhnliche Differentialgleichung zweiter Ordnung

$$\phi''(t) = -\frac{g}{\ell}\sin(\phi(t))$$

und die Anfangsbedingungen

$$\phi(0) = \phi_0, \quad \phi'(0) = 0$$

charakterisiert. Die Parameter g, ℓ und ϕ_0 sind die Fallbeschleunigung, die Pendellänge und die Anfangsauslenkung (vgl. Abb. 1.2). $\triangle$

Allgemein nennt man das Problem der Bestimmung einer skalaren Funktion $y(t)$, so daß

$$\begin{aligned} y^{(m)} &= g(t, y, y', \ldots, y^{(m-1)}) \,, \quad t \in [t_0, T] \,, \\ y(t_0) &= z_0, \quad y'(t_0) = z_1, \quad \ldots, \quad y^{(m-1)}(t_0) = z_{m-1}, \end{aligned} \tag{11.10}$$

gilt, eine *Anfangswertaufgabe m-ter Ordnung*.

Der Aufgabentyp (11.10) ist allerdings nur scheinbar neu. Im folgenden Abschnitt 11.2 werden wir zeigen, daß man ein Anfangswertproblem m-ter Ordnung wie in (11.10) als ein *System* von m Differentialgleichungen erster Ordnung mit entsprechenden Anfangsbedingungen (wie in (11.3)) umformulieren kann.

Es reicht deshalb, numerische Verfahren für den einheitlichen Standard-aufgabentyp des Anfangswertproblems (11.3) zu entwickeln, was der zentrale

Gegenstand dieses Kapitels ist. Derartige Verfahren arbeiten für einzelne skalare Gleichungen formal genauso wie für Systeme, so daß durch die kompakte Darstellung keine Verwirrung entstehen wird. Andererseits wird es daher auch zugunsten technischer Einfachheit reichen, an den skalaren Fall ($n = 1$, d. h. (11.1), (11.2)) zu denken.

11.2 Reduktion auf ein System 1. Ordnung

Um nicht für jede mögliche Situation einen eigenen Typ von Verfahren entwickeln zu müssen, ist es günstig, Anfangswertprobleme auf eine einheitliche Form zu bringen. In diesem Abschnitt wird gezeigt, wie man das *skalare* Anfangswertproblem *m-ter Ordnung* (11.10) in ein äquivalentes *System 1. Ordnung* der Form (11.3) umformulieren kann. Setzt man

$$y_1(t) := y(t)$$
$$y_2(t) := y'(t) = y_1'(t)$$
$$y_3(t) := y''(t) = y_2'(t)$$
$$\vdots$$
$$y_m(t) := y^{(m-1)}(t) = y_{m-1}'(t),$$

so folgt aus (11.10)

$$y_m' = g(t, y_1, y_2, \ldots, y_m),$$
$$y_1(t_0) = z_0, \quad y_2(t_0) = z_1, \quad \ldots, \quad y_m(t_0) = z_{m-1}.$$

Man kann dies in

$$\left.\begin{array}{l} y_1'(t) = y_2(t) \\ y_2'(t) = y_3(t) \\ \quad\vdots \\ y_{m-1}'(t) = y_m(t) \\ y_m'(t) = g(t, y_1(t), \ldots, y_m(t)) \end{array}\right\} \quad \text{für } t \in [t_0, T]$$

mit den Anfangsbedingungen

$$y_1(t_0) = z_0, \quad \ldots, \quad y_m(t_0) = z_{m-1}$$

zusammenfassen. Dies ist ein *System* von m Differentialgleichungen 1. Ordnung wie in (11.3).

Beispiel 11.7. Beim mathematischen Pendel in Beispiel 11.6 ergibt sich das System

$$y'(t) = \begin{pmatrix} y_1'(t) \\ y_2'(t) \end{pmatrix} = f(t, y) = \begin{pmatrix} y_2(t) \\ -\frac{g}{\ell} \sin(y_1(t)) \end{pmatrix}$$

mit der Anfangsbedingung

$$y^0 = y(0) = \begin{pmatrix} \phi_0 \\ 0 \end{pmatrix}. \qquad \triangle$$

Beispiel 11.8. Die gewöhnliche Differentialgleichung dritter Ordnung

$$y''' = -2y'' + y' + y^2 - e^t, \quad t \in [0, T],$$

mit Anfangsbedingungen

$$y(0) = 1, \quad y'(0) = 0, \quad y''(0) = 0,$$

ergibt über

$$y_1(t) := y(t), \quad y_2(t) := y'(t), \quad y_3(t) := y''(t),$$

das äquivalente System erster Ordnung

$$\begin{pmatrix} y_1' \\ y_2' \\ y_3' \end{pmatrix} = \begin{pmatrix} y_2 \\ y_3 \\ -2y_3 + y_2 + y_1^2 - e^t \end{pmatrix} \quad (t \in [0, T])$$

mit Anfangsbedingungen

$$(y_1(0), y_2(0), y_3(0)) = (1, 0, 0). \qquad \triangle$$

11.3 Einige theoretische Grundlagen

Wir sammeln zunächst einige theoretische Fakten und Hinweise, die man für einen vernünftigen Gebrauch numerischer Verfahren benötigt. Die wesentliche Leitlinie bietet der auf Hadamard zurück gehende Begriff des *korrekt* oder *sachgemäß gestellten Problems*. Ein Problem heißt korrekt gestellt, falls 1.) eine Lösung existiert, 2.) diese Lösung eindeutig ist und 3.) *stetig* von den Daten abhängt.

Nach dem *Satz von Peano* existiert bereits unter sehr schwachen Anforderungen an die rechte Seite f, nämlich Stetigkeit in t und y, eine Lösung, zumindest für kleine Zeitintervalle. Beispiel 11.1 deutet jedoch schon an, daß auch für glattes f der Bereich, auf dem eine Lösung existiert, i. a. begrenzt ist. Punkt 1.) im Sinne lokaler Lösbarkeit ist also weitgehend gesichert. Die Frage der Eindeutigkeit 2.) ist etwas delikater, wie folgendes Beispiel zeigt.

Beispiel 11.9. Betrachte das Anfangswertproblem

$$y' = 2\sqrt{|y|}, \quad y(0) = 0. \tag{11.11}$$

Offensichtlich ist sowohl $y \equiv 0$ als auch $y(t) := t|t|$ Lösung von (11.11). $\triangle$

Wenn keine Eindeutigkeit vorliegt, kann man schwerlich erwarten, daß ein numerisches Schema das Richtige tut.

Unter etwas stärkeren Voraussetzungen an f gilt allerdings der folgende *Existenz- und Eindeutigkeitssatz* von *Picard-Lindelöf*, der die Forderung 2.) sichert, vgl. z. B. [SB].

Satz 11.10. *Sei f eine Funktion, die stetig in (t, y) und darüber hinaus im folgenden Sinne Lipschitz-stetig in y ist (wobei $\|\cdot\|$ eine beliebige feste Norm auf $\mathbb{R}^n$ ist):*

$$\|f(t, y) - f(t, z)\| \leq L\|y - z\| \qquad (11.12)$$

für alle $t \in [t_0, t_0 + \delta]$ mit $\delta > 0$ und für alle y, z aus einer Umgebung $\mathcal{U}$ von y^0. Dann existiert eine eindeutige Lösung y von (11.3) in einer Umgebung von t_0 (die von δ, $\|f\|$ und von $\mathcal{U}$ abhängt).

Man beachte, daß die Funktion $f(t, y) = 2\sqrt{|y|}$ aus Beispiel 11.9 in einer Umgebung von 0 *nicht* Lipschitz-stetig in y ist, also die Voraussetzungen des Satzes 11.10 nicht erfüllt.

Beispiel 11.11. Wir wählen $\|\cdot\| = \|\cdot\|_\infty$, die Maximumnorm. Für das Wärmeleitungsproblem erhält man

$$\|f(t, y) - f(t, z)\|_\infty = \|Ay - Az\|_\infty = \|A(y - z)\|_\infty \leq \|A\|_\infty \|y - z\|_\infty.$$

Also gilt (11.12) mit $L = \|A\|_\infty$ für alle t, y, z.

Für das mathematische Pendel aus Beispiel 11.7 ergibt sich mit $c := -g/\ell$

$$
\begin{aligned}
\|f(t, y) - f(t, z)\|_\infty &= \left\| \begin{pmatrix} y_2 \\ c \sin y_1 \end{pmatrix} - \begin{pmatrix} z_2 \\ c \sin z_1 \end{pmatrix} \right\|_\infty \\
&= \left\| \begin{pmatrix} y_2 - z_2 \\ c \cos(\xi)(y_1 - z_1) \end{pmatrix} \right\|_\infty \\
&= \max\{|y_2 - z_2|, |c| \, |\cos(\xi)| \, |y_1 - z_1|\} \\
&\leq \max\{1, |c|\} \|y - z\|_\infty,
\end{aligned}
$$

also gilt (11.12) mit $L = \max\{1, \frac{g}{\ell}\}$ für alle t, y, z.

Für $f(t, y) = 2ty^2$ und $y^0 = 1$ aus Beispiel 11.1 gilt

$$|f(t, y) - f(t, z)| = 2t \left| y^2 - z^2 \right| \leq 2T \left| y + z \right| \left| y - z \right| \quad \text{für } t \in [0, T].$$

Für $t \in [0, T]$ und y, z aus der Umgebung $B(y^0, c) = \{x \in \mathbb{R} \mid |x - 1| \leq c\}$ erhält man hieraus

$$|f(t, y) - f(t, z)| \leq L \left| y - z \right|, \quad L := 4T(c + 1).$$

Es sei bemerkt, daß in diesem Fall (vgl. Beispiel 11.1) die Lösung nur für $t \in [0, 1)$ existiert, obwohl eine Lipschitz-Eigenschaft für jedes Intervall $[0, T]$ gilt. $\triangle$

Forderung 3.) der Korrektgestelltheit ist natürlich für numerische Zwecke besonders essentiell. Schon aufgrund von Rundung unumgängliche Datenfehler sollten die Qualität einer Näherungslösung nicht gefährden. Im vorliegenden Zusammenhang betrachten wir den einfachsten Fall, daß unter „Daten" lediglich die Anfangswerte y^0 (und nicht etwa die Form von f selbst) verstanden werden. Unter welchen Umständen die Lösung dann grundsätzlich mit numerischen Methoden näherungsweise ermittelt werden kann, zeigt das folgende Ergebnis (vgl. [SB]). Es besagt, daß bereits unter den Voraussetzungen von Satz 11.10 die Lösung nicht nur (lokal) existiert und eindeutig ist, sondern auch *stetig* von den Anfangsbedingungen abhängt.

Satz 11.12. *Die Funktion f erfülle (11.12) (bzgl. einer Umgebung $\mathcal{U}$ von $y^0, z^0 \in \mathbb{R}^n$). Seien $y(t)$, $z(t)$ Lösungen von (11.3) bezüglich der Anfangsdaten $y^0, z^0 \in \mathbb{R}^n$. Dann gilt für alle t aus einer Umgebung von t_0 die Abschätzung*

$$\|y(t) - z(t)\| \le e^{L|t-t_0|}\|y^0 - z^0\|. \tag{11.13}$$

Wir können den Begriff der Korrektgestelltheit in den bisher verfolgten Konditionsrahmen einfügen. Die eindeutige Lösbarkeit sagt, daß die Zuordnung $S : y^0 \to S(y^0)(t) := y(t)$ zumindest in einer Umgebung von t_0 eine wohldefinierte Abbildung ist. Die Lösung des Anfangswertproblems ist dann gerade die *Auswertung* dieses *Lösungsoperators* an der Stelle y^0. Die Abschätzung (11.13) quantifiziert dann die *absolute Kondition* des Lösungsoperators S – sprich des Anfangswertproblems (11.3) – bezüglich Störungen in den Anfangsdaten. Für längere Integrationsintervalle wird diese Abschätzung allerdings exponentiell schlechter, d. h., die Lösungen können auch bei kleineren Störungen in den Anfangsdaten y^0 für große t erheblich variieren. Daß die Abschätzung (11.13) die bestmögliche ist, sieht man an folgendem

Beispiel 11.13. ($n = 1$) Es sei

$$y' = Ly, \qquad y(t_0) = y^0, \quad z' = Lz, \quad z(t_0) = z^0, \quad \text{mit } L > 0,$$

wobei sich die Lösungen für $t \ge t_0$ als

$$y(t) = y^0 e^{L|t-t_0|}, \quad z(t) = z^0 e^{L|t-t_0|}$$

exakt angeben lassen. Dann gilt

$$y(t) - z(t) = e^{L|t-t_0|}(y^0 - z^0).$$

d. h. „=" in (11.13). Wegen

$$\left|\frac{y(t) - z(t)}{y(t)}\right| = \frac{e^{L|t-t_0|}\left|y^0 - z^0\right|}{|y^0|\, e^{L|t-t_0|}} = \left|\frac{y^0 - z^0}{y^0}\right|$$

ist in diesem Beispiel die *relative* Kondition für alle Werte von y^0 und L gut, während die absolute Kondition für $L \gg 1$ schlecht ist.   △

Im allgemeinen Fall erhält man, unter den Voraussetzungen wie in Satz 11.12, für die relative Kondition die Abschätzung

$$\frac{\|y(t) - z(t)\|}{\|y(t)\|} \leq \frac{\|y^0\|}{\|y(t)\|} e^{L|t-t_0|} \frac{\|y^0 - z^0\|}{\|y^0\|} =: \kappa_{\text{rel}}(t) \frac{\|y^0 - z^0\|}{\|y^0\|}. \qquad (11.14)$$

Die relative Konditionszahl drückt also das Verhältnis zwischen dem Wachstum der Lösung, $\|y(t)\|/\|y^0\|$, und dem Faktor $e^{L|t-t_0|}$ aus. Man beachte, daß wegen $L > 0$ der Faktor $e^{L|t-t_0|}$ immer ein exponentielles Wachstum hat.

Allerdings bietet (11.13) eine erhebliche Überschätzung für Probleme des Typs $y' = -Ly$, $y(0) = 1$ für $L > 0$, wobei die Lösung $y(t) = e^{-Lt}$ exponentiell abklingt.

Wir werden im Folgenden stets von den Voraussetzungen in Satz 11.10 ausgehen, so daß Anfangswertprobleme in geeigneten Umgebungen stets korrekt gestellt sind.

Einige Hintergründe

Satz 11.10 ist im Wesentlichen eine Konsequenz des Banachschen Fixpunktsatzes 5.8. Dies beruht auf folgender auch in weiteren Betrachtungen häufig benutzten Beobachtung.

Bemerkung 11.14. Die Funktion $y(t)$ löst $y'(t) = f(t, y(t))$, $y(t_0) = y^0$ genau dann, wenn sie

$$y(t) = y^0 + \int_{t_0}^{t} f(s, y(s))\, ds \qquad (11.15)$$

löst.

Beweis. Differenziert man (11.15), sieht man sofort, daß y die Differentialgleichung löst. Außerdem gilt $y(t_0) = y^0 + \int_{t_0}^{t_0} f(s, y(s))\, ds = y^0$. Umgekehrt gilt für die Lösung des Anfangswertproblems

$$\int_{t_0}^{t} f(s, y(s))\, ds = \int_{t_0}^{t} y'(s) ds = y(t) - y(t_0) = y(t) - y^0$$

und damit (11.15).   □

Definiert man die Abbildung

$$\Phi : v \in C([t_0, \bar{t}]) \to \Phi(v)(t) := y^0 + \int_{t_0}^{t} f(s, v(s))\, ds, \qquad (11.16)$$

so ist $\Phi(v)$ für $t \in [t_0, \bar{t}]$ stetig, sofern $f(t, v(t))$ stetig ist. Wegen Bemerkung 11.14 ist aber die Lösung y des Anfangswertproblems gerade ein *Fixpunkt* von Φ. Um dessen Existenz und Eindeutigkeit aus Satz 5.8 schließen zu können, muß man noch Kontraktion zeigen. Hier benutzen wir auch die bekannte Tatsache, daß der Raum $C([t_0, \bar{t}])$ mit der Norm $\|\cdot\|_\infty$ vollständig ist. (Anders als in den vorherigen Beispielen ist dies, weil wir hier den Fixpunktsatz auf einen *unendlich* dimensionalen Raum anwenden wollen, nicht automatisch der Fall.) Nun zur Kontraktion:

$$\|\Phi(v) - \Phi(w)\|_{L_\infty} = \max_{t\in[t_0,\bar{t}]} \|\Phi(v)(t) - \Phi(w)(t)\|$$

$$= \max_{t\in[t_0,\bar{t}]} \| \int_{t_0}^{t} f(s,v(s)) - f(s,w(s))\, ds \|$$

$$\leq \int_{t_0}^{\bar{t}} \|f(s,v(s)) - f(s,w(s))\|\, ds$$

$$\leq \int_{t_0}^{\bar{t}} L \max_{s\in[t_0,\bar{t}]} \|v(s) - w(s)\|\, ds$$

$$= (\bar{t} - t_0)L\|v - w\|_{L_\infty},$$

wobei wir die Lipschitz-Stetigkeit von f bzgl. y benutzt haben. Für hinreichend kleines $\bar{t} - t_0$ ist $\bar{L} := (\bar{t} - t_0)L < 1$, d. h., Φ ist auf diesem Intervall eine Kontraktion. Somit erhält man eine eindeutige Lösung auf $[t_0, \bar{t}]$. Falls f auf einem größeren Intervall Lipschitz-stetig ist, kann man das Argument mit dem neuen Anfangswert $y(\bar{t})$ wiederholen.

Das Kernargument für die stetige Abhängigkeit der Lösung von den Anfangsdaten beruht auf einer Methode implizite Ungleichungen „aufzulösen", die häufig als *Gronwall-Lemma* oder *Gronwall-Abschätzung* bezeichnet wird. Dies ist das *Ungleichungs-Analogon* zu folgendem einfachen Sachverhalt:

$$v(t) = C + \int_{t_0}^{t} u(s)v(s)\, ds \implies v(t) = Ce^{\int_{t_0}^{t} u(s)\, ds}. \tag{11.17}$$

Wegen Bemerkung 11.14 (mit $f(t,v(t)) := u(t)v(t)$) erfüllt die Lösung der linken Seite von (11.17) das *lineare* Anfangswertproblem $v' = uv$, $v(t_0) = C$, dessen Lösung sich, wie man nachrechnet, als die rechte Seite von (11.17) herausstellt.

Das Ungleichungs-Analogon lautet nun wie folgt, vgl. [SB]:

Lemma 11.15. *Für jedes $C \geq 0$ und beliebiges stückweise stetiges $v(t) \geq 0$, $u(t) \geq 0$, $t \geq t_0$, impliziert*

$$v(t) \leq C + \int_{t_0}^{t} u(s)v(s)\, ds \tag{11.18}$$

die Ungleichung

$$v(t) \leq Ce^{\int_{t_0}^{t} u(s)\, ds}. \tag{11.19}$$

Damit ergibt sich ein einfacher Beweis von Satz 11.12 wie folgt. Wegen Bemerkung 11.14 gilt

$$y(t) - z(t) = y^0 - z^0 + \int_{t_0}^{t} f(s,y(s)) - f(s,z(s))\, ds$$

und somit aufgrund der Lipschitz-Eigenschaft von f

$$\|y(t) - z(t)\| \le \|y^0 - z^0\| + \int_{t_0}^t \|f(s, y(s)) - f(s, z(s))\|\, ds$$
$$\le \|y^0 - z^0\| + \int_{t_0}^t L\|y(s) - z(s)\|\, ds.$$

Die Abschätzung (11.13) folgt nun sofort aus Lemma 11.15 mit $C := \|y^0 - z^0\|$, $v(t) := \|y(t) - z(t)\|$ und $u(t) := L$.

11.4 Einfache Einschrittverfahren

Das vielleicht einfachste numerische Verfahren zur näherungsweisen Lösung von (11.1), (11.2) beruht auf folgender Idee. Da $f(t_0, y^0)$ die Steigung des Graphen der Lösung $y(t)$ an der Stelle t_0 angibt, versucht man, $y(t)$ dadurch anzunähern, daß man ein Stück entlang der Tangente mit Steigung $f(t_0, y^0)$ vorangeht, d. h., man verwendet

$$y^1 = y^0 + hf(t_0, y^0)$$

als Näherung für $y(t_0 + h)$.

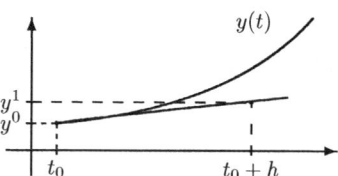

Abb. 11.1. Euler-Verfahren

Dies führt auf das folgende Verfahren zur Lösung des skalaren Problems (11.1), (11.2):

> **Algorithmus 11.16 (Euler-Verfahren).**
> Gegeben: Schrittweite $h = \frac{T - t_0}{n}$ mit $n \in \mathbb{N}$. Berechne für $j = 0, \ldots, n - 1$:
>
> $$t_{j+1} = t_j + h$$
> $$y^{j+1} = y^j + hf(t_j, y^j).$$

Das Euler-Verfahren zur Lösung des *Systems* (11.3) ist identisch mit Algorithmus 11.16 (wobei dann natürlich y^j und $f(t_j, y^j)$ Vektoren in $\mathbb{R}^n$ sind.

Wir benutzen hochgestellte Iterationsindizes, um eine Verwechslung mit den Komponenten-Indizes bei vektorwertigem y zu vermeiden).

Die Wahl einer konstanten Schrittweite $h = (T - t_0)/n$ ist unwesentlich. Ein Vorteil des durch das Eulerverfahren repräsentierten Verfahrenstyps liegt gerade in der flexiblen Anpassung der Schrittweite, d. h., $h = h_j$ kann variieren.

Man erwartet, daß diese einfache Methode keine sehr genauen Ergebnisse liefert. Bevor entsprechende Fehlerbetrachtungen präziser formuliert werden, seien einige Möglichkeiten aufgezeigt, die zunächst intuitiv eine Verbesserung bringen sollten.

Ein Herleitungsprinzip

Eine wichtige Methode, Verfahren zur Lösung der Anfangswertaufgabe (11.1), (11.2) herzuleiten, beruht auf der bereits benutzten Umformung der Differentialgleichung in eine *Integralgleichung*. Aufgrund der Wichtigkeit geben wir die offensichtliche formale Anpassung von Bemerkung 11.14 in folgender Form nochmals an.

Bemerkung 11.17. Sei die Anfangsbedingung $(t_j, y^j) \in \mathbb{R}^2$ gegeben (z. B. die berechnete Annäherung im Punkt t_j). Die Funktion $\tilde{y}(t)$ löst das lokale Anfangswertproblem

$$\tilde{y}' = f(t, \tilde{y}) \quad \text{für} \quad t \in [t_j, T], \quad \tilde{y}(t_j) = y^j, \tag{11.20}$$

genau dann, wenn

$$\tilde{y}(t) = y^j + \int_{t_j}^{t} f(s, \tilde{y}(s)) \, ds, \quad t \in [t_j, T], \tag{11.21}$$

gilt. Insbesondere gilt für $t = t_{j+1}$:

$$\tilde{y}(t_{j+1}) = y^j + \int_{t_j}^{t_{j+1}} f(s, \tilde{y}(s)) \, ds. \tag{11.22}$$

$$\triangle$$

Eine Näherung für $\tilde{y}(t)$ (als auch für die gesuchte Lösung $y(t)$ von (11.1), (11.2) im Intervall $[t_j, t_{j+1}]$) ergibt sich nun, wenn man das Integral in (11.22) durch eine Quadraturformel ersetzt (vgl. Kapitel 10). Das Euler-Verfahren erhält man dann über

$$\tilde{y}(t_{j+1}) = y^j + \int_{t_j}^{t_{j+1}} f(s, \tilde{y}(s)) \, ds \approx y^j + \int_{t_j}^{t_{j+1}} f(t_j, y^j) \, ds =: y^{j+1},$$

d. h., die Funktion $s \to f(s, \tilde{y}(s))$, $s \in [t_j, t_{j+1}]$, wird durch die Konstante $f(t_j, y^j)$ ersetzt. Dies entspricht der sogenannten *Rechteckregel* bei der numerischen Integration. Statt der Rechteckregel kann man auch die Mittelpunktsregel

$$\int_{t_j}^{t_{j+1}} g(s)\,ds \approx hg\big(t_j + \frac{h}{2}\big) \tag{11.23}$$

einsetzen. Die Mittelpunktsregel hat einen höheren Exaktheitsgrad als die dem Euler-Verfahren zugrundeliegende Rechteck-Regel. Natürlich ist bei Anwendung von (11.23) in (11.22) der Wert

$$g\big(t_j + \frac{h}{2}\big) = f\big(t_j + \frac{h}{2}, \tilde{y}\big(t_j + \frac{h}{2}\big)\big) \tag{11.24}$$

nicht bekannt. Diesen Wert kann man aber durch $f\big(t_j + \frac{h}{2}, y^{j+\frac{1}{2}}\big)$ mit $y^{j+\frac{1}{2}} := y^j + \frac{h}{2}f(t_j, y^j)$ (Euler-Schritt mit kleinerer Schrittweite) annähern. Dies führt auf den

---

Algorithmus 11.18 (Verbessertes Euler-Verfahren).
Gegeben: Schrittweite $h = \frac{T-t_0}{n}$ mit $n \in \mathbb{N}$. Berechne für $j = 0, \ldots, n-1$:

$$t_{j+1} = t_j + h$$
$$y^{j+\frac{1}{2}} = y^j + \frac{h}{2}f(t_j, y^j)$$
$$y^{j+1} = y^j + hf(t_j + \frac{h}{2}, y^{j+\frac{1}{2}}).$$

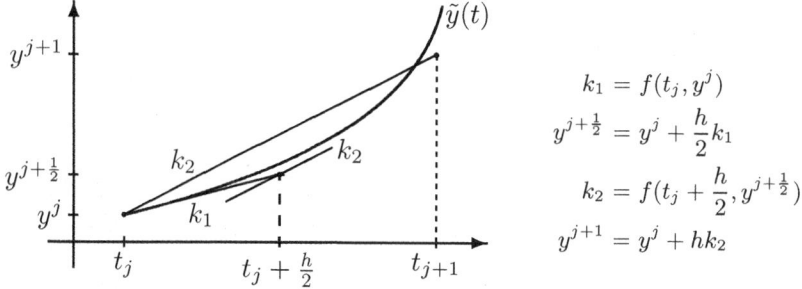

$$k_1 = f(t_j, y^j)$$
$$y^{j+\frac{1}{2}} = y^j + \frac{h}{2}k_1$$
$$k_2 = f(t_j + \frac{h}{2}, y^{j+\frac{1}{2}})$$
$$y^{j+1} = y^j + hk_2$$

Abb. 11.2. Verbessertes Euler-Verfahren

Wie beim Euler-Verfahren ändern sich die Formeln des verbesserten Euler-Verfahrens nicht, wenn man die Methode zur Lösung eines Systems, wie in (11.3), einsetzt.

Falls man das Integral in (11.22) über die Trapezregel

$$\int_{t_j}^{t_{j+1}} g(s)\,ds \approx \frac{h}{2}(g(t_j) + g(t_{j+1}))$$

annähert, ergibt sich die folgende Methode:

Algorithmus 11.19 (Trapezmethode).
Gegeben: Schrittweite $h = \frac{T-t_0}{n}$ mit $n \in \mathbb{N}$. Berechne für $j = 0, \dots, n-1$:

$$t_{j+1} = t_j + h$$
$$y^{j+1} = y^j + \frac{h}{2}(f(t_j, y^j) + f(t_{j+1}, y^{j+1})). \qquad (11.25)$$

Auch hier ändern sich die Formeln nicht, wenn man die Trapezmethode auf ein System von Differentialgleichungen anwendet. Wenn f Lipschitz-stetig in y und h hinreichend klein ist, hat die Gleichung (11.25) eine eindeutige Lösung y^{j+1}.

Die Trapezmethode ist ein Beispiel einer *impliziten* Methode: der neu zu berechnende Wert y^{j+1} tritt in der rechten Seite in (11.25) auf. Ein Schritt dieses Verfahrens erfordert also die Lösung einer Gleichung, bzw. eines Gleichungssystems. Wir werden später sehen, daß man diesen Nachteil bei gewissen Problemtypen in Kauf nehmen muß. Die (verbesserte) Euler-Methode ist hingegen ein Beispiel einer *expliziten* Methode.

Bemerkung 11.20. Ein weiteres Beispiel einer impliziten Methode ist folgende Variante des verbesserten Euler-Verfahrens, das, wie wir in Abschnitt 11.6.2 sehen werden, zur Klasse der impliziten Runge-Kutta-Verfahren gehört. Zur Annäherung des unbekannten Wertes $\tilde{y}(t_j + \frac{h}{2})$ in (11.24) kann man z bestimmen so, daß

$$z = y^j + \frac{h}{2}f(t_j + \frac{h}{2}, z) \qquad (11.26)$$

gilt (*implizites* Euler-Verfahren mit Schrittweite $\frac{h}{2}$), und

$$y^{j+1} := y^j + hf(t_j + \frac{h}{2}, z) \qquad (11.27)$$

setzen. Wenn f Lipschitz-stetig in y ist, existiert, für hinreichend kleines h, ein eindeutiges z, das (11.26) löst.

Aus $y^{j+1} - y^j = hf(t_j + \frac{h}{2}, z) = 2z - 2y^j$ folgt $z = \frac{1}{2}(y^j + y^{j+1})$ und somit kann man diese Methode auch in der Form

$$y^{j+1} = y^j + hf\big(t_j + \frac{h}{2}, \frac{1}{2}(y^j + y^{j+1})\big) \qquad (11.28)$$

darstellen. Die Methode (11.26)-(11.27) (oder (11.28)) heißt die Mittelpunktregel. $\triangle$

Beispiel 11.21. Wir betrachten das skalare Anfangswertproblem

$$y'(t) = y(t) - 2\sin t, \quad t \in [0, 4],$$
$$y(0) = 1.$$

Man rechnet einfach nach, daß $y(t) = \sin t + \cos t$ die Lösung dieses Problems ist. Zur numerischen Berechnung dieser Lösung verwenden wir das Euler-Verfahren, das verbesserte Euler-Verfahren und die Trapezmethode.

- Euler-Verfahren:

$$
\begin{aligned}
y^{j+1} &= y^j + hf(t_j, y^j) \\
&= y^j + h(y^j - 2\sin t_j) = (1 + h)y^j - 2h\sin t_j
\end{aligned}
$$

- Verbessertes Euler-Verfahren:

$$
\begin{aligned}
y^{j+\frac{1}{2}} &= y^j + \frac{h}{2}f(t_j, y^j) = (1 + \frac{h}{2})y^j - h\sin t_j \\
y^{j+1} &= y^j + hf(t_j + \frac{h}{2}, y^{j+\frac{1}{2}}) \\
&= y^j + h(y^{j+\frac{1}{2}} - 2\sin(t_j + \frac{h}{2})) \\
&= (1 + h + \frac{1}{2}h^2)y^j - 2h\sin(t_j + \frac{h}{2}) - h^2\sin t_j.
\end{aligned}
$$

- Trapezmethode:

$$
\begin{aligned}
y^{j+1} &= y^j + \frac{h}{2}(f(t_j, y^j) + f(t_{j+1}, y^{j+1})) \\
&= y^j + \frac{h}{2}(y^j + y^{j+1} - 2\sin t_j - 2\sin t_{j+1}) \\
&= (1 + \frac{h}{2})y^j + \frac{h}{2}y^{j+1} - h(\sin t_j + \sin t_{j+1}).
\end{aligned}
$$

In diesem einfachen Fall kann man die implizite Gleichung für y^{j+1} in eine explizite umschreiben:

$$(1 - \frac{h}{2})y^{j+1} = (1 + \frac{h}{2})y^j - h(\sin t_j + \sin t_{j+1}),$$

$$y^{j+1} = \frac{1 + \frac{h}{2}}{1 - \frac{h}{2}}y^j - \frac{h}{1 - \frac{h}{2}}(\sin t_j + \sin t_{j+1}).$$

In den Tabellen 11.1, 11.2 und 11.3 sind einige Ergebnisse zusammengestellt, die mit diesen Methoden erzielt werden.

Diese Ergebnisse zeigen, daß der Fehler beim Euler-Verfahren proportional zu h und beim verbesserten Euler-Verfahren sowie der Trapezmethode proportional zu h^2 ist (siehe Abschnitt 11.5). Für zunehmendes j nimmt beim Euler- und verbesserten Euler-Verfahren auch der Fehler $|y^j - y(t_j)|$ zu, während bei der Trapezmethode kein monotones Verhalten vorliegt. △

Tabelle 11.1. Euler-Verfahren

h	$|y^{1/h} - y(1)|$	$|y^{2/h} - y(2)|$	$|y^{4/h} - y(4)|$
2^{-4}	0.0647	0.2271	1.5101
2^{-5}	0.0332	0.1176	0.8063
2^{-6}	0.0168	0.0599	0.4170
2^{-7}	0.0085	0.0302	0.2121

Tabelle 11.2. Verbessertes Euler-Verfahren

h	$|y^{1/h} - y(1)|$	$|y^{2/h} - y(2)|$	$|y^{4/h} - y(4)|$
2^{-4}	0.001155	0.003824	0.025969
2^{-5}	0.000294	0.000973	0.006606
2^{-6}	0.000074	0.000245	0.001665
2^{-7}	0.000019	0.000062	0.000418

Tabelle 11.3. Trapezmethode

h	$|y^{1/h} - y(1)|$	$|y^{2/h} - y(2)|$	$|y^{4/h} - y(4)|$
2^{-4}	0.0002739	0.0002956	0.0002493
2^{-5}	0.0000685	0.0000740	0.0000618
2^{-6}	0.0000171	0.0000185	0.0000154
2^{-7}	0.0000043	0.0000046	0.0000039

Beispiel 11.22. Die oben diskutierten Verfahren können, wie schon bemerkt wurde, unmittelbar zur Lösung von Systemen eingesetzt werden. Zum Beispiel ergibt sich für das verbesserte Euler-Verfahren, angewandt auf das System aus Beispiel 11.2 mit $t \in [0, T]$, die Methode

$$\begin{pmatrix} y_1^0 \\ y_2^0 \end{pmatrix} = \begin{pmatrix} 2 \\ 1 \end{pmatrix}; \quad h := \frac{T}{n}, \; n \in \mathbb{N}; \quad \text{für } j = 0, 1, \ldots, n-1 \; :$$

$$\begin{pmatrix} y_1^{j+\frac{1}{2}} \\ y_2^{j+\frac{1}{2}} \end{pmatrix} = \begin{pmatrix} y_1^j \\ y_2^j \end{pmatrix} + \frac{h}{2} \begin{pmatrix} \frac{1}{2}y_1^j - y_2^j \\ 2y_1^j - 2y_2^j + 3\sin(jh) \end{pmatrix},$$

$$\begin{pmatrix} y_1^{j+1} \\ y_2^{j+1} \end{pmatrix} = \begin{pmatrix} y_1^j \\ y_2^j \end{pmatrix} + h \begin{pmatrix} \frac{1}{2}y_1^{j+\frac{1}{2}} - y_2^{j+\frac{1}{2}} \\ 2y_1^{j+\frac{1}{2}} - 2y_2^{j+\frac{1}{2}} + 3\sin((j+\frac{1}{2})h) \end{pmatrix}.$$

In Tabelle 11.4 sind für $T = 1, 2, 4$ die Fehler

$$\|y^n - y(T)\|_\infty = \max\{|y_1^n - y_1(T)|, |y_2^n - y_2(T)|\}$$

für einige h-Werte dargestellt. Diese Ergebnisse zeigen ein Fehlerverhalten proportional zu h^2 (wie in Tabelle 11.2). △

Tabelle 11.4. Verbessertes Euler-Verfahren für ein System

h	$\|y^{1/h} - y(1)\|_\infty$	$\|y^{2/h} - y(2)\|_\infty$	$\|y^{4/h} - y(4)\|_\infty$
2^{-4}	0.000749	0.002048	0.001140
2^{-5}	0.000188	0.000507	0.000289
2^{-6}	0.000047	0.000126	0.000073
2^{-7}	0.000012	0.000031	0.000018

Einschrittverfahren (ESV)

Bei allen bisher benutzten Verfahren hat man eine eindeutige Vorschrift

$$\Psi_f : (t_j, y^j, h_j) \to y^{j+1}. \tag{11.29}$$

Da diese Verfahren zur Berechnung der Näherung y^{j+1} an der Stelle $t_{j+1} = t_j + h_j$ einzig den bekannten Näherungswert y^j an der Stützstelle t_j verwenden, heißen sie *Einschrittverfahren* (ESV). Bei der Euler- und verbesserten Euler-Methode wird diese Vorschrift durch eine explizit bekannte Funktion (z. B. $\Psi_f(t_j, y^j, h_j) = y^j + h_j f(t_j, y^j)$) gegeben, und man kann y^{j+1} durch einfaches Einsetzen (von t_j, y^j, h_j) in diese Funktion bestimmen. Diese Verfahren heißen *explizit*. Bei der Trapezregel (11.25) und Mittelpunktregel (11.26)-(11.27) wird die eindeutige Vorschrift Ψ_f *nicht* durch eine explizite Funktion beschrieben. Diese Verfahren heißen *implizit*. Man beachte, daß es für ein Verfahren mit Vorschrift $y^{j+1} = \Psi_f(t_j, y^j, h_j)$ alternative Darstellungen (mit demselben Ergebnis) geben kann, siehe z. B. (11.26)-(11.27) und (11.28).

Für die Fehlerbetrachtungen in Abschnitt 11.5 ist es bequemer das durch Ψ_f beschriebene ESV in eine etwas andere Form zu bringen:

$$\begin{aligned} y^{j+1} = \Psi_f(t_j, y^j, h_j) &= y^j + h_j \left(\frac{\Psi_f(t_j, y^j, h_j) - y^j}{h_j} \right) \\ &=: y^j + h_j \Phi_f\left(t_j, y^j, h_j\right). \end{aligned} \tag{11.30}$$

Die Abbildung Φ_f heißt *Verfahrens-* oder *Inkrement-Vorschrift*. Diese einheitliche Notation der Inkrement-Vorschrift verbirgt einen subtilen (aber wichtigen) Unterschied zwischen expliziten und impliziten Methoden:

Bei expliziten Verfahren kann Φ_f durch eine explizit bekannte Funktion beschrieben werden, und kann man $\Phi_f\left(t_j, y^j, h_j\right)$ durch einfaches Einsetzen von (t_j, y^j, h_j) in diese Funktion bestimmen. Bei impliziten Verfahren, hingegen, wird Φ_f *nicht* durch eine explizite Funktion beschrieben, sondern steht für eine *Vorschrift*, deren Ausführung die Lösung von Gleichungssystemen verlangt.

11.5 Fehlerbetrachtungen für Einschrittverfahren

Die Wahl eines Verfahrens hängt natürlich davon ab, mit welchem Aufwand es Näherungslösungen mit gewünschter Genauigkeit liefert. In diesem Abschnitt wird eine Fehleranalyse für Einschrittverfahren skizziert. Dabei spielen die Begriffe *Konsistenz* und *Konvergenz* eine entscheidende Rolle. Diese Begriffe werden zunächst eingeführt, und im Hauptsatz 11.25 wird ein wichtiger Zusammenhang zwischen Konsistenz und Konvergenz bei Einschrittverfahren formuliert.

Globaler Diskretisierungsfehler und Konvergenz

Die Aufgabe, das Anfangswertproblem (11.3) zu lösen, liegt darin, Näherungswerte y^j an den Stellen t_j, $j = 0, \ldots, n$, zu ermitteln, wobei $t_n = T$ das gesamte Integrationsintervall abgrenzt. Die Güte der Näherungen hängt natürlich von der Schrittweite h ab. Für kleineres h braucht man demnach mehr Schritte, um T zu erreichen. Es ist oft bequem, die Folge $\{y^j\}_{j=0}^n$ als Funktion auf dem Gitter $\mathcal{G}_h = \{t_0, \ldots, t_n\}$ zu betrachten. Dabei ist nicht verlangt, daß die Schrittweiten $h_j = t_{j+1} - t_j$ konstant sind. Wir unterdrücken dies zugunsten einfacherer Notation bisweilen. Diese Gitterfunktion wird mit $y_h(\cdot)$ notiert: $y_h(t_j) = y^j$, $j = 0, \ldots, n$.

Man fragt sich also, ob und wie schnell die errechneten Näherungen $y^j = y_h(t_j)$ die exakte Lösung $y(t_j)$ approximieren. Dazu wird der *globale* Diskretisierungsfehler $e_h(t_j) = y(t_j) - y_h(t_j)$, $j = 0, \ldots, n$, betrachtet. Man ist letztlich am Verhalten von

$$\max_{j=0,\ldots,n} \|e_h(t_j)\| =: \|y - y_h\|_\infty \tag{11.31}$$

für $h \to 0$ interessiert. Um dies quantifizieren zu können, benutzen wir wieder den Begriff der *Konvergenz(ordnung)* eines Verfahrens:

Ein Verfahren heißt *konvergent* von der Ordnung p, falls

$$\|e_h\|_\infty = \mathcal{O}(h^p), \quad h \to 0, \tag{11.32}$$

gilt.

Der *globale* Fehler $e_h(t_j)$ entsteht durch eine Akkumulation von *lokalen* Fehlern an den Stellen $t_0, t_1, \ldots, t_{j-1}$. Um diese Fehlerakkumulation präziser beschreiben zu können, braucht man den sogenannten lokalen Abbruchfehler:

11.5.1 Lokaler Abbruchfehler und Konsistenz

Der lokale Abbruchfehler mißt, wie sehr der durch das numerische Verfahren gelieferte Wert nach *einem* Schritt von der exakten Lösung abweicht.

Man findet in der Literatur bisweilen zumindest formal leicht unterschiedliche Definitionen. Wir schlagen hier eine Formulierung vor, die die lokale Natur dieses Begriffs unterstreicht und die verschiedenen Varianten abdeckt. Wir verwenden dazu Lösungen zu „lokalen" Anfangswertproblemen, wobei die „Anfangspunkte" (t_a, y^a) in einer zulässigen Umgebung der globalen Lösung von (11.3) liegen. Dazu bietet sich folgende Schreibweise an: $y(t; t_a, y^a)$ bezeichnet die Lösung des Anfangswertproblems $y'(t) = f(t, y(t))$, $y(t_a) = y^a$, die nach unseren Voraussetzungen zumindest für $t \in [t_a, t_a + h]$ existieren möge.

Sei $y(t; t_a, y^a)$ die Lösung des Problems

$$y'(t) = f(t, y), \quad y(t_a) = y^a, \qquad (11.33)$$

und

$$y_h(t_a + h; t_a, y^a) = \Psi_f(t_a, y^a, h) = y^a + h\Phi_f(t_a, y^a, h) \quad (11.34)$$

das Resultat, das das Einschrittverfahren nach einem Schritt zum Startwert (t_a, y^a) liefert. Dann heißt die Differenz der Werte

$$\delta(t_a, y^a, h) = y(t_a + h; t_a, y^a) - y_h(t_a + h; t_a, y^a) \qquad (11.35)$$

der *lokale Abbruchfehler* (im Intervall $[t_a, t_a + h]$).

Ausgehend von der globalen Lösung $y(t) = y(t; t_0, y^0)$ des betrachteten Anfangswertproblems $y' = f(t, y)$, $y(t_0) = y^0$, wählt man oft

$$(t_a, y^a) = (t_j, y(t_j)), \qquad (11.36)$$

also einen Punkt des Lösungsgraphen zu einem Gitterpunkt des Zeitintervalls, so daß für $t_{j+1} = t_j + h$ aufgrund der Eindeutigkeit $y(t + h; t_j, y(t_j)) = y(t_{j+1})$ gilt und (11.35) die Form

$$\begin{aligned} \delta_{j,h} &:= \delta(t_j, y(t_j), h) = y(t_{j+1}; t_j, y(t_j)) - y_h((t_{j+1}; t_j, y(t_j)) \\ &= y(t_{j+1}) - y(t_j) - h\Phi_f(t_j, y(t_j), h) \end{aligned} \qquad (11.37)$$

annimmt. Der lokale Abbruchfehler ist also für die Wahl (11.36) die Differenz zwischen dem exakten Wert $y(t_{j+1})$ und dem berechneten Wert, falls an der Stelle t_j *vom exakten Wert $y(t_j)$ (der globalen Lösung) ausgegangen wird*. Für das Euler-Verfahren, angewandt auf eine skalare Gleichung, wird der lokale Abbruchfehler $\delta_{2,h}$ in Abb. 11.3 dargestellt.

Eine ebenfalls in der Literatur häufig anzutreffende Variante ist die Wahl

$$(t_a, y^a) = (t_j, y^j), \qquad (11.38)$$

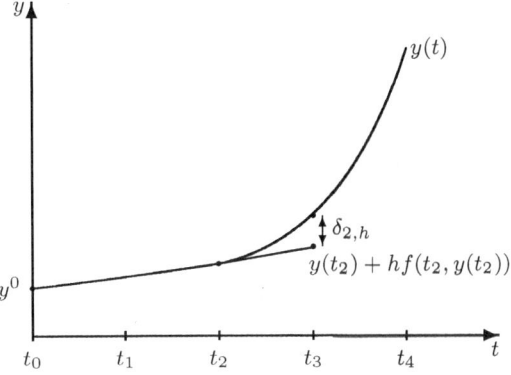

Abb. 11.3. Lokaler Abbruchfehler

d. h., als Referenzpunkt wird ein Punkt der diskreten Näherungslösung gewählt. (11.34) nimmt dann die Form

$$\tilde{\delta}_{j,h} := \delta(t_j, y^j, h) := y(t_{j+1}; t_j, y^j) - y^{j+1}$$
$$= y(t_{j+1}; t_j, y^j) - y^j - h\Phi_f(t_j, y^j, h) \qquad (11.39)$$

an. Für das Euler-Verfahren angewandt auf eine skalare Gleichung sind $\delta_{2,h}$ und $\tilde{\delta}_{2,h}$ in Abb. 11.4 dargestellt (vgl. Abb. 11.3).

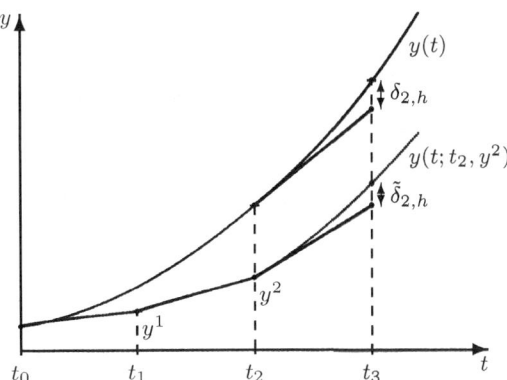

Abb. 11.4. Lokale Abbruchfehler $\delta_{j,h}$ und $\tilde{\delta}_{j,h}$

Welche Variante man nun benutzt, wird sich letztlich als unwesentlich erweisen. Für eine theoretische Konvergenzanalyse (wie in Beispiel 11.26) ist die Größe $\delta_{j,h}$ sehr bequem, während für Schätzungen des lokalen Abbruchfehlers in der Praxis (siehe (11.78) und Abschnitt 11.7) die Größe $\tilde{\delta}_{j,h}$ besser geeignet ist.

Unter *Konsistenzfehler* versteht man nun die Größe

$$\tau(t_a, y^a, h) := \frac{\delta(t_a, y^a, h)}{h} = \frac{y(t_a + h; t_a, y^a) - y_h(t_a + h; t_a, y^a)}{h}, \quad (11.40)$$

bzw. im Fall (11.36) die Kurzschreibweise

$$\tau_{j,h} = \frac{\delta_{j,h}}{h} = \frac{y(t_{j+1}) - y_h(t_{j+1}; t_j, y(t_j))}{h}.$$

Der folgende Begriff der *Konsistenz(ordnung)* als Maß für die Größe des lokalen Abbruchfehlers stellt ein wesentliches Qualifikationskriterium eines Verfahrens dar.

> Ein ESV heißt mit der Anfangswertaufgabe (11.3) konsistent von der Ordnung p (oder hat Konsistenzordnung p), falls
>
> $$\|\tau(t_a, y^a, h)\| \le Ch^p = \mathcal{O}(h^p), \quad h \to 0, \quad (11.41)$$
>
> für alle Punkte (t_a, y^a) in einer Umgebung des Lösungsgraphen $\{(t, y(t)) \mid t \in [t_0, T]\}$ von (11.3) gilt.

Die Konstante in dem $\mathcal{O}$-Term in (11.41) soll dabei unabhängig von j und von (t_a, y^a) (aus der obigen Umgebung) sein.

Das Verfahren (11.34) heißt *konsistent* (ohne Bezug auf eine spezielle Anfangswertaufgabe), falls in (11.41) $p \ge 1$ für eine hinreichend große Klasse von Funktionen f und entsprechenden Anfangswertproblemen gilt (etwa für alle f, die hinreichend glatt als Funktionen von (t, y) sind).

> Der Konsistenzbegriff beschreibt das Verhalten eines Verfahrens über den Abgleich mit *beliebigen* lokalen Lösungen, ist also nicht an (11.36) gebunden, solange man sich in einer zulässigen Umgebung bewegt. Dies ist für (11.36) trivialerweise gewährleistet und gilt unter geeigneten Voraussetzungen auch für (11.38). Mit dieser Formulierung des Konsistenzbegriffs kann man sich dann der jeweils bequemeren Variante bedienen.

Die Konsistenzordnung quantifiziert auch, wie gut das diskrete Verfahren im folgenden Sinne das kontinuierliche Problem approximiert. Läßt man in

$$\begin{aligned} \tau(t_a, y^a, h) &= \frac{y(t_a + h; t_a, y^a) - y_h(t_a + h; t_a, y^a)}{h} \\ &= \frac{y(t_a + h; t_a, y^a) - y_a}{h} - \Phi_f(t_a, y^a, h) \end{aligned} \quad (11.42)$$

die Schrittweite h gegen Null gehen, strebt der Differenzenquotient gegen $y'(t_a; t_a, y^a) = f(t_a, y^a)$. Folglich ergibt sich, daß bei einem konsistenten Verfahren

$$\lim_{h \to 0} \Phi_f(t, v, h) = f(t, v) \quad (11.43)$$

gelten muß, d. h., die Verfahrens-Vorschrift approximiert bei kleiner werdender Schrittweite die Funktion f. Es sei nochmals daran erinnert, daß nur im expliziten Fall Φ_f durch eine explizit bekannte Funktion dargestellt werden kann.

Bestimmung der Konsistenzordnung: Aufgrund der Wichtigkeit des Begriffs der Konsistenzordnung skizzieren wir nun eine *allgemeine Strategie* für *explizite* Einschrittverfahren, die es einerseits erlaubt, die Konsistenzordnung zu überprüfen, und andererseits Hinweise zur Realisierung höherer Konsistenzordnungen gibt. Dabei geht es darum, den Grenzübergang in (11.43) zu quantifizieren. Das zentrale Hilfsmittel ist wieder einmal die *Taylorentwicklung*. Dazu betrachten wir für festes (t_a, y^a), $\Phi_f(t_a, y^a, h) =: \Phi(h)$ als Funktion der Schrittweite h. Entwickelt man nun $\tilde{y}(t_a + h) := y(t_a + h; t_a, y^a)$ und $\Phi(h)$ gemäß Taylor nach der Variablen h um $h = 0$, so erhält man unter Berücksichtigung von $\tilde{y}(t_a) = y^a$

$$\tau(t_a, y^a, h) = \tilde{y}'(t_a) + \frac{h}{2}\tilde{y}''(t_a) + \cdots + \mathcal{O}(h^p)$$

$$- \left\{ \Phi(0) + h\Phi'(0) + \cdots + \mathcal{O}(h^p) \right\}$$

$$= \left(\tilde{y}'(t_a) - \Phi(0) \right) + \frac{h}{2}\left(\tilde{y}''(t_a) - 2\Phi'(0) \right) + \frac{h^2}{3!}\left(\tilde{y}'''(t_a) - 3\Phi''(0) \right)$$

$$+ \cdots + \frac{h^{p-1}}{p!}\left(\tilde{y}^{(p)}(t_a) - p\Phi^{(p-1)}(0) \right) + \mathcal{O}(h^p).$$

Bei Konsistenz der Ordnung p muß demnach

$$\tilde{y}^{(j)}(t_a) = j\Phi^{(j-1)}(0), \quad j = 1, \ldots, p, \tag{11.44}$$

gelten. Andererseits gilt wegen $\tilde{y}'(t) = f(t, \tilde{y}(t))$ auch $\tilde{y}^{(j)}(t) = \frac{d^{j-1}}{dt^{j-1}}f(t, \tilde{y}(t))$, so daß sich folgendes Kriterium ergibt.

Das Verfahren (11.30) hat die Konsistenzordnung (mindestens) $p \geq 1$ falls

$$\frac{d^j}{dt^j}f(t, \tilde{y}(t))|_{t=t_a} = (j+1)\Phi_f^{(j)}(t_a, y^a, 0), \quad j = 0, \ldots, p-1, \tag{11.45}$$

gilt.

Wir werden dieses Kriterium anhand einfacher Beispiele illustrieren.

Beispiel 11.23. Für den Fall einer skalaren Gleichung betrachten wir zwei einfache Methoden.

(a) *Euler-Verfahren:* Wegen $\Phi_f(t, v, h) = f(t, v)$ folgt

$$\Phi(h) = \Phi_f(t_a, y^a, h) = f(t_a, y^a) = \Phi(0), \quad \text{und} \quad \Phi'(0) = 0.$$

Folglich ist (11.45) lediglich für $p = 1$ erfüllt, das Euler-Verfahren hat somit die Konsistenzordnung $p = 1$.

(b) *Verbessertes Euler-Verfahren:* Gemäß Algorithmus 11.18 lautet hier die Verfahrens-Vorschrift

$$\Phi(h) = \Phi_f(t_a, y^a, h) = f\left(t_a + \frac{h}{2}, y^a + \frac{h}{2}f(t_a, y^a)\right).$$

Mit Hilfe der Kettenregel erhält man

$$\Phi(0) = f(t_a, y^a),$$
$$\Phi'(0) = \frac{1}{2}\frac{\partial}{\partial t}f(t_a, y^a) + \frac{1}{2}\left(\frac{\partial}{\partial y}f(t_a, y^a)\right)f(t_a, y^a). \tag{11.46}$$

Ebenso folgt andererseits auch

$$\frac{d}{dt}f(t, \tilde{y}(t))|_{t=t_a} = \frac{\partial}{\partial t}f(t_a, y^a) + \left(\frac{\partial}{\partial y}f(t_a, y^a)\right)f(t_a, y^a). \tag{11.47}$$

Aus (11.46) und (11.47) folgt nun sofort, daß (11.45) für $p = 2$ erfüllt ist. Das verbesserte Euler-Verfahren hat somit Konsistenzordnung (mindestens) $p = 2$ und verdient in diesem Sinne seinen Namen.

In beiden Fällen sieht man, daß es nicht auf die spezielle Wahl von (t_a, y^a) ankommt, sondern nur davon Gebrauch gemacht wird, daß die kontinuierliche Größe das jeweilige lokale Anfangswertproblem löst.   △

Das Kriterium (11.45) ist auch für implizite Einschrittverfahren gültig, aber schwieriger zu handhaben, weil bei impliziten Verfahren für die Verfahrens-Vorschrift Φ_f keine explizit bekannte Funktion zur Verfügung steht. Bei der Konsistenzanalyse impliziter Verfahren ist der Ausgangspunkt die Definition in (11.35)

$$\delta(t_a, y^a, h) = y(t_a + h; t_a, y^a) - y_h(t_a + h; t_a, y^a).$$

Über einen direkten Vergleich der beiden Terme in der Differenz kann man dann die Konsistenzordnung bestimmen. Als Beispiel wird eine mögliche Vorgehensweise für die Trapezregel behandelt:

Beispiel 11.24. Wir betrachten die Trapezmethode (11.25) und führen die kürzere Notation $\tilde{y}(t) := y(t; t_a, y^a)$, $y_h(t) := y_h(t; t_a, y^a)$, $\delta := \delta(t_a, y^a, h) = \tilde{y}(t_a + h) - y_h(t_a + h)$, ein. Für die Trapezregel bei der Quadratur gilt bekanntlich

$$\frac{h}{2}\left(f(t_a, \tilde{y}(t_a)) + f(t_a + h, \tilde{y}(t_a + h))\right) = \int_{t_a}^{t_a+h} f(s, \tilde{y}(s))\, ds + \mathcal{O}(h^3)$$
$$= \int_{t_a}^{t_a+h} \tilde{y}'(s)\, ds + \mathcal{O}(h^3)$$
$$= \tilde{y}(t_a + h) - \tilde{y}(t_a) + \mathcal{O}(h^3).$$

Hiermit ergibt sich

$$y_h(t_a + h) = y^a + \frac{h}{2}\Big(f(t_a, y^a) + f(t_a + h, y_h(t_a + h))\Big)$$

$$= \tilde{y}(t_a) + \frac{h}{2}\Big(f(t_a, y^a) + f(t_a + h, \tilde{y}(t_a + h) - \delta)\Big)$$

$$= \tilde{y}(t_a) + \frac{h}{2}\Big(f(t_a, y^a) + f(t_a + h, \tilde{y}(t_a + h))\Big) - \frac{h}{2}\frac{\partial f}{\partial y}(t_a + h, \xi)\,\delta$$

$$= \tilde{y}(t_a) + \tilde{y}(t_a + h) - \tilde{y}(t_a) + \mathcal{O}(h^3) - \frac{h}{2}\frac{\partial f}{\partial y}(t_a + h, \xi)\,\delta$$

$$= \tilde{y}(t_a + h) + \mathcal{O}(h^3) - \frac{h}{2}\frac{\partial f}{\partial y}(t_a + h, \xi)\,\delta\;,$$

und somit

$$\delta = \tilde{y}(t_a + h) - y_h(t_a + h) = \mathcal{O}(h^3) + \frac{1}{2}h\frac{\partial f}{\partial y}(t_a + h, \xi)\,\delta.$$

Hieraus folgt

$$\big(1 - \mathcal{O}(h)\big)\delta = \mathcal{O}(h^3)\;,$$

und deshalb (für h hinreichend klein)

$$|\tau(t_a, y^a, h)| = \frac{|\delta|}{h} \le c\,h^2.$$

Die Trapezmethode hat somit die Konsistenzordnung 2. $\triangle$

11.5.2 Zusammenhang zwischen Konsistenz und Konvergenz

Eigentlich ist man natürlich an der Abschätzung des *globalen* Diskretisierungs-fehlers (11.31) interessiert. Daß sich in diesem Zusammenhang die Mühe lohnt, den lokalen Abbruchfehler bzw. den Konsistenzfehler zu kennen, bestätigt der folgende Hauptsatz, dessen Beweis man in jedem Lehrbuch zur Numerik gewöhnlicher Differentialgleichungen findet, vgl. [SB].

Satz 11.25. *Falls $f(t, y)$ und $\Phi_f(t, y, h)$ eine Lipschitzbedingung in y (wie in (11.12)) erfüllen, gilt für das ESV (11.30) folgende Aussage:*
    Konsistenz *der Ordnung p* $\Rightarrow$ Konvergenz *der Ordnung p.*
Konkret gilt folgende Abschätzung:

$$\max_{j=0,\dots,n}\|y(t_j) - y^j\| \le \Big\{\|y(t_0) - y^0\| + \sum_{j=0}^{n-1}\|\delta_{j,h}\|\Big\}e^{\bar{L}(t_n - t_0)},\quad (11.48)$$

wobei $\bar{L}$ die Lipschitzkonstante für die Verfahrens-Vorschrift Φ_f ist.

In obiger Abschätzung (11.48) werden bereits inexakte Anfangswerte $y^0 \neq y(t_0)$ berücksichtigt. Sie ähnelt der Abschätzung (11.13) zur stetigen Abhängigkeit der *exakten* Lösungen von (11.3) von den Anfangswerten. Dies wird hier auf die numerische Näherung erweitert, indem die jeweiligen lokalen Abbruchfehler hinzukommen, die sich allerdings - und dies ist die Kernaussage - schlimmstenfalls aufsummieren. Wir werden diesen Punkt nochmals etwas später aufgreifen.

Für den Fall exakter Anfangswerte $y^0 = y(t_0)$ ergibt sich ferner aufgrund der Definition des Konsistenzfehlers und wegen $t_n - t_0 = \sum_{j=0}^{n-1} h_j$

$$\sum_{j=0}^{n-1} \|\delta_{j,h}\| = \sum_{j=0}^{n-1} h_j \|\tau_{j,h}\| \leq (t_n - t_0) \max_{j=0,\ldots,n-1} \|\tau_{j,h}\|.$$

Daraus folgt dann mit (11.48) tatsächlich

$$\max_{j=0,\ldots,n} \|y(t_j) - y^j\| \leq (t_n - t_0) \max_{j=0,\ldots,n-1} \|\tau_{j,h}\| e^{\bar{L}(t_n - t_0)}, \qquad (11.49)$$

also die in Satz 11.25 behauptete Entsprechung von Konsistenz- und Konvergenzordnung. Allerdings wird dieser Zusammenhang mit wachsendem Integrationsintervall $[t_0, t_n]$ schwächer. Mit Satz 11.25 und den Resultaten in Beispiel 11.23 bezüglich der Konsistenzordnung lassen sich nun auch die numerischen Resultate in Beispiel 11.21 erklären.

Die Bedeutung des obigen Konvergenzsatzes für den Anwender liegt darin, daß sich eine Sicherung einer gewünschten Genauigkeit der numerischen Lösung im gesamten Integrationsintervall auf eine im allgemeinen viel einfachere, da lokale, Konsistenzbetrachtung reduzieren läßt. Letztere beruht etwa, wie oben angedeutet, auf Mitteln wie Taylorentwicklung.

Es sei allerdings jetzt schon darauf hingewiesen, daß bei einer später zu betrachtenden Verfahrensklasse der Zusammenhang zwischen Konsistenz und Konvergenz nicht mehr so einfach ist. Dies betrifft insbesondere die folgende Rolle der

Stabilität

Wie oben schon erwähnt wurde, ist eine Kernaussage in Satz 11.25, daß bei ESV die lokalen Abbruchfehler $\|\delta_{j,h}\|$ schlimmstenfalls aufsummiert werden. Diese kontrollierte Fehlerfortpflanzung beim ESV $y^{j+1} = y^j + h_j \Phi_f(t_j, y^j, h_j)$ gilt nicht nur für den lokalen Abbruchfehler, sondern auch für Fehler in den Daten $(y(t_0))$ und Fehler, die bei der Durchführung der Vorschrift $\Phi_f(t_j, y^j, h_j)$ auftreten können. Die Einschrittverfahren sind im Sinne der Störungsevolution stabil. Zur Verdeutlichung dieser wichtigen Stabilitätseigenschaft wollen wir den Beweisgang für die Abschätzung (11.48) kurz skizzieren. Nach Definition des lokalen Abbruchfehlers (11.37) gilt

$$y(t_{j+1}) = y(t_j) + h_j \Phi_f(t_j, y(t_j), h_j) + \delta_{j,h},$$

Subtrahiert man davon auf beiden Seiten

$$y^{j+1} = y^j + h_j \Phi_f(t_j, y^j, h_j), \tag{11.50}$$

ergibt sich aufgrund der Lipschitzbedingung an Φ_f

$$\|y(t_{j+1}) - y^{j+1}\|$$
$$\leq \|y(t_j) - y^j\| + h_j \|\Phi_f(t_j, y(t_j), h_j) - \Phi_f(t_j, y^j, h_j)\| + \|\delta_{j,h}\|$$
$$\leq \|y(t_j) - y^j\| + \bar{L}h_j \|y(t_j) - y^j\| + \|\delta_{j,h}\|. \tag{11.51}$$

Mit den Bezeichnungen $e_j := \|y(t_j) - y^j\|$, $d_j := \|\delta_{j,h}\|$, $b_j := \bar{L}h_j$ erkennt man (11.51) als *rekursive Ungleichung* der Form

$$e_{j+1} \leq (1 + b_j)e_j + d_j, \quad j = 0, 1, \ldots . \tag{11.52}$$

Wie man daraus eine explizite Ungleichung für die Fehler e_j erhält, soll zunächst anhand eines Spezialfalls illustriert werden.

Beispiel 11.26. Wir betrachten das skalare Anfangswertproblem

$$\begin{aligned} y'(t) &= \lambda y(t) + g(t), \quad t \in [0, T], \\ y(0) &= y^0, \end{aligned} \tag{11.53}$$

wobei $\lambda > 0$ eine vorgegebene Konstante und $g \in C^1([0,T])$ eine bekannte Funktion ist. Es wird das entsprechende Euler-Verfahren

$$y^{j+1} = y^j + h\left(\lambda y^j + g(t_j)\right), \quad j = 0, 1, 2, \ldots, n-1 = \frac{T}{h} - 1 \tag{11.54}$$

mit konstanter Schrittweite h untersucht. Für den lokalen Abbruchfehler des Euler-Verfahrens gilt

$$\delta_{j,h} = y(t_{j+1}) - y(t_j) - hf(t_j, y(t_j)),$$

und damit

$$y(t_{j+1}) = y(t_j) + h\left(\lambda y(t_j) + g(t_j)\right) + \delta_{j,h}. \tag{11.55}$$

Subtrahiert man wie oben im allgemeinen Fall (11.54) von (11.55), dann ergibt sich für den globalen Diskretisierungsfehler $e_j := y(t_j) - y^j$ die Rekursion

$$e_{j+1} = (1 + h\lambda)e_j + \delta_{j,h}, \quad j = 0, 1, \ldots, n-1,$$

also eine ganz ähnliche Rekursionsungleichung wie (11.52), wobei hier $b_j = \lambda h$ konstant ist. Daraus folgt

$$\begin{aligned} e_1 &= (1 + h\lambda)e_0 + \delta_{0,h} = \delta_{0,h} \\ e_2 &= (1 + h\lambda)e_1 + \delta_{1,h} = (1 + h\lambda)\delta_{0,h} + \delta_{1,h} \\ e_3 &= (1 + h\lambda)e_2 + \delta_{2,h} = (1 + h\lambda)^2\delta_{0,h} + (1 + h\lambda)\delta_{1,h} + \delta_{2,h} \\ &\vdots \\ e_n &= \sum_{i=0}^{n-1} (1 + h\lambda)^i \delta_{n-1-i,h}. \end{aligned} \tag{11.56}$$

Mit Hilfe der Ungleichung $\ln(1 + x) \leq x$ für $x \geq -1$ erhält man

$$(1 + h\lambda)^i \leq (1 + h\lambda)^n = e^{n\ln(1+h\lambda)} \leq e^{nh\lambda} = e^{T\lambda} \text{ für } 0 \leq i \leq n.$$

Für den globalen Fehler in (11.56) ergibt sich, wegen $|\delta_{j,h}| \leq ch^2$ (vgl. Beispiel 11.23),

$$|e_n| \leq \sum_{i=0}^{n-1}(1 + h\lambda)^i |\delta_{n-1-i,h}| \leq e^{T\lambda} \sum_{i=0}^{n-1} ch^2 = e^{T\lambda}nch^2 = e^{T\lambda}cTh =: Mh.$$

Dies bestätigt die Konvergenz des Euler-Verfahrens von der Ordnung $p = 1$.

$$\triangle$$

Im obigen allgemeinen Fall (11.52) geht man zunächst ähnlich vor, indem man die Ungleichungskette sukzessive einsetzt und

$$e_{j+1} \leq e_j + b_j e_j + d_j \leq e_{j-1} + b_{j-1}e_{j-1} + d_{j-1} + b_j e_j + d_j$$

$$\vdots$$

$$\leq e_0 + \sum_{i=0}^{j} d_i + \sum_{i=0}^{j} b_i e_i = e_0 + \sum_{i=0}^{j} d_i + \sum_{i=0}^{j} h_i \bar{L} e_i \qquad (11.57)$$

erhält. Dies ist immer noch eine rekursive Ungleichung, jedoch nun von einer Form, die an (11.18) erinnert. Definiert man

$$C := e_0 + \sum_{i=0}^{n-1} d_i, \quad u(s) := \bar{L}, \quad v(s)\big|_{[t_j,t_{j+1})} := e_j, \quad j = 0,\ldots,n-1,$$

so sind v, u stückweise stetige nichtnegative Funktionen auf $[t_0, t_n]$ und (11.57) nimmt die Form (11.18) an:

$$v(t_{j+1}) \leq C + \sum_{i=0}^{j} h_i u(t_i)v(t_i) = C + \int_{t_0}^{t_{j+1}} u(s)v(s)\,ds\ .$$

Da hier $\int_{t_0}^{t_{j+1}} u(s)\,ds = (t_{j+1} - t_0)\bar{L} \leq \bar{L}(t_n - t_0)$ gilt, liefert das Gronwall-Lemma

$$\max_{j=0,\ldots,n} e_j \leq \left(e_0 + \sum_{i=0}^{n-1} d_i\right)e^{\bar{L}(t_n-t_0)}$$

$$= \left(\|y(t_0) - y^0\| + \sum_{j=0}^{n-1} \|\delta_{j,h}\|\right)e^{\bar{L}(t_n-t_0)},$$

was gerade die Ungleichung (11.48) ist. $\qquad\qquad\qquad\qquad\qquad\qquad\qquad\square$

Aufgrund der Analogie der Abschätzungen (11.48) und (11.13) sollte es nicht verwundern, daß in beiden Fällen das Gronwall-Lemma zum Einsatz kommt. Wie oben schon angedeutet wurde, kann man auch andere als die verfahrensbedingten lokalen Abbruchfehler mit in Betracht ziehen. Sei

$$\tilde{y}^{j+1} = \tilde{y}^j + h_j \Phi_f(t_j, \tilde{y}^j, h_j) + r_j, \quad j = 0, 1, \ldots, \tag{11.58}$$

wobei r_j der bei der Auswertung von $\Phi_f(t_j, \tilde{y}^j, h_j)$ auftretende Fehler ist. Dieser Fehler kann Rundungseffekte enthalten, aber auch zum Beispiel Fehler, die bei einem impliziten Verfahren entstehen, wenn die in der Vorschrift $\Phi_f(t_j, \tilde{y}^j, h_j)$ auftretenden (nichtlinearen) Gleichungssysteme nur angenähert gelöst werden. Obige Argumentation bleibt dann völlig unverändert, wobei lediglich $d_j = \|\delta_{j,h}\|$ durch $d_j := \|\delta_{j,h} - r_j\|$ ersetzt wird. Statt (11.48) ergibt sich dann die Abschätzung

$$\max_{j=0,\ldots,n} \|y(t_j) - \tilde{y}^j\| \le \left\{ \|y(t_0) - y^0\| + \sum_{j=0}^{n-1}(\|\delta_{j,h}\| + \|r_j\|) \right\} e^{\bar{L}(t_n - t_0)}. \tag{11.59}$$

Dieses Resulat zeigt die kontrollierte Fehlerfortpflanzung (nämlich höchstens Aufsummierung) sowohl von Konsistenzfehlern ($\|\delta_{j,h}\|$) als auch von anderen Störungen ($\|y(t_0) - y^0\|$ und $\|r_j\|$). In diesem Sinne ist jedes ESV, das die Voraussetzungen in Satz 11.25 erfüllt, stabil:

> *Stabilität von Einschrittverfahren:*
> Datenfehler ($\|y(t_0) - y^0\|$), Konsistenzfehler und Störungen bei der Durchführung der Vorschrift $\Phi_f(t_j, y^j, h_j)$ werden kontrolliert (höchstens aufsummiert). $\tag{11.60}$

Bemerkung 11.27. Dieser Stabilitätsbegriff weist starke Ähnlichkeit mit unserem elementaren Stabilitätsbegriff (für Algorithmen) auf, der sich auf die Rundungsfehlerfortpflanzung im Verlauf eines Algorithmus bezieht. Man sollte aber folgende zwei Punkte beachten. Erstens handelt es sich bei (11.59) um Fehlerfortplanzung im *absoluten* Sinne. Der Verstärkungsfaktor entspricht dem bei der absoluten Kondition in Satz 11.12. Zweitens kann man streng genommen bei (11.58) nicht von einem *Algorithmus* sprechen, weil nicht konkret angegeben wird, wie die Vorschrift $\Phi_f(t_j, \tilde{y}^j, h_j)$ ausgewertet wird. Deshalb ist die Stabilität in (11.60) eine Eigenschaft der Einschritt-*Diskretisierungsmethode* (statt „Algorithmus"). Wir werden ähnlichen Stabilitätsbegriffen bei den Mehrschrittverfahren (in Abschnitt 11.8.5) und bei Diskretisierungsmethoden für partielle Differentialgleichungen (in Kapitel 12) begegnen.   △

11.5.3 Praktische Bedeutung der Konvergenzordnung

Man könnte nun fragen, wozu man sich dem vielleicht anstrengenden „Sport" widmen sollte, Verfahren höherer Ordnung zu konstruieren, wenn man eine gewünschte Zielgenauigkeit einer Näherungslösung dadurch realisieren kann, daß man die Schrittweite hinreichend klein macht. Folgende Überlegungen zeigen, daß Letzteres nicht funktioniert.

Man nehme dazu an, daß ein Verfahren die Ordnung p ($\|\delta_{j,h}\| = \mathcal{O}(h^{p+1})$) hat. Der Einfachheit halber sei $t_n - t_0 = 1$, und $h_j = h$ für alle j. Aus (11.59) wissen wir, daß sich die lokalen Abbruchfehler und die Rundungsfehler im Wesentlichen aufsummieren. Nimmt man m-stellige Genauigkeit an, so stellt sich bei den $n = h^{-1}$ Schritten ein Fehler von

$$e \sim h^{-1}\left(h^{p+1} + 10^{-m}\right) \sim h^p + h^{-1}10^{-m} \tag{11.61}$$

ein. Die Funktion $h \to h^p + h^{-1}10^{-m}$ hat ihr Minimum an der Stelle $h = h_{\mathrm{opt}} = (\frac{1}{p}10^{-m})^{\frac{1}{p+1}}$. Setzt man diesen optimalen Wert in (11.61) ein, ergibt sich *bestenfalls* ein Gesamtfehler von

$$e \sim 10^{-\frac{mp}{p+1}}. \tag{11.62}$$

> Bei *einfacher Genauigkeit*, also $m = 8$ und einem Verfahren der Ordnung $p = 1$ sagt (11.62), daß man bestenfalls eine Genauigkeit von der Ordnung 10^{-4} erreichen kann, da bei kleinerer Schrittweite als 10^{-8} die Rundungsfehler dominieren.

Fazit: Verfahren niedriger Ordnung wie das Euler-Verfahren oder das verbesserte Euler-Verfahren sind für Anwendungen nicht geeignet, die bei längeren Zeitintervallen hohe Genauigkeit verlangen. Hier kommen durchaus Verfahren der Ordnung vier bis acht und sogar höher zum Einsatz.

Außerdem sind Verfahren höherer Ordnung auch bei geringerer Zielgenauigkeit in der Regel effizienter, weil sie im Vergleich zu den Verfahren niedriger Ordnung mit weniger f-Auswertungen auskommen. Die Verfügbarkeit von Verfahren höherer Ordnung ist daher von hoher praktischer Bedeutung.

11.5.4 Extrapolation

Wie bei der Quadratur bietet sich auch bei Einschrittverfahren die Möglichkeit, die Ordnung durch Extrapolation zu steigern. Für viele Verfahren kann man, unter der Annahme daß die Lösung hinreichend glatt ist, zeigen, daß der globale Diskretisierungsfehler eine asymptotische Entwicklung in Potenzen der Schrittweite hat. Bei sogenannten „symmetrischen" Verfahren enthält diese Entwicklung nur gerade Potenzen. Zum Beispiel gilt für die Trapez-Regel

$$y^{j+1} = y^j + \frac{h}{2}(f(t_j, y^j) + f(t_{j+1}, y^{j+1}))$$

wie auch für die Mittelpunktregel

$$y^{j+1} = y^j + hf\left(t_j + \frac{h}{2}, \frac{1}{2}(y^j + y^{j+1})\right)$$

eine Fehlerentwicklung der Form

$$y_h(T) - y(T) = c_1 h^2 + c_2 h^4 + \cdots .$$

Zu einer groben Startschrittweite H und einer Folge $n_0 < n_1 < n_2 < \cdots$ (etwa $n_i = 2^i$ wie bei der Romberg-Methode) und entsprechenden Schrittweiten $h_i := H/n_i$ berechne man die Werte

$$T_{i,0} := y_{h_i}(t_0 + H), \quad i = 0, 1, 2, \ldots .$$

Die Rekursion

$$T_{i,k+1} = T_{i,k} + \frac{T_{i,k} - T_{i-1,k}}{(n_i/n_{i-k-1})^2 - 1}, \qquad k \geq 0, \ i \geq k$$

liefert über das übliche Extrapolationstableau Näherungen höherer Ordnung (vgl. Abschnitt 10.4). Die Werte $T_{i,k}$ der $(k+1)$-sten Spalte haben (bei hinreichend glattem f) die Ordnung $2(k+1)$.

Semi-implizite Verfahren

Nun sind Extrapolationsschemata bei impliziten Verfahren schon deswegen problematisch, weil die Ausnutzung einer asymptotischen Entwicklung eine hohe Genauigkeit der Lösungen der involvierten nichtlinearen Gleichungssysteme verlangt. Sogenannte *semi-implizite* oder *linear-implizite* Verfahren bieten da Abhilfe. Die Idee läßt sich am einfachsten für das implizite Euler-Verfahren verdeutlichen. Der Einfachheit halber betrachten wir Anfangswertaufgaben in autonomer Form, d.h. $f(t,y) = f(y)$. Sei nun $J = f'(y^j)$ die Jacobi-Matrix an der Stelle y^j. Man schreibt

$$y' = Jy + (f(y) - Jy),$$

um dann nur den ersten linearen Term implizit zu diskretisieren, während der zweite Anteil explizit behandelt wird, d.h.

$$\begin{aligned} y^{j+1} &= y^j + hJy^{j+1} + h(f(y^j) - Jy^j) \\ &\iff (I - hJ)y^{j+1} = (I - hJ)y^j + hf(y^j). \end{aligned} \tag{11.63}$$

Man muß also hier nur ein lineares Gleichungssystem lösen. Es zeigt sich, daß diese und andere Varianten semi-impliziter Ansätze in Kombination mit Extrapolation sehr effiziente Verfahren liefern. Eine ausführliche Darstellung derartiger Ansätze findet man in [HW].

11.6 Runge-Kutta-Einschrittverfahren

Eine wichtige Klasse von Einschrittverfahren, die höhere Ordnungen realisieren, bilden die sogenannten *Runge-Kutta (RK)-Verfahren.* Wie beim verbesserten Euler-Verfahren liegt die Idee darin, das Integral in der Lösungsdarstellung (11.21) gut zu approximieren. Man sucht also eine Quadratur-Formel

$$\int_{t_j}^{t_{j+1}} f(s, y(s))ds \approx h \sum_{j=1}^{m} \gamma_j k_j,$$

wobei γ_j geeignete Gewichte sind und

$$k_j = f(s_j, \hat{y}_j), \quad j = 1, \ldots, m, \tag{11.64}$$

entsprechende f-Auswertungen („Hilfsrichtungen") sind. Dies führt zu den *m-stufigen* RK-Verfahren der Form

$$y^{j+1} = y^j + h \sum_{j=1}^{m} \gamma_j k_j. \tag{11.65}$$

Für $m = 1$, $k_1 = f(t_j, y^j)$ ergibt sich das Euler-Verfahren als einfachstes Beispiel. Die Wahl

$$m = 2, \quad \gamma_1 = 0, \quad \gamma_2 = 1, \quad k_2 = f(t_j + \frac{h_j}{2}, y^j + \frac{h_j}{2} f(t_j, y^j))$$

identifiziert das verbesserte Euler-Verfahren als 2-stufiges RK-Verfahren.

Im allgemeinen geht es also unter anderem um Folgendes:

Zu gegebenem m konstruiere geeignete „Hilfsrichtungen" k_j so, daß
- eine möglichst hohe Konsistenzordnung p erreicht wird;
- die resultierende Verfahrens-Vorschrift $\Phi_f = \sum_{j=1}^{m} \gamma_j k_j$ eine Lipschitzbedingung in y erfüllt.

Satz 11.25 sichert dann, daß das resultierende Verfahren die Konvergenzordnung p hat.

Das sogenannte *klassische RK-Verfahren* ist ein typisches, immer noch häufig benutztes Verfahren zur Lösung des Anfangswertproblems (11.3).

Algorithmus 11.28 (Klassisches Runge-Kutta-Verfahren).
Gegeben: Schrittweiten $(h_j)_{0 \le j \le n-1}$ mit $\sum_{j=0}^{n-1} h_j = T - t_0$.
Berechne für $j = 0, \ldots, n - 1$:

$$t_{j+1} = t_j + h \quad (h = h_j)$$
$$k_1 = f(t_j, y^j)$$
$$k_2 = f\left(t_j + \frac{h}{2}, y^j + \frac{h}{2}k_1\right)$$
$$k_3 = f\left(t_j + \frac{h}{2}, y^j + \frac{h}{2}k_2\right)$$
$$k_4 = f\left(t_j + h, y^j + hk_3\right)$$
$$y^{j+1} = y^j + \frac{h}{6}\left(k_1 + 2k_2 + 2k_3 + k_4\right) \ .$$

Das klassische RK-Verfahren hat die Konsistenzordnung $p = 4$.

Bei diesem Verfahren wird die Vorschrift $\Psi_f : (t_j, y^j, h_j) \to y^{j+1}$ durch eine explizit bekannte (aber im Vergleich zum Euler-Verfahren relativ komplizierte) Funktion beschrieben. Die Methode ist somit explizit: Einsetzen von (t_j, y^j, h_j) liefert y^{j+1}. Für den skalaren Fall ($y \in \mathbb{R}$) ist diese Methode in Abb. 11.5 graphisch dargestellt.

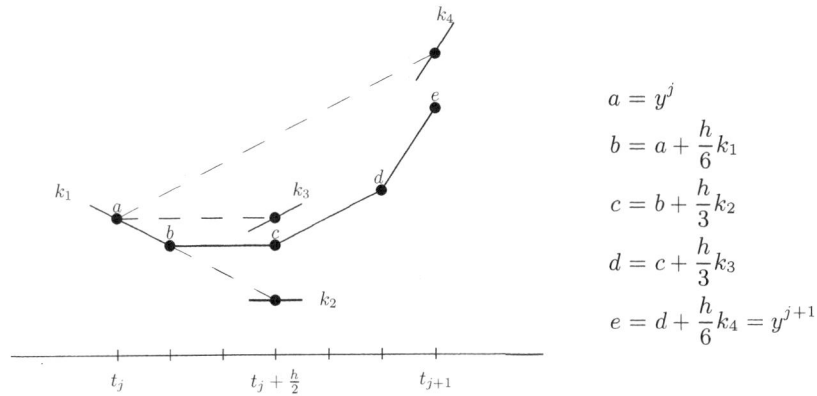

$$a = y^j$$
$$b = a + \frac{h}{6}k_1$$
$$c = b + \frac{h}{3}k_2$$
$$d = c + \frac{h}{3}k_3$$
$$e = d + \frac{h}{6}k_4 = y^{j+1}$$

Abb. 11.5. Klassisches Runge-Kutta-Verfahren

Man könnte zum Nachweis der Konsistenzordnung des klassischen RK-Verfahrens (11.45) verifizieren. Da dies im Prinzip einfach, jedoch aufgrund der wiederholten Anwendung der Kettenregel technisch aufwendig ist, wollen wir hier auf einen Beweis verzichten. Wir begnügen uns zur Erläuterung mit der Konsistenzuntersuchung für folgenden konkreten einfachen Fall.

Beispiel 11.29. Sei $y(t) \in \mathbb{R}$ die Lösung des Problems

$$y' = \lambda y, \quad y(t_0) = y^0. \tag{11.66}$$

Wir vergleichen nochmals jeweils einen Schritt der bisher betrachteten expliziten Verfahren, wobei für y^j der exakte Wert $y^j = y(t_j)$ genommen wird.

Euler-Verfahren:

$$y^{j+1} = y^j + h\lambda y^j = (1 + h\lambda)y(t_j). \tag{11.67}$$

Verbessertes Euler-Verfahren:

$$
\begin{aligned}
y^{j+1} &= y^j + h\big(\lambda\big(y^j + \frac{h}{2}\lambda y^j\big)\big) \\
&= y^j + h\lambda y^j + \frac{h^2}{2}\lambda^2 y^j = \big(1 + h\lambda + \frac{(h\lambda)^2}{2}\big)y(t_j).
\end{aligned}
\tag{11.68}
$$

Klassisches Runge-Kutta-Verfahren:

$$
\begin{aligned}
k_1 &= \lambda y^j \\
k_2 &= \lambda\big(y^j + \frac{h}{2}\lambda y^j\big) = \big(\lambda + \frac{h}{2}\lambda^2\big)y^j \\
k_3 &= \lambda\big(y^j + \frac{h}{2}\big(\lambda + \frac{h}{2}\lambda^2\big)y^j\big) = \big(\lambda + \frac{h}{2}\lambda^2 + \frac{h^2}{4}\lambda^3\big)y^j \\
k_4 &= \lambda\big(y^j + h\big(\lambda + \frac{h}{2}\lambda^2 + \frac{h^2}{4}\lambda^3\big)y^j\big) \\
&= \big(\lambda + h\lambda^2 + \frac{h^2}{2}\lambda^3 + \frac{h^3}{4}\lambda^4\big)y^j
\end{aligned}
$$

also

$$
\begin{aligned}
y^{j+1} = y^j + \frac{h}{6}\bigg\{ &\lambda y^j + 2\big(\lambda + \frac{h}{2}\lambda^2\big)y^j + 2\big(\lambda + \frac{h}{2}\lambda^2 + \frac{h^2}{4}\lambda^3\big)y^j \\
&+ \big(\lambda + h\lambda^2 + \frac{h^2}{2}\lambda^3 + \frac{h^3}{4}\lambda^4\big)y^j \bigg\},
\end{aligned}
$$

d. h.

$$y^{j+1} = \big(1 + h\lambda + \frac{(h\lambda)^2}{2} + \frac{(h\lambda)^3}{6} + \frac{(h\lambda)^4}{24}\big)y(t_j). \tag{11.69}$$

Die exakte Lösung von (11.66) ist $y(t) = y^0 e^{\lambda(t-t_0)}$. Wegen $y(t_{j+1}) = y(t_j + h) = e^{\lambda h}y(t_j)$ und

$$e^{\lambda h} = 1 + \lambda h + \frac{(\lambda h)^2}{2} + \ldots = \sum_{n=0}^{\infty} \frac{(\lambda h)^n}{n!}$$

erhält man für den lokalen Abbruchfehler (vgl. (11.37))

$$\delta_{j,h} = y(t_{j+1}) - y^{j+1} = y(t_j) \left(\frac{(\lambda h)^2}{2} + \frac{(\lambda h)^3}{3!} + \dots \right) = \mathcal{O}(h^2)$$

für das Euler-Verfahren,

$$\delta_{j,h} = y(t_{j+1}) - y^{j+1} = y(t_j) \left(\frac{(\lambda h)^3}{3!} + \frac{(\lambda h)^4}{4!} + \dots \right) = \mathcal{O}(h^3)$$

für das verbesserte Euler-Verfahren und

$$\delta_{j,h} = y(t_{j+1}) - y^{j+1} = y(t_j) \left(\frac{(\lambda h)^5}{5!} + \frac{(\lambda h)^6}{6!} + \dots \right) = \mathcal{O}(h^5)$$

für das klassische Runge-Kutta-Verfahren.

Das klassische Runge-Kutta-Verfahren hat damit in diesem Beispiel eine Konsistenzordnung $p = 4$. Wegen Satz 11.25 ist die Methode konvergent von der Ordnung 4. △

Die (verbesserte) Euler-Methode und das klassische RK-Verfahren sind Spezialfälle folgender Klasse:

---

m-stufige Runge-Kutta-Verfahren
Gegeben: Gewichte α_i, γ_i, $1 \le i \le m$ und $\beta_{i,\ell}$, $1 \le i, \ell \le m$;
Schrittweiten $(h_j)_{0 \le j \le n-1}$ mit $\sum_{j=0}^{n-1} h_j = T - t_0$.
Berechne für $j = 0, \dots, n-1$:

$$t_{j+1} = t_j + h \quad (h := h_j)$$

$$k_i = f\left(t_j + \alpha_i h, y^j + h \sum_{\ell=1}^{m} \beta_{i,\ell} k_\ell \right), \quad i = 1, \dots, m, \quad (11.70)$$

$$y^{j+1} = y^j + h \sum_{\ell=1}^{m} \gamma_\ell k_\ell . \quad (11.71)$$

Die Gewichte sind dabei so zu wählen, daß das Verfahren etwa im Sinne von Beispiel 11.29 möglichst hohe Genauigkeit liefert. Üblicherweise ordnet man die Gewichte in einer Tabelle an, dem sogennanten *Butcher-Tableau*,

$$\begin{array}{c|ccc}
\alpha_1 & \beta_{1,1} & \cdots & \beta_{1,m} \\
\alpha_2 & \beta_{2,1} & & \beta_{2,m} \\
\vdots & \vdots & & \vdots \\
\alpha_m & \beta_{m,1} & & \beta_{m,m} \\
\hline
& \gamma_1 & \cdots & \gamma_m
\end{array} \qquad (11.72)$$

Da die k_i in (11.70) in der Regel von allen übrigen k_ℓ, $\ell = 1, \ldots, m$, abhängen, ist (11.70) als (im Allegmeinen nichtlineares) Gleichungssystem zu verstehen. Die k_i müssen dann näherungsweise mit Hilfe von iterativen Verfahren ermittelt werden. Die Vorschrift $\Psi_f : (t_j, y^j, h_j) \to y^{j+1}$ wird dann nicht durch eine explizit bekannte Funktion beschrieben und das RK-Verfahren ist *implizit*. Aufgrund dieses erhöhten Aufwandes in (11.70) zur Berechnung der k_i kommen solche Verfahren nur bei Problemen zur Anwendung, die den Einsatz impliziter Verfahren erforderlich machen. In der Praxis hat sich in diesem Zusammenhang das Newton-Verfahren als gegenüber der Fixpunktiteration überlegen erwiesen.

Bemerkung 11.30. Die RK-Verfahren werden oft in folgender zu (11.70)-(11.71) äquivalenter Form dargestellt:

$$u_i = y^j + h \sum_{\ell=1}^{m} \beta_{i,\ell} f(t_j + \alpha_\ell h, u_\ell), \quad i = 1, \ldots, m, \qquad (11.73)$$

$$y^{j+1} = y^j + h \sum_{\ell=1}^{m} \gamma_\ell f(t_j + \alpha_\ell h, u_\ell). \qquad (11.74)$$

$\triangle$

11.6.1 Explizite RK-Verfahren

Die Lösung von Gleichungssystemen in (11.70) (oder (11.73)) entfällt, falls die k_i nur von $k_1, \ldots, k_{i-1}$ abhängen, d. h., wenn

$$\beta_{i,\ell} = 0, \quad \ell = i, i+1, \ldots, m$$

gilt. Man spricht dann von *expliziten* RK-Verfahren. Die entsprechende Tabelle sieht dann folgendermaßen aus:

Gewichte eines expliziten RK-Verfahrens					
α_1					
α_2	$\beta_{2,1}$				
$\vdots$	$\beta_{3,1}$	$\beta_{3,2}$			
$\vdots$	$\vdots$		$\ddots$		
α_m	$\beta_{m,1}$	$\cdots$	$\cdots$	$\beta_{m,m-1}$	
	γ_1	γ_2	$\cdots$	$\cdots$	γ_m

$$(11.75)$$

Das Euler-Verfahren, das verbesserte Euler-Verfahren und das klassische RK-Verfahren sind explizite RK-Verfahren. Die entsprechenden Tabellen sind:

Euler-Verfahren: $m = 1$

$$
\begin{array}{c|c}
0 & \\
\hline
 & 1
\end{array}
$$

verbessertes Euler-Verfahren: $m = 2$

$$
\begin{array}{c|cc}
0 & & \\
\frac{1}{2} & \frac{1}{2} & \\
\hline
 & 0 & 1
\end{array}
$$

klassisches RK-Verfahren: $m = 4$

$$
\begin{array}{c|cccc}
0 & & & & \\
\frac{1}{2} & \frac{1}{2} & & & \\
\frac{1}{2} & 0 & \frac{1}{2} & & \\
1 & 0 & 0 & 1 & \\
\hline
 & \frac{1}{6} & \frac{1}{3} & \frac{1}{3} & \frac{1}{6}
\end{array}
$$

Eingebettete RK-Verfahren

Besonders geeignet für Zwecke der Fehlerschätzung sind sogenannte *einge-bettete* RK-Verfahren. Hierbei kann man einen Parametersatz ergänzen und die Ordnung einer Näherung erhöhen. In Tabelle 11.5 wird ein Beispiel eines „eingebetteten" Runge-Kutta-Fehlberg-Verfahrens dargestellt.

Tabelle 11.5. RKF45-Verfahren

$$
\begin{array}{c|cccccc}
0 & & & & & & \\
\frac{1}{4} & \frac{1}{4} & & & & & \\
\frac{3}{8} & \frac{3}{32} & \frac{9}{32} & & & & \\
\frac{12}{13} & \frac{1932}{2197} & \frac{-7200}{2197} & \frac{7296}{2197} & & & \\
1 & \frac{439}{216} & -8 & \frac{3680}{513} & \frac{-845}{4104} & & \\
\hline
\frac{1}{2} & -\frac{8}{27} & 2 & -\frac{3544}{2565} & \frac{1859}{4104} & -\frac{11}{40} & \quad\text{nur bei RK5} \\
\hline
(a) & \frac{25}{216} & 0 & \frac{1408}{2565} & \frac{2197}{4104} & -\frac{1}{5} & \quad\gamma_i \text{ bei RK4} \\
(b) & \frac{16}{135} & 0 & \frac{6656}{12825} & \frac{28561}{56430} & -\frac{9}{50} & \frac{2}{55} \quad \tilde\gamma_i \text{ bei RK5}
\end{array}
$$

$$(11.76)$$

Der obere Teil dieser Tabelle bis zur ersten Linie zusammen mit den Gewichten $\gamma_1, \ldots, \gamma_5$ in (a) ist ein RK-Verfahren der Ordnung 4, hat also die gleiche Genauigkeit wie das klassische RK-Verfahren. Durch zusätzliche Berechnung eines k_6 (unter Beibehaltung von $k_1, \ldots, k_5$!) und Verwendung der $\tilde\gamma_1, \ldots, \tilde\gamma_6$ aus Zeile (b) ergibt sich ein Verfahren 5. Ordnung, also höherer Genauigkeit.

Sei y^j die schon berechnete Näherung der Lösung $y(t_j)$. Mit dem RK-Verfahren der Ordnung 4 wird ein neuer Wert

$$y^{j+1} = y^j + h \sum_{\ell=1}^{5} \gamma_\ell k_\ell \tag{11.77}$$

berechnet, wobei die Parameter α_i, $\beta_{i,\ell}$, γ_ℓ den Werten in Tabelle 11.5 entsprechen. Im Anschluß daran kann man, mit nur *einer* zusätzlichen Funktionsauswertung, den neuen Wert

$$\bar{y}^{j+1} = y^j + h \sum_{\ell=1}^{6} \tilde{\gamma}_\ell k_\ell$$

mit der Methode fünfter Ordnung berechnen. Damit ergibt sich als Schätzwert des lokalen Abbruchfehlers $\tilde{\delta}_{j,h}$ (gemäß (11.39)) der Methode (11.77) vierter Ordnung

$$\tilde{\delta}_{j,h} = y(t_{j+1}; t_j, y^j) - y^{j+1} \approx \bar{y}^{j+1} - y^{j+1}. \tag{11.78}$$

Hierbei ist $y(t; t_j, y^j)$ die Lösung des Problems $y'(t) = f(t, y)$, $y(t_j) = y^j$ (vgl. (11.39)). Diese Möglichkeit einer einfachen Schätzung des lokalen Abbruchfehlers wird zur Schrittweitensteuerung (siehe Abschnitt 11.7) benutzt.

Stetige Runge-Kutta-Verfahren

Oft ist man nicht nur an den berechneten Annäherungen $y^j = y_h(t_j)$ zu den diskreten Zeitpunkten t_j, $j = 0, \ldots, n$, interessiert, sondern möchte man auch Annäherungswerte für t-Werte zwischen diesen diskreten Zeitpunkten haben. Einfache lineare Interpolation der Werte (t_j, y^j), (t_{j+1}, y^{j+1}) liefert sofort eine Annäherung $y_h(t)$ für $t \in [t_j, t_{j+1}]$, wobei man dann aber keine hohe Genauigkeit erwarten darf. Bei den *stetigen* expliziten Runge-Kutta-Verfahren werden Näherungswerte $y_h(t)$ für jedes $t \in [0, T]$ geliefert. Die Konstruktion dieser Verfahren ist so, daß man im Vergleich zu den Standard-RK-Verfahren nur wenig zusätzlichen Aufwand braucht und eine, von der Stufenzahl abhängige, hohe Genauigkeit erreichen kann. Die Grundidee läßt sich einfach erklären. In diesen stetigen expliziten RK-Verfahren hängen die Koeffizienten $\gamma_1, \ldots, \gamma_m$ von einem Parameter $\theta \in [0, 1]$ ab, und statt (11.71) setzt man

$$y^{j+\theta} := y^j + h \sum_{\ell=1}^{m} \gamma_\ell(\theta) k_\ell, \quad \theta \in [0, 1], \tag{11.79}$$

als Approximation für $y(t_j + \theta h)$. Die Richtungen k_i werden wie in (11.70) durch θ-*unabhängige* Gleichungen bestimmt:

$$k_i = f(t_j + \alpha_i h, y^j + h \sum_{\ell=1}^{i-1} \beta_{i,\ell} k_\ell), \quad i = 1, \ldots, m.$$

Das Butcher-Tableau hat die Form

$$
\begin{array}{c|ccccc}
\alpha_1 & & & & & \\
\alpha_2 & \beta_{2,1} & & & & \\
\vdots & \beta_{3,1} & \beta_{3,2} & & & \\
\vdots & \vdots & & \ddots & & \\
\alpha_m & \beta_{m,1} & \cdots & \cdots & \beta_{m,m-1} & \\
\hline
& \gamma_1(\theta) & \gamma_2(\theta) \cdots & & \cdots & \gamma_m(\theta)
\end{array}
$$

Man wählt die Koeffizienten α_i, $\gamma_i(\theta)$ ($1 \le i \le m$) und $(\beta_{i,j})_{1 \le j < i \le m}$ so, daß die Konsistenzordnung gleichmäßig in $\theta \in [0,1]$ möglichst hoch ist. In einem Zeitschritt $t_j \to t_{j+1}$ können die Richtungen $k_1, \ldots, k_m$ (unabhängig von θ) anhand der Koeffizienten $\alpha_i, \beta_{i,j}$ bestimmt werden. Anschließend kann man sehr einfach über (11.79) für jedes $t = t_j + \theta h \in [t_j, t_{j+1}]$ einen Näherungswert $y^{j+\theta} \approx y(t_j + \theta h)$ berechnen. Diese Technik ist ein Beispiel einer Methode mit „dense output": Die Diskretisierungsmethode kann zu *jedem* $t \in [0, T]$ eine Annäherung liefern.

Beispiel 11.31. Das 3-stufige Runge-Kutta-Verfahren von Heun in Tabelle 11.6 (links) hat Konsistenzordnung 3. Dieses Verfahren hat eine stetige Erweiterung mit Konsistenzordnung 2 gleichmäßig in $\theta \in [0,1]$.

Tabelle 11.6. RK-Verfahren von Heun und zugehörige stetige Erweiterung

$$
\begin{array}{c|ccc}
0 & & & \\
\frac{1}{3} & \frac{1}{3} & & \\
\frac{2}{3} & 0 & \frac{2}{3} & \\
\hline
& \frac{1}{4} & 0 & \frac{3}{4}
\end{array}
\qquad
\begin{array}{c|ccc}
0 & & & \\
\frac{1}{3} & \frac{1}{3} & & \\
\frac{2}{3} & 0 & \frac{2}{3} & \\
\hline
& \gamma_1(\theta) & \gamma_2(\theta) & \gamma_3(\theta)
\end{array}
\qquad
\begin{aligned}
\gamma_1(\theta) &:= 1\tfrac{1}{2}\theta^3 - 2\tfrac{1}{4}\theta^2 + \theta \\
\gamma_2(\theta) &:= 3\theta^2(1-\theta) \\
\gamma_3(\theta) &:= \tfrac{3}{4}\theta^2(2\theta - 1)
\end{aligned}
$$

$\triangle$

Ordnung expliziter RK-Verfahren

Prinzipiell ist eine hohe Genauigkeit über explizite RK-Verfahren realisierbar. Die Überprüfung kann mit Hilfe der Bedingungen (11.45) geschehen. Dies verlangt aber die Bestimmung immer aufwendigerer Ableitungen von f und Φ_f. Eine geschickte „Organisation" geeigneter Ordnungsbedingungen hat sich zu einer eigenen Theorie entwickelt, auf die wir hier nicht eingehen können. Wir begnügen uns deshalb mit einigen elementaren Bemerkungen zwecks besserer Orientierung. Wie beim Beispiel des klassischen RK-Verfahrens ist die Anwendung auf folgendes Testproblem instruktiv

$$y' = \lambda y, \quad y(0) = y^0, \tag{11.80}$$

Bemerkung 11.32. Für ein explizites m-stufiges RK-Verfahren angewandt auf (11.80) ergibt sich die Rekursion

$$y^{j+1} = g(\lambda h)y^j, \tag{11.81}$$

wobei $g(z)$ ein Polynom vom Grade höchstens m ist.

Beweis. Per Induktion zeigt man leicht, daß im Schritt $y^j \to y^{j+1}$ die Beziehung $\lambda^{-1}k_i = y^j q_{i-1}(h\lambda)$ für ein Polynom q_{i-1} vom Grade höchstens $i-1$ gilt. Für $i = 1$ ist $\lambda^{-1}k_1 = \lambda^{-1}f(t_j + \alpha_1 h, y^j) = \lambda^{-1}\lambda y^j = y^j$. Annahme: die Behauptung gelte für $i \geq 1$. Nach Definition gilt dann

$$\lambda^{-1}k_{i+1} = \lambda^{-1}f(t_j + \alpha_{i+1}h, y^j + h\sum_{l=1}^{i}\beta_{i+1,l}k_l)$$

$$= y^j + h\lambda\sum_{l=1}^{i}\beta_{i+1,l}\underbrace{\lambda^{-1}k_l}_{=y^j q_{l-1}(h\lambda)}$$

$$= y^j\big(1 + h\lambda\sum_{l=1}^{i}\beta_{i+1,l}q_{l-1}(h\lambda)\big) =: y^j q_i(h\lambda)$$

Also ergibt sich

$$y^{j+1} = y^j + h\lambda\sum_{r=1}^{m}\gamma_r\frac{1}{\lambda}k_r = y^j\big(1 + h\lambda\sum_{r=1}^{m}\gamma_r q_{r-1}(h\lambda)\big) =: y^j g(h\lambda),$$

mit $g \in \Pi_m$. $\qquad\square$

Das Polynom $g(z)$ wird häufig *Stabilitätsfunktion* genannt. Dieser Begriff rührt daher, dass offensichtlich das Wachstumsverhalten der y^j durch den Wert von $|g(h\lambda)|$ bestimmt ist. Je nachdem ob für eine gegebene Schrittweite h der Wert $|g(h\lambda)|$ größer oder kleiner als eins ist, wachsen bzw. fallen die Werte y^j exponentiell und es ist natürlich sicher zu stellen, dass dieses Verhalten dem der exakten Lösung entspricht. Der Begriff Stabilitätsfunktion ist also nicht mit dem bisher verwendeten Stabilitätsbegriff zu verwechseln. Bei den Beispielen Euler-Verfahren, verbessertes Euler-Verfahren und klassisches RK-Verfahren hatten wir die jeweilige Stabilitätsfunktion schon in (11.67), (11.68) und (11.69) als Taylor-Polynome vom Grade 1, 2 bzw. 4 identifiziert. Die Tatsache, daß bei expliziten RK-Verfahren die Stabilitätsfunktion ein Polynom ist, deutet auch schon die wesentliche Beschränkung dieses Verfahrenstyps an. Wenn nämlich $\lambda < 0$ gilt, klingt die Lösung $y(t) = e^{\lambda t}$ schnell ab. Dieses Abklingen wird durch polynomiale Faktoren $g(\lambda h)$ schlecht wiedergegeben, es sei denn, $|\lambda h|$ ist klein. Bei betragsmäßig großem negativen λ bedeutet dies eine oft inakzeptabel kleine Schrittweite. Dies ist kein Widerspruch zum Konvergenzsatz 11.25, der ein *asymptotisches Resultat* gibt.

Hinsichtlich der Konsistenzordnung ergibt sich ferner sofort folgende Konsequenz.

Bemerkung 11.33. Die Konsistenzordnung eines m-stufigen expliziten RK-Verfahrens ist höchstens $p \leq m$. Falls $p = m$ gilt, muß

$$g(z) = \sum_{j=0}^{m} \frac{z^j}{j!} \tag{11.82}$$

gelten.

Beweis. Wir betrachten das Testproblem (11.80). Hierfür ist, wegen Bemerkung 11.32, der lokale Abbruchfehler

$$
\begin{aligned}
\delta_{j,h} &= y(t_{j+1}) - g(h\lambda)y(t_j) \\
&= y^0 e^{\lambda(t_j+h)} - g(h\lambda)y^0 e^{\lambda t_j} \\
&= y^0 e^{\lambda t_j} \left(e^{\lambda h} - g(h\lambda) \right) \\
&= y^0 e^{\lambda t_j} \left(\sum_{j=0}^{m} \frac{(h\lambda)^j}{j!} - g(h\lambda) \right) + y^0 e^{\lambda t_j} \frac{(h\lambda)^{m+1}}{(m+1)!} + \mathcal{O}(h^{m+2})
\end{aligned}
\tag{11.83}
$$

wobei g ein Polynom vom Grade höchstens m ist. Somit ist $\|\delta_{j,h}\| = \mathcal{O}(h^{m+1})$ genau dann wenn (11.82) gilt. Außerdem ist $\|\delta_{j,h}\| = \mathcal{O}(h^{m+2})$ nicht möglich, weil die Konstante vor dem Term h^{m+1} in (11.83) ungleich Null ist. $\square$

Bei expliziten RK-Verfahren läßt sich allerdings bei m Stufen für $m \geq 8$ (nur) maximal die Ordnung $p = m - 2$ erreichen. Einige im Verhältnis zur Stufe m höchstmöglich erreichbaren Ordnungen $p(m)$ sind in folgender Tabelle angegeben.

m	1	2	3	4	5	6	7	8	$m \geq 9$
$p(m)$	1	2	3	4	4	5	6	6	$\leq m-2$

Die Verfahren werden aber sehr kompliziert, und die Vorteile der hohen Ordnung werden zum Teil durch die benötigte hohe Anzahl der Funktionsauswertungen wieder aufgehoben. Explizite m-stufige RK-Verfahren mit $4 \leq m \leq 7$ werden in der Praxis viel benutzt.

Konvergenz expliziter RK-Verfahren

Aufgrund von Satz 11.25 muß nur noch sichergestellt werden, daß die Verfahrens-Vorschrift eines expliziten RK-Verfahrens eine Lipschitzbedingung erfüllt.

Bemerkung 11.34. Falls $f(t,y)$ eine Lipschitzbedingung in y erfüllt, so genügt auch die Verfahrens-Vorschrift $\Phi_f(t,y,h) = \sum_{j=1}^{m} \gamma_j k_j(t,y,h)$ eines m-stufigen expliziten RK-Verfahrens einer Lipschitzbedingung. Das Verfahren konvergiert dann mit der Konsistenzordnung.

Beweis. Es gilt $\|k_1(t,v,h) - k_1(t,w,h)\| - \|f(t+\alpha_1 h, v) - f(t+\alpha_1 h, w)\| \leq L\|v - w\|$. Unter der Annahme, daß die k_i, $i < r$ eine Lipschitzbedingung mit

Konstanten L_i erfüllen $(L_1 = L)$, so gilt

$$
\begin{aligned}
\|k_r(t, v, h) - k_r(t, w, h)\| &= \|f(t + \alpha_r h, v + h \sum_{l=1}^{r-1} \beta_{r,l} k_l(t, v, h)) - \\
&\quad f(t + \alpha_r h, w + h \sum_{l=1}^{r-1} \beta_{r,l} k_l(t, w, h))\| \\
&\leq L\Big(\|v - w\| + h \sum_{l=1}^{r-1} |\beta_{r,l}| L_l \|v - w\|\Big) \\
&\leq L_r \|v - w\|,
\end{aligned}
$$

woraus die Behauptung folgt. $\qquad\square$

11.6.2 Implizite RK-Verfahren*

Bei impliziten RK-Verfahren ist die Realisierung hoher Ordnung im Vergleich einfacher. Beispielsweise gilt folgendes Ergebnis, das man z. B. in [SW], Abschnitt 6.1, findet.

> **Satz 11.35.** *Die Funktion f erfülle eine Lipschitzbedingung in y. Wählt man zu paarweise verschiedenen $\alpha_j \in [0, 1]$, $j = 1, \ldots, m$, die Parameter $\gamma_j \neq 0$, $\beta_{i,j}$, $1 \leq i, j \leq m$, so daß für $r \geq m + 1$ die Bedingungen*
>
> $$\sum_{i=1}^{m} \gamma_i \alpha_i^{k-1} = \frac{1}{k}, \qquad k = 1, \ldots, r, \tag{11.84}$$
>
> *sowie*
>
> $$\sum_{i=1}^{m} \beta_{j,i} \alpha_i^{k-1} = \frac{\alpha_j^k}{k}, \quad 1 \leq k, j \leq m, \tag{11.85}$$
>
> *gelten, dann ist das zugehörige RK-Verfahren konsistent von der Ordnung $p = r$.*

Die Bedingungen (11.84) haben folgende einfache Interpretation. Die Quadraturformel

$$\sum_{i=1}^{m} \gamma_i g(\alpha_i) \approx \int_0^1 g(s) ds \tag{11.86}$$

ist exakt vom Grade $r - 1$ genau dann, wenn die Gleichungen (11.84) erfüllt sind. Setzt man nämlich $g(s) = s^{k-1}$, $1 \leq k \leq r - 1$, ein, ergibt sich gerade (11.84). Um ein hohes r zu erreichen, wählt man die Stützstellen α_i und Gewichte γ_i wie in einer Gauss-Quadraturformel, so daß die Methode (11.86) den maximalen Exaktheitsgrad $2m - 1$ hat. Die Bedingungen (11.84) sind dann erfüllt für $r = 2m$. Mit diesen Werten für die Stützstellen α_i bilden die Bedingungen (11.85) ein eindeutig lösbares lineares Gleichungssystem für die Koeffizienten $(\beta_{j,i})_{1 \le j, i \le m}$. Dieses Gleichungssystem definiert die Werte für diese Koeffizienten $\beta_{j,i}$. Die sich ergebende implizite RK-Methode, ein sogenanntes *RK-Gauß-Verfahren*, hat die Konsistenzordnung $2m$. Man kann zeigen, daß das die *maximale Konsistenzordnung* für ein m-stufiges RK-Verfahren ist.

Beispiel 11.36. Die RK-Gauß-Verfahren für $m = 1$ (Konsistenzordnung 2) und $m = 2$ (Konsistenzordnung 4) sind

$$
\begin{array}{c|c}
\frac{1}{2} & \frac{1}{2} \\
\hline
 & 1
\end{array}
\qquad
\begin{array}{c|cc}
\frac{1}{6}(3-\sqrt{3}) & \frac{1}{4} & \frac{1}{12}(3-2\sqrt{3}) \\
\frac{1}{6}(3+\sqrt{3}) & \frac{1}{12}(3+2\sqrt{3}) & \frac{1}{4} \\
\hline
 & \frac{1}{2} & \frac{1}{2}
\end{array}
\qquad (11.87)
$$

Das obige einstufige RK-Gauß-Verfahren stimmt mit der in Bemerkung 11.20 behandelten Mittelpunktregel überein. $\triangle$

Die Berechnung der k_i ist wie gesagt aufwendig. Für das Anfangswertproblem (11.3) mit einer Funktion $y(t) \in \mathbb{R}^n$ muß bei einem RK-Gauß-Verfahren in jedem Zeitschritt das nichtlineare Gleichungssystem der Dimension $mn \times mn$ in (11.70) (oder (11.73)) gelöst werden. Deshalb sucht man nach Kompromissen, die immer noch die günstigen (Stabilitäts-)Eigenschaften impliziter Verfahren haben, jedoch den Aufwand nach Möglichkeit reduzieren. Eine Verfahrensklasse mit reduziertem Aufwand sind die SDIRK-Methoden, bei denen $\beta_{r,l} = 0$ für $l > r$ und $\beta_{j,j} = \eta$ gesetzt wird. Dann muß man in (11.70) nacheinander m nichtlineare Gleichungssysteme der Dimension $n \times n$ lösen. Diese Methoden haben aber die maximale Konsistenzordnung $m + 1$. Ausführliche Darstellungen findet man in [HW].

Bemerkung 11.37. In Bemerkung 11.32 wird das Verhalten expliziter RK-Verfahren angewandt auf das wichtige Testproblem (11.80)

$$ y' = \lambda y, \quad y(0) = 1. $$

untersucht, und gezeigt, daß die Stabilitätsfunktion g in (11.81) ein Polynom vom Grade höchstens m ist. Wie sieht die Stabilitätsfunktion eines impliziten RK-Verfahrens aus? Um diese Frage zu beantworten führen wie die Bezeichnungen $\mathbf{k} = (k_1, \ldots, k_m)^T$, $\boldsymbol{\gamma} := (\gamma_1, \ldots, \gamma_m)^T$, $B := (\beta_{i,j})_{1 \le i, j \le m}$, $\mathbf{1} := (1, \ldots, 1)^T$ ein. Wegen $f(t, y) = \lambda y$ ist

$$ \mathbf{k} = \lambda \mathbf{1} y^j + h\lambda B \mathbf{k}, $$

und somit

$$ (I - h\lambda B)\mathbf{k} = \lambda \mathbf{1} y^j. $$

Dieses System ist eindeutig lösbar, genau dann wenn $\det(I - h\lambda B) \neq 0$. Wenn das der Fall ist, ergibt sich

$$ \mathbf{k} = \lambda(I - h\lambda B)^{-1} \mathbf{1} y^j. $$

Daraus folgt

$$y^{j+1} = y^j + h\boldsymbol{\gamma}^T\mathbf{k} = y^j + h\lambda\boldsymbol{\gamma}^T(I - h\lambda B)^{-1}\mathbf{1}y^j$$
$$= \left(1 + h\lambda\boldsymbol{\gamma}^T(I - h\lambda B)^{-1}\mathbf{1}\right)y^j =: g(h\lambda)y^j. \tag{11.88}$$

Die Stabilitätsfunktion $g(z) = 1 + z\boldsymbol{\gamma}^T(I - zB)^{-1}\mathbf{1}$ ist in diesem Fall eine *rationale* Funktion in $z = h\lambda$, also ein Quotient zweier Polynome (siehe Übung 11.11.14). Im expliziten Fall ergab sich lediglich ein Polynom. Da die exakte Lösung $y(t_{j+1}) = e^{\lambda t_{j+1}} = e^{h\lambda}y(t_j)$ erfüllt, sollte $g(h\lambda)$ den Faktor $e^{h\lambda}$ möglichst gut wiedergeben. Wenn nun $\lambda < 0$ und $|\lambda| \gg 1$ gilt, ergibt sich ein schnelles Abklingen der exakten Lösung. Für große Argumente $h\lambda$ kann dieses Abklingen durch ein Polynom schlecht abgebildet werden, während eine rationale Funktion dies leichter ermöglicht. Ein explizites Verfahren würde in einem solchen Fall sehr kleine Schrittweiten h erfordern, damit $|h\lambda|$ klein genug ist, während beim impliziten Verfahren das Abklingen noch für größere Werte von h ermöglicht wird. Wir werden diesen Punkt im Zusammenhang mit *steifen Problemen* wieder aufgreifen. $\triangle$

Praktische Gesichtspunkte

Wir schließen diesen Abschnitt mit einigen kurzen Bemerkungen zur Lösung des Gleichungssystems (11.70) im Falle impliziter Verfahren. Es ist bequem, vom RK-Verfahren in der Form (11.73)-(11.74) auszugehen. Wir nehmen der Einfachheit halber an, daß die Koeffizienten-Matrix $B := (\beta_{r,l})_{r,l=1}^m$ invertierbar ist, und betrachten den skalaren Fall $n = 1$ ($y^j \in \mathbb{R}$). Setzt man

$$\mathbf{u} = (u_1,\ldots,u_m)^T, \quad \mathbf{1} = (1,\ldots,1)^T, \quad F(t_j,\mathbf{u}) = \begin{pmatrix} f(t_j + \alpha_1 h, u_1) \\ \vdots \\ f(t_j + \alpha_m h, u_m) \end{pmatrix},$$

erhält man die Darstellung

$$\mathbf{u} = y^j\mathbf{1} + hBF(t_j,\mathbf{u}) \tag{11.89}$$
$$y^{j+1} = y^j + h\boldsymbol{\gamma}^T F(t_j,\mathbf{u}). \tag{11.90}$$

Zur Bestimmung von $\mathbf{u}$ muß das $m \times m$ (im allgemeinen Fall $mn \times mn$) Gleichungssystem (11.89)

$$G(\mathbf{u}) := \mathbf{u} - y^j\mathbf{1} - hBF(t_j,\mathbf{u}) = 0 \tag{11.91}$$

gelöst werden. Wenn $\mathbf{u}$ berechnet ist, kann die F-Auswertung in (11.90) vermieden werden : Aus $hBF(t_j,\mathbf{u}) = \mathbf{u} - y^j\mathbf{1}$ ergibt sich $F(t_j,\mathbf{u}) = h^{-1}B^{-1}(\mathbf{u} - y^j\mathbf{1})$, woraus

$$y^{j+1} = y^j + \boldsymbol{\gamma}^T B^{-1}(\mathbf{u} - y^j\mathbf{1}) =: y^j + \mathbf{d}^T(\mathbf{u} - y^j\mathbf{1})$$

folgt. Den Vektor $\mathbf{d} = B^{-T}\boldsymbol{\gamma}$ kann man aus den Koeffizienten des RK-Verfahrens einfach berechnen.

Wegen der Struktur des nichtlinearen Problems (11.91) liegt eine Fixpunkt-Iteration $\mathbf{u}^{k+1} = \Phi(\mathbf{u}^k)$, mit $\Phi(\mathbf{u}) = y^j \mathbf{1} + hBF(t_j, \mathbf{u})$, auf der Hand. Diese Methode wird aber in der Praxis *nicht* eingesetzt. Der Grund dafür ist folgender. In Abschnitt 11.9 werden wir sehen, daß implizite Verfahren bei Problemen verwendet werden, wobei typischerweise die Lipschitz-Konstante der Funktion f (bzgl. der Variable y) sehr groß ist. Daraus folgt, wegen

$$\|\Phi(\mathbf{u}) - \Phi(\mathbf{v})\| \le h\|B\|\|F(t_j, \mathbf{u}) - F(t_j, \mathbf{v})\|,$$

daß man nur für extrem kleine h-Werte Konvergenz der Fixpunkt-Iteration erwarten darf.

In der Praxis werden zur Lösung des Problems (11.91) Newton-Techniken eingesetzt. Die Jacobi-Matrix zu (11.91) hat die Form

$$J(\mathbf{u}) = \left(\delta_{r,i} - h\beta_{r,i} \frac{\partial}{\partial y} f(t_j + \alpha_i h, u_i) \right)_{r,i=1}^m.$$

Ersetzt man $\frac{\partial}{\partial y} f(t_j + \alpha_i h, u_i)$ durch $\frac{\partial}{\partial y} f(t_j, y^j)$ erhält man ein *vereinfachtes* Newton-Verfahren, bei dem eine LR-Zerlegung der Jacobi-Matrix nur einmal pro Zeitschritt berechnet werden muß. Detaillierte Untersuchungen dieser und anderer ökonomischerer Varianten findet man in [HW].

11.7 Schrittweitensteuerung bei Einschrittverfahren

In der Praxis wird es darum gehen, eine gewünschte Genauigkeit mit *möglichst wenigen* Integrationsschritten zu realisieren. Man kann dies erreichen, indem man den lokalen Abbruchfehler im Laufe der Rechnung kontrolliert und die *Schrittweite h dementsprechend anpaßt*, also *adaptiv* verändert. Ein wesentlicher Vorteil der Einschrittverfahren (im Vergleich zu den in Abschnitt 11.8 behandelten Mehrschrittverfahren) liegt in der strukturbedingt leichten Implementierung effektiver Schrittweitensteuerung. Das Vorgehen läßt sich folgendermaßen skizzieren:

- Für ein gegebenes Integrationsintervall $[t_0, T]$ und $y_h(T) = y^n$ sei eine Gesamtfehlertoleranz für $\|y(T) - y_h(T)\|$ vorgegeben, die wir als $(T - t_0)\epsilon$ schreiben:

$$\|y(T) - y_h(T)\| \le (T - t_0)\epsilon . \tag{11.92}$$

Aufgrund der Abschätzung (11.48) benutzt man als *Ansatz* für die Schrittweitensteuerung *die Annahme*, daß die Summe aller lokalen Abbruchfehler $\|\tilde{\delta}_{j,h}\|$ (gemäß (11.38)-(11.39)), $j = 0, 1, \ldots, n-1$, eine brauchbare Schätzung für den bis $t_n = T$ akkumulierten globalen Fehler ist:

$$\|y(T) - y_h(T)\| \le \sum_{j=0}^{n-1} \|\tilde{\delta}_{j,h}\| ,$$

wobei wir die von $T - t_0$ abhängige zusätzliche Konstante in (11.48) der Einfachheit halber unterdrücken. Die Wahl der Schrittweiten ist offenbar genau dann günstig, wenn in jedem Schritt etwa der gleiche Konsistenzfehlerbeitrag entsteht. Falls dann entsprechend für den lokalen Abbruchfehler im Intervall $[t_j, t_{j+1}]$

$$\|\tilde{\delta}_{j,h}\| \leq (t_{j+1} - t_j)\epsilon \qquad (11.93)$$

gilt, erhält man

$$\sum_{j=0}^{n-1} \|\tilde{\delta}_{j,h}\| \leq \sum_{j=0}^{n-1} (t_{j+1} - t_j)\epsilon = (T - t_0)\epsilon,$$

also die Schranke (11.92). Deshalb wird oft folgendes Kriterium zur Steuerung der Schrittweite benutzt:

> Ist $h = t_{j+1} - t_j$ die momentane Schrittweite, so darf der lokale Fehler $\|\tilde{\delta}_{j,h}\|$ im Schritt $j \to j+1$ höchstens $h\epsilon$ sein. Andererseits sollte diese Spannweite möglichst ausgeschöpft werden.

- Entscheidend ist daher eine *verläßliche Schätzung des lokalen Abbruchfehlers* in jedem Schritt. In der obigen Strategie wird der lokale Abbruchfehler $\tilde{\delta}_{j,h}$ aus (11.39) und nicht die Größe $\delta_{j,h}$ aus (11.37) verwendet, weil $\tilde{\delta}_{j,h}$ viel einfacher zu schätzen ist. Zur Annäherung von $\tilde{\delta}_{j,h}$ kann man zum Beispiel folgende Strategien verwenden:

(i) Ausgehend von t_j und y_j berechne
  - einen Schritt mit der Schrittweite h. Das Resultat wird mit y^{j+1} bezeichnet.
  - zwei Schritte mit der Schrittweite $\frac{h}{2}$. Das Resultat wird mit $\hat{y}^{j+1}$ bezeichnet.

Falls die benutzte Integrationsmethode die Konsistenzordnung p hat, also der lokale Abbruchfehler $\tilde{y}(t_{j+1}) - y^{j+1}$ ($\tilde{y}(t_{j+1}) := y(t_{j+1}; t_j, y^j)$) in (11.39) proportional zu h^{p+1} ist, so ergibt sich

$$\tilde{y}(t_{j+1}) - y^{j+1} \doteq c(t_j) h^{p+1},$$

$$\tilde{y}(t_{j+1}) - \hat{y}^{j+1} \doteq 2c(t_j) \left(\frac{h}{2}\right)^{p+1}.$$

Damit erhält man (wie in einem Extrapolationsschritt)

$$\hat{y}^{j+1} - y^{j+1} \doteq c(t_j) h^{p+1}(1 - 2^{-p}) = 2c(t_j) \left(\frac{h}{2}\right)^{p+1} (2^p - 1),$$

also den Schätzer

$$\tilde{y}(t_{j+1}) - \hat{y}^{j+1} \doteq \frac{1}{2^p - 1} \left(\hat{y}^{j+1} - y^{j+1}\right)$$

für den lokalen Abbruchfehler $\tilde{\delta}_{j,h}$ der Annäherung $\hat{y}^{j+1}$.

(ii) Eingebettete RK-Verfahren liefern zwei Ergebnisse, deren Differenz als Schätzer dienen kann (vgl. (11.78)).

Beispiel 11.38. Wir betrachten die Van der Pol-Gleichung

$$y''(t) = 8(1 - y(t)^2)\, y'(t) - y(t), \qquad t \in [0, 30],$$

$$y(0) = 2, \qquad y'(0) = 0.$$

Dieses Anfangswertproblem 2. Ordnung läßt sich als System

$$\begin{pmatrix} y_1'(t) \\ y_2'(t) \end{pmatrix} = \begin{pmatrix} y_2(t) \\ 8(1 - y_1(t)^2)\, y_2(t) - y_1(t) \end{pmatrix}$$

erster Ordnung mit dem Anfangswert

$$\begin{pmatrix} y_1(0) \\ y_2(0) \end{pmatrix} = \begin{pmatrix} 2 \\ 0 \end{pmatrix}$$

formulieren. Das Problem wird mit einem RKF45-Verfahren gelöst, wobei eine adaptive Schrittweitensteuerung wie in (ii) verwendet wird. Die berechneten Näherungen $y^j \approx y(t_j)$ sind in Abbildung 11.6 dargestellt. In Abbildung 11.7 werden die Schrittweiten $h = h_j = t_{j+1} - t_j$ gezeigt.   △

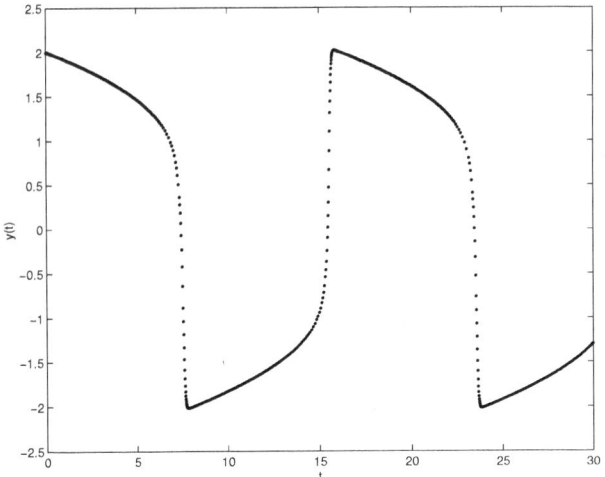

Abb. 11.6. Numerische Lösung der Van der Pol-Gleichung

Das Flußdiagramm in Abb. 11.8 zeigt eine typische Strategie zur Schrittweitensteuerung bei ESV. Dabei wird bei der Änderung der Zeitschrittweite ein Kriterium benutzt, das folgenden Hintergrund hat. Sei $h = h_j$ die aktuelle

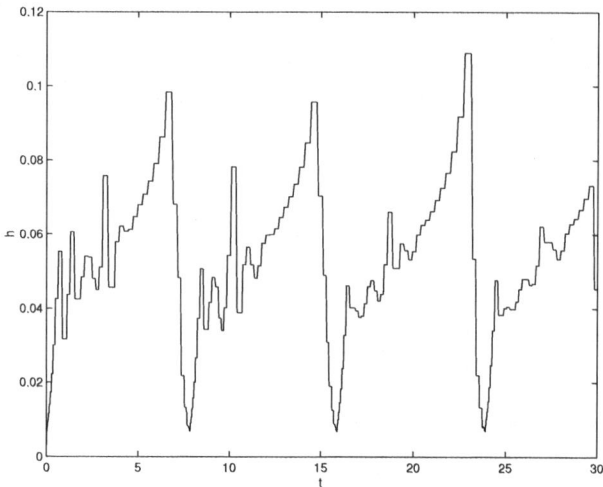

Abb. 11.7. Schrittweiten $h = h_j = t_{j+1} - t_j$

Zeitschrittweite zum Zeitpunkt t_j, für die man eine Schätzung $s(h)$ des lokalen Abbruchfehlers berechnet hat. Für eine Methode mit Konsistenzordnung p gilt $\tilde{\delta}_{j,h} \approx s(h) \approx ch^{p+1}$ (mit c unabhängig von h). Sei $q(h) := \frac{s(h)}{\epsilon h}$, wobei ϵ die vorgegebene Toleranz wie in (11.92) ist. Falls $q(h) \le 1$, wird der Zeitschritt mit Schrittweite h akzeptiert; man geht zum Zeitpunkt $t_{j+1} = t_j + h$ über und wählt eine neue Zeitschrittweite h_{neu}. Im Fall $q(h) > 1$ soll eine kleinere Zeitschrittweite h_{neu} gewählt werden und hiermit der Zeitschritt ab t_j neu berechnet werden. In beiden Fällen wählt man die Zeitschrittweite h_{neu} so, daß

$$\frac{ch_{\text{neu}}^{p+1}}{\epsilon h_{\text{neu}}} \approx 1$$

gilt. Wegen

$$\frac{ch_{\text{neu}}^{p+1}}{\epsilon h_{\text{neu}}} = \frac{ch^{p+1}}{\epsilon h}\Big(\frac{h_{\text{neu}}}{h}\Big)^p \approx \frac{s(h)}{\epsilon h}\Big(\frac{h_{\text{neu}}}{h}\Big)^p = q(h)\Big(\frac{h_{\text{neu}}}{h}\Big)^p$$

ergibt sich $h_{\text{neu}} \approx q(h)^{-\frac{1}{p}} h$. In der Praxis fügt man noch Sicherheitsfaktoren $\alpha_{\max} \in [1.5, 2]$, $\alpha_{\min} \in [0.2, 0.5]$ und $\beta \in [0.9, 0.95]$ hinzu, die zu große Schrittweitenänderungen bzw. Fehler, die knapp über der Toleranz liegen, vermeiden:

$$q(h) \le 1 \quad \longrightarrow \quad h_{\text{neu}} = \beta \min\Big\{\alpha_{\max},\, q(h)^{-\frac{1}{p}}\Big\} h,$$

$$q(h) > 1 \quad \longrightarrow \quad h_{\text{neu}} = \beta \max\Big\{\alpha_{\min},\, q(h)^{-\frac{1}{p}}\Big\} h.$$

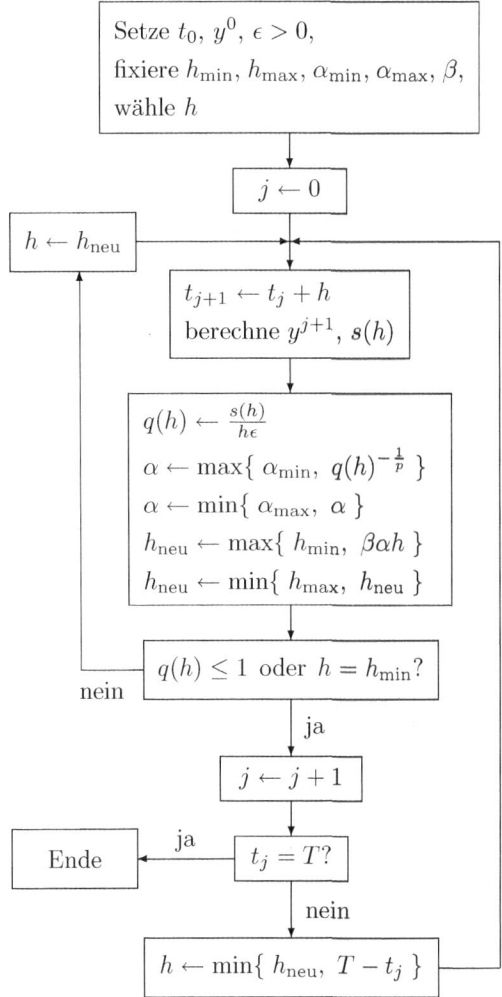

Abb. 11.8. Schrittweitensteuerung bei ESV der Ordnung p

11.8 Mehrschrittverfahren

11.8.1 Allgemeine lineare Mehrschrittverfahren

Eine einfache Alternative, höhere Konsistenzordnung bei relativ wenigen Funktionsauswertungen zu realisieren, bieten *Mehrschrittverfahren*. Hierbei greift man in jedem Schritt nicht nur auf eine, sondern auf mehrere vorher berechnete Näherungen zurück. Dabei erweist sich die Änderung der Schrittweite als schwieriger. Wir beschränken uns daher auf den Fall $h = \frac{T-t_0}{n}$, $n \in \mathbb{N}$.

Die allgemeine Form eines *k-Schrittverfahrens* lautet

$$y^{j+k} = \Phi_h\left(t_{j+k-1}, y^j, y^{j+1}, \ldots, y^{j+k}\right) , \quad j = 0, \ldots, n-k .$$

Am häufigsten verwendet man *lineare Mehrschrittverfahren*. Ein lineares *k*-Schrittverfahren hat die Form

$$\sum_{\ell=0}^{k} a_\ell y^{j+\ell} = h \sum_{\ell=0}^{k} b_\ell f(t_{j+\ell}, y^{j+\ell}), \quad j = 0, \ldots, n-k, \qquad (11.94)$$

wobei die a_ℓ, b_ℓ mit $a_k \neq 0$ fest gewählte Koeffizienten sind und stets

$$t_j = t_0 + jh$$

angenommen wird.

Beachte:
Um über (11.94) schrittweise Näherungen für die Lösung von (11.3) zu ermitteln, benötigt man *k* Anlaufwerte $y^0, \ldots, y^{k-1}$. Diese Anlaufwerte werden in der Regel mit einem Einschrittverfahren (z. B. RK-Verfahren) berechnet.

Ohne Beschränkung der Allgemeinheit kann man den führenden Koeffizienten auf

$$a_k = 1$$

normieren. Damit ergibt sich folgender Algorithmus:

Algorithmus 11.39 (Lineares k-Schrittverfahren).
Gegeben: Schrittweite $h = \frac{T-t_0}{n}$ mit $n \in \mathbb{N}$,
Koeffizienten a_ℓ $(0 \leq \ell \leq k-1)$, b_ℓ $(0 \leq \ell \leq k)$,
Startwerte $y^0, \ldots, y^{k-1}$. Berechne für $j = 0, 1, \ldots, n-k$:

$$y^{j+k} = -\sum_{\ell=0}^{k-1} a_\ell y^{j+\ell} + h \sum_{\ell=0}^{k} b_\ell f(t_{j+\ell}, y^{j+\ell}) . \qquad (11.95)$$

Ist hierbei $b_k \neq 0$, so verlangt (11.95) die Lösung eines (i. a. nichtlinearen) Gleichungssystems in dem unbekannten Vektor y^{j+k}. In diesem Fall ist das Verfahren also *implizit*. Falls $b_k = 0$, dann ist das Verfahren *explizit*, und y^{j+k} ergibt sich über (11.95) durch Einsetzen der vorher bestimmten Werte $y^{j+\ell}$, $\ell = 0, \ldots, k-1$.

Die Formel (11.95) enthält folgende wichtige Spezialfälle:

- **Adams-Bashforth-Verfahren** (Abschnitt 11.8.2):

$$a_0 = a_1 = \ldots = a_{k-2} = 0, \quad a_{k-1} = -1, \quad b_k = 0 ,$$

  also

$$y^{j+k} = y^{j+k-1} + h \sum_{\ell=0}^{k-1} b_\ell f(t_{j+\ell}, y^{j+\ell}) .$$

- **Adams-Moulton-Verfahren** (Abschnitt 11.8.3)

$$a_0 = a_1 = \ldots = a_{k-2} = 0, \quad a_{k-1} = -1, \quad b_k \neq 0 \,,$$

also

$$y^{j+k} = y^{j+k-1} + h \sum_{\ell=0}^{k} b_\ell f(t_{j+\ell}, y^{j+\ell}) \,.$$

- **Rückwärtsdifferenzenmethoden** (Abschnitt 11.9.4)

$$b_0 = b_1 = \ldots = b_{k-1} = 0, \quad b_k \neq 0 \,,$$

also

$$y^{j+k} = -\sum_{\ell=0}^{k-1} a_\ell y^{j+\ell} + h b_k f(t_{j+k}, y^{j+k}) \,.$$

Konsistenz

Der lokale Abbruchfehler (im Intervall $[t_{j+k-1}, t_{j+k}]$) ist

$$\delta_{j+k-1,h} := y(t_{j+k}) - y_h(t_{j+k}) \,,$$

wobei $y_h(t_{j+k})$ das Resultat des linearen Mehrschrittverfahrens (11.95) mit $y^{j+\ell} = y(t_{j+\ell})$, $\ell = 0, \ldots, k-1$, ist. Bei *expliziten* Verfahren ergibt sich dieser Fehler, wie bei den Einschrittverfahren, durch Einsetzen der exakten Lösung $y(t)$ in das Verfahren:

$$\delta_{j+k-1,h} := y(t_{j+k}) + \sum_{\ell=0}^{k-1} a_\ell y(t_{j+\ell}) - h \sum_{\ell=0}^{k-1} b_\ell f(t_{j+\ell}, y(t_{j+\ell})). \qquad (11.96)$$

Unter dem Konsistenzfehler $\tau_{j+k-1,h}$ versteht man wieder $\delta_{j+k-1,h}/h$. Wie bei ESV ist die *Konsistenzordnung* p durch

$$\|\tau_{j,h}\| = \mathcal{O}(h^p), \quad h \to 0, \quad j = k-1, \ldots, n-1, \qquad (11.97)$$

definiert. Das Verfahren heißt *konsistent*, falls $p \geq 1$ gilt. Wie bei ESV bezieht sich Konsistenz zunächst auf eine (feste) Funktion f. Als Eigenschaft des Verfahrens unterbleibt dieser Bezug, wenn (11.97) für eine ganze hinreichend weite Klasse, etwa aller genügend glatter f, gilt.

Im Gegensatz zu RK-Verfahren kann man für lineare Mehrschrittverfahren sehr einfache Konsistenzbedingungen formulieren. Ein typisches Ergebnis lautet folgendermaßen.

> **Satz 11.40.** *Das lineare Mehrschrittverfahren (11.94) ist konsistent von der Ordnung p genau dann, wenn die folgenden $p+1$ Bedingungen erfüllt sind*
>
> $$\sum_{\ell=0}^{k} a_\ell = 0,$$
>
> $$\sum_{\ell=0}^{k} \ell a_\ell - b_\ell = 0, \qquad\qquad (11.98)$$
>
> $$\sum_{\ell=0}^{k} \left(\ell^\nu a_l - \nu \ell^{\nu-1} b_\ell \right) = 0, \quad \nu = 2,\ldots,p.$$

Dieses Ergebnis ist relativ leicht mit Hilfe der Taylorentwicklung verifizierbar und findet sich in jedem Lehrbuch über die Numerik von Anfangswertproblemen.

Ferner kann man zeigen, daß die Überprüfung der Konsistenzordnung für das spezielle Testproblem $y' = \lambda y$, $y(0) = 1$, bereits die entsprechende Konsistenzordnung für die gesamte Klasse entsprechend glatter f impliziert.

Bemerkung 11.41. Gibt man die $b_0,\ldots,b_k$ und $a_k = 1$ in (11.98) vor, ist (11.98) ein lineares Gleichungssystem in den Unbekannten $a_0,\ldots,a_{k-1}$ mit einer Vandermonde-Matrix als Systemmatrix. Man kann also sofort $p = k - 1$ realisieren. Betrachtet man auch die $b_0,\ldots,b_k$ als Freiheitsgrade, ergibt sich mit (11.98) ein lineares Gleichungssystem in den $2k+1$ Unbekannten $a_0,\ldots,a_{k-1},b_0,\ldots,b_k$. Man kann dieses Gleichungssystem mit Hermite-Interpolation in Zusammenhang bringen und schließen, daß es eindeutig lösbar ist. Damit folgt aus (11.98) Folgendes:

> Für ein lineares k-Schrittverfahren ist die (hohe) Konsistenzordnung $p = 2k$ relativ einfach realisierbar. Wir werden jedoch später sehen, daß man diesen Rahmen aus Stabilitätsgründen nicht ausschöpfen kann.

11.8.2 Adams-Bashforth-Verfahren

Diese Klasse von linearen Mehrschrittverfahren beruht auf der Diskretisierung der Integralgleichung

$$y(t_{j+k}) = y(t_{j+k-1}) + \int_{t_{j+k-1}}^{t_{j+k}} f(s,y(s))\,ds \qquad\qquad (11.99)$$

an den Stützstellen $t_{j+k-1}, t_{j+k-2}, \ldots, t_j$ mit Hilfe von Newton-Cotes-Formeln (vgl. Abschnitt 10.2). Es sei bemerkt, daß man nicht die üblichen Formeln aus

Tabelle 10.2 verwenden kann, da die Stützstellen $t_{j+k-2}, \ldots, t_j$ *außerhalb* des Integrationsintervalls $[t_{j+k-1}, t_{j+k}]$ liegen.

Das Verfahren lautet:

Algorithmus 11.42 (k-Schritt-Adams-Bashforth-Formel).
Gegeben: Schrittweite $h = \frac{T-t_0}{n}$ mit $n \in \mathbb{N}$,
Koeffizienten $b_{k,\ell}$ $(0 \le \ell \le k-1)$, Startwerte $y^0, \ldots, y^{k-1}$.
Berechne für $j = 0, 1, \ldots, n-k$:

$$y^{j+k} = y^{j+k-1} + h \sum_{\ell=0}^{k-1} b_{k,\ell} f(t_{j+\ell}, y^{j+\ell}) \ . \tag{11.100}$$

Für $k = 1, \ldots, 5$ werden die Koeffizienten in Tabelle 11.7 angegeben.

Tabelle 11.7. Adams-Bashforth-Formeln

k	ℓ	0	1	2	3	4	Konsistenzordnung
1	$b_{1,\ell}$	1					1
2	$2\,b_{2,\ell}$	-1	3				2
3	$12\,b_{3,\ell}$	5	-16	23			3
4	$24\,b_{4,\ell}$	-9	37	-59	55		4
5	$720\,b_{5,\ell}$	251	-1274	2616	-2774	1901	5

Beispiel 11.43. Zur Illustration sei der Fall $k = 2$ untersucht. Das Integral

$$\int_{t_{j+1}}^{t_{j+2}} f(s, y(s)) \, ds =: \int_{t_{j+1}}^{t_{j+2}} g(s) \, ds =: I(g)$$

wird mit Hilfe der Newton-Cotes-Formel zu den Stützstellen t_{j+1}, t_j angenähert. Sei

$$P(g|t_j, t_{j+1})(s) = \frac{t_{j+1} - s}{h} g(t_j) + \frac{s - t_j}{h} g(t_{j+1})$$

das lineare Interpolationspolynom von g an den Stützstellen t_j, t_{j+1}. Die entsprechende Newton-Cotes-Quadraturformel $I_1(g) \approx I(g)$ erhält man über (vgl. (10.9))

$$
\begin{aligned}
I_1(g) &= \int_{t_{j+1}}^{t_{j+2}} P(g|t_j, t_{j+1})(s) \, ds \\
&= g(t_j) \int_{t_{j+1}}^{t_{j+2}} \frac{t_{j+1} - s}{h} \, ds + g(t_{j+1}) \int_{t_{j+1}}^{t_{j+2}} \frac{s - t_j}{h} \, ds \\
&= -\frac{1}{2} h g(t_j) + \frac{3}{2} h g(t_{j+1}).
\end{aligned}
$$

Offensichtlich wird das Integral $\int_{t_{j+1}}^{t_{j+2}} f(s, y(s)) \, ds$ in (11.99) durch die Näherung

$$h\left(-\frac{1}{2}f(t_j, y(t_j)) + \frac{3}{2}f(t_{j+1}, y(t_{j+1})) \right)$$

ersetzt, also (vgl. Tabelle 11.7) $b_{2,0} = -\frac{1}{2}$, $b_{2,1} = \frac{3}{2}$. Aus der Formel

$$g(s) - P(g|t_j, t_{j+1})(s) = (s - t_j)(s - t_{j+1})\frac{g''(\xi)}{2}$$

für den Interpolationsfehler ergibt sich

$$I(g) - I_1(g) = \frac{g''(\xi)}{2} \int_{t_{j+1}}^{t_{j+2}} (s - t_j)(s - t_{j+1}) \, ds = \frac{5}{12}h^3 g''(\xi) \ .$$

Daraus erhält man für den lokalen Abbruchfehler das Resultat

$$\begin{aligned}
\delta_{j+1,h} &= y(t_{j+2}) - y(t_{j+1}) - h\sum_{\ell=0}^{1} b_{2,\ell}f(t_{j+\ell}, y(t_{j+\ell})) \\
&= \int_{t_{j+1}}^{t_{j+2}} y'(s) \, ds - I_1(g) \\
&= \int_{t_{j+1}}^{t_{j+2}} f(s, y(s)) \, ds - I_1(g) \\
&= I(g) - I_1(g) = \frac{5}{12}h^3 g''(\xi),
\end{aligned}$$

woraus folgt, daß diese Methode die Konsistenzordnung 2 hat. Man kann diese Konsistenzordnung auch mit Hilfe von Satz 11.40 zeigen. Durch Einsetzen ergibt sich, daß $a_0 = 0$, $a_1 = -1$, $a_2 = 1$, $b_0 = -\frac{1}{2}$, $b_1 = \frac{3}{2}$, $b_2 = 0$ die Gleichungen (11.98) für $k = p = 2$ erfüllen.   △

Man beachte, daß die Adams-Bashforth-Formeln explizit sind. Eine weitere offensichtliche Eigenschaft dieser Methoden ist folgende:

> Pro Integrationsschritt ist nur *eine einzige Funktionsauswertung* $f(t_{j+k-1}, y^{j+k-1})$ *erforderlich*, da die vorhergehenden Werte $f(t_{j+k-2}, y^{j+k-2}), \ldots, f(t_j, y^j)$ bereits berechnet worden sind.

Jede Änderung der Schrittweite erfordert die Berechnung zusätzlicher Punkte der Lösungskurve, die nicht in das durch die alte Schrittweite bestimmte Raster fallen. *Deshalb ist eine Schrittweitenänderung bei Mehrschrittverfahren viel schwieriger durchführbar als bei einem Einschrittverfahren.*

11.8.3 Adams-Moulton-Verfahren

Zur näherungsweisen Berechnung des Integrals in (11.99) soll zusätzlich zu den bekannten Werten der Funktion $f(s, y(s))$ an den Stellen $t_{j+k-1}, t_{j+k-2}, \ldots, t_j$ auch noch der unbekannte Wert $f(t_{j+k}, y^{j+k})$ an der Stützstelle t_{j+k} mitverwendet werden. Das führt zu

---

Algorithmus 11.44 (k-Schritt-Adams-Moulton-Formel).
Gegeben: Schrittweite $h = \frac{T-t_0}{n}$ mit $n \in \mathbb{N}$,
Koeffizienten $b_{k,\ell}$ $(0 \leq \ell \leq k)$, Startwerte $y^0, \ldots, y^{k-1}$.
Berechne für $j = 0, 1, \ldots, n-k$:

$$y^{j+k} = y^{j+k-1} + h \sum_{\ell=0}^{k} b_{k,\ell} f(t_{j+\ell}, y^{j+\ell}), \qquad (11.101)$$

Für $k = 1, \ldots, 4$ sind die Koeffizienten in Tabelle 11.8 dargestellt.

Tabelle 11.8. Adams-Moulton-Formeln

k	ℓ	0	1	2	3	4	Konsistenzordnung
1	$2\,b_{1,\ell}$	1	1				2
2	$12\,b_{2,\ell}$	-1	8	5			3
3	$24\,b_{3,\ell}$	1	-5	19	9		4
4	$720\,b_{4,\ell}$	-19	106	-264	646	251	5

Beispiel 11.45. Dies sei für den Fall $k = 1$ konkret verifiziert. Das Integral

$$\int_{t_j}^{t_{j+1}} f(s, y(s))\, ds =: \int_{t_j}^{t_{j+1}} g(s)\, ds =: I(g)$$

wird mit Hilfe der Newton-Cotes-Formel zu den Stützstellen t_j, t_{j+1} angenähert. Diese Newton-Cotes-Formel ist gerade die Trapezregel (vgl. Tabelle 10.2):

$$I_1(g) = \frac{1}{2} h \left(g(t_j) + g(t_{j+1}) \right).$$

Offensichtlich wird das Integral $\int_{t_j}^{t_{j+1}} f(s, y(s))\, ds$ in (11.99) durch die Annäherung

$$h\left(\frac{1}{2} f(t_j, y(t_j)) + \frac{1}{2} f(t_{j+1}, y(t_{j+1})) \right)$$

ersetzt, also (vgl. Tabelle 11.8) $b_{1,0} = b_{1,1} = \frac{1}{2}$.

Mit Hilfe von

$$I(g) - I_1(g) = -\frac{1}{12} h^3 g''(\xi)$$

ergibt sich, wie in Beispiel 11.24, für den lokalen Abbruchfehler

$$\delta_{j,h} = \mathcal{O}(h^3).$$

Diese Methode hat damit die Konsistenzordnung 2. Man kann dieses Konsistenzresultat auch mit Hilfe von Satz 11.40 zeigen. Durch Einsetzen ergibt sich, daß $a_0 = -1$, $a_1 = 1$, $b_0 = b_1 = \frac{1}{2}$, die Gleichungen (11.98) für $k = 1$, $p = 2$ erfüllen. $\triangle$

Aufgrund des Exaktheitsgrades der verwendeten Quadraturformeln kann man Folgendes schließen.

> **Bemerkung 11.46.** Die Adams-Bashforth-Verfahren haben die Ordnung $p = k$, die Adams-Moulton-Verfahren die Ordnung $p = k + 1$.

Die Adams-Moulton-Formeln sind *implizit*. In Abschnitt 11.9 wird erklärt, daß der Gebrauch solcher impliziter Verfahren für manche wichtigen Problemklassen unumgänglich ist.

11.8.4 Prädiktor-Korrektor-Verfahren

Seien $y^0, y^1, \ldots, y^j$ die schon berechneten Näherungen für $t = t_0, t_1, \ldots t_j$. Bei der Verwendung impliziter Verfahren muß y^{j+1} i. a. iterativ bestimmt werden. Einen Startwert kann man mit Hilfe eines *expliziten* Verfahrens – des Prädiktors - ermitteln. Dieser Wert wird dann mit einer Fixpunktiteration für das implizite Verfahren korrigiert. Häufig kombiniert man Verfahren vom Adams-Bashforth- und Adams-Moulton-Typ. Die Methode zur Berechnung von y^{j+1} hat in diesem Fall folgende Struktur:

- *Prädiktor:* Bestimme Startwert $y^{j+1,0}$ mit Hilfe eines k_1-Schritt-Adams-Bashforth-Verfahrens:

$$y^{j+1,0} = y^j + h \sum_{m=0}^{k_1-1} b_{k_1,k_1-1-m} f(t_{j-m}, y^{j-m}).$$

- *Korrektor:* In einem k_2-Schritt-Adams-Moulton-Verfahren wird y^{j+1} iterativ über M Iterationen einer Fixpunktiteration angenähert:

  Für $i = 0, 1, 2, \ldots, M$:

$$y^{j+1,i+1} = y^j + h b_{k_2,k_2} f(t_{j+1}, y^{j+1,i}) + h \sum_{m=0}^{k_2-1} b_{k_2,k_2-1-m} f(t_{j-m}, y^{j-m})$$

$$y^{j+1} := y^{j+1,M+1}$$

Für dieses Prädiktor-Korrektor-Verfahren gilt folgendes Konsistenzresultat (aus [SW]): die Methode hat die Konsistenzordnung

$$\min\{\, k_1 + 1 + M, k_2 + 1 \,\}.$$

Deswegen wählt man in der Praxis häufig $k_2 = k_1$ und $M = 0$ (also nur *eine* Iteration der Fixpunktiteration im Korrektor).

Beispiel 11.47. Für den Fall $k_1 = k_2 = 3$, $M = 0$ ergibt sich das (explizite) Prädiktor-Korrektor-Verfahren (ABM3)

$$y^{j+1,0} = y^j + \frac{h}{12}\Big(23f(t_j, y^j) - 16f(t_{j-1}, y^{j-1}) + 5f(t_{j-2}, y^{j-2})\Big)$$

$$y^{j+1,1} = y^j + \frac{h}{24}\Big(9f(t_{j+1}, y^{j+1,0}) + 19f(t_j, y^j)$$

$$- 5f(t_{j-1}, y^{j-1}) + f(t_{j-2}, y^{j-2})\Big) \tag{11.102}$$

$$y^{j+1} := y^{j+1,1}.$$

$\triangle$

Beispiel 11.48. Wir betrachten das skalare Anfangswertproblem

$$y' = \lambda y - (\lambda + 1)e^{-t}, \quad t \in [0, 2], \quad y(0) = 1,$$

mit einer Konstante $\lambda < 0$. Die Lösung dieses Problems ist $y(t) = e^{-t}$ (unabhängig von λ). Auf dieses Problem wird das 4-Schritt-Adams-Bashforth-Verfahren (AB4) und das Prädiktor-Korrektor-Verfahren (ABM3) aus Beispiel 11.47 angewandt. Beide Methoden haben die Konsistenzordnung 4. Die Startwerte y^1, y^2, y^3 werden mit dem klassischen Runge-Kutta-Verfahren berechnet. Die sich bei diesem Verfahren einstellenden Fehler $|y_h(2) - y(2)| = |y^{2/h} - e^{-2}|$ sind in Tabelle 11.9 für einige Schrittweiten aufgelistet.

Tabelle 11.9. AB4 und ABM3 Verfahren

h	$\lambda = -2$, $|y^{2/h} - e^{-2}|$		$\lambda = -20$, $|y^{2/h} - e^{-2}|$	
	AB4	ABM3	AB4	ABM3
2^{-3}	1.17e−05	8.93e−06	1.40e+07	2.40e−01
2^{-4}	6.69e−07	5.04e−07	3.31e+09	6.10e−07
2^{-5}	4.03e−08	2.99e−08	8.85e+07	2.57e−08
2^{-6}	2.48e−09	1.82e−09	4.38e−07	1.36e−09
2^{-7}	1.53e−10	1.13e−10	9.36e−12	7.91e−11

In dieser Tabelle kann man sehen, daß für $\lambda = -2$ bei Halbierung von h der Fehler etwa mit einem Faktor 16 reduziert wird, was mit einer Konvergenzordnung 4 übereinstimmt. Im Fall $\lambda = -2$ sind die Fehler beim ABM3-Verfahren und beim AB4-Verfahren von der gleichen Größenordnung, während der Aufwand bei der ABM3-Methode etwa doppelt so hoch ist. Das AB4-Verfahren ist daher effizienter. Für $\lambda = -20$ stellen sich nun bei AB4 für die Schrittweiten $h = 2^{-3}, 2^{-4}, 2^{-5}$ und bei ABM3 für die Schrittweite $h = 2^{-3}$ enorme Fehler ein. Wir werden dies später als *Stabilitätsprobleme* besser verstehen. Man sieht ferner, daß im Falle $\lambda = -20$ die Stabilität des ABM3-Verfahrens besser ist als die des AB4-Verfahrens. Die Erklärung für die hier auftretende Instabilität wird in Abschnitt 11.9 gegeben. $\triangle$

Die Kombination einer k-Schritt-Adams-Bashforth-Methode (Ordnung k) mit einer k-Schritt-Adams-Moulton-Methode (Ordnung $k + 1$), wobei nur eine Iteration der Fixpunktiteration im Korrektor (d. h. $M = 0$) berechnet wird, hat folgende Eigenschaften:

- Die Konsistenzordnung ist $k + 1$.
- Es sind zwei Funktionsauswertungen pro Integrationsschritt erforderlich.
- Die Methode hat wesentlich bessere Stabilitätseigenschaften (vgl. Beispiel 11.48) als die $(k + 1)$-Schritt-Adams-Bashforth-Methode.

11.8.5 Konvergenz von linearen Mehrschrittverfahren*

Einschrittverfahren sind mit $k = 1$ natürlich formal in der Klasse der Mehrschrittverfahren enthalten. Für eine Schrittzahl $k > 1$ stellt sich jedoch ein wesentliches Unterscheidungsmerkmal ein.

Im Gegensatz zu ESV impliziert die Konsistenz bei k-Schrittverfahren für $k > 1$ noch *nicht* die Konvergenz.

Folgendes Beispiel zeigt dies.

Beispiel 11.49. Wir betrachten das Anfangswertproblem aus Beispiel 11.21

$$y'(t) = y(t) - 2 \sin t, \quad t \in [0, 4],$$
$$y(0) = 1,$$

mit Lösung $y(t) = \sin t + \cos t$. Zur numerischen Berechnung dieser Lösung verwenden wir das lineare 2-Schrittverfahren

$$y^{j+2} = -4y^{j+1} + 5y^j + h\big(4f(t_{j+1}, y^{j+1}) + 2f(t_j, y^j)\big). \qquad (11.103)$$

Diese Methode hat die Konsistenzordnung 3 (vgl. Übung 11.11.16). Ausgehend von $y^0 = 1$, $y^1 = \sin h + \cos h$ wird für einige h-Werte die Folge $y^2, \ldots, y^n$, $n := 4/h$, berechnet. Einige Ergebnisse sind in Tabelle 11.10 aufgelistet.

Tabelle 11.10. 2-Schrittverfahren (11.103)

h	$|y^{1/h} - y(1)|$	$|y^{2/h} - y(2)|$	$|y^{4/h} - y(4)|$
2^{-2}	0.0094	2.87	3.3e+5
2^{-3}	0.286	6.1e+4	2.7e+15
2^{-4}	6.4e+3	5.4e+14	3.7e+36

Die Resultate deuten an, daß keine Konvergenz auftritt, obwohl die Methode die Konsistenzordnung 3 hat. Man beobachtet sogar ein sehr starkes Wachsen des Fehlers, wenn die Schrittweite h kleiner wird. $\triangle$

In diesem Beispiel sieht man, daß kleine Störungen (Konsistenzfehler, Rundungsfehler) unkontrolliert wachsen können und somit einen sehr großen globalen Fehler bewirken können. Lineare Mehrschrittverfahren besitzen also nicht automatisch die Stabilitätseigenschaft von ESV im Sinne von (11.60). Die in der Methode (11.103) auftretende Instabilität kann man wie folgt erklären. Wir betrachten die Aufgabe

$$y'(t) = 0 \quad \text{für} \quad t \in [0, T], \quad y(0) = 1, \tag{11.104}$$

mit Lösung $y(t) = 1$. Die Methode (11.103) hierauf angewandt ergibt folgende homogene Differenzengleichung:

$$y^{j+2} + 4y^{j+1} - 5y^j = 0, \quad j = 0, 1, \dots. \tag{11.105}$$

Mit dem Ansatz $y^j = z^j$ (wobei j auf der rechten Seite eine Potenz bedeutet) erhält man

$$z^{j+2} + 4z^{j+1} - 5z^j = z^j(z^2 + 4z - 5) = 0, \quad j = 0, 1, \dots,$$
$$\Leftrightarrow z = 0 \quad \text{oder} \quad z = 1 \quad \text{oder} \quad z = -5.$$

Also ist $y^j = z_0^j$ für $z_0 \in \{1, -5\}$ eine Lösung von (11.105). Wegen der Linearität der Differenzengleichung ist dann auch für beliebiges $A, B \in \mathbb{R}$

$$y^j = A\,1^j + B(-5)^j = A + B(-5)^j$$

eine Lösung von (11.105). Seien jetzt Startwerte $y^0 = 1$, $y^1 = 1 + \delta$ gegeben. Hierdurch werden die Parameter A, B eindeutig festgelegt. Somit ergibt sich die Lösung

$$y^j = (1 + \frac{\delta}{6}) - \frac{\delta}{6}(-5)^j, \quad j = 0, 1, \dots.$$

Man sieht, daß eine kleine Störung $\delta \neq 0$ im Startwert y^1 exponentiell (wegen $\left|(-5)^j\right| = e^{j\ln 5}$) wächst.

Wir werden für allgemeine lineare Mehrschrittverfahren eine Bedingung herleiten, die dafür sorgt, daß dieses instabile Verhalten vermieden wird. Dazu betrachten wir wiederum die Testgleichung (11.104). Wegen $f(t, y) = 0$ gilt für die diskreten Näherungen $y^0, y^1, y^2, \dots$ aus (11.94)

$$a_0 y^j + a_1 y^{j+1} + \dots + a_k y^{j+k} = 0, \quad j = 0, 1, \dots.$$

Die diskrete Lösung $(y^j)_{j \geq 0}$ erfüllt somit die homogene Differenzengleichung

$$a_0 \xi_j + a_1 \xi_{j+1} \dots + a_k \xi_{j+k} = 0, \quad j = 0, 1, \dots. \tag{11.106}$$

Sei nun $z_0 \neq 0$ eine Nullstelle des *charakteristischen Polynoms*

$$\rho(z) = \sum_{\ell=0}^{k} a_\ell z^\ell,$$

so gilt

$$a_0 z_0^{j+0} + a_1 z_0^{j+1} + \cdots + a_k z_0^{j+k} = z_0^j \rho(z_0) = 0,$$

d. h., die Folge

$$\xi_j = z_0^j$$

löst (11.106). Gilt $|z_0| > 1$, so streben die Beträge der Folgeglieder gegen unendlich. Dies erzeugt instabile Anteile der Näherungslösung. Falls z_0 eine mehrfache Nullstelle ist, also auch $\rho'(z_0) = 0$ gilt, ist die Folge $\xi_j = j z_0^{j-1}$ ebenfalls Lösung der Differenzengleichung (11.106). Selbst wenn $|z_0| = 1$ ist, wachsen die Beträge dieser Folge gegen ∞. Man kann ferner zeigen, daß sich alle Lösungen von (11.106) als Linearkombination solcher durch Nullstellen von $\rho(z)$ erzeugten Folgen darstellen lassen. Dies motiviert folgende Bedingung, die somit derartig instabile Lösungen ausschließt.

Definition 11.50. *Das Verfahren* (11.94) *heißt* nullstabil, *falls die* Wurzelbedingung *gilt:*
Ist $\rho(z) = 0$ *für ein* $z_0 \in \mathbb{C}$, *dann gilt*

$$|z_0| \le 1 \,,$$

und darüberhinaus, falls z_0 *eine mehrfache Nullstelle ist,*

$$|z_0| < 1.$$

Bei einem linearen ESV hat man stets $\rho(z) = z - 1$, d. h., $z_0 = 1$ ist die einzige Nullstelle von $\rho(z)$. Die Wurzelbedingung ist somit erfüllt und lineare ESV sind immer nullstabil im Sinne von Definition 11.50.

Bei Adams-Bashforth- und Adams-Moulton-Verfahren hat man $\rho(z) = z^k - z^{k-1} = z^{k-1}(z - 1)$, also eine einfache Nullstelle $z_0 = 1$ und eine $(k-1)$-fache Nullstelle $z_0 = 0$. Also ist auch für diese Methoden die Wurzelbedingung immer erfüllt, *die Adams-Verfahren sind also nullstabil.*

Aus Satz 11.25 folgt, daß konsistente lineare 1-Schrittverfahren stets konvergent sind. Folgender Satz ist eine Verallgemeinerung dieses Resultats.

Satz 11.51. *Ein konsistentes Mehrschrittverfahren ist genau dann* konvergent, *wenn es* nullstabil *ist. Im Falle der Konvergenz gilt*

$$Konvergenzordnung = Konsistenzordnung.$$

Bemerkung 11.52. Bei einem k-Schritt-Verfahren werden die k Anlaufwerte $y^0, \ldots, y^{k-1}$ üblicherweise mit einem ESV bestimmt. Dies muß genügend hohe Ordnung haben, um die Genauigkeit der Folgerechnung zu gewährleisten. $\triangle$

Bemerkung 11.53. Lineare Mehrschrittverfahren, für die die Wurzelbedingung erfüllt ist, haben die gleiche Methodenstabilität, die bei ESV automatisch gegeben ist, vgl. (11.60): Fehler in den Startwerten ($\|y(t_i) - y^i\|$, $i = 0, \ldots, k$) und Störungen bei der Durchführung der Methode werden kontrolliert.   △

Bei linearen Mehrschrittverfahren ist die (hohe) Konsistenzordnung $p = 2k$ im Prinzip realisierbar, siehe Bemerkung 11.41. Folgendes Resultat von Dahlquist erklärt, weshalb jedoch (aus Stabilitätsgründen) lineare k-Schrittverfahren mit Konsistenzordnung $p \geq k + 3$ nie verwendet werden.

Satz 11.54. *Für jedes* lineare *nullstabile k-Schrittverfahren mit Konsistenzordnung p gilt:*

$$p \leq k + 2 \quad \textit{für } k \textit{ gerade,}$$
$$p \leq k + 1 \quad \textit{für } k \textit{ ungerade.}$$

Diese Schranken sind scharf.

Die Adams-Moulton-k-Schrittverfahren sind nullstabil und haben die Konsistenzordnung $p = k+1$. Diese Verfahren haben somit in der Klasse der nullstabilen linearen Mehrschrittverfahren (fast) die maximale Konsistenzordnung.

Die Verfahren vom Adams-Typ erfüllen die Voraussetzungen von Satz 11.51. Dies scheint im Widerspruch zu den Werten in der vorletzten Spalte in Tabelle 11.9 zu stehen. Hier ist zu beachten, daß Satz 11.51 ebenso wie Satz 11.25 *asymptotische* Aussagen machen, nach denen der Fehler letztendlich beliebig klein wird, sofern die Schrittweite hinreichend klein ist. Diesen Effekt sieht man auch in Tabelle 11.9. Dieses „hinreichend klein" kann dabei sowohl im Hinblick auf Rechenaufwand als auch Rundungseffekte im praktisch irrelevanten Bereich liegen. Ferner zeigen die beiden Verfahrenstypen AB4 und ABM3 quantitativ unterschiedliches Verhalten bei $\lambda = -20$, das sich weder aus der Konsistenz noch über die Wurzelbedingung erklären läßt. Insofern sind Sätze vom Typ 11.25 und 11.51 zwar grundsätzlich sehr wichtig, aber für praktische Belange alleine nicht ausreichend. Dies trifft insbesondere für eine wichtige Problemklasse zu, die im folgenden Abschnitt untersucht wird.

11.9 Steife Systeme

11.9.1 Einleitung

Steifen Systemen von Differentialgleichungen begegnet man bei Prozessen mit stark unterschiedlichen Abklingzeiten. Beispiele sind Diffusions- und Wärmeleitungsvorgänge oder auch chemische Reaktionen. Um dies etwas präziser zu fassen, betrachten wir zunächst das lineare System

$$z' = Az + b, \quad z(0) = z^0, \tag{11.107}$$

wobei $A \in \mathbb{R}^{n \times n}$ nicht von t abhängt. Ist insbesondere A diagonalisierbar, d. h., existiert eine Matrix T mit $T^{-1}AT = \Lambda = \mathrm{diag}(\lambda_1, \ldots, \lambda_n)$, so erhält man aus

$$T^{-1}z' = T^{-1}ATT^{-1}z + T^{-1}b$$

mit

$$y = T^{-1}z$$

das System

$$y' = \Lambda y + T^{-1}b \tag{11.108}$$

von entkoppelten skalaren Gleichungen der Form

$$y' = \lambda y + c. \tag{11.109}$$

Da das asymptotische Verhalten der Lösung (d. h., $t \to \infty$) von (11.108) durch das homogene Problem bestimmt wird, betrachtet man häufig Modellprobleme des Typs

$$y' = \Lambda y, \quad y(0) = y^0, \quad (n \times n\text{-System}) \tag{11.110}$$

oder noch spezieller

$$y' = \lambda y, \quad y(0) = y^0, \quad (\text{skalarer Fall}). \tag{11.111}$$

Das ursprüngliche Problem (11.107) bezeichnet man als *steif*, falls alle Komponenten der Lösung für wachsendes t abklingen, dies jedoch mit sehr unterschiedlicher Geschwindigkeit. Bei dem einfachen linearen Modell (11.110) bedeutet dies für die Eigenwerte $\lambda_i \in \mathbb{C}$, $i = 1, \ldots, n$, daß

$$\mathrm{Re}(\lambda_i) < 0, \quad \max_{i,j} \frac{|\lambda_i|}{|\lambda_j|} \gg 1. \tag{11.112}$$

Beispiel 11.55. Das Wärmeleitungsproblem in Beispiel 11.5 ergibt ein System von $n_x - 1$ gekoppelten gewöhnlichen Differentialgleichungen, das sich als

$$y' = Ay \tag{11.113}$$

schreiben läßt. Hierbei ist A die symmetrische Tridiagonalmatrix aus 11.9. Weil A symmetrisch ist, existiert eine Matrix T mit

$$T^{-1}AT = \mathrm{diag}(\lambda_1, \ldots, \lambda_{n_x-1}).$$

Nun lassen sich die Eigenwerte λ_j von A explizit angeben:

$$\lambda_j = -\frac{4\kappa}{h_x^2}\sin^2\left(\frac{j\pi}{2n_x}\right), \quad j = 1, 2, \ldots, n_x - 1.$$

Daraus folgt

$$\max_{i,j}\frac{|\lambda_i|}{|\lambda_j|} = \frac{|\lambda_{n_x-1}|}{|\lambda_1|} = \frac{\sin^2(\frac{1}{2}\pi - \frac{\pi}{2n_x})}{\sin^2(\frac{\pi}{2n_x})} \approx \frac{1}{(\frac{\pi}{2n_x})^2} = \frac{4}{\pi^2}n_x^2,$$

also ist das System (11.113) für $\frac{h_x}{\ell} = \frac{1}{n_x} \ll 1$ steif. $\triangle$

Beispiel 11.56. Chemische Reaktionsprozesse, bei denen die Reaktionsgeschwindigkeitskonstanten stark unterschiedliche Größenordnungen haben, führen auf ein steifes System gewöhnlicher Differentialgleichungen. In Beispiel 11.4 ist dies der Fall. Die Jacobi-Matrix der Funktion $f : \mathbb{R}^6 \to \mathbb{R}^6$ des Modells $y'(t) = f(y)$ in (11.4) hat für $t = 0$ die Eigenwerte

$$\sigma\big(f'(y(0))\big) = \{\, 0, -2.1 \cdot 10^4, -7.5 \cdot 10^{-10} \pm i\, 9.1 \cdot 10^{-4} \,\},$$

wobei der Eigenwert 0 dreifach ist. Man stellt fest, daß für die Eigenwerte ungleich Null (11.112) gilt und die zwei komplexen Eigenwerte sehr nahe bei der imaginären Achse sind. $\triangle$

Wie man im folgenden einfachen Bespiel sehen kann, sind zur Diskretisierung steifer Probleme *explizite* Methoden in der Regel ungeeignet.

Beispiel 11.57.

$$y_1' = -100y_1, \quad y_1(0) = 1$$
$$y_2' = -2y_2 + y_1, \quad y_2(0) = 1$$

Offensichtlich fällt

$$y_1(t) = e^{-100t}$$

sehr schnell ab, während die Lösung

$$y_2(t) = -\frac{1}{98}e^{-100t} + \frac{99}{98}e^{-2t} \quad \text{von} \quad y_2' = -2y_2 + e^{-100t}$$

sehr viel langsamer abklingt. Bis $t = 0.01$ klingt der Einschwingterm y_1 um den Faktor $\frac{1}{e}$ ab, bei $t = 0.1$ ist er um rund 4 Zehnerpotenzen reduziert. Für größere t spielt die Komponente $y_1(t)$ praktisch keine Rolle mehr. Dennoch beeinflußt dieser Term die Rechnung erheblich! Wendet man nämlich das einfache Euler-Verfahren auf das Problem

$$y_1' = -100y_1, \quad y_1(0) = 1, \tag{11.114}$$

an, erhält man die Rekursion

$$y_1^{j+1} = y_1^j - 100hy_1^j = (1 - 100h)y_1^j.$$

Für $h = \frac{1}{200}$ folgt

$$y_1^{j+1} = \frac{1}{2}y_1^j = 2^{-j-1}.$$

Für $j = 20$, also bei $t_{20} = \frac{1}{10}$, ergibt sich der Wert

$$\left| y_1^{20} \right| = 2^{-20} < 10^{-6}.$$

Rechnet man dann mit $h = \frac{1}{2}$ weiter, um y_2 angemessen zu integrieren, erhält man aber $1 - 100h = -49$, also

$$y_1^{j+1} = -49y_1^j,$$

was zu einem explosionsartigen Anwachsen im Verlauf der weiteren Rechnung führt.   △

Das Phänomen aus Beispiel 11.57 läßt sich folgendermaßen erklären. Die Anwendung eines *expliziten Einschrittverfahrens* auf das Problem

$$y' = \lambda y \quad \text{mit } \lambda < 0 \tag{11.115}$$

führt auf eine Rekursion

$$y^{j+1} = g(h\lambda)\, y^j, \quad j = 0, 1, \ldots, \tag{11.116}$$

wobei die *Stabilitätsfunktion g* vom Verfahren abhängt. In Beispiel 11.29 hatten wir bereits folgende Fälle identifiziert:

$$g(z) = 1 + z \qquad\qquad\qquad \text{Euler-Verfahren,}$$

$$g(z) = 1 + z + \frac{z^2}{2} \qquad\qquad \text{verb. Euler-Verfahren,}$$

$$g(z) = 1 + z + \frac{z^2}{2} + \frac{z^3}{6} + \frac{z^4}{24} \qquad \text{klassisches RK-Verfahren,}$$

d. h., $g(z)$ ist in diesen Beispielen gerade eine abgebrochene Potenzreihe von e^z, also ein *Polynom*. In Bemerkung 11.32 wird gezeigt, daß die Stabilitätsfunktion eines m-stufigen expliziten RK-Verfahrens ein *Polynom* m-ten Grades in $h\lambda$ ist.

Die Problematik in Beispiel 11.57 liegt nun in folgendem Umstand. Es gilt $e^x \to 0$ für $x \to -\infty$, jedoch $p(x) \to \pm\infty$, $x \to -\infty$, für jedes Polynom p (abgesehen vom Nullpolynom). Daher läßt sich die Funktion e^x, $x < 0$ nur für kleine Argumente $|x|$ durch ein Polynom approximieren. Um (11.115) mit einem expliziten Einschrittverfahren angemessen zu behandeln, muß $|\lambda h|$ also klein sein. Für großes $|\lambda|$ müßte demnach eine extrem kleine Schrittweite h gewählt werden. Daraus folgt:

> *Explizite ESV sind zur Behandlung steifer Probleme ungeeignet.*
> *Diese Aussage gilt ebenso für explizite Mehrschrittverfahren.*

Offensichtlich ist es bei steifen Problemen nicht so wichtig, alle Komponenten, insbesondere die sehr schnell abklingenden, mit hoher Genauigkeit zu approximieren, sondern grundsätzlich das Abklingverhalten überhaupt wiederzugeben. Entscheidend ist also, um möglichst unterschiedlich abklingende Komponenten mit akzeptablen Schrittweiten so behandeln zu können, daß für große Bereiche von $h\lambda$ *Dämpfung* eintritt. Daß hierzu *implizite* Verfahren besser geeignet sind, deutet bereits Bemerkung 11.37 an, die besagt, daß die Stabilitätsfunktion bei einem impliziten RK-Verfahren stets eine *rationale Funktion*, also ein Quotient von Polynomen, ist. Rationale Funktionen können das gewünschte Abklingverhalten auch für betragsgroße Argumente besser wiedergeben. Dieses bessere Stabilitätsverhalten impliziter Methoden sieht man schon beim einfachsten impliziten Einschrittverfahren, nämlich dem impliziten Euler-Verfahren.

Beispiel 11.58. 1. Das *implizite Euler-Verfahren*

$$y^{j+1} = y^j + hf(t_{j+1}, y^{j+1}),$$

angewandt auf (11.115), ergibt

$$y^{j+1} = y^j + h\lambda y^{j+1},$$

d. h.

$$y^{j+1} = \frac{1}{1 - h\lambda} y^j, \quad g(x) = \frac{1}{1 - x}.$$

Wegen $\lambda < 0$ folgt daraus, daß für alle $h > 0$ $\left|y^{j+1}\right| < \left|y^j\right|$ gilt. Es liegt also Dämpfung für alle $h\lambda \in (-\infty, 0)$ vor.

2. Die *Trapez-Methode*

$$y^{j+1} = y^j + \frac{h}{2}\left(f(t_j, y^j) + f(t_{j+1}, y^{j+1})\right),$$

angewandt auf (11.115), ergibt

$$y^{j+1} = y^j + \frac{h\lambda}{2}(y^j + y^{j+1}),$$

d. h.

$$y^{j+1} = \frac{1 + \frac{h\lambda}{2}}{1 - \frac{h\lambda}{2}} y^j, \quad g(x) = \frac{1 + \frac{1}{2}x}{1 - \frac{1}{2}x}.$$

Also gilt auch bei der Trapez-Regel $\left|y^{j+1}\right| < \left|y^j\right|$ für alle $h\lambda \in (-\infty, 0)$.

Allerdings sieht man, daß die Dämpfung beim impliziten Euler-Verfahren für betragsgroße Werte für $h\lambda$ sehr viel stärker als bei der Trapez-Regel ist. Bei letzterem Verfahren nähert man sich der Stabilitätsgrenze $\lim_{x \to -\infty} g(x) = 1$.

$\triangle$

11.9.2 Stabilitätsintervalle

Um Dämpfungseigenschaften von Verfahren für steife Probleme genauer beschreiben zu können, werden sogenannte Stabilitätsintervalle (sowie allgemeiner auch Stabilitätsgebiete in der komplexen Ebene) definiert. Wir behandeln zuerst diese Intervalle für Einschrittverfahren.

Allgemein ergibt sich bei Einschrittverfahren, angewandt auf (11.115), eine Rekursion

$$y^{j+1} = g(h\lambda)y^j, \tag{11.117}$$

wobei $g(x)$ die Stabilitätsfunktion des Verfahrens ist. Nach obigen Überlegungen soll

$$|g(x)| < 1$$

für möglichst große Bereiche von negativem x gelten. Dies führt zu folgender

---

Definition 11.59. *Sei gegeben ein ESV und sei g die zugehörige Funktion g wie in* (11.117). *Das größte Intervall* $I = (-a, 0)$, *für das*

$$x \in I \implies |g(x)| < 1 \tag{11.118}$$

gilt, heißt das Stabilitätsintervall *des Verfahrens.*

Die Größe dieses Intervalls ist ein Maß für die Stabilität des Verfahrens bei Anwendung auf steife Systeme. Um das Modellproblem (11.115) für sehr unterschiedliche negative λ-Werte mit akzeptablen Schrittweiten h stabil lösen zu können, *soll das Stabilitätsintervall groß sein.* Einige Stabilitätsintervalle sind in Tabelle 11.11 gegeben.

Bei linearen Mehrschrittverfahren angewandt auf das Testproblem (11.115) kann man ebenfalls die Frage stellen, für welches Intervall von $h\lambda$-Werten Dämpfung auftritt. Die Charakterisierung dieses Stabilitätsintervalls ist jetzt aber komplizierter als bei ESV, weil die einfache Beziehung (11.117) nicht mehr gültig ist. Wir behandeln die Grundidee des Stabilitätsintervalls bei linearen Mehrschrittverfahren anhand des Beispiels des Adams-Bashforth-Verfahrens mit $k = 2$, d. h.

$$y^{j+2} = y^{j+1} + h\left(\frac{3}{2}f(t_{j+1}, y^{j+1}) - \frac{1}{2}f(t_j, y_j)\right), \quad j = 0, 1, 2, \ldots$$
$$y^0, y^1 : \text{ bekannte Startwerte.} \tag{11.119}$$

Wie bei der Stabilitätsanalyse für Einschrittverfahren wird die Methode in (11.119) auf das Modellproblem (11.115) angewandt:

$$y^{j+2} = y^{j+1} + h\left(\frac{3}{2}\lambda y^{j+1} - \frac{1}{2}\lambda y^j\right), \quad j = 0, 1, 2, \ldots. \tag{11.120}$$

Die allgemeine Lösung dieser Differenzengleichung bestimmt man mit dem Potenzansatz $y^j = z^j$ (wobei das j auf der linken Seite einen Index bezeichnet und auf der rechten Seite eine Potenz). Nach Substitution in (11.120) und Division durch z^j erhält man für z folgende quadratische Gleichung

$$z^2 - (1 + \frac{3}{2}h\lambda)z + \frac{1}{2}h\lambda = 0. \tag{11.121}$$

Die Gleichung (11.121) bezeichnet man als die *charakteristische Gleichung* der entsprechenden Differenzengleichung (11.120). Die zwei Nullstellen der quadratischen Gleichung (11.121) werden mit z_1, z_2 bezeichnet. Man kann zeigen, daß, falls $z_1 \neq z_2$,

$$y^j = A(z_1)^j + B(z_2)^j \tag{11.122}$$

die allgemeine Lösung der Gleichung (11.120) ist, wobei die Konstanten A, B sich aus den zwei Startwerten ergeben. Um das Abklingverhalten der exakten Lösung $y(t) = ce^{\lambda t}$ $(\lambda < 0)$ des Problems (11.115) überhaupt wiedergeben zu können, muß die Lösung y^j, $j = 0, 1, 2, \ldots$ der Differenzengleichung (11.120) für zunehmendes j zumindest abklingen. Aufgrund der Darstellung (11.122) tritt dieses Abklingen genau dann auf, wenn

$$|z_i| < 1 \quad \text{für } i = 1, 2$$

gilt. Es sei noch bemerkt, daß die Nullstellen z_1, z_2 der Gleichung (11.121) von dem Wert $h\lambda$ abhängen. Wie bei der Analyse der Einschrittverfahren wird das $h\lambda$ in (11.121) durch die Variable $x < 0$ ersetzt.

Seien nun $z_1(x)$, $z_2(x)$ die Nullstellen der Gleichung (11.121):

$$z^2 - \left(1 + \frac{3}{2}x\right)z + \frac{1}{2}x = 0. \tag{11.123}$$

Das größte Intervall $I = (-a, 0)$, für das

$$x \in I \quad \Longrightarrow \quad |z_i(x)| < 1, \quad i = 1, 2 \tag{11.124}$$

gilt, heißt das *Stabilitätsintervall* des Verfahrens.

Nun zeigen wir, wie man in diesem einfachen Beispiel das Stabilitätsintervall I berechnen kann. Da man die Gleichung (11.123) in die Gleichung

$$x = \frac{2}{3}\left(z - \frac{2z}{3z - 1}\right)$$

umschreiben kann, sind die reellen Lösungen (z, x) der Gleichung (11.123) gerade die Punkte auf der Kurve $(z, k(z))$, wobei k die Funktion $k(z) = \frac{2}{3}\left(z - \frac{2z}{3z-1}\right)$ ist. Diese Funktion ist in Abb. 11.9 dargestellt.

Es zeigt sich, daß für $x \leq -1$, $|z_i(x)| \geq 1$ für $i = 1$ oder $i = 2$, während für $x \in (-1, 0)$, $|z_i(x)| < 1$ für $i = 1, 2$, gilt. Das Stabilitätsintervall der Adams-Bashforth-Methode (11.119) ist damit $I = (-1, 0)$.

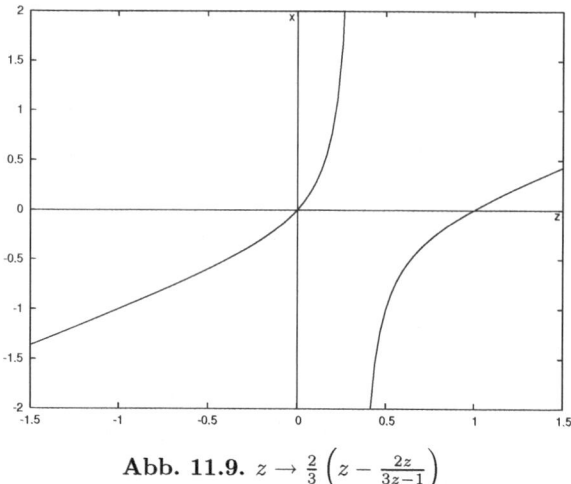

Abb. 11.9. $z \to \frac{2}{3}\left(z - \frac{2z}{3z-1}\right)$

Tabelle 11.11. Stabilitätsintervalle

Verfahren	Stabilitätsintervall
Euler-Verfahren	$(-2, 0)$
Verb. Euler-Verfahren	$(-2, 0)$
klassisches RK-Verfahren	$(-2.78, 0)$
2-Schritt-Adams-Bashforth	$(-1, 0)$
4-Schritt-Adams-Bashforth	$(-0.3, 0)$
3-Schritt-Adams-Moulton	$(-3.0, 0)$
Implizites Euler-Verfahren	$(-\infty, 0)$
Trapez-Regel	$(-\infty, 0)$
RK-Gauß-Verfahren	$(-\infty, 0)$

Auf analoge Weise können für andere Mehrschrittverfahren die entsprechenden Stabilitätsintervalle bestimmt werden. Einige Resultate findet man in Tabelle 11.11.

Die Ergebnisse in Tabelle 11.11 zeigen, daß manche (aber nicht alle!) implizite Verfahren das maximale Stabilitätsintervall $(-\infty, 0)$ haben. Für die expliziten Verfahren gilt stets eine Stabilitätsbedingung $|h\lambda| < c$, wobei $-c$ die linke Grenze des Stabilitätsintervalls ist. Die (explizite) ABM3-Prädiktor-Korrektor-Methode vierter Ordnung hat ein Stabilitätsintervall, das größer ist als das der 3-Schritt-Adams-Bashforth-Prädiktor-Methode aber kleiner als das der 3-Schritt-Adams-Moulton-Prädiktor-Methode. Mit diesen Resultaten läßt sich das Instabilitätsphänomen in Beispiel 11.48 (für $\lambda = -20$) erklären.

> Zur Lösung eines steifen Systems könnte man während des Einschwingvorgangs ein Verfahren hoher Genauigkeit mit kleinen Schrittweiten verwenden und anschließend auf ein implizites Verfahren mit größerer Schrittweite wechseln.

11.9.3 Stabilitätsgebiete: *A*-Stabilität*

Eine Linearisierung eines Systems gewöhnlicher Differentialgleichungen wird im allgemeinen nicht nur reelle Eigenwerte haben. Bei schwingungsfähigen Systemen wird man Lösungskomponenten der Form $e^{\lambda t}$ antreffen, wobei λ komplex ist. Deshalb müssen bei der Stabilitätsanalyse von Ein- oder Mehrschrittverfahren im allgemeinen nicht nur Stabilitätsintervalle, sondern sogar *Stabilitätsgebiete* in der komplexen Ebene bestimmt werden. Man läßt im Modellproblem (11.115) $\lambda \in \mathbb{C}$ zu (also auch komplexe Werte für λ). Die Variable $h\lambda$ in der Funktion g in (11.117) kann dann komplexe Werte annehmen. Statt des Intervalls I, das bei einem Einschrittverfahren über die Bedingung (11.118) charakterisiert ist, wird dann das *Stabilitätsgebiet*

$$B := \{z \in \mathbb{C} \mid |g(z)| < 1\} \tag{11.125}$$

als ein Maß für die Stabilität der Methode genommen. Zum Beispiel gilt für das Euler-Verfahren, wobei $g(z) = 1 + z$, $B = \{z \in \mathbb{C} \mid |z - (-1)| < 1\}$, und für das implizite Euler-Verfahren, wobei $g(z) = \frac{1}{1-z}$ (vgl. Beispiel 11.58), erhält man $B = \{z \in \mathbb{C} \mid |z - 1| > 1\}$ (vgl. Abb. 11.10).

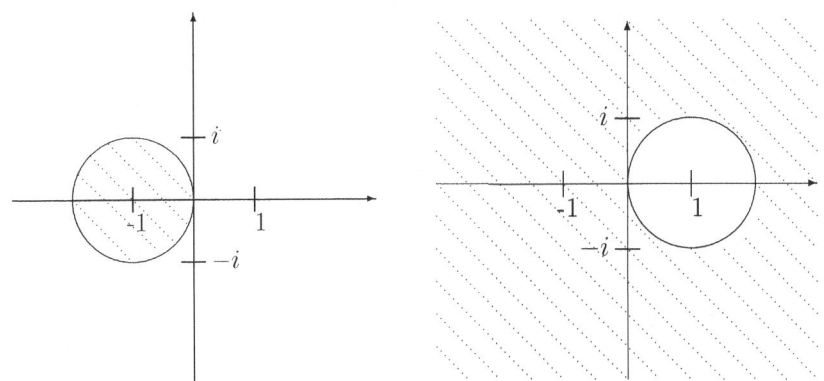

Abb. 11.10. Stabilitätsgebiete: explizites (links) und implizites (rechts) Euler-Verfahren

Für das oben untersuchte Adams-Bashforth-Mehrschrittverfahren läßt sich das Stabilitätsintervall, wie in (11.124), auf das Stabilitätsgebiet

$$B = \{x \in \mathbb{C} \mid |z_i(x)| < 1 \text{ für } i = 1, 2\} \tag{11.126}$$

verallgemeinern. Für die graphische Darstellung mehrerer Stabilitätsgebiete wird auf [HH] verwiesen.

Quantitative Stabilitätsbegriffe: Vor diesem Hintergrund wäre es natürlich wünschenswert, wenn das numerische Verfahren das gleiche Stabilitätsgebiet wie das kontinuierliche Problem $y' = \lambda y$, $\lambda \in \mathbb{C}$ hätte, nämlich die gesamte linke komplexe Halbebene:

$$\{ z \in \mathbb{C} \mid \mathrm{Re}(z) < 0 \} \subset B,$$

wobei B das Stabilitätsgebiet wie in (11.125) (Einschrittverfahren) oder (11.126) (Mehrschrittverfahren) ist. Verfahren mit dieser Eigenschaft nennt man *A-stabil*. Einige Bemerkungen zu diesem Stabilitätsbegriff:

- Explizite Ein- oder Mehrschrittverfahren sind niemals A-stabil.
- Das implizite Euler-Verfahren und die Trapez-Methode sind A-stabile Verfahren.
- Die RK-Gauß-Verfahren sind A-stabil.
- Für lineare Mehrschrittverfahren ist die Forderung der A-Stabilität wegen des folgenden berühmten Ergebnisses von Dahlquist sehr einschränkend:

> Ein A-stabiles lineares Mehrschrittverfahren hat höchstens die Konsistenzordnung $p = 2$.

Bei vielen Problemen wird nicht benötigt, daß das Stabilitätsgebiet die gesamte linke komplexe Halbebene umfaßt. Man nennt ein Verfahren $A(\alpha)$-*stabil*, $(\alpha \in (0, \frac{\pi}{2}])$ wenn das Stabilitätsgebiet einen um die x-Achse symmetrischen Sektor der linken komplexen Halbebene mit Innenwinkel 2α am Ursprung umfaßt:

$$\{ z \in \mathbb{C} \mid |\arg(z) - \pi| < \alpha \} \subset B \ .$$

A-Stabilität stimmt also mit $A(\frac{\pi}{2})$-Stabilität überein. Selbst für Winkel α, die beliebig nahe an $\pi/2$ sind, kann man $A(\alpha)$-stabile lineare Mehrschrittverfahren beliebig hoher Ordnung finden.

Dennoch ist das Kriterium der $A(\alpha)$-Stabilität alleine nicht maßgebend. Das A-stabile implizite Euler-Verfahren hat uneingeschränkte Dämpfung für $|h\lambda| \to \infty$, während die Stabilitätsfunktion der A-stabilen Trapez-Methode betragsmäßig gegen eins strebt, also die Dämpfung letztlich verliert, was sich in Verbindung mit Rundungseffekten durchaus stark auswirken kann. Entsprechende weitere Unterscheidungsmerkmale bieten Begriffe wie L-Stabilität, die $g(-\infty) = 0$ verlangt.

11.9.4 Rückwärtsdifferenzenmethoden

Die Klasse von Rückwärtsdifferenzenmethoden, die kurz BDF-Methoden (backward differentiation formula) genannt werden, ist für steife Systeme recht bedeutungsvoll. Diese Mehrschrittmethoden haben die Form (vgl. (11.94)):

Algorithmus 11.60 (k-Schritt-BDF-Methode).
Gegeben: Schrittweite $h = \frac{T-t_0}{n}$ mit $n \in \mathbb{N}$,
Koeffizienten a_ℓ $(0 \leq \ell \leq k)$, Startwerte $y^0, \ldots, y^{k-1}$.
Berechne für $j = 0, 1, \ldots, n-k$:

$$\sum_{\ell=0}^{k} a_\ell y^{j+\ell} = h f(t_{j+k}, y^{j+k}) \ .$$

Diese Methode ist also implizit. Einige konkrete Fälle sind in Tabelle 11.12 zusammengestellt.

Tabelle 11.12. Rückwärtsdifferenzenmethoden

Methode	Ordnung	$A(\alpha)$-Stabilität
implizites Euler-Verf.: $y^{j+1} - y^j = h f(t_{j+1}, y^{j+1})$	1	$\alpha = \frac{\pi}{2}$
BDF2: $\frac{3}{2} y^{j+2} - 2 y^{j+1} + \frac{1}{2} y^j = h f(t_{j+2}, y^{j+2})$	2	$\alpha = \frac{\pi}{2}$
BDF3: $\frac{11}{6} y^{j+3} - 3 y^{j+2} + \frac{3}{2} y^{j+1} - \frac{1}{3} y^j =$ $h f(t_{j+3}, y^{j+3})$	3	$\alpha = 0.96 \cdot \frac{\pi}{2}$
BDF4: $\frac{25}{12} y^{j+4} - 4 y^{j+3} + 3 y^{j+2} - \frac{4}{3} y^{j+1} + \frac{1}{4} y^j =$ $h f(t_{j+4}, y^{j+4})$	4	$\alpha = 0.82 \cdot \frac{\pi}{2}$

Der Name dieser Methoden erklärt sich daraus, daß die linke Seite der BDF-Formeln in Tabelle 11.12 das h-fache einer numerischen Differentiationsformel für die erste Ableitung von $y(x)$ an der Stelle t_{j+k} ist. Wie bei den Adams-Methoden werden die BDF-Formeln aus Interpolationsformeln konstruiert. Sei $p_k \in \Pi_k$ das Lagrange-Interpolationspolynom das die Werte

$$(t_j, y^j), \ (t_{j+1}, y^{j+1}), \ \ldots, (t_{j+k}, y^{j+k}),$$

interpoliert, also

$$p_k(t) = \sum_{m=0}^{k} y^{j+m} \ell_{mk}(t),$$

wobei $(\ell_{mk})_{0 \leq m \leq k}$ die Lagrange-Fundamentalpolynome zu den Stützstellen $t_j, \ldots, t_{j+k}$, sind. Die k-Schritt-BDF-Methode wird über den Ansatz

$$p_k'(t_{j+k}) = f(t_{j+k}, y^{j+k})$$

konstruiert.

Beispiel 11.61. Das Interpolationspolynom für $k = 2$ ist

$$p_2(t) = y^j \frac{(t - t_{j+1})(t - t_{j+2})}{2h^2} + y^{j+1} \frac{(t - t_j)(t - t_{j+2})}{-h^2} + y^{j+2} \frac{(t - t_j)(t - t_{j+1})}{2h^2}$$

Wegen $p'_k(t_{j+2}) = \left(\frac{1}{2}y^j - 2y^{j+1} + \frac{3}{2}y^{j+2}\right)/h$ ergibt sich die BDF2 Methode

$$\frac{3}{2}y^{j+2} - 2y^{j+1} + \frac{1}{2}y^j = hf(t_{j+2}, y^{j+2}), \quad j = 0, 1, \ldots, n-2. \qquad \triangle$$

Diese Methoden sind für steife Systeme gut geeignet. Für $k = 1, 2$ sind sie A-stabil und für $k = 3, 4, 5, 6$ enthalten sie immer noch das maximale Stabilitätsintervall $(-\infty, 0)$, verlieren allerdings zunehmend an Stabilität in der Nähe der imaginären Achse. BDF-k-Schrittverfahren mit $k \geq 7$ werden nie verwendet, weil diese nicht nullstabil und deshalb nicht konvergent sind.

Beispiel 11.62. Wir betrachten das diskrete Wärmeleitungsproblem (11.8) aus Beispiel 11.5 mit $\kappa = 1$, $\ell = 1$, Anfangswert $\Phi(x) = \sin(\pi x)$ und Schrittweite $h_x = \frac{1}{60}$. Für die extremen Eigenwerte der Matrix A in (11.9) gilt (vgl. Beispiel 11.55)

$$\lambda_1(A) = -9.87, \qquad \lambda_{n_x-1}(A) = -14390.$$

Das System ist offensichtlich sehr steif. Weil keine komplexen Eigenwerte auftreten, sind $A(\alpha)$-stabile Verfahren mit $\alpha < \frac{\pi}{2}$ verwendbar. Da bei der Diskretisierung der zweiten Ableitung nach der Raumvariablen in Beispiel 11.5 ein Fehler von der Ordnung h_x^2 auftritt, nehmen wir das BDF2-Verfahren (mit der Konsistenzordnung 2) und wählen die Zeitschrittweite h gleich der Ortsschrittweite h_x: $h = h_x = \frac{1}{60}$. Für das BDF2-Verfahren

$$\frac{3}{2}y^{j+2} - 2y^{j+1} + \frac{1}{2}y^j = hAy^{j+2}, \qquad j = 0, 1, 2, \ldots$$

benötigt man Anfangsdaten y^0, y^1. Den Anfangswert y^0 erhält man aus Φ. Wir verwenden die Trapez-Methode zur Berechnung von y^1. In jedem Schritt des BDF2-Verfahrens muß das Tridiagonal-System

$$\left(\frac{3}{2}I - hA\right)y^{j+2} = 2y^{j+1} - \frac{1}{2}y^j$$

gelöst werden. Die berechneten Resultate $y^j \approx T(jh, x) = T(\frac{j}{60}, x)$, $j = 1, 2, \ldots, 24$, sind in Abb. 11.11 dargestellt.

Das verbesserte Euler-Verfahren hat, wie das BDF2-Verfahren, Konsistenzordnung 2. Wählt man bei diesem Verfahren die Zeitschrittweite h gleich der Ortsschrittweite $h_x = \frac{1}{60}$, dann ist das Verfahren *instabil* und zur Berechnung der Lösung völlig ungeeignet. Das verbesserte Euler-Verfahren ist erst stabil, wenn $|h\lambda_{n_x-1}(A)| < 2$ (vgl. Tabelle 11.11), d. h. $h < 1.39 \cdot 10^{-4}$, gilt. In Abb. 11.12 werden die berechneten Lösungen für die Zeitschrittweiten $h = 1.38 \cdot 10^{-4}$ und $h = 1.40 \cdot 10^{-4}$ gezeigt. Die Instabilität der Methode im Falle $h > 1.39 \cdot 10^{-4}$ ist klar erkennbar. $\qquad \triangle$

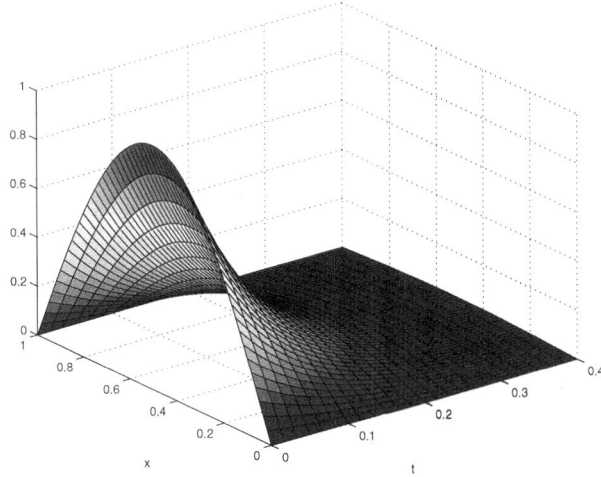

Abb. 11.11. Numerische Lösung des Wärmeleitungsproblems mit dem BDF2-Verfahren, mit Zeitschrittweite 1/60.

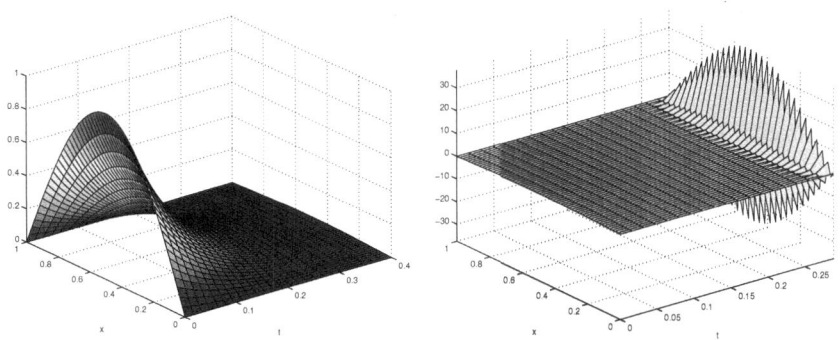

Abb. 11.12. Numerische Lösung des Wärmeleitungsproblems mit dem verbesserten Euler-Verfahren, mit Zeitschrittweite $1.38 \cdot 10^{-4}$ (links) und $1.40 \cdot 10^{-4}$ (rechts).

11.10 Zusammenfassende Bemerkungen

Einfache Einschrittverfahren niedriger Ordnung: Das explizite Euler- und verbesserte Euler-Verfahren sind aufgrund der niedrigen Ordnung für die meisten praktischen Belange ungeeignet. Im Zusammenhang mit der Diskretisierung zeitabhängiger partieller Differentialgleichungen mag man aufgrund der immensen Komplexität solcher Probleme auf einfache Zeitschrittverfahren zurückgreifen müssen. Für extrem steife Probleme ist jedoch das implizite Euler-Verfahren durchaus wichtig.

Generelle Vorteile von ESV: Die relativ einfache und effiziente Steuerung der Schrittweitenwahl ist sicherlich eine Stärke der ESV, die zudem über Extrapolationstechniken auch mit einer Ordnungssteuerung kombiniert werden kann. Unter schwachen Vorgaben an die Verfahrens-Vorschrift sind ESV zudem stets (null)stabil.

Runge-Kutta-Verfahren: Dies ist eine reichhaltige Klasse von Einschrittverfahren, die man keineswegs auf das „klassische" RK-Verfahren eingeschränkt sehen sollte. Einige Orientierungspunkte lassen sich folgendermaßen formulieren:

- Sie bieten im Prinzip die Realisierung höherer Ordnung. Die weiteste Verbreitung haben dabei in der Praxis *explizite* RK-Verfahren.
- Mit wachsender Ordnung werden die RK-Verfahren jedoch zunehmend komplizierter. Der Rechenaufwand ist dann relativ hoch. Man braucht pro Schritt bei einem expliziten RK-Verfahren p-ter Ordnung mindestens p Funktionsauswertungen.
- Als Einschrittverfahren bieten RK-Verfahren die Möglichkeit, die jeweilige Schrittweite an das Verhalten der Lösung bequem anzupassen. Eine effiziente Schätzung der lokalen Abbruchfehler kann insbesondere mit Hilfe der eingebetteten RK-Verfahren geschehen (vgl. RKF45).

Mehrschrittverfahren: Der Rahmen der (linearen) Mehrschrittverfahren bietet im Vergleich zu ESV eine sehr effiziente Möglichkeit, hohe Ordnung zu realisieren. Prominente Beispiele sind die Adams-Bashforth (explizit), Adams-Moulton (implizit) und Rückwärtsdifferenzenmethoden (implizit). In einem Adams-Bashforth-Verfahren braucht man zum Beispiel nur *eine* Funktionsauswertung pro Integrationsschritt, unabhängig von der Ordnung des Verfahrens. Allerdings muß man beim Entwurf solcher Verfahren auf die Stabilität achten, die nicht mehr automatisch gewährleistet ist. Zudem benötigt man bei einem k-Schritt-Verfahren k Anlaufwerte $y^0, y^1, \ldots, y^{k-1}$, die wiederum mit einem ESV bestimmt werden können. Die Anpassung der jeweiligen Schrittweite an das Verhalten der Lösung ist aufwendig. Jede Änderung der Schrittweite erfordert die Berechnung der zusätzlichen Punkte der Lösungskurve, die nicht in das durch die alte Schrittweite bestimmte Raster fallen.

Die bei steifen Problemen oft beobachteten quantitativ besseren Stabilitätseigenschaften impliziter Verfahren können zugunsten einer Aufwandverringerung durch *Prädiktor-Korrektor-Verfahren* zumindest teilweise bewahrt werden. Der typische Anwendungsrahmen stellt sich folgendermaßen dar:

- Oft wird ein k-Schritt-Adams-Bashforth-Verfahren (Prädiktor) mit einem k-Schritt-Adams-Moulton-Verfahren (Korrektor) kombiniert.
- In der Regel wird nur *eine* (Fixpunkt-)Iteration im Korrektorschritt ausgeführt. In diesem Fall braucht man nur zwei Funktionsauswertungen in einem Prädiktor-Korrektor-Integrationsschritt.
- Ein Prädiktor-Korrektor-Verfahren ist explizit, hat jedoch im allgemeinen bessere Stabilitätseigenschaften als das entsprechende (explizite) Prädiktor-Verfahren.

Rückwärtsdifferenzenmethoden (BDF-Methoden): Diese Verfahren sind implizit, verbinden aber zumindest für $k \leq 6$ die in diesem Rahmen möglichen Effizienz- und Ordnungsvorteile von linearen Mehrschrittverfahren mit einer sehr guten Verwendbarkeit bei *steifen* Systemen. Zwar erfüllen sie den stärksten Stabilitätsbegriff (A-Stabilität) nur für $k \leq 2$, haben aber auch für höhere Ordnung bis zu $k \leq 6$ immer noch für viele Anwendungen akzeptable Stabilitätsbereiche, die insbesondere die gesamte negative reelle Halbachse enthalten.

Steife Systeme: Solche Probleme treten zum Beispiel bei chemischen Reaktionen, oszillierenden mechanischen Systemen und Diffusionsprozessen auf. Der Einsatz expliziter Verfahren ist bei solchen Anwendungen nicht sinnvoll. A-stabile implizite Methoden niedriger Ordnung sind das implizite Euler-Verfahren (= BDF1), die Trapezmethode und BDF2. Falls der Stabilitätsbereich des kontinuierlichen Problems nicht allzu nahe an die imaginäre Achse heran reicht, sind BDF-Verfahren höherer Ordnung (bis $p = 6$) gut geeignet, um hohe Genauigkeit zu realisieren. Falls die kontinuierlichen Stabilitätsbereiche sehr nahe an die imaginäre Achse reichen und man außerdem eine sehr hohe Genauigkeit haben möchte, kann man auf A-stabile implizite RK-Verfahren höher Ordnung (z. B. RK-Gauß-Verfahren) zurückgreifen.

11.11 Übungen

Übung 11.11.1. Zeigen Sie, daß für das System aus Beispiel 11.2 die Lipschitz-Bedingung

$$\|f(t, y) - f(t, z)\|_\infty \leq 4\|y - z\|_\infty \quad \text{für alle } y, z \in \mathbb{R}^2$$

bezüglich der Maximumnorm gilt.

Übung 11.11.2. Formulieren Sie die gewöhnliche Differentialgleichung vierter Ordnung

$$y^{(4)} = -2ty^{(3)} + (y^{(2)})^2 + \sin(y^{(1)}) + e^{-t}, \quad t \geq 0$$

mit Anfangsbedingungen

$$y(0) = 1, \quad y^{(1)}(0) = 1, \quad y^{(2)} = 0, \quad y^{(3)}(0) = 0$$

als ein äquivalentes System erster Ordnung.

Übung 11.11.3. Formulieren Sie die Trapezmethode angewandt auf das System in Beispiel 11.5. Wie hoch ist etwa der Rechenaufwand pro Integrationsschritt bei dieser Methode?

Übung 11.11.4. Zeigen Sie, daß für den lokalen Abbruchfehler $\delta_{j,h}$ des impliziten Euler-Verfahrens $\delta_{j,h} = \mathcal{O}(h^2)$ gilt. Was ist die Konsistenzordnung dieses Verfahrens?

Übung 11.11.5. Wir betrachten das skalare Anfangswertproblem

$$y'(t) = \lambda y(t) + g(t), \quad t \in [0, T], \quad \lambda < 0,$$
$$y(0) = y^0,$$

und das entsprechende implizite Euler-Verfahren

$$y^{j+1} = y^j + h(\lambda y^{j+1} + g(t_{j+1})).$$

Für den lokalen Abbruchfehler dieses Verfahrens gilt $|\delta_{j,h}| \leq ch^2$ (vgl. Übung 11.11.4).

a) Zeigen Sie, daß für den lokalen Abbruchfehler $\delta_{j,h}$ folgende Beziehung gilt:

$$y(t_{j+1}) = \frac{1}{1 - h\lambda}\big(y(t_j) - hg(t_{j+1})\big) + \delta_{j,h}$$

b) Zeigen Sie, daß für den Fehler $e_j := y(t_j) - y^j$ die Rekursion

$$e_{j+1} = \frac{1}{1 - h\lambda}e_j + \delta_{j,h}, \quad j = 0, 1, \ldots, n-1,$$
$$e_0 = 0$$

gilt, wobei $n = \frac{T}{h}$.

c) Zeigen Sie, daß $|e_n| \leq cTh$ gilt.

Übung 11.11.6. Gegeben sei das Anfangswertproblem

$$y'''(t) + y'(t) = ty(t),$$
$$y(2) = 0, \quad y'(2) = 1, \quad y''(2) = 2.$$

a) Transformieren Sie dieses Problem auf ein System gewöhnlicher Differentialgleichungen erster Ordnung.

b) Bestimmen Sie approximativ die Lösung des transformierten Systems mit einem Schritt des *impliziten* Euler-Verfahrens an der Stelle $t = 2.5$.

Übung 11.11.7. Bestimmen Sie Näherungen für $y(1)$ und $y'(1)$ für das Anfangswertproblem

$$y''(x) + xy'(x) + 2y(x) = 0, \quad y(0) = 1, \quad y'(0) = 1.$$

Formen Sie dazu die Differentialgleichung in ein System erster Ordnung um und approximieren Sie dieses mit dem expliziten Euler-Verfahren zur Schrittweite $h = \frac{1}{2}$.

Übung 11.11.8. Gegeben sei die Differentialgleichung

$$y'' + \frac{2}{1+t}y' - y = t$$

und die Anfangswerte $y(0) = 1$ und $y'(0) = 0$.Bestimmen Sie mit Hilfe des verbesserten Euler-Verfahrens für Systeme 1. Ordnung zur Schrittweite $h = 1$ eine Näherung für $y(1)$ und $y'(1)$.

Übung 11.11.9. Betrachten Sie das AWP

$$y' = y^2, \quad y(0) = -4, \quad 0 \le x \le 0.3.$$

Bestimmen Sie Näherungen für $y(0.1)$, $y(0.2)$ und $y(0.3)$ mit

1. dem expliziten Euler-Verfahren,
2. dem klassischen Runge-Kutta-Verfahren,

jeweils zur Schrittweite $h = 0.1$, und vergleichen Sie diese mit den exakten Werten.

Übung 11.11.10. Um zu dem Anfangswertproblem

$$y'(t) = f(t, y(t)), \qquad y(t_0) = y^0 \in \mathbb{R}^n,$$

einen Schritt des impliziten Euler-Verfahrens auszuführen, muß die Gleichung

$$y^1 = y^0 + h f(t_0 + h, y^1)$$

gelöst werden. Zeigen Sie, daß für jede hinreichend kleine Schrittweite $h > 0$ eine eindeutige Lösung y^1 in der Nähe von y^0 existiert, falls f Lipschitz-stetig in der Variablen y ist.

Übung 11.11.11. Wir betrachten das zweistufige Runge-Kutta-Verfahren

$$k_1 = f(t_j, y^j)$$
$$k_2 = f(t_j + ah, y^j + ahk_1)$$
$$y^{j+1} = y^j + h(c_1 k_1 + c_2 k_2).$$

Man berechne die Konstanten a, c_1, c_2 so, daß die entsprechende Konsistenzordnung maximal ist.

Übung 11.11.12. Zeigen Sie, daß das einstufige RK-Gauß-Verfahren mit der Mittelpunktregel (11.26)-(11.27) übereinstimmt.

Übung 11.11.13. Zeigen Sie, daß die Trapezregel ein einstufiges RK-Verfahren ist und geben Sie das zugehörige Butcher-Tableau.

Übung 11.11.14. Für $z \in \{\, y \in \mathbb{C} \mid \det(I - yB) \neq 0 \,\}$, sei

$$g(z) = 1 + z\boldsymbol{\gamma}^T (I - zB)^{-1}\mathbf{1} =: 1 + z\boldsymbol{\gamma}^T\mathbf{w},$$

mit $\mathbf{w} = (I - zB)^{-1}\mathbf{1} \in \mathbb{R}^m$, die Stabilitätsfunktion eines impliziten RK-Verfahrens, vgl. (11.88).

a) Beweisen Sie, das 1 und $1 + z\boldsymbol{\gamma}^T\mathbf{w}$ alle Eigenwerte der Matrix $I + z\mathbf{w}\boldsymbol{\gamma}^T$ sind (Hinweis: $\mathbf{w}\boldsymbol{\gamma}^T$ hat Rang 1).
b) Beweisen Sie, daß $g(z) = \det(I + z\mathbf{w}\boldsymbol{\gamma}^T)$ gilt (Hinweis: Determinante = Produkt der Eigenwerte).
c) Zeigen Sie, daß

$$g(z) := \frac{\det(I - zB + z\mathbf{1}\boldsymbol{\gamma}^T)}{\det(I - zB)}$$

gilt. Hieraus folgt, daß $g(z)$ eine rationale Funktion in z ist.

Übung 11.11.15. Zeigen Sie, daß für die Adams-Bashforth- und Adams-Moulton-Verfahren die Wurzelbedingung (vgl. Definition 11.51) erfüllt ist.

Übung 11.11.16. Wir betrachten die 2-Schrittmethode

$$y^{j+2} = -4y^{j+1} + 5y^j + h(4f(t_{j+1}, y^{j+1}) + 2f(t_j, y^j)).$$

a) Zeigen Sie, daß dieses Verfahren die Konsistenzordnung 3 hat.
b) Zeigen Sie, daß für dieses Verfahren die Wurzelbedingung (vgl. Definition 11.51) nicht erfüllt ist.

Übung 11.11.17. Entscheide, ob für folgendes lineares 2-Schrittverfahren die Wurzelbedingung erfüllt ist und bestimme die Konsistenzordnung:

$$y^{j+2} = y^j + \frac{h}{3}\big(f(t_j, y^j) + 4f(t_{j+1}, y^{j+1}) + f(t_{j+2}, y^{j+2})\big).$$

Übung 11.11.18. Bestimme alle lineare 2-Schrittverfahren mit Konsistenzordnung 4.

Übung 11.11.19. Gegeben sei das Anfangswertproblem

$$y'(t) = -200y(t), \quad y(0) = 5.$$

Bestimmen Sie eine obere Schranke $h_{\max}$, so daß das explizite Euler-Verfahren für alle Schrittweiten $0 < h < h_{\max}$ eine streng monoton fallende Folge von Näherungslösungen liefert.

Übung 11.11.20. Die Stromstärke $I(t)$ eines Stromkreises mit Induktivität L und Widerstand R genügt der Differentialgleichung $LI'(t) + RI = U$. Für konstante Spannung U und den Anfangswert $I(0) = I_0$ ist die Lösung durch

$$I(t) = I_0 e^{-\frac{R}{L}t} + \frac{U}{R}\left(1 - e^{-\frac{R}{L}t}\right)$$

gegeben. Wir verwenden ein Euler-Verfahren mit dem Startwert $y_0 = I_0$ und der Schrittweite h. Die Annäherung zum Zeitpunkt $t_n = nh$ wird mit I_n bezeichnet.

a) Zeigen Sie, daß das explizite Euler-Verfahren die diskrete Lösung

$$I_n = \left(1 - h\frac{R}{L}\right)^n I_0 + \left(1 - \left(1 - h\frac{R}{L}\right)^n\right)\frac{U}{R},$$

liefert.

b) Zeigen Sie, daß das implizite Euler-Verfahren die diskrete Lösung

$$I_n = \left(1 + h\frac{R}{L}\right)^{-n} I_0 + \left(1 - \left(1 + h\frac{R}{L}\right)^{-n}\right)\frac{U}{R}$$

liefert.

c) Wie muß h gewählt werden, damit die Approximationen I_n zumindest qualitativ das Verhalten der exakten Lösungen $I(t_n)$ wiedergeben?

Übung 11.11.21. Lösen Sie die Anfangswertaufgabe

$$y'(t) = \frac{y(t) - 2}{2t^2 - t}, \quad y(1) = 1$$

auf dem Intervall $[1,3]$ mit dem folgenden Verfahren:

1. Bestimmung der Startwerte mit dem klassischen Runge-Kutta-Verfahren,
2. Prädiktor: Adams-Bashforth, $k = 3$,
3. Korrektor: Adams-Moulton, $k = 3$,

für verschiedene Schrittweiten ($h = \frac{1}{2}, \frac{1}{8}, \frac{1}{32}$) und verschiedene Anzahl von Iterationen beim Korrektor-Verfahren. Vergleichen Sie die Ergebnisse mit der exakten Lösung.

Übung 11.11.22. Ein Beispiel für ein lineares Mehrschrittverfahren ist folgende Variante der Mittelpunktregel

$$y^{j+2} = y^j + 2hf(t_{j+1}, y^{j+1}).$$

a) Bestimmen Sie die Konsistenzordnung dieses Verfahrens.
b) Bestimmen Sie das Stabilitätsintervall dieses Verfahrens.

Übung 11.11.23. Man beweise, daß die BDF2-Methode

a) die Konsistenzordnung 2 hat,
b) Stabilitätsintervall $(-\infty, 0)$ hat.

Übung 11.11.24. Wir betrachten die partielle Differentialgleichung

$$\begin{aligned}
u_t(x,t) &= u_{xx}(x,t) + 3\pi\sin(3\pi x), &&\text{für } x \in [0,1],\, t > 0, \\
u(0,t) &= u(1,t) = 0, &&t > 0, \\
u(x,0) &= \sin(\pi x), &&\text{für } x \in (0,1).
\end{aligned}$$

a) Rechnen Sie nach, daß die exakte Lösung

$$u(x,t) = e^{-\pi^2 t} \sin(\pi x) + \frac{1}{3\pi}(1 - e^{-9\pi^2 t}) \sin(3\pi x)$$

ist.

b) Diskretisieren Sie die Ortskoordinate so wie in Beispiel 11.5, um ein System gewöhnlicher Differentialgleichungen

$$y'(t) = Ay(t) + b, \qquad y(t), b \in \mathbb{R}^{n_x - 1}, A \in \mathbb{R}^{(n_x - 1) \times (n_x - 1)},$$

zu erhalten.

c) Lösen Sie das System numerisch bis zum Zeitpunkt $t = 0.5$ mit Hilfe des BDF3-Verfahrens. Wählen Sie dabei mehrere Werte für n_x und für die Zeitschrittweite. Verwenden Sie das implizite Euler-Verfahren und das BDF2-Verfahren, um die beiden Anlaufwerte zu berechnen. Vergleichen Sie die berechnete Annäherung zum Zeitpunkt $t = 0.5$ mit der exakten Lösung.

12

Partielle Differentialgleichungen

12.1 Problemstellung und Prototypen

In der Thematik dieses Abschnitts könnte man eine Abkehr von der bisherigen Grundlinie sehen, numerische Bausteine losgelöst von speziellen Anwendungsszenarien zu entwickeln. Andererseits muß man zumindest exemplarisch der Tatsache Rechnung tragen, daß die Entwicklung numerischer Methoden oft ganz erheblich durch die *mathematische Modellierung* der behandelten technisch-physikalischen Prozesse geprägt ist. Letztere beruht auf physikalischen Bilanzgesetzen für Masse, Impuls und Energie oder auf Extremalprinzipien für die Energie des betrachteten Systems. Solche Bilanzen wie auch die Bestimmung von Extremalwerten bringen Änderungsraten – also Ableitungen – der involvierten physikalischen Größen ins Spiel, und man erhält schließlich Systeme von *partiellen Differentialgleichungen* als mathematisches Modell. Die „Unbekannten" sind hier Funktionen von Ort und Zeit wie Druck, Dichte oder Geschwindigkeit, deren partielle Ableitungen miteinander in Beziehung stehen. Beispiele hierzu findet man bei der Berechnung von Gas- und Flüssigkeitsströmungen (Aerodynamik und Strömungsdynamik), beim Halbleiter-Design, bei Verformungs- und Elastizitätsproblemen und bei der Computer-Tomographie.

Etwas vereinfacht ausgedrückt sind viele der so beschriebenen Prozesse durch das Zusammenspiel von zwei Grundphänomenen gekennzeichnet, nämlich *Diffusion* und *Transport*, die wir jetzt näher erläutern wollen.

Diffusion: Um Ersteres etwas genauer zu beleuchten, betrachte man eine dünne Platte der Dicke δ mit thermisch isolierter Ober- und Unterfläche, die ein ebenes beschränktes Gebiet $\Omega \subset \mathbb{R}^2$ mit Rand $\Gamma = \partial\Omega$ beansprucht. Man interessiert sich für die stationäre Temperaturverteilung, die sich in der Platte einstellt, wenn gewisse stationäre thermale Randbedingungen am Rand Γ vorgegeben werden. Aufgrund der etwas idealisierten Annahmen (Modellfehler) ist die gesuchte Temperaturverteilung $u(x, y)$ eine Funktion nur der Ortsvariablen (x, y). Es sei nun kurz skizziert, wie man eine Differentialgleichung mit Randbedingungen herleitet, deren Lösung gerade die gesuchte Verteilung u ist. Dazu betrachtet man ein beliebiges (kleines) offenes Teilgebiet Ω' in Ω. Jedem infinitesimalen Randsegment $d\gamma$ des Randes Γ' von Ω' entspricht bei konstanter Plattendicke δ ein Flächenelement der Größe $\delta d\gamma$. Die Rate, mit der Wärme durch dieses Flächenelement fließen kann, ist

$$k\frac{\partial u}{\partial \mathbf{n}}\delta d\gamma, \tag{12.1}$$

wobei k die Wärmeleitfähigkeit, eine Materialkonstante, und $\frac{\partial u}{\partial \mathbf{n}}$ in jedem Punkt des Randes Γ' die Ableitung von u an diesem Punkt in Richtung der äußeren Normalen ist. Im stationären Zustand, also im thermischen Gleichgewicht, ist für jedes solche Testgebiet Ω' die Netto-Wärmeflußrate Null, es fließt soviel hinein wie hinaus. Diesen Gesamtfluß bekommt man durch die Summation obiger kleiner Beiträge, also im Grenzwert durch Integration über den Rand Γ' des Testgebiets Ω'. Das heißt, man schließt, daß u die Bedingung

$$\int_{\Gamma'} k\frac{\partial u}{\partial \mathbf{n}}\delta d\gamma = 0 \tag{12.2}$$

erfüllt. An dieser Stelle kommt nun ein klassischer Satz der Analysis ins Spiel, der Gaußsche Satz. Dazu beachte, daß $\frac{\partial u}{\partial \mathbf{n}} = \mathbf{n}^T \nabla u$ ist. Dann folgt

$$\int_{\Gamma'} k\frac{\partial u}{\partial \mathbf{n}}\delta \, d\gamma = \delta \int_{\Omega'} \left(\frac{\partial}{\partial x}\left(k\frac{\partial u(x,y)}{\partial x}\right) + \frac{\partial}{\partial y}\left(k\frac{\partial u(x,y)}{\partial y}\right) \right) d(x,y) = 0.$$
$$\tag{12.3}$$

Den Integranden schreibt man üblicherweise kürzer als $\frac{\partial}{\partial x}(k\frac{\partial u}{\partial x}) + \frac{\partial}{\partial y}(k\frac{\partial u}{\partial y}) = \mathrm{div}(k\nabla u)$, wobei wieder allgemeiner für eine Funktion $v(x) = v(x_1,\ldots,x_d)$ von d Variablen $\nabla v = \left(\frac{\partial v}{\partial x_1}\ldots,\frac{\partial v}{\partial x_d}\right)^T$ der Gradient von v ist und für ein Vektorfeld $w = (w_1,\ldots,w_d)^T : \mathbb{R}^d \to \mathbb{R}^d$ (hier $d = 2$ und $w = k\nabla v$) der *Divergenzoperator* div durch $\mathrm{div}\, w := \sum_{j=1}^d \frac{\partial w_j}{\partial x_j}$ definiert ist. Nun schließt man folgendermaßen. Falls für eine stetige Funktion $w \in C(\Omega)$ und jedes Teilgebiet $\Omega' \subset \Omega$ gilt $\int_{\Omega'} w(x,y)d(x,y) = 0$, dann folgt schon $w(x,y) = 0$ in Ω. Falls also $\mathrm{div}(k\nabla u)$ stetig in Ω ist, besagt (12.3), daß

$$\mathrm{div}(k\nabla u) = 0 \quad \text{in } \Omega \tag{12.4}$$

gilt. Hat man ferner über die Platte verteilt Wärmequellen der Intensität $f(x,y)$ pro Volumeneinheit, liefert eine analoge Schlußweise als Bilanz

$$\mathrm{div}(k\nabla u) + f = 0 \quad \text{in } \Omega. \tag{12.5}$$

Diese Differentialgleichung besitzt in dieser Form noch keine *eindeutige* Lösung, da z. B. jede Konstante im Kern des Differentialoperators liegt. Man benötigt zusätzlich *Randbedingungen*. Dabei gibt es unterschiedliche physikalisch sinnvolle Vorgaben. Hier möge exemplarisch die sogenannte *Dirichlet-Randbedingung* genügen, bei der die Temperatur u auf dem Rand Γ des Gebiets (der Platte) Ω als Funktion g vorgeschrieben wird. Ferner ist bei einem vollkommen homogenen Material die Wärmeleitfähigkeit k konstant in Ω. Man erhält dann

$$\operatorname{div}(k\nabla u) = k\Delta u, \tag{12.6}$$

wobei wieder im allgemeinen d-dimensionalen Fall $\Delta u := \sum_{j=1}^{d} \frac{\partial^2 u}{\partial x_j^2}$ der *Laplace-Operator* ist. Die Gleichungen (12.4), (12.5) erhalten dann zusammen mit den Randbedingungen die Form

$$\Delta u = 0 \quad \text{bzw.} \quad -\Delta u = f/k \ \text{in} \ \Omega, \quad u = g \ \text{auf} \ \Gamma. \tag{12.7}$$

Dies sind Prototypen von *elliptischen* Randwertaufgaben partieller Differentialgleichungen, die sogenannte *Laplace-* bzw. *Poisson*-Gleichung. Die durch (12.2) ausgedrückte Bilanzierung von Flüssen über Testgebietsränder beschreibt einen stationären Zustand als Ergebnis eines Diffusionsprozesses – Wärme diffundiert im Medium. Man spricht daher auch von der *Diffusionsgleichung*.

Die Bedeutung dieser Gleichungen liegt darin, daß sie das richtige mathematische Modell in scheinbar unterschiedlichen physikalischen Zusammenhängen liefern. Die Auslenkung einer am Rand eingespannten elastischen Membran unter einer vorgegebenen Last als Funktion der Ortsvariablen genügt wieder einer Gleichung vom Typ (12.7). Das elektrostatische Feld $V(x,y,z)$, das von festen Ladungen erzeugt wird, genügt der dreidimensionalen ($d=3$) Laplace-Gleichung, der sogenannten *Potentialgleichung*.

Die Lösungen von (12.7) beschreiben einen *stationären* „eingeschwungenen" Zustand. Kehrt man zum Ausgangsmodell der Temperaturverteilung zurück und legt zeitlich veränderliche Randbedingungen an, oder interessiert sich für den *instationären* Wärmeleitprozeß, der einer stationären Verteilung vorausgeht, wird u eine Funktion von Ort *und Zeit t*. Nun muß die Netto-Bilanz der Flüsse über den Rand eines Testgebiets Ω' der zeitlichen Änderungsrate der im Testvolumen befindlichen Wärme entsprechen. Reskaliert man die Gleichung, erhält man schließlich eine Gleichung des Typs

$$\frac{\partial u}{\partial t} = \Delta u, \quad \begin{cases} u(x,y,0) = u_0(x,y) \ \text{in} \ \Omega, \\ u(x,y,t) = g(x,y,t) \ \text{in} \ \Gamma \times [0,T]. \end{cases} \tag{12.8}$$

Die Lösung $u(x,y,T)$ ergibt die Temperaturverteilung in der Platte zum Zeitpunkt T, wenn die *Anfangstemperatur* zur Zeit $t=0$ durch $u_0(x,y)$ gegeben ist und im Verlauf des Diffusionsprozesses Temperaturvorgaben $g(x,y,t)$ auf dem Rand $\Gamma \times [0,T]$ gegeben sind. Man spricht daher von einer *Anfangsrandwertaufgabe*. Gleichungen des Typs (12.8) zur Beschreibung von Wärmetransport und Diffusionsprozessen tauchen in unzähligen technischen Zusammenhängen auf wie z. B. bei der Auslegung von Wärmetauschern, bei Hochleistungsaggregaten wie Turbinen, beim Laserschneiden oder auch in der Raumfahrt beim Wiedereintritt von Flugkörpern in die Atmosphäre.

Die Natur der Lösungen der *Wärmeleitungsgleichung* erkennt man bereits am idealisierten Fall, daß für nur eine Ortsvariable $x \in \Omega := \mathbb{R}$ Anfangswerte

u_0 auf der gesamten reellen Achse vorgegeben werden (welche im Unendlichen genügend schnell abklingen). Man kann dann verifizieren, daß

$$u(x,t) = \frac{1}{2\sqrt{\pi t}} \int_{\mathbb{R}} u_0(y) e^{-\frac{1}{4}(x-y)^2/t} dy \tag{12.9}$$

gilt. Die Lösung ist also eine *Faltung* des Anfangswertes mit dem *Kern* $K(z,t) = \frac{1}{2\sqrt{\pi t}} e^{-\frac{1}{4}z^2/t}$. Dies zeigt, daß eine Störung des Anfangswertes an einer Stelle y für jedes $t > 0$ *sofort* auf der gesamten reellen Achse spürbar ist, allerdings umso stärker gedämpft, je weiter man von y entfernt ist. Anders ausgedrückt, $u(x,t)$ hängt für jedes positive t bereits von *allen* Werten $u_0(x')$, $x' \in \mathbb{R}$ ab. Die Informationsausbreitungsgeschwindigkeit ist somit *unendlich*.

Weiteren Aufschluß erhält man für $\Omega = (0, \pi)$ und mit den Randbedingungen $g(0,t) = g(\pi,t) = 0$, $t > 0$. Entwickelt man die Anfangsbedingung u_0 in eine Sinus-Reihe $u_0(x) = \sum_{k=1}^{\infty} c_k \sin(kx)$ und beachtet man, daß $e^{-tk^2} \sin(kx)$ für jedes $k \in \mathbb{N}$ die Differentialgleichung $u_t = u_{xx}$ erfüllt, ist die Lösung von (12.8) in diesem Fall durch

$$u(x,t) = \sum_{k=1}^{\infty} c_k e^{-tk^2} \sin(kx) \tag{12.10}$$

gegeben. Hieran sieht man ganz deutlich, daß mit fortschreitender Zeit, also bei wachsendem t, die hochfrequenten Anteile der Anfangswerte stark gedämpft werden, sozusagen „wegdiffundieren".

Wellen, Transport: Fragt man nach der Auslenkung einer an den Intervallenden eingespannten schwingenden Saite als Funktion $u(x,t)$ von Ort (x) und Zeit (t), kann man folgendermaßen argumentieren. Man betrachte eine Saite vernachlässigbarer Dicke, die im Ruhezustand auf der x-Achse liegt und leicht ausgelenkt wird.

Für einen kurzen Abschnitt dx wird mit Newtons Gesetz die Kräftebilanz in vertikaler Richtung aufgestellt. Bezeichnet man die Masse pro Längeneinheit (die sogenannte Massenbelegung) mit ρ, so wirkt auf dx die Trägheitskraft $m\,a = \rho\,dx\,u_{tt}$. Sie wird durch die Saitenspannung und eine möglicherweise vorhandene äußere Kraft ausgeglichen. Letztere wird mit Hilfe der Kraftbelegung $f(x,t)$ durch $f\,dx$ beschrieben.

Die konstante Saitenspannung bewirkt, daß an den Enden des Saitenabschnitts tangential Kräfte gleichen Betrages T angreifen, die eine Komponente in vertikaler Richtung besitzen, wenn die Saite ausgelenkt ist. Abb. 12.1 entnimmt man, daß links $F_l = -T\sin(\alpha_l)$ und rechts $F_r = T\sin(\alpha_r)$ wirkt. Nimmt man an, daß die Auslenkung klein ist, so gilt $\sin(\alpha) \approx \tan(\alpha) = u_x$. Deshalb resultiert aus der Saitenspannung die Kraft

$$-Tu_x(x,t) + Tu_x(x+dx,t) = T dx\,\frac{u_x(x+dx,t) - u_x(x,t)}{dx}.$$

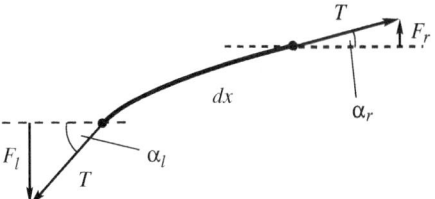

Abb. 12.1. Saitenabschnitt

Somit ergibt sich die Kräftebilanz

$$\rho\,dx\,u_{tt} = f\,dx + T\,dx\,\frac{u_x(x + dx, t) - u_x(x, t)}{dx},$$

aus der man dx kürzen kann. Führt man anschließend den Grenzübergang $dx \to 0$ aus, so erhält man

$$\frac{\partial^2 u}{\partial t^2} - c^2\frac{\partial^2 u}{\partial x^2} = g \qquad (12.11)$$

mit $c^2 := T/\rho$, $g = f/\rho$, was üblicherweise als *Wellengleichung* bezeichnet wird. Sie beschreibt zahlreiche verwandte Phänomene wie etwa die longitudinalen Spannungswellen in einem elastischen Stab. Wellenausbreitung in Körpern wird durch das mehrdimensionale Analogon

$$\frac{\partial^2 u}{\partial t^2} - c^2\Delta u = 0 \qquad (12.12)$$

beschrieben, wobei Δ wieder der Laplace-Operator ist. Dies spielt in den Geowissenschaften wie auch in den Materialwissenschaften eine wichtige Rolle.

Es bleibt zu klären, welche Nebenbedingungen eindeutige Lösungen von (12.11) ergeben. Die einfachste Situation, die allerdings schon Aufschluß über die Natur der Lösungen gibt, erhält man, wenn man auf der gesamten reellen Achse die Anfangsbedingungen

$$u(x, 0) = g(x), \qquad u_t(x, 0) = h(x), \qquad x \in \mathbb{R}, \qquad (12.13)$$

vorgibt. Nach D'Alembert lautet die Lösung von (12.11) mit diesen Anfangsbedingungen

$$u(x, t) = \frac{1}{2}\big(g(x + ct) + g(x - ct)\big) + \frac{1}{2c}\int_{x-ct}^{x+ct} h(s)ds. \qquad (12.14)$$

Demnach hängt die Lösung $u(x, t)$ für ein $t > 0$ (im Gegensatz zur Wärmeleitungsgleichung) nur von Anfangswerten im *endlichen* Intervall $[x - ct, x + ct]$, dem *Abhängigkeitsbereich*, ab. Insbesondere sieht man, daß für beliebiges (hinreichend glattes) g mit $g(x \pm ct)$ Lösungen der Wellengleichung gegeben sind (man nehme $h(x) = \pm c\,g'(x)$ in (12.13)). Diese Lösungen haben folgende charakteristische Eigenschaft. Schränkt man eine solche spezielle Lösung $u_+(x,t) = g(x+ct)$ auf eine Gerade in der (x,t)-Ebene der Form $x + ct = b$ (mit $b \in \mathbb{R}$ eine beliebige Konstante) ein, ergibt sich $u_+(x(t),t) = g(b)$, d. h., entlang dieser Geraden ist die Lösung *konstant* (analoges gilt für $u_-(x,t) = g(x-ct)$). Diese Geraden werden *Charakteristiken* genannt. Information wird entlang der Charakteristiken mit konstanter Geschwindigkeit (d. h. $\frac{\partial u_\pm}{\partial t}$ konstant) propagiert. Faßt man t wieder als Zeitvariable auf, kann man sich die zeitliche Entwicklung eines solchen Lösungsanteils bildlich als „Wandern" des festen Profils in Form des Graphen von g entlang der Charakteristiken vorstellen, siehe Abb. 12.2.

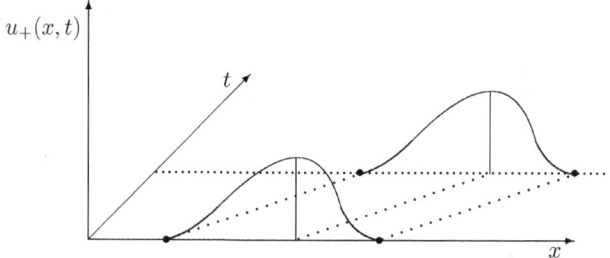

Abb. 12.2. Bewegung der Lösung entlang Charakteristiken

Letzteres Phänomen, daß Lösungen entlang ausgezeichneter Kurven konstant sind, tritt bereits bei folgender Gleichung *erster Ordnung* auf

$$v^T \nabla u = v_1 \frac{\partial u}{\partial y} + v_2 \frac{\partial u}{\partial x} = 0, \qquad (12.15)$$

mit v_1, v_2 Konstanten ungleich Null. Dies heißt einfach, daß die Ableitung von u in *Richtung* $v \in \mathbb{R}^2$ in der (x,y)-Ebene verschwindet, daß also u entlang solcher Geraden konstant ist. Die Gleichung (12.15) modelliert somit *Transport* mit „Geschwindigkeit" $a = v_2/v_1$ (wenn y als Zeitvariable interpretiert wird). Terme der Form $v^T \nabla u$ werden deshalb oft als *Transport-* oder *Konvektionsterme* bezeichnet.

Es ist klar, daß sich die Lösungen von (12.7) oder (12.8) i. a. nicht explizit als analytische Ausdrücke angeben lassen. Das trifft auch auf (12.11) oder (12.12) zu, wenn man Randbedingungen bei beschränkten Gebieten einbezieht oder den Laplace-Operator Δ (bei inhomogenen Materialien) durch $\operatorname{div} A \nabla$ (vgl. (12.4)) mit einer ortsabhängigen positiv definiten Matrix A ersetzt. Die Lösungen dieser Differentialgleichungen müssen über geeignete Diskretisierungen numerisch approximiert werden. Es wird kaum überraschen, daß der Entwurf numerischer Werkzeuge das oben beobachtete ganz unterschiedliche Verhalten der Lösungen bei den verschiedenen Problemtypen berücksichtigen muß. Wie lassen sich nun die durch obige Beispiele hervorgebrachten unterschiedlichen Phänomene in eine mathematische Systematik passen? Wir werden dies hier nur kurz soweit anreißen, wie es für entsprechende numerische Behandlung notwendig bzw. hilfreich ist.

Solche Diskretisierungen generieren dann im nächsten Schritt aus den Differentialgleichungen typischerweise sehr große diskrete Gleichungssysteme, deren numerische Lösung ein weiteres zentrales Thema der folgenden Entwicklungen ist. Auch dies kann hier nur in sehr eingeschränkter Form geschehen, und für eine ausführlichere Behandlung wird auf die Literatur verwiesen, z. B. [Br],[GR],[Ha1].

Zunächst zur angesprochenen Systematik: Bei *partiellen* Differentialgleichungen treten Ableitungen nach *mehreren* Variablen auf. Wir beschränken uns wie in obigen Beispielen auf partielle Differentialgleichungen *zweiter Ordnung*, d. h., die partiellen Ableitungen in der Differentialgleichung sind höchstens zweiter Ordnung, und es tritt mindestens eine Ableitung von genau zweiter Ordnung auf. Sei Ω ein offenes beschränktes zusammenhängendes Gebiet in $\mathbb{R}^2$. Der allgemeine lineare Differentialoperator zweiter Ordnung in zwei Variablen $(x, y) \in \Omega$ hat die Form

$$Lu = a_{11}u_{xx} + 2a_{12}u_{xy} + a_{22}u_{yy} + b_1 u_x + b_2 u_y + cu \qquad (12.16)$$

wobei $u \in C^2(\Omega)$ und die Koeffizienten a_{ij}, b_i, c bekannte Funktionen von $(x, y) \in \Omega$ sind. Wir nehmen an, daß diese Funktionen auf $\overline{\Omega}$ stetig sind. Dem *Hauptteil* (d. h., der Anteil, der nur Ableitungen zweiter Ordnung enthält) dieses Operators wird eine symmetrische Matrix

$$A(x, y) = \begin{pmatrix} a_{11}(x, y) & a_{12}(x, y) \\ a_{12}(x, y) & a_{22}(x, y) \end{pmatrix} \qquad (12.17)$$

zugeordnet.

Definition 12.1. *Der Differentialoperator L heißt elliptisch, wenn für alle $(x, y) \in \Omega$ die Eigenwerte der Matrix $A(x, y)$ ungleich Null sind und das gleiche Vorzeichen haben. Falls für alle $(x, y) \in \Omega$ die Eigenwerte der Matrix $A(x, y)$ ungleich Null sind und unterschiedliches Vorzeichen haben, nennt man L hyperbolisch. Wenn für alle $(x, y) \in \Omega$ genau ein Eigenwert der Matrix A Null ist und außerdem die Matrix $\begin{pmatrix} a_{11} & a_{12} & b_1 \\ a_{21} & a_{22} & b_2 \end{pmatrix}$ den Rang zwei hat, heißt L parabolisch. Analog kann man diese Typeneinteilung auch punktweise definieren, worauf wir hier nicht näher eingehen werden.*

Die Definition der Typeneinteilung ist analog für lineare Differentialoperatoren zweiter Ordnung in $\mathbb{R}^d$, $d \geq 3$.

Die *lineare partielle Differentialgleichung zweiter Ordnung*

$$Lu = f \qquad (12.18)$$

heißt *elliptisch, parabolisch bzw. hyperbolisch*, wenn der Differentialoperator L elliptisch, parabolisch bzw. hyperbolisch ist.

Aus Aufgabe 12.8.1 folgt, daß der Operator L aus (12.16) elliptisch ist, genau dann, wenn $a_{11}(x,y)a_{22}(x,y) - a_{12}^2(x,y) > 0$ für alle $(x,y) \in \Omega$ gilt. Es sei bemerkt, daß gilt:

$$L \text{ elliptisch} \Leftrightarrow -L \text{ elliptisch}.$$

Der Prototyp eines elliptischen Differentialoperators ist der *Laplace-Operator*

$$Lu = \Delta u := u_{xx} + u_{yy}$$

Die zugehörige Matrix ist $A = \begin{pmatrix} 1 & 0 \\ 0 & 1 \end{pmatrix}$.

Für die Wärmeleitungsgleichung in einer Ortsvariablen $u_t = u_{xx}$ (vgl. (12.8)) ergibt sich (für $y = t$)

$$A = \begin{pmatrix} 1 & 0 \\ 0 & 0 \end{pmatrix}, \quad \text{Rang} \begin{pmatrix} a_{11} & a_{12} & b_1 \\ a_{21} & a_{22} & b_2 \end{pmatrix} = \text{Rang} \begin{pmatrix} 1 & 0 & 0 \\ 0 & 0 & -1 \end{pmatrix} = 2$$

und somit ein parabolisches Problem.

Bei der Wellengleichung (12.11) hat man (für $y = t$) $A = \begin{pmatrix} -c^2 & 0 \\ 0 & 1 \end{pmatrix}$, d. h., sie ist hyperbolisch.

Die Begriffe elliptisch, parabolisch, hyperbolisch erklären sich folgendermaßen. Die Lösungsmengen der quadratischen Gleichungen

$$\xi^T A \xi = c, \quad \xi \in \mathbb{R}^2$$

sind Ellipsen, Parabeln bzw. Hyperbeln, falls A definit, semidefinit bzw. indefinit ist. Man kann in Übereinstimmung mit obigen Beobachtungen zeigen, daß im hyperbolischen Fall zwei Scharen von Charakteristiken in $\mathbb{R}^2$ existieren, entlang derer Störungen in den Anfangswerten mit endlicher Geschwindigkeit propagiert werden. Im parabolischen Fall existiert nur eine solche Familie (im Fall der Wärmeleitungsgleichung Parallelen zur x-Achse), wobei allerdings die Signalgeschwindigkeit unendlich ist. Bei elliptischen Problemen existieren *keine* Charakteristiken.

Die Begriffe elliptisch, parabolisch und hyperbolisch sind, wie oben schon erwähnt, nicht auf den Fall von zwei Variablen beschränkt. Der Laplace-Operator $\Delta = \sum_{j=1}^d \frac{\partial^2}{\partial x_j^2}$ ist wieder der Prototyp eines elliptischen Operators in d (Orts-)Variablen. (12.12) ist ein Beispiel eines hyperbolischen Problems in mehreren Ortsvariablen und (12.8) repräsentiert den parabolischen Typ für beliebig viele Ortsvariablen in Δ.

Wie weiter unten noch ausgeführt wird, kann man ferner zeigen, daß bei elliptischen Operatoren *Anfangs*wertaufgaben *nicht* korrekt gestellt in dem Sinne sind, daß die Lösung stetig von den Anfangswerten (bzgl. geeigneter Normen) abhängt. Es läßt sich nicht in sinnvoller Weise eine „Zeitvariable" auszeichnen, sondern alle Variablen spielen dieselbe Rolle und werden daher wie schon vorher als *Ortsvariable* bezeichnet. Die angemessene Form von Nebenbedingungen, die Eindeutigkeit und stetige Abhängigkeit von den Daten sichern, sind im Fall elliptischer Operatoren *Randbedingungen*. Um dies zu präzisieren, sei L ein elliptischer Differentialoperator und $f : \Omega \to \mathbb{R}$ eine bekannte Funktion. Wenn das Gebiet Ω gewisse (schwache) Voraussetzungen erfüllt und die rechte Seite f und die Koeffizienten a_{ij}, b_i, c hinreichend glatt sind, ist Existenz einer Lösung der elliptischen Differentialgleichung in (12.18) gesichert. Sei $\partial\Omega$ der Rand des Gebietes Ω und $g : \partial\Omega \to \mathbb{R}$ eine bekannte Funktion. Die Aufgabe: Finde $u \in C^2(\Omega) \cap C(\overline{\Omega})$, so daß

$$\begin{cases} Lu = f & \text{in } \Omega \\ u = g & \text{auf } \partial\Omega, \end{cases} \tag{12.19}$$

ist ein *elliptisches Randwertproblem*. Die Randbedingungen in (12.19) heißen Dirichlet-Randbedingungen. In der Praxis können auch andere Randbedingungen auftreten, wie zum Beispiel Neumann-Randbedingungen, $\frac{\partial u}{\partial \mathbf{n}} = \tilde{g}$, wobei $\frac{\partial}{\partial \mathbf{n}}$ die Ableitung in Normalenrichtung ist. Wir betrachten hier nur den Fall mit Dirichlet-Randbedingungen. Der Prototyp eines elliptischen Randwertproblems ist somit das:

Poisson-Problem: Gesucht $u \in C^2(\Omega) \cap C(\overline{\Omega})$, so daß

$$\begin{cases} -\Delta u = f & \text{in } \Omega, \\ u = g & \text{auf } \partial\Omega. \end{cases} \tag{12.20}$$

Man kann zeigen, daß, wenn $\partial\Omega$ aus glatten Liniensegmenten (z. B. Geraden) zusammengesetzt ist und $f \in C^1(\Omega)$, $g \in C(\partial\Omega)$ gilt, die Aufgabe (12.20) eine eindeutige Lösung hat. Diskretisierungsverfahren für dieses Problem werden in den Abschnitten 12.3.1, 12.4 und 12.5 behandelt.

Bei parabolischen und hyperbolischen Problemen läßt sich (wie in den Beispielen bereits geschehen) neben den in einem elliptischen Operator auftretenden Ortsvariablen eine Variable auszeichnen und als *Zeitvariable* interpretieren (meist mit $t \in [0, T]$ bezeichnet). Solche Probleme modellieren zeitliche Entwicklungen, und angemessene Nebenbedingungen sind in der Form von Rand- und Anfangswerten gegeben, siehe (12.8). Die Lösung $u = u(x, t)$ ist dann eine Funktion von $x \in \Omega$, $t \in [0, T]$.

Sei L ein elliptischer Differentialoperator. In Verallgemeinerung von (12.8) gehört die Differentialgleichung

$$\frac{\partial u}{\partial t} \pm Lu = f \tag{12.21}$$

zur Klasse der parabolischen Differentialgleichungen. Die partiellen Ableitungen der Funktion u nach t und nach den Ortsvariablen müssen existieren.

Deshalb sucht man zunächst nach Lösungen im Raum

$$V := \left\{ v : \Omega \times [0,T] \to \mathbb{R} \, \middle| \, \begin{array}{l} \left(t \to v(x,t)\right) \in C^1([0,T]) \text{ und} \\ \left(x \to v(x,t)\right) \in C^2(\Omega) \end{array} \right\}.$$

Wir werden später sehen, wie man diese Forderungen etwas abschwächen kann und einen etwas schwächeren jedoch physikalisch sinnvolleren Lösungsbegriff definiert. Zur Sicherung der Eindeutigkeit der Lösung werden wie in (12.8) Randbedingungen und Anfangsbedingungen formuliert. Dies führt auf die *parabolische Anfangs-Randwertaufgabe*: Finde $u \in V$, so daß

$$\left\{ \begin{array}{rl} \frac{\partial u}{\partial t} \pm Lu = f & \text{in } \Omega \times [0,T] \,, \\ u = g & \text{auf } \partial \Omega \quad \text{(Randbedingung)}, \\ u(\cdot,0) = u_0(\cdot) & \text{auf } \Omega \quad \text{(Anfangsbedingung)}, \end{array} \right. \tag{12.22}$$

wobei $f : \Omega \times [0,T] \to \mathbb{R}$, $g : \partial\Omega \times [0,T] \to \mathbb{R}$ und $u_0 : \Omega \to \mathbb{R}$ bekannte Funktionen sind. Der Prototyp dieser Problemklasse der parabolischen Anfangs-Randwertaufgaben ist uns in etwas speziellerer Formulierung in (12.8) schon begegnet und lautet:

Wärmeleitungsproblem: Gesucht $u \in V$, so daß

$$\left\{ \begin{array}{rl} \frac{\partial u}{\partial t} - \Delta u = f & \text{in } \Omega \times [0,T], \\ u = g & \text{auf } \partial\Omega \times [0,T], \\ u(\cdot,0) = u_0(\cdot) & \text{auf } \Omega \,. \end{array} \right. \tag{12.23}$$

Auch hier kann man als Randbedingungen Neumann-Bedingungen verwenden, die Wärmeflüsse über den Gebietsrand modellieren. Ein Diskretisierungsverfahren für dieses Problem wird in Abschnitt 12.7 behandelt.

Sei L wieder ein elliptischer Differentialoperator. Es wird nun nicht mehr überraschen, daß die Differentialgleichung

$$\frac{\partial^2 u}{\partial t^2} \pm Lu = f \quad \text{mit} \left\{ \begin{array}{ll} \text{"}+\text{"} & \text{wenn } A \text{ aus (12.17) negativ definit ist} \\ \text{"}-\text{"} & \text{wenn } A \text{ aus (12.17) positiv definit ist} \end{array} \right.$$

zu der Klasse der *hyperbolischen Differentialgleichungen* gehört. Prototyp dieser Klasse ist die *Wellengleichung* (vgl. (12.12)):

$$\frac{\partial^2 u}{\partial t^2} - \Delta u = f \quad \text{in } \Omega \times [0,T].$$

Solche hyperbolischen Gleichungen werden wir allerdings im Folgenden nicht mehr betrachten.

Ersetzt man in (12.21) (mit dem "+"-Zeichen) die Zeitableitung $\frac{\partial u(x,t)}{\partial t}$ durch den Differenzenquotienten $(u(x,t+\tau) - u(x,t))/\tau$ und nimmt man für einen Moment an, daß man, für festes t, $v(x) = u(x,t)$ bereits kennt, erwartet man, daß die Funktion $w(x)$, die

$$\frac{w(x) - v(x)}{\tau} + Lw = f$$

erfüllt, für hinreichend kleines τ eine gute Näherung für $u(x, t + \tau)$ ist. Die Funktion w erfüllt somit

$$\tau Lw + w = \tau f + v \qquad (12.24)$$

und ist damit wieder Lösung eines elliptischen Problems, wobei die Randwerte wegen (12.22) durch $w = g(\cdot, t + \tau)$ auf $\partial\Omega$ gegeben sind. Fängt man mit $t = 0$ an, so daß dann $v = u_0$ tatsächlich bekannt ist, und benutzt man ein numerisches Verfahren zur näherungsweisen Lösung des elliptischen Randwertproblems (12.24), so ermittelt man eine Näherung für $u(x, \tau)$, um damit dieses Vorgehen zu wiederholen. Dies deutet schon an, daß sich die numerische Lösung des parabolischen Anfangsrandwertproblems eng mit der Lösung von elliptischen Randwertaufgaben verknüpfen läßt. Wir werden daher das Hauptgewicht auf die numerische Lösung elliptischer Randwertaufgaben legen. Gemäß (12.16) sind dabei durchaus Terme erster Ordnung eingeschlossen, also insbesondere Gleichungen des Typs

$$-\operatorname{div}(A\nabla u) + v^T \nabla u = f, \qquad (12.25)$$

wobei $L = -\operatorname{div}(A\nabla u)$ für eine symmetrisch positiv definite (hinreichend glatte) Matrix A den elliptischen Hauptteil stellt. Wie vorher angedeutet wurde (vgl. (12.15)) repräsentiert $v^T \nabla u$ Konvektion, während $-\operatorname{div}(A\nabla u)$ Diffusion modelliert. Man nennt deshalb eine Gleichung dieses Typs *Konvektions-Diffusionsgleichung*. Derartige Gleichungen spielen eine wichtige Rolle bei vielfältigen Strömungsproblemen. Ist insbesondere der Konvektionsterm viel größer als der Diffusionsterm ($\|A\| \ll \|v\|$), spricht man von *konvektionsdominierten* Problemen. Obgleich es sich um eine lineare Differentialgleichung handelt, stellt diese immer noch eine Herausforderung an numerische Methoden dar, da stabile Diskretisierungen oft auf Kosten der Genauigkeit gehen und die Konstruktion effizienter Verfahren zur Lösung der nach Diskretisierung entstehenden Gleichungssysteme schwieriger wird. Wir werden deshalb insbesondere auch auf diesen Problemtyp eingehen und einige Grundprinzipien geeigneter Diskretisierungen ansprechen.

12.2 Korrekt gestellte Probleme – Kondition*

Bevor man über numerische Lösungswege nachdenkt, ist natürlich sicher zu stellen, daß überhaupt Lösungen existieren und auch eindeutig sind. Da dies für den Entwurf numerischer Techniken relevant ist, sei dieser Punkt nochmals etwas systematischer aufgegriffen. Wie mehrfach anklang, ist Eindeutigkeit nur bei Vorgabe geeigneter Nebenbedingungen in Form von Anfangs- oder Randbedingungen möglich. Mit obigen Beispielproblemen wurden schon solche Nebenbedingungen assoziiert. Es ist nun wichtig zu sehen, daß man keine willkürliche Wahl treffen kann, sondern daß zu bestimmten Typen von Differentialgleichungen nur bestimmte Typen von Nebenbedingungen passen. Bei hyperbolischen Problemen gibt es im allgemeinen *keine* Lösung, wenn man auf dem gesamten Rand eines Raum-Zeit-Gebietes Randbedingungen vorgibt. Bei parabolischen und elliptischen Problemen ist die Sachlage im folgenden Sinne subtiler. Man betrachte etwa wie zuvor bei der Wellengleichung die Laplace-Gleichung $-\Delta u = 0$ auf der oberen Halbebene $\Omega = \mathbb{R} \times \mathbb{R}_+ = \{(x,y) \mid x \in \mathbb{R}, y > 0\}$ jedoch versehen mit den Anfangsbedingungen vom Typ (12.13) (y spielt hier die Rolle der „Zeit")

$$u(x,0) = \frac{1}{n}\sin(nx), \quad u_y(x,0) = 0. \tag{12.26}$$

Man rechnet nach, daß die Lösung durch

$$u(x,y) = \frac{1}{n}\cosh(ny)\sin(nx) \tag{12.27}$$

gegeben ist. Zwar ist das Problem (sogar eindeutig) lösbar, jedoch wächst diese Lösung wie e^{ny} in der „Zeit". Dies ist der Fall, obgleich für sehr großes n die Anfangsbedingungen beliebig klein (etwa in der $\|\cdot\|_\infty$-Norm) werden. Beliebig kleine Anfangswerte können also beliebig starkes Lösungswachstum erzeugen, die Lösung hängt also *nicht* stetig (in der Maximumnorm) von den Anfangswerten – sprich Daten – ab.

In Bezug auf die Wärmeleitungsgleichung wäre es zum Beispiel interessant, für die Temperaturverteilung zur Zeit $T > 0$ auf die Anfangswerte zurückschließen zu können, um zu wissen, welche Eingangstemperatur eine gewünschte Zieltemperatur erzeugt. Statt Anfangswerte zur Zeit $t = 0$ vorzugeben, würde man hier die „Endtemperatur" also Werte auf dem „Deckelrand" $\Omega \times \{T\}$ des Raumzeitzylinders $\Omega \times [0,T]$ vorgeben. Dies entspricht der Lösung der Wärmeleitungsgleichung für $t < 0$ (man geht „rückwärts in die Zeit"). Ein Blick auf (12.10) zeigt aber, was dann geschieht. Hohe Frequenzen werden nun nicht mehr gedämpft sondern enorm verstärkt. Diffusion läßt sich sozusagen schwer umkehren. Kleine Störungen in den „Endwerten" würden also sehr verstärkt. Ein solches *inverses Problem*, von einem Endresultat auf unbekannte Problemdaten zurück zu schließen ist der Prototyp eines *schlecht gestellten Problems*. Dies veranlaßte Hadamard bereits 1932 zu folgender Begriffsbildung. Ein Problem heißt *korrekt gestellt*, falls:

1) eine Lösung existiert,
2) diese eindeutig ist,
3) und stetig von den Daten abhängt.

Satz 11.12 gab also Bedingungen an, unter denen ein Anfangswertproblem für ein System gewöhnlicher Differentialgleichungen korrekt gestellt ist. In diesem Fall sind die „Daten" Elemente des $\mathbb{R}^n$ (für ein zunächst festes $n \in \mathbb{N}$), die Wahl der Norm ist also nicht wesentlich (vgl. Satz 2.10). Im vorliegenden Fall partieller Differentialgleichungen sind die „Daten" in Form von Anfangs- oder Randwerten *Funktionen* auf Ω bzw. $\partial\Omega$, also Elemente *unendlichdimensionaler* Räume. Die Spezifikation einer Norm, bezüglich derer Stetigkeit in 3) gemeint ist, wird also wesentlich.

Die richtige Wahl erfordert hier meist Einblick in die Theorie der betreffenden Differentialgleichung. Definiert man wieder $\|g\|_{L_\infty(G)} := \sup_{x\in G}|g(x)|$, kann man zum Beispiel im Falle einer elliptischen Randwertaufgabe zweiter Ordnung (12.19) zeigen (vgl. [Br], §2), daß die Lösung u

$$\|u\|_{L_\infty(\Omega)} \leq \|g\|_{L_\infty(\partial\Omega)} + c\|f\|_{L_\infty(\Omega)} \qquad (12.28)$$

erfüllt, sofern $u \in C^2(\Omega) \cap C(\overline{\Omega})$, wobei die Konstante c nur von der *Elliptizitätskonstanten* α in der Abschätzung $\xi^T A\xi \geq \alpha\|\xi\|_2^2$ (mit $\alpha > 0$) abhängt. Sind also $u, \tilde{u}$ (hinreichend glatte) Lösungen zu den Daten (g, f) bzw. $(\tilde{g}, \tilde{f})$, folgt aus der Linearität von L sofort

$$\|u - \tilde{u}\|_{L_\infty(\Omega)} \leq \|g - \tilde{g}\|_{L_\infty(\partial\Omega)} + c\|f - \tilde{f}\|_{L_\infty(\Omega)},$$

also die gewünschte stetige Abhängigkeit der Lösung von den Daten und zwar hier bezüglich der Maximumnorm. Abstrakter formuliert haben wir im letzten Schritt nur ausgenutzt, daß der aufgrund der eindeutigen Lösbarkeit von (12.19) wohldefinierte *Lösungsoperator*

$$S : (g, f) \to u \qquad (12.29)$$

linear ist, Beschränktheit also (sogar Lipschitz-) Stetigkeit impliziert (vgl. Bemerkung 2.19). Wie bereits im Zusammenhang mit Anfangswertaufgaben für gewöhnliche Differentialgleichungen angedeutet wurde, lassen sich diese Überlegungen folgendermaßen interpretieren.

Bemerkung 12.2. Die Lösung eines Rand- oder Anfangswertproblems ist mathematisch äquivalent zur Anwendung des Lösungsoperators auf die Daten (vgl. (12.29)). (Man vergleiche hierzu die elementaren Überlegungen zur Lösung einer quadratischen Gleichung in Beispiel 2.3.) Daß das Problem **korrekt gestellt** ist, ist nun äquivalent dazu, daß der Lösungsoperator im absoluten Sinne **gut konditioniert** ist. $\triangle$

Wir werden später sehen, daß man mit etwas mehr analytischem Aufwand unter schwächeren Glattheitsannahmen an u Abschätzungen bezüglich anderer Normen erhält. Hier sei lediglich erwähnt, daß (12.28) aus einem wichtigen Prinzip für elliptische Operatoren, dem *Maximum-Prinzip*, folgt.

Maximum-Prinzip: Sei die Matrix A in (12.16) und (12.17) in Ω negativ definit. Für $v \in C^2(\Omega) \cap C(\overline{\Omega})$ impliziert dann $Lv \leq 0$ in Ω, daß v sein Maximum auf dem Rand $\partial\Omega$ von Ω annimmt.

Daraus wiederum schließt man sofort das

Vergleichsprinzip: Für $v, w \in C^2(\Omega) \cap C(\overline{\Omega})$ gilt:

$$\left.\begin{array}{r} Lv \leq Lw \text{ in } \quad \Omega \\ v \leq w \text{ auf } \partial\Omega \end{array}\right\} \implies v \leq w \text{ in } \Omega. \tag{12.30}$$

Man kann dies mit Hilfe des Lösungsoperators S das Resultat (12.30) folgendermaßen ausdrücken:

$$f, g \geq 0 \implies u = S(g, f) \geq 0. \tag{12.31}$$

Man nennt Operatoren, die ein Vorzeichen des Arguments erhalten *positiv* oder *monoton*. Wir werden später ein diskretes Analogon zu (12.31) antreffen.

Als letztes Beispiel betrachten wir die Wärmeleitungsgleichung (12.23), wobei der Einfachheit halber die Randwerte als *homogen* $g = 0$ angenommen seien. Die „Daten" des Problems sind dann die Anfangswerte u_0 und die rechte Seite f. Mit relativ einfachen Mitteln erhält man dann die Abschätzung

$$\|u(\cdot, t)\|_{L_2(\Omega)} \leq \|u_0\|_{L_2(\Omega)} + \int_0^t \|f(\cdot, \tau)\|_{L_2(\Omega)} d\tau. \tag{12.32}$$

Man erhält nun also Beschränktheit und somit Stetigkeit des Lösungsoperators in anderen Normen. Für ein festes Zeitintervall $[0, T]$ heißt (12.32) ja gerade

$$\max_{t \in [0,T]} \|u(\cdot, t)\|_{L_2(\Omega)} \leq \|u_0\|_{L_2(\Omega)} + \int_0^T \|f(\cdot, \tau)\|_{L_2(\Omega)} d\tau,$$

d. h., die Norm auf der linken Seite setzt sich aus der Maximumnorm bzgl. der Zeitvariablen und der L_2-Norm bzgl. der Ortsvariablen zusammen, während die Norm für die rechte Seite f als Funktion auf $\Omega \times [0, T]$ eine Mischung aus L_2-Norm im Ort und L_1-Norm in der Zeit ist, vgl. den Raum V im vorherigen Abschnitt. Die Wärmeleitungsgleichung ist also bezüglich dieser Normen korrekt gestellt. Wie vorher schon angedeutet wurde, ist die „Rückwärtswärmeleitungsgleichung" nicht korrekt gestellt.

Die Abschätzung (12.32) beruht auf einer sogenannten *Energieabschätzung*. Da es sich dabei um ein wichtiges Prinzip handelt, skizzieren wir die Argumente im vorliegenden technisch einfachen Fall. Zunächst liefert die Produktregel

$$\frac{d}{dt} \|u(\cdot, t)\|_{L_2(\Omega)}^2 = \frac{d}{dt} \int_\Omega u(x, t)^2 dx = \int_\Omega \frac{\partial}{\partial t} u(x, t)^2 \, dx$$

$$= 2 \int_\Omega u(x, t) \frac{\partial}{\partial t} u(x, t) \, dx$$

$$= 2 \int_\Omega \Delta u(x, t) u(x, t) + f(x, t) u(x, t) \, dx,$$

wobei wir im letzten Schritt (12.23) benutzt haben. Mit Hilfe des Gaußschen Satzes erhält man für den Fall homogener Randbedingungen $g = 0$ auf $\partial\Omega$ somit

$$\frac{1}{2}\frac{d}{dt}\|u(\cdot,t)\|_{L_2(\Omega)}^2 = -\int_\Omega \nabla u(x,t) \cdot \nabla u(x,t)\,dx + \int_\Omega f(x,t)u(x,t)\,dx$$
$$+ \int_{\partial\Omega} n \cdot \nabla u(x,t)g(x,t)\,dx$$
$$= -\int_\Omega \nabla u(x,t) \cdot \nabla u(x,t)dx + \int_\Omega f(x,t)u(x,t)dx.$$

Da $\int_\Omega \nabla u(x,t) \cdot \nabla u(x,t)dx \geq 0$ und

$$\frac{1}{2}\frac{d}{dt}\|u(\cdot,t)\|_{L_2(\Omega)}^2 = \|u(\cdot,t)\|_{L_2(\Omega)}\frac{d}{dt}\|u(\cdot,t)\|_{L_2(\Omega)}$$

ergibt die Cauchy-Schwarzsche Ungleichung

$$\|u(\cdot,t)\|_{L_2(\Omega)}\frac{d}{dt}\|u(\cdot,t)\|_{L_2(\Omega)} \leq \|f(\cdot,t)\|_{L_2(\Omega)}\|u(\cdot,t)\|_{L_2(\Omega)},$$

so daß Division durch $\|u(\cdot,t)\|_{L_2(\Omega)}$ die Ungleichung

$$\frac{d}{dt}\|u(\cdot,t)\|_{L_2(\Omega)} \leq \|f(\cdot,t)\|_{L_2(\Omega)}$$

liefert. Integration nach t ergibt schließlich unter Verwendung der Anfangsbedingung $u(\cdot,t) = u_0$ gerade die Abschätzung (12.32).

Bei der Diskretisierung dieser Probleme wird es unter anderem darum gehen, möglichst viele Vorteile aus der Korrektgestelltheit zu ziehen. Die häufigsten in der Praxis benutzten Diskretisierungsmethoden lassen sich in drei Klassen einteilen: *Differenzenverfahren*, die *Finiten-Elemente-Methode* (FEM: „Finite Element Method") und die *Finite-Volumen-Methode*. Abschnitt 12.3 ist den Differenzenverfahren für elliptische Randwertaufgaben gewidmet. In den Abschnitten 12.4 und 12.5 werden die Grundideen der Finite-Elemente-Methode und der Finite-Volumen-Methode anhand des Poisson-Problems erläutert. In Abschnitt 12.7 wird die sogenannte Linien-Methode zur Diskretisierung parabolischer Probleme kurz vorgestellt.

Die Diskretisierung von Randwertaufgaben führt auf sehr große Gleichungssysteme. Numerische Verfahren zur Lösung solcher Gleichungssysteme werden für den Fall linearer Probleme in Kapitel 13 behandelt.

Die in diesem Buch gebotene kurze Einführung in diese Thematik soll einerseits einen Mindesthintergrund für die numerischen Methoden bereitstellen, andererseits eine Brücke zu ausführlicheren Abhandlungen von Diskretisierungsmethoden wie z. B. [GR, Ha1] schlagen.

12.3 Differenzenverfahren für elliptische Randwertaufgaben

In diesem Abschnitt geht es um die gewissermaßen einfachste Diskretisierungsmethode, das Differenzenverfahren. Dieses ist umso bequemer realisierbar, wenn die Gebiete (Hyper-)Rechtecke oder Vereinigungen solcher sind. Wir werden uns daher auf den Modellfall des Einheitsquadrats beschränken. Im nächsten Abschnitt 12.3.1 wird speziell ein Differenzenverfahren zur Diskretisierung der Poisson-Gleichung behandelt. Danach, in Abschnitt 12.3.2, wird die Diskretisierung einer Konvektions-Diffusionsgleichung diskutiert. In Abschnitt 12.3.4 werden Schranken für den Diskretisierungsfehler hergeleitet. Insbesondere wird dann gezeigt, daß in der Fehleranalyse, wie bei den gewöhnlichen Differentialgleichungen, die Begriffe Konsistenz und Stabilität eine entscheidende Rolle spielen.

12.3.1 Diskretisierung der Poisson-Gleichung

Wir betrachten die Poisson-Gleichung in (12.20) im Einheitsquadrat $\Omega = (0,1)^2$. Zur Diskretisierung dieses Problems wird ein regelmäßiges quadratisches Gitter mit Schrittweite $h = \frac{1}{n}$ $(n \in \mathbb{N})$ eingeführt:

$$\Omega_h := \{(ih, jh) \mid 1 \le i, j \le n - 1\}, \tag{12.33}$$

$$\overline{\Omega}_h := \{(ih, jh) \mid 0 \le i, j \le n\}. \tag{12.34}$$

Mit Hilfe der Taylorentwicklung kann man wie in (8.56) zeigen, daß für $(x, y) \in \Omega_h$ die Formel

$$\frac{\partial^2 u}{\partial x^2}(x,y) = h^{-2}[u(x-h,y) - 2u(x,y) + u(x+h,y)] + \mathcal{O}(h^2)$$

gilt. Daraus ergibt sich die *Differenzenformel*

$$
\begin{aligned}
(\Delta u)(x,y) &\approx (\Delta_h u)(x,y) \\
&:= h^{-2}[u(x-h,y) + u(x+h,y) + u(x,y-h) \\
&\quad + u(x,y+h) - 4u(x,y)]
\end{aligned}
\tag{12.35}
$$

für $(x, y) \in \Omega_h$. Den Differenzenoperator Δ_h kann man auch mit einem sogenannten *Differenzenstern* darstellen:

$$[-\Delta_h]_\xi = \frac{1}{h^2} \begin{bmatrix} & -1 & \\ -1 & 4 & -1 \\ & -1 & \end{bmatrix}_\xi, \quad \xi \in \Omega_h. \tag{12.36}$$

Sei nun $\ell^2(\Omega_h)$ $(\ell^2(\overline{\Omega}_h))$ die Menge aller *Gitterfunktionen* auf dem Gitter Ω_h $(\overline{\Omega}_h)$, dann erhält man folgende Formulierung:

Diskretisiertes Poisson-Problem:

$$\begin{cases} \text{gesucht } u_h \in \ell^2(\overline{\Omega}_h), \text{ so daß} \\ \quad -(\Delta_h u_h)(\xi) = f(\xi) \text{ für } \xi \in \Omega_h, \\ \qquad u_h(\xi) = g(\xi) \text{ für } \xi \in \overline{\Omega}_h \setminus \Omega_h \, . \end{cases} \qquad (12.37)$$

Das diskrete Problem in (12.37) ist ein lineares Gleichungssystem, wobei jedem Gitterpunkt aus $\overline{\Omega}_h$ eine Gleichung zugeordnet ist. Die Unbekannten sind $u_h(\xi), \xi \in \overline{\Omega}_h$. Da die Werte in den Punkten $\xi \in \overline{\Omega}_h \setminus \Omega_h$ vorgegeben sind, läßt sich das Gleichungssystem sofort auf ein Gleichungssystem für $\xi \in \Omega_h$ reduzieren. Für die Darstellung dieses Systems in der üblichen Form $\mathbf{A}\mathbf{x} = \mathbf{b}$ braucht man eine Numerierung der Gitterpunkte. *Die Darstellung hängt von der Wahl dieser Numerierung ab.* Eine mögliche Wahl wird für den Fall $n = 5$ $(h = \frac{1}{5})$ in Abb. 12.3 gezeigt. Diese Numerierung wird hier die *Standardanordnung* genannt.

$$\begin{array}{llll}
(h, 4h) & (2h, 4h) & (3h, 4h) & (4h, 4h) & \quad 13 \; 14 \; 15 \; 16 \\
(h, 3h) & (2h, 3h) & (3h, 3h) & (4h, 3h) & \quad 9 \; 10 \; 11 \; 12 \\
(h, 2h) & (2h, 2h) & (3h, 2h) & (4h, 2h) & \quad 5 \; 6 \; 7 \; 8 \\
(h, h) & (2h, h) & (3h, h) & (4h, h) & \quad 1 \; 2 \; 3 \; 4
\end{array}$$

Abb. 12.3. Standardanordnung der Gitterpunkte, $n = 5$

Mit dieser Anordnung der Gitterpunkte ergibt sich folgende Darstellung des Problems (12.37):

$$\mathbf{A}_1 \mathbf{x} = \mathbf{b}, \quad \mathbf{A}_1 \in \mathbb{R}^{m \times m}, \quad m := (n-1)^2 \, , \qquad (12.38)$$

wobei

$$\mathbf{A}_1 = \frac{1}{h^2} \begin{pmatrix} \mathbf{T} & -\mathbf{I} & & & \\ -\mathbf{I} & \mathbf{T} & -\mathbf{I} & & \emptyset \\ & \ddots & \ddots & \ddots & \\ \emptyset & & -\mathbf{I} & \mathbf{T} & -\mathbf{I} \\ & & & -\mathbf{I} & \mathbf{T} \end{pmatrix}, \quad \mathbf{T} = \begin{pmatrix} 4 & -1 & & & \\ -1 & 4 & -1 & & \emptyset \\ & \ddots & \ddots & \ddots & \\ \emptyset & & -1 & 4 & -1 \\ & & & -1 & 4 \end{pmatrix} \in \mathbb{R}^{(n-1) \times (n-1)}$$

$$(12.39)$$

und $\mathbf{I}$ die $(n-1) \times (n-1)$-Identitätsmatrix ist. Der Vektor $\mathbf{b}$ in (12.38) enthält die f und g entsprechenden Daten aus (12.37):

$$\mathbf{b} = \left(\mathbf{b}_1^T \; \mathbf{b}_2^T \; \ldots \; \mathbf{b}_{n-2}^T \; \mathbf{b}_{n-1}^T\right)^T , \qquad (12.40)$$

mit

$$\mathbf{b}_1 = \begin{pmatrix} f(h,h) + h^{-2}(g(h,0) + g(0,h)) \\ f(2h,h) + h^{-2}g(2h,0) \\ \vdots \\ f(1-2h,h) + h^{-2}g(1-2h,0) \\ f(1-h,h) + h^{-2}(g(1-h,0) + g(1,h)) \end{pmatrix}, \qquad (12.41)$$

$$\mathbf{b}_j = \begin{pmatrix} f(h,jh) + h^{-2}g(0,jh) \\ f(2h,jh) \\ \vdots \\ f(1-2h,jh) \\ f(1-h,jh) + h^{-2}g(1,jh) \end{pmatrix}, \quad 2 \le j \le n-2, \qquad (12.42)$$

$$\mathbf{b}_{n-1} = \begin{pmatrix} f(h,1-h) + h^{-2}(g(h,1) + g(0,1-h)) \\ f(2h,1-h) + h^{-2}g(2h,1) \\ \vdots \\ f(1-2h,1-h) + h^{-2}g(1-2h,1) \\ f(1-h,1-h) + h^{-2}(g(1-h,1) + g(1,1-h)) \end{pmatrix}. \qquad (12.43)$$

Im Falle einer einzigen Ortsvariablen, wenn das Poisson Problem die Form $-u_{xx} = f$ in $(0,1)$, $u(0) = g_0$, $u(1) = g_1$, annimmt, reduziert sich die *Block-Tridiagonalmatrix* $\mathbf{A}_1$ auf eine einfache Tridiagonalmatrix, vgl. (3.10), (3.12) in Beispiel 3.2. Die Lösung $\mathbf{x} = (x_1, x_2, \ldots, x_{(n-1)^2})^T$ des Systems (12.38) entspricht der Gitterfunktion u_h in (12.37), z. B. $x_2 = u_h(2h,h)$, $x_{n+2} = u_h(3h,2h)$.

Bemerkung 12.3. In diesem Kapitel ist der Unterschied zwischen Differenzenoperatoren und Gitterfunktionen einerseits und Matrizen und Vektoren andererseits wichtig. Um diesen Unterschied hervorzuheben, werden Vektoren und Matrizen mit fettgedruckten Buchstaben bezeichnet, wie zum Beispiel in (12.38).   △

Beispiel 12.4. Für den Fall $f \equiv 1, g \equiv 0, h = 2^{-6}$ ($n = 64$) ist die der Lösung des Systems (12.38) entsprechende Gitterfunktion in Abb.12.4 dargestellt. In diesem Fall hat die Matrix $\mathbf{A}_1$ die Dimension 3969×3969. Das System ist also schon *recht groß*. Für das analoge Problem in drei Raumdimensionen ($\Omega = (0,1)^3$) mit $h = 2^{-7}$ ($n = 128$) ist die Dimension des entsprechenden Gleichungssystems sogar $127^3 = 2048383$, also sehr groß. Die Darstellung in (12.39) zeigt, daß die Matrix $\mathbf{A}_1$ *dünnbesetzt* ist: nur etwa $5(n-1)^2 = 19845$ der $(n-1)^4 = 15752961$ Einträge der Matrix $\mathbf{A}_1$ sind von Null verschieden.   △

Bemerkung 12.5. Für die Fehleranalyse des Differenzenverfahrens brauchen wir eine etwas präzisere Beschreibung des Zusammenhangs zwischen der Diskretisierung (12.37) und der äquivalenten Matrix-Vektor-Darstellung (12.38). Seien die Gitterpunkte $\xi_i \in \Omega_h$ mit der Standardanordnung nummeriert. Der

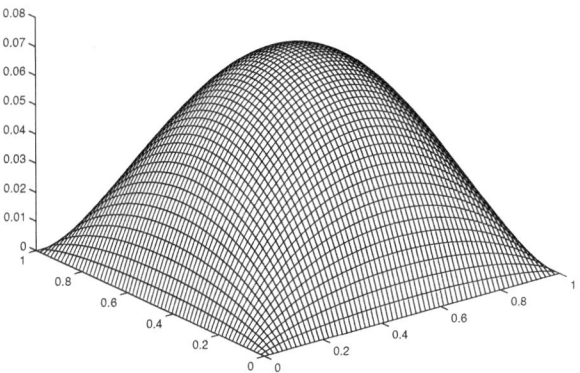

Abb. 12.4. Lösung der diskretisierten Poisson-Gleichung

Raum $\ell^2(\Omega_h)$ besteht aus allen Gitterfunktionen auf Ω_h und hat die Dimension $m = (n-1)^2$. Eine kanonische (orthogonale) Basis in diesen Raum ist die folgende: Zu jedem Gitterpunkt ξ_i wird die Basis-Gitterfunktion ϕ_i mit $\phi_i(\xi_j) = \delta_{ij}$, $1 \leq i, j \leq m$, definiert. Eine Gitterfunktion $v_h \in \ell^2(\Omega_h)$ hat bezüglich dieser Basis die Darstellung $v_h = \sum_{i=1}^{m} x_i \phi_i$, mit $x_i = v_h(\xi_i)$. Der Differenzenoperator Δ_h in (12.37) bildet $\ell^2(\overline{\Omega}_h)$ in $\ell^2(\Omega_h)$ ab. Wegen $\dim\big(\ell^2(\overline{\Omega}_h)\big) = n^2 \neq \dim\big(\ell^2(\Omega_h)\big) = (n-1)^2$ kann dieser Operator nicht bijektiv sein. Der Operator Δ_h eingeschränkt auf dem Teilraum von $\ell^2(\overline{\Omega}_h)$ der Gitterfunktionen mit 0-Werten auf dem Rand, d.h.,

$$\Delta_h : \ell_0^2(\overline{\Omega}_h) := \{\, v_h \in \ell^2(\overline{\Omega}_h) \mid v_h(\xi) = 0 \quad \text{für alle } \ \xi \in \partial\Omega \,\} \to \ell^2(\Omega_h)$$

ist bijektiv. Die $(\phi_i)_{1 \leq i \leq m}$ bilden eine Basis nicht nur von $\ell^2(\Omega_h)$ sondern auch von $\ell_0^2(\overline{\Omega}_h)$. *Die Matrix* $\mathbf{A_1}$ *in (12.38) ist die Matrix-Darstellung des Differenzenoperators* $-\Delta_h : \ell_0^2(\overline{\Omega}_h) \to \ell^2(\Omega_h)$ *in der Basis* $(\phi_i)_{1 \leq i \leq m}$: Für $v_h = \sum_{i=1}^{m} x_i \phi_i \in \ell_0^2(\overline{\Omega}_h)$ gilt

$$-\Delta_h v_h = w_h = \sum_{i=1}^{m} y_i \phi_i \ \Leftrightarrow \ \mathbf{A_1} \mathbf{x} = \mathbf{y}.$$

Aus Eigenschaften der Basis $(\phi_i)_{1 \leq i \leq m}$ folgt sofort

$$\max_{\xi \in \Omega_h} |v_h(\xi)| =: \|v_h\|_\infty = \|\mathbf{x}\|_\infty \, , \qquad \sum_{\xi \in \Omega_h} v_h(\xi)^2 =: \|v_h\|_2^2 = \|\mathbf{x}\|_2^2. \qquad (12.44)$$

Für die entsprechenden Operatornormen ergibt sich dann

$$\|\Delta_h\|_* = \|\mathbf{A_1}\|_*, \quad \|\Delta_h^{-1}\|_* = \|\mathbf{A_1}^{-1}\|_* \, , \quad * \in \{\infty, 2\}. \qquad (12.45)$$

Solche Beziehungen gelten natürlich nicht nur für den diskreten Laplace-Differenzenoperator Δ_h, sondern auch für andere Differenzenoperatoren und die zugehörige Matrix-Darstellung. $\triangle$

12.3.2 Diskretisierung einer Konvektions-Diffusionsgleichung

Als Spezialfall von (12.25) wenden wir uns nun folgender elliptischen Randwertaufgabe zu:

Konvektions-Diffusionsproblem:

$$\begin{cases} \text{Gesucht sei eine Funktion } u \in C^2(\Omega) \cap C(\overline{\Omega}), \text{ so daß} \\ -\varepsilon \Delta u + \cos(\beta)\frac{\partial u}{\partial x} + \sin(\beta)\frac{\partial u}{\partial y} = f \text{ in } \Omega = (0,1)^2 , \\ \qquad\qquad u = g \text{ auf } \partial\Omega . \end{cases} \qquad (12.46)$$

Hierbei sind $\varepsilon > 0$ und $\beta \in (0, 2\pi)$ vorgegebene Konstanten und f, g vorgegebene Funktionen. In diesem Problem spielt neben der Diffusion, modelliert durch den Term $-\varepsilon \Delta u$, auch die Konvektion, modelliert durch den Term $\cos(\beta)\frac{\partial u}{\partial x} + \sin(\beta)\frac{\partial u}{\partial y}$, eine Rolle, vgl. (12.15). Die Zahl ε ist ein Maß für das Verhältnis zwischen Diffusion und Konvektion. Wenn $\epsilon \ll 1$ gilt, spricht man von einem Problem mit *dominanter Konvektion*.

Für $c_0, c_1 \in \mathbb{R}$ sei $l(t) := (c_0 + t\cos(\beta), c_1 + t\sin(\beta))$ eine Gerade mit Richtungsvektor $(\cos(\beta), \sin(\beta))$, und u sei eine Lösung der Differentialgleichung

$$\cos(\beta)\frac{\partial u}{\partial x} + \sin(\beta)\frac{\partial u}{\partial y} = 0 \qquad (12.47)$$

($\varepsilon = 0$, $f \equiv 0$ in (12.46)). Dann gilt

$$\frac{du(l(t))}{dt} = \frac{\partial u}{\partial x}\cos(\beta) + \frac{\partial u}{\partial y}\sin(\beta) = 0,$$

also ist u eine Konstante entlang der Kurve l. Wie bereits in Abschnitt 12.1 erklärt wurde, heißt diese Kurve l *Charakteristik* oder *Stromlinie* der Differentialgleichung (12.47). Da in diesem Modellproblem die Charakteristiken Geraden mit Richtungsvektor $(\cos(\beta), \sin(\beta))$ sind, wird im Problem (12.46) mit $\varepsilon \ll 1$ die Richtung $(\cos(\beta), \sin(\beta))$ die Strömungs- oder Konvektionsrichtung genannt.

Zur Diskretisierung des Problems (12.46) verwenden wir wie in (12.33), (12.34) ein regelmäßiges quadratisches Gitter. Der Laplace-Operator Δ wird mit dem Differenzenoperator Δ_h aus (12.35) angenähert. Für die Diskretisierung von $\frac{\partial}{\partial x}$ bieten sich folgende drei Differenzensterne an (vgl. (8.55) in Abschnitt 8.4):

$$\frac{1}{2h}[-1 \ \ 0 \ \ 1]_\xi, \quad \frac{1}{h}[-1 \ \ 1 \ \ 0]_\xi, \quad \frac{1}{h}[0 \ \ -1 \ \ 1]_\xi, \quad \xi \in \Omega_h . \qquad (12.48)$$

Die erste Differenzenformel ist eine sogenannte *zentrale Differenz*, die beiden anderen Möglichkeiten werden einseitige Differenzen genannt. Für den Fehler in diesen Differenzenformeln gilt:

$$\frac{\partial u}{\partial x}(x,y) = \frac{1}{2h}\left[\,-u(x-h,y) + u(x+h,y)\right] + \mathcal{O}(h^2), \qquad (12.49)$$

$$\frac{\partial u}{\partial x}(x,y) = \frac{1}{h}\left[\,-u(x-h,y) + u(x,y)\right] + \mathcal{O}(h), \qquad (12.50)$$

$$\frac{\partial u}{\partial x}(x,y) = \frac{1}{h}\left[\,-u(x,y) + u(x+h,y)\right] + \mathcal{O}(h). \qquad (12.51)$$

Wie bereits in Abschnitt 8.4 erklärt wurde, ist die Genauigkeit also bei der zentralen Differenz um eine Ordnung besser als bei den einseitigen Differenzen. Es ist aber bekannt (siehe auch Abschnitt 12.3.4), daß für konvektionsdominierte Probleme ($\varepsilon \ll 1$) die Diskretisierung mit zentralen Differenzen zu Instabilitäten führen kann. Diese Instabilitäten treten nicht auf, wenn man eine einseitige Differenz in die sogenannte *upwind-Richtung* wählt. Diese upwind-Richtung hängt von der Konvektionsrichtung ab. Ist zum Beispiel $\beta \in (0,\frac{\pi}{2}) \cup (\frac{3\pi}{2}, 2\pi)$ dann ist die erste Komponente der Konvektionsrichtung $(\cos(\beta), \sin(\beta))$ positiv und „die Strömung geht von links nach rechts". Für diesen Fall ist die upwind-Differenz für $\frac{\partial}{\partial x}$: $\frac{1}{h}[-1\ 1\ 0]$. Die upwind-Differenz für $\frac{\partial}{\partial x}$ hängt also vom Vorzeichen von $\cos(\beta)$ ab. Mit

$$\hat{c} := \cos(\beta), \quad \hat{c}^+ := \max(\hat{c},0), \quad \hat{c}^- := \min(\hat{c},0),$$

lautet die allgemeine Formel für die *upwind-Differenz* zur Annäherung von $\cos(\beta)\frac{\partial}{\partial x}$

$$[D_x^{up}]_\xi := \frac{1}{h}\left[-\hat{c}^+\ \ |\hat{c}|\ \ \hat{c}^-\right]_\xi, \qquad \xi \in \Omega_h. \qquad (12.52)$$

Diese Diskretisierung ist in gewissem Sinne natürlicher als die mit der zentralen Differenz, weil man zur Approximation der Ableitung nur Information benutzt, die aufgrund der Stromrichtung bereit gestellt wird.

Die partielle Ableitung $\frac{\partial}{\partial y}$ kann man analog behandeln. Sei

$$\hat{s} := \sin(\beta), \quad \hat{s}^+ := \max(\hat{s},0), \quad \hat{s}^- := \min(\hat{s},0).$$

Die upwind-Differenz zur Annäherung von $\sin(\beta)\frac{\partial}{\partial y}$ ist

$$[D_y^{up}]_\xi := \frac{1}{h}\begin{bmatrix} \hat{s}^- \\ |\hat{s}| \\ -\hat{s}^+ \end{bmatrix}_\xi, \qquad \xi \in \Omega_h. \qquad (12.53)$$

Das diskretisierte Problem läßt sich nun folgendermaßen formulieren:

Diskretisiertes Konvektions-Diffusionsproblem:

$$\begin{cases} \text{Gesucht } u_h \in \ell^2(\overline{\Omega}_h),\ \text{so daß} \\ ((-\varepsilon\Delta_h + D_x^{up} + D_y^{up})u_h)(\xi) = f(\xi) \ \text{für } \xi \in \Omega_h, \\ \hspace{4.5cm} u_h(\xi) = g(\xi) \ \text{für } \xi \in \overline{\Omega}_h \setminus \Omega_h. \end{cases} \qquad (12.54)$$

Der zugehörige Differenzenstern ist

$$
[-\varepsilon\Delta_h + D_x^{up} + D_y^{up}]_\xi = \frac{1}{h^2}\begin{bmatrix} & -\varepsilon + h\hat{s}^- & \\ -\varepsilon - h\hat{c}^+ & 4\varepsilon + h(|\hat{c}| + |\hat{s}|) & -\varepsilon + h\hat{c}^- \\ & -\varepsilon - h\hat{s}^+ & \end{bmatrix}
$$

$$
=: \frac{1}{h^2}\begin{bmatrix} & -\tilde{n} & \\ -\tilde{w} & \tilde{z} & -\tilde{o} \\ & -\tilde{s} & \end{bmatrix},
$$

also

$$
\tilde{n} = \varepsilon - h\hat{s}^- , \quad \tilde{s} = \varepsilon + h\hat{s}^+ , \tag{12.55}
$$

$$
\tilde{o} = \varepsilon - h\hat{c}^- , \quad \tilde{w} = \varepsilon + h\hat{c}^+ , \tag{12.56}
$$

$$
\tilde{z} = \tilde{n} + \tilde{s} + \tilde{o} + \tilde{w} = 4\varepsilon + h(|\hat{c}| + |\hat{s}|) . \tag{12.57}
$$

Im Stern wird mit $\tilde{z}, \tilde{n}, \tilde{s}, \tilde{w}, \tilde{o}$ die „zentrale Position" bzw. die Nord-, Süd-, West-, Ostrichtung bezeichnet. In Matrix-Vektor-Darstellung, basierend auf der Standardanordnung, ergibt sich das Gleichungssystem

$$
\mathbf{A_2 x = b}, \quad \mathbf{A_2} \in \mathbb{R}^{m\times m}, \quad m := (n-1)^2 , \tag{12.58}
$$

mit

$$
\mathbf{A_2} = \frac{1}{h^2}\begin{pmatrix} \mathbf{T} & -\tilde{n}\mathbf{I} & & \\ -\tilde{s}\mathbf{I} & \mathbf{T} & -\tilde{n}\mathbf{I} & & \emptyset \\ & \ddots & \ddots & \ddots & \\ \emptyset & & -\tilde{s}\mathbf{I} & \mathbf{T} & -\tilde{n}\mathbf{I} \\ & & & -\tilde{s}\mathbf{I} & \mathbf{T} \end{pmatrix}, \quad \mathbf{T} = \begin{pmatrix} \tilde{z} & -\tilde{o} & & \\ -\tilde{w} & \tilde{z} & -\tilde{o} & & \emptyset \\ & \ddots & \ddots & \ddots & \\ \emptyset & & -\tilde{w} & \tilde{z} & -\tilde{o} \\ & & & -\tilde{w} & \tilde{z} \end{pmatrix}. \tag{12.59}
$$

Die rechte Seite $\mathbf{b}$ entspricht (12.40)–(12.43), wobei jedoch $g(jh,0), g(jh,1)$, $g(0,jh), g(1,jh)$ durch $\tilde{s}g(jh,0), \tilde{n}g(jh,1), \tilde{w}g(0,jh), \tilde{o}g(1,jh)$ $(1 \le j \le n-1)$ ersetzt wird.

Beispiel 12.6. Für die Fälle $f \equiv 1, g \equiv 0, h = 2^{-6}, \beta = \frac{5\pi}{6}$ und $\varepsilon = 1, 10^{-2}, 10^{-4}$, ist die Lösung des Problems (12.54) (oder äquivalent (12.58)) in den Abb. 12.5, 12.6, 12.7 dargestellt.

Für den Fall dominanter Konvektion ($\varepsilon = 10^{-2}, 10^{-4}$) bildet sich am *Ausströmrand* eine *Grenzschicht*, ein Bereich, in dem sich die Lösung extrem schnell (mit kleiner werdendem ε) ändert. Die Diffusion wirkt sich nämlich nur sehr schwach aus, während der Konvektionsterm zusammen mit der rechten Seite einen konstanten Anstieg in Stromrichtung erzwingt. Die Randbedingungen zwingen dann die Lösung wieder zum plötzlichen „Abstieg". △

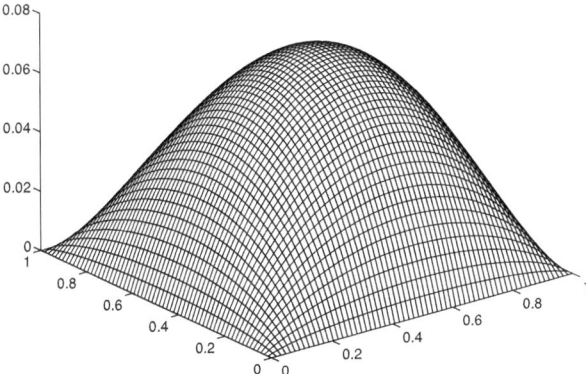

Abb. 12.5. Lösung der diskretisierten Konvektions-Diffusionsgleichung, $\varepsilon = 1$.

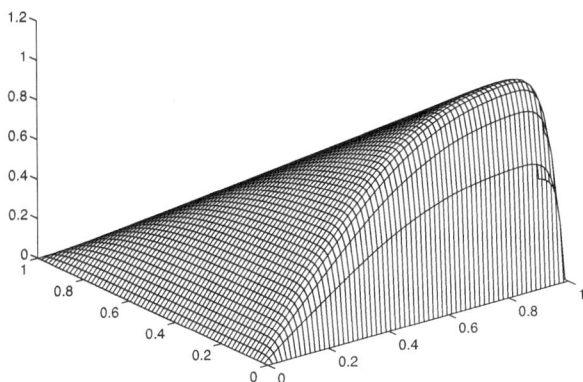

Abb. 12.6. Lösung der diskretisierten Konvektions-Diffusionsgleichung, $\varepsilon = 10^{-2}$.

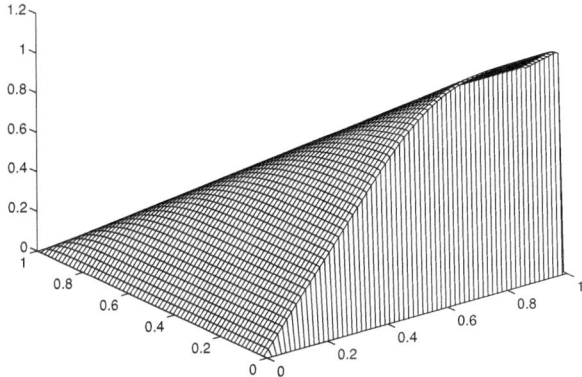

Abb. 12.7. Lösung der diskretisierten Konvektions-Diffusionsgleichung, $\varepsilon = 10^{-4}$.

Hat man das ursprüngliche Problem wie in obigen Beispielen diskretisiert, stellen sich zwei grundlegende Fragenkomplexe:

- Die diskrete Lösung $u_h(\xi)$ von (12.37) oder (12.54) soll die Lösung u des entsprechenden Randwertproblems an den Gitterpunkten $\xi \in \Omega_h$ approximieren. Wie hängt die Genauigkeit dieser Approximation von der Diskretisierung, insbesondere von der Gitterweite h ab? Dies ist die Frage nach dem *Diskretisierungsfehler*.
- Zur Bestimmung von u_h muß ein gegebenenfalls sehr großes lineares Gleichungssystem vom Typ (12.38) oder (12.58) gelöst werden. Sind die bisher bekannten Faktorisierungsmethoden dazu brauchbar? Welche Methoden sind dazu sonst geeignet und was läßt sich über den benötigten Rechenaufwand sagen?

Im folgenden Abschnitt wird eine erste einfache Methode vorgestellt, die zumindest für die bisher betrachteten einfachen Gebiete und Gitter wichtige Beiträge zur Beantwortung dieser Fragen liefert. Die dabei gewonnenen Einsichten bleiben auch in allgemeineren Situationen im Kern gültig.

12.3.3 Fourieranalyse

Das in den Modellproblemen aus den Abschnitten 12.3.1, 12.3.2 zur Diskretisierung verwendete regelmäßige quadratische Gitter erlaubt die Darstellung der diskreten Gleichung mit Hilfe eines Differenzensterns, der in allen (inneren) Gitterpunkten gleich ist. Letzteres folgt aus der Tatsache, daß die Koeffizienten in der Differentialgleichung in diesem Fall nicht von den Ortsvariablen abhängen. Ein derartiges Problem mit konstantem Differenzenstern in allen Gitterpunkten kann man mit Hilfe einer *Fourieranalyse* einfach analysieren. Diese Vorgehensweise wollen wir deshalb in diesem Abschnitt anhand der Poisson-Gleichung kurz erläutern.

Die Matrix $\mathbf{A_1}$ des diskretisierten Problems (vgl. (12.38)–(12.39)) ist *symmetrisch*. Deshalb hat $\mathbf{A_1}$ nur reelle Eigenwerte, und es existiert eine orthogonale Basis aus Eigenvektoren von $\mathbf{A_1}$. Wir werden zeigen, daß man bei diesem Modellproblem die Eigenwerte und Eigenvektoren mit Hilfe einer Fouriertechnik explizit angeben kann. Dazu führen wir die trigonometrischen Funktionen

$$e^{\nu\mu}(x, y) := \sin(\nu\pi x)\sin(\mu\pi y), \qquad \nu, \mu \in \mathbb{N},$$

ein. Diese Funktionen sind Null auf dem Rand des Einheitsquadrats und sind, wie man leicht nachrechnet, Eigenfunktionen des Laplace-Operators:

$$-\Delta e^{\nu\mu} = \left((\nu\pi)^2 + (\mu\pi)^2\right) e^{\nu\mu}. \tag{12.60}$$

Sei nun

$$e_h^{\nu\mu}(\xi) := e^{\nu\mu}(\xi) \qquad \text{für } \xi \in \overline{\Omega}_h, \quad 1 \leq \nu, \mu \leq n-1,$$

die Beschränkung von $e^{\nu\mu}$ auf das Gitter $\overline{\Omega}_h$. Aus Bemerkung 8.52 in Abschnitt 8.7.2 kann man folgern, daß

$$\sum_{\xi \in \Omega_h} e_h^{\nu\mu}(\xi)\, e_h^{\nu'\mu'}(\xi) = 0 \quad \text{für } (\nu, \mu) \neq (\nu', \mu') ,$$

$$\sum_{\xi \in \Omega_h} e_h^{\nu\mu}(\xi)^2 = 4h^{-2}.$$

Die Gitterfunktionen $(e_h^{\nu\mu})_{1 \leq \nu, \mu \leq n-1}$ bilden also eine orthogonale Basis von $\ell^2(\Omega_h)$. Anwendung des Differenzensterns ergibt das Resultat

$$(-\Delta_h\, e_h^{\nu\mu})(\xi) = \lambda_{\nu\mu}\, e_h^{\nu\mu}(\xi) \qquad \text{für } \xi \in \Omega_h, \quad 1 \leq \nu, \mu \leq n-1, \quad (12.61)$$

$$\text{mit} \quad \lambda_{\nu\mu} = \frac{4}{h^2} \big(\sin^2(\tfrac{1}{2}\nu\pi h) + \sin^2(\tfrac{1}{2}\mu\pi h) \big) . \tag{12.62}$$

Die Gitterfunktionen $e_h^{\nu\mu}$ (als Restriktionen der $e^{\nu\mu}$ auf das Gitter $\overline{\Omega}_h$) sind also auch Eigenfunktionen des diskreten Laplace-Operators Δ_h. Über die Standardanordnung der Gitterpunkte kann man die Gitterfunktion $e_h^{\nu\mu}(\xi), \xi \in \Omega_h$, als einen Vektor $\mathbf{e}_h^{\nu\mu} \in \mathbb{R}^m$, $m := (n-1)^2$, darstellen. Weil $\mathbf{A_1}$ die Matrix-Darstellung des Operators $\Delta_h : \ell_0^2(\overline{\Omega}_h) \to \ell^2(\Omega_h)$ ist, folgt hieraus, daß

$$\mathbf{A_1} \mathbf{e}_h^{\nu\mu} = \lambda_{\nu\mu} \mathbf{e}_h^{\nu\mu}, \qquad 1 \leq \nu, \mu \leq n-1, \text{ mit}$$

$$\lambda_{\nu\mu} \quad \text{wie in } (12.62) .$$

Offensichtlich sind die $\mathbf{e}_h^{\nu\mu}$, $1 \leq \nu, \mu \leq n-1$ orthogonale Eigenvektoren der Matrix $\mathbf{A_1}$ mit zugehörigen Eigenwerten $\lambda_{\nu\mu}$ wie in (12.62). Mit Hilfe dieser Eigenvektorbasis kann man einfach folgende Lemmata beweisen:

Lemma 12.7. *Die Matrix $\mathbf{A_1}$ der diskretisierten Poisson-Gleichung ist symmetrisch positiv definit.*

Beweis. Die Symmetrie ist klar aus der Darstellung (12.39). Alle Eigenwerte sind strikt positiv (vgl. (12.62)), und daher ist $\mathbf{A_1}$ positiv definit. $\qquad\square$

Die nächste Folgerung beschreibt eine wichtige Eigenschaft der aus der Diskretisierung elliptischer Randwertaufgaben zweiter Ordnung entstehenden Matrizen, die auch in allgemeineren Fällen und für andere Diskretisierungen in ähnlicher Form gilt.

Lemma 12.8. *Für die Konditionszahl der Matrix $\mathbf{A_1}$ bezüglich der 2-Norm gilt*

$$\kappa_2(\mathbf{A_1}) = \frac{\cos^2(\tfrac{1}{2}\pi h)}{\sin^2(\tfrac{1}{2}\pi h)} = \big(\frac{2}{\pi h}\big)^2 (1 + \mathcal{O}(h^2)). \tag{12.63}$$

Beweis. Da $\mathbf{A}_1$ s.p.d. ist, gilt $\kappa_2(\mathbf{A}_1) = \frac{\lambda_{max}}{\lambda_{min}}$. Aus der Formel (12.62) folgt dann

$$\kappa_2(\mathbf{A}_1) = \frac{\lambda_{n-1,n-1}}{\lambda_{1,1}} = \frac{\sin^2(\frac{1}{2}\pi - \frac{1}{2}\pi h)}{\sin^2(\frac{1}{2}\pi h)} = \frac{\cos^2(\frac{1}{2}\pi h)}{\sin^2(\frac{1}{2}\pi h)},$$

also das erste Resultat in (12.63). Das zweite Resultat in (12.63) ergibt sich aus $\cos^2(\frac{1}{2}\pi h) = 1 - \sin^2(\frac{1}{2}\pi h)$, $\sin(\frac{1}{2}\pi h) = \frac{1}{2}\pi h + \mathcal{O}(h^3)$. $\qquad\square$

Bemerkung 12.9. Lemma 12.7 zeigt die *günstige* Eigenschaft der Matrix $\mathbf{A}_1$, daß sie *symmetrisch positiv definit* ist. Das Resultat in Lemma 12.8 hingegen ergibt die *ungünstige* Eigenschaft der Matrix $\mathbf{A}_1$, daß ihre Konditionszahl sehr groß wird – nämlich wie h^{-2} wächst, wenn die Schrittweite h der Diskretisierung gegen Null strebt. Dies wird sich später als wesentliches Hindernis bei der numerischen Lösung der Gleichungssysteme erweisen. $\qquad\triangle$

12.3.4 Diskretisierungsfehleranalyse – Stabilität und Konsistenz

In diesem Abschnitt werden wir für die Modellprobleme aus den vorigen Abschnitten Schranken für den Diskretisierungsfehler herleiten. Wie im Falle gewöhnlicher Differentialgleichungen spielen dabei die Begriffe Stabilität und Konsistenz – richtig interpretiert – eine zentrale Rolle.

Diskretisierte Poisson-Gleichung:
Sei $u_h \in \ell^2(\overline{\Omega}_h)$ die Lösung des Problems (12.37) und $u \in C^2(\Omega) \cap C(\overline{\Omega})$ sei die Lösung der kontinuierlichen Poisson-Gleichung. Der *Diskretisierungsfehler* wird durch

$$e_h := u_{|\overline{\Omega}_h} - u_h$$

definiert. Da u_h die Randbedingungen in den Gitterpunkten auf dem Rand erfüllt, gilt $e_h(\xi) = 0$ für alle $\xi \in \overline{\Omega}_h \setminus \Omega_h$, und somit $e_h \in \ell_0^2(\overline{\Omega}_h)$. Die Fehleranalyse bei Differenzenverfahren beruht auf der folgenden grundlegenden Ungleichung, wobei $\Delta_h : \ell_0^2(\overline{\Omega}_h) \to \ell^2(\Omega)$,

$$
\begin{aligned}
\|e_h\| = \|\Delta_h^{-1}\Delta_h\, e_h\| &= \|\Delta_h^{-1}(-\Delta_h u_{|\overline{\Omega}_h} - f_{|\Omega_h})\| \\
&\leq \|\Delta_h^{-1}\|\,\| - \Delta_h u_{|\overline{\Omega}_h} - f_{|\Omega_h}\|.
\end{aligned}
\tag{12.64}
$$

Der Term $\| - \Delta_h u_{|\overline{\Omega}_h} - f_{|\Omega_h}\|$ mißt die Größe des *Defektes*, der entsteht, wenn man die Funktionswerte der kontinuierlichen Lösung in den Gitterpunkten in das diskretisierte Problem $-\Delta_h u_h = f$ einsetzt. Die Größe $\| - \Delta_h u_{|\overline{\Omega}_h} - f_{|\Omega_h}\|$ wird *Konsistenzfehler* genannt. Der Faktor $\|\Delta_h^{-1}\|$ quantifiziert die (In)Stabilität der Methode. Aus (12.64) folgt, daß *eine Konsistenzanalyse* (Schranke für $\| - \Delta_h u_{|\overline{\Omega}_h} - f_{|\Omega_h}\|$) *und eine Stabilitätsanalyse* (Schranke für $\|\Delta_h^{-1}\|$) *zusammen sofort ein Konvergenzresultat liefern:*

> Konsistenz ($\| -\Delta_h u_{|\overline{\Omega}_h} - f_{|\Omega_h} \| \to 0$) + Stabilität ($\|\Delta_h^{-1}\| = \mathcal{O}(1)$)
>
> $\implies$ Konvergenz

Bemerkung 12.10. Der Konsistenzbegriff ist ähnlich zu dem bei den gewöhnlichen Differentialgleichungen: Der Konsistenzterm mißt den Defekt der entsteht wenn man die kontinuierliche Lösung in die Diskretisierungsmethode einsetzt. Auch der Stabilitätsbegriff ist analog zu dem in der Fehleranalyse bei den gewöhnlichen Differentialgleichungen, vgl. (11.60) und Bemerkung 11.53. *Die Größe $\|\Delta_h^{-1}\|$ quantifiziert nicht nur die Fortpflanzung des Konsistenzfehlers, sondern auch die Verstärkung im absoluten Sinne von Datenfehlern und von (Rundungs-)Fehlern, die bei der Durchführung der Diskretisierungsmethode auftreten.* Dies kann man wie folgt einsehen. Der Einfachheit halber betrachten wir den Fall wobei die rechte Seite f gestört ist, die Randbedingung g aber exakt ist. Sei $\tilde{u}_h \in \ell^2(\overline{\Omega}_h)$ so, daß

$$-(\Delta_h \tilde{u}_h)(\xi) = \tilde{f}(\xi) + r(\xi) \quad \text{für } \xi \in \Omega_h,$$

$$\tilde{u}_h(\xi) = g(\xi) \quad \text{für } \xi \in \overline{\Omega}_h \setminus \Omega_h \,,$$

vgl. (12.37). Der Term $r \in \ell^2(\Omega_h)$ beschreibt Fehler die beim Lösen des Gleichungssystems, $-\Delta u_h(\xi) = \tilde{f}(\xi)$ für alle $\xi \in \Omega_h$, entstehen. Sei $\tilde{e}_h := u_{|\overline{\Omega}_h} - \tilde{u}_h \in \ell_0^2(\Omega_h)$, $e_h = u_{|\overline{\Omega}_h} - u_h$, also $\tilde{e}_h = e_h + (u_h - \tilde{u}_h)$. Wegen

$$\|u_h - \tilde{u}_h\| = \|\Delta_h^{-1}\Delta_h(u_h - \tilde{u}_h)\| \le \|\Delta_h^{-1}\|\big(\|f_{|\Omega_h} - \tilde{f}\| + \|r\|\big),$$

ergibt sich

$$\|\tilde{e}_h\| \le \|e_h\| + \|u_h - \tilde{u}_h\|$$

$$\le \|\Delta_h^{-1}\|\big(\| -\Delta_h u_{|\overline{\Omega}_h} - f_{|\Omega_h}\| + \|f_{|\Omega_h} - \tilde{f}\| + \|r\|\big).$$

Die Größe $\|\Delta_h^{-1}\|$ quantifiziert in diesem Sinne die Stabilität der Diskretisierungs*methode*. Die Beschreibung des diskreten Problems (12.37) ist noch kein Algorithmus, weil nicht spezifiziert ist, wie das Gleichungssystem gelöst wird, vgl. Bemerkung 11.27. $\triangle$

Wir werden jetzt Konsistenz und Stabilität untersuchen. Obige Überlegungen sind zunächst für beliebige Normen gültig. Den Fehler in jedem Gitterpunkt gleichmäßig zu beschränken, was der ∞-Norm entspricht, ist die stärkste Forderung. Dies entspricht der Wahl der Normen in der Abschätzung (12.28) zum Nachweis der Korrektgestelltheit des Randwertproblems. Hinsichtlich der Konsistenz ergibt sich dazu folgendes Resultat.

Lemma 12.11. *Es gelte $u \in C^4(\overline{\Omega})$. Sei $C := \max\{\big\|\frac{\partial^4 u}{\partial x^4}\big\|_{\infty,\overline{\Omega}}, \big\|\frac{\partial^4 u}{\partial y^4}\big\|_{\infty,\overline{\Omega}}\}$. Dann gilt:*

$$\| -\Delta_h u_{|\overline{\Omega}_h} - f_{|\Omega_h}\|_\infty \le \frac{1}{6}Ch^2$$

Beweis. Sei $\xi = (x,y) \in \Omega_h$. Wegen (8.56) erhält man (mit $0 \le \eta, \tilde\eta \le 1$):

$$
\begin{aligned}
(-\Delta_h u)(\xi) &= \frac{1}{h^2}[-1 \;\; 2 \;\; -1\,]_\xi u + \frac{1}{h^2}
\begin{bmatrix} -1 \\ 2 \\ -1 \end{bmatrix}_\xi u \\
&= -\frac{\partial^2 u}{\partial x^2}(\xi) - \frac{h^2}{12}\frac{\partial^4 u}{\partial x^4}(\eta, y) - \frac{\partial^2 u}{\partial y^2}(\xi) - \frac{h^2}{12}\frac{\partial^4 u}{\partial y^4}(x, \tilde\eta) \\
&= -\Delta u(\xi) - \frac{h^2}{12}\Big(\frac{\partial^4 u}{\partial x^4}(\eta, y) + \frac{\partial^4 u}{\partial y^4}(x, \tilde\eta)\Big) \qquad (12.65)\\
&= f(\xi) - \frac{h^2}{12}\Big(\frac{\partial^4 u}{\partial x^4}(\eta, y) + \frac{\partial^4 u}{\partial y^4}(x, \tilde\eta)\Big)
\end{aligned}
$$

Hiermit ergibt sich

$$
\max_{\xi \in \Omega_h} \big| -(\Delta_h u_{|\overline{\Omega}_h})(\xi) - f(\xi) \big| \le \frac{h^2}{12}\Big(\Big\|\frac{\partial^4 u}{\partial x^4}\Big\|_{\infty, \overline{\Omega}} + \Big\|\frac{\partial^4 u}{\partial y^4}\Big\|_{\infty, \overline{\Omega}}\Big) \le \frac{C}{6} h^2\,,
$$

und somit die Behauptung. □

Es bleibt noch, die Stabilität in $\|\cdot\|_\infty$ zu sichern, also zu zeigen, daß $\|\Delta_h^{-1}\|_\infty$ beschränkt bleibt (für $h \downarrow 0$). Für die Stabilitätsanalyse ist es bequemer, die Matrix-Darstellung des Differenzenoperators zu verwenden. Die Stabilitätsuntersuchungen kann man wegen

$$
\|\Delta_h^{-1}\| = \|\mathbf{A_1}^{-1}\| \qquad (\|\cdot\|\text{: Maximum- oder Euklidische-Norm, vgl. (12.45)})
$$

auch mittels Schranken für $\|\mathbf{A_1}^{-1}\|$ durchführen. Die Stabilitätsanalyse in der Maximumnorm ist nicht ganz so einfach und wird daher noch zurück gestellt. Wir betrachten erst die Euklidische Norm, weil in dieser Norm die Fourieranalyse aus Abschnitt 12.3.3 direkt entsprechende Abschätzungen liefert. Wir wählen eine *gewichtete* Euklidische Norm:

$$
\|\mathbf{y}\|_{2,h} := h\|\mathbf{y}\|_2 = \sqrt{h^2 \sum_{j=1}^m y_j^2}\,, \quad \mathbf{y} \in \mathbb{R}^m. \qquad (12.66)
$$

Die Gewichtung mit h wird benutzt, da für $v \in C(\Omega)$ und hinreichend kleines h die entsprechende Norm $\|v_{|\Omega_h}\|_{2,h}$ auf $\ell^2(\Omega_h)$ (vgl. (12.44)) etwa der L_2-Norm der Funktion v ist:

$$
\|v_{|\Omega_h}\|_{2,h}^2 := \sum_{\xi \in \Omega_h} h^2 v(\xi)^2 = \text{Riemann-Summe} \approx \int_\Omega v(x,y)^2\, dx dy = \|v\|_{L_2}^2.
$$

Wegen der Gewichtung gilt auch, für $v_h \in \ell^2(\Omega_h)$,

$$
\|v_h\|_{2,h} \le h\sqrt{m}\max_{\xi \in \Omega_h}|v_h(\xi)| = h(n-1)\|v_h\|_\infty \le \|v_h\|_\infty. \qquad (12.67)
$$

Man erhält aus Lemma 12.11 damit auch sofort Konsistenz in $\| \cdot \|_{2,h}$, d. h.,

$$\| - \Delta_h u_{|\overline{\Omega}_h} - f_{|\overline{\Omega}_h} \|_{2,h} \leq \frac{1}{6} C h^2. \tag{12.68}$$

Ein Stabilitätsresultat bzgl. $\| \cdot \|_{2,h}$ folgt nun sofort aus der Fourieranalyse:

Lemma 12.12. *Es gilt die Ungleichung*

$$\| \Delta_h^{-1} \|_{2,h} = \| \mathbf{A_1}^{-1} \|_{2,h} \leq \frac{1}{8}.$$

Beweis. Die Matrix $\mathbf{A_1}$ ist symmetrisch positiv definit. Mit Hilfe des Resultats in (12.62) ergibt sich

$$\| \mathbf{A_1}^{-1} \|_{2,h} = \Big(\min_{\lambda \in \sigma(\mathbf{A_1})} \lambda \Big)^{-1} = \frac{1}{\lambda_{1,1}} = \frac{h^2}{8 \sin^2(\frac{1}{2}\pi h)} \leq \frac{1}{8}.$$

In der letzten Ungleichung wurde $\sin y \geq \frac{2}{\pi} y$ für $y \in (0, \frac{\pi}{2})$ benutzt. $\quad\square$

Aus den Resultaten zur *Konsistenz* (12.68) und *Stabilität* in Lemma 12.12 folgt zusammen mit der Ungleichung (12.64) jetzt folgendes *Konvergenz*resultat:

> **Satz 12.13.** *Sei $e_h = u_{|\Omega_h} - u_{h|\Omega_h}$ der Fehler bei der Diskretisierung der Poisson-Gleichung, wie in Abschnitt 12.3.1 beschrieben. Unter den Voraussetzungen aus Lemma 12.11 gilt mit C wie in Lemma 12.11*
>
> $$\| e_h \|_{2,h} \leq \frac{1}{48} C h^2.$$

Bemerkung 12.14. Die gewählte Norm $\| \cdot \|_{2,h}$ ist wegen (12.67) schwächer als die ∞-Norm, die die Abweichungen in allen Gitterpunkten mißt, während $\| \cdot \|_{2,h}$ lediglich den Fehler im quadratischen Mittel angibt. Zwar haben wir es mit endlich-dimensionalen Problemen zu tun, und auf endlich-dimensionalen Räumen sind bekanntlich alle Normen äquivalent. Dies besagt im vorliegenden Fall allerdings wenig, da die Dimension mit kleiner werdender Gitterweite h wächst und der quantitative Unterschied zwischen diesen Normen immer größer wird. Insofern ist bei diesen Betrachtungen die Spezifikation der Normen wichtig. $\quad\triangle$

Bemerkung 12.15. Zur Sicherung der Konvergenzordnung $\mathcal{O}(h^2)$ wird verlangt, daß die Lösung beschränkte Ableitungen *vierter* Ordnung haben soll. Dies ist eine relativ starke Forderung, die in der Tat in vielen praktisch relevanten Fällen nicht erfüllt ist. Darin liegt eine gewisse Schwäche von Differenzenverfahren, die eine der Gründe liefert, nach alternativen Diskretisierungsmethoden zu suchen. $\quad\triangle$

Bemerkung 12.16. Man beachte, daß Stabilität gleichmäßige Beschränktheit (bezüglich der Gitterweite h) der *Inversen* Δ_h^{-1} bedeutet, aber *nicht* von Δ_h selbst. Wegen des Resultats zur Kondition in Lemma 12.8 muß ja $\|\Delta_h\|_{2,h}$ wie h^{-2} wachsen. Dies ist natürlich plausibel, da ja Δ_h für $h \to 0$ immer genauer den Laplace-Operator Δ annähert, der in L_2 natürlich nicht beschränkt ist.   △

Die obige Analyse in der gewichteten Euklidischen Norm ist nicht auf die Konvektions-Diffusionsgleichung anwendbar, weil für die Matrix $\mathbf{A_2}$ keine orthogonale Basis von Eigenvektoren existiert. Es gibt aber eine andere Technik, wobei statt der Norm $\|\cdot\|_{2,h}$ die stärkere Maximumnorm $\|\cdot\|_\infty$ benutzt wird, die sowohl für die Poisson-Gleichung als auch für die Konvektions-Diffusionsgleichung brauchbar ist, um die Konvergenz zu analysieren. Wir behandeln diese alternative Technik, die im Sinne von Bemerkung 12.14 sogar stärkere Ergebnisse liefert, zuerst für die Poisson-Gleichung. Mit Lemma 12.11 ist bereits eine Schranke für den Konsistenzfehler in der Maximumnorm gegeben. Für die Stabilitätsanalyse, d.h. Herleitung einer Schranke für $\|\Delta_h^{-1}\|_\infty = \|\mathbf{A_1^{-1}}\|_\infty$, wird nun eine andere Vorgehensweise als in Lemma 12.12 benutzt. Dazu wird folgender Begriff gebraucht:

Definition 12.17. *Eine Matrix* $\mathbf{A} \in \mathbb{R}^{n \times n}$ *heißt* reduzibel, *wenn man die Spalten und Zeilen der Matrix so permutieren kann, daß nach der Permutation die Blockgestalt*

$$\left(\begin{array}{c|c} \mathbf{A}_{11} & \mathbf{A}_{12} \\ \hline \emptyset & \mathbf{A}_{22} \end{array} \right), \quad \mathbf{A}_{11} \in \mathbb{R}^{k \times k}, \ 1 \leq k < n,$$

entsteht. Eine Matrix heißt irreduzibel, *wenn sie* nicht *reduzibel ist.*

Eine Matrix $\mathbf{A} \in \mathbb{R}^{n \times n}$ *heißt* irreduzibel diagonaldominant, *wenn sie irreduzibel ist und außerdem folgender Bedingung genügt:*

$$\sum_{j \neq i} |a_{i,j}| \leq |a_{i,i}| \quad \textit{für alle } i, \textit{ mit strikter Ungleichung für mindestens ein } i.$$

Beispiel 12.18. Die Matrix

$$\begin{pmatrix} 1 & 0 & 3 \\ 2 & 0 & 4 \\ 3 & 1 & 2 \end{pmatrix}$$

ist reduzibel. Die Matrix

$$\begin{pmatrix} 1 & 2 & 0 \\ 2 & 4 & 3 \\ 0 & 1 & 2 \end{pmatrix}$$

ist irreduzibel, aber nicht irreduzibel diagonaldominant. Die Matrix

$$\begin{pmatrix} 2 & 1 & 0 \\ -1 & 2 & -1 \\ 0 & -1 & 2 \end{pmatrix}$$

ist irreduzibel diagonaldominant.   △

Matrizen, die bei der Diskretisierung partieller Differentialgleichungen entstehen, sind fast immer irreduzibel.

Grundlegend für die Stabilitätsanalyse in der Maximumnorm ist folgendes Resultat.

Satz 12.19. *Sei* $\mathbf{A} \in \mathbb{R}^{n \times n}$ *eine irreduzibel diagonaldominante Matrix mit* $a_{i,j} \leq 0$ *für alle* $i \neq j$. *Dann ist* $\mathbf{A}$ *invertierbar und alle Einträge der Inversen sind nicht-negativ, d. h.,*

$$(A^{-1})_{i,j} \geq 0 \quad \text{für alle} \quad i, j. \tag{12.69}$$

Einen Beweis findet man z. B. in [Ha2].

Bemerkung 12.20. Die Rolle des Lösungsoperators S aus (12.29) für das Poisson-Problem spielt die Inverse $\mathbf{A}_1^{-1}$ (oder Δ_h^{-1}) für das diskretisierte Poisson-Problem. Man beachte, daß (12.69), mit $\mathbf{A} = \mathbf{A}_1$, gerade das diskrete Analogon zur Monotonie (12.31) des Lösungsoperators S eines elliptischen Randwertproblems ist. Offensichtlich impliziert ja (12.69), daß man für $\mathbf{y} \in \mathbb{R}^n$, $\mathbf{y} \geq 0$, d. h. $y_i \geq 0$, $i = 1, \dots, n$, auch $\mathbf{A}_1^{-1}\mathbf{y} \geq 0$ erhält. Ebenso wie (12.31) (in der Form des Maximum- oder Vergleichsprinzip) dem Nachweis der Korrektgestelltheit (12.28), sprich der Beschränktheit des Lösungsoperators, zugrunde lag, kann man mit Hilfe von Satz 12.19 ein $\|\cdot\|_\infty$-Stabilitätsresultat – sprich die *gleichmäßige Beschränktheit des diskreten Lösungsoperators* Δ_h^{-1} der diskretisierten Poisson-Gleichung zeigen. $\triangle$

Lemma 12.21. *Es gilt die Ungleichung*

$$\|\Delta_h^{-1}\|_\infty = \|\mathbf{A}_1^{-1}\|_\infty \leq \frac{1}{8}.$$

Beweis. Die Matrix $\mathbf{A}_1 \in \mathbb{R}^{m \times m}$ erfüllt die Voraussetzungen in Satz 12.19. Also sind alle Einträge der Matrix $\mathbf{A}_1^{-1}$ nicht-negativ. Die Bedeutung dieser Eigenschaft liegt darin, daß sich die Norm der Inversen über ihre Anwendung auf einen speziellen Vektor bestimmen läßt. Sei nämlich $\boldsymbol{\zeta} := (1, \dots, 1)^T \in \mathbb{R}^m$. Dann ist

$$\begin{aligned}
\|\mathbf{A}_1^{-1}\|_\infty &= \max_{1 \leq i \leq m} \sum_{j=1}^m |(A_1^{-1})_{ij}| = \max_{1 \leq i \leq m} \sum_{j=1}^m (A_1^{-1})_{ij} \\
&= \max_{1 \leq i \leq m} (A_1^{-1}\boldsymbol{\zeta})_i = \|\mathbf{A}_1^{-1}\boldsymbol{\zeta}\|_\infty.
\end{aligned} \tag{12.70}$$

Sei $u(x,y) := x(1-x) + y(1-y)$, $(x,y) \in \Omega = (0,1)^2$. Wir betrachten die Poisson-Gleichung (12.20) mit $g(x,y) = u(x,y)$ $((x,y) \in \partial\Omega)$ und $f(x,y) = 4$. Dann ist u die Lösung dieser Gleichung. Wegen $u_{|\partial\Omega} \geq 0$ und der Definition der rechten Seite $\mathbf{b}$ erhält man für die diskrete Lösung $\mathbf{u}_h$

$$\mathbf{A}_1 \mathbf{u}_h = \mathbf{b} \geq 4\boldsymbol{\zeta},$$

wobei „$\geq$" elementweise gilt. Deshalb ergibt sich unter Berücksichtigung von $\mathbf{A}_1^{-1} \geq 0$

$$0 \leq \mathbf{A}_1^{-1}\zeta \leq \frac{1}{4}\mathbf{u}_h. \tag{12.71}$$

Wegen $\frac{\partial^4 u}{\partial x^4} = \frac{\partial^4 u}{\partial y^4} = 0$ folgt aus Lemma 12.11 und (12.64), daß $u_{|\overline{\Omega}_h} - u_h = 0$, also $(\mathbf{u}_h)_i = u(\xi_i)$ für $i = 1, \ldots, m$. Hieraus und aus (12.70), (12.71) ergibt sich

$$\|\mathbf{A}_1^{-1}\|_\infty = \|\mathbf{A}_1^{-1}\zeta\|_\infty \leq \frac{1}{4}\|\mathbf{u}_h\|_\infty \leq \frac{1}{4}\max_{(x,y)\in\Omega}|u(x,y)| = \frac{1}{4}u(\frac{1}{2},\frac{1}{2}) = \frac{1}{8}. \quad \square$$

Wiederum folgt aus den obigen Resultaten zur Konsistenz und Stabilität wegen (12.64) das folgende Konvergenzresultat.

Satz 12.22. *Für* $e_h = u_{|\Omega_h} - u_{h|\Omega_h}$ *und* C *wie in Satz 12.13 gilt*

$$\|e_h\|_\infty \leq \frac{1}{48}Ch^2.$$

Bemerkung 12.23. Das Stabilitätsresultat $\|\Delta_h^{-1}\|_\infty \leq \frac{1}{8}$ ist das diskrete Analogon von (12.28) (mit $g = 0$). Es zeigt, daß für das diskrete Problem die absolute Kondition (bzgl. Störungen in f) *gleichmäßig in h gut ist*, vgl. Bemerkung 12.10. Im Sinne von Bemerkung 12.2 ergibt sich daraus für die diskreten Probleme eine in h gleichmäßige Korrektgestelltheit. $\triangle$

Diskretisierte Konvektions-Diffusionsgleichung

Die bei der Poisson-Gleichung zur Konvergenzanalyse in der Maximumnorm benutzte Methode kann man auch bei der Konvektions-Diffusionsgleichung verwenden. Die Lösung des kontinuierlichen Problems (12.46) wird wieder mit u bezeichnet, während u_h die Lösung des diskretisierten Problems (12.54) ist. Für den Differenzenoperator des Konvektions-Diffusionsproblems wird eine kompaktere Notation eingeführt:

$$\Xi_h := -\varepsilon\Delta_h + D_x^{up} + D_y^{up} \ : \ \ell^2(\overline{\Omega}_h) \to \ell^2(\Omega_h).$$

Zunächst ist wieder Konsistenz zu zeigen.

Lemma 12.24. *Es gelte* $u \in C^4(\overline{\Omega})$. *Sei* $C := \max\{\left\|\frac{\partial^4 u}{\partial x^4}\right\|_{\infty,\overline{\Omega}}, \left\|\frac{\partial^4 u}{\partial y^4}\right\|_{\infty,\overline{\Omega}}\}$, $D := \max\{\left\|\frac{\partial^2 u}{\partial x^2}\right\|_{\infty,\overline{\Omega}}, \left\|\frac{\partial^2 u}{\partial y^2}\right\|_{\infty,\overline{\Omega}}\}$. *Dann gilt*

$$\|\Xi_h u_{|\overline{\Omega}_h} - f_{|\Omega_h}\|_\infty \leq \frac{1}{6}\varepsilon Ch^2 + Dh. \tag{12.72}$$

Beweis. Für die Diskretisierung der ersten partiellen Ableitung in x-Richtung mit der einseitigen Differenz gilt ($\xi = (x,y) \in \Omega_h$)

$$(D_x^{up} u)(\xi) - \cos(\beta)\frac{\partial u}{\partial x}(\xi) = -\cos(\beta)\frac{h}{2}\frac{\partial^2 u}{\partial x^2}(\eta, y).$$

Ein analoges Resultat gilt für die y-Richtung, also erhält man für beliebiges $\xi \in \Omega_h$

$$\begin{aligned}
\left|\left(\Xi_h u_{|\overline{\Omega}_h}\right)(\xi) - f(\xi)\right| &= \left|\left((-\varepsilon\Delta_h + D_x^{up} + D_y^{up})u_{|\overline{\Omega}_h}\right)(\xi) - f(\xi)\right| \\
&\leq \frac{1}{6}\varepsilon C h^2 + \left(|\cos(\beta)|\frac{h}{2} + |\sin(\beta)|\frac{h}{2}\right)D \\
&\leq \frac{1}{6}\varepsilon C h^2 + Dh.
\end{aligned}$$

□

Bemerkung 12.25. Wenn man statt der einseitigen Differenz die zentrale Differenzenformel aus (12.48) zur Diskretisierung der ersten Ableitungen benutzt, erhält man ein Konsistenzresultat wie in Lemma 12.24, wobei jedoch Dh durch $\frac{1}{3}\tilde{D}h^2$ mit $\tilde{D} = \max\{\|\frac{\partial^3 u}{\partial x^3}\|_{\infty,\overline{\Omega}}, \|\frac{\partial^3 u}{\partial y^3}\|_{\infty,\overline{\Omega}}\}$ ersetzt werden kann. Der Konsistenzfehler ist dann also $\mathcal{O}(h^2)$ statt $\mathcal{O}(h)$ (wie in (12.72)). Diese in Bezug auf Konsistenz anscheinend günstigere Diskretisierung wird sich allerdings bezüglich Stabilität als problematisch erweisen.   △

Die Matrix $\mathbf{A_2}$ ist wieder irreduzibel diagonaldominant mit $(A_2)_{ij} \leq 0$ für alle $i \neq j$. Also kann man wie bei der Stabilitätsanalyse der Poisson-Gleichung Satz 12.19 benutzen, um Stabilität zu zeigen.

Lemma 12.26. *Für $\Xi_h : \ell_0^2(\overline{\Omega}_h) \to \ell^2(\Omega_h)$ gilt die Ungleichung*

$$\|\Xi_h^{-1}\|_\infty = \|\mathbf{A_2}^{-1}\|_\infty \leq \sqrt{2}.$$

Beweis. Wie im Beweis von Lemma 12.21 zeigt man $\|\mathbf{A_2}^{-1}\|_\infty = \|\mathbf{A_2}^{-1}\boldsymbol{\zeta}\|_\infty$. Wir betrachten jetzt den Fall $\beta \in [0, \frac{\pi}{2}]$, also $\cos(\beta) \geq 0$, $\sin(\beta) \geq 0$. Sei $u(x,y) := \cos(\beta)x + \sin(\beta)y$ (≥ 0 in Ω). Wir betrachten die Konvektions-Diffusionsgleichung mit $f(x,y) = 1$, $g = u_{|\partial\Omega}$. Dann ist u die Lösung dieser Gleichung. Für die diskrete Lösung $\mathbf{u}_h$ gilt

$$\mathbf{A_2}\mathbf{u}_h = \mathbf{b} \geq \boldsymbol{\zeta}, \quad \text{also } 0 \leq \mathbf{A_2}^{-1}\boldsymbol{\zeta} \leq \mathbf{u}_h.$$

Weil die Funktion u linear ist, folgt aus Lemma 12.24, daß $(\mathbf{u}_h)_i = u(\xi_i)$ für alle $i = 1, \ldots, m$, und damit

$$\|\mathbf{A_2}^{-1}\|_\infty = \|\mathbf{A_2}^{-1}\boldsymbol{\zeta}\|_\infty \leq \|\mathbf{u}_h\|_\infty \leq \max_{(x,y)\in\Omega}|u(x,y)| \leq \cos(\beta) + \sin(\beta) \leq \sqrt{2}.$$

Die andere drei Fälle $\beta \in [\frac{\pi}{2}, \pi]$, $\beta \in [\pi, \frac{3\pi}{2}]$, $\beta \in [\frac{3\pi}{2}, 2\pi]$ kann man ähnlich behandeln. Wichtig ist, daß u eine lineare Funktion ist, und $u \geq 0$ auf Ω gilt. Für $\beta \in [\frac{\pi}{2}, \pi]$ kann man $u(x,y) = \cos(\beta)(x-1) + \sin(\beta)y$ wählen.   □

Für die Methode mit upwind-Differenzen folgt aus Konsistenz und Stabilität wieder Konvergenz:

Satz 12.27. *Sei $e_h = u_{|\Omega_h} - u_{h|\Omega_h}$ der Fehler bei der Diskretisierung der Konvektions-Diffusionsgleichung, wie in Abschnitt 12.3.2 beschrieben. Mit C, D wie in Lemma 12.24 gilt*

$$\|e_h\|_\infty \le \frac{\sqrt{2}\varepsilon}{6} C h^2 + \sqrt{2} D h.$$

Bemerkung 12.28. Sei $\tilde{\mathbf{A}}_2 = (\tilde{a}_{ij})_{1 \le i,j \le m}$ die Matrix, die sich bei der Diskretisierung der Konvektions-Diffusionsgleichung mit *zentralen* Differenzen für die ersten Ableitungen ergibt. Der zugehörige Differenzenstern ist

$$\frac{1}{h^2} \begin{bmatrix} & -\tilde{n} & \\ -\tilde{w} & \tilde{z} & -\tilde{o} \\ & -\tilde{s} & \end{bmatrix},$$

mit

$$\tilde{n} = \varepsilon - \frac{1}{2} h \hat{s}, \quad \tilde{s} = \varepsilon + \frac{1}{2} h \hat{s},$$

$$\tilde{o} = \varepsilon - \frac{1}{2} h \hat{c}, \quad \tilde{w} = \varepsilon + \frac{1}{2} h \hat{c},$$

$$\tilde{z} = \tilde{n} + \tilde{s} + \tilde{o} + \tilde{w}, \quad \hat{s} = \sin(\beta), \quad \hat{c} = \cos(\beta).$$

Diese Diskretisierung hat einen Konsistenzfehler $\mathcal{O}(h^2)$ (Bemerkung 12.25). Sie ist also hinsichtlich Konsistenz besser als die Diskretisierung mit upwind-Differenzen. Für die Stabilitätsanalyse unterscheiden wir 2 Fälle.

<u>Fall a:</u> $h \le 2\varepsilon$. Dann gilt $\tilde{n} \ge 0$, $\tilde{s} \ge 0$, $\tilde{o} \ge 0$, $\tilde{w} \ge 0$ und die Matrix $\tilde{\mathbf{A}}_2$ erfüllt die Voraussetzungen von Satz 12.19. Man kann dann über eine Stabilitätsanalyse wie für den Fall mit upwind-Differenzen ein Stabilitätsresultat

$$\|\tilde{\mathbf{A}}_2^{-1}\|_\infty \le C, \quad \text{mit } C \text{ unabhängig von } h \text{ und } \varepsilon, \qquad (12.73)$$

beweisen.

<u>Fall b:</u> $2\varepsilon \le h$. In diesem Fall ist die Vorzeichenbedingung „$\tilde{a}_{i,j} \le 0$ für alle $i \ne j$" nicht erfüllt. Auch die Diagonaldominanz-Eigenschaft „$\sum_{j \ne i} |\tilde{a}_{i,j}| \le |\tilde{a}_{i,i}|$" ist verletzt. Die Stabilitätsanalyse wie in Lemma 12.26, basiert auf Satz 12.19, ist dann nicht anwendbar. Im allgemeinen gilt nur

$$\|\tilde{\mathbf{A}}_2^{-1}\|_\infty \le C(\varepsilon), \quad \text{mit } C(\varepsilon) \text{ unabhängig von } h. \qquad (12.74)$$

Es kann sogar $\|\tilde{\mathbf{A}}_2^{-1}\|_\infty \to \infty$ für $\varepsilon \downarrow 0$ auftreten (vgl. Übung 12.8.8).

Hieraus schließt man, daß die Diskretisierung mit zentralen Differenzen formal stabil ist: Für jedes *feste* $\varepsilon > 0$ existiert eine Konstante $C = C(\varepsilon)$, so daß $\|\tilde{\mathbf{A}}_2^{-1}\|_\infty \le C$, unabhängig von h gilt. Bei konvektionsdominierten Problemen ist ε oft sehr klein und man wird aus Effizienzgründen $h > 2\varepsilon$ wählen.

Dann kann aber die „Konstante" $C = C(\varepsilon)$ extrem groß sein und eine enorme Fehlerverstärkung auftreten. Deshalb wird *die Methode mit zentralen Differenzen für den konvektionsdominierten Fall trotz der formalen Stabilität als instabil bezeichnet*. Diese Instabilität wird im folgenden Beispiel augenscheinlich. △

Beispiel 12.29. Wir betrachten das Konvektions-Diffusionsproblem aus Beispiel 12.6, aber jetzt mit *zentralen* Differenzen für die Ableitungen erster Ordnung.

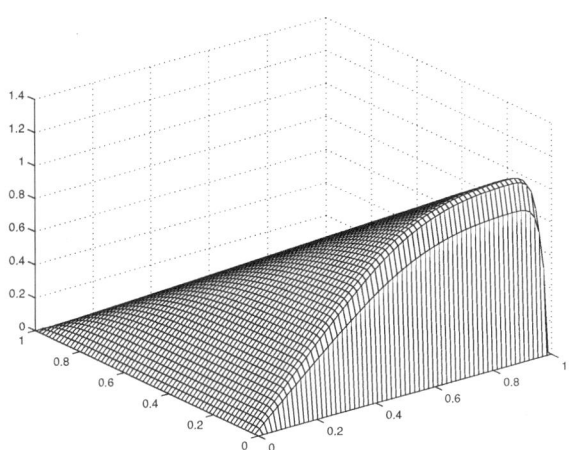

Abb. 12.8. Lösung der diskretisierten Konvektions-Diffusionsgleichung, $\varepsilon = 10^{-2}$.

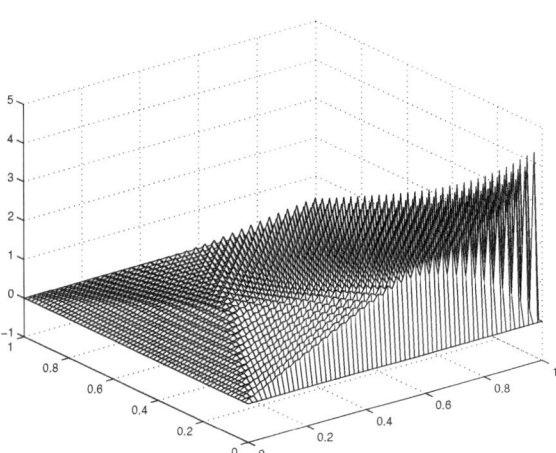

Abb. 12.9. Lösung der diskretisierten Konvektions-Diffusionsgleichung, $\varepsilon = 10^{-4}$.

Für $\varepsilon = 10^{-2}$ und $\varepsilon = 10^{-4}$ ist die diskrete Lösung in den Abb. 12.8, 12.9 dargestellt. Für $\varepsilon = 10^{-2}$ ist die Bedingung $h \leq 2\varepsilon$ erfüllt und man erhält eine diskrete Lösung mit einer höheren Genauigkeit als die in Abb. 12.6. Im anderen Fall ist diese Bedingung nicht erfüllt und man beobachtet eine klare Instabilität. $\qquad\qquad\qquad\qquad\qquad\qquad\qquad\qquad\qquad\qquad\qquad\triangle$

12.4 Finite-Elemente-Methode für elliptische Randwertaufgaben*

Ein bestechender Vorteil der Finite-Differenzen-Verfahren ist die relativ einfache Aufstellung der Systemmatrizen. Andererseits kann dies nicht über erhebliche Nachteile hinwegtäuschen. Sind die Gebiete Ω komplizierter, haben etwa Ränder, die nicht aus achsenparallelen Segmenten bestehen, wird es beispielsweise schon mühsamer, in Randnähe angepaßte Differenzensterne zu konstruieren, die die Konsistenzordnung erhalten. Ein vielleicht prinzipiell wichtigerer Nachteil liegt aber auch in den relativ starken Regularitätsforderungen ($u \in C^4(\overline{\Omega})$) an die Lösung u, unter denen man Konsistenz und Konvergenz zweiter Ordnung garantieren kann. Es ist aus der Theorie bekannt, daß in vielen praxisrelevanten Situationen, etwa wenn die Gebiete einspringende Ecken haben, die Lösung nicht so regulär ist, vgl. Beispiel 12.40.

Gründe, nach alternativen Diskretisierungen Ausschau zu halten, lassen sich also so zusammenfassen:

> • Handhabung komplizierter Gebietsgeometrien auf entsprechender Grundlage unregelmäßiger Gitter ohne wesentliche Genauigkeitsverluste;
> • Realisierung guter Genauigkeit auch bei geringerer Regularität.

Wir werden zwei Methoden aufzeigen, die Abhilfe für den ersten Punkt bieten, sowie eine, die beiden Forderungen gerecht wird – mit einem gewissen Preis hinsichtlich der Implementierung. Wir beginnen in diesem Abschnitt mit Letzterer und greifen deshalb nochmals den Regularitätsaspekt auf. Selbst die bisher oft gestellte Forderung $u \in C^2(\Omega) \cap C(\overline{\Omega})$ ist oft zu stark. Dies klingt zunächst paradox, denn wie sollte ein nicht zweimal differenzierbares u Lösung einer Differentialgleichung sein, in der Ableitungen zweiter Ordnung vorkommen? Das Problem ist, daß der Lösungsbegriff - u muß die Differentialgleichung in *jedem* Punkt des Gebiets erfüllen - zu restriktiv ist. Solche Lösungen nennt man auch *starke* oder *klassische* Lösungen. Die mathematische Antwort ist die Formulierung eines relaxierten Lösungsbegriffs – der *schwachen Lösung* – die nicht mehr auf punktweiser Erfüllung der Differentialgleichung besteht. Dies ist allerdings mehr als nur ein mathematischer „Kunstgriff", sondern hat einen physikalischen Hintergrund. Wie wir weiter unten in Satz 12.35 sehen werden, charakterisiert gerade diese schwache Lösung die Minimierung eines quadratischen Funktionals, das man in vielen Fällen im physikalischen Sinne als „Energie" interpretieren kann. In diesem quadratischen Funktional kommen Ableitungen von höchstens *erster* Ordnung vor, was schon andeutet, daß eine Funktion die dieses Funktional minimiert nicht zweimal differenzierbar zu sein braucht. Die schwache Lösung resultiert aus einem Variationsprinzip, das in der klassischen Mechanik „Prinzip der virtuellen Arbeit" genannt wird. Es ist nun physikalisch durchaus möglich, daß ein solches Minimum nicht zweimal stetig differenzierbar ist, man muß sich dann mit dem schwachen Lösungsbegriff begnügen. Falls doch, löst es das Randwertproblem im klassischen Sinne.

Dies wiederum legt eine natürliche Diskretisierung nahe, indem man die Minimierung des Energiefunktionals nur über einem *endlichdimensionalen* Raum durchführt. Die *Finite-Elemente-Methode* (FEM) für elliptische Randwertprobleme des Typs (12.19) beruht nun darauf, daß man als solche endlichdimensionalen *Ansatzräume* flexible Räume von stückweisen Polynomen über geeigneten Partitionen des Gebiets Ω in Elemente wie Dreiecke, Vierecke, Tetraeder, Hexaeder, etc. verwendet. Diese Art der Diskretisierung setzt somit unmittelbar auf der „physikalisch sinnvollen" Variationsformulierung auf, nicht auf der Differentialgleichung, die die Physik nur in dem Fall beschreibt, wenn die Extremallösung hinreichend glatt ist. Die wichtigsten Komponenten der FEM lassen sich folgendermaßen zusammenfassen:

- Schwache Formulierung des Randwertproblems in einem geeigneten (unendlich dimensionalen) Funktionenraum V, in dem das „Energieminimum" angenommen wird.
- Wahl eines endlich dimensionalen Finite-Elemente-Raums $V_h \subset V$ und Formulierung des diskreten Problems in V_h.
- Formulierung eines Gleichungssystems, das die Lösung des diskreten Problems bezüglich einer sogenannten nodalen Basis in V_h liefert.

Diese drei Komponenten werden in den folgenden Abschnitten diskutiert. Wie bei dem Differenzenverfahren verwenden wir als Prototyp eines elliptischen Randwertproblems das Poisson-Problem (12.20).

12.4.1 Schwache Formulierung eines elliptischen Randwertproblems

Wir betrachten das Poisson-Problem mit homogenen Randbedingungen in der sogenannten *starken* Formulierung (12.20): Gesucht $u \in C^2(\Omega) \cap C(\overline{\Omega})$, so daß

$$\begin{cases} -\Delta u = f & \text{in } \Omega, \\ u = 0 & \text{auf } \partial\Omega. \end{cases} \tag{12.75}$$

Wir nehmen zunächst an, daß dieses Problem eine Lösung u hat. Sei

$$V_k := \{ v \in C^k(\Omega) \cap C(\overline{\Omega}) \mid v = 0 \text{ auf } \partial\Omega \}, \quad k = 1, 2.$$

Wir wollen u auf eine Weise beschreiben, die weniger Differenzierbarkeit verlangt. Dazu multiplizieren wir die Differentialgleichung in (12.75) mit einer beliebigen Testfunktion $v \in V_1$, integrieren über Ω und erhalten mit Hilfe des Gaußschen Integralsatzes:

$$\int_\Omega fv \, dx = \int_\Omega -\Delta u \, v \, dx = \int_\Omega \nabla u \cdot \nabla v \, dx - \int_{\partial\Omega} (\nabla u \cdot \mathbf{n}) v \, ds$$

$$= \int_\Omega \nabla u \cdot \nabla v \, dx \qquad (\text{weil } v_{|\partial\Omega} = 0).$$

Um die Essenz dieser Relation zu erkennen, ist folgende Notation nützlich:

$$F(v) := \int_\Omega fv \, dx, \qquad a(u,v) := \int_\Omega \nabla u \cdot \nabla v \, dx.$$

Die Abbildung $(u,v) \rightarrow a(u,v)$ ist linear in den beiden Argumenten u, v, und heißt deshalb eine *Bilinearform*. Die Abbildung $v \rightarrow F(v)$ ist linear und wird ein *lineares Funktional* genannt. Die Lösung u von (12.75) ist also auch Lösung folgender Aufgabe:

$$\text{Gesucht } u \in V_2, \text{ so daß } a(u,v) = F(v) \text{ für alle } v \in V_1 \qquad (12.76)$$

Umgekehrt kann man auch zeigen, daß eine Lösung $u \in V_2$ von (12.76) die Aufgabe (12.75) löst, also:

$$(12.75) \quad \Leftrightarrow \quad (12.76).$$

Die in der Aufgabe (12.76) auftretenden Ableitungen sind allerdings höchstens *erster* Ordnung. Um also (12.76) zu formulieren braucht man garnicht $u \in V_2$ zu fordern. Deshalb ist folgende Problemstellung sinnvoll:

$$\text{Gesucht } u \in V_1, \text{ so daß } a(u,v) = F(v) \text{ für alle } v \in V_1. \qquad (12.77)$$

Weil $V_2 \subset V_1$, $V_2 \neq V_1$, kann es passieren, daß die Aufgabe (12.77) eine Lösung hat, während (12.76) nicht lösbar ist. Der Raum V_1 ist aber in gewissem Sinne noch immer zu klein. Diesen Punkt werden wir jetzt genauer beschreiben. Das natürliche Skalarprodukt in V_1 ist

$$\langle u,v \rangle_1 := \int_\Omega \nabla u \cdot \nabla v \, dx, \qquad u,v \in V_1. \qquad (12.78)$$

Man kann zeigen, daß $\langle \cdot, \cdot \rangle_1$ tatsächlich ein Skalarprodukt auf V_1, mit induzierter Norm $\|u\|_1 := \langle u,u \rangle_1^{\frac{1}{2}}$, definiert:

Bemerkung 12.30. Offensichtlich gilt $\|v\|_1 = 0$, falls v eine Konstante ist. $\|\cdot\|_1$ ist also im allgemeinen nur eine *Seminorm*. Die einzige konstante Funktion in V_1 ist allerdings wegen der Nullrandbedingungen die Nullfunktion. Auf dem Raum V_1 ist $\|\cdot\|_1$ deshalb tatsächlich eine Norm. Insbesondere besagt die folgende *Poincaré-Friedrichs-Ungleichung*, daß eine nur vom Gebiet Ω abhängende Konstante $c_F > 0$ existiert, so daß für alle $v \in V_1$

$$c_F \left(\|v\|_{L_2(\Omega)}^2 + \|\nabla v\|_{L_2(\Omega)}^2 \right)^{1/2} \leq \|v\|_1 \leq \left(\|v\|_{L_2(\Omega)}^2 + \|\nabla v\|_{L_2(\Omega)}^2 \right)^{1/2} \qquad (12.79)$$

gilt, vgl. [Br]. $\triangle$

Bemerkung 12.31. Dieser so normierte (unendlichdimensionale) Raum V_1 (um die Norm zu betonen, schreiben wir oft $(V_1, \|\cdot\|_1)$) hat leider ein Defizit, das erst bei unendlichdimensionalen Räumen auftreten kann, er ist mit dieser Norm ausgestattet *nicht vollständig*. Es sei daran erinnert, daß ein normierter Raum vollständig heißt, wenn jede Cauchy-Folge einen Grenzwert in diesem Raum besitzt. Der Begriff der Vollständigkeit war schon im Banachschen Fixpunktsatz relevant, um sicher zu stellen, daß die Fixpunktiteration einen Grenzwert im betrachteten Raum hat.   △

Daß nun V_1 mit der Norm $\langle\cdot,\cdot\rangle_1$ tatsächlich nicht vollständig ist, zeigt folgendes Beispiel.

Beispiel 12.32. Sei $\Omega = (0,2)$, $v(x) = x$ für $x \in [0,1]$, und $v(x) = 2 - x$ für $x \in [1,2]$, also $v \notin V_1 = C^1(\Omega) \cap C(\overline{\Omega})$. Wir nehmen eine Folge von Annäherungen dieser Funktion v (vgl. Abb. 12.10):

$$v_n(x) = \begin{cases} -\frac{1}{2}n(x-1)^2 + 1 - \frac{1}{2n} & \text{für } x \in [1 - \frac{1}{n}, 1 + \frac{1}{n}] \\ v(x) & \text{sonst} \end{cases} \quad n = 2,3,\ldots.$$

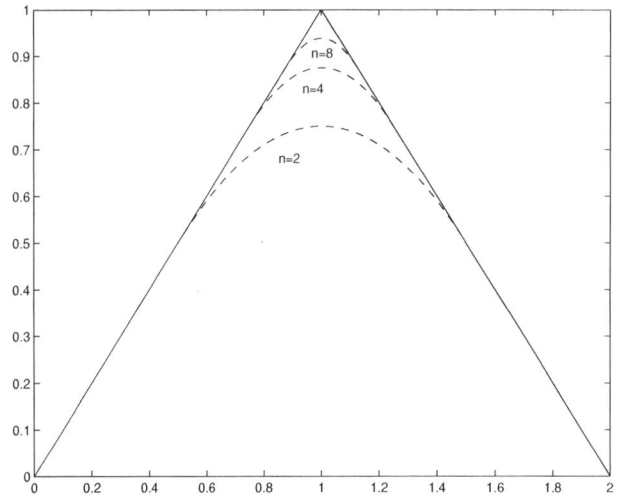

Abb. 12.10. Funktionen $v(x)$ und $v_n(x)$ für $n = 2,4,8$.

Eine einfache Rechnung zeigt, daß $v_n(1 \pm \frac{1}{n}) = v(1 \pm \frac{1}{n})$ und $v_n'(1 \pm \frac{1}{n}) = v'(1 \pm \frac{1}{n})$, woraus folgt $v_n \in V_1$ für alle n. Die Funktion v ist an der Stelle $x = 1$ nicht differenzierbar, die Norm $\|v\|_1$ ist aber wohl definiert über $\|v\|_1^2 = \int_0^1 v'(x)^2\,dx + \int_1^2 v'(x)^2\,dx$. Man rechnet einfach nach, daß

$$\|v - v_n\|_1^2 = 2\int_0^1 \big(v'(x) - v_n'(x)\big)^2\,dx = 2\int_{1-\frac{1}{n}}^1 \big(1 + n(x-1)\big)^2\,dx = \frac{2}{3n}.$$

Also $\lim_{n\to\infty} \|v - v_n\|_1 = 0$. Hieraus, und wegen der Dreiecksungleichung $\|v_n - v_m\|_1 \le \|v_n - v\|_1 + \|v - v_m\|_1$, kann man schließen, daß die Folge $(v_n)_{n\ge 2}$ eine Cauchy-Folge in V_1 ist und daß die Grenzfunktion dieser Folge die Funktion v ist. Weil $v \notin V_1$ ist der Raum V_1 nicht vollständig. $\triangle$

Wenn man nun das erwähnte physikalische Minimierungsproblem mathematisch korrekt formulieren will, muß man sicher stellen, daß der Raum, über dem man die Minimierungsaufgabe betrachtet, solche Extrema auch garantiert enthält, daß etwa Minimalfolgen nicht „hinauslaufen". Hierzu ist Vollständigkeit wichtig. Eine mathematisch korrekte konkrete Beschreibung der hier geeigneten Funktionenräume würde den Rahmen dieses Buches sprengen. Wir drücken uns darum herum, indem wir ohne Beweis auf das abstrakte Prinzip der *Vervollständigung* von V_1 (bezüglich der Norm $\|\cdot\|_1$) zurück greifen, indem man grob gesagt alle Grenzwerte von Cauchy-Folgen hinzufügt.

Vervollständigung: Sei $(Z, \|\cdot\|)$ ein normierter Vektorraum. Dann existiert ein *vollständiger* normierter Vektorraum $(X, \|\cdot\|_*)$, so daß $Z \subset X$, $\|x\| = \|x\|_*$ für alle $x \in Z$ und Z dicht in X ist. Der Raum X heißt die Vervollständigung von Z.

Wir wenden dieses abstrakte Resultat auf den Vektorraum $(V_1, \|\cdot\|_1)$ an und nennen die sich ergebende Vervollständigung $(V, \|\cdot\|_1)$. Dieser Raum wird in der Literatur oft mit $H_0^1(\Omega)$ bezeichnet und heißt *Sobolevraum*. Vereinfacht ausgedrückt besteht $H_0^1(\Omega)$ aus denjenigen im Lebesgue-Sinne quadratintegrablen Funktionen über Ω, die auf dem Rand (wieder im geeigneten Sinne) verschwinden und deren (sogenannte schwache) partiellen Ableitungen erster Ordnung noch quadratintegrabel ist. Deshalb ist in $V = H_0^1(\Omega)$ das Skalarprodukt $\langle \cdot, \cdot \rangle_1$ immer noch wohl-definiert und in der zugehörigen Norm $\|\cdot\|_1$ ist der Raum V vollständig. Einen vollständigen normierten Raum, wobei die Norm durch ein Skalarprodukt induziert ist, nennt man einen *Hilbertraum*.

Die *schwache Formulierung* des Poisson-Problems lautet nun:

$$\boxed{\begin{array}{l} \text{Gesucht } u \in V = H_0^1(\Omega), \text{ so daß} \\[4pt] a(u,v) = F(v) \quad \text{für alle } v \in V. \end{array}} \tag{12.80}$$

Es gelten folgende Beziehungen:

$(12.75) \leftarrow$ äquivalent $\rightarrow (12.76) -$schwächer$\rightarrow (12.77) -$schwächer$\rightarrow (12.80)$.

Es existiert eine umfangreiche mathematische Literatur über die genaueren Eigenschaften von Sobolevräumen. Sie kennzeichnen Glattheit in einem schwächeren als dem üblicherweise punktweise definierten Sinne. Der Unterschied zwischen punktweiser und schwacher Differenzierbarkeit wird zudem mit steigender Raumdimension größer.

In diesem Abschnitt haben wir die Eigenschaft der Vollständigkeit der Sobolevräume angesprochen. In Abschnitt 12.4.4 werden wir noch ein weiteres Resultat benötigen, nämlich daß Funktionen $u \in C(\overline{\Omega})$, die in Ω *stückweise* glatt sind und $u_{|\partial\Omega} = 0$ erfüllen, immer im Sobolevraum $H_0^1(\Omega)$ liegen. Eine genauere Formulierung dieses Resultats findet man im folgenden Lemma.

Lemma 12.33. *Sei Ω aufgeteilt in offene Teilgebiete Ω_i, $1 \le i \le m$, wobei jedes Teilgebiet einen stückweise glatten Rand hat (z.B. Dreieck in 2D) und $\overline{\Omega} = \cup_{i=1}^{m}\overline{\Omega}_i$, $\Omega_i \cap \Omega_j = \emptyset$ für alle $i \ne j$. Für jedes $u \in C(\overline{\Omega})$ mit $u_{|\partial\Omega} = 0$ und $u \in C^1(\overline{\Omega}_i)$, $i = 1, \ldots, m$, gilt $u \in H_0^1(\Omega)$.*

Beispiel 12.34. Sei $\Omega = (0,1)$, $h = \frac{1}{m}$ ($m \in \mathbb{N}$) und $\Omega_i = \big((i-1)h, ih\big)$ für $1 \le i \le m$. Sei $u \in C([0,1])$ mit $u(0) = u(1) = 0$ und mit der Eigenschaft, daß für alle i die Funktion $u_{|\Omega_i}$ ein Polynom ist (das von i abhängen darf!). Dann ist $u \in H_0^1(\Omega)$. Hierbei spielt es keine Rolle, daß die Unterteilung in Teilintervalle äquidistant ist.   △

12.4.2 Satz von Lax-Milgram und Galerkin-Diskretisierung

Im vorigen Abschnitt haben wir die schwache Formulierung des Poisson-Problems hergeleitet, siehe (12.80). Es lohnt sich, Existenz und Eindeutigkeit einer Lösung dieses Problems in einem relativ abstrakten Rahmen zu analysieren, das dann vielfach verwendbar ist. Diese allgemeine Analyse ist einerseits nicht nur auf die schwache Formulierung der Poisson-Gleichung anwendbar, sondern auf die meisten elliptischen Randwertprobleme (in schwacher Formulierung). Andererseits deckt es die diskretisierten Probleme ebenfalls ab. Zentrales Resultat in dieser Theorie ist der Satz von Lax-Milgram 12.35. Wir werden in diesem Abschnitt auch ein allgemeines Konzept zur Diskretisierung, das sogenannte Galerkin-Verfahren, vorstellen. Eine Spezialisierung dieses Konzepts liefert die Finite-Elemente Methode in Abschnitt 12.4.4.

Sei V ein normierter Vektorraum und $F : V \to \mathbb{R}$ eine beschränkte lineare Abbildung (auch beschränktes lineares *Funktional* genannt, weil der Bildbereich $\mathbb{R}$ ist) mit Operatornorm

$$\|F\|_{V \to \mathbb{R}} = \sup_{v \in V} \frac{|F(v)|}{\|v\|_V} \tag{12.81}$$

Der Raum aller beschränkten linearen Funktionale ist ein normierter (Norm wie in (12.81)) Vektorraum, der Dualraum, und wird mit V' bezeichnet. Für die Norm $\|F\|_{V \to \mathbb{R}}$ wird mit kompakte Notation $\|F\|_{V'}$ benutzt.

Grundlegend für die Existenz und Eindeutigkeit von schwachen Formulierungen elliptischer Randwertprobleme wie in (12.80) ist folgender Hauptsatz.

Satz 12.35 (Lax-Milgram). *Sei* $(H, \|\cdot\|)$ *ein Hilbertraum und* $k(\cdot, \cdot):$ $H \times H \to \mathbb{R}$ *eine Bilinearform mit folgenden Eigenschaften: Es existieren Konstanten* $0 < \gamma \leq \Gamma < \infty$, *so daß*

$$k(v,v) \geq \gamma\|v\|^2 \quad \text{für alle} \quad v \in H \quad (H\text{-Elliptizität}) \tag{12.82}$$

$$k(u,v) \leq \Gamma\|u\|\|v\| \quad \text{für alle} \quad u,v \in H \quad (\text{Beschränktheit}). \tag{12.83}$$

Sei $G \in H'$. *Dann ist die Aufgabe*

$$\text{Gesucht } u \in H, \text{ so daß } k(u,v) = G(v) \text{ für alle } v \in H \tag{12.84}$$

eindeutig lösbar. Wenn $k(\cdot, \cdot)$ *außerdem* symmetrisch *ist* (*d. h.* $k(w,v) = k(v,w)$, *für alle* $v, w \in H$), *dann ist* u *gerade die Lösung des Minimierungsproblems*

$$J(u) = \min_{v \in H} J(v), \quad \text{wobei} \quad J(v) := \frac{1}{2}k(v,v) - G(v). \tag{12.85}$$

Einen Beweis dieses Satzes findet man zum Beispiel in [Ha1, Br].

Wir begnügen uns hier mit einigen Kommentaren, die auch ohne vollständigen Beweis das nötige Zusammenhangsverständnis unterstützen sollen. Wir beschränken uns dabei auf den *symmetrischen* Fall. Man kann zeigen, daß das Minimierungsproblem (12.85) eine eindeutige Lösung besitzt, die aufgrund der Vollständigkeit von H in H liegt. Dies ist aus folgendem Grunde plausibel. $J(v)$ ist ein *quadratisches* Funktional, das wegen der Elliptizität von $k(\cdot, \cdot)$ wie $\|v\|^2$ wächst und deshalb ein endliches Infimum haben muß. Daß dieses Infimum ein *Minimum* ist, also angenommen wird, liegt an der Vollständigkeit von H.

Man zeigt dann, daß die Minimallösung durch (12.84) charakterisiert wird. Dies zeigt man mit Hilfe eines „Störungsarguments" vom gleichen Typ wie im Beweis von Satz 4.20. $J(u)$ ist nämlich minimal, genau dann wenn für jede Störung $v \in H \setminus \{0\}$ eine Vergrößerung eintritt, also $J(u + v) > J(u)$ gilt. Rechnet man $J(u + v)$ unter Ausnutzung der Bilinearität und Symmetrie von $k(\cdot, \cdot)$ und der Linearität von $G(\cdot)$ schließt man ähnlich wie im Beweis von Satz 4.20 auf die Gültigkeit von (12.84) und umgekehrt.

Dies wiederum bedeutet, daß die *erste Variation* von $J(\cdot)$ in u verschwindet, d. h., für jedes feste $v \in H$ und $t \in \mathbb{R}$ gilt

$$J(u + tv) - J(u) = \mathcal{O}(t^2), \quad \text{d. h.} \quad \lim_{t \to 0} \frac{J(u + tv) - J(u)}{t} = 0. \tag{12.86}$$

Dies begründet insbesondere die Terminologie *Variationsproblem* für (12.84).

Der rechte Teil von (12.86) erinnert an eine *Richtungsableitung* und dies ist tatsächlich der Fall. Ungewohnt ist lediglich, daß die Variablen u, v nicht notwendig Zahlen oder Vektoren in $\mathbb{R}^n$ sind, sondern Elemente wie Funktionen eines unendlichdimensionalen Raumes H sein dürfen. Dennoch mag es helfen, den *Spezialfall* $H = \mathbb{R}^n$ nochmals gesondert zu betrachten. Hierzu sei für eine symmetrisch positiv definite Matrix $B \in \mathbb{R}^{n \times n}$ und festes $b \in \mathbb{R}^n$

$$H = \mathbb{R}^n, \quad k(x,y) := y^T Bx, \quad G(x) := x^T b, \quad \| \cdot \| := \| \cdot \|_2. \tag{12.87}$$

Wie jeder endlichdimensionale Raum ist $H = \mathbb{R}^n$ vollständig. Aufgrund der Schwarz-Ungleichung gilt $|G(x)| \leq \|b\|_2 \|x\|_2 = \|b\| \|x\|$, d. h., das lineare Funktional G ist beschränkt. Bekanntlich ist $y^T Bx$ unter obigen Voraussetzungen an B ein Skalarprodukt auf $\mathbb{R}^n$ und ist der kleinste Eigenwert von B durch $\lambda_{\min}(B) = \min_{x \in \mathbb{R}^n} x^T Bx / \|x\|_2^2$ charakterisiert, so daß hier $\gamma = \lambda_{\min}(B)$ genommen werden kann. Positiv Definitheit garantiert im endlichdimensionalen Fall bereits Elliptizität. Schließlich gilt $|k(x,y)| = |y^T Bx| \leq \|B\| \|y\| \|x\| = \lambda_{\max}(B) \|y\| \|x\|$. Damit sind alle Voraussetzungen von Satz 12.35 in diesem (endlich-dimensionalen) Spezialfall erfüllt. Das Funktional J lautet nun

$$J(y) = \frac{1}{2} y^T By - y^T b,$$

ist also eine quadratische Form in $y \in \mathbb{R}^n$. Wie bereits beim linearen Ausgleichsproblem gezeigt, nimmt $J(y)$ ein Minimum in x genau dann an, wenn der Gradient $\nabla J(x)$ verschwindet und die Hessesche H von J positiv definit ist. Nun ist hier $H = B$ also nach Voraussetzung symmetrisch positiv definit. Ferner ist das Verschwinden des Gradienten wiederum dazu äquivalent, daß alle Richtungsableitungen verschwinden, d. h.,

$$\begin{aligned} y^T \nabla J(x) = y^T (Bx - b) = 0 &\iff y^T Bx = y^T b \;\; \forall \, y \in \mathbb{R}^n \\ &\iff Bx = b. \end{aligned} \tag{12.88}$$

Nach Definition von $k(\cdot, \cdot)$, ist mittlere Relation von (12.88) genau (12.84) und entspricht also einem linearen Gleichungssystem. Soweit haben wir lediglich die bereits bekannte Einsicht reproduziert:

> Differentiation eines quadratischen Funktionals reduziert die Bestimmung des Minimums auf die Lösung eines *linearen* Problems.

Im Falle des linearen Ausgleichsproblems hatten wir $J(y) = \|Ay - b\|_2^2 = (Ay - b)^T (Ay - b)$ und als resultierendes lineares Problem ergab sich das System der Normalgleichungen (vgl. Satz 4.5), wobei in diesem Fall $B = A^T A$ galt.

Im Rahmen der abstrakten Problemstellung wie in Satz 12.35 ergibt sich direkt ein Beschränktheitsresultat für den Lösungsoperator. Aus dem Lax-Milgram Satz und diesem Resultat wird in Abschnitt 12.4.3 die Korrektgestelltheit der schwachen Formulierung elliptischer Randwertprobleme folgen. Außerdem wird es bei der Stabilitätsanalyse der Finite-Elemente Methode benutzt.

Lemma 12.36. *Falls* $(H, \| \cdot \|)$, $k(\cdot, \cdot)$ *und* $G(\cdot)$ *die Voraussetzungen von Satz 12.35 erfüllen* $(k(\cdot, \cdot)$ *nicht notwendigerweise symmetrisch), ist der Lösungsoperator* $S : H' \to H$, $S(G) = u$ *beschränkt:*

$$\|S(G)\| \leq \frac{1}{\gamma} \|G\|_{H'} \quad \textit{für alle} \quad G \in H'. \tag{12.89}$$

Beweis. Aufgrund der Elliptizität und der Definition der dualen Norm folgt

$$\gamma \|u\|^2 \leq k(u, u) = G(u) \leq \|G\|_{H'} \|u\|. \qquad \square$$

Galerkin-Methode und Cea-Lemma

Wir betrachten das allgemeine Variationsproblem wie in Satz 12.35

$$\text{Gesucht } u \in H, \text{ so daß } k(u, v) = G(v) \text{ für alle } v \in H, \tag{12.90}$$

und nehmen an, daß $(H, \| \cdot \|)$, $k(\cdot, \cdot)$ und $G(\cdot)$ die Annahmen aus diesem Satz erfüllen. Die Idee der Galerkin-Methode ist sehr einfach: Wir wählen einen *endlich dimensionalen Unterraum* $H_h \subset H$ und lösen das Variationsproblem in diesem Unterraum:

$$\text{Gesucht } u_h \in H_h, \text{ so daß } k(u_h, v_h) = G(v_h) \text{ für alle } v_h \in H_h. \tag{12.91}$$

Dieses endlich dimensionale Problem wird *Galerkin-Diskretisierung* des Problems (12.90) genannt. Hinsichtlich der Lösbarkeit des diskretisierten Problems trifft man auf eine zweite Stärke von Satz 12.35, nämlich, daß man auch direkt die eindeutige Lösbarkeit der Galerkin-Diskretisierung schließen kann. Dazu sei bemerkt, daß jedes $G \in H'$ ein beschränktes lineares Funktional auf H_h ist, also $G \in H_h'$.

Lemma 12.37. *Das diskrete Problem* (12.91) *hat eine eindeutige Lösung* $u_h \in H_h$. *Für den Lösungsoperator* $S_h : H_h' \to H_h$, $S_h(G) = u_h$ *gilt*

$$\|S_h(G)\| \leq \frac{1}{\gamma} \|G\|_{H_h'}. \tag{12.92}$$

Beweis. Jeder endlich dimensionale Raum ist vollständig. Beschränktheit und Elliptizität von $k(\cdot, \cdot)$ auf H implizieren sofort auch Beschränktheit und Elliptizität auf dem Unterraum H_h. Die Behauptung folgt somit durch Anwendung von Satz 12.35 und Lemma 12.36 für H_h. $\qquad \square$

Bei der Galerkin-Methode kann man direkt eine Abschätzung für den Diskretisierungsfehler $\|u - u_h\|$ herleiten.

Lemma 12.38 (Cea). *Es sei vorausgesetzt, daß* $(H, \| \cdot \|)$, $k(\cdot, \cdot)$ *und* $G(\cdot)$ *die Annahmen von Satz 12.35 erfüllen, (wobei* $k(\cdot, \cdot)$ *zunächst nicht notwendigerweise symmetrisch sein soll). Seien* u, u_h *die eindeutigen Lösungen von (12.90) bzw. (12.91). Dann gilt*

$$\|u - u_h\| \leq \frac{\Gamma}{\gamma} \min_{v_h \in H_h} \|u - v_h\|. \tag{12.93}$$

Wenn $k(\cdot, \cdot)$ *außerdem symmetrisch ist, erhält man die etwas stärkere Abschätzung*

$$\|u - u_h\| \leq \sqrt{\frac{\Gamma}{\gamma}} \min_{v_h \in H_h} \|u - v_h\|. \tag{12.94}$$

Beweis. Die Lösungen u und u_h erfüllen

$$k(u, v) = G(v) \quad \text{für alle } v \in H,$$
$$k(u_h, v_h) = G(v_h) \quad \text{für alle } v_h \in H_h.$$

Daraus ergibt sich, da $H_h \subset H$, über Subtraktion

$$k(u - u_h, v_h) = 0 \quad \text{für alle } v_h \in H_h. \tag{12.95}$$

Für beliebiges $v_h \in H_h$ gilt dann aufgrund der Elliptizität von $k(\cdot, \cdot)$

$$\|u - u_h\|^2 \leq \frac{1}{\gamma} k(u - u_h, u - u_h) = \frac{1}{\gamma} k(u - u_h, u - v_h + v_h - u_h)$$

$$\overset{(12.95)}{=} \frac{1}{\gamma} k(u - u_h, u - v_h) \leq \frac{\Gamma}{\gamma} \|u - u_h\| \|u - v_h\|,$$

wobei im letzten Schritt die Beschränktheit von $k(\cdot, \cdot)$ benutzt wurde. Also gilt $\|u - u_h\| \leq \frac{\Gamma}{\gamma} \|u - v_h\|$. Weil $v_h \in H_h$ beliebig ist, ergibt sich das Resultat (12.93).

Falls $k(\cdot, \cdot)$ symmetrisch ist, definiert $k(\cdot, \cdot)$ wegen (12.82) ein Skalarprodukt auf H. Die Elliptizität und Beschränktheit von $k(\cdot, \cdot)$ besagen gerade, daß

$$\|\|v\|\|^2 := k(v, v) \tag{12.96}$$

eine auf H zu $\| \cdot \|$ äquivalente Norm definiert, denn

$$\sqrt{\gamma} \|v\| \leq \|\|v\|\| \leq \sqrt{\Gamma} \|v\|, \quad v \in H. \tag{12.97}$$

In der Norm $\|\| \cdot \|\|$ hat $k(\cdot, \cdot)$, wegen $\|\|u\|\|^2 = k(u, u)$ und $k(u, v) \leq \|\|u\|\| \|\|v\|\|$, eine Elliptizitäts- und Beschränktheitskonstante $\gamma_k = \Gamma_k = 1$. Wendet man das Resultat (12.93) bezüglich dieser Norm an, erhält man

$$\|\|u - u_h\|\| \leq \frac{\Gamma_k}{\gamma_k} \min_{v_h \in H_h} \|\|u - v_h\|\| = \min_{v_h \in H_h} \|\|u - v_h\|\|. \tag{12.98}$$

Aus (12.97) folgt dann

$$\|u - u_h\| \leq \frac{1}{\sqrt{\gamma}}\||u - u_h\|| \leq \frac{1}{\sqrt{\gamma}} \min_{v_h \in H_h} \||u - v_h\||$$

$$\leq \frac{\sqrt{\Gamma}}{\sqrt{\gamma}} \min_{v_h \in H_h} \|u - v_h\|$$

und somit die Abschätzung (12.94). □

Bemerkung 12.39. Falls $k(\cdot, \cdot)$ symmetrisch ist, ist die Bilinearform $k(\cdot, \cdot)$ also wegen (12.82) ein Skalarprodukt auf H. Die mit *Galerkin-Orthogonalität* bezeichnete Relation (12.95) sagt nun, daß die Galerkin-Lösung u_h gerade die $k(\cdot, \cdot)$-orthogonale Projektion von u auf den Unterraum H_h ist, und deshalb

$$\||u - u_h\|| = \min_{v_h \in H_h} \||u - v_h\||$$

gilt, vgl. (12.98). Die eindeutige Existenz der Galerkin-Lösung $u_h \in H_h$ und die Abschätzung (12.93) lassen sich in diesem Fall auch aus dem Projektionssatz 4.20 aus Abschnitt 4.6 schließen. Die durch das Skalarprodukt $k(\cdot, \cdot)$ induzierte Norm $\|| \cdot \||$ wird in Anlehnung an den erwähnten physikalischen Hintergrund oft *Energienorm* genannt. △

12.4.3 Korrektgestelltheit der schwachen Formulierung elliptischer Randwertprobleme

Wir wenden jetzt den Satz von Lax-Milgram auf die schwache Formulierung des Poisson-Problems (12.80) an, wobei folgende Spezifikationen getroffen werden:

$$H = H_0^1(\Omega), \quad k(u, v) = a(u, v) = \int_\Omega \nabla u \cdot \nabla v dx, \quad G(v) = F(v) = \int_\Omega fv\, dx.$$

Man kann zeigen, daß in diesem Fall unter sehr schwachen Forderungen an die Glattheit des Randes $\partial\Omega$ und an die rechte Seite f, die in praktischen Anwendungen immer erfüllt sind, alle diese Größen wohldefiniert sind und insbesondere das Funktional F stetig ist. Für $f \in L_2(\Omega)$ folgt diese Stetigkeit aus der Poincaré-Friedrichs-Ungleichung (12.79):

$$|F(v)| = \left| \int_\Omega fv\, dx \right| \leq \|f\|_{L_2}\|v\|_{L_2} \leq c_F^{-1}\|f\|_{L_2}\|v\|_1 \quad \forall\, f \in L_2(\Omega). \quad (12.99)$$

Ferner gilt in diesem Fall $a(v, v) = \|v\|_1^2$ und aufgrund der Cauchy-Schwarz Ungleichung $|a(u, v)| \leq \|u\|_1\|v\|_1$, d. h., die Bilinearform $a(\cdot, \cdot)$ ist beschränkt (12.83) und elliptisch (12.82), Satz 12.35 ist also anwendbar.

> Aus dem Satz von Lax-Milgram schließt man, daß die schwache Formulierung des Poisson-Problems, Aufgabe (12.80), für jedes $f \in L_2(\Omega)$ eindeutig lösbar ist.

Man beachte, daß $f \in L_2(\Omega)$ eine sehr schwache Bedingung hinsichtlich Glattheit ist, so sind zum Beispiel Unstetigkeiten in f zulässig. In vielen (sogar einfachen) Fällen hat eine entsprechende starke Formulierung *keine* Lösung, wir folgendes Beispiel zeigt.

Beispiel 12.40. Wir betrachten folgendes Poisson-Problem: gesucht $u \in C^2(\overline{\Omega})$ so, daß

$$\begin{cases} -\Delta u = 2 & \text{in } \Omega := (0,1)^2, \\ \quad\; u = 0 & \text{auf } \partial\Omega, \end{cases} \tag{12.100}$$

und nehmen an, daß dieses Problem eine Lösung hat. Aus der Stetigkeit der zweiten Ableitungen von u und aus $u_{xx}(x,y) + u_{yy}(x,y) = -2$ für alle $(x,y) \in \Omega$ folgt $u_{xx}(0,0) + u_{yy}(0,0) = -2$. Aus der Randbedingung folgt $u(x,0) = 0$ für alle $x \in [0,1]$, also $u_{xx}(0,0) = 0$. Analog ergibt sich $u_{yy}(0,0) = 0$. Insgesamt ergibt sich hieraus einen Widerspruch. Das Problem (12.100) hat also keine Lösung $u \in C^2(\overline{\Omega})$. $\triangle$

Für Korrektgestelltheit der Aufgabe (12.80) braucht man neben Existenz und Eindeutigkeit der Lösung auch Beschränktheit des Lösungsoperators. Die allgemeine Theorie aus Abschnitt 12.4.2, Lemma 12.36, liefert ein solches Resultat:

Lemma 12.41. *Für den Lösungsoperator $S : L_2(\Omega) \to H_0^1(\Omega)$, $S(f) = u$ der schwachen Formulierung des Poisson-Problems (12.80) gilt:*

$$\|S(f)\|_1 \le c_F^{-1} \|f\|_{L_2} \quad \text{für alle} \;\; f \in L_2(\Omega).$$

Beweis. Die eindeutige Lösbarkeit der Aufgabe ist oben schon gezeigt worden. Aus Lemma 12.36 und (12.99) folgt,

$$\|S(f)\|_1 \le \frac{1}{\gamma} \|F\|_{H_0^1(\Omega)'} = \sup_{v \in H_0^1(\Omega)} \frac{|F(v)|}{\|v\|_1}$$

$$= \sup_{v \in H_0^1(\Omega)} \frac{|\int_\Omega f v \, dx|}{\|v\|_1} \le c_F^{-1} \|f\|_{L_2},$$

woraus die Behauptung folgt. $\square$

Eine Stärke des Satzes von Lax-Milgram liegt darin, daß er auf eine Vielfalt von Problemen anwendbar ist. Dem Differentialoperator

$$Lv = -\mathrm{div}(A\nabla v) + cv,$$

wobei wieder A eine auf Ω gleichmäßig positiv definite (aber durchaus von x abhängige) Matrix und c eine beschränkte nichtnegative Funktion ist, entspricht die Bilinearform

$$a(u,v) = \int_\Omega (\nabla u)^T A \nabla v + cuv \, dx.$$

Mit ähnlichen Argumenten zeigt man wieder Beschränktheit und Elliptizität für den Raum $H_0^1(\Omega)$, so daß das entsprechende schwache Problem (12.80) nach Satz 12.35 eine eindeutige Lösung u in $H = H_0^1(\Omega)$ besitzt, vgl. [Br].

Bemerkung 12.42. Der Lax-Milgram Satz ist auch im Falle einer nicht symmetrischen Bilinearform anwendbar. Die Charakterisierung durch die Minimierung eines quadratischen Funktionals vom Typ (12.85) ist dann allerdings nicht mehr verfügbar. Für die Konvektions-Diffusionsgleichung (12.46) mit homogenen Randbedingungen ($g = 0$) definiert man eine (nicht symmetrische) Bilinearform

$$b(u,v) := \varepsilon \int_\Omega \nabla u \cdot \nabla v \, dx + \int_\Omega \big(\cos(\beta) \; \sin(\beta) \big)^T \cdot \nabla u \, v \, dx$$

auf $H := H_0^1(\Omega)$. Diese Bilinearform ist elliptisch und beschränkt, erfüllt also die Voraussetzungen (12.82)-(12.83) des Lax-Milgram Satzes. Das lineare Funktional $F(v) = \int_\Omega f v \, dx$ ist das gleiche wie bei der Poisson-Gleichung, also $F \in H_0^1(\Omega)'$. Man kann jetzt die schwache Formulierung des Konvektions-Diffusionsproblems,

$$\text{gesucht } u \in H_0^1(\Omega) \text{ so daß } b(u,v) = F(v) \quad \text{für alle } v \in H_0^1(\Omega)$$

in analoger Weise behandeln, und über den Lax-Milgram Satz schließen, daß dieses Problem eindeutig lösbar ist. Im konvektionsdominierten Fall ($\varepsilon \ll 1$) gibt es folgenden wesentlichen Unterschied zum Poisson-Problem. Für die Bilinearform $b(\cdot, \cdot)$ hat man die (scharfe) Elliptizitätsschranke

$$b(u,u) \geq \varepsilon \|u\|_1^2 \quad \text{für alle } u \in H_0^1(\Omega). \tag{12.101}$$

Wie in Lemma 12.41 kann man hiermit für den Lösungsoperator $S : L_2(\Omega) \to H_0^1(\Omega)$ des Konvektions-Diffusionsproblems die Schranke

$$\|S(f)\|_1 \leq \frac{1}{c_F \varepsilon} \|f\|_{L_2} \quad \text{für alle } f \in L_2(\Omega) \tag{12.102}$$

zeigen. Man kann diese Abschätzung auch nicht wesentlich verbessern, so daß (in diesen Normen) die Korrektgestelltheit des Konvektions-Diffusionsproblems *nicht gleichmäßig* in ε ist. △

Bemerkung 12.43. In Abschnitt 12.1 wurde bereits der Begriff des elliptischen Differentialoperators definiert, vgl. (12.17). Obige Bemerkungen deuten an, daß elliptische Differentialoperatoren gerade elliptische Bilinearformen (bzgl. eines geeigneten Hilbertraumes) induzieren, so daß die Begriffsbildung konsistent ist. △

12.4.4 Galerkin-Diskretisierung mit Finite-Elemente-Räumen

Die Finite Elemente Methode zur Diskretisierung des Modellproblems (12.80) ist eine Galerkin-Methode *mit einer speziellen Wahl des Unterraums* $H_h \subset H = H_0^1(\Omega)$. Dieser Raum wird wie folgt konstruiert:

- Man zerlegt das Gebiet Ω in „einfache" Teilgebiete. Diese Zerlegung heißt eine zulässige Triangulierung von Ω, falls Ecken und Kanten benachbarter Teilgebiete zusammenpassen (siehe unten).
- Dieser zulässigen Triangulierung ordnet man einen Funktionenraum zu, der aus all denjenigen Funktionen besteht, die auf $\overline{\Omega}$ stetig sind und auf jedem Teilgebiet der Triangulierung mit einem Polynom übereinstimmen.

Um diese Konstruktion genauer zu beschreiben, betrachten wir den Fall, daß Ω ein zweidimensionales polygonales Gebiet ist, d. h., $\partial\Omega$ ist eine stückweise Gerade (= Polygon), und behandeln den wichtigen *Finite-Elemente-Raum* (FE-Raum) der stückweise linearen Funktionen.

Das Gebiet Ω wird in endlich viele Dreiecke $T_1, \ldots, T_r$ zerlegt: $\overline{\Omega} = \cup_{i=1}^{r} T_i$. Die Zerlegung ist *zulässig*, falls für alle $i \neq j$, $T_i \cap T_j$ entweder leer, ein gemeinsamer Eckpunkt oder eine gemeinsame Kante ist. Sogenannte „hängende Knoten" (vgl. Abb. 12.11) sind nicht erlaubt. (Tatsächlich kann man auch mit hängenden Knoten arbeiten, worauf wir in diesem Rahmen verzichten werden.)

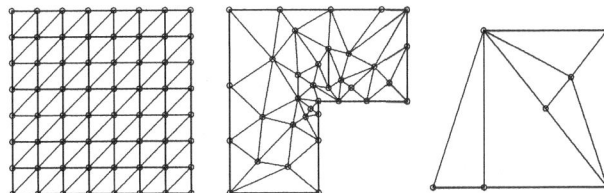

Abb. 12.11. Zulässige Triangulierungen und eine nicht-zulässige Triangulierung.

Sei h_{T_i} der Durchmesser eines Dreiecks T_i aus einer zulässigen Triangulierung mit Dreiecken $T_1, \ldots, T_r$, und $h := \max_{1 \leq i \leq r} h_{T_i}$. Diese Triangulierung wird mit $\mathcal{T}_h = \{T_1, \ldots, T_r\}$ bezeichnet. Der Diskretisierungsparameter h bezeichnet also wie bei den Splinefunktionen den maximalen Durchmesser der Teilgebiete als Maß für die „Feinheit" der Diskretisierung.

In der Praxis konstruiert man oft, ausgehend von einer groben Anfangstriangulierung von Ω, durch wiederholte Verfeinerung eine Familie von zulässigen Triangulierungen $\{\mathcal{T}_{h_k}\}_{k=1,2,\ldots}$ mit $h_1 \geq h_2 \geq \ldots$.

Sei eine zulässige Triangulierung $\mathcal{T}_h$ von Ω gegeben. Der Raum der *stückweise linearen Finite-Elemente* ist

$$\mathcal{S}_h := \{\, v \in C(\overline{\Omega}) \mid v_{|\partial\Omega} = 0 \ \text{ und } \ v_{|T} \in \Pi_1 \ \text{ für alle } \ T \in \mathcal{T}_h \,\}, \quad (12.103)$$

wobei im Falle von d Variablen $\Pi_1 = \{P(x_1, \ldots, x_d) = a_0 + a_1 x_1 + \cdots + a_d x_d \mid a_0, \ldots, a_d \in \mathbb{R}\}$ der Raum der Polynome vom (totalen) Grad eins ist. Wegen

Lemma 12.33 ist $\mathcal{S}_h$ ein Unterraum von $H_0^1(\Omega)$:

$$\mathcal{S}_h \subset H_0^1(\Omega).$$

Eine Funktion $v \in \mathcal{S}_h$ wird eindeutig durch ihre Werte in den Eckpunkten der Dreiecke $T \in \mathcal{T}_h$ festgelegt. Für die Eckpunkte auf $\partial\Omega$ müssen diese Werte bei Vorgabe von Nullrandbedingungen Null sein, während sie im Inneren von Ω beliebige Werte annehmen können. Also gilt:

$$\mathrm{Dim}(\mathcal{S}_h) = \# \text{ Eckpunkte im Inneren von } \Omega.$$

Die Finite-Elemente Diskretisierung des Modellproblems (12.80) mit linearen Finite-Elemente lautet nun wie folgt:

Gesucht $u_h \in \mathcal{S}_h$, so daß $a(u_h, v_h) = F(v_h)$ für alle $v_h \in \mathcal{S}_h$. (12.104)

Aufgrund des Satzes von Lax-Milgram bzw. Bemerkung 12.37 folgt, daß diese Aufgabe eine eindeutige Lösung hat. Wie man diese Lösung berechnen kann, wird in Abschnitt 12.4.7 erklärt.

Einige Bemerkungen zu Varianten dieser linearen Finite-Elemente Diskretisierung des Poisson-Problems seien hinzu gefügt:

- Statt Dreiecke werden in 2D auch Rechtecke und Parallelogramme benutzt. In 3D nimmt man Tetraeder, Quader oder Parallelepipede. Komplizierte Gebiete Ω (z. B. Bauteile) kann man mit solchen Teilgebieten gut (annähernd) zerlegen: Die FE-Methode hat eine hohe Flexibilität in Bezug auf Gebietsgeometrie. Man kann in einer Triangulierung Teilgebiete von unterschiedlichem Typ benutzen (z. B. Dreiecke und Vierecke).
- Wenn Ω nicht polygonal ist (z. B. eine Kreisscheibe) kann man am Rand krummlinige Dreiecke (▽) nehmen oder eine sogenannte isoparametrische FE-Methode benutzen (siehe [Br]).
- Statt $u_{|T} \in \Pi_1$ für $T \in \mathcal{T}_h$ kann man auch $u_{|T} \in \Pi_k$ mit $k \geq 2$ nehmen ($k = 2$: quadratische FE, $k = 3$: kubische FE). Die Dimension dieser FE-Räume wächst mit zunehmendem k. Man benötigt mehr „Stützstellen" um eine Funktion aus dem FE-Raum eindeutig festzulegen. Zum Beispiel wird für den Fall $k = 2$ in 2D eine Finite-Elemente Funktion eindeutig durch ihre Werte in den Eckpunkten und den Kantenmittelpunkten festgelegt.
- Der Raum $\mathcal{S}_h$ aus (12.103) ist nicht nur für die Poisson-Gleichung sondern auch zur Diskretisierung allgemeinerer elliptischer Probleme, wie zum Beispiel der Konvektions-Diffusionsgleichung (12.46), geeignet. Bei *dominanter* Konvektion können allerdings bei der Finite-Elemente Diskretisierung, wie bei der finiten Differenzenmethode, Instabilitäten auftreten (vgl. Bemerkung 12.28 und Beispiel 12.6). Die Elliptizitätskonstante der Bilinearform ist in diesem Fall $\gamma = \varepsilon$, und deshalb wächst die Konstante bei der

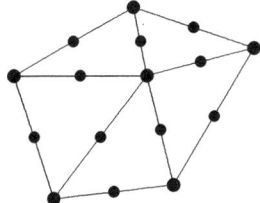

Abb. 12.12. Stützstellen bei quadratischen Finite-Elemente.

Beschränktheit des Lösungsoperators ($\varepsilon^{-1} c_F^{-1}$, vgl. (12.102)) bei abnehmender Diffusion. Dieser Effekt tritt auch bei der Schranke des Lösungsoperators des diskreten Problems auf, vgl. (12.92). Wenn ε kleiner als h (größter Durchmesser in der Triangulierung) ist, sind in der Regel, wie beim Finite-Differenzen-Verfahren „Stabilisierungstechniken" erforderlich. Eine wichtige stabilisierte FE Methode für Probleme mit starker Konvektion ist das Verfahren der Stromliniendiffusion (SDFEM „streamline diffusion FEM", vgl. [RST]).

- Die Randbedingungen in der partiellen Differentialgleichung ($u_{|\partial\Omega} = 0$, $u_{|\partial\Omega} = g$, Neumann-Randbedingung) muß man bei der schwachen Formulierung des Problems und bei der Konstruktion der Finite-Elemente Räume berücksichtigen.
- In manchen Anwendungen ist es sinnvoll, einen FE-Raum $H_h \not\subseteq H_0^1(\Omega)$ zu benutzen. Man nennt dies eine *nichtkonforme* FE Methode. Einen möglichen Zugang zu solchen nichtkonformen Methoden bieten *gemischte Formulierungen*. Hierzu wird das Problem zweiter Ordnung als System von partiellen Differentialgleichungen erster Ordnung umgeschrieben, wobei der Gradient der Lösung als weitere Unbekannte eingeführt wird. Dies kann vorteilhaft sein in Anwendungen wobei man an den Gradienten – den „Flüssen" – interessiert ist.
- Für elliptische partielle Differentialgleichungen zweiter Ordnung reicht es, wenn die Finite-Elemente Funktionen global *stetig* sind ($v_h \in C(\overline{\Omega})$). Für partielle Differentialgleichungen höherer Ordnung, wie zum Beispiel die biharmonische Gleichung $\Delta^2 u = f$ (als Modell für die Durchbiegung einer dünnen Platte), müssen die Finite-Elemente Funktionen in der Regel stärkere globale Glattheitsbedingungen erfüllen (z. B. $v_h \in C^1(\overline{\Omega})$ für die biharmonische Gleichung).
- Der Finite-Elemente Rahmen bietet nicht nur die Möglichkeit, kompliziertere Gebietsgeometrien zu handhaben, sondern erlaubt auch eine *lokale* Anpassung der Diskretisierung an eventuelle spezielle Gegebenheiten der Lösung, indem zum Beispiel nur einige der Dreiecke *lokal verfeinert* werden. Der gesamte funktionalanalytische Rahmen, der durch das Konzept der schwachen Formulierung eröffnet wird, hat zudem leistungsfähige Methoden hervorgebracht, solche lokalen Netzverfeinerungen im Laufe einer Rechnung *adaptiv* – also in Abhängigkeit von speziellen Lösungsgegeben-

506   12 Partielle Differentialgleichungen

heiten – dynamisch in einer Weise zu steuern, daß gewünschte Fehlertoleranzen über eine möglichst kleine Anzahl von Freiheitsgraden realisiert werden. Eine zentrale Rolle spielen hierbei sogenannte *a-posteriori
Fehlerschätzungen*, die sich aus Residuen herleiten lassen [V]. Dies ist
immer noch ein hochaktuelles Forschungsgebiet mit starken Auswirkungen im gesamten Bereich des wissenschaftlichen Rechnens. Eine kompakte
Einführung in dieses Thema wird in Abschnitt 12.4.6 gegeben.

12.4.5 Diskretisierungsfehleranalyse

Den Ausgangspunkt für die Analyse des Finite-Elemente-Diskretisierungs-
fehlers eines elliptischen Problems (wie das Poisson-Problem) bildet das Cea-
Lemma 12.38:

$$\|u - u_h\|_1 \leq \frac{\Gamma}{\gamma} \min_{v_h \in H_h} \|u - v_h\|_1 \qquad (12.105)$$

Hierbei ist $\| \cdot \|_1$ die Norm im Sobolevraum $H_0^1(\Omega)$ (siehe (12.78)) und
$H_h \subset H_0^1(\Omega)$ ein Finite-Elemente Raum (z. B. $H_h = \mathcal{S}_h$). Die Konstanten
γ und Γ sind die Elliptizitäts- und Beschränktheitskonstanten aus (12.82)
bzw. (12.83) im Satz von Lax-Milgram. Für die Poisson-Gleichung gilt gerade $\gamma = \Gamma = 1$. Eine Schranke für den Diskretisierungsfehler folgt also direkt
aus einer Schranke für $\min_{v_h \in H_h} \|u - v_h\|_1$. Wie bereits angedeutet wurde,
ist letztere Größe ein *Approximationsfehler*, weil sie angibt, wie genau man
(in der Norm $\| \cdot \|_1$ gemessen) die exakte Lösung u der schwachen Formu-
lierung der Differentialgleichung überhaupt bestenfalls in dem FE-Raum H_h
annähern kann. Wir werden ein wichtiges Resultat für diesen Approximationsfehler vorstellen. Dabei beschränken wir uns auf den zweidimensionalen Fall
und auf Triangulierungen mit Dreiecken. Völlig analoge Resultate gelten aber
auch für viele andere Triangulierungen auch in höheren Raumdimensionen.

Um befriedigende Schranken für diesen Approximationsfehler zu erhalten,
wird allerdings eine weitere Forderung an die Triangulierung gestellt. Wir
gehen davon aus, daß $\{\mathcal{T}_h\}$ eine *Familie* von zulässigen Triangulierungen von
Ω ist, wobei die Auflösung (oder Feinheit) beliebig hoch werden kann: Für
jedes $\delta > 0$ existiert eine Triangulierung $\mathcal{T}_{\hat{h}} \in \{\mathcal{T}_h\}$ mit $\hat{h} \leq \delta$.

Die obengenannte Annahme bezieht sich auf die Winkel der Dreiecke in
den Triangulierungen $\mathcal{T}_h \in \{\mathcal{T}_h\}$. Die Familie $\{\mathcal{T}_h\}$ muß die Eigenschaft haben, daß *alle Winkel aller Dreiecke durch eine positive Konstante* gleichmäßig
nach unten beschränkt sind. In diesem Fall nennt man die Familie *stabil* (oder
auch *regulär*). Dreiecke dürfen nicht zu schmal werden. Im Hinblick auf diese
Eigenschaft wird man in der Praxis versuchen die Gittergenerierungs- und
Gitterverfeinerungsmethoden so zu gestalten, daß *Dreiecke mit sehr kleinen
Winkeln vermieden werden*. Wenn man eine Ausgangstriangulierung sukzessive verfeinert, indem man alle Dreiecke durch Halbierung der Seiten jeweils
in vier kongruente Dreiecke zerlegt, ist Stabilität gewährleistet. Eine Familie
von Gebietszerlegungen mit rechtwinkligen Vierecken ist automatisch stabil.

Sei nun $\{\mathcal{T}_h\}$ eine *stabile* Familie von zulässigen Triangulierungen mit Dreiecken, und

$$\mathcal{S}_h^{(\ell)} = \{\, v \in C(\overline{\Omega}) \mid v_{|\partial\Omega} = 0 \;\text{ und }\; v_{|T} \in \Pi_\ell \;\text{ für alle }\; T \in \mathcal{T}_h \,\} \quad \ell = 1, 2, \dots ,$$

seien entsprechende FE-Räume. Für $\ell = 1$ ist $\mathcal{S}_h^{(1)} = \mathcal{S}_h$ der Raum linearer Finite-Elemente, für $\ell = 2$ hat man quadratische Finite-Elemente, usw.. Man kann folgende (scharfe) Schranke beweisen: Für $u \in C^{\ell+1}(\overline{\Omega})$ mit $u_{|\partial\Omega} = 0$ gilt

$$\min_{v_h \in \mathcal{S}_h^{(\ell)}} \|u - v_h\|_1 \leq C\, h^\ell |u|_{\ell+1}, \tag{12.106}$$

mit einer von der Schrittweite h und von u unabhängigen Konstante C. Hierbei ist

$$|v|_k^2 := \sum_{i+j=k} \left\| \frac{\partial^k v}{\partial x^i \partial y^j} \right\|_{L_2(\Omega)}^2,$$

die *Semi-Norm* der k-ten Ableitungen von v, gemessen in der L_2-Norm. Wenn man dieses Resultat mit der Cea-Schranke (12.105) kombiniert, ergibt sich beispielsweise folgende Schranke für den Diskretisierungsfehler im Fall linearer Finite-Elemente ($\ell = 1$)

$$\|u - u_h\|_1 \leq C\, h |u|_2. \tag{12.107}$$

Für quadratische und kubische FE-Räume erhält man Fehlerschranken $\mathcal{O}(h^2)$ bzw. $\mathcal{O}(h^3)$ unter der Voraussetzung (siehe (12.106)), daß die Lösung u hinreichend glatt ist, also entsprechend hohe Ableitungen besitzt. Diese Glattheitsvoraussetzung $u \in C^{\ell+1}(\overline{\Omega})$ für (12.106) kann mit Hilfe der Theorie der Sobolevräume erheblich abgeschwächt werden. Die Ableitungen müssen lediglich im schwachen Sinne definiert und quadratintegrierbar sein. Diesen Punkt wollen wir hier allerdings nicht weiter vertiefen. Die Diskretisierungsfehlerschranke $\mathcal{O}(h^\ell)$ für die Finite-Elemente Diskretisierung im Raum $\mathcal{S}_h^{(\ell)}$ wird günstiger für größeres ℓ. Andererseits ist aber für größeres ℓ mehr Glattheit der Lösung erforderlich, und der Rechenaufwand zur Berechnung der diskreten Lösung steigt an (weil die Dimension des FE-Raums größer wird). In der Praxis werden meistens FE-Methoden mit $\ell = 1$ (lineare FE) oder $\ell = 2$ (quadratische FE) benutzt.

Die Tatsache, daß das Galerkin-Verfahren eine *Projektionsmethode* ist (vgl. (12.95)), liefert bequem eine Abschätzung in der „Energie-Norm" (in obigen Fällen $\|\cdot\|_1$). Der Rest ist Approximationstheorie und hängt nur vom FE-Raum H_h ab. Fehlerabschätzungen in anderen Normen, insbesondere in Normen, die schwächer als die Energie-Norm sind wie $\|\cdot\|_{L_2(\Omega)}$, sind nicht ganz offensichtlich, obgleich mittlerweile Standard. Scharfe Abschätzungen für die Maximum-Norm sind recht schwierig. Für die L_2-Norm bei linearen Finite-Elemente Diskretisierungen des Poisson-Problems gilt (vgl. (12.107))

$$\|u - u_h\|_{L_2} \leq C\, h^2 |u|_2, \tag{12.108}$$

d. h., man gewinnt gegenüber der Abschätzung in der Energie-Norm (12.107) eine h-Potenz.

Bemerkung 12.44. Wir fügen einige Kommentare zu der Art der Diskretisierungsfehleranalyse bei der FE-Methode im Vergleich zu der beim Differenzenverfahren an. Wir betrachten dazu wieder ein elliptisches Randwertproblem in schwacher Formulierung, mit einer elliptischen beschränkten Bilinearform $k(\cdot, \cdot)$ und einem beschränkten linearen Funktional F auf $H_0^1(\Omega)$: gesucht ist $u \in H_0^1(\Omega)$ so, daß

$$k(u, v) = F(v) \quad \text{für alle} \quad v \in H_0^1(\Omega).$$

Zur Diskretisierung wird eine Folge endlich dimensionaler Räume $(H_h)_{h>0} \subset H_0^1(\Omega)$ angenommen (z. B. FE-Räume), die in Form einer Galerkin-Diskretisierung auf die Aufgabe führen:

$$\text{finde} \quad u_h \in H_h, \text{so daß} \quad k(u_h, v_h) = F(v_h) \quad \text{für alle} \quad v_h \in H_h. \qquad (12.109)$$

Der Diskretisierungsfehler ist $e_h = u - u_h \in H_0^1(\Omega)$. Aufgrund der Projektionsstruktur des Galerkin-Verfahrens liegen exakte und approximative Lösung in *demselben unendlich dimensionalen* Raum $H_0^1(\Omega)$, und wird der Fehler e_h im Raum $H_0^1(\Omega)$ gemessen. Die Konvergenzanalyse beim Differenzenverfahren hingegen verlangte zunächst eine *Reduktion* der exakten Lösung u in den *endlich* dimensionalen Raum $\ell^2(\Omega_h)$, in dem dann der Fehler gemessen wird.

In der Diskretisierungsfehleranalyse des Differenzenverfahrens in Abschnitt 12.3.4 wurde dann die zentrale Rolle der Begriffe *Stabilität* und *Konsistenz* herausgestellt. Die Fehleranalyse für die FE-Methode sieht ganz anders aus. Es scheint, als ob man mit dem Cea-Lemma (12.105) in Kombination mit Schranken für den *Approximationsfehler* vom Typ (12.106) (die nichts mit dem Variationsproblem zu tun haben) ein magisches Hilfsmittel gefunden hat, sich um das Muster „Stabilität + Konsistenz $\Rightarrow$ Konvergenz" herum zu schmuggeln. In der Fehleranalyse über das Cea-Lemma wird jedoch implizit ein ähnliches Muster benutzt, nämlich

„Stabilität + Approximation $\Rightarrow$ Konvergenz".

Der Approximationsfehler ist durch $\min_{v_h \in H_h} \|u - v_h\|_1$ definiert. Daß hier dieser Approximationsfehler und nicht ein Konsistenzfehler auftaucht, liegt daran, daß der Fehler e_h im Raum $H_0^1(\Omega)$ gemessen wird. Wie sieht es mit der Stabilität aus? Beim Differenzenverfahren für die Poisson-Gleichung ist die Stabilität als die gleichmäßige Beschränktheit des diskreten Lösungsoperators definiert:

$$\|\Delta_h^{-1}\| \leq C, \quad \text{mit } C \text{ unabhängig von } h.$$

Dieser Begriff läßt sich wie folgt auf natürliche Weise auf die Galerkin-Diskretisierungs-methode (12.109) erweitern.

Sei $S_h : H_h' \to H_h$, $S_h(F) = u_h$, der Lösungsoperator zum Problem (12.109). Die Galerkin-Diskretisierung (12.109) heißt stabil, wenn eine Konstante c_S unabhängig von h existiert, so daß

$$\|S_h(G)\|_1 \leq c_S \|G\|_{H_h'} \quad \text{für alle} \quad G \in H_h' \qquad (12.110)$$

gilt. Aus der *Elliptizität* von $k(\cdot, \cdot)$ auf $H_0^1(\Omega)$ folgt *direkt* ein Stabilitätsresultat wie in (12.110). Sei nämlich $u_h \in H_h$ so, daß $k(u_h, v_h) = G(v_h)$ für alle $v_h \in H_h$, dann gilt

$$\|u_h\|_1^2 \leq \frac{1}{\gamma} k(u_h, u_h) = \frac{1}{\gamma} G(u_h) \leq \frac{1}{\gamma} \|G\|_{H_h'} \|u_h\|_1, \quad \text{also}$$

$$\|u_h\|_1 = \|S_h(G)\|_1 \leq \frac{1}{\gamma} \|G\|_{H_h'}.$$

Somit ist die Stabilitätsbedingung (12.110) mit $c_S = \gamma^{-1}$ erfüllt. In der Fehlerschranke (12.105) kann man die Terme wie folgt zuordnen:

* $\frac{1}{\gamma}$: Stabilitätskonstante in (12.110);
* $\min_{v_h \in H_h} \|u - v_h\|_1$: Approximationsfehler. $\triangle$

Zusammenfassende Hinweise

Folgende Bemerkungen sollen helfen, obige Ergebnisse in Bezug auf Anwendungen richtig zu interpretieren.

- Abschätzungen des Typs (12.106) sind uns mit (8.41) schon in Abschnitt 8.2.5 bei der Polynom-Interpolation begegnet. Die Approximationsgüte, also das durch die FE-Räume gebotene Auflösungsvermögen nimmt bei *festem* Polynomgrad ℓ mit kleiner werdender Schrittweite h zu.
- Um wieviel schneller der Fehler bei $h \to 0$ fällt, hängt nun vom Grad ℓ ab. Je höher der Polynomgrad, umso höher die Potenz der Schrittweite h, *vorausgesetzt* die Lösung u hat genügend hohe Ableitungen in L_2. Dies begründet unter anderem das Interesse an Regularitätsresultaten im Rahmen der Theorie partieller Differentialgleichungen, wobei man verstehen will, unter welchen Voraussetzungen an die Daten, sprich rechte Seite, Randwerte, Koeffizienten sowie an die Gebiete Ω man welche Glattheit der Lösung garantieren kann.
- Finite-Elemente-Fehlerabschätzungen bei elliptischen Randwertproblemen haben ein gemeinsames Muster (vgl. (12.105), (12.106)). Wenn man im FE-Raum Polynome vom Grad $k - 1$ ($k \geq 2$) verwendet, hat man eine Fehlerschranke von der Form

$$\|u - u_h\|_m \leq C h^{k-m} |u|_k, \qquad m \in \{0, 1\}, \qquad (12.111)$$

mit

m: Glattheitsordnung der Norm für den Fehler,
k : Ordnung der Differenzierbarkeit der Approximierten.

- Wie können solche Abschätzungen in der Praxis helfen? Nun, wenn man weiß, wie glatt die Lösung ist, und eine Abschätzung C_1 für $|u|_k$, sowie für die Konstante C in (12.111) hat, so kann man die Schrittweite h, d. h. die Diskretisierung so wählen, daß für die Fehlerschranke

$$CC_1 h^k \le \text{tol} \implies h \le ((CC_1)^{-1}\text{tol})^{1/k} \tag{12.112}$$

gilt, um zu garantieren, daß die dann berechnete FE-Lösung u_h die exakte Lösung innerhalb einer gewünschten Toleranz tol in der L_2-Norm approximiert. Analoges gilt natürlich für die Abschätzung (12.111) in der Norm $\|\cdot\|_1$. Beachtet man, daß man bei regulären Triangulierungen eines beschränkten Gebietes in $\mathbb{R}^d$, die Größenordnung von

$$N = N_h \sim h^{-d}$$

Elementzellen und dazu *proportional* von Freiheitsgraden benötigt (wobei der Proportionalitätsfaktor vom Polynomgrad k abhängt), besagt (12.112) Folgendes:

> Unter obigen Voraussetzungen benötigt man
>
> $\mathcal{O}(\text{tol}^{-d/k})$ Unbekannte ($=$ Freiheitsgrade),
>
> um die Genauigkeit tol zu erreichen.

Je regulärer also die Lösung ist und je höher entsprechend der Grad der FE-Räume gewählt werden kann, umso weniger Unbekannte werden benötigt. Dies motiviert sogenannte hp-Ansätze, bei denen nicht nur die Dreiecke verkleinert werden, sondern (zumindest lokal) auch die Grade der Polynome in der FE-Diskretisierung erhöht werden.

- Bei hinreichend glatt berandeten Gebieten Ω und hinreichend glatter rechter Seite f kann man etwa für die Lösung des Poisson-Problems zeigen, daß für gewisse $k \ge 2$ gilt

$$|u|_k \le C\big(\|f\|_{L_2(\Omega)}^2 + |f|_{k-2}^2\big)^{1/2}, \tag{12.113}$$

d. h., ein Teil der gewünschten Information, die Konstante C_1 in (12.112) läßt sich im Prinzip aus den Daten gewinnen.

- Leider liegen derartige Verhältnisse in praktischen Anwendungen häufig nicht vor. Die Daten sind nicht überall glatt genug, die Gebiete haben keine durchgehend glatten Berandungen, etc., d. h., obige Informationen sind nicht gegeben oder es liegt gar keine hohe *globale* Regularität der Lösung u vor. Allerdings ist die Lösung häufig *lokal* immer noch sehr glatt und in solchen Bereichen würde eine grobe Diskretisierung reichen. Zusammenfassend kann man festhalten:

> Obige *a-priori* Schranken für den Diskretisierungsfehler (wie (12.111)) sind häufig nicht bestimmbar. Sie sind völlig ungeeignet, lokal unterschiedliche Lösungsstruktur, wie lokal höhere Glattheit, ausnutzen zu können, da insbesondere stets von einer oberen Schranke h der Gitterweite ausgegangen wird.

Abhilfe bieten da sogenannte *a-posteriori* Fehlerschätzer, die (a) bestimmbar sind und (b) Informationen liefern, um über lokale Gitterverfeinerungen auf möglichst ökonomische Art, also mit möglichst wenigen Unbekannten, eine gewünschte Zielgenauigkeit zu realisieren.

12.4.6 A-posteriori Fehlerschranken und Adaptivität

Wir begnügen uns in diesem Abschnitt mit einer Skizze der wesentlichen Ideen einer *fehlerkontrollierten* FE-Methode auf der Grundlage *berechenbarer* Fehlerschranken für den technisch einfachsten Fall des Poisson-Problems in einem zweidimensionalen Gebiet mit homogenen Randbedingungen. Die zugehörige Bilinearform lautet also wieder

$$a(v, w) = \langle v, w \rangle_1 = \int_\Omega \nabla v \cdot \nabla w \, dx.$$

Der zugehörige Hilbertraum ist $H = H_0^1(\Omega)$. Die Grundidee liegt in der *Abschätzung des Residuums*. Aus (12.80) folgt für alle $v \in H$ mit Hilfe des Gaußschen Satzes

$$
\begin{aligned}
a(u - u_h, v) = F(v) - a(u_h, v) &= \int_\Omega f v \, dx - \int_\Omega \nabla u_h \cdot \nabla v \, dx \\
&= \sum_{T \in \mathcal{T}_h} \left(\int_T f v \, dx - \int_T \nabla u_h \cdot \nabla v \, dx \right) \\
&= \sum_{T \in \mathcal{T}_h} \int_T f v \, dx + \sum_{T \in \mathcal{T}_h} \left\{ \int_T \Delta u_h v \, dx - \int_{\partial T} n_T \cdot \nabla u_h v \, ds \right\} \\
&= \sum_{T \in \mathcal{T}_h} \int_T (f + \Delta u_h) v \, dx - \int_{\partial T} n_T \cdot \nabla u_h v \, ds,
\end{aligned}
$$

wobei n_T die äußere Normale entlang des Randes ∂T des Dreiecks T bezeichnet. Man beachte, daß nach Aufteilung des Integrals über Ω auf jedem Dreieck T der Gaußsche Satz (partielle Integration) auf u_h anwendbar ist, da u_h elementweise glatt ist. Im Falle linearer Finite-Elemente verschwindet der Term $\int_T \Delta u_h v \, dx$, da u_h auf T linear ist und von Δ annihiliert wird. Für Elemente höherer Ordnung würde der Term mitgeführt werden. Man beachte, daß $\int_T (f + \Delta u_h) v \, dx$ ein „lokales Residuum" der Gleichung $-\Delta u = f$ ist. Summiert man nun die Randintegrale $\int_{\partial T} n_T \cdot \nabla u_h v \, ds$, fallen wegen der homogenen Randbedingungen von $v \in H_0^1(\Omega)$ die Anteile auf $\partial \Omega$ weg, während die Anteile zu allen inneren Kanten $K \in \mathcal{K}_h$ der Triangulierung $\mathcal{T}_h$ zweimal aufgrund zweier benachbarter Dreiecke T^+, T^- aufeinander treffen. Aufgrund der entgegengesetzten äußeren Normalen ergibt sich dadurch ein *Sprung* der Normalableitung von ∇u_h über jede innere Kante. Wir bezeichnen diesen Sprung mit $[n_K \cdot \nabla u_h]$. Damit ergibt sich nun

$$a(u - u_h, v) = \sum_{T \in \mathcal{T}_h} \int_T (f + \Delta u_h) v \, dx - \sum_{K \in \mathcal{K}_h} \int_K [n_K \cdot \nabla u_h] v \, ds. \quad (12.114)$$

Andererseits folgt aus (12.104) $F(v_h) - a(u_h, v_h) = 0$ für alle $v_h \in \mathcal{S}_h$ wie oben gerade

$$
\begin{aligned}
0 &= \int_\Omega f v_h \, dx - \int_\Omega \nabla u_h \cdot \nabla v_h \, dx \\
&= \sum_{T \in \mathcal{T}_h} \int_T (f + \Delta u_h) v_h \, dx - \sum_{K \in \mathcal{K}_h} \int_K [n_K \cdot \nabla u_h] v_h \, ds.
\end{aligned}
$$

Subtrahiert man dies von (12.114), ergibt sich für alle $v_h \in \mathcal{S}_h$, $v \in H_0^1(\Omega)$

$$
\begin{aligned}
a(u - u_h, v) = &\sum_{T \in \mathcal{T}_h} \int_T (f + \Delta u_h)(v - v_h) \, dx \\
&- \sum_{K \in \mathcal{K}_h} \int_K [n_K \cdot \nabla u_h](v - v_h) \, ds.
\end{aligned}
\quad (12.115)
$$

Es geht nun darum, für jedes gegebene $v \in H_0^1(\Omega)$ die rechte Seite dadurch gut abzuschätzen, daß man das frei wählbare $v_h \in \mathcal{S}_h$ geeignet wählt. Hierzu bedient man sich geeigneter Approximationsresultate für Finite Elemente Räume. Man kann nämlich zeigen, daß es lineare Operatoren $Q_h : L_2(\Omega) \to \mathcal{S}_h$ – sogenannte Quasi-Interpolanten oder Clément-Operatoren – gibt, die folgende Eigenschaften haben:

$$
\begin{aligned}
\|v - Q_h v\|_{L_2(T)} &\leq c h_T \|v\|_{1, \Omega_T} \\
\|v - Q_h v\|_{L_2(K)} &\leq c h_K^{1/2} \|v\|_{1, \Omega_K},
\end{aligned}
\quad (12.116)
$$

wobei die Gebiete Ω_T, Ω_K Vereinigungen einiger weniger an das Dreieck T bzw. die Kante K angrenzender Dreiecke der Triangulierung $\mathcal{T}_h$ sind und h_T, h_K den Durchmesser bzw. die Länge von T bzw. K angibt. Ferner ist $\|v\|_{1, \Omega_T}^2 = \int_{\Omega_T} \nabla v \cdot \nabla v \, dx$; analog für Ω_K. Unter schwachen Bedingungen an die Triangulierung, daß sich nämlich benachbarte Dreiecke nicht allzu stark (höchstens um einen begrenzten Faktor) im Durchmesser unterscheiden, gilt $h_T \sim h_K \sim \operatorname{diam} \Omega_T \sim \operatorname{diam} \Omega_K$. Wählt man nun $v_h = Q_h v$ in (12.115) und benutzt (12.116), ergibt sich für eine von $\mathcal{T}_h, f$ unabhängige Konstante c

(die auch im gewissen Rahmen abschätzbar ist) durch Anwendung der elementweisen Cauchy-Schwarz-Ungleichung

$$|a(u - u_h, v)| \leq c \Big\{ \sum_{T \in \mathcal{T}_h} h_T \|f + \Delta u_h\|_{L_2(\Omega_T)} \|v\|_{1,\Omega_T}$$
$$+ \sum_{K \in \mathcal{K}_h} h_K^{1/2} \|[n_K \cdot \nabla u_h]\|_{L_2(K)} \|v\|_{1,\Omega_K} \Big\}. \quad (12.117)$$

Wendet man jetzt die diskrete Cauchy-Schwarz-Ungleichung an und beachtet man, daß aufgrund obiger Eigenschaften der lokalen Gebiete Ω_T, Ω_K

$$\sum_{T \in \mathcal{T}_h} \|v\|_{1,\Omega_T}^2 + \sum_{K \in \mathcal{K}_h} \|v\|_{1,\Omega_K}^2 \leq c \|v\|_{1,\Omega}^2$$

gilt, ergibt sich schließlich für jedes beliebige $v \in H_0^1(\Omega)$

$$|a(u - u_h, v)| \leq c \Big\{ \sum_{T \in \mathcal{T}_h} h_T^2 \|f + \Delta u_h\|_{L_2(\Omega_T)}^2$$
$$+ \sum_{K \in \mathcal{K}_h} h_K \|[n_K \cdot \nabla u_h]\|_{L_2(K)}^2 \Big\}^{1/2} \|v\|_1$$

und somit

$$\sup_{v \in H_0^1(\Omega)} \frac{|a(u - u_h, v)|}{\|v\|_1} \leq c \Big\{ \sum_{T \in \mathcal{T}_h} \eta_{R,T}^2 \Big\}^{1/2}, \quad (12.118)$$

mit

$$\eta_{R,T} := \Big\{ h_T^2 \|f + \Delta u_h\|_{L_2(\Omega_T)}^2 + \sum_{K \subset \partial T} h_K \|[n_K \cdot \nabla u_h]\|_{L_2(K)}^2 \Big\}^{1/2}. \quad (12.119)$$

In den obigen Ungleichungen werden die (im Prinzip unterschiedlichen) Konstanten alle mit c bezeichnet. Wegen (12.82) gilt $\frac{|a(u - u_h, u - u_h)|}{\|u - u_h\|_1} \geq \gamma \|u - u_h\|_1$ (in unserem speziellen Fall des Poisson-Problems gilt sogar $\gamma = 1$), so daß insgesamt aus (12.118) folgt

$$\|u - u_h\|_1 \leq c \Big\{ \sum_{T \in \mathcal{T}_h} \eta_{R,T}^2 \Big\}^{1/2} \quad (12.120)$$

und damit eine Schranke des Diskretisierungsfehlers in der Energie-Norm. Mit mehr Aufwand (vgl. [V]) kann man zeigen, daß auch

$$\eta_{R,T} \leq c^* \|u - u_h\|_{1,\Omega_T}, \quad T \in \mathcal{T}_h, \quad (12.121)$$

gilt. Zwecks Einordnung dieser Abschätzungen ist Folgendes zu beachten:

- Die Konstanten c, c^* hängen von γ, Γ, von der Ordnung der FE-Räume, von der Regularität der Triangulierung $\mathcal{T}_h$ jedoch nicht von u, u_h, f ab. Sie sind im konkreten Fall im gewissen Rahmen abschätzbar.

- Die obere Fehlerschranke ist die Summe von *lokalen Termen* $\eta_{R,T}$, die nur von der gegenwärtigen Galerkin-Lösung u_h und von den Daten f abhängen, also im Prinzip *berechenbar* sind. (Streng genommen müssen auch die Daten f approximiert werden, wodurch ein zusätzlicher Datenfehler auftritt, den wir hier vernachlässigen). Gilt also

$$\eta_{\mathcal{T}_h} := c\Big\{ \sum_{T \in \mathcal{T}_h} \eta_{R,T}^2 \Big\}^{1/2} \leq \mathrm{tol}, \qquad (12.122)$$

  ist man sicher, daß die Näherung u_h eine gewünschte Toleranz tol erfüllt.
- Die $\eta_{R,T}$ lassen sich als *lokale Residuen* interpretieren. Die untere Abschätzung (12.121) sagt, wenn $\eta_{R,T}$ groß ist, muß der Energiefehler in einer Umgebung des Dreiecks T auch groß sein.

Offensichtlich bietet eine Triangulierung $\mathcal{T}_h$ genau dann ein besonders günstiges Verhältnis zwischen der erreichten Genauigkeit in der Energie-Norm und dem Aufwand, sprich der Anzahl der Dreiecke, wenn der Fehler möglichst *äquilibriert* ist, also auf allen Dreiecken nahezu gleich groß ist. Da man die Anteile $\|u - u_h\|_{1,T}$ nicht kennt, legen die Abschätzungen (12.120), (12.121) folgende Strategie nahe:

Unterteile die Dreiecke mit den größten lokalen Residuen $\eta_{R,T}$ bis

- die lokalen Residuen $\eta_{R,T}$ nahezu äquilibriert sind;
- die Gesamtschranke $\eta_{\mathcal{T}_h}$ unterhalb einer gewünschten Toleranz liegt.

Eine konkrete Strategie, die im Falle des Poisson-Problems die gewünschte Genauigkeit mit einer bis auf einen konstanten Faktor jeweils minimalen Anzahl von Freiheitsgraden liefert, sieht im Kern folgendermaßen aus:

Gegeben $\mathcal{T}_h$, berechne die $\eta_{R,T}$, $T \in \mathcal{T}_h$, und prüfe of $\eta_{\mathcal{T}_h} \leq \mathrm{tol}$; falls nicht, finde die kleinste Teilmenge $\mathcal{C} \subset \mathcal{T}_h$ so daß

$$\sum_{T \in \mathcal{C}} \eta_{R,T}^2 \geq \frac{1}{4} \sum_{T \in \mathcal{T}_h} \eta_{R,T}^2$$

gilt; unterteile die Dreiecke in $\mathcal{C}$, schließe die entstehende Triangulierung konform ab (d. h., eliminiere hängende Knoten) und wiederhole den Vorgang.

Diese *Verfeinerungsstrategie* kombiniert mit der obigen *Fehlerschätzungsmethode* (Bestimmung von $\eta_{R,T}$ für $T \in \mathcal{T}_h$ und $\eta_{\mathcal{T}_h}$) können in einem *adaptiven Lösungsverfahren* eingesetzt werden, siehe Abb. 12.13. Die Entwicklung solcher adaptiven Methoden zur Lösung elliptischer (und anderer) Randwertprobleme ist ein hochaktuelles Forschungsgebiet.

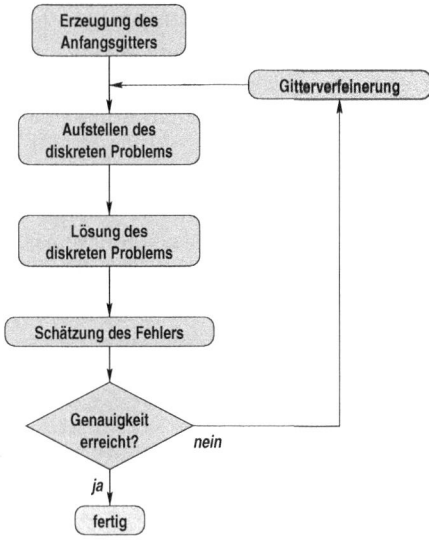

Abb. 12.13. Adaptives Lösungsverfahren

Beispiel 12.45. Wir beschließen diesen Abschnitt mit dem einfachen Test-problem:

$$-\Delta u = f \qquad \text{auf } \Omega = (-1,1)^2 \setminus \{(x,y) \in \mathbb{R}^2 : x \geq 0 \text{ und } y \leq 0\},$$
$$u = 0 \qquad \text{auf } \partial\Omega.$$

Das Gebiet Ω hat also L-Form mit einer einspringenden Ecke im Ursprung des Koordinatensystems, siehe Abb. 12.15. Wir wählen die rechte Seite f, so daß die Lösung u in der Nähe der einspringenden Ecke die Form

$$u(r,\theta) = \eta(r)r^{2/3}\sin(2/3\,\theta), \quad r \in (0,1), \ \theta \in (0,\frac{3}{2}\pi),$$

mit einer „Abschneidefunktion" $\eta \in C^\infty(0,1)$ hat. Die Funktion η nimmt in einer Umgebung von 0 den Wert eins an und verschwindet bei 1 .

Die folgenden Ergebnisse wurden mit dem Programm-Paket ALBERTA-berechnet, das im vorliegenden Fall eine Näherungslösung u_h bestehend aus stetigen stückweise kubischen Finite Elementen erstellt, siehe [Sieb]. Die zu-grunde liegende Triangulierung mit 1060 Dreiecken ($\sim$ 4849 Freiheitsgraden) wurde adaptiv nach obiger Strategie bestimmt. Abb. 12.15 zeigt die Trian-gulierung. Der Graph der Näherungslösung, auf dem wieder die Gitteranteile angedeutet sind, ist in Abb. 12.14 zu sehen. Man sieht, daß die Triangulierung an Stellen starker Krümmung verfeinert ist, vor allem aber eine starke, viel tiefer gehende automatische Verfeinerung an der einspringenden Ecke zeigt. Dies liegt darin, daß die Lösung dort – entsprechend einer Spannungsspitze – eine *Singularität* aufweist und in der Ecke bereits keine beschränkte Ableitung erster Ordnung mehr besitzt. Derartige Singularitäten entstehen bei elliptischen Randwertaufgaben typischerweise bei Gebieten mit stückweise glatten Rändern und einspringenden Ecken. Je kleiner der Außenwinkel ist, umso stärker kann die Singularität ausfallen. Würde man die mit dieser Diskretisierung erreichte Genauigkeit (in der Norm $\|\cdot\|_1$) mit einer gleichförmigen Triangulierung realisieren wollen, bräuchte man im ganzen Rechengebiet eine Gitterfeinheit wie an der einspringenden Ecke. Hierin liegt also der Gewinn adaptiver Lösungskonzepte, bei Auftreten von Singularitäten eine gewünschte Genauigkeit mit weit weniger Freiheitsgraden (geringerer Problemgröße) als bei uniformen Diskretisierungen zu erreichen. Die Visualisierung des Outputs wurde über das Softwarepaket GRAPE[1] erstellt. $\triangle$

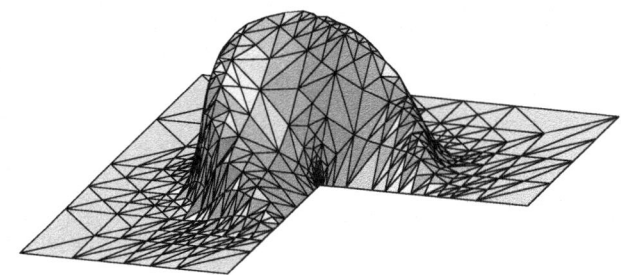

Abb. 12.14. Adaptiv berechnete Lösung mit überlagertem Gitter

12.4.7 Matrix-Vektor Darstellung des diskreten Problems

In diesem Abschnitt skizzieren wir, wie man bei der Finite-Elemente Methode die diskrete Lösung (z. B. u_h in (12.104)) bestimmen kann. Wir betrachten erst die allgemeine Galerkin-Methode aus (12.91):

Gesucht $u_h \in H_h$, so daß $k(u_h, v_h) = G(v_h)$ für alle $v_h \in H_h$.   (12.123)

Da der Raum H_h endlich dimensional ist, kann man eine Basis $(\phi_j)_{1 \leq j \leq m}$ in H_h wählen. Die gesuchte Lösung u_h läßt sich dann in dieser Basis darstellen: $u_h = \sum_{j=1}^{m} x_j \phi_j$, wobei die m Koeffizienten $x_j \in \mathbb{R}$, $j = 1, \ldots, m$, dadurch eindeutig bestimmt, jedoch noch unbekannt sind. Die unbekannten Entwicklungskoeffizienten x_j bilden die Lösung eines zu (12.123) äquivalenten *Gleichungssystems*. Hierzu beachte man zunächst, daß es in (12.123) genügt, nur mit den Basisfunktionen $v_h = \phi_j$, $j = 1, \ldots, m$ zu „testen", da alle v_h Linearkombinationen dieser Basisfunktionen sind und sowohl das Funktional G als auch die Bilinearform $k(\cdot, \cdot)$ in v_h linear sind. In Wirklichkeit beinhaltet

---

[1] Grape Software entwickelt am SFB 256, Universität Bonn und am Institut für Angewandte Mathematik, Universität Freiburg

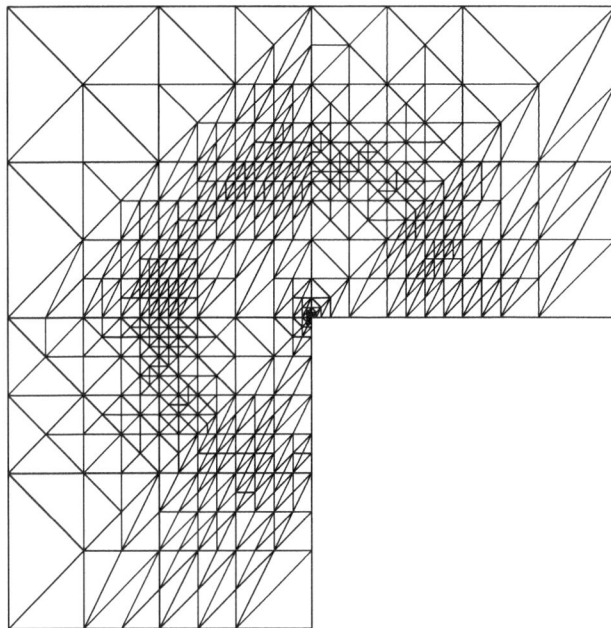

Abb. 12.15. Der adaptiv berechneten Lösung zugrunde liegende Triangulierung

also (12.123) genau $m = \dim H_h$ Bedingungen. Setzt man nun die Darstellung für u_h in (12.123) ein und benutzt wieder die Linearität von $k(\cdot, \cdot)$ in beiden Argumenten, ist die Aufgabe (12.123) *äquivalent* zu folgender:

Gesucht $\mathbf{x} = (x_1, \dots, x_m)^T \in \mathbb{R}^m$, so daß

$$\sum_{j=1}^{m} k(\phi_j, \phi_i)x_j = G(\phi_i) \quad \text{für alle } i = 1, \dots, m. \tag{12.124}$$

Man hat also m lineare Gleichungen für die m unbekannten Koeffizienten x_j. Die Zahlen $k(\phi_j, \phi_i)$ und $G(\phi_i)$ kann man in einer Matrix und in einem Vektor sammeln:

$$\begin{aligned}
\mathbf{K} &= (k_{i,j})_{1 \le i,j \le m} \in \mathbb{R}^{m \times m}, \quad \text{mit } k_{i,j} := k(\phi_j, \phi_i), \\
\mathbf{g} &:= (G(\phi_1), \dots, G(\phi_m))^T \in \mathbb{R}^m.
\end{aligned} \tag{12.125}$$

Mit dieser Notation ergibt sich folgende Äquivalenz:

Variationsproblem (12.123) $\Leftrightarrow$ lineares Gleichungssystem $\mathbf{Kx} = \mathbf{g}$
(12.126)

Die Matrix $\mathbf{K}$ wird Steifigkeitsmatrix genannt. Folgende Eigenschaften der Matrix $\mathbf{K}$ haben wir im Prinzip schon in Beispiel 3.32, 4. angetroffen.

Lemma 12.46. *Wenn $k(\cdot, \cdot)$ symmetrisch ist, also $k(u,v) = k(v,u)$ für alle $u, v \in H_h$ gilt, dann ist die Matrix $\mathbf{K}$ symmetrisch. Wenn außerdem $k(v,v) > 0$ für alle $v \in H_h$, $v \neq 0$, dann ist $\mathbf{K}$ symmetrisch positiv definit.*

Beweis. Die Symmetrie der Matrix $\mathbf{K}$ folgt aus

$$k_{i,j} = k(\phi_j, \phi_i) = k(\phi_i, \phi_j) = k_{j,i} \quad \text{für alle} \ 1 \le i, j \le m.$$

Sei $\mathbf{y} \in \mathbb{R}^m$ ein beliebiger Vektor ungleich Null. Dann ist $v := \sum_{j=1}^{m} y_j \phi_j \in H_h$ und $v \neq 0$ (weil die ϕ_j eine Basis bilden). Hieraus und aus der Annahme über Positivität von $k(\cdot, \cdot)$ ergibt sich

$$0 < k(v,v) = k(\sum_{j=1}^{m} y_j \phi_j, \sum_{i=1}^{m} y_i \phi_i) = \sum_{i=1}^{m} \sum_{j=1}^{m} y_i k(\phi_j, \phi_i) y_j = \mathbf{y}^T \mathbf{K} \mathbf{y} \quad (12.127)$$

also ist die Matrix $\mathbf{K}$ positiv definit. □

Beide Forderungen an $k(\cdot, \cdot)$ in diesem Lemma sind erfüllt, wenn $k(\cdot, \cdot)$ elliptisch (siehe Satz 12.35, (12.82)) und symmetrisch ist.

Diese allgemeine Vorgehensweise läßt sich insbesondere auf die Finite-Elemente Diskretisierung anwenden. Als Beispiel betrachten wir die Diskretisierung der Poisson-Gleichung mit linearen Finite-Elementen, also das endlich dimensionale Variationsproblem (12.80) mit stückweise linearen Ansatzfunktionen. Entscheidend für die praktische Durchführung der FE-Methode ist die Wahl der sogenannten *nodalen Basis* in dem FE-Raum $\mathcal{S}_h$. Um diese Basis beschreiben zu können, seien $\{\xi_1, \ldots, \xi_m\}$ die Gitterpunkte (= Eckpunkte) der Triangulierung $\mathcal{T}_h$, die im Inneren von Ω liegen, während mit $\{\xi_{m+1}, \ldots, \xi_M\}$ die restlichen Gitterpunkte auf dem Rand $\partial\Omega$ des Gebietes bezeichnet werden. Folglich gilt $\text{Dim}(\mathcal{S}_h) = m$, da Randwerte vorgegeben werden. Für jeden Gitterpunkt ξ_i im Inneren von Ω definieren wir die lineare FE-Funktion ϕ_i wie folgt (vgl. Abb. 12.16):

$$\phi_i \in \mathcal{S}_h, \quad \phi_i(\xi_i) = 1, \quad \phi_i(\xi_j) = 0 \quad \text{für alle} \ 1 \le j \le M, \ j \neq i. \quad (12.128)$$

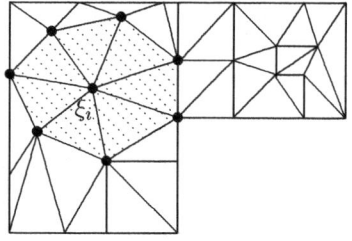
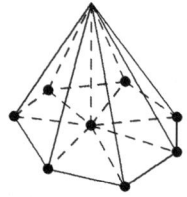

Abb. 12.16. Träger und Gestalt der Funktion ϕ_i

Die Funktionen $(\phi_i)_{1 \leq i \leq m}$ sind linear unabhängig: Wäre $v_h = \sum_{i=1}^{m} y_i \phi_i = 0$, würde wegen (12.128) insbesondere $0 = v_h(x_l) = \sum_{i=1}^{m} y_i \phi_i(x_l) = y_l$ folgen. Da l beliebig war, sagt dies, daß die Koeffizienten y_i alle Null sein müssen, was lineare Unabhängigkeit bedeutet. Da nun die Anzahl dieser Funktionen mit der Dimension des Raumes $\mathcal{S}_h$ übereinstimmt, bilden diese Funktionen eine Basis von $\mathcal{S}_h$. Da obige Basisfunktionen durch Vorgabe von Werten an den Ecken definiert sind, spricht man von *nodalen* Basisfunktionen. Die Spezifizierung von (12.126) auf die FE-Diskretisierung des Poisson-Problems in (12.80) liefert dann:

$$\text{Variationsproblem (12.104)} \Leftrightarrow \mathbf{A}\mathbf{x} = \mathbf{b},$$
$$\text{mit} \quad \mathbf{A} = (a_{i,j})_{1 \leq i,j \leq m}, \quad a_{i,j} := a(\phi_j, \phi_i), \qquad (12.129)$$
$$\mathbf{b} := \big(F(\phi_1), \ldots, F(\phi_m)\big)^T.$$

Da die Bilinearform $a(\cdot, \cdot)$ symmetrisch und elliptisch ist, folgt aus Lemma 12.46, daß die Steifigkeitsmatrix $\mathbf{A}$ *symmetrisch positiv definit ist*. Eine weitere für die Praxis sehr attraktive Eigenschaft dieser Matrix ist, daß sie *dünnbesetzt* ist. Die i-te Zeile enthält die Einträge

$$a_{i,j} = a(\phi_j, \phi_i) = \int_\Omega \nabla \phi_j \cdot \nabla \phi_i \, dx, \quad j = 1, \ldots, m.$$

Der Träger von ϕ_i, $\operatorname{supp}(\phi_i)$, besteht aus allen Dreiecken, die ξ_i als Eckpunkt haben. Aus Abb. 12.16 sieht man sofort, daß der Durchschnitt von $\operatorname{supp}(\phi_i)$ und $\operatorname{supp}(\phi_j)$ vom Maß Null ist, wenn ξ_i und ξ_j nicht durch eine Kante in der Triangulierung verbunden sind. Folglich ist $a_{i,j} = 0$ für alle j wofür ξ_j keine gemeinsame Kante mit ξ_i hat. Die Anzahl der von Null verschiedenen Einträge in der i-ten Zeile ist somit höchstens die Anzahl der Kanten der Ecke ξ_i.

Um die Einträge der Steifigkeitsmatrix und der rechten Seite in (12.129) zu bestimmen, müssen Summen von Integralen über Dreiecke berechnet werden. Als Beispiel betrachten wir einen Eintrag des Vektors $\mathbf{b}$:

$$b_i = F(\phi_i) = \int_\Omega f \, \phi_i \, dx = \int_{\operatorname{supp}(\phi_i)} f \, \phi_i \, dx.$$

Seien $T_{i_1}, \ldots, T_{i_s}$ alle Dreiecke in der Triangulierung die ξ_i als Eckpunkt haben. Dann ist

$$b_i = \sum_{k=1}^{s} \int_{T_{i_k}} f \, \phi_i \, dx. \qquad (12.130)$$

In der Regel ist $\int_{T_{i_k}} f \, \phi_i \, dx$ nicht analytisch berechenbar und deshalb Quadratur erforderlich. Es stellt sich heraus, daß es bei der Implementierung vorteilhaft ist, die Quadratur nicht direkt auf T_{i_k} anzuwenden, sondern zuerst das Integral über T_{i_k} in ein Integral über dem Einheitsdreieck zu transformieren und darauf dann eine Quadraturformel anzuwenden. Sei $\hat{T}$ das Einheitsdreieck. Es existiert bekanntlich eine affine Abbildung $F : \mathbb{R}^2 \to \mathbb{R}^2$, $F(\hat{\mathbf{x}}) = \mathbf{B}\hat{\mathbf{x}} + \mathbf{c}$ so, daß $F(\hat{T}) = T_{i_k}$ (siehe Übung 12.8.15), und man erhält

$$\int_{T_{i_k}} g(x) \, dx = |\det \mathbf{B}| \int_{\hat{T}} g(F(\hat{x})) \, d\hat{x}. \qquad (12.131)$$

Sei $Q_{\hat{T}}(q)$ eine Quadraturformel zur Annäherung von $\int_{\hat{T}} q(\hat{x}) \, d\hat{x}$ (z. B. die Trapezregel $Q_{\hat{T}}(q) = \frac{1}{6}[q((0,0)) + q((1,0)) + q((0,1))]$). Die Integrale in (12.130) werden über

$$\int_{T_{i_k}} f(x)\phi_i(x) \, dx = |\det \mathbf{B}| \int_{\hat{T}} (f \circ F)(\hat{x})(\phi_i \circ F)(\hat{x}) \, d\hat{x}$$
$$\approx |\det \mathbf{B}| \, Q_{\hat{T}}\big((f \circ F)(\phi_i \circ F)\big)$$

berechnet. Die Einträge der Steifigkeitsmatrix kann man auf analoge Weise bestimmen. Für das Modellproblem, wobei $a_{i,j} = \int_\Omega \nabla\phi_j \cdot \nabla\phi_i \, dx$, ist keine Quadratur erforderlich, weil die Terme $\int_{T_{i_k}} \nabla\phi_j \cdot \nabla\phi_i \, dx$ einfach analytisch berechnet werden können (ϕ_i und ϕ_j sind linear auf T_{i_k}). Bei anderen Problemen, z. B. $a_{i,j} = \int_\Omega \nabla\phi_j \cdot A(x)\nabla\phi_i \, dx$ mit einer variablen Diffusionskoeffizientenmatrix $A(x)$, ist jedoch Quadratur notwendig. Eine strenge Fehleranalyse muß natürlich die durch Quadratur bedingten Fehler berücksichtigen. Eine Faustregel ist, daß die Ordnung der Quadratur mindestens so hoch wie die des Diskretisierungsfehlers (in der Norm $\| \cdot \|_1$) bei exakter Integration sein sollte.

Die obige Methode zur Aufstellung einer Matrix-Vektor Darstellung des diskreten Problems kann man folgendermaßen zusammenfassen:

- Wahl der *nodalen* Basis im FE-Raum;
- Darstellung der Einträge der Steifigkeitsmatrix und der rechten Seite als Summen von Integralen über Dreiecken der Triangulierung; Transformation der Integrale über Dreiecken in Integrale über dem Einheitsdreieck, welche dann mit Quadratur angenähert werden.

Würde man jeden Eintrag $a_{i,j} = a(\phi_i, \phi_j)$ separat berechnen, müßte man Integrale über einem Dreieck mehrfach behandeln. Obige Vorgehensweise organisiert die Integration auf eine Weise, daß jedes Dreieck nur einmal bearbeitet wird.

Diese Vorgehensweise läßt sich nicht nur bei dem Modellproblem, sondern auch bei allgemeinen FE-Diskretisierungen verwenden. Die konkrete Realisierung hängt vom vorliegenden Problem ab. So braucht man bei einem 3D Problem mit einer Triangulierung bestehend aus Tetraedern natürlich eine Quadraturformel für das Einheitstetraeder. Wenn man quadratische (statt lineare) FE benutzt, braucht man nodale Basisfunktionen nicht nur zu den

Eckpunkten der Triangulierung, sondern auch zu den Kantenmittelpunkten (siehe Abb. 12.12).

Es sei noch bemerkt, daß man in vielen Fällen die Finite-Elemente Methode als *Verallgemeinerung des Differenzenverfahrens* interpretieren kann. Zur Erläuterung dieses Punkts betrachten wir das Poisson-Problem (12.75) mit $\Omega = (0,1)^2$. Sei $\mathcal{T}_h$ eine uniforme Triangulierung wie im linken Bild der Abb. 12.11. Die Finite-Elemente Diskretisierung entspricht der in (12.104), und (12.129) gibt das zugehörige Matrix-Vektor Problem an. Eine einfache Rechnung ergibt

$$a_{i,i} = a(\phi_i, \phi_i) = 4 \quad \text{für alle} \ \ i = 1, \ldots, m,$$
$$a_{i,j} = a(\phi_j, \phi_i) = -1 \quad \text{für alle} \ \ 1 \leq i,j \leq m \ \ \text{wofür} \ \ \|\xi_i - \xi_j\| = h,$$
$$a_{i,j} = 0 \quad \text{sonst.}$$

Wenn man bei der Berechnung der Einträge der rechten Seite für die Integrale in (12.130) die *Trapezregel* verwendet, erhält man wegen der Eigenschaft $\phi_i(\xi_i) = 1$, $\phi_i(\xi_j) = 0$ für alle $j \neq i$:

$$b_i = \sum_{k=1}^{6} \int_{T_{i_k}} f \, \phi_i \, dx \approx \sum_{k=1}^{6} \frac{1}{6} h^2 f(\xi_i) = h^2 f(\xi_i) \quad \text{für } i = 1, \ldots, m.$$

Also ergibt sich genau das gleiche diskrete Problem wie beim Differenzenverfahren aus Abschnitt 12.3.1.

Kondition der Steifigkeitsmatrix

Beim Differenzverfahren hat die Matrix der diskretisierten Poisson-Gleichung eine Konditionszahl die wächst wie h^{-2}. Wir werden jetzt zeigen, daß (unter gewissen Voraussetzungen) dies auch für die Steifigkeitsmatrix $\mathbf{A}$ aus (12.129) gilt. Dazu brauchen wir eine wichtige Eigenschaft der nodalen Basis, die wir jetzt beschreiben. Wir nehmen an, daß die der FE-Diskretisierung zugrunde liegenden Triangulierungen *stabil*, d. h., die minimalen Winkel der Dreiecke bleiben oberhalb einer festen positiven Schranke (für $h \downarrow 0$), und *quasi-uniform*, d. h., das Verhältis $\max_{T \in \mathcal{T}_h} \mathrm{diam}(T) / \min_{T \in \mathcal{T}_h} \mathrm{diam}(T)$ bleibt beschränkt (für $h \downarrow 0$), sind. Wie beim Differenzenverfahren, siehe (12.66), führen wir folgende gewichtete Euklidische Norm ein:

$$\|\mathbf{y}\|_{2,h} = h\|\mathbf{y}\|_2 = \sqrt{h^2 \sum_{j=1}^{m} y_j^2} \quad \mathbf{y} \in \mathbb{R}^m.$$

Man kann zeigen, daß die nodalen Basen bezüglich einer solchen stabilen und quasi-uniformen Familie von Triangulierungen im Sinne von (2.37) gut konditioniert sind (vgl. [Br]): Es existieren Konstanten $0 < c_\phi < C_\phi < \infty$, so daß

$$c_\phi \|\mathbf{y}\|_{2,h} \le \Big\| \sum_{i=1}^m y_i \phi_i \Big\|_{L_2(\Omega)} \le C_\phi \|\mathbf{y}\|_{2,h} \quad \forall \; \mathbf{y} \in \mathbb{R}^m. \tag{12.132}$$

Für das diskretisierte Poisson-Problem ergibt sich dann folgende Abschätzung (vgl. (12.63)).

Folgerung 12.47. *Sei* $\{\mathcal{T}_h\}_{h>0}$ *eine stabile und quasi-uniforme Familie von Triangulierungen. Für die symmetrisch positiv definite Steifigkeitsmatrix* $\mathbf{A}$ *des diskreten Poisson-Problems aus (12.129) gilt*

$$\kappa(\mathbf{A}) = \frac{\lambda_{\max}(\mathbf{A})}{\lambda_{\min}(\mathbf{A})} \le C \, h^{-2} \tag{12.133}$$

mit einer Konstante C *unabhängig von* $m = \dim H_h = \dim \mathcal{S}_h$.

Beweis. Für $v = \sum_{i=1}^m y_i \phi_i$ gilt $a(v,v) = \mathbf{y}^T \mathbf{A} \mathbf{y}$. Mit Hilfe der Poincaré-Friedrichs-Ungleichung (12.79) erhält man

$$\mathbf{y}^T \mathbf{A} \mathbf{y} = a(v,v) = \|v\|_1^2 \ge c_F^2 \|v\|_{L_2}^2 \ge c_F^2 c_\phi^2 \|\mathbf{y}\|_{2,h}^2 = c_F^2 c_\phi^2 h^2 \|\mathbf{y}\|_2^2.$$

Wegen der bekannten Charakterisierung des kleinsten Eigenwertes $\lambda_{\min}(\mathbf{A})$, ergibt sich sofort:

$$\lambda_{\min}(\mathbf{A}) = \min_{\mathbf{y} \in \mathbb{R}^m \setminus \{0\}} \frac{\mathbf{y}^T \mathbf{A} \mathbf{y}}{\mathbf{y}^T \mathbf{y}} \ge c_F^2 c_\phi^2 h^2. \tag{12.134}$$

Für die Einträge der Matrix $\mathbf{A}$ gilt

$$\begin{aligned} |a_{i,j}| = |a(\phi_j, \phi_i)| &= \Big| \int_\Omega \nabla \phi_j \cdot \nabla \phi_i \, dx \Big| \\ &\le |\operatorname{supp}(\phi_j) \cap \operatorname{supp}(\phi_i)| \, c \, h^{-2} \le \tilde{c}, \end{aligned} \tag{12.135}$$

mit einer Konstante $\tilde{c}$ unabhängig von h. In jeder Zeile der Matrix $\mathbf{A}$ bleibt die Anzahl der nicht-Nulleinträge unterhalb einer festen Schranke (für $h \downarrow 0$), sag $\hat{c}$. Hiermit ergibt sich

$$\lambda_{\max}(\mathbf{A}) = \rho(\mathbf{A}) \le \|\mathbf{A}\|_\infty \le \tilde{c}\hat{c},$$

und somit gilt

$$\frac{\lambda_{\max}(\mathbf{A})}{\lambda_{\min}(\mathbf{A})} \le \frac{\tilde{c}\hat{c}}{c_F^2 c_\phi^2 h^2} = C \, h^{-2}. \qquad \square$$

Bemerkung 12.48. Abschätzung (12.134) besagt, daß $\|\mathbf{A}^{-1}\|_2 \le (c_F c_\phi h)^{-2}$ gilt. Man beachte aber, daß hier eine andere Skalierung als bei den Differenzen Verfahren benutzt wird, vgl. (12.39) und (12.135). Die Matrix $h^{-2}\mathbf{A}$ würde der Matrix $\mathbf{A}_1$ aus (12.39) entsprechen. In dieser Skalierung würde man das zu Lemma 12.12 analoge diskrete Stabilitätsresultat auch für die vorliegende Steifigkeitsmatrix bekommen. $\triangle$

Bemerkung 12.49. Tatsächlich ist diese Abschätzung (12.133) bestmöglich, d. h., es gibt eine von h unabhängige Konstante $c > 0$, für die $\kappa(\mathbf{A}) \geq ch^{-2}$ gilt. Dies folgt mit ähnlichen Argumenten zusammen mit einer *inversen* Abschätzung der Form

$$\|v_h\|_1 \leq \tilde{c}h^{-1}\|v_h\|_{L_2(\Omega)}, \quad v_h \in H_h.$$

Letzteres besagt, daß sich die stärkere Norm $\|\cdot\|_1$ auf dem endlich dimensionalen Raum H_h durch die schwächere Norm $\|\cdot\|_{L_2(\Omega)}$ auf Kosten des gitterabhängigen Faktors h^{-1} abschätzen läßt. Dies folgt elementweise aus der Äquivalenz von Normen auf endlich dimensionalen Räumen in Verbindung mit der Transformation auf das Referenzelement.

In der Tatsache, daß $\kappa(\mathbf{A}) \sim h^{-2}$ gilt, liegt ein wesentliches Hindernis für eine effiziente Lösung der resultierenden diskreten Gleichungssysteme begründet.   △

12.5 Finite-Volumen-Methode für elliptische Randwertaufgaben

In diesem Abschnitt werden wir die Grundidee der *Finite-Volumen-Methode* vorstellen, das ebenfalls Diskretisierungen auf der Grundlage unregelmäßiger Netze und damit die Behandlung komplexer Gebietsgeometrien gestattet. Wir beschränken uns auf den zweidimensionalen Fall, also $\Omega \subset \mathbb{R}^2$. Bei dieser Methode geht man von einer Differentialgleichung in sogenannter *konservativer* (oder *Erhaltungs-*) Form aus:

$$\operatorname{div} \mathbf{w}(x, y) = f(x, y) \quad \text{für} \ (x, y) \in \Omega. \tag{12.136}$$

Hierbei ist $\mathbf{w} = (w_1(x, y), w_2(x, y))^T$ eine vektorwertige Funktion und

$$\operatorname{div} \mathbf{w}(x, y) = \frac{\partial}{\partial x} w_1(x, y) + \frac{\partial}{\partial y} w_2(x, y)$$

der Divergenzoperator. Die Funktion $\mathbf{w}$ nennt man den *Flußvektor*. Dieser Gleichungstyp ergibt sich zum Beispiel bei der Modellierung vieler Erhaltungssätze in der Strömungsmechanik (Massenerhaltung, Impulserhaltung). Obgleich deshalb diese Diskretisierungsmethode keineswegs auf elliptische Probleme beschränkt ist, werden wir auch in diesem Abschnitt den Schwerpunkt auf diesen Problemtyp legen.

Beispiel 12.50. Beim Poisson-Problem hat man die Differentialgleichung $-\Delta u = f$ in Ω. Wegen $\Delta = \operatorname{div} \nabla$ hat man die äquivalente Darstellung $-\operatorname{div} \nabla u = f$ (vgl. (12.6)), also eine Differentialgleichung in konservativer Form mit Flußvektor $\mathbf{w} = -\nabla u$.

Wir betrachten eine Konvektions-Diffusionsgleichung

$$-\varepsilon\Delta u + c_1(x,y)\frac{\partial u}{\partial x} + c_2(x,y)\frac{\partial u}{\partial y} = f \quad \text{in} \quad \Omega \qquad (12.137)$$

mit Konstante $\varepsilon > 0$. Die Konvektionsrichtung $\mathbf{c}(x,y) := (c_1(x,y), c_2(x,y))^T$ habe ferner die Eigenschaft, daß $\operatorname{div}\mathbf{c} = 0$ in Ω gilt (divergenzfreie Strömung). Dann ist (12.137) äquivalent zu

$$\operatorname{div}(u\mathbf{c} - \varepsilon\nabla u) = f \quad \text{in} \quad \Omega \ ,$$

also eine Differentialgleichung in konservativer From mit Flußvektor $\mathbf{w} = u\mathbf{c} - \varepsilon\nabla u$. $\triangle$

Sei V ein zusammenhängendes Teilgebiet von Ω mit einem stückweisen glatten Rand. Aus (12.136) ergibt sich wegen des Gaußschen Integralsatzes wie in Abschnitt 12.1:

$$\int_{\partial V} \mathbf{w} \cdot \mathbf{n}\, ds = \int_V f\, dx \qquad (12.138)$$

wobei $\mathbf{n}$ die äußere Einheitsnormale zu ∂V bezeichnet. Wenden wir dies auf das Beispiel der Poisson-Gleichung ($\mathbf{w} = -\nabla u$) an, dann erhält man

$$-\int_{\partial V} \nabla u \cdot \mathbf{n}\, ds = \int_V f\, dx. \qquad (12.139)$$

Es sei bemerkt, daß in dieser Gleichung nur *erste* Ableitungen von u vorkommen, also wesentlich weniger Glattheit als $u \in C^2(\Omega)$ erforderlich ist. Eine Finite-Volumen Methode zur Diskretisierung von (12.136) besteht aus folgenden zwei Schritten:

1. Man bestimmt eine Aufteilung des Gebietes Ω in Teilgebiete, sogenannte *Kontrollvolumina*, mit zugehörigen Stützstellen;
2. In jedem Kontrollvolumen V wird die Gleichung (12.138) mit Hilfe von Quadratur (zur Annäherung von $\int_{\partial V}$ und $\int_V$) und Differenzen (zur Annäherung von in dem Flußvektor $\mathbf{w}$ auftretenden Ableitungen) diskretisiert.

Die Unbekannten sind Annäherungen von u an den betreffenden Stützstellen. Um diese Vorgehensweise genauer zu erklären, betrachten wir wieder das Beispielproblem der Poisson-Gleichung mit Dirichlet Randbedingungen:

$$-\operatorname{div}\nabla u = f \quad \text{in} \quad \Omega, \quad u = g \quad \text{auf} \quad \partial\Omega. \qquad (12.140)$$

Finite-Volumen-Verfahren zur Diskretisierung dieses Problems haben folgende Struktur:

1. Man wählt *Stützstellen* $\xi_1, \ldots, \xi_m$ in Ω, an denen man diskrete Annäherungen $u_h(\xi_i)$ der gesuchten kontinuierlichen Lösung $u(\xi_i)$ bestimmt. Zu jeder Stützstelle ξ_i gehört ein *Kontrollvolumen* V_i.

2. Für jedes Kontrollvolumen V_i erfüllt die kontinuierliche Lösung u die Gleichung (12.139) mit $V = V_i$. Mit Hilfe einer 2D-Quadraturformel wird $\int_{V_i} f\, dx$ angenähert. Eine 1D-Quadraturformel und geeignete Differenzenformeln (für $\nabla u \cdot \mathbf{n}$) liefern eine Näherung für den Term $\int_{\partial V_i} \nabla u \cdot \mathbf{n}\, ds$. Man erhält dann ein diskretes Problem mit m Gleichungen (eine für jede(s) Stützstelle/Kontrollvolumen) in den m Unbekannten $u_h(\xi_i)$.

Bei der Wahl der Stützstellen, Kontrollvolumina, Quadratur, Differenzenformeln hat man viele Auswahlmöglichkeiten. Deshalb findet man in der Literatur unterschiedliche Klassen von Finite-Volumen-Diskretisierungen. In den Abschnitten 12.5.1 und 12.5.2 werden zwei gängige Finite-Volumen Techniken vorgestellt. Zur Einführung betrachten wir zuerst für das Poisson-Problem im Einheitsquadrat ($\Omega = (0,1)^2$) eine sehr einfache Finite-Volumen-Methode.

Als Stützstellen wählen wir die Gitterpunkte in einem uniformen Gitter (wie beim Differenzenverfahren, vgl. (12.33)) mit der Schrittweite $h = \frac{1}{n}$:

$$\Omega_h = \{\, (ih, jh) \mid 1 \le i, j \le n - 1 \,\} =: \{\xi_1, \ldots, \xi_m\}, \quad m := (n-1)^2.$$

Die Reihenfolge der Stützstellen $\xi_1, \ldots, \xi_m$ ist nicht relevant.

Zu jeder Stützstelle ξ_i nehmen wir ein quadratisches Kontrollvolumen V_i der Breite h und mit Mittelpunkt ξ_i, vgl. Abb. 12.17.

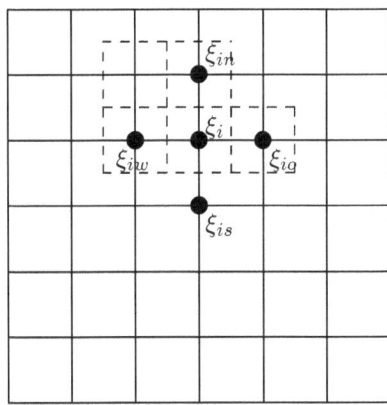
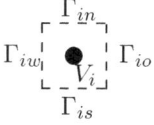

Abb. 12.17. Stützstellen ξ_i und Kontrollvolumen V_i

Der Rand ∂V_i besteht aus vier Seiten: $\partial V_i = \Gamma_{iw} \cup \Gamma_{in} \cup \Gamma_{io} \cup \Gamma_{is}$ (west, nord, ost, süd) mit Normalen $\mathbf{n}_{iw} = \begin{pmatrix} -1 \\ 0 \end{pmatrix}$, $\mathbf{n}_{in} = \begin{pmatrix} 0 \\ 1 \end{pmatrix}$, $\mathbf{n}_{io} = \begin{pmatrix} 1 \\ 0 \end{pmatrix}$, $\mathbf{n}_{is} = \begin{pmatrix} 0 \\ -1 \end{pmatrix}$.
Die zu ξ_i benachbarten Gitterpunkte werden mit $\xi_{iw}, \xi_{in}, \xi_{io}, \xi_{is}$ bezeichnet. Für die Lösung u der Gleichung (12.140) gilt die Beziehung (12.139) für jedes Kontrollvolumen $V = V_i$, $i = 1, \ldots, m$. Das Randintegral auf der linken Seite in (12.139) kann man in Integrale über die vier Seiten aufspalten:

$$-\int_{\partial V_i} \nabla u \cdot \mathbf{n} \, ds = - \sum_{k \in \{w,n,o,s\}} \int_{\Gamma_{ik}} \nabla u \cdot \mathbf{n}_{ik} \, ds$$

$$= \int_{\Gamma_{iw}} u_x \, ds - \int_{\Gamma_{in}} u_y \, ds - \int_{\Gamma_{io}} u_x \, ds + \int_{\Gamma_{is}} u_y \, ds. \quad (12.141)$$

Wir betrachten exemplarisch $\int_{\Gamma_{iw}} u_x \, ds$. Diskretisiert man das Integral mit Hilfe der Mittelpunktsregel und approximiert u_x mit einer zentralen Differenz, ergibt sich

$$\int_{\Gamma_{iw}} u_x \, ds \approx h u_x\left(\frac{\xi_i + \xi_{iw}}{2}\right) \approx u(\xi_i) - u(\xi_{iw}).$$

Die anderen 3 Terme in (12.141) werden analog behandelt, woraus sich insgesamt

$$-\int_{\partial V_i} \nabla u \cdot \mathbf{n} \, ds \approx 4u(\xi_i) - u(\xi_{iw}) - u(\xi_{in}) - u(\xi_{io}) - u(\xi_{is})$$

ergibt. Die rechte Seite in (12.139) kann zum Beispiel mit der 2D-Mittelpunktregel angenähert werden:

$$\int_{V_i} f \, dx \approx h^2 f(\xi_i).$$

Insgesamt hat man dann in den Stützstellen die Gleichungen

$$4u_h(\xi_i) - u_h(\xi_{iw}) - u_h(\xi_{in}) - u_h(\xi_{io}) - u_h(\xi_{is}) = h^2 f(\xi_i), \quad i = 1, \ldots, m,$$

für die Gitterfunktion $\left(u_h(\xi_i)\right)_{1 \leq i \leq m}$. Wenn ξ_i ein randnaher Gitterpunkt ist, können die in dieser Gleichung auftretenden Terme $u_h(\xi_{ik})$ mit $\xi_{ik} \in \partial\Omega$ durch die bekannten Randwerte $g(\xi_{ik})$ ersetzt werden. Wir stellen fest, daß dieses Gleichungssystem dasselbe wie beim Differenzenverfahren in (12.37) ist. Also stimmt diese einfache Version der Finite-Volumen Methode für das Poisson-Problem mit dem in Abschnitt 12.3.1 behandelten Differenzenverfahren überein. In der Regel (z. B. bei anderen Kontrollvolumina oder anderer Quadratur) liefert jedoch ein Finite-Volumen-Verfahren eine andere diskrete Annäherung für u als ein Differenzenverfahren. Insbesondere ist man in keiner Weise an ein gleichförmiges Gitter gebunden. Man muß dann natürlich eine geeignete Vorschrift zur Erzeugung der Kontrollvolumina bereit stellen. Wir werden nun zwei solcher Methoden vorstellen.

12.5.1 Finite-Volumen Methode mit Voronoi-Kontrollvolumina

Seien $\xi_1, \ldots, \xi_M$ Stützstellen in $\overline{\Omega} \subset \mathbb{R}^2$. Das *Voronoi-Gebiet* zu der Stützstelle ξ_i ist die Menge aller Punkte, deren Abstand zu ξ_i kleiner ist als der Abstand zu irgendeiner anderen Stützstelle ξ_j:

$$\mathcal{V}_i := \{\, x \in \mathbb{R}^2 \mid \|x - \xi_i\| < \|x - \xi_j\| \quad \text{für alle} \ \ j \neq i \,\}, \quad i = 1, \ldots, M.$$

Die Aufteilung von $\mathbb{R}^2$ in diese Voronoi Gebiete wird *Voronoi-Diagramm* (zu den Stützstellen $\xi_1, \ldots, \xi_m$) genannt. Die Voronoi-Gebiete sind alle *konvex* und einige dieser Gebiete sind unbeschränkt. Wenn man die Stützstellen von *benachbarten* Kontrollvolumina verbindet (gestrichelte Linien in Abb. 12.18), entsteht die sogenannte *Delaunay Triangulierung*. Diese Triangulierung ist aus n-Ecke ($n \geq 3$) aufgebaut, wobei in der Regel viele aber nicht alle n-Ecke Dreiecke sind (vgl. Abb 12.18). Als Kontrollvolumina wählen wir

$$V_i := \overline{\mathcal{V}_i \cap \Omega} \quad i = 1, \ldots, M.$$

Ein Beispiel mit $M = 16$ Stützstellen wird in Abb. 12.18 gezeigt.

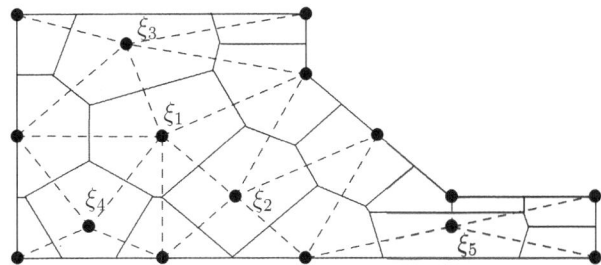

Abb. 12.18. Voronoi-Kontrollvolumina und Delaunay Triangulierung

Wenn $\mathcal{V}_i \subset \Omega$ gilt, ist das Kontrollvolumen V_i konvex. Im Falle $\mathcal{V}_i \not\subseteq \Omega$ kann V_i auch nichtkonvex sein. Die Grenze zwischen benachbarten Kontrollvolumina ist ein gerades Liniensegment.

Wir zeigen jetzt, wie ausgehend von diesen Stützstellen ξ_i und zugehörigen Kontrollvolumina V_i die Poisson-Gleichung (12.140) mit einer Finite-Volumen Methode diskretisiert werden kann. Seien $\xi_1, \ldots, \xi_m$ die Stützstellen im Inneren von Ω ($\xi_1, \ldots, \xi_5$ in Abb. 12.18). Die Unbekannten sind $u_h(\xi_i) \approx u(\xi_i)$, $1 \leq i \leq m$, und die Gleichungen für diese Unbekannten werden aus

$$-\int_{\partial V_i} \nabla u \cdot \mathbf{n}\, ds = \int_{V_i} f\, dx, \qquad i = 1, \ldots, m, \qquad (12.142)$$

durch Diskretisierung der Integrale und der ersten Ableitungen ($\nabla u \cdot \mathbf{n}$) hergeleitet. Das Integral $\int_{V_i} f\, dx$ kann durch $|V_i| f(\xi_i)$ angenähert werden. Bei der Diskretisierung der Randintegrale in (12.142) müssen wir zwei Fälle unterscheiden: a. $\mathcal{V}_i \subset \Omega$ ($i = 1, 2$ in Abb. 12.18); b. $\mathcal{V}_i \not\subseteq \Omega$ ($i = 3, 4, 5$ in Abb. 12.18).

Fall a: $\mathcal{V}_i \subset \Omega$. Seien $V_{i1}, \ldots, V_{ir}$ die zu $V_i = \overline{\mathcal{V}}_i$ benachbarten Kontrollvolumina mit zugehörigen Stützstellen $\xi_{i1}, \ldots, \xi_{ir}$. Der Rand von V_i besteht aus den geraden Randsegmenten $\Gamma_{i1}, \ldots, \Gamma_{ir}$:

$$\partial V_i = \cup_{k=1}^r \Gamma_{ik}.$$

Der Einheitsnormalenvektor auf Γ_{ik} wird mit $\mathbf{n}_{ik}$ bezeichnet (vgl. Abb. 12.19). Die Verbindungslinie zwischen ξ_i und ξ_{ik} (Kante in der Delaunay Triangulierung) ist *orthogonal* zu Γ_{ik}, hat also die Richtung $\mathbf{n}_{ik}$. Sei s_{ik} der Schnittpunkt dieser Verbindungslinie mit Γ_{ik}.

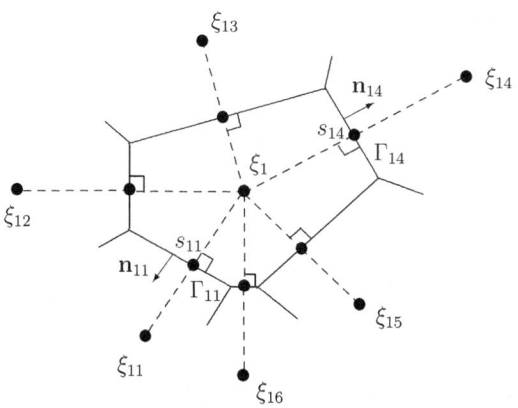

Abb. 12.19. Voronoi-Kontrollvolumen im Inneren

Zur Diskretisierung der Randintegrale in (12.142) liegt folgende Methode auf der Hand:

$$-\int_{\partial V_i} \nabla u \cdot \mathbf{n}\, ds = -\sum_{k=1}^r \int_{\Gamma_{ik}} \nabla u \cdot \mathbf{n}_{ik}\, ds \approx -\sum_{k=1}^r |\Gamma_{ik}| \nabla u(s_{ik}) \cdot \mathbf{n}_{ik}$$
$$\approx -\sum_{k=1}^r |\Gamma_{ik}| \frac{u(\xi_{ik}) - u(\xi_i)}{\|\xi_{ik} - \xi_i\|}. \tag{12.143}$$

Insgesamt ergibt sich folgendes Gleichungssystem für die Annäherungen $u_h(\xi_i) \approx u(\xi_i)$, $i = 1, \ldots, m$:

$$-\sum_{k=1}^r |\Gamma_{ik}| \frac{u_h(\xi_{ik}) - u_h(\xi_i)}{\|\xi_{ik} - \xi_i\|} = |V_i| f(\xi_i)\,, \quad 1 \le i \le m. \tag{12.144}$$

Die in (12.144) auftretenden Terme $u_h(\xi_{ik})$ mit $\xi_{ik} \in \partial\Omega$ können wegen der Randbedingung durch $g(\xi_{ik})$ ersetzt werden.

Fall b: $\mathcal{V}_i \not\subseteq \Omega$. In diesem Fall enthält ∂V_i mindestens ein Liniensegment, das zu $\partial\Omega$ gehört. Für die Randstücke Γ_{ik} von ∂V_i, die im Inneren von Ω liegen, können die Integrale $\int_{\Gamma_{ik}} \nabla u \cdot \mathbf{n}_{ik}\, ds$ wie in (12.143) angenähert werden. Sei $\Gamma_{ir} \subset (\partial V_i \cap \partial\Omega)$ ein gerades Randsegment von ∂V_i, das Teil des Randes von Ω ist. Zur Diskretisierung des Randintegrals $\int_{\Gamma_{ir}} \nabla u \cdot \mathbf{n}_{ir}\, ds$ muß man jetzt „einseitige" Differenzen benutzen, weil Γ_{ir} keine Grenze zwischen Kontrollvolumina ist. Um eine mögliche Vorgehensweise zu erläutern, betrachten wir als Beispiel die Stützstelle ξ_3 aus Abb. 12.18. Sei s die orthogonale Projektion von ξ_3 auf den oberen horizontalen Rand des Gebietes. Sei $\Gamma_{3r} \subset \partial\Omega$ das horizontale Liniensegment des Kontrollvolumens V_3. Wegen $\nabla u \cdot \mathbf{n}_{|\Gamma_{3r}} = \frac{\partial u}{\partial y}_{|\Gamma_{3r}}$ ergibt sich folgende Annäherung des Randintegrals:

$$\int_{\Gamma_{3r}} \nabla u \cdot \mathbf{n}_{3r}\, ds \approx |\Gamma_{3r}| \nabla u(s) \cdot \mathbf{n}_{3r} = |\Gamma_{3r}| \frac{\partial u(s)}{\partial y} \approx |\Gamma_{3r}| \frac{u(s) - u(\xi_i)}{\|s - \xi_i\|}.$$

Wegen der Randbedingung ist der Wert $u(s) = g(s)$ bekannt.

Die wichtigsten Punkte dieser Voronoi-Technik lassen sich folgendermaßen zusammenfassen:

- Voronoi-Diagramme und die eng damit zusammenhängenden *Delaunay-Triangulierungen* kommen in mehreren Bereichen der Mathematik und Informatik vor. Es gibt eine umfangreiche Literatur zu den vielen interessanten Eigenschaften dieser Objekte, [BKOS].
- Die Kontrollvolumina im Inneren des Gebietes sind konvex.
- Die Finite-Volumen Diskretisierung des Poisson-Problems beruht auf den Identitäten

$$-\int_{\partial V_i} \nabla u \cdot \mathbf{n}\, ds = -\sum_{k=1}^{r} \int_{\Gamma_{ik}} \nabla u \cdot \mathbf{n}_{ik}\, ds = \int_{V_i} f\, dx.$$

- Die Verbindungslinie zwischen den Stützstellen ξ_i und ξ_{ik} zweier benachbarter Kontrollvolumina ist *orthogonal* zu Γ_{ik}. Daraus ergibt sich die einfache Differenzenformel

$$\nabla u(s_{ik}) \cdot \mathbf{n}_{ik} \approx \frac{u(\xi_{ik}) - u(\xi_i)}{\|\xi_{ik} - \xi_i\|}.$$

- Bei der Diskretisierung von Randintegralen über Liniensegmente $\Gamma_{ir} \subset \partial\Omega$ werden einseitige Differenzen benutzt.
- Die Konstruktion eines Voronoi-Diagramms (oder Delaunay Triangulierung) ist im Allgemeinen aufwendig. Für M Stützstellen in $\mathbb{R}^2$ ist der Aufwand $\mathcal{O}(M \ln M)$ Rechenoperationen. Für M Stützstellen in $\mathbb{R}^3$ ist die Rechenkomplexität sogar $\mathcal{O}(M^2)$ Operationen [BKOS].

Bei der Diskretisierung partieller Differentialgleichungen ist die Anzahl M der Stützstellen in der Regel groß. Aus der letzten Bemerkung folgt, daß (insbesondere in 3D) der Aufwand für die Konstruktion einer Zerlegung des Gebietes in Voronoi-Gebiete hoch ist. Die im nächsten Abschnitt behandelten Aufteilungen lassen sich viel effizienter konstruieren.

12.5.2 Finite-Volumen Methode mit einem dualen Gitter

In diesem Abschnitt werden wir zwei Varianten einer Finite-Volumen Methode vorstellen, wobei die Kontrollvolumina als *duale* Gitter zu einem anderen (primalen) Gitter konstruiert werden. Wie bei der Finite-Elemente Methode wird eine zulässige Triangulierung $\mathcal{T}_h$ des Gebietes $\Omega \subset \mathbb{R}^2$ mit Dreiecken $T_1, \ldots, T_r$ konstruiert: $\overline{\Omega} = \cup_{i=1}^r T_i$, und für alle $j \neq i$ ist $T_i \cap T_j$ entweder leer, ein gemeinsamer Eckpunkt oder eine gemeinsame Kante. Diese Triangulierung bildet das primale Gitter und *die Eckpunkte im Inneren von Ω sind die Stützstellen für ein Finite-Volumen-Verfahren*. Die Menge der Eckpunkte im Inneren wird mit $\{\xi_1, \ldots, \xi_m\}$ bezeichnet. Ausgehend von diesem primalen Gitter kann man jetzt relativ einfach Kontrollvolumina V_i zu den Stützstellen ξ_i, $i = 1, \ldots, m$, konstruieren. Zwei wichtige Techniken werden hierunter vorgestellt: das *Mittelsenkrechtenverfahren* und das *Schwerpunktverfahren*.

Das Mittelsenkrechtenverfahren
Sei ξ_i ein Eckpunkt der Triangulierung $\mathcal{T}_h$ im Inneren von Ω. Man kann durch Verbindung der Mittelsenkrechten ein zu ξ_i gehörendes Kontrollvolumen V_i konstruieren, vgl. Abb. 12.20.

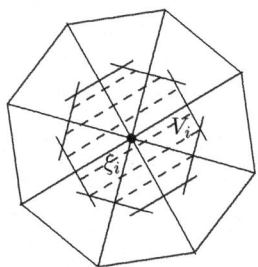

Abb. 12.20. Kontrollvolumen beim Mittelsenkrechtenverfahren

Damit nun die Schnittpunkte der Mittelsenkrechten innerhalb der Dreiecke liegen, muß die primale Triangulierung so beschaffen sein, daß *alle Innenwinkel der Dreiecke $\leq \frac{\pi}{2}$ sind*. Dies ist durchaus eine signifikante Einschränkung an die Verteilung der Eckpunkte. Man stellt fest, daß die sich mit diesem Verfahren ergebenden Kontrollvolumina $V_1, \ldots, V_m$ zu den Stützstellen $\xi_1, \ldots, \xi_m$ gerade die im vorigen Abschnitt eingeführten Voronoi-Kontrollvolumina sind.

Eine interessante Folgerung hieraus ist, daß, wenn die Stützstellen Eckpunkte einer zulässigen Triangulierung sind und diese Triangulierung die obige Innenwinkelbedingung erfüllt, man das Voronoi-Diagramm zu diesen Stützstellen (einfach) über das Mittelsenkrechtenverfahren konstruieren kann. Die zugehörige Delaunay-Triangulierung ist dann die primale Triangulierung T_h.

Wir betrachten als Modellproblem nochmals die Poisson-Gleichung und müssen dann die Integrale in

$$-\int_{\partial V_i} \nabla u \cdot \mathbf{n}\, ds = \int_{V_i} f\, dx \qquad (12.145)$$

diskretisieren. Für die rechte Seite bietet sich wieder die Mittelpunktsregel $\int_{V_i} f\, dx \approx |V_i| f(\xi_i)$ an. Für die Randintegrale kann man die im Fall a des vorigen Abschnitts beschriebene Diskretisierung einsetzen, siehe (12.143). Bei diesem Mittelsenkrechtenverfahren ist für jedes $i = 1, \ldots, m$, das zu ξ_i gehörende Voronoi-Gebiet komplett in Ω enthalten. Somit kann der in Abschnitt 12.5.1 behandelte Fall b nicht auftreten.

Bemerkung 12.51. Man kann auch ein primales Gitter mit Vierecken statt Dreiecken verwenden, die Eckpunkte dieses Gitters als Stützstellen wählen und dazu die Voronoi-Gebiete als Kontrollvolumina konstruieren. Die Methode in dem einführenden Beispiel in Abschnitt 12.5, siehe Abb. 12.17, ist von diesem Typ.   △

Das Schwerpunktverfahren
Bei diesem Verfahren werden zur Konstruktion der Kontrollvolumina die Kantenmittelpunkte mit den Schwerpunkten der Dreiecke verbunden, vgl. Abb. 12.21.

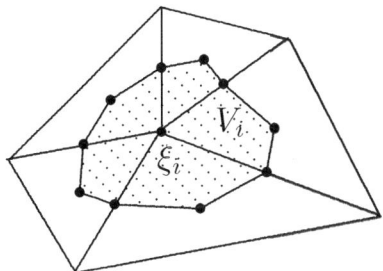

Abb. 12.21. Kontrollvolumen beim Schwerpunktverfahren

Hierbei wird die für das Mittelsenkrechtenverfahren notwendige Innenwinkelbedingung vermieden. Die Diskretisierung der Randintegrale in (12.145) ist aber jetzt etwas schwieriger. Eine wichtige Technik für diese Randintegrale läßt sich folgendermaßen skizzieren. Sei ξ_i Eckpunkt der Dreiecke $T_{i1}, \ldots, T_{is}$.

In jedem dieser Dreiecke hat das Kontrollvolumen V_i zwei Randstücke die mit Γ_{ik} und $\hat{\Gamma}_{ik}$ ($1 \leq k \leq s$) bezeichnet werden. Die entsprechenden Normalvektoren sind $\mathbf{n}_{ik}$ und $\hat{\mathbf{n}}_{ik}$. Mit dieser Bezeichnung gilt

$$\int_{\partial V_i} \nabla u \cdot \mathbf{n} \, ds = \sum_{k=1}^{s} \int_{\Gamma_{ik}} \nabla u \cdot \mathbf{n}_{ik} \, ds + \int_{\hat{\Gamma}_{ik}} \nabla u \cdot \hat{\mathbf{n}}_{ik} \, ds. \qquad (12.146)$$

Wir betrachten ein fest gewähltes k ($1 \leq k \leq s$) und führen eine vereinfachte Notation ein (vgl. Abb. 12.22).

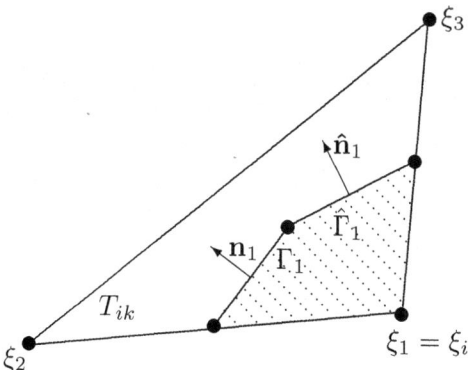

Abb. 12.22. Notation beim Schwerpunktverfahren

Die Eckpunkte des Dreiecks T_{ik} werden mit ξ_1, ξ_2 und ξ_3 bezeichnet, und wir schreiben kurz $\Gamma_1 := \Gamma_{ik}$, $\hat{\Gamma}_1 := \hat{\Gamma}_{ik}$, $\mathbf{n}_1 := \mathbf{n}_{ik}$, $\hat{\mathbf{n}}_1 := \hat{\mathbf{n}}_{ik}$. Die Unbekannten $u_h(\xi_j) \approx u(\xi_j)$ sind die näherungsweisen Funktionswerte an den Stützstellen. Seien $\phi_j(x)$ ($j = 1, 2, 3$) die linearen Funktionen auf T_{ik} mit den Eigenschaften $\phi_j(\xi_j) = 1$, $\phi_j(\xi_l) = 0$ für $l \neq j$. Wir erhalten damit die lineare Interpolation zu den Stützstellen ξ_j und Interpolationswerten $u_h(\xi_j)$

$$u_h(x) := \sum_{j=1}^{3} u_h(\xi_j)\phi_j(x) \quad \text{für } x \in T_{ik}.$$

Weil ϕ_j linear auf T_{ik} ist, ist $(\nabla\phi_j)_{|T_{ik}} =: \mathbf{c}_j$ ein konstanter Vektor, der nur von der Triangulierung abhängt. Zur Diskretisierung von (12.146) wird $u(x)_{|T_{ik}}$

durch die lineare Funktion $u_h(x)$ ersetzt:

$$\int_{\Gamma_1} \nabla u(x) \cdot \mathbf{n}_1 ds + \int_{\hat{\Gamma}_1} \nabla u(x) \cdot \hat{\mathbf{n}}_1 ds$$

$$\approx \int_{\Gamma_1} \nabla u_h(x) \cdot \mathbf{n}_1 ds + \int_{\hat{\Gamma}_1} \nabla u_h(x) \cdot \hat{\mathbf{n}}_1 ds$$

$$= \int_{\Gamma_1} \sum_{j=1}^{3} u_h(\xi_j) \mathbf{c}_j \cdot \mathbf{n}_1 ds + \int_{\hat{\Gamma}_1} \sum_{j=1}^{3} u_h(\xi_j) \mathbf{c}_j \cdot \hat{\mathbf{n}}_1 ds$$

$$= \sum_{j=1}^{3} u_h(\xi_j) \left(|\Gamma_1| \mathbf{c}_j \cdot \mathbf{n}_1 + |\hat{\Gamma}_1| \mathbf{c}_j \cdot \hat{\mathbf{n}}_1 \right).$$

Diese Vorgehensweise liefert als Diskretisierung von (12.146) eine Linearkombination $c_{i,0} u_h(\xi_i) + \sum_{k=1}^{s} c_{i,k} u_h(\xi_{ik})$ der gesuchten Funktionswerte $u_h(\xi_j)$. Hierbei sind $c_{i,0}, \ldots, c_{i,s}$ berechenbare Koeffizienten und $\xi_{i1}, \ldots, \xi_{is}$ die zu ξ_i benachbarten Eckpunkte in der Triangulierung $\mathcal{T}_h$. Insgesamt ergibt sich das Gleichungssystem

$$c_{i,0} u_h(\xi_i) + \sum_{k=1}^{s} c_{i,k} u_h(\xi_{ik}) = |V_i| f(\xi_i) , \quad i = 1, \ldots, m, \qquad (12.147)$$

für die Gitterfunktion $(u_h(\xi_j))_{1 \le j \le m}$. Die in (12.147) auftretenden Terme $u_h(\xi_{ik})$ mit $\xi_{ik} \in \partial\Omega$ können aufgrund der Randbedingung durch $g(\xi_{ik})$ ersetzt werden.

Für dieses Schwerpunktverfahren kann man Schranken für den Diskretisierungsfehler beweisen. Insbesondere für das Modellproblem der Poisson-Gleichung gelten folgende Abschätzungen vom bekannten Typ:

$$\|u - u_h\|_1 \le C_1 h, \quad \|u - u_h\|_{L_2} \le C_2 h^2,$$

wobei die Konstanten C_1, C_2 wieder von den zweiten Ableitungen von u abhängen. Die Norm $\|\cdot\|_1$ ist wie in Abschnitt 12.4.1 als $\|v\|_1^2 = \int_{\Omega} \nabla v \cdot \nabla v \, dx$ definiert. Diese (scharfen) Schranken zeigen dieselbe h-Abhängigkeit wie die Diskretisierungsfehlerschranken bei der linearen Finite-Elemente Methode, vgl. (12.107) und (12.108).

Zum Vergleich des Schwerpunktverfahrens mit dem Mittelsenkrechtenverfahren:

• Beide Verfahren lassen sich auf 3D verallgemeinern. Das primale Gitter kann dann zum Beispiel eine Zerlegung von $\Omega \subset \mathbb{R}^3$ in Tetraeder oder Quader sein. Es hat sich gezeigt, daß die Verallgemeinerung des Schwerpunktverfahrens etwas einfacher ist als die des Mittelsenkrechtenverfahrens.

- Die primale Triangulierung muß beim Mittelsenkrechtenverfahren eine Innenwinkelbedingung erfüllen. Im Schwerpunktverfahren dürfen die Winkel beliebig sein. Diese Innenwinkelbedingung ist in der Praxis oft, insbesondere bei dreidimensionalen Problemen mit unstrukturierten Tetraederzerlegungen als primales Gitter, nicht einfach zu erfüllen.
- Die Kontrollvolumina sind beim Mittelsenkrechtenverfahren alle konvex, während beim Schwerpunktverfahren auch nichtkonvexe Kontrollvolumina vorkommen können.
- Die Anzahl der geraden Randsegmente eines Kontrollvolumens ist beim Mittelsenkrechtenverfahren im Allgemeinen nur halb so hoch wie beim Schwerpunktverfahren.
- Der Diskretisierungsfehler ist beim Schwerpunktverfahren in der Regel kleiner als beim Mittelsenkrechtenverfahren.
- Für das Schwerpunktverfahren existiert mehr mathematische Analyse (z. B. Diskretisierungsfehlerschranken) als für das Mittelsenkrechtenverfahren.

12.6 Fazit: Vergleich der Methoden

In den vorherigen Abschnitten haben wir uns mit einigen kurzen Einblicken in drei wichtige Diskretisierungskonzepte für partielle Differentialgleichungen begnügt. Um darüber hinaus eine Einordnung in ein ja viel weiteres Umfeld zu erleichtern, seien einige zusammenfassende und vergleichende Bemerkungen hinzugefügt. Dabei werden einige Gesichtspunkte angeführt, die je nach Aufgabenstellung Hilfestellung für eine Präferenzbildung bieten können.

- Ein wesentlicher Vorteil der Finite-Differenzenmethode liegt darin, daß sie relativ wenig Implementierungsaufwand erfordert und sich mit Hilfe einfacher Datenstrukturen realisieren läßt. Sie kann zwar an komplexere Gebietsgeometrien angepaßt werden, dies erfordert allerdings unsymmetrische Differenzensterne, deren Konsistenzordnung meist sinkt. Da sie unmittelbar auf der starken Formulierung der Differentialgleichung aufsetzt, erfordert die Konvergenzanalyse hohe Regularität, die in vielen Fällen nicht gegeben ist. Bei einfachen, koordinatenangepaßten Gebietsrändern mögen die Vorteile einer einfachen Umsetzung überwiegen.
- Die Finite-Elemente-Methode ist ein sehr viel flexibleres und letztlich auch in mehrfacher Hinsicht leistungsfähigeres Konzept. Zunächst wieder einige Vorteile: Die zugrunde liegende schwache Formulierung des Randwertproblems und die darauf unmittelbar aufsetzende Galerkin-Diskretisierung - als mathematisches Gegenstück des Prinzips der virtuellen Arbeit – greift einerseits die Physik in angemessener Weise auf und bietet andererseits eine mathematisch saubere Grundlage zur Behandlung von Fällen niedriger

Regularität. Dies ist noch ausgeprägter der Fall bei den hier nicht besprochenen „gemischten" Methoden. Ferner lassen sich komplizierte Gebietsgeometrien vom Konzept her mühelos behandeln, ohne diskretisierungsbedingte Genauigkeitseinbußen in Kauf nehmen zu müssen. Die Möglichkeit, Triangulierungen lokal verfeinern zu können, bietet gute technische Voraussetzungen, die Diskretisierung lokal an die Struktur der Lösung zu adaptieren. Die zahlreichen Möglichkeiten, die Ansatzräume zu wählen, eröffnet die Realisierung von Diskretisierungen hoher Ordnung. Der im Rahmen schwacher Formulierungen zur Verfügung stehende analytische Apparat mathematischer Methoden ist mittlerweile sehr weit ausgebaut und bietet einen hohen Verständnisgrad für fehlerkontrollierte numerische Simulationen. Dieser analytische Apparat hat auch maßgeblichen Anteil an der Entwicklung hocheffizienter Lösungsmethoden, die großskalige Probleme erst mit vertretbarem Aufwand rechenbar machen.

Dies hat natürlich seinen Preis, der grob gesagt in einem höheren Aufwand bei der Implementierung liegt. Einerseits ist diesbezüglich die Quadratur zu nennen, die sowohl zur Berechnung des Lastvektors als auch vor allem zur Assemblierung der Steifigkeitsmatrix benötigt wird. Bei den heute zur Verfügung stehenden leistungsfähigen Verfahren zur Lösung der entstehenden Gleichungssysteme liegt darin oft ein großer Anteil des gesamten Rechenaufwandes. Die bei unregelmäßigen Triangulierungen benötigten Datenstrukturen in Form von Listen der Ecken und Dreiecke müssen gut durchdacht sein. Andererseits ist die *Gittergenerierung* – die automatische Erzeugung von Triangulierungen – für eine hinreichend weite Klasse von Gebietsgeometrien mittlerweile ein eigenes Forschungsgebiet geworden. Natürlich ist der Aufwandpreis vor allem in den Situationen hoch, in denen andere Ansätze überhaupt schwer verwendbar sind (nichtkonstante Koeffizienten, komplexe Gebietsränder).

- Auch die Finite-Volumen-Methode erlaubt die Behandlung komplexer Gebietsgeometrien und ist insofern ein flexibles Werkzeug. Die Fundierung auf dem Gaußschen Satz reflektiert die Bilanzierung von Flüssen über die Ränder von Testgebieten und greift somit ebenfalls in natürlicher Weise den physikalischen Hintergrund von Erhaltungsgleichungen auf und bietet eine *diskrete Erhaltungseigenschaft*. Sie ist auch keineswegs auf elliptische Randwertaufgaben begrenzt. Sie kommt wie die Finite-Elemente-Methode mit relativ schwachen Regularitätsforderungen aus. Die Aufstellung der Systemmatrizen ist nicht ganz so aufwendig wie bei der FE-Methode. Die Erzeugung geeigneter Netze insbesondere beim Mittelsenkrechten-Verfahren stellt allerdings ähnliche Anforderungen. Das Verständnis der Fehleranalyse, besonders bei den adaptiven Ansätzen ist allerdings weit schwächer ausgebildet. Ferner ist es schwieriger, Diskretisierungen höherer Ordnung zu realisieren, die in modernen Anwendungen zunehmend an Bedeutung gewinnen. Im FE-Rahmen kann man durch sukzessive Unterteilung der Elemente bequem eine Hierarchie ineinander geschachtelter Ansatzräume generieren. Mit Hilfe dieser Hierarchie können sehr effiziente iterative Lösungsverfahren, nämlich die (in diesem Buch nicht behandelten) Mehrgitterverfahren, entwickelt werden. Bei Finite-Volumen-Verfahren sind Paare primaler und dualer Gitter in diesem Sinne nicht so leicht verfeinerbar. Allerdings gibt es andere Finite-Volumen-Ansätze, die wir hier nicht besprochen haben und die keine dualen Gitter (oder besser nur duale Gitter) verlangen und die zeitliche Evolution von Zellmittelwerten beschreiben.

Insofern wird eine Präferenz stark von den speziellen Problemanforderungen abhängen. Alle oben besprochenen Varianten verlangen ferner Stabilisierungskonzepte bei der Anwendung auf konvektionsdominante Probleme.

12.7 Diskretisierung parabolischer Anfangs-Randwertaufgaben

Für die Diskretisierung parabolischer Anfangs-Randwertaufgaben kann man die sogenannte *Linien-Methode* benutzen, die bereits in Beispiel 11.5 für den Fall einer eindimensionalen Ortsvariable behandelt wurde.

Wir erklären die Grundidee dieser Methode anhand des Wärmeleitungsproblems (12.23) mit $\Omega = (0,1)^2$ und $g = 0$. Der Laplace-Operator wird mit finiten Differenzen diskretisiert, wie in Abschnitt 12.3.1 beschrieben: $\Delta u(\xi,t) = \Delta_h u(\xi,t) + \mathcal{O}(h^2)$ für $\xi \in \Omega_h$ und $t \in [0,T]$. Daraus ergibt sich folgende Aufgabe:

Semi-Diskretisierung des Wärmeleitungsproblems:

$$\begin{cases} \text{gesucht} \quad u_h : \overline{\Omega}_h \times [0,T] \to \mathbb{R}, \quad \text{so daß} \\ \frac{\partial u_h}{\partial t}(\xi,t) = \Delta_h u_h(\xi,t) + f(\xi,t) \quad \text{in } \Omega_h, \times[0,T] \\ u_h(\xi,t) = 0 \quad \text{für } \xi \in \overline{\Omega}_h \setminus \Omega_h \, , \ t \in [0,T] \\ u_h(\xi,0) = u_0(\xi) \quad \text{für } \xi \in \overline{\Omega}_h. \end{cases} \qquad (12.148)$$

Dieses Problem wird *Semi-Diskretisierung* genannt, weil die Ortsvariable diskretisiert wurde, jedoch die Zeitvariable noch kontinuierlich bleibt ($t \in [0,T]$). Wie in Abschnitt 12.3.1 kann man dieses Problem äquivalent in Matrix-Vektor Darstellung formulieren. Wir benutzen die Standardanordnung der Gitterpunkte (vgl. Abb. 12.3) und die Notation

$$\mathbf{u}_h(t) = (u_h(t)_1, \ldots, u_h(t)_m)^T \in \mathbb{R}^m, \quad m = (n-1)^2, \ n = \frac{1}{h}, \ t \in [0,T],$$

$$\left(u_h(t)\right)_j := u_h(\xi_j,t), \quad \xi_j \in \Omega_h : \ \text{Gitterpunkt mit Nummer } j.$$

Sei $\mathbf{A_1}$ die Matrix aus (12.39) und für festes $t \in [0,T]$ sei $\mathbf{b} = \mathbf{b}(t)$ der Vektor wie in (12.40)–(12.43) definiert, mit $f(\xi) = f(\xi,t)$, $\xi \in \Omega_h$, und $g = 0$.

Das Problem in (12.148) läßt sich dann äquivalent wie folgt formulieren:

$$\begin{cases} \text{gesucht } \mathbf{u}_h : \ [0,T] \to \mathbb{R}^m, \text{ so daß}: \\ \mathbf{u}'_h(t) = -\mathbf{A_1}\mathbf{u}_h(t) + \mathbf{b}(t) \qquad \text{für alle } \ t \in [0,T], \\ \mathbf{u}_h(0) = \big(u_0(\xi_1), \ldots, u_0(\xi_m)\big)^T. \end{cases} \qquad (12.149)$$

Dieses *System gewöhnlicher Differentialgleichungen* ist wegen der Eigenschaft $\kappa_2(\mathbf{A_1}) \approx \left(\frac{2}{\pi h}\right)^2$ *steif.* Deshalb sollte zur Diskretisierung der Zeitvariable in (12.149) eine *implizite* Zeitintegrationsmethode, wie zum Beispiel die Trapezregel oder eine BDF-Methode, benutzt werden. Sei

$$t_k := k\Delta t, \ k = 0, \ldots, K, \quad K\Delta t = T,$$

und $\mathbf{y}^k \in \mathbb{R}^m$ eine Annäherung für $\mathbf{u}_h(t_k)$, d. h., $(y^k)_j \approx u_h(\xi_j, t_k) \approx u(\xi_j, t_k)$. Wendet man die Trapezregel an, dann wird $\mathbf{y}^k, \ k = 0, \ldots K$, durch die Rekursion

$$\mathbf{y}^0 = \mathbf{u}_h(0),$$

$$\frac{\mathbf{y}^{k+1} - \mathbf{y}^k}{\Delta t} = -\frac{1}{2}\big(\mathbf{A_1}\mathbf{y}^{k+1} - \mathbf{b}(t_{k+1}) + \mathbf{A_1}\mathbf{y}^k - \mathbf{b}(t_k)\big), \quad k = 0, \ldots, K-1,$$

definiert. Diese Methode wird auch die *Crank-Nicolson* Methode genannt. Für jedes k muß zur Bestimmung von $\mathbf{y}^{k+1}$ das Gleichungssystem

$$\big(\mathbf{I} + \tfrac{1}{2}\Delta t\mathbf{A_1}\big)\mathbf{y}^{k+1} = \big(\mathbf{I} - \tfrac{1}{2}\Delta t\mathbf{A_1}\big)\mathbf{y}^k - \tfrac{1}{2}\Delta t\big(\mathbf{b}(t_{k+1}) + \mathbf{b}(t_k)\big) \qquad (12.150)$$

gelöst werden. Dazu werden iterative Verfahren benutzt, die in Kapitel 13 behandelt werden. Über eine Konsistenz- und Stabilitätsanalyse kann man zeigen, daß wenn die Lösung u hinreichend glatt ist, für den Diskretisierungsfehler eine Abschätzung

$$\big|(y^k)_j - u(\xi_j, t_k)\big| \le C\big((\Delta t)^2 + h^2\big), \quad 1 \le j \le m, \ 0 \le k \le K,$$

gilt, wobei die Konstante C nur von u abhängt.

Das Rechengebiet bei einem parabolischen System ist ein Raum-Zeit-Zylinder. Betrachtet man die Zeitachse als vertikale Koordinatenachse, so ist mit jedem Ortsgitterpunkt ξ_j eine gekoppelte gewöhnliche Differentialgleichung entlang einer vertikalen Zeitachse verknüpft. Man nennt dies auch oft *vertikale Linien-Methode.*

Man kann obige Reihenfolge auch vertauschen, was zur *horizontalen Linien-Methode* oder zum *Rothe-Verfahren* führt. Man faßt das parabolische Anfangsrandwertproblem als ein Anfangswertproblem im Funktionenraum auf. Wir demonstrieren dies für die einfachste (für steife Probleme geeignete) implizite Diskretisierung, das implizite Euler-Verfahren. Wie bereits in Abschnitt 12.1 angedeutet wurde, verlangt dies, für den $(k+1)$sten Zeitschritt eine Funktion $u^{k+1} \in H_0^1(\Omega)$ (der Einfachheit halber bei homogenen

Randbedingungen) zu finden, die für den neuen Zeitschritt $\Delta t = \tau$

$$\frac{u^{k+1} - u^k}{\tau} = \Delta u^{k+1} + f(\cdot, t_k + \tau)$$

$$\Longleftrightarrow \qquad\qquad\qquad\qquad\qquad\qquad\qquad (12.151)$$

$$-\tau \Delta u^{k+1} + u^{k+1} = u^k + \tau f(\cdot, t_k + \tau)$$

erfüllt. Die Lösung u^k auf dem vorherigen Zeitschritt k geht dabei in die Daten der rechten Seite ein. (12.151) ist nun wieder ein elliptisches Randwertproblem, welches nun im Prinzip mit jeder der obigen Diskretisierungsmethoden behandelt werden kann. Hierbei ist es natürlich sinnvoll, die Genauigkeit der Ortsdiskretisierung mit der der Zeitdiskretisierung abzustimmen. Fehlergesteuerte adaptive FE-Verfahren für die Ortsdiskretisierung eignen sich dazu besonders gut. Sowohl die Zeit- als auch die Ortsdiskretisierung kann auf diese Weise eingebaut werden, wogegen bei der vertikalen Linien-Methode die Ortsdiskretisierung für das gesamte Zeitintegrationsintervall $[0, T]$ fest bleibt.

12.8 Übungen

Übung 12.8.1. Sei $A = \begin{pmatrix} a_{1,1} & a_{1,2} \\ a_{1,2} & a_{2,2} \end{pmatrix} \in \mathbb{R}^{2 \times 2}$ eine symmetrische Matrix. Zeigen Sie:

$$a_{1,1}a_{2,2} - a_{1,2}^2 > 0 \quad \Leftrightarrow \quad \begin{cases} x^T A x > 0 & \text{für alle } x \in \mathbb{R}^2 \setminus \{0\} \text{, oder} \\ x^T A x < 0 & \text{für alle } x \in \mathbb{R}^2 \setminus \{0\} \text{.} \end{cases}$$

Hinweis: $\det(A) = \lambda_1 \lambda_2$, wobei λ_1 und λ_2 die Eigenwerte der Matrix A sind.

Übung 12.8.2. Bestimmen Sie den Typ der folgenden Differentialoperatoren:

a) $Lu = u_{xx} - u_{xy} + 2u_y + u_{yy} - 3u_{yx} + 4u$,
b) $Lu = 9u_{xx} + 6u_{xy} + u_{yy} + u_x$.

Übung 12.8.3. Beweisen Sie die Resultate in (12.49)–(12.51).

Übung 12.8.4. Zeigen Sie, daß aus dem Maximumprinzip das Vergleichsprinzip (12.30) folgt.

Übung 12.8.5. Leiten Sie für allgemeines $n \in \mathbb{N}$ ($h = \frac{1}{n}$) die Matrix-Darstellung des diskretisierten Poisson-Problems (12.37) bezüglich der Schachbrettnumerierung her. Für $n = 5$ ist diese Numerierung wie folgt:

$$\begin{array}{cccc} 15 & 7 & 16 & 8 \\ 5 & 13 & 6 & 14 \\ 11 & 3 & 12 & 4 \\ 1 & 9 & 2 & 10 \end{array}$$

Übung 12.8.6. Sei

$$e^{\nu\mu}(x,y) := \sin(\nu\pi x)\sin(\mu\pi y), \qquad \nu,\mu \in \mathbb{N}$$
$$e_h^{\nu\mu}(\xi) := e^{\nu\mu}(\xi) \qquad \text{für } \xi \in \overline{\Omega}_h, \quad 1 \le \nu,\mu \le n-1.$$

Zeigen Sie, daß die Orthogonalitätseigenschaft

$$\sum_{\xi \in \Omega_h} e_h^{\nu\mu}(\xi)\, e_h^{\nu'\mu'}(\xi) = 0 \quad \text{für } (\nu,\mu) \ne (\nu',\mu')$$

gilt.

Übung 12.8.7. Sei $\Omega = (0,1)$, $n \in \mathbb{N}$ und $h = \frac{1}{n}$. Wir betrachten das (Konvektions-) Problem $u_x = f$ in Ω, $u(0) = 0$. Sei

$$\mathbf{A} = \frac{1}{h} \begin{pmatrix} 1 & & & \emptyset \\ -1 & 1 & & \\ & \ddots & \ddots & \\ \emptyset & & -1 & 1 \end{pmatrix} \in \mathbb{R}^{n \times n}$$

die Matrix die entsteht bei der Diskretisierung dieses Problems mit einer einseitigen (Upwind-)Differenz. Bestimmen Sie $\mathbf{A}^{-1}$ und berechnen Sie $\|\mathbf{A}^{-1}\|_\infty$.

Übung 12.8.8. Sei

$$\mathbf{A} = \frac{1}{2h} \begin{pmatrix} 0 & 1 & & & \emptyset \\ -1 & 0 & 1 & & \\ & \ddots & \ddots & \ddots & \\ & & -1 & 0 & 1 \\ \emptyset & & & -1 & 0 \end{pmatrix} \in \mathbb{R}^{(n-1) \times (n-1)}, \quad n = \frac{1}{h},$$

die Matrix die entsteht bei der Diskretisierung von $\frac{\partial}{\partial x}$ mit einer zentralen Differenz (wobei die Werte in den Endpunkten vorgegeben sind). Zeigen Sie, daß für gerades n die Matrix $\mathbf{A}$ singulär ist.

Übung 12.8.9. Sei

$$V_1 := \{\, v \in C^1(\overline{\Omega}) \mid v = 0 \ \text{auf } \partial\Omega \,\}$$

Zeigen Sie, daß

$$\langle u, v \rangle_1 := \int_\Omega \nabla u \cdot \nabla v \, dx$$

ein Skalarprodukt auf V_1 definiert.

Übung 12.8.10. Auf dem Funktionenraum $V = C([0,1])$ bezeichne

$$|u|_0 := \left(\int_0^1 |u(x)|^2 \, dx \right)^{1/2}, \quad u \in V.$$

Zeigen Sie:

a) $| \cdot |_0$ ist eine Norm auf V.
b) Die Folge $(f_n)_{n \in \mathbb{N}} \subset V$,

$$f_n(x) = \begin{cases} (2x)^n, & \text{für } x \in [0, 1/2), \\ 1, & \text{für } x \in [1/2, 1], \end{cases}$$

ist bezüglich der Norm $| \cdot |_0$ eine Cauchy-Folge.
c) Es gibt *keine* Funktion $g \in V$ mit $|g - f_n|_0 \to 0$, $n \to \infty$.

Übung 12.8.11. Sei

$$a(u,v) := \int_0^1 u'v' \, dx + b \int_0^1 u'v \, dx + c \int_0^1 uv \, dx,$$

mit Konstanten b und $c \geq 0$, eine Bilinearform auf $H_0^1((0,1))$. Zeigen Sie, daß diese Bilinearform stetig und elliptisch ist.

Übung 12.8.12. Gegeben Sei $\Omega := \{ x \in \mathbb{R}^2 \mid \|x\|_2 < e^{-1} \}$ und die Funktion

$$u(r, \phi) = \ln \ln \frac{1}{r}, \quad r > 0.$$

Dabei sind (r, ϕ) die Polarkoordinaten von $x \in \mathbb{R}^2$. Zeigen Sie: $u \notin C(\Omega)$, aber $u \in H_0^1(\Omega)$.

Übung 12.8.13. Gegeben sei die Randwertaufgabe

$$-(u'(x) + au(x))' = 1, \quad u(0) = u(1) = 0,$$

mit einer Konstanten $a > 0$.

a) Geben Sie die schwache Formulierung dieser Aufgabe an.
b) Untersuchen Sie die Bilinearform aus a) auf Stetigkeit.
c) Zu einer äquidistanten Unterteilung $\mathcal{T}_h = \{(x_{i-1}, x_i)\}_{i=1}^m$, $x_i = ih$, $h = 1/m$, des Intervalls $[0,1]$ sei $V_h = \text{span}\{\varphi_i\}_{i=1}^{m-1}$ der FE-Raum aufgespannt durch die Hutfunktionen

$$\varphi_i(x) = \begin{cases} (x - x_{i-1})/h & \text{für } x \in (x_{i-1}, x_i), \\ (x_{i+1} - x)/h & \text{für } x \in (x_i, x_{i+1}), \\ 0, & \text{sonst.} \end{cases}$$

Geben Sie das aus dem Galerkin-Ansatz resultierende diskrete Problem $\mathbf{A}_h \mathbf{x}_h = \mathbf{f}_h$ an, und untersuchen Sie, ob $\mathbf{A}_h$ die Voraussetzungen in Satz 12.19 erfüllt.

Übung 12.8.14. Zeigen Sie, daß die Aufgaben (12.123) und (12.124) äquivalent sind.

Übung 12.8.15. Seien $T, \hat{T}$ Dreiecke mit Eckpunkten $(a_1, a_2), (b_1, b_2), (c_1, c_2)$ bzw. $(\hat{a}_1, \hat{a}_2), (\hat{b}_1, \hat{b}_2), (\hat{c}_1, \hat{c}_2)$. Bestimmen Sie $\mathbf{B} \in \mathbb{R}^{2 \times 2}$ und $\mathbf{c} \in \mathbb{R}^2$ so, daß für die Abbildung $F(x) = \mathbf{B}x + \mathbf{c}$ gilt $F(T) = \hat{T}$.

Übung 12.8.16. Die Konvektions-Diffusions-Gleichung

$$\nabla \cdot (cu - \nabla u) = f \quad \text{auf } \Omega = (0,1)^2,\ c = \begin{pmatrix} c_1 \\ c_2 \end{pmatrix} \in \mathbb{R}^2,$$

mit Dirichlet-Randbedingung $u = g$ auf $\partial \Omega$ soll mit Hilfe eines Finite-Volumen-Schemas diskretisiert werden. Wir wählen die Stützstellen ξ_i und Kontrollvolumina wie in Abb. 12.17.

a) Stellen Sie mit Hilfe des Gaußschen Integralsatzes für jedes Kontrollvolumen eine Bilanzgleichung auf.
b) Diskretisieren Sie die Bilanzgleichung, und leiten Sie ein Gleichungssystem für die Annäherungen $u_h(\xi_i) \approx u(\xi_i)$ her.

Übung 12.8.17. Beschreiben Sie die Methode die sich ergibt, wenn man statt der Trapezregel die BDF2 Methode zur Diskretisierung der Zeitvariable in (12.149) benutzt.

Übung 12.8.18. Leiten Sie eine Formel her, die zeigt, wie die Konditionszahl $\kappa_2((\mathbf{I} + \frac{1}{2}\Delta t \mathbf{A_1})$ der Matrix aus (12.150) von den Schrittweiten Δt und h abhängt. Zeigen Sie mit Hilfe dieser Formel, daß diese Konditionszahl kleiner wird wenn (bei festem h) Δt kleiner wird.

13

Große dünnbesetzte lineare Gleichungssysteme, iterative Lösungsverfahren

Bei der Diskretisierung partieller Differentialgleichungen in mehreren Ortsvariablen, die zum Beispiel bei Elastizitätsproblemen, Diffusionsprozessen oder Strömungssimulationen auftreten, ergeben sich typischerweise sehr große Gleichungssysteme mit gegebenenfalls mehreren Millionen Unbekannten. Die betreffenden Matrizen sind dabei meist *dünnbesetzt* (*sparse*), d. h. die Gesamtzahl der von Null verschiedenen Einträge bleibt in der Größenordnung der Anzahl der Unbekannten. Für solche Gleichungssysteme sind die in Kapitel 3 behandelten direkten Methoden im allgemeinen ungeeignet. Daß die Matrizen dünnbesetzt sind, kann nur sehr bedingt ausgenutzt werden, da die Unbekannten bei Problemen mit mehreren Ortsvariablen nie so angeordnet werden können, daß die Indizes geometrisch benachbarter Größen stets nahe beisammen liegen. Folglich liegen die von Null verschiedenen Einträge der Matrizen oft weit über die jeweilige Zeile verteilt. Selbst bei der Verwendung von Bandbreitenreduktionstechniken würden direkte Verfahren im Verlaufe von Eliminationsschritten ein „*fill-in*", d. h. eine Zunahme nicht verschwindender Einträge und damit eine signifikante Zunahme des Speicherbedarfs, bewirken (siehe Bemerkung 13.2). Es zeigt sich, daß diese Verfahren auch hinsichtlich der Rechenzeiten für derartige Größenordnungen nicht geeignet sind. Man weicht stattdessen auf gewisse iterative Verfahren aus, die sich bei solchen Problemen als überlegen erweisen. Die Entwicklung und theoretische Analyse dieser Methoden ist ein sehr weites Feld. Hier sollen deshalb nur einige wichtige Grundprinzipien skizziert werden, die allerdings schon die wesentlichen Schwierigkeiten und Anforderungen iterativer Lösungsverfahren aufzeigen.

13.1 Beispiele großer dünnbesetzter Gleichungssysteme

In diesem Abschnitt werden zwei konkrete Beispiele diskretisierter partieller Differentialgleichungen aus Kapitel 12 kurz wiederholt. Diese dienen als Testbeispiele und bieten eine Orientierung für die in den folgenden Abschnitten diskutierten iterativen Lösungsverfahren. Wir beschränken uns auf *elliptische*

Randwertaufgaben und das *Differenzenverfahren* als Diskretisierungstechnik. Es sei bemerkt, daß zur Lösung von elliptischen Randwertaufgaben andere Diskretisierungstechniken, wie das Finite-Volumen-Verfahren oder die Finite-Elemente-Methode, oft besser geeignet sind. Die für die iterativen Lösungsverfahren relevanten Eigenschaften diskretisierter partieller Differentialgleichungen können aber anhand des relativ einfachen Differenzenverfahrens gut illustriert werden.

Als erstes Beispielproblem betrachten wir die *diskretisierte Poisson-Gleichung* aus (12.38):
$$\mathbf{A_1}x = b, \quad \mathbf{A_1} \in \mathbb{R}^{m \times m}, \quad m := (n-1)^2 , \tag{13.1}$$
wobei für $nh = 1$

$$\mathbf{A_1} = \frac{1}{h^2}\begin{pmatrix} \mathbf{T} & -\mathbf{I} & & & \\ -\mathbf{I} & \mathbf{T} & -\mathbf{I} & & \emptyset \\ & \ddots & \ddots & \ddots & \\ \emptyset & & -\mathbf{I} & \mathbf{T} & -\mathbf{I} \\ & & & -\mathbf{I} & \mathbf{T} \end{pmatrix}, \quad \mathbf{T} = \begin{pmatrix} 4 & -1 & & & \\ -1 & 4 & -1 & & \emptyset \\ & \ddots & \ddots & \ddots & \\ \emptyset & & -1 & 4 & -1 \\ & & & -1 & 4 \end{pmatrix} \in \mathbb{R}^{(n-1)\times(n-1)}$$
$$\tag{13.2}$$

und $\mathbf{I}$ die $(n-1) \times (n-1)$-Identitätsmatrix ist.

Bemerkung 13.1. Zum Testen iterativer Verfahren ist die Poisson-Gleichung (12.20) im Gebiet $\Omega = (0,1)^2$ mit rechter Seite $f(x,y) = 4$ und Randbedingung $g(x,y) = x^2 + y^2$ nützlich. Für diese Daten ist die kontinuierliche Lösung durch $u(x,y) = x^2 + y^2$ gegeben. Man kann zeigen, daß in diesem Fall der Diskretisierungsfehler für das diskretisierte Problem (12.37) gleich Null ist. (Dies folgt aus Satz 12.13). Also ist die Lösung des diskreten Problems (12.37) durch $u(x,y) = (x^2 + y^2)_{|\overline{\Omega}_h}$ gegeben. Da das Gleichungssystem (13.1) nur eine andere Darstellung des Problems (12.37) ist, ist damit auch für das System (13.1) die Lösung bekannt. $\triangle$

Das zweite Testproblem ist die *diskretisierte Konvektions-Diffusionsgleichung* aus (12.58):
$$\mathbf{A_2}x = b, \quad \mathbf{A_2} \in \mathbb{R}^{m \times m}, \quad m := (n-1)^2 , \tag{13.3}$$
wobei

$$\mathbf{A_2} = \frac{1}{h^2}\begin{pmatrix} \mathbf{T} & -\tilde{n}\mathbf{I} & & & \\ -\tilde{s}\mathbf{I} & \mathbf{T} & -\tilde{n}\mathbf{I} & & \emptyset \\ & \ddots & \ddots & \ddots & \\ \emptyset & & -\tilde{s}\mathbf{I} & \mathbf{T} & -\tilde{n}\mathbf{I} \\ & & & -\tilde{s}\mathbf{I} & \mathbf{T} \end{pmatrix}, \quad \mathbf{T} = \begin{pmatrix} \tilde{z} & -\tilde{o} & & & \\ -\tilde{w} & \tilde{z} & -\tilde{o} & & \emptyset \\ & \ddots & \ddots & \ddots & \\ \emptyset & & -\tilde{w} & \tilde{z} & -\tilde{o} \\ & & & -\tilde{w} & \tilde{z} \end{pmatrix}, \tag{13.4}$$

mit

$$\tilde{n} = \varepsilon - h\hat{s}^-, \quad \tilde{s} = \varepsilon + h\hat{s}^+ ,$$
$$\tilde{o} = \varepsilon - h\hat{c}^-, \quad \tilde{w} = \varepsilon + h\hat{c}^+ ,$$
$$\tilde{z} = \tilde{n} + \tilde{s} + \tilde{o} + \tilde{w} = 4\varepsilon + h(|\hat{c}| + |\hat{s}|) ,$$

und

$$\hat{c} := \cos(\beta), \ \hat{c}^+ := \max(\hat{c}, 0), \ \hat{c}^- := \min(\hat{c}, 0),$$
$$\hat{s} := \sin(\beta), \ \hat{s}^+ := \max(\hat{s}, 0), \ \hat{s}^- := \min(\hat{s}, 0).$$

13.2 Eigenschaften von Steifigkeitsmatrizen

Die Matrizen, die bei der Diskretisierung elliptischer partieller Differentialgleichungen auftreten, wie z. B. $\mathbf{A_1}$ und $\mathbf{A_2}$, werden *Steifigkeitsmatrizen* genannt. In diesem Abschnitt werden einige wichtige Eigenschaften solcher Steifigkeitsmatrizen aufgezählt, die für die Lösung entsprechender Gleichungssysteme relevant sind.

Hochdimensionalität:
Die Größe der Gleichungssysteme, die bei der Diskretisierung von partiellen Differentialgleichungen entstehen, hängt von der Feinheit des Gitters ab. Die im vorherigen Kapitel diskutierten Fehlerabschätzungen zeigen, daß bei kleiner werdender Gitterweite h der Diskretisierungsfehler (bei hinreichender Regularität der Lösung) sinkt, im allgemeinen die Qualität der diskreten Lösung also zunimmt. Andererseits gilt, je feiner das Gitter, desto größer das zugehörige Gleichungssystem. Ist die Gitterweite überall im diskretisierten Gebiet von der Größenordnung h, so ist die Anzahl der Unbekannten bei d Ortsvariablen proportional zu h^{-d}. Der Proportionalitätsfaktor hängt natürlich vom Volumen des Gebietes ab. Für partielle Differentialgleichungen in zwei Raumdimensionen (wie in Abschnitt 12.3.1, 12.3.2) gilt für die Anzahl der Gitterpunkte m also die Beziehung $m \approx h^{-2}$, während in drei Raumdimensionen $m \approx h^{-3}$ ist. Ist die gesuchte Funktion u skalar, d. h. $u : \Omega \to \mathbb{R}$, ergeben sich bei der Diskretisierung etwa m Gleichungen mit ebensovielen Unbekannten. Für kleines h ist das resultierende Gleichungssystem also sehr groß.

Dünnbesetztheit:
In einem Gitterpunkt wird bei der Diskretisierung von Ableitungen nur eine geringe Zahl von Werten in benachbarten Gitterpunkten verwendet. Demzufolge sind in jeder Zeile der Steifigkeitsmatrix nur eine kleine Anzahl von Einträgen ungleich Null. Steifigkeitsmatrizen sind daher immer dünnbesetzt, d. h. nur eine gleichmäßig beschränkte Anzahl von Einträgen pro Zeile ist von Null verschieden.

Bei der Finite-Elemente-Methode gilt dies ebenso, da die Träger der nodalen Basisfunktionen auf wenige unmittelbar benachbarte Dreiecke beschränkt bleiben (siehe Abschnitt 12.4.7). Für eine Steifigkeitsmatrix $\mathbf{A} \in \mathbb{R}^{m \times m}$ sind deshalb im allgemeinen nur cm Einträge ungleich Null, wobei c eine kleine Zahl ist. Abb. 13.1 zeigt das Muster der Nichtnullelemente der Matrizen $\mathbf{A}_1$ und $\mathbf{A}_2$ für $h = \frac{1}{16}$.

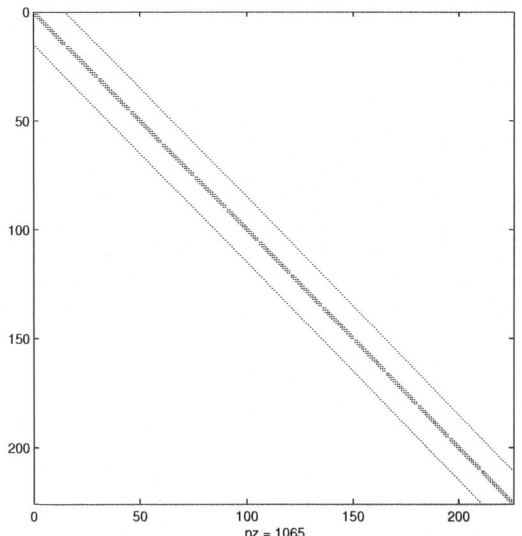

Abb. 13.1. Nichtnullelemente der Matrizen $\mathbf{A}_1$ und $\mathbf{A}_2$

In diesem Beispiel ist die Dimension der Matrix 225×225. Die Matrix hat 50625 Einträge, wovon nur 1065 ($\approx 5 \cdot 225$) von Null verschieden sind.

Blockstruktur:
Bei Diskretisierungen auf regelmäßigen Rechteckgittern (z. B. durch Differenzenverfahren oder Finite-Volumen-Methoden) haben die sich dabei ergebenden Steifigkeitsmatrizen oft eine regelmäßige Blockstruktur. Dies kann man z. B. bei der Diskretisierung der Poisson-Gleichung in (13.2) erkennen. Wird ein unstrukturiertes Gitter verwendet, was gerade bei Finite-Elemente-Methoden oft der Fall ist, hat die Steifigkeitsmatrix i. a. keine regelmäßige Blockstruktur.

Schlechte Kondition:
Die Konditionszahl von Steifigkeitsmatrizen nimmt oft rasch zu, wenn die Schrittweite des Gitters kleiner wird. Ein typisches Beispiel ist das Resultat aus Lemma 12.8: Für die Konditionszahl der diskreten Poisson-Gleichung gilt $\kappa_2(\mathbf{A}_1) \approx (\frac{2}{\pi h})^2$. Bei der Finite-Elemente-Methode stellt sich derselbe Effekt ein, vgl. Folgerung 12.47.

Symmetrie, Positiv-Definitheit:
Für ein symmetrisches elliptisches Randwertproblem (was oft einem reinen Diffusionsproblem entspricht) ist die entprechende Steifigkeitsmatrix oft symmetrisch positiv definit. Für die Matrix $\mathbf{A}_1$ der diskreten Poissongleichung aus Abschnitt 12.3.1 wird diese Eigenschaft in Lemma 12.7 bewiesen. Bei der Finite-Elemente-Methode ist dies stets der Fall, vgl. Lemma 12.46.

Diagonaldominanz:
Die Matrizen $\mathbf{A}_1$ und $\mathbf{A}_2$ sind beide irreduzibel diagonaldominant (Definition 12.17). Wenn man bei der Diskretisierung eines Konvektions-Diffusions-problems den Konvektionsanteil mit zentralen Differenzen diskretisiert, ist die erzeugte Steifigkeitsmatrix für ein Problem mit starker Konvektion jedoch *nicht* irreduzibel diagonaldominant (Bemerkung 12.28). Werden hingegen die Konvektionsterme mit Upwind-Techniken diskretisiert, ergeben sich oft Steifigkeitsmatrizen, die irreduzibel diagonaldominant sind. Die durch Finite-Elemente-Methoden und Finite-Volumen-Verfahren erzeugten Steifigkeitsmatrizen sind im allgemeinen *nicht* irreduzibel diagonaldominant.

Bemerkung 13.2. In der Einleitung wurde das Problem des zunehmenden „fill-in" bei der Anwendung direkter Lösungsverfahren schon erwähnt. Als Beispiel betrachten wir die Matrix $\mathbf{A}_1$ der diskretisierten Poisson-Gleichung aus (13.1). In Abb. 13.1 wird das Muster der Nichtnullelemente dieser Matrix für den Fall $h = \frac{1}{16}$ gezeigt. Als direkter Löser für ein Gleichungssystem mit der Matrix $\mathbf{A}_1$ würde sich die Cholesky-Zerlegung $\mathbf{A}_1 = \mathbf{L}\mathbf{D}\mathbf{L}^T$ mit einer normierten unteren Dreiecksmatrix $\mathbf{L}$ und einer Diagonalmatrix $\mathbf{D}$ anbieten. Diese Zerlegung kann mit dem Cholesky-Verfahren aus Kapitel 3 berechnet werden. Für den Fall $h = \frac{1}{16}$ hat die Matrix $\mathbf{L}$ 3389 Nichtnulleinträge. Das Muster dieser Nichtnullelemente wird in Abb. 13.2 gezeigt.

Tabelle 13.1 gibt für einige h-Werte die Anzahl der Nichtnullelemente der Matrizen $\mathbf{A}_1$ ($=$nz($\mathbf{A}_1$)) und $\mathbf{L}$ ($=$nz($\mathbf{L}$)) an.

Tabelle 13.1. Nichtnulleinträge der Matrizen $\mathbf{A}_1$ und $\mathbf{L}$

h	1/16	1/32	1/64	1/128	
nz($\mathbf{A}_1$)	1065	4681	19593	80137	$\approx 5h^{-2}$
nz($\mathbf{L}$)	3389	29821	250109	2048509	$\approx h^{-3}$

Das Verhalten nz($\mathbf{L}$) $\approx h^{-3}$ gegenüber nz($\mathbf{A}_1$) $\approx 5h^{-2}$ zeigt den ungünstigen Effekt des „fill-in". Wegen dieses Effekts werden direkte Lösungsverfahren wie das Cholesky-Verfahren in der Praxis selten benutzt, wenn das vorliegende Gleichungssystem sehr groß (mehrere zehntausend Unbekannte) und dünnbesetzt ist. Stattdessen werden oft *iterative* Lösungsverfahren eingesetzt. Bei diesen Verfahren wird der „fill-in" Effekt vermieden.   △

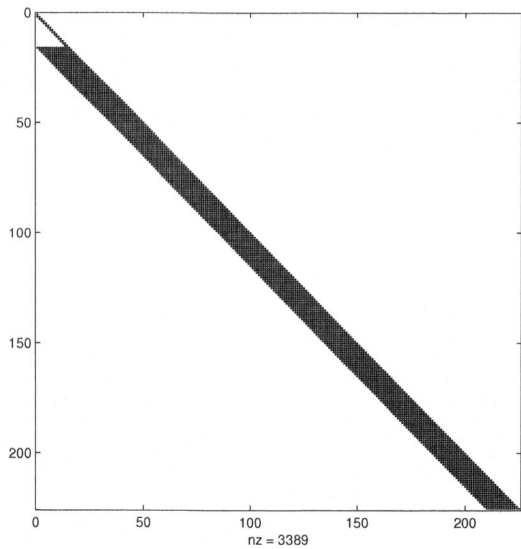

Abb. 13.2. Nichtnullelemente von **L** bei der Cholesky-Zerlegung der Matrix **A**$_1$

Man mag gegen den Einsatz iterativer Verfahren bei linearen Gleichungssystemen, für die es „exakte" Löser gibt, einwenden, daß man damit grundsätzlich nur Näherungslösungen erhält und deshalb vielleicht unnötig auf die ansonsten angestrebte Genauigkeit verzichtet. Hierzu ist Folgendes zu bedenken: Zum einen liefern aufgrund der Rechnerarithmetik auch direkte Verfahren, wie die Gauß-Elimination oder das Cholesky-Verfahren, keine im strengen Sinne exakten Lösungen. Wichtiger aber ist zum anderen, daß iterative Methoden die Möglichkeit bieten, eine aus der Problemstellung als sinnvoll erkannte Fehlertoleranz möglichst ökonomisch zu gewährleisten. Die meisten großen Gleichungssysteme entstehen durch Diskretisierung eines kontinuierlichen Problems. Auch die exakte Lösung eines solchen Gleichungssystems ist aufgrund des Diskretisierungsfehlers nur eine Näherung der eigentlich gesuchten Lösung des kontinuierlichen Systems. Es macht daher meist keinen Sinn, das Gleichungssystem mit einer Genauigkeit zu lösen, die viel besser als der Diskretisierungsfehler ist. Außerdem sei noch bemerkt, daß man häufig aus Durchführbarkeitsgründen (Speicherkapazität) gar keine Wahl hat.

Im Folgenden werden wir auch sehen, wie die Eigenschaften von Steifigkeitsmatrizen das Verhalten iterativer Verfahren beeinflussen. Insbesondere werden sich die für $h \downarrow 0$ wachsenden Konditionszahlen als ernstes Hindernis herausstellen.

13.3 Lineare Iterationsverfahren

13.3.1 Einleitung

Wir betrachten folgende Aufgabe:

> Für $\mathbf{A} \in \mathbb{R}^{n \times n}$ (nichtsingulär) und $\mathbf{b} \in \mathbb{R}^n$ ist das Gleichungssystem
>
> $$\mathbf{A}\mathbf{x} = \mathbf{b} \qquad (13.5)$$
>
> zu lösen. Wir nehmen an, daß n groß ($n > 10000$) und $\mathbf{A}$ dünnbesetzt ist.

Typische Beispiele sind die Matrizen $\mathbf{A_1}$ und $\mathbf{A_2}$ aus (13.1) bzw. (13.3) (mit h hinreichend klein). In diesem Abschnitt werden einige *iterative* Grundverfahren zur Lösung des Systems (13.5) diskutiert.

Ein einfacher, jedoch weitreichender Ansatz liegt darin, (13.5) als *Fixpunktgleichung* zu schreiben:

$$\mathbf{x} = \mathbf{x} + \mathbf{C}(\mathbf{b} - \mathbf{A}\mathbf{x}) =: \Phi(\mathbf{x}), \qquad (13.6)$$

wobei $\mathbf{C} \in \mathbb{R}^{n \times n}$ eine geeignet zu wählende nichtsinguläre Matrix ist. Offensichtlich ist $\mathbf{x}$ Fixpunkt von (13.6) genau dann, wenn $\mathbf{x}$ Lösung von (13.5) ist. Die Lösung von (13.5), also der Fixpunkt von Φ, wird mit $\mathbf{x}^*$ bezeichnet. Mit einem Startwert $\mathbf{x}^0 \in \mathbb{R}^n$ führt dies auf die Fixpunktiteration

$$\begin{aligned} \mathbf{x}^{k+1} = \Phi(\mathbf{x}^k) &= \mathbf{x}^k + \mathbf{C}(\mathbf{b} - \mathbf{A}\mathbf{x}^k) \\ &= (\mathbf{I} - \mathbf{C}\mathbf{A})\mathbf{x}^k + \mathbf{C}\mathbf{b}, \quad k = 0, 1, 2, \dots \; . \end{aligned} \qquad (13.7)$$

Für den Fehler $\mathbf{e}^k := \mathbf{x}^k - \mathbf{x}^*$ ergibt sich

$$\mathbf{e}^{k+1} = \mathbf{x}^{k+1} - \mathbf{x}^* = \Phi(\mathbf{x}^k) - \Phi(\mathbf{x}^*) = (\mathbf{I} - \mathbf{C}\mathbf{A})\mathbf{e}^k,$$

also

> $$\mathbf{e}^k = (\mathbf{I} - \mathbf{C}\mathbf{A})^k \mathbf{e}^0, \quad k = 0, 1, 2, \dots \; . \qquad (13.8)$$

Die Matrix $\mathbf{I} - \mathbf{C}\mathbf{A}$ heißt die *Iterationsmatrix* der Methode in (13.7). Weil die Fehlerfortpflanzung *linear* ist, wird eine Methode vom Typ (13.7) ein lineares Iterationsverfahren genannt. Für die Konvergenz der Iteration in (13.7) gilt folgender wichtiger Satz.

> **Satz 13.3.** *Das Verfahren* (13.7) *konvergiert für jeden Startwert* $\mathbf{x}^0 \in \mathbb{R}^n$ *gegen die Lösung* $\mathbf{x}^*$ *von* (13.5) *genau dann, wenn*
>
> $$\rho(\mathbf{I} - \mathbf{C}\mathbf{A}) < 1 \qquad (13.9)$$
>
> *gilt, wobei* $\rho(\mathbf{I} - \mathbf{C}\mathbf{A})$ *der Spektralradius, also der betragsmäßig größte Eigenwert, von* $\mathbf{I} - \mathbf{C}\mathbf{A}$ *ist.*

Beweis. Wir beweisen diesen Satz nur für den Fall, daß die Iterationsmatrix $\mathbf{I} - \mathbf{CA}$ diagonalisierbar ist. Für einen allgemeingültigen Beweis wird auf [GL] verwiesen. Wenn $\mathbf{I} - \mathbf{CA}$ diagonalisierbar ist, gibt es eine nichtsinguläre Matrix $\mathbf{T}$, so daß

$$\mathbf{T}^{-1}(\mathbf{I} - \mathbf{CA})\mathbf{T} = \begin{pmatrix} \lambda_1 & & & \emptyset \\ & \lambda_2 & & \\ & & \ddots & \\ \emptyset & & & \lambda_n \end{pmatrix} =: \mathbf{D} \tag{13.10}$$

gilt, wobei $\lambda_1, \ldots, \lambda_n$ die Eigenwerte der Matrix $\mathbf{I} - \mathbf{CA}$ sind. Aus (13.8) und (13.10) folgt

$$\mathbf{e}^k = (\mathbf{TDT}^{-1})^k \mathbf{e}^0 = \mathbf{TD}^k\mathbf{T}^{-1}\mathbf{e}^0,$$

also

$$\begin{aligned} \|\mathbf{e}^k\|_2 &= \|\mathbf{TD}^k\mathbf{T}^{-1}\mathbf{e}^0\|_2 \leq \|\mathbf{T}\|_2 \|\mathbf{D}^k\|_2 \|\mathbf{T}^{-1}\mathbf{e}^0\|_2 \\ &= \|\mathbf{T}\|_2 \|\mathbf{T}^{-1}\mathbf{e}^0\|_2 (\max_{i=1,\ldots,n} |\lambda_i|)^k \to 0, \quad k \to \infty, \end{aligned}$$

falls $|\lambda_j| < 1$ für alle $j = 1, 2, \ldots, n$, also wenn $\rho(\mathbf{I} - \mathbf{CA}) < 1$ gilt. Die Bedingung (13.9) impliziert also Konvergenz der Iteration. Daß letztere Bedingung auch notwendig ist, sieht man folgendermaßen: Angenommen, $|\lambda_j| = \rho(\mathbf{D}) = \rho(\mathbf{I} - \mathbf{CA}) \geq 1$ für gewisses j. Sei $\mathbf{v}$ der zugehörige Eigenvektor von $\mathbf{I} - \mathbf{CA}$. Wählt man den Startwert $\mathbf{x}^0$ so, daß $\mathbf{e}^0 = \mathbf{v}$ gilt, ergibt sich sofort aus (13.8)

$$\|\mathbf{e}^k\|_2 = \|(\mathbf{I} - \mathbf{CA})^k\mathbf{v}\|_2 = |\lambda_j|^k \|\mathbf{v}\|_2 \geq \|\mathbf{e}^0\|_2 \quad \text{für alle} \ \ k \in \mathbb{N},$$

also konvergiert die Iteration nicht. $\qquad\qquad\qquad\qquad\qquad\qquad\qquad\qquad\square$

Wir nennen das iterative Verfahren (13.7) konvergent, wenn es für *jeden* Startwert $\mathbf{x}^0$ konvergiert. Somit gilt: (13.7) konvergent $\Leftrightarrow \rho(\mathbf{I} - \mathbf{CA}) < 1$.

Bemerkung 13.4. Offensichtlich erfüllt die Abbildung Φ in der Fixpunktiteration (13.7)

$$\|\Phi(\mathbf{y}) - \Phi(\mathbf{z})\| = \|(\mathbf{I} - \mathbf{CA})(\mathbf{y} - \mathbf{z})\| \leq \|\mathbf{I} - \mathbf{CA}\|\|\mathbf{y} - \mathbf{z}\|$$

für eine beliebige Norm $\| \cdot \|$. Unter der Annahme, daß die Iterationsmatrix $\mathbf{I} - \mathbf{CA}$ diagonalisierbar ist, existiert eine Faktorisierung wie in (13.10). Sei $\| \cdot \|_T$ die Vektornorm definiert durch $\|\mathbf{x}\|_T := \|\mathbf{T}^{-1}\mathbf{x}\|_2$. Die zugehörige Matrixnorm ist $\|\mathbf{B}\|_T = \|\mathbf{T}^{-1}\mathbf{BT}\|_2$. Aus (13.10) folgt

$$\|\mathbf{I} - \mathbf{CA}\|_T = \|\mathbf{D}\|_2 = \rho(\mathbf{I} - \mathbf{CA}).$$

Die Bedingung (13.9) besagt also, daß Φ eine Kontraktion bezüglich der Norm $\| \cdot \|_T$ ist. Da Φ den $\mathbb{R}^n$ trivialerweise in sich abbildet und der $\mathbb{R}^n$ als endlichdimensionaler Raum vollständig ist, folgt die Konvergenz der Iteration (13.7) unter der Bedingung (13.9) auch sofort aus dem Banachschen Fixpunktsatz (Satz 5.8).

Falls nun die Iterationsmatrix nicht diagonalisierbar ist, kann man eine von der Matrix $\mathbf{I} - \mathbf{CA}$ abhängige Norm $\|\cdot\|_*$ finden, so daß (13.9) die Ungleichung $\|\mathbf{I} - \mathbf{CA}\|_* < 1$ impliziert, Φ also eine Kontraktion bezüglich der Norm $\|\cdot\|_*$ ist. Die Konvergenz folgt dann wieder aus dem Banachschen Fixpunktsatz (unter Beachtung der Tatsache, daß auf dem $\mathbb{R}^n$ alle Normen äquivalent sind). $\triangle$

In der Praxis kann man nicht erst den Spektralradius $\rho(\mathbf{I} - \mathbf{CA})$ bestimmen, um (13.9) zu überprüfen. Nun liefert der Spektralradius bekanntlich eine untere Schranke für *jede* Norm $\|\cdot\|$, d. h., es gilt insbesondere $\|\mathbf{I} - \mathbf{CA}\| \geq \rho(\mathbf{I} - \mathbf{CA})$. Deshalb gilt das folgende nützliche *hinreichende* Kriterium, wobei der Spektralradius $\rho(\mathbf{I} - \mathbf{CA})$ umgangen wird.

Folgerung 13.5. *Aus* (13.8) *folgt unmittelbar, daß für eine beliebige Vektornorm* $\|\cdot\|$ *mit zugehöriger Operatornorm gilt:*

$$\|\mathbf{x}^k - \mathbf{x}^*\| \leq \|\mathbf{I} - \mathbf{CA}\|^k \|\mathbf{x}^0 - \mathbf{x}^*\|, \quad k = 0, 1, 2, \ldots \quad (13.11)$$

Die Konvergenz von (13.7) *ist folglich für jeden Startwert* $\mathbf{x}^0 \in \mathbb{R}^n$ *gesichert, falls für* irgendeine *Norm die Bedingung*

$$\|\mathbf{I} - \mathbf{CA}\| < 1 \quad (13.12)$$

erfüllt ist.

Die Größe $\|\mathbf{I} - \mathbf{CA}\|$ heißt die *Kontraktionszahl* der Fixpunktiteration (13.7) (bezüglich der Norm $\|\cdot\|$).

Konvergenzrate

Satz 13.3 zeigt, daß $\rho(\mathbf{I} - \mathbf{CA})$ eine wichtige Zahl in dem Sinne ist, daß sie entscheidet, ob die Iteration (für beliebige Startwerte) konvergiert. Wir nehmen nun an, daß $\rho(\mathbf{I} - \mathbf{CA}) < 1$ gilt, und werden zeigen, daß $\rho(\mathbf{I} - \mathbf{CA})$ auch ein sinnvolles *Maß für die Konvergenzgeschwindigkeit* ist. Je kleiner $\rho(\mathbf{I} - \mathbf{CA})$ ist, desto schneller wird der Fehler reduziert. Um dies zu verdeutlichen, wird der Einfachheit halber wieder angenommen, daß $\mathbf{I} - \mathbf{CA}$ diagonalisierbar ist. Die mittlere Fehlerreduktion in k Iterationsschritten ist dann durch die Größe

$$\sigma_k := \left(\frac{\|\mathbf{e}^k\|}{\|\mathbf{e}^0\|} \right)^{\frac{1}{k}} \quad (13.13)$$

gegeben, wobei $\|\cdot\|$ eine beliebige Vektornorm (z. B. $\|\cdot\|_2$) ist.

Wir wollen nun das Verhalten von σ_k etwas genauer betrachten. Da $\mathbf{I} - \mathbf{CA}$ diagonalisierbar ist, existiert eine Basis $\mathbf{v}_1, \mathbf{v}_2, \ldots, \mathbf{v}_n \in \mathbb{C}^n$ von Eigenvektoren der Matrix $\mathbf{I} - \mathbf{CA}$. Die Numerierung sei so gewählt, daß für die zugehörigen Eigenwerte

$$|\lambda_1| \geq |\lambda_2| \geq \cdots \geq |\lambda_n|$$

gilt. Um zu sehen, wie die Iterationsmatrix den jeweiligen Fehler verändert, ist es günstig, den Anfangsfehler $\mathbf{e}^0$ bezüglich der Eigenvektorbasis in der Form

$$\mathbf{e}^0 = \sum_{i=1}^{n} c_i \mathbf{v}_i$$

darzustellen. Nimmt man ferner an, daß $c_1 \neq 0$ gilt, ergibt sich (vgl. (13.8))

$$\mathbf{e}^k = (\mathbf{I} - \mathbf{CA})^k \mathbf{e}^0 = (\mathbf{I} - \mathbf{CA})^k \Big(\sum_{i=1}^{n} c_i \mathbf{v}_i \Big) = \sum_{i=1}^{n} c_i \lambda_i^k \mathbf{v}_i$$

$$= \lambda_1^k \Big(c_1 \mathbf{v}_1 + \sum_{i=2}^{n} c_i \big(\frac{\lambda_i}{\lambda_1} \big)^k \mathbf{v}_i \Big) =: \lambda_1^k (c_1 \mathbf{v}_1 + \mathbf{r}^k).$$

Wegen $c_1 \neq 0$ und $|\frac{\lambda_i}{\lambda_1}| \leq 1$ für alle i gibt es Konstanten $c_{\min}$ und $c_{\max}$, die nicht von k abhängen, so daß

$$0 < c_{\min} \leq \|c_1 \mathbf{v}_1 + \mathbf{r}^k\| \leq c_{\max}$$

gilt. Insgesamt ergibt sich

$$\sigma_k = \Big(\frac{\|\mathbf{e}^k\|}{\|\mathbf{e}^0\|} \Big)^{\frac{1}{k}} = \frac{|\lambda_1| \, \|c_1 \mathbf{v}_1 + \mathbf{r}^k\|^{\frac{1}{k}}}{\|\mathbf{e}^0\|^{\frac{1}{k}}} \tag{13.14}$$

$$\to |\lambda_1| = \rho(\mathbf{I} - \mathbf{CA}) \quad \text{für} \quad k \to \infty.$$

Man sieht also, daß für eine hinreichend große Anzahl k von ausgeführten Iterationsschritten $\rho(\mathbf{I} - \mathbf{CA})$ etwa die mittlere Fehlerreduktion σ_k ist. Um den Anfangsfehler $\|\mathbf{e}^0\|$ um den Faktor $\frac{1}{e}$ zu reduzieren, sind $k = (-\ln \sigma_k)^{-1}$ Iterationsschritte nötig. Man kann daher $-\ln \sigma_k$ als die mittlere Konvergenzrate (Konvergenzgeschwindigkeit) in k Iterationsschritten interpretieren. Aufgrund des Resultats in (13.14) ist die sogenannte *asymptotische Konvergenzrate*

$$-\ln(\rho(\mathbf{I} - \mathbf{CA})) \tag{13.15}$$

ein sinnvolles Maß für die asymptotische Konvergenzgeschwindigkeit.

Komplexität eines iterativen Verfahrens - Wie sollte man C wählen?
Damit die Konvergenzrate $-\ln(\rho(\mathbf{I}-\mathbf{CA}))$ groß ist, muß $\rho(\mathbf{I}-\mathbf{CA})$ möglichst klein, also $\mathbf{C}$ eine möglichst gute Annäherung der Inversen von $\mathbf{A}$, sein. Im Extremfall $\mathbf{C} = \mathbf{A}^{-1}$ gilt $\mathbf{I} - \mathbf{CA} = 0$, und das Verfahren (13.7) konvergiert in einem Schritt:

$$\mathbf{x}^1 = \mathbf{x}^0 + \mathbf{A}^{-1}(\mathbf{b} - \mathbf{Ax}^0) = \mathbf{x}^*.$$

Zur Bestimmung von $\delta \mathbf{x} := \mathbf{A}^{-1}(\mathbf{b} - \mathbf{Ax}^0)$ müsste man jedoch das Gleichungssystem $\mathbf{A} \, \delta \mathbf{x} = \mathbf{b} - \mathbf{Ax}^0$ lösen, was genauso aufwendig wie die Lösung des ursprünglichen Problems (13.5) ist. Die Wahl $\mathbf{C} = \mathbf{A}^{-1}$ ist daher nicht geeignet. Es geht also um folgenden Balanceakt:

> Zu $\mathbf{A} \in \mathbb{R}^{n \times n}$ wähle $\mathbf{C} \in \mathbb{R}^{n \times n}$ so, daß
> - $\mathbf{A}^{-1}$ durch $\mathbf{C}$ genügend gut in dem Sinne approximiert wird, daß $\rho(\mathbf{I} - \mathbf{CA})$ möglichst klein ist,
> - die Operation
>
> $$\mathbf{y} \mapsto \mathbf{Cy}$$
>
> mit möglichst geringem Aufwand durchführbar ist.

Beachte:
Bei den meisten iterativen Verfahren wird die Operation $\mathbf{y} \mapsto \mathbf{Cy}$ durchgeführt, ohne daß die Matrix $\mathbf{C}$ explizit berechnet wird.

Der arithmetische Aufwand pro Iteration ist also ein zentraler Gesichtspunkt beim Entwurf von Iterationsverfahren. Nun hängt dieser Aufwand nicht allein vom Verfahren sondern auch vom Problem ab. Ein Gleichungssystem mit einer sehr großen Zahl von Unbekannten erfordert sicherlich mehr Aufwand als ein kleines. Bei iterativen Verfahren kommt es zudem für den gesamten Aufwand darauf an, mit welcher Zielgenauigkeit die Lösung bestimmt werden soll, wann also die Iteration abgebrochen werden kann. Um Verfahren miteinander vergleichen zu können, verwendet man oft den Begriff *Komplexität* eines Verfahrens als ein diesem Verfahren eigenes Aufwandsmaß, bezogen auf die jeweilige Problemgröße.

Bemerkung 13.6. Die Gauß-Elimination (*LR*-Zerlegung) zur Lösung eines Gleichungssystems mit einer *vollbesetzten* Matrix $\mathbf{A} \in \mathbb{R}^{n \times n}$ hat eine Komplexität von $\frac{1}{3} n^3$ Operationen (vgl. Bemerkung 3.3.17). Die Gauß-Elimination (*LR*-Zerlegung) zur Lösung eines Gleichungssystems mit einer *Bandmatrix* $\mathbf{A} \in \mathbb{R}^{n \times n}$ hat, falls die Bandbreite eine kleine Konstante ist, eine Komplexität von $\mathcal{O}(n)$ Operationen (vgl. Abschnitt 3.5). Man sagt dann auch, das Verfahren hat *lineare* Komplexität. Offensichtlich ist lineare Komplexität von der Größenordnung her optimal, da man zur Bestimmung der Unbekannten sicherlich einen zu ihrer Anzahl proportionalen Aufwand benötigt. Bei großskaligen Problemen geht es letztlich darum, Lösungsmethoden mit linearer Komplexität zu entwickeln. $\triangle$

Wie wir sehen werden, hängt das Verhalten iterativer Verfahren stark von der Struktur der Gleichungssysteme ab. Ein Vergleich sollte sich deshalb auf eine Bezugsklasse von Problemen beziehen. Ebenso muß man mit mehr Aufwand rechnen, wenn bei einem iterativen Verfahren die Toleranz für den Fehler ($\|\mathbf{x}^k - \mathbf{x}^*\| \leq \text{eps}$) kleiner wird. Um in den folgenden Abschnitten unterschiedliche Verfahren miteinander vergleichen zu können, gehen wir deshalb davon aus, daß

- eine Klasse von Gleichungssystemen $\mathbf{Ax} = \mathbf{b}$ vorliegt (z. B. $\mathbf{A}_1 \mathbf{x} = \mathbf{b}$ wie in (13.1)–(13.2) mit $n = \frac{1}{h} \in \mathbb{N}$ beliebig),
- vorgegeben ist, mit welchem Faktor R ein (beliebiger) Startfehler reduziert werden soll ($\|\mathbf{e}^k\| \leq \frac{\|\mathbf{e}^0\|}{R}$).

Die *Komplexität eines iterativen Verfahrens* ist dann die Größenordnung der Anzahl arithmetischer Operationen, die benötigt werden, um für das vorliegende Problem (aus der Problemklasse) eine Fehlerreduktion um den Faktor R zu bewirken. In den Beispielen werden wir häufig $R = 10^3$ wählen. Liegt dem Gleichungssystem eine Diskretisierung mit Gitterweite h und einem Diskretisierungsfehler von der Ordnung $\mathcal{O}(h^\ell)$ zugrunde, wäre $R^{-1} \approx h^\ell$ sinnvoll.

13.3.2 Das Jacobi-Verfahren

Beim *Jacobi-* oder *Gesamtschrittverfahren* wird in (13.7)

$$\mathbf{C} = (\mathrm{diag}(\mathbf{A}))^{-1}$$

gewählt. Die Iterationsvorschrift lautet in diesem Fall

$$\mathbf{x}^{k+1} = (\mathbf{I} - \mathbf{D}^{-1}\mathbf{A})\mathbf{x}^k + \mathbf{D}^{-1}\mathbf{b}. \tag{13.16}$$

Damit diese Methode durchführbar ist, muß $a_{i,i} \neq 0$ für alle $i = 1, 2, \ldots, n$ gelten. Zerlegt man die Matrix $\mathbf{A}$ in

$$\mathbf{A} = \mathbf{D} - \mathbf{L} - \mathbf{U}, \tag{13.17}$$

wobei $-\mathbf{L}$ und $-\mathbf{U}$ nur die Einträge von $\mathbf{A}$ unterhalb bzw. oberhalb der Diagonalen enthält, läßt sich (13.16) äquivalent folgendermaßen schreiben:

$$\mathbf{D}\mathbf{x}^{k+1} = (\mathbf{L} + \mathbf{U})\mathbf{x}^k + \mathbf{b}, \tag{13.18}$$

d. h., in Komponentenschreibweise ergibt sich:

Algorithmus 13.7 (Jacobi-Verfahren).
Gegeben: Startvektor $\mathbf{x}^0 \in \mathbb{R}^n$. Für $k = 0, 1, \ldots$ berechne:

$$x_i^{k+1} = a_{i,i}^{-1}\Big(b_i - \sum_{\substack{j=1 \\ j \neq i}}^{n} a_{i,j} x_j^k\Big), \quad i = 1, 2, \ldots, n.$$

Die Formulierung in Algorithmus 13.7 zeigt, daß beim Jacobi-Verfahren die *i-te Gleichung nach der i-ten Unbekannten x_i aufgelöst wird, wobei für die übrigen Unbekannten (x_j, $j \neq i$) Werte aus dem vorherigen Iterationsschritt verwendet werden.* Beim Jacobi-Verfahren lassen sich also die Komponenten von $\mathbf{x}^{k+1}$ unabhängig voneinander *parallel* aus $\mathbf{x}^k$ ermitteln. Diese Methode ist leicht *parallelisierbar*.

Es sei bemerkt, daß im Algorithmus 13.7 die Matrix $\mathbf{C} = (\mathrm{diag}(\mathbf{A}))^{-1}$ *nicht* explizit berechnet wird.

Bemerkung 13.8. Ersetzt man $\mathbf{D}$, $\mathbf{L}$ und $\mathbf{U}$ durch Blockmatrizen, ergibt sich sofort eine Blockversion des Jacobi-Verfahrens. Um dies zu erläutern, betrachten wir das System aus (13.3):

$$\mathbf{A_2 x} = \mathbf{b}, \quad \mathbf{A_2} \in \mathbb{R}^{m \times m}, \quad m = (n-1)^2, \quad n = \frac{1}{h}.$$

Weil alle Blöcke in der Blockdiagonalmatrix $\hat{\mathbf{D}} := h^{-2} \operatorname{diag}(\mathbf{T}, \mathbf{T}, \dots, \mathbf{T})$ gleich sind (nämlich $h^{-2}\mathbf{T}$) und auch die Matrizen $\mathbf{U}$ und $\mathbf{L}$ eine ähnliche einfache Struktur besitzen, ergibt sich die einfache Blockversion

$$\mathbf{T}\mathbf{x}_l^{k+1} = \tilde{s}\mathbf{x}_{l-1}^k + \tilde{n}\mathbf{x}_{l+1}^k + h^2 \mathbf{b}_l, \quad l = 1, 2, \dots, n-1. \tag{13.19}$$

Hierbei sind $\mathbf{x}_l^{k+1}$, $\mathbf{x}_l^k$ und $\mathbf{b}_l$ Blöcke der entsprechenden Vektoren $\mathbf{x}^{k+1}$, $\mathbf{x}^k$ bzw. $\mathbf{b}$, basierend auf der Blockstruktur

$$
\mathbf{x} = \begin{pmatrix} \mathbf{x}_1 \\ \mathbf{x}_2 \\ \vdots \\ \mathbf{x}_{n-1} \end{pmatrix} \begin{matrix} \} \, n-1 \\ \} \, n-1 \\ \vdots \\ \} \, n-1 \end{matrix} \quad \in \mathbb{R}^{(n-1)^2},
$$

und $\mathbf{x}_0^k := 0$, $\mathbf{x}_n^k := 0$. Pro Iterationsschritt müssen also $n-1$ Gleichungssysteme mit der Tridiagonalmatrix $\mathbf{T}$ gelöst werden. Für dieses Beispiel gilt $\mathbf{C} = h^2 \operatorname{diag}(\mathbf{T}^{-1}, \mathbf{T}^{-1}, \dots, \mathbf{T}^{-1}) = (\text{blockdiag}(\mathbf{A_2}))^{-1}$ in (13.7) (diese Matrix wird aber in (13.19) *nicht* explizit berechnet). Der Aufwand pro Iterationsschritt dieses Block-Jacobi-Verfahrens ist natürlich höher als beim normalen Jacobi-Verfahren. Andererseits ist die Annäherung $(\text{blockdiag}(\mathbf{A_2}))^{-1} \approx \mathbf{A_2}^{-1}$ besser als die Annäherung $(\operatorname{diag}(\mathbf{A_2}))^{-1} \approx \mathbf{A_2}^{-1}$. Die Konvergenzrate des Blockverfahrens ist somit höher. $\triangle$

Rechenaufwand. Der Rechenaufwand *pro Iterationsschritt* ist beim Jacobi-Verfahren angewandt auf eine dünnbesetzte Matrix $\mathbf{A} \in \mathbb{R}^{n \times n}$ vergleichbar mit einer Matrix-Vektor-Multiplikation $\mathbf{Ax}$, beansprucht also $\mathcal{O}(n)$ Operationen.

Konvergenz. Aufgrund von Satz 13.3 ist das Jacobi-Verfahren genau dann konvergent, wenn $\rho(\mathbf{I} - \mathbf{D}^{-1}\mathbf{A}) < 1$ gilt. Schon ein sehr einfaches Beispiel zeigt, daß die Methode nicht für jedes Gleichungssystem konvergiert: Für $A = \begin{pmatrix} 1 & 2 \\ 2 & 1 \end{pmatrix}$ gilt $\rho(\mathbf{I} - \mathbf{D}^{-1}\mathbf{A}) = 2$. Im folgenden Satz werden zwei wichtige hinreichende Bedingungen für die Konvergenz des Jacobi-Verfahrens gegeben. Einen Beweis findet man in [Ha2].

> **Satz 13.9.** *Für das Jacobi-Verfahren gelten folgende Konvergenz-kriterien:*
>
> - *Falls sowohl* $\mathbf{A}$ *als auch* $2\mathbf{D} - \mathbf{A}$ *symmetrisch positiv definit sind, folgt* $\rho(\mathbf{I} - \mathbf{D}^{-1}\mathbf{A}) < 1.$
> - *Falls* $\mathbf{A}$ *irreduzibel diagonaldominant ist, gilt* $\rho(\mathbf{I} - \mathbf{D}^{-1}\mathbf{A}) \leq \|\mathbf{I} - \mathbf{D}^{-1}\mathbf{A}\|_\infty < 1.$

Nur die Voraussetzung „$\mathbf{A}$ symmetrisch positiv definit" ist im allgemeinen nicht hinreichend für die Konvergenz des Jacobi-Verfahrens, vgl. Übung 13.7.3.

Aus Satz 13.9 folgt, daß für die Modellprobleme aus Abschnitt 13.1 mit den Steifigkeitsmatrizen $\mathbf{A_1}$ (Diffusion) und $\mathbf{A_2}$ (Konvektion-Diffusion) das Jacobi-Verfahren konvergiert. In den folgenden zwei Beispielen wird die *Konvergenzgeschwindigkeit* für das Diffusionsproblem und für das Konvektions-Diffusionsproblem untersucht.

Beispiel 13.10. Wir betrachten das Diffusionsproblem mit der Matrix $\mathbf{A_1}$ aus (13.1)–(13.2). Für die Matrix $\mathbf{D} = \mathrm{diag}(\mathbf{A_1})$ gilt $\mathbf{D} = 4h^{-2}\mathbf{I}$. Mit Hilfe der orthogonalen Eigenvektorbasis der Matrix $\mathbf{A_1}$ aus (12.61)–(12.62) ergibt sich

$$
\begin{aligned}
\rho(\mathbf{I} - \mathbf{CA}) &= \rho(\mathbf{I} - \mathbf{D}^{-1}\mathbf{A_1}) \\
&= \max\{|1 - \tfrac{1}{4}h^2\lambda| \mid \lambda \text{ Eigenwert von } \mathbf{A_1}\} \\
&= 1 - 2\sin^2(\tfrac{1}{2}\pi h) = \cos(\pi h) \approx 1 - \tfrac{1}{2}\pi^2 h^2.
\end{aligned}
\tag{13.20}
$$

Für die asymptotische Konvergenzrate (13.15) gilt somit

$$
-\ln(\rho(\mathbf{I} - \mathbf{D}^{-1}\mathbf{A_1})) \approx -\ln(1 - \tfrac{1}{2}\pi^2 h^2) \approx \tfrac{1}{2}\pi^2 h^2.
\tag{13.21}
$$

Die Konvergenzrate nimmt also sehr rasch ab, wenn die Schrittweite h kleiner wird. Um einen Startfehler um einen Faktor R zu reduzieren, sind (asymptotisch) etwa

$$
K = \frac{-\ln R}{\ln \rho(\mathbf{I} - \mathbf{D}^{-1}\mathbf{A_1})} \approx \frac{2}{\pi^2 h^2} \ln R
\tag{13.22}
$$

Iterationsschritte erforderlich. Je größer das Problem, desto mehr Iterationsschritte sind in diesem Fall erforderlich, um eine feste Fehlerreduktion zu erreichen.

> **Beachte:** Die geschätzte Anzahl der notwendigen Iterationsschritte wächst in Abhängigkeit der Schrittweite h wie die Konditionszahlen der betreffenden Matrizen.

Dies deutet an, daß für Diskretisierungen des Poisson-Problems dieses Verfahren nicht gut geeignet ist.

Es sei nochmals betont, daß die *Konvergenzrate eines linearen iterativen Verfahrens nur von der Iterationsmatrix* $\mathbf{I} - \mathbf{CA}$ *abhängt* (vgl. (13.8)). Insbesondere ist die Konvergenz unabhängig von der Wahl der Daten in der rechten Seite **b**. Um die obige Schätzung mit dem tatsächlichen Fehlerverhalten vergleichen zu können, wählen wir nun die Daten in diesem Beispiel so wie in Bemerkung 13.1, damit die Lösung des Systems $\mathbf{A}_1\mathbf{x} = \mathbf{b}$ bekannt ist. Wir wählen den Startvektor $\mathbf{x}^0 = 0$ und verwenden die 2-Norm, um die Größe des Fehlers $\mathbf{x}^k - \mathbf{x}^*$ zu messen. In Tabelle 13.2 werden einige Resultate zusammengestellt, die das Jacobi-Verfahren liefert. Hierbei bedeutet # die Anzahl von Iterationsschritten, die zur Reduktion des Startfehlers um einen Faktor $R = 10^3$ benötigt werden, und K die theoretische Schätzung von # aus (13.22):

$$K = \frac{-\ln 10^3}{\ln(\cos \pi h)} \approx \frac{2}{\pi^2 h^2} \ln 10^3. \tag{13.23}$$

Tabelle 13.2. Jacobi-Verfahren für die Poisson-Gleichung

h	1/40	1/80	1/160	1/320
#	2092	8345	33332	133227
K	2237	8956	35833	143338

Die Resultate zeigen, daß K in diesem Beispiel eine befriedigende Schätzung für die Anzahl von erforderlichen Iterationsschritten ist. Man kann auch sehen, daß nach einer Halbierung der Schrittweite h wegen der langsameren Konvergenz etwa viermal soviele Iterationsschritte benötigt werden. $\triangle$

Komplexität. Wir betrachten das Jacobi-Verfahren für die diskrete Poisson-Gleichung (13.1)–(13.2),

$$\mathbf{A}_1\mathbf{x} = \mathbf{b}, \quad \mathbf{A}_1 \in \mathbb{R}^{m \times m}, \quad m = (n-1)^2, \quad n = \frac{1}{h}.$$

Für den Fehlerreduktionsfaktor wird wieder $R = 10^3$ gewählt. Da $m \sim h^{-2}$, folgt aus (13.23), daß $K \sim m$ Iterationsschritte benötigt werden. Da jeder Schritt einen zu m proportionalen Aufwand erfordert, ergibt sich, daß die Komplexität des Jacobi-Verfahrens (für diese Problemstellung) etwa cm^2 ist. Im weiteren werden wir sehen, daß es iterative Verfahren gibt, welche für diese Problemstellung eine Komplexität cm^α mit $\alpha < 2$ haben. Insbesondere entspricht das SOR-Verfahren (Abschnitt 13.3.4) dem Wert $\alpha = 1.5$ und das vorkonditionierte CG-Verfahren (Abschnitt 13.5) dem Wert $\alpha = 1.25$. Da die Dimension m meistens sehr groß ist, hat eine Reduktion der Potenz α einen großen Einfluß auf die Effizienz. Es sei zum Schluß daran erinnert, daß $\alpha = 1$ – sprich lineare Komplexität – eine untere Schranke ist, da eine Matrix-Vektor-Multiplikation $\mathbf{A}_1\mathbf{x}$ bereits cm Operationen kostet.

Beispiel 13.11. Wir betrachten das Konvektions-Diffusionsproblem mit der Matrix $\mathbf{A}_2$ aus (13.3)–(13.4). Da für dieses Problem keine orthogonale Eigenvektorbasis existiert, kann man nicht wie in Beispiel 13.10 eine theoretische

Schätzung für $\rho(\mathbf{I} - \mathbf{D}^{-1}\mathbf{A_2})$ herleiten. Wir führen für den Fall $\beta = \frac{\pi}{6}$ ein Experiment wie in Beispiel 13.10 durch. Die rechte Seite $\mathbf{b}$ wird so definiert, daß $\mathbf{x} = (1, 1, \ldots, 1)^T$ die Lösung ist, also $\mathbf{b} := \mathbf{A_2}(1, 1, \ldots, 1)^T$. Der Fehlerreduktionsfaktor ist wiederum $R = 10^3$ und $\mathbf{x}^0 = 0$. Für einige Werte der Parameter h und ε ist die Anzahl der benötigten Iterationsschritte (#) in Tabelle 13.3 zusammengestellt.

Tabelle 13.3. Jacobi-Verfahren für die Konvektions-Diffusionsgleichung

h	1/40	1/80	1/160	1/320
$\varepsilon = 1$	2155	8611	34415	137597
$\varepsilon = 10^{-2}$	194	587	1967	7099
$\varepsilon = 10^{-4}$	75	148	293	597

An diesen Resultaten kann man wie in Beispiel 13.10 einen Zusammenhang zwischen der Konvergenzrate des Jacobi-Verfahrens und der Konditionszahl der Matrix des zu lösenden Systems ablesen. Für den Fall $\varepsilon = 1$ (dominante Diffusion) gilt $\kappa_2(\mathbf{A_2}) \sim \frac{1}{h^2}$ und für $\varepsilon = 10^{-4}$ (dominante Konvektion) gilt $\kappa_2(\mathbf{A_2}) \sim \frac{1}{h}$. Diese Beziehungen für die Konditionszahl entsprechen den Wachstumsfaktoren 4 und 2 in den Zeilen für $\varepsilon = 1$ bzw für $\varepsilon = 10^{-4}$. Es ist offensichtlich, daß das unterschiedliche Verhalten der Konditionszahlen (h^{-2} bzw. h^{-1}) für kleine h-Werte einen enormen Unterschied in der Anzahl der benötigten Iterationen zur Folge hat.   △

13.3.3 Das Gauß-Seidel-Verfahren

Zerlegt man die Matrix $\mathbf{A}$ wie in (13.17), kann man $\mathbf{C} = (\mathbf{D} - \mathbf{L})^{-1}$ wählen, woraus sich das Gauß-Seidel- oder Einzelschrittverfahren

$$\mathbf{x}^{k+1} = (\mathbf{I} - (\mathbf{D} - \mathbf{L})^{-1}\mathbf{A})\mathbf{x}^k + (\mathbf{D} - \mathbf{L})^{-1}\mathbf{b} \qquad (13.24)$$

ergibt. Hier ist $(\mathbf{D} - \mathbf{L})^{-1}$ natürlich wiederum prozedural zu verstehen, d. h. $\mathbf{y} \mapsto \mathbf{z} = \mathbf{C}\mathbf{y} = (\mathbf{D} - \mathbf{L})^{-1}\mathbf{y}$ ist als Lösung des entsprechenden Gleichungssystems $(\mathbf{D} - \mathbf{L})\mathbf{z} = \mathbf{y}$ zu verstehen. Da $\mathbf{D} - \mathbf{L}$ eine untere Dreiecksmatrix ist, ist dies effizient durch Vorwärtseinsetzen möglich. Obige Iterationsvorschrift lautet äquivalent

$$(\mathbf{D} - \mathbf{L})\mathbf{x}^{k+1} = \mathbf{U}\mathbf{x}^k + \mathbf{b}. \qquad (13.25)$$

In Komponentenschreibweise heißt dies

$$\sum_{j=1}^{i} a_{i,j} x_j^{k+1} = -\sum_{j=i+1}^{n} a_{i,j} x_j^k + b_i, \quad i = 1, 2, \ldots, n,$$

oder äquivalent:

Algorithmus 13.12 (Gauß-Seidel-Verfahren).
Gegeben: Startvektor $\mathbf{x}^0 \in \mathbb{R}^n$. Für $k = 0, 1, \ldots$ berechne:

$$x_i^{k+1} = a_{i,i}^{-1} \Big(b_i - \sum_{j=1}^{i-1} a_{i,j} x_j^{k+1} - \sum_{j=i+1}^{n} a_{i,j} x_j^k \Big), \quad i = 1, 2, \ldots, n.$$

Bei der Berechnung der i-ten Komponente der neuen Annäherung $\mathbf{x}^{k+1}$ *verwendet man also die bereits vorher berechneten Komponenten der neuen Annäherung*. Da die Komponenten von $\mathbf{x}^{k+1}$ voneinander abhängen, läßt sich das Gauß-Seidel-Verfahren nicht so einfach parallelisieren.

Ersetzt man $\mathbf{D}$, $\mathbf{L}$ und $\mathbf{U}$ durch Blockmatrizen, ergibt sich sofort eine Blockversion des Gauß-Seidel-Verfahrens. Die Block-Gauß-Seidel-Variante für das Problem aus Bemerkung 13.8 lautet (vgl. (13.19))

$$\begin{aligned} \mathbf{T}\mathbf{x}_1^{k+1} &= \tilde{n}\mathbf{x}_2^k + h^2\mathbf{b}_1, \\ \mathbf{T}\mathbf{x}_l^{k+1} &= \tilde{s}\mathbf{x}_{l-1}^{k+1} + \tilde{n}\mathbf{x}_{l+1}^k + h^2\mathbf{b}_l, \quad l = 2, 3, \ldots, n-1. \end{aligned}$$

Pro Iterationsschritt müssen hierbei, wie beim Block-Jacobi-Verfahren, $n-1$ Gleichungssysteme mit der Tridiagonalmatrix $\mathbf{T}$ gelöst werden.

Rechenaufwand. Für eine dünnbesetzte Matrix $\mathbf{A} \in \mathbb{R}^{n \times n}$ ist der Rechenaufwand pro Iterationsschritt bei der Gauß-Seidel-Methode vergleichbar mit dem Aufwand beim Jacobi-Verfahren, beträgt also $\mathcal{O}(n)$ Operationen.

Konvergenz. Bezüglich der Konvergenz des Gauß-Seidel-Verfahrens gilt der folgende Satz. Einen Beweis findet man z. B. in [Ha2].

Satz 13.13. *Für das Gauß-Seidel-Verfahren gelten folgende Konvergenzkriterien:*

- *Falls $\mathbf{A}$ symmetrisch positiv definit ist, folgt*
  $\rho(\mathbf{I} - (\mathbf{D} - \mathbf{L})^{-1}\mathbf{A}) < 1.$
- *Falls $\mathbf{A}$ irreduzibel diagonaldominant ist, gilt*
  $\rho(\mathbf{I} - (\mathbf{D} - \mathbf{L})^{-1}\mathbf{A}) \leq \|\mathbf{I} - (\mathbf{D} - \mathbf{L})^{-1}\mathbf{A}\|_\infty < 1.$

Bemerkung 13.14. Für eine irreduzibel diagonaldominante Matrix $\mathbf{A}$ mit $a_{i,j} \leq 0$ für alle $i \neq j$ und $a_{i,i} > 0$ für alle i kann man beweisen, daß

$$\rho(\mathbf{I} - (\mathbf{D} - \mathbf{L})^{-1}\mathbf{A}) < \rho(\mathbf{I} - \mathbf{D}^{-1}\mathbf{A})$$

$$\text{oder} \quad \rho(\mathbf{I} - (\mathbf{D} - \mathbf{L})^{-1}\mathbf{A}) = \rho(\mathbf{I} - \mathbf{D}^{-1}\mathbf{A}) = 0$$

gilt, also ist für solche Matrizen $\mathbf{A}$ die asymptotische Konvergenzrate beim Gauß-Seidel-Verfahren im allgemeinen höher als beim Jacobi-Verfahren.   △

Aus Satz 13.13 folgt, daß für beide Modellprobleme mit den Steifigkeitsmatrizen $\mathbf{A_1}$ und $\mathbf{A_2}$ das Gauß-Seidel-Verfahren konvergiert. Aus Bemerkung 13.14 folgt sogar, daß (asymptotisch) das Gauß-Seidel-Verfahren schneller konvergiert als das Jacobi-Verfahren. In den folgenden zwei Beispielen wird die Konvergenzgeschwindigkeit genauer untersucht.

Beispiel 13.15. Wir betrachten das Diffusionsproblem mit der Matrix $\mathbf{A_1}$ aus (13.1)–(13.2). Man kann zeigen (z. B. [Ha2]), daß für diese Matrix

$$\rho(\mathbf{I} - \mathbf{CA_1}) = \rho(\mathbf{I} - (\mathbf{D} - \mathbf{L})^{-1}\mathbf{A_1}) = (\rho(\mathbf{I} - \mathbf{D}^{-1}\mathbf{A_1}))^2$$

gilt. Mit Hilfe des Resultats (13.20) ergibt sich hieraus

$$\rho(\mathbf{I} - \mathbf{CA_1}) = \cos^2(\pi h) \approx 1 - \pi^2 h^2 \ . \tag{13.26}$$

Für die asymptotische Konvergenzrate erhält man dann

$$-\ln(\rho(\mathbf{I} - (\mathbf{D} - \mathbf{L})^{-1}\mathbf{A_1})) \approx -\ln(1 - \pi^2 h^2) \approx \pi^2 h^2, \tag{13.27}$$

sie ist also etwa doppelt so hoch wie beim Jacobi-Verfahren (vgl. (13.21)). Um einen Startfehler um einen Faktor R zu reduzieren sind (asymptotisch) etwa K Iterationsschritte erforderlich, wobei

$$K = \frac{-\ln R}{\ln(\rho(\mathbf{I} - (\mathbf{D} - \mathbf{L})^{-1}\mathbf{A_1}))} \approx \frac{1}{\pi^2 h^2} \ln R.$$

Bei der Durchführung des numerischen Experiments aus Beispiel 13.10 – jedoch nun mit dem Gauß-Seidel-Verfahren statt mit dem Jacobi-Verfahren – ergeben sich die Resultate in Tabelle 13.4.

Tabelle 13.4. Gauß-Seidel-Verfahren für die Poisson-Gleichung

h	1/40	1/80	1/160	1/320
#	1056	4193	16706	66694
K	1119	4478	17916	71669

$\triangle$

Komplexität. Die obigen Ergebnisse zeigen, daß für das Gauß-Seidel-Verfahren angewandt auf die diskrete Poisson-Gleichung

$$\mathbf{A_1 x} = \mathbf{b}, \quad \mathbf{A_1} \in \mathbb{R}^{m \times m}, \quad m = (n-1)^2, \quad n = \frac{1}{h}$$

die Komplexität etwa cm^2 Operationen ist. Die Potenz von m ist also immer noch $\alpha = 2$, wie beim Jacobi-Verfahren. Die Konstante c ist allerdings etwas kleiner als beim Jacobi-Verfahren, da nur etwa die Hälfte der Iterationen benötigt wird.

Beispiel 13.16. Eine wichtige Beobachtung ist, daß die *Resultate des Gauß-Seidel-Verfahrens von der Anordnung der Unbekannten abhängen.* Dies ist beim Jacobi-Verfahren *nicht* der Fall. Um dieses Phänomen zu illustrieren, betrachten wir die diskrete Konvektions-Diffusionsgleichung (12.54) mit $\beta = \frac{\pi}{6}$. Wenn die Standardanordnung der Gitterpunkte verwendet wird, ergeben sich die Resultate in Tabelle 13.5.

Tabelle 13.5. Gauß-Seidel-Verfahren für die Konvektions-Diffusionsgleichung, Standardanordnung

ε	1	10^{-2}	10^{-4}
#	17197	856	14

Hierbei wird $h = \frac{1}{160}$, $R = 10^3$ und $\mathbf{x}^0$, $\mathbf{b}$ wie in Beispiel 13.11 verwendet. Wenn die Gitterpunkte in umgekehrter Reihenfolge angeordnet werden (von rechts oben nach links unten), erhält man die Ergebnisse in Tabelle 13.6.

Tabelle 13.6. Gauß-Seidel-Verfahren für die Konvektions-Diffusionsgleichung, umgekehrte Reihenfolge

ε	1	10^{-2}	10^{-4}
#	17220	1115	285

Diese Resultate zeigen ein ziemlich allgemeingültiges Prinzip:

> Für ein Problem, bei dem die Konvektion dominant ist, ist es für das Gauß-Seidel-Verfahren vorteilhaft, bei der Anordnung der Unbekannten (Gitterpunkte) die Strömungsrichtung zu berücksichtigen.

$\triangle$

13.3.4 SOR-Verfahren

In diesem Abschnitt werden wir zeigen, daß durch Einführung eines sogenannten Relaxationsparameters in manchen Fällen die Effizienz eines iterativen Verfahrens wesentlich verbessert werden kann.

Der Iterationsschritt in Algorithmus 13.12 läßt sich auch als

$$x_i^{k+1} = x_i^k - a_{i,i}^{-1}\Big(\sum_{j=1}^{i-1} a_{i,j}x_j^{k+1} + \sum_{j=i}^{n} a_{i,j}x_j^k - b_i\Big), \quad i = 1, 2, \ldots, n, \quad (13.28)$$

darstellen. Wir führen nun eine neue Methode ein, wobei die Korrektur beim Gauß-Seidel-Iterationsschritt (13.28) mit einem Relaxationsparameter $\omega > 0$ multipliziert wird:

Algorithmus 13.17 (SOR-Verfahren).
Gegeben: Startvektor $\mathbf{x}^0 \in \mathbb{R}^n$, Parameter $\omega \in (0,2)$.
Für $k = 0, 1, \ldots$ berechne:

$$x_i^{k+1} = x_i^k - \omega a_{i,i}^{-1} \Big(\sum_{j=1}^{i-1} a_{i,j} x_j^{k+1} + \sum_{j=i}^{n} a_{i,j} x_j^k - b_i \Big), \quad i = 1, 2, \ldots, n.$$

Die englische Bezeichnung „successive overrelaxation" dieser Methode erklärt den Namen „SOR-Verfahren". Für den Wert $\omega = 1$ ergibt sich das Gauß-Seidel-Verfahren. Das SOR-Verfahren läßt sich in Matrix-Darstellung wie folgt formulieren:

$$\mathbf{x}^{k+1} = \mathbf{x}^k - \omega \mathbf{D}^{-1}(-\mathbf{L}\mathbf{x}^{k+1} + (\mathbf{D} - \mathbf{U})\mathbf{x}^k - \mathbf{b})$$

oder äquivalent

$$(\mathbf{D} - \omega\mathbf{L})\mathbf{x}^{k+1} = \mathbf{D}\mathbf{x}^k - \omega(\mathbf{D} - \mathbf{U})\mathbf{x}^k + \omega\mathbf{b}$$

und weiter

$$\begin{aligned}(\tfrac{1}{\omega}\mathbf{D} - \mathbf{L})\mathbf{x}^{k+1} &= (\tfrac{1}{\omega}\mathbf{D} - \mathbf{L})\mathbf{x}^k - (\mathbf{D} - \mathbf{U} - \mathbf{L})\mathbf{x}^k + \mathbf{b} \\ &= (\tfrac{1}{\omega}\mathbf{D} - \mathbf{L})\mathbf{x}^k - \mathbf{A}\mathbf{x}^k + \mathbf{b}.\end{aligned}$$

Hieraus folgt die Darstellung

$$\mathbf{x}^{k+1} = (\mathbf{I} - (\tfrac{1}{\omega}\mathbf{D} - \mathbf{L})^{-1}\mathbf{A})\mathbf{x}^k + (\tfrac{1}{\omega}\mathbf{D} - \mathbf{L})^{-1}\mathbf{b}. \qquad (13.29)$$

Das SOR-Verfahren ist also ein lineares iteratives Verfahren von der Form (13.7) mit $\mathbf{C} = (\tfrac{1}{\omega}\mathbf{D} - \mathbf{L})^{-1}$.

Rechenaufwand. Aus der Darstellung in Algorithmus 13.17 folgt, daß beim SOR-Verfahren der Rechenaufwand pro Iterationsschritt vergleichbar mit dem Aufwand beim Gauß-Seidel-Verfahren ist, also $\mathcal{O}(n)$ Operationen für ein dünnbesetztes $\mathbf{A} \in \mathbb{R}^{n \times n}$ beträgt.

Konvergenz. Bezüglich der Konvergenz des SOR-Verfahrens gilt folgender Satz. Einen Beweis findet man z. B. in [Ha2].

Satz 13.18. *Sei* $\mathbf{M}_\omega := \mathbf{I} - (\tfrac{1}{\omega}\mathbf{D} - \mathbf{L})^{-1}\mathbf{A}$ *die Iterationsmatrix des SOR-Verfahrens. Es gilt:*

- $\rho(\mathbf{M}_\omega) \geq |\omega - 1|$.
- $\mathbf{A}$ *s.p.d.* $\Rightarrow$ $\rho(\mathbf{M}_\omega) < 1$ *für alle* $\omega \in (0,2)$.
- $\mathbf{A}$ *irreduzibel diagonaldominant mit* $a_{i,j} \leq 0$ *für alle* $i \neq j$ *und* $a_{i,i} > 0$ *für alle* i $\Rightarrow$ $\rho(\mathbf{M}_\omega) < 1$ *für alle* $\omega \in (0,1]$.

Das erste Ergebnis in diesem Satz zeigt, daß beim SOR-Verfahren nur Werte $\omega \in (0,2)$ sinnvoll sind. Im folgenden Beispiel wird illustriert, daß man durch eine *geeignete Wahl* des Parameters ω eine wesentliche Beschleunigung der Konvergenz bewirken kann.

Beispiel 13.19. Wir betrachten die Diffusionsgleichung wie in den Beispielen 13.10 und 13.15 für den Fall $h = \frac{1}{160}$ und die Konvektions-Diffusionsgleichung wie in den Beispielen 13.11 und 13.16 für den Fall $\varepsilon = 10^{-2}$, $h = \frac{1}{160}$.

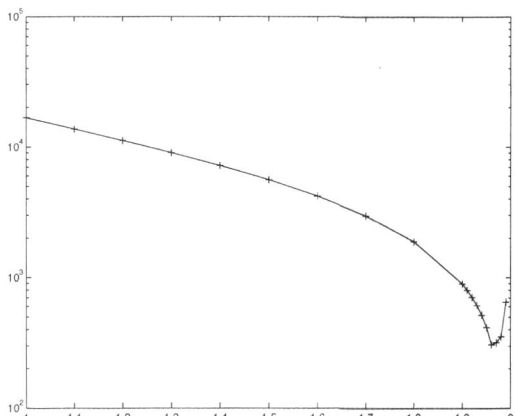

Abb. 13.3. Anzahl der Iterationen in Abhängigkeit von ω für $\mathbf{A_1}$

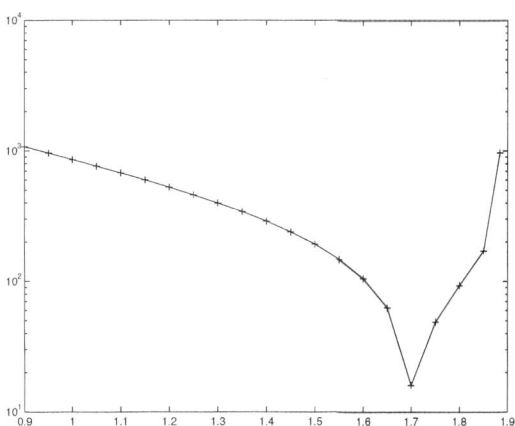

Abb. 13.4. Anzahl der Iterationen in Abhängigkeit von ω für $\mathbf{A_2}$

In den Abb. 13.3, 13.4 wird für diese beiden Probleme für einige ω-Werte die Anzahl der Iterationsschritte angegeben, die zur Reduktion des Anfangsfehlers um einen Faktor 10^3 benötigt wird. Die Resultate zeigen, daß die Konvergenz des SOR-Verfahrens bei einer *geeigneten Wahl* des Parameters ω sehr viel schneller ist als die des Gauß-Seidel-Verfahrens ($\omega = 1$). $\triangle$

Leider ist der optimale Wert von ω stark problemabhängig. Für die meisten Probleme ist dieser optimale Wert nicht bekannt. Eine Ausnahme bildet die diskretisierte Poisson-Gleichung (13.2). Für das SOR-Verfahren angewandt auf das System $\mathbf{A}_1 \mathbf{x} = \mathbf{b}$ gilt folgender Satz (vgl. [Ha2]):

Satz 13.20. *Wir betrachten die diskretisierte Poisson-Gleichung* $\mathbf{A}_1 \mathbf{x} = \mathbf{b}$ *wie in (13.1) -(13.2). Sei* $\mu := \rho(\mathbf{I} - \mathbf{D}^{-1}\mathbf{A}_1) < 1$ *der Spektralradius der Iterationsmatrix des Jacobi-Verfahrens. Sei* $\mathbf{M}_\omega$ *die Iterationsmatrix des SOR-Verfahrens. Dann ist* $\rho(\mathbf{M}_\omega)$ *für den Relaxationsparameter*

$$\omega_{opt} := \frac{2}{1 + \sqrt{1 - \mu^2}} = 1 + \left(\frac{\mu}{1 + \sqrt{1 - \mu^2}} \right)^2 \qquad (13.30)$$

minimal und

$$\rho(\mathbf{M}_{\omega_{opt}}) = \omega_{opt} - 1. \qquad (13.31)$$

Komplexität. Für die diskretisierte Poisson-Gleichung $\mathbf{A}_1 \mathbf{x} = \mathbf{b}$ ergibt sich beim SOR-Verfahren mit dem *optimalen* ω-Wert eine sehr große Komplexitätsverbesserung im Vergleich zum Jacobi- und zum Gauß-Seidel-Verfahren. Das Jacobi- und das Gauß-Seidel-Verfahren haben für dieses Problem eine Komplexität cm^2 (vgl. die Abschnitte 13.3.2 und 13.3.3). Für μ aus Satz 13.20 erhält man (vgl. (13.20)) $\mu = \cos(\pi h) \approx 1 - \frac{1}{2}\pi^2 h^2$. Wegen (13.30)–(13.31) folgt für das SOR-Verfahren mit $\omega = \omega_{\mathrm{opt}}$:

$$\rho(\mathbf{M}_{\omega_{\mathrm{opt}}}) = \omega_{\mathrm{opt}} - 1 = \left(\frac{\cos(\pi h)}{1 + \sin(\pi h)} \right)^2 = \frac{1 - \sin(\pi h)}{1 + \sin(\pi h)} \approx 1 - 2\pi h. \quad (13.32)$$

Um einen Startfehler um einen Faktor R zu reduzieren, sind (asymptotisch) etwa K Iterationsschritte erforderlich, wobei

$$K = -\frac{\ln R}{\ln \rho(\mathbf{M}_{\omega_{\mathrm{opt}}})} \approx \frac{1}{2\pi h} \ln R \approx \frac{\ln R}{2\pi} \sqrt{m}. \qquad (13.33)$$

Da der Aufwand pro Iteration proportional zu m ist, hat dieses Verfahren eine Komplexität (für die vorliegende Problemstellung) von $cm^{1.5}$ Operationen. Im Gegensatz zum Jacobi- und Gauß-Seidel-Verfahren ist die Potenz von m hier 1.5 statt 2. Diese Reduktion der Potenz hat einen großen Einfluß auf die Effizienz, da zum Beispiel für $h = \frac{1}{320}$, $m = 319^2$ der Faktor $\frac{m^2}{m^{1.5}} = \sqrt{m} = 319$ groß ist.

Tabelle 13.7. SOR-Verfahren für $\mathbf{A}_1$

h	1/40	1/80	1/160	1/320
#	73	146	292	585
K	44	88	176	352

Beispiel 13.21. Wir betrachten die Poisson-Gleichung $\mathbf{A}_1\mathbf{x} = \mathbf{b}$ mit $\mathbf{x}^0$, $\mathbf{b}$, $\mathbf{x}^*$ und R wie in Beispiel 13.10. In Tabelle 13.7 sind einige Resultate für das SOR-Verfahren mit $\omega = \omega_{\text{opt}}$ aus (13.30) zusammengestellt. Dabei ist K die Schätzung für # aus (13.33).

Es sei bemerkt, daß z. B. für $h = \frac{1}{320}$ die Anzahl der benötigten Iterationsschritte beim SOR-Verfahren tatsächlich *viel* kleiner ist als beim Gauß-Seidel-Verfahren (vgl. Tabelle 13.4). Man kann auch deutlich sehen, daß die Effizienzverbesserung (bei SOR im Vergleich mit Gauß-Seidel) bei kleiner werdendem h zunimmt. △

SSOR-Verfahren

Die *symmetrische SOR* Methode (SSOR) ist eine einfache Variante des SOR-Verfahrens. Eine Iteration der SSOR Methode ist aus zwei Teilschritten zusammengesetzt. Im ersten Teilschritt wird eine SOR-Iteration wie im Algorithmus 13.17 durchgeführt. Im zweiten Teilschritt wird nochmals eine SOR-Iteration durchgeführt, aber jetzt mit der umgekehrten Numerierung der Unbekannten. Eine SSOR-Iteration sieht also wie folgt aus:

$$x_i^{k+\frac{1}{2}} = x_i^k - \omega\, a_{i,i}^{-1}\Big(\sum_{j=1}^{i-1} a_{i,j}x_j^{k+\frac{1}{2}} + \sum_{j=i}^{n} a_{i,j}x_j^k - b_i\Big), \quad i = 1,2,\ldots,n,$$

$$x_i^{k+1} = x_i^{k+\frac{1}{2}} - \omega\, a_{i,i}^{-1}\Big(\sum_{j=i+1}^{n} a_{i,j}x_j^{k+1} + \sum_{j=1}^{i} a_{i,j}x_j^{k+\frac{1}{2}} - b_i\Big), \quad n \geq i \geq 1.$$

$$(13.34)$$

Die Iterationsmatrix dieser Methode ist

$$\mathbf{M}_\omega = \mathbf{I} - \mathbf{C}_\omega\mathbf{A}, \quad \mathbf{C}_\omega := \omega(2-\omega)(\mathbf{D}-\omega\mathbf{U})^{-1}\mathbf{D}(\mathbf{D}-\omega\mathbf{L})^{-1}. \quad (13.35)$$

Die SSOR Methode kann so implementiert werden, daß der Aufwand pro Iteration etwa gleich dem Aufwand pro Iteration beim SOR-Verfahren ist. Auch die Konvergenzeigenschäften der SSOR- und SOR-Methode sind vergleichbar. Ein wichtiger Unterschied zwischen dem SOR- und dem SSOR-Verfahren ist folgender. Wenn die Matrix $\mathbf{A}$ symmetrisch positiv definit ist, ist für $\omega \in (0,2)$ *die Matrix $\mathbf{C}_\omega$ in der Iterationsmatrix der SSOR-Methode aus (13.35) auch symmetrisch positiv definit.* Dies gilt nicht für die Matrix $\mathbf{C}_\omega = (\frac{1}{\omega}\mathbf{D} - \mathbf{L})^{-1} = \omega(\mathbf{D} - \omega\mathbf{L})^{-1}$ der SOR-Methode. Dieser Unterschied spielt eine wichtige Rolle bei der im Abschnitt 13.5 behandelten Technik der Vorkonditionierung.

13.4 Die Methode der konjugierten Gradienten

Die Methode der konjugierten Gradienten (engl.: *conjugate gradients*, daher meistens mit CG abgekürzt) ist eines der derzeit bekanntesten effizienten Verfahren zur Lösung großer dünnbesetzter Gleichungssysteme $\mathbf{Ax} = \mathbf{b}$ mit *symmetrisch positiv definiter* Matrix $\mathbf{A}$. Wenn $\mathbf{A} \in \mathbb{R}^{n \times n}$ s.p.d. ist, gelten die folgenden zwei grundlegenden Eigenschaften:

- Für $\mathbf{x}, \mathbf{y} \in \mathbb{R}^n$ definiert $\langle \mathbf{x}, \mathbf{y} \rangle_{\mathbf{A}} := \mathbf{x}^T \mathbf{Ay}$ ein *Skalarprodukt* auf $\mathbb{R}^n$.
- Sei
$$f(\mathbf{x}) := \tfrac{1}{2}\mathbf{x}^T \mathbf{Ax} - \mathbf{b}^T \mathbf{x}, \quad \mathbf{b}, \mathbf{x} \in \mathbb{R}^n. \tag{13.36}$$
Dann gilt, daß f ein eindeutiges Minimum hat und
$$\mathbf{Ax}^* = \mathbf{b} \Leftrightarrow f(\mathbf{x}^*) = \min_{\mathbf{x} \in \mathbb{R}^n} f(\mathbf{x}). \tag{13.37}$$

Das Funktional $f(\mathbf{x})$ in (13.36) ist ein Spezialfall von (12.85) mit $k(\mathbf{x}, \mathbf{y}) := \mathbf{x}^T \mathbf{Ay}$, wie in der Diskussion im Anschluß an Satz 12.35 bereits herausgestellt wurde. Entsprechend wird die Norm $\|\mathbf{x}\|_{\mathbf{A}} := \sqrt{\langle \mathbf{x}, \mathbf{x} \rangle_{\mathbf{A}}}$ oft *Energie-Norm* genannt. Die Aussage (13.37), daß *die Lösung des Gleichungssystems* $\mathbf{Ax} = \mathbf{b}$ *gerade das eindeutige Minimum der quadratischen Funktion f ist*, folgt also sofort aus dem Satz von Lax-Milgram. Aufgrund der Wichtigkeit dieses Resultats sei ein in diesem speziellen Fall einfacher Beweis angedeutet: Sei $\mathbf{x}^*$ die eindeutige Lösung des Systems $\mathbf{Ax} = \mathbf{b}$. Dann kann man $f(\mathbf{x})$ auch in der Form

$$f(\mathbf{x}) = \tfrac{1}{2}(\mathbf{x} - \mathbf{x}^*)^T \mathbf{A}(\mathbf{x} - \mathbf{x}^*) + c \quad \text{mit } c = -\tfrac{1}{2}(\mathbf{x}^*)^T \mathbf{Ax}^* \tag{13.38}$$

schreiben. Da die Zahl c nicht von $\mathbf{x}$ abhängt und $\mathbf{y}^T \mathbf{Ay} > 0$ für $\mathbf{y} \neq 0$, ist $f(\mathbf{x})$ minimal genau dann, wenn $\mathbf{x} = \mathbf{x}^*$ gilt.

Für die Herleitung der CG-Methode brauchen wir neben diesen grundlegenden Eigenschaften folgende zwei weitere Hilfsresultate. Das erste besagt, in welche Richtung man bei einer Minimierung am schnellsten absteigen kann.

Lemma 13.22. *Sei f gemäß (13.36) gegeben. Die Richtung des steilsten Abstiegs von f an der Stelle $\mathbf{x}$, d. h. $\mathbf{s} \in \mathbb{R}^n$ so, daß die Richtungsableitung*

$$\frac{d}{dt} f\left(\mathbf{x} + t \frac{\mathbf{s}}{\|\mathbf{s}\|_2}\right)\bigg|_{t=0} = (\nabla f(\mathbf{x}))^T \left(\frac{\mathbf{s}}{\|\mathbf{s}\|_2}\right)$$

minimal ist, wird durch $\mathbf{s} = -\nabla f(\mathbf{x}) = \mathbf{b} - \mathbf{Ax}$ gegeben.

Beweis. Das Skalarprodukt $(\nabla f(\mathbf{x}))^T (\frac{\mathbf{s}}{\|\mathbf{s}\|_2})$ ist für festes $\mathbf{x}$ minimal genau dann, wenn $\nabla f(\mathbf{x})$ und $\mathbf{s}$ entgegengesetzte Richtung haben, also $\mathbf{s} = -\nabla f(\mathbf{x})$ gilt. Aus der Formel für f in (13.36) folgt $\nabla f(\mathbf{x}) = \mathbf{Ax} - \mathbf{b}$. $\qquad \square$

Bemerkung 13.23. Für die Richtung des steilsten Abstiegs $\mathbf{s} = -\nabla f(\mathbf{x})$ gilt folgende geometrische Interpretation: $\mathbf{s}$ ist orthogonal zu der Tangente an die Höhenlinie $\{\mathbf{y} \in \mathbb{R}^n \mid f(\mathbf{y}) = f(\mathbf{x})\}$ durch $\mathbf{x}$. $\triangle$

Die Kernidee zur Minimierung von $f(\mathbf{x})$ liegt darin, ausgehend von einer bereits erhaltenen Näherungslösung, einen kleinen Schritt in eine günstige Abstiegsrichtung zu machen, also wiederholt eine Minimierung in einem eingeschränkten Raum $U \subset \mathbb{R}^n$ durchzuführen. Aus (13.38) sieht man sofort, daß

$$f(\hat{\mathbf{x}}) = \min_{\mathbf{x} \in U} f(\mathbf{x}) \iff \|\hat{\mathbf{x}} - \mathbf{x}^*\|_{\mathbf{A}} = \min_{\mathbf{x} \in U} \|\mathbf{x} - \mathbf{x}^*\|_{\mathbf{A}} \tag{13.39}$$

gilt. Das folgende Lemma zeigt, wie man eine solche Aufgabe löst.

Lemma 13.24. *Sei U_k ein k-dimensionaler Teilraum von $\mathbb{R}^n$ ($k \le n$) und $\mathbf{p}^0, \mathbf{p}^1, \ldots, \mathbf{p}^{k-1}$ eine $\mathbf{A}$-orthogonale Basis dieses Teilraumes: $\langle \mathbf{p}^i, \mathbf{p}^j \rangle_{\mathbf{A}} = 0$ für $i \ne j$. Sei $\mathbf{v} \in \mathbb{R}^n$, dann gilt für $\mathbf{u}^k \in U_k$:*

$$\|\mathbf{u}^k - \mathbf{v}\|_{\mathbf{A}} = \min_{\mathbf{u} \in U_k} \|\mathbf{u} - \mathbf{v}\|_{\mathbf{A}} \tag{13.40}$$

genau dann, wenn $\mathbf{u}^k$ die $\mathbf{A}$-orthogonale Projektion von $\mathbf{v}$ auf U_k ist. Außerdem hat $\mathbf{u}^k$ die Darstellung

$$\mathbf{u}^k = \sum_{j=0}^{k-1} \frac{\langle \mathbf{v}, \mathbf{p}^j \rangle_{\mathbf{A}}}{\langle \mathbf{p}^j, \mathbf{p}^j \rangle_{\mathbf{A}}} \mathbf{p}^j. \tag{13.41}$$

Beweis. Der erste Teil der Behauptung folgt mit $V = \mathbb{R}^n$, $U = U_k$ und $\langle \cdot, \cdot \rangle = \langle \cdot, \cdot \rangle_{\mathbf{A}}$ sofort aus Satz 4.20 in Abschnitt 4.6. Die Darstellung (13.41) ergibt sich aus Folgerung 4.23 mit $\phi_{j+1} = \frac{\mathbf{p}^j}{\|\mathbf{p}^j\|_{\mathbf{A}}}$. $\square$

Herleitung der CG-Methode

Für die Herleitung des CG-Verfahrens wählen wir der Einfachheit halber den Startvektor $\mathbf{x}^0 = 0$. Wie man daraus das Vorgehen für beliebige Startvektoren $\mathbf{x}^0 \ne 0$ erhält, wird in Bemerkung 13.26 erklärt. Die zugehörige Richtung des steilsten Abstiegs ist nach obigen Betrachtungen $\mathbf{r}^0 := \mathbf{b} - \mathbf{A}\mathbf{x}^0 = \mathbf{b}$. In der CG-Methode wird, ausgehend von $U_1 := \mathrm{span}\{\mathbf{r}^0\}$, eine Reihe von k-dimensionalen, in gewissem Sinne *optimalen* Teilräumen U_k, $k = 2, 3, \ldots$, des $\mathbb{R}^n$ konstruiert. Insbesondere wird im k-ten Schritt die in der Energie-Norm *beste* Annäherung $\mathbf{x}^k \in U_k$ der Lösung $\mathbf{x}^*$ berechnet, d.h.

$$\|\mathbf{x}^k - \mathbf{x}^*\|_{\mathbf{A}} = \min_{\mathbf{x} \in U_k} \|\mathbf{x} - \mathbf{x}^*\|_{\mathbf{A}}. \tag{13.42}$$

Um $\mathbf{x}^k$ zu berechnen, wird gemäß Lemma 13.24 eine $\mathbf{A}$-*orthogonale* Basis des Teilraumes U_k konstruiert. Konkreter formuliert definieren die folgenden

Teilschritte die beim CG-Verfahren erzeugten Näherungen $\mathbf{x}^1, \mathbf{x}^2, \ldots$ der Lösung $\mathbf{x}^*$:

$$U_1 := \mathrm{span}\{\mathbf{r}^0\}, \tag{13.43}$$

Für $k = 1, 2, 3, \ldots$, falls $\mathbf{r}^{k-1} = \mathbf{b} - \mathbf{A}\mathbf{x}^{k-1} \neq 0$: $\tag{13.44}$

$\quad$ CG$_\mathrm{a}$: Bestimme $\mathbf{A}$-orthogonale Basis $\mathbf{p}^0, \ldots, \mathbf{p}^{k-1}$ von U_k. $\tag{13.45}$

$\quad$ CG$_\mathrm{b}$: Bestimme mit Hilfe von (13.41) $\mathbf{x}^k \in U_k$, so daß

$$\|\mathbf{x}^k - \mathbf{x}^*\|_{\mathbf{A}} = \min_{\mathbf{x} \in U_k} \|\mathbf{x} - \mathbf{x}^*\|_{\mathbf{A}}. \tag{13.46}$$

$\quad$ CG$_\mathrm{c}$: Erweiterung des Teilraumes: $\tag{13.47}$
$$U_{k+1} := \mathrm{span}\{\mathbf{p}^0, \ldots, \mathbf{p}^{k-1}, \mathbf{r}^k\}, \text{ wobei } \mathbf{r}^k := \mathbf{b} - \mathbf{A}\mathbf{x}^k.$$

Wir werden diese Teilschritte jetzt kurz erläutern.

CG$_\mathrm{a}$: Die $\mathbf{A}$-orthogonale Basis von U_k wird benötigt, um die Annäherung $\mathbf{x}^k$ in Teilschritt CG$_\mathrm{b}$ effizient und stabil zu berechnen.
CG$_\mathrm{b}$: $\mathbf{x}^k$ ist die (bezüglich $\|\cdot\|_{\mathbf{A}}$) *optimale* Approximation von $\mathbf{x}^*$ in U_k.
CG$_\mathrm{c}$: $U_{k+1} = U_k \oplus \mathrm{span}\{\mathbf{r}^k\}$; Die Erweiterung des Raumes U_k ist *optimal* in dem Sinne, daß $\mathbf{r}^k$ an der Stelle $\mathbf{x}^k$ die Richtung des steilsten Abstiegs von f ist (vgl. Lemma 13.22).

Sobald $\mathbf{r}^j = 0$ für ein j gilt, ist $\mathbf{x}^j = \mathbf{x}^*$, also wird die Iteration beendet (vgl. (13.44)). Deshalb betrachten wir im weiteren nur k-Werte, für die

$$\mathbf{r}^j \neq 0, \quad j \leq k - 1 \tag{13.48}$$

gilt.

Die obigen Kommentare zu den Teilschritten CG$_\mathrm{b}$, CG$_\mathrm{c}$ deuten an, daß die Räume U_k und die Näherungen $\mathbf{x}^k$, ($k = 1, 2, 3, \ldots$) günstige Optimalitätseigenschaften besitzen. Wir werden nun zeigen, daß man die Teilschritte CG$_\mathrm{a,b,c}$ zudem mit einem sehr *effizienten* Algorithmus ausführen kann.

$\quad$ Wir verwenden dabei die Notation $\langle \cdot, \cdot \rangle$ für das Euklidische Skalarprodukt: $\langle \mathbf{x}, \mathbf{y} \rangle = \mathbf{x}^T \mathbf{y}$ für $\mathbf{x}, \mathbf{y} \in \mathbb{R}^n$. Man könnte nun einwenden, daß die in CG$_\mathrm{b}$ benötigte Orthogonalisierung gemäß (13.41) ja für $\mathbf{v} = \mathbf{x}^*$ durchzuführen ist, also auf den ersten Blick die Kenntnis der (unbekannten) Lösung $\mathbf{x}^*$ zu verlangen scheint. Daß dem nicht so ist, liegt am Energie-Skalarprodukt $\langle \cdot, \cdot \rangle_{\mathbf{A}}$.

Wegen
$$\langle \mathbf{x}^*, \mathbf{y} \rangle_{\mathbf{A}} = \langle \mathbf{y}, \mathbf{A}\mathbf{x}^* \rangle = \langle \mathbf{y}, \mathbf{b} \rangle \tag{13.49}$$
sind die Energie-Skalarprodukte auch für die Lösung $\mathbf{x}^*$ stets berechenbar, ohne $\mathbf{x}^*$ zu kennen.

Wir betrachten jetzt die einzelnen Teilschritte nochmals detaillierter:

CG_b: Das Resultat aus Lemma 13.24 liefert die Darstellung

$$\mathbf{x}^k = \sum_{j=0}^{k-1} \frac{\langle \mathbf{x}^*, \mathbf{p}^j \rangle_\mathbf{A}}{\langle \mathbf{p}^j, \mathbf{p}^j \rangle_\mathbf{A}} \mathbf{p}^j$$

$$= \sum_{j=0}^{k-2} \frac{\langle \mathbf{x}^*, \mathbf{p}^j \rangle_\mathbf{A}}{\langle \mathbf{p}^j, \mathbf{p}^j \rangle_\mathbf{A}} \mathbf{p}^j + \frac{\langle \mathbf{A}\mathbf{x}^*, \mathbf{p}^{k-1} \rangle}{\langle \mathbf{A}\mathbf{p}^{k-1}, \mathbf{p}^{k-1} \rangle} \mathbf{p}^{k-1}$$

$$= \mathbf{x}^{k-1} + \alpha_{k-1}\mathbf{p}^{k-1}, \quad \alpha_{k-1} \overset{(13.49)}{:=} \frac{\langle \mathbf{r}^0, \mathbf{p}^{k-1} \rangle}{\langle \mathbf{A}\mathbf{p}^{k-1}, \mathbf{p}^{k-1} \rangle}. \qquad (13.50)$$

Also kann man $\mathbf{x}^k$ mit wenig Aufwand aus $\mathbf{x}^{k-1}$ und $\mathbf{p}^{k-1}$ berechnen.

CG_c: Lediglich der neue Defekt $\mathbf{r}^k = \mathbf{b} - \mathbf{A}\mathbf{x}^k$ muß berechnet werden. Am einfachsten geht dies über die Formel in (13.50). Dies ergibt

$$\mathbf{A}\mathbf{x}^k = \mathbf{A}\mathbf{x}^{k-1} + \alpha_{k-1}\mathbf{A}\mathbf{p}^{k-1},$$

woraus

$$\mathbf{r}^k = \mathbf{r}^{k-1} - \alpha_{k-1}\mathbf{A}\mathbf{p}^{k-1} \qquad (13.51)$$

folgt. Also kann $\mathbf{r}^k$ einfach aus $\mathbf{r}^{k-1}$ und $\mathbf{A}\mathbf{p}^{k-1}$ berechnet werden. Das Matrix-Vektor-Produkt $\mathbf{A}\mathbf{p}^{k-1}$ ist bei der Bestimmung von α_{k-1} schon berechnet worden.

CG_a: Für $k = 1$ ist $U_1 = \text{span}\{\mathbf{r}^0\}$, also $\mathbf{p}^0 = \mathbf{r}^0$. Für $k > 1$ ist $U_k = \text{span}\{\mathbf{p}^0, \mathbf{p}^1, \ldots, \mathbf{p}^{k-2}, \mathbf{r}^{k-1}\}$, wobei $\mathbf{p}^0, \mathbf{p}^1, \ldots, \mathbf{p}^{k-2}$ eine (schon bekannte) $\mathbf{A}$-orthogonale Basis von U_{k-1} ist. Der gesuchte neue $\mathbf{A}$-orthogonale Basisvektor $\mathbf{p}^{k-1} \in U_k$ läßt sich geometrisch wie in Abb. 13.5 darstellen.

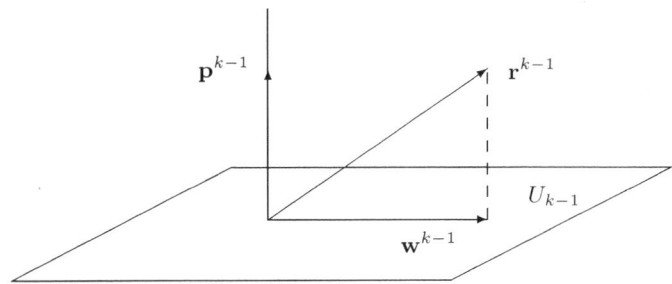

Abb. 13.5. $\mathbf{p}^{k-1} = \mathbf{r}^{k-1} - \mathbf{w}^{k-1}$

Der Vektor $\mathbf{w}^{k-1}$ in Abb. 13.5 ist die $\mathbf{A}$-orthogonale Projektion von $\mathbf{r}^{k-1}$ auf U_{k-1}, wofür wegen Lemma 13.24 die Darstellung

$$\mathbf{w}^{k-1} = \sum_{j=0}^{k-2} \frac{\langle \mathbf{r}^{k-1}, \mathbf{p}^j \rangle_\mathbf{A}}{\langle \mathbf{p}^j, \mathbf{p}^j \rangle_\mathbf{A}} \mathbf{p}^j$$

gilt. Insgesamt ergibt sich für den neuen orthogonalen Basisvektor

$$\mathbf{p}^{k-1} = \mathbf{r}^{k-1} - \sum_{j=0}^{k-2} \frac{\langle \mathbf{r}^{k-1}, \mathbf{p}^j \rangle_{\mathbf{A}}}{\langle \mathbf{p}^j, \mathbf{p}^j \rangle_{\mathbf{A}}} \mathbf{p}^j. \tag{13.52}$$

Dies würde die Berechnung aller Skalarprodukte $\langle \mathbf{r}^{k-1}, \mathbf{p}^j \rangle_{\mathbf{A}}$, $j = 0, 1 \ldots$, $k - 2$ erfordern. Für die Effizienz der CG-Methode ist daher das folgende Resultat von fundamentaler Bedeutung.

Lemma 13.25. *Für $\mathbf{r}^{k-1}$ und $\mathbf{p}^j$ wie oben definiert gilt:*

$$\langle \mathbf{r}^{k-1}, \mathbf{p}^j \rangle_{\mathbf{A}} = 0 \quad \text{für } 0 \leq j \leq k - 3.$$

Beweis. Sei $k \geq 3$ fest gewählt. Aus $U_1 = \text{span}\{\mathbf{r}^0\}$, $U_2 = U_1 \oplus \text{span}\{\mathbf{r}^1\} = \text{span}\{\mathbf{r}^0, \mathbf{r}^1\}$ usw. erhält man

$$U_m = \text{span}\{\mathbf{r}^0, \mathbf{r}^1, \ldots, \mathbf{r}^{m-1}\}, \quad m = 1, 2, \ldots, k. \tag{13.53}$$

Aus der Definition von $\mathbf{x}^m$ ergibt sich $\mathbf{x}^m - \mathbf{x}^* \perp_{\mathbf{A}} U_m$, also $-\mathbf{r}^m = \mathbf{A}(\mathbf{x}^m - \mathbf{x}^*) \perp U_m$. Zusammen mit (13.53) folgt hieraus

$$\mathbf{r}^i \perp \mathbf{r}^j \quad \text{für } 0 \leq i, j \leq k, \ i \neq j. \tag{13.54}$$

Wir haben in (13.48) angenommen, daß $\mathbf{r}^j \neq 0$ für $j \leq k - 1$ gilt. Wegen (13.54) muß dann $\mathbf{r}^j \neq \mathbf{r}^{j-1}$ gelten, also auch $\mathbf{x}^j \neq \mathbf{x}^{j-1}$, $j \leq k - 1$. Aus (13.50) erhält man damit, daß $\alpha_j \neq 0$ für $j \leq k - 2$ gilt. Nun gilt für $j \leq k - 3$

$$\langle \mathbf{r}^{k-1}, \mathbf{p}^j \rangle_{\mathbf{A}} = \langle \mathbf{r}^{k-1}, \mathbf{A}\mathbf{p}^j \rangle \overset{(13.51)}{=} \langle \mathbf{r}^{k-1}, \tfrac{1}{\alpha_j}(\mathbf{r}^j - \mathbf{r}^{j+1}) \rangle$$
$$= \tfrac{1}{\alpha_j} \langle \mathbf{r}^{k-1}, \mathbf{r}^j \rangle - \tfrac{1}{\alpha_j} \langle \mathbf{r}^{k-1}, \mathbf{r}^{j+1} \rangle \overset{(13.54)}{=} 0.$$

$$\square$$

Aufgrund dieses Lemmas vereinfacht sich die Formel (13.52) auf

$$\mathbf{p}^{k-1} = \mathbf{r}^{k-1} - \frac{\langle \mathbf{r}^{k-1}, \mathbf{A}\mathbf{p}^{k-2} \rangle}{\langle \mathbf{p}^{k-2}, \mathbf{A}\mathbf{p}^{k-2} \rangle} \mathbf{p}^{k-2}. \tag{13.55}$$

Somit kann $\mathbf{p}^{k-1}$ einfach aus $\mathbf{r}^{k-1}$ und $\mathbf{p}^{k-2}$ berechnet werden.

Zusammenfassend läßt sich die Methode in (13.43)–(13.47) mit folgendem

Algorithmus realisieren:

Start: $\mathbf{p}^0 := \mathbf{r}^0 = \mathbf{b}$; $\beta_{-1} := 0$.

Für $k = 1, 2, 3, \ldots$, falls $\mathbf{r}^{k-1} \neq 0$:

$$\mathbf{p}^{k-1} = \mathbf{r}^{k-1} - \beta_{k-2}\mathbf{p}^{k-2}, \quad \beta_{k-2} = \frac{\langle \mathbf{r}^{k-1}, \mathbf{A}\mathbf{p}^{k-2} \rangle}{\langle \mathbf{p}^{k-2}, \mathbf{A}\mathbf{p}^{k-2} \rangle}, \text{ für } k \geq 2, \quad (13.56)$$

$$\mathbf{x}^k = \mathbf{x}^{k-1} + \alpha_{k-1}\mathbf{p}^{k-1}, \quad \alpha_{k-1} = \frac{\langle \mathbf{r}^0, \mathbf{p}^{k-1} \rangle}{\langle \mathbf{p}^{k-1}, \mathbf{A}\mathbf{p}^{k-1} \rangle}, \quad (13.57)$$

$$\mathbf{r}^k = \mathbf{r}^{k-1} - \alpha_{k-1}\mathbf{A}\mathbf{p}^{k-1}. \quad (13.58)$$

Die Berechnungen in (13.56), (13.57), (13.58) entsprechen den Teilschritten CG_a ((13.45) und (13.55)), CG_b ((13.46) und (13.50)) bzw. CG_c ((13.47) und (13.51)).

Bemerkung 13.26. Die Effizienz und Stabilität der obigen Iteration kann noch etwas verbessert werden, wenn man eine andere Darstellung der Koeffizienten α_{k-1}, β_{k-2} verwendet. Nach einigen Umformungen (siehe Aufgabe 13.7.11) erhält man die Formeln

$$\alpha_{k-1} = \frac{\langle \mathbf{r}^{k-1}, \mathbf{r}^{k-1} \rangle}{\langle \mathbf{p}^{k-1}, \mathbf{A}\mathbf{p}^{k-1} \rangle}, \quad k \geq 1, \quad (13.59)$$

$$\beta_{k-2} = -\frac{\langle \mathbf{r}^{k-1}, \mathbf{r}^{k-1} \rangle}{\langle \mathbf{r}^{k-2}, \mathbf{r}^{k-2} \rangle}, \quad k \geq 2. \quad (13.60)$$

Bei der Herleitung der Methode haben wir angenommen, daß $\mathbf{x}^0 = 0$ gilt. Sei nun $\mathbf{x}^0 \neq 0$. Wir betrachten dann das System $\mathbf{A}\tilde{\mathbf{x}} = \tilde{\mathbf{b}}$ mit $\tilde{\mathbf{x}} = \mathbf{x}^* - \mathbf{x}^0$, $\tilde{\mathbf{b}} = \mathbf{b} - \mathbf{A}\mathbf{x}^0 = \mathbf{r}^0$ und wenden hierauf die CG-Methode aus (13.56)–(13.58) mit Startvektor $\tilde{\mathbf{x}}^0 = 0$ an. Um anzudeuten, daß die Methode auf das transformierte System angewandt wird, verwenden wir in den Formeln in (13.56)–(13.58) auch die „$\sim$"-Notation: $\tilde{\mathbf{p}}^{k-1}$, $\tilde{\mathbf{x}}^k$, $\tilde{\mathbf{r}}^k$ usw. Nach Rücktransformation der Formeln über $\mathbf{x}^k := \tilde{\mathbf{x}}^k + \mathbf{x}^0$, $\mathbf{r}^k = \mathbf{b} - \mathbf{A}\mathbf{x}^k = \tilde{\mathbf{b}} - \mathbf{A}\tilde{\mathbf{x}}^k = \tilde{\mathbf{r}}^k$ und $\mathbf{p}^k := \tilde{\mathbf{p}}^k$ ergeben sich genau die gleichen Formeln wie in (13.56)–(13.58), (13.59)–(13.60). $\triangle$

Insgesamt ergibt sich der berühmte

Algorithmus 13.27 (Verfahren der konjugierten Gradienten).
Gegeben: $\mathbf{A} \in \mathbb{R}^{n \times n}$ s.p.d., $\mathbf{b} \in \mathbb{R}^n$, Startvektor $\mathbf{x}^0 \in \mathbb{R}^n$, $\beta_{-1} := 0$. Berechne $\mathbf{r}^0 = \mathbf{b} - \mathbf{A}\mathbf{x}^0$. Für $k = 1, 2, \ldots$, falls $\mathbf{r}^{k-1} \neq 0$:

$$\mathbf{p}^{k-1} = \mathbf{r}^{k-1} + \beta_{k-2}\mathbf{p}^{k-2}, \quad \beta_{k-2} = \frac{\langle \mathbf{r}^{k-1}, \mathbf{r}^{k-1} \rangle}{\langle \mathbf{r}^{k-2}, \mathbf{r}^{k-2} \rangle} \ (k \geq 2), \quad (13.61)$$

$$\mathbf{x}^k = \mathbf{x}^{k-1} + \alpha_{k-1}\mathbf{p}^{k-1}, \quad \alpha_{k-1} = \frac{\langle \mathbf{r}^{k-1}, \mathbf{r}^{k-1} \rangle}{\langle \mathbf{p}^{k-1}, \mathbf{A}\mathbf{p}^{k-1} \rangle}, \quad (13.62)$$

$$\mathbf{r}^k - \mathbf{r}^{k-1} - \alpha_{k-1}\mathbf{A}\mathbf{p}^{k-1}. \quad (13.63)$$

Bemerkung 13.28.

a) In der Praxis wird statt der Bedingung „falls $\mathbf{r}^{k-1} \neq 0$" ein Genauigkeitskriterium verwendet, wie z. B. „falls $\|\mathbf{r}^{k-1}\|_2 > \epsilon$" ($\epsilon$: vorgegebene Toleranz). Auch wird oft eine maximale Schrittzahl $k_{\max}$ vorgegeben.

b) Für $\mathbf{r}^k \neq 0$ wird in Teilschritt CG_c die Dimension des Teilraumes um eins erhöht: $\dim U_{k+1} = k + 1$. Daraus folgt, daß, wenn $\mathbf{r}^j \neq 0$ für $j = 0, 1, 2, \ldots, n-1$ gilt, $\dim U_n = n$ ist, also $U_n = \mathbb{R}^n$. Aus (13.46) erhält man in diesem Fall $\mathbf{x}^n = \mathbf{x}^*$. Das CG-Verfahren ist also *endlich*: $\mathbf{x}^k = \mathbf{x}^*$ für ein $k \leq n$. Aufgrund von Rundungseinflüssen wird dies in der Praxis nicht gelten. Die Bedeutung des CG-Verfahrens beruht allerdings nicht auf dieser Eigenschaft eines zumindest prinzipiell *direkten* Lösers, sondern darauf, daß sich, wie sich zeigen wird, sehr gute Näherungen unter Umständen bereits für sehr viel kleinere k einstellen. In diesem Fall interpretiert man das Verfahren als Iterationsverfahren.

c) Für *lineare* Iterationsverfahren ist wegen (13.8) die Fehlerfortpflanzung linear: $\mathbf{e}^{k+1} = (\mathbf{I} - \mathbf{CA})\mathbf{e}^k$, wobei $\mathbf{e}^k := \mathbf{x}^k - \mathbf{x}^*$ und $\mathbf{I} - \mathbf{CA}$ die Iterationsmatrix der Methode ist. Die CG-Methode ist ein *nichtlineares* Verfahren:

$$\mathbf{e}^{k+1} = \psi(\mathbf{e}^k),$$

wobei ψ eine *nichtlineare* Funktion ist. Bei einem linearen Iterationsverfahren ist $\rho(\mathbf{I} - \mathbf{CA})$ die charakteristische Größe für die Konvergenzgeschwindigkeit. Eine vergleichbare Größe gibt es bei dem CG-Verfahren wegen der Nichtlinearität nicht.   △

Rechenaufwand. Im Algorithmus 13.27 werden pro Iterationsschritt nur *eine* Matrix-Vektor-Multiplikation, zwei Skalarprodukte und drei Vektor-Operationen der Form $\mathbf{x} + \alpha\mathbf{y}$ benötigt. Der Aufwand pro Iterationsschritt ist vergleichbar mit dem des Jacobi- oder Gauß-Seidel-Verfahrens, also $\mathcal{O}(n)$ Operationen für ein dünnbesetztes $\mathbf{A} \in \mathbb{R}^{n \times n}$.

Konvergenz. Das Konvergenzverhalten des CG-Verfahrens kennzeichnet der folgende Satz. Einen Beweis findet man z. B. in [GL].

Satz 13.29. *Gegeben sei das Gleichungssystem* $\mathbf{Ax} = \mathbf{b}$ *mit* $\mathbf{A} \in \mathbb{R}^{n \times n}$ *s.p.d. Sei* $\mathbf{x}^*$ *die Lösung von* $\mathbf{Ax} = \mathbf{b}$. *Dann gilt für die durch Algorithmus 13.27 gelieferten Näherungen* $\mathbf{x}^k$

$$\|\mathbf{x}^k - \mathbf{x}^*\|_{\mathbf{A}} \leq 2 \left(\frac{\sqrt{\kappa_2(\mathbf{A})} - 1}{\sqrt{\kappa_2(\mathbf{A})} + 1} \right)^k \|\mathbf{x}^0 - \mathbf{x}^*\|_{\mathbf{A}}, \quad k = 0, 1, 2, \ldots.$$

$$(13.64)$$

Da

$$\hat{\rho} := \frac{\sqrt{\kappa_2(\mathbf{A})} - 1}{\sqrt{\kappa_2(\mathbf{A})} + 1} \qquad (13.65)$$

offensichtlich stets < 1 ist, sichert Satz 13.29 Konvergenz der Methode. Bei einem *linearen* Iterationsverfahren mit Iterationsmatrix $\mathbf{I} - \mathbf{CA}$ ist $\rho(\mathbf{I} - \mathbf{CA})$ etwa (asymptotisch) die Fehlerreduktion pro Iterationsschritt. Es zeigt sich, daß $\hat{\rho}$ beim CG-Verfahren die Fehlerreduktion pro Iterationsschritt *nicht* in vergleichbarer Weise beschreibt. Die Größe $\hat{\rho}$ gibt oft die Fehlerreduktion in den ersten Iterationen gut wider, aber im Laufe des Iterationsprozesses wird die Fehlerreduktion immer besser. Bei der CG-Methode nimmt im Laufe der Iteration die Konvergenzgeschwindigkeit zu. Dies ist als *superlineares Konvergenzverhalten* bekannt (vgl. Beispiel 13.30).

Beispiel 13.30. Wir betrachten das Diffusionsproblem $\mathbf{A}_1\mathbf{x} = \mathbf{b}$, wobei $\mathbf{b}$ wie in Bemerkung 13.1 gewählt wird. Für die Konditionszahl der Matrix $\mathbf{A}_1$ gilt (vgl. Lemma 12.8)

$$\kappa_2(\mathbf{A}_1) = \frac{\cos^2(\frac{1}{2}\pi h)}{\sin^2(\frac{1}{2}\pi h)} \approx \left(\frac{2}{\pi h}\right)^2,$$

also

$$\hat{\rho} \approx \frac{\frac{2}{\pi h} - 1}{\frac{2}{\pi h} + 1} = \frac{1 - \frac{1}{2}\pi h}{1 + \frac{1}{2}\pi h} \approx 1 - \pi h. \qquad (13.66)$$

Aufgrund von (13.64) und (13.66) werden für die Reduktion eines Startfehlers (in der Energie-Norm) um einen Faktor R höchstens etwa

$$K := -\frac{\ln(2R)}{\ln(1 - \pi h)} \approx \frac{1}{\pi h}\ln(2R) \qquad (13.67)$$

Iterationen benötigt. Dieses Resultat sagt vorher, daß die Anzahl der benötigten Iterationen etwa verdoppelt wird, wenn die Schrittweite h halbiert wird. Dieses Verhalten sieht man tatsächlich in den Resultaten in Tabelle 13.8. Wir wählen $\mathbf{x}^0 = 0$ und berechnen die 2-Norm $\|\mathbf{x}^k - \mathbf{x}^*\|_2$ (statt $\|\mathbf{x}^k - \mathbf{x}^*\|_{\mathbf{A}}$), damit ein einfacher Vergleich mit den numerischen Resultaten aus Abschnitt 13.3 möglich ist. In Tabelle 13.8 werden einige Resultate des Algorithmus 13.27 zusammengestellt. Hierbei bedeutet # die Anzahl von Iterationsschritten, die zur Reduktion des Startfehlers um einen Faktor $R = 10^3$ benötigt wird.

Tabelle 13.8. CG-Verfahren für die diskretisierte Poisson-Gleichung

h	1/40	1/80	1/160	1/320
#	65	130	262	525

Die Anzahlen der benötigten Iterationsschritte sind vergleichbar mit denen des SOR-Verfahrens in Tabelle 13.7. In Abb. 13.6 wird das superlineare Konvergenzverhalten der CG-Methode illustriert. Für den Fall $h = \frac{1}{80}$ wird die

Fehlerreduktion in der Energie-Norm

$$\rho_k := \frac{\|\mathbf{x}^k - \mathbf{x}^*\|_{\mathbf{A}}}{\|\mathbf{x}^{k-1} - \mathbf{x}^*\|_{\mathbf{A}}},$$

in den ersten 250 Iterationsschritten dargestellt. Die theoretische Schätzung aus (13.65) ist in diesem Fall $\hat{\rho} \approx 0.96$ (— in Abb. 13.6).

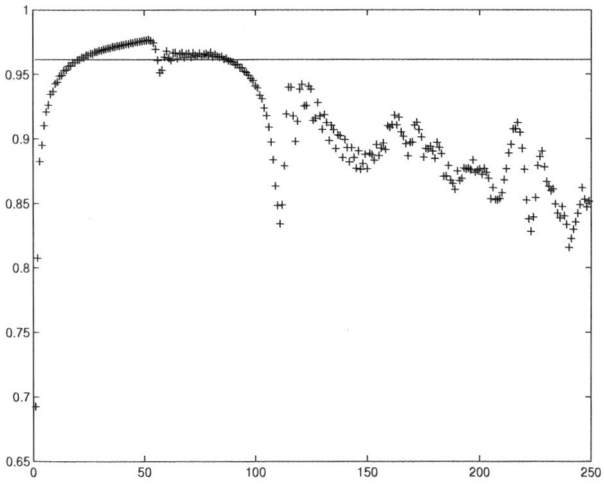

Abb. 13.6. Fehlerreduktion bei der CG-Methode

Die Resultate zeigen eine fallende Tendenz für ρ_k. Auch kann man sehen, daß für große k-Werte ρ_k wesentlich kleiner als $\hat{\rho}$ ist. Zum Schluß sei noch bemerkt, daß das unregelmäßige Konvergenzverhalten (Oszillationen in ρ_k) eine typische Eigenschaft der CG-Methode ist.   △

Komplexität. Wir betrachten das CG-Verfahren für die diskrete Poissongleichung aus Beispiel 13.30:

$$\mathbf{A}_1 \mathbf{x} = \mathbf{b}, \quad \mathbf{A}_1 \in \mathbb{R}^{m \times m}, \quad m = (n-1)^2, \quad n = \frac{1}{h}.$$

Als Fehlerreduktionsfaktor wird $R = 10^3$ gewählt. Aus der obigen Diskussion bezüglich Aufwand und Konvergenz ergibt sich, daß die Komplexität des CG-Verfahrens (für diese Problemstellung) etwa $cm^{1.5}$ Operationen ist, also von der gleichen Größenordnung wie beim SOR-Verfahren mit optimalem ω-Wert. Ein großer Vorteil der CG-Methode im Vergleich zum SOR-Verfahren ist, daß sie keinen vom Benutzer zu wählenden Parameter enthält, dessen optimaler Wert meist unbekannt ist.

Bemerkung 13.31. Wir nehmen wieder der Einfachheit halber $\mathbf{x}^0 = 0$. In der CG-Methode wird die beste Approximation der Lösung $\mathbf{x}^*$ im Unterraum U_k bestimmt, vgl. (13.42). Dieser Raum $U_k = \mathrm{span}\{\mathbf{p}^0, \ldots, \mathbf{p}^{k-1}\}$ hat die Dimension k. Man kann über Induktion zeigen, daß

$$U_k = \mathrm{span}\{\mathbf{r}^0, \mathbf{A}\mathbf{r}^0, \ldots, \mathbf{A}^{k-1}\mathbf{r}^0\} =: \mathcal{K}_k(\mathbf{A}; \mathbf{r}^0)$$

gilt. Der Raum $\mathcal{K}_k(\mathbf{A}; \mathbf{r}^0)$ wird *Krylov-Raum* der Dimension k (zum erzeugenden Vektor $\mathbf{r}^0$) genannt. Die CG-Methode bestimmt also in der k-ten Iteration die bezüglich der A-Norm beste Annäherung der Lösung im Krylov-Raum der Dimension k. Viele in der Praxis benutzte iterative Lösungsverfahren für große, dünnbesetzte lineare Gleichungssysteme gehören zu der Klasse der sogenannten *Krylov-Teilraumverfahren*. Diese Verfahren werden dadurch charakterisiert, daß in der k-ten Iteration ein Iterand $\mathbf{x}^k$ im Krylovraum $\mathcal{K}_k(\mathbf{A}; \mathbf{r}^0)$ bestimmt wird. Die CG-Methode gehört also zu dieser Klasse. Weitere Beispiele sind MINRES („Minimal Residual"), GMRES („Generalized Minimal Residual") und BiCGSTAB. Für ein Gleichungssystem mit einer symmetrisch positiv definiten Matrix $\mathbf{A}$ ist die CG-Methode in der Klasse der Krylov-Teilraumverfahren die beste. Wenn die Matrix $\mathbf{A}$ nicht s.p.d. ist, wird das CG-Verfahren im allgemeinen divergieren. Wenn die Matrix *symmetrisch*, aber indefinit, ist, kann man die MINRES Methode anwenden (mit garantierter Konvergenz). Wenn $\mathbf{A}$ *nichtsymmetrisch* ist, konvergiert die MINRES Methode in der Regel nicht. In solchen Fällen liefern hingegen andere Krylov-Teilraumverfahren wie zum Beispiel GMRES oder BiCGSTAB eine konvergente Iterationsfolge. Für eine Behandlung dieser und anderer Krylov-Teilraumverfahren wird auf die Literatur verwiesen, siehe zum Beispiel [Saad, Ha2]. $\triangle$

13.5 Vorkonditionierung

Die Konvergenzgeschwindigkeit der CG-Methode hängt von der Konditionszahl der Matrix $\mathbf{A}$ ab (vgl. Satz 13.29 und Beispiel 13.30): Wenn die Konditionszahl groß ist, ist die Konvergenz langsam. Beim vorkonditionierten Verfahren der konjugierten Gradienten (engl.: *preconditioned conjugate gradients method*, daher meistens mit PCG abgekürzt) ist das Ziel, die Konvergenzeigenschaften der CG-Methode durch eine Reduktion der Konditionszahl zu verbessern. Dazu wird die Matrix $\mathbf{A}$ mit einer geeignet zu wählenden *symmetrisch positiv definiten* Matrix $\mathbf{W}$ *vorkonditioniert*. Das ursprüngliche System

$$\mathbf{A}\mathbf{x} = \mathbf{b}, \quad \mathbf{A} \in \mathbb{R}^{n \times n} \text{ s.p.d.}, \tag{13.68}$$

ist äquivalent zum vorkonditionierten System

$$\mathbf{W}^{-1}\mathbf{A}\mathbf{x} = \mathbf{W}^{-1}\mathbf{b}. \qquad (13.69)$$

Da die Matrix $\mathbf{W}^{-1}\mathbf{A}$ i. a. *nicht* symmetrisch ist, kann man das CG-Verfahren (Algorithmus 13.27) nicht unmittelbar auf das System in (13.69) anwenden. Wir werden kurz andeuten, wie man eine geeignete vorkonditionierte Variante der CG-Methode für das Problem (13.68) herleiten kann. Da die Matrix $\mathbf{W}$ symmetrisch positiv definit ist, existiert die Cholesky-Zerlegung (vgl. Satz 3.34)

$$\mathbf{W} = \mathbf{L}\mathbf{D}\mathbf{L}^T =: \mathbf{L}_1\mathbf{L}_1^T, \qquad (13.70)$$

wobei $\mathbf{L}_1 = \mathbf{L}\mathbf{D}^{\frac{1}{2}}$ eine untere Dreiecksmatrix ist. Wir betrachten nun statt (13.69) das transformierte System

$$\tilde{\mathbf{A}}\tilde{\mathbf{x}} = \tilde{\mathbf{b}} \quad \text{mit} \quad \tilde{\mathbf{A}} := \mathbf{L}_1^{-1}\mathbf{A}\mathbf{L}_1^{-T}, \quad \tilde{\mathbf{x}} := \mathbf{L}_1^T\mathbf{x}, \quad \tilde{\mathbf{b}} = \mathbf{L}_1^{-1}\mathbf{b} . \qquad (13.71)$$

Die Matrix $\tilde{\mathbf{A}}$ *ist symmetrisch positiv definit*. Der CG-Algorithmus 13.27 ist also auf dieses Problem anwendbar. Wenn man diesen Algorithmus für das transformierte System in die ursprünglichen Variablen $\mathbf{x} = \mathbf{L}_1^{-T}\tilde{\mathbf{x}}$ umschreibt, ergibt sich folgender

---

Algorithmus 13.32 (PCG-Verfahren).
Gegeben: $\mathbf{A}, \mathbf{W} \in \mathbb{R}^{n \times n}$ s.p.d., $\mathbf{b} \in \mathbb{R}^n$, Startvektor $\mathbf{x}^0 \in \mathbb{R}^n$, $\beta_{-1} := 0$. Berechne $\mathbf{r}^0 = \mathbf{b} - \mathbf{A}\mathbf{x}^0$, $\mathbf{z}^0 = \mathbf{W}^{-1}\mathbf{r}^0$ (löse $\mathbf{W}\mathbf{z}^0 = \mathbf{r}^0$).
Für $k = 1, 2, 3, \ldots$, falls $\mathbf{r}^{k-1} \neq 0$:

$$\mathbf{p}^{k-1} = \mathbf{z}^{k-1} + \beta_{k-2}\mathbf{p}^{k-2}, \quad \beta_{k-2} = \frac{\langle \mathbf{z}^{k-1}, \mathbf{r}^{k-1} \rangle}{\langle \mathbf{z}^{k-2}, \mathbf{r}^{k-2} \rangle} \quad (k \geq 2),$$

$$\mathbf{x}^k = \mathbf{x}^{k-1} + \alpha_{k-1}\mathbf{p}^{k-1}, \quad \alpha_{k-1} = \frac{\langle \mathbf{z}^{k-1}, \mathbf{r}^{k-1} \rangle}{\langle \mathbf{p}^{k-1}, \mathbf{A}\mathbf{p}^{k-1} \rangle},$$

$$\mathbf{r}^k = \mathbf{r}^{k-1} - \alpha_{k-1}\mathbf{A}\mathbf{p}^{k-1},$$

$$\mathbf{z}^k = \mathbf{W}^{-1}\mathbf{r}^k \quad (\text{löse } \mathbf{W}\mathbf{z}^k = \mathbf{r}^k).$$

Man beachte, daß in diesem Algorithmus *nur* die Matrizen $\mathbf{A}$ und $\mathbf{W}$ auftreten und nicht die Matrizen $\tilde{\mathbf{A}}$, $\tilde{\mathbf{L}}_1$. Für $\mathbf{W} = \mathbf{I}$ ist der Algorithmus 13.32 derselbe wie Algorithmus 13.27. Da der Algorithmus 13.32 gerade das ursprüngliche CG-Verfahren angewandt auf das Problem (13.71) ist, wird die Konvergenz des PCG-Verfahrens durch die Konditionszahl

$$\kappa_2(\tilde{\mathbf{A}}) = \kappa_2(\mathbf{L}_1^{-1}\mathbf{A}\mathbf{L}_1^{-T}) = \kappa_2(\mathbf{W}^{-1}\mathbf{A}) \qquad (13.72)$$

bedingt.

Um eine gute Effizienz des PCG-Verfahrens zu gewährleisten, ist **W** so zu wählen, daß

- $\kappa_2(\mathbf{W}^{-1}\mathbf{A})$ möglichst klein ist,
- die Lösung von
$$\mathbf{W}\mathbf{z}^k = \mathbf{r}^k$$
mit möglichst geringem Aufwand ($\mathcal{O}(n)$ Operationen) berechnet werden kann.

Manchmal ist es schon hilfreich, $\mathbf{W} = \text{diag}(\mathbf{A})$ zu nehmen. In der Literatur gibt es eine Reihe von Vorkonditionierungen, die in der Praxis benutzt werden und mehr oder weniger befriedigend sind. Hier beschränken wir uns auf zwei wichtige Vorkonditionierungsmethoden:

Unvollständige Cholesky-Zerlegung als Vorkonditionierung

Aus Satz 3.34 ist bekannt, daß $\mathbf{A}$ sich in der Form

$$\mathbf{A} = \mathbf{L}\mathbf{D}\mathbf{L}^T \qquad (13.73)$$

mit einer normierten unteren Dreiecksmatrix $\mathbf{L}$ und einer Diagonalmatrix $\mathbf{D}$ zerlegen läßt. Um eine Zerlegung mit einer *dünnbesetzten* unteren Dreiecksmatrix zu bestimmen, greift man auf eine *unvollständige* Cholesky-Zerlegung zurück. Hierbei führt man die Zerlegung nur näherungsweise durch, indem man an den Stellen, wo in $\mathbf{A}$ Nulleinträge stehen, die Eintragung unterdrückt. Zur Beschreibung dieses Prozesses wird das *Muster* $E \subset \{1, 2, \ldots, n\} \times \{1, 2, \ldots, n\}$

$$E := \{(i, j) \mid a_{i,j} \neq 0\} \qquad (13.74)$$

eingeführt. Statt der exakten Faktorisierung in (13.73) wird eine *näherungsweise* Faktorisierung konstruiert:

$$\mathbf{A} = \tilde{\mathbf{L}}\tilde{\mathbf{D}}\tilde{\mathbf{L}}^T + \mathbf{E}, \qquad (13.75)$$

mit:

- $\tilde{\mathbf{L}} = (\tilde{l}_{i,j})$ eine normierte untere Dreiecksmatrix, $\quad$ (13.76)
- $\tilde{l}_{i,j} = 0$ für $(i, j) \notin E$, $\qquad$ (13.77)
- $\tilde{\mathbf{D}}$ eine Diagonalmatrix. $\qquad$ (13.78)

Wegen (13.76), (13.77) ist die Anzahl der Nichtnullelemente in der Matrix $\tilde{\mathbf{L}}$ nicht größer als die Anzahl der Nichtnullelemente im unteren Dreiecksteil der Matrix $\mathbf{A}$. Die Konstruktion einer näherungsweisen Faktorisierung $\mathbf{A} \approx \tilde{\mathbf{L}}\tilde{\mathbf{D}}\tilde{\mathbf{L}}^T$ beruht auf der *unvollständigen Durchführung* einer Methode zur Berechnung der vollständigen Cholesky-Zerlegung. In der Literatur findet man eine Reihe von Algorithmen zur Bestimmung einer unvollständigen Cholesky- oder LR-Zerlegung. Wir stellen hier eine Variante vor, bei der ausgehend von expliziten Formeln für eine LR-Zerlegung einer Matrix eine näherungsweise Faktorisierung dieser Matrix bestimmt wird.

Die Cholesky-Zerlegung $\mathbf{A} = \mathbf{LDL}^T$ kann man auch als

$$\mathbf{A} = \mathbf{LR}, \quad \text{mit} \quad \mathbf{R} = \mathbf{DL}^T,$$

darstellen. Falls die obere Dreiecksmatrix $\mathbf{R}$ bekannt ist, kann man $\mathbf{D}$ über $\mathbf{D} = \text{diag}(\mathbf{R})$ bestimmen. Aus $a_{i,j} = (\mathbf{LR})_{i,j}$ für alle $1 \leq i,j \leq n$, erhält man folgende (explizite) Formeln für die i-te Zeile ($i = 1, 2, \ldots, n$) der Matrizen $\mathbf{L}$ und $\mathbf{R}$:

$$l_{i,k} = (a_{i,k} - \sum_{j=1}^{k-1} l_{i,j} r_{j,k})/r_{k,k} \quad \text{für} \ 1 \leq k < i \leq n,$$

$$r_{i,k} = a_{i,k} - \sum_{j=1}^{i-1} l_{i,j} r_{j,k} \quad \text{für} \ 1 \leq i \leq k \leq n. \tag{13.79}$$

Falls für eine (nicht notwendigerweise symmetrisch positiv definite) Matrix eine LR-Zerlegung mit Pivotelementen $r_{k,k} \neq 0$ existiert, kann man mit diesen Formeln die Matrizen $\mathbf{L}$ und $\mathbf{R}$ der Zerlegung bestimmen. Die Bedingung $r_{k,k} \neq 0$ ist für eine symmetrisch positiv definite Matrix immer erfüllt. Bei der *unvollständigen* LR-Faktorisierung werden eine normierte untere Dreiecksmatrix $\tilde{\mathbf{L}}$ und eine obere Dreiecksmatrix $\tilde{\mathbf{R}}$ bestimmt, so dass

$$a_{i,j} = (\tilde{\mathbf{L}}\tilde{\mathbf{R}})_{i,j} \quad \text{für alle} \ (i,j) \in E, \tag{13.80}$$

$$\tilde{l}_{i,j} = \tilde{r}_{i,j} = 0 \quad \text{für alle} \ (i,j) \notin E. \tag{13.81}$$

Diese Zerlegung kann man mit folgendem Algorithmus bestimmen (siehe (13.79)):

Algorithmus 13.33 (Unvollständige LR-Zerlegung).
Gegeben: $\mathbf{A} \in \mathbb{R}^{n \times n}$, Muster E. Setze $\tilde{\mathbf{L}} := \mathbf{I}$, $\tilde{\mathbf{R}} = 0$.
Berechne für $i = 1, 2, \ldots, n$:

für $k = 1, \ldots, i-1$: falls $(i,k) \in E$,

$$\tilde{l}_{i,k} = (a_{i,k} - \sum_{j=1}^{k-1} \tilde{l}_{i,j} \tilde{r}_{j,k})/\tilde{r}_{k,k} \ ; \tag{13.82}$$

für $k = i, \ldots, n$: falls $(i,k) \in E$,

$$\tilde{r}_{i,k} = a_{i,k} - \sum_{j=1}^{i-1} \tilde{l}_{i,j} \tilde{r}_{j,k} \ ; \tag{13.83}$$

Bei einer effizienten Implementierung sind die Summen in (13.82), (13.83) nur über Indizes aus dem Muster zu führen, z.B. in (13.82):

$$\sum_{j=1}^{k-1} \tilde{l}_{i,j}\tilde{r}_{j,k} = \sum_{j=1,\,(i,j)\in E,\,(j,k)\in E}^{k-1} \tilde{l}_{i,j}\tilde{r}_{j,k}.$$

Man kann zeigen, daß wenn $\mathbf{A}$ symmetrisch positiv definit ist und Algorithmus 13.33 durchführbar ist, für die Matrizen $\tilde{\mathbf{L}}, \tilde{\mathbf{R}}$ folgendes gilt:

$$\tilde{\mathbf{R}} = \tilde{\mathbf{D}}\tilde{\mathbf{L}}^T, \quad \text{mit} \quad \tilde{\mathbf{D}} := \mathrm{diag}(\tilde{\mathbf{R}}).$$

Also erhält man eine unvollständige Cholesky-Zerlegung wie in (13.75)-(13.78), die aufgrund der Konstruktion (siehe (13.80)) auf dem Muster E mit $\mathbf{A}$ übereinstimmt:

$$(\tilde{\mathbf{L}}\tilde{\mathbf{D}}\tilde{\mathbf{L}}^T)_{i,j} = (\tilde{\mathbf{L}}\tilde{\mathbf{R}})_{i,j} = a_{i,j} \quad \text{für alle} \quad (i,j) \in E.$$

Für die Matrix $\mathbf{W}$ im PCG-Algorithmus wird dann $\mathbf{W} = \tilde{\mathbf{L}}\tilde{\mathbf{D}}\tilde{\mathbf{L}}^T$ genommen. Es hat sich gezeigt, daß für viele Probleme $\kappa_2(\mathbf{W}^{-1}\mathbf{A}) \ll \kappa(\mathbf{A})$ gilt. Außerdem sind die Systeme $\tilde{\mathbf{L}}\tilde{\mathbf{D}}\tilde{\mathbf{L}}^T\mathbf{z}^k = \mathbf{r}^k$ einfach lösbar, weil $\tilde{\mathbf{L}}$ eine dünnbesetzte untere Dreiecksmatrix ist und $\tilde{\mathbf{D}}$ eine Diagonalmatrix. Die PCG Methode mit dieser Vorkonditionierung wird in der Literatur als ICCG-Methode bezeichnet („Incomplete Cholesky-CG").

Bemerkung 13.34. Satz 3.4.3 besagt, daß für jede s.p.d. Matrix $\mathbf{A}$ die Cholesky-Zerlegung (13.73) existiert. Außerdem ist die Berechnung dieser Zerlegung mit der Methode (13.79) ein stabiles Verfahren. Diese Resultate lassen sich nicht ohne weiteres auf den Algorithmus 13.33 und die entsprechende unvollständige Cholesky-Zerlegung übertragen. Es gibt Beispiele von s.p.d. Matrizen, für die wegen $\tilde{r}_{k,k} = 0$ für gewisses k der Algorithmus 13.33 nicht durchführbar ist. Eine *hinreichende* Bedingung für die Durchführbarkeit und Stabilität des Algorithmus 13.33 ist, daß die Matrix $\mathbf{A}$ (neben s.p.d.) irreduzibel diagonaldominant ist. $\triangle$

Es sind viele Varianten dieser unvollständigen LR-Zerlegung entwickelt worden, siehe [Saad]. Man kann z. B. statt des Musters E in (13.74) ein größeres Muster wählen (d.h., es werden mehr Indexpaare zugelassen) und die näherungsweise Faktorisierung bezüglich dieses Musters konstruieren. Der Aufwand wird dann größer, die berechnete Annäherung $\tilde{\mathbf{L}}\tilde{\mathbf{R}}$ von $\mathbf{A}$ ist aber im allgemeinen besser.

Wir werden nun eine Variante, das sogenannte *modifizierte unvollständige Cholesky-Verfahren* (engl.: MIC, **m**odified **i**ncomplete **C**holesky), etwas ausführlicher erklären. Bei diesem Verfahren wird eine unvollständige LR-Zerlegung $\mathbf{A} \approx \hat{\mathbf{L}}\hat{\mathbf{R}}$ bestimmt, wobei aber jetzt die Bedingungen (13.80)-(13.81) wie folgt geändert werden. Sei $\mathbf{e} = (1,1,\dots,1)^T \in \mathbb{R}^n$. Die normierte untere Dreiecksmatrix $\hat{\mathbf{L}}$ und die obere Dreiecksmatrix $\hat{\mathbf{R}}$ werden durch die

Bedingungen

$$a_{i,j} = (\hat{\mathbf{L}}\hat{\mathbf{R}})_{i,j} \quad \text{für alle} \ (i,j) \in E, \ i \neq j, \tag{13.84}$$

$$\mathbf{A}\mathbf{e} = \hat{\mathbf{L}}\hat{\mathbf{R}}\mathbf{e}, \tag{13.85}$$

$$\hat{l}_{i,j} = \hat{r}_{i,j} = 0 \quad \text{für alle} \ (i,j) \notin E, \tag{13.86}$$

festgelegt. Also die Bedingung $a_{i,i} = (\tilde{\mathbf{L}}\tilde{\mathbf{R}})_{i,i}$, $1 \leq i \leq n$, in (13.80) wird durch die Bedingung (13.85) ersetzt, welche sich so interpretieren läßt: Für jedes i stimmt die i-te Zeilensumme der Zerlegung $\hat{\mathbf{L}}\hat{\mathbf{R}}$ mit der i-ten Zeilensumme der Matrix $\mathbf{A}$ überein. Diese modifizierte LR-Zerlegung kann man ähnlich wie in Algorithmus 13.33 bestimmen, wobei dann aber die Beiträge $\sum_j \tilde{l}_{i,j}\tilde{r}_{j,k}$ die für $(i,k) \notin E$ in (13.82)-(13.83) ignoriert werden, vom Diagonalelement der R-Matrix subtrahiert werden. Der entsprechende Algorithmus hat die folgende Form:

Algorithmus 13.35 (Modifizierte unvollst. LR-Zerlegung).
Gegeben: $\mathbf{A} \in \mathbb{R}^{n \times n}$, Muster E. Setze $\hat{\mathbf{L}} := \mathbf{I}$, $\hat{\mathbf{R}} = 0$.
Berechne für $i = 1, 2, \ldots, n$:

> drop $:= 0$;
> für $k = 1, \ldots, i-1$:
> $$s = \sum_{j=1}^{k-1} \hat{l}_{i,j}\hat{r}_{j,k};$$
> falls $(i,k) \in E$: $\hat{l}_{i,k} = (a_{i,k} - s)/\hat{r}_{k,k}$;
> sonst   drop $=$ drop $+ s$;
> für $k = i, \ldots, n$:
> $$s = \sum_{j=1}^{i-1} \hat{l}_{i,j}\hat{r}_{j,k};$$
> falls $(i,k) \in E$: $\hat{r}_{i,k} = a_{i,k} - s$;
> sonst   drop $=$ drop $+ s$;
> $\hat{r}_{i,i} = \hat{r}_{i,i} -$ drop;

Wie im Algorithmus 13.33 sind die Summen nur über Indizes aus dem Muster E zu führen. Wenn $\mathbf{A}$ symmetrisch positiv definit ist und Algorithmus 13.35 ist durchführbar, gilt für die Matrizen $\hat{\mathbf{L}}$, $\hat{\mathbf{R}}$

$$\hat{\mathbf{R}} = \hat{\mathbf{D}}\hat{\mathbf{L}}^T, \quad \text{mit} \ \hat{\mathbf{D}} := \text{diag}(\hat{\mathbf{R}}),$$

also wiederum eine unvollständige Cholesky-Zerlegung $\mathbf{A} \approx \hat{\mathbf{L}}\hat{\mathbf{D}}\hat{\mathbf{L}}^T$. Für die Matrix $\mathbf{W}$ im PCG-Algorithmus wird nun $\mathbf{W} = \hat{\mathbf{L}}\hat{\mathbf{D}}\hat{\mathbf{L}}^T$ genommen. Diese Methode wird MICCG genannt („Modified Incomplete Cholesky-CG").

Beispiel 13.36. Wir betrachten die diskretisierte Poisson-Gleichung wie in Beispiel 13.30 und wenden das PCG-Verfahren (Algorithmus 13.32) zur Lösung dieses Problems an. Die Vorkonditionierung ist $\mathbf{W} = \tilde{\mathbf{L}}\tilde{\mathbf{D}}\tilde{\mathbf{L}}^T$ oder $\mathbf{W} = \hat{\mathbf{L}}\hat{\mathbf{D}}\hat{\mathbf{L}}^T$, d. h. die unvollständige Cholesky-Zerlegung bzw. die modifizierte unvollständige Cholesky-Zerlegung. Im Algorithmus 13.32 muß in jedem Iterationsschritt ein System der Form $\mathbf{W}\mathbf{z}^k = \mathbf{r}^k$ gelöst werden. Da die Matrizen $\tilde{\mathbf{L}}$ und $\hat{\mathbf{L}}$ untere Dreiecksgestalt haben und genauso dünnbesetzt sind wie $\mathbf{A}$ (vgl. (13.76), (13.77)), ist der Aufwand zur Lösung dieses Systems vergleichbar mit dem einer Matrix-Vektor-Multiplikation $\mathbf{A}\mathbf{x}$. In Tabelle 13.9 sind einige Resultate für das PCG-Verfahren zusammengestellt. Hierbei bedeutet $\#$ die Anzahl der Iterationsschritte, die zur Reduktion des Startfehlers $\|\mathbf{x}^0 - \mathbf{x}^*\|_2$ um einen Faktor $R = 10^3$ benötigt werden ($\mathbf{x}^0 := 0$).

Tabelle 13.9. (M)ICCG-Verfahren für die Poisson-Gleichung

h	1/40	1/80	1/160	1/320
$\mathbf{W} = \tilde{\mathbf{L}}\tilde{\mathbf{D}}\tilde{\mathbf{L}}^T$, $\#$	20	40	79	157
$\mathbf{W} = \hat{\mathbf{L}}\hat{\mathbf{D}}\hat{\mathbf{L}}^T$, $\#$	8	11	14	20

$\triangle$

Komplexität. Wir betrachten das PCG-Verfahren für die diskrete Poissongleichung:

$$\mathbf{A_1}\mathbf{x} = \mathbf{b}, \quad \mathbf{A_1} \in \mathbb{R}^{m \times m}, \quad m = (n-1)^2, \quad n = \frac{1}{h}.$$

Als Fehlerreduktionsfaktor wird $R = 10^3$ gewählt. Die Konvergenz der ICCG-Methode (Vorkonditionierung mit $\tilde{\mathbf{L}}\tilde{\mathbf{D}}\tilde{\mathbf{L}}^T$) ist schneller als die der Methode ohne Vorkonditionierung (siehe Tabelle 13.9 und Tabelle 13.8). Die Komplexität ist aber für beide Methoden $cm^{1.5}$, wobei die Konstante c beim PCG-Verfahren kleiner ist. Man kann zeigen, daß die MICCG-Methode (Vorkonditionierung mit $\hat{\mathbf{L}}\hat{\mathbf{D}}\hat{\mathbf{L}}^T$) die Komplexität $cm^{1.25}$ hat.

Bemerkung 13.37. In Abschnitt 3.5.2 sind wir im Zusammenhang mit der *Nachiteration* bereits einer der unvollständigen Cholesky-Zerlegung im Prinzip ähnlichen Sachlage begegnet. Eine aufgrund von Rundungseinflüssen nur näherungsweise Zerlegung ist in diesem Sinne auch unvollständig. Mit einer (wie auch immer entstandenen) näherungsweisen Zerlegung $\mathbf{A} \approx \tilde{\mathbf{L}}\tilde{\mathbf{L}}^T$ kann man über $\mathbf{C} := (\tilde{\mathbf{L}}\tilde{\mathbf{L}}^T)^{-1}$ (prozedural zu verstehen) ein lineares Iterationsverfahren $\mathbf{x}^{k+1} = \mathbf{x}^k + \mathbf{C}(\mathbf{b} - \mathbf{A}\mathbf{x}^k)$ definieren, das genau der Nachiteration entspricht (vgl. Übung 13.7.14). Insofern kann man die unvollständige Cholesky-Vorkonditionierung als Anwendung eines Schrittes eines anderen Iterationsverfahrens verstehen. In diesem Rahmen paßt auch die folgende Methode. $\triangle$

SSOR-Verfahren als Vorkonditionierung

Für $\mathbf{A}$ symmetrisch positiv definit, sei

$$\mathbf{x}^{k+1} = \mathbf{x}^k + \mathbf{C}(\mathbf{b} - \mathbf{A}\mathbf{x}^k) \tag{13.87}$$

ein lineares iteratives Verfahren. Wir nehmen an, daß die Methode konvergiert, also $\rho(\mathbf{I} - \mathbf{CA}) < 1$ erfüllt ist. Man kann die Matrix $\mathbf{C}$ als eine Näherung für $\mathbf{A}^{-1}$ interpretieren. Deshalb liegt der Ansatz

$$\mathbf{W} = \mathbf{C}^{-1}$$

als Vorkonditionierung für das CG-Verfahren nahe. Allerdings muß die Matrix $\mathbf{W}$ symmetrisch positiv definit sein. Dies ist zum Beispiel für die Jacobi-Methode ($\mathbf{C}^{-1} = \mathrm{diag}(\mathbf{A})$) und für die SSOR-Methode ($\mathbf{C}_\omega$ wie in (13.35)) der Fall. Deshalb kann man die Jacobi- oder die SSOR-Methode als Vorkonditionierung mit dem CG-Verfahren kombinieren. Im PCG-Algorithmus 13.32 muß $\mathbf{z}^k = \mathbf{W}^{-1}\mathbf{r}^k$ und wegen $\mathbf{W} = \mathbf{C}^{-1}$ somit $\mathbf{z}^k = \mathbf{C}\mathbf{r}^k$ berechnet werden. Aus (13.87) folgt, daß $\mathbf{z}^k$ *das Resultat einer Iteration des linearen iterativen Verfahrens* (13.87) *angewandt auf* $\mathbf{A}\mathbf{z} = \mathbf{r}^k$ *mit Startvektor* 0 *ist*:

$$\mathbf{b} = \mathbf{r}^k, \quad \mathbf{x}^0 = 0 \quad \Rightarrow \quad \mathbf{x}^1 = \mathbf{C}\mathbf{r}^k.$$

Speziell für die SSOR-Methode muß also zur Berechnung von $\mathbf{z}^k = \mathbf{W}^{-1}\mathbf{r}^k = \mathbf{C}_\omega \mathbf{r}^k$ eine Iteration der Methode (13.34) mit $\mathbf{b} = \mathbf{r}^k$ und $\mathbf{x}^0 = 0$ durchgeführt werden.

Beispiel 13.38. Wir betrachten die diskretisierte Poisson-Gleichung wie in Beispiel 13.36 und wenden das PCG-Verfahren mit der SSOR-Methode als Vorkonditionierung zur Lösung dieses Problems an. In Algorithmus 13.32 muß in jedem Iterationsschritt zur Berechnung von $\mathbf{z}^k = \mathbf{W}^{-1}\mathbf{r}^k$ eine Iteration der SSOR-Methode (13.34) durchgeführt werden. Der Aufwand hierfür ist vergleichbar mit dem einer Matrix-Vektor-Multiplikation $\mathbf{A}\mathbf{x}$. In Tabelle 13.10 sind einige Resultate für diese Variante des PCG-Verfahrens zusammengestellt. Wie in Beispiel 13.36 bedeutet $\#$ die Anzahl der Iterationsschritte, die zur Reduktion des Startfehlers $\|\mathbf{x}^0 - \mathbf{x}^*\|_2$ um einen Faktor $R = 10^3$ benötigt werden ($\mathbf{x}^0 := 0$).

Tabelle 13.10. PCG mit SSOR-Vorkonditionierung für die Poisson-Gleichung

h	1/40	1/80	1/160	1/320
$\omega = 2/(1 + \sin(\pi h))$	1.854	1.924	1.961	1.981
$\#$	11	16	22	32

$\triangle$

13.6 Zusammenfassende Bemerkungen

Lineare Iterationsverfahren: Die Konstruktion linearer Iterationsverfahren läuft stets darauf hinaus, eine Matrix $\mathbf{C}$ zu finden, für die $\rho(\mathbf{I} - \mathbf{CA}) < 1$ gilt. Dahinter steht letztlich der Banachsche Fixpunktsatz. $\mathbf{C}$ soll einerseits $\mathbf{A}^{-1}$ gut genug approximieren, andererseits effizient auf einen beliebigen Vektor anwendbar sein. Bei dünnbesetzten Matrizen bedeutet dies, daß der Aufwand der Anwendung von $\mathbf{C}$ möglichst proportional zur Problemgröße bleibt. Die betrachteten Beispiele (Gesamt-, Einzelschrittverfahren, Relaxationsverfahren) erfüllen alle die Forderung der effizienten Anwendbarkeit. Allerdings ist bei der Anwendung dieser Methoden auf diskretisierte elliptische Randwertaufgaben vor allem beim Gesamt- und Einzelschrittverfahren die erreichte Fehlerreduktion pro Iteration stark abhängig von der jeweiligen Gitterweite. Je kleiner die Gitterweite, je größer also die Gleichungssysteme, umso schwächer wird die Fehlerreduktion, so daß der Aufwand (bei vorgegebener Toleranz) insgesamt quadratisch mit der Problemgröße wächst. Hierbei schneidet das Einzelschrittverfahren quantitativ etwas besser als das Gesamtschrittverfahren ab, wobei letzteres jedoch sehr einfach parallelisierbar ist. Die Komplexität läßt sich dann bei Relaxationsverfahren mit geeigneten Relaxationsparametern reduzieren. Eine große Schwierigkeit bei diesen Relaxationsverfahren ist, daß es für die meisten Probleme nicht klar ist, was ein „geeigneter" Parameterwert ist. Insgesamt genügen diese Methoden für sich genommen den Anforderungen bei realistischen Diskretisierungen in mehreren Ortsvariablen nicht.

Es gibt nun zwei Gründe, diesen Verfahren hier einen gewissen Raum zu bieten. Zum einen kann man daran die Funktionsweise iterativer Verfahren gut studieren. Zum anderen spielen diese Verfahren als *Bausteine* in anderen viel effizienteren Verfahren eine wichtige Rolle. Ein Beispiel einer solchen Kombination liefert die SSOR-Methode als Vorkonditionierer beim CG-Verfahren. Weitere Beispiele findet man bei den sehr leistungsfähigen modernen *Multilevel-Methoden*. Diese Methoden werden wir in diesem Rahmen nicht diskutieren, wir glauben aber, hiermit einen guten Einstieg dafür zu bieten.

CG-Verfahren: Das CG-Verfahren ist ein wichtiges Beispiel einer Krylov-Raum-Methode für symmetrisch positiv definite Probleme. Es läßt sich über einen Minimierungsansatz motivieren und spielt auch in der Optimierung eine wichtige Rolle. Im Prinzip ist es ein exakter Löser, bezieht aber seine Bedeutung aus der Tatsache, daß es vor allem in Verbindung mit Vorkonditionierung ein sehr effizientes iteratives Verfahren bildet, daß oft schon nach sehr viel weniger als n Schritten gute Näherungen liefert. Dieses Verfahren ist nichtlinear. Es ist eine der bedeutendsten Methoden zur Lösung symmetrisch positiv definiter großskaliger Variationsprobleme.

13.7 Übungen

Übung 13.7.1. Benutzen Sie die Jacobi- und Gauß-Seidel-Methode, um eine
Näherungslösung von

$$\begin{pmatrix} 8 & 2 & 1 \\ 2 & 6 & 2 \\ 2 & 1 & 4 \end{pmatrix} \begin{pmatrix} x_1 \\ x_2 \\ x_3 \end{pmatrix} = \begin{pmatrix} 9 \\ 4 \\ 6 \end{pmatrix}$$

zu berechnen. Führen Sie, ausgehend vom Startwert $\mathbf{x}^0 = (1,1,1)^T$, jeweils
zwei Schritte der beiden Verfahren durch.

Übung 13.7.2. Man zeige, daß mindestens ein Eigenwert der Iterationsmatrix des Gauß-Seidel-Verfahrens Null ist.

Übung 13.7.3. Für $t \in \mathbb{R}$ definiere

$$\mathbf{A}(t) = \begin{pmatrix} 1 & t & t \\ t & 1 & t \\ t & t & 1 \end{pmatrix} .$$

Zeigen Sie, daß für $t \in (0.5, 1)$ die Matrix $\mathbf{A}(t)$ positiv definit ist. Sei jetzt
$t \in (0.5, 1)$. Wir betrachten ein Gleichungssystem $\mathbf{A}(t)\mathbf{x} = \mathbf{b}$. Zeigen Sie, daß
das Jacobi-Verfahren zur Lösung dieses Gleichungssystems nicht für jeden
Startwert konvergiert, wohl aber das Gauß-Seidel-Verfahren.

Übung 13.7.4. Sei

$$\mathbf{A} = \begin{pmatrix} 1 & & & \text{\O} \\ -1 & 1 & & \\ & \ddots & \ddots & \\ \text{\O} & & -1 & 1 \end{pmatrix} \in \mathbb{R}^{n \times n}$$

und $\mathbf{G}_J$ die Iterationsmatrix der Jacobi-Methode angewandt auf $\mathbf{A}$.

a) Zeigen Sie, daß $\rho(\mathbf{G}_J) = 0$ gilt.
b) Für $\mathbf{e}^0 := (1, \dots, 1)^T$, sei $\mathbf{e}^{k+1} = \mathbf{G}_J \mathbf{e}^k$ für $k \geq 0$. Zeigen Sie:

$$\|\mathbf{e}^{k+1}\|_\infty = \|\mathbf{e}^k\|_\infty = 1 \quad \text{für} \quad 0 \leq k \leq n-2,$$

$$\|\mathbf{e}^k\|_\infty = 0 \quad \text{für} \quad k \geq n.$$

Übung 13.7.5. Wir betrachten das Richardson-Verfahren für ein Gleichungssystem $\mathbf{A}\mathbf{x} = \mathbf{b}$:

$$\mathbf{x}^{k+1} = \mathbf{x}^k + \omega(\mathbf{b} - \mathbf{A}\mathbf{x}^k)$$

a) Geben Sie die Iterationsmatrix dieser Methode an.

Gegeben sei die symmetrische Matrix

$$\mathbf{A} = \frac{1}{6} \begin{pmatrix} 13 & 2 & -5 \\ 2 & 10 & 2 \\ -5 & 2 & 13 \end{pmatrix} .$$

b) Bestimmen Sie die Eigenwerte von $\mathbf{A}$.

c) Konvergiert das Richardson-Verfahren mit $\omega := 1$ für diese Matrix? Wenn ja, welche Fehlerreduktion können Sie in der 2-Norm pro Schritt erwarten?

d) Bestimmen Sie den optimalen Relaxationsparameter $\bar{\omega}$:

$$\rho(\mathbf{I} - \bar{\omega}\mathbf{A}) = \min_{\omega} \rho(\mathbf{I} - \omega\mathbf{A}).$$

Welche Fehlerreduktion können Sie für das relaxierte Verfahren mit $\omega := \bar{\omega}$ erwarten?

e) Sei $\omega := \bar{\omega}$. Führen Sie zwei Schritte des relaxierten Richardson-Verfahrens zu dem Startwert $\mathbf{x}^0 = (1, 1, 1)^T$ durch, um eine näherungsweise Lösung für das Gleichungssystem mit $\mathbf{b} = \begin{pmatrix} 2 & 5 & 1 \end{pmatrix}^T$ zu bestimmen. Schätzen Sie den absoluten und den relativen Fehler nach dem zweiten Schritt mit Hilfe des Residuums ab.

Übung 13.7.6. Gegeben sei die Matrix

$$\mathbf{A} = \begin{pmatrix} 5 & 2 & 2 \\ 2 & 5 & 3 \\ 2 & 3 & 5 \end{pmatrix}.$$

a) Man bestimme den Spektralradius der zugehörigen Gauß-Seidel-Iterationsmatrix.

b) Wir zerlegen $\mathbf{A}$ in Blöcke $\mathbf{A} = \mathbf{D}_1 - \mathbf{L}_1 - \mathbf{L}_1^T$ mit

$$\mathbf{D}_1 = \begin{pmatrix} 5 & 2 & 0 \\ 2 & 5 & 0 \\ 0 & 0 & 5 \end{pmatrix}, \quad \mathbf{L}_1 = \begin{pmatrix} 0 & 0 & 0 \\ 0 & 0 & 0 \\ -2 & -3 & 0 \end{pmatrix}.$$

Geben Sie die Iterationsmatrix der zugehörigen Block-Gauß-Seidel-Methode und bestimmen Sie den Spektralradius dieser Matrix. Interpretieren Sie das Ergebnis.

Übung 13.7.7. Sei $\mathbf{A} \in \mathbb{R}^{n \times n}$ eine s.p.d. Matrix. Bezeichnet $\langle \cdot, \cdot \rangle$ das Standard-Skalarprodukt, so wird durch $\langle \cdot, \cdot \rangle_{\mathbf{A}} := \langle \cdot, \mathbf{A} \cdot \rangle$ ein weiteres Skalarprodukt definiert. Zeigen Sie: Zu $\mathbf{G} \in \mathbb{R}^{n \times n}$ ist $\mathbf{G}^* := \mathbf{A}^{-1}\mathbf{G}^T\mathbf{A}$ die bzgl. $\langle \cdot, \cdot \rangle_{\mathbf{A}}$ adjungierte Matrix (d. h. für alle $\mathbf{x}, \mathbf{y} \in \mathbb{R}^n$ ist $\langle \mathbf{Gx}, \mathbf{y} \rangle_{\mathbf{A}} = \langle \mathbf{x}, \mathbf{G}^*\mathbf{y} \rangle_{\mathbf{A}}$), und es gilt $\mathbf{G}^{**} = \mathbf{G}$.

Übung 13.7.8. Sei $\mathbf{A} \in \mathbb{R}^{n \times n}$ eine s.p.d. Matrix und $\mathbf{D} := \operatorname{diag}(\mathbf{A})$. Zeigen Sie:

a) Es existiert ein $c_0 > 0$, so daß $2c_0\mathbf{D} - \mathbf{A}$ s.p.d. ist.

b) Für $\mathbf{G} := \mathbf{I} - \frac{1}{c_0}\mathbf{D}^{-1}\mathbf{A}$ gilt $\rho(\mathbf{G}) < 1$.

Übung 13.7.9. Gegeben seien $\mathbf{A} = \mathbf{D} - \mathbf{L} - \mathbf{U} \in \mathbb{R}^{n \times n}$ und $\mathbf{b} \in \mathbb{R}^n$, wobei $\mathbf{A}$ strikt diagonaldominant ist, d. h.

$$|a_{i,i}| > \sum_{j \neq i} |a_{i,j}| \quad \text{für } i = 1, \ldots, n.$$

Das Jacobi-Verfahren ist dann konvergent, denn für die zugehörige Iterationsmatrix $\mathbf{G}_J = \mathbf{I} - \mathbf{D}^{-1}\mathbf{A} = \mathbf{D}^{-1}(\mathbf{L} + \mathbf{U})$ gilt:

$$\rho(\mathbf{G}_J) \leq \|\mathbf{G}_J\|_\infty = \max_{i=1,\ldots,n} \sum_{j \neq i} \frac{|a_{i,j}|}{|a_{i,i}|} < 1.$$

Es soll nun gezeigt werden, daß das Gauß-Seidel-Verfahren mit der Iterationsmatrix $\mathbf{G}_{GS} = \mathbf{I} - (\mathbf{D} - \mathbf{L})^{-1}\mathbf{A} = (\mathbf{D} - \mathbf{L})^{-1}\mathbf{U}$ ebenfalls konvergent ist, wobei sogar gilt:

$$\|\mathbf{G}_{GS}\|_\infty \leq \|\mathbf{G}_J\|_\infty < 1.$$

a) Sei $\mathbf{x} \in \mathbb{R}^n$ und $\mathbf{z} := \mathbf{G}_{GS}\mathbf{x}$. Zeigen Sie per Induktion nach i:

$$|z_i| \leq \sum_{j \neq i} \frac{|a_{i,j}|}{|a_{i,i}|} \|\mathbf{x}\|_\infty.$$

Hinweis: $z_i = x_i - \frac{1}{a_{i,i}} \left(\sum_{j<i} a_{i,j} z_j + \sum_{j \geq i} a_{i,j} x_j \right)$.

b) Beweisen Sie damit $\|\mathbf{G}_{GS}\|_\infty \leq \|\mathbf{G}_J\|_\infty$.

Übung 13.7.10. Sei $\mathbf{A}$ symmetrisch positiv definit und $\mathbf{C}_\omega$ wie in (13.35). Zeigen Sie, daß für $\omega \in (0, 2)$ die Matrix $\mathbf{C}_\omega$ symmetrisch positiv definit ist.

Übung 13.7.11. In dieser Aufgabe wird gezeigt, daß die Darstellungen der Koeffizienten α_{k-1} und β_{k-2} in (13.57),(13.59) und (13.56),(13.60) äquivalent sind. Zeigen Sie Folgendes:

a) Für $k = 1, 2, \ldots$ gilt:

$$\langle \mathbf{r}^k, \mathbf{p}^j \rangle = 0 \quad \text{für } j = 0, \ldots, k - 1.$$

(Hinweis: Induktion in j und (13.54))

b) $\langle \mathbf{r}^0, \mathbf{p}^{k-1} \rangle = \langle \mathbf{r}^{k-1}, \mathbf{p}^{k-1} \rangle$ (Hinweis: (13.58)).

c) $\langle \mathbf{r}^{k-1}, \mathbf{p}^{k-1} \rangle = \langle \mathbf{r}^{k-1}, \mathbf{r}^{k-1} \rangle$ (Hinweis: (13.56))

d) Die Darstellungen für α_{k-1} in (13.57) und (13.59) sind äquivalent.

e) $\langle \mathbf{r}^{k-1}, \mathbf{A}\mathbf{p}^{k-2} \rangle = -\frac{1}{\alpha_{k-2}} \langle \mathbf{r}^{k-1}, \mathbf{r}^{k-1} \rangle$ (Hinweis: (13.58) und (13.54))

f) Die Darstellungen für β_{k-2} in (13.56) und (13.60) sind äquivalent.

Übung 13.7.12. Es seien $\mathbf{A}_i, \mathbf{C}_i \in \mathbb{R}^{n \times n}$, $i = 1, 2, \ldots, k$, symmetrisch positiv semidefinite Matrizen mit der Eigenschaft

$$a\mathbf{x}^T \mathbf{C}_i \mathbf{x} \leq \mathbf{x}^T \mathbf{A}_i \mathbf{x} \leq b\mathbf{x}^T \mathbf{C}_i \mathbf{x}, \qquad \mathbf{x} \in \mathbb{R}^n, i = 1, 2, \ldots, k,$$

für Konstanten $0 < a \leq b$. Beweisen Sie: Wenn die Summen $\mathbf{A} = \sum_{i=1}^{k} \mathbf{A}_i$ und $\mathbf{C} = \sum_{i=1}^{k} \mathbf{C}_i$ positiv definit sind, gilt

$$\kappa_2(\mathbf{C}^{-1}\mathbf{A}) \leq \frac{b}{a}.$$

Übung 13.7.13. Gegeben seien die symmetrisch positiv definite Matrix $\mathbf{A}$ und der Vektor $\mathbf{b}$:

$$\mathbf{A} = \begin{pmatrix} 1 & 2 & 1 \\ 2 & 5 & 2 \\ 1 & 2 & 2 \end{pmatrix}, \qquad \mathbf{b} = \begin{pmatrix} 1 \\ 1 \\ 1 \end{pmatrix}.$$

a) Lösen Sie das Gleichungssystem $\mathbf{A}\mathbf{x} = \mathbf{b}$ mit dem CG-Verfahren, mit Startvektor $\mathbf{x}^0 = (1, 0, 0)^T$.

b) Zeigen Sie die A-Orthogonalität der Vektoren $\mathbf{p}^k$, die während des CG-Verfahrens auftreten.

Übung 13.7.14. Gegeben sei eine näherungsweise Faktorisierung $\mathbf{A} \approx \tilde{\mathbf{L}}\tilde{\mathbf{R}}$ der Matrix $\mathbf{A} \in \mathbb{R}^{n \times n}$ in eine untere und obere Dreiecksmatrix. Man schreibe die Nachiteration aus Abschnitt 3.5.3 als lineares Iterationsverfahren und gebe die entsprechende Matrix $\mathbf{C}$ an. Man skizziere ferner die Anwendung von $\mathbf{C}$. Wieso sichert die Bedingung (3.63) in Abschnitt 3.5.3 tatsächlich die Konvergenz dieses Iterationsverfahrens?

14

Numerische Simulationen: Vom Pendel bis zum Airbus

Einhergehend mit ständig weiterentwickelten Modellbildungsansätzen und mit immer leistungsfähigeren Rechnern wachsen sowohl die Nachfrage als auch die Einsatzmöglichkeiten der numerischen Simulation in *unterschiedlichen Anwendungs- und Grundlagenbereichen der Ingenieur- und Naturwissenschaften.* In den meisten Fällen reicht es dann nicht aus, isoliert nur ein *einzelnes* Verfahren zu verwenden, sondern eine Vielzahl der einzelnen Bausteine fügen sich üblicherweise im Verbund zu komplexen Anwendungscodes. Bei der Abstimmung der Verfahrensteile ist es dann umso wichtiger, entsprechende Zwischenresultate im Hinblick auf Fehlertoleranzen einschätzen zu können. In diesem Kapitel wollen wir anhand einer Reihe von konkreten Problemstellungen diese Aspekte verdeutlichen. Mit wachsender Komplexität und Realitätsnähe dieser Problemstellungen wird das Detail der Diskussion notgedrungen abnehmen. Anknüpfend an das mehrfach verwendete Beispiel des Taktgebers werden in den Abschnitten 14.1–14.4 zunächst relativ einfache Problemstellungen behandelt, wobei insbesondere genauer auf die Abstimmung der Genauigkeitsansprüche eingegangen wird. Die meisten der verwendeten numerischen Verfahren zur Lösung dieser Beispielprobleme sind in MATLAB verfügbar oder wurden in MATLAB implementiert. In Abschnitt 14.5 werden zum Schluß drei viel komplexere Anwendungsbeispiele kurz angerissen. Hierbei geht es in erster Linie um einen Ausblick auf die Möglichkeiten moderner Simulationsmethoden. Die in diesen Beispielen benötigten numerischen Verfahren gehen zwar größtenteils über den in diesem Buch behandelten Grundlagenbereich hinaus, die gebotenen Inhalte sollten dennoch eine tragfähige Ausgangsbasis zur Einarbeitung auch in derartige Anwendungsszenarien bieten. Die numerischen Simulationen wurden mit speziellen, teils in interdisziplinären Forschungsprojekten gezielt entwickelten Software-Paketen durchgeführt.

14.1 Taktmechanismus

Problemstellung

Wir greifen nochmals das in Kapitel 1 bereits diskutierte Beispiel 1.2 auf, in dem zu einer vorgegebenen Schwingungsdauer $T = 1.8$ s die dazu erforderliche Anfangsauslenkung eines mathematischen Pendels (der Länge $\ell = 0.6$ m) bestimmt werden soll. Hierbei geht es weniger um Realitätsnähe als vielmehr um die Demonstration des Zusammenwirkens mehrerer ineinander greifender numerischer Bausteine in der gesamten Kette: Modellbildung – Entwurf eines Lösungsverfahrens – Formulierung eines Algorithmus – Implementierung und Anwendung. Wir rufen kurz die wesentlichen Punkte des ersten Beispiels in Erinnerung.

Mathematisches Modell

Als Modell wird das mathematische Pendel genommen, wobei folgende Idealisierungen gemacht werden: Die Schwingung verläuft ungedämpft, die Aufhängung ist massefrei, und die gesamte Pendelmasse ist in einem Punkt konzentriert. Aufgrund des Newtonschen Gesetzes „Kraft = Masse × Beschleunigung" löst der Winkel $\phi(t)$ (vgl. Abb. 1.2) als Funktion der Zeit t die nichtlineare gewöhnliche Differentialgleichung

$$\phi''(t) = -c\,\sin(\phi(t)), \quad c := \frac{g}{\ell}, \tag{14.1}$$

($\ell = 0.6$, Pendellänge; $g = 9.80665$, Fallbeschleunigung) mit den Anfangsbedigungen

$$\phi(0) = x \in (0, \frac{\pi}{2}), \quad \phi'(0) = 0. \tag{14.2}$$

Um die Abhängigkeit der Lösung vom Anfangswert x zu betonen, schreiben wir $\phi(t) = \phi(t, x)$. Für die Schwingungsdauer $T = 1.8$, muß dann $\phi(0.45, x) = 0$ gelten. Man sucht also *eine Nullstelle der Funktion*

$$f(x) := \phi(0.45, x). \tag{14.3}$$

Mit Hilfe von Monotoniebetrachtungen überzeugt man sich, daß die Funktion f eine eindeutige Nullstelle $x^* \in (0, \frac{\pi}{2})$ hat.

Dieser Lösungsansatz zur Bestimmung der erforderlichen Anfangsauslenkung über die Lösung einer Anfangswertaufgabe ist durchaus nicht der einzig gangbare Weg. Man kann die Aufgabe auch auf die Berechnung eines Integrals reduzieren, wie in Übung 14.6.1 angedeutet wird.

Numerische Methoden

Nullstellenbestimmung: Unser Problem verlangt die Bestimmung der Nullstelle $x^* \in (0, \frac{\pi}{2})$ der Funktion f aus (14.3). Da f nichtlinear ist, muß man ein

iteratives Verfahren verwenden. Für jede der dabei benötigten Funktionsauswertungen von f an einer Stelle x muß die Differentialgleichung (14.1) zu
den entsprechenden Anfangswerten (14.2) bis $t = 0.45$ numerisch integriert
werden. Eine Funktionsauswertung ist also relativ aufwendig. Noch unklarer
wäre die Berechnung der Ableitung von f nach dem Anfangswert x, so daß
das Newton-Verfahren nicht ohne weiteres anwendbar ist. Stattdessen bieten sich Bisektion oder das Sekanten-Verfahren an. Da Letzteres eine höhere
Konvergenzordnung hat, ist es hier das Verfahren der Wahl.

Anfangswertaufgabe: Da die zur Lösung von Anfangswertaufgaben verfügbaren Verfahren für Differentialgleichungen *erster* Ordnung formuliert sind,
transformiert man die Differentialgleichung (14.1) zuerst in ein System von
zwei Differentialgleichungen erster Ordnung. Mit $y(t) := (\phi(t), \phi'(t))^T$ erhält
man das Anfangswertproblem

$$y'(t) = \begin{pmatrix} y_2(t) \\ -c\,\sin(y_1(t)) \end{pmatrix}, \quad t \in [0, 0.45], \quad y(0) = \begin{pmatrix} x \\ 0 \end{pmatrix} . \tag{14.4}$$

Da das Problem nicht als steif erkennbar ist, kann man ein explizites Verfahren
zur numerischen Lösung dieser Anfangswertaufgabe verwenden. Die Vorteile
höherer Ordnung wurden mehrfach betont. Wir wählen hier das klassische
Runge-Kutta-Verfahren, obgleich durchaus auch andere Verfahren gleicherma-
ßen in Betracht kämen. Der Einfachheit halber wählen wir eine äquidistante
Schrittweite $h = \frac{0.45}{n}$. Die mit dem Runge-Kutta-Verfahren mit Schrittweite
h berechnete Näherung von $f(x) = \phi(0.45, x)$ wird mit $f_h(x)$ bezeichnet.

Ergebnisse

Als Startwerte bei der Sekanten-Methode wählen wir $x_0 = 1.0$, $x_1 = 1.1$. Im
Runge-Kutta-Vefahren wird $n = 160$, also $h = 0.45/160$ genommen. Einige
Ergebnisse des Sekanten-Verfahrens findet man in Tabelle 14.1.

In der dritten Spalte sieht man die erwartete schnelle Konvergenz des Sekanten-Verfahrens (Konvergenzordnung $p \approx 1.8$). Da die Ordnung des Sekanten-
Verfahrens größer als eins ist, liefern die Differenzen in der vierten Spalte eine
Schätzung für den Fehler $x_h^* - x_k$, wobei x_h^* die Nullstelle von f_h ist (vgl.
(5.37)). Man beachte, daß diese Nullstelle *nicht* die gesuchte Nullstelle x^* von
f ist! Die letzte Spalte in der Tabelle gibt eine Schätzung für $f_h'(x_k)$.

    Wir akzeptieren nun $\tilde{x} := x_9$ als Näherung der gesuchten Nullstelle x^* von
f und wollen jetzt die Größenordnung des Fehlers $|\tilde{x} - x^*|$ schätzen. Es sei
nochmals betont, daß sich hier mehrere Fehlerquellen überlagern. $\tilde{x}$ ist nur eine
Näherung der Nullstelle von f_h, wobei f_h die Funktion f auch nur annähert.
Dazu werden wir zuerst die Differenz $|f(\tilde{x}) - f_h(\tilde{x})|$ schätzen. $f(\tilde{x}) = \phi(0.45, \tilde{x})$
ist die exakte Lösung der Differentialgleichung mit Anfangswert $\tilde{x}$ zum Zeit-
punkt $t = 0.45$, und $f_h(\tilde{x})$ ist das Resultat des Runge-Kutta-Verfahrens (mit

Tabelle 14.1. Sekanten-Vefahren, $h = 0.45/160$ im RK-Verfahren

k	x_k	$f_h(x_k)$	$x_{k+1} - x_k$	$f_h(x_{k-1})/(x_k - x_{k-1})$
0	1.00000000000000	-1.37860570291260	0.1	
1	1.10000000000000	-0.12590174281134	1.053	-13.78
2	2.15279336977498	0.66039622870563	-0.8842	0.1196
3	1.26857288823876	-0.08782728419193	0.1038	0.7469
4	1.37236364351650	-0.05163004869099	0.1480	0.8462
5	1.52040593665038	0.01934311073356	-4.01e-2	0.3488
6	1.48005831097671	-0.00241102249976	4.51e-3	0.4794
7	1.48453006042625	-0.00009218492112	1.81e-4	0.5392
8	1.48470783392538	0.00000046967259	-9.01e-7	0.5186
9	1.48470693277913	-0.00000000009070	1.71e-10	0.5212
10	1.48470693295311	-0.00000000000000	$-$	0.5213

Schrittweite h). Der Diskretisierungsfehler $f(\tilde{x}) - f_h(\tilde{x})$ kann nun mit einer in Abschnitt 10.4 beschriebenen Technik geschätzt werden. Dazu wird $f_h(\tilde{x})$ mit mehreren Schrittweiten h berechnet. Sei $F_j := f_{h_j}(\tilde{x})$ mit $h_j = 0.45/(2^j\,10)$, $j = 1, 2, \ldots$, also $F_4 = f_h(\tilde{x}) = f_h(x_9)$ aus Tabelle 14.1. Die Ergebnisse für $j = 1, \ldots, 4$ sind in Tabelle 14.2 aufgelistet.

Tabelle 14.2. Runge-Kutta-Verfahren

j	F_j	$\dfrac{F_{j-2} - F_{j-1}}{F_{j-1} - F_j}$	$\dfrac{1}{15}(F_j - F_{j-1})$
1	7.146823571141381e-07	$-$	$-$
2	4.377539938871244e-08	$-$	-4.47e-08
3	2.469546053762706e-09	16.24	-2.75e-09
4	-9.069714770881809e-11	16.13	-1.71e-10

Die Faktoren ≈ 16 in der dritten Spalte entsprechen dem erwarteten Konvergenzverhalten (Fehler $\mathcal{O}(h^4)$) des klassischen Runge-Kutta-Verfahrens. Weil der Fehler $f(\tilde{x}) - F_j$ durch einen Term der Form h_j^4 dominiert wird, kann man ihn über $\frac{1}{15}(F_j - F_{j-1})$ schätzen. Dies bestätigen die Werte in der vierten Spalte. Für $h = 0.45/160$ erhält man also die Fehlerschätzung

$$|f(\tilde{x}) - f_h(\tilde{x})| = |f(\tilde{x}) - F_4| \approx 1.7\,10^{-10}.$$

Da wir jetzt (in einer Umgebung von x^*) sowohl die Störungen in den Funktionswerten als auch die Ableitung von f geschätzt haben, kann man mit Hilfe der Beziehung $0 = f(x^*) = f(\tilde{x}) + (x^* - \tilde{x})f'(\xi)$ den Fehler $|x^* - \tilde{x}|$ schätzen (siehe Abschnitt 5.2):

$$
\begin{aligned}
|x^* - \tilde{x}| &= \frac{|f(\tilde{x})|}{|f'(\xi)|} \approx \frac{|f(\tilde{x})|}{|f'(\tilde{x})|} \approx \frac{|f(\tilde{x})|}{|f'_h(\tilde{x})|} \approx \frac{|f(\tilde{x})|}{0.52} \\
&\leq \frac{1}{0.52}\big(|f(\tilde{x}) - f_h(\tilde{x})| + |f_h(\tilde{x})|\big) \\
&\approx \frac{1}{0.52}\big(1.7\,10^{-10} + 9.1\,10^{-11}\big) = 5.0\,10^{-10}.
\end{aligned}
$$

Wir schließen insgesamt, daß die ersten 8 Nachkommastellen der Näherung $\tilde{x} = x_9 = 1.48470693277913$ an die gesuchte Anfangsauslenkung x^* korrekt sind.

14.2 Datenfit

Eine vielfach anfallende Aufgabe ist die Approximation einer großen Menge diskreter Daten mit einer glatten Funktion. Wir betrachten hier so ein Problem anhand eines Meßdatensatzes der uns von Dr.-Ing. H.-J. Koß vom Lehrstuhl für Technische Thermodynamik zur Verfügung gestellt wurde.

Problemstellung

Am Lehrstuhl für Technische Thermodynamik werden in Zusammenarbeit mit dem Lehrstuhl für Prozeßtechnik Modelle zur Beschreibung von Diffusionsprozessen in komplexen Stoffsystemen entwickelt. Dazu werden u.a. Konzentrationsmessungen in einer zylindrischen Meßzelle durchgeführt. Dabei ist das Experiment so ausgelegt, daß die Konzentrationsänderungen im wesentlichen *ein*dimensional sind. Im hier vorliegenden Beispielproblem handelt es sich um mittels Ramanspektroskopie aufgenommene Konzentrationsprofile eines quintären Diffusionssystems (Toluol, Cyclohexan, Dioxan, Vinylacetat und Chlorbutan). Für mehrere Zeitpunkte ($t_0 < \ldots < t_{\text{end}}$) werden Konzentrationen der Stoffe an vielen Punkten ($x_1 < \ldots < x_m$) entlang der Achse der Meßzelle gemessen. Dabei entspricht $x = 0$ dem Zellboden und $x = 1$ der Oberseite der Meßzelle. Wir beschränken uns auf die Konzentration des Chlorbutans. Zu Beginn des Experiments ($t \approx t_0$) liegt das Chlorbutan hauptsächlich am Boden vor, während sich an der Oberseite kaum Chlorbutan befindet. Bei Abbruch des Experimentes ($t \approx t_{\text{end}}$) haben sich die Stoffmengenanteile des Chlorbutans durch Diffusion über die Meßstrecke „nahezu" angeglichen.

Wir befassen uns nur mit dem Problem des Datenfit: Wie kann man die fehlerbehafteten Meßdaten mit einer glatten Funktion gut approximieren, wobei eventuelle Datenausreißer geglättet werden. Die sich ergebende Funktion ist eine handliche Approximation der Meßresultate, die als Input bei der eigentlichen Aufgabe der Entwicklung von Diffusionsmodellen für dieses Stoffsystem dienen kann.

Mathematisches Modell

Seien (x_j, f_j), $j = 1, \ldots, m$ die Meßdaten (Konzentrationsmessungen des Chlorbutans zu einem festen Zeitpunkt), mit $0 = x_1 < x_2 < \ldots < x_m = 1$. Anders als etwa bei gedämpften Schwingungen hat man hier keine vergleichbar vorgeprägte Struktur des gesuchten Funktionsverlaufs. Man benötigt hier also einen Ansatz, der im Prinzip *allgemeine Funktionen* erfassen kann. Hierzu eignen sich Splinefunktionen sehr gut. Bei der Größe der Datensätze wäre Interpolation sehr aufwendig und zudem ohnehin nicht sinnvoll, da die Meßdaten fehlerbehaftet sind. Ausgleichsrechnung ist daher der vernünftigere Ansatz zur Daten-Approximation. Hier benutzen wir speziell kubische Splines mit äquidistanten Knoten $\tau_j = j * 0.1$, $j = 0, \ldots, 10$. Wir suchen also eine Funktion im kubischen Splineraum

$$\mathbb{P}_{4,\tau} = \left\{ g \in C^2([0,1]) \mid g\big|_{[\tau_i, \tau_{i+1}]} \in \Pi_3,\ i = 0, \ldots, 9 \right\}$$

der Dimension 13, die die Konzentrationsverteilung hinter den Meßdaten annähert. Im Prinzip kann man dies als lineares Ausgleichsproblem formulieren. Um den Einfluß lokaler Ausreisser in den Meßdaten zu unterdrücken, bietet sich insbesondere die „Smoothing-Variante" aus Abschnitt 9.3 an (vgl. (9.35)). Für ein $\theta \geq 0$ wollen wir also gemäß (9.35) dasjenige $S \in \mathbb{P}_{4,\tau}$ bestimmen, das

$$\sum_{j=1}^{m} (S(x_j) - f_j)^2 + \theta^2 \|S''\|_2^2 = \min_{\tilde{S} \in \mathbb{P}_{4,\tau}} \sum_{j=1}^{m} (\tilde{S}(x_j) - f_j)^2 + \theta^2 \|\tilde{S}''\|_2^2 \quad (14.5)$$

erfüllt. Für $\theta > 0$ kann der „Strafterm" $\theta^2 \|S''\|_2^2$ starke Ausschläge unterdrücken und die Daten „glätten".

Bekanntlich bilden die B-Splines $(N_{j,4})_{1 \leq j \leq 13}$ eine für numerische Zwecke sehr günstige Basis des Splineraumes, siehe Abschnitt 9.1.1. Der gesuchte Spline wird deshalb als Linearkombination von B-Splines angesetzt. Es sind also die entsprechenden B-Splinekoeffizienten zu schätzen. Die Aufgabe wird numerisch viel einfacher, wenn man folgende Modifikation von (14.5) betrachtet, vgl. Abschnitt 9.3: Gesucht ist $S = \sum_{j=1}^{13} c_j N_{j,4}$, so daß

$$
\begin{aligned}
\sum_{j=1}^{m} (S(x_j) - f_j)^2 + \theta^2 \sum_{j=3}^{13} \left(c_j^{(2)} \|N_{j,2}\|_2 \right)^2 \\
= \min_{\tilde{S} \in \mathbb{P}_{4,\tau}} \sum_{j=1}^{m} (\tilde{S}(x_j) - f_j)^2 + \theta^2 \sum_{j=3}^{13} \left(\tilde{c}_j^{(2)} \|N_{j,2}\|_2 \right)^2 ,
\end{aligned}
\quad (14.6)
$$

wobei $c_j^{(2)}$ die Koeffizienten in der Darstellung $S''(x) = \sum_{j=3}^{13} c_j^{(2)} N_{j,2}(x)$ sind, vgl. (9.19). Hierbei werden zwei Dinge ausgenutzt: Ableitungen von B-Splines sind Linearkombinationen von B-Splines entsprechend niedrigerer Ordnung, und richtig gewichtete B-Splines bilden eine stabile Basis für L_2 (vgl. (9.23)).

Somit unterscheiden sich die beiden Strafterme in (14.5) bzw. (14.6) nur um konstante, von den Koeffizienten c_j unabhängige Faktoren und haben vergleichbare Glättungseffekte.

Numerische Methoden

Die Koeffizienten c_j fassen wir in dem Vektor $\mathbf{c} := (c_1, \ldots, c_{13})^T$ zusammen. In Abschnitt 9.3 wird gezeigt, daß die Koeffizienten $\hat{c}_j := c_j^{(2)} \|N_{j,2}\|_2$ als einfach berechenbare Linearkombinationen der Koeffizienten $(c_j)_{1 \leq j \leq 13}$ darstellbar sind (vgl. (9.19)),

$$(\hat{c}_3, \ldots, \hat{c}_{13})^T = B_T \mathbf{c} \,, \quad B_T \in \mathbb{R}^{11 \times 13} \text{ eine Tridiagonalmatrix.}$$

Die Aufgabe (14.6) ist nun zu folgendem linearen Ausgleichsproblem äquivalent:

$$\left\| \begin{pmatrix} A_T \\ \theta B_T \end{pmatrix} \mathbf{c} - \begin{pmatrix} \mathbf{f} \\ 0 \end{pmatrix} \right\|_2 \to \min \,. \tag{14.7}$$

Hierbei ist $\mathbf{f} = (f_1, \ldots, f_m)^T$ und $A_T = \left(N_{j,4}(x_i)\right)_{i=1,j=1}^{m,13} \in \mathbb{R}^{m \times 13}$. Weil die B-Splinebasisfunktionen einen lokalen Träger haben, ist die Matrix A_T dünnbesetzt. Für unseren Beispieldatensatz ($m = 60$) wird das Muster der nicht-Nulleinträge der Matrix A_T in Abb. 14.1 gezeigt.

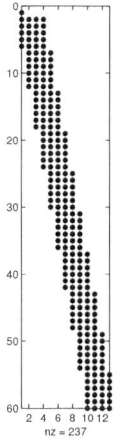

Abb. 14.1. Muster der Matrix A_T

Das Ausgleichsproblem (14.7) kann mit einer QR-Zerlegung stabil gelöst werden. Da die Matrizen A_T, B_T dünnbesetzt sind, eignen sich hier Givens-Rotationen zur effizienten Durchführung der QR-Zerlegung.

Nachdem $\mathbf{c}$ berechnet ist, kann man den Spline $S(x) = \sum_{j=1}^{13} c_j N_{j,4}(x)$ mit Algorithmus 9.12 effizient auswerten. Die wesentlichen Bausteine in diesem Beispiel sind also Ausgleichsrechnung über QR-Zerlegung in Verbindung mit B-Spline-Techniken.

Ergebnisse

Zwei Datensätze ($m = 60$) und die berechneten Spline-Approximationen mit $\theta = 0$ (keine Glättung) werden in den Abb. 14.2 und 14.3 gezeigt. Das linke Bild entspricht einer Chlorbutan-Konzentrationsverteilung zu Beginn des Experiments ($t \approx t_0$), das rechte zeigt einen Datensatz für $t \approx t_{\text{end}}$. Der Datensatz in Abb. 14.4 ist derselbe wie in Abb. 14.3, nur haben wir durch eine Änderung der f-Werte bei x_7 und x_{10} zwei künstliche „Ausreißer" konstruiert. Mit Hilfe des Strafterms kann der Effekt dieser Ausreißer auf die Spline-Approximation unterdrückt werden, siehe Abb. 14.4. Bei Ansätzen dieser Art spielt natürlich eine angemessene Wahl des Glättungsparameters θ eine wesentliche Rolle. Unter dem Stichwort *Cross Validation* bzw. *Generalized Cross Validation* gibt es hierzu ausgefeilte Methoden, θ über Information aus den Daten *automatisch* anzupassen. Dies geht allerdings über den Rahmen dieses Buches hinaus.

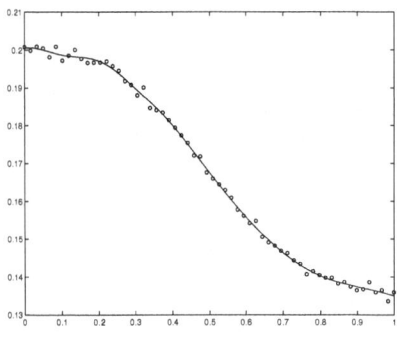
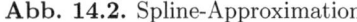
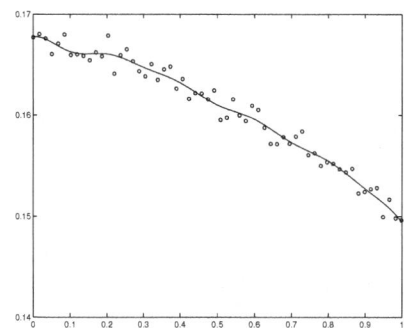

Abb. 14.2. Spline-Approximation   **Abb. 14.3.** Spline-Approximation

14.3 Ein Masse-Feder System

Beim folgenden Beispiel aus der Mechanik (das uns von Herrn Dr. H. Jarausch zur Verfügung gestellt wurde) handelt es sich wieder um eine Verknüpfung eines Nullstellenproblems mit Integrationsmethoden zur Lösung von Anfangswertaufgaben.

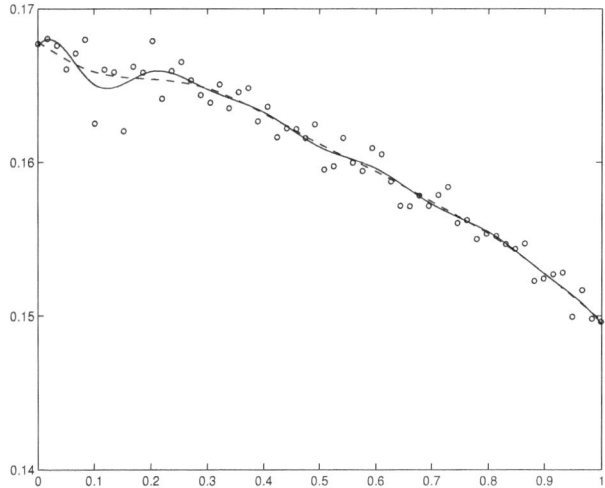

Abb. 14.4. Smoothing-Spline, $\theta = 0$: $-$, $\theta = 0.02$: $--$

Problemstellung

Wir betrachten zwei auf einer horizontalen Ebene gleitende Massen m_1 und m_2. Zwischen der Masse m_1 und der Wand befindet sich die Feder c_1, zwischen den Massen die Feder c_2, vgl. Abb. 14.5.

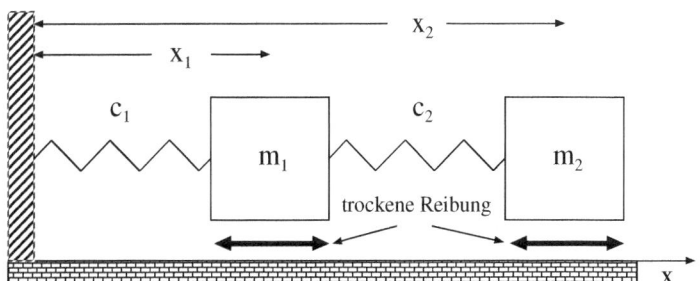

Abb. 14.5. Masse-Feder System

Zwischen einer Masse und der Ebene wird *trockene* Reibung angesetzt. Bei dieser Reibung treten zwei Effekte auf. Ist eine Masse in Bewegung, so herrscht *Gleitreibung*, die eine der Geschwindigkeit entgegengerichtete, aber ansonsten konstante Kraft $mg\,\mu_G$ auf die Masse ausübt, wobei μ_G der *Gleitreibungsbeiwert* ist. Ist die Masse in Ruhe, so tritt *Haftreibung* auf. Wird auf die Masse die Kraft K ausgeübt, so reduziert die Haftreibung diese auf den Wert $\mathrm{sign}(K) \cdot \max\{|K| - mg\,\mu_H, 0\}$, wobei μ_H der *Haftreibungsbeiwert* ist. Die

Federn c_1 und c_2 mögen im unbelasteten Zustand die Längen ℓ_1 bzw. ℓ_2 haben. Wir nehmen ferner an, daß beide Federn nur auf Druck belastet werden können. Daher übt z. B. die Feder c_1 keine (Zug-)Kraft auf die Masse m_1 aus, wenn $x_1 \geq \ell_1$ ist. Analog herrscht keine Kraft zwischen den Massen, falls $x_2 - x_1 \geq \ell_2$ ist. Wir setzen sogenannte Tellerfedern mit einer nichtlinearen Kennlinie an (siehe Abb. 14.6). Darin ist s die Abweichung der Federlänge von der Ruhelage. Die von c_1 und c_2 ausgeübten Federkräfte werden mit $F_1(s)$ bzw. $F_2(s)$ bezeichnet.

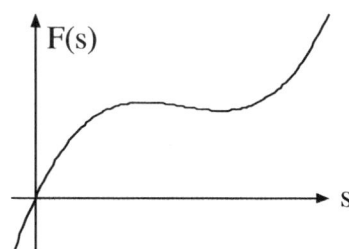

Abb. 14.6. Kennlinie Tellerfeder

Wir wollen nun die Bewegung der Massen studieren, wenn sich zum Zeitpunkt $t=0$ die Masse m_1 an der Position ℓ_1 und die Masse m_2 bei $\ell_1 + \ell_2$ befindet. Die Masse m_1 befinde sich in Ruhe ($v_1(0) = v_1 = 0$), während die Masse m_2 eine Geschwindigkeit $v_2(0) = \bar{v}_0 < 0$ habe. Insbesondere sind wir an der Ruhelage des Gesamtsystems interessiert, die sich aufgrund der reibungsbedingten Dämpfung einstellen wird.

Mathematisches Modell

Die Massen m_1 und m_2 werden als Punktmassen betrachtet, worauf nur die Federkräfte und Reibungskräfte wirken. Geschwindigkeit und Kraft sind im Prinzip Vektoren. Da sie in diesem Beispiel stets parallel zur horizontalen Achse gerichtet sind, kann man sie auf skalare Größen reduzieren. Nach rechts gerichtete Größen (Geschwindigkeit, Kraft) werden als positiv betrachtet. Die Gesamtfederkräfte $\mathcal{F}_i$ auf m_i sind

$$\begin{aligned}
\mathcal{F}_1(x_1, x_2) &= \max\{F_1(\ell_1 - x_1), 0\} - \max\{F_2(\ell_2 - (x_2 - x_1)), 0\}, \\
\mathcal{F}_2(x_1, x_2) &= \max\{F_2(\ell_2 - (x_2 - x_1)), 0\}.
\end{aligned} \tag{14.8}$$

Um die trockene Reibung beschreiben zu können, führen wir eine geschwindigkeitsabhängige „Schaltfunktion" ein

$$s(v) = \begin{cases} 0 & \text{wenn } v = 0, \\ 1 & \text{wenn } v \neq 0. \end{cases}$$

Die auf m_i $(i = 1, 2)$ wirkenden Reibungskräfte $\mathcal{R}_i$ werden durch

$$\mathcal{R}_i(x_1, x_2, v_i) = - s(v_i)\, \text{sign}(v_i)\, m_i g\, \mu_G$$
$$+ \big(1 - s(v_i)\big)\, \text{sign}(\mathcal{F}_i)\, \max\{|\mathcal{F}_i| - m_i g\, \mu_H, 0\}$$

beschrieben. Das Newtonsche Gesetz $F = ma$ ergibt dann die Differentialgleichungen

$$x_i''(t) = \frac{1}{m_i}\big(\mathcal{F}_i + \mathcal{R}_i\big), \quad i = 1, 2, \ t \geq 0.$$

Da die Reibungskräfte von den Geschwindigkeiten der Massen abhängen, wollen wir die Geschwindigkeiten v_i als eigenständige Variablen einführen. Mit der Vektorfunktion $y(t) = \big(x_1(t), v_1(t), x_2(t), v_2(t)\big)^T$ erhält man dann das Anfangswertproblem (für $t \geq 0$)

$$y'(t) = \begin{pmatrix} y_2 \\ \frac{1}{m_1}\big(\mathcal{F}_1(y_1, y_3) + \mathcal{R}_1(y_1, y_3, y_2)\big) \\ y_4 \\ \frac{1}{m_2}\big(\mathcal{F}_2(y_1, y_3) + \mathcal{R}_2(y_1, y_3, y_4)\big) \end{pmatrix}, \quad y(0) = \begin{pmatrix} \ell_1 \\ 0 \\ \ell_1 + \ell_2 \\ \bar{v}_0 \end{pmatrix}. \quad (14.9)$$

Die obige Problemstellung der Bestimmung der Ruhelage führt auf folgende Aufgabe: Man bestimme den kleinsten Zeitpunkt T (und die Lage der Massen), an dem sich beide Massen in Ruhe befinden, und die Federkräfte die Haftreibung nicht mehr überwinden können – das Gesamtsystem befindet sich dann dauerhaft in Ruhe.

Numerische Methoden

Der Umstand, daß die Schaltfunktion $s(v)$ an der Stelle $v = 0$ unstetig ist, bestimmt die Glattheit der rechten Seite. Die Terme $\max\{\dots, 0\}$ in (14.8) bewirken, daß $\mathcal{F}_i$ (Lipschitz-)stetig aber nicht mehr überall differenzierbar ist. Die Terme $\mathcal{R}_i$ können sogar an den Schaltpunkten unstetig sein. Deshalb ist die rechte Seite des Differentialgleichungssystems (14.9) zu bestimmten Zeitpunkten ("Schaltpunkten") *unstetig* bzw. nur Lipschitz-stetig. Dies wollen wir berücksichtigen, indem wir jeweils nur bis zum nächsten Schaltpunkt numerisch integrieren. Wir "deaktivieren" dazu die Mechanismen, die zu einer nicht–glatten rechten Seite führen und lokalisieren den nächsten Schaltpunkt t_s, von dem aus wir dann mit einer anderen (glatten) rechten Seite (bis zum nächsten Schaltpunkt) fortfahren.

Man kann dies folgendermaßen bewerkstelligen. Aufgrund von (14.8) und der Definition von $s(v)$ geht es konkret um die Vorzeichenwechsel von $\ell_1 - x_1$, $\ell_2 - (x_2 - x_1)$, v_1, und v_2. Nach Definition von $y(t) = \big(x_1(t), v_1(t), x_2(t), v_2(t)\big)^T$ sind dies die Nullstellen der vier Schaltfunktionen

$$\psi_1(y) = y_1 - \ell_1, \quad \psi_2(y) = y_3 - y_1 - \ell_2, \quad \psi_3(y) = y_2, \quad \psi_4(y) = y_4. \quad (14.10)$$

Bezeichnet man ferner mit $f(t, y(t))$ die zwischen diesen Vorzeichenwechseln jeweils glatte rechte Seite der Differentialgleichung (14.9), führt obige stückweise Integrationsstrategie auf die Aufgabe: Suche $t_s \in [t_0, t_e]$ so, daß

$$\psi_i(y(t_s)) = 0 \quad \text{für ein} \quad i \in \{1, 2, 3, 4\}, \text{ und}$$
$$y(t_0) = y_0, \quad y'(t) = f(t, y(t)) \quad \text{für} \quad t \in [t_0, t_s]$$

gilt. Damit reduziert sich unser Problem auf ein *eindimensionales* Nullstellenproblem für die Funktion $\rho_i(t) := \psi_i(y(t))$, wobei $y(t)$ die Lösung des obigen Anfangswertproblems ist. Auf dem Intervall $[t_0, t_s)$ sind die rechte Seite und die Lösung glatte Funktionen. Außerdem bleibt die Lösung auch für gewisses $\delta > 0$ auf dem erweiterten Intervall $[t_0, t_s + \delta)$ glatt, wenn man an der Stelle $t = t_s$ *nicht* umschaltet. Wir setzen jetzt ausgehend von $t = t_0$ eine Lösungsmethode für Anfangswertprobleme ein, wobei dann die Vorzeichen von $\rho_i(t)$, $i = 1, 2, 3, 4$, beobachtet werden. Die Schaltfunktionen werden dabei *nicht* aktiviert (auch nicht, wenn $t > t_s$ ist). Sobald für ein $i \in \{1, \ldots, 4\}$ und zwei aufeinander folgende, diskrete Zeitpunkte $\tilde{t} < \hat{t}$ die Bedingung $\rho_i(\tilde{t})\rho_i(\hat{t}) < 0$ erfüllt ist, wird die numerische Zeitintegrationsmethode gestoppt. Damit $|\rho_i(\tilde{t}) - \rho_i(\hat{t})|$ nicht zu groß wird, muß man die maximale Schrittweite des Anfangswertlösers beschränken. Besser noch verwendet man ein Verfahren mit „dense output" (vgl. Abschnitt 11.6 oder [SW]), das eine lokale, polynomiale Approximation von $y(t)$ zwischen zwei Zeitschritten liefert. Bisektion wird eingesetzt, um das Zeitintervall $[\tilde{t}, \hat{t}]$ zu verkleinern, in dem die Nullstelle t_s von ρ_i liegt. Nach einigen Bisektionschritten wird auf die Newton–Methode zur genaueren Bestimmung von t_s übergegangen. Die dafür benötigte Ableitung $\rho_i'(t)$ läßt sich wegen

$$\rho_i'(t) = \left(\nabla \psi_i(y(t))\right)^T y'(t) = \left(\nabla \psi_i(y(t))\right)^T f(t, y(t))$$

einfach bestimmen. Diese Ableitung existiert, weil wir an der Stelle t_s nicht umgeschaltet haben, und deshalb die Lösung der Differentialgleichung glatt bleibt. Wir können in diesem Fall auf einfache Weise das Newton–Verfahren für das Nullstellenproblem $\rho_i(t) = 0$ einsetzen. Für die Funktionsauswertung benötigt man $y(t)$, das man mit einem Schritt des Anfangswertlösers zum Startwert $(\tilde{t}, y(\tilde{t}))$ bestimmen kann. In unserem konkreten Problem haben wir zur Lösung des Anfangswertproblems ein eingebettetes Runge–Kutta–Verfahren eingesetzt, wobei eine Methode mit Konsistenzordnung 4 in eine Methode der Ordnung 5 eingebettet ist (vgl. Abschnitt 11.6). Dieses Vefahren wird *Dormand–Prince* 4(5) genannt, und ermöglicht auch „dense output". Auch hierbei ist die durch das Newton-Verfahren zu erreichende Genauigkeit mit der Genauigkeit der Integrationsmethode abzustimmen.

Ergebnisse

Wir wollen nun konkret die Bewegung zweier gleichgroßer Massen ($m_i = 1000\,kg$) numerisch simulieren. Wir betrachten trockene Reibung für die Kombination Gummi auf Asphalt. Hierfür ist der Haftreibungsbeiwert $\mu_H = 0.6$

und der Gleitreibungsbeiwert $\mu_G = 0.4$. Die Federn c_1 und c_2 seien Tellerfedern mit $\ell_1 = \ell_2 = 0.5\,m$ und mit der Kennlinie

$$F(s) = F_0 \sigma \Big((1 - \sigma)(1 - \sigma/2) \Big(\frac{h}{p}\Big)^2 + 1 \Big),$$

wobei $\sigma \equiv s/h$, $p = 0.12\,m$, $h = 0.19\,m$. Diese Kennlinie hat eine in Abb. 14.6 angedeutete Form. Wir nehmen $F_0 = 6000\,N$ für c_1 und $F_0 = 12000\,N$ für c_2. Die Anfangsgeschwindigkeit (von m_2) wurde auf $v_2(0) = \bar{v}_0 = -4\,m/s^2$ gesetzt. Die zeitliche Entwicklung des Systems wird in Abb. 14.7 gezeigt.

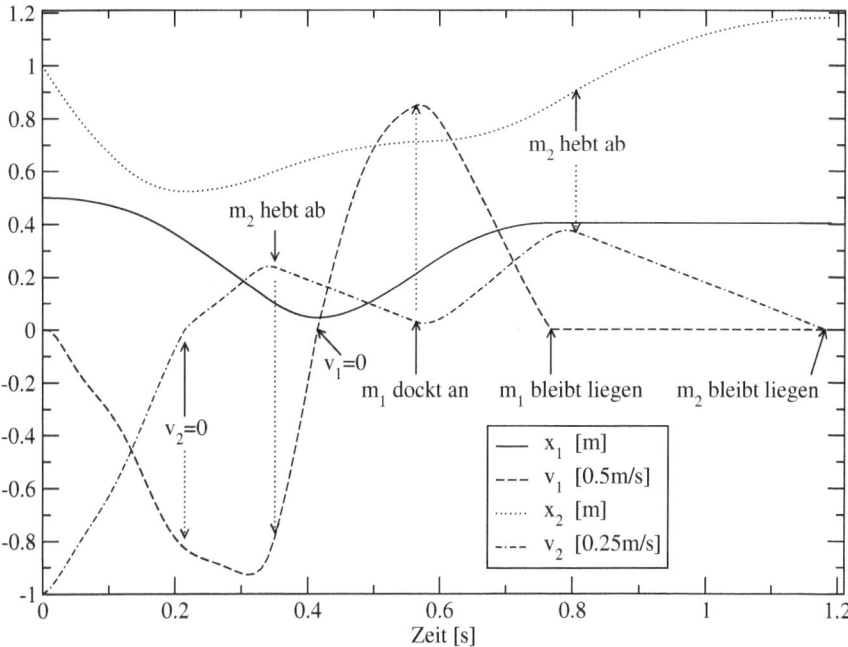

Abb. 14.7. Ergebnisse

Die Masse m_2 kommt bei $t=0.215$ kurz zum Stillstand, da sie ihre ganze Energie auf die Masse m_1 übertragen hat. Sie wird dann von der komprimierten Feder c_1 beschleunigt, bis sie bei $t=0.351$ von m_1 abhebt. Bei $t=0.414$ hat v_1 einen Nulldurchgang. Zum Zeitpunkt $t=0.563$ hat m_1 die Masse m_2 eingeholt, dockt an und gibt ihre Energie an m_2 ab, bis sie bei $t=0.768$ liegen bleibt. Kurz darauf ($t=0.805$) löst sich m_2 von m_1 und wird durch die Reibung zum Zeitpunkt $t=1.181$ zum Stillstand gebracht. Das System verharrt nun bei $x_1=0.404$ und $x_2=1.181$ in Ruhe.

14.4 Wärmeleitung

Das Problem der Wärmeleitung spielt in vielen technischen Anwendungen von der Motorentechnik bis hin zur Raumfahrt eine zentrale Rolle. Bereits bei relativ einfachen Modellproblemen kommen mehrere numerische Bausteine ins Spiel.

Problemstellung

Wir betrachten ein Wärmeleitungsproblem in einem homogenen Balken $\Omega = [0,2] \times [0,1] \times [0,1]$ mit einer kontrollierten Wärmezufuhr auf der oberen Seite $\Gamma_z := \{\,(x,y,1) \mid 0 \le x \le 2,\ 0 \le y \le 1\,\}$ und adiabaten Randbedingungen auf dem übrigen Teil des Randes $\Gamma_a := \partial\Omega \setminus \Gamma_z$. Zu Beginn liegt eine bekannte Temperaturverteilung $u_0(\mathbf{x})$ ($\mathbf{x} \in \Omega$) im Balken vor. Mit $u(\mathbf{x},t) = u(x,y,z,t)$ ($\mathbf{x} \in \Omega$, $t \in [0, t_{\mathrm{end}}]$) wird die zeitabhängige Temperatur im Balken bezeichnet. Wir wollen wissen, wie sich die Temperaturwerte im Zentrum des Balkens im Laufe der Zeit verhalten, wie also der Verlauf der Funktion $t \mapsto u(1, \frac{1}{2}, \frac{1}{2}, t)$ aussieht.

Mathematisches Modell

Wie bereits in Abschnitt 12.1 dargelegt wurde, führt die Modellierung von Diffusionsprozessen auf das Standardmodell zur Beschreibung dieses Wärmeleitungsproblems in der Form folgender Anfangsrandwertaufgabe (vgl. (12.23)):

$$\frac{\partial u(\mathbf{x},t)}{\partial t} = a\Delta u(\mathbf{x},t) \qquad \text{für} \ \ (\mathbf{x},t) \in \Omega \times [0, t_{\mathrm{end}}], \tag{14.11}$$

$$u(\mathbf{x},0) = u_0(\mathbf{x}) \qquad \text{für} \ \ \mathbf{x} \in \Omega, \quad (\text{„Anfangsbedingung“}), \tag{14.12}$$

$$-\lambda \frac{\partial u}{\partial \mathbf{n}} = 0 \qquad \text{auf} \ \ \Gamma_a, \quad (\text{„Adiabater Rand“}), \tag{14.13}$$

$$-\lambda \frac{\partial u}{\partial \mathbf{n}} = q(x,y,t) \qquad \text{auf} \ \ \Gamma_z. \quad (\text{„Wärmezufuhr“}). \tag{14.14}$$

Die Koeffizienten a und λ sind Konstanten, die von Materialeigenschaften abhängen (Wärmeleitfähigkeiten). Der Einfachheit halber setzen wir $\lambda = a = 1$. Die partielle Ableitung $\lambda \frac{\partial u}{\partial \mathbf{n}}$ ist die Ableitung in Normalrichtung auf dem Rand, wobei $\mathbf{n}$ der nach außen gerichtete Normalvektor ist, beschreibt also Wärmeflüsse.

Numerische Methoden

Der numerische Ansatz folgt dem Vorgehen in Abschnitt 12.7. Zur Ortsdiskretisierung der parabolischen Differentialgleichung benutzen wir eine Finite-Elemente-Methode. Sei $\mathcal{T}_h$ eine aus Tetraedern bestehende zulässige Triangulierung von Ω.

Den Raum der entsprechenden linearen Finite-Elemente bezeichnen wir mit

$$S_h = \{ v \in C(\Omega) \mid v_{|T} \in \Pi_1 \quad \text{für alle } T \in \mathcal{T}_h \}.$$

Im Sinne der vertikalen Linien-Methode diskretisieren wir zuerst die Ortsvariablen: Gesucht ist $u_h(\mathbf{x}, t) \in S_h$, mit $u_h(\mathbf{x}, 0) = I_h u_0(\mathbf{x})$, $\mathbf{x} \in \Omega$, so daß für alle $t \in [0, t_{\text{end}}]$ und alle $v_h \in S_h$ gilt:

$$\int_\Omega \frac{\partial u_h(\mathbf{x}, t)}{\partial t} \, v_h(\mathbf{x}) \, d\mathbf{x} = - \int_\Omega \nabla u_h(\mathbf{x}, t) \cdot \nabla v_h(\mathbf{x}) \, d\mathbf{x} - \int_{\Gamma_z} q v_h \, ds. \quad (14.15)$$

Der Term $\int_{\Gamma_z}$ erscheint, damit die Randbedingung (14.14) erfüllt ist. Die homogene Neumann-Randbedingung (14.13) wird in der Variationsformulierung (14.15) automatisch erfüllt. Der Operator $I_h : C(\Omega) \to S_h$ interpoliert die Anfangswertfunktion u_0 linear in den Gitterpunkten. Die sich ergebende Funktion $I_h u_0$ liegt dann im FE-Raum und kann als Anfangsbedingung für $u_h(\mathbf{x}, t)$ benutzt werden. Sei $(\phi_i)_{1 \leq i \leq M}$ die nodale Basis im FE-Raum S_h. Sei $\mathbf{u}_0 = (u_1, \ldots, u_M)^T \in \mathbb{R}^M$ der Koeffizentenvektor der Darstellung von $I_h u_0$ in dieser Basis, also $I_h u_0(\mathbf{x}) = \sum_{i=1}^M u_i \phi_i(\mathbf{x})$. Analog sei $\mathbf{u}_h(t) \in \mathbb{R}^M$ die Darstellung von $u_h(\mathbf{x}, t)$ in dieser Basis. Die Aufgabe (14.15) hat dann folgende äquivalente Formulierung: Gesucht ist $\mathbf{u}_h(t) \in \mathbb{R}^M$, so daß

$$\begin{aligned} \mathbf{M}_h \mathbf{u}_h'(t) &= -\mathbf{A}_h \mathbf{u}_h(t) - \mathbf{b}_h(t) \quad \text{für alle } t \in [0, t_{\text{end}}], \\ \mathbf{u}_h(0) &= \mathbf{u}_0, \end{aligned} \quad (14.16)$$

gilt. Hierbei ist

$$\begin{aligned} \left(\mathbf{b}_h(t) \right)_i &= \int_{\Gamma_z} q \phi_i \, ds \,, \quad 1 \leq i \leq M, \\ (\mathbf{M}_h)_{i,j} &= \int_\Omega \phi_i \phi_j \, d\mathbf{x}, \quad (\mathbf{A}_h)_{i,j} = \int_\Omega \nabla \phi_i \cdot \nabla \phi_j \, d\mathbf{x} \,, \quad 1 \leq i, j \leq M. \end{aligned}$$

Das System von M gekoppelten gewöhnlichen Differentialgleichungen kann mit einer der in Kapitel 11 behandelten Methoden diskretisiert werden. Aus Folgerung 12.47 wissen wir, daß die Anfangswertaufgabe mit feiner werdender Ortsdiskretisierung zunehmend steif wird. Die Konditionszahl $\kappa_2(\mathbf{A}_h)$ der Steifigkeitsmatrix $\mathbf{A}_h$ wächst nämlich wie h^{-2}, während die Konditionszahl $\kappa_2(\mathbf{M}_h)$ der sogenannten Massematrix $\mathbf{M}_h$ aufgrund der Stabilität der nodalen Basis gleichmäßig beschränkt bleibt, vgl. (12.132). Man sollte deshalb eine implizite Methode wie das implizite Euler-Verfahren, die Trapezregel oder eine BDF-Methode verwenden. In jedem Zeitschritt dieser impliziten Zeitintegration muß nun ein großes dünnbesetztes lineares Gleichungssystem gelöst werden. Da die involvierten Matrizen symmetrisch positiv definit sind, kann man dazu ein vorkonditioniertes CG-Verfahren benutzen. Als wesentliche numerische Werkzeuge werden hier also folgende Bausteine verwendet:

- Gittergenerierung,
- Finite-Elemente Diskretisierung,
- Integrationsmethode zur Lösung steifer Anfangswertaufgaben,
- vorkonditioniertes CG-Verfahren.

Bei inhomogenem Material muß Δ durch $\mathrm{div}\,a\nabla$ mit einem *ortsabhängigen* Diffusionskoeffizienten a ersetzt werden. In diesem Fall muß man gegebenenfalls numerische Integration zur Berechnung der Einträge von $\mathbf{A}_h$ verwenden.

Als Alternative könnte man auch die horizontale Linienmethode benutzen, bei der zuerst eine Zeitdiskretisierung durchgeführt wird. Daraus ensteht dann pro Zeitschritt ein elliptisches Randwertproblem, welches wiederum mit einer Finite-Element-Methode behandelt werden kann. Hierbei hat man jedoch mehr Freiheit in der Wahl der Ortsdiskretisierung, könnte also eine adaptive Methode verwenden, vgl. Abbschnitt 12.4.6. Auf unterschiedlichen Zeitniveaus würden also unterschiedliche Ortsnetze auftreten können, die sich in der Zeit den Lösungseigenschaften anpassen.

Ergebnisse

Wir zeigen Resultate für den Fall $u_0(\mathbf{x}) = 2$ für alle $\mathbf{x} \in \Omega$ und $q(x, y, t) = 25x(4 - x)y(1 - y)\sin(\frac{9}{2}\pi t)$. Bei der Diskretisierung wird eine uniforme Zerlegung von Ω in Tetraeder mit Gitterweite $h_k = 2^{-k}$ ($k = 1, 2, \ldots$) in y- und z-Richtung und einer Gitterweite $2h_k$ in x-Richtung benutzt. Die folgenden Abbildungen zeigen den Temperaturverlauf im Schwerpunkt des Balkens über der Zeit für verschiedene Zeitintegrationsmethoden und verschiedene Zeitschrittweiten. In allen Fällen ist $h_4 = 2^{-4}$ die Gitterweite für die Ortsdiskretisierung. Die in jedem Zeitschritt auftretenden linearen Gleichungssysteme werden mit einem vorkonditionierten CG-Verfahren gelöst. Dabei wird so lange iteriert, bis das relative Residuum (gemessen in $\|\cdot\|_2$) kleiner als 10^{-5} ist. Wir werden auf die Wahl der Schrittweite h bzw. der Abbruchtoleranz beim CG-Verfahren später nochmals eingehen.

Sei $u_{h,\ell}$ der mit der Zeitschrittweite $\Delta t = 2^{-\ell}0.04$ berechnete Temperaturwert im Schwerpunkt zum Zeitpunkt $t = t_{\mathrm{end}} = 1$, also $u_{h,\ell} \approx u_h(1, \frac{1}{2}, \frac{1}{2}, 1)$. Das Superskript „T" oder „E" gibt an, ob die Trapezregel oder das implizite Euler-Verfahren für die Zeitintegration verwendet wird. Einige dieser Temperaturwerte sind in Tabelle 14.3 aufgelistet.

Tabelle 14.3. Temperaturwerte $u_{h,\ell}$, $\Delta_\ell^{\mathrm{T}} := u_{h,\ell}^{\mathrm{T}} - u_{h,\ell-1}^{\mathrm{T}}$, $\Delta_\ell^{\mathrm{E}} := u_{h,\ell}^{\mathrm{E}} - u_{h,\ell-1}^{\mathrm{E}}$

ℓ	$u_{h,\ell}^{\mathrm{T}}$	$u_{h,\ell}^{\mathrm{E}}$	$\frac{\Delta_{\ell-1}^{\mathrm{T}}}{\Delta_\ell^{\mathrm{T}}}$	$\frac{\Delta_{\ell-1}^{\mathrm{E}}}{\Delta_\ell^{\mathrm{E}}}$	$\frac{1}{3}\Delta_\ell^{\mathrm{T}}$	Δ_ℓ^{E}
0	2.400050	2.656840				
1	2.415396	2.545810			0.0051	−0.111
2	2.419213	2.484934	4.02	1.82	0.0013	−0.061
3	2.420178	2.453170	3.96	1.92	0.00032	−0.032

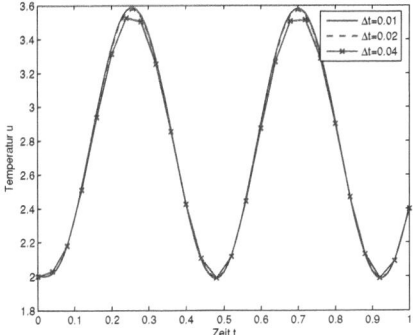

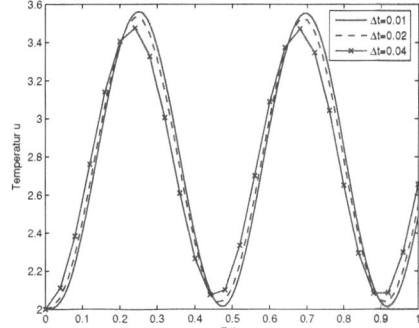

Abb. 14.8. Temperaturverlauf bei
der Trapezregel

Abb. 14.9. Temperaturverlauf beim
impliziten Euler-Verfahren

Aufgrund der Theorie (die Trapezregel ist von 2. Ordnung, das Euler-Verfahren von 1. Ordnung) und der Ergebnisse in den Abb. 14.8 und 14.9 erwartet man, daß die Trapezregel bei der Zeitdiskretisierung eine höhere Genauigkeit als das Euler-Verfahren liefert. Dies wird von den Resultaten in Tabelle 14.3 bestätigt. Die Zahlen in den beiden letzten Spalten sind (zuverlässige) Schätzungen für den Fehler $u_h(1, \frac{1}{2}, \frac{1}{2}, 1) - u_{h,\ell}^{\mathrm{T}}$ bzw. $u_h(1, \frac{1}{2}, \frac{1}{2}, 1) - u_{h,\ell}^{\mathrm{E}}$.

Das *explizite* Euler-Verfahren, mit dem sich die Lösung von Gleichungssystemen vollkommen vermeiden ließe, ist für dieses steife System *nicht* geeignet. Nur für sehr kleine Zeitschrittweiten ist diese Methode stabil. In Abb. 14.10 wird die Instabilität dieser Methode mit der Schrittweite $\Delta t = 10^{-4}$ gezeigt.

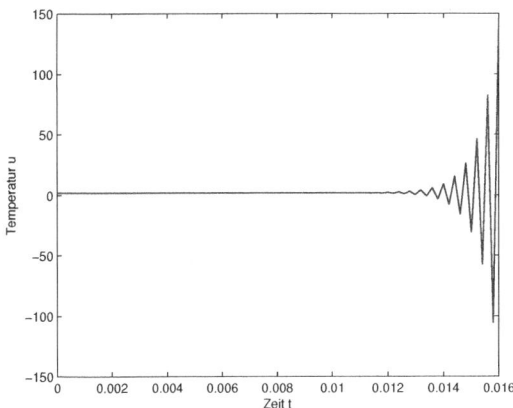

Abb. 14.10. Temperaturverlauf beim expliziten Euler-Verfahren

Abbildung 14.11 zeigt die Temperaturverteilung (Querschnitt des Balkens für $x = 1$) zum Zeitpunkt $t = 1$. Man kann erkennen, daß an der Oberfläche mit dem Heizwärmestrom ($z = 1$), die Temperatur ein durch q geprägtes höheres Niveau besitzt, welches bis zur Unterseite des Balkens ($z = 0$) abnimmt.

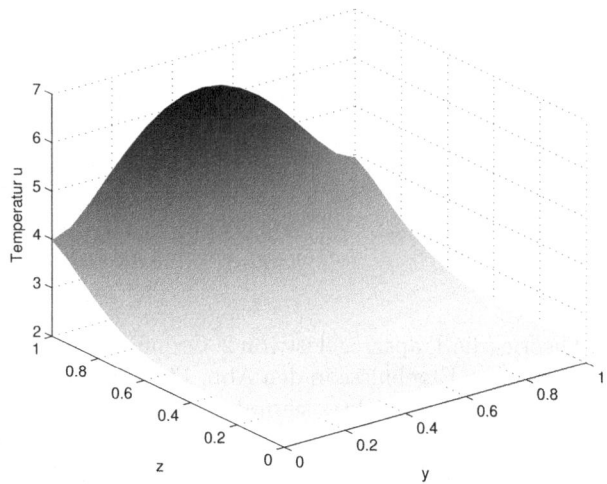

Abb. 14.11. Temperatur im Balken-Querschnitt für $x = 1$

Um den Gesamtdiskretisierungsfehler $u(1, \frac{1}{2}, \frac{1}{2}, 1) - u_{h,\ell}$ sicher abzuschätzen, müsste man den Fehler der Finite-Elemente-Approximation in der Maximumnorm eingrenzen können. Dies ist viel schwieriger als etwa in der L_2-Norm. Bei der Schrittweite $h = 2^{-4}$ kann man für stückweise lineare Finite-Elemente bestenfalls eine Genauigkeit der Ordnung 2^{-8} erwarten (tatsächlich kann dies nicht ganz garantiert werden). Aufgrund der Stabilität der nodalen Basis wirken sich Fehler in den Koeffizienten der Finite-Elemente-Näherung etwa in gleicher Größenordnung auf die Fehler in entsprechenden Funktionennormen aus. Insgesamt bräuchte man deshalb die Gleichungssysteme nur mit einer Genauigkeit zu lösen, die im Bereich des Diskretsierungsfehlers liegt. Die Genauigkeit der Lösung des Gleichungssystems wird durch das Abbruchkriterium im CG-Verfahren bestimmt. Im vorliegenden Fall endet die Iteration, falls das relative Residuum 10^{-5} unterschreitet. Die Größe des (relativen) Residuums kann aber von der Euklidischen Norm des (relativen) Fehlers selbst schlimmstenfalls um den Faktor der Kondition der involvierten Matrix abweichen, vgl. (3.27). Bei der Schrittweite $h = 2^{-4}$ ist dieser Faktor von der Ordnung 2^8. Daß der Lösungsvektor in der Euklidischen Norm also noch im Rahmen des Diskretisierungsfehlers ($\sim 2^{-8}$) genau ist, wird durch die Schranke 10^{-5} für das Residuum gewährleistet.

Wir wollen nun noch kurz auf das Verhalten des iterativen Lösers eingehen. Dazu betrachten wir den ersten Zeitschritt bei der Trapezregel. Als Toleranzkriterium beim Lösen des linearen Gleichungssystems wird wieder ein relatives Residuum von 10^{-5} genommen. Wir verwenden die CG-Methode und das CG-Verfahren mit SSOR-Vorkonditionierung (vgl. Abschnitt 13.5). Im SSOR-Verfahren wird für den Relaxationsparameter der Wert $\omega = 1.9$ genommen. Für unterschiedliche h_k- und Δt-Werte wird die benötigte Anzahl von Iterationen in Tabelle 14.4 dargestellt.

Tabelle 14.4. Iterationszahlen beim CG- und PCG-Verfahren

$h_k = 2^{-k}$	**CG**		**PCG**	
k	$\Delta t = 0.1$	$\Delta t = 0.01$	$\Delta t = 0.1$	$\Delta t = 0.01$
2	26	12	11	5
3	39	13	16	6
4	68	17	22	8
5	122	25	29	10
6	228	43	39	11

In der zweiten Spalte sieht man etwa den Effekt der Verdopplung der Iterationszahl bei Halbierung der Ortsschrittweite. Dies bestätigt die in Abschnitt 13.4 behandelte Analyse der CG-Methode. Die Iterationszahlen in der dritten Spalte sind wesentlich kleiner als die in der zweiten Spalte, was durch die Verkleinerung der Konditionszahl der Matrix bei kleiner werdendem Δt verursacht wird. Die Matrix nähert sich bei kleiner werdendem Δt immer mehr der gut konditionierten Massematrix. Die letzten beiden Spalten zeigen den günstigen Effekt der Vorkonditionierung.

14.5 Komplexere Beispiele numerischer Simulationen

Die bisherigen Beispiele beschrieben das Zusammenwirken unterschiedlicher numerischer Bausteine und die dabei relevanten Fehlerbetrachtungen. Die Anwendungen selbst waren jedoch noch relativ akademischer Natur. Wir wenden uns nun etwas komplexeren Simulationsaufgaben zu, nicht zuletzt um einen Eindruck davon zu vermitteln, was moderne Simulationswerkzeuge in der Technik leisten können, und wo aus einer nun „makroskopischen" Sicht typische Anforderungen liegen. Speziell sollen in diesem Abschnitt folgende drei Beispiele komplexerer numerischer Simulationen angerissen werden.

- *Inverses Wärmeleitproblem in einem welligen Rieselfilm:* Dieses Thema ist Teil eines umfangreicheren Forschungsprojekts an der RWTH, das gemeinsam vom Lehrstuhl für Numerische Mathematik mit dem Lehrstuhl für Prozesstechnik (Prof. W. Marquardt) und dem Lehrstuhl für Wärme- und Stoffübertragung (Prof. U. Renz, Prof. R. Kneer) durchgeführt wird.

- *Inkompressible Strömung in einer Blutpumpe:* Die Ergebnisse zu diesem Thema stammen aus einem Projekt am Lehrstuhl für Computergestützte Analyse Technischer Systeme (CATS) von Prof. M. Behr.
- *Kompressible Strömung um einen Flugzeugflügel:* Dieses Beispiel bezieht sich auf Untersuchungen am Aerodynamischen Institut der RWTH, die von Prof. W. Schröder geleitet werden.

Wir bedanken uns an dieser Stelle ganz herzlich bei den oben erwähnten Kollegen speziell für diese Beiträge und ebenso für die nun schon langjährige Zusammenarbeit. Wenn auch die Untersuchung derartiger Probleme zunächst im Rahmen der universitären Forschung verankert ist, sind davon durchaus auch industrielle Anwendungen berührt.

14.5.1 Inverses Wärmeleitproblem in einem welligen Rieselfilm

Die Lösung der Wärmeleitungsgleichung erlaubt die Bestimmung einer Temperaturverteilung, die sich bei einer gegebenen Anfangstemperatur und bei gegebenem Wärmezufuhr am Gebietsrand im zeitlichen Verlauf einstellt. Aus Problemparametern wie Anfangs- und Randbedingungen werden Systemzustände wie Temperaturverteilungen ermittelt. Man nennt dies auch „Vorwärtssimulation". Andererseits ist es offensichtlich von praktischem Interesse, diejenigen Problemparameter (wie Anfangs- und Randbedingungen aber auch Materialparameter) zu bestimmen, die einen gewünschten Zustand (wie eine vorgegebene Temperaturverteilung) ergeben. Aus den Zuständen, die entweder gemessen oder aber durch Vorwärtssimulationen berechnet werden können, sind dann die entsprechenden Modellparameter zu bestimmen. Dies nennt man ein „inverses Problem". In vielen ingenieurtechnischen Fragestellungen – wie auch im Beispiel dieses Abschnitts – geht es letztlich um solche inversen Probleme. Es ist nun leider eine unangenehme Eigenheit inverser Probleme, daß sie meist nicht mehr im Sinne von Abschnitt 12.2 korrekt gestellt sind. Am Beispiel der Wärmeleitung ist dies intuitiv einsichtig. Um Anfangs- oder Randwerte zu ermitteln, muß man Diffusion – also „Verschmierung von Information" rückgängig machen. Daß dies nur bedingt möglich ist, ist nachvollziehbar. Hierin liegen also besondere Herausforderungen, denen man mit sogenannten *Regularisierungsmethoden* begegnet. Als einfache Beispiele für Regularisierungstechniken lassen sich das Levenberg-Marquardt-Verfahren (vgl. Abschnitt 6.3) ebenso wie der Glättungsansatz (14.5) interpretieren. In diesem Abschnitt diskutieren wir exemplarisch einen komplexeren Fall einer inversen Fragestellung.

Problemstellung

Wärme- und Stofftransportmechanismen in Fallfilmen sind in industriellen Anwendungen von hoher Relevanz. Anwendungsgebiete sind zum Beispiel die Prozesse der Absorption in Rohrbündelkolonnen, der Aufkonzentrierung von

Flüssigkeiten in Fallfilmverdampfern, der Kühlung von flüssigen Lebensmitteln in Fallfilm-Wärmetauschern und der evaporativen Kühlung an Kühlturm-Füllkörpern.

In vielen Studien wurde beobachtet, daß sowohl der Wärme- als auch der Stofftransport in Rieselfilmen durch die Welligkeit des Flüssigkeitsfilms signifikant beeinflußt werden. Diese Transportmechanismen und die Strömungseigenschaften von welligen Rieselfilmen können bis heute nur unzureichend durch mathematische Modelle beschrieben werden.

Im Folgenden betrachten wir den Wärmetransport in einem Fallfilm. Um den Einfluß der Wellenstruktur auf den Wärmeaustausch zu studieren, werden Messungen an einem Fallfilmapparat durchgeführt. In Abb. 14.12 ist der experimentelle Aufbau schematisch dargestellt. Die Anlage besteht aus einem Flüssigkeitskreislauf und einem Lautsprecher, der 2D-Wellen mit einer bestimmten Frequenz anregt. Im Meßbereich fließt der laminar wellige Film an einer Seite einer sehr dünnen und elektrisch beheizten Folie herab. Auf der filmabgewandten Rückseite dieser Folie werden Temperaturmeßwerte mit einer Infrarot-Kamera mit hoher Auflösung in Raum und Zeit aufgezeichnet. Eine Detailansicht des Meßbereichs wird in Abb. 14.13 gezeigt. Die Experimente werden am Lehrstuhl für Wärme- und Stoffübertragung der RWTH durchgeführt.[1]

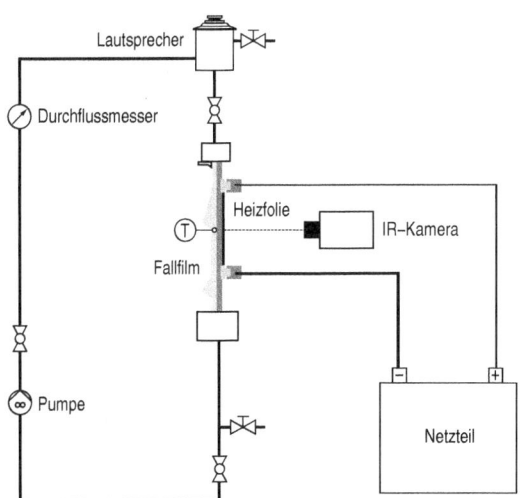

Abb. 14.12. Fallfilm-Experiment

---

[1] Siehe: S. Groß et al., *Identification of boundary heat fluxes in a falling film experiment using high resolution temperature measurements.* Int. J. of Heat and Mass Transfer **48** (2005), 5549–5562.

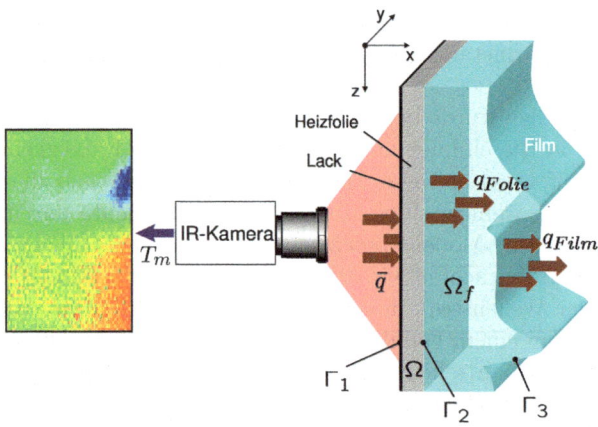

Abb. 14.13. Detailansicht des Meßausschnitts

Die Schätzung des Wärmestroms auf der Oberfläche Γ_3 des Rieselfilms aus Temperaturmeßdaten auf der Rückseite Γ_1 der Folie stellt ein sehr komplexes *inverses* Problem dar, da es an die Fluiddynamik des Films gekoppelt ist. Hier soll ein einfacheres und dennoch anspruchsvolles Problem betrachtet werden, bei dem diese Kopplung entfällt. *Wir wollen den instationären Wärmetransport von der Heizfolie zum Film als Funktion von Ort und Zeit auf der Basis der Temperaturmessungen schätzen.* In nachfolgenden Schritten kann die Schätzgröße mit anderen für den Fallfilm charakteristischen Größen wie z. B. der mittleren Filmtemperatur und dem Strömungsprofil korreliert und so ein besseres Verständnis der damit verbundenen kinetischen Phänomene erzielt werden.

Mathematisches Modell

Wir betrachten das Gebiet Ω (siehe Abb. 14.13) mit dem Rand $\partial\Omega = \Gamma_1 \cup \Gamma_2 \cup \Gamma_r$, wobei Γ_1, Γ_2 und Γ_r die Meßseite, die Filmseite und die restlichen Ränder der Heizfolie bezeichnen. Das *direkte Problem* oder *Vorwärtsproblem* wird durch das folgende Wärmeleitproblem für die Temperatur T beschrieben

$$\frac{\partial T}{\partial t}(\mathbf{x}, t) = a\Delta T(\mathbf{x}, t), \quad (\mathbf{x}, t) \in \Omega \times [t_0, t_{\text{end}}], \tag{14.17}$$

$$T(\mathbf{x}, t_0) = T_0(\mathbf{x}), \quad \mathbf{x} \in \Omega, \tag{14.18}$$

$$-\lambda\frac{\partial T}{\partial \mathbf{n}}(\mathbf{x}, t) = 0, \quad (\mathbf{x}, t) \in \Gamma_r \times [t_0, t_{\text{end}}], \tag{14.19}$$

$$-\lambda\frac{\partial T}{\partial \mathbf{n}}(\mathbf{x}, t) = \bar{q}(\mathbf{x}, t), \quad (\mathbf{x}, t) \in \Gamma_1 \times [t_0, t_{\text{end}}], \tag{14.20}$$

$$-\lambda\frac{\partial T}{\partial n}(\mathbf{x}, t) = q_{Fo}(\mathbf{x}, t), \quad (\mathbf{x}, t) \in \Gamma_2 \times [t_0, t_{\text{end}}]. \tag{14.21}$$

Dabei sind T_0, $\bar{q}$ und $q_{Fo} = q_{Folie}$ die Anfangs- und Randbedingungen. Die äußere Normale auf dem Rand wird wieder mit $\mathbf{n}$ bezeichnet. Die Materialeigenschaften Dichte ρ, spezifische Wärmekapazität c und Wärmeleitfähigkeit λ sind in der Temperaturleitfähigkeit $a = \frac{\lambda}{\rho c}$ zusammengefaßt. Diese wird wegen des sehr engen experimentellen Temperaturbereichs als konstant angenommen.

Das *inverse Problem* besteht aus der Schätzung des Wärmestroms $q_{Fo}(\mathbf{x}, t)$ auf Γ_2 mit Hilfe der Temperaturmessungen T_m auf Γ_1 unter der Annahme, daß T_0 und $\bar{q}$ bekannt sind. Dies ist ein typisches Beispiel eines inversen Wärmeleitproblems. Eine häufig verwendete Lösungsstrategie beruht auf der Umformulierung des Problems als *Optimalsteuerungsproblem*. Die unbekannte Größe q_{Fo} soll als *Steuergröße* derart bestimmt werden, daß

$$J(\mathbf{x}, t; q_{Fo}) := \frac{1}{2}\|T(\mathbf{x}, t; q_{Fo})_{|\Gamma_1} - T_m(\mathbf{x}, t)\|^2_{L_2} \to \min, \qquad (14.22)$$

wobei $T(\mathbf{x}, t; q_{Fo})$ (14.17) − (14.21) erfüllt.

Man soll also q_{Fo} so wählen, daß die entsprechende Vorwärtssimulation möglichst gut (im Sinne der Norm $\|\cdot\|^2_{L_2}$) die gemessenen Daten $T_m(\mathbf{x}, t)$ trifft. Um die Abhängigkeit der Temperatur vom Wärmestrom q_{Fo} deutlich zu machen, wird die Lösung von (14.17)-(14.21) mit $T(\mathbf{x}, t; q_{Fo})$ bezeichnet. Die Norm in (14.22) ist definiert durch

$$\|\cdot\|^2_{L_2} := \int_{t_0}^{t_{\mathrm{end}}} \int_{\Gamma_1} (\cdot)^2 d\mathbf{x}\, dt. \qquad (14.23)$$

Numerische Methoden

Die Lösung von (14.17) hängt linear von den Anfangs- und Randbedingungen ab. Das Funktional J in (14.22) ist deshalb quadratisch in q_{Fo}. In Abschnitt 13.4 wurde das CG-Verfahren als Methode zur Lösung eines symmetrisch positiv definiten Gleichungssystems dadurch begründet, daß die Lösung des Gleichungssystems zum Minimum eines *quadratischen* Funktionals äquivalent ist. Die Methode der konjugierten Gradienten kann also auch als Methode zur Lösung eines quadratischen Minimierungsproblems benutzt werden, was im vorliegenden Fall geschieht. Dabei werden gemäß Algorithmus 13.27 Schritt für Schritt Suchrichtungen p^n erzeugt, die als Abstiegsrichtungen benutzt werden. Insbesondere besagt (13.61), daß die neue Suchrichtung p^n eine Linearkombination der vorherigen Suchrichtung und des jeweiligen Residuums ist. Das Residuum ist wiederum nichts anderes als der *Gradient* des quadratischen Funktionals an der jeweiligen Näherung. Im vorliegenden Fall benötigt man also den Gradienten $\nabla J(q^n)$ zur Bestimmung einer Suchrichtung $p^n = \nabla J(q^n) + \beta_{n-1} p^{n-1}$. Da die Abhängigkeit des Funktionals J von der iterativ bestimmten Approximation q^n der Randbedingung $q = q_{Fo}$ nicht explizit gegeben ist, ist nicht unmittelbar ersichtlich, wie man diesen Gradienten auswertet. Mit ähnlichen Argumenten, die auch dem Satz von Lax-Milgram zugrunde liegen, kann man jedoch zeigen, daß dieser Gradient die Lösung des sogenannten *adjungierten Problems* ist. Zur Bestimmung des Schrittweiten-parameters α_n in (13.62) wird das sogenannte *Sensitivitätsproblem* benötigt. Beide Probleme, das adjungierte und das Sensitivitätsproblem, besitzen die gleiche Struktur wie das direkte Problem (14.17)-(14.21) – allerdings mit anderen Anfangs- und Randbedingungen. In jeder Iteration der CG-Methode müssen somit zwei direkte Wärmeleitprobleme gelöst werden. Die Struktur des iterativen Verfahrens ist in Abb. 14.14 dargestellt.

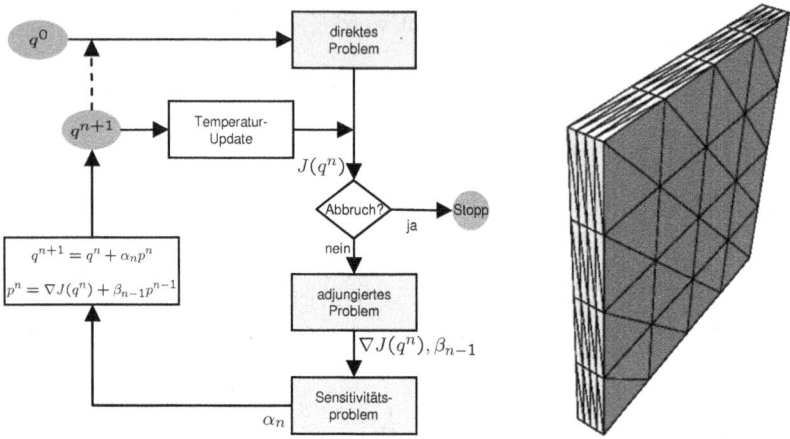

Abb. 14.14. CG-Methode   **Abb. 14.15.** Triangulierung der Heizfolie

Für die Zeitintegration von (14.17)-(14.21) setzen wir das implizite Euler-Verfahren ein. Zur räumlichen Diskretisierung werden stückweise lineare Finite-Elemente auf Tetraedergittern verwendet. Die resultierenden dünnbe-setzten Gleichungssysteme werden wiederum mit einem vorkonditionierten CG-Verfahren gelöst. Da die Heizfolie sehr dünn ist (siehe Abb. 14.15), sind die Tetraeder stark degeneriert (anisotrop), was zu zusätzlichen numerischen Komplikationen führen kann.

Wie bereits erwähnt wurde, sind inverse Probleme häufig nicht korrekt gestellt, da eine stetige Abhängigkeit der Lösung von den typischerweise feh-lerbehafteten (Meß-)Daten nicht gegeben ist. Folglich ist eine *Regularisierung* notwendig. Im vorliegenden Fall wird dies durch die Wahl der Diskretisierung und durch ein geeignetes Abbruch-Kriterium für den Optimierungsalgorith-mus realisiert, wie weiter unten angedeutet wird.

Ergebnisse

Daß die obige Vorgehensweise funktioniert, soll durch numerische Studien untermauert und illustriert werden. Im ersten numerischen Experiment mit einem Balken ($\Omega := [0,10] \times [0,40] \times [0,100]$) geben wir einen Wärmestrom $q_{Fo}(\mathbf{x}, t)$ vor, berechnen die zugehörige Temperaturverteilung T_m^{ex} durch Lösen von (14.17)-(14.21) und stören diese Daten mit einem künstlichen Rauschen

$$T_m = T_m^{ex} + \sigma\omega.$$

Hierbei bezeichnet σ die Standardabweichung und ω einen standard-normalverteilten Meßfehler. Nun wollen wir den vorgegebenen (exakten) Wärmestrom mit Hilfe des oben beschriebenen Verfahrens aus den Daten T_m zurückschätzen. Da die Messungen fehlerbehaftet sind, muß eine geeignete Regularisierungstrategie benutzt werden. Wir verwenden das sogenannte *Diskrepanzprinzip*, welches die iterative Optimierung beendet, sobald das Residuum im Gütefunktional (14.22) von der Größenordnung der Standardabweichung ist. Die berechnete Schätzung und der vorgegebene Wärmestrom sind in Abb. 14.16 dargestellt.

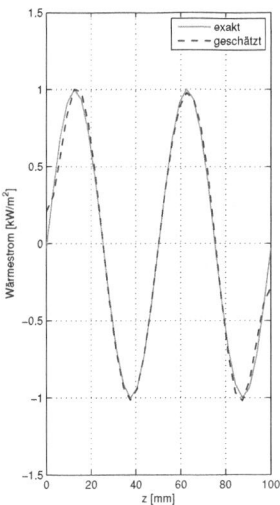

Abb. 14.16. Exakter und geschätzter Wärmestrom für $\sigma = 0.25$ und $y = 20\ mm$

In der zweiten Simulation werden die echten Meßdaten aus einem Fallfilm-Experiment verwendet. Der Meßbereich hat die Abmessungen $19.5 \times 39\ mm^2$ bei einer Foliendicke von nur $25\ \mu m$, d. h., wir betrachten das stark anisotrope Gebiet $\Omega := [0, 0.025] \times [0, 19.5] \times [0, 39]$. Die Temperaturdaten werden mit einer Frequenz von $500\ Hz$ und einer räumlichen Auflösung von $100 \times 200\ Pixel$ aufgenommen. Die elektrische Heizung erzeugt einen konstanten Wärmestrom

$\bar{q}(\mathbf{x}, t) = 6.4\ kW/m^2$, $(\mathbf{x}, t) \in \Gamma_1 \times [t_0, t_{\text{end}}]$. Als Anfangstemperaturverteilung wird die erste Aufnahme der IR-Kamera benutzt, die konstant über die Foliendicke fortgesetzt wird. Die echten Materialeigenschaften des Experiments sind durch

$$\rho = 8900\ \frac{kg}{m^3}, \ c = 410\ \frac{J}{kg\ K}, \ \lambda = 23\ \frac{W}{m\ K}$$

gegeben. Damit ergibt sich eine Temperaturleitfähigkeit $a = 6.3 \cdot 10^{-6}\ m^2/s$. Abb. 14.17 zeigt die stark verrauschten Temperaturdaten in der y-z-Ebene zu einem Zeitpunkt.

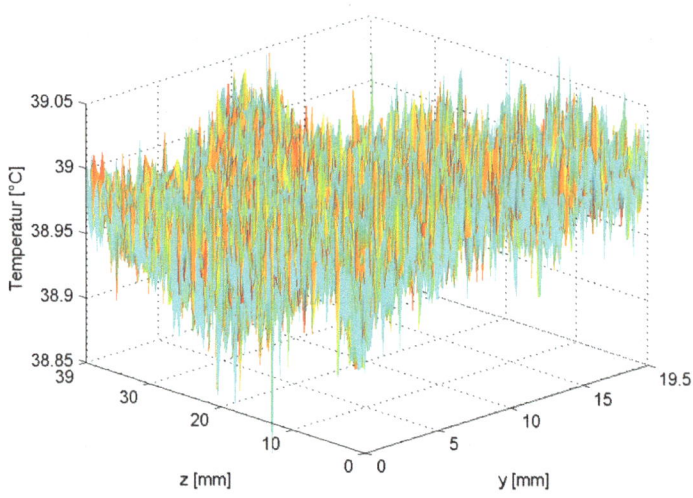

Abb. 14.17. Temperaturmessung mit der IR-Kamera

Der aus den echten Meßdaten geschätzte Wärmestrom von der Folie zum Film ist in Abb. 14.18(a) über der Zeit (nach n_t Zeitschritten) dargestellt. Das oben beschriebene Diskrepanzprinzip wurde mit einer angenommenen Standardabweichung des Meßfehlers von $\sigma = 0.02$ eingesetzt. Die Schätzgröße zeigt eine wellenförmige Struktur, die sich in der Zeit mit der Wellenfrequenz des Rieselfilms bewegt und so den Einfluß der welligen Filmoberfläche auf den Wärmeaustausch widerspiegelt. Als Referenz für die gute Qualität des Ergebnisses werden in Abb. 14.18(b) zusätzlich die gemessene und die aus der Schätzung berechnete Temperatur miteinander verglichen.

Die bei diesem inversen Problem verwendeten numerischen Werkzeuge sind also im Prinzip dieselben wie bei der Lösung des (Vorwärts-)Wärmeleitproblems. Man „bezahlt" für den inversen Charakter des Problems dadurch, daß man die Vorwärtssimulationen aufgrund des äußeren Optimierungsproblems mehrfach lösen muß – also mit einer höheren Rechenkomplexität.

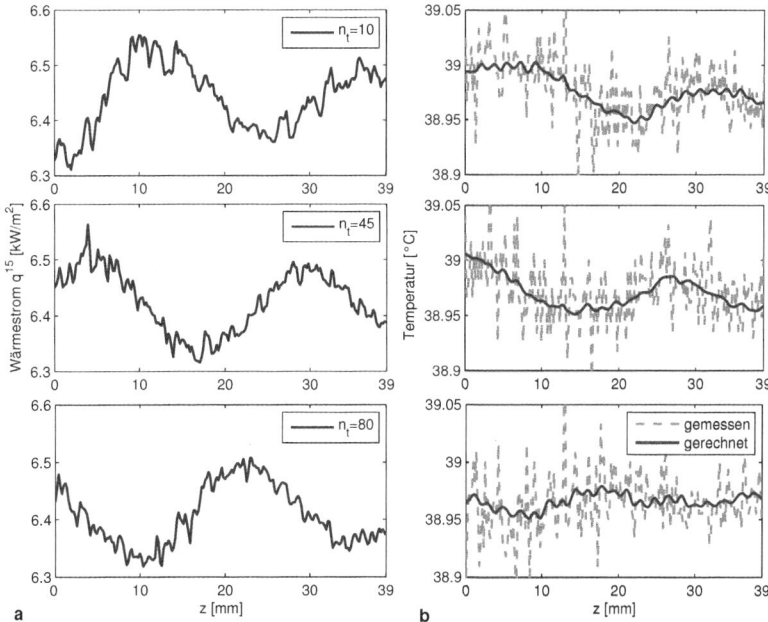

Abb. 14.18. Schätzung (a), gemessene (gestrichelte Linie) und geschätzte Temperatur (durchgezogene Linie) (b)

14.5.2 Inkompressible Strömung in einer Blutpumpe

Die Simulation von Strömungsprozessen spielt in ganz unterschiedlichen Anwendungsfeldern eine zentrale Rolle. Das folgende Beispiel betrifft die Medizintechnik. Die Resultate kommen aus einem am Lehrstuhl für Computergestützte Analyse Technischer Systeme durchgeführten Projekt.[2]

Problemstellung

Implantierbare Blutpumpen zur Unterstützung des Herzens stellen für viele Patienten mit einer Herzkrankheit die einzige Hoffnung dar, wenn kein geeignetes Herz zur Transplantation zur Verfügung steht. Rotationspumpen mit kontinuierlichem Durchfluß finden zunehmend Verbreitung als Alternative zu eher traditionellen pulsierenden Geräten und weisen den Vorteil der Langzeitverläßlichkeit auf. Wir wollen anhand numerischer Simulationen die Blutströmung in einer Blutpumpe analysieren. Eine solche computergestützte Analyse muß in der Lage sein, verläßlich Vorhersagen unterschiedlicher Art

---

[2] Siehe: M. Behr et al., *Performance analysis of ventricular assist devices using finite element flow simulation*, Int. J. for Numerical Methods in Fluids **46** (2004), 1201–1210.

zu treffen. Zum einen betrifft dies das Strömungsverhalten – den Durchfluß, der von der Pumpe bei einer bestimmten Rotordrehzahl und einem bestimmten Druckniveau erzielt wird. Zum anderen betrifft dies auch Aussagen über die biologische Verträglichkeit des Gerätes, insbesondere über das Niveau der Blutschädigung in Folge wiederholter Einwirkung von hohen Spannungen in der Strömung auf die Blutkörper.

Mathematisches Modell

Die Strömung einer viskosen inkompressiblen Flüssigkeit in einem 3-dimensionalen Gebiet Ω_t mit Rand Γ_t wird durch folgende Navier-Stokes-Gleichungen für Geschwindigkeit $\mathbf{u}(\mathbf{x}, t) \in \mathbb{R}^3$ und Druck $p(\mathbf{x}, t) \in \mathbb{R}$ modelliert:

$$\rho\Big(\frac{\partial \mathbf{u}}{\partial t} + (\mathbf{u} \cdot \nabla)\mathbf{u} - \mathbf{f}\Big) - \text{div } \sigma(\mathbf{u}, p) = \mathbf{0} \quad \text{in } \Omega_t, \tag{14.24}$$

$$\text{div } \mathbf{u} = 0 \quad \text{in } \Omega_t. \tag{14.25}$$

Hierbei ist $\mathbf{f}$ die Schwerkraft, ρ die Dichte der Flüssigkeit und $\sigma(\mathbf{u}, p) \in \mathbb{R}^{3 \times 3}$ der Spannungstensor. Die Dichte wird im Fluid als konstant angenommen, woraus die Form (14.25) der Kontinuitätsgleichung resultiert (*inkompressible Strömung*). Die Spannung ergibt sich aus einem *konstitutiven Ansatz*:

$$\sigma(\mathbf{u}, p) = -p\mathbf{I} + \mathbf{T}(\mathbf{u}), \quad \mathbf{T}(\mathbf{u}) = \mu\left(\nabla\mathbf{u} + (\nabla\mathbf{u})^T\right). \tag{14.26}$$

Hierbei wird die Notation

$$\nabla\mathbf{u} = \big(\nabla u_1 \ \nabla u_2 \ \nabla u_3\big), \quad \text{div } \sigma = \begin{pmatrix} \text{div } (\sigma_{11} \ \sigma_{12} \ \sigma_{13}) \\ \text{div } (\sigma_{21} \ \sigma_{22} \ \sigma_{23}) \\ \text{div } (\sigma_{31} \ \sigma_{32} \ \sigma_{33}) \end{pmatrix} \tag{14.27}$$

verwendet. Die Viskosität $\mu = \mu_{\text{mol}} + \mu_{\text{turb}}$ ist die Summe aus der (bekannten) molekularen dynamischen Viskosität der Flüssigkeit (μ_{mol}) und der (unbekannten) turbulenten Wirbelviskosität (μ_{turb}). Die Wirbelviskosität wird eingeführt, um Effekte sehr kleiner turbulenter Wirbel zu berücksichtigen, die von dem Gitter nicht erfaßt werden. Zur Quantifizierung dieser Wirbelviskosität wird ein aus der Literatur bekanntes *Turbulenzmodell* angenommen. Das System partieller Differentialgleichungen (14.24)-(14.25) wird um Rand- und Anfangsbedingungen ergänzt. Es werden die Dirichlet-Randbedingung $\mathbf{u} = \mathbf{g}$ auf einem Teil des Randes Γ_t und die natürliche Randbedingung $\sigma(\mathbf{u}, p)\mathbf{n} = \mathbf{h}$ auf dem restlichen Teil angenommen, wobei $\mathbf{n}$ den (äußeren) Normalvektor auf dem Rand bezeichnet. Die Funktionen $\mathbf{g}, \mathbf{h}$ der Randbedingungen sind bekannt. Zum Modell gehört außerdem eine Anfangsbedingung für $\mathbf{u}$.

Der Index des Gebietes Ω_t (mit Rand Γ_t) weist darauf hin, daß sich das von der Flüssigkeit ausgefüllte Volumen in Abhängigkeit von der Zeit ändern kann, beispielsweise als Ergebnis der Bewegung eines „freien Randes".

In den numerischen Simulationen werden anstatt des Ansatzes (14.26) auch alternative konstitutive Ansätze verwendet, die die komplexe Mikrostruktur von Blut besser modellieren.

Numerische Methoden

Das Strömungsproblem hat eine hohe geometrische Komplexität (Abb. 14.19). Als Gitter benutzen wir eine Zerlegung des Rechengebietes in Tetraeder. Das instationäre Strömungsproblem (14.24)–(14.25) wird unter Verwendung einer Raum-Zeit Finite-Elemente-Formulierung gelöst. Beim Raum-Zeit Ansatz werden in *einem* Finite-Elemente-Raum die Zeit- und Ortsableitungen *zusammen* diskretisiert. Diese Methode stellt eine Alternative gegenüber dem „klassischen" Ansatz dar, in dem die Finite-Elemente-Diskretisierung der Ortsableitungen von einer impliziten Zeitintegration getrennt wird (Methode der Linien, siehe Abschnitt 12.7). Raum-Zeit Finite-Elemente berücksichtigen automatisch zeitabhängige Verformungen des Rechengebietes Ω_t und sind deshalb für unser Problem gut geeignet. Weil im vorliegenden Strömungsproblem die Konvektion relativ (zur Diffusion) stark ist, wird die Finite-Elemente-Diskretisierung mit einer Stabilisierungstechnik kombiniert.

Nach der Diskretisierung ergibt sich in jedem Zeitschritt ein *nichtlineares* Gleichungssystem mit etwa 10^6 Geschwindigkeits- und Druckunbekannten. Diese nichtlinearen Gleichungssysteme werden näherungsweise mit der Newton-Methode gelöst. In jedem Zeitschritt werden dazu 4 – 10 Newton-Iterationen benötigt, bis eine vorgegebene Toleranz erreicht wird. In jeder Newton-Iteration ist ein großes dünnbesetztes lineares Gleichungssystem zu lösen. Dazu wird ein Krylov-Teilraumverfahren (GMRES) verwendet (vgl. Bemerkung 13.31).

Ergebnisse

Typische Strömungssimulationen untersuchen die GYRO-Zentrifugalpumpe, die am Baylor College of Medicine in Houston entwickelt wird. Das Rechengebiet und eine typische Zerlegung des Gebietes mit mehr als einer Million Tetraeder-Elementen sind in Abb. 14.19 dargestellt.

Erste Untersuchungen betreffen einen Vergleich von numerischen Simulationen mit experimentellen Ergebnissen, wobei die Pumpe in einem Testschleifenmodus läuft. Hierbei werden Glyzerin oder Blut als Testflüssigkeiten verwendet und die Winkelgeschwindigkeit des Rotors variiert. Unterschiedliche Klemmniveaus, d. h. Drosselungen der Strömung, werden an den Schläuchen der Strömungsschleife eingestellt, um unterschiedliche Widerstandswerte des Kreislaufsystems zu simulieren. Die sich ergebende Durchflußgeschwindigkeit, oder Durchflußmenge, wird aufgezeichnet. Im mathematischen Modell werden die experimentellen Bedingungen reproduziert. In den Berechnungen kann die entsprechende Druckdifferenz zwischen Γ_{ein} und Γ_{aus} verwendet werden, die verschiedenen Klemmniveaus entspricht. Bei jeder Strömungsbedingung sind 4–8 Umläufe des Rotors nötig, damit das berechnete Strömungsfeld einen quasi-stationären Zustand erreicht.

Drei auf diese Weise erhaltene *Leistungskurven* sind in Abb. 14.20 für drei Winkelgeschwindigkeiten von 1800, 2000 und 2200 rpm (U./min) dargestellt.

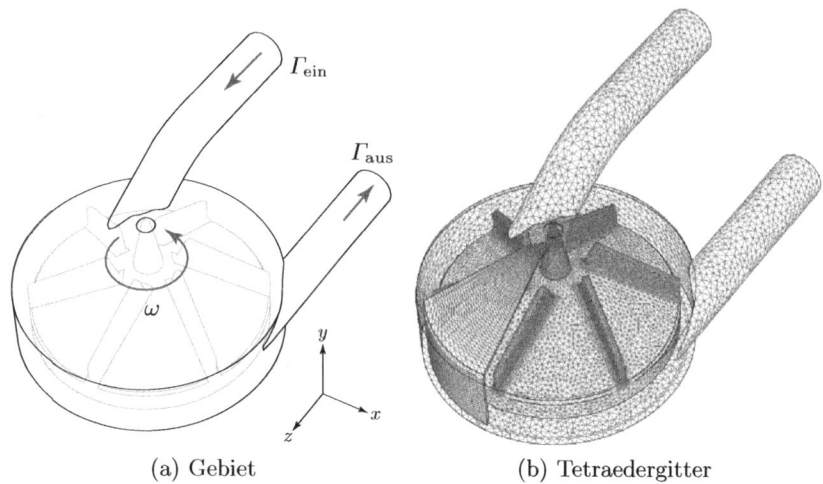

(a) Gebiet   (b) Tetraedergitter

Abb. 14.19. Rechengebiet und Tetraederzerlegung für die GYRO-Rotationsblut-pumpe.

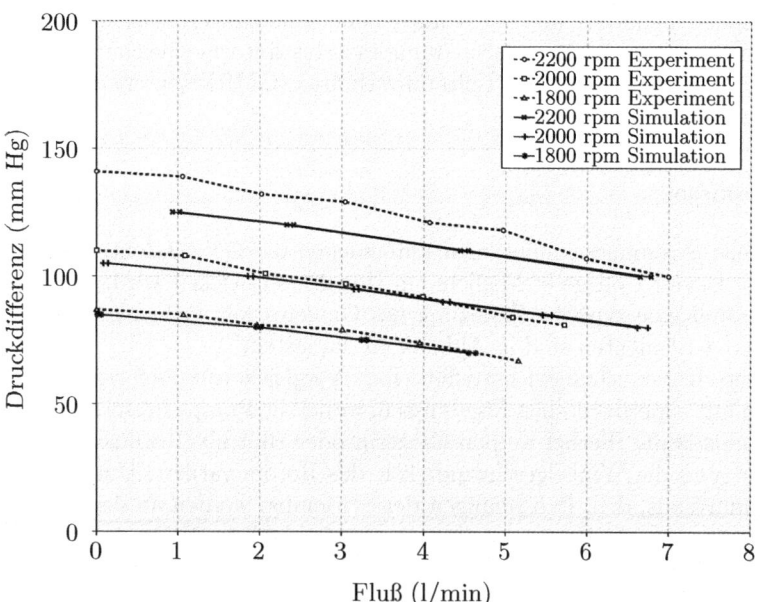

Abb. 14.20. Leistungskurven für die GYRO-Rotationsblutpumpe: Experiment (ge-strichelte Kurve) und Simulation (durchgezogene Kurve).

Bei 1800 und 2000 rpm ist die Übereinstimmung zwischen numerischen Vor-hersagen und experimentell bestimmten Werten gut. Bei 2200 rpm ergibt sich aufgrund der Beschränkungen des Turbulenzmodells eine größere Abweichung.

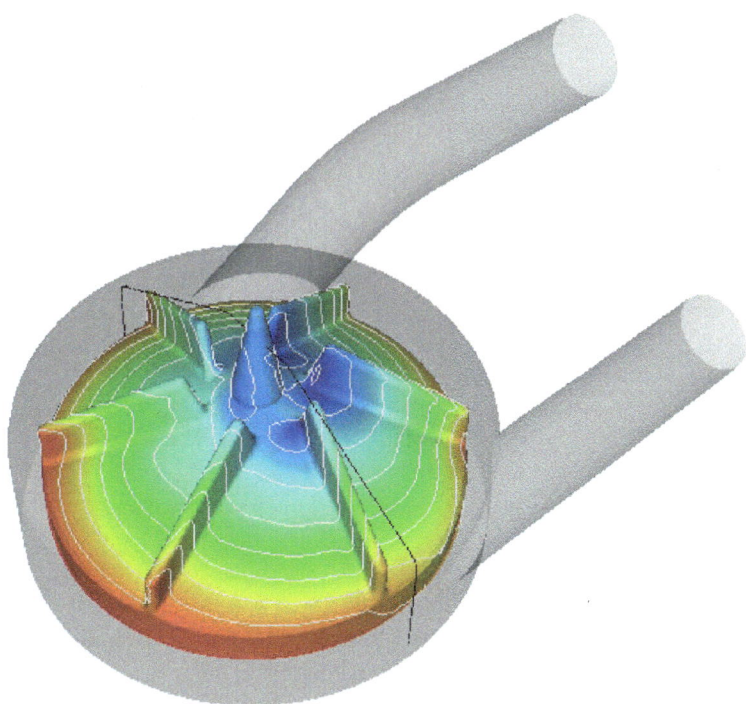

Abb. 14.21. Strömung in der GYRO-Rotationsblutpumpe: Druckverteilung am Rotor.

Bei geringeren rpm-Werten ist heutzutage die Untersuchung anhand numerischer Simulationen eine zuverlässige Methode zur Vorhersage der Pumpleistung, noch bevor die eigentlichen Prototypen gebaut werden. Der computergestützte Ansatz ermöglicht einzigartige Einblicke in das Strömungsfeld, wie beispielsweise in die Druck- oder Schubspannungsverteilung (siehe Abb. 14.21) oder in die Historie der Schädigung der Blutkörperchen entlang verschiedener Stromlinien, die in Abb. 14.22 dargestellt wird.

Alle Berechnungen wurden auf einem Linux-PC-Cluster parallel durchgeführt, wobei 32 bis 72 CPUs eingesetzt wurden. Für jede Strömungsbedingung sind zur Bestimmung einer quasi-stationären Strömung mehrere Stunden Rechenzeit erforderlich.

Die numerischen Simulationen liefern einen detaillierten Einblick in das Strömungsfeld und ermöglichen damit eine systematische Untersuchung der Effekte von Änderungen der Geometrie (Form der Blutpumpe). Das eigentliche Ziel ist die Geometrie der Blutpumpe so zu *optimieren*, daß die Schädigung der Blutkörperchen möglichst gering bleibt. Insofern hat man es auch hier letztlich wieder mit einem *inversen* Problem zu tun, wobei aus den Vorwärtsströmungssimulationen auf die unbekannten Geometrieparameter geschlossen werden soll, die die „optimale" Form der Blutpumpe beschreiben.

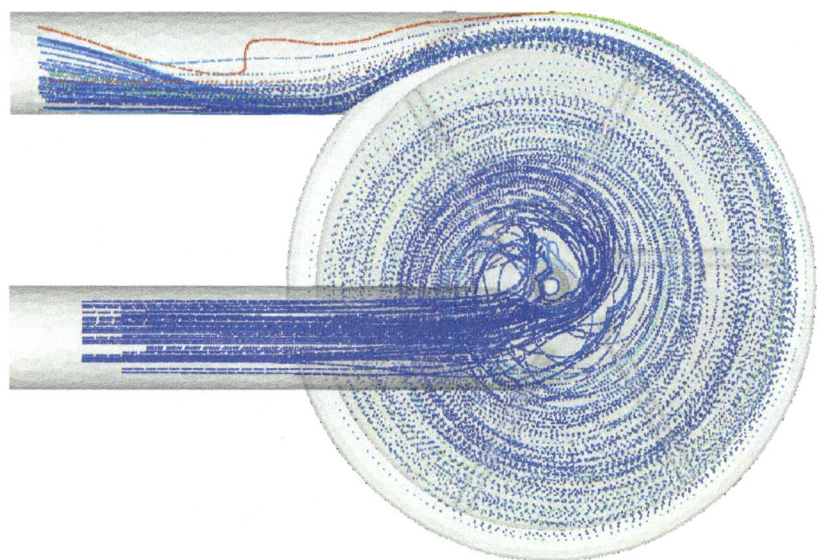

Abb. 14.22. Strömung in der GYRO-Rotationsblutpumpe: Stromlinien entlang derer die Akkumulation der Blutschädigung berechnet wird.

14.5.3 Kompressible Strömung um einen Flugzeugflügel

Strömungssimulationen spielen auch in der Luftfahrtindustrie eine tragende Rolle. Je größer Flugzeuge dimensioniert werden, umso wichtiger werden verläßliche Simulationsvorhersagen etwa zur Auslegung einer Hochauftriebsflügelkonfiguration oder zum Verhalten abrollender Wirbel, die den Start nachfolgender kleinerer Flugzeuge betreffen. Derartige Strömungssimulationen reichen an die Grenzen des derzeit Rechenbaren. In diesem Abschnitt soll exemplarisch die Umströmung eines Flugzeugflügels betrachtet werden, der aus einem Vorflügel, Hauptflügel und einer Hinterklappe besteht (Abb. 14.23). Während der Start- und Landephase erhöhen der Vorflügel und die Hinterklappe die Wölbung des Flügels, um auch in diesen Flugzuständen, die im Vergleich zum Reiseflug durch deutlich geringere Anströmgeschwindigkeiten gekennzeichnet sind, die notwendige Auftriebskraft zu erreichen (Hochauftriebskonfiguration).

Im Folgenden wird näher auf die numerische Berechnung der Umströmung des in Abb. 14.23 gezeigten Flügels eingegangen. Die numerischen Simulationen wurden am Aerodynamischen Institut der RWTH durchgeführt.[3]

Ziel der Untersuchungen ist die Bestimmung aerodynamischer Beiwerte wie Auftrieb und Widerstand, die u.a. bei der Auslegung und Entwicklung

---

[3] Siehe: M. Meinke et al., *A comparison of second- and sixth-order methods for large-eddy simulations*, Computers and Fluids **31** (2002), 695–718.

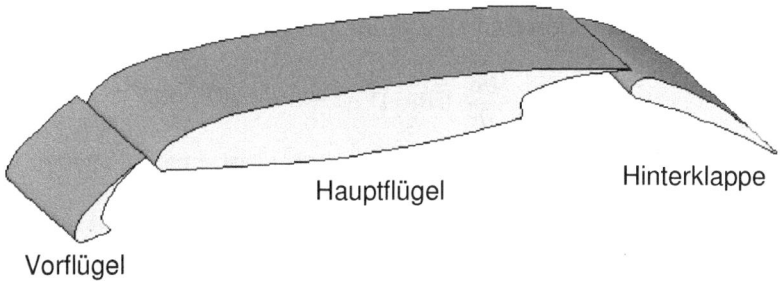

Abb. 14.23. Hochauftriebskonfiguration bestehend aus Vorflügel, Hauptflügel und Hinterklappe.

eines Tragflügels von großer Bedeutung sind. Weiterhin sind Detailkenntnisse des Strömungsfeldes von Interesse. Zentrale Fragen lauten: wo entstehen Wirbelstrukturen und wie breiten sie sich aus, an welchen Stellen kommt es zum Ablösen der Strömung vom Profil, liegt eine laminare oder turbulente Strömung vor bzw. wo findet der Umschlag von laminarer zu turbulenter Strömung statt?

Mathematisches Modell

Sei Ω ein dreidimensionales Rechengebiet, das die umströmte Struktur enthält. Im Gegensatz zu den vorher betrachteten Flüssigkeitsströmungen kann man bei Luft nicht mehr von konstanter Dichte ausgehen. Die instationäre *kompressible* Luftströmung um den Flügel wird durch einen Satz von Erhaltungsgleichungen für Masse, Impuls und Energie beschrieben, die insbesondere die kompressiblen Navier-Stokes-Gleichungen enthalten. Aufgrund der Kompressibilität der Strömung haben diese Gleichungen gegenüber den in Abschnitt 14.5.2 erwähnten eine kompliziertere Form. Für derartige aerodynamische Strömungen ist es üblich, anstatt der physikalischen Größen $\mathbf{u}(\mathbf{x},t) \in \mathbb{R}^3$ (Geschwindigkeit), $p(\mathbf{x},t) \in \mathbb{R}$ (Druck), $\rho(\mathbf{x},t) \in \mathbb{R}$ (Dichte), die sogenannten *konservativen* Variablen $\mathbf{q} = \mathbf{q}(\mathbf{x},t) = (\rho, \rho u_1, \rho u_2, \rho u_3, \rho E)^T$ zu benutzen. Hierbei ist $E(\mathbf{x},t)$ die Gesamtenergie. Unter Berücksichtigung der thermischen Zustandsgleichung

$$T = \frac{p}{R\rho} \quad (R: \text{ allgemeine Gaskonstante}),$$

wobei T die statische Temperatur darstellt, ergibt sich der folgende Zusammenhang zwischen p und E:

$$p = \rho(\gamma - 1)\left(E - \frac{1}{2}\|\mathbf{u}\|^2\right), \qquad (\gamma = 1.4 \text{ für Luft}).$$

Wenn $\mathbf{q}$ bekannt ist, kann man die Werte von $\mathbf{u}$, p, ρ bestimmen.

In den konservativen Variablen können die Erhaltungsgleichungen in der *Divergenzform*

$$\frac{\partial \mathbf{q}}{\partial t} + \operatorname{div} \mathbf{F}(\mathbf{q}) = 0 \tag{14.28}$$

dargestellt werden. Die Flußfunktion $\mathbf{F}(\mathbf{q}) \in \mathbb{R}^{5 \times 3}$ ist eine Summe von konvektiven und diffusiven Flüssen $\mathbf{F} = \mathbf{F}_k + \mathbf{F}_d$, wobei

$$\mathbf{F}_k(\mathbf{q}) := \begin{pmatrix} \rho\,\mathbf{u}^T \\ \rho\,\mathbf{u} \circ \mathbf{u} + p\mathbf{I} \\ (\rho\,E + p)\mathbf{u}^T \end{pmatrix} \;, \quad \mathbf{F}_d(\mathbf{q}) := - \begin{pmatrix} 0 \\ \mathbf{T}(\mathbf{u}) \\ \mathbf{u}^T \mathbf{T}(\mathbf{u}) + \lambda(\nabla T)^T \end{pmatrix} .$$

Hierbei ist $\mathbf{u} \circ \mathbf{u}$ das dyadische Produkt $((\mathbf{u} \circ \mathbf{u})_{ij} = u_i u_j)$ und $\mathbf{T}(\mathbf{u}) \in \mathbb{R}^{3 \times 3}$ der Spannungstensor (vgl. (14.26)):

$$\mathbf{T}(\mathbf{u}) = \mu \left(\nabla \mathbf{u} + (\nabla \mathbf{u})^T \right) - \frac{2}{3} \mu \left(\operatorname{div} \mathbf{u} \right) \mathbf{I} \;.$$

Die stoffspezifischen Größen μ und λ sind die dynamische Viskosität bzw. die Wärmeleitfähigkeit. Die Definition von $\nabla \mathbf{u}$ und $\operatorname{div} \mathbf{F}$ entspricht der in (14.27). Die partiellen Differentialgleichungen in (14.28) für $t \in [t_0, t_{\text{end}}]$, $\mathbf{x} \in \Omega$, werden durch physikalisch begründete Anfangs- und Randbedingungen ergänzt.

Numerische Methoden

Das Rechengebiet Ω wird bei derartigen Aufgaben vorzugsweise in Hexaeder aufgeteilt, die vor allem in der Nähe der umströmten Struktur sehr viel bessere Lösungsqualität gewährleisten. In Bereichen, wo die Strömungsgrößen stark variieren, muß eine ausreichend hohe Auflösung vorhanden sein, da ansonsten der Diskretisierungsfehler inakzeptabel groß würde. Abb. 14.24 zeigt das lokal verfeinerte Gitter für die betrachtete Hochauftriebskonfiguration. In einer x-y-Ebene liegen etwa $7 \cdot 10^5$ Gitterpunkte, die durch 65 Punkte in Spannweitenrichtung ergänzt werden, so daß das Gitter aus insgesamt etwa 45 Millionen Punkten besteht.

Da die Navier-Stokes-Gleichungen in der Divergenzformulierung (14.28) vorliegen, wird zur Diskretisierung ein Finite-Volumen-Verfahren benutzt (vgl. Abschnitt 12.5), bei dem die Unbekannten mit den Eckpunkten der Zellen oder auch mit den Zellmittelpunkten assoziiert werden.

Zur Approximation der diffusiven Flüsse wird ein zentrales Differenzenschema mit einer Genauigkeit 2. Ordnung eingesetzt. Zur Diskretisierung der konvektiven Flüsse wird ein Upwind-Schema verwendet, das ebenfalls eine Genauigkeit von 2. Ordnung hat. In der Zeit werden die Gleichungen mittels eines impliziten dualen Zeitschrittverfahrens integriert. Für das gesamte Rechengebiet werden somit pro Zeitschritt ca. 225 Millionen Gleichungen gelöst. Innerhalb des dualen Zeitschrittverfahrens wird ein Mehrgitterverfahren verwendet,

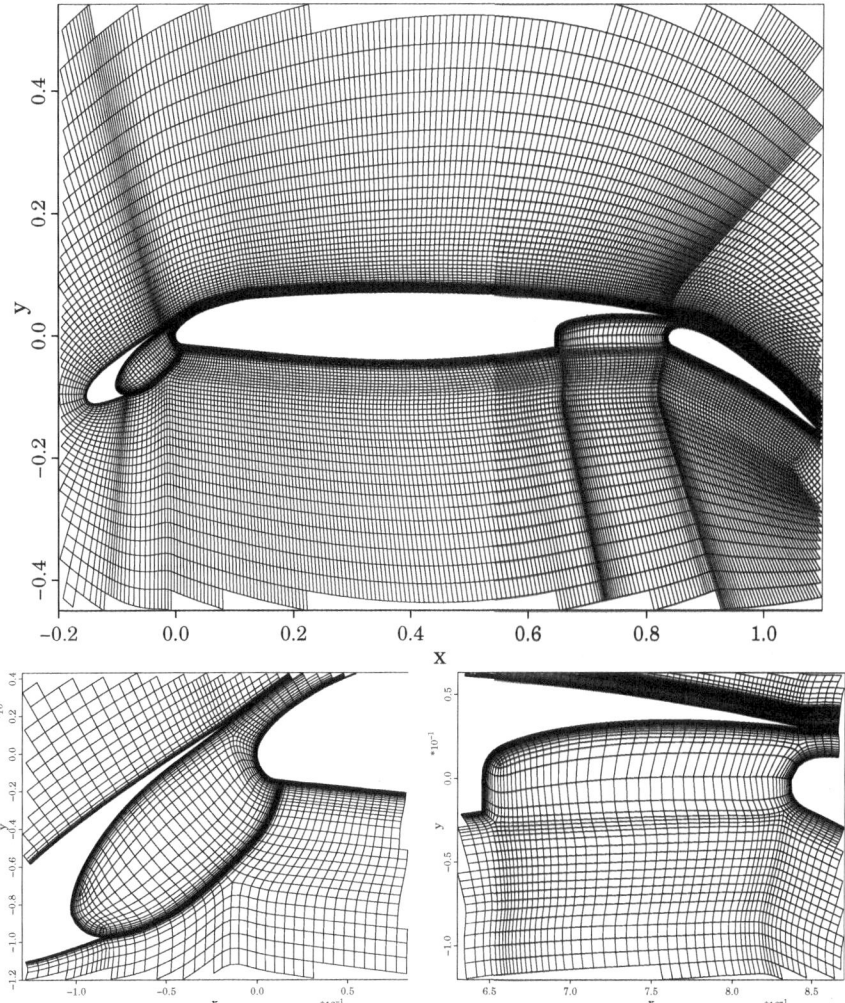

Abb. 14.24. Rechennetz der Hochauftriebskonfiguration. Die Darstellung zeigt einen Schnitt in der x-y-Ebene, wobei jeder 3. Punkt gezeigt wird.

bei dem festgelegte Berechnungsschritte auf einem vergröberten Gitter ausgeführt werden und anschließend auf das feinere Netz interpoliert werden. werden[4] In dreidimensionalen Untersuchungen bedeutet jede Vergröberung eine Reduktion des Rechenbedarfs um den Faktor 8.

Der enorme Rechenbedarf wird durch eine Parallelisierung des Algorithmus auf mehrere Prozessoren aufgeteilt. Dazu wird das Rechennetz in Blöcke zer-

---

[4] Siehe: N. Alkishriwi et al., *A large-eddy simulation method for low Mach number flows using preconditioning and multigrid*, erscheint in Computers and Fluids (2006).

legt, die jeweils von einem Prozessor unabhängig berechnet werden. Nach jedem Rechenschritt werden die ermittelten Strömungsgrößen auf den Rändern der benachbarten Blöcke ausgetauscht. Um eine weitere Leistungssteigerung zu erzielen, wurde der Strömungslöser so programmiert, daß möglichst viele Berechnungsschritte vektorisierbar sind. Die Berechnung wird auf einer NEC SX-8 durchgeführt. Hierbei handelt es sich um ein Cluster bestehend aus 72 Knoten mit je 8 Prozessoren. Die Peak-Performance dieses Systems beträgt 12 TFlops.

Ergebnisse

Wir betrachten eine Hochauftriebskonfiguration wie in Abb. 14.23. Die Anströmung des Profils erfolgt unter einem Winkel von $4°$. Die Machzahl der Anströmung (Ma), die das Verhältnis der Anströmgeschwindigkeit zur Schallgeschwindigkeit angibt, beträgt $Ma = 0.17$. Die Strömungssimulation liefert die instationären Strömungsgrößen $(\rho, \mathbf{u}, E)$ an jedem Gitterpunkt zu den jeweils berechneten Zeitpunkten.

Das instantane Strömungsfeld der Hochauftriebskonfiguration ist in Abb. 14.25 anhand von Stromlinien und Wirbelverteilungen visualisiert. Es wird deutlich, daß sich besonders im Spaltbereich zwischen Vor- und Hauptflügel sowie zwischen Hauptflügel und Hinterklappe eine Strömung einstellt, die durch massive Rezirkulationsgebiete bestimmt ist. Die Vorhersage dieser Strukturen sowie der Wechselwirkung der Strömung auf der Unter- und Oberseite ist sowohl für die Aerodynamik als auch für die Aeroakustik der Flügelkonfiguration von großer Bedeutung.

14.6 Übungen

Übung 14.6.1. Wir betrachten die in Abschnitt 14.1 beschriebene Problemstellung der Bestimmung einer Anfangsauslenkung, so daß beim Pendel eine Schwingungsdauer $T = 1.8$ realisiert wird. Sei $x = x^*$ die gesuchte Anfangsauslenkung, also $\phi(0.45, x^*) = 0$ (vgl. (14.3)).

a) Zeigen Sie, daß die Lösung ϕ von (14.1)-(14.2) auch Lösung des Problems

$$\begin{cases} \phi'(t)^2 & = 2\,c\big(\cos\phi(t) - \cos x\big) \\ \phi(0) & = 0 \end{cases}$$

ist.

b) Zeigen Sie, daß

$$\frac{-\phi'(t)}{\sqrt{2c}\sqrt{\cos\phi(t) - \cos x^*}} = 1 \quad \text{für alle} \ \ t \in (0, 0.45),$$

gilt (Hinweis: Für $t \in (0, 0.45)$ ist $t \to \phi(t) := \phi(t, x^*)$ monoton fallend).

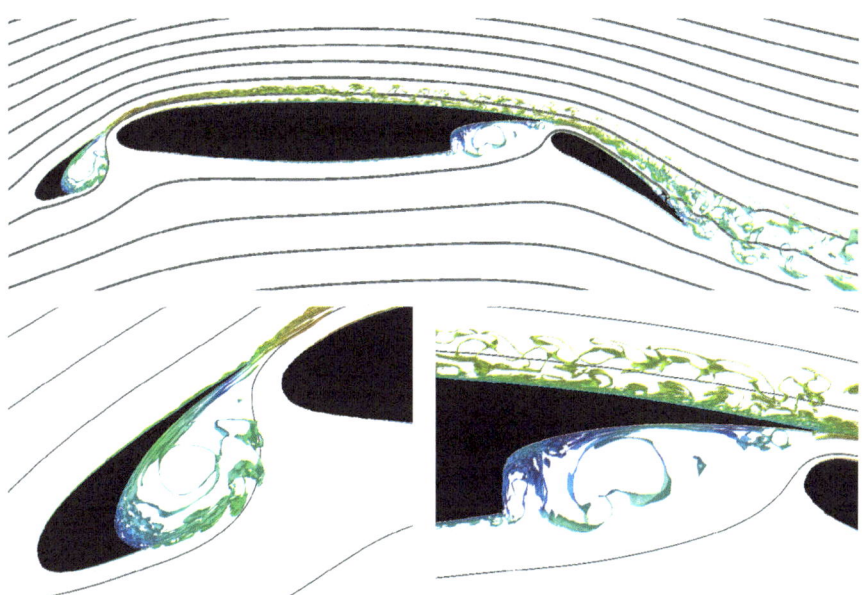

Abb. 14.25. Stromlinien und Wirbelverteilung für die Hochauftriebskonfiguration.

c) Zeigen Sie:

$$\frac{1}{\sqrt{2c}} \int_0^{x^*} \frac{1}{\sqrt{\cos\theta - \cos x^*}}\, d\theta - 0.45 = 0$$

(Hinweis: Substitution $\theta := \phi(t)$).

d) Zeigen Sie:

$$\frac{1}{\sqrt{c}} \int_0^{\frac{\pi}{2}} \frac{1}{\sqrt{1 - \sin^2(\frac{1}{2}x^*)\,\sin^2\eta}}\, d\eta - 0.45 = 0$$

(Hinweis: Substitution $\eta = \arcsin\left(\sin(\frac{1}{2}\theta)/\sin(\frac{1}{2}x^*)\right)$).

e) Beschreiben Sie ein auf Quadratur basierendes numerisches Verfahren zur Annäherung der Lösung x^*.

f) Implementieren Sie das in e) vorgestellte Verfahren.

Literaturverzeichnis

[BDHN] J. Becker, H.-J. Dreyer, W. Haacke, R. Nabert. *Numerische Mathematik für Ingenieure.* Teubner, 1985.

[BKOS] M. de Berg, M. van Kreveld, M. Overmars, O. Schwarzkopf. *Computational Geometry* 2. Aufl., Springer, 2000

[deB1] C. de Boor. *A Practical Guide to Splines* Springer, 1978

[deB2] C. de Boor. *Splinefunktionen.* Lecture Notes in Mathematics, ETH Zürich, Birkhäuser, 1990.

[Br] D. Braess *Finite Elemente.* 2. Aufl. Springer, 1997.

[DH] P. Deuflhard, A. Hohmann. *Numerische Mathematik. Eine Algorithmisch Orientierte Einführung.* De Gruyter Lehrbuch, 1991.

[F] R. Fletcher. *Practical Methods of Optimization.* John Wiley & Sons, 1980.

[GL] G. H. Golub, C. F. van Loan. *Matrix Computations.* 3. Aufl., Oxford University Press, 1996.

[GR] Ch. Großmann, H.-G. Roos. *Numerik partieller Differentialgleichungen.* Teubner, 1992.

[Ha1] W. Hackbusch. *Elliptic Differential Equations.* Springer, 1992.

[Ha2] W. Hackbusch. *Iterative Solution of Large Sparse Systems of Equations.* Springer, 1994.

[HNW] E. Hairer, S.P. Norsett, G. Wanner. *Solving Ordinary Differential Equations I.* Springer, 1993.

[HW] E. Hairer, G. Wanner. *Solving Ordinary Differential Equations II.* Springer, 1996.

[HH] G. Hämmerlin, K.-H. Hoffmann. *Numerische Mathematik.* 4. Aufl., Springer, 1994.

[OR] J. M. Ortega, W. C. Rheinboldt. *Iterative Solution of Nonlinear Equations in Several Variables.* Computer Science and Applied Mathematics, Academic Press, 1970.

[P] M.J.D. Powell. *Approximation Theory and Methods.* Cambridge University Press, 1981.

[RST] H.-G. Roos, M. Stynes, L. Tobiska. *Numerical Methods for Singularly Perturbed Differential Equations.* Springer, 1996.

[Saad] Y. Saad. *Iterative Methods for Sparse Linear Systems.* 2. Aufl. SIAM Publications, 2003.

[S] H. R. Schwarz. *Numerische Mathematik.* Teubner, 1982.

[Sieb]   K. G. Siebert. *Design of Adaptive Finite Element Software. The Finite Element Toolbox ALBERTA.* Lecture Notes in Computational Science and Engineering 42, Springer, 2005.

[SB]   J. Stoer, R. Bulirsch. *Einführung in die Numerische Mathematik I.* 3. Aufl., Springer, 1983.

[SW]   K. Strehmel, R. Weiner. *Numerik Gewöhnlicher Differentialgleichungen.* Teubner, 1995.

[Ü]   C. Überhuber. *Computer Numerik,* Teil 1 und 2. Springer, 1995.

[V]   R. Verfürth. *A Review of A Posteriori Error Estimation and Adaptive Mesh-Refinement Techniques.* Wiley-Teubner, 1996.

Sachverzeichnis